THE YEARBOOK OF
CHINA AGRICULTURAL UNIVERSITY

中国农业大学年鉴

2019

中国农业大学年鉴编委会　编

中国农业大学出版社
·北京·

图书在版编目(CIP)数据

中国农业大学年鉴. 2019/中国农业大学年鉴编委会编. —北京：中国农业大学出版社，2021. 7

ISBN 978-7-5655-2594-0

Ⅰ. ①中…　Ⅱ. ①中…　Ⅲ. ①中国农业大学-2019-年鉴　Ⅳ. ①S-40

中国版本图书馆 CIP 数据核字(2021)第 157604 号

书　　名　中国农业大学年鉴　2019

作　　者　中国农业大学年鉴编委会　编

策划编辑　王笃利　　**责任编辑**　王笃利

封面设计　郑　川

出版发行　中国农业大学出版社

社　　址　北京市海淀区圆明园西路 2 号　　**邮政编码**　100193

电　　话　发行部 010-62733489，1190　　读者服务部 010-62732336

编辑部 010-62732617，2618　　出　版　部 010-62733440

网　　址　http://www.caupress.cn　　**E-mail** cbsszs@cau.edu.cn

经　　销　新华书店

印　　刷　涿州市星河印刷有限公司

版　　次　2021 年 9 月第 1 版　　2021 年 9 月第 1 次印刷

规　　格　787×1 092　　16 开本　　37.5 印张　　970 千字　　插页 8

定　　价　180.00 元

1月5日，“乡村振兴与农业绿色发展”2019年中国农业发展新年论坛举行

2月23日，孙其信与农大学子共上开学第一课

3 月 28 日，孙其信与吉林省省长签署合作协议

4 月 9 日，胡春华副总理来校访问

4 月 12 日，学校与中信、首农、隆平高科签署合作协议

4 月 27 日，学校与平谷区打造金三角签字仪式

5月30日，“曲周精神”展览开展

5月30日，央视、新华社、人民日报等中央媒体集中报道学校“曲周精神”

6 月 5 日，马克思主义学院接受评估

6 月 17 日，学校与镇康县签署对口帮扶项目协议

7 月 11 日，学校成立国家保护性耕作研究院

8 月 30 日，模式动物重大项目建设启动

9 月 9 日，学校召开“不忘初心、牢记使命”主题教育动员大会

9 月 23 日，首届新农人奖颁奖典礼暨新农人论坛在云南昆明举行

9 月 25 日，厄瓜多尔国民代表大会主席来校演讲

10 月 14 日，学校组织召开马克思主义学科博士点论证会

10月18日，学校举办黑土地保护重大科技行动研讨会

10月22日，“不忘初心、牢记使命”主题教育展开展

11 月 1 日，姜沛民讲主题教育微党课

11 月 18 日，姜沛民、孙其信会见康奈尔大学董事会主席 Harrison、校长 Pollack、教务长 Kotlikoff 一行

12 月 5 日，新农科建设北京指南工作研讨会在学校举行

12 月 18 日，学校与中国农业科学院共同发起成立“乳肉兼用牛培育自主创新联盟”

《中国农业大学年鉴 2019》编委会

《中国农业大学年鉴 2019》编辑部

目　录

中国农业大学简介 …………………………………………………………… 1

2019 年学校基本情况数据 ………………………………………………… 6

特载 ……………………………………………………………………………… 7

凝心聚力　同心共筑中国梦　强农兴农　师生共谱爱国情

——学校服务保障国庆 70 周年专项工作纪实 …………………………… 7

专文 ……………………………………………………………………………… 13

党委书记姜沛民在学校领导班子工作报告时的讲话(2019 年 3 月 11 日) ……… 13

党委书记姜沛民在学校工作会议上的讲话(2019 年 3 月 16 日) ……………… 26

党委书记姜沛民在第十六次学生代表大会和第十四次研究生代表大会上的讲话(2019 年 4 月 14 日) ……………………………………………… 32

党委书记姜沛民在"新农科"建设暨学校发展愿景战略研讨会上的讲话(2019 年 5 月 25 日) ……………………………………………………… 37

党委书记姜沛民在北京市重点建设马克思主义学院入校考察时的讲话(2019 年 6 月 5 日) ……………………………………………………… 39

党委书记姜沛民在中国农业大学 2019 届本科生、研究生毕业典礼暨学位授予仪式上介绍基本情况并宣读表彰决定(2019 年 6 月 22 日) ……… 42

党委书记姜沛民在师生参加国庆 70 周年庆祝活动训练动员大会上的讲话(2019 年 8 月 1 日) ……………………………………………… 45

党委书记姜沛民 2019 级新生开学典礼主持词(2019 年 8 月 31 日 10:00 奥运场馆) ………………………………………………………… 47

党委书记姜沛民在"不忘初心、牢记使命"主题教育动员大会上的讲话(2019 年 9 月 9 日) ……………………………………………………… 51

坚守初心　矢志奋斗　切实肩负起"立德树人、强农兴农"的时代使命

——党委书记姜沛民在"不忘初心、牢记使命"主题教育专题党课上的讲话(2019 年 10 月 31 日) ……………………………………………… 59

党委书记姜沛民在中国农业大学国庆 70 周年庆祝活动总结表彰大会上的讲话(2019 年 11 月 1 日) ……………………………………………… 73

党委书记姜沛民在第 35 个教师节表彰大会暨立德树人论坛上的讲话(2019 年 9 月 10 日) ……………………………………………………… 79

党委书记姜沛民在“新农科”建设北京指南工作研讨会上的致辞
(2019 年 12 月 5 日) …… 84
党委书记姜沛民党的十九届四中全会精神宣讲稿(2019 年 12 月 12 日)…… 86
党委书记姜沛民在新瑞鹏集团捐赠教育基金仪式上的讲话(2019 年
12 月 27 日 9:00,东区主楼 513)…… 104
以高质量党建引领高质量发展
——党委书记姜沛民 2019 年 3 月 31 日发表于《人民日报》第 5 版 …… 105
“曲周精神”是一种什么样的精神
——党委书记姜沛民 2019 年 8 月 6 日发表于《光明日报》第 15 版 …… 106
守初心立德树人　担使命强农兴农
——党委书记姜沛民 2019 年 11 月 27 日发表于《光明日报》第 5 版 …… 109
从“冷”到“热”,中国农业大学的发展与转型
——校长孙其信在中国教育在线的专访实录(2019 年 1 月 5 日) …… 111
绿色发展是实现生态美、农村美的重要保障
——校长孙其信在 2019 中国农业发展新年论坛开幕式上的致辞
(2019 年 1 月 5 日) …… 116
攻坚克难　深化改革　扎实推进“双一流”建设
——校长孙其信在 2019 年学校工作会议上的讲话(2019 年 3 月 16 日) … 117
向农业农村现代化建设　培养拔尖创新农业人才
——校长孙其信在向农业农村现代化建设、培养拔尖创新农业人才会议
上的讲话(2019 年 4 月 29 日)…… 126
让信仰的力量伴你远行
——校长孙其信在 2019 年毕业典礼上的致辞(2019 年 6 月 22 日) …… 127
服务国家发展战略,高质量推进模式动物大设施建设
——校长孙其信在模式动物大设施开工启动仪式上的讲话(2019 年
8 月 30 日)…… 129
崇尚奋斗精神　成就无悔青春
——校长孙其信在 2019 年新生开学典礼上的致辞(2019 年 8 月 31 日) … 131
何以知农　何谓爱农
——校长孙其信 2019 年 9 月 17 日发表于《光明日报》第 15 版 …… 134
坚定信心、勇于担当,深化改革、敢于创新,坚定推进一流大学建设
——校长孙其信在“不忘初心、牢记使命”主题教育专题研讨会上的发言
(2019 年 10 月 8 日)…… 137
“勇担强农兴农时代重任”
——校长孙其信在“不忘初心、牢记使命”主题教育专题研讨会上的发言
(2019 年 10 月 10 日) …… 145
校长孙其信在鸡泽实验站成立揭牌仪式上的致辞(2019 年 11 月 1 日)…… 151
校长孙其信在与吴桥签署乡村振兴合作协议仪式上的致辞(2019 年 11 月 1 日)…… 153

校长孙其信在国家重点研发计划项目自主检查推进会上的讲话
(2019 年 11 月 29 日) …… 154
加强智库和联盟平台建设引领中非农业科技教育新合作
——校长孙其信在首届中非农业合作论坛上的发言(2019 年 12 月 9 日)…… 157
让梦想绽放在中国农业大学这片干事创业的沃土上
——校长孙其信在第三届大禹青年学者论坛上的讲话(2019 年 12 月 26 日) … 159

机构与干部 …… 165
校级领导干部 …… 165
管理服务机构负责人 …… 165
群团组织负责人 …… 166
直属机构负责人 …… 167
各学院负责人 …… 167
2019 年新增和调整各类委员会、领导小组(非常设机构)及成员名单 …… 169

院系情况 …… 179
农学院 …… 179
园艺学院 …… 183
植物保护学院 …… 187
生物学院 …… 191
资源与环境学院 …… 197
动物科学技术学院 …… 201
动物医学院 …… 206
食品科学与营养工程学院 …… 210
工学院 …… 215
信息与电气工程学院 …… 220
水利与土木工程学院 …… 223
理学院 …… 227
经济管理学院 …… 232
人文与发展学院 …… 238
马克思主义学院 …… 243
土地科学与技术学院 …… 247
草业科学与技术学院 …… 250
国际学院 …… 253
一带一路农业合作学院/南南农业合作学院 …… 257
体育与艺术教学部 …… 259
烟台研究院 …… 263

党建与思想政治工作 …… 273
巡察督导工作 …… 273

研究室工作 …… 275
组织工作 …… 276
宣传思想文化工作 …… 281
统战工作 …… 283
纪检监察工作 …… 289
教职工思想政治和师德建设工作 …… 293
保卫工作 …… 295
学生工作 …… 298
就业创业与毕业生教育 …… 302
工会与教代会工作 …… 304
共青团工作 …… 308

教育教学 …… 313
本科生教育教学 …… 313
研究生教育教学 …… 344
继续教育 …… 358
现代远程教育 …… 360

一流大学与一流学科建设 …… 363
“双一流”建设进展情况 …… 363

科学研究与社会服务 …… 375
科学研究工作 …… 375
社会服务工作 …… 389

国际合作与交流 …… 393

管理与后勤保障 …… 399
发展规划工作 …… 399
人事管理工作 …… 402
人才工作 …… 411
财务工作 …… 412
审计工作 …… 415
国有资产管理工作 …… 417
信息化工作 …… 420
实验室管理工作 …… 425
后勤保障工作 …… 427
基建工作 …… 431
离退休工作 …… 434

资产经营工作 …… 439
经营性资产管理委员会办公室工作 …… 440
校友会工作 …… 441
教育基金会工作 …… 446

主要教学科研服务体系 …… 449
图书馆 …… 449
档案与校史馆 …… 454
出版社 …… 457
涿州教学实验场 …… 459
曲周实验站 …… 462
上庄实验站 …… 466
食品营养与人类健康高精尖创新中心 …… 470
模式动物表型与遗传研究国家重大科技基础设施 …… 471
中国农业大学国家大学科技园/北京建设大学 …… 473
校医院 …… 475
体育馆管理工作 …… 477

中国农业大学2019年工作总结 …… 480

2019年党发、校发文件 …… 493
2019年中国农业大学党发文件目录 …… 493
2019年中国农业大学校发文件目录 …… 496

表彰与奖励 …… 503
2019年度获奖科研成果 …… 503
2019年获教学名师奖名单 …… 508
2019年中国农业大学优秀教师 …… 508
2019年中国农业大学优秀教育工作者 …… 508
第二批“全国党建工作标杆院系”培育创建单位 …… 509
第二批“全国党建工作样板支部”培育创建单位 …… 509
中国农业大学先进党组织 …… 509
中国农业大学优秀共产党员名单 …… 510
中国农业大学优秀学生党员 …… 510
中国农业大学优秀党务工作者名单 …… 511
首都大学、中职院校“先锋杯”优秀基层团干部 …… 511
首都大学、中职院校“先锋杯”优秀团员 …… 511
首都大学、中职院校“先锋杯”优秀团支部 …… 511
2019年北京市“先进班集体” …… 512

2019 年北京市“优秀学生干部” …… 512
2019 年北京市“三好学生” …… 512
2019 年中国农业大学“五四青年标兵集体” …… 512
2019 年中国农业大学“五四青年标兵” …… 513
2018—2019 学年中国农业大学“优秀团支部” …… 513
2018—2019 学年中国农业大学社会工作优秀一等奖学金 …… 514
2018—2019 学年中国农业大学社会工作优秀二等奖学金 …… 514
2018—2019 学年中国农业大学社会工作优秀三等奖学金 …… 515
2018—2019 学年中国农业大学“优秀团干部” …… 516
2018—2019 学年中国农业大学“优秀团员” …… 517
2018—2019 学年中国农业大学“优秀班集体” …… 519
2018—2019 学年中国农业大学“优秀学生干部” …… 519
2018—2019 学年中国农业大学“三好学生” …… 522

2019 年毕业生、学位获得者名单 …… 528
获得学历教育博士学位人员名单 …… 528
获得同等学力博士学位人员名单 …… 531
获得兽医博士学位人员名单 …… 531
获得硕士学位人员名单 …… 531
获得同等学力硕士学位人员名单 …… 535
获得农业推广/农业硕士学位人员名单 …… 535
获得工商管理硕士学位人员名单 …… 537
获得公共管理硕士学位人员名单 …… 538
获得风景园林硕士学位人员名单 …… 538
获得工程硕士学位人员名单 …… 538
获得兽医硕士学位人员名单 …… 539
获得会计硕士学位人员名单 …… 540
获得金融硕士学位人员名单 …… 540
2019 年本科毕业生名单 …… 540

2019 年媒体报道目录索引 …… 556

2019 年大事记 …… 582

中国农业大学简介

中国农业大学作为教育部直属高校，是我国现代农业高等教育的起源地，其历史起自于 1905 年成立的京师大学堂农科大学。1949 年 9 月，由北京大学农学院、清华大学农学院和华北大学农学院合并为北京农业大学。1952 年 10 月，北京农业大学农业机械系与中央农业部机耕化农业专科学校、华北农业机械专科学校、平原省农学院合并成立北京农业机械化学院，1985 年 10 月更名为北京农业工程大学。1995 年 9 月，北京农业大学与北京农业工程大学合并成立中国农业大学，江泽民同志亲自题写校名。现任党委书记姜沛民，校长孙其信。

长期以来，学校的建设与发展得到了国家的高度重视。北京农业大学于 1954 年被国务院列为全国 6 所重点院校之一，于 1984 年被列为全国重点建设的 10 所高等院校之一。北京农业机械化学院于 1960 年被列为全国重点大学之一。学校于 1995 年进入首批“211 工程”建设行列，于 2004 年被确定为“985 工程”重点建设的高水平研究型大学，2017 年入选一流大学建设高校（A 类）。2003 年 5 月 4 日，国务院总理温家宝视察中国农业大学，发表了重要讲话。2005 年 10 月 13 日，全国人大常委会吴邦国委员长视察中国农业大学，祝贺农大建校百年，鼓励学校再创辉煌。2009 年 5 月 2 日，中共中央总书记、国家主席胡锦涛视察中国农业大学，与师生代表亲切座谈，对青年学生提出了殷切期望，对学校提出了“加快建设世界一流农业大学步伐”的要求。2010 年 5 月 2 日，胡锦涛总书记给中国农业大学师生回信，鼓励全校师生为发展现代农业做出更大贡献。2012 年 9 月 15 日，习近平同志来校参加全国科普日北京主场活动，在视察学校时要求学校教书育人和党的建设“两手抓两促进两不耽误”“真正建成有中国特色的、具有农业特色的一流大学”，为学校发展进一步指明了方向，极大激发了全校师生的责任感和使命感。

历经百年的世纪风雨，中国农业大学已经发展成为一所以农学、生命科学、农业工程和食品科学为特色和优势的研究型大学，形成了特色鲜明、优势互补的农业与生命科学、资源与环境科学、信息与计算机科学、农业工程与自动化科学、经济管理与社会科学等学科群。学校共设有 19 个学院，涉及农学、工学、理学、经济学、管理学、法学、文学、医学、哲学等九大学科门类；设有本科生院、研究生院、继续教育学院和体育与艺术教学部。在第四轮一级学科水平评估中，6 个一级学科获评 A^+，获评 A^+ 的学科数量在全国高校中排名第六位；拥有3个国家重点实验室，1个国家工程实验室，2个国家工程技术研究中心，1个国家级国际联合研究中心，93个省部级重点实验室（中心、基地），1个国家级野外科学观测研究站，8个省部级野外科学观测研究站。

中国农业大学拥有一支实力雄厚、结构合理的师资队伍。现有专任教师1 860人，其中正高级672人、副高级917人。研究生导师1 406人，其中博士生导师904人。学校有中国科学院院士5人、中国工程院院士8人，"国家杰出青年科学基金"获得者45人，优秀青年科学基金获得者32人，"百千万人才工程"国家级人选27人，享受政府特殊津贴专家72人。聘请了包括诺贝尔生理或医学奖获得者、"DNA之父"詹姆斯·沃森（James Watson）和我国杰出的农业科学家、杂交水稻之父袁隆平院士在内的一批国内外著名学者担任名誉教授。

中国农业大学具备培养学士、硕士、博士的完整教育体系。学校拥有19个博士后流动站，21个博士学位授权一级学科，32个硕士学位授权一级学科，13种专业学位类型，20个专业学位领域，72个本科专业。全日制本科生12 182名，全日制研究生8 930名，其中全日制硕士研究生5 086名，全日制博士研究生3 844名；在站博士后研究人员262名。

中国农业大学坚持"德才兼备、全面发展、通专平衡、追求卓越"的人才培养理念，培养德智体美劳全面发展，具有宽厚的人文与自然科学基础、扎实的专业知识与实践技能，富有创新精神与能力的拔尖创新人才和行业领军人才。学校大力推进专业认证工作，牵头制定国家农学门类专业认证标准，成为涉农专业建设标准的制定者。农学专业率先通过国家农科专业（第三级）认证；植物保护、园艺2个专业率先通过中俄联合认证；农业水利工程、水利水电工程、车辆工程、电气工程及其自动化4个专业通过工程教育专业认证。学校拥有3名国家高层次人才特殊支持计划（"万人计划"）教学名师、2名国家级教学名师和40名北京市教学名师，5个国家级优秀教学团队、10个北京市优秀教学团队和1个北京高校优秀本科育人团队。学校积极推进一流本科专业建设，15个专业入选首批国家一流本科专业建设点，5个专业入选北京市重点建设一流专业。此外，学校拥有14个国家级特色专业、10个省部级优势专业和10个"卓越农林人才"计划专业。学校拥有2个国家理科基础科学研究和教学人才培养基地、1个国家生命科学与技术人才培养基地和2个国家人才培养模式创新实验区。学校不断深化教学内容和教学方法改革，建成23门国家精品课程、15门精品资源共享课、2门精品视频公开课、9门国家精品在线开放课程、25门北京市精品课程和5门北京市优质本科课程；122项教材入选国家级"十一五"规划教材；17项教材入选国家级"十二五"规划教材；进一步加强实验室、实习基地建设，拥有3个国家实验教学示范中心、3个国家级虚拟仿真实验教学中心和7个北京市实验教学示范中心；通过强化实践创新能力培养，构建了创新人才培养体系，为开展高水平的研究性教学奠定了良好的基础。大学生科技创新活动活跃，近5年来，学校本科生在各类创新项目支持下，共发表高水平论文491篇，其中SCI 158篇，EI 39篇，CPCI 2篇，CSCD 33篇；学生申请专利及软件著作权150项，其中发明专利17项，实用新型专利74项，外观设计专利2项，软件著作权57项；学生获得省部级及以上级别学科竞赛2 740项。深入推进研究生教育教学改革，服务国家战略需求和经济社会发展，不断提高研究生培养质量，全面实施博士生"申请考核制"；进一步完善研究生学位论文的质量保障体系，促进学位论文的质量不断提高。学校总计有23篇博士学位论文入选“全国优秀博士学位论文”，在全国高校中位居前列。学校已培养了13万余名合格的毕业生，取得了一大批教育教学成果，以优异的成绩通过了教育部本科教学工作水平评估，办学质量和办学水平得到了社会各界的广泛认可。2019年，学校本科毕业生2 802人，硕士毕业生1 854人，博士毕业生701人。

中国农业大学围绕人类营养与健康，以国家农业科技重大需求和国际学术前沿为导向，开展高水平科学研究、社会服务和文化传承与创新。在生物育种、健康养殖、兽医公共卫生安全、农业绿色发展、农业工程、食品制造、中国农业农村发展与全球食物安全等领域的研究居国内外领先水平。石元春院士主持完成的“黄淮海平原中低产地区综合治理的研究与开发”研究成果曾获国家科技进步特等奖。先后有27篇高水平研究论文在国际著名杂志《科学》(*Science*)、《细胞》(*Cell*)、《自然》(*Nature*)和《自然-遗传学》(*Nature Genetics*)上发表，奠定了学校在基础研究方面的领先地位。近5年来，主持国家重点研发计划项目29项；主持国家社会科学基金重大项目3项，教育部哲学社会科学研究重大课题攻关项目1项；有国家现代农业产业技术体系首席科学家6名；获国家级科技奖励31项，其中主报15项；获省部级科技奖励187项。在ESI(Essential Science Indicators，基本指标数据库)学科评价指标中，学校的农业科学、植物与动物科学、环境/生态学、生物学与生物化学、化学、微生物学、工程学、分子生物学与遗传学、社会科学总论和药理学与毒理学10个学科和所有学科论文总引用量进入全球前1%，其中农业科学、植物与动物科学2个学科的总引用量保持在全球前1‰。社会服务工作围绕国家重大战略和区域经济社会发展，以顶层设计、统筹布局、引领带动的工作思路，探索科技服务地方的新机制和新模式。学校已与十余个省、自治区、直辖市和百余个地级市签署了合作协议，在全国27个省建设综合实验站27个、产业研究院2个、教授工作站72个，支撑地方经济的发展，提升农业科技水平，加快农业产业化进程；学校积极与地方政府和企业开展政产学研用合作，通过科技成果转让、技术实施许可、作价入股等方式，推进科技成果转移转化，为企业科技创新提供动力，学校的专利成果和实用技术覆盖全国绝大部分省市，一批重大科技创新成果成为相关行业的主导技术；学校开展面向新型农场主、农业经营管理人才、基层农业干部、基层技术人员、职业农民和创业者及跨界投资者等的农业科技培训和服务，达到每年5.5万人次，有力地推动了学校科技推广和成果转移转化工作的开展。

中国农业大学广泛开展国际交流与合作，努力扩大开放，加速国际化进程。学校与东欧、中亚、非洲、拉丁美洲、北美等51个国家和地区的239所大学、研究单位和国际组织建立了友好合作关系。校内设有国际学院、中德综合农业发展中心、中荷奶业中心、中以国际农业培训中心等国际教育、科研与培训机构。学校与荷兰瓦赫宁根大学、美国康奈尔大学、美国加州大学戴维斯分校和巴西圣保罗大学合作建设“世界顶尖涉农大学联盟”(Top Five Agricultural University League，A5)，并在此机制下开展各项实质性合作。在加强与世界顶尖院校合作的同时，学校积极响应“一带一路”倡议，与“一带一路”沿线国家院校探讨农业科研与教育合作交流计划，成立了“一带一路农业合作学院”和“中国南南农业合作学院”，先后成立了“一带一路”动物科技创新联盟和“‘一带一路’/南南合作农业教育科技创新联盟”，并依托联盟成立了11个“一带一路”农业合作中心。学校十分重视培养国际一流人才，与“世界顶尖涉农大学联盟”(A5)院校、英国爱丁堡大学、法国国家农业食品与环境研究院、澳大利亚悉尼大学、德国霍恩海姆大学、加拿大阿尔伯塔大学、哈萨克斯坦国立农业大学、坦桑尼亚苏库因大学、联合国粮农组织等国外一流院校和国际组织广泛开展本科、硕士、博士联合培养，学术竞赛，夏令营，交换生和实习等各类国家公派和校际交流项目。

中国农业大学十分重视学生综合素质的培养，积极开展第二课堂教育活动，校园文化生活丰富多彩。学校充分发挥学生会、研究生会的桥梁纽带作用，聚焦权益服务，引领学风建设，引导学生规范有序地参与学校民主管理。学校现有学生社团 87 家，包含思想政治类、志愿公益类、学术科技类、文化体育类、创新创业类等多种类型。国旗班曾获北京高校国旗仪仗队检阅式比赛一等奖；国际交流协会曾获哈佛大学模拟联合国会议二等奖；向日葵爱心社、绿脉环保协会曾被评为"榜样 100"全国最佳大学生社团；峰云社人文科考队、向日葵爱心社曾被评为"全国优秀大学生团队"。学校持续聚焦"脱贫攻坚""乡村振兴"等国家重大战略开展系列社会实践活动，每年组织 3 000 余名青年学子深入基层一线，在实践中受教育、长才干、做贡献，在服务"三农"的过程中将论文写在祖国大地上，把科技成果应用到实现农业现代化的伟大事业中，先后获得全国大中专学生志愿者暑期"三下乡"社会实践优秀单位等 130 余项荣誉称号。大学生科技创新与创业活动蓬勃开展，多次在"挑战杯"全国大学生课外学术科技作品竞赛、"创青春"全国大学生创业大赛、中国"互联网＋"大学生创新创业大赛、全国大学生农业建筑环境与能源工程相关专业创新创业竞赛、国际遗传工程机器大赛、全国农科学子创新创业大赛、全国大学生电子设计竞赛、全国大学生机械创新设计大赛、全国大学生数学建模与计算机应用竞赛等赛事中取得优异成绩，大学生创新创业能力和热情不断提高。积极推进志愿服务工作，将其融入新生入学教育，培养学生担当精神与奉献意识。积极组织学生参与北京奥运会、中非合作论坛北京峰会、中国北京世界园艺博览会、国庆 70 周年等大型赛会志愿服务，曾获得北京市服务保障国庆 70 周年先进集体、第十一届中国青年志愿者优秀组织奖等上级表彰。学校现有百余个志愿服务项目可供学生进行自主的菜单化选择，覆盖扶贫、济困、扶老、救孤、助残、助学等多个领域，"青春悦动温馨家园"项目和"服务'三农'育英才 · 志愿人生第一课"项目分别在第三届和第四届中国青年志愿服务项目大赛中荣获银奖。学校橄榄球队是我国第一支橄榄球队，多次代表国家参加国际比赛，为祖国争光。2010 年，以我校学生为主的中国橄榄球女队曾夺得广州亚运会银牌；2017 年，学校男子橄榄球队五次蝉联全国七人制大学生橄榄球锦标赛冠军；2019 年，在首都高等学校春季触式橄榄球男女混合比赛中取得甲组冠军。学校足球队在 2017 年获得"特步"中国大学生校园足球联赛超级组全国总决赛亚军；2018 年，获得首都高校大学生足球联赛（超级组）冠军。近年来，学校田径队也在全国大学生运动会和北京高校运动会中多次获得单项冠亚军，取得优异成绩。学校的艺术教育蓬勃发展，在艺术教育、艺术团管理等方面形成了自己的特色。目前，学校有 7 个建制完善的大学生艺术团，包括合唱团、管乐团、舞蹈团、戏剧团、民乐团、弦乐团和音乐剧团。各艺术团在近几年的大学生艺术节活动中多次取得优异成绩，在 2017 年共获得 7 项奖励；在 2018 年北京市大学生音乐节中，合唱团和民乐团荣获 2 项金奖，管乐团和弦乐团荣获 3 项银奖。学校的合唱团和管乐团连续多届通过了北京市大学生艺术团评估验收。2019 年，原创话剧《稼穑之歌》在 2019 第十八届"金刺猬大学生戏剧节"中脱颖而出，斩获了本届戏剧节唯一最高奖项——"金刺猬"奖。

国富民殷、强农为本。"解民生之多艰,育天下之英才"是学校百年不变的追求。数代农大人情系乡土,忧患苍生,为实现中国人千百年来的温饱和富庶之梦不遗余力,与祖国和人民保持着最紧密的血肉联系,形成了学校特有的勤勉持重、爱国忧民的精神传统和严谨求实、厚德博学的办学传统。今天的中国农业大学,以习近平新时代中国特色社会主义思想为指导,以培养"三农"人才,提升农业科技水平为己任,保持农业优势学科,发展多种新兴学科,同瞬息万变的世界紧密相连,与日新月异的科技同步发展,朝着建设中国特色、农业特色的世界一流大学目标阔步迈进。

2019年学校基本情况数据

表1　在校学生数

位

全日制博士	全日制硕士	普通本科生	成人教育本科生	成人教育专科生	网络教育本科生	网络教育专科生
3 844	5 086	12 182	4 743	700	27 434	17 940

注：数据截至2019年年底。

表2　全校教职工数

位

在职人数	专任教师			党政管理人员	教辅人员
	数量	正高级	副高级		
2 847	1 860	672	917	509	388

注：数据截至2019年年底。

表3　2019年度科研情况

获国家级奖励/项	获省部级奖励/项	获授权专利数/项	SCI、SSCI、EI收录论文数/篇	到校经费/万元
8(4主报，4参报)	45(含主报和参报)	588	3 479	153 269

凝心聚力　同心共筑中国梦
强农兴农　师生共谱爱国情

——学校服务保障国庆 70 周年专项工作纪实

2019 年是中华人民共和国成立 70 周年，为激励和引领广大师生大力弘扬以爱国主义为核心的伟大民族精神，坚定“四个自信”，矢志投身新时代夺取中国特色社会主义伟大胜利的新征程，以实际行动献礼祖国 70 周年华诞，根据党中央“自由、生动、欢愉、活泼”的方针原则，在上级部门的统一指导下，按照市委“精精益求精、万万无一失”的工作要求，学校精心策划，周密安排，师生刻苦训练，团结协作，各部门组织得力，保障到位，圆满完成了国庆 70 周年庆祝活动的各项任务。全体参训师生发扬“特别能吃苦，特别能忍耐，特别能战斗，特别能奉献，特别能团结”的精神，团结协作，刻苦训练，高质量完成了校内外各项训练，10 月 1 日正式接受了党和国家领导人以及全国人民的检阅，载誉归来。

一、指导思想

高举中国特色社会主义伟大旗帜，深入学习宣传贯彻习近平新时代中国特色社会主义思想和党的十九大精神，紧紧围绕隆重庆祝中华人民共和国成立 70 周年主题，大力弘扬以爱国主义为核心的伟大民族精神，突出理论武装和思想引导，大力增强广大师生的“四个自信”，做到“两个维护”，精心组织开展国庆大型庆祝活动，引导广大师生不忘初心、牢记使命，坚定不移听党话、跟党走，为决胜全面建成小康社会、夺取新时代中国特色社会主义伟大胜利、实现中华民族伟大复兴的中国梦而矢志奋斗。

二、工作任务和基本情况

组织方阵完成群众游行工作　根据任务书要求，中国农业大学作为主责单位，中共北京市委农村工作委员会(以下简称北京市委农工委)作为参加单位共同组建 21 号“乡村振兴”方阵，方阵总人数 2 956 人(中国农业大学 1 356 人，农村致富带头人、农民代表 1 600 人)。实施过程中，方阵由两个大队组成，其中中国农业大学大队 1 356 人(后备 41 人)，由 16 个学院学生以及党政机关教师组成；北京市委农工委大队 1 600 人(后备 48 人)，由平谷、怀柔、密云、延庆 4 个区推荐的农民代表组成。游行时，游行群众簇拥表现新农村形象的方阵彩车(彩车车长 25.4 米，宽 7.4 米，高 11.6 米)，自由行进。游行人员手持“五彩绸扇”道具(蓝、粉、黄、红、绿)，身着三色服装，伴随《美丽乡村》的音乐(音乐时长 1 分 32 秒)，走过长安街。进入天安门核心区时，彩车上的人员向天安门方向挥手致意；游行人员围绕彩车形成46 排 71 路的方阵，方阵长 84 米、宽 49.5 米，游行人员随着音乐舞动绸扇，并齐呼口号“祖国，我爱你”。经过前期的刻苦训练，中国农业大学主责的 21 号方阵，充分展示出了农大学子的爱国之情、报国之意，表达出了广大农民对党的感恩之情和良好祝愿，形成了质朴、真挚的动情点。

组织完成广场合唱工作 按照任务书要求，中国农业大学(74 名师生)与来自其他 30 余所首都高校共计 2 900 余名师生共同组建广场音乐表演合唱团，国庆节当天上午在天安门广场正中央的音乐表演区，与解放军联合军乐团共同完成国庆庆祝大会(阅兵仪式、群众游行)全过程的歌曲演唱工作，在 3 个小时的庆祝活动中精彩演绎了 31 首歌曲，充分展示了首都高校青年学子的高水平艺术素养和良好风貌，体现了青年服务国家的责任担当。

组织完成广场联欢活动 按照上级要求，学校体育与艺术教学部牵头组织艺术团同学参加国庆节当晚的广场联欢活动。101 名师生在训练中发挥农大艺术团的特色，发扬不怕苦不怕累的工作作风，参与了近两个小时的歌舞表演，演绎了 23 首歌曲，以饱满的热情和强烈的爱国情怀圆满完成任务，在天安门广场上唱响盛世欢歌。

组织完成保障志愿服务工作 学校共计 275 名志愿者先后参与完成国庆活动保障志愿服务工作，包括训练期间的物资护送、集结疏散、新闻报道、资料整理、训练服务、会议协助、后勤保障以及国庆期间地坛游园、世园会闭幕式等志愿服务工作，服务时长累计达 14 020 个小时，志愿者们将“奉献、友爱、互助、进步”的志愿精神践行到实处，谱写了与国同庆的青春之歌。

三、主要工作完成情况

(一)对标要求准线，不打折扣抓落实

学校党委高度重视国庆 70 周年庆祝活动，认真学习上级部门对于庆祝活动的要求和部署。两次召开党委常委会专题研究《中国农业大学服务保障新中国成立 70 周年庆祝活动实施方案》和《中国农业大学庆祝国庆活动机构设置及工作职责》，坚决贯彻执行各项工作部署。

坚持政治性，为圆满完成各项任务提供坚强组织保障 学校落实各级党委主体责任，建立健全组织机构。成立了庆祝新中国成立 70 周年活动工作领导小组，由党委书记姜沛民任组长，成员包括党政办公室、党委学生工作部(学生处、武装部)、各学院等 31 个党政部门和二级学院主要负责人，领导小组办公室设在校团委。强化党的政治引领，针对具体承担的任务分别成立了方阵游行工作专班、广场合唱工作专班和广场联欢工作专班，同时成立了临时党组织，充分发挥基层党组织战斗堡垒作用和党员先锋模范作用。

在学校党委的坚强领导下，组建精干工作队伍，抽调能力突出的党政干部进入工作专班开展工作，各学院分团委书记、辅导员全部编入训练队伍，全程参与活动并承担组织保障工作。

体现群众性，有效动员精心选拔提供可靠人员保障 坚持党委主责、主动自愿、分类选拔、平稳有序原则，6月初，开展国庆庆祝活动的志愿者招募工作。各学院党委以高度的政治责任感，结合爱国主义教育有效开展思想动员，广泛发动师生积极参与到广场游行、广场合唱、广场联欢等庆祝活动中来。师生踊跃报名，各学院党委选拔政治素质好、纪律意识强、身心健康、积极自愿的人员参加庆祝活动。做到严格遴选，严格把关，严格保障；遴选人员确定后，严格做好保密教育，认真摸排已选定人员的思想动态，做到存疑不用；工作部署、开展过程中严格执行保密规定，激励引导同学珍惜机会、积极参与，表达爱国热情。

把握思想性，严密部署狠抓落实提供可靠安全保障 坚持正确的政治立场和政治方向，坚持唱响主旋律，守好主战场，用强劲的主流价值观和正面声音引领学生。将庆祝活动与学习宣传贯彻习近平新时代中国特色社会主义思想和党的十九大精神相结合，与"不忘初心、牢记使命"主题教育相结合，与弘扬"曲周精神"、日常教育实践等相结合，在活动中自觉引导学生服务国家重大战略，树立成才报国的坚定信念，勇于做担当民族复兴大任的时代新人。深入开展安全和保密教育，牢固树立安全意识、保密意识，强化责任、严肃纪律、加强管理，按要求签订《保密责任书》，建立保密室、购置专门保密设备处理保密文件，严格做好保密工作。精心策划，准确把握宣传口径，合理宣传，把握舆论导向，深入挖掘特色典型，广泛营造庆典气氛。

加强科学性，密切配合有效落实提供各项激励保障 加强工作的系统性、科学性、整体性和协同性，把握好推进节奏，及时发现和解决工作中遇到的问题，建立党委领导有力、部门配合密切、实施过程顺畅的运行机制，强化后勤保障支持，做到措施到位、责任到位、落实到位、安全到位。

（二）提高训练上线，确保精精益求精

贯彻落实"自由、生动、欢愉、活泼"群众游行八字方针，以"分级压实责任，科学统筹时间，激发群众热情，严守安全底线"为组织工作基本原则，以"坚持科学统筹、突出以人为本、把握安全底线、发挥组织优势、强化分类指导"为训练工作原则，确保承担的国庆70周年庆祝任务安全、顺利、圆满完成。

科学统筹，合理规划，有效开展基础训练 方阵游行工作专班制订了《中国农业大学庆祝新中国成立70周年大型活动方阵组织训练实施方案》，精心挑选参与过国庆60周年群众游行的教师、校国旗班和旌学社成员等骨干组建基础训练和艺术指导团队，同时建立起由校团委书记担任大队长，由27名各学院团委书记、专职团学辅导员担任中队长，由131名学生骨干担任小队长的方阵战斗体系，针对基础排面、左右标齐、步幅步速、队容队形、配乐行进、动作规范、情感表达等方面进行训练。广场合唱工作专班自7月1日起按照每天6个小时的训练强度对全体合唱团同学进行乐理知识、发声吐字、体态表情以及体能强化训练，充分保证了演唱水准和艺术效果；广场联欢工作专班通过培训骨干力量、分声部等方式进行训练，确保了国庆节联欢当天的整体表演效果。

精心部署，团结协作，全力推进合成训练 在方阵合练过程中，师生和农民群众团结一心，互相鼓励加油，整个方阵紧紧团结在了一起。方阵队员在校训练场共进行了5次合练，在顺义区跑马场进行了2次合练，其中虽然经历了多次动作的改动（动作变化4次，音乐调整3次），但所有人员严格遵守训练纪律和训练要求，取得了良好的合练效果。方阵队员牢记自身坐标位置，方阵保持整体行进步幅步速准确、配乐行进合拍，队形整齐，间距准确，动作准确、整齐，得到了上级指挥部和艺术指导的首肯和表扬。以评代训，前期训练中设立“精彩70流动红旗”“最佳步幅步速”“优秀中队”“优秀个人”等奖项，定期组织评选及表彰活动，及时开展总结与表彰工作，引领师生思想进步、刻苦训练。

群策群力，坚持不懈，精心投入集体合练、演练　“乡村振兴”方阵前后共参加3次合练、3次演练，每次合练之后，方阵游行工作专班第一时间分析检测数据、复盘演练过程，分析存在的问题和解决方案，及时通过各中队将上一次合练、演练中出现的问题传达给方阵中的每位队员，让队员们不断反思和提升，同时在每次合练、演练之前也通过各中队将改动的细节告诉队员们，温习和巩固之前的训练成果，并且带入新动作、新口号，每每合练、演练一次，方阵的整体效果就更加的饱满和丰富一次。除了不间断训练之外，进一步丰富队员们的训练生活，各学院认真组织学生思想动员等活动。另外，校领导和分指领导多次莅临训练场，给予指导和关怀，大大鼓舞了队员们的士气，振奋了军心。

挑选骨干，自我加压，强化保障人车合练　游行队伍和彩车的配合默契程度，是确保方阵游行取得成功的关键环节。为确保安全和精彩程度，方阵游行工作专班精心挑选了86名游行骨干人员作为彩车内框，并开展专门训练。为了使训练更加贴近实际，学校自行制作了模拟彩车框，并在边框书写了“凝聚青春力量，吹响奋进号角”“青春心向党，建功新时代”等口号。

多措并举，弘扬爱国主义，将思想政治工作贯穿始终　组建临时党支部，以“四个一”的工作模式发挥党员先进性。通过临时党支部，“开展一次党支部活动，开展一次党员教育，培养一批优秀入党积极分子，报送一系列优秀事迹报道”的“四个一”工作模式，充分发挥党支部战斗堡垒作用。开展多元教育活动：学校层面，通过各类会议多次强调此次活动的重要意义，提高学生的思想觉悟，通过开展动员大会、“我与国旗合张影”和“共筑中国梦·共续团员情”主题教育活动，开展“青春告白祖国”主题团日活动，深化对重大活动的认识，提升其使命感和责任感；学院层面，通过读书会、素质拓展、团队建设、体育竞赛、演讲竞赛、征文、文艺表演、座谈交流等形式，在思想引领的同时，增强团队凝聚力，保持良好的情绪与训练状态；个人层面，充分发挥辅导员、中队长等骨干成员的作用，通过一对一谈心谈话，随时了解学生的思想动态及身心情况。

举旗定向，营造良好氛围，用青春谱写爱国主义华章　组建宣传工作组，在训练工作开展期间，及时进行典型人物挖掘、音像资料留存等工作，在保密要求的前提下，不但及时完成游行群众指挥部第三分指挥部（以下简称第三分指）的宣传报道任务，学校主页、双微平台等网络平台也建立了国庆庆祝活动专栏。在保密期结束后，利用网站、微博、微信、抖音、B站、校园广播、报纸等融媒体平台统一发声，运用师生喜爱的新媒体手段进行宣传报道，通过组织观看庆祝大会直播，进行先进人物、先进事迹的专题报道等，进一步讲好农大故事、发扬好农大精神，向伟大祖国献礼、向农大辉煌事业致敬，用青春谱写了一曲曲爱国主义华章。

国庆活动结束后，为了进一步做好工作的总结梳理，进一步强化爱国主义教育、深化国庆活动效果，学校在前期工作基础上围绕“十个一”开展了总结表彰活动。“十个一”即举行一场总结表彰大会、对参与活动的个人进行一次集体表彰、制作一部专题纪录片、制作一本成果画册、出版一本成果集(图书)、举办一场爱国主义教育展览、组织一系列爱国主义教育宣讲、设计一系列线上线下宣传纪念产品、组织一系列爱国主义影视作品展播、向党组织推荐一批优秀团员青年。

(三)把准集散高线，确保全程准点高效

学校按照“精精益求精、万万无一失”的工作要求，采取了一系列措施保障集散交通工作，在整个庆祝大会活动过程中一个人不少、一个人不丢、一个人不伤，圆满顺利地完成了庆祝大会的集散交通保障任务。

建立畅通有效的通联体系，为工作顺利开展提供坚强保障　抽调专人成立集散交通工作组，集散交通组组长任方阵集散指挥长，下设各来源单位的主要负责人和联络员。全体工作组成员同时担任游行任务，并且分布在方阵关键点位，其余人员担任方阵中队长，保证集散交通工作在游行前、游行中、游行后不断线，随时根据最新情况及时响应。

制定工作原则及方案，为有效提升集散质量打下坚实基础　一是统筹协调原则，集散交通组承上启下，与第三分指对接协调各类集散交通安排，同时负责中国农业大学、北京市委农工委 2 个大队集散交通相关工作的总体统筹，实施、监督各大队集结疏散和交通运输组织工作。二是分工负责原则。在方阵内部按照“谁组织，谁负责”的要求，做好本方阵 2 个大队游行人员集结疏散和交通运输车辆保障、行车路线规划、出发时间等环节的具体实施工作。三是安全第一原则。精心打磨工作方案，梳理各类风险点，提前消除工作隐患，强化风险控制，严防交通安全事故，确保人员、车辆在集散过程中的绝对安全。学校与第三分指、公交公司和安保部门多次到顺义跑马场、良乡机场、阅兵村和长安街等校外演练场地现场踏勘，根据校内场地条件，合理规划校内交通路线图和停车区域车辆调度，每次重要训练前都制订专门工作方案和应急预案，训练完成后及时复盘，分析改进之处，不断完善方案。

加强演练，多方对接，确保集散交通工作井然有序开展　专门制订了演练方案和计划，桌面模拟演练、操场演练和实战演练多管齐下，确保集结疏散路线和要求人人知晓、人人熟悉。为了提高集散效率，注重在细节上下功夫。比如，制作中队标识牌，车辆编号标识，每辆车安排 1 名车长并进行培训，安排疏散引导员指引方阵疏散路线，建立集散过程中关键节点报告制度等。做好协调对接，每次合练之前安排专人和各方进行对接，协调校内各职能部门，确保集散交通工作井然有序开展。

(四)守住安全底线，确保万万无一失

学校在完成各项任务过程中，本着“从高、从严、从实”的原则，从落实政治要求的高度，强化责任意识和底线意识，坚持“将安全宣传教育贯穿始终，将保密工作贯穿始终、将应急演练贯穿始终”，全力做好方阵训练、合练验收、彩排预演各个阶段的安全及应急保障工作，确保方阵游行活动顺利进行。

构建坚强有力的安保工作体系　构建了安全保卫工作体系，形成了领导小组—安全保障工作组—安保员的三级安保应急工作体系。按照有关要求，实行安全和保密工作网格化、层级化管理体制，认真落实游行队伍“六有”的要求，切实加深参训人员对保密工作和安保及应急工作重要性的理解和认识，增强骨干队伍的责任意识、危机意识和底线意识，提升骨干队员应对和处置突发事件的能力和水平。

制订周密细致的安保工作方案 根据上级"一阶段一方案、一活动一方案、一方阵一方案"的要求，制订《庆祝大会服务保障和游行群众指挥部第三分指挥部21方阵安全保卫工作方案》等方案，明确各阶段的安全保卫目标和重点工作任务，明确各层级、各岗位的工作职责和任务分工，明确各项具体工作的具体任务和工作标准，明确总体工作要求，确保将各项安全保卫工作职责任务层层落实，责任到岗、责任到人。

实施全面可靠的安全保障措施 借助学院路街道、东升派出所、马连洼派出所的力量，整合农大和成员单位的资源，强化人防、物防、技防等安保措施，强化交通、医疗等保障措施，全力保障日常训练、合成演练、远端集结点的各项安保、应急和医疗等工作。

组织有效实用的安保应急演练 本着"符合实际、贴近实战、简单直接、快速有效"的原则，积极做好应急场景模拟、应急脚本设计、桌面推演和应急演练等工作。

开展丰富多样的安保宣传活动 坚持"安全保障，预防为主，教育为先"的方针，学校始终将加强安全宣传教育作为推动安全保障工作的一项重要手段。在骨干动员会和全员动员会上，将安全宣传教育作为专线内容，压实各级各类人员的责任。组织2场安全宣讲活动，结合生动实例，增强全员自觉维护和保障安全的意识。在日常训练和参加集体合练、演练中，将安全宣传教育置于每次安全自查、远端安检、集结、汇合包夹、疏散等环节中，时刻提醒方阵队员注意安全相关事项。

小我融入大我，青春告白祖国，庆祝新中国成立70周年庆祝活动虽已结束，然而为祖国富强而拼搏奋斗，以强农兴农为己任奋发成长的精神，却永久长存。相信中国农业大学的青年师生，今后定会继续传承先辈的红色基因，带着走过天安门的荣耀，勇担兴农报国使命，为建成具有中国特色、农业特色的世界一流大学，为实现中华民族伟大复兴的中国梦贡献青春力量。

专 文

党委书记姜沛民在学校领导班子工作报告时的讲话

（2019年3月11日）

2018年，是全面学习贯彻落实习近平新时代中国特色社会主义思想和党的十九大精神的开局之年，是改革开放40周年，是决胜全面建成小康社会、打赢脱贫攻坚战的关键一年，也是学校高质量推进“双一流”建设的关键一年。一年来，学校领导班子坚持以习近平新时代中国特色社会主义思想和党的十九大精神为指引，认真贯彻全国教育大会精神，坚持社会主义办学方向，落实立德树人根本任务，以着力推动“5+1工程”为统揽，解放思想、深化改革，紧抓机遇、迎接挑战，团结一致、积极进取，团结带领全校广大师生，加快推进中国特色、农业特色的世界一流大学建设，在人才培养、科学研究、社会服务、文化传承创新、国际交流合作等方面取得了新的进步。

一、坚持和加强党的全面领导，全面贯彻党的教育方针

（一）深入学习宣传贯彻习近平新时代中国特色社会主义思想

深入领会习近平总书记关于教育工作的重要论述。学校领导班子把认真学习宣传贯彻习近平新时代中国特色社会主义思想作为首要政治任务。通过个人原原本本学、理论学习中心组集中学、专家解读深入学等多种方式，引导全校师生深入领会习近平新时代中国特色社会主义思想的核心要义和创新观点，切实增强“四个意识”和“四个自信”。第一时间传达习近平总书记在全国教育大会上的重要讲话精神，引导全校师生准确把握习近平总书记对新时代教育工作的战略要求，全面领会教育改革发展的“九个坚持”。充分利用“双周三”学习、“三会一课”、期末集中组织生活等形式和载体，抓好大会精神学习，确保大会精神传达到每一个党支部、系、所、中心和班级，传达到每一位师生员工，切实增强学习贯彻习近平总书记重要讲话精神责任感和使命感。

深入贯彻落实党的十九大精神。组织开展为期5天的处级干部学习贯彻习近平新时代中国特色社会主义思想和党的十九大精神集中轮训，处级干部培训率达100%，实现

全覆盖。党委书记与校长分别做专题报告，强调全校干部要进一步贯彻“学懂弄通做实”要求，在思想上坚定不移地用习近平新时代中国特色社会主义思想和党的十九大精神武装头脑。全体校领导、全体处级干部以“贯彻落实党的十九大精神，统筹推进‘5＋1 工程’”为主题，围绕贯彻落实中央重大决策，围绕落实“四个服务”和立德树人根本任务，围绕服务农业农村现代化，围绕服务国家战略、提升办学水平，围绕增强办学实力深入交流，把十九大提出的新思想、新观点、新论断切实转化为推动工作的新思路、新方法、新举措。

深入推进全国教育大会精神的贯彻落实。学校出台《学习贯彻全国教育大会精神教育培训计划》并大力推动实施。党委书记结合学校实际，给学校领导班子成员、全体处级干部、骨干教师讲授“同上一堂教育大会专题课”。邀请有关专家学者做专题辅导报告，对全国教育大会精神进行深入解读。校、院两级理论学习中心组进行专题学习，重点学习习近平总书记在全国教育大会上的讲话，并开展研讨交流。在此基础上，二级党组织结合学校重点工作，围绕“推进全面从严治党”“教学审核评估整改”“加快学校‘双一流’建设”等，组织本单位骨干教师、师生员工开展系列学习研讨。

(二)坚持完善党委领导下的校长负责制

切实加强学校党委对学校事业发展的统一领导，保证校长依法行使职权，不断完善组织协调和制度保障。明确党委常委会在学校发展中的领导核心作用和集体决策的民主程序。通过制定完善制度及相关议事规则，强化了学校党委谋大事、议大事、抓大事的领导核心作用。凡是涉及学校发展全局的重大行政事项，党委常委会要先行研究形成指导性意见，交由校长办公会研究讨论形成建议方案后，再提交党委常委会决定。根据学校实际情况，调整完善了学校“三重一大”事项的决策范围和标准，增强了可操作性。

(三)全面推动依法治校

坚决贯彻依法治校理念，新制定校级规章制度 30 项，修订制度 13 项，建立健全科学决策、教育教学、学生管理、教师队伍建设、干部管理、科学研究、财务资产管理等校级规章制度 447 项，逐步形成了以学校章程为统领的规章制度体系。学校治理基本有法必依，有章可循。

(四)着力提升思想政治工作质量

深入落实全国高校思政会议精神，成立“中国农业大学思想政治工作领导小组”，研究制订和推动落实学校党委《2018 年思想政治工作质量提升工程实施方案》。加大思政课教师建设力度，充实教师队伍。牵头组织编写出版全国农林高校思政课教学改革案例集，编印《专业课发挥育人功能专项教学改革成果集》。继续深入推进以问题为导向的“三三制”协同育人思政课教学改革。构建学校思想政治工作“十育人”新体系，不断加强学生理想信念教育和学风建设教育。坚持以立德树人为根本，结合纪念马克思诞辰 200 周年和庆祝改革开放 40 周年系列活动，大力推进习近平新时代中国特色社会主义思想“进教材、进课堂、进头脑”，增强学生对于马克思主义中国化这一最新成果的理解和应用能力。农学院党委获批教育部首批“三全育人”综合改革试点学院。

(五)切实加强学校意识形态工作

党委理论学习中心组专题学习意识形态工作 2 次。党委常委会传达学习意识形态相关工作精神 25 次，专题研究意识形态工作 2 次，研究意识形态相关工作 27 项。在党委常委会和二级党组织范围内通报意识形态领域形势7次。5月份召开意识形态与师德师风工作通报会，传达《中共教育部党组关于2018年教育系统意识形态领域形势研判的通报》。11月份召开职能部门和二级党组织负责人座谈会，研讨修订意识形态工作责任制有关文件。定期召集网评员研讨网络舆情和网络文化工作，通报舆情热点，开展业务培训，交流工作经验。共完成每周舆情简报53期，突发舆情专报9期。针对监测发现的网络舆情，及时向有关单位通报情况，妥善做好处理处置。对25个二级党组织和17个相关职能部门开展意识形态工作督查，定期听取舆情工作报告，压实工作责任。确保我校在2018年没有发生重大事故，也没有出现重点人。

(六)大力推进基层党组织建设与改革创新

研究制订学校《党建工作计划》，把2018年确定为学校"党建质量年"。加强系统谋划，完善"五建五提升"党建体系，健全50多项党建制度，不断提升党组织政治功能。通过听取二级党组织书记抓党建工作述职，领导班子成员分别深入基层调研党建工作等措施，提高了基层党组织对党建工作的重视，促进了上级和学校基层党建工作制度的落实，提升了基层党建工作水平。进一步强化基层单位党的领导，制定出台《学院党委会议议事规则(试行)》，修订《学院党政联席会议议事规则(试行)》，明确规定涉及学院领导班子建设、干部推荐、办学方向、教师队伍建设、师生利益等重大问题，学院党委会先进行研究讨论再提交党政联席会议决定，保障学院党组织在本单位干部和教师队伍建设中发挥主导作用。实现二级党组织书记和教职工党支部书记抓党建述职评议考核全覆盖，抓实二级党组织书记作为抓党建工作第一责任人的职责。强化党的一切工作到支部的鲜明导向，推行教师党支部书记担任副系主任职务或与系(中心)行政领导互认制度。完善教职工聘用、晋职晋级、评奖评优必听党支部意见，干部选拔任用必找党支部书记谈话，年终师德考核必经党支部审核的"三必"工作机制，进一步夯实组织评价，不断凸显党支部政治功能。理学院党委、动物医学院党委基础兽医学系教工第二党支部和水利与土木工程学院党委水利系教工党支部入选首批全国党建标杆学院、样板党支部培育创建单位。连正兴工作室获批全国高校首批"双带头人"教师党支部书记工作室。

(七)全面加强党政干部队伍建设

修订学校《处级党政领导干部选拔任用工作办法》，进一步规范完善干部选任工作程序。以中层干部换届为契机，创新干部选拔任用工作方式方法。在选任方式上，由过去民主推荐为辅、竞争上岗为主，调整为以民主推荐为主，采取多种方式广泛深入进行民主推荐，扩大群众参与力度。加强干部轮岗交流，提升干部能力素质。此次换届工作聘任处级干部128人，转任共计51人，转任干部总数超过聘任干部总数的1/3。加强校、院两级的干部交流，共交流干部22人，其中转至学院8人，由学院转出14人。同时鼓励教师队伍与干部队伍的双向交流，推荐各类优秀教师近百名，根据岗位需要将其中一部分吸收进管理干部人员队伍中，纳入组织培养渠道。认真组织干部申报个人有关事项，规范干部兼职审批，严格干部因私出国(境)管理，强化干部学习教育、持续做好干部挂职的选派与接收工作。

(八)积极开展对知识分子和青年学生的政治引领和吸纳

加强和改进学校党委对统战工作的领导，不断加强民主协商，促进大团结大联合。不断健全和完善学校统战工作体系，进一步增强对党外知识分子思想政治引导的针对性、政治参与的有序性。积极谋划，依托“三大工程”，以“同心圆工程”强化思想政治引领，以“心桥工程”搭建党外知识分子实践锻炼平台，以“党外代表人士队伍建设工程”吸纳和汇聚人才，不断提升学校统战工作科学化水平。举办党外代表人士和青年骨干专题培训班，增强了党外人士和青年骨干的“四个意识”，坚定了“四个自信”。带领民主党派、无党派人士围绕学校中心工作深入调研协商，凝聚发展智慧。主动对接国家与地方重大发展战略，搭建以“北京科技小院”为代表的党外知识分子服务北京的实践锻炼平台，推进与怀柔区的美丽乡村建设规划项目。全面深入推进共青团改革各项工作。充分发挥学代会、研代会、校长信箱桥梁纽带作用，积极搭建联系学生、服务学生、贡献学校的平台，畅通听取和征求学生的意见建议的渠道，有效发挥学生为学校建设发展献计献策、贡献力量的作用。团结带领广大青年学子响应党和国家的号召，在服务国家重大战略中贡献青春力量。开展以“乡村稼穑情·振兴中国梦”为主题的暑期社会实践活动；推进中非合作论坛北京峰会等志愿服务；推动校园文化繁荣兴盛，促进学生全面发展；推进网上共青团建设，积极适应青年学子新特点；构建“一心双环”团学组织格局，指导各类学生组织规范发展。

二、加强领导班子队伍建设，不断提高理论水平与领导能力

（一）着力加强理论学习

学校领导班子坚持以习近平新时代中国特色社会主义思想为指导，带头学、带头讲，紧紧围绕十九大精神和全国教育大会精神，开展党委理论学习中心组专题学习研讨会12次，党委常委会专题学习24次，带领学校各级党组织和全体党员向党中央看齐。党委书记参加了教育部和北京市组织的学习习近平总书记北大讲话精神讲师团、教育大会精神“百人宣讲团”，为干部、党员、师生等宣讲对谈10余次；党委书记和校长在《人民日报》《光明日报》等媒体上发表多篇署名文章。学校领导班子全体成员参加相关理论培训，深入基层单位进行不同层面的宣讲和对谈。整个学校学习氛围更加浓厚，理论学习持续跟进，以习近平新时代中国特色社会主义思想武装头脑、指导工作更加主动和自觉。

（二）不断强化政治担当

学校认真落实《学习宣传贯彻党的十九大精神的实施意见》，部署开展“新时代　新使命　新作为”主题党日活动，将思想政治工作质量提升目标要求纳入2018年学校“双一流”建设方案。完成本科教学审核评估和研究生学位合格评估，获得研究生教学成果特等奖和两项国家教学二等奖，国家级教学名师增加2人；制订实施《2018年思想政治工作质量提升工程实施方案》，持续推动思政课质量攻坚战和马克思主义理论学科建设。教育部网站先后刊发《中国农业大学扎实推进课程育人》简报，《中国教育报》头版刊发我校《让“坚硬”的专业课“柔软”起来》报道。完善意识形态责任制，建立并实施意识形态周巡查制度，强化校内意识形态研判。学校经受住各种政治风浪考验，确保了安全稳定。

（三）加强作风与能力建设

学校领导班子切实加强自身管理，落实执行《中国农业大学校级领导干部“约法十条”》，出台了《中国农业大学领导干部谈心谈话办法》。班子成员之间经常开展沟通交流，充分营造团结稳定的工作氛围，做到重大决策会前充分酝酿、会上集体决策、会后齐抓共管。领导班子进一步解放思想、转变作风，不断提升干事创业的能力水平，加强顶层

谋划，系统推进“5+1工程”，研究制订学校“双一流”建设方案，积极谋划新农科、新工科学科体系。不断优化学科结构，先后成立土地科学与技术学院、草业科学与技术学院和国家农业绿色发展研究院，搭建服务乡村振兴、精准扶贫、“一带一路”等工作平台。深入实施人才强校战略，学校办学实力不断提升，农业科学学科进入ESI世界前万分之一，居全球高校第二位。

(四)认真履行从严治党主体责任

学校领导班子坚持把全面从严治党主体责任和监督责任扛起来，着力严肃党内政治生活和党内监督，不断增强全面从严治党思想自觉和行动自觉。严格执行《关于新形势下党内政治生活的若干准则》，严肃党的组织生活，严格执行“三会一课”、民主生活会、组织生活会、谈心谈话、民主评议党员、请示报告等制度。坚持思想建党和制度治党相统一，坚持使命引领和问题导向相统一，坚持抓“关键少数”和管“绝大多数”相统一，坚持行使权力和担当责任相统一，坚持严格管理和关心信任相统一，坚持党内监督和群众监督相统一，将“六个统一”不断深化和贯彻落实在实际工作中。锲而不舍地落实中央八项规定精神、带头自律和接受监督、保持清正廉洁政治本色的思想自觉和行动自觉。

三、推进世界一流大学建设，全面提升学校综合实力

(一)全面实施《世界一流大学建设方案》

聚焦发展战略，推动“双一流”建设。系统谋划学校长远发展，以服务国家战略需求为导向，以引领国内“新农科”建设为目标，以高质量推动“双一流”建设为契机，系统布局学校长远发展学科布局，培育新型前沿交叉学科，成立国家农业绿色发展研究院、草业科学与技术学院，申报农业绿色发展、作物智能育种生物学和智能农业装备工程等3个北京市高精尖学科，全面提升服务国家战略能力，提升学校基础科学研究能力，通过战略规划引领和驱动“双一流”建设。

完善“双一流”建设机制。制定《“双一流”建设项目实施方案编制与论证管理办法》《“双一流”建设项目过程执行管理办法》《“双一流”建设项目考核与验收管理办法》和《“双一流”建设项目动态监测与成效评价管理办法》等，强化“双一流”建设管理保障机制。实行项目分类管理，明确各类项目责任人，建立过程监督机制，完善年度考核和绩效奖励的管理体系。

聚焦“强优势、补短板”。根据教育部第四轮学科评估指标及结果，深入分析学校学科建设的优势和短板，形成各类学科、排名分析报告50余个，为各学科发展提供全方位数据分析与咨询服务。启动学科发展动态监测与成效评价工作，完成学院与学科2018年建设成效奖励方案，优化学科资源配置，完善组织管理机制体制，促进学科发展。发起组建“双一流”农科联盟，召开农科发展论坛，进一步强化优势学科。

(二)人才强校战略有力推进

推进“315”人才计划。打破传统招聘模式，各层次人才和实验技术岗位招聘由一年一次改革为全年招聘，教师引进可根据需要随时进行。充分发挥学院的招聘主体地位，可两年内统筹使用进人指标。组织8场进人遴选评审会，新入职共计126人，相比2017年增长了36%。专任教师83人(其中，高层次引进37人、普通教师46人)，管理岗30人，实验技术岗6人，其他专业技术岗7人。进站博士后89人，博士后在站252人，7人

入选“博士后创新人才支持计划”，5 人入选“博士后国际交流计划”，49 人获得博士后科学基金面上资助，16 人获得国家自然科学基金青年奖资助。举办第二届大禹青年学者论坛，延揽海内外优秀青年学者。

落实以贡献为导向的人才激励机制。构建人才管理新机制，在校“四青”人员可通过新机制选拔直聘教授。进一步完善特聘教授岗位制度，注重考察各类人员的学术成就和科学贡献，将二级教授纳入特聘教授选聘，适度提高特聘教授待遇。

健全人才考核晋升体制。改进年度考核评价方式，细化考核工作量，增强考核评价工作实效。打通专业技术职务晋升通道，完善管理人员职业晋升机制，促进人才分类评价，充分释放人才活力。首次开设实验技术系列正高级岗位 2 个，继续设立教学型教授指标 2 个。开展两次延迟退休申报工作，审定批准 55 人延迟退休申请，充分发挥高水平教师的传帮带作用，破解人才断档难题。

提升人才服务、保障质量。调增课时津贴教学绩效，鼓励广大教师潜心教学。启动奖励津贴改革方案，统筹各类奖励性津贴，优化薪酬资源配置。为新机制引进的杰出人才提供专项科研启动经费，依法依规调整薪酬标准，平稳有序地进入国家社保系统。解决学校教职工夫妻两地分居 18 例，建立人才住房专项维修基金，充分保障人才权益，排除后顾之忧。

(三)科技创新能力不断提升

科研经费与项目稳中有升。面向国家重大战略需求和国际科学技术前沿，紧抓机遇，全力提升科技创新能力，布局基础前沿、关键技术、重大工程等重大攻关，打造高水平创新团队，科技创新影响力进一步扩大。累计到校科研经费 15.20 亿元。获批国家研发计划项目 10 项；国家自然基金 176 项，其中，面上基金 102 项，青年基金 45 项，重点项目 7 项；横向项目立项 653 项。

科研论文不断增长。学校论文累计被 SCI、EI 和 SSCI 收录 2 869 篇次，同比增长 18%。其中 SCI 收录 1 899 篇，同比增长 11%；EI 收录 907 篇，同比增长 37%；SSCI 收录 63 篇，同比增长 24%。SCI 论文中影响因子大于 5.0 的 287 篇，同比增长 12%。累计申请专利 1 062 项，同比增长 19%，获授权国际专利 PCT2 项。

科技成果再创佳绩。学校获得国家科学技术进步二等奖 2 项，北京市科学技术二等奖 1 项，中国专利奖金奖 1 项。李德发院士推广低蛋白质日粮饲料技术，将猪饲料中的大豆含量由 16%降至 14%，每年可减少大豆需求量 1 130 万吨，对国家的经济建设具有重大的战略意义。张福锁院士“土壤-作物系统综合管理技术研究与应用”入选中国高等学校十大科技进展。

重大创新平台建设迈向新层次。深化改革食品营养与人类健康高精尖中心建设体制机制，大力推进模式动物大设施项目建设。积极筹划建设兽医公共卫生学国家重点实验室和教育部农业生物分子设计前沿科学中心。果蔬加工工程中心获评 2018 年教育部优秀工程研究中心。新获认证省部级实验室 2 个，全校省部级以上平台数量突破 100 个，新增校级基地 7 个，总数达到 91 个。

哲学与社会科学研究进步显著。学校多项政策建议、研究成果获得党和国家领导人批示。获得国家社科基金重大项目 1 项，中国农业大学学报(社会科学版)在全国 625 种综合性人文社会科学期刊中排名第 9 位，影响力指数排名第 14 位。

（四）本科教育教学质量持续提高

本科生源质量再创新高。全校普通理工类新生投档成绩平均高出当地一本线109.77 分，理工类录取最低分院校平均排名较 2017 年提升 4 位，实现十一连增。

顺利通过本科教学工作审核评估。接受教育部本科教学工作审核评估，本次评估在农林高校中首次包含国际专家参与，达到了以评促改、以评促建的目的。同时以评估为契机，学校修订完善本科教育教学规章制度，投入 970 万元专项资金改善本科教学条件建设，推动本科教育教学工作迈向新台阶。

专业建设取得新的突破。植物保护和园艺专业成为第一批通过中俄联合国际认证的农科专业，开创全国农科专业国际认证先河。学校牵头制定国家大农学门类和兽医专业的专业标准，成为涉农专业建设标准制定者。首次开展工程教育专业认证，车辆工程、农业水利工程、水利水电工程、电气工程及其自动化 4 个专业通过工程教育专业认证，总数位居农林高校之首。

教学深化改革初显成效。出台“双一流一卓越”本科教学改革若干意见，实施个性化和兴趣导向的人才培养政策、通专平衡的核心课程体系等一系列本科教育教学改革措施。获北京市高等教育教学成果特等奖 1 项，国家高等教育教学成果二等奖 2 项。25 人入选新一届教育部教育指导委员会，4 人担任主任委员，均创历史新高。国家“万人计划”教学名师增至 3 人，名列全国高校前茅。

（五）研究生培养水平进一步提升

研究生招生培养改革不断深化。通过提高接受推免生名额比例、组织夏令营活动吸引优质硕士生生源等手段，2 511 名硕士新生中推荐免试生比例达到 28%。11 个学院组织夏令营活动，接收本科生营员 700 余名，其中 30%作为推免生被我校录取。硕转博名额比例从 30%升至 50%，全面实行博士入学申请考核制，2018 级硕博连读、直博占 45%。积极探索本硕博贯通培养，获得推荐免试资格的本科生可提前选修研究生阶段课程。

首次开展研究生教育学位授权点国际评估。完成覆盖学校所有 51 个博士、硕士学位授权点合格评估，首次开展了作物学等 7 个 A 类学科学位授权点的国际专家评估。开展学位授权点优化和动态调整，申报增设营养与健康科学交叉学科一级博士学位点和风景园林学一级硕士点。

研究生教育改革取得硕果。作为全国专业学位培养模式改革试点单位，开展专项培养改革，形成了科技小院、产业体系、“牛精英”、精准扶贫和乡村振兴等全国特色培养模式典范，16 个教学案例入选中国学位与研究生教育中心案例库中心。康绍忠院士团队获中国学位与研究生教育学会研究生教育成果奖特等奖，沈建忠院士团队获得二等奖，张福锁院士团队依托科技小院模式在国际顶尖期刊 *Nature* 上发表文章。

（六）全面服务学生成长成才

人才培养质量进一步提升。2018 届毕业生总就业率 95.41%，其中，赴基层就业人数提高至 184 人。干部选调生突破 200 人，学生占比名列全国前茅。在校本科生发表论文 158 篇，申请专利及软件著作权 19 项，在校博士生发表论文人数超 90%，学校发表的国际论文中 60%以上的第一作者为研究生。学生共获得国家级竞赛奖励 353 项，含特等奖 3 项和一等奖 40 项，其中获全国大学生机械创新设计大赛一等奖 5 项，全国大学生数学建模与计算机应用竞赛一等奖 19 项，美国 ASABE 大学生机器人设计竞赛一等奖

1 项，全国大学生英语竞赛特等奖 3 项，全国大学生智能互联网创新应用设计大赛一等奖 4 项，全国大学生农业建筑环境与能源工程相关专业创新设计竞赛特等奖 1 项。

学生工作屡获佳绩。学生体质健康合格率保持在 95%以上，足球队在北京高校 11 人制和 5 人制比赛中获双料冠军，男子橄榄球代表国家参加世界大学生橄榄球比赛获奖。艺术团荣获北京大学生音乐节混声合唱组金奖、民乐合奏组金奖、西乐室内乐组 3 项银奖。学生资助体系进一步完善，发放各类奖学金 3 598 万元，助学金 13 775 万元，建立首个“中国农业大学资助育人实践基地”，学校获全国学生资助工作“优秀单位案例典型”。心理素质教育工作凸显特色，学校编写的《大学新生校园适应辅导员班主任工作手册》在北京高校广泛推广，3 名学生当选首届“全国百佳心理委员”，学校荣获首都大学生心理健康节“最佳组织奖”。研究生校外社会实践和科技服务基地总数达到 147 个，覆盖专业学位点 90%以上。“农博士在线”、红色“1＋1”、科技小院等成为全国知名的研究生服务扶贫攻坚和乡村振兴的模式。红色“1＋1”共建活动立项 65 项，创近年新高。农学院研究生联合党支部获北京高校红色“1＋1”一等奖，学校获“优秀组织奖”。

推动创新创业工作。成立就业创业办公室，进一步深化就业创业工作改革，构建创新创业人才培养大格局，着力强化指导服务。丰富创业实践活动，完善创业指导服务体系，建立创新创业课程体系建设，推动成立创新创业学院。支持开展大学生国创、北创、URP(Undergraduate Research Project，本科生科研训练计划)项目 1 010 项。荣获教育部“全国创新创业典型经验高校”称号，获批北京市教委“北京高校大学生创业园高校分园”。

(七)开创社会服务新格局

服务乡村振兴。成立社会服务处，更好地服务国家乡村振兴战略等政策的有效实施。叶敬忠教授《乡村振兴亟待避免七种错误倾向》被《人民日报内参》采用，获得了中央领导的重要批示。“百名博士老区行”活动中，200 余名研究生分赴广西防城港市、江苏泗洪县、内蒙古赤峰市、云南勐腊县河边村、临沧市镇康县、海南琼中黎族苗族自治县开展“稼穑之路——农科学子助力精准扶贫”科技服务，进一步发挥了农科研究生在脱贫攻坚及推进乡村振兴战略实施中的智库作用。

全面参与脱贫攻坚。对口扶贫云南镇康，加强对深度贫困综合治理的研究和实践，优化和总结服务国家深度性贫困的脱贫攻坚模式，连续第二年获得教育部精准扶贫精准脱贫十大典型项目。李小云教授河边村深度性贫困综合治理实验获人民日报社和中国扶贫基金会“精准扶贫综合治理模式”推荐案例；张福锁院士荣获全国脱贫攻坚奖；林万龙教授撰写的《关于产业扶贫主要模式的调查与思考》获汪洋副总理的重要批示；司伟教授撰写的《稳定和恢复大豆生产关系重大，建议尽快采取措施予以支持》获胡春华副总理的重要批示。

推动绿色发展。先后与苏州市共同建设以城市生态循环发展为特色的“中国农业大学有机循环研究院(苏州)”、与兴化市共建以健康食品产业为特色的“中国农业大学(兴化)健康食品产业研究院”，与吉林省共建国家黑土地现代农业研究院，力争在科技创新、成果转化等重要领域和关键环节上取得实质性突破。立足曲周 45 年科技攻关成果，依托国家绿色发展研究院创建曲周农业绿色发展示范区，引领区域绿色发展。

探索服务地方发展新模式。依托 127 个科技小院、63 个教授工作站等载体，形成“学校＋政府＋企业”集促进成果研发、转化、落地为一体的社会服务新模式。与云南省、大同市、平谷区、重庆荣昌高新技术产业开发区等 10 余个省、市、区签署了合作协议，为地方科技创新、成果转化等重要领域和关键环节提供强有力支撑，推动地方经济社会发展。

科技成果转移转让效果显著。共签署技术转让合同 29 项，合同金额 5 890 万元；签署技术服务、技术咨询、技术开发合同 700 余项，合同经费 18 566 万元。学校培育的 30 余个植物新品种在全国进行了大面积推广，推广玉米种植面积 1 100 余万亩，每亩平均增产 40 公斤，共计增产粮食 4 亿余公斤；推广小麦种植面积 60 万亩，农民增加收入 3 760 万元。

对口支援工作扎实开展。对口支援塔里木大学、推进南疆科技成果转化中心建设；对口支援西藏农牧学院，推动西藏高原特色农业发展；对口合作河北大学(生物学)、贵州大学(植物保护学)、石河子大学(农业工程)、海南大学(作物学、园艺学、植物保护学、食品科学与工程)，各项工作扎实开展。

继续教育稳步发展。着力办好成人学历教育和非学历教育培训，整合优质教育资源，加强内控体系建设，规范教学管理过程，不断提高教育教学质量。联合梨树、曲周建设新型职业农民培训基地 2 个，举办乡村振兴等培训项目 51 期。搭建了农林高校继续教育联盟在线教学平台并申请备案，初步实现高校间优质资源共建共享。

(八)国际合作交流深入开展

深化世界顶尖涉农大学联盟(A5)和世界一流大学合作。与美国康奈尔大学启动了“牛精英”创新人才博士生培养项目，签署了食品科学本科人才中外合作办学协议，与加州大学戴维斯分校启动了本科生暑期项目并签署本硕连读项目协议，与巴西圣保罗大学签署了学生交流协议并共建中巴农业创新中心。学科创新引智项目“111”计划新增 1 项，“111”计划总数共 9 项位列全国高校第一。研究生国际合作培养交流进一步深化，获得国家留学基金管理委员会(China Scholarship Council, CSC)资助 156 人，研究生国际合作培养和交流 432 人次，较 2017 年增加 15.2%。加强与一流大学和“一带一路”沿线学生国际交流，新启动 7 个海外暑期交流项目，分别赴美国、加拿大、哈萨克斯坦等世界一流农业院校和“一带一路”沿线国家交流，国际化办学能力和影响力进一步增强。

引领“一带一路”、南南合作农业教育科技创新。配合中非合作论坛北京峰会召开，举办世界农业青年领袖培训项目等系列高端培训项目，召开中国与非洲农业合作发展的系列政策论坛，与联合国南南合作办公室签署了合作备忘录，在联合国总部共同举办了全球南南合作智库对话会，发布了南南合作智库研究报告，切实提升“一带一路”、南南合作新高度。积极开展国际减贫和援助工作，坦桑尼亚“千户万亩”玉米增产示范二期工程入选南南合作农业减贫杰出实践案例，完成了马拉维科技大学学科建设评估。积极推进“一带一路”农业教育科技学科合作平台、院校合作平台建设，我校先后发起成立了 44 所中外院校参加的“一带一路”动物科技联盟、中外 70 所院校参加的“‘一带一路’/南南合作农业教育科技创新联盟”。在联盟框架下，举办了“一带一路”饲料畜牧等多个大型产学研合作论坛，新建了覆盖南亚、中亚、东欧、拉美、非洲“一带一路”全线的 10 个教育科技合作中心，为我校长期引领“一带一路”农业教育科技合作奠定了坚实的基础。人文与发展学院唐丽霞老师获中国-联合国粮食及农业组织南南合作项目特别贡献奖。

(九)凝聚各方办学力量

推进教代会与工会工作。依法依规推进学校民主建设，召开第四届教职工代表大会第二次会议。进一步完善教代会提案制度，全年立案提案 58 件，充分发挥教代会执委会和各专门委员会的作用，以及广大教职员工在学校重大决策中的调研、论证、审议、监督作用，使学校的决策更民主、更科学，更有感召力和凝聚力。建立动态帮扶慰问机制，加大分工会支持力度，不断完善非在编会员管理方式，积极探索开展适合我校教职工特点的各种文化体育活动。

用心做好离退休工作。学校党委认真听取和研究离退休老同志的意见建议，引导离退休老同志为学校发展贡献智慧。为关心下一代工作委员会（简称关工委）、老教授协会、老科学技术工作者协会（简称老科协）等组织开展活动提供各项保障，高度重视其在考察农业论坛、行业发展、科技小院等工作中提出的意见建议。整改紫苑教职工活动中心，为21个老同志协会举办各种活动提供更好的设施条件。组织联欢、集体婚庆、送文化下乡、郊游、采摘、画展等老同志喜闻乐见的集体活动，丰富离退休老同志的精神生活。建立老同志爱心基金，设立专项福利费，慰问老同志200余人次，及时向老同志送去党组织的关怀。

凝聚校友和社会各界力量。多渠道地拓展社会资源筹集资金，认真做好项目管理和服务，稳健地开展基金投资理财业务，各项业务取得平稳较快发展。本年度基金会共实现收入5 195万元，其中募集社会资金2 036万元，理财收益466万元，为学校争取中央财政捐赠配比资金2 693万元。2018年公益支出2 382万元，年末净资产1.33亿元。进一步加强校友工作宣传力度，推动校友信息化平台的建设。实名制校友信息服务平台“稼缘社区”正式上线，注册5 500余人、校友组织90余个。积极搭建更加丰富的校友工作信息平台，加强校友联络工作，值年返校、校友子女夏令营、寻访校友等品牌活动不断完善，创新开展校友会客厅、CAU笑有惠等活动，校友活动形式不断丰富。完善校友组织建设，成立荷兰校友会瓦赫宁根分会和格罗宁根分会以及非洲坦桑尼亚校友会，并完成美国大华府地区校友会在校友工作办公室的正式备案。

（十）积极拓展办学空间

着眼学校发展面临的制约因素，积极谋划进一步拓展办学资源，满足学校的未来发展需求。密切结合国家政策，紧抓北京“四个中心”建设和“海南建省兴办经济特区”的改革契机，积极主动参与海南国际教育岛建设，并与北京市平谷区签订战略合作协议，加快推进国家农业科技创新港建设。围绕中国农业大学烟台研究院办学及人才培养定位，组织召开专题研究会，明确烟台研究院发展定位。

四、完善内部治理，提升管理服务质量

（一）完成管理服务机构调整和定岗定编

为适应快速发展新形势，满足深化改革新要求，完成新一届管理服务与直属机构设置及调整，进一步理顺管理职能，强化服务导向，提高工作效能，促进科学管理，推进学校治理能力与治理体系的现代化，为学校“双一流”建设提供坚实保障。

（二）加大校务信息公开力度

通过信息公开网向校内和社会公开信息，累计公开信息1 000余项，总访问量近16万人次；通过校园网加大制度公开力度，最大限度地保障学校师生员工以及社会公众的知情权、参与权和监督权。校长信箱全年共受理师生来信2 700余封，利用客户端及微信平台保证工作日及节假日期间正常运转，提高校长信箱运行效率。

(三)提高经费服务保障水平

积极筹措办学资金,成功与中国建设银行签署了战略合作协议,建设银行支持学校信息化建设 3 500 万元。综合财力收入达 36.36 亿元。学校在确保教学科研、人才培养、学科建设、队伍建设、后勤保障等工作正常开展情况下,依照上级部门相关文件精神,配合各项改革,增加人员经费支出 8 000 余万元,切实提高在职和离退休人员待遇。助力会计制度改革,推进财务信息化建设。积极落实"放管服"精神,不断完善服务措施。加强专项资金管理,推进项目执行进度。进一步规范教育收费行为、出国经费管理、后勤实体财务管理,进一步提高医疗费报销效率、校园卡服务功能。

(四)加强审计监管工作力度

重塑审计理念,创新方式方法,拓展审计范围,提升审计质量,认真履行内部审计职责。初步完成审计管理信息系统建设,完善审计整改长效机制,推进审计问题整改落实。完成校级财务预算审计、22 个单位的干部经济责任审计、年度"三公"经费审计及相关专项审计。强化工程审计,做好建设工程投资评审、基建、修缮工程竣工结算审计、造价咨询公司招标、建设工程全过程跟踪审计等工作。

(五)完善国有资产管理

积极推进土地产权界定工作,西区不动产登记工作取得阶段性进展。完成 26 个校外实验场站固定资产数据信息的普查。完善公用房资源配置办法,探索建立以绩效为导向的公用房配置机制,进一步提高公用房的利用效率。加大采购放管服力度,为优化教学科研服务提供了制度保障。资产管理信息建设大步推进,加强固定资产、无形资产全生命周期管理,促进国有资产保值增值,防止国有资产流失。规范危险化学品申购、使用管理,加强基础条件建设,规范危废物处置,积极推进大型仪器开放共享和实验试剂耗材采购管理平台建设,实验室管理水平明显提升。积极推进企业的分类清理工作,妥善处置"僵尸"企业、脱钩剥离于学校教学科研不直接相关的企业。依法治理企业,保障安全生产,经营规范有序,各企业共向学校贡献总额 5 020 万元。

(六)做好后勤基建服务保障

不断推进后勤智慧化,通过监测能源流量促进节能减排。完善 37 大项基础设施改造工程、8 大项绿化工程,集中拆除 2 处违章建筑。确保食品安全、稳定食品价格。改善住宿环境,保障安全整洁。高标准完成西区新楼与东区新图书馆项目建设,新增用房面积 9 万平方米。有序推进留学生与专家公寓项目及北京建设大学孵化基地楼项目的报建工作。组织完成 2018 年改善基本办学条件专项修缮任务,提前启动 2019 年改善基本办学条件专项项目。顺利组织完成西区旧教维修、校医院污水处理系统安装、彩钢板房整改、东校区 9/10 号楼屋顶改造、P2 生物实验室、人工气候室改造等应急、消防安全和民生工程。

(七)增强校园公共服务能力

加强校医院医德医风建设,健全医患沟通机制。努力提高医疗人员的专业水平与服务质量。加强传染病和突发性公共卫生事件的防控机制,进一步改善就医环境及医疗条件。加强体育馆硬件修缮与改造,提升体育馆功能,举办 23 场校内外大型活动,充分满足体艺教学活动需求。进一步完善健身项目,新增健身房和篮球项目。充分利用文化艺术馆，举办各类展览 11 期，陶冶师生情操。图书馆馆藏资源更加丰富、结构更加优化，信息咨询、学科服务工作水平稳步提升。新图书馆建设顺利推进。持续推进档案信息化建设，档案管理规范有序，校史编研成果颇丰，编纂出版《图说农大——中国农业大学校史简本》。校园信息化建设统筹推进，完成新数据中心建设、新图书馆及植保楼网络建设、正版化软件平台建设。完成网络设施与信息系统运行维护。公共应用平台与网络安全工作力度不断加强。

(八)加强平安校园建设

建立健全制度机制，压实安稳工作责任，学校投入专项资金升级改造 2018 年学校监控中心管理平台，提升科技创安水平。全年累计发放各类宣传材料 1.2 万余份，制作展示宣传展板 80 余块，举办安全教育讲座培训 16 场次，组织安全疏散演习 10 场次，教育师生近 2 万人次，提升师生安全防范意识。2018 年校园内发生的诈骗、失窃类警情较往年明显下降。完善实验室管理相关制度，推进实验室安全责任体系建设。加强危险化学品、废弃物泄漏事故应急演练，编发实验室安全工作简报。建立实验室安全检查联动监督机制，开展科研实验室安全专项检查。建立实验室安全隐患自查台账，开展二级单位专项巡查 5 次，整改彩钢房 28 处，完成 21 栋楼宇的消防设施设备标识化。妥善处置 3·22 浴室火情、7·16 校园汛情，校园安全水平显著提升。

五、大力推进全面从严治党，强化政治保障

(一)深化中央专项巡视整改成果

把巡视整改作为政治建设的基础性、经常性工作，把深化巡视整改作为全面从严治党的重要内容，从"整改不落实就是对党不忠诚"的政治高度，推动巡视整改工作。制订《中国农业大学深化巡视整改工作方案》，成立"深化中央专项巡视整改工作领导小组"，对照《落实中央专项巡视反馈意见整改方案》《落实中央选人用人工作检查反馈意见整改方案》《意识形态工作专项整改方案》《整改学科建设和人才培养中马克思主义指导地位严重边缘化问题专项工作方案》等，推动巡视整改常态化、制度化。从思想上、行动上围绕学校"双一流"建设和"5+1 工程"等重要工作，坚持从严从实、抓常抓长，强化日常监督，严肃追责问责，确保认识到位、责任到位、落实到位，促进学校事业全面健康发展。

(二)配合对学校的经济责任审计工作

在中央审计委员会办公室、审计署对学校的经济责任审计工作中，召开专题工作会研究经济责任审计工作安排。成立学校配合经济责任审计工作领导小组，下设 10 个专项工作组，积极配合审计组工作需要，对照审计范围，及时、准确、真实、完整地提供相关数据和资料，客观如实回答审计工作问询，实事求是反映情况，快速做出解释说明，不延误、不推诿、不隐瞒。以此次经济责任审计为契机，全面梳理学校发展规划、人才培养、科研成果、管理服务等方面的工作，全面提升学校从严治党和依法治校工作水平。

(三)启动对二级党组织巡察工作

高度重视巡察工作，明确巡察是党委履行管党治党、全面从严治党主体责任的重要政治任务。围绕这一定位，成立巡察工作领导小组，并专门设置巡察督导办公室，强化了

巡察作为重要抓手的制度安排，并提出党委一届任期内对二级党组织巡察全覆盖的工作目标。通过修订《巡察工作实施办法(试行)》，按照以“两个维护”为根本任务，以“六个围绕、一个加强”为主线的巡察全覆盖工作方案，全年开展两轮 7 个学院党委的集中巡察。

(四)加强党风廉政建设和反腐败工作

切实履行全面从严治党主体责任，推进全面从严治党、加强党风廉政建设和反腐败工作，紧抓责任落实，强化管党治党的责任意识。把管党治党工作与中心工作同部署、同落实、同检查、同考核。2018 年先后 16 次在学校党委常委会研究讨论党风廉政建设工作，并及时传达通报学习十九届中央纪委二次全会精神、教育部、北京市、北京市教育系统全面从严治党工作会议精神，通报相关中纪委、北京市相关警示案例。召开全面从严治党工作会，通报了巡视整改以来的纪律处分情况，通过案例进行警示教育，助推学校的政治生态向更好发展

(五)加强和改进作风建设

坚决整治形式主义和官僚主义，紧密联系学校工作实际，制定《处级干部报告亲属在校工作学习情况的规定》和《处级领导干部“约法六条”》，采取新任处级干部集体谈话等方式，重点纠正一些领导干部爱惜羽毛、回避问题、慵懒无为的问题，加大通报曝光力度，坚决防止“四风”反弹回潮。完善干部考核评价机制，建立激励机制，鼓励担当和主动作为。切实加强党内监督，再次梳理排查十八大以来，问题线索反映集中、群众反映强烈、政治问题和经济问题交织的腐败案件，重启遗留问题调查程序，依纪依规对相关人员进行党纪处理。

过去的一年，在党中央的坚强领导下，在教育部和北京市等上级单位的正确指导下，在学校广大在职教职工的共同努力下，在离退休老同志、广大校友和热心人士的大力支持和热心帮助下，学校党政领导班子牢记使命、不负重托，认真履职、积极进取，努力推动各项工作落实，取得了一些可喜的成绩。在取得上述成绩的同时，我们也清晰地意识到，对标中央最新要求和广大师生群众对学校事业改革发展的期待，我们的工作还有很多不足，包括对习近平新时代中国特色社会主义思想的学习深入不够，政治敏感性和政治领导本领还要进一步增强，推动基层党建质量提升攻坚工作还不平衡，将思想政治工作贯通人才培养体系的创新探索不足，解放思想、转变观念还不彻底，深化改革开放的决心不够大，干事创业的激励机制有待增强，追求卓越、争创一流的意识不强，等等。今后，我们要进一步着力强化创新理论武装，大力加强学校党的建设，着力强化使命担当，筑牢干事创业、攻坚克难的顽强意志，着力推动党建质量提升，夯实办学治校的政治基础，着力深化学校改革创新，不断激发基层和广大师生的积极性和主动性，着力加强一流标准建设，不断创造农大教育品牌，着力践行党的群众路线，不断营造凝心聚力的良好氛围，着力解决群众关心的实际问题，不断改善校园民生，着力强化监督执纪问责，不断落实学校全面从严治党。

2019 年，学校领导班子将继续带领全校师生员工紧跟党的十九大提出的中国特色社会主义现代化建设三步走战略步伐，肩负加快建设教育强国、科技强国、实施乡村振兴战略的艰巨任务，向中国特色、农业特色的世界一流大学建设目标奋勇前进，以优异的成绩迎接建国 70 周年！

党委书记姜沛民在学校工作会议上的讲话

（2019 年 3 月 16 日）

同志们：

今天在此召开中层干部会议，具体部署 2019 年度工作。在此之前，学校党政领导班子经过认真研究，制定了《2019 年党政工作要点》（以下简称工作要点）、《2019 年“双一流”建设奋进攻坚行动方案》和《2019 年党建工作计划》，现在已经印发给大家。《2019 年党政工作要点》是党政工作的全面部署，《2019 年“双一流”建设奋进攻坚行动方案》是具体落实的工作抓手，《2019 年党建工作计划》是专项工作计划。3 个文件相辅相成，构成了学校党政领导班子对今年工作的总体安排，也是对全校师生的郑重承诺，表明了学校领导班子团结拼搏、开拓进取、奋进攻坚，大力推动学校“双一流”建设的决心信心。

为了帮助大家更好地把握今年工作的整体思路和工作重点，孙其信校长做了总体工作部署并提出工作要求，各分管领导做具体工作安排和说明，讲清了学校领导班子在 2019 年的工作思路、工作措施、工作标准、工作要求，讲清了今年学校下大力气要做的几件大事、要集中推进的重点工作、要努力完成的目标、要出台的政策举措。这里有必须要完成的任务，也有要努力争取的目标，充分展现了学校领导班子在新的一年里，紧扣中央工作要求，撸起袖子加油干的决心和精神状态。请大家结合下发的工作文件，一并组织学习，联系各自工作实际，深入讨论，认真研究落实措施，立即付诸行动。会后，学校将加强指导和督查，根据各学院、各部门的贯彻落实情况，不断完善和改进工作措施，以钉钉子的精神，切实加以推进。全校师生要团结一致，同心协力，抓住机遇，攻坚克难，共同把 2019 年的工作任务落实好、完成好，实现“双一流”建设的新突破、新成效、新局面。

这里，我借此机会再强调几点：

一、把握年度特点，强化使命担当

2019 年注定是不平凡的一年，大事多，节点多，挑战多、机遇多，对国家、对学校、对大家而言，都将是极为重要的一年。

第一，今年是大庆之年。我们将迎来新中国成立 70 周年。70 年来，国家发展风雨兼程，社会变化翻天覆地。我们国家从一个积贫积弱、文盲充斥、经济落后的“东亚病夫”一举发展成为世界第二大经济体，人民生活日益改善，成为世界瞩目、无人再敢轻视的东方大国，一洗近代史以来的种种耻辱，自豪地屹立于世界民族之林。中国农业大学伴随着共和国的诞生、发展，一路与国家发展同向同行，为解决十几亿人口的吃饭问题、为新中国的农业农村发展，做出了不可磨灭的贡献。学校正在组织人员查证资料、归集素材，全面梳理学校 70 年来为国家做出了什么重大贡献，取得了什么样的标志性成就，培养了哪些优秀人才，以彰显中国农业大学的地位、突出中国农业大学的作为。希望在座的各学院、各单位特别是各位老同志积极参与，共同讲好中国故事、农大故事。在国家的大庆中，分享发展的骄傲，找到我们的位置，坚定学校的自信。从源头上把握我们的初衷，在回顾中汲取继往开来的力量，以更加优异的成绩给共和国献礼、给母校增光！

第二，今年是"双一流"建设的关键之年。目前，"双一流"建设思路和方案已经确定，各方资金已经到位，工作机制和建设措施也已经落实，正是全面展开、集中发力、重点突破的关键节点。明年教育部将组织"双一流"建设的中期评估，我们将面临一次大考。正所谓，时不我待，容不得犹豫徘徊；大战在即，必须全力以赴。学科的优势、学校的未来、师生的荣誉都牢牢地绑在了一起，荣辱兴衰，在此一搏。

第三，今年是各项工作落实之年。党中央、国务院和上级部门就教育工作召开了一系列工作会议，出台了一系列重要文件，进行了一系列工作部署。大政方针已定，宏伟蓝图绘就，狠抓落实就成为了当务之急。中央巡视的深化整改、思政工作的全面推进、党建工作的质量提升、人才培养模式的改革创新、重大科研计划的组织实施、服务乡村振兴的深入展开等重点任务，都需要农大人大展身手、有所作为，都需要结合学校工作实际，找准落实的切入点、结合点，切实推进，落地见效。

第四，今年是深化改革之年。学校发展到今天，面临着各种矛盾和问题，许多都与体制机制有关。改革历来是我们发展的强大动力。我们原有的思想观念、体制机制、政策措施甚至是发展定位、发展模式，都要与新的形势、新的要求、新的标准、新的机遇一一对表。要坚决纠正已经不符合实际的习惯做法，坚决调整已经落伍的工作目标，坚决改革不合时宜的规章制度。一切以有利于学校发展、有利于激发和调动师生的主动性和积极性、有利于抢抓机遇扩大资源促进发展为标准，大胆改革，勇于试错，闯出一条新路子，才能开创一片新天地。

第五，今年是处级干部换届后的履新之年。新机构、新班子、新成员，应当有新气象、新作为、新举措。今年要全部登台、集体亮相、展示风采、显示作为，各位不要辜负了组织和群众的嘱托和信任。大家要靠奋发有为的精神、攻坚克难的作为、热情服务的态度、实实在在的业绩，赢得大家的信任和支持。我们的改革发展不需要维持会，更不需要守旧人。

总之，2019 年意义非常、机遇难得、任务繁重、使命光荣，在座的所有干部都应当奋勇争先、攻坚克难，不辜负组织上的信任，对得起这个时代，对得起师生的嘱托，以实际行动推动学校的发展。

二、加强理论学习，提高能力水平

学习的深度决定着工作的水平。当前，环境在变、形势在变、任务在变。习近平总书记强调，我们正处在百年未有的大变局之中。我们不能只是埋头拉车，更要抬头看路。工作部署要跟得上中央要求，学校发展要与时代合拍，各项工作要紧扣国家发展脉搏，否则就会徒劳无功、事倍功半。这就需要我们不断提高政治站位，扩大工作视野，了解世界大势，关心社会发展，将自己的工作自觉地放在国家发展全局中去考量、去权衡、去把握。

现在，关于新时代发展的规律性认识、关于世界格局的新判断、关于大政方针的新阐述、关于重大问题的基本主张，都集中在体现在习近平新时代中国特色社会主义思想体系之中，都集中体现在习近平总书记的系列重要论述之中。必须把深入学习领会习近平新时代中国特色社会主义思想作为首要政治任务，把思想理论武装作为提高自身能力和水平的根本措施，下大力气抓好理论学习，把领会贯彻推向深入。

一要深入学习。要实现“学习强国”平台的广泛使用，落实好理论学习中心组的学习计划，及时了解新的观点和新的判断，系统学习习近平新时代中国特色社会主义思想的核心要义和创新观点，深刻把握中央新的工作部署和新的工作要求，自觉对表对标，跟上时代发展。

二要突出重点。深入学习领会贯彻习近平总书记关于教育工作的系列论述和关于“双一流”建设的郑重嘱托，努力在以下几个方面下功夫：

要在关于坚持和加强党对高校的全面领导方面深化认识。重点把握好“三个全面”：一是全面贯彻执行中央关于教育工作的大政方针，不折不扣地落实中央工作要求，全力以赴地服务国家重大战略，自觉地在政治立场、政治方向、政治原则、政治道路上同党中央保持高度一致；二是切实加强高校党委对学校工作的全面负责，坚持和落实好党委领导下的校长负责制，由党委统筹学校各项工作；三是在高校中落实全面从严治党和依法治校，高校从来不是法外之地和所谓的“世外桃源”，全党要遵循一部党章，全国要遵照一部宪法，要克服高校特殊论调，把学校从严治党向纵深发展。

要在培养社会主义建设者和接班人的办学方向上深化认识。自觉把立德树人作为高校的立身之本，作为教育的首要问题，坚守为党育人、为国育才的初心和使命，把思想政治工作贯穿到人才培养全过程。要在坚定理想信念、厚植爱国情怀、加强道德修养、增长知识才干、培养奋斗精神、增强综合素质等方面下功夫，培养一代又一代拥护党的领导和社会主义制度、立志报效祖国的有用人才。坚持把立德树人的成效作为检验学校一切工作的根本标准，把师德师风作为评价教师队伍素质的第一标准。高校只有抓住培养社会主义建设者和接班人这个根本才能办好，才能办出中国特色世界一流大学。

要在全面贯彻党的教育方针上深化认识。我们的高校是党领导下的高校，是中国特色社会主义高校。办好我们的高校，必须坚持马克思主义为指导，必须坚持为人民服务、为中国共产党治国理政服务、为巩固和发展中国特色社会主义制度服务、为改革开放和社会主义现代化建设服务，必须扎根中国大地办大学，发展具有中国特色、世界水平的现代教育。

要在建设具有中国特色的一流大学上深化认识。习近平总书记反复强调，高等教育发展水平是一个国家发展水平和发展潜力的重要标志。我们对高等教育的需要比以往任何时候都更加迫切，对科学知识和卓越人才的渴求比以往任何时候都更加强烈。党中央作出加快建设世界一流大学和一流学科的战略决策，就是要提高我国高等教育发展水平，增强国家核心竞争力。这是向全党全社会发出的号召，更是对我们的热切希望。我们一定要按照习近平总书记提出的“扎根中国、融通中外、立足时代、面向未来”建设方针，坚持以一流为目标，坚持以学科为基础，坚持以改革为动力。进一步优化学科结构，凝练发展方向，突出建设重点，创新组织模式，打造特色优势，加强协同创新，加快建设步伐。

三是重在转化。要学以致用、落地见效，紧扣学校服务国家战略需求，紧扣乡村振兴的工作大局，紧扣“双一流”建设这条主线，将理论学习和思想成果转化为实际行动和工作成果。要学准吃透上级文件精神，主动借鉴兄弟院校的有益经验，关心了解改革动向，不断提高政治素质、业务能力和专业水平。

三、狠抓重点落实，推动全面工作

2019年学校的全面工作，《工作要点》中都已写明，孙校长和各位分管领导也做了工作部署，我再强调五项重点：

（一）加强党的建设，落实思政工作

总的要求是以高质量的党建工作引领学校高质量发展，以高水平的思政工作凝聚师生力量。

一是实施基层党建质量提升行动。以坚持和完善党委领导下的校长负责制为抓手，提升党委领导核心作用；以落实学院党委议事规则和党政联席会议制度为抓手，强化学院党委的职能作用；以贯彻《中国共产党支部工作条例（试行）》为抓手，全面推进支部建设的规范化和政治功能；以开展"不忘初心、牢记使命"主题教育为抓手，加强对党员的教育管理，发挥党员先锋模范作用；以坚决纠正官僚主义、形式主义为抓手，深入推进全面从严治党和作风转变；以加强问题研究和经验提升为抓手，进一步提升学校党建工作的质量和水平。

二是全面落实学校党委思想政治工作质量提升工程实施方案。加大思政课改革力度，深入推进课程思政，落实"三全育人"实施方案，突出实践育人和文化育人特色。出台加强教师思想政治工作的意见，加强意识形态阵地管理，做好"曲周精神"重大典型的宣传工作，总结回顾建国70年农大发展成就和集中展示，组织好学生参与国庆等重大节庆的庆祝活动，营造出团结向上、和谐欢庆的良好氛围。

三是把全面从严治党和依法治校推向深入。把政治建设摆在首位，强化政治监督。落实二级党组织和党支部对党员的管理监督和日常提醒，把从严治党向基层延伸。加强监督执纪问责，强化纪律要求。持续推进反腐败斗争和工作作风建设，坚持发现一起查处一起，查实一起处理一起。完善校内巡察工作机制，完成对二级党组织的巡察全覆盖。

（二）聚焦一流建设，紧抓主线主业

建设具有中国特色、农业特色的世界一流大学，是习近平总书记和党中央交给我们的重大使命，是贯穿我们今后发展过程中的中心工作，是最终检验我们各项工作成效的根本标志，必须一以贯之、紧抓不放。

一要加大推进力度。去年一年，我们紧紧围绕建设的总体方案，经过充分调研和反复论证，进一步明确建设思路、建设目标、建设标准、建设机制和建设措施。研究制订了《"双一流"建设项目实施方案》，整合下拨了学院建设经费，完善了工作推进机制，今年是全面实施和大力推进之年。各单位要坚持问题导向，立足长远发展，集中精力，突出重点，力求见到实效。

二要强化学科建设为本。只有一流的学科，才有一流的大学。因此，必须把人、财、物更多向学科一线集中、向学科一线倾斜，落实和强化主体学院的工作责任。要通过提升学科建设水平，在激烈竞争中奋力保持一流学科的地位，大力提升优势学科的水平，进一步夯实基础学科和支撑学科的实力，积极谋划新兴交叉学科的发展。

三要落实人才强校战略。人才是"双一流"建设的核心，是学科竞争的核心。当前，要坚持问题导向，强化工作推进力度。一是要加大顶尖人才和国际人才的引进力度，待遇问题可以多渠道解决，可以一事一议。二是要引育并举，尤其是要对现有人才成长提供学校支持，要舍得拿出专门经费，助力已有人才冲击更高的学术成就，要彻底改变人才单打独斗、单兵作战的情况，举全校之力助推人才成功。三是要加强人才团队建设，加强对交叉学科群和科技攻关团队的支持，培养造就更多具有国际水平的科技人才和创新团队。四是要在继续鼓励人才个人努力的基础上，落实学院、团队和特聘教授对后备人才培育的责任，同时加大对人才建设取得突出成绩的导师、团队和学院给予专门表彰奖励，建立提携青年、人才辈出的工作机制。五是把干部队伍建设纳入人才队伍建设，加快完成学院行政领导班子整体换届，本年度完成学校行政领导班子的换届并为明年学校党委换届做好准备。

四是服务国家重大战略。主动参与国家重大战略的实施，提供各种支撑，做出更大贡献。努力在现代农业领域的关键核心技术、前沿引领技术、现代工程技术、颠覆性技术创新上取得更大突破，抢占农业科技创新制高点。要充分利用农大的综合优势、办学实力和社会地位，积极策划和努力争取国家重大科研计划、重大科技装置、重大基础设施等在农大落地。要以综合实力争取重大项目，以重大项目凝聚一流人才，以一流人才振兴学科发展，以学科发展建设一流大学。

五是完善考核激励机制。今后，学校各种资源的配置，要根据建设成效进行评估，建立挂钩机制，奖优罚懒，鼓励创优。对有重大贡献、特殊贡献的，在现有奖励基础上设立贡献奖。对取得明显进步的学科，设立进步奖。鼓励创先争优、人人进步。

（三）深化体制改革，激发各方活力

一是要着力推进校、院两级管理体制改革。今年，学校把深化内部治理结构、完善管理体制机制列为重大奋进攻坚行动之一，主要是针对过去学校管理体制重心过高、校级统抓过多、管理半径过长、办事效率下降、基层反映强烈、官僚主义现象上升等突出问题。今年必须下决心赋予学院更多更大的资源统筹权和支配权，着力充实提高学院的管理力量，进一步激发和调动学院的主动性和积极性。

二是积极探索设立学部。根据相近的学科群，设置大的学部，加强大的学科领域的战略谋划，统筹本学科领域内的拔尖人才引进和重大科研项目组织，实施大类招生和大类培养的本科教学改革。有关改革将在调查研究的基础上，广泛听取大家的意见。

三是改革科研组织模式和人才评价机制。组织多学科大团队，对应国家科研体制改革，联合申请重大科研计划，服务国家重大战略需求。坚决纠正“五唯”现象，建立和完善以绩效评价人才的机制。

四是改革干部和教师的考核评价机制和绩效奖励制度。要将待遇与工作量、绩效挂钩，彻底改变“大锅饭”，激活大家干事创业的积极性。学校将加大激励和问责力度，一定会奖勤罚懒，鼓励担当，严肃问责工作拖拉、慵懒无为、进取不足的人。

五是积极推进后勤和产业管理体制改革。切实提高后勤和产业系统服务保障能力和对学校的贡献力度。努力提高教师的薪酬待遇，把横向经费、成果转移、产学合作等国家政策用足，加大对离退休老同志生活的关心关怀力度，慰问和帮扶困难职工。

六是完善产学研合作机制。在促进产学研合作上要解放思想，破解障碍，迈出更大的步伐。放手鼓励各学院、各单位积极利用社会资源和市场机制发展学校事业。

（四）拓展办学资源，完善未来布局

针对学校办学空间狭小、师生学习工作条件不足、学科发展和引进人才无法布局的突出问题，学校领导班子紧抓机遇，多方出击，千方百计争取拓展办学资源，以解燃眉之急。今年，一定要在这方面迈出实质性步伐，取得实际进展，积极回应广大师生的期盼。

一是加快推进与北京平谷区合作。以已经签约的国家农业科技创新港建设为载体，积极联合中国农科院、北京市有关研究机构联合申请国家农业科技重大项目，打造现代农业科技研究高地。同时积极谋划新校区建设，配合北京市教委，完成新校区的办学定位和规划的初步论证，提交申请。

二是加快做大做强烟台研究院。抓紧制定新的发展规划，落实教育部的要求，争取山东省和烟台市的政策支持和经费投入，在有效利用现有资源、扩大新的发展领域、化解当前突出矛盾等方面取得实质性进展。要以烟台研究院为基础，与山东省和烟台市共建新的合作平台，依托地方产业基础和工业能力，采取新的合作机制，积极拓展农业智能制造、智慧农业、海洋水产等新的学科布局。

三是签署与海南省的战略合作协议。积极参与海南国际教育岛建设，建设中国农业大学海南研究院和南繁基地，为开展高水平国际合作和打造"一带一路"国际人才培训基地争取支持。

四是继续跟进和参与雄安新区建设。根据国家需要建立分支机构，开辟新的发展空间。

五是加强涿州科技园区建设。立足学生实习实训和建立综合性、高水平的农业科技研发和展示基地，为学校"双一流"建设提供支撑。

六是积极申请和推动本校区新的楼宇建设。整合盘活现有资源的利用，为老师教学科研和学生学习生活提供更加良好的条件。

七是积极开源节流，争取各方资源支持。探索与地方政府和农口企业的合作新机制，提高教育基金会筹资能力和校办企业贡献能力。

（五）全面从严治校，确保和谐稳定

2019 年是安全稳定的大考之年。我们要认真落实有关工作要求，增强责任落实，有效防范化解各类重大风险。安全稳定是学校一切工作的基础和前提。各单位要深刻认识当前维护校园安全稳定工作的重大意义，从政治责任的高度，将维护校园安全稳定作为 2019 年的首要任务抓实抓好。

近年来，我校安全稳定工作总体形势是好的，没有发生重大政治事件和重大安全事故。但是，不出问题不代表没有问题。去年年底的安全大检查工作中，暴露出我们在安全管理体制机制、基层责任落实、师生安全意识等方面还存在的一些薄弱环节。个别院系安全隐患问题还比较突出，个别教师对安全工作的理解认识还不够，安全管理主体责任落实还不到位；个别学生的安全意识还比较淡薄，使用违规电器的问题在某些宿舍还普遍存在。各单位要组织专题会议，针对本单位所辖领域内存在的安全稳定风险进行深入的分析研判，重点整治工作中存在的管理缺位、机制不畅、措施不灵等问题，在国庆前解决好可能影响校园安全稳定的风险隐患问题。

要认真落实学校维护校园安全工作"十大专项行动"，切实保障 2019 年度学校安全稳定。各单位党政主要负责人要严格落实安全稳定主体责任，将安全稳定工作纳入本单位全年工作计划，重要时间节点，要亲自组织专题工作会议，研判形势风险，部署重点工作；要层层分解任务，细化工作措施，强化督导检查，确保各项具体任务落到实处。对因履职不到位、任务不落实造成严重后果的，将依法依规追求相关人员责任。

同志们，2019 年将迎来新中国成立 70 周年庆典。我们将掀开学校发展的新篇章，让我们紧密地团结在以习近平同志为核心的党中央周围，真抓实干，奋进攻坚，在加强党的建设、培养社会主义建设者和接班人方面取得新成绩，在服务国家战略需求方面取得新突破，在“双一流”建设方面取得新成效，以优异的成绩迎接新中国成立 70 周年！

党委书记姜沛民在第十六次学生代表大会和第十四次研究生代表大会上的讲话

（2019 年 4 月 14 日）

各位代表、各位嘉宾、各位同学：

大家下午好！

今天，中国农业大学第十六次学生代表大会和第十四次研究生代表大会在此顺利召开。我和孙校长一起到会，代表学校对大会的召开和各位新当选学生干部表示热烈的祝贺！向出席此次大会并长期以来指导和支持我校学生工作的上级团组织、学联组织表示衷心的感谢！同时也向各位学生代表，并通过你们向我校全体本科生、研究生同学们致以亲切的问候！

在过去一年中，学校学生会和研究生会认真贯彻落实学校党委和上级学联提出的要求，在校团委的直接指导下，取得了一系列丰硕成果。

一是加强思想引领。组织同学们深入学习习近平新时代中国特色社会主义思想、党的十九大精神和全国教育大会精神，团结广大同学凝聚在党的周围，积极投身学校“双一流”建设。

二是锐意推进改革。按照上级印发的《学联学生会组织改革方案》和《高校学生代表大会工作规则》，全面落实了我校学生代表大会的组织结构和选举办法，使我们的学生代表、学生会和研究生会主席团的选举产生更加规范有序，更具代表性和先进性。

三是发挥服务功能。秉承全心全意为同学服务的宗旨，依法依规维护同学们的权益，积极反映同学们的心声，全方位服务同学们的成长，在帮助大家解决实际问题的同时，为学校发展建言献策，充分发挥了重要的桥梁和纽带作用。

四是丰富活动载体。创新开展了形式多样的学习科研、文艺体育、实习实践等各类活动，为广大同学的成长成才创造良好的机会和平台，为校园营造了良好的文化育人氛围。

五是完善监督机制。积极落实常代会监督评议制度，夯实组织基础，强化了学生会的自我监督职能，对学生组织规范化运行和管理产生了有益促进。

第十五届学生会、第十四届研究生会和全体学生干部，用积极作为、踏实肯干的务实态度，圆满完成了各项使命。在他们满载着奉献的快乐和收获的喜悦，就要离开学生会工作岗位之际，让我们以热烈的掌声对他们一年来所付出的辛勤努力和取得的优秀成绩表示衷心的感谢！同时也希望你们能够一如既往地关心、支持和帮助新一届学生会、研究生会做好今后的各项工作！

经过严肃认真的民主程序，经过广大同学的民主推荐和代表选举，新一届学生会和研究生会主席团已经产生了。刚才，新当选的学生会主席赵泽宇同学和研究生会主席李丹阳同学发表了热情洋溢的就职演讲，表达了新一届执委会服务同学、开拓创新、发挥更大作用的强烈愿望，也体现出我校双代会薪火相传、不断提升的良好发展趋势。希望你们不负重托，积极作为，带领新一届学生会和研究生会发挥好学生之家、师生之桥、干部之校的作用，履行好你们的庄严承诺。

同学们，大学是成长成才的重要阶段。当你们在中学完成了基础知识的学习，进入大学校园，也就意味着你们将通过接受高等教育，拥有更多实现自己的理想和价值的机会。但是，随着时代的发展，大学文凭和专业知识仅是一个人成才的起点和基础，理想信念、综合能力、品德修养越来越成为未来发展的核心竞争力。

立德树人，国之大事。同学们的学习和成长，不仅是老师和家长在关注，更是以习近平同志为核心的党中央高度关注的大事。党的十八大以来，习近平总书记对教育事业特别是高等教育高度重视，先后多次到高校考察、同师生们座谈，并给大学生和老师们回信。在去年 9 月召开的全国教育大会上，习近平总书记对新时代教育工作进行了系统性的总结和阐述，对培养什么人、怎么培养人、为谁培养人的根本性问题进行了深刻回答，对今后一个时期立德树人工作做出了全面部署，对同学们实现德智体美劳全面发展、成长为社会主义合格建设者和可靠接班人提出了明确要求。讲话中，习近平总书记用“六个下功夫”对社会主义建设者和接班人应该具备什么样的基本素质和精神状态、应该如何培养进行了精辟阐述。今天，与同学们再次一起认真学习、深刻领会、用心感悟，也将其作为学校党委对新一届学生会干部们的要求和期望。

一、要在坚定理想信念上下功夫

目标始于理想，动力源自信念。立业成事，都离不开明确的目标和持续的动力。中国农业大学的学生，都是天之骄子，时代宠儿，不应该平庸无为、沉沦懈怠。农大学子应该像老一代农大人一样，继承光荣传统，发扬奋斗精神，立大志向、上大舞台、成大事业。

第一，同学们要从理论学习中认清大势。要自觉加强理论学习，以习近平新时代中国特色社会主义思想武装头脑、指导实践，做到在嘈杂声音中明辨是非，在思想交锋中立场坚定。要打好科学理论功底，把理想信念建立在对科学理论的理性认同上，建立在对历史规律的正确认识上，建立在对基本国情的准确把握上，坚定跟党走的信念，立志扎根人民，服务国家。学会运用马克思主义立场观点方法观察世界、分析社会，深刻把握人类发展走向，认清中国和世界发展大势，从中找准人生的奋斗目标。

第二，同学们要从时代变迁中感悟使命。老一代革命家浴血奋战，实现了站起来的巨变；我们这一代励志改革，谱写了富起来的篇章；将来强起来的梦想，要靠当今正在学校就读的你们。成长在今天的中国，你们是幸福的一代，更是重任在肩的一代。今年是新中国成立 70 周年，改革开放已经走过了 40 个年头，当你们大多数人离开校园进入社会的时候，国家将全面建成小康社会；当你们 35 岁左右正值壮年、意气风发的时候，国家将基本实现社会主义现代化；到 21 世纪中叶，当你们 50 岁左右硕果累累、功成名就的时候,我们将实现中华民族伟大复兴,将建成富强民主文明和谐美丽的社会主义现代化强国。国运兴衰,事业成败,就握在你们这一代手中。你们正逢其时,大有可为。你们的思想品质、精神状态、学识水平、素质能力,决定着国家的发展和走向。同学们要自觉肩负起民族复兴的大任。

第三,同学们要从历史比较中坚定信念。 要通过学习了解近代史、革命史、党史、国史和改革开放史,从历史中学会观察、有所感悟,从历史中寻找真相、领悟真理。要通过历史比较,看清发展大势,不为谎言所动,把握社会规律,认清历史发展的必然性。明白只有社会主义才能救中国,只有坚持和发展中国特色社会主义才能实现中华民族伟大复兴。明白这条道路是我们党带领人民历经千辛万苦找到的,是每一个中国人都应该倍加珍惜的。也只有坚定不移地沿着这条道路走下去,中国梦才能变成现实。这是每一个青年人都必须牢固树立的理想信念,更是身处在一流大学的你们理所当然的时代责任和使命担当。大家要牢固树立共产主义远大理想和中国特色社会主义共同理想,始终保持对远大理想和奋斗目标的清醒认知和执着追求,用理想之光照亮奋斗之路,用信仰之力开创美好未来。

二、要在厚植爱国情怀上下功夫

民族是国家发展的血脉,国家是民族延续的承载。每一个中国人从出生的那一刻起,中华民族的民族特点与精神特质就已经融入其血脉之中,这是改变不了,也不可能改变的。爱国精神是一种深厚的感情,是民族团结的纽带,它对国家、民族的生存和发展有着不可估量的作用。

诗人艾青说过:为什么我的眼睛饱含泪水,因为我深爱着这片土地。1935 年,著名教育家张伯苓在南开大学开学典礼上连问了 3 个问题:你是中国人吗?你爱中国吗?你愿意中国好吗?这是历史之问,更是时代之问、未来之问。在社会主义核心价值观中,最深层、最根本、最永恒的是爱国主义。进入大学之后,很多学生有了更广阔的平台去观察国家和世界,希望同学们树立和坚持正确的历史观、民族观、国家观、文化观,厚植爱国情怀,增进爱国情感,矢志为国奋斗。自觉地把自身理想同祖国的前途、把自己的命运同民族的命运紧密联系在一起,在为国奋斗的过程中实现个人人生价值。把爱国之情、强国之志、报国之行统一起来,把自己的梦想融入人民实现中国梦的壮阔奋斗之中,把自己的名字写在中华民族伟大复兴的光辉史册之上。

但是,当今社会上也有少数人变成了所谓的“美分”“哈韩”和“精日”分子,令人不耻。我们的学生决不可以“长着中国脸,不是中国心,没有中国情,缺少中国味”,我们的教育决不培养那种数典忘祖、背叛国家的人。

三、要在加强品德修养上下功夫

人无德不立。立德为先,修身为本,这是个人成长的基本逻辑。德智体美劳全面发展,“德”是摆在第一位的。专业知识往往具有工具理性的一面,如果一个人不能用正确的价值观来引导知识的运用,则可能适得其反。

加强思想品德,既有个人品德,也有社会公德、职业道德。没有这种道德上的辨别力，就可能对同学、对师长、对社会缺少关怀，也可能越出行为的边界。现实中，论文抄袭等现象屡禁不止，违法“校园贷”瞄准一些学生的“奢侈生活”，少数学生信仰所谓“江湖规矩”、社会潜规则，少数学生干部官话连篇、“官气”十足，这些问题固然有各方面的原因，但品德修养欠缺、道德辨别力弱化是其重要原因。

一个人只有成人才能成才，只有立心立德才能立功立言。大学阶段是青年成长成才的关键阶段，加强品德修养更应该贯穿学生学习始终，让真与善、知识与道德、工具理性与价值理性齐头并进，让终身修德成为农大学生的精神境界和价值追求。希望同学们主动培育和践行社会主义核心价值观，努力学习中华优秀传统文化，踏踏实实修好品德，学会感恩、学会助人，学会谦让、学会宽容，学会自省、学会自律，成为有大爱大德大情怀的人。

四、要在增长知识见识上下功夫

当今时代，知识更新的节奏不断加快。有学者曾提出“知识半衰期”说法。如今的学习，没有完成时、只有进行时。增长知识见识，可以说是一辈子的功夫。

现在，教育的普及、出版的繁荣、互联网的兴盛，使得知识获取的渠道大大增加，求知的边界正在无限扩张，学习的方式正在发生着深刻的变化。由知而识，方为智慧。这就需要同学们要具备粗中取精的信息筛选力、去伪存真的知识鉴别力、把握时代大势的洞察力，方能在时代进步中把稳方向、从容不迫。另一方面，同学们还要拥有世界眼光和国际视野，关注世界形势及其发展变化，成为具有中国情怀、全球视野的人才，不仅能够肩负起建设祖国的使命，而且能承担起为世界、为人类做贡献的责任。

社会实践也是同学们增长见识的大课堂。因为生活就是一本书，社会就是大舞台。同学们在课堂学习的同时，也要重视要主动参与社会实践活动，走进乡村，接触社会，了解国情、增长见识，在服务“三农”中感悟责任，在志愿服务中锻炼才干。同时要善于向群众学习，站在人民立场上观察思考问题，去掉浮躁虚妄，摒弃偏激幼稚，不断走向成熟。

对学生干部而言，服务、团结、引领广大同学，更是难得的锻炼机会和平台。一定要自觉培养和磨炼自己的组织协调能力、沟通表达能力、解释说服能力和自我调整能力。希望同学们勤于学习、敏于求知、敢于创新、勇于实践，在增长知识、开拓视野的过程中主动思考，形成规律性认识，沿着求真理、悟道理、明事理的方向不断前进。

五、要在培养奋斗精神上下功夫

年轻人发展过程中，志存高远是进步的根本动力，艰苦奋斗是成长的必由之路。习近平总书记强调，实现中华民族伟大复兴，绝不是轻轻松松、敲锣打鼓就能实现的，要付出更为艰巨、更为艰苦的努力。实现民族复兴，需要一代又一代人的接续奋斗。2018 年 5 月，习近平总书记在北大师生座谈会上向广大学子提出了“要励志，立鸿鹄志，做奋斗者”的要求，目的就是希望青年学生无论在任何时候都要秉承奋斗精神，志不求易，事不避难，把人生梦想汇入时代洪流，让蓬勃青春与家国情怀共振，在复兴征程中找到建功立业的舞台，通过自身不懈奋斗，创造出精彩的人生。

客观来说，现在的同学们绝大多数在不愁吃穿的环境中长大，在和平和优裕的条件下容易心生懈怠，趋利避害，寻求捷径，不愿奋斗。因此，锻造坚强意志、培养吃苦耐劳精神，需要比过去付出更多努力。希望都是奋斗创造的，幸福都是奋斗得来的，没有哪一代人的青春是在碌碌无为中度过的。学习的压力、工作的焦虑、成才的渴望，让同学们有着"成长的烦恼"，这都可以理解，但不能陷入其中不能自拔。只有把人生志向转化为奋斗动力，努力去克服学习过程中的"不容易"，挑战成长道路上的"不可能"，才能在成长中听到拔节的声音、看到雨后的彩虹。

培养奋斗精神，首先就要脚踏实地，正确理解和客观看待眼前的困难和问题。在攻坚克难中，历练敢于担当、不懈奋斗的精神，用勇于奋斗的精神状态、乐观向上的人生态度去迎接挑战。还要努力做到知行合一，以行求知、以知促行，在认识、实践、再认识、再实践的过程中，积累信心，锻炼能力，做到刚健有为、自强不息。

六、要在增强综合素质上下功夫

国家发展、社会竞争对个人综合素养的需求越来越高，绝不仅仅是要具备较好的专业知识和技能，还包含着高尚的品德、创新的思维、健康的体魄、良好的审美、劳动的习惯，等等。可以说，同学们在大学阶段对德智体美劳的塑造"一个都不能少"。

进入新世纪以来，党和国家坚持推进素质教育，从丰富课程内容，到稳步推开考试招生制度改革试点，再到逐渐改变"一考定终身"的选才模式，大学生综合素质稳步提升。不过也应清醒看到，当前大学生的综合素养与时代要求、社会需求还不能够完全适应，与接下来一段时期国家发展对人才的素质要求，还存在着一定的差距。

增强综合素质，关键在于点滴的努力和持之以恒的积累。同学们要增强自律能力，学会自我管理，塑造良好的身体素质、精神状态、兴趣爱好、作息习惯；要树立健康第一的成才理念，在体育锻炼中享受乐趣、增强体质、健全人格、锻炼意志；要学会培养自己的审美能力，更好地认识美、爱好美、创造美；要保持对善的坚持和热爱，不因一时失意而丧失信心，不因遭遇丑恶而抛弃善良；要培养劳动的习惯，弘扬劳动精神，在实践中养成劳动习惯，学会劳动、学会勤俭；要培养集体意识，学会同他人合作，学会过集体生活，增强集体荣誉感；要锻炼创新思维，保持好奇心，多思考是什么和为什么，增强自己的创新能力。惟有全面发展，才能心灵更丰盈、精神更饱满、人格更完善、能力更彰显。作为学校而言，不仅要为同学们提供优良的专业知识教育，更要为同学们全面发展提供更好的舞台，创造更好的条件。

同学们，拥有一段美好、充实、硕果累累的大学时光是人生的一大幸事。希望同学们牢记习近平总书记这"六个下功夫"的殷切期望，努力做到志存高远，珍惜时光，矢志奋斗，努力成长成为德智体美劳全面发展的社会主义合格建设者和可靠接班人。

今天，新一届学生会和研究生会主席团、常任代表已经选举产生。希望你们带领新一届学生会和研究生会严格按照上级组织新要求，始终坚持正确的政治方向，深刻理解学联学生会组织改革的重大意义，坚定不移推进改革，戒骄戒躁开展工作，诚心诚意服务同学，增强团结、服务学生的能力，切实履行好自身使命，坚决防止行政化、官僚化倾向，用规范有序、务实高效、风清气正的工作作风来回报支持和信任你们的老师和同学们。

学校将一如既往地高度重视学生组织建设，通过政策和资金保障等措施，支持学生会和研究生会开展工作。也鼓励和希望学生会和研究生会带领广大同学们，积极参与到学校与学生学习生活密切相关的各项工作中来，建言献策，推动改革。学校各单位各部门要积极为学生会和研究生会更好地开展工作创造条件，及时关心学生成长，努力解决好同学们关注的问题。校、院两级共青团组织要在党委的领导下，切实履行好对学生会和研究生会工作的指导职能，提高其干部选拔、经费使用、活动举办等方面的规范化程度，带领各级学生组织围绕立德树人中心任务和建设“双一流”的奋斗目标，发挥应有的积极作用。

各位代表、各位同学，学校党委充分相信，各位代表和新一届学生会、研究生会的全体成员，一定能够团结带领全校同学，继承和发扬我校学生组织工作的优良传统，以解民生之多艰为己任，努力学习，扎实工作，奋发进取，为建设具有中国特色、农业特色的世界一流大学而努力奋斗！以优异的成绩庆祝新中国成立70周年！

谢谢大家！

党委书记姜沛民在“新农科”建设暨学校发展愿景战略研讨会上的讲话

（录音整理稿）

（2019年5月25日）

同志们：

今天，我们集中了最权威的专家共同谋划发展愿景和未来“新农科”建设规划。这次会议的召开十分重要、非常必要，也十分迫切。在听了大家的发言之后，我就“新农科”建设谈以下几点体会：

一、充分把握“新农科”建设给我校带来的重要发展契机

第一，要在“新农科”建设中发挥引领作用。教育部把“新农科”纳入了本科教学改革战略当中，在“六卓越一拔尖”计划里面也提出了“新工科”“新农科”“新医科”“新文科”这四个概念。中国农业大学作为农业高校的排头兵，我们必须发挥引领作用，积极成为“新农科”建设的领头羊。这是国家任务，我们农大理所应当走在前面。要进行充分研究，要发挥大家的聪明智慧，提出农大的方案。

第二，要用“新农科”建设回应社会关切和师生期盼。大家都知道，社会环境在急剧变化，农业科技所服务对象的外延和内涵都有很多变化，同行的激烈竞争也使得我们的办学定位和功能需要重新定位。此外，由于外部环境、外部条件的迅速变化，我们目前的发展模式和体制机制都很难适应。现在，“新三农”所展现出来的新业态、新需求层出不穷，我们的学科布局亟待优化和更新。同时，面对学生就业的多元化和时代发展的新需要，我们的人才培养模式急需改造和提升。面对这些挑战，我们必须改革、变化、适应和更新，用“新农科”建设引领学校改革发展。

第三，要借助“新农科”建设强化对外宣传。目前，外界在很多方面对农业和农大还

了解得不够充分，甚至在某种程度上存在误解，仿佛农业已经在国民经济发展中不重要了，农大的地位也不重要了，实际上不是这样。农大的故事不能只讲给农大人自己听，更要讲给全社会听。“新农科”就是一个很好的抓手，农大要积极参与这方面的顶层设计、政策设计和项目设计，从而更好地争取新的发展资源，特别是要向外界讲清楚我们在未来经济社会发展中的作用和发展前景。

第四，要用“新农科”建设为师生凝心聚力。面对未来发展挑战，我们必须更好地凝聚师生力量。开展“新农科”建设是凝聚人心、凝聚力量的重要契机。我们要利用好这一重要时机，带领大家齐心协力，凝聚共识，能够把未来的故事讲好，把我们未来的目标倡导好，这是未来争取资源、争取社会支持、争取群众理解、凝聚师生力量很重要的着力点。

二、深刻理解“新农科”建设的多元化发展内涵

第一，“新农科”要对应新目标。未来，农业农村发展将会呈现出全新格局，甚至农业农村本身的概念都将会发生深刻变化。比如，在农村居住不一定都是农民，还可能有企业家，还可能有养老、有旅游的人，等等。我们的服务对象从生产到生活，从第一产业到第三产业，从产前到产后，从田间到餐桌，等等，这一系列都在变化。因此，“新农科”建设与新时代的需求必须要对应。

第二，“新农科”要对应新科技。目前，科学研究手段、研究方法都发生了很大的变化，信息技术、生物技术、环境科学对传统农业带来深刻的影响。因此，我们的人才培养模式也必须适应这些变化，要用新的科学技术对传统学科进行改造提升，包括学科结构、知识结构、课程内容、能力培养等方面都需要进一步改进。

第三，“新农科”要对应新业态。在生命健康领域、食品加工领域不断涌现出了一些新的业态，预示着未来这些领域将呈现出完全不同的业态，甚至产生崭新的发展领域。开展“新农科”建设也由新业态推动产生的。我们要主动适应这些变化，主动去参与其中，用我们的科技和人才优势去参与塑造现代化社会服务体系，并在其中发挥引领作用。

第四，“新农科”要对应新专业。“新农科”建设必然要对应着新的学科、新的专业。过去，农大设立了生物学院、资环学院，在全国起到了引领的作用。当时，石元春校长他们展望了20年以后的农业发展需求，我们今天也应看到现在和20年以后的发展需求。要积极构想我们未来的学科布局，集全校之力认真策划好、拿出农大的方案。

三、积极推进“新农科”建设各方面工作

第一，做强本科教育。“新农科”最基础的概念是关于本科教育。因此，我们建设“新农科”也应该从本科专业改造提升做起。既要强化提升本科教学质量，也要积极构建新的本科教育体系，强化不同学科知识的普及性教育。同时，还要做好本科教学质量和教育需求的教学测量，弄清楚我们的教学知识面、知识点、知识深度、技能培养等能否满足学生未来的需求，该调整的要及时做出调整。

第二，强化交叉研究。要进一步推动体制和机制改革，强化文化和管理理念革新，在资源共享、成果认定、人才评价等各方面拿出新办法、新举措调动各个方面积极性，形成推动科学研究交叉融合的新机制。

第三，努力争取资源。要借助“新农科”建设积极争取国家支持，还要努力借助重大项目、重大设施发挥科研平台的优势吸引人才集聚，努力争取更多涉及新兴方向的重大项目在我校落地，特别是要发展好我们具有特色和优势的项目。此外，还要积极争取物理空间和其他学科资源的注入，积极争取地方政府和企业的支持。

总之，这次会议很有启发性，也明确了方向，鼓舞了信心。让我们共同努力，把“新农科”建设好，使学校向着具“有中国特色、农业特色的世界一流大学”的目标更好前进。

党委书记姜沛民在北京市重点建设马克思主义学院入校考察时的讲话

（2019 年 6 月 5 日）

尊敬的各位领导、各位专家：

大家上午好！

非常感谢教工委能够给我们这样一个机会，现场听取我们的工作汇报，对我校马克思主义学院建设情况进行实地考察和工作指导。这既充分体现了教工委对马克思主义学院建设的高度重视和有力推动，也充分体现了对中国农业大学的一贯支持和关心厚爱。在此，我谨代表中国农业大学对各位领导和专家的到来表示热烈的欢迎！

党的十八大以来，习近平总书记围绕高校思想政治工作、思想政治理论课和马克思主义学院建设发表了系列重要讲话，做出了重要指示和批示，为高校的政治建设特别是马克思主义学院建设提供了重要遵循。中国农业大学党委认真学习和坚决贯彻习近平总书记的重要指示，不断提高政治站位，持续强化办好马克思主义学院的责任担当。我们深刻体会到，马克思主义学院是从事思想理论教学的主阵地、主渠道、主课堂，是体现我国大学鲜亮政治底色和社会主义办学方向的重要标志，是落实立德树人根本任务的关键抓手，是学校党委加强思想政治工作的嫡系部队，是学校坚守意识形态阵地、传播科学理论、开展思想斗争的有生力量，是促进学生综合素质提高和全面发展的核心部门，也是中国特色一流大学建设的不可或缺的一环。我们始终认为，马克思主义学院的水平体现着一个学校政治建设的水平，思想政治课的薄弱就是党的领导的薄弱，马克思主义学院教师的地位就是学校政治生态的标志。在学校“双一流”建设的实施方案和工作推进中，我们思想高度一致，党政齐心协力，下决心要把马克思主义学院建设成为重点学院，把马克思主义学科发展成为重点学科，把思政课程打造成为重点课程，把马克思主义学院教师队伍建设成为高水平教师队伍。我们虽然比不上北大、人大一样有马克思主义学科的强力支撑，但我们认为我们有浓厚的红色基因、优良的思政传统和鲜明的育人特色，我们至少要在全国农林院校中起到引领作用，走在前列。我们把这一目标写入一流大学建设方案和“5＋1”实施工程，坚决贯彻落实习近平总书记关于高校思想政治理论课、马克思主义学院建设的重要指示批示和党中央的决策部署，2017 年 1 月，学校出台了《中国农业大学委员会关于加强和改进新形势下思想政治理论课建设和马克思主义学院建设的若干意见》等一系列文件，进一步明确了马克思主义学院的建设目标和功能定位，决心举全校之力，大力加强马克思主义学院建设。主要措施是：

第一，高起点地加强马克思主义学院建设的组织领导。学校成立思想政治理论课建设领导小组，我和孙其信校长担任双组长，多次召开学校党委常委会和校长办公会，专题研究马克思主义学院建设方案，及时解决学院发展过程中的困难与问题。据初步统计，2016 年以来开会研究近 50 次。我和孙其信校长以及其他校领导多次到马克思主义学院调研、现场办公、与师生座谈，了解实际问题和各方面工作进展情况。我和孙校长带头走上讲台讲授思政课，经常深入课堂听课，了解思政课教学情况。大力推动思政课教学改革，支持马克思主义学院设立教学研究课题，鼓励打造教学名师和优质课程，不断提高教学质量，提升学生的获得感。

第二，特事特办为马克思主义学院教师建设提供政策支持。马克思主义学院的建设关键要加强教师队伍和人才建设。2017 年 4 月，学校制定并落实了《中国农业大学马克思主义理论学科人才引进办法》，单独成立了中国农业大学马克思主义理论学科人才引进评审委员会，制定了符合思想政治理论课教师职业特点的人才引进标准，实现了马克思主义学院人才引进工作单列计划、单设标准、单独评审，并且以学校引进拔尖人才的最高待遇在全国招聘马克思主义学科的优秀教师。我们严格按照思政课专职教师岗位的最新要求，从原编制 32 人调整为 54 人，并计划 3 年内按照 1∶350 的比例配齐思政课教师。为此，我们制订了马克思主义学院 2018—2020 年进人计划，有合适人选可以随时启动招聘，学校为数不多的进京指标优先保障思政课教师招聘。2018 年招聘教师 9 人，今年招聘教师 10 人，两年完成了进人计划的 80%，成为近年来补充力度最大、进人最多的学院。明年将全部配齐，走在首都高校的前列。学校在职称晋升指标方面对思政课教师也给予倾斜，2016 年以来，4 人晋升教授，4 人晋升副教授。我们还与中国社会科学院马克思主义研究院签订合作协议，对马克思主义学院教师开展全员培训，鼓励校内其他学科教师参与思想政治理论课专题教学。

第三，下决心将马克思主义理论学科作为高原学科进行重点建设。在学校"十三五"规划中，在经费投入、资源配备、科研立项等方面强化支持。在学校"双一流"建设方案中，按照一级学科博士点建设经费标准资助 150 万元支持马克思主义理论学科建设。学校设立习近平"三农"思想研究中心，挂靠在马克思主义学院，每年投入 40 万元开展持续性研究。为加强马克思主义理论学科建设，我校在教工委的直接推动下，作为成员单位参与中国人民大学"21 世纪马克思主义研究协同创新中心"，学校党委还聘任了中国人民大学马克思主义学院宋学勤教授为挂职副院长，加强与中国人民大学马克思主义学院的科研合作。在孙校长的直接提议下，自 2018 年起，学校下拨的"思政教育专项经费"在过去的基础上翻一番，由马克思主义学院统筹使用，重点支持思政课教师开展学术交流、实践研修等。自 2019 年起，马克思主义理论学科硕士研究生招生指标由 13 人增加到 19 人，增幅近 50%，以后将逐年增长。近期，学校决定采用教授"双聘"的方式，在经济学和社会学等博士点，聘请马克思主义学院教师和有关学科的教师作为博士生导师，联合培养马克思主义学科研究方向的博士生，以推动马克思主义学科博士点的培育和建设工作，尽快补齐这一短板。

第四，以最好的资源配置为马克思主义学院提供条件保障。在学校投入大量经费建设思政课智慧教室的基础上，从 2017 年起，学校每年划拨思政课改革专项经费 30 万元，用于开展教学研究，提升和改进思政课教学组织形式、方式方法等，2019 年该专项经费增加到 80 万元。在学校办学空间极度紧张的情况下，学校决定将马克思主义学院进驻新落成的图书馆，这是唯一能够进入学校标志性建筑的教学学院，成为其他各学院羡慕的焦点。学校在新图书馆拿出了 1 000 平方米用于改善马克思主义学院的教学科研条件，其中，教授 1 人 1 间(17 平方米)，副教授 2 人 1 间(人均 10 平方米)，讲师 3～4 人 1 间(人均 7 平方米以上)，投入 100 万元配备全套办公设施，图书资料室、集体备课室、教学档案室、研究生学习室等全面改善，暑假期间可整体搬迁。

第五，全方位地发挥马克思主义学院的育人作用。我们从来不把马克思主义学院作为普通的一个教学单位，而是作为党委工作的重要部门，学校政治建设的重要力量。学校马克思主义学院的书记兼任宣传部副部长；学校理论学习中心组的学习，经常聘请马克思主义学院教师给领导班子讲课；学校以马克思主义学院教师为主题组成校内宣讲团，给其他学院师生宣讲十九大精神，传达全教会要求；在历次的主题教育活动中，学校也都把马克思主义学院作为重要依托力量。一方面，通过党委定任务、提要求，不断强化马克思主义学院教师的理论研究和理论阐释；另一方面，也在全校范围内提升和彰显马克思主义学院的政治地位和作用。这次的“曲周精神”的学习宣传活动中，马克思主义学院教师主动把“曲周精神”带入思政课，带头弘扬农大“爱国奋斗、科学报国”的情怀和传统，发挥了骨干作用。

在学校的大力支持下，近三年来，马克思主义学院发生了较大变化，在思政课建设和学科建设、教师队伍建设等方面取得了一系列好成绩。

思政课教学改革方面，学院深入推进思想政治理论课教学改革，实施以问题为导向的“三三制”协同育人综合改革，探索“体系＋专题”的教学模式，突出思想性、理论性和亲和力、针对性，增强学生的获得感，取得显著成效。2016 年，马克思主义学院获批北京高校思政课教育教学改革重大创新项目；2017 年，获批北京高校思政课教育教学改革示范点；2018 年，思想政治理论课教学成果《从独白式授课到对话性学习——建构思想政治理论课教学有效课堂》荣获北京市高等教育教学成果二等奖。

马克思主义理论学科建设方面，学院聚焦农村基层党建设乡村振兴、习近平关于“三农”问题重要论述的研究等，打造具有农大特点的马克思主义学科研究。三年来，科研项目和核心期刊论文数量显著上升，先后获批省部级以上科研项目 14 项，在中文核心及 CSSCI 期刊上发表论文近 80 篇，一批科研著作正在陆续出版，以志愿服务为特色的社会服务开展得有声有色，学科影响日益增大。此外，学院教师还作为主要成员连年参与《高校马克思主义理论学科发展报告》和《北京高校马克思主义理论学科与思想政治理论课建设发展报告》的撰写，为推进全国和北京高校马克思主义理论学科建设做出农大应有的贡献。

人才队伍建设方面，学校高度重视马克思主义理论学科人才的引进和培育，竭力为教师的成长搭建平台和提供资源保障，一批马克思主义学院教师成长起来，其中，荣获全国高校思政课影响力人物 3 人(此项在北京高校也排在首位)、提名人物 1 人，入选全国高校优秀中青年思想政治理论课教师择优资助计划 1 人，入选北京市宣传文化系统“四个一批”人才 1 人，荣获北京高校思政课特级教授 1 人、特级教师 3 人，获北京高校思政课教学基本功比赛一等奖 1 人，北京高校思政课教学基本功比赛一等奖、三等奖共 2 人，获中国农业大学教学名师 5 人，高于学校各学院教学名师的平均占比。

这些成绩与其他兄弟院校相比，可能微不足道，但对我们而言却是成绩来之不易，变化翻天覆地，值得倍加珍惜。总体来看，近年来农大的马克思主义学院建设取得明显进步，学院呈现出蓬勃向上、奋发有为的新气象，在学校立德树人中发挥着越来越突出的作用。当前，学校正朝着习近平同志考察中国农业大学时提出的“具有中国特色、农业特色的世界一流大学”的建设目标加快发展，建设一流学科，培养一流人才，办好马克思主义学院和上好思想政治理论课至关重要。学校党委将从人才建设、队伍建设、课程建设、条件建设、资源建设等各方面继续推动马克思主义学院的发展，立足于深化改革、加强研究、提升水平、加强协作、打造平台，努力将马克思主义学院建设成为一流理论人才教学基地、一流理论研究学术高地、一流理论宣传思想阵地，积极服务于首都“四个中心”的建设。

我们的基础虽然薄弱，但我们建设力度很大、决心志向不改；我们水平还有待于提升，但我们变化很大、进步较快。我们有决心、有信心、有能力把马克思主义学院建设成为重点学院。同时也衷心希望所有的高校无论过去基础如何，无论目前水平高低，从现在起都应该把马克思主义学院朝着重点学院的目标进行建设，因为这是最大的政治，也是最迫切的任务。俗话说：“气可鼓而不可泄，志可立而不可夺”，我们由衷期盼北京市教工委和在座的各位专家对我们的努力和进步给予肯定和支持，对我们的建设热情和目标给予鞭策和鼓励，对我们的建设方向和工作给予指导和帮助。我们热切期待各位领导和各位专家对我校马克思主义学院把脉号诊，为进一步加强我校马克思主义学院建设提出宝贵的意见建议，为把我校马克思主义学院建成北京市重点马克思主义学院贡献各位领导和专家的智慧。

借此机会，再一次衷心感谢诸位长期以来对我校马克思主义学院建设的关心、支持和帮助，热切期待各位专家以后多来农大指导！

谢谢大家！

党委书记姜沛民在中国农业大学 2019 届本科生、研究生毕业典礼暨学位授予仪式上介绍基本情况并宣读表彰决定

（2019 年 6 月 22 日）

2019 届毕业生同学们，各位老师、各位来宾、各位朋友：

大家上午好！

今年夏季，我校共有 2 756 名全日制本科生毕业，2 382 名全日制研究生毕业，其中，博士研究生 609 人，硕士研究生 1 773 人。

经过中国农业大学第五届学位评定委员会第十三次会议审议通过，决定授予 2 395 名本科生学士学位，其中授予 392 名本科生双学士学位；决定授予 600 名研究生博士学

位，授予 1 836 名研究生硕士学位。

其中，决定：

授予芦　颜等 541 人农学学士学位；

授予崔婧雯等 753 人工学学士学位；

授予胡晓雨等 318 人理学学士学位；

授予蔡清舟等 425 人管理学学士学位；

授予王笑宇等 222 人经济学学士学位；

授予计孟瑶等 80 人文学学士学位；

授予陆玥宏等 56 人法学学士学位；

授予李　松等 12 人工学双学士学位；

授予叶文义等 24 人理学双学士学位；

授予赵志奇等 27 人管理学双学士学位；

授予朱文洁等 143 人经济学双学士学位；

授予吴雨田等 126 名同学文学双学士学位；

授予吉别克·谢里扎提 等 60 人法学双学士学位。

授予于海峰等 281 人农学博士学位；

授予金绍明等 156 人工学博士学位；

授予黄晓冬等 94 人理学博士学位；

授予曹　帅等 46 人管理学博士学位；

授予刘　成等 13 人经济学博士学位；

授予邓利斌等 10 人兽医博士专业学位。

授予王金娥等 376 人农学硕士学位；

授予陈静茹等 315 人工学硕士学位；

授予王思敏等 100 人理学硕士学位；

授予孙　浙等 131 人管理学硕士学位；

授予刘心盼等 16 人经济学硕士学位；

授予瞿娅莉等 8 人文学硕士学位；

授予吕晓娟等 32 人法学硕士学位；

授予朱瑞欣等 2 人医学硕士学位；

授予叶向阳等 291 人农业硕士专业学位；

授予姜　涛等 15 人农业推广硕士专业学位；

授予李克锋等 159 人工商管理硕士专业学位

授予汪小钰等 194 人工程硕士专业学位；

授予谢　琛等 49 人兽医硕士专业学位；

授予李　凯等 58 人公共管理硕士专业学位；

授予李钰婷等 16 人风景园林硕士专业学位；

授予徐燕茹等 40 人金融硕士专业学位；

授予雷金桥等 34 人会计硕士专业学位。

让我们向顺利完成本科、研究生学业并获得学位的同学们表示热烈的祝贺！

2019年，我校毕业生总体就业情况良好。本届本科毕业生中有700人保送研究生，426人考取研究生，其中进入“985”高校和一流科研院所深造比例为91.98%。本科毕业生中还有257人出国深造，其中到世界排名前200大学就读的学生比例为92.79%。硕士毕业生中有91人国内深造，44人国外深造；博士毕业生中有20人国内深造，15人国外深造。此外，还有一批毕业生志愿投身到祖国基层地区、西部地区和艰苦地区建功立业，他们将在祖国和人民最需要的地方服务奉献。

2019届毕业生在校期间参加了“挑战杯”全国大学生课外学术科技作品竞赛、全国大学生数学建模、全国大学生人工智能创新大赛、全国大学生电子设计竞赛、全国大学生生命科学竞赛、中国农业机器人大赛、全国农林院校研究生学术科技作品竞赛等40余项竞赛，共827人次获得省部级及以上级别竞赛奖励482项，参与程度及获奖比例较往年大幅提升。其中，刘恩宏等同学获得全国竞赛奖174项，沈应博等同学获得省部级竞赛奖308项，在保持我校传统优势学科竞赛佳绩的基础上，更在其他领域赛事中不断取得突破。

为肯定和鼓励2019届毕业生，引导全校同学珍惜青春、志存高远、奋发有为，争做走在时代前沿的奋进者、开拓者和奉献者，努力成长为德智体美劳全面发展的社会主义建设者和接班人，学校决定对市级和校级优秀毕业生、本科生校级优秀毕业论文（设计）获奖学生，校级优秀博士、硕士学位论文获奖学生以及赴西部地区和基层就业的毕业生予以表彰。

下面，我来宣读有关表彰决定：

一、关于表彰2019届北京市普通高等学校优秀毕业生和中国农业大学优秀毕业生的决定

根据有关文件要求，经学生申报、学院推荐、校内公示、学校推荐、北京市教委决定，授予靳倩兰等224名同学“北京市普通高等学校优秀毕业生”称号；授予王淑敏等725名同学“中国农业大学优秀毕业生”称号，在此予以表彰，希望受表彰的同学珍惜荣誉、再接再厉，争取更大成绩。

二、关于表彰2019届校级优秀毕业论文(设计)的决定

根据《中国农业大学本科生校级百篇优秀毕业论文（设计）评选办法》，经过学院评审、推荐，报学校批准，共有100篇毕业论文（设计）被评为校级优秀毕业论文（设计）。学校决定对夏秋实等100名获得校级优秀毕业论文（设计）的毕业生和及其指导教师给予表彰与奖励。

三、关于表彰“2019年中国农业大学校级研究生优秀学位论文”的决定

经过专家组评审，中国农业大学第五届学位评定委员会第十三次会议表决通过，评定蒋丽芸、韩振云、杨志佳、李佩、李道通、詹菁、宁超、沈应博、何雪琴、张哲晰10人的博士学位论文为2019年校级优秀博士学位论文；包维卿、李云龙、王映程、朱瑞欣、李煜、曾于洋、陈雪礼、张慧林、陈伟、强溦10人的硕士学位论文为2019年校级优秀硕士学位论文。

四、关于表彰2019届赴西部地区和基层就业毕业生的决定

根据《中国农业大学引导和鼓励毕业生面向基层就业的实施办法》文件精神，学校决定对2019届赴西部地区和基层就业毕业生进行表彰，包括：赴西部地区就业的黄梅等89名本科生和牛家恒等87名研究生、赴基层就业的蒋露露等35名本科生和陈晶晶等88名研究生。希望受表彰的毕业生踏实工作、大胆创新、砥砺前行，发挥自身专业优势，以优异的成绩为母校争光。学校希望今后有更多的同学以他们为榜样，积极响应党和国家的号召，到祖国最需要的地方去建功立业。

2019届毕业生同学们，奋斗是青春最亮丽的底色，希望你们在今后的人生道路中，勇担时代使命，练就过硬本领，锤炼品德修为，以敢为天下先的无畏追求、自强不息的奋斗精神和追求卓越的创新魄力，继续践行“解民生之多艰”的校训，让青春在为祖国、为人民、为民族的奉献中焕发出更加绚丽的光彩！母校和老师们将永远关心你们的成长与发展，祝福你们！

谢谢大家！

党委书记姜沛民在师生参加国庆70周年庆祝活动训练动员大会上的讲话

（2019年8月1日）

老师们、同学们、同志们：

大家上午好！

今天是我们集训方阵第一次全体集结。经过近3个月的前期准备，通过大家志愿报名、组织选拔、多级政审等程序，我们已经组建起包含1 589名游行、合唱、联欢活动志愿者和307名保障工作志愿者在内的国庆70周年活动工作队伍，各项组织服务保障工作也已准备就绪。进入7月以来，大家为了保障活动需要，不辞辛苦，勇担重担，克服了种种困难，牺牲了宝贵的假期时间，顶着酷暑开展了充分的前期训练，362名游行志愿者骨干进行了队形、队列、动作以及应急训练；92名合唱志愿者和100名联欢志愿者进行了一个月的演出训练。在这里，我代表学校向大家成功入选本次国庆活动志愿者表示热烈的祝贺！向各位放弃休假、积极报名参加70年大庆活动表示衷心的感谢！向老师们、同学们、同志们所展现出的高涨的爱国热情和忘我的奉献精神致以崇高的敬意！

大家选择了志愿参加本次国庆庆典活动，就是选择了一份政治责任，选择了一份无私奉献，更是选择了一份难得的风采展示，选择了一份代表全国人民的集体荣耀。70年前，中国共产党人带领人民群众经过浴血奋战，推倒三座大山，建立了人民当家作主的社会主义国家。经过70年的探索和发展，我们战胜了社会主义建设探索阶段的迷茫曲折，战胜了改革开放过程中的激流险滩，战胜了外部环境带来的重重矛盾和困难，迎来了从站起来、富起来到强起来的伟大飞跃，迎来了实现中华民族伟大复兴的光明前景。我们创造了经济发展的伟大奇迹、民生改善的伟大奇迹、科技进步的伟大奇迹和制度创新的

伟大奇迹，国家繁荣昌盛，民族欣欣向荣。这是国之幸事，令世人瞩目，值得全体中华儿女为之骄傲自豪，更值得我们用举国欢庆的方式来热烈庆贺！

再过两个月，你们将代表正在走向美丽富强的国家向世界展示中华民族的骄傲和自豪，代表8亿多农民展示新中国成立70年来翻天覆地的变化和今天的幸福生活，代表亿万青年一代展示对新时代的美好愿望和梦想，也代表具有百年光荣历史的母校去展示农大学子的青春风采。你们将一起走到天安门广场，走到全国关注、世界瞩目的盛大节日舞台，与全国各族人民一起用自己的行动和歌舞共贺祖国生日、同庆70年华诞。这是时代赋予的重要责任、国家托付的重要使命、一生一世难得的重要机遇，真诚地为大家感到骄傲，感到幸运，感到使命光荣、责任重大。我们必须完成好这次任务，我们一定能够完成好这次任务。

在此，作为本方阵的指挥长，我谨代表学校也代表我们这个方阵，提几点希望，与大家共勉：

一要点燃激情、鼓足干劲。

希望大家珍惜时光、珍惜机遇、珍惜荣誉，不断增强使命感和责任感，用历史的维度、国家的高度、人生的尺度来充分认识和体量参加这次国庆活动的重大意义，深刻体会有幸参与其中的光荣与自豪，要以对得起时代、不辜负青春、创造永恒的精彩、留下难忘的记忆的高尚追求，以饱满的精神状态、高昂的青春激情、一丝不苟的态度、精益求精的标准，全身心地投入训练活动，发扬不怕吃苦、敢于拼搏的奋斗精神，圆满完成各项任务，尽自己最大努力，在共和国的历史上和自己的人生轨迹上留下最华丽的篇章和最值得追忆的瞬间，不辜负祖国和人民的重托。

二要严守纪律，听从指挥。

这次国庆活动是我们国家最高规格、最大规模的庆祝活动，具有标准高、要求严、人数众多、关注度高等方面的特点。在未来一段时期，我们的训练情况和最终的展示，将得到全国乃至全世界的高度关注，人们也会从各种视角来解读和评价。我们的一举一动不只是个人的活动和表现，更代表着国家形象、群体形象和学校形象，具有高度的政治敏感性。因此，从国家到学校各层级制订了详尽周密的工作方案、工作要求和工作纪律。大家要牢固树立组织纪律性和集体荣誉感，我们整个方阵就是一个有机整体，每一个成员都是不可或缺的组成部分，一荣俱荣，一损俱损，容不得丝毫的个人自由散漫和自以为是。请大家严格按照“精精益求精、万万无一失”的要求，严格遵守各项规章制度和纪律要求，严格听从指挥，严格按照有关要求进行训练，严格保持方阵的整体形象。同时，希望大家严格保守工作秘密，训练期间遵守保密协议，不接受对外采访，不在各种媒体上主动发声，不上网议论讨论，不发布训练活动信息。

三要不怕吃苦，刻苦训练。

参加如此重大的庆祝活动，对大多数人来说都是第一次，也可能是唯一的一次。整个方阵的成功，取决于每一个成员的成功，每一个成员的成功取决于每一次训练的成功。训练自然是枯燥的、艰苦的，尤其是现在正值三伏酷暑，这就需要大家做好经受磨炼的思想准备。大家要以三军仪仗队的精气神鼓舞自己，以舍我其谁的气概激励自己，以身边的榜样鞭策自己，以再坚持一下的意志来磨炼自己，以最终成功的期待来支撑自己。当然，这次的训练并不是整齐划一的步伐训练和队列训练，要求大家便步走，体现“自由生动、欢愉活泼”的气氛，我体会这是更严的标准和更高的要求。首先是体力要跟得上、吃得消，适应平时的严格训练和当天展示的要求，大家在训练过程中一定要抓紧增强体力，保持良好的生活习惯，按时作息、平衡饮食、保持乐观心态，养足精气神。平时要注意观察自己的身体状态，如果有情况要及时报告老师。学校已经做好了相应的餐饮、医疗和安保准备，尽全力为大家提供完善的服务保障。我们不希望有人因最后一刻的身体原因而丧失机会，留下遗憾。

四要团结互助，相学相长。

我们这个游行方阵，将由农大的一千多名师生和一千余名农民朋友们一起组成。这为我们提供了向北京的农民代表和劳动模范学习的良好机会，创造了农大师生和农民群众共同展示农村巨变、一起奋力乡村振兴的难得机遇。在与农民朋友合练的过程中，同样希望大家以团结、友善、积极、包容的形象展示农大人的风采。农大师生，本来就心系“三农”，与农民兄弟有着浓厚的感情，农民兄弟的吃苦耐劳、热情敦厚、宽以待人的优秀品质，将为我们这个方阵注入强大力量，大家理应把握好难得的学习交流机会，多向农民代表学习，取长补短，融为一体。农大师生要热情相待，主动帮助，把我们这个方阵建设成为团结互助的典范。另外，在带领你们参加训练和为你们提供服务保障的老师之中，有不少人参加过10年前的国庆60周年庆祝活动，他们将把一些宝贵体验和经历与大家分享。希望大家在整个活动当中，坚持团结互助的优良作风，在训练过程中建立起深厚的友谊，在训练队伍中营造出良好氛围，在活动之余收获更多的精神财富。

五要加强领导、做好服务。

在训练队伍中，我们成立了临时党委，并建立了临时党支部。希望党员师生真正发挥模范带头作用，高标准要求自己，主动团结带领身边同学，发挥党支部战斗堡垒作用，为身边的同学们树立起一面旗帜。

此外，这次参加国庆活动不仅是对参训师生和各类志愿者们的考验，也是对学校工作的一次大考。希望各部门、各学院以高度负责的态度，严守工作纪律，严格按照工作方案和工作要求履行好组织协调和服务保障职责，主动了解师生需求，主动提供服务保障，主动帮助解决困难，不得以任何理由推诿懈怠，以高质量的工作保障各项活动顺利进行。

老师们，同学们、同志们，生逢盛世本身就是一种幸运，更何况我们身处在这个生机迸发、前途光明的新时代，更何况我们有机会亲身感受这份历史、时代和人民赋予的荣光，亲身参与这场举世瞩目的国庆大典。让我们振奋精神、刻苦训练，以饱满的精神状态、优异的训练成绩、优良的素质作风，为中华人民共和国成立70周年献礼！

党委书记姜沛民2019级新生开学典礼主持词

（2019年8月31日10:00奥运场馆）

2019级全体新生同学们，各位老师、各位新生家长、各位来宾：

大家上午好！

秋风送爽，桃李芬芳。在这个美好的季节里，有着114年光荣历史的中国农业大学又迎来了一批朝气蓬勃的新生力量。今天，我们在这里欢聚一堂，隆重举行“2019级新生开学典礼”。在此，我代表学校向各位来宾、家长的到来表示热烈的欢迎！对在座的同学们成为中国农业大学新的一员表示衷心的祝贺！

下面，我宣布“中国农业大学 2019 级新生开学典礼”现在开始。

请全体起立，面向国旗。

升国旗、校旗，奏唱国歌。

（奏唱国歌）

请坐下。

现在，我向大家介绍出席今天典礼并在主席台就座的各位领导，他们是：

中国农业大学　校长　孙其信；

党委常务副书记　张东军；

党委副书记、纪委书记　秦世成；

副校长　龚元石；

副校长　钱学军；

党委副书记　宁秋娅；

副校长　辛　贤；

党委副书记　李培景；

党委常委、组织部部长　洪海燕

在主席台就座的学院领导有：

农学院院长　金危危；

园艺学院党委书记　初春霖；

植物保护学院党委书记　李海滨；

生物学院院长　郭　岩；

资源与环境学院党委书记　潘志华；

动物科技学院院长　呙于明；

动物医学院党委书记　李青山；

食品科学与营养工程学院党委书记　张普光；

工学院党委书记　宋正河；

信息与电气工程学院党委书记　刘尚民；

水利与土木工程学院院长　杜太生；

理学院党委书记　周志强；

经济管理学院常务副院长　司　伟；

人文与发展学院党委书记　景　发；

马克思主义学院院长　张　晖；

国际学院党委书记　陈明海；

土地科学与技术学院院长　李保国；

草业科学与技术学院院长　张英俊；

烟台研究院党委书记、院长　傅泽田；

图书馆党总支书记　孙德昊。

出席今天开学典礼的还有，学校管理服务机构及直属机构负责人、教师代表、在校生代表、部分新生家长以及 2019 级全体新同学们。

让我们再次用热烈的掌声欢迎大家的到来！

今年，我校招生各项工作取得了圆满成功。共录取各类普通本科新生 3 220 名，理工类新生高考成绩平均超过当地一本线 107.34 分，文史类新生平均超过当地一本线 73.18 分。共录取研究生新生 3 691 人，其中硕士研究生 2 737 人，博士研究生 954 人。在座的各位同学能够成为中国农业大学新的一员，说明你们都是新时代青年中的幸运儿，同龄人中的佼佼者。从今天开始，你们将在这里绽放激扬青春、放飞人生理想，开启新的人生历程，真诚地祝贺你们！

同学们，从成为农大人的那一刻起，就意味着你们将肩负起为天下饱暖和安康矢志奋斗的责任。在今天的开学典礼上，这份责任将由一枚校徽所承载，由老师们亲手交给你们，希望大家同老师们和师兄师姐们一起履行好这份责任和使命。

下面，请主席台就座的领导为 2019 级新生代表配发校徽。

（为新生发校徽）

同学们，经过高三的拼搏和高考的洗礼来到大学校园，开始全新的学习生活，相信你们有很多感想和思考，也有很多憧憬和期待，要与老师们、同学们和家长们分享。

下面，有请 2019 级本科新生代表，以 666 分的成绩考入我校动物医学院动物医学专业的杨皓清同学发言。大家欢迎！

（本科新生代表发言）

谢谢杨皓清同学！

今天，来自经济管理学院农业经济管理专业的博士研究生新生于志伟同学将和大家一起开启他博士阶段的学习生活。同时，他已经在农大校园里度过了六年学习时间，对母校既有一份新生的期待，又有一份老生的情感。下面，有请于志伟同学作为在校生代表和 2019 级研究生新生代表，分享他的感悟和体会。大家欢迎！

（研究生新生代表发言）

谢谢于志伟同学！

同学们从蹒跚学步到金榜题名踏入农大校门，一路走来，背后始终有父母的关心、支持和爱护。让我们向每一位学生家长表示衷心的感谢，感谢你们对孩子的培养，感谢你们对农大的信任！

大学有自身的文化生命力，农大人“解民生之多艰”的文化和精神传承不仅仅在校园里，也被每一位农大学子带到了祖国的大江南北，并且一代代传承下去。来自山西省霍州市的杨峰同志是我校 1998 届资源与环境学院的毕业生。今年，他的女儿杨紫涵以优异成绩考入了工学院机械电子工程专业，成为了新一代的农大人。

下面，有请我们的优秀校友、新生家长代表杨峰同志发言。

（新生家长代表、校友代表发言）

谢谢杨峰同志！

中国农业大学作为中国现代农业高等教育的发源地和排头兵，已经发展成为一所以农学、生命科学和农业工程为特色和优势的研究型大学。作为“双一流”建设A类高校，我们正朝着“中国特色、农业特色的世界一流大学”的建设目标阔步迈进。在我们的校园里，有一大批优秀的学者和教师，他们脚踏实地的治学精神、登高望远的学术境界和春风化雨的高尚师德深刻影响了一批批农大学子，也使农大教学科研的优良传统和学术理念得以薪火相传、欣欣向荣，最终凝聚成农大特有的学术品格、精神境界和文化灵魂。

下面，我向大家介绍一位优秀的教师代表，他先后获得了国家“万人计划”教学名师、北京市教学名师、北京市优秀教学团队负责人称号，入选了“新世纪百千万人才工程国家级人选”及教育部“新世纪优秀人才支持计划”，并享受国务院特殊津贴，获得过多项省部级以上教学和科技成果奖。这就是我校理学院二级教授、博士生导师周志强老师。

下面，有请教师代表周志强教授发言。

（教师代表发言）

谢谢周老师！

同学们，开学典礼意味着新的大学生活正式拉开帷幕。聆听新生入学第一课是你们描画大学生活、增添青春色彩的第一笔，也是学校为你们踏上成才之路写下的第一份拳拳期盼和殷殷嘱托。

下面，让我们以热烈的掌声有请校长孙其信教授讲话。

（孙校长讲话）

谢谢孙校长！请同学们牢记校长的殷切嘱托和期望，把这堂开学第一课学习好、消化好，做到学思贯通、知行合一，使之成为指导你们未来成长成才的重要一课。

同学们，新中国即将迎来70华诞，你们将在首都北京亲历这一举国欢庆的重要时刻。今天，我们的祖国繁荣昌盛、人民安居乐业，我们即将全面建成小康社会，正向着全面建成社会主义现代化强国的伟大目标奋勇前进。到21世纪中叶，中华民族伟大复兴的中国梦将在你们这一代人的见证下成为现实，你们将亲身参与这一伟大壮举和历史进程。这是一代人的时代荣耀，更是不可推卸的历史责任。希望同学们牢记时代使命，把个人理想与国家发展需要结合起来，在今后的大学生活中珍惜韶华、勤奋学习、敏于求知，在母校积累知识、提升能力，为未来报效伟大祖国、书写美好人生积蓄前进力量！

请全体起立，让我们一起歌唱祖国，向着梦想启航！

（合唱《歌唱祖国》）

中国农业大学2019级新生开学典礼到此结束。

谢谢大家！

党委书记姜沛民在“不忘初心、牢记使命”主题教育动员大会上的讲话

（2019 年 9 月 9 日）

同志们：

根据中央统一部署，今天，我们召开学校“不忘初心、牢记使命”主题教育动员大会，认真学习领会习近平总书记重要讲话精神，贯彻落实中央关于第二批主题教育的工作部署和相关要求，对我校主题教育进行动员部署。

以县处级以上领导干部为重点，在全党开展“不忘初心、牢记使命”主题教育，是党的十九大做出的重大决策，是推动全面从严治党向纵深发展、把党的自我革命推向深入的重大举措。今年 5 月 13 日，中共中央政治局召开会议，决定从今年 6 月开始，在全党自上而下分两批开展“不忘初心、牢记使命”主题教育。近日，中央召开会议对第一批主题教育进行回顾总结，对第二批主题教育做了动员部署。众所周知，今年是新中国成立 70 周年，也是党在全国执政第 70 个年头，在这个时刻开展这次主题教育，可以说是正当其时，意义重大而深远。

5 月 31 日，习近平总书记在“不忘初心、牢记使命”主题教育工作会议上发表重要讲话，深刻阐述了开展主题教育的重大意义，深刻阐明了主题教育的目标要求和重点措施，对全党开展主题教育提出了明确要求。习近平总书记重要讲话，是开展主题教育的根本指针，是新时代加强党的建设的纲领性文献。我们要认真学习、深刻领会，切实增强“四个意识”、坚定“四个自信”、做到“两个维护”，自觉把思想和行动统一到习近平总书记重要讲话精神和党中央部署要求上来，不折不扣认真贯彻落实。

根据中央统一部署和上级有关要求，中国农业大学作为第二批单位从 9 月开始开展“不忘初心、牢记使命”主题教育。农大作为一所有着深厚红色基因的高校、作为新中国高等农业教育的排头兵，要在主题教育中走在全国前列，发挥带头作用。2012 年 9 月 15 日，习近平同志到我校参加全国科普日活动，明确指示建设具有中国特色、农业特色的世界一流大学。今年 9 月 5 日，习近平总书记给全国涉农高校的书记校长和专家代表回信，做出新肯定，提出新期待，明确新要求。这对学校以立德树人为根本、以强农兴农为己任，加快“双一流”建设提出了更高要求。对标初心使命，我们要提高政治站位，高质量推进开展主题教育，回望初心再进发，更好地肩负起新时代新征程农大人的新使命。

下面，为了更好地贯彻落实中央部署，组织开展好主题教育，我代表学校党委讲 3 个方面的意见。

一、充分认识开展主题教育的重大意义

初心使命是共产党人奋斗前行的根本动力，必须坚持经常性教育和集中性教育相结合，使全体党员不断解决好从哪里来、到哪里去、为什么人、担什么责的问题。习近平总

书记在党的十九大报告中，开宗明义地指出，中国共产党人的初心和使命，就是为中国人民谋幸福、为中华民族谋复兴。并强调指出，党的初心和使命是党的性质宗旨、理想信念、奋斗目标的集中体现，忘记这个初心和使命，我们党就会改变性质、改变颜色，就会失去人民、失去未来。“不忘初心、牢记使命”主题教育重在“初心”和“使命”这两个关键词。建党98年来，中国共产党人为中国人民谋幸福，为中华民族谋复兴的初心和使命，引领中国共产党由小到大、由大到强，把党和国家的梦想、民族的向往、亿万人民的期盼紧紧融为一体，书写了人类历史上激动人心的辉煌篇章。理想之火不灭，信念之光长明。不忘初心，方得始终。习近平总书记强调指出，开展这次主题教育，是党中央统揽伟大斗争、伟大工程、伟大事业、伟大梦想做出的重大部署，对统筹推进“五位一体”总体布局、协调推进“四个全面”战略布局，决胜全面建成小康社会、夺取新时代中国特色社会主义伟大胜利、实现中华民族伟大复兴的中国梦，具有重大而深远的意义。

第一，开展这次主题教育是用习近平新时代中国特色社会主义思想武装全党的迫切需要。

指导思想是一个政党的精神旗帜和行动指南，必须坚持不懈用党的创新理论武装头脑，推动学习贯彻习近平新时代中国特色社会主义思想往深里走、往心里走、往实里走。我们党历来强调思想建党、理论强党，只有用马克思主义理论武装党的队伍，深入学习和掌握真理，才能做到信仰坚定，才能推动党和人民的事业不断从胜利走向新的胜利。回顾党的历史，从延安整风运动以来，我们党开展历次集中性教育活动，都是以思想教育打头。改革开放以来，我们党先后开展了整党、“三讲”教育、先进性教育活动、学习实践科学发展观活动、群众路线教育实践活动等，推进“两学一做”学习教育常态化制度化，通过集中性教育和经常性教育相结合，不断强化党的理论武装和思想教育。习近平总书记强调，政治上的坚定、党性上的坚定源于理论上的清醒，必须坚持用党的创新理论武装全党。在新时代，我们党顺应时代发展新要求，创立了习近平新时代中国特色社会主义思想。这一重要思想是当代中国马克思主义、21世纪马克思主义，是党和国家必须长期坚持的指导思想。理论创新每前进一步，理论武装就要跟进一步。只有用习近平新时代中国特色社会主义思想武装全党、教育人民，才能统一思想认识、明确前进方向、凝聚奋进力量，以统一的思想、坚定的意志、协调的行动、强大的战斗力不断推动实现社会主义现代化和中华民族伟大复兴。

目前，我们一些党员干部在理论学习上同党中央要求相比还存在不小差距，学习不全面、领会不深入的问题不同程度的存在。开展这次主题教育，就是要坚持思想建党、理论强党，坚持学思用贯通、知信行统一，推动广大党员干部全面系统学、深入思考学、联系实际学、带着问题学，在调查研究中深化理解，在贯彻落实中学深悟透，不断增强“四个意识”、坚定“四个自信”、做到“两个维护”，筑牢信仰之基、补足精神之钙、把稳思想之舵。

第二，开展这次主题教育是推进新时代党的建设的迫切需要。

党的政治建设是党的根本性建设，必须旗帜鲜明讲政治，以党的政治建设统领带动党的各方面建设。党的十八大以来，以习近平同志为核心的党中央坚持党要管党、全面从严治党，坚持问题导向，以整治“四风”为突破口，着力解决党内存在的突出问题，以雷霆万钧之力反对腐败，刹住了一些过去被认为不容易刹住的歪风邪气，克服了一些司空见惯的顽瘴痼疾，清除了党内存在的严重隐患，化解了党面临的严重政治风险，正本清源、拨正船头，保证全党沿着正确航向前进，对党、对国家、对民族的未来发展都产生了不可估量的深远影响。党的十九大进一步完善党的建设总体布局，以党的政治建设为统领，以坚定理想信念宗旨为根基，以调动全党积极性、主动性、创造性为着力点，全面推进党的政治建设、思想建设、组织建设、作风建设、纪律建设，把制度建设贯穿其中，深入推进反腐败斗争。2009 年 1 月，中央发布《关于加强党的政治建设的意见》。习近平总书记多次就高校党的建设发表重要讲话，前不久对加强高校党的政治建设做出重要批示，从党的事业后继有人、从事关国家前途和命运的政治高度，对高校党的政治建设给予了前所未有的重视。

全面从严治党永远在路上。我们要看到，党面临的“四大考验”（长期执政考验、改革开放考验、市场经济考验、外部环境考验）是长期的、复杂的，面临的“四种危险”（精神懈怠危险、能力不足危险、脱离群众危险、消极腐败危险）是尖锐的、严峻的，党内存在的思想不纯、政治不纯、组织不纯、作风不纯等突出问题尚未得到根本解决。还要看到，“四风”问题树倒根存，形式主义、官僚主义问题依然突出，不能有任何喘口气、歇歇脚的念头。开展这次主题教育，就是要认真贯彻习近平总书记重要讲话、重要批示指示精神和新时代党的建设总要求，坚持把党的政治建设摆在首位，从政治上洞察各种违背党的初心使命、动摇党的根基的危险，以党的政治建设为统领抓好党的各方面建设。勇于自我革命是我们党最鲜明的品格，必须坚持不断自我净化、自我完善、自我革新、自我提高，激发起干事创业的奋斗精神，以党的伟大自我革命推动党领导的伟大社会革命。要始终保持思想上的冷静清醒、增强行动上的勇毅执着，坚定全面从严的政治自觉，奔着问题去，以刮骨疗伤的勇气、坚忍不拔的韧劲坚决予以整治，同一切影响党的先进性、弱化党的纯洁性的问题做坚决斗争，不断推动全面从严治党向纵深发展，努力把我们党建设得更加坚强有力。

第三，开展这次主题教育是保持党同人民群众血肉联系的迫切需要。

人民立场是我们党的根本政治立场，必须坚持党的群众路线、保持党同人民群众的血肉联系，不断把为人民造福事业推向前进。习近平总书记指出：“人民对美好生活的向往，就是我们的奋斗目标。”始终同人民想在一起、干在一起，为人民利益而奋斗，全心全意为人民服务，是马克思主义政党同其他政党的根本区别。纵观革命、建设和改革发展历史，各种经验教训深刻地揭示出，我们党来自于人民，为人民而生，因人民而兴，必须始终与人民心心相印、与人民同甘共苦、与人民团结奋斗。每个共产党员都要弄明白，党除了人民利益之外没有自己的特殊利益，党的一切工作都是为了实现好、维护好、发展好最广大人民群众的根本利益；人民是历史的创造者、人民是真正的英雄，我们推动工作、深化改革都必须相信群众、依靠群众；我们每一位党员都永远是劳动人民的普通一员，必须保持同人民群众的血肉联系。近年来，广大党员、干部在学习教育和工作实践中，不断受到马克思主义群众观点的深刻教育，不断增强贯彻党的群众路线的自觉性和坚定性，不断提高做好群众工作的本领。

同时也要看到，我们一些党员干部为民服务意识还不牢固，主动性还不强，解决问题的效果还不显著，还存在着脱离群众的问题。开展这次主题教育，就是要继续教育引导广大党员干部自觉践行党的根本宗旨，把群众观点、群众路线深深植根于思想中、具体落实到行动上，着力解决群众最关心最现实的利益问题，不断增强人民群众对党的信任和信心，筑牢党长期执政最可靠的阶级基础和群众基础。进一步强化宗旨意识，积极回应群众关切，着力打通联系服务群众的“最后一公里”，把工作做到群众心坎里，把矛盾问题化解在最基层，把群众中蕴藏着的智慧和力量更加充分地激发出来。

第四，开展这次主题教育是推动实现党的十九大确定的目标任务的迫切需要。

党的十九大提出的“两个一百年”奋斗目标，是人民对美好生活向往的集中体现，是当代中国共产党人最重要最现实的使命担当。2020 年，我们将迎来第一个百年奋斗目标的实现，全面建成小康社会，标志着我们向全面建成社会主义现代化强国迈出了至关重要的一步。那将是中国历史乃至人类发展史上一个令人激动的重大时刻。越是接近目标，越需要全党同志增强信心、勠力同心，要坚定实施包括科教兴国战略、人才强国战略、创新驱动发展战略、乡村振兴战略等在内的一系列重大战略，要拧成一股绳、立下愚公志、打赢攻坚战，要保持忧患意识、增强斗争精神，沉着应对各种风险挑战，如期全面建成高质量的小康社会。现在，外部环境复杂，风险挑战严峻，不稳定不确定因素明显增多。农村特别是贫苦地区的全面小康，是全面小康最大的短板；打赢脱贫攻坚战，成为全面建成小康社会的底线任务。实现党的十九大确定的宏伟目标，完成艰巨繁重的改革发展稳定任务，需要全党付出更为艰巨、更为艰苦的努力。

目前，一些党员干部干事创业精神不振、担当劲头不够，有的还存在本领恐慌，不能适应新时代新征程的发展要求。新时代高校教师队伍建设，也还存在短板问题和薄弱环节。我们开展这次主题教育，就是要教育引导广大党员干部发扬革命传统和优良作风，团结带领人民群众把党的十九大绘就的宏伟蓝图一步一步变为美好现实。这其中自然也包含着，教育引导广大党员干部团结带领广大师生实现学校“双一流”建设目标。

习近平总书记还特别强调指出，今年是新中国成立 70 周年。在这个重要时间节点开展“不忘初心、牢记使命”主题教育，其特别意义在于，无论我们走得多远，都不能忘记来时的路。前不久，习近平总书记在江西考察调研时专程前往了赣州市于都县，参观中央红军长征出发地，目的就是缅怀当年党中央和中央红军在苏区浴血奋战的峥嵘岁月，牢记红色政权是从哪里来的、新中国是怎么建立起来的，不忘历史、不忘初心。无论到了何时，都要红色基因代代传承，初心使命永志不忘。现在，我们党团结带领全国人民正在进行实现中华民族伟大复兴的新长征，广大党员干部必须牢记党的理想信念和根本宗旨，必须弘扬伟大的长征精神，必须发扬革命战争年代那种敢于战斗、不怕困难的奋斗精神，增强本领，提高能力，勇于变革，勇于创新，勇于战胜各种艰难险阻、风险挑战，奋力夺取新时代中国特色社会主义新胜利。

第二批主题教育同群众的联系更直接，面对的矛盾问题更复杂，群众期待解决的问题更具体。搞好第二批主题教育对于用习近平新时代中国特色社会主义思想统一全党思想和行动，对于推动全面从严治党向基层延伸、促进各级党组织全面进步全面过硬，对于践行以人民为中心的发展思想、不断厚植党执政的阶级基础和群众基础，对于贯彻落实党中央重大决策部署和习近平总书记重要指示批示、把党的十九大确定的目标任务落到实处，都具有更加突出的重要意义。因此，我们要以高度的政治责任感和使命感切实把主题教育谋划好、组织好。

二、准确把握主题教育的目标要求

党中央对“不忘初心、牢记使命”主题教育的总要求、目标任务、方法步骤做出了明确规定，学校党委按照中央统一部署和上级有关要求、结合学校实际制订了《中国农业大学“不忘初心、牢记使命”主题教育工作方案》。学校各级党组织和全体党员、干部，要准确把握中央精神，密切联系工作实际，对准目标，抓住关键，精准实施，积极推进，确保实效。

第一，认真贯彻总要求。也就是“守初心、担使命，找差距、抓落实”的 12 字总要求。这是根据新时代党的建设任务，针对党内存在的突出问题，结合这次主题教育的特点提出来的。这个总要求的内容要点包括 4 个方面：

1. 守初心

也就是：(1)要牢记全心全意为人民服务的根本宗旨，以坚定的理想信念坚守初心，牢记人民对美好生活的向往就是我们的奋斗目标，努力办好人民满意的教育；(2)以真挚的人民情怀滋养初心，始终坚持党的教育路线，时刻不忘我们党来自人民、根植人民，人民群众的支持和拥护是我们胜利前进的不竭力量源泉；(3)以牢固的公仆意识践行初心，永远铭记人民是共产党人的衣食父母，共产党人是人民的勤务员，坚持依靠教职工办学，永远不能脱离群众、轻视群众、漠视群众疾苦。

2. 担使命

也就是：(1)要牢记我们党肩负的为人民谋幸福、为民族谋复兴的使命，牢记高等学校立德树人的使命，牢记农业大学强农兴农的使命，勇于担当负责，积极主动作为，用科学的理念、长远的眼光、务实的作风谋划事业；(2)增强斗争精神，保持奋斗姿态，始终以对党忠诚的初心、对教育事业忠诚的初心担起职责，敢于直面风险挑战，负重前行、攻坚克难，以坚忍不拔的意志和无私无畏的勇气战胜前进道路上的一切艰难险阻；(3)紧紧围绕立德树人根本任务，把党的全面领导贯穿办学治校、教书育人全过程，推动各级组织全面进步、全面过硬，使党员干部在实践历练中增长经验智慧，在经风雨、见世面中壮筋骨、长才干。

3. 找差距

也就是四个对照、四个找一找，即对照习近平新时代中国特色社会主义思想和党中央决策部署，对照党章党规，对照人民群众新期待，对照先进典型、身边榜样，坚持高标准、严要求，找一找在增强“四个意识”、坚定“四个自信”、做到“两个维护”方面存在哪些差距，找一找在知敬畏、存戒惧、守底线方面存在哪些差距，找一找在群众观点、群众立场、群众感情、服务群众方面存在哪些差距，找一找在思想觉悟、能力素质、道德修养、作风形象方面存在哪些差距，有的放矢进行整改。

4. 抓落实

也就是，要把习近平新时代中国特色社会主义思想的学习收获转化为推进学校改革发展稳定和党的建设各项工作的实际行动，把初心使命变成党员干部锐意进取、开拓创新的精气神和埋头苦干、真抓实干的自觉行动，力戒形式主义、官僚主义，推动党的路线方针政策落地生根，推动解决人民群众反映强烈的突出问题，不断增强人民群众获得感、幸福感、安全感。

“守初心、担使命，找差距、抓落实”是一个相互联系的整体，要全面把握，贯穿主题教育全过程。其中,守初心、担使命,是理论起点和逻辑起点,表明了为人民谋幸福、为民族谋复兴的目的;找差距、抓落实,是主题教育的实践要求,是实现初心使命的具体途径。

第二,牢牢把握目标任务。开展这次主题教育,根本任务是深入学习贯彻习近平新时代中国特色社会主义思想,锤炼忠诚干净担当的政治品格,团结带领全校师生员工为实现伟大梦想共同奋斗。其中,要将力戒形式主义、官僚主义作为主题教育重要内容,教育引导党员干部牢记党的宗旨,坚持实事求是的思想路线,树立正确政绩观,真抓实干,转变作风。具体目标是:

1. 理论学习有收获

重点是教育引导广大党员干部在原有学习的基础上取得新进步,加深师生对习近平新时代中国特色社会主义思想和党中央大政方针的理解,学深悟透、融会贯通,真信笃行,增强贯彻落实的自觉性和坚定性。尤其是要把习近平总书记给全国涉农高校的书记校长和专家代表的回信精神,关于教育、关于"三农"工作的重要论述、重要讲话和重要批示指示精神贯通起来学习,自觉对表对标,提高运用党的创新理论指导实践、推动工作的能力。

2. 思想政治受洗礼

重点是教育引导广大党员干部坚定对马克思主义的信仰、对中国特色社会主义的信念,尤其是要联系当今复杂的国内外斗争形势,加深对习近平新时代中国特色社会主义思想的理解,加深对党的十八大以来路线方针政策的理解,加深对习近平总书记增强风险意识、加强斗争精神的理解,自觉传承学校红色基因,增强"四个意识"、坚定"四个自信"、做到"两个维护",自觉在思想上、政治上、行动上同以习近平同志为核心的党中央保持高度一致,始终忠诚于党、忠诚于人民、忠诚于马克思主义。

3. 干事创业敢担当

重点是教育引导广大党员干部以强烈的政治责任感和历史使命感,勇于直面矛盾,增强斗争精神,围绕学校发展定位,苦干实干、开拓进取,保持只争朝夕、奋发有为的奋斗姿态和越是艰险越向前的干事创业精神,以钉钉子精神抓工作落实,坚决摒弃一切明哲保身、得过且过、敷衍塞责、懒政怠政等消极行为,努力创造经得起实践、人民、历史检验的实绩。

4. 为民服务解难题

重点是教育引导广大党员干部坚守人民立场,树立以人民为中心的发展理念,增进同人民群众的感情,增强主动服务师生的意识,自觉同人民群众想在一起、干在一起,着力解决群众的操心事、烦心事,以为民谋利、为民尽责的实际成效取信于民。

5. 清正廉洁作表率

重点是教育引导广大党员干部保持为民务实清廉的政治本色,正确处理公私、义利、是非、情法、亲清、俭奢、苦乐、得失的关系,自觉同各种特权思想和特权现象做斗争,坚决纠正处事不公、与民争利的问题,坚决预防和反对腐败,清清白白为官、干干净净做事、老老实实做人。

第三,落实重点措施。这次主题教育不划阶段、不分环节,把学习教育、调查研究、检视问题、整改落实等重点措施贯穿主题教育全过程,创造性开展工作,努力取得最好成效。

1. 开展学习教育

党内存在的一些突出问题,从根源上说都是思想上的问题。开展这次主题教育,要强化理论武装,聚焦解决思想根子问题,组织党员干部读原著、学原文、悟原理,自觉对表对标,及时校准偏差。要采取理论学习中心组学习、举办读书研讨班等形式,分专题进行研讨交流。要采取多种形式,深入开展革命传统教育、形势政策教育、先进典型教育和警示教育,增强学习教育针对性、实效性、感染力。要大力宣传那些秉持理想信念、保持崇高境界、坚守初心使命、敢于担当作为的先进典型,不断形成学习先进、争当先进的良好风尚。

2. 深入调查研究

调查研究是我们党的传家宝,是做好各项工作的基本功。要教育引导广大党员干部了解民情、掌握实情,搞清楚问题是什么、症结在哪里,拿出破解难题的实招、硬招。调查研究要注重实效,使调研的过程成为加深对党的创新理论领悟的过程,成为保持同人民群众血肉联系的过程,成为推动学校事业发展的过程。要防止为调研而调研,防止"出发一车子、开会一屋子、发言念稿子"式的调研,防止扎堆调研、"作秀式"调研。

3. 认真检视问题

敢于直面问题、勇于修正错误是我们党的显著特点和优势。要广泛听取意见,认真检视反思,把问题找实、把根源挖深,明确努力方向和改进措施。检视问题要防止大而化之、隔靴搔痒,避重就轻、避实就虚;防止以上级指出的问题代替自身查找的问题、以班子问题代替个人问题、以他人问题代替自身问题、以工作业务问题代替思想政治问题、以旧问题代替新问题。针对查摆出来的问题要对症下药,切实把问题解决好。

4. 从严整改落实

开展主题教育要把"改"字贯穿始终,立查立改、即知即改,能够当下改的,要明确时限和要求,按期整改到位;一时解决不了的,要盯住不放,通过不断深化认识、增强自觉,明确阶段目标,持续整改。整改落实要防止虎头蛇尾、久拖不决,防止搞纸上整改、虚假整改,防止以简单问责基层干部代替整改责任落实,防止以整改为名,层层填表报数,增加基层负担。要把开展主题教育同树立正确用人导向结合起来,对领导班子和领导干部政治、思想、作风、履职能力等情况进行评估,及时提拔使用好干部,坚决调整处理对党不忠、从政不廉、为官不为的干部,形成优者上、庸者下、劣者汰的良好政治生态。

在整改落实工作中,要开展好专项整治,重点包括:(1)整治对贯彻落实习近平新时代中国特色社会主义思想和党中央决策部署,以及学校党委重点工作安排置若罔闻、应付了事的问题;(2)整治干事创业精气神不够,患得患失,不担当不作为的问题;(3)整治纪律规矩意识不强、违反中央八项规定精神的突出问题;(4)整治形式主义、官僚主义,层层要材料、填报表加重基层负担的问题;(5)整治领导干部利用职权或职务影响为亲友牟取非法利益的问题;(6)整治以人民为中心的发展理念树得不牢,尤其是对广大教师和干部的共同发展诉求解决不到位的问题;(7)整治基层党组织软弱涣散,党员教育管理宽松软,基层党建主体责任缺失的问题。

在主题教育结束前,校、院(部、处)两级领导班子要召开专题民主生活会,认真开展批评和自我批评。自我批评要见人见事见思想,相互批评要真点问题,达到红脸出汗、排毒治病的效果。

三、精心组织从严从实开展主题教育

按照上级部署，我校从 9 月开始参加第二批“不忘初心、牢记使命”主题教育，预计 11 月底基本结束，时间紧、任务重、要求高。学校各级党组织、各部门和各单位要高度重视，集中精力，增强责任感和紧迫感，加强组织领导，加强统筹协调，加强督促指导，加强宣传总结，切实提高主题教育质量。

第一，加强组织领导，负起主体责任。

学校“不忘初心、牢记使命”主题教育在学校党委领导下开展。党委常委会决定成立学校“不忘初心、牢记使命”主题教育领导小组，校党委书记任组长，担负起第一责任人责任，党委副书记担任副组长，党员校领导认真履行“一岗双责”。领导小组下设办公室和相关工作组，由党委相关部门组成，要精心安排部署主题教育的具体工作，及时沟通信息和反映情况。各二级党组织也要认真履行组织领导责任，基层党支部也要积极行动起来，形成层层推动、齐抓共管合力。校、院两级党委班子、党委理论学习中心组和党员领导干部要先学一步、学深一点，先改起来、改实一点，发挥头雁效应。

第二，加强统筹协调，两手抓两促进。

本学期，我们主题教育和改革发展稳定各项任务异常繁重，要以好的作风开展主题教育，坚持围绕中心、服务大局，把开展主题教育同完成改革发展稳定各项任务结合起来，同“双一流”建设的各项任务结合起来，同党中央部署正在做的事结合起来，同庆祝新中国成立 70 周年结合起来，使党员干部焕发出来的工作热情和奋斗精神，转化为攻坚克难、干事创业的实际成果。在整个主题教育过程中，要坚持两手抓两促进，切实防止“两张皮”。要力戒形式主义、官僚主义，教育引导党员干部树立正确政绩观，真抓实干、转变作风，注重实际效果，解决实质问题。

第三，加强督促指导，促进精准施策。

学校“不忘初心、牢记使命”主题教育领导小组采取巡回指导、调研访谈、列席集中学习研讨会和专题民主生活会等方式，对院(部、处)领导班子主题教育进行督促指导。督导工作要分类指导，精准施策，重点从领导干部自身素质提升、解决问题成效、群众评价反映等方面，客观评估主题教育效果，防止一刀切、一锅煮。对开展主题教育消极对待、敷衍应付的，要严肃批评；对走形变样、问题严重的，必要时要给予组织处理。

第四，加强宣传总结，营造良好氛围。

坚持正面宣传、总结提升和监督提醒相结合，充分利用校园网、微信公众号、校报校刊等载体，深入宣传党中央精神，及时反映主题教育进展成效，总结推广好经验好做法，为主题教育营造良好氛围。要选树宣传先进典型，尤其加大对秉持理想信念、坚守初心使命、敢于担当作为先进典型的宣传力度，形成学先进、当先进的良好风尚。要注重健全制度，把主题教育中形成的好经验好做法用制度形式运用好、坚持好，不断巩固主题教育成果。

同志们，扎实开展“不忘初心、牢记使命”主题教育，是当前和今后时期的首要政治任务，是我们“守初心、担使命，找差距、抓落实”的一次自我革命，是坚持不懈用习近平新时代中国特色社会主义思想武装师生头脑、指导立德树人和推动事业发展的生动实践，更是加快中国特色、农业特色的世界一流大学建设的难得历史契机。让我们紧密团结在以习近平同志为核心的党中央周围，不忘初心、牢记使命，锐意进取、埋头苦干，增强“四个意识”、坚定“四个自信”、做到“两个维护”，在新时代做出农大人新的贡献，以更加优异成绩庆祝新中国成立70周年！

坚守初心　矢志奋斗
切实肩负起“立德树人、强农兴农”的时代使命

——党委书记姜沛民在“不忘初心、牢记使命”主题教育专题党课

（2019年10月31日）

同志们：

我们自启动“不忘初心、牢记使命”主题教育以来，把学习教育、调查研究、检视问题、整改落实贯穿主题教育全过程，深刻体会到主题教育越是深入开展，越需要不断深刻领悟共产党人的“初心使命”，不断全面审视共产党人的责任担当。

结合前一段时间的专题学习和调查研究，借专题党课这一机会，我和大家交流一下学习和调研的认识与体会，主要讲四个问题。

一、从历史的视角，不断加深对党的初心与使命的理解与把握

习近平同志指出：“不忘初心，方得始终。中国共产党人的初心和使命，就是为中国人民谋幸福，为中华民族谋复兴。这个初心和使命是激励中国共产党人不断前进的根本动力。全党同志一定要永远与人民同呼吸、共命运、心连心，永远把人民对美好生活的向往作为奋斗目标，以永不懈怠的精神状态和一往无前的奋斗姿态，继续朝着实现中华民族伟大复兴的宏伟目标奋勇前进。”中央在全党组织开展“不忘初心、牢记使命”主题教育，把深入学习习近平新时代中国特色社会主义思想作为根本任务，把初心和使命提到全党面前、全体领导干部面前，就是提醒和告诫大家，无论我们走多远，都不能忘记走过的路，不能忘记为什么出发。要永远保持建党时中国共产党人的奋斗精神，永远保持对人民的赤子之心。坚守初心和使命，是中国共产党砥砺前行的精神动力，也是我们党一以贯之的精神标识。

初心和使命，之所以彰显出鲜明的时代价值，很重要的是蕴含其中的深厚历史逻辑。只有运用历史思维和辩证思维来深刻把握其历史逻辑与时代价值，才能切实增强践行“不忘初心、牢记使命”的思想自觉和行动自觉。

中国共产党的初心和使命，历来不是口号，不是说教，而是在近百年的风雨历程中一步一个脚印走来，一步一个成就写成。它贯穿了我们党整个的发展史、奋斗史。习近平总书记在指导“不忘初心、牢记使命”主题教育时，强调历史是最好的教科书，学习党史、国史，是坚持和发展中国特色社会主义、把党和国家各项事业继续推向前进的必修课。开展“不忘初心、牢记使命”主题教育，党员、干部要多学党史、新中国史，自觉接受红色传统教育，常学常新，不断感悟，巩固和升华理想信念。

历史、现实、未来是相通的，历史既映照现实，又折射未来。我们学习党史，探索的是规律，启示的是当下，昭示的是未来，这就是习近平总书记所强调的历史思维。

大家都知道，我们党诞生于中华民族危难之际，从一开始就与民族救亡运动密切相连。中国是一个有着数千年历史的文明古国，曾经创造出世界上独领风骚的灿烂的物质文明和精神文明。然而，当欧美一些国家从17世纪中叶开始确立先进的资本主义生产方式时，中国最后一个封建王朝——清朝的统治者却盲目地以中央帝国的“康乾盛世”而自傲，闭关锁国，自我封闭。后来的事实证明，所谓的盛世变成了“落日的辉煌”。西方列强以鸦片和坚船利炮打开了清王朝闭关自守的大门。中国社会的发展进程，被突如其来的外来因素打断了。

这种情形，给当时的中国社会带来了两个方面的重大变化。一个方面的变化是，外国列强对中国采用军事的、政治的、经济的和文化的压迫手段，外国资本主义勾结中国封建势力，压迫中国民族资本主义的发展，并没有使封建的中国变成资本主义的中国，而是变成一个半封建的社会。另一个方面的变化是，外国侵略者的目的并不是要在中国建立资本主义国家，而是寻求更广大的市场，掠夺更多的资源，获取更丰厚的利润。尽管当时的中国在对外关系中仍保持着独立国家的形式，但在实际上已被纳入种种不平等条约体系，国家的主权和领土完整遭到严重破坏，清朝政府成为“洋人的朝廷”。这种状况，使中国一步一步地变成一个半殖民地半封建的国家。

自从1840年鸦片战争以来，几乎当时所有的帝国主义国家都侵略过我们，清政府几乎是每战必败，每败就给人家签订不平等条约，一次次地割地、赔款，一次比一次赔得多。到了签订《辛丑条约》时，赔款达到了4.5亿两白银，差不多每个中国人能摊一两。老百姓水深火热，当政者穷奢极欲，根本不顾百姓死活，那个垂帘听政的慈禧还曾说过这样的话：“量中华之物力，结与国之欢心”“宁赠友邦，不予家奴”。

面对亡国灭种的危险，中华民族也不是一味坐以待毙，各种社会力量利用各种方式试图救亡图存。但无论是太平天国运动、洋务运动、维新运动、义和团运动，还是辛亥革命，议会道路，各种力量依次登场亮相，各种政治方案轮流实验。尽管当时都是轰轰烈烈，但无一例外最终都失败了。谁也没有把帝国主义势力赶出中国，谁也没有改变中国人民被奴役的地位，谁也没有推动中国社会性质发生根本性转变。

十月革命一声炮响，给中国送来了马克思主义。俄国社会主义革命的胜利，让中国一批先进的知识分子猛然觉醒，让备受苦难的中国广大劳苦大众看到了希望。在这个时刻，中国共产党宣告成立。别人解决不了的问题，他站出来解决，别人办不了的事情，他立志实现，这就叫应运而生。中国共产党的诞生，开辟了中国历史发展的新时代。

《中国共产党党章》开宗明义就向全世界宣示：中国共产党是中国工人阶级的先锋队，同时是中国人民和中华民族的先锋队。一开始中国共产党人就承担起人民幸福和民族兴亡的历史责任。在成立后近百年的发展历程中，他始终代表中国先进生产力的发展要求，始终代表中国先进文化的前进方向，始终代表中国最广大人民的根本利益。

中国共产党紧紧依靠人民完成和推进了三件大事。第一件大事是为了救国，完成了新民主主义革命，实现了民族独立、人民解放；第二件大事是为了兴国，完成了社会主义革命，确立了社会主义基本制度；第三件大事是为了强国，进行了改革开放，开创、坚持、发展了中国特色社会主义，带领全国各族人民进入新时代。

在土地革命时期,中国共产党人紧紧抓住当时最广大农民群众最迫切的需求,破除封建的土地关系,真正实现了“耕者有其田”,走出了具有中国特色的农村包围城市的成功之路。抗日战争时期,是中国共产党高举起民族救亡的大旗,在长征路上就发表了《抗日宣言》,组织领导全国抗日统一战线,做到了中流砥柱的历史作用。解放战争时期,中国共产党领导全国人民打到蒋家王朝,夺取全国胜利,建立人民当家作主的新中国。在建国初期,中国共产党领导全国人民确立了社会主义制度,建立了完整的工业体系和国民经济体系,实现前所未有的社会治理,抗美援朝打出了军威国威,确保几十年至今的国家安全和人民安康。改革开放时期,我们党励精图治、开拓创新,把一个相对落后的发展中国家一举发展成为世界第二大经济体,人民生活发生翻天覆地的变化。党的十八大以来,我们党取得了全方位的开创性的历史性成就,发生了深层次的根本性的历史性变革,中华民族日益登上世界性舞台,并正在走向舞台中心。

历史给了我们最好的启示。自从中国共产党诞生以来,中国人民就有了主心骨,在党的领导下,经历了由站起来、富起来到强起来的历史性飞跃,从中我们有足够的理由坚定“四个自信”,感受当代中国人的自豪与骄傲。我们党始终全心全意为人民服务,与人民群众同呼吸、共命运、心连心,始终代表着最广大人民群众的根本利益,始终把人民群众的共同愿望作为自己的奋斗目标,始终与人民群众保持着鱼水之情、血肉联系,始终做人民群众的贴心人、代言人、引路人,始终赢得了人民的支持和爱戴。历史长河的恢宏,光辉成就的巨大,足以证明中国共产党人为什么能行?足以说明我们党为什么能在中国人民心中始终处于领导核心地位?我们走到了今天,进入了新时代,始终不要忘记中国共产党的初心,不要忘记我们走过的路,才能始终保持党的先进性和代表性,才能找到永远立于不败之地的精神力量和发展源泉。

二、从教育工作的维度,进一步印证和领会党的初心和使命

中国共产党的成立,揭开了我国历史上光辉的一页,从此展开了中华民族在中国共产党领导下前仆后继、不懈奋斗的壮丽画卷。我在这里想对大家要说的是,我们党在领导中国人民进行革命和建设的伟大实践中,始终致力于人民教育事业的发展,紧密围绕党的纲领和主要任务,确立了关于教育工作的一系列指导思想和方针政策,并在实践中不断丰富和发展。人民教育事业在党的旗帜指引下逐步发展壮大,创造出令世人瞩目的伟大成就,谱写出中国教育史上最辉煌的篇章。

教育的普及和人民群众科学文化水平的提高,一直是我们党孜孜以求的奋斗目标之一。中国共产党自成立之日起,就始终把人民群众在政治经济以及文化教育上的彻底解放作为崇高的社会责任,为争取人民群众应有的教育权利而不懈奋斗。

(一)从建党之初到整个革命战争时期,我们党始终致力于争取和实现最广大人民群众的受教育权利

建党之初,我们党在第一次全国代表大会决议中,就明确提出要成立劳工补习学校,唤醒劳工觉悟。李大钊指出,中国教育必须是国民教育与社会改造的有机结合,教育的根本作用在于促进社会改造和国民素质的提高。教育是革命的手段,是改造社会的工具,因此它应起到推动社会改造所必需的唤醒民众觉悟、提升国民素质的特有作用。要实现社会改造之目的,教育必须与经济建设和政治革命结合起来。早在 1917 年,毛泽东

就在湖南第一师范学校创办工人夜校。1919 年 3 月，邓中夏、廖书仓等人发起组织了北京大学平民教育讲演团。我们党先后在各地创办起湖南自修大学、上海大学、农民运动讲习所等著名的革命干部学校和一批工人补习学校、农民学校，促进了革命运动的蓬勃发展。1922 年 7 月，中国共产党第二次全国代表大会提出了女子教育问题，提出“废除一切束缚女子的法律，女子在政治上、经济上、社会上、教育上一律享受平等权利”。

土地革命战争时期，以毛泽东同志为代表的中国共产党人创建的革命根据地，把发展教育作为政权建设的重要内容。1931 年 11 月，中华苏维埃共和国在江西瑞金召开了第一次全国工农兵代表大会。这次代表大会发布的《中华苏维埃共和国第一次全国工农兵代表大会宣言》中，在井冈山根据地和其他各革命根据地实践的基础上，明确宣布苏区的教育方针是：“工农劳苦群众，不论男子和女子，在社会、经济、政治和教育上，完全享有同等的权利和义务。一切工农劳苦群众及其子弟，有享受国家免费教育之权，教育事业之权归苏维埃掌管，取消一切麻醉人民的、封建的、宗教的和国民党的三民主义的教育。”高高举起了为劳苦大众争取教育权利的大旗。1931 年 11 月颁布的《中华苏维埃共和国宪法大纲》中提出：“中国苏维埃政权以保证工农劳苦民众有受教育的权利为目的”。我们党积极探索并努力推动苏区教育的发展，成功地领导了第一次大规模的工农教育的实践。1933 年，苏区建立了消灭文盲协会，连续颁发了《识字班办法》《夜学及半日学校办法》《业余补习学校办法》。中央苏区和各根据地设立了大量的夜校、半日学校、补习学校、俱乐部、读报组等，建立了中国工农红军大学，编写了《红军识字课本》。长征路上，战士们一边行军，一边认读贴在前面战士背上的文字，成为一道亮丽的风景线。美国记者斯诺在《西行漫记》中，这样写道：“战士住房的另一角是用来学识字的，这里可以看到每个战士的笔记簿都挂在墙壁上指定的木钉上。有三个识字班：识字不到一百个的一班；识字一百到三百个的一班；能读写的字超过三百个的又是一班。红军为每班出版了自己的课本(以政治宣传作为学习材料)。除了政治训练之外，每个连、营、团和军的政治部都负责群众教育。”

抗日战争爆发不久，我们党在《抗日救国十大纲领》中进一步提出：“改变教育的旧制度、旧课程，实行以抗日救国为目标的新制度、新课程”。抗日战争爆发后，大批爱国青年从沦陷区和国民党统治区源源不断地涌进陕甘宁边区和各敌后抗日根据地。为了把这些爱国青年训练成为从事革命事业的抗日干部，支持伟大的抗日民族战争，党在延安和各抗日根据地开办了许多干部学校。到 1939 年 6 月，由中共中央直接领导的干部学校已有 17 所。后来又成立了延安自然科学院、中国医科大学、民族学院和延安大学。学生多者万余人，少者几百人、几十人，总数在 3 万人以上。在陕甘宁边区，我们党为推动教育的普及，举办了鲁迅师范学校和边区中小学等，开展了冬学、夜校、识字班等形式多样的群众性的教育活动，迅速改变了原来愚昧落后的教育状况。

解放战争时期，我们党积极发展解放区教育事业，随着战争的不断胜利，我们党在解放区着手恢复和发展正规的教育事业，有力地推动了解放区的建设，为发展新中国教育积累了可贵的经验。我校的来源之一就是当时解放区华北大学的一部分。

(二) 新中国成立之后，我们党开创了人民教育事业的新纪元

1949 年 10 月 1 日中华人民共和国成立，中华民族进入了历史的新纪元，中国教育揭开了新的篇章。中国共产党在恢复国民经济、完成社会主义改造、开展大规模的经济建

设、独立自主地探索建设社会主义的道路和全面建设社会主义等各个历史阶段中，紧紧围绕党的中心任务开展教育工作，适应国家政治、经济制度的根本变革，开创人民教育事业的新纪元，建立起了社会主义的教育制度和比较完善的国民教育体系，对发展社会主义教育进行了艰辛的探索，取得了空前的成就，也积累了丰富的经验。

新中国刚刚成立不久后，我们党就在 1951 年 10 月 1 日颁布了《关于改革学制的决定》，新学制的最大特点是"向工农开门"，明确、充分地保障了全国人民，尤其是工农劳动人民和工农干部受教育的机会，切实保证了全体劳动人民受教育的权利。为了迅速改变工农群众被长期排斥于学校大门之外的状况，人民政府和教育行政部门在各级各类学校里采取了许多措施，举办儿童识字班等，放宽儿童入学年龄，免收学杂费，吸收劳动人民子女中的失学儿童入学，使他们继续学业。在各级各类学校招生时，优先录取工农青年和工农子女，有时还采取降低文化考试录取标准及选送、保送、免试入学等办法，给予工农及其子女以照顾。在中等以上学校里设置了人民助学金和实行了减免费的制度，对在校的工农子女和其他劳动人民子女给予了更多的关心和帮助，有的地区还免费发放学校课本和学习用品。积极探索建立两种教育制度和两种劳动制度，就是半工半读的学校教育制度和半工半读的劳动制度。据统计，1952 年在全国小学中，工农成分的学生已占学生总数的 80%，到 1953 年，在全国普通中学中，工农子女及其他劳动人民子女已占学生总数的 71%，工农家庭出身和本人是工农成分的高等学校新生已占新生总数的 27.39%。

此外，我们党还在解放后，大力开展扫盲和工农识字运动。由于种种历史原因，建国初期，我国文盲人口占到全国人口的 80%以上，农村的文盲率高达 95%以上，有的地方甚至十里八村都找不出一个识字的人。中国人民在政治上翻了身，但如果不识字，做睁眼瞎，不能在文化上翻身，就不能彻底翻身，扫除文盲成为十分迫切的任务。为了改变这种状况，党把扫除文盲作为社会主义建设中的一项重大政治任务来抓。1956 年 3 月 29 日，中共中央、国务院发布《关于扫除文盲的决定》，全国扫除文盲协会在北京成立，陈毅副总理任会长，将扫盲提到了空前的高度，第一次把扫盲作为国家发展大计。随后，我国开展大规模扫盲运动，从 1949 年到 1960 年约有 1.5 亿人参加了扫盲和各级业余学校的学习，全国已有近 3 000 多万人脱盲。同时还大力推广简化字，方便劳苦大众识字学习。通过推广简体字与扫盲班，成功地使得几亿的人民脱盲，把古代至民国直到建国前只有少数人才能认得的汉字转变成了今天 95%以上的识字率。

普及义务教育是中华民族复兴的百年梦想，1949 年，从新中国诞生的第一天起，中国政府就把提高民族素质、普及义务教育当作义不容辞的责任。《中华人民共和国宪法》第四十六条规定，"中华人民共和国公民有受教育的权利和义务"；第十九条规定，"国家举办各种学校，普及初等义务教育"。在人类社会迈入 21 世纪门槛的历史时期，中华人民共和国向全世界庄严宣布：中国实现了基本普及九年义务教育和基本扫除青壮年文盲的战略目标。在人类社会迈进 21 世纪第二个十年的历史时刻，中华人民共和国向世界宣告：中国全面完成普及九年义务教育和扫除青壮年文盲的战略任务。我们用短短不到 30 年的时间，走过了一些发达国家上百年的发展历程，实现了从一个文盲大国、人口大国向教育大国、人力资源大国的历史性跨越，实现了"有教无类"这一中华民族的千年夙愿。可以说，全面实现"两基"是中国教育发展史上的重要里程碑，是世界教育史上的空前壮举。占世界人口 1/5 的中国全面实现“两基”目标，是世界全民教育的重大突破！中国在 9 个发展中人口大国中率先实现全民教育目标，解决了世界上人口最多国家的义务教育问题，为众多的发展中国家教育提供了成功的范例，为全世界教育水平和人类发展水平的提高做出了卓越贡献！

还有，我们实行全国统一高考制度，能更好体现教育公平，也适应了当时国家快速选拔人才的需要。这种组织方式大大方便了学生就近参加考试，减少了旅费和报名费用，尤其是方便了出生基层百姓家庭的考生。早在 1952 年，中央人民政府就建立了人民助学金制度，鼓励学生升入高等学校深造，全部给予人民助学金，保证其完成学习任务，毕业后统一由国家分配，参加各项建设工作。后来演变成奖助贷一体化的资助体系，帮助家庭经济困难学生不因贫困而失学。推进少数民族学生和农村地区专项招生计划，提高落后地区的高考入学机会。

如此等等，我们从中可以明晰地感觉到，我们党始终把文化教育上的翻身解放看作与政治上、经济上的翻身解放同等重要，始终把提高科学文化素质作为为人民服务的重要方面，始终把办人民满意的教育作为追求的目标，任何教育政策的出发点和初衷都是体现为人民大众服务的根本方向，体现教育的公平原则。

(三)改革开放以来，特别是党的十八大以来，我们党大力推进教育现代化，不断满足人民群众对美好生活和高质量教育的新需求

党的十一届三中全会后，我国进入了改革开放和社会主义现代化建设的新时期。邓小平同志深刻认识到教育事关国家和民族的未来，亲自领导教育战线拨乱反正；提出要尊重知识，尊重人才，确立了教育在社会主义现代化建设中优先发展的战略地位，明确了教育“三个面向”的战略指导方针。1985 年，《中共中央关于教育体制改革的决定》颁布，教育事业受到空前重视，得到迅速发展。

20 世纪 90 年代，以江泽民同志为核心的党的第三代领导集体，全面继承和发展邓小平理论，提出实施科教兴国战略，颁布了《中国教育改革和发展纲要》，批转了《面向 21 世纪教育振兴行动计划》，做出了《中共中央　国务院关于深化教育改革全面推进素质教育的决定》。

21 世纪伊始，以胡锦涛同志为总书记的党中央，召开全国教育大会，全面实施《国家中长期教育改革和发展规划纲要(2010—2020 年)》，坚持优先发展教育，推动教育事业科学发展，建设人力资源强国，教育事业呈现出生机勃勃的新局面。

党的十八大以来，以习近平同志为核心的党中央，着眼统筹推进“五位一体”总体布局，协调推进“四个全面”战略布局，对教育工作做出一系列重大决策部署。教育领域深入贯彻落实共享发展新理念，全面提升各级各类教育普及水平，努力扩大多样化高质量教育服务供给，加快推进基本公共教育服务均等化，切实保障全体人民平等受教育权利，教育保障条件不断改善，教育发展水平和公平程度迈上一个新台阶，13 亿多人享有更好更公平的教育梦正逐步成为现实。

党的十九大报告指出，“建设教育强国是中华民族伟大复兴的基础工程，必须把教育事业放在优先位置，深化教育改革，加快教育现代化，办好人民满意的教育”“努力让每个孩子都能享有公平而有质量的教育”。在全国教育大会上，习近平总书记对全党全社会深入贯彻党的十九大教育部署进行了政治动员，再次强调“教育是国之大计、党之大计”。

教育事业涉及千家万户，与人民群众的切身利益息息相关。要积极创造条件，最大可能地满足人民群众受教育的需求。要时刻把人民的根本利益放在第一位，在思考和制定教育发展与改革的各项政策时，以最大可能地满足人民群众受教育的需求为政策导向，以人民群众满意不满意作为我们制定政策的依据和检验工作成败的准绳。

建国70年来，在党的领导下，我国建立起了社会主义教育制度，形成了世界上最大规模的教育体系，在近13亿人口的大国里，如期实现了"基本普及九年义务教育和基本扫除青壮年文盲"的奋斗目标，成为中华民族教育史上的创举。教育事业取得举世瞩目的巨大成就，从"有学上"到"上好学"，是我国教育发展进入新时代的重要标志。多年来，我国办学质量不断提升，学生素质得到全面发展。中小学生学业质量绿色指标体系和教育质量监测机制得以建立。国家先后实施"211工程""985工程""高等学校创新能力提升计划""'双一流'建设"等重大项目，重点建设项目带动了我国高等教育整体水平提升。从新中国成立之初的10个人中有8个是文盲，到新增劳动力平均受教育年限超过13.3年，相当于大学一年级水平；从改革开放之初基本普及小学教育，到如今即将普及高等教育……教育发展的巨变，为实现中华民族伟大复兴提供了势不可挡的磅礴力量。

我国教育事业的发展历程也再一次告诉我们，中国共产党自成立之日起，就始终把人民群众在政治经济以及文化教育上的彻底解放作为崇高的社会责任，始终把教育工作与党在各个时期的奋斗目标紧密联系在一起。教育的普及和人民群众科学文化水平的提高，一直是我们党孜孜以求的奋斗目标之一。建国以前，我们党领导下的人民教育事业就不同于国统区教育主要为少数剥削阶级服务的性质，强调面向工农大众，致力于教育的普及和民族素质的提高。新中国成立后，我们党更把为人民服务、为社会主义建设服务作为教育工作的指针，把提高绝大多数人的教育水准作为教育工作的首要任务，制定了一系列有利于教育普及的政策举措。正是由于中国共产党的正确领导，创立和发展了我国历史上前所未有的人民教育事业，旧社会普遍被剥夺了受教育机会的广大劳动人民及其子女，可以共享平等的教育权利和教育普及的成果。我国教育事业正在中国共产党的领导下，从此摆脱了文盲充斥、极端落后的状态，获得了空前的发展，不断走向繁荣昌盛，走向现代化。

我们党创造性地运用马克思主义基本原理和科学方法，在实践中形成了一系列关于教育工作的理论、方针和政策，成为指导我国教育改革与发展的理论旗帜，构成了有中国特色社会主义教育的灵魂。这是中国共产党人对马克思主义教育理论的丰富和发展，也是人类教育发展史上的重要思想成果。我们党从马克思主义的唯物史观出发，全面阐述和确立教育的重要地位和作用，为我国教育政策的制定和教育理论的发展提供科学指导。坚持马克思主义关于人的全面发展和教育与生产劳动相结合的基本观点，强调要使受教育者在德智体美劳等方面全面发展，努力培养社会主义一代新人。坚持教育的社会主义性质和办学方向，强调把为人民服务、为社会主义建设服务作为教育工作的根本宗旨，重视学校的思想政治教育和德育工作，引导和促进青少年的健康成长。

"不忘初心，方得始终""使命呼唤担当，使命引领未来"。今天，我们通过主题教育，深刻领会中国共产党人的初心和使命体现在教育上，也是始终系于民生福祉、社会安定、民族昌盛、国家富强的千秋基业。我们作为教育工作者，要永远坚守为党育人、为国育才的立场，培养合格的社会主义建设者和接班人；始终坚持以人民为中心发展教育的思想，办好人民满意的教育；主动承担服务国家发展的重任，加快推进教育现代化、建设教育强国。

三、从本职工作出发，切实肩负起“立德树人、强农兴农”的初心使命

为党育人、为国育才是所有教育者的初心和使命，而对于农业大学而言，我们的初心和使命更有自身独特的语境。从最初的“教民稼穑”、到20世纪80年代的“学农 爱农 献身于农”，再到新世纪的“解民生之多艰，育天下之英才”，中国农业大学一直与祖国同向同行，把党的初心与使命融入新中国高等农业教育实践，坚守着自己的初心与使命。

在新中国成立70周年的大庆之年、第35个教师节来临之际，习近平总书记给全国涉农高校的书记校长和专家代表的回信，充分肯定涉农高校和130多万师生为共和国“三农”事业发展做出的积极贡献，这将极大地鼓舞广大涉农院校和广大师生的爱国热情和奋斗精神。与此同时，习近平总书记在信中再次强调，农业农村发展关键在科技、在人才，指出农村是充满希望的田野，是干事创业的广阔舞台，我国高等农林教育大有可为。对今后农业高校的发展，习近平总书记明确指出方向，要以立德树人为根本，以强农兴农为己任，拿出更多科技成果，培养更多知农爱农新型人才，为推进农业农村现代化、确保国家粮食安全、提高亿万农民生活水平和思想道德素质、促进山水林田湖草系统治理，为打赢脱贫攻坚战、推进乡村全面振兴不断作出新的、更大的贡献。这是新时代高等农林教育事业举旗定向的根本遵循，也是农业大学的初心与使命在新时期的精确概括和明确要求。

作为中国农业院校的排头兵，结合本次主题教育，中国农业大学一定要在学习领会习近平总书记回信精神上更深一步，在贯彻落实习近平总书记指示方面走在前面，在服务农业农村现代化，增强不忘初心、牢记使命的思想自觉和行动自觉方面发挥示范引领作用。

(一)始终牢记教书育人的办学初衷，努力培养知农爱农新型人才

大学的根本任务就是立德树人，必须牢牢抓住全面提高人才培养能力这个核心点，并以此来带动学校其他工作。我们要在培养目标上坚持把社会主义建设者和接班人作为根本要求，在办学治校中坚持把立德树人摆在首位。习近平总书记多次强调：古今中外，关于教育和办学，思想流派繁多，理论观点各异，但在教育必须培养社会发展所需要的人这一点上是有共识的。我国社会主义教育就是要培养社会主义建设者和接班人。这是我们党的教育方针，是我国各级各类学校的共同使命。大学对青年成长成才发挥着重要作用，高校只有抓住培养社会主义建设者和接班人这个根本才能办好，才能办出中国特色世界一流大学。这就告诫我们，办学治校首先要思考培养什么人、怎样培养人、为谁培养人的问题，不要被一些错误的观点和主张所迷惑，不要被一些干扰所动摇。任何时候，大学都是与国家发展和民族命运紧密联系在一起的，服务国家、服务人民的方向和职能必须坚定不移。党的十八大以来，习近平总书记发表一系列重要讲话，突出强调立德树人的时代要求。他强调指出“人无德不立，育人的根本在于立德。这是人才培养的辩证法。办学就要尊重这个规律，否则就办不好学。”高校立身之本在于立德树人。只有培养出一流人才的高校，才能够成为世界一流大学。办好我国高校，办出世界一流大学，

必须牢牢抓住全面提高人才培养能力这个核心点，并以此来带动高校其他工作。

习近平总书记要求大学“要把立德树人的成效作为检验学校一切工作的根本标准，真正做到以文化人、以德育人，不断提高学生思想水平、政治觉悟、道德品质、文化素养，做到明大德、守公德、严私德。要把立德树人内化到大学建设和管理各领域、各方面、各环节，做到以树人为核心，以立德为根本”。

我们要牢记习近平总书记的嘱托，始终坚持正确的办学方向，把立德树人作为根本任务并始终摆在首位，把培养德智体美劳全面发展的社会主义合格建设者和可靠接班人作为根本要求。这是政治要求、国家任务，也是法定职责。德育的任务是要引导和帮助受教育者在学习成长的过程中形成远大的志向，树立正确的世界观、人生观、价值观，养成高尚的道德情操和行为规范。学生德育素质的高低，不仅直接决定和影响学生当前乃至一生的发展轨迹，而且也影响和制约其他素质的形成和发展。在素质能力中要以德为首，在发展目标上要以德为本，在成长过程中要以德为先。中国教育历来有一个优良传统，就是重视教育的教化作用。教育的一切工作都是为了学生的成长成才。在成才的问题上，德才兼备的“德”放在第一重要的位置。对学生来说，必须把学会做人放在重要位置，把坚定正确的政治方向放在第一位。

如何做好新时代的立德树人工作？我的体会是：

一是要进一步强调坚定正确政治方向的极端重要性，切实加强马克思主义学院建设，强化马克思主义在学科建设中的指导地位，努力提高思政课教学质量，加强习近平新时代中国特色社会主义思想的“三进”工作，进一步通过学理阐释和深刻领悟，增强同学们对社会发展的规律性认识和对社会问题的科学把握。要打好马克思主义的鲜亮文化底色，使广大学生把理想信念建立在对科学理论的理性认同上，建立在对历史规律的正确认识上，建立在对基本国情的准确把握上，坚定跟党走的信念。要加强党史、国史和近代史教育，增强同学们对党和国家的政治认同和“四个自信”，以中国梦激扬青春梦，激励学生自觉把个人的理想信念追求融入国家和民族事业中，勇做走在时代前列的奋进者、开拓者，书写无愧于时代的青春之歌和精彩人生。

二是要强化价值观塑造，让广大师生在丰富多彩的社会实践中，去感悟我国经济社会的历史性变革，去强化自己的社会责任和使命担当，培养服务国家、服务人民的志向和情怀。要坚持不懈培育和弘扬社会主义核心价值观，引导广大师生做社会主义核心价值观的坚定信仰者、积极传播者、模范践行者。要按照习近平总书记最近考察河南时提出的要求，广泛开展对青年学生的党史、国史、改革开放史、近代史的学习，讲好党的故事、革命的故事、英雄和烈士的故事，也讲好农大的革命史、奋斗史，加强革命传统教育、爱国主义教育、青少年思想道德教育，把红色基因传承好，确保红色江山永不变色。

三是坚持正确的学术导向，把科学精神和价值塑造有机结合，把课程思政融入每堂课和平时教育的点点滴滴，营造全员育人、全方位育人、全过程育人的机制和氛围。要切实加强师德师风建设，发挥党员教师和教工党支部的示范作用，引导教师把教书育人和自我修养结合起来，做到以德立身、以德立学、以德施教。

四是要提高教学质量，培养创新能力。作为农业高校，要大力推进本科教学改革，以培养知农爱农新型人才为抓手，对应新时代，融入新科技，面向新岗位，服务新业态。要加快新型人才培养体系的建设，改革教育工作评价机制，强化育人工作导向，大幅度增加教学成果奖和教学名师的奖励项目和比重，营造教书育人的浓厚氛围。

（二）始终牢记科教兴国的使命担当，产出更多科技成果

回顾中国的近现代史，从五四运动到中国共产党的诞生，都离不开一批高校的孕育、传播和参与；从革命、建设、改革到今天的新时代，每个关键的历史时期、每逢国家和民族面临重大抉择、每项重大建设成就，都能看到大学的身影和贡献。我们的大学也在服务祖国、服务人民中不断发展壮大，不断走向更高的水平，不断赢得社会的认可和世界的赞誉。

在当前国际竞争和中美贸易争端的新形势下，我们要清醒地看到，我国高等教育创新能力不足正在成为我们国家发展中最大的短板和最严重的制约。就农业领域而言，无论是大豆、蔬菜还是奶牛、种猪，其育种产业大都来自国外，搞不好都会成为我们致命的卡脖子技术，会直接威胁到国家发展命脉和人民生命安全。一些大型的农业工程机械和关键的农业生物核心技术，也都受制于西方发达国家。我国的农业生态环境和粮食食品安全正在遇到巨大挑战，农村治理和农业文明传承面临着一系列严重问题。而国家设立农业大学的初衷，就是要在解决粮食安全、创新农业科技、服务乡村振兴等方面起到支撑作用。

作为农业高校，我们要在解决农业关键技术方面要勇攀高峰，拿出更多科技成果。要积极应对新一轮科技革命和产业变革的时代浪潮，加快提高我国农业自主创新能力。紧紧围绕国家战略需求，优化科研组织方式，集中力量攻克关键核心技术，服务国家粮食安全、农业绿色生产、生态可持续发展，为农业农村现代化提供有力支撑。

同时，我们也要在服务国家战略方面有新的作为。进一步做大做强“国家农业农村发展研究院”，就农村发展的重大战略建言献策。充分发挥我校国家现代农业产业技术体系首席科学家和岗位科学家的作用，发挥实验站、教授工作站和120多个科技小院的辐射作用，与地方合作建立一批产业研究院，加快科技成果转化。做好继续教育，为地方培训基层干部和各类农业人才，助力乡村人才振兴。

（三）始终牢记加强党的全面领导的政治责任，牢牢把握社会主义办学方向

大学作为孕育思想、传播理论、传承文明、价值塑造的地方，必须旗帜鲜明地强调政治属性、政治功能和政治建设。大学是党的教育事业的有机组成部分，是传播党的理论、宣传党的政策、落实党的部署、体现党的要求的坚强阵地，必须把加强党的领导、加强政治建设放在突出位置，履行好为党育人、为国育才的使命。

近年来，我们牢记习近平总书记的嘱托，坚决贯彻中央重大决策，始终把政治建设摆在“双一流”建设的首位，牢牢把握学校社会主义办学方向，坚守意识形态阵地，不断提高政治站位，不忘使命担当。纵然学校有着千头万绪的工作，但我们始终没有忘记，把广大知识分子紧密团结在党的周围，把青年学生培养成又红又专的接班人，把学校建设成为马克思主义理论的坚强阵地，把学校党组织建设成为党的事业的坚强阵地，这是我们最重要的政治责任。

为进一步加强和改进党的政治建设，我们在主题教育的调研环节进行了专题调研，调研反映学校党的政治建设工作中还存在一些值得高度关注和进一步研究解决的问题，主要包括：

一是理论学习还需要深入持久开展。通过这次主题教育，大家普遍感到，过去我们

原原本本学原著、读原文的时间安排上不够充分，大家彼此交流机会偏少，尤其是理论研究和理论阐释相对薄弱，以习近平新时代中国特色社会主义思想武装头脑、引领师生、指导实践方面还需要加大推进。校内巡察发现，基层政治学习也不同程度地存在着学习计划不系统、学习内容不聚焦、学习效果不理想等问题。

二是学校政治建设需要进一步加强。落实党委领导下的校长负责制的工作机制还要进一步完善，党对高校的全面领导还要不断深化，把党的领导贯穿办学治校、教书育人全过程，特别是加强对学术组织的领导，如何强化党管人才，还要进一步探索有效工作方式。学校基层党建得到加强。然而工作中还存在一些薄弱环节，有的二级党组织发挥政治核心作用、贯彻落实学校党委要求和推动“双一流”建设等方面的工作不落实。一些学院党委会讨论学科建设、人才培养、发展定位、师生权益等重大事项较少，人才的政治把关缺少可操作的前置措施，教师的政治考核也容易流于形式。教师思想政治工作机制还不健全，保证监督作用发挥不充分。有的学院落实学院党委会议制度和议事规则不够全面到位，党委个别委员和班子成员履职不到位，工作职责不明晰，发挥作用不够。无论是领导班子还是干部队伍中，存在着一定程度的本领恐慌。结合学校奋进攻坚主战场、群众工作最前沿、维护稳定第一线等现实工作，加强干部培训、组织交流研讨、历练培养和总结提升不够，对干部的针对性培养与训练不够。我们在加强对知识分子的政治引领和政治吸纳方面，还存在薄弱环节；对留学回国人员的思想政治工作还没有做到全覆盖。学生社团的组织引领和政治把关还未落实，党员教师参与和加强指导的工作机制还不完善。有学生存在严重心理问题，还有个别学生生活方式不健康，涉足毒品、艾滋病，扰乱社会治安、非法宗教等问题时有发生。虽然学校目前没有发现公然挑战政治底线的重点人，但存在模糊认识和糊涂观念的人不在少数，没出事并不等于没有事，今天不出事也不等于将来不出事，必须持续加强理论武装，夯实思想基础，打牢政治根基。学校政治建设的工作制度还不完善，工作中还存在一些薄弱环节，在政治建设上还有一些“最后一公里”的问题，需要不断拧紧螺丝，久久为功。

三是干部的政治敏感性和应急处突能力还要进一步增强。由于长期没有发生过重大突发事件，干部普遍缺乏在尖锐复杂意识形态斗争一线的工作历练，对一些苗头性、倾向性问题的感知往往变得迟钝，斗争精神、斗争本领容易出现恐慌。

四是学校政治风险依然严峻，敌对势力不断兴风作浪，社会舆论热点随时会波及师生，外部政治风险向学校倒灌极易发生。校内也存在一些历史遗留问题和群体性诉求，一些生活小事随时会引发舆论漩涡和政治风险，“黑天鹅”“灰犀牛”事件可能不期而至，对此必须保持高度警惕。

五是党风廉政建设和反腐败斗争形势依然严峻复杂。学校信访举报出现持续增长态势，个别人问题和微腐败现象依然存在，全面从严治党依然任重道远。

六是思想政治教育入心入脑的实效性仍亟待增强。思想政治理论课教学方法、评价方法仍需推动创新，第二课堂的思想引领和教育作用尚待充分发挥，学生社团建设与管理亟待加强。马克思主义学院和思想政治课建设，但远没有达到应有的水平。

针对这些问题，学校将进一步专题研究，制定有效的整改措施加以整改，并在如下方面进一步加强工作：一是坚持党对高校的全面领导。必须不折不扣地贯彻落实中央的工作部署，决不能把学校办成世外桃源和政策飞地。要全面贯彻落实党的教育方针，坚持正确的办学方向不动摇。要坚决落实立德树人根本任务，强化为党育人、为国育才的使命担当，完善学生培养机制和成长评价机制，促进学生德智体美劳全面发展。要扎根中国大地办大学，弘扬爱国奉献、科学报国的工作导向。二是要坚决落实党委领导下的校长负责制，不断强化学校党委的领导核心作用和全面负责的工作机制。同时要进一步夯实高校基层党的建设，强化支部的政治功能和教育引领作用。要重点解决和强化二级党组织的领导作用，切实加强党的支部建设。三是要坚守意识形态阵地，加强对学校安全稳定工作的全面领导，坚决防止出现重点人和发生意识形态重大事件。认真研判涉及学校安全稳定的各种问题隐患，及时化解各种风险，坚持在防范苗头性、倾向性问题上下功夫，及时有效稳妥地把事端解决在萌芽状态，不断增强工作的前瞻性和主动性。四是要落实全面从严治党的要求，突出政治巡察，强化规矩意识，推进依法治校。

（四）始终牢记服务人民的办学宗旨，开创强农兴农新格局

党的十八大以来，习近平总书记治国理政一个最鲜明的特点就是以人民为中心，体现了我们党全心全意为人民服务的根本宗旨，彰显了中国共产党人的责任担当。党的十八大以来，习近平总书记以大爱无疆、心系苍生的博大情怀，怀着为中国人民谋幸福、为中华民族谋复兴的殷殷初心和崇高使命，把人民放在心中最高位置。我们耳濡目染、感同身受，也深受教育。

我们开展“不忘初心、牢记使命”主题教育，必须进一步突出“为人民谋幸福”这一主题，不断强化立党为公、执政为民的理念，增强全心全意为人民服务的思想自觉和行动自觉。要以习近平总书记为行动榜样，以习近平总书记的要求为工作标准，要经常对表对标，寻找落差温差。要像习近平总书记那样始终心系人民，敢于为民担当。这落实在我们的办学上，就必须进一步突出为民服务的办学导向，不断满足人民群众新的期待和需求，开创强农兴农的新格局。

一方面，我们要在学科布局、专业设置和人才培养模式上要做进一步延伸和拓展，服务的领域要从田间到餐桌，从生产到生活，从服务农民到服务农民和市民，从保障吃得饱到保障吃得好、吃得健康、吃得安全，不断提高学校适应社会变化、服务群众生活的能力。另一方面，我们要深入基层、深入农村，了解农业，了解农民，为农民解决实际问题，并始终坚持以服务农业农村现代化建设为归宿，扎根中国大地，把广袤农田当作“教科书”，把广阔农村当作“实验室”，把广大农民当作“同窗人”，积极投身“三农”事业，在助力脱贫攻坚，服务乡村振兴中，坚守高等农林教育的初心与使命。

学习习近平新时代中国特色社会主义思想，不仅要学习其理论阐述，更要学习贯穿其中的坚定的理想信念、真挚的人民情怀和无畏的担当精神。“亲其师，才能信其道”。对领袖非凡人格的认同，对人民深厚感情的认同，站在同一的人民立场上，更有利于对理论的深刻理解和把握。

深入学习习近平新时代中国特色社会主义思想，就要深入把握所贯穿的为民情怀，牢固树立人民群众是真正英雄的历史观、人民至上的价值观、执政为民的政绩观，站稳群众立场，心中时刻装着人民群众，永远与人民群众同呼吸、共命运、心连心，永远把人民对美好生活的向往作为奋斗目标，努力实现好、维护好、发展好最广大人民群众根本利益。坚持党的群众路线，一切为了群众、一切依靠群众，从群众中来、到群众中去。把人民拥护不拥护、赞成不赞成、高兴不高兴、答应不答应作为衡量一切工作得失的根本标准，紧

紧依靠人民来创造历史伟业。

我们开展"不忘初心、牢记使命"主题教育，必须进一步突出为人民谋幸福这一主题，不断强化立党为公、执政为民的理念，增强全心全意为人民服务的思想自觉和行动自觉。要以习近平总书记为行动榜样，以总书记要求为工作标准，要经常对表对标，寻找落差温差。要像习近平总书记那样始终心系人民，敢于为民担当。

一是我们必须进一步突出为民服务的办学导向，不断满足人民群众新的期待和需求。就农业大学而言，我们要在学科布局、专业设置和人才培养模式上要做进一步延伸和拓展，服务的领域要从田间到餐桌，从生产到生活，从服务农民到服务农民和市民，从保障吃得饱到保障吃得好、吃得健康、吃得安全，不断提高学校适应社会变化、服务群众生活的能力。

二是必须把教育公平作为办学底线，认真落实好面向农村和民族地区的专项招生计划，完善校内家庭经济困难学生的资助体系，建立学习帮扶制度和就业创业特殊支持计划，把国家的政策和党的温暖及时有效地送到每一位学生心上。

三要坚持在办学以教师为本、教学以学生为本的理念，坚持校务公开，扩大师生的知情权、参与权和监督权，积极营造健康和谐的师生关系和校园氛围。自觉做到经常深入群众，多听一听师生的愿望和诉求，把学校的重大决策植根于群众之中，充分调动和激励广大师生推进教育改革和学校建设的主人翁精神和创造意识。

四是坚决纠正官僚主义和形式主义，切实改进工作作风，要努力提高新形势下做好群众工作的本领和能力，深入做好组织群众、宣传群众、教育群众、服务群众工作，虚心向群众学习，诚心接受群众监督，进一步密切干群关系。主动深入基层调研，千方百计为师生办实事，多做暖人心、聚人气的工作。下决心推进党风廉政建设，坚决消除消极腐败现象，真正取信于民。

四、把初心使命转化为干部锐意进取、开拓创新的精气神和埋头苦干、真抓实干的自觉行动

这次主题教育的根本任务是深入学习贯彻习近平新时代中国特色社会主义思想，锤炼忠诚干净担当的政治品格，团结带领全国各族人民为实现伟大梦想共同奋斗。"抓落实"是主题教育的总要求之一。习近平同志强调，"抓落实，就是要把新时代中国特色社会主义思想转化为推进改革发展稳定和党的建设各项工作的实际行动，把初心使命变成党员干部锐意进取、开拓创新的精气神和埋头苦干、真抓实干的自觉行动，力戒形式主义、官僚主义，推动党的路线方针政策落地生根，推动解决人民群众反映强烈的突出问题，不断增强人民群众获得感、幸福感、安全感"。检验我们前一段时间的学习效果和收获，关键看忠诚干净担当的政治品格是否得到锤炼，这就要求我们的党员干部：

一要对党绝对忠诚。对党绝对忠诚是党员干部首要政治品质和生命线，"两个维护"是我们党最根本的政治纪律和政治规矩，是党的政治建设的"根"和"魂"，对党绝对忠诚和做到"两个维护"是一个统一、有机的整体，我们要切实把对党绝对忠诚、做到"两个维护"落实到一言一行，落实到时时处处，贯彻到工作的方方面面。不仅要做政治上的"明白人"，还要做落实上的"行动派"。不能"光说不练"，关键要看行动、见担当。它体现在坚决贯彻党中央决策部署的行动上，体现在履职尽责、做好本职工作的实效上。对高校

而言，立德树人是立身之本，必须肩负起办好中国特色社会主义大学的政治责任，必须坚持社会主义的办学方向，必须旗帜鲜明讲政治；将立德树人贯穿教育教学全过程，按照党的政治要求培养人绝不能含含糊糊；牢牢把握高校意识形态的主动权，在大是大非面前始终保持头脑清醒。

二要做到清正无私。干净是共产党员的底线。我们的党员干部要堂堂正正做人，干干净净做事。要牢固树立规矩意识，更必须严格执行规矩。我们拒绝不作为，更要拒绝乱作为。广大党员干部一切工作的出发点和落脚点都必须以学校的事业为先，全心全意地为学校的改革发展服务。要坚持师生为本，全心全意为师生服务的宗旨，明白手中的权力来自师生，必须用之服务于师生，坚决纠正官僚主义和形式主义作风。多倾听群众的呼声，多解决群众的问题。坚持从小事小节上加强修养，从一点一滴中完善自己，心存敬畏，慎独慎微，遵守党纪国法，培育良好家风，时时处处做到清正廉洁。

三要勇担工作重任。习近平总书记在全国组织工作会议上强调，中国特色社会主义进入新时代，我们党一定要有新气象新作为。对党员干部而言，有多大担当才能干多大事业，尽多大责任才会有多大成就。新时代呼唤新担当，新担当需要新作为。党员干部只有积极作为、勇于担当，才能做出经得起实践、人民、历史检验的实绩。检验我们前一段时间的学习效果和收获，关键看忠诚干净担当的政治品格是否得到锤炼。党员干部务必要深刻理解忠诚干净担当的政治品格的内在统一性，要正确处理干净和担当的关系，决不能把反腐败当成不担当、不作为的借口。面对学校的中心工作，我们的干部既要干净做事，同时还要敢担当、能负重。当前，我校发展也进入了关键时期，正处于从国内一流农业高校向中国特色、农业特色的世界一流大学迈进的关键节点，需要爬坡过坎、奋力一搏，不是不进则退，而是慢进则退。全体党员干部要树立强烈的责任意识、发展意识和危机意识。切实抓住此次主题教育的难得机遇，正确认识学校当前改革发展的形势，清醒地认识到自身发展存在的问题，正确认识和科学把握今后一个时期学校的发展走向，坚持高标准要求自己、高标准对待工作，以学习和研究解决能力不足、本领恐慌等问题，切实增强担当的意识、担当的能力和担当的决心，在全校上下凝聚起事业发展的强大动力，跟上加快推进新时代教育现代化的步伐。

四要当好实干表率。担当作为要戒空谈。改革越深化，攻坚越深入，情况越复杂。只有带着问题深入实际，才能找到问题的症结所在，提出符合客观实际的决策建议。全校党员干部要当好实干表率，实实在在地把身边的工作做好，坚持兢兢业业、勤奋工作、埋头苦干，扎扎实实地做好各项工作。真干而假干，实干而不虚干，为学校和师生干而不单是为自己干。多出实招、办实事。主动深入到困难大、生活艰苦、群众意见多、工作基础差的地方，关心群众疾苦，帮助解决困难；工作中履职尽责、处处带头示范。在工作岗位上，发挥先锋模范带头作用，自觉将个人作用发挥融入学校改革发展大局中，以实际行动助推学校改革发展。

同志们，坚守初心使命永无止境，我们各级党员干部必须以此次主题教育为契机，守初心、担使命，找差距、抓落实，增强进取意识、机遇意识、责任意识，真正做到将中央的各项决策落到实处，抓好各项工作，发扬钉钉子的精神，久久为功，从而在实干中锐意进取、无私奉献，加快建设中国特色、农业特色的世界一流大学，担负起“立德树人、兴农强农”的时代使命，为推进中国特色社会主义发展和实现中华民族伟大复兴做出农大人新的贡献。

党委书记姜沛民在中国农业大学国庆70周年庆祝活动总结表彰大会上的讲话

（2019 年 11 月 1 日）

同志们、同学们：

大家好！新中国成立 70 周年庆祝活动取得圆满成功，农大学子踊跃参与，载誉而归。今天所有的点评和感谢，都归于一句话：国之大典，精彩有你！今天学校在这里隆重召开会议，进行国庆 70 周年庆祝活动的总结表彰，与大家共同分享收获和喜悦。

首先，我代表学校党委，向圆满完成群众游行、广场合唱、广场联欢、志愿服务等各项任务的全体师生致以诚挚的问候和衷心的感谢！向受到表彰的先进个人表示热烈的祝贺！向辛勤付出、无私奉献的全体服务保障工作人员致以崇高的敬意！你们都是好样的，学校为你们点赞！

刚才，几位师生代表的精彩讲演和深情回顾，又把我们带回到了国庆当天那令人心潮澎湃、热血沸腾的场景。天安门广场群情高昂、旌旗飘扬、欢欣鼓舞、盛况空前，一片欢乐的海洋！我校 1 397 名师生所在的“乡村振兴”方阵，伴随着《美丽乡村》的音乐，饱含热情、昂首阔步走过天安门城楼；74 名师生身处广场中心，与音乐表演合唱团一起，在 3 个小时的庆祝活动中精彩演绎 31 首歌曲，向祖国献礼；100 名师生融入闪亮国庆之夜，载歌载舞，点赞共和国、讴歌新时代。在校的广大师生也组织集体观看直播，共同祝愿祖国繁荣昌盛。

90 多天奋斗的日夜，大家付出了辛劳的汗水，留下了太多的感动。所有参加活动以及为此次活动做好服务的各位同学、各位同志圆满完成了任务，展示了农大人的担当，代表着当代大学生的风采，为学校也为你们自己赢得了荣誉。刚才，培景同志宣读了学校对所有参加活动师生的表彰，并为每位同学送上一份难忘的纪念品。这将是一份无比珍贵的记忆，将永远定格在共和国发展的历史长河和重大庆典之中，也永远珍藏在每一位参与者的心中。为了更好地把庆祝活动形成的宝贵精神财富转化为为国担当、为国奉献、奋进新时代的强大力量，转化为广大同学不忘初心、牢记使命，勤奋学习的自觉行动。下面，我谈三点意见：

一、庆祝活动中呈现出的爱国热情需要大力弘扬

举国关注、举世瞩目的国庆 70 周年庆祝活动获得了圆满成功，习近平总书记高度评价，赞扬这场国之大典，气势恢宏、大度雍容、纲维有序、礼乐交融，充分展示了新中国成立 70 年来的辉煌成就，有力彰显了国威军威，极大振奋了民族精神，广泛激发了各方面力量。庆祝活动是在“第一个百年”即将到来之际，全党全军全国各族人民万众一心，朝着全面建成小康社会目标奋进的一次伟力凝聚；是在实现中华民族伟大复兴中国梦的征

程上，全体中华儿女对共同理想所做的一次豪迈宣示；是在当今世界正经历百年未有之大变局的形势下，中华人民共和国始终巍然屹立于世界东方，并且愈发蓬勃、愈发健强的一次盛大亮相。庆祝活动是一堂生动的新中国历史课、爱国主义教育课、新时代思政课，彰显了非同凡响的政治效果、精神价值和引领作用。

在北京市委在总结表彰大会上，蔡奇书记讲到：一年来所有的参与集体和个人都付出了辛劳和汗水，贡献了智慧和力量，都有各自的感人故事，都值得尊敬。许多表现突出的典型，受名额所限，没有纳入先进集体和个人，包括处级干部发扬风格，把荣誉让给了更多基层干部和普通群众。在此，市委市政府向直接参与筹备和服务保障的所有参训参演人员、工作人员给予集体表扬，并致以崇高敬意！

教育部在首都教育系统服务保障国庆活动总结表彰大会上，宣读了教育部的嘉奖令，特对参与中华人民共和国成立70周年庆祝活动服务保障工作的全体师生给予通令嘉奖，要求各学校要在年终绩效考评、各种评奖评优中对受到嘉奖的师生予以优先考虑，号召全国教育系统向参与活动的首都高校及各类学校的师生学习，并组织宣讲团赴各地宣讲。

在这场庆祝活动中，广大师生并肩同行，共同实现完美演绎，在天安门前踏出了“自由、生动、欢愉、活泼”的精彩节拍，充分展现了农大师生昂扬向上、奋发有为的精神面貌，生动表达了热爱党、热爱祖国、热爱人民的真挚情感，精彩呈现了全面实施乡村振兴战略的伟大成就和光明前景，深刻表达了学校扎根中国大地办教育、服务农民群众促发展的深沉情怀，集中宣示了青年学子矢志为中华民族伟大复兴而奋斗的决心信心，唱响了新时代的青春之歌。

一是充分展示了强烈的政治责任担当。在整个活动过程中，大家都自觉把这次参与当作一次重大政治任务，作为一份必须履行好的政治责任。大家清醒地认识到，我们不只是代表自己参与，更是代表国家在举世瞩目的盛大舞台上亮相，代表亿万农民展示农村翻天覆地的变化和今天的幸福生活，代表亿万青年一代展示对新时代的美好愿望和梦想，也代表具有百年光荣历史的母校去展示农大学子的青春风采。这次庆祝活动从一开始就政治要求高、筹备周期长、训练任务重。我们严格对标上级部门要求，严格按照选拔程序、选拔条件和人员指标开展招募工作。值得感动的是，所有参加国庆活动的同学都是自愿报名、主动请缨，有的同学还专门跑到辅导员的办公室，表达出参加这次活动的强烈愿望。我们在工作过程中，严格履行政治要求，严格审查政治标准，严格遵守保密规定。从6月份启动各项工作，到开展方阵合成训练，到3次集体合练，到3次长安街集体演练，同学们有太多的辛劳、太多的感动、太多的精彩想与亲朋好友分享，却不能透露半字，选择了严守纪律、默默奉献整个过程，我校未出现一起泄密事件，未出现一件负面舆情，外出训练未出现一例意外事故，国庆当天未出现任何重大应急处置事件。游行方阵还荣获“精彩70”流动红旗。各位同志经历了一场严肃的政治大考，都圆满地交上一份合格答卷。在北京市筹备和服务保障中华人民共和国成立70周年庆祝活动总结表彰中，学校团委荣获先进集体荣誉称号，黄振翔、宋赛、杨海岩、王亮、杨钰、汪子钧6名师生荣获先进个人荣誉称号，他们就是其中优秀的代表。

二是充分展示了高昂的爱国主义热情。对祖国母亲的感情是世间最深沉、最久远、最动人的。这个夏天,“我和我的祖国,一刻也不能分割”的旋律萦绕在校园的每一个角落,也印证在每一个参与者的具体行动中。老师和同学们战高温、斗骄阳、迎风雨、熬通宵,不畏艰苦,攻坚克难,坚持奋战70余个日夜,毫无怨言,几次外出合练无一不是通宵达旦,同学们在朋友圈里调侃“睡过机场跑道、睡过长安街”,数次经历从太阳落下到太阳升起的演练,挑战着生理极限、心理极限,心中只有一个目标,就是用实际行动向祖国母亲深情告白。训练之余,同学们还以学院为单位,挥舞国旗、抖动绸扇,摆出“70”造型,齐声呐喊“乡村振兴,吾辈之责”“共产党好,新农村好”“用青春守护祖国土地,展风采共庆祖国华诞”等铮铮誓言。

不少师生,牺牲小我、成就大我,将祖国利益高于一切,正如同学们喊出的一句口号“七月留给自己、暑假献给祖国、十月一日为新中国庆生!”由于训练时间正值学期末和假期,同学们抓紧完成课业、实习之后就投入训练工作中,最开始训练的一批学生骨干有的直接取消了预定好回家的车票;有的同学,刚进家门就得到通知开展集训,当即购买返校车票;中秋佳节,本应是跟家人团聚的日子,为了达到更好的训练效果,我们的师生在中秋节的前一天仍赴顺义开展加练。还有的队员训练70多天,在最后一天因为身体原因没有现场参加,却依然在电视直播前含泪呐喊;还有的同学默默做着外围服务保障工作,比如负责道具看护的同学,中午的时候就要求到达长安街的方阵集结点,一直要等候到半夜才开始发放道具,当游行的同学手持道具上场了,他们因不能走上长安街而自行返回,能听到欢庆的笑语、礼炮的轰鸣,却只能守护在道具旁,值守在停车场。很多参与其中的老师也付出了很多艰辛。学工部的一位同志,父母刚在老家做完重病手术,便匆匆赶回工作现场,体味“忠孝难两全”的辛酸;团委的一位老师,爱人在外地有执勤任务,迫不得已将孩子送回老家照看,一次次在视频通话里听孩子呼喊“妈妈回来”,只能尽力抚慰,转头抹去思念、愧疚的泪水;体育与艺术教学部的一位老师,父母到北京看病,孩子才2岁,匆忙给老人看完病后就让父母把孩子带回老家,全心投入广场联欢的训练当中;还有一位辅导员老师,为了国庆活动,推迟了婚期。

这一切,留下太多难忘的回忆。难忘骄阳高温下一次次的汗湿衣背,难忘长安街上的中秋圆月,难忘一起为10月份出生的队员庆生,难忘高喊“祖国,我爱你”时的热泪夺眶。这一切,将永远存档于我们的内心深处,是受用终生的宝贵精神财富。

三是充分展示了感人的团结奋斗精神。习近平总书记的国庆系列讲话中,讲的最多的两个关键词就是“团结”与“奋斗”。这次庆祝活动,按照任务要求,由我校作为主责单位,北京市农工委作为参加单位,共同组建21号方阵“乡村振兴”方阵,方阵包括由平谷、怀柔、密云、延庆四个区县推荐的农村致富带头人和农民代表1 600人。整个活动过程,学校师生同农民朋友们同甘共苦、和衷共济,结下了深厚的友谊。对于青年师生,是一次亲密接触农业农村工作者的良好机会,学会了与农民群众深入交流,学会了了解群众需求,感悟到了群众的所思所想和朴实情怀,体会到了与农民群众在一起的真情实感。训练间歇,师生还赴京郊农村进行调研,与农民群众同吃同住同劳动,共度“农民丰收节”,深刻感受到了劳动的艰辛和丰收的喜悦。

奋斗的青春最美丽,奋斗的友谊最珍贵,奋斗的岁月最难忘。筹备和训练的过程当中,参与活动的师生克服了一个又一个困难,只为更好地表达对祖国母亲生日的祝福。

游行方阵方面，动作进行了4次变化，音乐进行了3次调整，口号改变了2次，近3 000人的游行人员走过了5个不同的训练场地，并且大家还自我加压开展了多次针对性训练。每次合练之后，工作专班第一时间分析检测数据、复盘演练过程，查找存在的问题，并将解决方案及时通过各中队、小队传达给每位队员。良乡初演、沙河集训、天安门合成演练，我方阵取得的成绩一次比一次出色，受到分指和总指的多次表扬。10月1日当天，大家以高水平的训练成果实现了方阵核心区域通过时间分秒不差的壮举。参加广场合唱的同学，接到修改曲目任务近10次，每次修改都要进行重新排演加练，并在临上场前一周的时间紧急接到加歌任务；训练伊始没有伴奏带，只能依靠听唱模仿进行训练；在11次的校外合练中，每次均要在烈日下进行超过3个小时的站立体能训练。参加广场联欢的同学，因为保密的要求，平时只能默默无闻的进行训练，他们以“精彩”为自己的团队命名，我校也是北京市高校中参加人数最多的学校之一。

70余个奋斗的日夜，我们收获了对祖国70年发展取得伟大成就的无比自豪，收获了对祖国未来发展的无比自信，收获了实现中华民族伟大复兴中国梦的精神动力，收获了奋发学习的强烈动机和认真拼搏的意志品质，也收获了一生难忘的战友情谊。

70余个奋斗的日夜，是一生难忘的荣耀记忆，我们留下了共和国发展历程中的璀璨一页，留下了自己青春风华的永恒定格，留下了热情迸发的精彩展示，留下了对党和祖国的赤子之心。

二、庆祝活动中所积累的宝贵经验值得认真总结

面对这次重大政治任务，我们坚定“四个意识”，树立“四个自信”，坚决做到“两个维护”，将习近平总书记作出的“自由、生动、欢愉、活泼”的重要批示精神作为基本遵循，坚决落实“精精益求精、万万无一失”的工作要求，全面出色地完成了各项工作任务，得到了上级部门的高度肯定，向党和人民交上一份满意的答卷。

一是充分体现了党建工作的政治引领。学校从上到下各级党组织履职尽责，充分发挥引领带动作用。学校党委坚强领导、总体谋划，两次召开党委常委会专题研究工作方案，细化分工，周密安排，压实责任。我作为本方阵指挥长，认真履行职责，亲自进行动员和参加第三分指的各项工作。宁秋娅副书记、李培景副书记现场指挥，综合协调，运筹安排，分别参加了骨干训练动员大会和10月1日凌晨举行的出征仪式；分别赴顺义训练场、良乡训练场和阅兵村训练场指导合练演练。各学院党委落实主体责任，有效开展组织动员和思想动员，在一周之内，一对一完成了所有参与群众游行同学的招募。

我们组建了国庆活动临时党支部，通过“开展一次党支部活动，开展一次党员教育，培养一批优秀入党积极分子，报送一系列优秀事迹报道”的“四个一”工作模式，充分发挥党支部战斗堡垒作用。通过党员佩戴党徽亮身份、刻苦训练立榜样等方式，发挥党员的先锋模范作用，吸引、推荐了一大批思想积极、政治坚定的优秀学生，成为党的后备力量。在庆祝活动的感召下，有92名学生提交了入党申请书，活动临时党支部也将其中273名优秀团员青年的工作表现情况，向其所在党组织做了推荐。

二是充分体现了严谨细致的组织效能。这次庆祝活动，任务重、时间紧、头绪多、要求高，是一次对学校各方面组织工作的集体考验。

学校成立了庆祝新中国成立70周年活动工作领导小组，成员包括党政办公室、党委学生工作部、各学院等31个党政部门和二级学院主要负责人，领导小组办公室设在校团委。成立了方阵游行工作专班、广场合唱工作专班和广场联欢工作专班，并抽调能力突出的党政干部进入工作专班开展工作。各学院团委书记、辅导员全程参与，广泛发动师生积极参与，使庆祝活动成为全校师生共庆祖国华诞、共享民族荣光的欢乐时刻。在整个活动期间，我们形成了上下贯通、运转有序、协同高效的工作格局。各部门和学院，思想统一、步调一致、齐心协力、攻坚克难，各负其责、通力合作，精心组织、全力推进，展现了一流的组织能力、管理能力和战斗能力，为参与活动的师生提供了全面、细致、无私的保障工作。校团委作为主责部门，全力以赴，精心实施，工作高效，在这里要予以特别表彰；本科生院在暑期实习、课程安排、任课教师补课方面统一进行时间协调；后勤保障处安排提前入住研究生宿舍，安排东西区食堂开放时间完全与训练时间相协调，并邀请食品学院范志红老师制定训练专用菜谱，每周推送一期训练饮食建议，安排延长浴室开放时间；校医院安排医生随队值班，外出集训时配备医生、救护车等医疗措施……如此等等，使参与师生真切感受到了学校的关心、关爱和关怀。

三是充分体现了思政工作的贯彻始终。我们深刻认识到，这是一次激发师生爱党爱国爱校热情，弘扬社会主义核心价值观的难得契机。我们将庆祝活动与学习宣传贯彻习近平新时代中国特色社会主义思想和党的十九大精神相结合，与“不忘初心、牢记使命”主题教育相结合，与弘扬“曲周精神”相结合，开展多元教育活动，学校层面，通过各类会议多次强调活动重要意义，提高学生思想觉悟，通过开展“我与国旗合张影”和“共筑中国梦·共续团员情”主题教育活动，提升使命感和责任感。学院层面，通过读书会、素质拓展、团队建设、体育竞赛、演讲竞赛、征文、文艺表演、座谈交流等形式，在思想引领的同时，增强团队凝聚力，保持良好的情绪与训练状态。个人层面，充分发挥辅导员、中队长等骨干成员的作用，开展一对一谈心谈话，随时了解学生的思想动态及身心情况。在各类活动中自觉引导师生坚定理想信念，牢记初心使命。

三、庆祝活动所取得的各项成果需要深化拓展

老师们，同学们，这次国庆活动，对大家来说是一次身心素质的考验、思想境界的升华和意志品质的磨炼，对学校管理服务工作围绕立德树人核心使命，实现“三全育人”，也提供了一次难得的提升机会，给学校和广大师生留下了宝贵的精神财富。因此，我们必须深入挖掘其中的精神内涵，进一步弘扬爱国精神和奋斗精神，把老师们和同学们展现出来的优秀品格、优良作风和工作方法传承下去，把活动成果运用到学习科研和管理服务一线，激励更广大的师生接续奋斗，汇聚起全校师生共同奋斗的强大动力。

在此，我提出以下四点要求：

第一，把参加国庆活动的生动体验转化为增强“四个自信”的自觉行动。

习近平总书记国庆系列重要讲话，回顾了新中国成立70年来走过的光辉历程，宣示了中国人民矢志不渝走中国特色社会主义道路的坚定决心，发出了为实现“两个一百年”奋斗目标、实现中华民族伟大复兴的中国梦而努力奋斗的伟大号召。我们要把学习贯彻好习近平总书记国庆系列重要讲话精神纳入正在开展的“不忘初心、牢记使命”主题教育之中，结合参加国庆活动的生动体验，进一步增强“四个意识”，坚定“四个自信”，做到“两

个维护”。要重点抓好以下三个方面的学习体会：一是要重点学习和体会习近平总书记讲话中所展现出来的强烈的民族自豪感。“今天，社会主义中国巍然屹立在世界东方，没有任何力量能够撼动我们伟大祖国的地位，没有任何力量能够阻挡中国人民和中华民族的前进步伐”“中国人民意气风发走在了时代前列”“创造了‘当惊世界殊’的发展成就”“书写了人类发展史上的伟大传奇”。习近平总书记这些铿锵有力的话语无不展现出中国人民向世界展示发展成就时的骄傲和自豪，这为我们带领广大青年学生正确认识中国特色具有十分重要的指导意义。二是要重点学习习近平总书记所大力倡导的尊敬英雄、崇尚英雄的工作要求，激励广大师生向英雄致敬，向英雄学习，努力成为新时代的新英雄。在国家勋章和国家荣誉称号颁授仪式上发表讲话时，习近平总书记深情指出：“崇尚英雄才会产生英雄，争做英雄才能英雄辈出”“今天我们以最高规格褒奖英雄模范，就是要弘扬他们身上展现的忠诚、执着、朴实的鲜明品格”“新时代必将是大有可为的时代。全党全国各族人民要像英雄模范那样坚守、像英雄模范那样奋斗，共同谱写新时代人民共和国的壮丽凯歌！”我们要用习近平总书记这些动人话语感染师生、激励师生、鼓舞师生。三是要重点学习习近平总书记国庆系列重要讲话中所强调的奋斗精神。习近平总书记强调，只要有坚定的理想信念、不懈的奋斗精神，脚踏实地把每件平凡的事做好，一切平凡的人都可以获得不平凡的人生，一切平凡的工作都可以创造不平凡的成就。奋斗是永恒的主题，奋斗精神更是我们立德树人所要培育的重要精神品质。我们要用习近平总书记的讲话鼓舞师生、激励师生，结合“不忘初心、牢记使命”主题教育，结合“曲周精神”的宣传，把农大人心系祖国、心系民生、为民奋斗的优良品格一代一代传下去。

第二，要把这次国庆活动的丰富收获作为开展爱国主义教育的鲜活教材。

习近平总书记强调，庆祝活动是人民群众爱国主义精神的集中展示，要抓住契机，加强对人民群众爱国主义的教育和引导。我们要扎实做好庆祝活动后续收尾工作，进一步放大国庆活动的积极影响，将学习习近平总书记国庆系列重要讲话精神与总结应用国庆活动成果一起融入“不忘初心、牢记使命”主题教育之中，带领大家深切感悟新中国成立70年来的伟大实践和伟大成就；带领大家深刻认识到创造新的历史伟业、开创新时代，必须坚定坚持中国共产党领导，必须坚定坚持人民主体地位，必须坚定坚持中国特色社会主义道路；带领大家从国庆活动的精心准备和精彩呈现中，体会人民群众所展现出来的爱国精神和强烈爱国热情。同时，我们要把广大师生迸发出来的爱国主义精神引导好、发扬好，使之从自发情感变为自觉行为。同时，我们还要抓住国庆活动总结表彰的有利契机，深入开展党史、新中国史、改革开放史宣传教育，让国之盛典凝聚起的爱国热情常驻心田，把爱国之情、强国之志、报国之行贯通起来，从中不断汲取信仰力量和精神力量，进一步激发广大师生建设祖国、推动农大事业发展的使命感和责任感，切实把庆祝活动形成的宝贵精神财富更好转化为“立德树人、强农兴农”的实际行动。学校党委发布了《关于在“不忘初心、牢记使命”主题教育中加强爱国主义教育弘扬爱国主义精神的通知》，并制订了具体实施方案，包括开展学生主题教育、举办读书读经典活动、展播爱国主义影视作品、组建“稼穑先锋”爱国主义宣讲团等内容。希望各学院、各部门组织好、落实好。

第三，要把学习宣传国庆活动中涌现的先进典型事迹作为深化主题教育的具体行动。

在刚才的国庆活动总结中，我讲到了我们学校在此次国庆活动过程中涌现出的感人事迹和先进典型。我没有专门点出来每个事迹主人公的名字，就是因为还有很多的老师和同学做出了同样的选择，付出了同样多的努力。这些先进事迹代表的不是某个人，而是一群人。同样感人至深的事迹还有很多，值得深入发掘、宣传和学习。希望学校相关部门和各学院各相关单位要进一步深入挖掘和总结这些先进生动的感人事迹，立好标杆，树好榜样，组织专门的宣讲团来宣传这些事迹，使国庆活动的精神影响更多的人，发挥榜样力量，砥砺共同奋进。

在宣讲过程中，不仅要宣讲先进事迹，还要注意发现和提炼其中的宝贵精神价值，并将其主动融进农大师生精神品格之中。一是总结挖掘要有提升度，要认真凝练庆祝活动中高校师生集中展示的爱国主义精神，进一步推动学校思想政治工作改革发展。二是宣讲分享要有辐射度，要加强对接、精心组织，让宣讲团最大范围地覆盖高校师生，实现从 1 到 N 的放大效应。三是长效深化要有持久度，要在广大青年中开展深入、持久、生动的爱国主义教育，将爱国主义教育系统融入学校教育教学体系。真正实现从感性到理性、从共情到共鸣、从自在到自为的三个转变，把师生参加国庆活动展现的正能量转化为更广大师生的奋斗动力，持续激发广大师生的精神力量。

第四，把这次国庆活动积累的有益经验形成今后工作范本。

“不忘初心、牢记使命”主题教育为我们提出了“守初心、担使命，找差距、抓落实”的总要求。这次国庆活动的准备过程就是守初心、担使命的最好体现，这次国庆活动所形成的好做法、好经验就是当前我们找差距、抓落实所急需的优秀范例。希望各相关单位和部门结合“不忘初心、牢记使命”主题教育，把庆祝活动筹办中摸索出的好做法、好经验固化下来，形成工作范本，并积极传播分享，同大家一道做到打一仗进一步，更好服务师生和学校工作大局。

老师们，同学们，大家的努力付出和感人事迹怎么说也说不完，怎么表扬都不为过。4 个多月的辛苦付出已结出胜利的果实，我们要不忘初心、牢记使命，开拓进取，再接再厉，为学校“双一流”建设，更为实现中华民族伟大复兴的中国梦，贡献更多的智慧和力量！

谢谢大家！

党委书记姜沛民在第 35 个教师节表彰大会暨立德树人论坛上的讲话

（2019 年 9 月 10 日）

老师们、同学们、同志们：

今天我们在这里欢聚一堂，隆重庆祝第 35 个教师节。首先请允许我，怀着感恩之情和深深谢意，向多年来在教学、科研第一线上辛苦耕耘的全体教师以及在教学管理和后勤服务岗位上默默奉献的广大教职员工致以亲切的慰问和节日的祝福！向受到表彰的优秀教师和教育工作者表示热烈的祝贺！向刚刚加入学校大家庭的新教师们表示诚挚的欢迎！

教育的普及和人民群众科学文化水平的提高，一直是我们党孜孜以求的奋斗目标之一。办人民满意的教育，这也充分体现了我们党为中国人民谋幸福，为中华民族谋复兴的初心和使命。党的十八大以来，习近平总书记围绕党的教育事业发展发表了一系列重要论述，深刻阐述了教育事业的重大意义、教师职业的崇高地位和教师队伍的神圣职责。特别是2018年全国第34个教师节之际，习近平总书记在党中央召开的全国教育大会上做了重要讲话。习近平总书记强调指出，教育是国之大计、党之大计。这是中央从党和国家事业发展全局出发，对新时代教育工作做出的重大战略判断。古人云："致天下之治者在人才，成天下之才者在教化，职教化者在师儒。"教师之所以重要，就在于教师从事的是传播知识、传播思想、传播真理的工作，承载的是塑造灵魂、塑造生命、塑造人的重任。一个人遇到好老师是人生的幸运，一个学校拥有好老师是学校的光荣，一个民族源源不断涌现出一批又一批好老师则是民族的希望。

在新中国70华诞来临之际，学校举办教师节表彰和立德树人论坛活动意义重大。在百年的发展历程中，中国农业大学在我国革命、建设、改革等各个时期都做出了积极贡献，作为推动学校事业发展的主体力量，广大教师是学校事业发展的见证者、践行者，也是祖国富强、民族复兴的见证者、践行者。让我们一起回顾一下学校百年发展历史，更好地了解农大教师的使命和担当。

中国农业大学是一所有着辉煌历史的高校。建校百余年来，从五四运动挺立潮头到提出开发南泥湾的科学建议；从京师大学堂农科大学到新中国成立的第一所国立农业大学；从要"对新中国的农业和农业教育树立新榜样"到"建设中国特色、农业特色的世界一流大学"，中国农业大学经历了辉煌的发展历程。百年来，风雨兼程，一路前行，农大师生从"教民稼穑"的艰辛努力中走来，从党领导的陕甘宁边区——延安走来，从太行山上"人民的农大"走来，始终站在爱国与革命的前列，甘愿扛起强农兴国的责任与担当，把自己的命运与国家、民族的发展紧密相连。新中国成立后，当时的农大拥有教授、副教授64人，36人曾从美、英、德、日等国学成回国，23人获得博士学位。10位教师被评为当时的全国一级教授，人数位居全国高校第二。1956年，农大被确定为第一批6所全国性重点大学之一。此后，国家几次确定重点大学名单，无论是"211""985"还是现在的"双一流"建设高校，农大一直名列前茅。

中国农业大学是一所有着深厚积淀的高校。早在1914年，学校就设立了农学、林学、兽医学、蚕业学和水产学5科。20世纪50年代初期，以戴芳澜、俞大绂、沈其益等10位一级教授为代表的200余位教师，建立了农学、园艺学、植物病理学、昆虫学、土壤学、农业化学、畜牧学、兽医学、森林学、农业经济学和农业机械学等11个系，基本奠定了新中国农业高等教育体系的学科基础。这些优秀的学科带头人，将爱国精神转化为建设中国特色社会主义、实现中华民族伟大复兴的动力，孜孜不倦开展探索工作，为农业学科发展和农业人才培养打下了坚实的基础，引领着中国农业现代化前进的方向。时至今日，中国农业大学已经发展成为一所以农学、生命科学、农业工程和食品科学为特色和优势的研究型大学，形成了特色鲜明、优势互补的农业与生命科学、资源与环境科学、信息与计算机科学、农业工程与自动化科学、经济管理与社会科学等学科群。9个学科被列为"双一流"建设学科，A＋学科数量在全国高校排名第6，农业科学进入ESI前万分之一。

2000年以来,我校国家科学技术奖累计数量42项,排名全国第11位。

中国农业大学是一所有着优良传统的高校。在“解民生之多艰”精神的感召下,农大师生总能够在国家危难、人民需要、民族召唤的关键时刻挺身而出。新民主主义革命时期,农大人创办《醒农》刊物、成立“农业革新社”、开办农民夜校,“促人民之觉悟”“谋农业之改进”。在延安办学时期,撰写《陕甘宁边区森林考察团报告》,向中央提出开发南泥湾的建议;建立一大批兽医院,解决农业生产和战时畜力需要。抗美援朝期间,学校组建兽医志愿队奔赴前线,向世界揭穿美帝的细菌战阴谋。去年,我校李德发院士团队研制的畜禽低蛋白质饲料,可以减少大豆进口1 470万吨,减少氮排放20%,为有效缓解中美贸易摩擦而导致的大豆供货紧张和价格高涨提供了解决方案。今年5月,中央各大媒体集中宣传报道了我校教师扎根河北曲周、服务乡村振兴的先进事迹。作为曲周精神代表人物之一的辛德惠院士,日记里有这样一段话:无私无畏、忘我无我、利他利国,才能真正为人民服务,为党的事业奋斗到底,这是我的全部信念和行动指南!辛德惠院士积劳成疾,倒在了工作岗位上,遵照他的遗愿,他的一部分骨灰永远留在了他倾注了毕生心血的曲周大地上。在这些人民教师和科学家心中,国家和人民的利益是至高无上的,为了国家富强、人民幸福,他们可以奉献自己的一切,甚至牺牲生命也无怨无悔。

中国农业大学是一所有着光荣使命的高校。重农固本是安民之基、治国之要。习近平总书记指出,“没有农业现代化,国家现代化是不完整也是不可能的”。中央始终坚持把解决好“三农”问题作为全党工作的重中之重,而“三农”问题的解决,必须依靠强有力的人才与科技支撑。中国农业大学是在毛主席和周总理亲自关怀下建立起来的全国重点农业大学,70年来,农大教师始终保持着对国家命运、农业命运和农民命运的高度关心与责任自觉,“想国家之所想,急国家之所急”,围绕国家重大战略和农业科技重大需求,把论文写在祖国大地上。老一辈农大人为促进我国大范围粮食增产和农民增收做出了划时代的贡献。新时代农大人聚力于以绿色发展支撑乡村振兴,为世界减贫提供中国方案。作为农业高等教育的引领者,农大教师认真践行“传道、授业、解惑”之天职,把最美好的年华无私地奉献给了学校、奉献给了党的教育事业,为共和国培养了15万名建设者,为建设社会主义现代化强国贡献了绵绵不绝的智慧和力量。

老师们、同志们!

今年是新中国成立70周年。70年接续奋斗,学校各项事业发生了翻天覆地的变化,这些骄人成绩的背后是全体教师的辛勤耕耘和无私奉献。70年斗转星移,不变的是他们对祖国对人民的赤子情怀、对党的教育事业的无比忠诚、对科学对真理的执着追求,以及对学生对青年后辈的仁爱之心。信仰无声,拳拳赤子心就是最好的名声;生命无华,殷殷报国志就是最美的芳华。

今天,学校隆重表彰了去年教师节以来在人才培养、科学研究、社会服务、文化传承与创新、国际交流与合作等方面取得优异成绩的教师,正是由于有这样一批前赴后继、艰苦奋斗、无私奉献的教师,中国农业大学才有了今天的荣耀和成就。

刚才,有4位在教书育人、立德树人方面成绩斐然的老师,做了师德论坛的精彩发言,与大家分享了感人的师恩和成长的故事,分享了他们对教师的责任、使命、担当、情怀的理解和坚守。希望大家从中加深对教师职业操守和道德要求的把握,在工作中坚持教书和育人相统一、坚持言传和身教相统一、坚持潜心问道和关注社会相统一、坚持学术自由和学术规范相统一，争做师德的标兵和为人的师表。

今天，新入职教师在这里庄严宣誓，志愿成为一名光荣的农大教师。你们是农大的未来和希望，肩负着党和国家的重托，希望你们始终秉持“解民生之多艰，育天下之英才”的校训，永远铭记“为建设中国特色、农业特色的世界一流大学，培养德智体美劳全面发展的社会主义建设者和接班人努力奋斗”的誓言，做有理想信念、有道德情操、有扎实学识、有仁爱之心的好老师。

借庆祝第35个教师节的契机，我代表学校党委向全校教师、特别是新教师提几点希望，与大家共勉。

一要以理想信念为根。理想和信念是相辅相成的统一体，理想是人们追求的目标，信念是人们朝着这个目标前进的意志和定力。一个有理想信念的好老师，心中一定装着国家和民族。在学校历史上铭刻下印记的先辈大师，都是把自己的教书育人事业与国家、民族的奋斗目标、前途命运紧密联系在一起。当一位教师树立“为实现中华民族伟大复兴培养更多人才”的目标时，他的人生才有了更珍贵的价值，他所从事的职业才有了更伟大的意义。对每个学生来说，教师的职责使命，一方面，是传授知识和技能，帮助学生走出蒙昧贫瘠的无知沙漠，进入知识的广阔海洋；另一方面，更重要的是培育学生如何做人、如何健康成长；对国家、民族、社会来说，教师的职责使命是通过学校教育培养德智体美劳全面发展的社会主义建设者和接班人，培养能够担当民族复兴大任的时代新人。新时代中国特色社会主义教育，不仅是对个体生命负责的教育，更是对国家、民族的未来负责的教育。正所谓“传道授业解惑”，“传道”是放在第一位的。正确的理想信念是教书育人、播种未来的指路明灯。习近平总书记在全国高校思政会上说：传道者自己首先要明道、信道。只有理想信念坚定的老师，才能承担起学生健康成长的指导者和引路人的责任，帮助学生在世界观、人生观、价值观形成的关键时期，把好人生的“总开关”，扣好人生的第一粒扣子。希望广大教师始终把立德树人作为根本任务，把培养担当民族复兴大任的时代新人作为重要职责，以崇高的理想、坚定的信念引领学生，引导学生自觉成为新时代的奋斗者。

二要以高尚师德为魂。教育是心灵与心灵的沟通，灵魂与灵魂的交融，人格与人格的对话。教师的价值取向、态度情感、审美情趣、言谈举止对学生的影响是潜移默化的，有的影响会让学生一生都难以忘记！“不能正己，焉能正人？”世界上没有任何一个职业像教师这样要求严格，也没有人能像教师一样对学生整体的思想和行为产生深远的影响。正是这种职业特性决定了教师必须是道德高尚的人群。古人说：“师者，人之模范也”，合格的教师首先应该是道德上的合格者。教育家陶行知主张教师“一言、一行、一举、一动，都要修养到不愧为人之师表的地步”。习近平总书记在讲话中也多次强调师德的重要性，他殷切希望“教师不能只做传授书本知识的教书匠，而要成为塑造学生品格、品行、品味的‘大先生’”“教师要把教书育人和自我修养结合起来，做到以德立身、以德立学、以德施教”。习近平总书记强调，要把师德师风作为评价教师队伍素质的第一标准，在教师资格准入、招聘考核、职称评聘、推优评先、表彰奖励等一切环节，都要突出师德把关，严格执行师德“一票否决”。去年，教育部制定了《新时代高校教师职业行为十项准则》，学校也出台了一系列相关落实文件，针对当前教师队伍中存在的主要问题，树立政策导向，划定基本底线。这是对广大教师的警示提醒和严管厚爱，是深化师德师风建设、造就政治素质过硬、业务能力精湛、育人水平高超的高素质教师队伍的关键之举，广大教师应该做到应知应会、必知必做。

三要以扎实学识为基。良好的专业素质是现代教师最核心的素养之一。作为专业化教师，知识、能力和态度缺一不可。没有精湛的业务知识、高超的教育教学能力、开放的胸怀视野和乐学善学的学习态度，就无法获得学生的认可和尊重，教师的任务乃至教育的使命就无法顺利完成。对教师的专业素养，习近平总书记有过专门论述。他说，“扎实的知识功底、过硬的教学能力、勤勉的教学态度、科学的教学方法是老师的基本素质，其中知识是根本基础”。学生往往可以原谅老师严厉刻板，但不能原谅老师学识落伍。当今时代，社会发展变化迅速，科技进步日新月异，知识的更新周期越来越短，正所谓“学如逆水行舟，不进则退”。要培养出一流的人才，教师更要不断用新知识、新理念、新能力充实提高自己，做重视学习、热爱学习和善于学习的表率，把最先进的方法、最现代的理念、最宝贵的知识传授给学生。

四要以仁爱之心为源。习近平总书记说，“做好老师，要有仁爱之心。教育是一门‘仁而爱人’的事业，爱是教育的灵魂，没有爱就没有教育”。好老师要用爱培育爱、激发爱、传播爱，通过真情、真心、真诚拉近和学生的距离，滋润学生的心田，使自己成为学生的好朋友和贴心人，学生只有“亲其师”才能“信其道”。老师光有一颗热爱学生的心还不够，还要在思想上、学习上严格要求他们，不迁就，不放松，宽严相济、张弛有度，真正为每一名学生的未来负责。热爱学生就要公平对待每一名学生，滋润每一个心灵，不附带任何条件，不掺杂任何偏见。热爱学生就要尊重学生的人格，包容学生的个性，信任学生的能力，让学生在宽容、平和与充满期待的氛围中成长进步。

老师们、同志们！

作为我国现代高等农业教育的起源地，中国农业大学虽几遭磨难，仍百折不回、历久弥新，为我国农业科技进步和人才培养做出了重要贡献。改革开放以来，学校进入了快速发展的轨道，特别是中国农业大学组建以来，综合办学实力显著提高。今天，中国特色社会主义进入了新时代，学校也开启了事业发展的新征程。前不久，习近平总书记给全国涉农高校的书记校长和专家代表的回信，充分肯定了涉农高校为国家发展做出的积极贡献，对今后工作提出了新期待，明确了新任务，对学校坚持以立德树人为根本、以强农兴农为己任，加快“双一流”建设提出了更高要求。教师是立教之本、兴教之源。学校将一如既往地重视教师队伍建设，把教师队伍建设摆在极端重要的位置，作为学校的一项基础性工程来抓，全面深化推进教师队伍建设改革，完善人才培养计划，科学构建以立德树人为导向的评考核价体系，为全校教师干事创业搭建平台，创造更多、更好的发展空间。学校各部门、各级党组织要在“不忘初心、牢记使命”主题教育中，把倾听教师心声、关心教师健康、维护教师权益、帮助教师解决实际困难和问题、加强教师队伍建设作为重要内容，积极营造尊师重教的校园氛围，让广大教师安心从教、热心从教、舒心从教、静心从教。

老师们、同志们！

新时代要有新气象、新作为。我们一定要深入学习领会、认真贯彻落实党的十九大精神，以习近平新时代中国特色社会主义思想统领学校改革发展，坚持扎根中国大地办大学，坚持把立德树人作为根本任务，坚持弘扬爱国奋斗精神，凝心聚力，奋发有为，加快建设中国特色、农业特色的一流大学步伐，为乡村振兴战略提供人才科技支撑，为实现中华民族伟大复兴的中国梦贡献农大力量！

再次祝愿全校教师和教育工作者工作顺利、身体健康、家庭幸福、节日愉快！

谢谢大家！

党委书记姜沛民在“新农科”建设北京指南工作研讨会上的致辞

（2019 年 12 月 5 日）

尊敬的各位领导，各位专家学者，各位兄弟院校同人：

大家上午好！

今天对中国农业大学来说，是一个非常高兴而且十分荣耀的日子；对我国农林高等教育领域来说，也是一个具有特别意义的日子。教育部、农业农村部、国家林草局的各位领导以及全国 54 所涉农高校的领导和专家学者，齐聚中国农业大学，召开“新农科”建设北京指南工作研讨会，深入贯彻落实习近平总书记给全国涉农高校的书记校长和专家代表重要回信精神，进一步推动“新农科”建设的改革与实践，共同开创新时代高等农林教育的新局面。

首先，我代表中国农业大学对各位领导和专家的莅临，表示诚挚的欢迎！对大会的顺利召开，表示热烈的祝贺！也衷心感谢各位领导、各位同人、各位专家长期以来对中国农业大学的信任和厚爱，对我们的支持和帮助！

民以食为天，国以农为本。中国历来就是一个农业大国，是世界农业重要起源地之一。在几千年的农业生产发展的历程中，我们形成了灿烂辉煌的农耕文明，构成了中华民族独有的生产基础、文化基因和家国情怀。其中，传统的农业教育功不可没。而作为现代意义上的农林高等教育，则肇始于我国近代历史的风雨之中，至今只有百余年的发展历程。从最初模仿日本、转而参照欧美、后来效仿苏联，再到改革开放以来广泛借鉴世界上一切先进经验，我们一路走来，风雨兼程，几经磨难，历久弥新。其中，最主要的是我们自己扎根中国大地、秉承科学理念、勇于艰辛探索、不断凝练提升，在办学理念、管理体制、培养目标、教学模式等方面经历了反复调整与变革，逐步探索出了一条适合中国基本国情的高等农业教育发展道路，形成了具有中国特色、农业特色的社会主义大学的教育思想、教育体系和教学制度。我们在解决 14 亿人温饱问题、满足人民群众基本生活需求方面做出了不可磨灭的重要贡献，在传播现代农业科学技术、推进农业农村深刻变革、传承中华文明优秀传统、探索现代生命科学前沿、促进农林领域国际交流等方面发挥着重要作用。农林学科领域，我们已经居于世界前列，现在正在与一些世界先进国家并驾齐驱、同台竞争、并发挥着越来越重要的影响和引领作用。可以说，我国农林高等教育已经成为我国高等教育体系中的重要生力军，成为我国制度自信、文化自信、教育自信的重要组成部分，成为未来建设高等教育强国的重要支撑。我们有信心、有能力、有基础，率先走向世界高等教育领域的舞台中心,引领国际农林人才培养的潮流。我们的实际贡献和积极作为已经是世界性的、全球一流的,我们的经验提升、知识凝练、理论架构,我们的办学理念、教育模式、人才培养,也同时应当成为世界一流的,我想这是我们共同的愿望、共同的使命。

走进新时代,我国农业高等教育面临前所未有的发展机遇和严峻挑战,也具有前所未有的光明前景和美好未来。今年 9 月 5 日,习近平总书记给全国涉农高校的书记校长和专家代表的回信,对涉农高校为新中国 70 年“三农”事业做出的贡献,给予了高度肯定。同时也对农林高校的工作提出了殷切期望,指明了前进的方向。习近平总书记在回信中对我们提出了“以立德树人为根本,以强农兴农为己任,拿出更多科技成果,培养更多知农爱农新型人才,为推进农业农村现代化、确保国家粮食安全、提高亿万农民生活水平和思想道德素质、促进山水林田湖草系统治理,为打赢脱贫攻坚战、推进乡村全面振兴不断作出新的更大的贡献”的目标要求,这就是我们进行“新农科”建设的重要指针和根本遵循。

今年 6 月,在教育部、农业农村部和国家林草局的领导与支持下,全国涉农高校的百余位书记校长和农林教育专家齐聚浙江安吉,共商新时代中国高等农林教育发展大计。在“绿水青山就是金山银山”理念诞生地,共同发布了“安吉共识”,提出了“打赢脱贫攻坚战,实施乡村振兴战略,推进生态文明建设,打造美丽幸福中国”四大使命,为我们画好了“新农科”建设的路线图。

今年 9 月 19 日,在建三江“北大仓”七星农场召开工作研讨会,提出了“新型人才培养,专业优化攻坚,课程改革创新,实践基地建设,优质师资培育,协同育人强化,质量标准提升,开放合作深化” 的“北大仓行动”的八大计划,为“新农科”建设提供了行动路线。

今天,我们在这里再一次召开会议,共同启动“新农科”建设的第三部曲“北京指南”的研讨和完善工作,通过设立一批“新农科”研究与实践项目,用项目化的方式实现从建设理念、专业结构、培养模式到质量提升、发展体系的全方位落地实施,推动“新农科”建设从样板试验田成为全面开工的大田耕作,标志着“新农科”建设,环环相扣,步步深入。

“新农科”建设是农林高等教育的一场深刻革命,是高等农林院校的创新发展,更是我们落实习近平总书记回信精神、主动服务国家发展需要的思想自觉和行动自觉。作为“新农科”建设的践行者,我们第一要创新组织模式。要把“新农科”建设作为学校长远发展的全局性工作和改革突破的引领性工程进行整体布局,与“双一流”建设紧密结合起来一体推进。第二,要创新学科布局。要在营养健康、生物科技、智慧农业、绿色发展、生态环境、乡村发展、全球农业等新的需求领域,构建和发展新的学科体系,丰富农林科学的知识领域,拓展农林院校的学科结构。第三,要创新专业结构。现代生物科学、信息科学、环境科学等科技革命,正在深刻影响着甚至会颠覆原有的知识体系。农林院校的服务对象和工作领域也正在发生着历史性的变革。新科技、新业态、新岗位,要求新专业、新知识、新人才。农林院校现在的所有应对社会变化的改革举措,最终都要体现在新型人才培养上。所有的新学科布局和知识能力更新,都要落实到专业改革上。第四,要创新培养体系。即要从学科的交叉融合、农科教协同育人、本研贯通培养、学生创新创业和实践能力培养、国际化视野和全球胜任力培养等方面入手,构建以新型人才为目标的人才培养新体系。

中国农业大学愿意和在座的兄弟院校一道，为贯彻落实习近平总书记的指示精神，为更好地服务国家重大战略和民生重大需求，为积极构建面向新时代的新农科而共同努力！

同志们，百年大计，教育为本。让我们牢记习近平总书记指出的“中国人要把饭碗端在自己手里，而且要装自己的粮食”重要论述，深入贯彻落实总书记回信精神，牢牢抓住全面提高农林人才培养质量这个核心点，加快推进“新农科”建设，为更加有效保障粮食安全，更加有效服务乡村治理和乡村文化建设，更加有效保证人民群众营养健康，更加有效促进人与自然的和谐共生，着力培养农业现代化的领跑者、乡村振兴的引领者、美丽中国的建设者，为打造天蓝山青水净、食品安全、生活恬静的美丽幸福中国，做出历史性的新贡献！

最后，再次对各位领导以及各兄弟院校同人莅临大会表示感谢！并预祝大会取得圆满成功！

谢谢大家！

党委书记姜沛民党的十九届四中全会精神宣讲稿

（2019 年 12 月 12 日）

同志们：

党的十九届四中全会于 2019 年 10 月 28 日至 31 日在北京胜利召开。这次全会是我们党站在“两个一百年”奋斗目标历史交汇点上召开的一次十分重要的会议，是在新中国成立 70 周年之际、我国处于中华民族伟大复兴关键时期召开的一次具有开创性、里程碑意义的会议。

在全会胜利闭幕之后，中共中央政治局委员、北京市委书记蔡奇同志通过视频会议的方式组织了专门的宣讲活动，学校全体在校的校领导和党口部门负责同志聆听了宣讲。我们学校也迅速掀起了学习、宣传、贯彻四中全会精神的热潮。学校党委理论学习中心组进行了专题学习，党委印发了专门的文件，要求各二级党组织各部门带头学习宣传贯彻四中全会精神。同时，学校“不忘初心、牢记使命”主题教育领导小组将四中全会精神的学习纳入到了主题教育学习之中，组织各二级党组织和基层支部进行了专门的部署。

今天，按照教育部和北京市委要求，我们在这里召开会议，由我向大家进行宣讲，以便大家在已有学习的基础上更加全面、系统、深入地学习四中全会精神，并希望通过大家来带动全校师生加强对十九届四中全会精神的学习和宣传。

为了帮助大家更好地理解和把握全会精神，我将从以下五个方面进行宣讲：

一、党的十九届四中全会的总体情况和重要成果

这次全会听取和讨论了习近平总书记代表中央政治局所做的十九届三中全会以来

工作情况的报告。全会充分肯定、高度评价了党的十九届三中全会以来中央政治局的工作。会议审议通过了《中共中央关于坚持和完善中国特色社会主义制度、推进国家治理体系和治理能力现代化若干重大问题的决定》(以下简称《决定》)。会议结束时,习近平总书记就学习贯彻全会精神发表了重要讲话。

全会一致通过的《决定》,全面贯彻习近平新时代中国特色社会主义思想,充分体现党的十九大精神,深入回答了在我国国家制度和国家治理体系上"坚持和巩固什么、完善和发展什么"这个重大政治问题,集中了全党智慧,反映了人民意愿,是一篇马克思主义的纲领性文献,也是一篇马克思主义的政治宣言书。习近平总书记在全会上的重要讲话,系统总结一年多来党和国家工作,深刻阐述了坚持和完善中国特色社会主义制度、推进国家治理体系和治理能力现代化的重要性和紧迫性,围绕坚定制度自信深入回答了一系列方向性、根本性、全局性重大问题,对贯彻落实全会精神提出明确要求,为坚持和完善中国特色社会主义制度、推进国家治理体系和治理能力现代化提供了科学指南和基本遵循。全会取得的重要成果、做出的重大部署,对坚定全党全社会的道路自信、理论自信、制度自信、文化自信,统揽伟大斗争、伟大工程、伟大事业、伟大梦想,实现"两个一百年"奋斗目标、实现中华民族伟大复兴的中国梦,具有重大现实意义和深远历史意义。

纵观这次全会,最重要的成果就是审议通过了全会《决定》,树立了中国特色社会主义科学制度体系建设的里程碑。这是我们党坚持和完善中国特色社会主义制度、推进国家治理体系和治理能力现代化做出的行动纲领和政治宣示,充分彰显了以习近平同志为核心的党中央高瞻远瞩的战略眼光、强烈的历史担当和坚定的制度自信。

在全会之前,党中央对《决定》起草工作高度重视,成立了由习近平总书记担任组长,有关部门和地方负责同志参加的文件起草组,在中央政治局常委会领导下承担文件起草工作。今年4月初,文件起草工作正式启动。习近平总书记在起草组第一次全体会议上发表重要讲话,明确了起草工作的方向和思路,强调要拿出经得起历史和实践检验的好文件。文件起草组成立6个多月来,认真研读相关重要文献,系统总结制度发展成果,深入开展专题调研,广泛征求意见建议,反复进行讨论修改。中央政治局常委会召开4次会议、中央政治局召开2次会议分别审议决定稿。文件征求意见稿还下发党内一定范围征求意见,包括征求党内部分老同志意见。习近平总书记亲自主持召开党外人士座谈会,当面听取了各民主党派中央、全国工商联负责人和无党派人士意见。在全会上,根据中央委员提出的意见和建议,又对决定稿进行了认真修改。可以说,全会《决定》的起草过程,是充分发扬民主、集中全党智慧、广泛凝聚共识的过程,是科学决策、民主决策、依法决策的过程。

《决定》紧扣坚持和完善中国特色社会主义制度、推进国家治理体系和治理能力现代化这个主题展开,由15个部分构成,分为三大板块。

第一板块为第一部分,是总论,主要阐述中国特色社会主义制度发展和国家治理体系发展的历史性成就、显著优势,提出新时代坚持和完善中国特色社会主义制度、推进国家治理体系和治理能力现代化的重大意义和总体要求。

第二板块为分论,聚焦坚持和完善支撑中国特色社会主义制度的根本制度、基本制度、重要制度,安排了13个部分,明确了各项制度必须坚持的根本点、完善和发展的方向,并做出工作部署。

第三板块为第十五部分和结束语，主要就加强党对坚持和完善中国特色社会主义制度、推进国家治理体系和治理能力现代化的领导提出要求。

全会《决定》的全文以及习近平总书记关于《决定》所作的说明都已经在网上全文公布了。希望大家在会后，按照“不忘初心、牢记使命”主题教育读原著学原文悟原理的学习要求，认真学习，仔细研读。

二、充分认识坚持和完善中国特色社会主义制度、推进国家治理体系和治理能力现代化的重大意义

坚持和完善中国特色社会主义制度、推进国家治理体系和治理能力现代化，是关系党和国家事业兴旺发达、国家长治久安、人民幸福安康的重大问题。以习近平同志为核心的党中央决定用一次全会就这个重大问题进行研究部署，是从政治上、全局上、战略上全面考量，立足当前、着眼长远做出的重大决策，具有重大而深远的意义。

第一，这是实现“两个一百年”奋斗目标的重大任务。建设社会主义现代化国家、实现中华民族伟大复兴，是我们党孜孜以求的宏伟目标。中国共产党自成立以来，历来重视制度建设，团结带领人民，坚持把马克思主义基本原理同中国具体实际相结合，赢得了中国革命胜利，并深刻总结国内外正反两方面经验，不断探索实践，不断改革创新，建立和完善社会主义制度，形成和发展党的领导和经济、政治、文化、社会、生态文明、军事、外事等各方面制度，加强和完善国家治理，取得历史性成就。我们党自成立以来，就团结带领人民为此进行了不懈奋斗。

随着社会主义现代化建设和改革开放的不断发展，我们党对制度建设的认识也越来越深入。1980 年，邓小平同志在总结“文化大革命”教训时就提出，“领导制度、组织制度问题更带有根本性、全局性、稳定性和长期性”“制度好可以使坏人无法任意横行，制度不好可以使好人无法充分做好事，甚至会走向反面”。1992 年，邓小平同志在南方谈话中说：“恐怕再有三十年的时间，我们才会在各方面形成一整套更加成熟、更加定型的制度。”党的十四大提出，“在九十年代，我们要初步建立起新的经济体制，实现达到小康水平的第二步发展目标。再经过二十年的努力，到建党一百周年的时候，我们将在各方面形成一整套更加成熟更加定型的制度”。党的十五大、党的十六大、党的十七大都对制度建设提出明确要求。

党的十八大以来，我们党把制度建设摆到更加突出的位置，强调“全面建成小康社会，必须以更大的政治勇气和智慧，不失时机深化重要领域改革，坚决破除一切妨碍科学发展的思想观念和体制机制弊端，构建系统完备、科学规范、运行有效的制度体系，使各方面制度更加成熟更加定型”。党的十八届三中全会首次提出“推进国家治理体系和治理能力现代化”这个重大命题，并把“完善和发展中国特色社会主义制度、推进国家治理体系和治理能力现代化”确定为全面深化改革的总目标。党的十八届五中全会进一步强调，“十三五”时期要实现“各方面制度更加成熟更加定型。国家治理体系和治理能力现代化取得重大进展，各领域基础性制度体系基本形成”。

党的十九大做出到 21 世纪中叶把我国建成富强民主文明和谐美丽的社会主义现代化强国的战略安排，其中制度建设和治理能力建设的目标是：到 2035 年，“各方面制度更加完善，国家治理体系和治理能力现代化基本实现”；到 21 世纪中叶，“实现国家治理体

系和治理能力现代化”。党的十九届二中、三中全会分别就修改宪法、深化党和国家机构改革做出部署，在制度建设和治理能力建设上迈出了新的重大步伐。党的十九届三中全会指出：“我们党要更好领导人民进行伟大斗争、建设伟大工程、推进伟大事业、实现伟大梦想，必须加快推进国家治理体系和治理能力现代化，努力形成更加成熟更加定型的中国特色社会主义制度。这是摆在我们党面前的一项重大任务。”现在，我们党有必要对坚持和完善中国特色社会主义制度、推进国家治理体系和治理能力现代化进行系统总结，提出与时俱进完善和发展的前进方向和工作要求。

全会审议通过的《决定》，为占世界五分之一人口的东方大国，在新时代坚持和完善国家制度、开辟国家治理新境界擘画了蓝图，规划了路径，指明了方向。同时，也标志着我们党对共产党执政规律、社会主义建设规律、人类社会发展规律的认识达到了新高度，是对马克思主义国家学说和制度学说的新发展。中国制度更加成熟更加定型，宣告了“历史终结论”的破产，宣告了各国最终都要以西方制度模式为归宿的单线式历史观的破产，为人类开启了制度选择的多元化时代，为人类制度文明发展开辟了更加广阔的前景，为人类社会创造更好制度提供中国智慧和中国方案。

第二，这是把新时代改革开放推向前进的根本要求。在改革开放 40 多年历程中，党的十一届三中全会是划时代的，开启了改革开放和社会主义现代化建设历史新时期。党的十八届三中全会也是划时代的，开启了全面深化改革、系统整体设计推进改革的新时代，开创了我国改革开放的新局面。党的十八届三中全会推出 336 项重大改革举措。经过 5 年多的努力，重要领域和关键环节改革成效显著，主要领域基础性制度体系基本形成，为推进国家治理体系和治理能力现代化打下了坚实基础。同时，也要看到，这些改革举措有的尚未完成，有的甚至需要相当长的时间去落实，我们已经啃下了不少硬骨头但还有许多硬骨头要啃，我们攻克了不少难关但还有许多难关要攻克，我们决不能停下脚步，决不能有松口气、歇歇脚的想法。习近平总书记在庆祝改革开放 40 周年大会上强调，要“坚持方向不变、道路不偏、力度不减，推动新时代改革开放走得更稳、走得更远”。这就要求从全面建设社会主义现代化国家的战略需要出发，对全面深化改革工作进一步做出部署。

相比过去，新时代改革开放具有许多新的内涵和特点，其中很重要的一点就是制度建设分量更重，改革更多面对的是深层次体制机制问题，对改革顶层设计的要求更高，对改革的系统性、整体性、协同性要求更强，相应地建章立制、构建体系的任务更重。新时代谋划全面深化改革，必须以坚持和完善中国特色社会主义制度、推进国家治理体系和治理能力现代化为主轴，深刻把握我国发展要求和时代潮流，把制度建设和治理能力建设摆到更加突出的位置，继续深化各领域各方面体制机制改革，推动各方面制度更加成熟更加定型，推进国家治理体系和治理能力现代化。

总的来看，四中全会审议通过的《决定》是对坚持和完善中国特色社会主义制度、推进国家治理体系和治理能力现代化取得的重大理论成果、实践成果、制度成果的科学总结和提炼升华，标志着中国共产党人在中国大地上，树立起了中国特色社会主义科学制度体系建设的里程碑。

第三，这是应对风险挑战、赢得主动的有力保证。制度是关系党和国家事业发展的根本性、全局性、稳定性、长期性问题。制度稳则国家稳，治理强则国家强。当今世界正经历百年未有之大变局,国际形势复杂多变,改革发展稳定、内政外交国防、治党治国治军各方面任务之繁重前所未有,我们面临的风险挑战之严峻前所未有。这些风险挑战,有的来自国内,有的来自国际,有的来自经济社会领域,有的来自自然界。我们要打赢防范化解重大风险攻坚战,必须坚持和完善中国特色社会主义制度、推进国家治理体系和治理能力现代化,运用制度威力应对风险挑战的冲击。

全会深刻把握党和国家所处历史方位,从党和国家事业发展的全局和长远出发,充分发掘中国特色社会主义制度优越性,提出与时俱进完善和发展的前进方向和工作要求,为决胜全面建成小康社会、全面建设社会主义现代化国家,为巩固党的执政地位、确保党和国家长治久安,提供了牢靠而持久的制度保证。

三、深刻领会中国特色社会主义制度和国家治理体系的显著优势,坚定中国特色社会主义制度自信

《决定》在深刻阐述中国特色社会主义制度和国家治理体系科学内涵、发展成就、本质特征的基础上,从十三个方面系统总结了我国国家制度和国家治理体系的显著优势,这就是:坚持党的集中统一领导,坚持党的科学理论,保持政治稳定,确保国家始终沿着社会主义方向前进的显著优势;坚持人民当家作主,发展人民民主,密切联系群众,紧紧依靠人民推动国家发展的显著优势;坚持全面依法治国,建设社会主义法治国家,切实保障社会公平正义和人民权利的显著优势;坚持全国一盘棋,调动各方面积极性,集中力量办大事的显著优势;坚持各民族一律平等,铸牢中华民族共同体意识,实现共同团结奋斗、共同繁荣发展的显著优势;坚持公有制为主体、多种所有制经济共同发展和按劳分配为主体、多种分配方式并存,把社会主义制度和市场经济有机结合起来,不断解放和发展社会生产力的显著优势;坚持共同的理想信念、价值理念、道德观念,弘扬中华优秀传统文化、革命文化、社会主义先进文化,促进全体人民在思想上精神上紧紧团结在一起的显著优势;坚持以人民为中心的发展思想,不断保障和改善民生、增进人民福祉,走共同富裕道路的显著优势;坚持改革创新、与时俱进,善于自我完善、自我发展,使社会始终充满生机活力的显著优势;坚持德才兼备、选贤任能,聚天下英才而用之,培养造就更多更优秀人才的显著优势;坚持党指挥枪,确保人民军队绝对忠诚于党和人民,有力保障国家主权、安全、发展利益的显著优势;坚持"一国两制",保持香港、澳门长期繁荣稳定,促进祖国和平统一的显著优势;坚持独立自主和对外开放相统一,积极参与全球治理,为构建人类命运共同体不断做出贡献的显著优势。《决定》指出,这些显著优势,是我们坚定中国特色社会主义道路自信、理论自信、制度自信、文化自信的基本依据。

制度优势是一个国家的最大优势,制度竞争是国家间最根本的竞争。制度稳则国家稳。新中国成立70年来,中华民族之所以能迎来从站起来、富起来到强起来的伟大飞跃,最根本的是因为党领导人民建立和完善了中国特色社会主义制度,形成和发展了党的领导和经济、政治、文化、社会、生态文明、军事、外事等各方面制度,不断加强和完善国家治理。

一个国家选择什么样的国家制度和国家治理体系,是由这个国家的历史文化、社会性质、经济发展水平决定的。中国特色社会主义制度和国家治理体系不是从天上掉下来的,而是在中国的社会土壤中生长起来的,是经过革命、建设、改革长期实践形成的,是马

克思主义基本原理同中国具体实际相结合的产物,是理论创新、实践创新、制度创新相统一的成果,凝聚着党和人民的智慧,具有深刻的历史逻辑、理论逻辑、实践逻辑。

第一,中国特色社会主义制度和国家治理体系具有深厚的历史底蕴。在几千年的历史演进中,中华民族创造了灿烂的古代文明,形成了关于国家制度和国家治理的丰富思想,包括大道之行、天下为公的大同理想,六和同风、四海一家的大一统传统,德主刑辅、以德化人的德治主张,民贵君轻、政在养民的民本思想,等贵贱均贫富、损有余补不足的平等观念,法不阿贵、绳不挠曲的正义追求,孝悌忠信、礼义廉耻的道德操守,任人唯贤、选贤与能的用人标准,周虽旧邦、其命维新的改革精神,亲仁善邻、协和万邦的外交之道,以和为贵、好战必亡的和平理念,等等。这些思想中的精华是中华优秀传统文化的重要组成部分,也是中华民族精神的重要内容。马克思主义传入中国后,科学社会主义的主张受到中国人民热烈欢迎,并最终扎根中国大地、开花结果,决不是偶然的,而是同我国传承了几千年的优秀历史文化和广大人民日用而不觉的价值观念融通的。马克思对我国古代农民起义提出的具有社会主义因素的革命口号有过敏锐的观察。他说:"中国社会主义之于欧洲社会主义,也许就像中国哲学与黑格尔哲学一样。"这里所说的黑格尔哲学,它与中国哲学由于文化土壤不同而迥然相异,"中国社会主义"与欧洲社会主义也必然因为历史传统、经济状况、文化习惯的不同而各具特色。马克思、恩格斯用这样一个比喻揭示出一个重要的规律,即一个民族由于历史文化传统迥异,其形成的社会主义道路也必然有所差异。各国社会主义实践不可能也不应当是一个模式。中国人搞的社会主义,必须契合中国的历史经验、文化特征和基本国情。

中国在人类发展史上曾经长期处于领先地位,自古以来逐步形成了一整套包括朝廷制度、郡县制度、土地制度、税赋制度、科举制度、监察制度、军事制度等各方面制度在内的国家制度和国家治理体系,为周边国家和民族所学习和模仿。进入近代以后,封建统治腐朽无能,帝国主义列强入侵,导致中国逐步成为半殖民地半封建社会,统治中国几千年的君主专制制度陷入全面危机。面对日益深重的政治危机和民族危机,无数仁人志士为改变中国前途命运,开始探寻新的国家制度和国家治理体系,尝试了君主立宪制、议会制、多党制、总统制等各种制度模式,但都以失败而告终。

只有在中国共产党成立后,中国人民和中华民族才找到了实现民族独立、人民解放和国家富强、人民幸福的正确道路。新民主主义革命时期,我们党团结带领人民在根据地创建人民政权,探索建立新民主主义经济、政治、文化制度,为新中国建立人民当家作主的新型国家制度积累了宝贵经验。夺取全国政权后,我们党团结带领人民制定《共同纲领》、1954 年宪法,确定了国体、政体、国家结构形式,建立了国家政权组织体系。我们党进而团结带领人民进行社会主义改造,确立了社会主义基本制度,成功实现了中国历史上最深刻最伟大的社会变革,为当代中国一切发展进步奠定了根本政治前提和制度基础。改革开放以来,我们党团结带领人民开创了中国特色社会主义,不断完善中国特色社会主义制度和国家治理体系,使当代中国焕发出前所未有的生机活力。

总起来说,中国特色社会主义制度和国家治理体系是以马克思主义为指导、植根中国大地、具有深厚中华文化根基、深得中国人民拥护的制度和治理体系,是党和人民长期奋斗、接力探索、历尽千辛万苦、付出巨大代价取得的根本成就,我们必须倍加珍惜,毫不动摇坚持、与时俱进发展。

第二，中国特色社会主义制度和国家治理体系具有多方面的显著优势。这次全会系统总结我国国家制度和国家治理体系的发展成就和显著优势，目的就是推动全党全国各族人民坚定制度自信，使我国国家制度和国家治理体系多方面的显著优势更加充分地发挥出来。长期保持并不断增强这些优势，是我们在新时代坚持和完善中国特色社会主义制度、推进国家治理体系和治理能力现代化的努力方向。

看一个制度好不好、优越不优越，要从政治上、大的方面去评判和把握。邓小平同志1980年在《党和国家领导制度的改革》中说过，“我们进行社会主义现代化建设，是要在经济上赶上发达的资本主义国家，在政治上创造比资本主义国家的民主更高更切实的民主，并且造就比这些国家更多更优秀的人才”“党和国家的各种制度究竟好不好，完善不完善必须用是否有利于实现这三条来检验”。2014年，习近平总书记在庆祝全国人民代表大会成立60周年大会上也说过：“评价一个国家政治制度是不是民主的、有效的，主要看国家领导层能否依法有序更替，全体人民能否依法管理国家事务和社会事务、管理经济和文化事业，人民群众能否畅通表达利益要求，社会各方面能否有效参与国家政治生活，国家决策能否实现科学化、民主化，各方面人才能否通过公平竞争进入国家领导和管理体系，执政党能否依照宪法法律规定实现对国家事务的领导，权力运用能否得到有效制约和监督。”

我国国家制度和国家治理体系之所以具有多方面的显著优势，很重要的一点就在于我们党在长期探索过程中，坚持把马克思主义基本原理同中国具体实际相结合，把开拓正确道路、发展科学理论、建设有效制度有机统一起来，用中国化的马克思主义、发展着的马克思主义指导国家制度和国家治理体系建设，不断深化对共产党执政规律、社会主义建设规律、人类社会发展规律的认识，及时把成功的实践经验转化为制度成果，使我国国家制度和治理体系既体现了科学社会主义基本原则，又具有鲜明的中国特色、民族特色、时代特色。

始终代表最广大人民根本利益，保证人民当家作主，体现人民共同意志，维护人民合法权益，是我国国家制度和国家治理体系的本质属性，也是我国国家制度和国家治理体系有效运行、充满活力的根本所在。我国国家制度和国家治理体系始终着眼于实现好、维护好、发展好最广大人民根本利益，着力保障和改善民生，使改革发展成果更多更公平惠及全体人民，因而可以有效避免出现西方国家习以为常的党派纷争、利益集团偏私、少数政治“精英”操弄等现象，具有资本主义制度无可比拟的先进性。

我们从来不排斥任何有利于中国发展进步的他国国家治理经验，而是坚持以我为主、为我所用，去其糟粕、取其精华。比如，在社会主义建设时期，我国国家制度和国家治理体系就借鉴吸收了苏联的许多有益经验。改革开放以来，我们不断扩大对外开放，把社会主义制度和市场经济有机结合起来，既充分发挥市场在资源配置中的决定性作用，又更好发挥政府作用，极大解放和发展了社会生产力，极大解放和增强了社会活力。

科学社会主义与空想社会主义的一大区别，就在于它不是一成不变的教条，而是把社会主义看作一个不断完善和发展的实践过程。“文化大革命”结束后，邓小平同志说过：“我们的党和人民浴血奋斗多年，建立了社会主义制度。尽管这个制度还不完善，又遭受了破坏，但是无论如何，社会主义制度总比弱肉强食、损人利己的资本主义制度好得多。我们的制度将一天天完善起来，它将吸收我们可以从世界各国吸收的进步因素，成为世界上最好的制度。这是资本主义所绝对不可能做到的。”40 多年的改革开放有力推动中国特色社会主义制度和国家治理体系在革除体制机制弊端的过程中不断走向成熟，特别是党的十八大以来，我们全面深化改革，充分显示出我国国家制度和国家治理体系的强大自我完善能力。可以预期，随着全面深化改革向纵深推进，我国国家制度和国家治理体系必将在国际竞争中赢得更大的比较优势，展现出更为旺盛的生机活力。

第三，中国特色社会主义制度和国家治理体系具有丰富的实践成果。我国国家制度和国家治理体系管不管用、有没有效，实践是最好的试金石。新中国成立 70 年来，我们党领导人民创造了世所罕见的两大奇迹。一是经济快速发展奇迹。我国大踏步赶上时代，用几十年时间走完了发达国家几百年走过的工业化进程，跃升为世界第二大经济体，综合国力、科技实力、国防实力、文化影响力、国际影响力显著提升，人民生活显著改善，中华民族以崭新姿态屹立于世界的东方。二是社会长期稳定奇迹。我国长期保持社会和谐稳定、人民安居乐业，成为国际社会公认的最有安全感的国家之一。美国等西方国家乱象丛生，经济增长乏力，贫富差距拉大，政治极化严重，党派纷争不止，民粹主义高涨，种族歧视凸显，暴力事件频发，社会撕裂加剧，他们的国家制度和国家治理陷入前所未有的困境。可以说，在人类文明发展史上，除了中国特色社会主义制度和国家治理体系之外，没有任何一种国家制度和国家治理体系能够在这样短的历史时期内创造出我国取得的经济快速发展、社会长期稳定这样的奇迹。

美国等西方国家不愿意看到我国发展壮大，把我国国家制度和国家治理体系视为对西方制度模式的重大挑战，加紧对我国实行西化、分化战略，竭力在我国策划“颜色革命”，企图颠覆中国共产党领导和我国社会主义制度。从历史和现实看，我们都可以得出一个结论：社会主义和资本主义两种制度的斗争是长期的、复杂的，有时甚至是十分尖锐的。树欲静而风不止。我们不能一厢情愿地幻想天下太平、高枕无忧。我们既要坚持好、巩固好经过长期实践检验的我国国家制度和国家治理体系，又要完善好、发展好我国国家制度和国家治理体系，不断把我国制度优势更好转化为国家治理效能。

习近平总书记反复讲，鞋子合不合脚，只有穿的人才知道。中国特色社会主义制度好不好、优越不优越，中国人民最清楚，也最有发言权。我们在这个重大政治问题上一定要有定力、有主见，决不能自失主张、自乱阵脚，自觉不自觉地用西方国家那一套国家制度和国家治理体系来衡量我国国家制度和国家治理体系。全党同志特别是各级领导干部做政治上的明白人，很重要的一条就是任何时候任何情况下都要坚定中国特色社会主义道路自信、理论自信、制度自信、文化自信，真正做到“千磨万击还坚劲，任尔东西南北风”。

四、准确把握坚持和完善中国特色社会主义制度、推进国家治理体系和治理能力现代化的总体要求、总体目标和重点任务

《决定》科学分析了面临的形势，明确提出了坚持和完善中国特色社会主义制度、推进国家治理体系和治理能力现代化的总体要求和总体目标，对重点任务做出了全面部署，为新时代坚持和完善中国特色社会主义制度、推进国家治理体系和治理能力现代化指明了前进方向、提供了根本遵循。

《决定》提出了坚持和完善中国特色社会主义制度、推进国家治理体系和治理能力现代化的总体要求：必须坚持以马克思列宁主义、毛泽东思想、邓小平理论、“三个代表”重

要思想、科学发展观、习近平新时代中国特色社会主义思想为指导，增强“四个意识”，坚定“四个自信”，做到“两个维护”，坚持党的领导、人民当家作主、依法治国有机统一，坚持解放思想、实事求是，坚持改革创新，突出坚持和完善支撑中国特色社会主义制度的根本制度、基本制度、重要制度，着力固根基、扬优势、补短板、强弱项，构建系统完备、科学规范、运行有效的制度体系，加强系统治理、依法治理、综合治理、源头治理，把我国制度优势更好转化为国家治理效能，为实现“两个一百年”奋斗目标、实现中华民族伟大复兴的中国梦提供有力保证。

《决定》提出了坚持和完善中国特色社会主义制度、推进国家治理体系和治理能力现代化的总体目标：到我们党成立一百年时，在各方面制度更加成熟更加定型上取得明显成效；到2035年，各方面制度更加完善，基本实现国家治理体系和治理能力现代化；到新中国成立一百年时，全面实现国家治理体系和治理能力现代化，使中国特色社会主义制度更加巩固、优越性充分展现。

《决定》从党的十九大确立的战略目标和重大任务出发，聚焦坚持和完善支撑中国特色社会主义制度的根本制度、基本制度、重要制度，从十三个方面部署了需要深化的重大体制机制改革、需要推进的重点工作任务，提出了一系列重大举措。

（一）坚持和完善党的领导制度体系，提高党科学执政、民主执政、依法执政水平

《决定》把坚持和完善党的领导制度体系放在首要位置，突出了党的领导制度在中国特色社会主义制度和国家治理体系中的统领地位，抓住了国家治理的关键和根本。《决定》指出，中国共产党领导是中国特色社会主义最本质的特征，是中国特色社会主义制度的最大优势，党是最高政治领导力量。必须坚持党政军民学、东西南北中，党是领导一切的，坚决维护党中央权威，健全总揽全局、协调各方的党的领导制度体系，把党的领导落实到国家治理各领域各方面各环节。《决定》提出了六个方面的重点任务，分别是：建立不忘初心、牢记使命的制度，完善坚定维护党中央权威和集中统一领导的各项制度，健全党的全面领导制度，健全为人民执政、靠人民执政各项制度，健全提高党的执政能力和领导水平制度，完善全面从严治党制度。《决定》强调，确保全党遵守党章，恪守党的性质和宗旨，坚持用共产主义远大理想和中国特色社会主义共同理想凝聚全党、团结人民，用习近平新时代中国特色社会主义思想武装全党、教育人民、指导工作；把不忘初心、牢记使命作为加强党的建设的永恒课题和全体党员、干部的终身课题，形成长效机制；推动全党增强“四个意识”、坚定“四个自信”、做到“两个维护”，自觉在思想上政治上行动上同以习近平同志为核心的党中央保持高度一致，坚决把维护习近平总书记党中央的核心、全党的核心地位落到实处；健全党中央对重大工作的领导体制，强化党中央决策议事协调机构职能作用，完善推动党中央重大决策落实机制；健全维护党的集中统一的组织制度；完善党领导人大、政府、政协、监察机关、审判机关、检察机关、武装力量、人民团体、企事业单位、基层群众自治组织、社会组织等制度；完善党领导各项事业的具体制度；完善党员、干部联系群众制度；完善发展党内民主和实行正确集中的相关制度；建立健全以党的政治建设为统领，全面推进党的各方面建设的体制机制，等等。

（二）坚持和完善人民当家作主制度体系，发展社会主义民主政治

《决定》指出，我国是工人阶级领导的、以工农联盟为基础的人民民主专政的社会主义国家，国家的一切权力属于人民。必须坚持人民主体地位，坚定不移走中国特色社会

主义政治发展道路，确保人民依法通过各种途径和形式管理国家事务，管理经济文化事业，管理社会事务。《决定》提出了五个方面的重点任务，强调要坚持和完善人民代表大会制度这一根本政治制度，坚持和完善中国共产党领导的多党合作和政治协商制度，巩固和发展最广泛的爱国统一战线，坚持和完善民族区域自治制度，健全充满活力的基层群众自治制度。这其中提出了许多重要举措，比如，健全人大对"一府一委两院"监督制度，健全代表联络机制，健全人大组织制度、选举制度和议事规则，适当增加基层人大代表数量，加强地方人大及其常委会建设；健全相互监督特别是中国共产党自觉接受监督、对重大决策部署贯彻落实情况实施专项监督等机制，完善民主党派中央直接向中共中央提出建议制度，丰富有事好商量、众人的事情由众人商量的制度化实践；完善照顾同盟者利益政策，健全党外代表人士队伍建设制度；坚持不懈开展马克思主义祖国观、民族观、文化观、历史观宣传教育；着力推进基层直接民主制度化、规范化、程序化，等等。

（三）坚持和完善中国特色社会主义法治体系，提高党依法治国、依法执政能力

《决定》指出，建设中国特色社会主义法治体系、建设社会主义法治国家是坚持和发展中国特色社会主义的内在要求。必须坚定不移走中国特色社会主义法治道路，全面推进依法治国，坚持依法治国、依法执政、依法行政共同推进，坚持法治国家、法治政府、法治社会一体建设，加快形成完备的法律规范体系、高效的法治实施体系、严密的法治监督体系、有力的法治保障体系，加快形成完善的党内法规体系，全面推进科学立法、严格执法、公正司法、全民守法，推进法治中国建设。《决定》从健全保证宪法全面实施的体制机制、完善立法体制机制、健全社会公平正义法治保障制度、加强对法律实施的监督四个方面进行了部署，提出了一些重要举措。比如，落实宪法解释程序机制，推进合宪性审查工作；健全法律面前人人平等保障机制；完善以宪法为核心的中国特色社会主义法律体系；加大关系群众切身利益的重点领域执法力度；深化司法体制综合配套改革；拓展公益诉讼案件范围；实行惩罚性赔偿制度，严格刑事责任追究；完善公共法律服务体系，等等。

（四）坚持和完善中国特色社会主义行政体制，构建职责明确、依法行政的政府治理体系

《决定》指出，国家行政管理承担着按照党和国家决策部署推动经济社会发展、管理社会事务、服务人民群众的重大职责。必须坚持一切行政机关为人民服务、对人民负责、受人民监督，创新行政方式，提高行政效能，建设人民满意的服务型政府。《决定》从完善国家行政体制、优化政府职责体系、优化政府组织结构、健全充分发挥中央和地方两个积极性体制机制四个方面进行了部署，提出了一系列重要举措。比如，以推进国家机构职能优化协同高效为着力点，优化行政决策、行政执行、行政组织、行政监督体制；健全以国家发展规划为战略导向，以财政政策和货币政策为主要手段，就业、产业、投资、消费、区域等政策协同发力的宏观调控制度体系；完善国家重大发展战略和中长期经济社会发展规划制度；推进基本公共服务均等化、可及性；适当加强中央在知识产权保护、养老保险、跨区域生态环境保护等方面事权，减少并规范中央和地方共同事权；赋予地方更多自主权，支持地方创造性开展工作；建立权责清晰、财力协调、区域均衡的中央和地方财政关系，形成稳定的各级政府事权、支出责任和财力相适应的制度，等等。

（五）坚持和完善社会主义基本经济制度，推动经济高质发展

《决定》对社会主义基本经济制度做出新的概括，确定为"公有制为主体、多种所有制经济共同发展，按劳分配为主体、多种分配方式并存，社会主义市场经济体制等社会主义

基本经济制度”。社会主义基本经济制度，既体现了社会主义制度优越性，又同我国社会主义初级阶段社会生产力发展水平相适应，党和人民的伟大创造。《决定》强调，必须坚持社会主义基本经济制度，充分发挥市场在资源配置中的决定性作用，更好发挥政府作用，全面贯彻新发展理念，坚持以供给侧结构性改革为主线，加快建设现代化经济体系。《决定》从五个方面进行了部署，分别是：毫不动摇巩固和发展公有制经济，毫不动摇鼓励、支持、引导非公有制经济发展，坚持按劳分配为主体、多种分配方式并存，加快完善社会主义市场经济体制，完善科技创新体制机制，建设更高水平开放型经济新体制。这其中提出了一系列重要举措，比如，探索公有制多种实现形式，推进国有经济布局优化和结构调整，发展混合所有制经济，增强国有经济竞争力、创新力、控制力、影响力、抗风险能力；健全支持民营经济、外商投资企业发展的法治环境，完善构建亲清政商关系的政策体系，健全支持中小企业发展制度；健全劳动、资本、土地、知识、技术、管理、数据等生产要素由市场评价贡献、按贡献决定报酬的机制；建设高标准市场体系；建立知识产权侵权惩罚性赔偿制度；健全推动发展先进制造业、振兴实体经济的体制机制；构建区域协调发展新机制，形成主体功能明显、优势互补、高质量发展的区域经济布局；构建社会主义市场经济条件下关键核心技术攻关新型举国体制；推动制造业、服务业、农业扩大开放；健全外商投资国家安全审查、反垄断审查、国家技术安全清单管理、不可靠实体清单等制度，等等。

（六）坚持和完善繁荣发展社会主义先进文化的制度，巩固全体人民团结奋斗的共同思想基础

《决定》指出，发展社会主义先进文化、广泛凝聚人民精神力量，是国家治理体系和治理能力现代化的深厚支撑。必须坚定文化自信，牢牢把握社会主义先进文化前进方向，围绕举旗帜、聚民心、育新人、兴文化、展形象的使命任务，坚持为人民服务、为社会主义服务，坚持百花齐放、百家争鸣，坚持创造性转化、创新性发展，激发全民族文化创造活力，更好构筑中国精神、中国价值、中国力量。《决定》从五个方面进行了部署，分别是：坚持马克思主义在意识形态领域指导地位的根本制度，坚持以社会主义核心价值观引领文化建设制度，健全人民文化权益保障制度，完善坚持正确导向的舆论引导工作机制，建立健全把社会效益放在首位、社会效益和经济效益相统一的文化创作生产体制机制。这其中，明确提出坚持马克思主义在意识形态领域指导地位的根本制度，充分体现了我们党对社会主义文化建设规律的认识达到了一个新高度。《决定》围绕五个方面任务提出了许多重要举措，比如，全面贯彻落实习近平新时代中国特色社会主义思想，健全用党的创新理论武装全党、教育人民工作体系；推动理想信念教育常态化、制度化；完善弘扬社会主义核心价值观的法律政策体系；完善青少年理想信念教育齐抓共管机制；构建网上网下一体、内宣外宣联动的主流舆论格局；全面提高网络治理能力；完善文化企业履行社会责任制度，等等。

（七）坚持和完善统筹城乡的民生保障制度，满足人民日益增长的美好生活需要

《决定》指出，增进人民福祉、促进人的全面发展是我们党立党为公、执政为民的本质要求。必须健全幼有所育、学有所教、劳有所得、病有所医、老有所养、住有所居、弱有所扶等方面国家基本公共服务制度体系，尽力而为，量力而行，注重加强普惠性、基础性、兜底性民生建设，保障群众基本生活。满足人民多层次多样化需求，使改革发展成果更多

更公平惠及全体人民。《决定》提出了四个方面的重点任务，分别是：健全有利于更充分更高质量就业的促进机制，构建服务全民终身学习的教育体系，完善覆盖全民的社会保障体系，强化提高人民健康水平的制度保障。这其中提出许多重要举措，比如，健全公共就业服务和终身职业技能培训制度，完善重点群体就业支持体系；推动城乡义务教育一体化发展；加快建立基本养老保险全国统筹制度；健全退役军人工作体系和保障制度；坚决打赢脱贫攻坚战，巩固脱贫攻坚成果，建立解决相对贫困的长效机制；加快建立多主体供给、多渠道保障、租购并举的住房制度；积极应对人口老龄化，加快建设居家社区机构相协调、医养康养相结合的养老服务体系，等等。

（八）坚持和完善共建共治共享的社会治理制度，保持社会稳定、维护国家安全

《决定》指出，社会治理是国家治理的重要方面。必须加强和创新社会治理，完善党委领导、政府负责、民主协商、社会协同、公众参与、法治保障、科技支撑的社会治理体系，建设人人有责、人人尽责、人人享有的社会治理共同体，确保人民安居乐业、社会安定有序，建设更高水平的平安中国。《决定》提出了五个方面的重点任务，强调要完善正确处理新形势下人民内部矛盾有效机制，完善社会治安防控体系，健全公共安全体制机制，构建基层社会治理新格局，完善国家安全体系。这其中的重要举措主要有：完善信访制度，完善人民调解、行政调解、司法调解联动工作体系；提高社会治安立体化、法治化、专业化、智能化水平，形成问题联治、工作联动、平安联创的工作机制；构建统一指挥、专常兼备、反应灵敏、上下联动的应急管理体制，优化国家应急管理能力体系建设；健全党组织领导的自治、法治、德治相结合的城乡基层治理体系；完善集中统一、高效权威的国家安全领导体制，健全国家安全法律制度体系；提高防范抵御国家安全风险能力，等等。

（九）坚持和完善生态文明制度体系，促进人与自然和谐共生

《决定》指出，生态文明建设是关系中华民族永续发展的千年大计。必须践行绿水青山就是金山银山的理念，坚持节约资源和保护环境的基本国策，坚持节约优先、保护优先、自然恢复为主的方针，坚定走生产发展、生活富裕、生态良好的文明发展道路，建设美丽中国。《决定》从实行最严格的生态环境保护制度、全面建立资源高效利用制度、健全生态保护和修复制度、严明生态环境保护责任制度四个方面进行了部署，提出许多重要举措。比如，加快建立健全国土空间规划和用途统筹协调管控制度；健全自然资源产权制度，落实资源有偿使用制度，实行资源总量管理和全面节约制度；加快建立自然资源统调查、评价、监测制度；构建以国家公园为主体的自然保护地体系，健全国家公园保护制度；加强长江、黄河等大江大河生态保护和系统治理；除了国家重大战略项目之外，全面禁止围填海；建立生态文明建设目标评价考核制度；实行生态环境损害责任终身追究制，等等。

（十）坚持和完善党对人民军队的绝对领导制度，确保人民军队忠实履行新时代使命任务

《决定》指出，人民军队是中国特色社会主义的坚强柱石，党对人民军队的绝对领导是人民军队的建军之本、强军之魂。必须牢固确立习近平强军思想在国防和军队建设中的指导地位，巩固和拓展深化国防和军队改革成果，构建中国特色社会主义军事政策制度体系，全面推进国防和军队现代化，确保实现党在新时代的强军目标，把人民军队全面建成世界一流军队，永葆人民军队的性质、宗旨、本色。《决定》从三个方面进行了部署，

强调要坚持人民军队最高领导权和指挥权属于党中央，健全人民军队党的建设制度体系，把党对人民军队的绝对领导贯彻到军队建设各领域全过程。这其中提出了许多重要举措，比如，坚持全国武装力量由军委主席统一领导和指挥，完善贯彻军委主席负责制的体制机制，严格落实军委主席负责制各项制度规定；完善党领导军队的组织体系；建立健全基于联合、平战一体的军事力量运用政策制度体系；建立健全聚焦打仗、激励创新、军民融合的军事力量建设政策制度体系；建立健全精准高效、全面规范、刚性约束的军事管理政策制度体系，等等。

（十一）坚持和完善"一国两制"制度体系，推进祖国和平统一

《决定》指出，"一国两制"是党领导人民实现祖国和平统一的一项重要制度，是中国特色社会主义的一个伟大创举。必须坚持"一国"是实行"两制"的前提和基础，"两制"从属和派生于"一国"并统一于"一国"之内。严格依照宪法和基本法对香港特别行政区、澳门特别行政区实行管治，坚定维护国家主权、安全、发展利益，维护香港、澳门长期繁荣稳定，绝不容忍任何挑战"一国两制"底线的行为，绝不容忍任何分裂国家的行为。《决定》强调，全面准确贯彻"一国两制"、"港人治港"、"澳人治澳"、高度自治的方针，维护宪法和基本法确定的宪制秩序，提高特别行政区依法治理能力和水平；健全中央依照宪法和基本法对特别行政区行使全面管治权的制度，完善中央对特别行政区行政长官和主要官员的任免制度和机制、全国人大常委会对基本法的解释制度，建立健全特别行政区维护国家安全的法律制度和执行机制，支持特别行政区强化执法力量，健全特别行政区行政长官对中央政府负责的制度，完善香港、澳门融入国家发展大局、同内地优势互补、协同发展机制，坚决防范和遏制外部势力干预港澳事务和进行分裂、颠覆、渗透、破坏活动；坚定推进祖国和平统一进程，推动两岸就和平发展达成制度性安排，团结广大台湾同胞共同反对"台独"、促进统一，等等。

（十二）坚持和完善独立自主的和平外交政策，推动构建人类命运共同体

《决定》指出，推动党和国家事业发展需要和平国际环境和良好外部条件。必须统筹国内国际两个大局，高举和平、发展、合作、共赢旗帜，坚定不移维护国家主权、安全、发展利益，坚定不移维护世界和平、促进共同发展。《决定》从健全党对外事工作领导体制机制、完善全方位外交布局、推进合作共赢的开放体系建设、积极参与全球治理体系改革和建设四个方面进行部署，强调要坚持外交大权在党中央，全面贯彻党中央外交大政方针和战略部署；深入推进涉外体制机制建设，加强党总揽全局、协调各方的对外工作大协同格局；推动共建"一带一路"高质量发展，维护完善多边贸易体制；秉持共商共建共享的全球治理观，推动全球经济治理机制变革；维护联合国在全球治理中的核心地位，支持上海合作组织、金砖国家、二十国集团等平台机制化建设，等等。

（十三）坚持和完善党和国家监督体系，强化对权力运行的制约和监督

《决定》指出，党和国家监督体系是党在长期执政条件下实现自我净化、自我完善、自我革新、自我提高的重要制度保障。必须健全党统一领导、全面覆盖、权威高效的监督体系，增强监督严肃性、协同性、有效性，形成决策科学、执行坚决、监督有力的权力运行机制，确保党和人民赋予的权力始终用来为人民谋幸福。《决定》提出三个方面的重点任务，分别是：健全党和国家监督制度，完善权力配置和运行制约机制，构建一体推进不敢腐、不能腐、不想腐体制机制。《决定》强调，完善党内监督体系，落实各级党组织监督责

任,保障党员监督权利;重点加强对高级干部、各级主要领导干部的监督,完善领导班子内部监督制度;深化纪检监察体制改革,推进纪检监察工作规范化、法治化;以党内监督为主导,推动各类监督有机贯通、相互协调;健全分事行权、分岗设权、分级授权、定期轮岗制度;建立权力运行可查询、可追溯的反馈机制;推动审批监管、执法司法、工程建设、资源开发、金融信贷、公共资源交易、公共财政支出等重点领域监督机制改革和制度建设;推进反腐败国家立法,巩固和发展反腐败斗争压倒性胜利,等等。

以上各方面的重大部署,既阐明了必须牢牢坚持的重大制度和原则,又提出了推进制度建设的重大任务和举措,坚持根本制度、基本制度、重要制度相衔接,统筹顶层设计和分层对接,统筹制度改革和制度运行,体现了总结历史和面向未来的统一、保持定力和改革创新的统一、问题导向和目标导向的统一,必将有力推动各方面制度更加成熟更加定型,把我国制度优势更好转化为国家治理效能。

五、加强党的领导,确保全会确定的各项目标任务全面落实到位

坚持和完善中国特色社会主义制度、推进国家治理体系和治理能力现代化,是全党的一项重大战略任务。必须在党中央统一领导下进行,科学谋划、精心组织,远近结合、整体推进。《决定》从强化制度执行、加强制度理论研究和宣传教育、提高党员干部治理能力、支持各类人才贡献智慧和力量、推动制度创新等方面做出全面部署。

习近平总书记在全会上就学习贯彻四中全会精神发表了重要讲话,对加强党的领导提出明确要求,强调要抓好3件事:一是坚持和巩固;二是完善和发展;三是遵守和执行。

第一,毫不动摇坚持和巩固中国特色社会主义制度。中国特色社会主义制度是一个严密完整的制度体系,起四梁八柱作用的是根本制度、基本制度、重要制度,其中具有统领地位的是党的领导制度。党的领导制度是我国的根本领导制度。党的十八大以来,习近平总书记鲜明提出,"中国特色社会主义最本质的特征是中国共产党领导,中国特色社会主义制度的最大优势是中国共产党领导,党是最高政治领导力量"。这次全会强调,"必须坚持党政军民学、东西南北中,党是领导一切的,坚决维护党中央权威,健全总揽全局、协调各方的党的领导制度体系,把党的领导落实到国家治理各领域各方面各环节"。这是党领导人民进行革命、建设、改革最可宝贵的经验。我们推进各方面制度建设、推动各项事业发展、加强和改进各方面工作,都必须坚持党的领导,自觉贯彻党总揽全局、协调各方的根本要求。

中国特色社会主义根本制度、基本制度、重要制度,是对党和国家各方面事业做出的制度安排。无论是编制发展规划、推进法治建设、制定政策措施,还是部署各项工作,都要遵照这些制度,不能有任何偏差。我们讲领导干部特别是高级干部要增强政治敏锐性和政治鉴别力、提高政治能力,很重要的一条就是必须坚定不移坚持这些制度,想问题、做决策、抓落实都要自觉对标对表。涉及方向性问题,必须以这些制度为准星。涉及制度层面的大是大非问题,必须旗帜鲜明、立场坚定,不能有丝毫含糊。各级党委(党组)发挥领导、把关作用,关键就是看所领导的地方、部门、单位在各项工作中是否执行和落实了这些制度。真正执行和落实了,方向上就没有问题,政治上就不会出问题。

第二,与时俱进完善和发展中国特色社会主义制度和国家治理体系。随着中国特色社会主义进入新时代,我国发展处于新的历史方位,我国社会主要矛盾已经转化为人民

日益增长的美好生活需要和不平衡不充分的发展之间的矛盾，我国国家治理面临许多新任务新要求，必然要求中国特色社会主义制度和国家治理体系更加完善、不断发展。制度更加成熟更加定型是一个动态过程，治理能力现代化也是一个动态过程，不可能一蹴而就，也不可能一劳永逸。我们提出的国家制度和国家治理体系建设的目标必须随着实践发展而与时俱进，既不能过于理想化、急于求成，也不能盲目自满、故步自封。

这次全会提出的目标和工作任务，很多都是我国国家制度和国家治理体系建设中的空白点和薄弱点，具有鲜明的问题导向。在实际工作中，必须突出坚持和完善支撑中国特色社会主义制度的根本制度、基本制度、重要制度，着力固根基、扬优势、补短板、强弱项，构建系统完备、科学规范、运行有效的制度体系。

贯彻落实这次全会精神，必须紧密结合已经部署的各项改革任务，形成一体推动、一体落实的有效工作机制。既要排查梳理之前各项改革任务的完成情况，已经完成的要巩固深化，尚未完成的要继续推进，又要把这次全会部署的任务及时纳入工作日程，实现有机衔接和贯通，确保取得扎扎实实的成效。

习近平总书记强调，各级党委（党组）要在党中央统一领导下，紧密结合本地区本部门本单位实际，推进制度创新和治理能力建设，抓紧就党中央明确的国家治理急需的制度、满足人民对美好生活新期待必备的制度进行研究和部署。要鼓励基层大胆创新、大胆探索，及时对基层创造的行之有效的治理理念、治理方式、治理手段进行总结和提炼，不断推动各方面制度完善和发展。需要强调的是，各地区各部门各单位进行制度创新和治理能力建设既要积极主动，又要遵循党中央统一部署和国家法律制度规定，不能不讲规制，不能不守章法，更不能草率行事，关键是把全会确定的目标任务落到实处。

第三，严格遵守和执行制度。制度的生命力在于执行。有的人对制度缺乏敬畏，根本不按照制度行事，甚至随意更改制度；有的人千方百计钻制度空子、打擦边球；有的人不敢也不愿遵守制度，甚至极力逃避制度的监管，等等。因此，必须强化制度执行力，加强对制度执行的监督。

习近平总书记强调，各级党委和政府以及各级领导要切实强化制度意识，带头维护制度权威，做制度执行的表率，确保党和国家重大决策部署、重大工作安排都按制度要求落到实处，切实防止各自为政、标准不一、宽严失度等问题的发生，充分发挥制度指引方向、规范行为、提高效率、维护稳定、防范化解风险的重要作用。要构建全覆盖的制度执行监督机制，把制度执行和监督贯穿区域治理、部门治理、行业治理、基层治理、单位治理的全过程，坚决杜绝制度执行上做选择、搞变通、打折扣的现象，严肃查处有令不行、有禁不止、阳奉阴违的行为，确保制度时时生威、处处有效。要把提高治理能力作为新时代干部队伍建设的重大任务，引导广大干部提高运用制度干事创业能力，严格按照制度履行职责、行使权力、开展工作。

习近平总书记强调，各级党组织特别是党委宣传部门要组织开展中国特色社会主义制度宣传教育，引导全党全社会充分认识中国特色社会主义制度的本质特征和优越性，充分认识中国特色社会主义制度和国家治理体系经过长期实践检验，来之不易，必须倍加珍惜；完善和发展我国国家制度和治理体系，必须坚持从国情出发、从实际出发，既把握长期形成的历史传承，又把握党和人民在我国国家制度建设和国家治理方面走过的道路、积累的经验、形成的原则，不能照抄照搬他国制度模式。要把制度自信教育贯穿国民教育全过程,把制度自信的种子播撒进青少年心灵。要积极创新话语体系、提升传播能力,面向海内外讲好中国制度的故事,不断增强我国国家制度和治理体系的说服力和感召力。

习近平总书记强调,各级党委(党组)要按照党中央部署,精心组织好全会精神宣讲,有针对性地向广大干部群众做好分层分类宣传教育,确保全会精神深入人心。要加强对全会精神贯彻落实情况的监督检查。中央有关方面要及时掌握各地区各部门相关工作进展情况,适时向党中央报告。要注意总结各地区各部门贯彻落实本次全会精神的好做法好经验。

同志们,以上是我就党的十九届四中全会精神所做的宣讲内容。为了团结带领广大师生更好地学习宣传贯彻四中全会精神,在这里我学校结合工作实际,提出以下三点意见:

一、以四中全会精神为指导,努力推动学校治理体系和治理能力实现现代化

教育是"国之大计、党之大计",教育制度在我国国家制度和国家治理体系中具有基础性、战略性、全局性、先导性的重要作用,高等教育制度以及大学治理体系更是其中重要的组成部分。教育部提出,全面落实全会精神,要坚持以习近平新时代中国特色社会主义思想为指导,紧密结合教育实际,抓紧就党中央明确的国家治理急需的制度、满足人民对美好生活新期待必备的制度进行研究和部署。要聚焦全党共同推进的改革任务、教育系统专责推进的改革任务、需要教育系统协同推进的改革任务、需要率先探索的改革任务、需要教育系统对重大改革提供研究咨询评价服务等 5 种类型,推进制度创新和治理能力建设,为坚持和完善中国特色社会主义制度、推进国家治理体系和治理能力现代化提供人才智力支撑。

中国农业大学经过 114 年历史的积淀,初步形成了以《中国农业大学章程》为核心的大学治理体系。学校第三次党代会把"推行现代大学制度,完善一流大学治理"作为"八个一流"总体建设目标之一,放在了建设世界一流大学工作中的重要位置。近年来,在中央、教育部、北京市委的领导下,我们按照上级要求,结合工作实际,不断完善和细化各方面的规章制度。当前,学校制度体系总体框架基本形成,治理制度体系逐步完善,大家工作的制度意识也得到增强。面对国家"两个一百年"奋斗目标的科技和人才需求,面对乡村振兴和农业现代化发展要求,面对"双一流"建设的重要任务,我们必须全面落实四中全会精神,在新形势下不断更新、完善和优化学校的制度体系,强化制度总体设计和有机衔接,推动实现学校治理能力现代化。

习近平总书记在去年 9 月 10 日召开的全国教育大会上,用"九个坚持"对我国教育事业规律性认识进行了概括,形成了系统完整的新时代中国特色社会主义教育理论体系,为做好新时代教育工作提供了根本遵循。我们改进和完善学校制度建设,必须以习近平新时代中国特色社会主义思想为指导,在领导体制上必须坚持党对教育事业的全面领导,在根本任务上必须坚持把立德树人放在首位,在发展战略上必须坚持教育的优先发展,在办学方向上必须坚持社会主义教育的性质和特色,在发展道路上必须坚持扎根中国大地办教育,在办学宗旨上必须坚持以人民为中心的思想,在发展动力上必须坚持深化教育改革创新,在使命担当上必须紧紧围绕中华民族伟大复兴这一历史性任务,在

依靠力量上必须把建设高水平教师队伍作为基础性工程。我们要在以上九个方面不断完善我们的制度体系，把中央对大学的工作要求、时代对大学的建设要求、人民群众对农大的发展期待，落实到学校的治理体系之中，用高度的治理效能来服务“双一流”建设。这是我们加强大学治理的根本遵循。因此，我们要在以下几个方面着力：

一要坚持和完善党对教育工作全面领导的制度体系。坚持社会主义办学方向，教育引导广大干部师生增强“四个意识”，坚定“四个自信”，做到“两个维护”，使教育系统成为坚持党的领导的坚强阵地。坚持党管办学方向、管改革发展、管干部、管人才，把党的领导贯穿教育工作的各方面各环节。加强高校院系党建工作，实现“纵到底、横到边”全覆盖。牢牢掌握党对意识形态工作的领导权。加强党员日常教育管理，持之以恒正风肃纪，坚持不懈落实中央八项规定精神，坚决反对形式主义、官僚主义，深入推进反腐败斗争，突出政治巡视，营造风清气正的良好政治生态。

二要完善立德树人体制机制。全面贯彻党的教育方针，推动习近平新时代中国特色社会主义思想进教材进课堂进学生头脑。深化新时代学校思政课改革创新，提升思政课课程教学质量。加快构建高校思想政治工作体系，深化“三全育人”综合改革，坚持不懈用党的理论创新成果铸魂育人。推进新时代教育评价改革，克服唯分数、唯升学、唯文凭、唯论文、唯帽子的顽瘴痼疾。加强体育美育和劳动教育，培养德智体美劳全面发展的社会主义建设者和接班人。

三要构建服务全民终身学习的教育体系。聚焦办好人民满意的教育，加快补齐教育发展短板。汇聚强大合力，坚决打赢打好教育脱贫攻坚战。努力提高本科教育质量，提升高校原始创新能力和关键核心技术集成攻关能力，完善创新体系，加快推进“双一流”建设。进一步完善教育对外开放体制机制，提高中外合作办学、来华留学质量，打造新时代教育对外开放新高地。发挥网络教育和人工智能优势，创新教育和学习方式，加快发展面向每个人、适合每个人、更加开放灵活的教育体系，建设学习型社会。

二、以高度的社会主义制度自信，激发广大师生的爱国热情

党的十九届四中全会《决定》总结出来的“十三个显著优势”和“十三个坚持和完善”既是党带领中国人民实现从站起来、富起来到强起来整个历史过程不断探索形成的宝贵经验，更是我们开展思想政治教育的鲜活内容，为我们提供了宝贵的师生思想政治工作素材和全面、丰富、深刻、生动的思想政治理论课教材。我们必须把深刻学习领会、坚决贯彻落实党的十九届四中全会精神，作为当前和今后一个时期的头等大事、首要任务，切实把思想和行动统一到党中央的决策部署上来。

一是要组织深入系统学习。要围绕全会主题，大力弘扬马克思主义学风，坚持理论联系实际，认真学习领会在我国国家制度和国家治理体系上，应该“坚持和巩固什么、完善和发展什么”这个重大政治问题。要把学习四中全会精神作为师生员工理论学习、讲座培训的必修课，将其作为学生思想政治理论课的重要内容，融入思政课教学之中。要坚持问题导向，提高学习的针对性，将学习成果切实转化为推动工作的实效。要实现全覆盖，全面组织开展学习，分层分类开展。要不断巩固和深化“不忘初心、牢记使命”主题教育成果，把全会精神的学习作为重要内容。基层党组织要以理论学习中心组学习、“三会一课”、主题党团日活动等形式，推动广大干部师生深入学习研讨。

二是要深化理论研究阐释。充分发挥马克思主义学院等机构的理论研究人才和资源优势，带领广大党务和思想政治教育工作者围绕全会精神宣传起来、讨论起来、研究起来，将学习不断引向深入，为全校师生提供学习服务、做出智力贡献。要围绕全会提出的重大思想观点、重大制度安排、重大工作部署，抓住干部群众关注的深层次思想问题，有针对性地开展研究阐释，组织师生开展学术研讨交流，撰写理论文章，为学习贯彻全会精神提供坚实学理支撑。

三是要加强宣传引导。统筹好各类校内新闻媒体，全方位、多层次宣传解读全会精神。在校内主要媒体上开设专栏专题，及时跟进宣传全会精神在广大师生中引起的热烈反响和学习体会。积极配合校外媒体，及时梳理提供典型素材、报道线索等，深入报道我校师生学习贯彻全会精神的举措和成效。要加强制度自信教育，把制度自信教育贯穿人才培养全过程，把制度自信的种子播撒进学生心灵。把全会精神学习宣传同庆祝新中国成立70周年宣传教育结合起来，广泛深入宣传我们党领导人民创造了世所罕见的经济快速发展奇迹和社会长期稳定奇迹，引导广大干部师生深刻认识新中国70年历史性变革和成就背后的制度逻辑、制度优势，进一步增强“四个自信”，弘扬爱国热情。

三、以高度的制度自觉，做维护制度、遵守制度、执行制度的模范

我们党能够带领广大人民群众从艰难困苦中一路走来，不断从胜利走向新的胜利，创造一系列举世瞩目的发展成绩，一个关键的因素，就是重视制度、维护制度，领导干部带头遵守和执行制度。从红军长征时期对“三大纪律八项注意”的严格落实，到中国共产党人“进京赶考”前毛泽东同志提出并带头执行的“两个务必”“六条规矩”，到改革开放开始时邓小平同志反复强调“多干实事、少说空话”，凡事都“要落在实处”，再到党的十八大以来以习近平同志为核心的党中央对制度的落实和执行提出专门要求，并通过中央巡视、群众路线教育、“两学一做”“不忘初心、牢记使命”主题教育等多种方式，不断检视制度建设情况，不断强化制度的执行，这一系列努力为我们今天的和谐稳定和高质量发展奠定了坚实基础和周密保障，并创造了源源不断的发展活力。同样，完善学校制度体系，推进大学治理体系和治理能力现代化，最终也要依靠广大领导干部带头维护、遵守和执行制度。

近年来，学校按照上级要求，结合自身工作实际，制定和完善了一批工作制度。未来，我们贯彻落实四中全会精神，推动学校治理能力现代化，还会形成一批新的制度。但是，制度制定出来了，并不等于治理水平就提升了。这其中的工作重点就是要把制度优势真正转化为制度效能。我们广大党员领导干部，必须担起责任、身先士卒，在制度维护、执行和落实中发挥中流砥柱的作用。

一是要带头遵守党规党纪等政治制度。做到旗帜鲜明讲政治，不断提高政治觉悟和政治自觉，带头提高“四个意识”，做到“两个维护”。

二是要带头遵守和执行工作制度。强化工作的规矩意识，工作制度中要求做到的自己要首先做到，制度要求不能做的要带头禁止，并且强化对下属的监督。

三是要带头执行学习制度。真正把理论学习和业务学习按要求落实好。决不能上级反复要求学，自己还把学习停留在书本里、纸面上，只有学习过程，没有学习实效。

四是要带头强化责任担当，增强工作的主动性。制度是尺度、是标准、是规矩，但是

制度无法代替人的主观能动性。广大党员干部必须在遵守和执行制度的过程中，主动把制度要求落到实处，让制度成为压实责任的催化剂。

同志们，让我们以学习贯彻党的十九届四中全会精神为契机，带领全校师生进一步统一思想、凝聚力量，更加紧密地团结在以习近平同志为核心的党中央周围，坚定信心，保持定力，锐意进取，开拓创新，为加快推进中国特色、农业特色的世界一流大学建设，为坚持和完善中国特色社会主义制度、推进国家治理体系和治理能力现代化，实现“两个一百年”奋斗目标、实现中华民族伟大复兴的中国梦而努力奋斗！

党委书记姜沛民在新瑞鹏集团捐赠教育基金仪式上的讲话

（2019 年 12 月 27 日 9:00，东区主楼 513）

彭永鹤董事长，各位企业家朋友，各位同人：

大家上午好！

刚才，我们在此见证了新瑞鹏集团向动物医学院教育发展基金捐赠的善举。我代表学校党委和教育基金会对新瑞鹏集团慷慨解囊捐赠 500 万元支持中国农业大学兽医学科建设和人才培养表示衷心的感谢！此次捐赠高度体现了彭永鹤董事长和新瑞鹏集团关注教育、重视人才的一份社会责任和公益之心，更是饱含了大家对中国农业大学、对动物医学院更好发展的一份热情的期待。

动物医学是保障人类营养与健康的重要基础。当前，人们对食品的要求从吃得饱，到吃得好，发展到吃得健康的全新阶段，大家餐桌上来自动物源的食品越来越丰富多样，对动物食品品质的要求也越来越高。这种要求直接延伸到动物医学领域，使社会对动物医学方面的科研人才、市场和资源条件保障都提出了更高要求，动物医学在整个农牧业和食品健康领域也必将发挥越来越重要的作用。

作为宠物诊疗行业领头羊企业，新瑞鹏集团拥有 20 多个连锁宠物医院品牌，1 300 多家医院，业务覆盖了宠物行业生态链的主要环节。在服务国家宠物诊疗产业发展过程中，创造了巨大的经济效益和社会效益。

中国农业大学经过 114 年的发展，已经发展成为国际知名、国内一流的研究型大学，正在向着具有中国特色、农业特色的世界一流大学迈进。动物医学院和兽医学科是中国农业大学办学和发展的代表之一，依托兽医学一级学科和 5 个二级学科，形成了完善的科学研究和人才培养体系，在畜禽重大疫病防控、动物卫生和动物源食品安全、人兽共患病防控、生物医学工程、伴侣动物疾病诊疗等方面具有强大的综合实力。在历次教育部组织的高校学科评估中，兽医学学科均排名第一，2017 年入选教育部“双一流”建设学科，教育部第四轮学科评估获评 A＋。近年来，动医学院形成了以沈建忠院士为核心的高水平科研团队，在教育教学、学科发展和党的建设都有显著举措和发展成效，并且培养了众多杰出毕业生。

长期以来,农大动物医学院与新瑞鹏集团在动物诊疗、人才培养等方面开展了广泛而深入的合作,取得了一系列合作成果,比如联合开展关爱流浪动物的公益活动,承办小动物医师技能大赛等。尤其是今年 10 月中旬共同承办的在我校举行的第五届小动物医师技能大赛总决赛,来自全国高校的 82 支代表队 246 名动物医学院学生代表参加兽医技能理论竞赛笔试、现场答题和临床技能操作竞赛 3 个项目,在人员规模、比赛组织和赛事影响都创历史最佳成绩,既促进了人才培养质量提升,也加大了不同学校兽医学科交流,扩大了动物医学的行业和社会影响力。

2020 年是全面建成小康社会的收官之年,也是我们从"十三五"迈向"十四五"的关键之年。新的时期,新的任务,新的要求,对于中国农业大学和新瑞鹏集团来说都具有非常重要的意义,希望我们双方以此次捐赠为契机,进一步加强合作,深化学习互鉴和优势互补。我们相信,依托中国农业大学动物医学方面的人才资源和科技实力,借助新瑞鹏集团的企业品牌和社会影响,双方围绕动物与人和谐共处,人与自然和谐发展,秉承"同一世界、同一健康"的理念,一定能更好地推进兽医人才培养,共同促进行业健康发展。

同时,也希望动物医学院教育发展基金按照双方的意向,使用好捐赠资金,做好捐赠资金的管理、使用和财务公开,真正让这笔资金助推学院更好提升学科影响力,提升人才培养质量,服务行业发展。

最后,我代表中国农业大学再次感谢新瑞鹏集团,也在新的一年来临之际,衷心祝愿集团各项事业蒸蒸日上,祝愿各位来宾同人工作顺利!

谢谢大家!

以高质量党建引领高质量发展

——党委书记姜沛民 2019 年 3 月 31 日发表于《人民日报》第 5 版

在学校工作中,高校党委要把抓好学校党建工作作为办学治校的基本功,以高质量党建引领和推动学校高质量发展,同时也要在学校事业高质量内涵式发展的生动实践中检验党的建设工作成效,不断实现党建质量提升。

21 世纪是质量的世纪。党的十九大报告首次做出"不断提高党的建设质量"的重要部署,传统的质量概念被引入党的建设之中,成为体现党的建设深刻内涵和显示党建成效的重要标准。这反映了党的建设实践探索和理论探索的新进展。

加强党对教育工作的全面领导,是办好教育的根本保证。在学校工作中,高校党委要把抓好学校党建工作作为办学治校的基本功,以高质量党建引领和推动学校高质量发展,同时也要在学校事业高质量内涵式发展的生动实践中检验党的建设工作成效,不断实现党建质量提升。

对于广大高校来说,提高党的建设质量,首先,要认真落实新时代党的建设总要求,不折不扣地落实中央的工作部署。其次,要坚持高标准、严要求,把党的建设的总目标落实到各项党建工作标准之中,切实加强基层党组织的标准化建设。

同时，要建设高质量的党建工作队伍。党务工作队伍，尤其是基层党组织书记是落实党建任务的"领头雁"，新形势下，党内政治生活是否严肃、各项工作能否搞好，很大程度上要看党务工作队伍素质强不强。因此，高校要积极落实"双带头人"队伍建设，不断提升基层党组织的号召力、凝聚力、吸引力和战斗力，并注重加强党建工作研究，积极探索新时期高校党建工作的规律，创新工作方式和开拓工作途径，以创新引领质量提升。

此外，要把党建工作有机融入学校"双一流"建设中，以高质量的育人成效、科研成绩、服务贡献，彰显高质量党建的引领作用。

当前，在加快推进教育现代化的新征程上，奋进创业时不我待。高校必须进一步加强学校党的建设，把智慧和力量凝聚到学校事业的各项任务中来，全力推动学校建设发展开创新局面。

为此，中国农业大学把2019年作为党建质量年，不断促进思想建设工程、"双一流"建设工程、人才强校工程、内部治理工程、发展保障工程等"五项工程"。

首先是实施思想建设工程。通过抓党建质量提升攻坚，建立健全把党对事业发展的全面领导落实到院、系基层工作各环节的制度体系，提升各级党委领导班子和领导干部的政治领导本领，持续推进学习，筑牢信仰之基，解放思想，干事创业；同时，加强组织保证，不断促进"双一流"建设工程。在统筹谋划学校党建工作体系过程中，通过建立健全与一流学科专业体系相衔接、标杆学院和样板党支部布局合理的基层组织体系，把提升组织力的要求落到实处和紧要处；此外，大力实施人才强校工程，努力建好重视政治吸纳、识才聚才的党务工作队伍，在各个领域、各个环节加强党管人才工作。特别是落实科学人才观，围绕新时代学校发展定位、"双一流"建设目标和学校师资队伍现状，加强引进与培养，不断优化人才发展环境；还要加强改革创新，大力实施内部治理工程。通过深化校、院两级管理体制和运行机制改革，建立完善有利于释放和激发各方面内在活力的机制，充分调动学院的积极性、主动性和创造性，推动学校发展动力机制从"火车头模式"向"动车组模式"的切实转变；与此同时，学校还要攻坚克难，大力实施发展保障工程，在学校事业发展保障工作中改革创新，从而实现办学空间、办学资源等领域的关键突破。

"曲周精神"是一种什么样的精神

——党委书记姜沛民2019年8月6日发表于《光明日报》第15版

在全国上下深入开展"不忘初心、牢记使命"主题教育和"辉煌七十年　奋进新时代"宣传活动中，中国农业大学扎根河北曲周46年服务乡村振兴的感人故事，深刻展示了几代农大人爱国奋斗、科学报国的精神和情怀。

一、"曲周精神"是农大百年红色基因的继承发扬

农大在曲周的46年，是在党的领导下，一辈辈农大人坚定理想信念，致力于科学报国百年历史的缩影。"曲周精神"不是无源之水，而是农大百年精神积淀的突出表现，有

着深厚的历史渊源。

(一)“曲周精神”源头始于“五四精神”和“红船精神”

早在1919年五四爱国运动前后，农大学子就积极响应李大钊同志号召，组织农林讲演团深入农村开展宣讲，坚定地走在五四运动前列，创办《醒农》刊物、“农业革新社”和农民夜校，并于1921年成立社会主义研究小组、1924年成立党支部，“五四精神”“红船精神”在农大落地生根，成为百年农大深厚的红色基因和精神传统的源头。在新民主主义革命时期，15位农大学子为革命壮烈牺牲。为国奋斗，已积淀成为农大精神的宝贵红色基因。

(二)“曲周精神”直接传承“延安精神”和“南泥湾精神”

农大第一任党支部书记乐天宇同志，20世纪40年代参与创办延安自然科学院生物系，广大师生多次实地考察，三下南泥湾，直接向中央提出开发南泥湾的建议，积极投身边区农场开发和农林牧业建设，成为“延安精神”“南泥湾精神”的实践者和传承者。在新中国成立之际，华北大学农学院、北大农学院、清华农学院等组建了新的“人民的农大”，乐天宇同志担任党总支书记。爱国奉献，成为农大精神的鲜亮底色。

(三)“曲周精神”深深植根“永久奋斗精神”和“创新精神”

新中国成立之初，戴芳澜、俞大绂等一批科研工作者身怀满腔报国之情，带领农大人开创“人民的农大”，掀开了崭新篇章。20世纪50年代，农大一批专家征战西藏、西北、东北等边疆农业资源考察，留下了感人肺腑的“永久奋斗精神”和“创新精神”。农大奋力向科学进军，既在传统优势学科的前沿领域实现重点突破，也在基础学科领域和原创性研究方面取得重大进展，还在京郊大地赢得小麦亩产翻番的光荣业绩。长期爱国奋斗、科学报国的精神传统已成为农大精神的重要内核。

二、“曲周精神”是农大师生积累的宝贵精神财富

几代农大人与河北曲周县基层党员干部和广大农民群众，在46年的艰苦创业中积累起了具有丰富时代内涵的宝贵精神财富。

(一)把责任扛在肩上、科学报国的爱国精神

“曲周精神”的核心是爱国精神，爱国之情、报国之志已融入“改土治碱　造福曲周”、融入整个农业农村现代化的伟大奋斗之中，融入农大人的血脉，从曲周走向黄淮海、走向石羊河、走向黑土地，走向全国各地建设200多个野外场站、教授工作站和科技小院。

(二)把接力棒抓在手中、攻坚克难的奋斗精神

从大革命时期的农民夜校、抗战烽烟中的南泥湾、新中国成立后京郊大地的“小麦会战”，到黄淮海平原盐碱综合治理，吨粮田、“农大108”，直到脱贫攻坚、农业绿色发展和乡村振兴，一代代农大人始终把接力棒牢牢抓在手中，坚毅地跑好接力赛，稳稳地传好接力棒。

(三)把担当刻在心头、敢为人先的创新精神

农大人时刻牢记国家粮食安全的使命担当，在当下的“双一流”建设中，农大正面向解决农业重大问题和农业科技基础问题，不断提升自主创新能力和服务国家重大战略的能力，以创新型的成果为国家为人民做出更大贡献。

(四)把力量拧在一起、胸怀大局的协作精神

农大人在曲周的长期实践,不是一代人的奋斗,更不是一个单位的单打独斗,而是史无前例的数十年、成千上万人的科学会战,充分体现了把力量拧在一起、团结协作、集中力量办大事的社会主义制度优势,充分反映了我国农业科技工作者胸怀大局、团结协作的精神,始终激励着我们主动对接和服务国家战略,到主战场,作大贡献。

(五)把育人作为使命、扎根大地的务实精神

在曲周的农大师生秉承求真务实的科学态度把论文写在大地上,把学问做进老百姓心坎里,走出了一条扎根中国大地办大学的发展道路。46 年来,先后从曲周农村走出了 3 位院士、70 多位教授,300 多个博士、硕士研究生和一大批高素质农业科技与管理人才,走出了一条扎根大地、立德树人的成功办学路子,鼓舞着新时代的我们继续前行。

(六)把初心融入生命、舍己为民的奉献精神

辛德惠是 20 世纪 50 年代留苏的"洋博士",从 1973 年第一次蹚着秋涝积水来到曲周,到 1999 年不幸因病去世,数十年辛苦工作,积劳成疾。以辛德惠为代表的一辈辈农大人奋斗的精神底蕴,更是当下树立在农大师生心中的一座丰碑。

三、"曲周精神"是激励建设中国特色、农业特色的一流大学的强大动力

要把学校真正建成具有中国特色、农业特色的世界一流大学,农大党委决心以"曲周精神"为激励,守初心、担使命,奋力谱写担当奋斗再出发的新的时代篇章。

(一)始终坚持鲜明的政治导向

"曲周精神"的灵魂是爱国报国,做到爱国和爱党、爱社会主义高度统一。我们要始终与国家命运和民族前途紧密相连,牢记党的宗旨,筑牢信仰之基,始终坚持党对学校工作的全面领导,牢牢把握社会主义办学方向,坚持用中国特色社会主义理论体系武装头脑、指导实践、推动工作,全面贯彻落实党的教育方针,坚持育人为本,德育为先,培养造就社会主义事业合格建设者和可靠接班人。

(二)始终坚持鲜明的使命意识

"曲周精神"是强化使命担当的最鲜活教材,激励我们始终坚持服务国家,扎根祖国大地。要把服务国家乡村振兴战略作为政治使命和重要任务,坚定在服务和支撑国家重大战略上做出一流贡献,着力提升大区域社会服务水平,进一步加强农业科技创新,坚决打好农业农村现代化发展、农村精准扶贫、乡村振兴、农民共同富裕的科技战役。

(三)始终坚持鲜明的办学特色

"曲周精神"深刻揭示了扎根中国大地办大学的规律,农大要始终把服务"三农"作为植根中华文化沃土、解决中国现实问题的立足点。要以农业科学、生命科学和农业工程等学科为特色和优势,着眼服务人类的营养与健康,开展高水平教学科研、社会服务和文化传承与创新。要为师生搭建服务国家战略、服务国计民生的实践平台,坚持从实践中来到实践中去的成长成才道路,使办学经得住实践检验。

(四)始终坚持鲜明的育人模式

"曲周精神"生动反映了为党育人、为国育才的初心。我们要深入贯彻落实全国教育大会精神,紧紧围绕凝聚人心、完善人格、开发人力、培育人才、造福人民的教育目标,致力于回归教育教学规律,全面提升学校立德树人的能力与水平。要以立德树人为根本任

务，把扎根中国大地、面向世界统一起来，落实“四个服务”，培养一代又一代拥护党的领导和社会主义制度、立志报效伟大祖国、服务农业农村现代化的有用人才。

(五)始终坚持鲜明的卓越追求

“曲周精神”是立地顶天、志在一流的不懈追求，我们要始终坚持一流目标，不断追求卓越，统筹推进“双一流”建设十大攻坚行动，高标准实施各项建设任务，严格对照一流标准，切实扎实推进一流学科建设、一流人才培养、创新能力提升、乡村振兴服务、国际合作交流等。

作为新时代农大人，我们要深入学习贯彻习近平新时代中国特色社会主义思想，高举中国特色社会主义伟大旗帜，以新的精神状态和奋斗姿态传承红色基因，积极弘扬“曲周精神”，以高质量的党建工作引领学校高质量发展，以高水平的思政工作凝聚师生力量，在新的征程上做出无愧于时代的贡献，谱写“中国梦”的农大篇章，以优异成绩迎接和庆祝新中国成立 70 周年。

守初心立德树人　担使命强农兴农

——党委书记姜沛民 2019 年 11 月 27 日发表于《光明日报》第 5 版

初心使命是党的性质宗旨、理想信念、奋斗目标的集中体现，是共产党人奋斗前行的根本动力。在全党开展“不忘初心、牢记使命”主题教育，是推动全面从严治党向纵深发展、把党的自我革命推向深入的重大举措。中国农业大学扎实开展“不忘初心、牢记使命”主题教育，深入贯彻习近平新时代中国特色社会主义思想，特别是聚焦落实习近平总书记给全国涉农高校的书记校长和专家代表回信精神，紧紧围绕为党育人、为国育才，突出党的政治建设，加快建设中国特色世界一流大学。

一、始终牢记立德树人的办学初心

大学的根本任务是立德树人。习近平总书记强调，我国社会主义教育就是要培养社会主义建设者和接班人。这是我们党的教育方针，是我国各级各类学校的共同使命。

中国农业大学始终把立德树人作为根本任务摆在首位，把培养德智体美劳全面发展的社会主义建设者和接班人作为根本要求。学校切实加强马克思主义学院建设，强化马克思主义在学科建设中的指导地位，努力提高思政课教学质量，擦亮马克思主义的鲜明底色，使广大学生把理想信念建立在对科学理论的理性认同上，建立在对历史规律的正确认识上，建立在对基本国情的准确把握上，始终听党话跟党走。强化价值观塑造，弘扬传承“曲周精神”，引导广大师生做社会主义核心价值观的坚定信仰者、积极传播者、模范践行者。广泛开展党史、国史、改革开放史、社会主义史的学习教育，讲好党的故事、革命故事、英烈故事，确保红色基因代代传承。坚持正确的学术导向，把科学精神和价值塑造有机结合，营造全员育人、全方位育人、全过程育人的机制和氛围。切实加强师德师风建设，引导教师把教书育人和自我修养结合起来，做到以德立身、以德立学、以德施教。

二、始终牢记强农兴农的使命担当

在新中国成立70周年、第35个教师节来临之际，习近平总书记给全国涉农高校的书记校长和专家代表回信强调，“中国现代化离不开农业农村现代化，农业农村现代化关键在科技、在人才。新时代，农村是充满希望的田野，是干事创业的广阔舞台，我国高等农林教育大有可为”，并对今后农业高校的发展提出明确要求。这是新时代高等农林教育事业举旗定向的根本遵循，也是涉农高校的初心与使命在新时期的精确概括和明确要求。

作为农业院校的排头兵，中国农业大学努力在学习领会习近平总书记回信精神上更深一步，在贯彻落实习近平总书记重要指示方面走在前列，在服务农业农村现代化方面发挥示范引领作用。学校以“新农科”建设为统领，实施卓越农林人才教育培养计划升级版，主动对接农业创新发展，乡村一、二、三产业融合发展和现代职业农民素养发展新要求，着力提升学生的创新意识、创新能力、科研素养、综合实践能力和生产经营能力，着力培养一大批知农爱农新型人才。拿出更多科技成果，积极应对新一轮科技革命和产业变革的时代浪潮，紧紧围绕国家战略需求，优化科研组织方式，集中力量攻克关键核心技术，服务国家粮食安全、农业绿色生产、生态可持续发展，为农业农村现代化提供有力支撑。助力脱贫攻坚服务乡村振兴，充分发挥国家现代农业产业技术体系首席科学家和岗位科学家的作用，发挥实验站、教授工作站和127个科技小院的辐射作用，加快科技成果转化，与地方合作建立一批产业研究院，为地方培训基层干部和各类农业人才，助力乡村全面振兴。

三、始终牢记加强党的领导的政治责任

大学是党的教育事业的有机组成部分，是传播党的理论、宣传党的政策、落实党的部署、体现党的要求的坚强阵地，必须把加强党的领导、加强政治建设放在突出位置，履行好为党育人、为国育才的使命。

中国农业大学始终把政治建设摆在“双一流”建设的首位。加强政治领导，完善校、院两级党委的议事决策机制，牢牢把握学校社会主义办学方向，把学校建设成为马克思主义理论的坚强阵地，把学校党组织建设成为党的事业的坚强阵地。强化政治功能，推动“双带头人”教师党支部书记工作室建设，实施“全覆盖、双提升”大学生党支部建设工程，提升基层党支部的组织力，把广大知识分子紧密团结在党的周围。学校以此次主题教育为契机，将“守初心、担使命，找差距、抓落实”的总要求转化为改进工作、真抓实干的强大动力，扎实开展学习教育，深入调查研究，认真检视问题，从严整改落实，切实落实立德树人根本任务，不断增强以强农兴农为己任的行动自觉。

坚守初心使命永无止境。中国农业大学将继续守初心、担使命，找差距、抓落实，高质量推进主题教育，回望初心再进发，切实担负起“立德树人、强农兴农”的时代使命，为推进中国特色社会主义发展和实现中华民族伟大复兴的中国梦做出新的更大贡献。

从"冷"到"热",中国农业大学的发展与转型

——校长孙其信在中国教育在线的专访实录

(2019年1月5日)

一、改革开放改变中国,15岁少年走上农学道路

陈志文:您是1978年进入大学的,今年是改革开放40年,也是您进入大学40年,回顾改革开放这40年,您最大的感触是什么?

孙其信:2018年12月14日那天,我在人民大会堂观看改革开放40年演出时,感触特别的深。我们国家从封闭的状态到实施改革开放,全国发生了非常大的变化。改革开放改变了中国。

陈志文:可能只有我们经历了的人,才能理解什么叫波澜壮阔。回顾这40年,您印象最深的事是什么?

孙其信:回顾这40年,我感触最深的,就是从吃不饱到物质极大丰富。对于我们做农业的来讲,这是一件了不得的大事。

我小时候家里在农村,吃不饱,做什么都是凭票。买粮要粮票,买布要布票,买油要油票,买手表还要工业票。改革开放之前,中国的物质供应是极端贫乏的。

这种天翻地覆的变化,在整个中国历史上都是少有的。英国的麦迪森的《世界经济千年史》中介绍,唐朝是中国最兴旺的朝代,经济几乎占到了全球的一半,在1840年鸦片战争之前,中国的经济总量也依然占到了世界的29%。在改革开放初期,中国的经济总量仅为1.8%。而2017年,中国的经济总量增长到了世界的15%。习近平总书记提出,实现中华民族伟大复兴是中国特色社会主义的建设目标,到21世纪中叶建成中国特色社会主义现代化强国时,经济总量要达到世界的30%。

改革开放改变了中国的发展轨迹。中国人民的生活得到了极大的改善,中国在世界上的地位也有了显著的提高。在对外交往中,有很深刻的体会,我们能与发达国家坐在桌子上平等的对话了。习近平总书记强调,我们要增强实力,增强在世界上的话语权。过去,在世界合作的评价体系上,使用的都是西方标准,也就意味着西方国家掌握着话语权。2018年10月,根据过去几年与非洲的农业合作经验,中国在联合国总部发布了一个关于南南农业合作的评价框架体系。联合国南南合作委员会主任出席发布会时提到,中国提出的这个评价体系,将会成为未来评价南南农业合作的话语体系之一。这说明了中国在国际上的地位发生了翻天覆地的变化,是中国发展进入变轨阶段的必然结果,也是我们努力奋斗的成绩。

我们这一代人是幸运的,能够完整经历从改革开放之前,到改革开放发端,再到改革开放40年,这么一个翻天覆地的变革,震撼是很大的。

陈志文:您这一代在短短40年中,可以说经历了西方几个世纪的变化,这是非常难

得的。您当时是怎么走上农学这条道路的？

孙其信：我考大学时想学的其实是数学。当时，哥德巴赫猜想在全国人民心中留下了一个伟大神圣的故事。我报考的是兰州大学数学系，后来调剂到了甘肃农业大学。

刚恢复高考那几年，也就是"老三届"的学风特别好。我入学时15岁，我们班年龄最大的33岁，但那些老同学们的学习用功程度比我们还高。他们非常珍惜这个来之不易的机会，而我作为一个15岁的孩子，还是贪玩儿的年纪，有些事情是真的不懂。

大学第一年，哲学课听不懂，15岁是理解不了哲学的。所以，哲学是我大学考的最差的一门课，62分。数学是考得最好的，全校高等数学考试，总分120分，我考了118分。二年级以后，学习了专业基础课，才理解了什么是农学。它不是农村里理解的种地养猪，是一门学问。当时就觉得还挺有意思的，学校里学习的氛围也特别好。本科毕业时，就觉得还没学够，想继续考研。

陈志文：那时候读研究生的人并不多，因为大学本科毕业，国家就包分配了。您为什么会读研究生呢？

孙其信：其实，当时家里希望我早工作，因为弟弟妹妹还在读书。我考研究生最原始的冲动，是我要当大学老师，觉得那是非常高尚的职业。为此，老师们建议我继续读研究生，打下更扎实的功底。后来跟父母亲商量了，他们还是很理解的。在报考研究生时，我心气也是挺高的，听说北京有一所农业大学是最好的，我就报考了北京农业大学。我的导师是蔡旭，是中国小麦杂交育种的开拓者和新中国小麦育种工作的奠基人之一，在我读博士的第一年去世了。我师母曾写信给彭真，告诉他导师去世了，并且提到，我是蔡旭生前招的第一个博士，希望领导能将我留校，从事蔡旭未尽的小麦事业。博士毕业时，万里同志批示，请学校研究并征求我家人的意见，建议我留校从事工作。当时，我也正在联系出国读博士后，接到留校的通知后，我非常高兴，因为能在一所中国最好的农业大学当老师。留下来后，一直做教学科研工作。

二、农学发展迎来新机遇，以新学科布局来实现新发展

陈志文："双一流"启动后，各高校纷纷抢办医学院、农学院，您怎么看待这个现象？

孙其信：我觉得这是个好现象。农学是"冷"还是"热"？从考生的角度来看，农学确实是冷门专业。中国农业大学的综合实力在全国至少是在30位。但从高考录取成绩来看，我们在全国大概是80位，因为我们1/3以上的专业是传统农科。甚至20世纪90年代有一段时间，我们是按照国家线降分录取的。当时社会上觉得农业苦，对农学概念也不理解。

但是现在，从农业研究的拓展和企业的投资方向来看，农业现在变得越来越热。新浪、京东、阿里巴巴、碧桂园几乎全部都在投资农业。前两天我在杭州开会时，有个小伙子一定要跟我见面，他要做农产品的冷链物流。现在依托信息技术出现的智能化农场，恰恰是未来新兴产业发展的一个方向。另外，新农村建设也是现在社会资本投资最热门的领域。中央一直把农业放在了重要位置，这也是由中国国情决定的，农业是我们整个国家保持稳定的基础。

京东投资10亿元，进行机器人养猪。我曾去过京东的一个农牧公司，问为什么要做这件事。他们说，将人工智能技术应用到传统农业中，未来将有无限的增值空间。一方

面，解决了劳动力的问题；另一方面，是要实现养殖业的革命。比如猪脸识别，通过摄像头识别猪的编号，分析系统中记录的过去10天的喂料信息，并判断今天应该喂多少料，还可以检查是否患病，计算哪天出栏。

综合以上的信息，我来回答您的问题，为什么这么多综合性大学开始办农学院。我认为，这反映了农学向多学科综合交叉融合发展的趋势。我认为这是好事，应该以一种开放的姿态来支持。

陈志文：您是否感到了竞争的压力？

孙其信：其实，各个院校的发展并不是在同一个轨道上。比如北京大学农学院，它们是以现代农业的经营、产业组织模式和生物技术为主，注重交叉融合学科以及现代经营理念的发展。而中国农业大学农学院擅长的是畜牧园艺农学。新成立的综合性大学农学院与传统农科大学恰好能形成互补。我认为，这是一个发展农学的很好的机遇，也是对传统农科大学良好的补充。

陈志文：从长远来讲，这对补齐农村短板是一个好事。

孙其信：是的。而且，在研究解决农业问题上，有可能综合性大学跨学科的专业团队在未来更有潜力。在这一方面，我们是有紧迫感的。比如，清华大学如果把现代信息技术、材料技术、人工智能计算技术用在现代农业上解决农业发展潜力问题，是很有可能超过我们的。

所以，我们也在进行自我改造，着眼于农学与其他学科的交叉融合。我认为，综合性大学开办农学院的热潮，也加速了传统农业大学的学科专业布局调整、改造以及交叉融合。为了适应技术的交叉融合，满足未来农业发展转型的需要，我们曾论证未来是否开办农业航空专业。无人机已经成农业发展中不可替代的重大技术。从大面积喷药，到病虫害检测，都需要运用无人机。无人机技术可以解决一些过去依靠人力、传统机械解决不了的问题。

陈志文："双一流"建设引导高校办出自己的特色，对此，您怎么看？在这一个过程中，是否需要减法？

孙其信："双一流"建设是我国建设教育强国的一个重大机遇和重大事件。经过"211""985"工程，我们与世界高等教育强国之间的明显短板已经缩短了不少。

从我们学校来看，首先提出了发展愿景。2012年，习近平总书记在十八大前来中国农业大学视察时，给我们提出了一个目标，要建设具有中国特色、农业特色的世界一流大学。这是更符合中国农业产业未来发展需求的一个目标，也推动着中国农业大学的转型。与世界一流农业大学不同，农业特色的世界一流大学的学科布局将与传统农业大学围绕农学来进行学科布局是不一样的。康奈尔大学就是一个成功转型的例子，它最早设立时以农学院为主，而现在除了农学，工科也是它的强项。加州大学戴维斯分校也是如此，由农学院起家，现在物理学、计算机学、环境学也非常强，并且开始开办了医学。

您刚刚提到是否需要做减法的问题。我认为，在"双一流"建设中，必须遵循优势原则，有舍有增。一方面，要舍得已经非常传统的、需求量小的学科，进行压缩；另一方面，必须要进一步拓展新型学科。中国农业大学新型学科建设主要布局在四大领域。第一是环境和生态领域，这与农业直接相关，并且是我国建设现代化强国的一个重大需求。

第二是营养与健康领域。在食品行业，现在的问题是怎么能吃得健康、吃出健康。在北京市政府的支持下，我们已经建成了北京市营养与人类健康高精尖中心，目前正在进行全球招聘，将涉及医学、生物学、卫生、食品、农学等多个交叉性学科。第三是在新型农业的工业化方面。过去“面朝黄土背朝天”的农业是不可能继续下去的。中国农产品价格在国际市场上没有竞争力，很大程度的原因是我们农业经营规模小，属于劳动密集型产业。不实现农业的工业化，中国农业是没有出路的。第四是人文社会科学领域。过去，我们主要依靠技术支撑农业的发展和农村的进步，忽略了社会科学对农村变革的支撑作用。中国农业大学设立了人文与发展学院，要强化农村社会学、法学、老年学，以及与农村相关的人文社会学科。我们很高兴地看到，此次全国人大常委会审议的法律，一大半都与农业农村有关，这是国家的重大需要。“双一流”建设推动我们进入了一个新的发展平台，也必然需要以新的学科布局来实现新的发展。

另外，中国农业大学的转型，必须要从只研究中国问题，拓展到研究世界问题上来。我们 20 世纪 80 年代出国时，看到国外的世界一流大学在研究非洲、亚洲问题，当时并不明白。现在明白了。一所世界性的大学，如果视野、舞台只在中国，那么在世界上就没有发言权。所以，中国农业大学的教授也直接在非洲进行研究，如塔桑尼亚和马拉维，另外还有教授在柬埔寨、泰国、哈萨克斯坦等地。

陈志文：中国农业大学都做了哪些减法？

孙其信：我们对一些不是特别优势的学科，已经开始进行慢慢压缩，从招生规模到教师规模进行缩减，慢慢引导教师转型到别的方向。最近，我们撤了几个学科点，如外国语言文学，陆续也撤了 2 个博士点、4 个硕士点。

三、高校人才评价体系要“破”，也要“立”

陈志文：“双一流”建设掀起了一场人才大战。在人才评价方面，习近平总书记提出了“去五唯”。对此，您怎么看？

孙其信：“去五唯”我觉得还是很有必要的。有很多政策在前期设计时，愿望是好的，但最后成为“一刀切”的政策时，就会产生异化。我理解的破除“五唯”，首先，不是取消过去已经实践成功的评价体系，其改革的核心应该是在“唯”字上。比如，不管与学校有没有关系，与学科有没有结合点，就引进院士，这就是唯帽子。其次，要完善对人才和教师的评价体系。一是要分类评价，对不同类型的人才不能用一个评价指标体系。比如，研究社会科学的教师，用 SCI 发表数量来评价就是有问题的，而对于做基础研究的教师来讲，其评价标准就得有 SCI 发表数量。又如，中国农业大学很多教师主要是做应用性研究的，直接为农业农村农民服务，是要解决产业中存在的巨大技术问题的，就需要根据其效益进行评价。二是要注重教师的学术创新能力和学术价值评价。我们现在把复杂的学术评价简单化、形式化了，放弃了对实质性学术创新的关注，这是最大的问题。国外高校在评价人才时，也看论文发表数量，但更多的是看论文的创新点，看科技成果解决了什么问题，以及国际同行对该成果的评价是什么。

另外，对于“去五唯”，我认为，在破的同时，也要立。并不是说不要院士的称号了，也不是说不要高水平论文了。

四、高考改革是有必要的，但要讨论怎么改

陈志文：您是恢复高考的受益者，这两年新高考改革慢慢出现了一些问题。从您的角度来讲，怎么看待现在的新高考？

孙其信：在新高考改革早期设计时，听说过一些讨论，也研究过。高考改革是有必要的，但是怎么改，改成什么模式，是需要讨论的。这次新高考出现了学习物理的学生数量减少的情况，产生了新的偏科。原本这次高考改革是希望淡化文理，使得学生能够更加全面的学习。但改革的结果，是最初设计时没有考虑到的。对于农学来讲，物理知识对于任何研究都是非常必要的。如果学生没有学过物理，进入大学后的分班该怎么办？大学阶段还需要补习高中物理，大学教育该怎么办？

陈志文：坦率地讲，这次高考改革是基础教育推动的。一是把高中学业水平测试放了进来，加入了综合评价。但在中国目前的环境下，是做不到综合评价的。二是您提到的选科问题，最严重的是浙江，原来63%的学生要考物理，2017年只有35%选择物理，2018年是28%，2019年大概会低于20%，这是非常糟糕的。在目前中国的环境下，不加限定地让学生进行选择，这是不负责任的。

孙其信：我觉得，目前认识到这些问题，已经是很幸运了。但如果不能及时做一些调整，可能会对中国教育制度产生很大的打击。

五、高校校长要懂教育，要有战略思维

陈志文：您曾在西北农林科技大学和中国农业大学都有过长期的工作经历。对这两所学校，您分别有怎样的评价？

孙其信：首先，两所学校在学科建设和服务国家的方式上有很大的不同。西北农林科技大学在1999年合校以后，一个重大的办学特色就是服务地方经济社会的发展。这得益于当时国务院批复的杨凌示范区的体制。示范区与高校，建立了一种互动同频的发展机制。在区域产业发展、实际应用研究等各方面，都有很强的特色，在国内农林高校中也是独具一格的。而中国农业大学的学科基础更加深厚，既有很强的基础研究的前沿探索，也有国内产业的独特特色，引领着全国产业的发展。

其次，一所地处北京，一所地处西安，在区域发展的作用上也是不同的。西北农林科技大学在西北地区的作用是不可替代的。而中国农业大学在华北地区的产业、技术上的示范作用是不可忽视的，包括人才培养。

另外，中国农业大学在国际舞台上的机遇更大一些，所以其未来的发展将在国际视野下来进行布局。

两所学校发展的起点和未来的重点不太一样，但两所学校的文化有非常好的共性。西北农林科技大学的文化就是解决农业的实际需要。而中国农业大学有一种文化，叫作“敢为天下先”。所以，中国农业教育、科研的很多开创性领域都出现在中国农业大学，未来也将如此，包括开创新兴专业、新的人才培养模式、学科的交叉融合，等等。

陈志文：您从学生、教师、副校长、校长，这一路走来，您有怎样的感受？从教师到校长，您觉得最大的挑战和变化是什么？

孙其信：做高校校长，首先得懂教育。懂教育和当老师，是两个完全不同的层次。教育是一个培养人的过程。作为管理一所大学的校长，要想明白，学校要往哪个方向走，怎么才能够办好？这需要大量的教育理论、方法来支撑。

第二，从教师到校长，战略思维需要变。作为校长，有很多事要做，但我觉得最重要的，是不要在战略上做出误判。对于大学的发展进步来说，战略上领先一步，比战术上的改进，所能赢得的空间要大得多。

什么是战略？一是要考虑社会对教育提出的新需求。如果大学发展走在了社会进步的后面，就会被淘汰。二是要遵循教育发展的趋势，如果逆趋势办学，早晚会走下坡路。三是也必须关注教育本身的内生问题。

我认为，校长要把更多的精力放在谋划学校发展的战略上，要时刻盯紧社会进步中的变化，把握教育发展的未来趋势，以及世界科技发展对教育教学带来的挑战和需求。

陈志文：您现在还做科研吗？

孙其信：科研只能放在业余时间了，大概95%的时间还得放在学校管理上，很少有时间能换档。但也还是希望能够做一点，做了几十年，突然断掉还是很可惜。

陈志文：您对中国农业大学未来的发展，有怎样的愿景？

孙其信：我希望能将中国农业大学办成一所能够满足国家重大需求，能够适应和引领中国农业教育和科技发展未来趋势的现代大学。

绿色发展是实现生态美、农村美的重要保障

——校长孙其信在2019中国农业发展新年论坛开幕式上的致辞

（2019年1月5日）

各位来宾、各位朋友：

大家好！

首先我代表学校向参加本次论坛的各位领导、各位朋友以及农业领域的各位专家表示热烈的欢迎。去年也差不多是在这个时间，刚刚回学校工作半年，我就有幸参与了这个高水平、高质量的发展论坛。下面我讲几句话，把更多的时间留给陈主任。

第一，农业绿色发展是消费升级、深度推进农业供给侧结构性改革的重点。最近，一个朋友从日本带了几个西红柿，从口感上可能是我吃过的最好吃的西红柿，这种西红柿在日本的市场占比很高。农业农村发展就是要满足我们对生活质量不断提高的要求，所以我认为，党中央提出农业绿色发展是消费升级、深度推进农业供给侧结构性改革的重点。我国现在大部分的农产品从数量上看，供给总量已经基本平衡，要实现农业绿色发展，提高农业的效率，提升农产品竞争力，就必须需要从生产目标、生产方式等环节进行一次重大的变革。

第二，农业绿色发展是实现生态美、农村美的重要保障。农业生产、农业产业跟生态环境都是紧密相关的，只有坚持绿色发展方式，才可能实现向生态美、农村美的转化。我

体会，要实现农业农村绿色发展有以下五个方面的要求：

一是实现绿色发展一定要真绿。这意味着，生产目标、生产方式、组织模式要实现全过程绿色发展，消费升级对绿色高端农产品的需求是供不应求的。刚才我所提到的西红柿如果在我国生产出来，我相信市场潜力是相当巨大的。

二是实现绿色发展必须要有市场价格体系。产品再好，没有市场机制、价格机制做保障，是无法实现绿色发展的。优质优价问题就是市场机制和价格机制的问题，价格机制在绿色发展中的建立健全需要全社会共同努力才能实现。

三是实现绿色发展要有扎实的技术支撑。中国农业大学作为一所以农业科学为特色的大学，其中一项重要任务就是要解决农业绿色发展的关键技术问题，实现农产品生产"增产提质不增投"的重大技术突破。

四是实现绿色发展要全面调动经营主体参与绿色发展的积极性。农业发展必须要由农户和企业来合力实现，缺乏参与主体的农业绿色发展是无法落地的。特别要重视广大新兴农业经营主体，充分调动他们作为农业绿色发展的重要参与者、实践者的积极性和创造力，提高绿色发展的效率。

五是实现绿色发展要有健全的法律制度和监管体系。只有建立健全法律、制度等监督保障体系，才能从根本上真正推动农业发展转型，实现农业绿色发展。

中国农业大学已经有114年历史，是中国历史最久的国立农业大学。我们国家正处于高质量发展转型时期，按照习近平总书记提出的中国特色、农业特色的世界一流大学的建设目标，我们深刻领悟内涵，积极谋划学校2035愿景规划，核心就是紧跟国家和世界经济发展转型的步伐，实现高质量发展。优化学科布局，提升创新能力，服务农业强、农村美、农民富，推动中国农业走向世界，在国际舞台上发出中国声音、提供中国方案、展示中国力量。

最后，祝愿本次论坛取得圆满成功！祝各位新年快乐！

谢谢大家！

攻坚克难　深化改革　扎实推进"双一流"建设

——校长孙其信在2019年学校工作会议上的讲话

（2019年3月16日）

同志们：

根据学校安排，今天我们召开2019年学校工作会议，本次会议的主要任务是：深入学习党中央关于教育、农业农村、科技创新、生态文明建设等的重要精神，全面部署学校2019年工作，加快推进学校"双一流"建设。按照会议安排，我先对学校工作做一总体说明，主要谈三个方面：一是简要回顾2018年学校的工作；二是对学校2019年工作部署做一说明；三是对做好今年的工作提出四个方面的要求。

2018年，学校认真学习贯彻党的十九大精神，坚持以习近平新时代中国特色社会主义思想为指导，坚持把加快学校事业发展作为第一要务，坚持以改革为动力推动学校建设和发展，坚持不懈解放思想、转变观念，学校发展注入了新活力，呈现了新局面，迈出了新步伐，取得了新成绩。

关于学校2018年的总体工作，在3月11日的领导班子述职会议上，姜书记已经做了全面的介绍，在此我不再重复。我认为，当前学校工作中存在着一个突出的问题，就是校务公开的力度不足，广大干部和教师对学校的很多工作没有一个全面的了解，也导致了我们在统一思想、凝聚共识方面面临着很多困难和挑战。所以，今天我想着重把我们的工作思路、工作方法以及经验教训向同志们做一个报告。

一、2018年学校事业发展情况及推动学校发展的主要举措

(一)2018年学校事业发展情况

1.人才培养工作成效显著

过去一年，学校切实把落实立德树人根本任务作为学校工作的中心，从发展、改革、支持等各个方面，都作为学校的首要任务来进行谋划部署。2018年，学校的生源质量、创新创业教育、毕业生就业、教学研究成果、一流专业建设、一流课程建设、思政教育改革、实践育人等各方面的工作都取得了显著成效。

2.人才队伍建设创近10多年最好进展

2018年，学校坚定实施人才强校战略，大力推动"315"人才工程，人才强校工作开局良好。全年评审通过引进人才197人，其中高层次人才115人，达到了过去16年引进高层次人才总数的57%。通过大力引进青年人才，学校35岁以下青年教师占专任教师比例达到16%，比2017年提升4个百分点。为了进一步加强马克思主义学科教师队伍建设，我们引进了9名马克思主义理论学科人才，希望通过进一步的努力提前完成马克思主义学院教师队伍建设任务。与此同时，我们也对校内人才的支持政策进行了改革，比如我们完善了特聘教授的聘任制度，启动了延迟退休政策等。

3.学科国际水平持续提升

对标建设世界一流大学的目标，我们的竞争就必须放眼国际一流。我们可以自信地看到，经过110多年办学的积淀，经过改革开放特别是过去20多年的快速发展，我们一些学科的国际竞争力正在稳步提升。根据最新的统计数据，我们的农业科学进入ESI全球学科排名前万分之一，标志着学校建设中国特色、农业特色的一流大学的农业特色进一步彰显。在前不久刚刚公布的QS(Quacquarelli Symonds，中文名为夸夸雷利·西蒙兹公司)学科排名中，我们的农业科学进入了全球前十，在中国全部的大学里进入全球前十的学科一共只有6个，可以说我们立足农业特色的优势学科建设取得了可喜的进展。另外，我们在第四轮学科评估中的一些不十分尽人意的学科，在最新的软科学科排名中也有了很好的回升势头。

4.科技创新迈上新台阶

2018年学校累计到校经费15.2亿元，同比2017年增长4%。科研经费总数排名全国高校第19位，人均科研经费排名第13位。我们有2项主持完成的成果获得国家级科技奖励，1项成果入选了高校十大科技进展。SCI、EI、SSCI论文累计收录2 869篇次，同比增长18%。授权专利547项，同比增长23%，其中PCT专利2项，同时还首次获得中国专利金奖1项。这些成果都充分体现了我们科技创新工作的良好势头。

5. 服务国家重大战略实现新作为、做出新贡献

2018 年学校在脱贫攻坚工作上集中发力，创造了若干个农大模式、农大样板、农大方案。完成技术转让 29 项，合同金额达到了 5 890 万元。主要农作物品种的生产应用超过 1 000 万亩。我们在联合国总部与南南合作办公室联合发布南南合作智库研究报告《南南合作评估框架及其在中坦合作中的应用》，在坦桑尼亚实施的“千亩万户”工程入选南南合作农业减贫杰出实践案例。我们不仅为服务国家重大战略做出了新成绩，更为推动全球命运共同体建设，为世界农业的发展和减贫事业做出了我们的贡献。

6. 国际教育科技合作稳步推进

“一带一路”作为习近平总书记亲自推动的构建人类命运共同体的重大倡议，已经在全世界特别是“一带一路”沿线国家得到了高度的认可。2018 年，我们牵头发起成立了“‘一带一路’/南南合作农业教育科技创新联盟”，成立了 11 个“一带一路”农业合作中心，稳步推进国际教育科技合作。国家发展改革委最近发布了“一带一路”年度报告，“一带一路”倡议在推动沿线国家经济合作、基础设施互通、科技创新合作、人文交流等各个领域都实现了历史性的成就。我们也必须抢抓机遇，在服务“一带一路”倡议中实现更大的作为。

7. 支撑保障条件有所改善

2018 年，学校的支撑保障条件实现了一定程度上的改善，但距离广大师生的期待还存在不小差距。学校全年综合财力达到了 36.36 亿元，基金会获得捐赠收入超过了 5 000 万元。以东区新图书馆和西区新楼为代表的新建工程陆续投入使用，新增建设总面积达到了 9 万平方米。针对校园环境存在的脏乱差的死角，我们也下定决心、攻坚克难逐一进行了整治，校园环境得到了改善。

8. 着力为广大师生办实事

本着以人民为中心的理念，我们在 2018 年尽全力为广大师生办了一些事实。在学校总体资金不算充裕的情况下，学校决定增加人员经费支出 8 000 万元，改善广大教师的待遇。全年资助学生各类奖助学金共计 1.7 亿余元，切实保障每一位学生顺利完成学业。

总体来看，2018 年学校党政工作要点制定的行政工作具体任务指标共计 215 项，目前已经完成了 173 项，正在推进 25 项，此外还有 17 项任务因为种种原因还没有完成，总的完成率为 80%，我们的工作还有很大的空间，也需要下更大的力气。以上是对 2018 年学校工作总体情况的一些报告。

(二)推动学校发展的主要举措

古人言：“不谋万世者，不足谋一时；不谋全局者，不足谋一域。”习近平总书记反复强调，要提高战略思维、历史思维、辩证思维、创新思维、法治思维和底线思维的能力。战略思维不仅是一种能力，更是一种责任。2018 年，学校的各项事业发展能够实现新进展，我想最重要的是始终坚持党对学校工作的全面领导。同时，我们在推动学校发展上有以下几点经验：

1. 强化学习、深入调研、狠抓谋划

第一，对标世界一流大学的建设目标和任务，对照目前学校发展的现状，学校谋划提出推动今后若干年学校发展的“5+1”工程，这是一项有很强针对性的推动学校发展的战

略谋划。

第二，针对学校教师队伍年龄老化、总量不足、青年人才短缺等学院和广大教师强烈反映的问题，学校研究出台了“315”人才计划，来破解人才队伍建设的难题。

第三，为了切实落实立德树人根本任务，树牢人才培养作为学校工作首要任务的中心地位，学校研究出台了《“双一流”一卓越本科教育教学改革实施意见》，全面部署新时期本科人才培养的目标、任务和举措。

第四，为了加强一流学科建设，进而支撑世界一流大学建设，经过一年多的调研分析，学校谋划出台了加大一流学科支持力度、完善一流学科建设机制和管理办法的系列举措，进一步巩固一流学科优势。

第五，为了回应广大教师期盼以及部分学科关于研究生教育的呼声，学校经半年多研究，出台了研究生学制调整的方案，并完成了相关专业研究生培养方案的修订。

第六，为了适应新时期学校发展改革的工作要求，在新一轮机构调整中，新设立了本科生院、人才工作办公室、社会服务处、实验室管理处、教师发展中心、基建处、信息化办公室等机构，明确部门职能，提升工作效率。

第七，为了统筹利用好改善基本办学条件专项资金，学校调整了工作机构，完善了项目立项、评审过程，特别是明确了基建处、国有资产管理处作为项目实施主体部门，减轻了学院不合理负担。坚决杜绝园艺楼修缮工程因主体部门不明确导致学院承担不应有责任类似情况的再次发生。

第八，为了更高质量服务创新型国家建设，抢占科技创新前沿，我们完善了科技创新组织模式，谋划成立了前沿交叉研究院，推动北京市食品营养与人类健康高精尖中心建设的体制机制的改革完善。

第九，为了践行立足中国大地办大学，以“一流大学必须在服务和支撑国家重大战略需求上做出一流成绩”的理念，我们谋划、深化学校社会服务新举措。

2. 坚定以改革为动力，破解制约发展的观念、制度障碍，促进学校事业发展

2018 年是改革开放 40 周年，习近平总书记把改革开放与建立中国共产党、成立新中国作为五四运动 100 年以来中国发展的三大历史性事件，是近代以来实现中华民族伟大复兴的三大里程碑。关于改革开放的重大意义，习近平总书记强调，改革开放是中国人民和中华民族发展史上的一次伟大革命，正是这个伟大革命，推动了中国特色社会主义事业的伟大飞跃。

党的十八大以来，以习近平总书记为核心的党中央，全面审视国际、国内新形势，通过总结实践、展望未来，以巨大的政治勇气和智慧，提出全面深化改革总目标，先后推出 1 600 多项改革方案，改革呈现全面发力、纵深推进的局面。

学习习近平总书记系列重要讲话精神，对我们做好学校工作，有着十分鲜明的指导价值和实践意义。在学校建设中国特色、农业特色的世界一流大学的进程中，我们也必须坚持以改革为动力，这是我们推进学校发展的最大动力。

一年来，学校在人才培养、人才队伍建设、科技创新、学科建设、社会服务、国际合作、支撑保障条件建设等方面，先后实施了 50 余项改革举措，有力地促进了学校事业发展，也更好地回应了广大师生的期盼。

第一，坚定落实立德树人根本任务，树立“把人才培养放在推进一流大学建设工作首

要位置”的指导思想，不断深化改革，实施了10余项改革举措，人才培养工作取得明显成效。

第二，回应了学院、干部、教师的强烈呼声，针对人才队伍这个学校发展最大的短板，大力实施“315”人才计划，集中出台10余项人才人事工作改革举措，改革校内人才的聘任、支持制度，建立坚决破除“五唯”、坚持以贡献为导向的人才评价机制等，2018年成为近10多年来人才工作成效最好的一年。

第三，回应了学院、学科需求，着眼提升研究生培养质量，实施了研究生学制调整、学位点动态调整、学位点国际评估、研究生招生指标分配办法改革、招生模式改革、全英文课程建设、非学位证书班等一系列改革举措，更加满足不同学科研究生培养的客观规律。

第四，坚定贯彻落实创新驱动发展战略，下大力气创新科技组织模式，特别是谋划破解国家重大战略领域“卡脖子”技术的重大攻关。

第五，细化、深化“双一流”建设目标、任务和实施举措，创新并支持一流学科建设机制，加快一流学科建设。

第六，坚定服务国家重大战略需求，勇于担当做出与农大历史地位相符的新成绩。先后谋划成立了国家农业绿色发展研究院和黑土地研究院。

第七，站在主动融入国际发展大格局背景下，践行大国担当理念，逐步实现由国际化办学向办学国际化转型升级。简化了教师出国审批流程，改进了外专项目管理办法。

第八，强化支撑保障，由管理向服务转变。简化了财务报销流程，强化了专项资金执行管理。尽一切可能提升校内公共用房使用效率，扩大教学科研用房面积。改革了改善基本办学条件专项管理体制。修订了《横向项目管理办法》，提升广大教师参与科研项目自主性和实效性。

第九，补齐网络建设短板，推动校园信息化建设。成立信息化办公室，谋划制订了学校信息化建设总体方案，并通过与中国建设银行的战略合作获得信息化建设的资金支持，加快推进校园信息化建设取得了很好的成效。

3.攻坚克难，狠抓落实，推动发展

任何好的谋划，如果不抓落实，就只能是空中楼阁。推动任何改革，都会面临压力、困难和挑战，如果没有攻坚克难的决心，也就无法推行改革。正如习近平总书记在纪念改革开放40周年庆祝大会上的讲话中指出，40年来取得的成就不是天上掉下来的，更不是别人恩赐和施舍的，而是全党全国各族人民用勤劳、智慧和勇气干出来的。推动改革必然面临思想上的分歧，必然面临触动相关利益，必然出现可预料和难以预料的困难和挑战。学校2018年工作成绩的取得也是靠我们广大师生共同努力得来的，是在攻坚克难中干出来的。

第一，牢固树立“人才是第一资源，一流学科和一流大学建设的竞争核心在于人才竞争”的理念，以“不管资源多有限、资金多紧张都要推动‘315’人才计划实施”的决心和勇气，扎实推进人才强校建设。

第二，以迎接本科教学审核评估为契机，进一步加大投入力度，尽最大努力改善教学条件。瞄准人才培养一流专业和一流课堂建设的短板，大力推动专业国际认证和国际评估。

第三，以改善校园服务保障为目标，扎实推进改善基本办学条件项目的按期实施。

在2018年教育部专项资金执行进度中，我们学校的执行进度一直到9月份还在部属高校中排名垫底，最大的原因就是图书馆工程迟迟不能按期推进。姜书记和我专门进行了研究部署，多次召开专题会议和现场会议。最终在大家的共同努力下在年底之前顺利按期执行完成。如果我们没有攻坚克难、一抓到底的劲头，后果恐怕不堪设想。

虽然2018年的工作取得了一定成绩，但我们还必须要清醒认识到，我们的工作还存在着许多不足，学校的发展仍然面临着不少挑战。我们的一流学科建设、人才队伍建设、办学资源保障等都是距离建设世界一流大学的目标仍然存在的明显差距。对照我们自身的工作，我认为还存在一些不足：

第一，我们的治理能力还无法适应建设一流大学的需要；

第二，我们追求卓越、争创一流的意识距离一流的标准还有很大差距；

第三，我们在推动学校工作中存在着“难、慢、低”的突出问题，后面我还要具体讲；

第四，我们的校务公开力度不够，导致了信息不对称，造成了不必要的误解、怀疑甚至是埋怨；

第五，我们的战略研判还远远不够，抢抓机遇的意识、能力和办法与广大师生的要求还存在着不小的差距。

二、2019年学校工作总体安排

（一）总体思路

2019年是中华人民共和国成立70周年，是党和国家事业发展具有重大意义的一年。做好2019年的工作，学校要坚持以习近平新时代中国特色社会主义思想为指导，全面贯彻党的十九大精神，深入学习贯彻落实全国教育大会精神以及党中央对高等教育、科技创新、农业农村、生态文明、健康中国、“一带一路”等的重大部署。树牢“四个意识”，坚定“四个自信”，做到“两个维护”，坚持和加强党对学校工作的全面领导，牢牢把握社会主义办学方向，坚决落实立德树人根本任务。以全面持续推进“5＋1”工程总揽学校行政工作，进一步解放思想、深化改革，进一步强化工作落实，以“双一流”建设攻坚年为重点，坚持不懈推动人才强校工程，大力推动“双一流一卓越”本科教育教学改革，强化研究生教育创新，推进深化校、院两级管理改革，加大力度推进办学资源拓展及公共资源优化配置，持续推进转变作风，以优异成绩庆祝新中国成立70周年。

（二）重点工作

学校已经制定了党政工作要点，安排了四个方面32项工作任务，全面部署了学校2019年工作。为更好地抢抓发展机遇，加快学校建设，更好履职担当，学校提出了10项奋进攻坚行动。稍后各位校领导还将要就各自分管的工作进行详细部署，我想就有关工作向大家做一个简要说明。

我们推进学校工作坚持的基本理念是：从战略上做好谋划，从推动上坚持改革，从行动上狠抓落实，从工作要求上追求卓越，在头脑里要坚持解放思想、转变观念。对于学校2019年的重点工作，我想强调以下几个方面：

第一，切实落实立德树人根本任务，从思想上、认识上、行动上、保障上把人才培养工作放在一流大学建设的首要位置。

一是扎实做好本科教学审核评估整改。根据教育部评估中心的反馈意见，王涛副校长已经牵头研究制订整改方案，我们要以评促改、以评促建，在 2019 年的工作中切实完成好整改工作。

二是扎实推进一流专业建设。一流专业是人才培养最基础的载体和保障，没有一流专业是不可能培养出一流人才的，2019 年我们要力争在教育部首批双万计划中有更多的专业入围。

三是扎实开展一流课程和一流课堂建设。一流的课程必须要有一流的老师、一流的教学方案、一流的教学条件和一流的教学方法。必须要强调的是，一流课程的基本细胞就是一流课堂，没有一流的课堂哪来的一流的课程、一流的专业？更谈何培养一流的人才？所以为了进一步激励广大教师投身教学，献身改革，提高教学质量，我们必须要从青年教师的教学基本功抓起。我们的基层教学组织建设要加强，首先就要从青年教师的教学基本功上加大改革力度。希望教师发展中心能够切实承担起责任，抓紧研究提出解决提升青年教师教学能力培养问题的办法。同时，我们还要在进一步推进教学条件的改善、实施研究生教育质量提升工程、提升人才培养国际化水平、三全育人、创新创业等工作上取得新的突破。

第二，持续推进人才强校工程。2018 年，"315"人才计划实施开局良好，但我们也必须清醒认识到，人才强校只是刚刚开局，人才工作必须以久久为功的定力不断深入推进，让人才这一推动一流大学建设的"第一资源"更好释放活力，产出强大的动力和动能。

一是坚定不移继续实施好"315"人才工程。这是一项符合学校发展实际需求，也深得广大师生认可的改革良策，必须坚定不移实施下去。

二是启动实施"人才培育发展支持计划"。学校已经正式印发了《中国农业大学人才培育发展支持计划管理办法》以及《中国农业大学人才培育发展支持计划实施细则》。人才强校不等同于在人才数量上实现大幅增加，人才强校的核心意义在于人尽其才、心情舒畅、发挥潜能、做出贡献。出台人才发展支持计划的目的，就是要让全校的每一位教师，都能够通过这项改革，明确发展的目标，找到自己工作的舞台，得到应有的支持和保障，心无旁骛地投入教学、科研和社会服务中，发挥更大的作用。我相信这个支持计划的实施一定会开辟学校人才强校的新局面，在今年的工作中学校会确保各方面的支持保障，全力以赴推进。

三是不拘一格、不唯帽子，完善以业绩和贡献度为导向的人才支持和评价机制。我们学校有一批教师，因为各种原因没有取得头衔，但是他们在教学、科研上确实做出了不比有头衔人才差的业绩。但是在支持、待遇上存在明显差距，有时候会挫伤他们的激情和信心。为了改善这样的局面，我们要坚持以业绩为导向，进一步加大支持力度，让这些教师享受同等的待遇和支持。

四是完善不同岗位分类聘任、分类评价制度。

五是完善符合人才强校规律的评价机制。当前，学校人才活力没有得到完全充分的释放，很大程度上是因为我们没有建立分类评价机制，这个题今年一定要破。包括普通教师队伍，也要分类设岗，分类制定标准。同时也希望我们人事部门要加快研究符合人才强校规律的评价制度。

第三，勇于担当，实施科学研究创新行动。面对建设创新型国家，落实创新驱动国家战略，我国科技包括农业科技领域在内还存在不少急需攻克的关键核心技术，迫切要求加强原始创新，加大核心技术背后的重大基础研究突破。作为一所“双一流”建设大学，我们必须站在讲政治的高度，在攻克重大关键核心技术、突破重大基础研究上勇于担当，积极作为，更高质量地服务和支撑国家现代化、农业现代化建设。

一是瞄准国家重大战略需求，面向世界科技创新前沿，谋划新时期学校重点布局的重大战略领域和研究方向。当前，我们确定研究方向有的是以教师兴趣为导向的自由探索，有的是项目带动的任务性研究，这些都是很好的。但是，作为“双一流”大学，我们必须在习近平总书记多次强调的关键核心技术以及核心技术背后的重大基础研究方面做好战略思考、战略部署、战略行动。最近，清华大学瞄准我们国家航空发动力技术软肋，成立了航空发动机研究院，举全校之力开展技术攻关。中国农科院针对非洲猪瘟这一重大动物疫病，提出研究解决非洲猪瘟防治问题的重大攻关。这对我们应该是一个触动和警醒，如果我们不能在国家重大战略领域做出部署，就会错失建成一流大学的大好时机。

二是创新支持政策，激发各类人才创新动力，大力提升学校科技创新水平和能力。当今世界科学进展日新月异，合成生物学的发展给众多领域带来革命性突破。利用合成生物学技术，可以通过改造植物光呼吸系统，已经先后有荷兰、美国和中国完成的有性繁殖水稻通过合成生物学技术改造成为无性繁殖水稻。利用合成生物学技术还可以实现将以一个物种在自然进化史中几万年的进化在一个有性世代完成。科学技术的进步可能会重塑未来的农业、生命科学的格局和创新。李德发院士长期从事的低蛋白日粮猪饲料研究，就在关键时刻为我们的国家做出了关键性的贡献。基础研究是关键技术创新的源头，我们的阎隆飞先生在植物肌动蛋白领域的开创性研究处于当时的世界领先水平。所以，我们必须要在重大的关键核心技术上，瞄准国家需求，勇于担当，创造一流大学建设进程中基础研究新的辉煌。

三是支持和建设科技创新平台、试验示范基地建设，为开展科技创新提供保障。

四是推动实质性的国际科技合作。

五是加强重大项目的谋划，我们的自然科学基金项目必须要打一个翻身仗。

第四，坚定以“一流大学必须在服务和支撑国家重大战略上做出一流贡献”的理念，谋划推进并提升社会服务职能。

一是要继续在服务“脱贫攻坚”上做实、做好农大样板。习近平总书记在今年“两会”期间到代表团审议中多次提出确保如期完成脱贫攻坚任务，我们在脱贫的理论、实践上都有非常好的工作基础，需要进一步提升凝练，讲好“农大故事”。

二是制订和实施《中国农业大学服务乡村振兴战略实施方案(2019—2022)》。

三是完善工作机制、创新工作模式，加强科技成果转移转化。

四是主动在京津冀一体化、长三角一体化、粤港澳大湾区、海南自贸区等国家区域协调发展战略中做出中国农业大学新贡献。习近平总书记强调的区域发展战略，是未来中国实现现代化的一个重要的战略举措。当前，学校在东北、华北以及东部沿海地区都有了相应的部署，也开展了一系列工作，在新疆，康绍忠院士也在开展相关的研究。在《真知灼见：透视中国农业2050》一书中提到，新疆有可能成为中国的“加州”。在大家的印象中，美国的加州是以信息技术、电子科技和生物医药为代表的高科技产业聚集地，但其实农业产业也是加州的支柱产业之一，总产值占到了美国的11%，农业、农产品加工业的总产值始终保持在美国的前三位。左天觉先生提出新疆会成为中国的“加州”，正是因为新疆农业的发展从自然条件和区位优势上都有着十分巨大的潜力。如果我们能够在新疆农业发展的重大机遇面前,抢占先机、主动作为,加紧谋划、加快落实,就是为服务国家的区域重大发展战略做出实实在在的贡献。

五是在农业绿色发展、黑土地保护等国家重大需求上实现新的突破。

六是服务“一带一路”、南南农业合作再创农大智慧、建立农大模式、做出农大贡献。

第五,攻坚克难,在拓展办学资源上迈出新步伐。

第六,进一步完善“双一流”建设体制机制,坚持以改革的方式方法全面深入推进“双一流”建设。

第七,以“校、院两级管理体制改革”为主线,推进内部治理改革。

第八,做好庆祝新中国成立70周年相关活动。党中央已经做了相关部署,我再强调几点。首先我们要保证校园安全稳定,确保各项活动平稳开展。此外,建议各个学院系统梳理建国70年来,学院为国家建设发展做出的贡献,这项工作是很有意义也非常必要的。

三、做好学校2019年工作的总体要求

为了确保做好2019年的工作,我提四点要求:

(一)加强学习、深化调研、增强能力

风物长宜放眼量,不畏浮云遮望眼。我体会,用落后的理念、过时的办法、二流的治理能力注定建设不了一流大学。只有通过不断学习、提高水平、增强能力,才能担当起加快学校发展的重任。

第一,加强学习。要学习习近平总书记治国理政重要思想和要求,学习党中央部署的重大发展战略,学习世界一流大学的办学规律,学习各自领域专业的理论,要学习用系统思维、战略思维来谋划推动工作。

第二,深入调研。要从实践中学习,向广大师生学习,把广大师生的期盼作为我们工作努力的方向。

第三,增强能力。要通过不断的深化学习、深入调研,切实增强谋事能力、改革能力、干事能力、成事能力。

(二)切实转变作风,在克服“难、慢、低”问题上见到成效

回校工作一年多时间,我个人感觉到在推动学校改革发展上存在3个突出的问题,某种程度上也可以叫“顽疾”。一是“难”,体现在:师生在学校办事难,学院找学校解决问题难,分管领导落实学校决策难,学校部署的工作有些落实难,高质量完成工作目标难,打折扣的情况经常出现。二是“慢”,体现在:缺少只争朝夕的工作精神,校务公开不及时,思想认识到位慢、统一认识慢、行动慢,“醒来了、没起床”现象时有发生,主动积极谋划少,缺乏创新推动工作的能力。三是低,体现在:视野低、气魄低,研究问题不深入、不透彻,工作效率低,部门间推诿常有发生,有些部门完成报告、总结的水平低。

出现以上的问题有多方面的原因。第一,我自己领导能力和方法不足,没有拿出有效的解决办法,这是领导班子民主生活会上大家给我提的意见,我虚心接受,也将从自身做起。第二,各级干部的学习严重不足,我们对国际、国内形势以及兄弟单位的先进经验学习不够,对国家重大战略部署理解不够,抢抓机遇的意识和能力不足。第三,缺乏担当

和负责精神，很多人还没有从心里把做好本职工作当作办好自家事情一样的责任意识。第四，工作作风上还存在不严不实的情况。第五，对部门和干部缺乏有效的激励和约束机制，干好干坏、干多干少都一样。

(三)坚持以改革为动力促进学校发展不动摇

“明者因时而变，知者随事而制”。改革开放是决定中华民族命运的关键一招，对中国农业大学来讲，坚持改革为动力，也是建设世界一流大学的关键一招。我们要持续深化改革，改革不适宜学校发展的思想观念，改革不适应一流大学建设的治理体系，改革管理效率低下、服务能力不足的体制机制，改革阻碍学校发展的政策制度和工作方法。

(四)扎实做好各项改革发展举措落实落地，以实干创造学校发展新成绩

对2019年的工作我们已经做了详细部署，一分部署、九分落实，只有把学校谋划、设计、制定的各项举措落实落地，才能推动学校工作取得新成绩。关于2019年学校工作任务的落实，我再提几点要求：

一是提高认识、统一思想，各级各位干部都要心往一处想、劲往一处使，部署的任务就是肩上的责任，必须要扛牢、扛稳、扛实。

二是进一步明确工作目标和工作时限。要以“跳起来摘桃子”的勇气，咬紧目标不动摇，以追求卓越的气魄实现改革发展目标。

三是以攻坚克难的勇气，解决难点问题。只有啃下了硬骨头、解决了老大难问题，才能实现带动学校整体发展。

四是以不断创新的“作风”，创新性的开展工作。走老路子、用老办法是解决不了新问题、应对不了新困难的。创新不仅仅是一种发展理念，更应该是在实际工作中解决问题实实在在的硬招、管用招。

五是以扎实的作风推动各项工作落实并取得成效。工作布置了不等于做了，做了不等于做成了。必须要改变当前学校存在的以做了等同于做成了的浮夸的、不实的工作作风，要以钉钉子的精神盯住不放，直到真正做出成效。

六是以有效的激励约束机制鼓励干部干事创业。要通过行之有效的激励和约束机制，为那些真干事、干实事、干成事的干部提供更好的工作环境和保障。

向农业农村现代化建设　培养拔尖创新农业人才

——校长孙其信在向农业农村现代化建设、培养拔尖创新农业人才会议上的讲话

(2019年4月29日)

改革开放以来，中国的农业农村发生了翻天覆地的变化。世界在变，社会在变，农业在变，高等农业教育也要因时而进、应势而谋。我们要以更大的力度、更实的举措推进人才培养改革，以更强的责任担当、更新的视野推动新农科发展。中国农业大学瞄准国家社会发展战略需求，开启了“新农科”建设探索，开展了“双一流一卓越”工程，努力打造一流专业，构建一流人才培养模式，培养卓越农林人才。

一是着力培育学生爱国爱农情怀，致力服务乡村振兴。开展思政课程和课程思政改

革，构建以问题为导向的“三三制”协同育人思政课教学改革模式，设立“专业课发挥思想政治功能”教改专项，将价值观教育融入课程教学、纳入教学目标和教学内容，将课程教学大纲转变为课程育人大纲。把“一懂两爱”教育“入方案、入课堂、入实践”，开设“大国三农”系列核心通识课，将学生社会实践纳入思政实践教育体系，引导青年学子“懂农业、爱农村、爱农民”，把论文写在祖国大地上。

二是以“新农科”建设为引领，致力服务现代农业。紧紧围绕现代农业发展需求，提升现有涉农专业，对标农林三级认证标准强化专业内涵建设，打造“金专”。农学专业率先通过三级认证，植物保护和园艺专业成为首批通过中俄联合专业认证的农林专业。顺应农业创新驱动发展要求，改造涉农专业课程体系，强化科学素养、人文艺术等通识课程建设，加大数理化生等基础课程挑战度，增加信息技术、工程技术、社会科学类课程的比重，大力发展农科慕课，打造“金课”。主动应对农业新产业新业态发展，加强学科专业交叉融合，前瞻布局数据科学与大数据技术等新兴专业，推进大部制改革，统筹专业设置和人才大类培养，为现代农业发展提供强大人才保障。

三是深化人才培养模式改革，致力培养行业领军人才。以科研促教学，引导院士和科研杰出教师带头建设本科核心课程，超过50%的本科生进入各级各类实验室，参与科研训练项目覆盖率接近65%，依托科研项目撰写毕业论文比例达53%，成立创新创业学院整体谋划创新创业工作，着力提升学生面向未来的创新能力。以协同促育人，大力开展农科教协同育人实践，协调共享各类实践教学资源，发起并支持如奶肉牛人才培养“牛精英”计划等一批农科教协同育人项目，着力强化学生引领行业的实践能力，助力现代农业发展。

站在新时代的新起点上，我们将肩负起时代赋予高等农业教育创新发展的历史使命，加快建设发展“新农科”，助力打造天蓝水净、食品安全、生活恬静的美丽中国，为建设幸福中国做出新的更大贡献。

让信仰的力量伴你远行

——校长孙其信在2019年毕业典礼上的致辞

（2019年6月22日）

亲爱的同学们、各位老师、各位家长朋友们：

又逢毕业季，依依惜别情！

刚才毕业生代表孙梦峣同学在发言中说：“愿我们再见时仍是少年！”我想，这句话道出了同学们共同的心声！

首先，我代表学校对今年毕业的2 756名本科生和2 382名研究生顺利完成学业、开启人生新征程表示衷心的祝贺！

此时此刻，同学们在新中国成立70周年这样一个特殊年份毕业，让我们大家一起向亲爱的、伟大的祖国致以最崇高的敬意！

今天的毕业典礼，有超过4 000名家长前来参加，让我非常感动。同学们，你们的人生路上离不开家人的陪伴和爱护。我提议,大家以热烈的掌声向一直以来关爱你们的父母和家人致以最衷心的感谢!你们在学校学习生活的一点一滴,也离不开一直以来陪伴你们成长成才的各位老师,离不开为你们日日夜夜准备可口饭菜的各位师傅,离不开为你们守护安全稳定校园的各位保安,离不开为你们提供舒适校园和宿舍环境兢兢业业、默默奉献的叔叔阿姨,请大家也向他们献上最热烈的掌声,感谢他们!

一届又一届学子,入校又离开。大学这样一个千年以来流传最久远的社会组织,它存在最大的价值就是一代代学子薪火传承着大学的使命。作为教育工作者,我们是最幸福的人!同学们即将离开校园,走向新的生活。我相信,在中国农业大学这所有着114年光荣传统的大学里,你们受到农大精神的熏陶,收获了理想和知识,也收获了友情和爱情,对未来的新生活,你们也一定充满了无限的期待。

在毕业之际,中国农业大学还能带给你们的是什么?我想,母校还能给你们的、最值得珍惜的是农大精神;在开启未来之际,中国农业大学能带给你们最大的力量是什么?是农大精神;陪伴你们未来勇往直前的动力是什么?是农大精神;让你们一生拥有的农大最宝贵的财富是什么?是农大精神。

在2019届毕业生即将离开校园,奔赴新征程的时刻,我想送给大家的一句话是:让信仰的力量伴你远行。

一、坚定信仰——干惊天动地事,做隐姓埋名人

最近热播的一部电视剧叫《有个地方叫马兰》,不知道有多少同学听说过这部电视剧。在马兰有一个试验基地,20世纪五六十年代在那里开创了我国第一颗原子弹成功爆炸的伟大历史。习近平总书记在2018年两院院士大会上指出:"一代又一代科学家,怀着深厚的爱国主义情怀,凭借深厚的学术造诣、宽广的学术视角,为祖国和人民做出了彪炳史册的重大贡献"。我们有这样一批科学家,他们都是"干惊天动地事,做隐姓埋名人"的民族英雄!在马兰基地有一位参与核爆炸动力学监测的科学家,叫林俊德,他52年隐姓埋名。当第一颗原子弹爆炸的时候,为了探测、验证这是一次成功的爆炸,他冒着生命危险,在离核辐射最近的地方监测爆炸结果。在他临终前,留下这样一句话:请把我埋在马兰!这是一种什么精神?这是我们中国的一代科学家爱国奉献、科学报国的伟大信仰精神,这是对"心中有信仰、脚下有力量"最好的诠释。

二、坚定信仰——爱国奉献、科学报国

今年5月31日以来,中央各大媒体高密度地对中国农业大学一代代师生扎根农村、服务农业的典型事迹进行集中宣传报道。其中,《人民日报》有一篇社论,题目叫作"最美的科研誓言是报国"。报道里讲,以身许国,何事不可为?以身许国,何事不敢为?辛德惠院士作为46年曲周精神的代表人物之一,他在日记里这样写到:"无私无畏、忘我无我、利他利国,才能真正为人民服务,为党的事业奋斗到底,这是我的全部信念和行动指南",这段话令人动容!去世后,遵照他的遗愿,他的一部分骨灰被永远埋葬在了他奋斗一生、时刻牵挂的曲周大地上。一代一代的中国农业大学知识分子、农大人用只讲奉献、不求回报的高尚品格和实际行动,回答了"人的一生应该怎样度过"的问题;用"想国家之

所想，急国家之所急”的薪火相传，树立起一座座受人敬仰的精神丰碑！支撑我们这一代农大人打赢黄淮海战役的力量是什么？正是农大“爱国奉献、科学报国”的坚定信仰。

三、坚定信仰——想国家之所想，急国家之所急

“想国家之所想，急国家之所急”的农大精神在新一代农大人身上又薪火相传、继承发扬。今年的春节期间，中央电视台新闻联播用 4 分零 6 秒的时间，报道了“河边村”的故事。在云南省西双版纳州勐腊县，靠近老挝边境的地区，有一个贫困村叫河边村。在党中央提出打赢脱贫攻坚战的伟大号召下，我们学校的教授们扎根河边村，探索出了精准脱贫的新路径，以一己之力实现了整村脱贫的壮举。就在去年，中美贸易形势出现急剧变化的关键时期，我们中国农业大学的教授们利用多年科研攻关的扎实积累，及时地研究出了一种低蛋白日粮饲料，这种技术可以使饲料的蛋白质含量降低 2%，每年可以为饲料行业节省大豆 1 000 万吨，这是解决国家重大需求的一项了不起的成就。以刚才发言为代表的来自科技小院的同学们，你们也是新一代农大人传承农大精神的优秀代表！

四、坚定信仰——用信仰的力量走出精彩人生

大学的根本使命是什么？立德树人。德的最高境界是什么？是理想，是信念，是信仰。一个人有信仰就拥有了力量，一个集体有信仰就拥有了动力，一个民族有了信仰，这就是一个有希望的民族。

同学们，你们就要远行，开启人生的新征程。今日之中国已经成为世界第二大经济体、世界第一大货物贸易国、世界第一大外汇储备国，我们正处在实现中华民族伟大复兴最关键的时期。今日之世界，单边主义、贸易保护主义、霸权主义等不断抬头，给世界发展带来了诸多的挑战。这正是大有可为、大有所为的时代。同学们在这样一个时代开启新征程，母校能给你们最好的礼物就是农大精神所承载的信仰。

信仰是道德之基，信仰是力量之源，信仰是行为之规，信仰是行动之标，信仰是幸福之路，信仰是你们大有所为最根本的精神力量。我坚信，农大人坚守的信仰会在你们身上薪火相传，带上农大人的信仰，你们的未来会拥有无穷的力量。

祝愿同学们与农大精神所承载的信仰力量一路相伴，走好、走远、走出人生的精彩！

谢谢大家！

服务国家发展战略，高质量推进模式动物大设施建设

——校长孙其信在模式动物大设施开工启动仪式上的讲话

（2019 年 8 月 30 日）

尊敬的各位领导、各位来宾：

大家上午好！

今天，我们在这里隆重举行模式动物表型与遗传研究国家重大科技基础设施开工启

动仪式，首先我代表中国农业大学，向长期以来对中国农业大学，以及对模式动物大设施给予关心和支持的各位领导和嘉宾表示最衷心的感谢！对大家的到来表示热烈的欢迎！

在教育部和中国科学院的直接领导下，在国家发展改革委的指导评审下，在河北省各级政府和社会业界的大力支持下，模式动物大设施项目坚持高起点谋划、高标准引入、高质量建设，多重举措依法合规有序推进。今天，我们将共同见证模式动物大设施奠基这一历史性时刻。

国家重大科技基础设施是为探索未知世界、发现自然规律、实现技术变革提供极限研究手段的大型复杂科学研究系统，是突破科学前沿、解决经济社会发展和国家安全重大科技问题的物质技术基础，对于增强我国原始创新能力、实现重点领域跨越、保障科技长远发展、实现从科技大国迈向科技强国的目标具有重要意义。

模式动物表型与遗传研究设施将要在世界上第一个实现将猪和猴做成模式动物功能的大科学设施，将建立我国在国际上以猪和猴为模式动物的表型和遗传研究领域的领先地位，推动相关领域前沿技术研究成果的转化应用，为人类疾病治疗、医药研发、异种器官移植、动物育种等领域提供重大平台支撑。依托设施将聚集全球高端创新资源，在未来农业、生物科技、食物与健康等领域产生颠覆性、原创性和带动性技术和成果，成为全国乃至全球新技术、新知识和新产品的产生中心。其重大意义已经在专业领域、各级政府和社会公众中形成广泛共识。

特别感谢国家将如此光荣的重大工程交付给中国农业大学来建设！中国农业大学经过 114 年风雨历程，形成了“为国为民、解民生多艰的家国情怀，主动作为、敢为天下先的创新担当，艰苦奋斗、自强不息的精神动力，勇攀高峰、追求卓越的文化追求”的农大文化和农大精神，把学校工作融入国家发展的大潮之中，主动对接服务国家发展战略，坚持以顺大势、谋大事、做实事、见实效的思想推动学校工作。

党的十九大报告中提到实施健康中国战略和京津冀国家区域协调发展战略。模式动物大设施的建设，核心目标是为了福荫人类健康；项目选址在河北涿州，必将推动学校与河北省借此国家重大创新平台，在京冀两地探索和开展实质性深入合作。

中国农业大学当前的核心任务就是要加快推进中国特色、农业特色的世界一流大学建设，而模式动物大设施能够在服务国家重大战略需求的过程中，在原始创新上有新突破，在解决重大核心关键技术上有新担当，从技术储备、组织模式和解决方案上做出农大贡献。

我校在《2019 年“双一流”建设奋进攻坚行动方案》中提出，要勇于担当，实施科学研究创新行动，瞄准国家重大战略需求，面向世界科技创新前沿，谋划新时期学校重点布局的重大战略领域和研究方向，支持和建设科技创新平台，为开展科技创新提供保障。我们将大设施纳入学校重点布局的重大战略领域，高度重视和积极申报模式猪国际大科学计划，推动实质性的国际科技合作。通过大设施的建设，主动在健康中国和京津冀一体化国家区域协调发展战略中做出中国农业大学的贡献！

同时，大设施的建设将为学校发展创造巨大的驱动力和跨越提升的重要契机。设施将发挥强有力的凝聚作用，吸引世界高端人才，在人才引进、创新能力提升、人才培养、国际合作交流等方面为相关学科建设打造优势和特色，优化学科布局，加大科研产出，促进多学科交叉合作，在“双一流”建设工程中发挥极其重要的作用，提升学校的办学质量和社会声誉；学校还可借此布局新兴交叉学科，拓展办学空间，为学校发展保障工程助力。

在项目开工之际，特别要感谢首席科学家孟安明院士，为保障项目顺利立项和建设推进做出了重要贡献；特别要感谢涿州市政府为项目快速推动落地提供行政审批、资金、条件保障等多方面的大力支持；特别感谢昆明动物所的各位同人，精诚团结协作，将本项目打造成教育部和科学院在大科学工程方面良好合作的典范；同时，感谢国际科学咨询委员会主席、诺贝尔奖获得者卡佩奇教授等国内外同行的指导帮助；感谢 301 医院、温氏集团等用户单位提出的建设需求和宝贵建议；感谢校内外参与建设的团队和老师们，你们坚定目标，矢志不渝，顽强拼搏，终成正果！

我本人作为模式动物大设施工程指挥部的总指挥，代表学校在这里郑重承诺和表态，中国农业大学将高质量全力保障做好设施建设各项工作，提高我国重大科技基础设施水平，推动我国科学和教育事业发展做出新贡献！

再次对各位领导和嘉宾的到来表示衷心感谢，住大家身体健康、工作顺利！

我宣布：模式动物国家重大科技基础设施开工！

崇尚奋斗精神　成就无悔青春

——校长孙其信在 2019 年新生开学典礼上的致辞

（2019 年 8 月 31 日）

亲爱的同学们，各位老师、各位家长朋友们：

大家上午好！

在这充满喜悦和收获的季节，我们在这里隆重举行 2019 级本科生、研究生开学典礼。从今天开始，我们和你们，有了一个共同的名字——“农大人”。天南地北、五湖四海的农大人，汇聚成为一个大家庭，这是一生的学缘。请允许我代表学校向来自全国 31 个省、市、自治区以及港、澳、台地区的 3 220 名本科生、2 737 名硕士研究生和 954 名博士研究生表示热烈的欢迎！向你们在新中国成立 70 周年这一具有历史意义的年份成为中国农业大学新一届学子表示衷心的祝贺！也向辛勤培育你们成长的父母、亲人和师长致以崇高的敬意！

这些天，当我走进校园，看到了一群群意气风发的青年，看到了一群群求知若渴的学子，看到了一张张充满了青春活力的面孔；感受到了同学对中国农业大学的期待，也感受到了家长饱含温馨的期盼！这让我们作为大学管理者深感荣幸，也倍感责任重大。我们要感谢同学们和家长朋友们选择中国农业大学！学校一定会不辱使命，不辜负大家的期待！让我们在将中国农业大学建设成为有中国特色、农业特色的世界一流大学的征程中，共同奋斗、一起成长！

同学们，跨进大学的校门，意味着大家开启了人生的新阶段。正如古希腊哲学家苏格拉底所言，“教育不是灌输头脑，而是点燃心火”。大学生活就是点燃你们不断求索的心火，引领你们打开别样精彩的广阔天地。作为大学的“第一课”，我想讲讲作为新中国成立 70 周年进入大学校门的 2019 级同学们，你们应当崇尚什么？昨天在迎新现场，我看到了同学们举着一些标牌，上面写着“兴农报国，吾辈之责”“乡村振兴，吾辈之责”，我为这样的口号大大地点赞！

崇尚，语出《晏子春秋》：“崇尚勇力，不顾义理。”《现代汉语词典》第7版定义为：“推重、提倡，也具有尊重、敬重的含义。”古人云：“天行健，君子以自强不息”，中国的知识分子自古就有崇尚“先天下之忧而忧，后天下之乐而乐”高尚品德的优良传统。回首新中国波澜壮阔的历史，不同时期的国人有着不同的崇尚。从20世纪50年代的“抗美援朝，保家卫国”崇尚的民族骨气，到1977年高考作文题目“不到长城非好汉”崇尚的豪迈气魄；从1978年全国科学大会崇尚的“勇攀科学高峰”时代追求，到1981年中国女排夺得世界女排锦标赛冠军时青年学生崇尚的“团结起来，振兴中华”伟大号召，再到1990年亚运会全国人民崇尚的“冲出亚洲，走向世界”豪言壮语。回顾这些带着鲜明烙印的时代强音，我们的内心依然感到激昂澎湃、备受鼓舞！

一个时代、一个民族、一个国家都必须拥有所崇尚的核心价值，每个人要度过有意义的一生，也必须要有崇尚的核心价值。我认为，作为新时代中国农业大学的青年学子应当崇尚奋斗！习近平总书记指出，中华民族迎来了从站起来、富起来到强起来的伟大飞跃是中国人民奋斗出来的！我们必须崇尚学习、加强学习，崇尚创新、勇于创新，崇尚团结、增进团结！在纪念五四运动100周年大会上，他对广大青年学子提出要树立远大理想，要热爱伟大祖国，要担当时代责任，要勇于砥砺奋斗等四项要求。我们农大的前辈们在艰苦的环境中，奋斗拼搏，不辱使命，在建设现代化农业强国的道路创造了一个又一个奇迹。这些奇迹的背后无不凝聚着他们奋斗的磅礴力量，无不彰显着他们崇尚奋斗的精神。

为什么要崇尚奋斗精神？因为这是我们的历史使命和时代担当。从踏入这个世界开始，我们就被赋予了一种无形的责任，或轻或重、或多或少，演绎了不同的人生。

崇尚奋斗深深根植于博大精深的中华文明。我们伟大的祖国幅员辽阔，当乌苏里江畔太阳升起时，新疆的帕米尔高原已是夕阳西下；当黑龙江是瑞雪纷飞的隆冬时节，南海诸岛却是一片盛夏景象；我们伟大的祖国历史悠久，早在新石器时期，中国就是世界农业的重要发源地之一，星罗棋布的农业村落渐由内聚与融合，孕育出灿烂辉煌的华夏文明。周秦以降，铁制农具之普及，轮作间套作技术之采用，土地单产与利用率大幅提高，中国的传统农业遥遥领先于世界；我们伟大的祖国文化灿烂，中华传统文化历经诸子百家争鸣、两汉经学兴盛、魏晋南北朝玄学流行、隋唐儒释道并立、宋明理学发展，积累了数不胜数的文化典籍。是什么推动了中华民族的前行？我想，归根结底是中华民族同心奋斗的品质。正是这样的精神支撑了中华文明绵延不绝。

崇尚奋斗是实现民族复兴的强大精神支撑。1840年鸦片战争的一声炮响，一个长期领先的农业强国陡然变成落后之工业弱国，惨遭列强蹂躏、满目疮痍。国破家亡之际，一代又一代仁人志士为救亡图存而英勇奋斗、艰苦探索。以救天下于水火为己任的中国共产党领导人民进行了伟大的艰苦斗争，最终赢得了民族独立和人民解放，并把一个极度贫弱的旧中国逐步建设成为初步繁荣昌盛的社会主义国家。历史和实践再次表明，奋斗精神是我们最闪亮的精神支撑。

崇尚奋斗是走近世界舞台中央的精神密钥。英国有一位学者叫麦迪逊，他曾经做过这样的估算：在公元1世纪的东汉时期，中国的经济总量占世界的22%，唐朝时期中国的经济总量占到世界的40%以上，直到公元1820年中国的经济总量占世界的比重从来没有低于过20%。到了1978年改革开放时期，中国的经济总量只占世界的1.8%，只有美国的4.6%；到2000年，中国的经济总量占世界的4.5%，达到美国的17.6%；到2010年，中国的经济总量占世界的9.2%，达到美国的40.8%，超越日本成为世界当时第二大经济体；到了2018年，中国的经济总量占到世界的13.1%，达到了美国的60%。今年7月31日，世界银行发布报告：1997年，全世界各类经济体中高收入国家的经济总量为26万亿美元，中等收入国家的经济总量为4.1万亿美元，仅占到高收入国家的1/7多一点。到2017年，高收入国家的经济总量从26万亿美元增加到51.5万亿美元，增加了将近1倍；中等收入国家的经济总量从4.1万亿美元增加到22.2万亿美元，增长了5倍多。2018年，中国的经济增长贡献了全球经济增长总量的31%，为中等收入国家在世界经济格局中的比重迅速提升做出了重要贡献。我们有理由对新中国成立70年来取得的伟大成就引以为豪，我们应当为祖国感到骄傲！

崇尚奋斗是中国农业大学不断前行的精神力量。从1905年清末京师大学堂农科大学到新中国的中国农业大学，从“团结起来，振兴中华”到“实现中华民族伟大复兴的中国梦”，作为中国现代农业高等教育起源地的大学，百余年中，中国农业大学几经风雨、几番变迁，但总有一种巨大的力量，形同金线穿珠，一直存在其中，这就是“农大精神”。这种精神是一棵大树，她的根系扎根于中国农业大学光荣而辉煌的历史，她的枝叶伸展于中国农业的方方面面；这种精神溶于每一个农大人的血液中，体现在每一个农大人的行动中；这种精神彰显了“解民生之多艰，育天下之英才”的校训，融合了“团结、朴实、求是、创新”的校风，融汇了对民族命运的关注、对真理的追求和对未知的探索。她的名称因时而异，但追求真理、崇尚奋斗的精神实质是永恒的。

大家是幸运的，我们正生活在一个发展迅速、充满活力的国家。那么，我们为何还要崇尚奋斗呢？因为从实现中华民族伟大复兴的征程来看，从中国发展面临的挑战来看，还需要你们奋斗、还需要你们奉献，这是你们的历史使命。

奋斗是农大学子的使命与担当。习近平总书记提出实现中华民族伟大复兴中国梦的宏伟目标，在我看来，从经济规模的角度看，中国的经济总量至少要占到世界经济总量的30%。现在，我们国家的经济总量占世界的16%，目标越来越近，但依然任重道远。中国虽然是世界第二大经济体，但是人均GDP不到1万美元，中国依然是最大的发展中国家。2018年，中国累计进口的大口径的粮食谷物、大豆以及油料超过1.2亿吨，自主生产粮食6.3亿吨，也就是说将近1/5的粮食需要进口，尤其是猪肉、牛奶等畜禽种业高度依赖进口。面对当前艰巨任务和挑战，作为新一代青年学子的你们要“不甘平庸，崇尚奋斗”，主动接过历史的接力棒，在新中国从富起来到强起来的伟大征程中创造新的辉煌！

奋斗是农大学子无悔的选择。农为邦本，本固邦宁，而民以食为天，是故，农业安则天下安。中国农业大学的学生必然要直面农业发展中的困难与挑战。当今，现代农业信息技术发展迅猛，农业物联网成为未来农业发展的必然趋势，但是关键技术特别是精密传感器的制造依然是我们很大的短板。未来，我们吃的肉，完全可以通过植物蛋白、干细胞培养等技术实现，这将是一个巨大的农业革命。而现阶段，这项顶尖技术依然被美国垄断。我们要完成超越，需要你们这一代青年学子通过努力奋斗去实现。与此同时，京东、阿里巴巴、碧桂园等大型企业都在投资农业。其中，京东与我们学校合作建立了无人养猪场，实现了智能化、信息化的精准喂养，这将是未来农业养殖行业发展的重大趋势。

奋斗是农大学子的青春底色。博学笃志，切问近思，明道济农，承百年报国志，作中流之砥柱。对于中国农业大学的学子来说，奋斗是青春的底色，而没有目标的奋斗是没有任何价值的。要真正实现志存高远和仰望星空，需要你们确立自己的人生价值和目标。为了国家的繁荣而奋斗，为了时代的进步而奋斗，为了自己的明天而奋斗，当你们有了明确奋斗目标的时刻，就能够感受到成功的魅力。

习近平总书记指出："追梦需要激情和理想，圆梦需要奋斗和奉献。"中华民族伟大复兴绝不是轻轻松松、敲锣打鼓就能实现的。中国正处在大有可为的历史时期，前景十分光明，挑战也十分严峻，"九层之台，起于累土"，作为新时代的青年学子，你们要崇尚奋斗，不驰于空想、不骛于虚声；你们要弘扬奋斗精神，因为只有奋斗才能为祖国贡献力量，只有奋斗才能创造无悔青春，只有奋斗才能成就个人梦想！

同学们，让我们大家共同努力，以崇尚奋斗的精神迎接新的大学生活，创造美好的人生！

谢谢大家！

何以知农　何谓爱农

——校长孙其信 2019 年 9 月 17 日发表于《光明日报》第 15 版

2019 年 9 月 5 日，习近平总书记给全国涉农大学的书记校长和专家代表回信，充分肯定了新中国成立 70 年来涉农大学为"三农"事业做出的积极贡献，对涉农高校办学方向、新时代应当担当的责任使命提出明确要求。总书记的回信，充分体现了总书记和党中央对涉农高校的高度重视，对涉农高校的殷切希望，我们备受鼓舞、倍感振奋，也深感使命光荣、责任重大。习近平总书记总揽全局，从实现中华民族伟大复兴的历史视角，站在实现新中国现代化、农业农村现代化的现实高度，再次强调，中国现代化离不开农业农村现代化，农业农村现代化关键在科技、在人才，高度肯定了科技创新、人才培养在新时代推进农业农村现代化进程中的重要地位和关键作用。新时代，农村是充满希望的田野，是干事创业的广阔舞台，高等农林教育大有可为。作为农业大学的排头兵，中国农业大学要深入学习贯彻习近平总书记关于"三农"工作的重要论述及回信精神，面向农业农村现代化主战场，主动担当、积极作为，不辜负新时代赋予涉农高校的历史使命，不辜负习近平总书记的期望和嘱托。

一、牢记使命　扎根中国大地建设一流大学

农科高等教育首先应牢记办学使命，坚定办学方向。我们需要再度深刻思考，新时代，应该坚守什么初心？担当什么使命？我认为，其核心在于要牢牢扎根中国大地办大学，要奋力投身"三农"事业促改革，要坚决做到"育人、顶天、立地、报国"，为促进农业农村现代化、提高亿万农民生活水平、补齐中国现代化的"短板"而不懈奋斗！

首先，农科高等教育应始终坚持以人才培养为中心，围绕“培养什么人、怎样培养人、为谁培养人”这一根本问题，围绕立德树人根本任务，教育引导广大农科学子成长为“有理想、有本领、有担当”知农爱农的新型农科人才。其次，农科高等教育应始终坚持以科研创新为驱动，服务国家战略需求，聚焦国际前沿研究，在核心关键领域、卡脖子的地方下大功夫，在推进农业农村现代化上使大力气，拿出更多科技成果，并最终在促进“三农”发展的实践中落地、生根、开花、结果。最后，农科高等教育应始终坚持以社会服务为归宿，扎根中国大地，把广袤农田当作“教科书”，把广阔农村当作“实验室”，把广大农民当作“同窗人”，投身“三农”事业，在助力脱贫攻坚，服务乡村振兴中，坚守农科高等教育的初心与使命。

二、立德树人　培养知农爱农的新型农科人才

要“精心培育英才”，要培养“知农爱农新型人才”，习近平总书记的指示为农科高等教育人才培养工作进一步指明了方向。在农业农村现代化建设的关键进程中，在打赢脱贫攻坚战的决胜阶段，在推进全面乡村振兴的伟大道路上，涉农大学要有胆识、有魄力、有担当，紧紧围绕立德树人根本任务，全面深化教育教学改革，要努力培养既有高尚道德情操，又有扎实理论基础，还有广博国际视野，更有卓越实践能力的知农爱农的新型农科人才。

何以知农？何谓爱农？这是推进新时代农科高等教育改革首先要回答的问题。为此，在浙江安吉，涉农高校达成共识，要围绕国家粮食安全、脱贫攻坚、乡村振兴和生态文明建设，积极推进新型农科专业改造调整和人才培养模式改革，特别是要深度融合“第一课堂”和“第二课堂”，加强实践育人体系建设，搭建实践育人平台，在深植于田野乡村的生动实践中，打通人才培养与“三农”发展之间的“最后一公里”；其次，要积极探索专业学位研究生教育综合改革，围绕农业农村发展的实际问题设立研究生培养专项，鼓励学生在参与农业发展中发现问题，在服务乡村建设中思考问题，在助力脱贫攻坚、乡村振兴中解决问题。最后，要深化农科学子的“三农”价值塑造和“三农”情怀教育，以社会主义核心价值观武装头脑，以中华五千年农业文明和农耕文化的传承创新坚定“四个自信”，以感恩乡土、感悟乡村、感知乡音、感动乡民的足迹和历练锻造农科学子心系“三农”、情牵“三农”、行为“三农”的赤子情怀。

三、顶天立地　提升强农兴农的科技创新能力

破解农业农村现代化难题的根本出路在科技创新。作为涉农大学，如何打好强农兴农的科技创新攻坚战与持久战，我认为既要有“顶天”的魄力，勇于探索世界上最前沿、最关键、最难突破的农业科学问题；又要有“立地”的情怀，致力于把科技成果转化为亿万农民的福祉，用之于民、惠之于民。

新中国成立70年以来，农业领域科技创新和成果转化有力地支撑了我国农业农村现代化的进程。袁隆平先生的杂交水稻、“太行山道路”和“李保国精神”“黄淮海盐碱地综合治理大会战”和“曲周精神”……不可胜数的农业科技成果为解决中国人民的温饱和保障国家粮食安全做出了重大的贡献。

新时代，涉农大学的科技创新面临新问题、新挑战，需要新理念、新举措。在创新方

向上，要突破传统惯性和研究尺度，与农业农村现代化和乡村振兴战略紧密结合，在保障国家粮食安全和食物安全、动植物绿色生产与重大动物疫病防治、山水林田湖草系统治理、脱贫攻坚及实现小农户和现代农业发展有机衔接、全球农业和国际发展等重大议题和课题上，超前谋划、全面布局，确保“把中国人的饭碗牢牢端在自己手上”；在创新水平上，要强化上游基础研究，促进中游关键技术研发，推进下游成果转化促进农业产业发展，立志取得有国际竞争优势的重大成果，提高先进适用技术成果的源头产出和供给；在创新投入上，要改变农业科技投入总量不足，结构不合理，与农业农村科技公共性、基础性、社会性特点不相适应等问题，优先补齐“三农”科技创新短板；在创新组织上，要完善科技创新促进体系，要强化多学科协同作战机制，要形成产学研用紧密结合的创新模式。

四、为国奉献　在希望的田野上为亿万农民谋幸福

习近平总书记曾指出“我们要牢记亿万农民对革命、建设、改革做出的巨大贡献”。由此，农科高等教育在新时代应进一步深化综合改革，做实、做强、做大社会服务办学职能，广大农科师生要主动担负起助力亿万农民实现对美好生活的向往，共建美丽乡村的使命。

一是要深化评价体制机制改革，积极引导鼓励农科教师下得去、干得好，真正走到农业产业和生产一线中去，要积极树立为党分忧、为国奉献的农科高校社会服务新榜样。二是要打造新型的社会服务阵地，积极推广像科技小院这样的样板，探索在农村这一广阔舞台上干事创业的新模式。三是要加强校地合作、校企合作，建立教授工作站、产业研究院、研究生实习培养基地、大学生创新创业基地、大学生社会实践基地等，形成在乡土乡村、田间地头“撸起袖子加油干”的生动场景。四是要加强教育引导，建立常态化的服务乡村工作机制。以乡村振兴为总抓手，鼓励广大农科师生学农和知农相结合，学术和实践相结合，校内和乡村相结合，在希望的田野上干事创业，书写奋进答卷，为亿万农民谋幸福。

五、协同创新　推进新时代农科高等教育改革和发展

独弦不成音，独木不成林。推进新时代农科高等教育改革和发展这条道路，势必不是一场单打独斗、孤军奋战的“速胜战”，而是多方携手并进、联合攻关的“持久战”。

涉农大学要主动对接国家战略需求，积极联合地方政府、企业、科研院所等形成广泛合力，整合校内外各种资源，促进“产教融合”和“科教融合”发展，全力构建政产学研用“五位一体”的协同育人平台，有效促进科技成果落地和转化。各兄弟院校之间也应当瞄准“确保国家粮食安全、提高亿万农民生活水平和思想道德素质、促进山水林田湖草系统治理”等关键问题，协同创新，联合发力。

面向未来，涉农大学还应当识变、应变、求变，深刻把握引领未来农业发展的新方向、未来乡村发展的新空间。以融入新技术革命与产业变革为发端，以服务乡村振兴、生态文明、美丽中国、健康中国等国家战略需求为导向，以解决农业农村现代化的关键问题为重点，以科技创新为基础，以人才培养为根本，从知识体系、专业体系、人才培养体系、组织体系和治理体系等维度，创新、重构面向新时代的农科高等教育体系。

新时代新征程，中国农业大学将与其他涉农兄弟院校齐心、与全国高校科研院所一

道，牢记总书记嘱托，不负总书记厚望，以立德树人为根本，以强农兴农为己任，坚定矢志奋斗的使命初心，扎根充满希望的农村田野，坚守大有可为的广阔舞台，以更加饱满的斗志，更加坚定的信心，为新时代农业农村现代化的伟大事业不懈奋斗！为打赢脱贫攻坚战、推进乡村全面振兴不断做出新的更大的贡献！

坚定信心、勇于担当，深化改革、敢于创新，坚定推进一流大学建设

——校长孙其信在“不忘初心、牢记使命”主题教育专题研讨会上的发言

（2019 年 10 月 8 日）

10 月 1 日，庆祝中华人民共和国成立 70 周年纪念大会在天安门广场隆重举行，我有幸在现场见证了全过程。习近平总书记发表了重要讲话，结合对总书记重要讲话精神的学习领会以及今天我们研讨的主题内容，我谈四个方面的体会：

一、深刻认识“不忘初心、牢记使命”是激励中国共产党人不断前进的根本动力

习近平总书记在中国共产党成立 95 周年纪念大会上提出了“不忘初心、继续前行”这一重大命题。在党的十九大报告中，习近平总书记就为什么要坚持“不忘初心、牢记使命”这一根本再次指出：“不忘初心，方得始终，中国共产党人的初心使命，就是为中国人民谋幸福，为中华民族谋复兴，这个初心和使命是激励中国共产党人不断前进的根本动力。”在实现中华民族伟大复兴的征程中，习近平总书记反强调我们要坚持战略思维、底线思维、国际视野。随着中美摩擦的不断升级，中国所展现出的大国担当，更加充分彰显了习近平总书记在推动中华民族伟大复兴征程中，从容应对内部、外部各种风险和挑战的政治智慧和领袖风范。越是面临着这样重大的风险和挑战，越是突显出中国共产党人坚守初心和使命的重大现实意义。

（一）根本动力来自对马克思主义理论的坚定信仰

中国共产党从成立起就始终保持马克思主义政党本色，始终坚持把马克思主义作为行动指南，始终把为共产主义、社会主义奋斗确定为自己的行动纲领，始终坚定共产主义远大理想和中国特色社会主义共同理想。习近平总书记在纪念马克思诞辰 200 周年纪念大会上的重要讲话中强调：“马克思主义是科学的理论，创造性地指导了人类社会的发展；马克思主义是人民的理论，第一次创立了人民实现自身解放的思想体系；马克思主义是实践的理论，指引着人民改造世界的行动；马克思主义是不断发展的开放理论，始终站在世界和时代的前沿。”

中国共产党是以马克思主义理论武装起来的先进政党，经过长期奋斗，领导全国各族人民完成了新民主主义革命和社会主义革命的伟大胜利，建立了中华人民共和国和社会主义基本制度，证明了只有社会主义才能救中国。中国共产党团结带领全国各族人民

推进改革开放，开创了中国特色社会主义新的伟大实践，实现了中华民族从站起来到富起来的伟大飞跃，再次证明了只有中国特色社会主义才能够发展中国。习近平总书记反复强调："革命理想高于天，就是要用信仰来铸就中华民族伟大复兴的历史任务"，我们的根本动力就是来自于中国共产党对马克思主义理论的坚定信仰。

（二）根本动力来自对中国特色社会主义的坚定信念

党的十八大以来，以习近平同志为核心的党中央坚持和发展中国特色社会主义，坚持把马克思主义基本原理同新时代中国具体实践结合，推动党和国家事业取得全方位、开创性历史成就，发生深层次、根本性历史变革，中华民族迎来了从站起来、富起来到强起来的伟大飞跃，这一实践充分证明：只有坚持和发展中国特色社会主义才能为实现中华民族伟大复兴的历史任务提供坚强保障。

（三）根本动力来自对实现中华民族伟大复兴的坚定信心

第一，新中国成立70年取得的伟大成就，让我们对实现中华民族伟大复兴充满了坚定信心。新中国成立70年来取得了全方位、历史性的变化，我们的经济总量成功实现了跨越，成为世界第二大经济体；我们的政治建设、社会建设、文化建设也都实现了与伟大复兴的时代强音交相辉映的深刻变革，这些历史性的成就让我们更加坚定了实现中华民族伟大复兴的信心和决心。

第二，有中国共产党的坚强领导，让我们对实现中华民族伟大复兴充满了坚定信心。中国共产党从成立之初所坚守的初心和使命，就是为了民族独立和人民解放，为了国家富强和民族振兴。新中国70年的伟大成就，充分证明了只要有中国共产党的领导，我们的事业就有了坚强的领导核心。中国特色社会主义进入新时代，中国共产党也必然会领导全国人民从胜利走向新的胜利。

第三，有习近平新时代中国特色社会主义思想的正确指导，让我们对实现中华民族伟大复兴充满了坚定信心。理论是时代之母，中国特色社会主义进入新时代，必须要有新的理论来指导伟大实践。习近平新时代中国特色社会主义思想是马克思主义中国化的最新理论成果，是21世纪的马克思主义。在中国特色社会主义进入新时代的历史背景下，我们有习近平新时代中国特色社会主义思想的正确指导，就一定能够把中华民族伟大复兴的伟大事业持续推向前进。

第四，中国特色社会主义道路的成功实践，让我们对实现中华民族伟大复兴充满了坚定信心。新中国成立70年，特别是改革开放40年来，我们成功地走出了一条中国特色社会主义道路，建立了中国特色社会主义理论，完善了中国特色社会主义制度，弘扬了中国特色社会主义文化。道路、理论、文化、制度的自信，是我们坚持和发展中国特色社会主义的自信，更是我们实现中华民族伟大复兴的自信。

在深刻认识激励我们不断前行动力的同时，我们也要清醒地认识到：前途是光明的，道路是曲折的。习近平总书记反复提醒全党全国人民，在实现中华民族伟大复兴、实现建设现代化强国的奋斗道路上，我们要清醒地认识到面临的各种挑战。

这种挑战来自风云变幻的国际形势对我们国家的政治、经济、社会以及意识形态等各个领域带来的冲击和威胁，来自于中国特色社会主义进入新时代后发展不平衡、不充分的社会矛盾，来自于我们党内部存在的思想不纯、组织不纯、作风不纯等尚未得到根本解决的突出问题，也来自于我们党自身建设面临的"四大考验"和"四种危险。"

越是在中国特色社会主义进入新时代的关键时期，越是在国际变局纷繁复杂的世界背景下，我们越是要坚定信心，勇于担当，敢于自我革命，继续发扬艰苦奋斗的斗争精神。所以，习近平总书记在2019年春季学期中央党校（国家行政学院）中青年干部培训班开班式上强调："能否敢于负责、勇于担当，最能看出一个干部的党性和作风……要用知重负重、攻坚克难的实际行动，诠释对党的忠诚，对人民的忠诚。"2018年1月，习近平总书记对广大干部提出了信念过硬、政治过硬、责任过硬、能力过硬、作风过硬这"五个过硬"的要求。"我们这次开展不忘初心、牢记使命的主题教育，就是要解决我们党内存在的不能够记住初心，不能够担当使命存在的一些普遍的问题。"这是习近平总书记对开展"不忘初心、牢记使命"主题教育最言简意赅而又最鞭辟入里的指示和要求，充分彰显了习近平总书记对在新中国成立70周年这样一个特殊的年份开展"不忘初心、牢记使命"主题教育的现实意义和历史意义的深刻认识和判断。

二、深刻认识建设世界一流大学是高校践行初心和使命的历史担当

习近平总书记指出，我国高等教育发展方向要同我国发展的现实目标和未来方向紧密联系在一起，为人民服务，为中国共产党治国理政服务，为巩固和发展中国特色社会主义制度服务，为改革开放和社会主义现代化建设服务。"四个服务"的论断彰显了在中国共产党领导下办好高等教育，必须要体现的中国共产党为人民服务的人民立场、政治属性和使命初心，彰显了中国共产党坚持和发展中国特色社会主义、推动建设社会主义现代化强国的根本任务和坚定目标。

（一）建设教育强国是实现中华民族伟大复兴的必然要求

习近平总书记在全国高校思想政治工作会议上指出："教育强则国家强，高等教育发展水平是一个国家发展水平和发展潜力的重要标志，党中央做出加快世界一流大学和一流学科的战略决策，就是要提高我国高等教育发展水平，增强国家核心竞争力。"这是习近平总书记对建设世界一流大学的政治要求，也是实现中华民族伟大复兴的必然要求。

建设世界一流大学是实现现代化强国的重要任务和显著标志。纵观历史，世界强国无一不是教育强国，没有任何一个国家可以在高等教育落后的情况下，真正成为全面领先的世界强国。世界经济中心的转移，背后都隐藏着教育作为强大的支撑和保障。比如，16世纪到17世纪的英国，以牛津大学和剑桥大学为代表的一批世界高水平大学让英国成为名副其实的教育强国，这也直接影响了工业革命的进程，让英国在200多年的时间里成为世界经济中心。"二战"以后，随着世界经济格局重新洗牌，美国逐渐取代英国成为世界经济霸主，高等教育在推动美国成为世界强国过程中发挥了不可替代的作用。

所以，我们要深刻领会，建设世界一流大学是实现建设现代化强国的重要任务，也是衡量我们能否建成现代化强国的重要标志。大家都知道，美国是世界第一大经济体，我们评价世界经济的竞争力格局，很重要的一个指标就是一个国家在世界企业500强中占有的份额。中国经济经过70年的持续发展，到2018年在世界500强中的企业数量已经仅次于美国成为世界第二。到今年中国一共有129家企业上榜世界500强，这129家企业累计的营业收入是8.4万亿美元，利润是4 388亿美元。而美国企业的营业收入是9.4万亿美元，利润是7 301亿美元。美国企业收入为中国企业收入的1.1倍，利润是中国企业的1.7倍，中国企业在利润水平和营利能力方面仍然落后于美国企业。我认为，要实

现建设教育强国的伟大目标，我们要达成的一项至关重要的指标就是要像建设经济强国一样，在世界一流大学的行列中占据领先地位。所以，担当建设教育强国的重任，加快推动世界一流大学建设应当成为我们每一位大学管理者牢记的初心使命和历史担当。

建设世界一流大学是践行以人民为中心理念的迫切需要。近些年来，国内很多优秀的学生毕业后会选择到国外特别是美国去继续深造，出现这一现象的根本原因还是由于广大学生对于高质量教育的需求与我们国家自身能够提供优质教育不足的矛盾所造成。广大人民对接受高质量教育、特别是高质量高等教育的需求十分迫切，我们必须加快建设世界一流大学，才能更好地满足广大人民对高质量教育的要求，才能更扎实地践行以人民为中心的理念，才能更高水平地服务中华民族的伟大复兴。

习近平总书记在今年教师节前夕给我们全校涉农高校的书记校长和专家代表回信时强调："中国现代化离不开农业农村现代化，农业农村现代化关键在科技、在人才。"我们学习领会习近平总书记的回信精神，深刻认识"关键在科技、在人才"的核心要义，就是要早日建成具有中国特色、农业特色的一流大学。

(二)助力打赢脱贫攻坚战、推动乡村全面振兴、加快实现农业农村现代化是中国农业大学的历史担当

打赢脱贫攻坚战，实施乡村振兴战略，坚持农业农村优先发展，加快实现农业农村现代化是党的十九大提出的重大战略决策部署。在建设世界一流大学的征程中，为党分忧、为国奉献、为民服务是中国农业大学义不容辞的责任和担当，我们只有加快建成一流大学，才能更好地服务和支撑农业农村现代化。当前，我们在服务农业农村现代化的能力和水平上还存在比较明显的短板，集中体现在习近平总书记在回信中强调的"人才"和"科技"两个方面。

在人才培养方面，农业的转型升级、提升农产品国际竞争力、满足广大人民对优质农产品的更高需求、推动乡村全面振兴，都急需一大批"知农爱农"新型人才。但是，我们的人才培养模式、培养体系、培养质量还不足以满足高质量服务和支撑的要求，必须通过行之有效的改革举措取得实实在在的成效。

在科技创新方面，面向国家重大战略需求领域，聚焦农业科技创新卡脖子技术，我们还缺少能够拿得出手的、能够做出标志性贡献的成果。特别是在主要农产品生产领域，我们的核心技术和现代化装备还面临着高度依赖进口的严峻形势。比较典型的就是我们中国人主要消费的猪、肉牛、奶牛等畜产品，种源90%以上依赖进口，这导致国内的养殖企业每年要花费大量外汇引进国外优质种源。2018年以来，非洲猪瘟对中国的养猪业造成了近乎毁灭性的打击。昨天我看到了一篇报道，当前中国经济指标下行，唯一造成CPI上涨的就是猪，如果猪肉没有涨价，中国经济很可能已经进入通货紧缩的状态。

面对事关国家农业和食品安全的严峻挑战，事关对国家经济社会造成冲击和影响的重大变化，事关广大人民群众生活稳定幸福的紧要关头，作为中国最高水平农业院校的中国农业大学，作为农业科技工作者，我们都必须时刻保持清醒的头脑，时刻保持强烈的忧患意识、危机意识、责任意识、担当意识。在推进"双一流"建设的进程中，想国家之所想、急所家之所急，聚焦难题、精准发力、实现突破。我们能否在未来10年乃至更长远的时期内，主动发力、有所作为，源源不断地向伟大祖国提供有分量、有意义、有价值的重要贡献，这是我们每一个农大人必须要思考、要谋划、要解决的重大命题，更是我们必须坚

守的初心使命和历史担当。

(三)推进世界一流大学建设,必须坚持社会主义办学方向,坚守立德树人根本任务

习近平总书记反复强调,我们要扎根中国大地办大学,首要任务就是要坚持社会主义办学方向,就是要坚持做到“四个自信”。特别是在回答“培养什么人、为谁培养人、怎样培养人”这个事关高等教育根本使命的重大问题上,我们必须要旗帜鲜明、毫不动摇,坚守立德树人根本任务,坚定不移把培养社会主义建设者和接班人作为高等教育的根本使命。

“十年树木,百年树人”,一代人有一代人的使命,一代人有一代人的担当。我们现在培养的人,就是在10年、20年、30年以后担当实现“两个一百年”奋斗目标、实现建设社会主义现代化强国、实现中华民族伟大复兴中国梦时代重任的中坚力量。只有坚持社会主义办学方向,培养出更多优秀的社会主义建设者和接班人,才能真正体现扎根中国大地办好世界一流大学的鲜亮底色。

(四)推进世界一流大学建设,必须坚持中国特色

推进世界一流大学建设,按照习近平总书记给我们学校提出的建设具有中国特色、农业特色的一流大学奋斗目标的明确要求,我们必须要牢牢坚持把“中国特色”作为建设一流大学的“魂”。如何做到把“中国特色”作为建设一流大学的“魂”?就是要始终坚持把习近平总书记提出的高等教育要为人民服务,为中国共产党治国理政服务,为巩固和发展中国特色社会主义制度服务,为改革开放和社会主义现代化建设服务作为我们建设一流大学的发力点和落脚点。

三、找准学校建设中国特色、农业特色的一流大学存在的差距

对照习近平总书记对建设教育强国、对加快实现农业农村现代化的总要求,我们距离建成中国特色、农业特色的一流大学的奋斗目标还存在着以下几个方面比较明显的差距和短板:

第一,创新型人才培养短板明显。立德树人是我们办好一流大学的根本任务,能否培养出一大批创新型人才,是检验我们是否真正建成一流大学最核心的标志。总体来看,我们在人才培养上开展了大量有益的探索和实践,但是对照习近平总书记提出的培养更多“知农爱农”新型人才的新要求,如何能够在培养的人才身上更好地体现出“知农爱农”的根本特征,我们还需要进一步解放思想,在改革上发力、从根本上破题。

美国医学家塞门扎是今年获得诺贝尔生理学或医学奖的3位科学家之一,他因为揭示了身体应对低氧的关键激素红细胞生成素基因的调控机制而获奖。但可能很少有人知道,一个叫王广良的中国学生对这项研究做出了关键贡献。王广良是塞门扎的第一位博士后,90年代初他从杭州大学毕业后进入塞门扎的实验室开展研究工作。在接受采访时王广良回忆到,在20多年前那个时代探索细胞如何应对低氧状态是一个冷门科学,但同时也是一个前沿方向。同一时期有很多科研团队也在做同样的研究,但因为“走捷径”“避免大海捞针”等侥幸心理,他们都没有取得突破。最后还是王广良靠着一步一个脚印的“笨功夫”帮助塞门扎最先达成目标,才有了今天获得诺贝尔奖的杰出成就。

在解决中国农业发展的问题上,我们也必须在基础研究、前沿研究要实现重大突破,但恰恰这方面我们与世界先进水平还存在很大的差距。如何进一步谋划好、完成好创新

型人才培养这篇大文章，这既是我们当前“双一流”建设的一个短板，更是我们未来实现突破的奋斗方向。

第二，事关国家农业农村现代化关键核心技术支撑明显不足。回顾新中国成立70年来取得的辉煌成就，特别是在农业农村领域的重大科技成果，我们中国农业大学做出过以黄淮海盐碱地治理等为代表的历史性贡献。但近20年来，我们学校在解决国家重大需求的关键核心技术问题上显得后继乏力。要建成一流大学，特别是建成具有中国特色、农业特色的世界一流大学，在支撑解决中国农业农村现代化问题的关键核心技术上的能力不足，是我们必须要弥补的短板。

第三，服务农业农村现代化主战场力量分散。当前，我们学校科研项目的选题大多是教师根据兴趣导向、自由探索，真正围绕国家重大需求开展有组织、有规模的创新攻关比较少。这也是下一步必须下大力气进行组织模式改革创新的一项重要工作，我们要拿出当年组织黄淮海盐碱地治理时那种心系苍生、主动担当的家国情怀，拿出那种迎难而上、集中力量开展攻关的顽强意志，拿出那种来之即战、战则必胜的豪情壮志。

如果我们再不采取一些实际行动，很可能就被兄弟院校甩在身后。在农业领域，中国农科院已经扛起了研制非洲猪瘟疫苗的大旗。据说农科院哈尔滨兽医研究所已经研发出了第一代非洲猪瘟疫苗，虽然行业内专家对此还保持着谨慎的态度，但至少中国农科院已经在聚焦当前国家农业领域最关键、最棘手的难题，组织全院力量开展集团式的科研攻关，这不得不让我们产生危机感。在航空领域，大家都知道航空发动机是中国航空事业的一块心病，清华大学成立了航空发动机研究院，组织全校多学科的科研力量开展集成攻关，用20年时间攻克航空发动机关键核心技术，摆脱对国外先进技术的依赖。要真正做到在农业农村现代化主战场上有所作为，我们就必须在解决关键核心技术问题上集中力量打赢攻坚战。

第四，办学空间资源严重不足。我们在办学空间资源上的问题和困难，我想不用我再多讲了，大家都十分清楚。在学校党委的高度重视下，通过这半年多来各级干部的共同努力，我们还是取得了一定的进展。但是要满足建设一流大学的空间需求，还是远远不够的。这种差距体现在我们总体资源的欠缺和不足上，体现在资源总体统筹利用效率的不足上，也体现在我们全体师生的思想观念解放不足上。

第五，教师队伍质量仍需提升。应该说，近两年通过实施“315”人才工程，我们在解决多年困扰学校发展的教师短缺和青年人才不足的问题上取得了一定成效。通过实施“2115”人才培育发展支持计划，在一定程度上破除了“五唯”，更好地激发了广大教师投身教学科研的积极性。但我们还必须清醒地认识到距离世界一流大学标准的教师队伍水平，我们还存在不小的差距。必须下定决心建设好一支与一流大学水平相适应的高质量教师队伍，这是我们实现建成世界一流大学奋斗目标的迫切要求。

第六，治理结构、治理能力与世界一流大学要求差距明显。当前我们还要面临一个比较突出的问题，就是推动重大改革见效缓慢。这需要我们从学校的治理结构、治理体系和治理能力上进行反思。同时也必须要正确认识的是，我们一些干部存在的能力恐慌、思想保守的问题也是一个必须要解决的隐患。

第七，在思想建设方面要迈出新步伐。在干部队伍的思想建设上，做好政治建设是基础，但同时我们的一些干部在战略思维、创新思维上还存在很大差距。比如，北京市食品营养与人类健康高精尖中心的建设问题，始终没有实现根本性突破，问题就是出在思维方式和思想观念上。思想不解放、观念不转变，推动事业发生根本性转变是不现实的。

第八，作风建设需要持续加强。当前，干部作风存在的比较突出的问题就是担当不足，担当不足的根本原因在于思想僵化和创新思维不足的问题没有得到根本解决。我们现在一些干部怕做事、怕担当，怕承担责任、怕干出毛病，如果大家都抱着这样的心态，学校的事业就不可能推向前进，个别干部缺乏规矩意识也是急需解决的作风问题。这些都是我们在加快推动一流大学建设过程中必须要努力克服的风险和隐患。

四、坚定信心、勇于担当，深化改革、敢于创新，坚定推进一流大学建设

在“不忘初心、牢记使命”主题教育中专题研讨、研判学校的“双一流”建设，我认为是十分必要的，也是非常及时的。因为守初心就是为了更好地担当使命，只有把“双一流”建设好，把学校各项事业发展好，才是真正的担当使命。

坚定信心。中国农业大学有着114年的办学历史，我们必须要从这段悠久历史和深厚积淀中感受农大文化、体会农大担当、坚定农大自信。把我们114年的优秀文化发掘好、发扬好、发挥好，这是我们建设好世界一流大学必须具备的文化自信。能够让一所大学经久不息、历久弥新的坚定力量是什么？我认为就是这所大学的文化。《念兹在兹：中国农业大学强农兴农的十个篇章》这本书的10个篇章，从学校办学百余年特别是与新中国成立70年风雨同行的历史视角，记录了我们扎根大地、潜心办学的探索实践，彰显了我们强农兴农、爱国报国的初心使命，坚定了我们砥砺前行、接续奋斗的勇气、信心。我们就是要在讲好农大故事中感受农大历史，在敬畏农大历史中凝练农大精神，在传承农大精神中坚定发展自信。

勇于担当。刚才，我从八个方面分析了学校当前存在的差距和短板，这应当成为我们今后勇于担当的主攻方向。这其中最重要的一项任务就是，中国农业大学必须要思考和谋划今后的5～10年，在推动农业农村现代化的伟大工程中，要聚焦国家战略需求，集中配置优势资源，攻克关键核心技术，实现标志性重大突破，做出农大应有的担当。

举一个例子，东北黑土地利用和保护问题是胡春华副总理给予高度重视的一项重大问题，他曾多次亲自到东北视察黑土地的利用和保护工作。他多次强调：“保护好东北的黑土地，就是落实习近平总书记提出的‘藏地于地、藏粮于技’的关键任务”。目前，我们学校在吉林梨树实验站，有李保国教授牵头负责的国家黑土地现代农业研究院开展相关研究工作。从目前来看，保护性耕作技术是对黑土地保护最具成效的关键技术，在这方面我们学校也有以李洪文教授为代表的团队开展了大量研究工作，学校已经组建了国家保护性耕作研究院。也就是说，在黑土地保护研究方面，我们学校已经有两个“国字号”研究院的扎实基础。但到目前为止，我们还没有拿出让国家满意、让领导放心的重大成果。主要原因，就是我们的资源尚未集中、力量相对分散。

所以，要高质量服务农业农村现代化，落实好习近平总书记“藏粮于地、藏粮于技”的重大要求、回应好胡春华副总理的亲自关切、解决好东北黑土地利用和保护的现实问题，就是我们必须主动担当、有所作为的重大课题。我们要整合配置全校资源、深化体制机制创新，下定决心、保持定力，扎根在东北大地上，拿出经得起考验的过硬成果，完成好“黑土地保护”这篇重要答卷。如果在新中国成立80周年时，我们能在这方面拿出一项

标志性成果，就是为新中国农业发展、为农业农村现代化再立新功，也是我们建设成为世界一流大学的重要标志。

现代种业是我们应当主动突破、有所作为的另一个领域。种业科技在农业科技创新中毫无疑问具有关键地位，而当前中国农业大学在种业原始创新方面已经落后于国内同行。挖掘其背后的原因，我认为有我们科研选题相对自由探索的机制缺陷，也有我们不够重视种业创新的导向问题。过去，我们的“农大108”玉米获得国家科技进步一等奖，品种的推广和播种面积领先全国。近20年过去了，我们在种业领域没有能够拿得出手的代表性成果。如何做到勇于担当、建设世界一流大学，怎样才能取得建设世界一流大学标志性成果？是我们在这次主题教育中要深入思考、要破题的关键。

深化改革。新故相推，日生不滞，改革是永恒的主旋律，我们通过深化改革推动事业发展也还有很大的潜力和空间。最近，学校通过实施“2115”人才培育发展支持计划，很大程度上调动和激发了学校各级各类人才干事创业的活力，这就是我们高举改革大旗、坚持改革创新的一项重要举措。这项改革绝不仅仅是大家看到的把广大教师业绩进行的简单排名，这是我们坚定破除“五唯”、坚持以业绩为导向的人才发展和支持行动。目的就是为了改变没有“帽子”的人才无法享受应有支持和待遇，缺少发展活力、缺乏进步动力的局面，已经取得了实实在在的成效。

习近平总书记在纪念改革开放40周年纪念大会讲话上强调：“建立中国共产党、成立新中国和推进改革开放和中国特色社会主义事业，是近代以来实现中华民族伟大复兴的三大里程碑”。深化改革是一篇大文章，面对当前学校发展建设中的种种困难和重重挑战，我们必须要坚持高举深化改革的大旗，坚持把深化改革贯穿到学校各项工作中去，坚持把深化改革作为推动学校事业发展的强大动力。

敢于创新。缺乏创新精神，就会缺少前进动力。学校当前工作中面临的重大挑战之一，就是缺乏创新意识、创新精神和创新能力。创新不仅仅是科学研究领域的关键，也应当贯穿在教育教学、组织运行、管理服务等各个方面。部分干部思维守旧、办法老套，推动工作缺乏成效，直接导致广大师生对学校的信任度受到损失和影响。创新是一项内涵丰富的重大改革，是一项涉及全局的系统工程。我们必须敢于高举创新旗帜，在教育教学、人才培养、科学研究、社会服务等学校工作的各项环节、各个领域中将改革创新一以贯之。

以学校的专业学位研究生培养为例，在深刻理解专业学位研究生培养的本质内涵的基础上，结合我们的专业优势和学科特色开展实践，才能真正取得人才培养的实效。近两年我们探索出了一条以“产业研究院”为代表的专业学位研究生培养新模式，以地方政府提供政策保障和企业投入资金支持为依托，充分创造并利用支撑条件，创造了教师带领学生扎根生产一线、解决实际问题的新模式。

初心引领方向，使命呼唤担当。我们要把守初心、担使命转化为满足广大师生加快学校发展的强烈愿望、加快推进世界一流大学的坚定信心，转化为以人民为中心、以解决广大师生关切问题为奋斗方向的坚定立场，坚定信心、勇于担当，深化改革、敢于创新，为学校早日实现中国特色、农业特色的一流大学的建设目标而努力奋斗！

"勇担强农兴农时代重任"

——校长孙其信在"不忘初心、牢记使命"主题教育专题研讨会上的发言

（2019年10月10日）

围绕今天的研讨主题，结合对习近平总书记关于"三农"工作的重要论述以及习近平总书记给全国涉农高校的书记校长和专家代表回信精神的学习领会，我谈三个方面的体会：

一、守初心就是要勇担使命

习近平总书记在党的十九大报告中指出："为中国人民谋幸福，为中华民族谋复兴，这个初心和使命是激励中国共产党人不断前进的根本动力。"守初心就是坚持把理想信念作为中国共产党人的政治灵魂，守初心才能凝聚起中华民族伟大复兴的磅礴伟力，守初心才能在实现中华民族伟大复兴的历史征程中担当使命。

（一）坚定信仰、信念、信心，要求我们必须勇担使命

针对党内干部队伍存在的信仰流失、信念动摇、信心不足的问题，习近平总书记在庆祝改革开放40周年大会上强调："信仰、信念、信心，任何时候都至关重要。小到一个人、一个集体，大到一个政党、一个民族、一个国家，只要有信仰、信念、信心，就会愈挫愈奋、愈战愈勇，否则就会不战自败、不打自垮。无论过去、现在还是将来，对马克思主义的信仰，对中国特色社会主义的信念，对实现中华民族伟大复兴中国梦的信心，都是指引和支撑中国人民站起来、富起来、强起来的强大精神力量。"在国内外形势正在发生复杂变化的压力面前，我们必须要深刻认识到：前景十分光明，但挑战依然严峻。前景光明就是我们要更加坚定实现中华民族伟大复兴的信心，挑战严峻就更加要求我们广大干部要勇于担当。所以，习近平总书记告诫全党一定要"登高望远、居安思危，勇于变革、勇于创新，永不僵化、永不停滞"，只有勇担使命才能真守初心、守好初心、守牢初心。

（二）战胜一切风险挑战要求我们必须勇担使命

中国特色社会主义进入新时代，我们面临的国际、国内环境日益复杂，全面建成社会主义现代化强国的任务更加艰巨。习近平总书记在今年9月3日秋季学期中央党校中青年干部培训班开班仪式上指出："中华民族伟大复兴，绝不是轻轻松松、敲锣打鼓就能实现的，实现伟大梦想必须进行伟大斗争。在前进道路上我们面临的风险考验只会越来越复杂，甚至会遇到难以想象的惊涛骇浪。"学习习近平总书记的系列重要讲话，我们既要对实现中华民族伟大复兴更加充满坚定信心，也要对实现中华民族伟大复兴的艰巨性、困难性、挑战性有清醒的认识。一年多来，中美贸易摩擦不断升级为科技战、经济战甚至国家安全战的巨大挑战，充分彰显了习近平总书记对世界大势精准判断的高瞻远瞩，对发展战略超前谋划的政治智慧。任务越是繁重、挑战越是艰巨，就越要求我们广大干部要以强烈的责任意识来担当使命。

（三）勇担使命必须要发扬斗争精神、敢于攻坚克难

习近平总书记对广大干部勇担使命给予了殷切希望、提出了明确要求，这是我们勇

担使命、担好使命的根本遵循。在2019年春季学期中央党校(国家行政学院)中青年干部培训班开班式上,习近平总书记强调:“能否敢于负责、勇于担当,最能看出一个干部的党性和作风。统筹推进‘五位一体’总体布局、协调推进‘四个全面’战略布局,贯彻落实新发展理念,打好三大攻坚战,做好稳增长、促改革、调结构、惠民生、防风险、保稳定工作,等等,都需要担当,都需要发扬斗争精神、提高斗争本领。要用知重负重、攻坚克难的实际行动,诠释对党的忠诚、对人民的赤诚。”在今年9月3日秋季学期中央党校(国家行政学院)中青班开班仪式上,习近平总书记再次强调:“领导干部不论在哪个岗位、担任什么职务,都要勇于担当、攻坚克难。”在新中国成立70周年这样一个具有特殊意义的年份,在全党开展“不忘初心、牢记使命”主题教育,我们每一位党员干部都应当以顽强的斗争精神、坚韧的斗争意志、高超的斗争本领,勇担时代改革发展的重任。

二、守初心就是要更加坚定自信

(一)坚定自信是新中国70年取得辉煌成就的重要法宝

习近平总书记在新中国成立70周年纪念大会上的重要讲话指出:“社会主义中国巍然屹立在世界东方,没有任何力量能够撼动我们伟大祖国的地位,没有任何力量能够阻挡中国人民和中华民族的前进步伐”,这充分体现了中国共产党、中华民族、中国人民的底气和信心,这种底气和信心凝结于习近平总书记讲话中的“三个伟大万岁”,依赖于伟大的中国共产党的坚强领导,彰显于中国特色社会主义正确道路的成功实践,得益于习近平新时代中国特色社会主义思想的正确指导,厚植于勤劳勇敢的中国人民的坚强意志和奋斗精神。

习近平总书记在党的十九大报告最后,向全世界郑重宣誓:“大道之行,天下为公。站立在九百六十多万平方公里的广袤土地上,吸吮着五千多年中华民族漫长奋斗积累的文化养分,拥有十三亿多中国人民聚合的磅礴之力,我们走中国特色社会主义道路,具有无比广阔的时代舞台,具有无比深厚的历史底蕴,具有无比强大的前进定力。”守初心,就是要坚定自信,特别是要坚定中华民族五千多年积累的文化自信。

(二)坚定文化自信是实现中华民族伟大复兴的重要保障

习近平总书记强调,文化是一个国家、一个民族的灵魂,文化自信是更基础、更广泛、更深厚的自信,是一个国家、一个民族发展中更基本、更深沉、更持久的力量。对文化自信,习近平总书记还有多次论述:“增强文化自觉和文化自信,是坚定道路自信、理论自信、制度自信的题中应有之义”“中国有坚定的道路自信、理论自信、制度自信,其本质是建立在五千多年文明传承基础上的文化自信”“我们要坚定中国特色社会主义道路自信、理论自信、制度自信,说到底是要坚持文化自信”,没有高度的文化自信就没有中华民族的伟大复兴。

(三)坚定农业文化自信是实现农业农村现代化的力量源泉

农为邦本,本固邦宁。中国自古以来就是农业大国,中华农业文明的精华,集中体现于中华五千年灿烂文明的产生、发展和进步过程中。中华农业文明作为中华文明的重要组成部分,不仅为中华民族的崛起提供了重要支撑,更为世界文明的进步做出了杰出贡献。

1. 自成体系的农业起源中心

(1)中国是世界公认三大农业起源区之一

中国是公认的世界三大农业起源区之一，这也是中华文明起源的重要标志。在中国起源的农作物包括水稻、谷子、糜子、大豆、荞麦等，并驯化出家猪、鸡、狗等动物。20世纪初，苏联著名遗传学家瓦维洛夫建立的“栽培植物起源多中心”学说，把中国列为世界栽培植物的第一起源中心。在中国起源的栽培植物多达136种，占主要粮食作物、经济作物以及蔬菜、果树的20.4%。

(2)献给世界三大标志性成果

在众多起源物种中，水稻、桑蚕、茶叶是其中的标志性成果。一是水稻，早在公元5 000多年前，高度发展的水稻文明就在推动中国农业史、推动中国历史不断前进。有研究表明，距今约一万年前水稻就在长江下游地区开始驯化，进一步确立了我国早起水稻驯化在世界农业起源中的地位。二是桑蚕，早在新石器时代，中国就在世界上最早开始饲养蚕。中国古代丝绸之路与桑蚕文明有着密不可分的关系，丝绸之路犹如一条彩带，将古代亚洲、欧洲文明联结在了一起，将中国领先世界的养蚕、丝织技术以及绚丽多彩的丝绸产品传送到世界各地，对世界文明的进步发挥了不可估量的积极作用。三是茶叶，中国是茶树的原产地，是世界上最早种茶、制茶、饮茶的国家，早在3 000多年前的商周时期，我们的祖先就开始栽培和利用茶树。目前，中国的茶叶总产量、总消费均位居世界第一。

(3)海纳百川的农业交流

中国农业与世界农业始终保持着休戚相关、互融互通的密切关系，中国古代农业对外交流引入的物种，在名称上都具有鲜明的特色。从丝绸之路引入的作物都带有“胡”字，比如胡椒、胡萝卜等；宋代开设番司后引入的作物有番茄、番薯、番木瓜等；清朝中叶后引入的作物包括洋芋、洋葱等。广泛深入的交流为中国农业繁荣发展、联通世界奠定了坚实的基础。

2. 独具特色的农业体系

(1)得天独厚的自然条件

与南北流向河流孕育的古埃及、古巴比伦、古印度不同，中国农耕文明发祥于东西流向的黄河、长江流域，独有的资源禀赋形成了独特的农业类型。沿河流走向、依纬度变化，形成了北方畜牧、中原旱作与江南稻渔三大农业区，得天独厚的自然条件为中国农业的发展提供了广阔沃土。

(2)源远流长的农学思想

在西方近代农学传入之前，中国已经出现农书634种，现存300余种。《吕氏春秋》中记载：“夫稼，为之者人也，生之者地也，养之者天也”，这句话把农业生产中人、地、天之间的关系阐述得致为透彻。《齐民要术》中提到：“顺天时、量地利，则用力小而成功多，任情返道，劳而无获”，高度概括了因时制宜、因地制宜的思想。《黄帝四经》中讲到：“人之本在地，地之本在宜，宜之生在时”，就是说要有节制驾驭、符合事宜的办法，才能使土地长治久安。这些经典详细记录了中国古代农业精细耕作的伟大进步，深刻总结了中国古代劳动人民对作物生产、土地管理等全面认识的先进智慧，集中展现了中国农业源远流长的农学思想。

3. 博大精深的农业发明

(1)审时相物的二十四节气

《吕氏春秋》和《礼记》中记载了星象、物候，奠定了二十四节气的基础；《逸周书·时则训》系统记录了二十四节气名称、对应月份以及相关物候，形成了完整物候历。2016年，二十四节气被正式列入联合国教科文组织人类非物质文化遗产名录，这标志着中国古代劳动人民对时令、气候、作物等变化规律形成的知识体系得到了全世界的认同。这一农耕社会产生的中国人特有的物候历法，深刻影响着人类的生产方式和行为准则，为世界农业农耕文明留下了宝贵遗产。

(2)泽润千秋的水利工程

晋代傅玄曾说："陆田者，命悬于天也。人力虽修，水旱不时则一年功弃矣。水田之制由人，人力苟修，则地利可尽。天时不如地利，地利不如人和。"基于我国的自然特点，兴修农田水利，大力建设井渠、飞渠、涵洞以及农田灌溉取水、输水、蓄水等设施都达到了较高水平，对农耕地的开拓、劣质土地的利用、作物组成关系的变化、栽培制度的演进起到了至关重要的作用。水利兴、农业盛，水利坏、农业衰，中国古代发展农田水利工程不仅提高了生产效率，更是泽润千秋、造福万世的伟大创造。

(3)蓄力替代人力的积极探索

在发展传统刀耕火种手工农业的基础上，中国古代劳动人民凭借聪明才智和对美好生活的更高追求，探索了以畜力替代人力，实现了农业生产方式升级。西汉的耕犁实现了人力向畜力的耕作转变，为大面积的开垦荒地，解放生产力创造了条件；西汉的耧车实现了畜力牵引播种器，极大地提升了播种效率；骡子的产生，不仅是杂交育种技术上的突破，也因其耐劳苦、抗病强的优点而提高了生产效率。正是这种勇于探索精神的不断传承，才能实现由畜力替代人力到机械替代畜力的延续，才有了今天机械化、信息化、智能化现代农业的蓬勃发展。

4. 农耕文明孕育文化精神

中国农耕文明延续千年，孕育了厚植于中华民族优秀传统的文化精神。《尚书》"食为政首"的重农主义和"民为邦本"人本理念，《庄子》"天人合一"的和谐思想，《易经》中"自强不息"的奋斗精神，《皇帝内经》中"注重系统"的整体思维，凝结出了积淀深厚的农业文化，农业文化在新时代彰显出的深刻内涵推动着农业不断发展进步，农业的持续发展让我们坚定实现农业农村现代化的信心。所以，习近平总书记在2013年中央农村工作会议上指出："农耕文化是我国农业的宝贵财富，是中华文化的重要组成部分，不仅不能丢，而且要不断发扬光大。"

新中国成立70年来，中国的农业发生了沧桑巨变，粮食总量从1949年的1.1亿吨提升到2018年的6.5亿吨，人均粮食量从1949年的200公斤增长到了2018年的470公斤。改革开放40年，我国贫困人口从7.7亿下降到3 000万。这些成就的取得来之不易，中国农业文化绵延数千年历久弥新，中国农业文明经历了中华五千年文明的洗礼、经历了新中国伟大成就的积淀，也在新时代迸发出的生机活力中显得愈发坚定、愈发自信，为实现农业农村现代化提供源源不断的强大动力。

三、中国农业大学守初心，就是要勇担实现农业农村现代化的历史重任

党的十九大报告指出，农业农村农民问题是关系国计民生的根本性问题，必须始终把解决好“三农”问题作为全党工作的重中之重，要坚持农业农村优先发展，实施乡村振兴战略。在2013年中央农村工作会议上，习近平总书记提出：“中国要强，农业必须强；中国要美，农村必须美；中国要富，农民必须富。”充分体现了习近平总书记对“三农”问题的深入研究、深谋远虑和深厚感情，对新时期解决我国“三农”问题的理论探索和顶层设计。特别是对确保粮食安全的重大问题，习近平总书记始终高度重视、亲自部署，在2013年中央农村工作会议上提出：“要坚持以我为主，立足国内、确保产能、适度进口、科技支撑的国家粮食安全战略。”习近平总书记还强调，“中国人的饭碗任何时候都要牢牢端在自己手上，我们的饭碗应该主要装中国粮，要确保谷物基本自给，口粮绝对安全”。在2015年中央经济工作会议上习近平总书记再次强调，“在粮食生产上要实施藏粮于地、藏粮于技战略，提高粮食综合生产能力，确保国家粮食安全”。

习近平总书记的系列重要讲话和论述，为实现农业农村现代化指明了方向、描绘了蓝图、提供了遵循，也为我们主动担当、积极作为提出了明确要求。特别是今年9月5日，习近平总书记给全国涉农高校书记校长和专家代表的回信中再次强调，“中国现代化离不开农业农村现代化，农业农村现代化关键在科技、在人才”。涉农高校守好初心、勇担使命，就是要把贯彻落实习近平总书记对“三农”工作总部署、对实现农业农村现代化总要求的重大使命深深记在心里、牢牢扛在肩上、紧紧抓在手中。高校肩负着人才培养、科技创新、社会服务的重要责任，习近平总书记要求的关键在科技、在人才都是我们义不容辞、不可推卸的历史使命。作为中国高等农业教育的领头羊和排头兵，我们中国农业大学必须要努力成为实现农业农村现代化主战场上的一支中坚力量。

（一）加强农业基础研究，在原始科技创新上取得更大突破

昨天下午我参加了科技部2020—2035年中长期发展规划的高层次专家座谈会，我在座谈会上发言讲：未来15年，中国科技创新的若干领域都将进入无人区。在新时代我们要把科技创新这项重大课题完成好，特别是在农业科技创新领域实现重大突破，首先必须要在基础研究上花大力气、下狠功夫。

昨天颁布的诺贝尔奖化学奖由3位在锂电池研究方面做出突出贡献的科学家共同获得，他们发明的重量轻、可再充电且功能强大的电池，如今被用于从手机到笔记本电脑和电动汽车的各个领域，极大地改变了人们的生活方式，并为整个人类社会带来了巨大效益，使一个无化石燃料的社会成为可能。在农业科技领域要做出对人类社会产生重要积极影响的成果，我认为基础研究的“无人区”是必须要去尝试并征服的领域。

（二）攻克重大关键核心技术，在加快农业科技成果转化上树立标杆

作为一所“国字号”的大学，担当国家使命就是我们的重大责任。确保国家粮食安全是事关农业农村现代化、事关国家安全的重大任务。社会各界已经形成广泛共识，就是未来不管中国经济如何发展，确保粮食安全依然是农业的头等大事。目前，我国的主要粮食自给率为86%，依然还有将近15%的粮食依赖国外进口。确保粮食安全，要做到习近平总书记要求的“藏粮于地、藏粮于技”，我们中国农业大学必须做出与学校历史地位相符的历史贡献。在未来的5～10年，我们既要在“藏粮于地、藏粮于技”关键核心技术

的基础研究上实现突破，更要在加快科技成果转化和应用，在攻克保障粮食安全的重大现实问题上拿出真招、实招、硬招、管用招。

近两年，学校探索了以“产业研究院”服务国家战略、推动地方经济发展的新模式。依托地方政府提供的政策支持、条件保障，集成高水平企业资金、设备等研发资源投入，教师带领学生团队直奔生产问题，推动了基础理论研究、解决生产问题、促进产业发展深度融合，构建了科技成果转化带动经济发展完整产业链。树立了农业科技成果转移转化的标杆，有力促进了地方经济社会发展，也为我们深化人才培养改革、培养更多“知农爱农”的新型人才开拓了新思路、激发了新动力、创造了新路径。

（三）坚守立德树人根本任务，培养更多“知农爱农”新型人才

坚守立德树人根本任务是扎根中国大地办大学的根本要求，也是高校的根本使命。要坚守好、推动好、完成好这一根本任务，关键还是要依靠深化改革为根本动力。习近平总书记在回信中要求涉农高校要培养更多“知农爱农”新型人才。“知农爱农”的本质要求是什么？如何才能培养出“知农爱农”新型人才？其实，我们始终在扎根大地、服务“三农”的实践中探索前进，特别是党的十九大提出乡村振兴战略以来，我们围绕服务乡村振兴重大战略要求设立了专业学位硕士班，真正把专业硕士特别是农学专业硕士的培养回归初心、回归本位、回归农业、回归农村，收到了很好的效果。在下一步的工作中，我们要把习近平总书记的回信精神学深悟透，一以贯之落实到新型人才培养的改革实践中。

（四）加强支撑能力建设，提升人才培养质量

要实现培养更多高水平的“知农爱农”新型人才的目标，一流的课堂、一流的专业、一流的教师队伍是根本和基础，这也是我们加强人才培养支撑能力建设的发力点和突破口。过去，我们的大学普遍被称为“快乐的大学”，学生课堂玩手机、课下不学习、考试前突击、60 分万岁等问题，在一定程度上导致人才培养质量受到了影响。当前，党中央、教育部提出了对学生严起来、让学生忙起来的要求，我们学校已经取消了清考制度。未来，我们还要进一步强化严格培养、严格管理、严格要求的鲜明导向，切实提升人才培养质量。

要担好使命，就要求学校各级干部必须要坚定信仰、坚定信念、坚定信心。特别要提高担当的本领能力，鼓足担当的勇气魄力，树立担当的过硬作风。要把对信仰、信念和信心的坚守，落实到增强攻坚克难毅力的艰苦历练中，落实到克服本领恐慌的辛勤磨炼中，落实到敢于担当、善于担当的反复锤炼中。各级干部要坚持发扬斗争精神、增强斗争本领，团结一致推动学校改革发展，为实现农业农村现代化做出应有的历史贡献。

作为党外知识分子，参加主题教育活动，我感到思想政治深受洗礼、深受教育。作为党外知识分子的一员，我要坚持中国共产党的领导，坚守合作初心、坚持携手前行。继续发扬党外知识分子“与党同心、爱国为民、精诚合作、敬业奉献”的光荣传统，以初心增进共识、以使命凝聚力量，为中华民族伟大复兴做出新时代党外知识分子新的贡献！

校长孙其信在鸡泽实验站成立揭牌仪式上的致辞

（2019 年 11 月 1 日）

尊敬的各位领导、各位专家、各位来宾、各位朋友：

非常感谢各位领导、专家、各位朋友出席今天中国农业大学与鸡泽县人民政府联合举办的实验站的成立仪式。首先，我代表中国农业大学，向今天中国农业大学与鸡泽县人民政府联合建设的鸡泽实验站正式揭牌成立表示热烈的祝贺！

中国农业大学与河北省有着天然的密不可分的联系，在中国农业大学的历史上，有很长一段时间就是在河北省办学。"文化大革命"期间，中国农业大学从北京下放到河北省保定市涿州，在那里有过 10 多年的办学历史。并且直到今天，中国农业大学在涿州市依然保有 2 万亩的实验和实习基地，可以说中国农业大学是伴随着河北农业乃至河北的经济社会一同发展进步的。解放初期，华北地区出现小麦锈病，中国农业大学的小麦育种团队在华北地区培育的第一批抗锈病小麦就在京津冀实现的。而且，早在那个时期中国农业大学就已经开始与河北省的相关科研机构联合开展小麦育种，培育出了具有很强竞争力的华北号系列小麦。新中国成立后不久，特别是从 70 年代开始，我们在河北省邯郸市曲周县开展了盐碱地治理连续 20 多年的科研攻关。今年 5 月底，党中央决定由中宣部组织全国各大媒体对中国农业大学扎根河北以改土治碱为代表的服务乡村振兴的典型事迹进行了广泛、深度的宣传报道。除此之外，中国农业大学教授、专家的脚步几乎踏遍了河北省的每一个地市、每一个县。从北边的张家口到最南边的邯郸，可以说中国农业大学与河北省建立了天然的联系、结下了深厚的情谊。

新时代，在过往深入合作的基础上，中国农业大学在鸡泽设立这样一个实验站，它的背景是什么？目标是什么？机制是什么？今天我想借这个机会与各位交流一下我的想法。

习近平总书记反复强调，中国的现代化离不开农业农村的现代化，农业农村现代化关键在科技、在人才。党的十九大确定了未来实现农业农村现代化的总抓手，就是实施乡村振兴战略。这是党中央在中国特色社会主义进入新时代，面对国际国内发展的新形势、新要求，做出的重大战略部署。中国的农业发展到今天，已经解决了农产品数量供给不足的历史性问题，这个是我们必须要考虑的时代大背景。相信在座的很多同志都经历过用粮票吃饭的时代，那时候农产品数量严重不足，老百姓吃不饱肚子。所以，新中国成立后的前 40 年，中国农业发展的目标就是填饱老百姓的肚子，加快数量增长型的农业发展。但是，经过新中国 70 年的发展，特别是改革开放 40 多年来，尤其是党的十八大以来，中国农业的发展、农业的市场供求关系、农业发展的根本动力，都在发生着一系列的重大变革。

第一，中国农业的供给已经转变为更高质量满足广大人民多样化健康需求的根本属性。所以，在这样一个广大人民对食品、健康、营养高度需求的时代，农业的发展方式、发展目标就必须转向以在保数量的基础上实现以特色、健康、功能为标准的更大发展潜力。

我曾在多个场合讲过，中国的农业发展正在实现一个由吃得饱到吃得好到吃得健康再到吃出健康的升级过程。我理解，吃饱的农业就是数量发展；吃好的农业就是发展绿色食品、有机食品；吃得健康，就是要确保食品安全；吃出健康，就是要通过营养价值的改造、食物结构的调整，让中国人民吃的更加健康，摆脱对于常见病的药物依赖。

第二，乡村振兴要实现农民的生活富裕，就是要让钱袋子鼓起来。过去，大家认为农业是低附加值的产业，但是随着现代科技的不断进步，农业已经进入一个科技含量高、产品附加值增长空间大、满足人类多样化需求的新时代。所以，我国的农业已经进入了一个以科技进步带动转型升级，大幅增加农民收入的发展阶段。推动乡村振兴、实现农业农村现代化必须让广大农民过上富裕的生活。

第三，农业发展潜力巨大。中国已经成为世界第二大经济体，农业产值占 GDP 份额已经不到 8%，大家说农业已经没有潜力了。但事实上，以农业为原材料的农产品加工业的总的产值已经超过了电子信息产业和装备制造产业。据统计，农产品加工产业产值已经占到我国 GDP 总量的 20%以上。并且，随着未来农业科技的不断进步，随着中国人的健康需求不断升级，未来以农业和农产品加工业带动的健康保健产业具有十分巨大的发展潜力。

那么，在农业农村现代化这样的一种大背景下，中国农业大学今天在鸡泽实验站要实现的目标，必然要区别于 45 年前在曲周做的事情。进入新时代，农业的发展目标和发展路径已经发生重大变化，我们必须要深刻遵循新时代农业发展的内在规律和社会需求打造新型的合作模式、合作机制。这就要求我们要以实验站作为依托，打造科技成果的培育基地。以科技合作为引领，带动鸡泽特色农产品群为代表的功能性农产品行业的发展；以优质特色农产品开发为牵引，带动一批优质龙头企业的发展壮大；以高端、绿色、健康、营养的农产品品牌建设带动农业转型升级、提质增效。

这就是今天中国农业大学服务国家战略、推动乡村振兴的时代使命，也是服务地方发展、助力鸡泽经济社会建设义不容辞的责任。今年 4 月，胡春华副总理来中国农业大学视察，对学校加强服务农业农村现代化提出了重要指示。在学校正在深入开展“不忘初心、牢记使命”主题教育的重要时期，进一步加强鸡泽实验站建设，就是中国农业大学在新时代为人民谋幸福、为民族谋复兴的使命担当。我们要全力以赴把鸡泽实验站打造成为集合人才、科技、体制、模式创新，推进产学研深度融合，助力农业农村现代化、推动乡村全面振兴、服务地方经济社会发展的农大样板！

最后，再次感谢河北省委省政府、邯郸市委市政府、鸡泽县委县政府长期以来对中国农业大学的支持和帮助，希望今后继续得到省政府特别是省农业厅的关注，也继续期待邯郸市委市政府对实验站的关心和支持，当然更希望鸡泽县委县政府一如既往加大支持力度。让我们共同努力，把鸡泽实验站建设好、发展好，为推动乡村全面振兴做出我们新的历史贡献！

谢谢大家！

校长孙其信在与吴桥签署乡村振兴合作协议仪式上的致辞

（2019 年 11 月 1 日）

尊敬的各位领导、各位同志：

首先感谢各位领导对中国农业大学发展建设给予的关心和支持，尤其要感谢今天梁市长专程从沧州赶到吴桥，出席我们的签约仪式。同时也要特别感谢吴桥县委县政府为推动双方合作协议的签署付出的努力！

吴桥在中国农业大学的发展历史上可以说具有十分重要的地位。为什么这么讲？我们作为一所农业大学，衡量一所农业大学是不是一流，就是要看它有没有为服务国家重大需求、推动地方经济社会发展做出应有的贡献。建站 36 年来，伴随着农业的不断进步，吴桥实验站也做出了具有历史意义的重要贡献。吴桥实验站是北方第一个吨粮田基地，实现了由南粮北调向北粮南调的重大转变，在解决全国人民吃饱肚子的历史问题上，吴桥做出了不可替代的历史贡献。

随着吨粮田技术日益成熟和广泛推广，中国农业大学的教授们也已经很早就注意到提高资源利用效率，开发节水生产技术，推出了一系列的节水生产模式，推动农业发展的转型升级。后来，随着化肥投入的不断增加，我们又进一步创新了减肥技术。所以说中国农业大学在吴桥开展的一系列科研攻关，对推动吴桥乃至河北省农业发展都做出了重要贡献。当年，吴桥县科委副主任担任吴桥实验站的常务副站长，长期参与实验站的科研工作，并且一起获得了国家奖。吴桥实验站的建设，很大程度上得益于吴桥县的大力支持。

经过 30 年的发展，双方共同取得了丰硕的成果，建立了坚固的合作基础。进入新时代，我们的合作也必须实现与时俱进，创新发展。党的十九大提出实施乡村振兴战略，核心就是实现产业兴旺。如何更加全面、准确理解产业兴旺？我认为首先要明确在不同的发展阶段，产业发展的路径、方式、目标。

在中国粮食产量不足以满足广大人民对填饱肚子基本要求的时期，产业兴旺的核心任务是生产粮食。但是，随着农业农村现代化进程的不断加快，产业兴旺的目标就不再仅仅是不断提高粮食产量。所以，第一，我们要明确兴旺什么产业；第二，兴旺产业的目的，就是要增加农民收入，带动地方经济发展；第三，如何兴旺产业？我认为核心是依靠科技进步。但是，科技推动产业兴旺不是一个自发的过程，这就是我要讲的第二点，必须要依靠机制创新。产业兴旺在依靠科技的同时，必须要朝着新型经济的方向发展，必须要依靠新行业、新产品、新企业的培育来带动经济增长。

新时代，中国农业大学与吴桥县共同写好服务乡村振兴战略的新篇章，首先我们一定要继续巩固双方几十年合作建立起来的服务国家战略、推动乡村振兴的坚实基础，要进一步做好、做强、做优。对标新时代、新形势，我们更要围绕产业兴旺的新要求，聚焦沧州市特别是吴桥县的新兴产业发展布局，实现新的突破。

刚才梁市长提到，农业作为一种观光旅游业，特别是结合吴桥杂技文化产业具有十分巨大的发展空间。要把这个产业做大做强，就需要我们精心谋划、创新机制。今天，我们签署了合作协议，中国农业大学就会认真履行协议的各项工作要求，自愿担负起服务乡村振兴，推动地方特色产业发展的责任。要做好产业振兴进而推动乡村全面振兴，在此我也想跟各位交流几点想法：

第一，要更加重视科技创新。中国发展到今天，无论在哪个领域，科技创新驱动发展都是不可或缺的。在我们原有合作的扎实基础上，我们必须要更加重视科技创新，引入更多科技资源，真正实现科技驱动产业发展。

第二，要建立新型合作机制。我为什么特别强调要创建一种新型的合作机制？科技是第一生产力，但是科技创新驱动发展不是一个自动的过程。没有完善的体制机制保障，科技不可能自动转化成果。就拿吴桥来说，吨粮田技术在吴桥取得了重大发展，但是如果没有地方政府大力的推广，这样的成果也不可能实现。所以，新时代的新机制是什么概念？新机制必须要推动科技资源、政府资源、市场资源实现深度融合。我们推动产业兴旺的目的是要带动一个行业的发展，带动一系列新产品的开发，最终实现带动地方经济发展。我们必须把产学研融合的机制创新作为下一步合作的重中之重。中国农业大学在这方面已经做了很有成效的实践，我们在江苏建立了一种产业研究院模式的探索，简单地讲就是让地方政府搭台，学校发挥人才和科技创新优势，吸引具有行业竞争力的企业实质性介入。聚焦企业的技术需求，平台开展定向研发，企业快速实现成果转化。我认为这是未来我们开展合作机制创新方面一个非常有意义的参考和借鉴。

第三，要明确新的发展目标和发展方向。经济社会发展快速变革，区域发展的目标和定位必须要有新的调整和布局。我们双方也要更加精确地找准合作的聚焦点和发力点。36年前，为了服务国家战略、保障粮食安全，我们在吨粮田成果上的突破就是一个精准的结合点和着力点。进入新时代，我们深化合作的结合点在哪？这需要双方进一步研究、发掘、创新。

最后，我们也希望沧州、吴桥各级政府在政策、条件、保障上能够给予更大力度的支持，吸引更多科技、人才等资源，为我们在新时代的合作提供更加强大的动力。中国农业大学也责无旁贷，全力深化合作，实现学校人才培养、科技创新高质量支撑吴桥产业兴旺、推动乡村全面振兴的双赢局面。我们有信心、有决心在新时代推动双方合作取得更大成绩，实现更大发展。让我们共同努力！

谢谢大家！

校长孙其信在国家重点研发计划项目自主检查推进会上的讲话

（2019年11月29日）

尊敬的小明主任、雄年主任，各位领导，各位农业院校以及兄弟单位来的同人：

今天是一次非常特殊的会议，也是我们国家科研管理体制改革以后，对高校在新形势下如何做好项目的组织管理和实施进行的一次探索。首先，我代表学校向科技部农村中心、农业农村部科技发展中心的领导长期以来对学校的关心支持表示感谢。特别感谢小明主任和雄年主任专程抽出时间来出席会议，后面两位都要做重要的讲话和指示，这对我们兄弟高校项目法人单位的科技项目组织和实施管理，具有非常重要的意义。下面我先谈三个方面的想法：

一、如何理解项目单位法人制度

今天的会议是中国农业大学履行项目单位法人制的一个重要环节，我印象中在“十二五”期间就开始探讨实施项目单位法人制。转基因重大专项是国家在上一个五年规划里确定的农业领域唯一的重大项目，预计投资超过100个亿。当时，由项目组织实施部门首先确定每一个项目的牵头单位，牵头单位根据组织实施部门提出的建议方案组织队伍。也就是说项目由谁来主持，是由项目所在的指定法人单位牵头确定的。项目的组织实施也由项目法人单位负责进行牵头，当时我作为分管科研工作的副校长，跟项目各级负责人一同参与了项目的推进工作，可以说是在重大专项中探索性地实施了项目单位法人制。

“十三五”期间国家科技管理体制进行了重大改革，设立启动了重点研发计划。重点研发计划相关的管理实施办法进一步地明确和制度化了项目单位法人制的一系列要求。所以，在这样的背景下，学校作为一级法人对承担的国家各类科技项目的组织实施，对项目的组织、实施、检查、绩效都负有全部的责任。所以，各位项目负责人要深刻理解项目单位法人责任的重大意义，也就是说学校的科技管理部门对上至项目负责人，下至项目的实施过程、财务制度、项目执行、项目完成绩效以及项目组织下设的所有课题，都具有法人单位的重大责任。这一方面体现了科研管理制度改革的一个重大方向，就是进一步明确项目单位法人的责任，也进一步强化了我们各项目负责人的责任和义务。另一方面，项目负责人要从项目实施的业务方面进行全面把控，同时必须接受学校的科研管理部门的监督管理，因为我们是一个利益共同体，更是一个责任共同体。所以，在“十三五”时期推行项目单位法人制这样一个重大变革，也是加快推进国家治理能力、治理体系现代化的一个重要标志。

二、中国农业大学“十三五”以来承担项目的基本情况

截至目前，我们学校在“十三五”期间，作为项目牵头单位承担了重点研发计划项目的29项，总经费8.97亿元，在农业高校位居第一，在全国高校也处于前列。学校作为课题承担单位，主持课题178项，总经费达到9.47亿元。可以说，在上级部门的支持下，在大家的共同努力下，中国农业大学在承担项目的数量、规模、质量方面都处在历史最好时期，当然任务也十分艰巨。过去，我们可能只看到了经费数量多带来的发展机遇，但今天我们必须要更加充分地意识到项目多、经费多同样也意味着责任更大、任务更重。新时期，希望我们中国农业大学在承担国家重点研发计划上取得新的突破，学校会全力以赴支持和保障各位老师积极争取申请主持和参加国家重点研发计划项目工作。

三、中国农业大学“十三五”以来落实项目单位主体责任情况

实行各级项目单位法人制以后，对高校是一个新型挑战。如何履行好法人责任，我们也在不断学习。学校按照国家科技项目相关政策管理规定，在“十三五”期间进行了管理体制和工作机制方面的改革创新。

一是完善科研管理部门内部机构设置。根据“十三五”科技管理工作的需要，我们设立了科研项目处重点研发部。一方面，主管处长和科长对国家重点研发计划项目进行专门管理，确保项目从申报、实施、结题全程参与。所以，今天请项目负责人参加会议，让大家知道学校有专门的责任部门全程参与协助大家进行项目实施。另一方面，也是代表学校对项目的实施进行监督和管理。同时，学校还设立了基金管理部，对国家自然科学基金的一些重大项目做好妥善安排。

二是优化科研管理的服务流程。一方面，我们要加强监督、加强管理，同时也要更高质量地做好服务保障。学校对重点研发计划急需采购的项目，采取特事特办、随到随办的机制，对单项和批量金额小于100万元的采购项目，采购人可采用3家比价方式确定供应商，并在学校采购系统中备案即可购买。过去，科研设备采购是老大难问题，学校根据中央“放管服”改革要求，对100万元以下的采购项目流程进行了简化和整改。对于单项和批量100万～200万元的项目，采购人可以书面推荐3家供应商，采取委托招标代理，采用竞价方式进行采购。同时，我们修订了科研经费管理办法对科研经费常规性支出的审批程序，取消了实验审批环节，对预算调整、绩效发放等流程进行了优化。我们还修订了差旅费管理办法，明确规定二级教授及50岁以上的正高级专业技术人员可以乘坐飞机公务舱。我们还修订了会议费管理办法，举办国内学术会议确因会议实际需要综合定额标准可调至每人每天750元。这一系列的改革举措都是我们做好保障和服务的实际行动。

三是加快科技成果转化。我们制定了科技成果转化办法，改进了科技成果转化资金管理收益方式。北京市人大改进了加快科技成果转化的办法，其中成果转化个人收益最高可达到70%的举措受到媒体高度关注。其实，中国农业大学几年前就已经将成果转化个人收益比例提高到70%，进一步促进科技成果转化。同时，我们修订了横向科研项目经费管理办法，规定横向项目的绩效费用不设比例限制，充分调动科技人员的积极性。我们还赋予项目负责人更大的人、财、物的支配权，设立专项风险基金，以鼓励教师承担更多的重大横向项目，解决重大产业需求。

四是探索破除“五唯”的一系列举措。改进人才、科学评价机制，这点我就不展开讲。此外，以主题教育整改为契机，学校正在加快推进一站式服务大厅建设，为广大师生办理相关业务提供一站式服务。同时，我们还修订科研重点岗位管理办法、科研项目经费信息公开办法、因公出国出境管理办法等一系列制度，都是学校落实项目单位法人制、落实中央“放管服”精神的具体举措。

我们开展这些工作说到底都是为了更好地发挥科技在创新型国家建设过程中的重要作用，我们国家的各类科技竞争力在国际范围都处在显著提升阶段。但是，我们必须承认，科技促进经济社会变革在我们这样一个快速发展的国家，依然存在亟待解破的重大难题。所以，我想强调，承担国家重大项目更加重要的责任是要更高水平服务好创新

型国家建设这样一个重大使命。

上个月我在科技部参加了一次国家中长期科技发展战略的座谈会，我们在新时期组织举国体制的科技攻关，面临着许多新的形势、新的挑战和新的困难。大家很怀念50年代“两弹一星”攻关，国家在资金相当困难的情况下，依靠党的领导，依靠科技工作者无我的奉献精神，实现了“两弹一星”的历史性突破。新时代，我们加快创新型国家建设更需要科学家的奉献精神。我们今天召开这样一个重点研发计划项目自主检查推进会，我希望各位专家、教授能够深刻认识到，我们承担项目并不是简简单单为了获取资金、完成任务。我们要以高度的责任感和使命感，把开展好研究、实施好项目上升到服务国家战略、加快推动创新型国家建设的高度重视起来。

应该说项目实施以来，我们还是取得了一些很好的进展。但是大家要深刻意识到，“十三五”以来，国家科技计划集中到重点研发项目，我们的任务如果不能高质量完成，产出标志性成果，受损的将不仅仅是个人利益、学校利益，而是国家利益、民族利益。比如，我们的个别项目还存在经费执行进度偏低、项目推进缓慢的问题，还存在个别课题承担单位调整、项目执行真空情况，科技部、农业农村部对项目进行了抽检，就出现了项目负责人真空的情况。中国农业大学现在还没有出现此类问题，但是我郑重提醒现在承担国家项目的各位同志，这是一项重大政治责任，单个项目出现问题影响的可能是整个国家在相关领域的攻关和布局。

此外，还存在有些项目执行过程中因参与单位经营不善出现倒闭的情况而影响到项目后续经费支出严重不合理的现象，今天我们审计处的同志也来参加会议，帮助大家在财务方面做好相关检查工作。现在，我们的财务管理比10年前已经有了很大进步，加强财务管理和监督也是本次自主检查的重要内容。

最后，再次感谢小明主任和雄年主任参加今天的会议，也希望我们各位项目负责人能够充分发扬为国奉献的科学家精神，切实履行责任，确保项目高质量实施，产出高质量成果！

谢谢大家！

加强智库和联盟平台建设引领中非农业科技教育新合作

——校长孙其信在首届中非农业合作论坛上的发言

（2019年12月9日）

尊敬的韩长赋部长、尊敬的非洲各国农业部长，

各位嘉宾、女士们、先生们：

非常高兴在国家南繁育种基地所在城市海南三亚参加首届中非农业合作论坛，在此与非洲各国以及关心中非农业合作的新老朋友们相聚，讨论中非农业合作的未来。

中国在积极推进“一带一路”合作共建的同时全面参与联合国提出的南南合作，习近

平主席 2015 年在联合国总部出席并主持南南合作圆桌会时宣布，中国为帮助发展中国家发展经济和改善民生，未来 5 年将向发展中国家提供“6 个 100”项目支持，6 个项目中 4 个都与农业与农村相关，包括 100 个减贫项目，100 个农业合作项目，100 个生态保护和应对气候变化项目，100 所学校和职业培训中心。

自 2000—2018 年 7 届中非合作论坛先后召开，2018 年中非合作论坛北京峰会举行圆桌会议，习近平主席主持发布了《中非合作论坛——北京行动计划(2019—2021 年)》，其中涉及中非农业、粮食安全与食品安全、教育与人力资源开发、减贫经验交流、科技合作与知识共享、生态保护和应对气候变化等内容。《中非合作论坛——北京行动计划(2019—2021 年)》为未来中非农业科技教育合作指明了方向。

首届中非农业合作论坛的召开，是中非农业合作平台全面搭建并开始发挥作用的重要里程碑，借助这个农业合作大平台，有力推进了包括中非农业科技教育领域平台合作的搭建和工作开展。

作为世界农业学科顶尖院校，中国农业大学肩负着一流的农业科学研究、一流农业人才培养、服务中国乡村振兴和推动世界农业发展的使命，推进中非农业科技教育合作，是中国农业大学和中国 40 多所农业大学国际化发展的重要工作内容，是中国农业教育科技系统促进非洲的农业发展的主力军。人才培养方面，中国农业大学与国内农业院校一起，在教育部、农业农村部、商务部、世界银行、联合国南南合作办公室、联合国粮农组织、国际农发基金、盖茨基金会等支持下，每年招收数千名非洲学生和农业科技人员来华学习培训，并开展了广泛的农业科技合作，为促进中非农业合作做出不懈的努力。

在合作平台建设方面，中国农业大学与西北农林科技大学于 2017 年共同发起成立了中国南南农业合作学院，2018 年成立了国内 40 所农业院校和沿线 30 所农业院校参加的“‘一带一路’/南南合作农业教育科技创新联盟”，搭建了“智库＋联盟”的平台合作体系。

中国农业大学南南农业合作学院自成立以来积极投入国内外中非农业合作。2018 年中非合作论坛峰会期间，学院发布了非洲农业发展潜力报告，得到高度关注。2018 年，学院与联合国南南合作办公室在纽约联合国总部共同发布了南南合作的智库报告，是国内高校与联合国系统共同发布的第一个南南合作的智库报告。2019 年，学院在阿根廷第二届联合国南南合作高级别会议暨《布宜诺斯艾利斯行动计划》40 周年(BAPA＋40)边会上发布了《中国对南南合作的贡献：案例与启示》(*China's Contribution to South-South Cooperation Cases Studies and Implications*)报告。学院还为在中非合作论坛峰会期间召开的中非减贫论坛提供了背景报告，完成了中国联合国粮农组织、中国南南农业合作基金的评估工作。

2018 年，中国农业大学领导组建的“南南合作农业教育科技创新联盟”包括 7 所非洲国家的涉农院校。联盟成立两年来，在发展中国家建设了 12 个科技教育合作中心，联盟 9 所院校组团参加了第二届联合国南南合作高级别会议暨《布宜诺斯艾利斯行动计划》40 周年大会。今年 10 月在第二届联盟大会上，联盟与拥有 121 个非洲大学成员的非洲区域大学组织“非洲区域大学农业能力建设论坛 ”签署合作意向书，建立了科技和教育平台对接关系，并开始着手筹备共建项目。

中国农业大学在组织联盟平台建设方面还非常注重务实开展中非科技和教育合作，不断推进项目落地非洲，此次大会中国农业大学将组织2个项目通过多个院校合作平台。

中国南南农业合作学院将组织国内3所院校与坦桑尼亚苏库因大学签署合作意向书，共建“小技术，大丰收”(*Simple Technology*,*Big Harvest*)项目。该项目是中国农业大学从2011年开始在坦桑尼亚莫罗戈罗省开展玉米密植技术增产项目，经过10多年的努力，让劳动力密集型的玉米增产技术扩大到上千个农户和上千英亩农田，解决了当地农民的粮食安全问题，让中国农业发展经验在非洲大地落地生根。此项目得到了联合国南南合作办公室和联合国粮农组织的高度肯定，未来我们将通过更多中非农业高校合作的方式，将此项目推广到坦桑尼亚和非洲其他地区。

此次大会另外一个平台合作项目是“南南合作农业教育科技创新联盟”将与“非洲区域大学农业能力建设论坛”签署协议，共建“中非科技小院”项目。“中非科技小院”项目是中国农业大学国内“科技小院”项目的中非合作升级版，是中国农业高层次人才培养与社会服务成功经验应用于中非合作的模式创新。项目面向非洲招收专业硕士来华留学生，学制3年，采用“1+1+1”人才培养模式，第一年在中国高校学习农业理论课程和大田操作技能；第二年去非洲本国开展实践研究和技术推广，解决非洲当地农业生产实际问题；第三年二次到中国高校完成后续研究、技术提升和论文答辩。此项目今年已经启动，得到了中国教育部、农业农村部、国家留学基金委和世界银行的大力支持，今年在非洲7个国家招生34人，明年将扩大到60人以上，项目未来将辐射到全部非洲国家。

女士们，先生们，中国农业大学在过去的100多年里，不但为中国的农业发展和乡村振兴做出了显著的贡献，而且正以高度的政治责任感和使命感投身于中非农业科技和教育合作之中，我们将努力为中非农业科技教育合作贡献更大力量。祝愿首届中非农业论坛取得丰硕成果！

谢谢大家！

让梦想绽放在中国农业大学这片干事创业的沃土上

——校长孙其信在第三届大禹青年学者论坛上的讲话

（2019年12月26日）

各位朋友、各位学者：

大家好！

首先，我代表学校对来自海内外的63位学者出席中国农业大学第三届大禹青年学者论坛表示热烈的欢迎！

大禹青年学者论坛是学校落实“人才强校”发展战略的重要举措，更是一次智慧的碰撞交流，一场学术的饕餮盛宴。论坛将围绕“建设世界一流大学和一流学科”发展目标，聚焦国际学术前沿，面向海内外汇聚一批学术水平扎实、发展潜力巨大的优秀青年人才，通过学术交流和深度研讨，增进对中国农业大学发展战略、学科建设、科学研究的深入理解。同时，我们向全球青年学者抛出橄榄枝，盛情诚邀各位加入中国农业大学大家庭，服务国家重大战略，实现干事创业梦想。下面我与大家分享三个方面的体会：

一、"世界百年未有之大变局"

习近平总书记多次强调"我们面对的是百年未有之大变局"。党的十九大报告提出："世界正处于大发展、大变革、大调整时期"。正确理解和把握这个"大变局"，有助于我们在世界大变局之下抓住中国发展的重要机遇，更好应对中国面临的风险与挑战。我认为，"世界百年未有之大变局"的"百年"不仅仅局限于100年，可能时间更长。自从工业文明以来，18世纪到21世纪初，这300多年来的最大特征是西方资本主义在全球占据了绝对的优势地位。尤其是"一战"结束后的《凡尔赛条约》确立了大国瓜分小国的国际格局，"二战"后形成的"雅尔塔体系"确立了美苏争霸的国际格局。但是，随着中国改革开放和近年来新兴发展中国家的强势崛起，世界格局正在发生前所未有的变化。

(一)历史视野中的百年变局

世界一直处于不断变化的历史长河之中。过去100年人类经历太多的苦难，仅世界大战就爆发了两次，还有冷战、伊斯兰和基督教之间的文明冲突。我们要更加深刻认识这样的重大变化，正如习近平总书记所说："我国处于近代以来最好的发展时期，世界处于百年未有之大变局，两者同步交织、相互激荡。"

世界经济格局的"大变革"。上溯百年历史，世界经济重心很长一段时间在北大西洋两岸，西欧诸国和北美成为全球经济的重要支柱。从英国开始工业革命到20世纪初，如果按东、西方划分，西方国家工业品占世界的60%。到20世纪90年代，西方国家工业品占到了世界的90%。所以，过去100年，甚至过去300年的世界经济发展格局就是西方国家主导的局面。但是，自从中国实行改革开放特别是成功加入WTO以后，中国经济超越日本一跃成为世界第二大经济体。今天，按照美元计算，中国的经济总量是日本的2倍以上，接近美国的2/3。世界银行公布的数据显示，新兴国家经济增长对于全球经济增长的贡献份额持续增加，尤其是中国贡献了世界经济总量的1/3，再加上印度、巴西、俄罗斯与南非等国，新兴国家对世界经济增长贡献份额将超过50%。所以，"世界百年未有之大变局"使全球经济版图更加均衡、国际力量对比发生近代以来最具革命性的积极变化。

国际权力结构的"大变革"。随着综合国力的不断提升，中国在国际事务上的影响力与日俱增，世界政治格局发生了微妙变化。美国总统特朗普提出的美国优先战略，试图改变第二次世界大战以来的政治局面，世界治理格局出现了一系列重大挑战。联合国作为当今维护世界发展与和平的最高机构，几十年来在曲折的道路上成长壮大，为人类的和平与繁荣做出了重要贡献，尤其在实现全球非殖民化、维护世界和平安全、促进社会经济发展等方面取得了令人瞩目的成就。然而，20世纪末以来，由于各种因素的不断干扰，联合国的地位受到严重挑战，单边主义在某些西方大国盛行。与此同时，WTO倡导的全球经济一体化和多边主义贸易也受到了严峻的挑战，我们国家提出的"一带一路"倡议，也让西方大国产生焦虑和不安。世界百年未有之大变局，单极"梦想"日渐遥远，中国、俄罗斯、欧盟、印度等已成为重要的多极力量。

席卷全球的科技"大变革"。科技创新既是百年变局的基本内容，也是推动百年变局的重要力量。21世纪以来，全球科技创新进入空前密集活跃时期，新一轮科技革命和产业变革正在重构全球创新版图，也在深刻影响着未来新经济的发展。欧盟发布的一项报告显示，中国研发总投入资金和中国在世界级刊物上发表的论文数均超过了欧盟，中国每年授予的工程师学位以及工程领域的毕业生已经位居世界第一。我国近些年通过不断加大研发资金投入,改善科技创新环境,在若干传统技术领域以及若干新兴前沿领域已经处在领跑位置,个别领域进入领跑阶段。所以,“世界百年未有之大变局”是科技创新引领世界经济发展的新时代,中国、印度等新兴国家表现抢眼,正全力向科技变革的第一方阵进发。

宗教人口发展的“大变革”。人口是国家的关键性战略能力,也是国家战略能力的前提和基础。据学者研究,如果以信仰基督教和信仰伊斯兰教的人口比例来分析,信仰基督教人口虽然仍占绝对地位,但实际人口比例呈现持续下降趋势。以英国为例,这个“老牌帝国主义强国”、西方近现代文明的发祥地之一,到 2050 年信仰基督教人口将不再占据多数。从全球来看,到 21 世纪末伊斯兰教将成为世界信仰人口最多的宗教。这种宗教信仰格局的变化,将对未来世界演变产生巨大影响。

(二)变局蕴含着机遇和挑战

习近平总书记指出:“当今世界正面临百年未有之大变局。对广大新兴市场国家和发展中国家而言,这个世界既充满机遇,也存在挑战。”百年变局本质是世界经济秩序和治理体系的深刻调整,危与机同生并存。我们迎来了大变局带来前所未有的机遇,也必然面临不容忽视的挑战和考验。

世界变局中蕴含着艰难挑战。在以中国为代表的新兴国家经济快速发展的同时,世界发展的挑战也与日俱增。发达国家与新兴国家之间的竞争加剧,这就是我们今天看到的以美国和西方为首的经济体对中国发展实施全方位打压的原因。与此同时,今年中国的 GDP 增长率预计将超过 6%,而印度在经过几年的高速增长后,今年则出现了下滑。世界货币基金组织已向印度提出警告,因为中国和印度两大经济体对世界经济增长具有十分重要的支撑作用。如果印度经济出现断崖式下滑,世界经济增长将会面临巨大挑战和压力。在这一背景下,中国的发展与崛起必将与发达国家产生全方位的竞争。

世界变局中蕴含着中国机遇。以习近平总书记为核心的党中央在中国特色社会主义进入新时代后,主动谋划布局,应对全球变化,这在中华民族发展史上成为具有重大历史意义的特殊时期。今天在座的各位学者,你们生活在这样一个时代,是一个大有作为的崭新时代。面对复杂的形势、严峻的挑战,你们应当抓住机遇,推动百年变局向有利方向发展,为实现“两个一百年”奋斗目标营造良好的外部环境,做出更大的贡献。

二、“中国农业农村现代化”

中华民族是一个伟大的民族,因为我们有着悠久的历史和灿烂的文化,更为重要的是中华民族在历史上曾经辉煌强盛,屹立于世界的核心地位。

(一)辉煌强盛的中华民族

根据英国学者麦迪逊的计算,中国的 GDP 历史上始终处在世界发展的前列。即便在鸦片战争爆发前的 1820 年,中国的经济总量依旧可以占到世界的 30%左右。然而,1840 年的一声炮响,一个长期领先的经济强国陡然变成工业落后的弱国,成为一个任由西方列强蹂躏摆布的半殖民地半封建国家,到 1949 年中国 GDP 占世界的份额不到 5%。所以,新中国的成立是一个伟大的里程碑,更是中华五千年历史中一个伟大的里程碑。

(二)走近世界舞台中央

中国共产党成立以来,带领全国人民把一个极度贫弱的旧中国逐步建设成为富强民主的社会主义国家。1978年改革开放前,中国经济占世界的份额只有1.8%。经过40年的发展,到2018年中国的经济占世界的份额又恢复到16%以上。同时,中国已成为世界第二大经济体、制造业第一大国、货物贸易第一大国、商品消费第二大国、外资流入第二大国,外汇储备连续多年位居世界第一。党的十九大报告中提出到2035年要初步建成中国特色社会主义现代化强国,到2050年要迈入世界现代化强国的前列,这是中国新的"两步走"战略的伟大目标。

(三)为实现农业农村现代化矢志奋斗

新中国成立以来,党和国家始终把解决好"三农"问题作为各项工作的重中之重,农业、农村发生了翻天覆地的巨大变化。但是,即使今天中国的人均GDP已经接近1万美元,我们仍然有50%多的人口生活在农村地区。按照城镇常住人口比例计算,保守估计也还有近40%的人口生活在农村。即便是在城镇常住人口中,也还有相当多的农村人口。所以,习近平总书记反复强调:"没有农业农村的现代化,就没有中国的现代化。"作为一所农业大学,我们必须肩负起在实现中国现代化过程中支撑和服务农业农村现代化的伟大历史使命。

2020年是脱贫攻坚的决胜之年。新中国成立以来,特别是1978年改革开放以来,按照党中央的战略部署,7亿多农村贫困人口摆脱贫困。2020年,决胜脱贫攻坚将进入攻克最后堡垒的关键征程,确保现行标准下农村贫困人口全部实现脱贫,确保贫困县全部摘帽,解决区域性整体贫困,这在世界历史和中国社会发展史上都是一次极其重要的历史变革。

2020年是邓小平同志提出的第一个百年奋斗目标的决胜之年。实现全面建成小康社会,既符合中国发展实际,也深得人民群众的认同和支持。到2020年实现全面建成小康社会的奋斗目标,这是我们党向人民、向历史做出的庄严承诺。这个宏伟目标,是实现"两个一百年"奋斗目标的基础,是中华民族伟大复兴征程上的又一座重要里程碑。当今世界没有任何一个国家能够实现让14亿人口达到小康全覆盖,这是中华民族发展史上具有独特历史标志的一项重大成就,中国农业大学在这样的伟大历史中也必须要实现更大的担当作为。

三、"干事创业的沃土"

在世界百年未有之大变局中,在实现中华民族现代化征程中,中国农业大学作为农业院校排头兵,目前已经迈入世界一流农业大学行列,但我们依然需要担负起重大的责任和使命。

(一)这里是新中国农业高等教育起源地

清光绪三十一年(1905),作为京师大学堂8个分科大学之一的农科大学开始筹建,这是中国农业大学的最早源头。京师大学堂改称北京大学后的1914年,农科大学改组为国立北京农业专门学校,成为当时北京地区著名的国立八校之一。1949年新中国成立前夕,当时的北平中央临时政府决定把北大农学院、清华农学院和来自延安的华北大学农学院合并组建了北京农业大学,所以说我们是与共和国一同成长起来的具有红色基因的学校。此后，中国农业大学不仅在传承文明、弘扬学术方面成就斐然、影响深广，哺育了一批优秀的爱国者、革命者，他们在爱国民主运动和革命事业中，坚持以国家利益为重，为民族昌盛而奋斗。同时，中国农业大学还造就了一大批教师、学者和专家，他们脚踏实地、埋头苦干，为祖国文化教育和科学事业付出了辛勤的劳动。

(二)这里谱写了一曲曲科学报国的乐章

新中国成立后，中国农业大学开启了新中国农业高等教育先河，戴芳澜、俞大绂、林传光、沈其益、周明牂、陆近仁、李连捷、黄瑞纶、娄成后、熊大仕等一大批学术大师，带领农大人积极投身于新中国教书育人和科学研究的伟大事业中。特别是经过改革开放40年的发展，我们的农业科学已经迈入世界一流行列。在最新的世界大学相关排名中，中国农业大学的农业学科在*U.S.NEWS*(《美国新闻与世界报道》)中排到第2位。但是，我们不能仅仅满足于已进入世界一流农业大学行列这一目标，这是因为任何一个国家的发展都会因社会转型、经济转型、科技发展转型而被赋予新的使命。

(三)这里是人才成长和干事创业的沃土

2012年，时任国家副主席的习近平同志在视察中国农业大学时，给学校提出了中国特色、农业特色的一流大学的建设目标。建设一流大学，就是要扎根中国大地办一流大学，成为世界高等教育改革发展的参与者、推动者、引领者，这是中国农业大学未来几代人要持续奋斗的历史性目标。

未来十五年，中国农业大学将成为一所满足广大人民对更高质量教育要求的一流大学。按照新两步走战略，2035年我们将初步建成中国特色社会主义现代化强国，到那时中国将成为世界第一大经济体，中国将达到高收入国家的上等水平。如果按照中国今年的经济增长6%计算，2019年中国人均GDP将会达到1万美元。再过两三年，我们就很有可能跨过1.2万美元的“中等收入陷阱”，成为一个富强民主的社会主义强国。在这样一个国家，人民对优质高等教育的需求会更加迫切。事实上，我们现在建设的大学还不能称之为高含金量的一流大学。我认为判断一所学校是否一流的重要标志之一，就是全世界最优秀的人才是否愿意到这里来学习和工作。略显遗憾的是，现在中国的家长每年要花大笔的钱把孩子送到美国或者英国留学深造，我们不能否认西方国家的教育优势依然存在。所以，到2035年中国农业大学首先应该成为一所满足人民对更高质量教育需求的一流大学，成为一所汇聚并培养包括中国在内的世界各地优秀人才的一流大学。

未来十五年，中国农业大学将成为一所为农业农村现代化做出更加突出贡献的一流大学。建设中国特色的一流大学，首先应当为解决中国的发展问题做出标志性的贡献。在完成坚持立德树人培养社会主义建设者和接班人根本任务的基础上，要为国家发展和社会进步做出与学校历史地位相匹配的贡献。2035年，中国农业大学的优势学科实力要更加突出，国际声誉要大幅提升，要汇聚一批具有突出创新能力和发展潜力的学术团队，要建成拔尖创新人才培养体系，要产生一批具有重大影响的标志成果。同时还要培育一大批新兴学科，来有力支撑中国乃至世界农业发展和科技进步。

未来十五年，中国农业大学将成为一所为世界农业发展贡献中国智慧的一流大学。2035年，中国农业大学也要成为推动世界农业发展的佼佼者。二三十年前我们到海外访问，康奈尔大学、瓦赫宁根大学、慕尼黑大学都在研究非洲、研究亚洲、研究中国的发展。当时我们还非常不解，现在我们深刻意识到，作为一个有世界担当的国家，作为一所一流大学，必须要为解决世界农业发展、促进世界进步做出应有的贡献。

人才是富国之本、兴邦大计。国家发展靠人才，民族振兴靠人才。回顾新中国70年来中国农业大学师生强农兴农的奋斗历程，实践充分证明：人才兴则民族兴，人才强则国家强，人才是学校发展的脊梁。所以，我们从2017年开始，每年召开一次大禹青年学者论坛，向全世界敞开胸怀，吸引天下有识之士，为实现“解民生之多艰，育天下之英才”目标而不懈奋斗。诚挚邀请大家加入中国农业大学，这里是一片干事创业的沃土，这里是一番前所未有的广阔天地。因为我们有历史、有文化，有使命、有担当。这种文化融于每一个农大人的血液里，这种担当体现在每一个农大人的行动中。

历史的画卷总是在砥砺前行中铺展，精彩的华章总是在持续奋斗中书写。最近，我在新疆阿克苏会见了学校2015年毕业的一名学生孙梦晨，作为家里的独生女，她毅然决定大学毕业后到新疆工作。在4年的工作中，从村里干到乡里，从基层一步步努力。她对我说：“感谢母校培养了我，是母校一直在我们身后提供强大的支撑和动力。”她为自己作为一名新时代的青年学生，能够为西部地区的发展建设贡献自己的一份力量感到非常荣幸。这件事让我感触很深，我为中国农业大学培养出这样有责任感、有担当的学生感到自豪。70年来，我们培养了近15万优秀学子，他们砥砺强国之志、实践报国之行，将满怀忠诚倾注到实现伟大梦想的坚实步伐中。他们中有功绩卓著的知名院士，有砥砺奋进的全国劳模，有潜心科研的科学家，有投身国家经济发展的企业家，更有许多默默奉献的普通劳动者。他们怀揣满腔的爱国热情和社会责任感，投身到祖国建设的滚滚浪潮中，将自己的青春投入到祖国发展的伟大革命征程中。一所大学之所以有这么多杰出校友，我认为是因为中国农业大学拥有独特的大学文化。一所大学拥有不断传承的优秀文化，才能够在社会进步中永处前列、永不衰败。中国农业大学就是一所有着优秀文化的百年老校，这里有着百舸争流、成就梦想的广阔舞台，蕴含着青年人才创新创业的无限机遇，祝愿各位青年才俊的青春之花在中国农业大学绚丽绽放。

最后再次感谢各位学者！今天我们相会在北京，齐聚在中国农业大学，畅想你们的未来，畅谈我们的发展！让我们携起手来为实现国家的富强、民族的振兴，为把中国农业大学建设成为中国特色、农业特色的一流大学共同奋斗！

谢谢大家！

机构与干部

校级领导干部

党委书记	姜沛民
校长	孙其信
党委常务副书记	张东军
党委副书记、纪委书记	秦世成
党委副书记	宁秋娅、李培景(2019年7月任)
副校长	王　涛、龚元石、钱学军、辛　贤

管理服务机构负责人

党政办公室	主任	李培景(2019.09.24免)
		周旭峰(2019.09.24任)
党委巡察督导办公室	主任	李培景(2019.09.24免)
党委研究室	主任	赵竹村
党委组织部(党校)	部长	洪海燕
党委宣传部	部长	宁秋娅(兼)(2019.09.21任)
	常务副部长	王　勇
党委统战部	部长	张东军(兼)
	常务副部长	杨　志
纪委办公室(监察处)	主任(处长)	高立国(2019.10.11免)
		宋明志(2019.10.11任)
党委学生工作部(学生处、武装部)	部(处)长	张　银

党委研究生工作部	部长	郭　鑫(兼)
党委教师工作部	部长	江　丽
党委保卫部(保卫处)	部(处)长	黄清波
本科生院	院长	王　涛(兼)
	常务副院长	林万龙
教师教学发展中心	主任	谭豫之
研究生院	院长	辛　贤(兼)
	常务副院长	段留生(2019.09.17 免)
		郭　鑫(2019.09.17 任)
科学技术发展研究院	常务副院长	田见晖
发展规划处	处长	曲瑛德
人事处	处长	隋　熠
社保中心	主任	徐启飞
人才工作办公室	主任	刘竹青
财务处(会计核算中心)	处长	张树彦
审计处	处长	刘　罡
国有资产管理处	处长	果雅静
国际合作与交流处(港澳台办公室)	处长	冯伟哲
社会服务处(新农村发展研究院)	处长	杜金昆
就业创业办公室	主任	郭立群
信息化办公室	主任	陈　昕
实验室管理处	处长	马国玉
后勤基建党委	书记	杜学振(2019.09.24 免)
		袁　强(2019.09.24 任)
后勤保障处	处长	张永生
基建处	处长	汪九林
离退休党委	书记	葛树林
离退休工作处	处长	王　扬
机关党委	书记	杨　志(2019.09.17 免)
		史长丽(2019.09.17 任)

群团组织负责人

工会	主席	张东军
	常务副主席	张海涛
团委	书记	张　银(2018.06.28 免)
		尤　泳(兼)(2019.01.17 任)

直属机构负责人

图书馆	党总支书记	孙德昊(2019.09.17 免)
		潘志华(2019.09.17 任)
	馆长	何秀荣(2019.09.17 免)
		周志强(兼)(2019.09.17 任)
档案与校史馆	馆长	何秀荣(2019.09.11 免)
		桂银生(2019.09.11 任)
涿州教学实验场(农业科技园)	党委书记	苏　洲(2019.01.22 免)
		李克江(2019.01.22 任)
	党委常务副书记	李克江(2019.01.22 免)
	场长	苏　洲(2019.09.17 免)
		段刘伟(2019.10.29 任)
曲周实验站	站长	江荣风
上庄实验站	站长	肖　杰
教育基金会秘书处	秘书长	胡金有
继续教育学院(网络学院)	直属党支部书记	吴海芹(2019.09.17 免)
		高铭宇(2019.09.17 任)
	院长	吴海芹
烟台研究院	党委书记、院长	傅泽田
校办产业党委	党委书记	高恩复(2019.04.25 免)
		李　洋(2019.04.25 任)
资产经营公司	董事长	李　洋(兼)
经营性资产管理委员会办公室	主任	高恩复(2019.04.25 任)
北京建设大学	常务副校长	吴加志
校医院	院长	张元忠
体育馆管理中心	主任	杜学振
模式动物重大设施建设办公室	主任	张树川

各学院负责人

农学院	党委书记	曲瑛德(2019.09.17 免)
		张远帆(2019.09.17 任)
	院长	金危危
园艺学院	党委书记	初春霖
	院长	韩振海

植物保护学院	党委书记	李海滨
	院长	彭友良
生物学院	党委书记	史长丽(2019.09.17 免)
		孙德昊(2019.09.17 任)
	院长	巩志忠(2019.03.14 免)
		郭　岩(2019.03.14 任)
资源与环境学院	党委书记	潘志华(2019.09.17 免)
		洪海燕(兼)(2019.09.17 任)
	院长	吴文良(2019.09.17 免)
		龚元石(兼)(2019.09.17 任)
动物科学技术学院	委书记	周旭峰(2019.12.31 免)
		郭晓旭(2019.12.31 任)
	院长	呙于明
动物医学院	党委书记	李青山
	院长	沈建忠
食品科学与营养工程学院	党委书记	张普光
	院长	胡小松(2019.05.14 免)
		廖小军(2019.05.14 任)
工学院	党委书记	宋正河(2019.10.11 免)
		尤　泳(2019.10.11 任)
	院长	韩鲁佳(2019.08.21 免)
		宋正河(2019.08.21 任)
信息与电气工程学院	党委书记	刘尚民(2019.09.17 免)
		景　发(2019.09.17 任)
	院长	高万林(2019.09.11 免)
		张　漫(2019.09.11 任)
水利与土木工程学院	党委书记	沈立峰
	院长	严海军(2019.05.14 免)
		杜太生(2019.05.14 任)
理学院	党委书记	周志强
	院长	周志强(2019.03.28 免)
		王　鹏(2019.03.28 任)
经济管理学院	党委书记	张瑞海(2019.09.17 免)
		尹金辉(2019.09.17 任)
	院长	郭　沛(2019.05.14 免)
		辛　贤(兼)(2019.05.14 任)
	常务副院长	司　伟(2019.05.14 任)
人文与发展学院	党委书记	景　发(2019.09.17 免)
		林　涵(2019.09.17 任)

	院长	叶敬忠
马克思主义学院	党总支书记	卢兆彤
	院长	张　晖
国际学院	党委书记	陈明海
	院长	黄冠华
体育与艺术教学部	直属党支部书记	杜学振
	主任	束景丹
土地与科学技术学院	党委书记	刘尚民
	院长	李保国
草业科学与技术学院	党委书记	李　鹏(2019.09.17 任)
	院长	张英俊(2019.04.11 任)

国际发展与全球农业学院、中国饲料博物馆、中国农业大学出版社　负责人非处级干部,未列入。

2019 年新增和调整各类委员会、领导小组(非常设机构)及成员名单

中国农业大学挂职锻炼工作领导小组(中农大党发〔2019〕5 号)

组　长　分管干部工作的校领导

成　员　党委组织部、社会服务处(新农村发展研究院)、党委统战部、科学技术发展研究院、人事处、财务处等部门主要负责人

中国农业大学经济责任审计工作领导小组(中农大审字〔2019〕1 号)

组　长　孙其信

副组长　辛　贤　张东军　秦世成

委　员　党委组织部、纪委办公室(监察处)、财务处、审计处、国有资产管理处、资产经营公司等单位主要负责人

领导小组下设办公室,设在审计处,承担领导小组日常工作,研究起草有关经济责任审计的制度和文件,总结推广经济责任审计工作经验,督促落实领导小组决定的有关事项,办公室主任由审计处处长兼任。

中国农业大学审计工作领导小组(中农大审字〔2019〕2 号)

组　长　孙其信

副组长　辛　贤　张东军　秦世成　龚元石　钱学军

委　员　党政办公室、党委组织部、纪委办公室(监察处)、本科生院、研究生院、科学技术发展研究院、人事处、财务处、审计处、国有资产管理处、后勤保障处、基建处、资产经营公司等单位主要负责人

领导小组下设办公室，设在审计处，具体负责学校内部审计的日常工作，督促落实领导小组决定的有关事项，办公室主任由审计处处长兼任。

中国农业大学校属企业体制改革领导小组(中农大校产字〔2019〕9 号)

组　长　姜沛民　孙其信

副组长　张东军　钱学军

成　员　李培景　高立国　曲瑛德　隋　熠　张树彦　刘　罡　果雅静　高恩复　李　洋

领导小组下设办公室，设在资产经营公司，办公室主任由资产经营公司董事长担任。

中国农业大学庆祝新中国成立 70 周年工作领导小组(中农大党发〔2019〕19 号)

组　长　姜沛民　孙其信

副组长　张东军　秦世成　宁秋娅

成　员　党政办公室、党委组织部、党委宣传部、党委统战部、党委学生工作部、党委研究生工作部、党委教师工作部、校友工作办公室、工会、团委、离退休党委

领导小组办公室设在党委宣传部，负责各项工作的策划、督办与协调。

中国农业大学经营性资产管理委员会(中农大校产字〔2019〕14 号)

主　任　孙其信

副主任　张东军　钱学军

成　员　党政办公室、纪委办公室(监察处)、发展规划处、科学技术发展研究院、人事处、财务处、审计处、国有资产管理处、社会服务处、后勤保障处、经营性资产管理委员会办公室、资产经营公司等单位主要负责人

经营性资产管理委员会办公室为经营性资产管理委员会下设办公室。

中国农业大学筹资奖励审核小组(中农大财字〔2019〕8 号)

牵　头　教育基金会秘书处

组　成　主管校领导和教育基金会秘书处、财务处、人事处、发展规划处等相关部门负责人

筹资奖励审核小组办公室设在教育基金会秘书处，负责日常具体工作。

中国农业大学内部控制工作领导小组(中农大财字〔2019〕9 号)

组　长　孙其信

副组长　分管财务校领导　协管审计校领导

成　员　党政办公室、纪委办公室(监察处)、本科生院、研究生院、科学技术发展研究院、财务处、发展规划处、人事处、审计处、国有资产管理处、信息化办公室、实验室管理处、后勤保障处、基建处、资产经营公司等单位主要负责人

领导小组下设内部控制建设与实施工作小组和内部控制评价与审计工作小组。内部控制建设与实施工作小组牵头单位为财务处。内部控制评价与审计工作小组牵头单位为审计处。工作小组成员均由领导小组成员单位具体分管内部控制的负责人及熟悉业务流程、了解单位总体情况的一名工作人员组成。

中国农业大学干部教育领导小组(中农大党发〔2019〕44 号)

组　长　姜沛民

副组长　张东军

成　员　党政办公室、党委研究室、党委组织部(党校)、党委宣传部、党委统战部、党委教师工作部、人事处、人才工作办公室、校工会,各二级党组织。

领导小组办公室设在党委组织部(党校),负责抓好整体规划、制度建设、统筹协调和督促检查,并牵头负责重点对象的教育培训工作。

中国农业大学文献资源采购领导小组(中农大国资字〔2019〕10 号)

组　长　分管图书馆工作的校领导

副组长　图书馆馆长

成　员　党委宣传部、本科生院、研究生院、国有资产管理处相关负责人,图书馆副馆长与图情教授代表

中国农业大学普通本科招生工作领导小组(中农大教字〔2019〕6 号)

组　长　孙其信

副组长　分管普通本科招生工作校领导　分管学生工作校领导

成　员　党政办公室、党委组织部、党委宣传部、纪委办公室(监察处)、党委教师工作部、党委学生工作部、党委保卫部、本科生院、研究生院(党委研究生工作部)、科学技术发展研究院、人事处、国际合作与交流处、工会等单位主要负责人

中共中国农业大学保密委员会(中农大党发〔2019〕53 号)

主　任　姜沛民

副主任　宁秋娅

成　员　党政办公室、党委组织部、党委宣传部、党委保卫部(保卫处)、党委统战部、研究生院、本科生院、人事处、科学技术发展研究院、国际合作与交流处、信息化办公室、档案与校史馆等单位主要负责人

委员会下设办公室,设在党政办公室,主任由党政办公室主任兼任,副主任由党政办公室分管保密工作副主任兼任。

中国农业大学党的建设工作领导小组(中农大党发〔2019〕55 号)

组　长　姜沛民

副组长　张东军　秦世成　宁秋娅　李培景

成　员　党政办公室、党委巡察督导办公室、党委研究室、党委组织部(党校)、党委宣传部、党委统战部、纪委办公室、党委学生工作部、党委研究生工作部、党委教师工作部、党委保卫部、工会、团委

领导小组办公室设在党政办公室,主任由党政办公室主要负责人兼任。

中国农业大学思想政治理论课建设领导小组〔中农大党发〔2019〕56号)

组　长　姜沛民　孙其信

副组长　宁秋娅　王　涛　李培景

成　员　党委宣传部、本科生院、研究生院、科学技术发展研究院、发展规划处、人事处、财务处、党委学生工作部(学生处)、党委研究生工作部、团委、马克思主义学院等单位主要负责人

领导小组下设办公室,设在马克思主义学院,成员包括本科生院、党委学生工作部(学生处)、党委研究生工作部、团委、马克思主义学院等单位负责人。

中国农业大学实验室安全管理领导小组(中农大实验字〔2019〕7号)

组　长　王　涛

副组长　龚元石

成　员　党政办公室、党委宣传部、保卫处、本科生院、科学技术发展研究院、国有资产管理处、信息化办公室、实验室管理处、后勤保障处、校医院等单位主要负责人及各学院主管安全工作的院领导

领导小组下设办公室,设在实验室管理处,办公室主任由实验室管理处处长兼任。

中国农业大学院士退休工作领导小组(中农大人字〔2019〕25号)

组　长　姜沛民　孙其信

副组长　张东军　辛　贤

成　员　党政办公室、党委组织部、人事处、财务处、离退休工作处等单位主要负责人

领导小组下设办公室,设在人事处,承担日常工作,办公室主任由人事处处长兼任。

中国农业大学网络安全和信息化领导小组(中农大校字〔2019〕11号)

组　长　姜沛民　孙其信

副组长　王　涛　宁秋娅　李培景

成　员　党政办公室、党委宣传部、党委学生工作部、党委研究生工作部、党委保卫部、校团委、信息化办公室等单位主要负责人

领导小组办公室设在信息化办公室,负责领导小组日常工作,办公室主任由信息化办公室主任兼任。

中国农业大学防汛工作领导小组(中农大党政办发〔2019〕3号)

组　长　孙其信

副组长 钱学军

成　员 党政办公室、党委保卫部(保卫处)、国有资产管理处、实验室管理处、后勤保障处、基建处

领导小组办公室设在党政办公室。

中国农业大学师德建设委员会(中农大党发〔2019〕60号)

主　任 姜沛民　孙其信

副主任 宁秋娅

成　员 党委组织部、纪委办公室(监察处)、党委教师工作部、党委保卫部、本科生院、研究生院、科学技术发展研究院、人事处等单位负责人

委员会下设办公室,负责师德建设委员会日常工作。办公室设在党委教师工作部,党委教师工作部部长兼任办公室主任。

中国农业大学国有资产监督管理委员会(中农大国资字〔2019〕11号)

主　任 孙其信

副主任 张东军　钱学军

成　员 党政办公室、科学技术发展研究院、社会服务处、财务处、审计处、国有资产管理处、后勤保障处、基建处、实验室管理处、图书馆、信息化办公室、档案与校史馆、资产经营公司等单位主要负责人

委员会下设办公室,设在国有资产管理处,办公室主任由国有资产管理处处长兼任。

中国农业大学公用房出租管理委员会(中农大国资字〔2019〕12号)

主　任 张东军

副主任 钱学军

成　员 财务处、国有资产管理处、后勤保障处、经营性资产管理委员会办公室、资产经营公司等单位主要负责人

委员会下设办公室,设在国有资产管理处,办公室主任由国有资产管理处处长兼任。

中国农业大学辐射安全与防护领导小组(中农大实验字〔2019〕8号)

组　长 王　涛

副组长 龚元石　钱学军

成　员 党政办公室、保卫处、科学技术发展研究院、实验室管理处、后勤保障处、校医院、模式动物重大设施建设办公室等单位主要负责人,以及农学院、园艺学院、植物保护学院、生物学院、资源与环境学院、动物科学技术学院、动物医学院负责安全工作的院领导

领导小组下设办公室,设在实验室管理处,办公室主任由实验室管理处副处长李景妍兼任。

中国农业大学管理人员招聘评审委员会及职员评议组(中农大人字〔2019〕26号)

组　长　辛　贤　张东军

成　员　钱学军　宁秋娅　李培景　党政办公室、党委组织部、党委学生工作部、发展规划处、研究生院、本科生院、科学技术发展研究院、人事处、财务处主要负责人

管理人员招聘评审委员会、职员评议组下设办公室,设在人事处,办公室主任由人事处处长兼任。

中国农业大学国家留学基金委员会资助出国留学项目领导小组(中农大外字〔2019〕33号)

组　长　孙其信

副组长　龚元石　辛　贤　王　涛

成　员　国际合作与交流处(港澳台办公室)、研究生院、人事处、本科生院等单位主要负责人

领导小组下设办公室,设在国际合作与交流处(港澳台办公室),主任由国际合作与交流处(港澳台办公室)处长兼任。

中国农业大学财经工作领导小组(中农大财字〔2019〕20号)

组　长　孙其信

副组长　张东军

成　员　党政办公室、本科生院、研究生院、科学技术发展研究院、发展规划处、人事处、财务处、审计处、国际合作与交流处、后勤保障处、基建处、教育基金会等单位主要负责人

领导小组下设办公室,设在财务处,财务处处长兼任办公室主任。

中国农业大学国家安全人民防线建设小组(中农大党发〔2019〕62号)

组　长　姜沛民

副组长　李培景　宁秋娅

委　员　党政办公室、党委宣传部、党委保卫部(保卫处)、党委学生工作部、党委研究生工作部、国际合作与交流处、科学技术发展研究院、信息化办公室等单位主要负责人

国家安全人民防线建设小组下设办公室,设在党委保卫部(保卫处),分管政保工作的副部(处)长为国家安全工作联系人。

中国农业大学校园建设规划委员会(中农大基字〔2019〕15号)

主　任　孙其信

副主任　钱学军

成　员　张东军　王　涛　龚元石　党政办公室、党委宣传部、党委学生工作部(学生

处)、发展规划处、研究生院、本科生院、财务处、审计处、国有资产管理处、后勤保障处、基建处、国际合作与交流处(港澳台办公室)、离退休工作处、工会等单位主要负责人及有关专家3～5名

委员会下设办公室，设在基建处，负责协助委员会召集相关会议，处理日常工作事务，主任由基建处处长兼任。

中国农业大学安全稳定工作领导小组(中农大保字〔2019〕1号)

组　长　姜沛民　孙其信

副组长　李培景

成　员　张东军　秦世成　王　涛　龚元石　钱学军　宁秋娅　辛　贤　党政办公室、党委保卫部(保卫处)、党委宣传部、党委统战部、党委学生工作部(学生处)、党委研究生工作部、后勤保障处、实验室管理处、科学技术发展研究院、信息化办公室

领导小组下设办公室，设在党委保卫部(保卫处)，办公室主任由党委保卫部(保卫处)主要负责人兼任。

中国农业大学养老保险改革工作领导小组(中农大人字〔2019〕27号)

组　长　姜沛民　孙其信

副组长　辛　贤

成　员　党政办公室、人事处(社保中心)、财务处等单位主要负责人

领导小组下设办公室，承担日常工作，办公室主任由社保中心主任兼任。

中国农业大学信息公开工作领导小组(中农大党政办发〔2019〕5号)

组　长　孙其信

副组长　宁秋娅

成　员　党政办公室、党委组织部、党委宣传部、本科生院、研究生院、人事处、财务处、工会、团委等部门主要负责人

领导小组下设办公室，设在党政办公室，办公室主任由党政办公室主任兼任，副主任由党政办公室分管信息公开工作的副主任兼任。

中国农业大学党务公开工作领导小组(中农大党发〔2019〕66号)

组　长　姜沛民

副组长　张东军　宁秋娅

成　员　党政办公室主任、党委研究室、党委组织部、党委宣传部等部门主要负责人

领导小组下设办公室，设在党政办公室，主任由党政办公室主任兼任，副主任由党委研究室、党委组织部、党委宣传部等部门主要负责人兼任。

中国农业大学学生心理素质教育工作领导小组(中农大学字〔2019〕6 号)

组　长　李培景

成　员　党委宣传部、党委学生工作部(学生处、武装部)、党委保卫部(保卫处)、党委研究生工作部、本科生院、人事处、校团委、校医院

领导小组下设办公室,设在党委学生工作部(学生心理素质教育中心)。

中国农业大学学生资助工作领导小组(中农大学字〔2019〕7 号)

组　长　李培景

成　员　党委学生工作部(学生处、武装部)、党委研究生工作部、本科生院、研究生院、财务处、教育基金会秘书处、校团委等单位主要负责人

领导小组下设办公室,设在党委学生工作部(学生资助管理中心)。

中国农业大学住房管理委员会(中农大后勤字〔2019〕1 号)

主　任　钱学军　张东军

副主任　后勤保障处、工会、教代会负责人

成　员　党政办公室、财务处、国有资产管理处、离退休工作处等单位主要负责人

中国农业大学校园文化建设领导小组(中农大党发〔2019〕68 号)

组　长　宁秋娅

副组长　钱学军　李培景

成　员　党政办公室、党委宣传部、党委统战部、党委教师工作部、党委学生工作部、党委研究生工作部、发展规划处、后勤保障处、离退休工作处、工会、团委、档案与校史馆、校友工作办公室、体育与艺术教学部、信息化办公室等单位主要负责人

领导小组下设办公室,承担日常工作。办公室设在党委宣传部,成员包括党委宣传部、档案与校史馆、后勤保障处、团委、体育与艺术教学部等单位负责人。

中国农业大学学生就业创业工作领导小组(中农大学字〔2019〕9 号)

组　长　姜沛民　孙其信

副组长　李培景

成　员　党政办公室、党委组织部、党委学生工作部(学生处、武装部)、党委保卫部(保卫处)、研究生院(党委研究生工作部)、本科生院、科学技术发展研究院、人事处、财务处、经营性资产管理委员会办公室、校团委、北京建设大学、档案与校史馆、教育基金会、校友工作办公室、就业创业办公室

领导小组下设办公室,设在就业创业办公室。

中国农业大学"平抑资金"管理领导小组(中农大后勤字〔2019〕2 号)

组　长　钱学军　张东军

副组长　后勤保障处处长　财务处处长　审计处处长

成　员　党委学生工作部、研究生院、本科生院、后勤保障处、财务处、审计处、团委、研究生会、学生会有关人员

领导小组下设办公室，设在后勤保障处，主任由后勤保障处分管饮食工作副处长兼任。

中国农业大学涿州科技园区管理委员会（中农大研字〔2019〕20号）

主　任　龚元石

副主任　钱学军

成　员　发展规划处、本科生院、研究生院、科学技术发展研究院、人事处、财务处、国有资产管理处、社会服务处（新农村发展研究院）、经营性资产管理委员会办公室、资产经营公司、涿州教学实验场（农业科技园）等单位主要负责人

委员会下设办公室，设在涿州教学实验场（农业科技园），负责园区日常运行、管理工作，办公室主任由涿州教学实验场场长兼任。

中国农业大学社会治安综合治理委员会（中农大保字〔2019〕2号）

主　任　孙其信

副主任　李培景　钱学军

成　员　党委保卫部（保卫处）、党政办公室、党委组织部、党委宣传部、党委统战部、财务处、党委学生工作部、本科生院、研究生院、科学技术发展研究院、人事处、后勤保障处、国际合作与交流处（港澳台办公室）、工会、离退休工作处、团委、实验室管理处、资产经营公司等单位主要负责人

委员会下设办公室，设在党委保卫部（保卫处），主任由党委保卫部（保卫处）部（处）长兼任，副主任由党委保卫部（保卫处）、后勤保障处分管负责人兼任，成员包括党委保卫部（保卫处）、后勤保障处相关科室、中心实体负责人。

中国农业大学“平安校园”建设工作领导小组（中农大校字〔2019〕15号）

组　长　姜沛民　孙其信

副组长　李培景

成　员　各管理服务机构、直属机构及学院主管安全工作的负责人

领导小组下设办公室，设在党委保卫部（保卫处）。

中国农业大学外事工作领导小组（中农大外字〔2019〕47号）

组　长　姜沛民　孙其信

副组长　龚元石　王　涛　辛　贤

成　员　党政办公室、党委组织部、党委宣传部、党委保卫部（保卫处）、国际合作与交流处（港澳台办公室）、科学技术发展研究院、本科生院、研究生院、人事处、发展规划处、财务处、就业创业办公室、后勤保障处、校友工作办公室等单位主要负责人

领导小组下设办公室，挂靠在国际合作与交流处（港澳台办公室），主任由国际合作与交流处（港澳台办公室）处长兼任。

中国农业大学交通安全工作部门联席会议（中农大保字〔2019〕3号）

组　长　李培景

成　员　党政办公室、党委学生工作部（学生处）、党委研究生工作部、党委保卫部（保卫处）、国际合作与交流处、后勤保障处等单位主要负责人

交通安全工作部门联席会议下设办公室，设在党委保卫部（保卫处），负责交通安全工作部门联席会议日常工作。

中国农业大学消防安全委员会（中农大保字〔2019〕4号）

主　任　孙其信

副主任　李培景

成　员　党委学生工作部（学生处）、党委研究生工作部、党委保卫部（保卫处）、科学技术发展研究院、国有资产管理处、实验室管理处、后勤保障处、基建处等单位主要负责人

委员会下设办公室，设在党委保卫部（保卫处），承担日常工作。

中国农业大学创新创业工作领导小组（中农大教字〔2019〕10号）

组　长　孙其信

副组长　王　涛　李培景

成　员　就业创业办公室、本科生院、研究生院、党委学生工作部、党委研究生工作部、团委、经营性资产管理委员会办公室、北京建设大学、教育基金会、校友工作办公室、科学技术发展研究院、人事处、财务处等单位主要负责人

领导小组下设办公室，设在本科生院，办公室主任由本科生院常务副院长和就业创业办公室主任兼任。

院系情况

农 学 院

【学院概况】

农学院设置4个系：作物生态与农作学系、作物生理与栽培学系、植物遗传育种与种子科学系和作物基因组与生物信息学系。学院拥有9个研究中心：区域农业发展研究中心、作物生理与栽培研究中心、作物化控研究中心、生物质工程研究中心、玉米研究中心、小麦研究中心、水稻研究中心、特用作物研究中心和种子科学与技术研究中心。拥有1个实验教学中心：植物生产类实验教学中心。

10月，农学院荣获全国脱贫攻坚奖组织创新奖，这是继2018年清华大学继续教育学院之后的第二个，也是2019年唯一一个获此殊荣的高等教育系统单位。

（胡云　李珊）

【学科与专业建设】

学院依托作物学一级学科开设2个本科专业：农学专业和种子科学与工程专业；具有一级专业学科1个，一级学科博士点1个，博士学位授权点5个，硕士学位授权点5个和专业学位授权点2个；博士后流动站1个。

学院现有国家重点学科2个、部级重点学科1个。拥有国家创新群体1个，教育部、农业农村部创新团队5个，国家玉米改良中心、作物杂种优势研究与利用教育部重点实验室等国家及省部级重点实验室或工程中心15个。11月，牵头建立中国农业大学河北鸡泽实验站，打造育、繁、推一体化的科研和成果转化基地。至12月，与吴桥县签署乡村振兴战略合作框架协议，进一步促进吴桥实验站转型升级。

（倪中福　王婷）

【师资队伍】

学院共有教职工 127 人，其中专任教师 101 人，包括教授（含研究员等正高职称）47 人、副教授（含副研究员等副高职称）46 人；博士生导师 69 人、硕士生导师 92 人；中国工程院院士 1 人，“长江学者奖励计划”特聘教授 1 人，国家杰出青年科学基金获得者 11 人，国家“万人计划”科技创新领军人才 3 人，“973”首席科学家 2 人，国家重点研发计划首席科学家 5 人，国家优秀青年基金获得者 5 人，“国家千人计划青年项目”4 人，国家级教学名师 1 人，“国家万人计划”教学名师 1 人，北京市教学名师 2 人，教育部“新世纪优秀人才支持计划”15 人。

2019 年引进各类人才 9 人，退休 3 人，晋升正教授 2 人，副教授 2 人；博士后研究人员在站 29 人，进站 13 人，出站 7 人。

（胡云　李珊）

【本科教学】

本科生在校 448 人，招生 120 人，毕业 94 人（其中，出国深造 9 人，国内深造 50 人）。

1 月，专业核心课程教材《农业生态学》出版。

3 月，校级虚拟仿真实验教学项目立项 1 个。

4 月，校级教材建设项目立项 3 个，优质课堂建设项目立项 2 个，在线开放课程建设项目立项 2 个，专业课发挥思政教育功能专项项目立项 3 个。

5 月，院级教学质量提升计划项目立项 32 个，其中：优质课堂建设培育项目 3 个；在线课程培育项目 5 个；教材建设项目 3 个；本科生国际交流建设项目 2 个；虚拟仿真实验 8 个；产教协同人才培养体系项目 1 个；其他教改项目 10 个。美国奥本大学来院开展农事实习活动。

7 月，学院邀请美国密歇根州立大学植物生物学系、园艺系蒋继明教授讲授全英文“表观遗传学”课程，北达科他州立大学的 Edward（爱德华・德卡德）和 Brenda（布伦达・德卡德）、奥本大学的 William（威廉姆・巴彻勒）教授讲授全英文“世界农业概论”课程。

8 月，实施全球视野“一流乡村振兴人才培养” 瓦赫宁根和加州戴维斯分校暑期交流项目。

9 月，专业核心课程教材《作物育种学》出版。

12 月，孙其信教授主编的《作物育种学》、刘庆昌教授主编的《遗传学》入选北京市优质本科教材课件。“作物遗传育种教学团队”入选北京高校优秀本科育人团队。农学专业入选国家级一流专业建设点。获批 2019 年教育部产学合作协同育人项目 1 项。吴桥实验站获中国农业大学大学生校外实习实践基地。

（张海林　吴敏）

【研究生教学】

研究生在校 765 人，其中，博士生 363 人，硕士生 402 人；招生 281 人，其中，博士生 92 人，硕士生 189 人；毕业研究生 203 人，其中，博士生 77 人，授予博士学位 71 人；硕士生 126 人，授予硕士学位 125 人。

至 12 月，完成学术学位授权点国际评估及专业学位授权点国内合格评估工作；完成

19级研究生学位授予和培养方案修订工作；成功举办2019年研究生导师培训会，64名新老导师参加培训；全面采用项目制招收培养全日制专业学位研究生，新增专业学位硕士研究生专项5项（山西大同专项、作物南繁专项、海南办学专项、烟台研究生院专业学位研究生培养、种业专业学位研究生培养），现共计7项。

（曾昭海　王美芹　田沁兰）

【科学研究】

到校科研经费14 733万元，在研项目261个，其中，国家自然科学基金重大项目1项，重点研究计划6项，重点项目7项。

科研产出状况：2019年共发表187篇论文，其中，SCI发表146篇，EI发表39篇；影响因子大于5.0的论文43篇，影响因子大于10的论文10篇。其中，田丰教授研究团队在《科学》上发表我国玉米领域的首篇CNS主刊论文。2019年，学院成果转化共获得4项国审玉米品种，1项省审玉米品种，小麦玉米参试品种近40个。多熟农作制丰产增效关键技术与集成应用（第一完成人：陈阜）获得“2018—2019年度神农中华农业科技奖科学研究类成果一等奖”。小麦耐热基因发掘与创新技术及育种利用（第一完成人：孙其信）获“2018年度教育部高等学校科学研究优秀成果技术发明奖一等奖”，玉米杂种优势遗传基础解析和新自交系及新品种研制（第一完成人：李建生）获“2018年度教育部高等学校科学研究优秀成果科技进步奖一等奖”。

（倪中福　王婷）

【合作交流】

2019，学院在校留学生15人（其中，博士12人，硕士3人），招生6人（其中，博士3人，硕士3人），毕业6人（其中，博士4人，硕士2人）。境外访问20余人次，邀请ARMIN INGO SCHUBERT（阿明・舒伯特）等来自美国、澳洲、欧洲等地的近40余名外籍专家来校进行学术访问、合作研究。

学院加强国际合作与交流，特别是“一带一路”和A5联盟国家的交流，至12月，申请了中国农业大学三亚研究院-A5联盟引智计划，举办了国际学术研讨会1次，邀请密歇根州立大学Jimin Jiang（蒋继明）到校开办双语教学。国内方面，分别举办小麦、大豆、甘薯的青年学术论坛，主办中农-南农-华中三校青年学者学术论坛。

（辛明明）

【学生工作】

2019年，学院全面落实习近平总书记回信精神，围绕立德树人根本任务，锚定中国特色和农业特色，稳步推进学院三全育人工作，倾心培养“知农爱农”新型人才，全面提高学生综合素质，取得一定成效，并重点开展以下工作：

学风建设　继续推行学业指导兼职辅导员计划，招募成绩优秀、道德品质突出的高年级本科生帮扶学业困难同学，至12月，共聘任学业辅导员10人，覆盖辅导人数33人。学院依托农魂工作室建立微信预约系统，为搭建师生交流互动新平台，至12月平台总关注量406人次，完成约200人次信息绑定，一对一辅导累计60余人次。成立本科生科研兴趣小组，成功组织7期学术创新沙龙、1期师生同学活动，邀请多位学科带头人分享交流科研经历。

创新创业 至12月，学院创新创业团队获“互联网＋”北京市赛二等奖2项，农大赛区金奖1项、银奖2项、铜奖1项。5月，学院依托全国农学院协同发展联盟举办新一届全国农科学子创新创业大赛，吸引来自全国53家涉农院校的1 066支队伍报名参赛，其中微课程赛道发表5 900篇原创文章及视频，总浏览量达到3 320万。

志愿服务工作 至12月，发起院级志愿活动6项，累计服务时长2 606小时，其中，围绕本科生志愿服务推动建设西城区松树街社区社会服务基地，组织200余名学生在社区开展科普大讲堂、楼顶花园、社区文化地图等特色活动30余次，服务总时长913小时，项目获2019年北京市红色“1＋1”二等奖。此外，积极服务国家重大活动，累计组织80余名师生参与服务中华人民共和国成立70周年群众游行、世界园艺博览会、“一带一路”峰会等国家重大活动。

社会实践工作 继续牵头开展“全国农科学子联合实践行动”，自2016年起已累计发动1 290名指导教师，1.3万余名农科学子组成1 200余支队伍去往全国1 010个贫困地区开展社会服务行动。其中，农学院共派出60余支社会服务行动队，共计700余名队员参与，实践地覆盖全国7个省9个国家级贫困县20余个贫困村的精准扶贫主战场，累计出版发行《阡陌共行》《阡陌众语》《阡陌逐梦》3册全国农科学子联合实践行动纪实录。

资助工作 至12月，认定家庭经济困难本科生99名，评选本科生综合奖学金、专项奖学金、单项奖学金共计265人次、研究生共计378人次，评审国家助学金97人次，社会助学金12人次。设立勤工助学固定岗位25个，并根据学校及学院安排加设临时勤工助学岗位。

心理工作 成立“沁润”心理工作室，建立线上预约平台并邀请专业心理老师线下开展心理健康教育工作，至12月，累计开展线下心理咨询15人次。

（胡云　杨海岩）

【党建工作】

农学院党委设有26个党支部，其中，教工党支部5个（含上庄党支部），研究生党支部17个，本科生党支部4个。党员共计623人，其中，教职工党员（含博士后）94人，学生党员458人（含预备党员103人），组织关系暂存党员71人。至12月，召开党委会8次，党政联席会10次，理论学习中心组学习会7次，全体教职工理论学习9次。

党员管理工作 3月，制定《农学院党支部党建活动经费使用管理办法（试行）》，完善支部申请、党委审批、举办活动、经费决算等流程。4月、11月，分别举办农学院党支部书记党务知识培训2次，讲述发展党员基本流程、《中国共产党支部工作条例（试行）》等。12月，农学院党委被列入学校党建工作“标杆院系”创建名单，作物生态与农作学系教工党支部、种子科学与技术研究中心研究生党支部、本科生第三党支部被列入学校新时代“样板党支部”创建名单。

党员教育工作 扎实开展“不忘初心、牢记使命”主题教育，至12月，专题学习研讨14次，形成7篇调查报告，广泛谈心谈话，检视问题共52条，整改措施共116条，组织2次主题教育推进会。6月，为112名毕业生党员制作毕业生党员纪念册。至12月，党刊《初心》发行4期（总6期），开展“纪念五四运动、弘扬民族精神”系列主题党日活动、“爱国奋斗、科学报国”之学习“曲周精神”系列活动、“峥嵘七十载、共筑中国梦”系列主题党日活动。

党员发展工作 至12月，完善《农学院推荐优秀团员作为入党积极分子的实施办法(试行)》，共发展学生党员80名。举办农学院二级党校积极分子培训班(春季学期22人、秋季学期64人)、发展对象培训班(春季学期38人、秋季学期42人)各2期，预备党员培训班(82人)1期。举办线下党课讲座8次、主题实践活动4次，举办"两学两入、言党爱党"党的基础知识大赛、"不忘初心、牢记使命"主题演讲比赛等。

(李珊 张莹)

【教代会与工会工作】

4月，农学院"职工之家"揭牌并投入使用，总面积约500平方米，配备了乒乓球、台球、健身器材、棋牌等设施。学院工会组织教职工前往易县参观学习，同时考察了易水湖景区和清西陵。举办2019年农学院第二届"思农杯"师生羽毛球赛。

6月，举办农学院第一届师生篮球比赛，并成功举办南京农业大学、华中农业大学和中国农业大学三校农学院青年学者篮球友谊赛。

9月，农学院代表队获得"辉煌七十载、唱响新时代"2019年中国农业大学教职工合唱比赛二等奖。

12月，举办农学院第一届教职工迎新年乒乓球比赛。

(何绍贞)

园艺学院

【学院概况】

园艺学院由原农学与生物技术学院于2015年10月调整分立而成，下设3系2所1中心，分别为：果树系、蔬菜系、观赏园艺与园林系、园艺植物研究所、园林景观规划设计研究所和园艺政策经济研究中心。

(郝京辉)

【学科与专业建设】

学院设置园艺学1个一级学科，涵盖果树学、蔬菜学、观赏园艺学等3个二级学科。

学院有园艺学1个博士学位授权一级学科，博士学位授权二级学科为3个：果树学、蔬菜学和观赏园艺。硕士学位授权点一级学科2个：园艺学和风景园林学；专业学位授权点2个：农业硕士(农艺与种业领域)和风景园林硕士。博士后流动站1个。

学院现有国家重点二级学科1个(果树学)、北京市重点二级学科2个(蔬菜学和观赏园艺学)，园艺学为北京市重点一级学科。

学院围绕国家园艺产业发展重大科技需求，结合国际同类学科发展趋势，设置5个主要研究方向：园艺作物种质创新与高效育种、园艺作物发育生理与品质调控、园艺作物逆境生理与生物技术、园艺作物生态生理与高效栽培和风景园林规划与设计。

(郝京辉)

【师资队伍】

学院共有教职工 84 人，其中，专任教师 69 人，包括教授 31 人、副教授 27 人；博士生导师 44 人、硕士生导师 55 人（含博导兼硕导）；国家有突出贡献专家 1 人，享受政府特殊津贴专家 2 人，“百千万人才工程”国家级人选 1 人，国家优秀青年基金获得者 2 人，北京市教学名师 1 人。

本年度学院引进杰出人才 1 人，优秀人才 4 人，普通招聘 4 人，退休 1 人，晋升正教授 2 人，副教授 2 人；博士后研究人员在站 9 人，联合培养博士后 4 人，入站 7 人，出站 3 人。

2019 年学院入选人才培育发展计划 14 人，其中，领军教授 A 类 2 人，领军教授 B 类 5 人，青年新星 A 类 4 人，青年新星 B 类 3 人，组建国家级创新团队 2 个，高水平创新团队 1 个，青年科学家创新团队 1 个。

（郝京辉）

【本科教学】

2019 年学院本科生在校 448 人，招生 120 人，毕业 111 人。

2019 年校级教材建设项目立项 3 个，包括设施园艺学、园艺作物育种学、新编园艺实验实习教程。校级优质课堂建设项目立项 2 个，分别是设施园艺学和植物生物技术导论。高丽红教授开设的“设施园艺学”课程被学校推荐为“优质本科课程”上报至北京市教委。校级在线开放课程建设项目立项 1 个，为设施园艺学。专业课发挥思政教育功能专项项目立项 2 个，分别是从“植物生物技术”课程看转基因技术对我国粮食安全的必要性，“园艺产品贮运学”走进“三农”产业实践实习模式探索。

出版 2 本主编教材，《花艺设计类课程》和《园艺通论》。

立项 17 项创新创业项目大创项目，70 项 URP 项目。

园艺专业入选教育部国家级一流专业建设名单，双塔基地成为中国农业大学大学生校外实习实践基地。

王倩被评为大北农优秀教师，郭仰东被评为北京市优秀教师。

（张艳）

【研究生教学】

研究生在校 471 人，其中，博士生 190 人、硕士生 281 人；招生 196 人，其中，博士生 47 人（含留学生 1 人）、硕士生 149 人（含留学生 2 人）。毕业研究生 123 人，其中，博士生 37 人，授予博士学位 34 人，硕士生 86 人，授予硕士学位 86 人。

2019 年与农学院共同主办研究生导师培训，全院研究生导师均完成培训。制定了《中国农业大学园艺学院研究生学位论文参考文献格式》《中国农业大学园艺学院研究生学位论文重复率检测的暂行规定》。

（丁荣娥）

【科学研究】

2019 年累计到校科研经费 5 589 万元，同期相比增长 40%。在研项目共 106 项，其中国家自然科学基金在研项目数为 56 项。新获批国家自然科学基金项目 9 项，经费 727

万元。韩振海教授负责的“园艺作物新品种选育与良种繁育教育部工程研究中心”建设项目获教育部批准立项，于 2019 年 11 月 24 日通过项目建设论证。

2019 年，学院教师发表的文章累计被 SCI、EI 和 SSCI 收录论文 64 篇次，SCI 论文中影响因子大于 5.0 的 14 篇，学科前 10％论文篇数 32 篇，学科前 10％～20％论文篇数 7 篇。专利 7 项，比 2018 年增长 86％；软件著作权 5 项，比 2018 年增长 125％。出版 2 部专著。植物新品种权 8 项，比 2018 年增长 25％；品种审定 5 项，比 2018 年增长 40％。

2019 年，高俊平教授主持完成的“月季等主要切花高质高效栽培与运销保鲜关键技术及应用”荣获国家科学技术进步奖二等奖，李天忠教授完成的成果获农业农村部神农科技进步奖一等奖，贾文锁教授与北京农学院共同完成的成果获北京市自然科学二等奖。

（高琪洁）

【合作交流】

留学生在校生 12 人，招生 3 人（博士 1 人，硕士 2 人），毕业 1 人。

2019 年度相继邀请了 7 位海外学术专家来院进行科研项目合作与交流，合作单位主要是美国加州大学戴维斯分校、美国康奈尔大学、美国康涅狄格大学、以色列希伯来大学。

副院长张小兰教授带队赴阿尔巴尼亚地拉那农业大学，洽谈推进中阿农业发展合作事宜，促进了当地蔬菜产业的生产，促进“一带一路”建设。

根据中国农业大学与美国普渡大学签署的协议，2019 年学院选派 1 名优秀园林专业本科生赴该校参加“2＋2”学习项目，促进园艺本科教育的国际化建设，提升园艺专业的国际声誉。

学院不断加强产学研协同创新，同时聚焦京津冀协同发展，与河北、山东、山西、陕西、甘肃等地方政府合作，并与绿亨科技股份有限公司、新苑阳光农业有限公司开展了长期的技术合作。与北京市农业技术推广站、首农集团北京双塔绿谷农业有限公司建立校企合作研究基地，为科学研究、人才培养、成果转化提供了支撑和保障。

（高琪洁）

【学生工作】

2019 年，在“达标创优”工作中，园林 181 团支部获“校十佳团日活动”称号，园林 161 班、园林 181 班获得校级“优秀班集体”称号，园艺 171 团支部、园艺 173 团支部、园林 181 团支部获得校级“优秀团支部”称号；1 人获得“北京市三好学生”称号，59 人获得校级“三好学生”称号，20 人获得校级“优秀学生干部”称号，15 人获得校级“优秀团员”称号，10 人获得校级“优秀团干部”称号；园艺学院志愿者支队获得第十三届“志愿农大”志愿服务团体称号，无偿献血志愿服务获得 2019 年志愿服务先进团队奖。

2019 年，认定经济困难学生 81 人，其中，特别困难 38 人，比较困难 27 人，一般困难 16 人，结构比例均正常；学院 81 名学生获得国家助学金，21 名学生获得 9 类社会助学金，累计金额 35.35 万元；197 人次本科生获得奖学金，129 人获得单项奖学金，64 人次获得 17 项校级和院级专项奖学金，累计金额 50.7 万元；185 人次研究生获得各类奖学金，累计金额 106.4 万元。

学院认真开展就业工作，2019 年园艺学院毕业生共 239 人，其中，本科毕业生 120 人，硕士毕业生 86 人，博士毕业生 33 人。截至 2019 年 10 月底，本科生就业率为 92.5%，深造率为 52.5%，其中，出国深造率为 10.8%，硕士毕业生就业率为 90.7%，博士生就业率为 100%，总就业率为 92.9%。

（孙伟）

【党建工作】

2019 年，学院共有党员 397 人，其中，教工党员 40 人，研究生党员 269 人，本科生党员 59 人；发展党员 61 人，56 名预备党员按期转正；开展积极分子党课 2 次，发展对象党课 2 次，预备党员党课 1 次。学院共有党支部 18 个，其中，教职工党支部 3 个，研究生党支部 11 个，本科生党支部 4 个。

2019 年，学院重新修订了《园艺学院党政联席会议议事规则》和《园艺学院关于执行"三重一大"决策制度的规定》。2019 年召开党委会 10 次，召开党政联席会议 13 次。党委会和党政联席会 3 次。研究园艺学院《"双一流"建设实施方案》以及与北京农学院学科共建事宜，形成建设框架，连续 2 次会议讨论研究园艺一流本科专业建设，谋划园艺本科专业建设方案。

学院认真落实巡视整改意见和高度重视主题教育活动认真组织开展园艺学院"不忘初心、牢记使命"主题教育。督促指导学院各个党支部开展"六个一"活动。组织召开了学院领导班子民主生活会。认真落实学校党委对园艺学院二级党组织巡察反馈意见，认真传达学校党委巡察园艺学院反馈意见。2 次召开党委会和党政联席会议，对照巡察组反馈问题和意见建议，进行逐条检查，逐条制定整改措施，明确整改责任人和整改期限，制定五个方面 32 条整改任务清单。

本年度总计开展理论学习 10 次，邀请专家为教职工解读"中央一号文件"、做"师德师风建设"等专题报告。此外，还组织师生收看国庆 70 周年庆祝活动，组织师生前往天安门观礼升旗仪式；组织师生前往延安、香山革命纪念地，领会共产党人的初心与使命，组织观看《决胜时刻》《小巷管家》等爱国主义影片，让理论学习生动起来。

学院注重夯实支部组织建设，发挥战斗堡垒作用。加强支部建设规范化、标准化。按时开展支部换届工作，注重支部工作规范性，促进"两学一做"学习教育常态化、制度化，坚持和完善"三会一课"制度。落实"双带头人"教师党支部书记换届工作，组织了教工党支部书记的半年考核和年终考核工作，坚持党支部书记例会制度。加强学生党支部书记的选任。针对上一年研究生党支部书记选配不足的情况，本年度提出了党支部书记任职要求，换届后学生党支部书记综合素质明显提高，其中，5 名博士担任研究生党支部书记，其他支部也由高年级学生或有任职经历的学生担任书记或支委，推动了基层党组织队伍的建设。教师党员发展取得突破，发展 1 名蔬菜系引进人才加入了中国共产党预备党员。

2019 年，高丽红、赵宇琦、闫天赐获得"优秀共产党员"称号，孙伟获得校级"优秀学生党务工作者"称号。

（王冰莹）

【教代会与工会工作】

2019 年，学院工会发挥教职工思政教育职能，积极组织杰出人才林涛教授参加校工会组织的第六期高层次人才红色实践教育培训班。搭建职业发展平台，组织教职工参观学习密云区科技领军人才俞红强副教授的月季育种基地，了解月季育种最新进展，见证科研成果落地服务社会实效。

学院工会服务青年教师发展，依托学院青年教师互助组，每月一次组织青椒论坛，加强青年教师的学术交流或科研协作，了解相关领域学术研究前沿进展。协助组织教师教学基本功比赛。

学院工会助力服务能力提升，按照校工会统一部署，选派王冰莹参加学校第二届青年管理干部岗位技能竞赛。配合学校工会组织青年教工参加“放飞心情，与压力共舞”活动，让老师们体验心理团培，掌握自我调节情绪和应对压力的方法。组织 2019 年欢送老教师暨欢迎新教师茶话会，邀请恢复建院以来退休的老教师和新入职的新教师参加会议，进一步打造家文化，浓厚学院文化氛围，形成传帮带的良好传统以及凝心聚力的良好氛围。

学院工会配合校工会，完善职工福利的落实，组织学院教职工加入《在职职工重大疾病互助保障计划》；组织发放生日蛋糕卡，给大家带去生日的祝福；组织教职工年度体检；发放教师节、中秋节、国庆节“三节”慰问品和新年慰问品。关心女教职工身体健康；组织女工进行专项体检；组织学院女教职工参保“女教职工重大疾病互助保险”；为怀孕生子的女教职工送温暖。

学院工会丰富文体活动提升教工的体质，组织和协调学院教师参加 2019 年学校运动会的检阅式；联合组建园艺学院-土地学院羽毛球队，参加 2019 年度校羽毛球比赛；组织学院教师参加 2019 年教职工扑克牌双升比赛等活动；组织学院教师参加每周的羽毛球锻炼活动；组队与机关二队开展气排球友谊赛。学院工会申请并承担了园艺“润”生活系列活动，开展了葡萄酒文化品鉴交流会、黄瓜品鉴交流会、传统插花艺术鉴赏与体验活动、压花艺术欣赏与创作等活动。2019 年园艺“润”生活获得 2019 年度工会品牌项目奖。

（李险峰　李轩复）

植物保护学院

【学院概况】

中国农业大学植物保护学院的前身是始建于清末的京师大学堂农科大学农学门，已经有 115 年的历史，是我国植物病理学和昆虫学的主要发祥地之一。戴芳澜、俞大绂、刘崇乐、蔡邦华、裘维蕃、陆近仁、周明牂、沈其益、曾士迈等多名院士和知名学者先后在本学科任教，奠定了学科在国内植物保护学科的领军地位。近几年，学院作为“双一流”建设学科不断推出新的改革措施，不断巩固和提升植物保护学科的综合实力。

（董斌）

【学科与专业建设】

学院下设植物病理学系和昆虫学系 2 个系，覆盖植物保护 1 个本科专业，拥有植物病理学、农业昆虫与害虫防治、植物检疫与农业生态健康、资源利用与植物保护 3 个硕士和博士授权点。2007年，植物保护学科被批准为国家一级重点学科。2018年，学院先后完成“植物保护学一级学科学位授权点国际评估”“农业硕士植物保护领域学位合格评估”“植物保护专业中俄联合国际认证”，对植物保护学科的发展具有重要意义。2019年，植物保护专业获评国家级一流本科专业建设点、北京市高校重点建设一流专业。

（董斌）

【师资队伍】

学院有专任教师87人，具有高级职称的教师占93.1%，具有博士学位者85人，占97.77%，45岁以下教师占57.9%；现拥有国家级教学团队1个（普通昆虫学）；现有教授（研究员）36人、副教授（副研究员）43人，其中，教育部“长江学者”特聘教授1人，国家杰出青年科学基金获得者3人，国家“万人计划”教学名师1人，国家“万人计划”科技创新领军人才4人，国家基础研究发展计划（973计划）首席科学家1人，农业农村部现代农业产业技术体系岗位科学家6人，科技部中青年科技创新领军人才1人，教育部新（跨）世纪优秀人才6人，国家优秀青年基金获得者2人；北京市现代农业产业技术体系岗位科学家3人。

2019年，新入职青年教师14人，其中，包括2位教授和7位副教授，研究团队组建初步形成。1人入选“青年长江学者”，1人入选“国家自然科学基金优秀青年科学基金项目”，1人入选“北京市优先人才培养资助项目-青年骨干项目”。20位老师入选学校“人才培育发展支持计划”，其中，包括6个团队和8位领军教授A岗位。晋升正高2人、副高1人。

（李璐璐）

【本科教学】

2019年，植物保护学院本科生在籍393人，招生120人，本科毕业生100人。共申报URP项目48项，比2018年增加11项；指导教师参与人数43人，同比增长16.22%；学生参与人数92人，占学院在校本科生23.4%。申请2019年度国家级及北京市级本科生创新创业项目共计16项，参与学生人数达33人。

2019年，学院启动专项班级建设，实施“国际化”“学术型”“创业型”三大类个性化人才培养模式，植耕班重视学生国际化能力培养，植耘班强化学生科研水平提升，植梦班关注学生就业创业发展，通过分层分类一体式培养体系有力地支撑创新人才培养目标。

2019年暑期，本科生招生宣传组一行15人赴河南郑州、洛阳、新乡、开封等14个城市开展招生宣传工作，与郑州外国语中学、郑州市一中、河南省实验中学等优质生源学校进行宣讲、座谈。

（魏佳宁）

【研究生教学】

2019年，植物保护学院共招收直博生3人，硕博连读生18人。举办第三届夏令营，经选拔共有来自23所院校的60名同学参加，签订招生意向51人，27人通过考核环节被学校录取，有3名学生保送直博生。绿色植保专项从植物有害生物的绿色防控、植物检疫工程与技术、种苗健康与农产品安全等3个方向共招收25名研究生。

学院共招收学术型硕士研究生91人，专业型硕士研究生56人，博士研究生72人。

共有53人获得博士学位，115人获得硕士学位。其中，评选校级优秀硕士学位论文1篇，院级优秀硕士学位论文6篇，院级优秀博士学位论文10篇。

10月8日，举办第二届博士论坛（暨校长奖学金、院长奖学金评审答辩会），共有19名博士现场报告，经专家评定，杜振勇、唐敏两人获得一等奖，其他参加人员分获二、三等奖和优秀墙报奖。

（苏芳颖）

【科学研究】

2019年，植物保护学院到校总经费7 025万元，其中，国家自然科学基金17项，发表SCI论文171篇，影响因子大于10的论文4篇，ESI高被引论文3篇。本科生发表论文数量SCI 7篇，核心期刊4篇，其他论文1篇。

2019年，学院共获得第一单位省部级二等奖1项、第二单位国家科技进步二等奖1项和省部级一等奖1项、大北农科技奖（省部级奖）1项，授权发明23项、转化1项，北京发明金奖1项；云南昭通教授工作站成立；马占鸿教授依托开封实验站打造"农业科技大讲堂"，累计参训人员培训5 000多人次，帮扶涉农企业、农民合作社16个；《植物保护学报》入选中国科技期刊卓越行动计划和世界影响力中国科技期刊Q1区。

（沈杰）

【合作交流】

2019年，植物保护学院留学生在校生16人，招生9人，毕业6人。

10月，植物保护学院接待亚太马铃薯晚疫病防治协作网的23位世界各地代表，并就马铃薯晚疫病的防治研究工作进行学术交流。6月22—24日参与举办2019年植物病理与可持续农业国际研讨会。

5月9日，参加河北农业大学承办的第三届高校植物保护学院党建暨学生思想政治工作研讨会。12月，赴四川农业大学参加第二届西南地区高校植物保护专业党建暨学生思想政治工作研讨会。分别与海南大学和贵州大学进行交流，建立对口支援联络机制。接待浙江大学、贵州大学和华南农业大学兄弟学院交流学习。

（李佳琪）

【学生工作】

2019年，植物保护学院毕业生269人，其中，本科毕业生99人，硕士毕业生114人，博士毕业生56人。截至10月底，本科生就业率为86.87%，深造率为55.56%；硕士毕业生就业率为92.99%，博士毕业生就业率为94.64%，总就业率为91.08%。毕业生赴西部就业27人，19人选聘为基层选调生，1人选聘为大学生村官。

2019年，植物保护学院深入推进"三全育人"工作理念，举办"思得沙龙"7期、"农声讲坛"4期、"相约星期二"9期，邀请校内外嘉宾与同学深度交流，覆盖学生4 000余人。学院进一步发挥专业导师的育人功能，2019年持续深化"导师制"设计，共举办"导师下午茶"16期、"校友说"2期、"师声花语"4期，"本科生进实验室"活动的成功举办让同学们感受科研的魅力，激发他们的科研兴趣。10月1日，学院共有76名同学参加国庆70周年庆祝活动，其中，60名同学参加群众游行活动，4名同学参加广场合唱活动，6名同学参加群众联欢活动，2 名同学作为游园志愿者，4 名同学作为保障工作志愿者。10 月 18 日，学院召开参加新中国成立 70 周年庆祝活动人员表彰大会。11 月，植物保护学院团委举办“金色的希望”昆虫文化节，此次活动分为昆虫美食节、昆虫摄影大赛投票、手绘 T 恤大赛、昆虫知识有奖竞答、昆虫琥珀制作 5 个模块。11 月，植物保护学院组织学院全体本科生新生、研究生新生前往天安门广场观礼升旗仪式。12 月，植物保护学院凭借舞台剧《我心飞翔》的表现获“壮丽七十年，奋进新时代”一二·九文艺展演一等奖及最佳组织奖。

9 月，植物保护学院举办第一届大学生植物保护专业能力大赛，竞赛分为现场标本制作、基础知识和植物病虫害识别以及昆虫微景观展示（或学术交流报告）3 个模块。9 月 21 日，第二届全国大学生植物保护专业能力大赛在华中农业大学举办，植物保护学院获得团体特等奖，“创新创业优秀项目展示”模块特等奖，“植保专业本科生学术交流报告”模块特等奖，“植保专业技能大赛”模块一等奖。

（李佳琪）

【党建工作】

2019 年，植物保护学院共召开党政联席会 18 次，党委理论学习中心组集体学习 10 次，举办教职工集中学习 8 次，集中观影 1 次。全年共召开党支部书记例会 21 次，集体学习专题 10 余个，共读经典 3 部；举办植物保护学院青年教师创新沙龙活动 13 次。

2019 年，学院组织开展“不忘初心、牢记使命”主题教育活动，主题教育期间，植物保护学院党委理论学习中心组开展集中学习 8 次，集中研讨交流 6 次，调研成果交流会 2 次，“两对照，一查找”专题会 1 次，民主生活会 1 次，领导班子讲党课 1 次，并围绕 6 个调研主题深入开展调查研究工作，召开座谈会 10 余次，总结梳理各项问题 20 余项，并提出相应整改措施。

2019 年，学院共发展党员 68 人，其中，本科生 29 人，研究生 37 人，教职工 2 人。继续开展党委委员联系党支部制度，党委委员为联系党支部讲授党课 10 余次；组织“讲好中国故事——砥砺奋进七十载　继往开来新时代”活动共 7 期，覆盖全体党员。学院党委组织党支部书记及教工党员赴红旗渠开展红色教育实践培训；组织入党积极分子前往香山双清别墅、来青轩进行实践参观学习；组织发展对象参观“伟大历程　辉煌成就——庆祝中华人民共和国成立 70 周年大型成就展”。

（张旭东）

【教代会与工会工作】

学院工会以“新家园、新举措、新气象”为主题，不断提升师生的获得感、幸福感。2019 年年初，植保学院教职工之家建成，大量健身器材投入使用，包括乒乓球台、跑步机、动感单车、卧推架、登山机等。学院工会请专业健身教练指导教职工使用器材，并举办瑜伽班，丰富教工的文化生活，提高教职工的身体素质。学院组织教职工分别赴爨底下村、双龙峡和坡峰岭进行登山健步走活动，参与人数 108 人次。3 月，学院第二届春季运动会在西校区足球场举行，全院教职工共 100 人分为 4 支队伍参加了同心协力走、羊角球接力赛、鸿运彩球、众星捧月、拔河等趣味类项目。9 月，学院工会积极组织师生参与中国农业大学“辉煌七十载，唱响新时代”2019 年中国农业大学教职工合唱比赛，并取得优异成绩。

（张迪）

生物学院

【学院概况】

生物学院始建于1984年，是国内各大院校中最早设立的生物(生命科学)学院。学院现设有植物科学、动物学与动物生理学、微生物学与免疫学、生物化学与分子生物学4个系和教学中心。2019年，生物学院在校内共有建筑面积4.64万平方米。

（饶晓盼）

【学科与专业建设】

学院拥有植物学、微生物学、生物化学与分子生物学3个国家级重点学科，以及动物学北京市重点学科(二级)和生物学北京市重点学科(一级)。依托农业生物技术国家重点实验室、植物生理学与生物化学国家重点实验室以及农业农村部土壤微生物重点实验室建设，在植物/作物响应环境胁迫的分子调控机理、水分养分高效利用的分子生理基础、作物抗逆高效的分子设计与种质创新以及作物抗逆高效的化学调控技术等方面取得一系列具有重要国际影响的研究成果，研究水平已处于国际一流行列。在动物基因组学与基因工程、作物分子遗传与基因工程、农业微生物与基因工程和分子病毒学与免疫工程等领域，学术水平处于国内领先、国际上有影响的地位。

学院拥有生物学一级学科博士学位授予权，在植物学、生理学、微生物学、神经生物学、遗传学、细胞生物学、生物化学与分子生物学、生物信息学8个专业招收硕士和博士研究生，并设有生物学博士后流动站。2019年12月，学院和农学院合作共建作物学博士后流动站，至此学院可以招收生物学流动站和作物学流动站博士后。

本科教学开设生物科学和生物技术2个专业，拥有生物学国家理科基础科学研究与教学人才培养基地、国家生物技术人才培养基地、国家生命科学实验教学示范中心，是教育部农业生命科学人才培养模式创新实验区。

（饶晓盼）

【师资队伍】

学院有教职员工164人，其中，中国科学院院士1人，中国工程院院士1人，正高级职称58人(教授56人、研究员1人、教授级高级实验师1人)，副高级职称69人(副教授54人、副研究员3人、高级实验师11人、副编审1人)。教育部“长江学者奖励计划”特聘教授8人；国家“万人计划”科技创新领军人才3人；“百千万人才工程”国家级人选3人；国家重大基础研发项目及“973”项目首席科学家7人；国家杰出青年科学基金获得者14人；国家优秀青年基金获得者7人，青年长江学者2人、国家千人计划青年项目5人。国家自然科学基金委员会优秀创新群体4个。

2019年，引进杰出人才2人(杨光辉、英郑欣)，优秀人才4人(侯文雅、杜旭光、焦健、李景睿)，教学/科研辅助人员2人(王书伟、许会敏)，辅导员1人(孙浙)。新晋升教科型教授2人(王超、张永亮),教学型教授1人(刘朝辉),教授级高级实验师1人(王宝青)。六级职员冯丽华,高级实验师闫红、李藏铭,副编审郭霞等教师退休。史长丽调离学院,苟克勉、张美佳调离学校。

2019年,生物学流动站博士后进站14人,出站10人,退站1人,在站博士后31人。

(迪娜 王欣)

【本科教学】

2019年,学院录取生物大类新生85人,生命科学理科试验班新生50人;共录取新生135人,其中,男生49人,女生86人,北京生源10人,京外生源125人。团员121人,群众14人,少数民族11人(蒙古族1人、满族3人、朝鲜族1人、彝族1人、回族2人、布依族1人、壮族1人、羌族1人),继续与首都师范大学(北京农学院)联合培养学生20人,在生物学院就读3年。截至2019年12月,学院在校本科生570人(含双培生59人)。

学院23名同学参加学校的交流项目,14名同学参加学校的暑期交流,4名同学参加美国康奈尔大学联合培养,1名同学参加美国马里兰大学联合培养,4名同学参加美国普渡大学联合培养。

曹勤红老师指导的毕业生郝芳池的论文"应对超级致病菌新策略——广谱杀菌肽"被评为北京市优秀论文。

学院230人在第五届北京市大学生生物竞赛中获得奖励,其中,一等奖10人,二等奖68人,三等奖152人;110人参加中国农业大学奇思妙想竞赛选拔赛,35人获奖,其中,一等奖3人,二等奖10人,三等奖22人。

学院"完善创新型人才培养的全过程育人体系"获批北京市2019年教改项目。学院获得校级教改立项14项,其中,后立项校级教改项目12项,"专业课发挥思政教育功能"2项。院级"双一流"经费支持学院教学改革项目20项,其中,虚拟仿真实验项目3项。

何群老师荣获"宝钢优秀教师奖"。

学院发表教改论文1篇、主编、参编教材4本。修订"十三五"普通高等教育农业农村部规划教材、全国高等农业院校"十三五"规划教材1本——《病毒学》(第二版)。

11月,学院15名本科生组成的CAU-China代表队在国际遗传工程机器大赛中,通过精彩演讲和海报展示等多个环节向与会评委展示了本团队在植物纤维素转化虾青素方面的研究成果,以及在推动合成生物学发展方面做出的努力,最终获得了比赛的金牌,是学院自2013年组队参赛以来,首次获得金牌。

(马俊瑜)

【研究生教学】

2019年,学院共招收博士研究生139人(其中,普通博士研究生45人,直博生94人),硕士研究生26人,总计招收研究生165人。学院在校研究生762人,硕士研究生59人,普通博士研究生174人(含朝鲜留学生2人,巴基斯坦留学生4人),直博生529人。

学院共有93名博士研究生,33名硕士研究生(含直博生转硕)毕业。87名博士研究生获得理学博士学位(含往届生),35名硕士研究生获得理学硕士学位(含直博生转硕、博士毕业硕士学位)。其中,6人荣获"北京市级优秀毕业生"称号,14人获得"校级优秀毕业生”称号。硕士研究生就业率为 93.94%，博士研究生就业率为 91.76%，总就业率为 87.04%。

学院获得校级优秀博士研究生学位论文 1 篇，论文题目为《盐碱胁迫下拟南芥 14-3-3 蛋白对蛋白激酶 SOS2 和 PKS5 调控的研究》，作者为生物化学与分子生物学专业博士研究生杨志佳，导师为杨永青、郭岩。

学院设立“院长奖学金”，引导研究生潜心科学研究，激励做出重要科研贡献的延长修业年限博士研究生。2019 年，学院研究生学术年会暨国家奖学金评定答辩会，经 19 名专家进行答辩评分，4 名专家进行实验记录评分，13 名博士研究生和 2 名硕士研究生获得国家奖学金，齐立娟、刘国永同时荣获国家奖学金和校长奖学金；陈洁、王西等 5 名同学获得院长奖学金。田利飞、刘涓涓等 19 名研究生获得宝钢优秀学生奖学金、大北农励志奖学金、孟山都奖学金、香港崇正奖学金、“寻梦未来”奖学金等各类专项奖学金。齐立娟等 6 名同学获得优秀实验记录奖，郅明雷等 3 名同学获得优秀学术报告奖，张佳伟等 10 名研究生获得优秀学术墙报奖。夏玉鑫、张钰等 114 人荣获博士一等学业奖学金，蒋慧、姚亚森等 241 人获得博士二等学业奖学金，李德雨、王羽翕等 7 人获得硕士一等学业奖学金，刘晓虎等 3 人获得硕士二等学业奖学金，奖学金覆盖率达 47.2%。

学院通过基金会专项助困款 2.6 万元，对 12 名申请经济困难认定的研究生进行资助，协助 31 人申请生源地国家助学贷款，23 人申请缓交学费。学院设立研究生助管岗位 20 个，研究生助教岗位 132 个，为学生提供多样化勤工助学机会。

7 月 15—20 日，学院举办第九届“中国农业大学生命科学”夏令营，成功吸引来自山东大学、华中科技大学等 76 所高校的 300 余名同学报名。经过筛选来自全国 47 所高校的 98 名同学参加此次夏令营。其中，58 人确定拟录取意向，21 人推免至学校，18 人报考学校研究生。

（宋致远）

【科学研究】

2019 年，学院新立项各类项目共计 51 项，国家自然科学基金面上项目 18 项、国际合作项目 2 项、青年科学基金项目 3 项，获创新研究群体项目 1 个，新立项科研项目合同经费累计 10 642.58 万元。全年到校科研经费 21 959 万元。以第一作者或通讯作者累计发表 SCI 论文 125 篇、EI 论文 8 篇，累计影响因子 651.215，平均单篇影响因子 5.252，影响因子大于 5.0 的论文 46 篇，学科前 10%论文 43 篇。

学院教师申请发明专利获批 30 项、实用新型 1 项，软件著作权 1 项。陈三凤教授等人荣获“2019 年度教育部科学技术发明二等奖”。

5 月 18 日，学院召开学术委员会会议，评审“双一流”建设科研创新与社会服务及人才培养项目。学院科研创新项目共立项 18 项，用于支持学院教师开展科研创新工作需要；为推进科研转化和社会服务，学院将根据科研转化和社会服务成效予以支持；学院“双一流”建设经费根据师资队伍建设需要设立了引进人才支持项目，对引进的杰出和优秀人才予以项目支持。为鼓励高水平科研产出，学院还对上一年度教师发表的高水平学术论文予以奖励。项目前期评审邀请了校外知名专家到校进行评议。

（迪娜）

【合作交流】

学院继续加强与国内外科研院所及来人来访的开放交流。邀请外籍专家合作交流55人次;派出教师参加国际会议或学术访问39人次;成功举办"第三届大禹青年学者分论坛暨青年学者招聘会",邀请到8位海内外顶尖大学和科研院所的青年学者学习和交流。学院派出2名教师(李媛、张然)赴国外学习、开展合作研究;派出2个学生团组赴国外学习交流。

学院与河北大学生命科学学院就合作交流举行了签约仪式。双方围绕师资队伍、科研平台建设、人才培养等方面进行了深入研讨,寻求对接共建途径和措施,以期双方合作取得实效和共赢。

(迪娜)

【行政工作】

学院办公室在岗行政人员8人,承担学院行政管理、教师事务管理、学生事务管理和研究生培养管理工作。学院完善各类规章制度,简化办事流程,促进科学管理。

2019年,新增国有资产643台件,资产总额32 842 669.17元,报废310台件,完成学院2016年1月至2019年9月入账的2 438件固定资产清查工作。

(王欣)

【学生工作】

学院秉承"正德厚生、生生不息"的院训,坚持"巩固、提高、创新"的指导思想,开展团学工作。以党建带动团建,将本科生、研究生党支部、团支部、班级的体系重新梳理,建立联动机制。进一步深化学生组织制度改革,学生会精简优化组织机构,加强对院级社团的管理,开展第四期共青团业余团校,助力青年学生思想引领和能力提升。

加强育人体系保障,选聘。周波、孟雷、傅缨、王超老师获评学校"优秀班主任"称号,孟雷老师获评学校"优秀教育工作者"称号。

学生获得多项集体和个人奖项,包括:

试验171团支部获得"北京市先锋杯优秀团支部"称号;生物181班获得"北京市先进班集体"称号;2名同学获得"北京市三好学生"称号;1名同学获得"北京市先锋杯优秀团干部"称号;1名同学获"北京市先锋杯优秀团员"称号;1名同学获得"北京市优秀学生干部"称号。

试验171团支部、试验181团支部、生物171团支部、生物181团支部获得校级"优秀团支部"称号;生物181班、生物183班获得校级 "优秀班集体"称号;院学生会获得校级2019年度优秀学生会评选二等奖;成宇琪同学获得中国农业大学"五四青年标兵"称号,试验171团支部获中国农业大学"五四青年标兵集体";4名同学获得校级第十三届"志愿农大"优秀志愿者称号;95名学生(本科40名、研究生55名)获得校级"三好学生"称号;32名学生(本科13名、研究生19名)获得校级"优秀学生干部"称号;16名同学(本科14名、研究生2名)获得校级"优秀团干部"称号;24名同学(本科10名、研究生14名)获校级"优秀团员"称号;15名同学获得校级社会工作奖学金;5名同学获得校级文化活动优秀奖;8 名同学获得学院贡献奖。

10 月,伟大的祖国 70 华诞,103 名生院人躬逢盛事,以饱满的精神状态为伟大祖国献上生日祝福。在中华人民共和国成立 70 周年活动中,有 72 名师生参与广场群众游行活动,14 名师生参加广场合唱与联欢活动,17 名同学参与志愿服务岗位工作。由 60 位生院师生组成的教职工合唱团在 2019 年庆祝新中国成立 70 周年教职工合唱比赛中表现优异,获得了三等奖。

学院共有 38 名同学申请经济困难认定,均获得国家助学金,其中,11 人新评、续评各类社会助学金。学院利用学校专项助困款 112 491.5 元,共资助 332 人次,主要用于勤工助学工资发放和经济困难学生的返乡补助等。设立勤工助学岗位固定岗位 11 个,共计 295 人次参加勤工俭学工作,发放勤工助学工资共计 90 879 元,发放临时补助 2 万余元。10 名学生申请生源地国家助学贷款,1 名同学申请校园地国家助学贷款。

学院共组织 398 名本科生参加奖学金评定,其中,174 人(263 人次)获得奖学金,综合获奖率为 43.73%,总金额 74.07 万元。家庭经济困难学生获奖率为 68.57%,学生党员获奖率为 55.17%,学生干部获奖比例为 50%。

(孙浙)

【党建工作】

2019 年,生物学院党委坚持以习近平新时代中国特色社会主义思想为指导,全面贯彻落实党的十九大精神,加强学院党委领导,党政班子密切配合,以立德树人为根本,积极围绕学校、学院的工作重心,推进"两学一做"学习教育常态化、制度化,扎实开展"不忘初心、牢记使命"主题教育,认真贯彻守初心、担使命,找差距、抓落实总要求,坚持将学习教育、调查研究、检视反思、整改落实、组织领导有机统一,检视差距,真抓实干,群策群力,深入推进学院各项事业发展。

坚持学院党委的全面领导,充分发挥党委会、党政联席会议和学术学位委员会的作用,实现党委把关、民主集中、会议决策制度的有效运转,将党委领导、行政决策和学术引领有机结合。对学院党委会和党政联席会议事范围进行了细化和完善,规范了议事流程。全年组织党委会 15 次、理论学习中心组学习 11 次、党政联席会 17 次。学院领导班子、系主任、学术委员会、学位评定委员会委员均进行了调整,完成学院干部选聘工作。

抓牢抓实意识形态工作。学院党委主动贯彻落实意识形态工作责任制,积极履行主体责任,落实"一会一报"和意识形态把关职责。积极组织开展教师理论学习,全年共开展教师理论学习 18 次。重视教师理论学习与师德师风建设融合促进,提升教师政治素养和促进教师业务发展紧密结合。

夯实基层党支部工作。推广基层经验,各教师支部将每月开展主题党日活动时间固定化,提高支部活动的实效性,不断推进支部规范化建设。在学院暑期野外实习和国庆 70 周年庆祝活动训练过程中,分别组建师生联合临时党支部,团结互助开展素质教育和思想政治学习。植物科学系党支部的活动获得学校立项批准;植物科学系的朱蕾老师通过"双带头人"科技创新培育专项立项;办公室党支部"青春告白祖国,献礼 70 周年"获得学校"十佳主题党日活动";生物化学与分子生物学系党支部和研究生第三党支部被评选为校级新时代“样板党支部”；研究生第十四党支部与香山街道六号院党支部的支部共建，获得北京高校红色“1＋1”活动优秀奖。

发展青年师生加入党组织取得成效。2019 年，247 人参加了积极分子、发展对象、预备党员等二级党校教育培训。发展党员 56 人，其中，教师 2 人，本科生 17 人，研究生 37 名。在 2018 年发展 1 名优秀引进人才基础上，今年发展 1 名引进优秀人才和 1 名科研助理加入到党员队伍中。目前，学院已储备优秀人才、实验师等入党积极分子。

接受学校巡察，认真落实巡察整改。3 月 18 日至 4 月 18 日，第五巡察工作组对学院党委开展了巡察，并于 6 月 13 日向学院反馈巡察意见。学院党委充分认识学校巡察的重要意义，对巡察工作高度重视，认真配合学校巡察组开展工作，认真准备并整理相关文件资料。期间，学院 141 名教职工填写了调查问卷；94 名教职工参与了个别谈话；学院党委高度重视巡察反馈，认真落实巡察整改工作，做到即知即改、立行立改，以落实整改全面推动学院事业更好更快发展。

（赵淼）

【教代会与工会工作】

2019 年，学院工会组织羽毛球、气排球、乒乓球、登山、新春健走、香山香炉峰登顶等活动；参加学校工会组织的羽毛球团体赛，获得亚军；参加学校工会组织的教工乒乓球比赛，获得女子单打前八名；参加学校春季运动会和趣味项目活动；承办学校工会西区瑜伽练习活动，开展瑜伽活动 25 次，在锻炼身体的同时加强了学院教师和学生的沟通和交流。

学院工会组织端午节、母亲节艺术插花，烘焙，参观北京农业嘉年华、北京世界园艺博览会、香山双清别墅，观看影片《我和我的祖国》和《中国机长》，参加学校工会组织的国庆合唱比赛等文化活动。

学院工会举办首届自然科学亲子探索营，举办青年教师沙龙活动 2 次，举办新教工入职和退休教工光荣退休活动仪式，组织青年教师教学基本功比赛和校级名师选拔，邀请国家级教学名师为青年教师授课、介绍经验，组织骨干教师访问北京大学生命科学院实验教学中心，组织教师参观学习录播工作坊，协助青年教职工更快融入学院大家庭，起到教师和学院沟通桥梁的作用。

建设学院职工小家，更新健身器材，方便学院教职员工锻炼身体。

（李溱）

【校庆、校友和文创传承工作】

为庆祝新中国成立 70 周年，迎接农大 114 周年华诞，举办“校史院情有奖竞答”活动。10 月 12 日晚，学院通过“中农生院校友平台”微信公众号，召集校友、在校师生举办“荧光夜跑”活动，百余名师生按照规定路线围绕校园夜跑到达老校门并用荧光棒等摆出“祖国万岁”“CAU”“CBS”“114”等造型祝福祖国繁荣昌盛，庆祝母校生日。10 月 19 日，举办“校友返校日”活动，在生命科学研究中心迎接回访母校的校友。

设立一流学科建设文化传承专项，挖掘和传承学科优良文化，制作完成陈文新、阎隆飞院士宣传视频。7 月 13 日，植物生理生化学术研讨会暨阎隆飞院士诞辰 100 周年纪念会在生命科学中心报告厅隆重举行。中国科学院院士唐孝威、孙大业、武维华、曹晓风，中国工程院院士刘旭，校长孙其信、华中农业大学校长李召虎、河南大学校长宋纯鹏、山东农业大学校长张宪省、校党委常务副书记张东军、贵州省农科院党委书记兼院长赵德刚、西北大学副校长常江等出席大会。

（王欣、宋致远）

资源与环境学院

【学院概况】

资源与环境学院成立于1992年4月，由原北京农业大学的土壤与农业化学系、土地资源系、农业气象系和遥感研究所等单位合并而成，是全国第一个农业资源与环境学院。2019年，资源与环境学院设置4个系：植物营养系、农业气象系、生态科学与工程系和环境科学与工程系。

（王雪娟）

【学科与专业建设】

学院现有农业资源与环境、生态学、环境科学与工程3个博士学位授权一级学科点，大气科学1个硕士学位授权一级学科点，资源利用与植物保护、资源与环境2个硕士专业学位授权点。农业资源与环境为国家重点一级学科，生态学为北京市重点一级学科。博士后流动站3个，其中，环境科学与工程学科博士后流动站为本年度新增流动站。

学院拥有教育部植物-土壤相互作用重点实验室、生物多样性与有机农业北京市重点实验室、农田土壤污染防控与修复北京市重点实验室3个省部级重点实验室，河北曲周绿色农业教育部野外科学观测研究站、农业农村部武川农业环境科学观测实验站、农业农村部桓台农业环境科学观测实验站3个省部级野外站。校级研究中心3个，校级野外基地4个。

（王雪娟）

【师资队伍】

学院共有教职工125人，其中，专任教师107人，包括教授（含研究员等正高职称）48人、副教授（含副研究员等副高职称）58人；博士生导师107人、硕士生导师143人；工程院院士1人，“长江学者奖励计划”特聘教授1人，国家杰出青年科学基金获得者4人，国家优秀青年基金获得者1人，国家有突出贡献专家2人，享受政府特殊津贴专家3人。北京市教学名师1人。

2019年，学院引进各类人才19人，退休1人，晋升正教授3人，副教授2人，博士后研究人员在站40人，进站18人、出站15人。

在2019年学校的“人才培育发展支持计划”中，学院入选各类个人岗位合计16人，其中，讲席教授A类1人，领军教授A类2人，领军教授B类7人，青年新星A类3人，青年新星 B 类 3 人；入选各类创新团队共 5 个，其中，杰出科学家工作室 1 个，国家创新团队 1 个，高水平创新团队 3 个。

（王雪娟）

【本科教学】

2019 年，招收本科生 151 人，分为 5 个自然班。2019 年，毕业本科生 110 人，其中，资源环境科学专业 28 人，环境工程专业 34 人，环境科学专业 1 人（14 级延期），应用气象学专业毕业 30 人，生态学专业毕业 17 人。3 人因课程或论文未达到培养方案要求，未取得学位证书。27 人获得保送免试攻读硕士学位资格，保研率为 20.5%。

开设本科课程 114 门，春季学期有 60 人次、秋季学期有 103 人次参与了本科教学，教学工作进展顺利。获批校级核心课程 25 项，课堂思政项目 4 项。小学期安排实习 14 门，以学院为单位组织了 2018 级资源环境认知实习、2017 级农业资源环境专业实习和 2016 级资源环境野外综合实习。

实验教学中心本年度承担 37 门课程的 240 余个实验，接纳 2.6 万人学时本科生实验教学任务，并且为气象学实习、地质学实习、测量学实习，以及土壤地质大实习、16 项 URP 项目、毕业设计、国家级大学生创新创业训练项目（简称“国创”项目）提供了相关实验设备和支撑服务。

学院继续实行本科生 URP 全员参与，2019 年获批大学生创新项目 31 项，其中，国家级创新项目 17 项，北京市级创新项目 14 项，获批经费共计 48 万元。

为促进教学改革，学院专门成立了由教学副院长和分党委副书记共同担任组长的创新创业教育教学工作组，负责 URP、大学生创新项目的咨询、评审及日常指导等工作。

（刘依）

【研究生教学】

研究生在校 750 人，其中，博士生 263 人、硕士生 487 人。2019 年，学院招收研究生 319 人，其中，全日制硕士研究生 248 人（全日制学术型硕士研究生 102 人、全日制专业学位硕士研究 112 人、硕士留学生 34 人），博士研究生 71 人（硕博连读生 18 人、博士留学生 4 人）。在校留学生 53 人。新增烟台专项和非洲科技小院专项，非洲科技小院专项为 2019 年首次招生，共计 34 名非英语国家的留学生。

2019 年，毕业研究生 247 人，其中，博士毕业生 69 人（含博士留学生 4 人、同等学力博士 2 人），硕士毕业生 178 人（含学术型硕士研究生 113 人、专业学位硕士研究生 65 人）。

（张玲娥　王谦）

【科学研究】

2019 年，学院新增科研项目 133 项，其中，纵项项目 76 项，横项项目 57 项，年度到账经费 12 226 万元。获批国家自然科学基金资助 21 项，其中，面上项目 11 项，青年项目 9 项，国际（地区）合作与交流项目 1 项，获批经费 878.5 万元。

发表 SCI 收录论文 245 篇，EI 收录论文 114 篇，SSCI 收录论文 19 篇，三大检索收录论文篇次合计 378 篇。影响因子大于 5.0 的 SCI 论文 54 篇，ESI 前 10%论文 76 篇，ESI

前10%～20%的论文78篇。

李国学教授团队主持的“基于污染物减控的畜禽粪污循环利用关键技术及应用”项目获得2018—2020年度神农中华农业科技奖科学研究类成果奖一等奖。李季教授团队主持的“有机肥料工厂化生产技术装备研发与推广应用”项目获得2016—2018年度全国农牧渔业丰收奖农业技术推广成果奖一等奖。杨晓光教授团队主持的“气候变化对我国粮食作物生产的影响与适应机制”项目获得2019年度高等学校科学研究优秀成果自然科学奖二等奖。巨晓棠教授参报的“农田温室气体监测体系创建与稳产减排技术应用”项目获得2018—2019年度神农中华农业科技奖科学研究类成果奖二等奖。

（马春秀）

【社会服务】

2019年，学院师生在绿色发展、乡村振兴、精准扶贫等领域取得了较好的工作进展。张福锁院士团队在北京市委统战部的领导下，共建立了9家“北京科技小院”，探索建立了“科技小院”精准帮扶新模式。李国学教授作为国家绒毛用羊产业技术体系粪污处理岗位专家，多次率领团队青年教师和研究生赴陕西、甘肃、宁夏、青海等四省，就畜禽粪污资源化利用展开调研、培训和指导工作。李季教授撰写的《关于加快我国城乡有机废弃物处理利用的建议》获得韩正副总理的重要批示。

（马春秀）

【合作交流】

2019年，学院进一步加强国际交流合作，获批科技部高端外国专家引进计划2项，项目金额合计90万元。全年共邀请外籍专家229人次，举办学术讲座55场。中国农业大学国家绿色发展研究院联合荷兰瓦赫宁根大学承办了中国农业绿色发展高端论坛暨第二届农业绿色发展国际研讨会。

加强国际交流与合作，不仅要“引进来”，更要“走出去”。截止到2019年12月12日，学院出访教职工（含博士后）113人次，出访学生共120人次，其中，博士生76人次，硕士生29人次，本科生15人次。学院师生共出访32个国家和地区，出访任务包括学术访问、学术交流和学术会议。

（尤泽西）

【学生工作】

2019年，资源与环境学院毕业生共计326人，就业率为92.88%。本科生就业人数102人，就业率为91.07%；硕士生就业人数168人，就业率为93.85%；博士生就业人数56人，就业率为93.33%。

2018—2019学年，学院本科生奖学金总额为61.71万元，共计239人次获奖。研究生奖学金总额为152.9万元，共计293人次获奖。确定经济困难学生103人，共有131名本科生和研究生申请国家助学贷款。全年累计发放特困基金12.8万元，覆盖人群392人次。

学院创新创业教育工作取得较好成效。2019年，“科技小院——绿色发展和科技扶贫的探索者”项目获得第五届中国“互联网＋”大学生创新创业大赛(北京赛区)一等奖,“磷动力——绿色磷肥增效剂的开拓者”“基于作物模型的智慧农作管理平台”“可移动式智能一体化污水净化系统的生产与推广”3 个项目获得第五届中国“互联网＋”大学生创新创业大赛(北京赛区)三等奖。

深入开展主题团日和志愿活动。对各支部进行“分类指导”,先后完成参观首都博物馆、观看阅兵的视频、“以曲周调研为出发点谈农业农村发展”等特色团日活动 43 次。志愿者支队完善志愿者信息登记管理、建立志愿者认证制度、新招募志愿者 200 名,并顺利完成 2019 年度火车站迎新工作,全天共发送班车 25 趟,共接到新生(含研究生)及家长共 701 人。组织学生志愿者分赴东、西两校区讲解“使命与传承:中国农业大学曲周精神事迹展”,先后为校内外参观群众义务讲解 15 次,覆盖人群 1 000 人。学院组织 60 余名师生志愿者参与了庆祝国庆 70 周年活动的群众游行和服务保障等任务。

学院“心语涟漪”二级心理辅导站于 11 月举行挂牌暨心理咨询师聘任仪式。为学生提供心理咨询、学业咨询、职业生涯规划咨询,同时开放网上心理咨询。

(孙钰　于秋洁　姜萌　高纹曾　路庆玲)

【党建工作】

2019 年,资源与环境学院党委共有党员 554 人,其中,教职工党员 111 人(含曲周实验站 10 人、退休教师 5 人),本科生党员 76 人,硕士生党员 180 人,博士生党员 140 人,托管党员 47 人(含出国留学党员 28 人)。设党支部 30 个,其中,教工党支部 7 个,博士生支部 8 个,硕士生支部 12 个,本科生支部 3 个。

学院发展党员 94 人,其中,本科生 40 人,研究生 53 人,教职工 1 人。另有 70 名预备党员按期转正;新增积极分子 95 人。2019 年,累计完成入党积极分子培训 2 场,发展对象培训 2 场,预备党员培训 1 场,党员骨干培训 3 场,覆盖 200 余人次。

学院获“2019 年度新闻宣传工作优秀组织奖”。评选校级优秀党员 6 人,植物营养系教工党支部在 2019 年“七一”表彰中获评“先进基层党组织”,生态科学与工程系教工党支部获中国农业大学教职工党支部“十佳主题党日活动”。本科生环境工程党支部入选“全国党建工作样板党支部”提名,并获学校“党建工作新时代样板党支部”称号;科技小院硕士党支部获 2019 年北京高校红色“1＋1”展示评选二等奖;本科生资环生态党支部开展的“青春正能量,绿色社区行”系列党日活动获学校 2019 年本科生党支部优秀党日活动暨本科生党支部精品实践优秀项目。

自学校“不忘初心、牢记使命”主题教育开展以来,资源与环境学院党委严格按照主题教育的各项要求,学改做相结合,形成“及时跟进学”“坐下来学”“分类指导学”“形式多样学”“齐头并进推”的“四学一推”的工作模式。及时组织师生党支部书记培训、认真组织学习研讨、认真查摆检视问题,按照“6 个 1”的要求顺利完成各项任务。在此期间,创新专题组织生活会工作机制,实现全面检视问题全覆盖、定性定量考核全覆盖、督导指导提升全覆盖。

(翁雨晴)

【教代会与工会工作】

学院工会全年关心关注教职工身心健康,组织羽毛球、乒乓球、气排球、健步走、排球等体育活动，增强教职工的身体素质。组织教职工参加校运动会、学院趣味运动会、“白石山”夏游以及气排球、羽毛球等各项比赛。在新中国 70 周年之际，组织教职工参加了新中国成立 70 周年教职工合唱比赛，获三等奖。关注青年教工的发展，学院举办青年教师与引进人才座谈会，及时了解青年教工的需求及困难。组织青年教工参加青年管理干部岗位技能竞赛。完成了非在编会员缴纳会费及新会员入会，提高教职工的归属感。

2019 年，刘魏巍、马可获得“中国农业大学工会先进个人”称号，王谦获得“中国农业大学优秀工会干部”称号。

（于福同）

动物科学技术学院

【学院概况】

动物科学技术学院源于 1921 年北京农业专科学校创建的畜牧学科，北京农业专科学校于 1923 年更名为国立北京农业大学，畜牧学科更名为畜牧学系；1949 年由北京大学、清华大学、华北大学 3 校的畜牧学系合并成立北京农业大学畜牧学系；1993 年在原北京农业大学畜牧学系的基础上成立动物科学技术学院。1995 年 9 月，北京农业大学与北京农业工程大学合并为中国农业大学后，正式更名为中国农业大学动物科技学院。学院设置 3 个系：动物遗传育种与繁殖系、动物营养与饲料科学系和智能养殖与环境科学系。

学院拥有国家级重点实验室 2 个：动物营养学国家重点实验室和畜禽育种国家工程实验室。国家级中心 1 个：国家饲料工程技术研究中心。部级重点开放实验室 4 个：农业农村部动物遗传育种学科群综合实验室、农业农村部饲料安全与生物学效价专业实验室、北京市畜禽遗传改良和北京市生物饲料添加剂实验室。部级研究中心 6 个：国家家禽测定中心、农业农村部饲料工业中心、农业农村部饲料效价与安全监督检验测试中心（北京）、农业农村部家禽品质监督检验测试中心、农业农村部饲料质量安全监督检验中心和北京市生鲜乳质量安全工程技术研究中心。国家农业产业技术研发中心 4 个：国家蛋鸡产业技术研发中心、国家奶牛产业技术研发中心、国家肉牛产业技术研发中心和国家兔产业技术研发中心。拥有实验与实践教学中心 1 个，农科教合作人才培养基地 3 个。本科生实习基地 29 个，研究生实习基地 12 个。学院还有 6 个二级学会秘书处（世界家禽学会中国分会、动物遗传育种学分会、动物营养学分会、养牛学分会、养猪学分会、动物繁殖学分会）挂靠动物科学技术学院。

（金晓露）

【学科与专业建设】

学院拥有畜牧学国家一级重点学科，其下的二级学科动物遗传育种与繁殖、动物营养与饲料科学是国内本专业领域第一批批准设有博士点的国家重点学科。学院开设 1 个本科专业（动物科学），3 个硕士、博士学位授权点（动物遗传育种与繁殖、动物营养与饲料科学、畜牧生物工程），1 个专业学位授权点（畜牧），畜牧学博士后流动站 1 个。

2019年，学院为一流学科和一流专业建设，加强人才引进与培养，多渠道筹措发展资金。2019年，引进领军教授1人(国家杰出青年科学基金获得者)、优秀人才6人(其中，3人已通过学校人才工作委员会评审待学校审定后入职)和普通人才2人。院聘6位兼职外籍教授每年来学院开展教学与学术交流活动。2019年，"2115"人才培育发展支持计划启动元年，学院组织推荐工作，进入支持计划的高层次人才23人，包括讲席教授A类1人、讲席教授B类1人、领军教授A类5人、领军教授B类7人、青年新星A类6人和青年新星B类3人；进入支持计划的团队10个，包括杰出科学家团队和国家级创新团队6个、高水平创新团队1个和青年科学家团队3个。马曦教授入选国家"万人计划"科技创新领军人才，曹志军教授入选国家"万人计划"青年拔尖人才，安磊教授荣获第十五届中国青年科技奖获奖。学院于12月设置智能养殖与环境科学系。学院设立学院(人才)发展基金，2019年进账490余万元，第五年成功举办动物科学学科发展前沿暨青年学者论坛，并在论坛上评审学院青年英才培育计划人选并给予经费支持。

(金晓露)

【师资队伍】

学院共有教职工124人，其中，专任教师99人，包括教授(含研究员等正高职称)47人、副教授(含副研究员等副高职称)47人；博士生导师51人，硕士生导师82人；中科院院士1人，工程院院士1人，"国家千人计划青年项目"1人，长江学者特聘教授2人，青年长江学者2人，国家高层次人才特殊支持计划(简称"国家特支计划")科技创新领军人才4人，"国家特支计划"青年拔尖人才3人，农业科研杰出人才4人，国家杰出青年科学基金获得者6人，有突出贡献中青年专家1人，"百千万人才工程"国家级人选4人，优秀青年科学基金获得者2人，北京市科技新星10人，享受政府特殊津贴专家5人，国家现代农业产业体系-首席科学家4人，岗位科学家16人。国家自然科学基金优秀创新群体1个，教育部创新团队2个，农业农村部创新团队4个。

本年度引进各类人才5人，退休1人，晋升正教授2人、副教授2人，博士后研究人员在站31人、进站11人、出站7人。

(张地方)

【本科教学】

2019年度，学院本科生在校388人，招生120人，毕业90人。

2019年，曹志军和王书敏分获北京市青年教师教学基本功比赛工科类一等奖和二等奖。曹志军主持的项目获得首都大学生思政工作实效奖(唯一农业类项目)。本科生获得国内外竞赛项目共9项。胡永飞教授以第二副主编身份公开出版教材《肠道菌群与精准营养健康》；曹兵海教授编著《国外肉牛产业研究》，苏华维副教授担任副主编；戴兆来副研究员主译《动物营养学原理》，武振龙教授担任第四主译；袁建敏教授和张炳坤副研究员审校《全球蛋史》。

学院以核心课为中心，组建6个基层教学研究组织，覆盖全院专任老师及所开设的课程。完善核心课程MOOC建设，"畜牧生物统计学与实验设计""动物遗传学""动物育种学"课程在智慧树平台上线。建成虚拟仿真项目"家畜体外胚胎生产虚拟仿真实验"，完成虚拟仿真实验室建设。学院动物科学专业入选首批国家级一流本科专业建设点。

有 55 位教师指导 2019 届 90 名毕业生的毕业设计，共评选出院级优秀(成绩为 A/A+)18 篇，其中，4 篇入选学校百篇优秀毕业论文。

开展 2020 届应届毕业生推荐免试攻读研究生工作改革，在考察学生成绩排名的基础上，增加科技创新成果、综合素质及科技文献阅读能力等考察内容，有 25 人获得推荐免试资格。

(王朝霞)

【研究生教学】

研究生在校 554 人，其中，博士生 247 人、硕士生 307 人。招生 213 人，其中，博士生 73 人、硕士生 140 人。毕业研究生 195 人，其中，博士生 68 人，授予博士学位 68 人；硕士生 123 人，授予硕士学位 123 人。招收非全日制农业硕士生 7 人，授予农业推广硕士学位 4 人。

完成 2020 年招生导师资格遴选(博士生导师 58 人、硕士生导师 85 人)，其中，新增博士生导师 6 人、硕士生导师 4 人。

现代农业产业技术体系专项招生 21 人，依托牧草、蛋鸡、奶牛、肉牛牦牛、兔 5 个现代农业产业技术体系，与各体系综合试验站共建培养基地，配备校内导师和校外导师，实行"实践-理论-实践"三段式培养模式，培养高层次应用型复合人才。

"牛精英"计划专项招生 15 人，依托中国农业大学研究生院和"牛精英"联盟两个平台，进一步完善制度，加深理论，对同类专业学位研究生教育进行以实践育人为核心，以培养畜牧业未来领军人才为目标，以畜牧全产业链、价值链为主线的人才培养模式改革。

全面启动动物科学技术学院专项制招收培养全日制专业学位研究生，所有专业硕士纳入专项培养，增设健康养殖专项，首次招生 23 人。

国家建设高水平大学公派研究生项目联合培养博士生 13 人，攻读博士学位 5 人。支持研究生参加国际交流 26 人，资助总额 106.5 万元。

举办大学生暑期夏令营，接收推免生人数 43 人，录取率为 62.3%，居全校第一位。

调整农业硕士核心课程 5 门：动物遗传原理与育种方法(杨宁、孙从佼)；动物繁殖理论与生物技术(安磊)；动物营养与饲养学(李胜利)；饲料加工与检测技术(贺平丽、马永喜)；家畜环境控制与生态(刘继军)。增设公共学位课 1 门：科技文献检索与论文写作课程(马曦)。

(陈爽　郑楠)

【科学研究】

学院共有在研项目 357 项(其中，横向合作项目 113 项)，2019 年到校科研经费 17 448 万元。重点研发计划项目 7 项，新增国家自然科学基金项目 20 项。其中，新增国家自然科学基金项目的数量位居全校第一。

2019 年，学院 SCI 收录 250 篇(其中影响因子大于等于 5.0 的 23 篇，进入 ESI 全球前 10%的 14 篇，进入 ESI 全球前 10%～20%的 68 篇)，EI 收录 20 篇。学院作为主报单位获得国家技术发明奖二等奖 1 项，获得省部级奖 5 项，获得社会力量奖 1 项。2019 年，学院作为主报单位，申请专利51项，授权专利24项。完成成果转化3项，转让金额32万元。

（杨坤）

【合作交流】

留学生在校生9人，招生3人，毕业2人。

来院攻读硕士学位学生1人，攻读博士学位学生2人；来院交流博士后1人，专家学者共计65人；14名学生参加领域内的重要国际学术会议并作报告，64名学生参与短期交流项目；共选派3名本科生参与交换生项目，选派24名研究生出国留学，其中，联培16人，攻读博士学位8人。

2019年，接待爱尔兰驻华大使李修文、哈萨克斯坦农业部副部长伊萨耶娃等政要来访，接待美国康奈尔大学、美国加州戴维斯分校、新西兰林肯大学、澳大利亚悉尼大学等高校访问团。

6月6日，学院与北京康普森生物技术公司正式签署协议，双方共建动物科技学院动物基因组与生物信息研究中心。10月15日，第四届国际动物科学和生物技术论坛在动物科技学院农业农村部饲料工业中心举行，来自美国、韩国、日本、中国的专家参加了此次论坛并带来精彩的学术报告。11月2日，举办动物科学技术学院学科发展前沿暨青年学者论坛，邀请山东农业大学、东北农业大学、四川农业大学、西北农林科技大学、厦门大学、浙江大学及学院的9位畜牧学学科专家做了主题报告。11月22—30日，学院获批学校25万元专项经费，组织师生一行23人访问柬埔寨皇家农业大学、越南国立农业大学等单位，并参观了当地7个农场，调研了我国和柬埔寨、越南在畜牧业教育教学、科学研究、产业融合等方面的合作潜力。在中国-柬埔寨农业合作中心的基础上，在柬埔寨皇家农业大学设立了“中国农业大学学生社会实践基地”。动物科学技术学院国际化平台获批教育部“中美青年创客交流中心”，团队获得2019年教育部优秀工作案例（全国共10个）。

（张地方　郑楠　杨坤）

【学生工作】

2019年共有605人次获得不同层次奖学金，其中，本科生284人次，研究生321人次；累计发放额度为2 753 900元，其中，校级奖学金1 906 900元，院级奖学金847 000元。发放各类资助共计145 927元，发放社会助学金和国家助学金345 500元，累计101人次。

学院总就业率为93.38%，其中，本科生为87.15%，硕士生为95.31%，博士生为100%。

学院共有2人获得北京市三好学生称号，65人获得校级三好学生称号，11人获得校级优秀团干部称号，16人获得校级优秀团员称号，1人获得北京市优秀学生干部称号，10人获得校级优秀学生干部称号，12人获得校级优秀研究生干部称号。动科182、184团支部获得校级优秀团支部称号，动科183、184班获得校级优秀班集体称号，动科183班获得市级先进班集体称号。

学院获批中国农业大学首批二级心理工作站；组织“现代牧场·智慧农业助力乡村振兴”暑期社会实践专项行动，赴4省10市开展牧场调研活动，新建6个实习实践基地；

获得第十三届“志愿农大”优秀项目以及优秀团体称号，另有 11 人参与北京世园会志愿者项目，70 名师生参与新中国成立 70 周年庆祝活动。

学院实施“同心圆 521”三全育人建设工程，取得一系列成果，包括首都大学生思政工作实效奖二等奖，教育部中美青年创客交流中心，第五届中国“互联网＋”大学生创新创业大赛北京赛区金奖、全国总决赛银奖，教育部优秀工作案例奖，北京市红色“1＋1”评选活动三等奖、优秀奖等。

（蔡荣烺）

【党建工作】

学院现有党员 509 人（正式党员 442 人），其中，教职工党员 107 人，研究生党员 320 人，本科生党员 57 人，其他因出国、退休等暂存组织关系 23 人；教工党支部 4 个，每个系至少有 1 位党支部书记担任系主任或副系主任；研究生党支部 10 个，本科生党支部 4 个。共发展党员 64 人，其中，本科生 36 人，研究生 28 人。70 名预备党员转正，完成入党积极分子培训班 2 期、发展对象培训班 2 期、预备党员培训班 2 期。“七一”表彰校级先进基层党组织 1 个，校级优秀党务工作者 1 人、校级优秀党员 7 人、院级优秀党员 37 人。

2019 年召开党委委员会议 20 次，党政联席会 18 次，理论学习中心组学习 13 次，召开民主生活会 2 次，有 424 名党员参加民主评议，评议结果为优秀党员 126 人、合格党员 297 人、基本合格 1 人。为引导教师成长成才，加强思想政治工作，学院开展理论学习大讲堂 5 次，分别前往西柏坡、曲周和四川开展实践 3 次，开展“青椒荟”8 次。规范基层党支部换届、党费收缴工作，加强基层党组织建设，认真落实意识形态工作责任制，领导班子共同参与，分工负责。

在“不忘初心、牢记使命”主题教育期间，动物科技学院党委全院所有副处级以上领导干部开展集中学习 8 次，专题研讨 6 次，调研成果交流会 1 次，“两对照一查找”专题会 1 次，民主生活会 1 次，领导班子讲党课 2 次，并围绕 8 个调研主题深入开展调查研究工作，召开座谈会 10 余次，总结梳理各项问题 20 余项，提出整改措施 12 项，具体办法 64 条。全院 18 个支部累计开展动员大会 20 次，学习交流 26 次，党支部书记讲党课 22 次，主题党日活动 29 次，办实事、好事 21 件，组织生活会 18 次。

2019 年，动物科技学院党委入选第二批“全国党建工作标杆院系”创建名单，动物遗传育种与繁殖教职工党支部入选中国农业大学新时代“样板党支部”创建名单，动物营养与饲料科学教职工党支部入选中国农业大学第二批“双带头人”工作室创建名单。

12 月 31 日，校党委任命郭晓旭为动物科技学院党委书记。

（姚炳乾）

【教代会与工会工作】

动物科技学院工会成员杨宁教授获得全国脱贫攻坚奖先进个人。2019 年开展了乒乓球俱乐部、Salsa/Rueda 舞蹈、多彩动科摄影、爱绿行健走、瑜伽俱乐部、台球比赛、游泳比赛和羽毛球比赛等 10 余个项目，除了开展日常活动之外，每个项目均组织了 2～4 次竞赛活动，发布工会新闻 17 篇。乒乓球俱乐部参加了学校组织的“庆祝新中国成立 70 周年中国农业大学乒乓球比赛”，获得团体冠军，并获得学校 2019 年度品牌项目奖。富俊才、袁建敏获评2019年度学校工会先进个人，刘泽立获评优秀工会干部奖。动物科技学院分工会获“辉煌七十载，唱响新时代”2019年中国农业大学教职工合唱比赛二等奖。

（张浩　张建云　刘泽立）

动物医学院

【学院概况】

动物医学院的前身为1949年10月9日成立的北京农业大学兽医系，1984年10月25日北京农业大学成立兽医学院，1993年4月更名为动物医学院。学院设置基础兽医学系、预防兽医学系、临床兽医学系3个教学系部，以及教学动物医院、学校畜禽疫病诊断研究中心、中国兽医杂志等附属单位。

（许建海）

【学科与专业建设】

学院拥有博士授权一级学科兽医学，涵盖基础兽医学、预防兽医学、临床兽医学、兽医生物工程和兽医公共卫生等5个二级学科，具有本科、硕士、博士3个人才培养层次，设有兽医学博士后流动站。

依托学院建有农业农村部动物流行病学重点实验室、农业农村部兽药残留及违禁添加物检测重点实验室、国家兽药安全评价中心、国家兽药残留基准实验室、国家级兽药安全评价（环境评估）实验室、农业农村部动物产品质量安全化学性危害因子风险评估实验室（北京）、农业农村部兽药安全监督检验测试中心（北京）、国家动物寄生原虫实验室、国家动物海绵状脑病检测实验室、教育部中国农业大学动物疫病快速诊断技术实验室、动物源食品安全检测技术北京市重点实验室、北京市高等学校实验教学示范中心、生物安全三级实验室、学校畜禽疫病诊断研究中心、学校实验动物平台、教学动物医院等实验室或研究中心。

完成“双一流”学科数据动态监测分析和“双一流”学科建设中期自评；牵头组织兽医学科发展规划战略专项调研，举办全国兽医学科中长期暨“十四五”发展规划战略研讨会，调研报告将作为国家自然科学基金委在“十四五”期间对兽医领域资助导向的重要参考。

2019年，动物医学专业成功申报国家级一流专业建设点，并获评北京市高校第二批“重点建设一流专业”。中兽医专业获准教育部审批，拟于2021年开始招生。

（赵世云　张海燕　王继凤）

【师资队伍】

学院共有教职工139人，其中，专任教师106人，包括教授（研究员）46人、副教授（副研究员）45人；博士生导师56人，硕士生导师77人；中国工程院院士1人，“长江学者奖励计划”特聘教授3人，国家杰出青年科学基金获得者4人，新世纪百千万人才国家级人选4人,"国家千人计划青年项目"青年人才1人,"长江学者奖励计划"青年学者1人,国家优秀青年基金获得者6人,国家"万人计划"科技创新领军人才2人,国家"万人计划"青年拔尖人才1人,国家有突出贡献专家4人,享受政府特殊津贴专家7人,北京市科技新星3人,教育部新(跨)世纪优秀人才15人,北京高等学校"青年英才计划"2人,全国优秀教师1人,北京市优秀教师1人,北京市教学名师4人,宝钢优秀教师6人,中国农业大学教学名师4人。

2019年度引进杰出人才1人、优秀人才6人、讲师3人、实验师2人,退休1人。晋升正教授2人,副教授1人,博士后研究人员在站20人,进站8人、出站3人。17名教师入选中国农业大学首批"人才培育发展支持计划",其中,讲席教授A类1人,领军教授A类3人,领军教授B类7人,青年新星A类3人,青年新星B类3人,杰出科学家工作室1个,国家级创新团队2个,高水平创新团队2个,青年科学家创新团队3个。完成学术委员会换届,本届委员共13人。

(王继凤)

【本科教学】

本科生在校511人,招生95人,其中,港澳台和留学生各3人;毕业85人。2015级推荐免试研究生27人,其中,普通类23人、学术特长3人、文艺贡献类1人,保送比例达28%。获国家级大学生创新创业训练项目9项、北京市大学生创新项目17项、URP计划29项。北京市优秀本科生毕业论文1篇,本科生校级优秀毕业论文4篇。

江海洋、王永强、范开获评中国农业大学"优秀教师",王明暘、高健、董彦君获评"优秀班主任"。刘天龙、沈张奇、盖新娜、王笑言获中国农业大学2019届本科生"百篇优秀毕业生论文(设计)"优秀指导教师奖。刘天龙获"北京市本科生优秀毕业生论文(设计)"优秀指导教师奖。高健在第十一届北京高校青年教师教学基本功大赛中获三等奖。

"犬骨骼及关节虚拟解剖实验课"获国家级虚拟仿真实验教学建设项目,"牛结核病病理虚拟剖检诊断实验"获评北京市虚拟仿真实验教学项目;2门课程入选中国农业大学优质课程建设名单,3门课程入选在线课程建设名单,3门课程入选虚拟仿真实验教学项目。7部教材入选农业农村部第二批"十三五"规划教材,5部教材入选校级本科生规划教材。专业课发挥思政教育功能专项教学改革项目结题2项。

自2019年起本科生毕业综合实习在原教学动物医院轮转实习的基础上增加特色培养模块实习。7—8月组织86名本科生前往鸡场、奶牛场、马场、动物园等实习基地实习6周。10月,承办了由教育部高等学校动物医学类专业教学指导委员会主办的第五届"雄鹰杯"小动物医师技能大赛,来自全国高校的82支代表队、246名学生选手参赛,学院师生代表队获大赛团体特等奖、优秀指导教师奖。

加强"北京市高等学校实验教学示范中心"建设,将原19个本科教学实验室整合为17个,总面积为3 200平方米,促进了教学资源的高效配置;完成了动物医学标本馆建设方案论证,谋划了涿州教学实验农场建设项目。

(王继凤　张欣　马少芹　李悦)

【研究生教学】

在校生804人,其中,全日制学术型硕士生188人、博士生256人,专业学位硕士生

121人、博士生59人；非全日制专业学位硕士生104人、博士生76人。招收各类研究生258人，其中，全日制学术型硕士生96名(含2名留学生)、博士生69名(含5名留学生)，专业学位兽医硕士生54名(含3名港澳台学生)、兽医博士生29名(含1名港澳台学生)；非全日制专业学位兽医硕士生10名。毕业155人，其中，博士生52人、硕士生103人，校级优秀毕业生23人，市级优秀毕业生7人。获得学位214人，其中，全日制研究生51人获得农学博士学位、67人获得农学硕士学位、39人获得兽医硕士学位，非全日制研究生18人获得兽医博士学位、39人获得兽医硕士学位。2019年校级优秀博士、硕士论文各1篇。

完成79门研究生课程的教学工作。851人次通过培养环节考核。67名全日制专业学位硕士生和17名博士生完成实践教学环节。积极拓展研究生实践教育基地，审核通过9个共建基地和17位校外实践基地专业学位指导教师的资格认定。

3月，完成3年制硕士生学位授予标准和培养方案的修订。5月，组织全校首个院级导师培训会，80名导师通过2020年导师招生资格审核。7月，第五届夏令营落幕，69人签订拟录取协议。10月，举办第四届博士生学术论坛，82名博士生进行墙报展示，32名博士生的墙报获得优秀，其中15名参加汇报交流，评出一等奖3名、二等奖5名、三等奖7名。

"兽医学科创新型复合人才培养"获批国家留学基金委第二批创新型人才国际合作培养项目；获批校级"双一流"研究生项目4个；卓越临床兽医专项获校级专业学位研究生培养改革优秀项目；获批研究生混合课程建设项目4个；"十三五"专业学位研究生教育综合改革项目2个、专项改革项目1个，研究生教学改革建设项目2个，教材建设项目2个，"双一流"研究生全英文课程建设项目2个，研究生专业课程思政建设项目2个。

(赵世云)

【科学研究】

2019年到校科研经费15 415万元，新立项各类科研项目176项，合同总经费14 519万元。其中，纵向项目70项，合同总经费9 583万元，包括"十三五"国家重点研发计划11项、国家自然科学基金项目25项、国际合作项目3项、北京市创新团队项目4项、北京市自然科学基金项目3项、北京市科委项目2项、农业财政项目9项、农业行业标准项目2项、其他纵向项目11项；横向技术服务、技术开发、技术咨询项目共计106项，合同总经费4 935万元。申报国家自然科学基金项目58项，获批23项。立项基本科研业务费项目13项，合同总经费418.8万元。

发表SCI论文173篇、EI论文20篇，共193篇，影响因子5.0以上的30篇，入围ESI前10%的23篇，ESI排名10%～20%的59篇。获授权专利17项，申请专利36项；获新兽药证书5项；制定行业标准2项；获省部级科技奖励一等奖2项、二等奖2项；沈建忠院士领衔的"质粒介导的多粘菌素抗性基因"入选生物科学领域Top 10热点前沿；入选校级重大基础研究或关键核心技术成果1项；转化科技成果2项，合同总金额1 200万元。制订学院科研成果产出及社会服务贡献奖励发放方案，发放科研业绩津贴190万元。

积极推进国家级平台筹建工作；在建的生物安全三级实验室通过北京市环评，进入专家论证阶段。

(张海燕)

【合作交流】

在校留学生 28 人，2019 年招生 9 人，毕业 5 人。回访英国爱丁堡大学、匈牙利布达佩斯兽医大学；选派第四批“2＋4”联合培养项目本科生赴爱丁堡大学学习。首次建立本科生海外实习基地 2 个，首批选派 12 名本科生赴爱丁堡大学、20 名本科生赴布达佩斯兽医大学进行为期 3～4 周的暑期实践交流。

参与主办 2019 国际奶牛疾病大会暨美国乳腺炎协会（NMC）区域会、第一届国际兽医检测诊断大会、CL-Davis 兽医病理剖检专题研讨会；邀请爱丁堡大学、卡迪夫大学、爱荷华州立大学、根特大学等国外大学或机构的外籍专家来校开设兽医药理学、动物福利与伦理等兽医专业英文课程，或举办学术报告、开展学术交流等 47 人次。

获批国家留学基金委创新型人才国际合作培养项目 1 项，“111”引智计划 1 项，国家级外专项目 2 项；学校本科生国际化提升项目 3 项，研究生国际化提升项目 27 项，“一带一路”国际合作交流项目 1 项；留学生学习交流专项 1 项。教师因公出国（境）55 人次，在校生短期出国 81 人次，其中，本科生 36 人次、硕士生 9 人次、博士生 36 人次。通过国家公派出国研究生项目选派攻读博士学位研究生 2 人，联合培养博士生 4 人。

（张海燕）

【学生工作】

本科毕业生 79 人，就业率为 97.5％，深造率为 58.2％；全日制硕士毕业生 103 人，就业率为 98.1％；博士毕业生 52 人获得学位，就业率为 96.2％；有贵州选调生 1 名、新疆选调生 1 名、甘肃选调生 2 名、四川选调生 4 名、黑龙江选调生 1 名、内蒙古选调生 1 名、河南选调生 2 名、云南选调生 1 名。

2018—2019 学年，累计发放各类本科生奖学金近 20 项，总额达 82.2 万元，共 160 名同学，累计 309 人次获奖，奖学金覆盖面为 40％；发放各类研究生奖学金 10 余项，总额达 201 万元，共 268 名同学，累计 350 人次获奖，奖学金覆盖面为 71％。经济困难学生资助全覆盖，得到现金资助超过 59.2 万元，60 余人参与勤工助学岗位。

77 名同学获评校级三好学生，20 名同学获评校级优秀团员，13 名同学获评校级优秀共青团干部，27 名同学获评校级优秀学生干部，2 名同学获评北京市三好学生，172 班、181 班获评校级优秀班集体，171 团支部、181 团支部获评优秀团支部。

在学院官方微信公众号发布“辅导员小窝”板块，线下开展深度辅导 30 次。

本科生党支部全年共开展活动 39 次，累计活动参与党员数 622 人次，覆盖本科生团支部 38 个。获得“纪念一二·九运动”合唱比赛二等奖。2019 年 7—10 月，派出 70 名师生参与国庆 70 周年庆祝活动，其中，游行志愿者 52 人、后勤志愿者 6 人、广场联欢志愿者 3 人、广场合唱团 9 人。12 月，召开国庆庆祝活动表彰大会。

（高浩嵩　潘伯阳）

【党建工作】

学院共有党员 512 人，正式党员 439 人，其中，教职工党员 71 人、学生党员 441 人；设置教职工党支部 4 个，研究生党支部 11 个，本科生党支部 3 个。2019 年，确定入党积极分子 80 人，新发展党员 45 人，转正 45 人。

学院党委开展“不忘初心、牢记使命”主题教育，推进学习教育、调查研究、检视问题、整改落实，力求主题教育实效。

完善党政联席会制度，发挥教授治学职能，完善学院治理机制，推进理论学习中心组学习制度化；加强党员教育，继续开展“党员教师先锋论坛”“双周三”系列学习以及“百名党员进社区”“全国涉农高校动物医学类联合主题党日”等特色学习教育及实践活动，党委统战部研究室党支部和基础兽医学系教职工第二党支部与两个大学生党支部“全覆盖　双提升”大学生党建工程全年组织开展共建活动 23 次；研究生党支部开展“红色 1＋1”活动 15 次。

张国中、曹兴元获得“中国农业大学优秀共产党员”称号，胡艳欣获得校级优秀党务工作者，苏金辉、江海洋、于荷获校级优秀学生党员，基础兽医学系教工第二党支部获得校级先进基层党组织。基础兽医学教工第二党支部获得校级“十佳主题党日活动”；动物医学院党委入选校级“标杆院系”；临床兽医学系教工、博士联合党支部入选校级新时代“样板党支部”；年度拍摄党建宣传片 3 个，入选学习强国视频 1 个，同时选登至《光明日报》。学院获得校级“2019 年度新闻宣传工作优秀组织奖”。

（邵丹）

【教代会与工会工作】

2019 年，学院分工会支持篮球队、足球队、羽毛球队和乒乓球队建设，组织教职工各项文体活动。与兄弟单位、行业企业进行了不同类型的友谊赛。开展教职工羽毛球健身活动。积极参与“辉煌七十载，唱响新时代”2019 年中国农业大学教职工合唱比赛，52 位教职工倾情献唱《走在大路上》《我的中国心》，荣获二等奖。王帅玉获得年度“优秀工会干部”称号，王宏钧、邵丹获得“工会活动积极分子”称号。召开教职工大会，进行提案征集、处理、答复等工作，充分调动广大教职工参与学院管理的积极性，切实履行维护教职工权益的职责。

（常建宇）

食品科学与营养工程学院

【学院概况】

2019 年，食品科学与营养工程学院设置 3 个系：食品科学与工程系、食品质量与安全系和生物工程系。学院拥有 17 个研究机构/研究中心：国家果蔬加工工程技术研究中心、国家果蔬加工技术研发中心、教育部果蔬加工工程研究中心、功能乳品教育部北京市共建重点实验室、农业农村部农产品贮藏保鲜质量安全风险评估实验室（北京）、农业农村部农产品质量监督检验测试中心（北京）、农业农村部农业转基因生物安全评价（食用）重点实验室、农业农村部果蔬加工重点实验室、农业农村部葡萄酒加工重点实验室、植物源功能食品北京市重点实验室、植物蛋白与谷物加工北京市重点实验室、食品非热加工北京市重点实验室、食品质量与安全北京实验室、畜产品北京市高等学校工程研究中心、食品精准营养与质量控制教育部重点实验室、中国轻工业食品生物工程重点实验室和中国轻工业健康饮品重点实验室。拥有2个国家级实验教学中心:食品科学与工程国家级实验教学中心和食品科学与工程国家级虚拟仿真实验教学中心。拥有1个省部级科普基地:全国农产品质量安全与营养健康科普基地。

(周晓璇)

【学科与专业建设】

学院本科生按食品科学与工程类招生,入校后第一、第二年实行统一的基础教学,从第三年开始分成4个专业,即食品科学与工程、生物工程、食品质量与安全、葡萄与葡萄酒工程。招收食品科学专业、粮食油脂及植物蛋白工程专业、农产品加工及贮藏工程专业、食品生物技术专业、营养与食品安全专业、水产品加工专业研究生;覆盖食品科学与工程1个学科;具有一级专业学科1个,一级学科博士点1个,博士学位授权点6个,硕士学位授权点6个和专业学位授权点2个;博士后流动站1个。本科专业食品科学与工程、食品质量与安全分别入选国家和北京市一流建设专业,上述2个专业与美国康奈尔大学合作办学项目获得教育部批准。

学院拥有"农产品加工及贮藏工程"国家级重点学科(二级学科)、"食品科学与工程"北京市重点学科(一级学科)和"食品科学"国家重点(培育)学科(二级学科)。拥有国家级实验教学中心2个,国家工程技术研究中心1个,省部级重点实验室、研究中心16个。

(尹淑涛　周晓璇)

【师资队伍】

学院共有教职工147人,其中,专任教师116人,包括教授(含研究员等正高职称)45人、副教授(含副研究员等副高职称)65人;博士生导师60人,硕士生导师96人;工程院院士1人,"长江学者奖励计划"特聘教授2人,国家"万人计划"科技创新领军人才3名,国家杰出青年科学基金获得者2人,国家优秀青年科学基金获得者3人,国家千人计划青年项目获得者1人,新世纪"百千万人才工程"国家级人选1人,农业农村部"有突出贡献中青年"专家1人,科技部"创新人才推进计划中青年科技创新领军人才"1名,教育部"新世纪优秀人才支持计划"人选12人,农业产业体系首席专家1人,农业产业体系岗位专家8人,"科技北京百名领军人才"1人,北京市教学名师1人,北京市科技新星3人,享受政府特殊津贴专家8人,农业农村部农业科研杰出人才及其创新团队2个,科技部创新人才计划重点领域创新团队1个,中华农业科技奖创新团队2个。

本年度引进各类人才19人,退休1人,晋升正教授2人、副教授3人,博士后研究人员在站21人,进站3人、出站18人。

(吴晶晶　周晓璇)

【本科教学】

2019年,本科生在校857人,招生206人,毕业183人。学院全面落实高校思政工作会议精神,立德树人。本科教育以创新能力培养为核心,秉持"德才兼备、全面发展、通专平衡、追求卓越”的理念，依托“实验课程、科研训练、生产实习、虚拟仿真”四平台，实施“课内与课外、校内与校外、虚拟和实操”三结合，贯穿本科生培养全过程的教学体系。

以工程认证为抓手，扎实推进学院“金课、金专、高地、金教材”的建设。目前，学院有国家级“金课”4门，校级“金课”1门；食品科学与工程专业获批国家级一流专业，食品质量与安全专业获批北京市级一流专业；1个实习基地获得“校级校外实习实践基地”称号；获得北京市优质本科教材1部，中国农业大学校级规划教材5部。5门课程获得中国农业大学校级专业课发挥思政教育功能专项教学改革项目。

鼓励学生参加各级学科竞赛、创新创业和科研素质训练。学院获批5项国家级大学生创业项目，10项国家级大学生创新项目，24项北京市级大学生创新项目，47项校级URP，累计支持经费69.9万元，比2018年增长了4%。共97人次参加各类学科竞赛，如在食品专业学科竞赛中，获得第二届全国大学生食品工程虚拟仿真大赛全国总决赛特等奖，第四届全国大学生生命科学创新创业大赛中获得二等奖，第五届中国“互联网+”大学生创新创业大赛中获得三等奖。此外，2019年本科生以第一作者身份在SCI及国内核心期刊中发表的论文共6篇。

拓展本科生国际交流工作，提升国际影响力。学院共派出20名本科生参加本科生国际交流项目，其中，16人参加暑期项目，2人参加联合培养，1人参加国家公派研究生项目，1人参加国际会议，对外交流总人数比2018年上涨2.53%。

（周忻）

【研究生教学】

研究生在校778人，其中，博士生271人、硕士生507人；招生328人，其中，博士生78人、硕士生250人；毕业研究生223人，其中，博士生57人，授予博士学位52人，硕士生166人，授予硕士学位166人。

在研究生培养方面，加强博士、硕士生的学术研究水平和专业硕士学位研究生的解决实际问题能力的培养，以服务国家战略和经济建设为出发点，发挥研究生的学科发展生力军作用，围绕现代食品科学与工程技术领域的发展前沿，创造国内外高水平研究成果，切实解决食品产业发展过程中的实际问题，引领食品科技发展。

2019年，在招生环节，统筹重大成果奖励、重大重点科研项目、标志性成果等切实关系到学科发展的关键要素，进行博士、硕士研究生指标奖励，修订研究生招生导师遴选细则，明确导师招生指标和科研产出和实际贡献相匹配；在培养环节，重点加强博士研究生开题管理，通过“学院统一组织、校内外专家共同考核”的方式，保障了博士生开题的全面、公正开展；完成了“食品科学与工程”一级学科博士学位授权点教育部抽评，评审结果“合格”；开展了“食品科学与工程”一级学科研究生培养方案国际对标调研以及全英文课程建设项目；在学位授予环节，采取博士研究生学位论文连续两年送教育部平台进行匿名评审的方式，保证了学位论文评审工作的有效性、客观性。

2019年，为做好专业学位改革，将专业学位研究生培养目标与服务经济发展相统筹，基于健康专项、兴化专项、烟台专项3个专项，提出了“集团式”“区域式”和“辐射式”3种专业学位研究生培养模式，实现了政产学研用的统一。实施案例教学课程6个，基于专业学位研究生培养过程的课程建设、基地建设、论文规范、培养模式改革等多个环节，申请设立研究生教育教学改革课题 13 项,建立实践基地 18 个,构建特色导师指导团队 15 个。其中,兴化专项获评中国农业大学 2019 年专业学位研究生专项制培养改革优秀专项。

（石宝霞　苗敬）

【科学研究】

2019 年到账科研经费 15 076 万元。新增纵向课题(主持和参加)85 项,合同金额总计 9 668 万元。其中,重点研发计划主持课题 3 项、子课题 4 项;国家自然科学基金主持重点项目 1 项、面上项目 15 项、青年项目 8 项。共签署横向技术服务、技术开发合同 117 项,合同经费总额 4 070 万元。

李平兰参与的“功能性乳酸菌靶向筛选及产业化应用关键技术”获国家科学技术进步二等奖,倪元颖主持的“浓缩苹果汁无菌贮藏灌装与提质增效关键技术”获中华农业科技一等奖,廖小军带领的“果蔬加工创新团队”获中华农业科技优秀创新团队奖。

发表 SCI 论文 300 篇、EI 176 篇,其中,影响因子大于 5.0 的 73 篇,学科前 10%的 117 篇,学科 10%～20%的 87 篇。授权专利 36 项,申请专利 119 项。转化科技成果 5 项。

（尹淑涛　苏春元）

【合作交流】

2019 年,食品科学与营养工程学院留学生在校生共 21 人,其中,研究生 19 人、本科生 2 人;招收研究生 15 人,本科生 1 人;毕业研究生 1 人,本科生 1 人;联合培养博士研究生 22 名,攻读博士学位研究生 13 名;共审批外事出访任务 66 人次,引入外国专家 16 人次,接待访团 11 个。

2019 年,“中泰农业食品科技合作研究中心”重点开展了学生层面的学术交流以及留学生招生培养工作。2019 年 1 月,选派 10 名优秀博士研究生及教师团队代表中国农业大学食品科学与营养工程学院赴泰国农业大学开展为期一周的“‘一带一路’高水平国际研究生招生宣讲及中泰学术交流活动”。2019 年 8 月,食品科学与营养工程学院 6 名本科生赴泰国农业大学(曼谷总部)开展为期 12 天的暑期夏令营项目。依托“中泰农业食品科技合作研究中心”申报的 2019 年中泰农业食品科技高层次国际化人才培养项目于 2019 年 9 月进入落地执行阶段。共招录到项目研究生 6 名。通过以上活动,拓宽了学生的国际视野,加强了学生对中泰两国食品科技发展及两地文化差异的认识,加深了泰国农业大学与中国农业大学在科学研究内容及实力、人才培养方面等方面的相互了解,为双方进一步开展科学研究、人员互访、高层次人才培养等多方面的合作打下了坚实基础。

（朱鸿亮　苗敬）

【学生工作】

2019 年,本科生奖学金总额达到 130.48 万元,获奖覆盖人数达到 286 人,总计 515 人次;研究生奖学金总金额达到 264.34 万元,获奖覆盖人数达到 435 人,共计 525 人次。2019—2020 学年获得国家助学金 34 万余元,社会助学金 8 万余元。

110 人获得中国农业大学“三好学生”称号(58 名本科生、52 名研究生),42 人获得“优秀学生干部”称号(23 名本科生、19 名研究生),24 人获得“优秀团干部”称号(19 名本科生、3 名研究生、2 名教职工),41 人获得“优秀团员”称号(23 名本科生、18 名研究生)。2 人获得北京市“三好学生”称号,2 人获得北京市“优秀学生干部”称号,1 人获得北京市“优秀基层团干部”称号,1 人获得北京市“优秀团员”称号。集体评优中,共有 7 个团支部获得中国农业大学优秀团支部称号,3 个班级获得中国农业大学优秀班集体称号,食工 173 班获得北京市先进班集体称号,食工 186 团支部获得北京市优秀团支部称号。

食品学院 2019 届共有毕业生 392 人,总就业率为 96.43%。其中,本科毕业生 180 人(不含留学生及港澳台学生),总就业率为 97.22%;硕士毕业生 159 人,总就业率为 96.23%;博士毕业生 53 人,总就业率为 94.34%。

获得校春季运动会团体总分第二名、女子团体总分第一名以及精神文明奖;校春季运动会团体操比赛第一名、第九届啦啦操赛亚军、“壮丽七十年,奋进新时代”一二·九文艺展演一等奖。

24 名志愿者参与 2019 世界园艺博览会志愿服务项目,30 名志愿者参与 2022 北京冬奥会 1 000 天倒计时志愿服务项目,以及 112 名志愿者庆祝新中国成立 70 周年大型活动游行志愿项目,6 名志愿者参加广场合唱志愿项目,12 名志愿者参加晚会联欢志愿项目,9 名志愿者参加后勤保障志愿项目和 4 名志愿者参加国庆游园志愿项目。

(张普光　丁倩)

【党建工作】

2019 年,学院党政领导班子带领全院教职工党员、学生党员深入学习党的十九大精神和十九届四中全会精神,扎实开展“不忘初心、牢记使命”主题教育。学院党委书记、副书记带头讲党课和形势与政策课共计 23 次,邀请歌唱家邓玉华主讲“我的‘初心’与‘使命’”讲座,邀请学校党委研究室主任赵竹村讲解党的十九届四中全会精神;以新中国成立 70 周年为契机大力开展红色教育,组织师生党员赴狼牙山和西柏坡开展快闪活动;深入开展“全覆盖·双提升”大学生党支部建设工程,党建指导员深入学生党支部开展主题党日活动 30 次,师生党支部共建 24 次;落实学院党委二级党校职责,组织开展专题党课 12 次、专题研讨 6 次。2019 年度,学院党委共发展党员 122 人,其中,本科生 63 人、硕士研究生 39 人、博士研究生 19 人,发展专任教师 1 人。在党建评优中,教工食品营养与安全党支部获评校级先进党组织,本科生党支部活动获评校级优秀党日活动暨本科生党支部精品实践优秀项目 1 项,周航被评选为校级优秀党务工作者,丁倩、宋弋被评选为校级优秀共产党员,3 名研究生、2 名本科生获得优秀大学生党员称号。

(张普光　丁倩)

【教代会与工会工作】

2019 年,在校工会的指导、学院党委书记和院领导的大力支持,教代会和全院工会会员们的共同努力下,学院工会把目标锁定在维护和谐学院、促进民主气氛、营造健康氛围上,同时继续加强工会组织的建设,在教职工之家建设、民主管理和健康生活方面取得了一定的成绩。学院领导班子积极参与工会活动,参与教职工小家建设。通过组织每月集体生日会、美食烹饪、慰问教师、体育健身、健康讲座等活动,加强人文关怀,营造温馨氛围。

本年度，学院工会完成了年初申请的9项工会活动，并成立了瑜伽协会。开展了春季美食制作与多肉植物鉴赏活动、秋季美食品尝活动、六一亲子游戏及美食制作、春季趣味健身活动、秋季趣味健身活动、秋冬健步走活动、师生羽毛球友谊赛、乒乓球友谊选拔赛等活动。此外，还积极参与校工会的各项活动，包括歌咏比赛、春季运动会、排球赛、乒乓球赛、羽毛球赛、棋牌比赛等。在学校项目之外，学院工会还积极组织了多项活动，包括瑜伽课程、乒乓球协会活动、羽毛球协会活动、宝宝健康餐评选、集体生日会、公园年票办理、年终聚会活动等。同时，也负责组织女工体检、全体教职工体检、慰问品发放、教代会提案收集、学院活动组织和信息传达等工作。

周忻获评校级优秀工会干部，洪惠和张昊获评校级工会先进个人，张普光被评为优秀教职工之友。由工会小组长和工会委员提名，41名老师获得院级工会活动积极分子称号。

（范志红　丁倩）

工　学　院

【学院概况】

2002年7月由原机械工程学院、车辆与交通工程学院和农业工程研究院3个单位组建成立工学院，其发展历史源于20世纪50年代初期北京农业机械化学院创办的农业机械设计制造专业和农业机械化专业。

工学院下设农业工程、车辆与交通工程、机械设计与制造和机电工程4个系；教学科研办公用房总面积达2.3万平方米，设施、设备以及科研、教学条件先进。拥有机械工程训练中心、综合实验中心、大学生创新创业实践中心、8个国家级和省部级科研基地、机械与农业工程国家级实验教学示范中心。

学院设置分党委、分团委、办公室、教务与学生管理科、科研与研究生管理科、学生教育管理科、学生发展服务中心（挂靠学生教育管理科）。

（高茹英）

【学科专业建设】

拥有农业工程和机械工程2个一级学科；拥有农业工程国家一级重点学科、农业机械化工程国家级重点学科、车辆工程部级重点学科、农业工程和机械工程2个博士后流动站；设有农业工程、农业机械化工程、车辆工程、机械工程、机械设计及理论、农产品加工与贮藏工程、机械电子工程、机械制造及自动化等8个博士点和硕士点。设有农业工程、机械工程两个本科生大类，共有6个本科专业。

（高茹英）

【师资队伍】

学院在职教职工153人，其中专任教师120人，教师中有教授、研究员44人，副教授、副研究员63人，讲师13人；聘请国外兼职教授12人、国内兼职教授30人。长江学者特聘教授 2 人、北京市教学名师 4 人、"大北农"教学名师 5 人、北京市优秀教师 2 人、宝钢教育基金 10 人；享受国务院政府特殊津贴 6 人。研究生指导教师 104 人，其中具有博士研究生招生资格 59 人，2019 年，晋升教授 3 人，晋升副教授 3 人；新进教职工 10 人，退休职工 7 人，接收博士后进站 3 人。

2019 年，4 人被评为中国农业大学"优秀教师"； 23 人年度考核优秀。

（高茹英）

【本科教学】

2019 年，本科生在校 1 095 人，招生 323 人，毕业 253 人。录取本科生 5 专业，11 个班级，共计 323 人。其中农业工程专业 81 人、机械设计制造及其自动化专业 60 人、机械电子工程专业 62 人、车辆工程专业 90 人、工业设计专业 30 人。2015 级本科毕业生 253 人。毕业设计（论文）成绩优秀 51 人。11 人入选校级百篇优秀论文。

2016 级毕业生总人数 223 人，获免试资格学生 61 人，占毕业人数的 27.35%。其中，普通推免 50 人、学术专长 6 人、支教 1 人、思政 4 人。

2019 年春季学期本科生课程 192 门次、工程实训 422 人，任课教师 101 人。2019 年夏季实践类课程 39 门次，工程实训 310 人；2019 年秋季学期本科生课程 195 门次，工程实训 282 人，任课教师 114 人。2019 年，2 门课程入选国家级一流本科课程推荐名单，1 门课程列为学校优质金课建设，3 门课程入选学校在线开放课程建设。2019 年，宋正河被评为北京市教学名师；王新获北京高校第十一届青年教师教学基本功比赛工科类三等奖；辛喆入选第七届（大北农）候选人名单。

2019 年，农业工程专业推荐参评国家一流本科专业建设，农业机械化及其自动化专业推荐北京市一流本科专业建设，车辆工程专业通过工程教育专业认证，农业智能装备工程专业作为"新农科"专业申报教育部增列本科专业目录。2019 年，完成院级教改项目 39 项；申报校级思政课程 12 门程建设；1 项入选北京市虚拟仿真实验教学项目并被北京市推荐参评国家级虚拟仿真实验教学项目；国家级新工科教育教学改革项目 1 项继续建设；1 项列为北京高等学校教育教学改革项目；3 个项目入选教育部产学合作协同育人项目。

大学生创新中心建设 完成了"互联网＋"大学生创新创业中心信息管理平台建设，实现了对设备、场地、信息发布等的智能化管理；组织 URP 项目 57 项，参加学生 225 人次；组织国创/北创项目 47 项，参加学生 135 人次；组织 100 余支参赛队伍，参加国内外共 11 个不同级别的科技竞赛，参与学生 300 余人次，获省部级及以上奖励 71 项，省部级一等奖及以上奖励 25 项；卫冕美国 ASABE 机器人竞赛高级组冠军，首次获得全国大学生工程训练综合能力竞赛一等奖和全国大学生广告艺术大赛一等奖；新成立两个校级校外实习实践基地。

机械工程训练中心建设 承担了北京市工程训练综合能力竞赛的校内加工制作和比赛组织工作，并取得了北京市一等奖 2 项、二等奖 1 项和三等奖 3 项的成绩；参加第六届全国大学生工程训练综合能力竞赛，获智能物流机器人决赛一等奖 1 项、三等奖 1 项；完成了"发改委项目"机床采购、验收以及操作人员的培训工作；协助完成数控技术（本科）、先进制造技术（研究生）的课程数控加工实验工作；张宾教授参加了高校工程训练教学 2019 年学术年会并代表学校做了大会发言；选派多名骨干教师参加了 2019 国际机械工程教育大会。

国家级实验教学示范中心建设 (1)组织2019年“中国农业机器人大赛”。(2)保持创新实践教育的特色和亮点。(3)组织青年教师经验交流会、以教学名师传帮带等方式加强科技创新工作。(4)强化教学名师对本科生学业辅导制度。(5)举行大型仪器设备收费标准论证会。(6)国家级新工科项目取得了阶段性成果。(7)广泛与兄弟院校开展交流与合作。(8)接待国内外高校、企业等相关人员100余人次。(9)组织骨干教师参加各类型教学改革及研讨活动。

国家级虚拟仿真实验教学中心建设 (1)建立了包含“课程实验、综合创新、实习实践”三大虚拟仿真平台的实验教学体系。(2)基于中心人员的科研成果开发了旱地机械化耕种作业虚拟仿真实验教学项目。(3)积极与国内行业企业开展合作交流。(4)服务于高校虚拟仿真教学平台的建设。(5)设立了与虚拟仿真资源建设和中心教学改革相关项目19项,发挥思政功能项目2项。(6)接待来自国内外高校、企业同行专家来访,并向北京市中小学师生和全国夏令营高中生开展科普教育活动,共计300余名学生参与。

(张敏)

【研究生教学】

2019年共录取全日制研究生293人。其中,普通博士研究生64人,含直博生1人,留学生2人。普通硕士研究生224人,含全日制专业学位研究生109人,留学生3人。在校全日制研究生共计588人,其中:硕士研究生362人,博士研究生226人;在职专业学位在读研究生3人。

2019年,共有205人获得学位,其中工学博士55人,工学硕士77人,工程硕士65人。共2篇学位论文被评为校级优秀学位论文。

共有353人次获得研究生奖学金,总计187.9万元。其中学业奖学金278人,校长奖学金2人,国家奖学金15人,大北农励志奖学金2人,香港崇正奖学金5人,寻梦未来学习奖学金4人,上海三久奖学金18人,五征奖学金10人,思威博奖学金10人,未来农机工程师奖学金1人。

落实“国家建设高水平大学公派研究生项目”,其中联合培养博士8人、攻读博士学位1人。

59名教师通过博士生导师招生资格年度审核,其中:新增博导3人,外聘导师2人,副教授具有博士生招生资格29人;104人通过硕士生导师招生资格年度审核,其中:新增硕导6人,讲师具有硕士生招生资格9人。

对“农业工程”、“机械工程”学科三年制硕士研究生培养方案和学位授予学术成果的要求进行修订。

(郑志伟　崔岳宁)

【科学研究】

2019年新增纵向科研项目37项,合同经费累计1 921.67万元,其中包括新立项国家重点研发项目3项和国家自然科学基金项目5项;新增横向科研项目36项,合同经费累计867.55万元;2019年度到账科研经费4 797万元。

2019年,获得省部级及以上科技成果奖励3项,其中国家科技进步二等奖1项;发表

SCI、EI收录论文395篇，其中SCI收录论文151篇，EI收录论文244篇；获授权国家专利175件，其中获授权国家发明专利75件；实现科技成果转化9项，合同金额累计74.5万元。

国家级和省部级科研基地共8个，包括国家级基地1个：生物质能科学与技术国际联合研究中心；省部级基地7个：现代农业装备与设施教育部工程研究中心、农业农村部可再生能源清洁化利用技术重点实验室、农业农村部土壤-机器-植物系统技术重点实验室、农业农村部保护性耕作研究中心、农业农村部河北北部耕地保育科学观测实验站、国家农产品加工技术装备研发分中心和现代农业装备优化设计北京市重点实验室；教授工作站共7个，2019年新增四川石棉教授工作站；校级研究中心8个。

（张敬芝）

【合作交流】

成功举办“2019发展中国家可再生能源发展研讨会暨南南合作清洁炉灶技术培训会”。来自11个国家，包括乌干达、蒙古、卢旺达、巴基斯坦、埃及、俄罗斯、南非、加纳、澳大利亚、加拿大、中国的专家、学者及企业代表参加会议。2019年，工学院研究生卫冕ASABE机器人竞赛高级组冠军。

2019年，留学生在校12人，招生5人，毕业4人。

2019年共邀请68位外国专家来访，包括接待悉尼大学Timothy Langrish教授来访并做学术交流；普度大学农学院两位副院长、ABE系两任主任和两任联系人共五位教授来访，讨论农工2+2项目进展。学院境外访问交流教师人数达71人次，共出访澳大利亚、美国、加拿大、埃塞俄比亚、尼泊尔、印度、哈萨克斯坦等17个国家，其中10人次参加国际会议，并做相关主题报告。聘请了5位外籍教师，其中3名国际杰青。

（崔岳宁）

【学生工作】

2019届毕业生就业率为94.4%。

学院共有本科生班级42个，班主任42名，辅导员15名。

学院有经济困难本科生250人，占比22.91%。总体资助情况如下：2019级新生共有71人获得1 000元至4 000元不等的各项资助；发放助学金300人次，累计106.4万元；生源地贷款141人次，校园地贷款7人次；勤工助学203人，累计30万元；冬衣补助22人次，累计1.1万元；特殊困难补助2人次，累计1万元；减免学费7人次，累计2.17万元。

2019年，共有617人次获得学习优秀一、二、三等奖学金，国家奖学金，国家励志奖学金，优秀学生奖学金等单，专项奖学金以及社会工作奖学金，文化活动优秀奖学金，奖金总额136.6万元。

继续实施第五期励耘班感恩教育项目，2019级学生共25人参加。依托学校学生心理素质教育中心启动二级心理工作站建设，进一步提升学院心理素质教育工作质量，年度开展团培11场，完成2019级新生心理普查。

（田笛　王梦丹　荆渤文）

【“不忘初心、牢记使命”主题教育】

围绕“守初心、担使命、找差距、抓落实”的总体要求，高质量开展“不忘初心、牢记使命”主题教育。

学院领导班子成员集中精读学习 7 次，参加学校组织的专题报告 2 次，形成重点发言材料 6 份；立足职能职责找短板、转作风、强担当、抓落实，深入开展调查研究，组织召开专题交流座谈会 4 次，形成调研报告 6 份；组织教职工党支部书记、系主任开展学习、研讨 7 次，参观了学校“立德树人 强农兴农—中国农业大学‘不忘初心、牢记使命’主题教育展”；按照“四个对照”、“四个找一找”的要求，深入开展谈心谈话，广泛征求意见，深刻剖析存在的问题，同时结合中央巡视、中央审计、学校党委巡察反馈意见等形成了领导班子 10 个方面共 27 条问题清单，形成检视剖析材料 7 份。

各基层党支部以“六个 1”活动为载体，结合“全覆盖　双提升”、“红色 1+1”等活动，围绕教育教学、科学研究、专业特点、实践教育开展了形式多样的主题教育活动。其中组织召开动员会 31 次，开展交流、研讨、学习活动 60 余次、组织开展主题党日、志愿服务活动 50 余次。

（马婕）

【党建工作】

学院党委下属 31 个党支部，其中功能型党支部 1 个，教职工党支部 7 个，学生党支部 23 个，共有党员 628 人，其中教职工党员 121 人，研究生党员 395 人，本科生党员 112 人。2019 年共发展学生党员 85 人，其中研究生党员 33 人，本科生党员 52 人；吸纳入党积极分子 191 人，其中教职工入党积极分子 1 人。

学院党委实现教师党支部书记“双带头人”全覆盖，四个系共 5 个教师党支部书记中教授 3 人，副教授 2 人，同时兼任系副主任或中心主任职务；建立了系务会议事制度，确保支部书记在教师引进、课程建设、学术活动等重大问题中的政治引领作用。农工系教职工第二党支部和农工研究生第八党支部获批成为要创建的学校新时代“样板党支部”。推进“全覆盖　双提升”工程，本科生党支部与教职工党支部共建，4 名处级党员领导干部担任党建指导员，指导支部工作 12 次，开展共建活动 8 次。机制系教职工党支部获评“中国农业大学先进基层党组织”荣誉称号；黄光群、崔岳宁、尹黛霖、张文凯、丁宁、秦嘉获“中国农业大学优秀共产党员”荣誉称号；张学敏获校级“中国农业大学优秀党务工作者”荣誉称号。

严格落实意识形态责任制。强化意识形态阵地和涉及意识形态活动管理，落实“一会一报”“一事一报”制度，持续加强对网站、微博、微信公众号等思想文化阵地的监管并营造积极向上的舆论氛围。推送学校新闻网 35 条，院网新闻 221 条，微信公众号 310 条，推出了“三全育人”“不忘初心、牢记使命”等系列新闻专题。

加强师生思想政治教育工作。围绕纪念五四运动 100 周年、曲周精神、庆祝新中国成立 70 周年、“不忘初心、牢记使命”主题教育等学习内容，集中组织党委理论学习中心组学习 11 次，教职工理论学习 7 次，学院党政领导一把手为学院入党积极分子、发展对象和预备党员讲党课 4 次，各基层党支部学习 200 余次。加强师德师风建设，各教职工党支部统筹 2019 年师德考核，共计 159 人，优秀 32 人。

加强党风廉政建设。组织学习《中国共产党纪律处分条例》《党的十九大以来查处违纪违法党员干部案件警示录》、观看拒腐防变党风廉政建设警示教育宣传片等开展党风廉政教育；严格执行党风廉政责任制，严肃履行党委书记第一责任人、党政领导班子成员及党委委员"一岗双责"，压紧压实管党治党责任。

（马婕）

信息与电气工程学院

【学院概况】

信息与电气工程学院起源于1955年筹建的农村电气化系和1958年开始招生的生物物理专业，围绕智慧农业国家战略需求，不断加强信息与电气工程学科建设。学院涵盖农业工程（农业电气化与自动化）、计算机科学与技术和电气工程三个学科。学院下设5个系（电气工程系、电子工程系、计算机工程系、人工智能系、数据科学与工程系）和1个工程实践创新中心，以及校、院两级管理的中国农业大学计算中心。学院重点依托"双一流"A^+学科"农业工程"，涵盖电气工程与自动化、信息工程与计算机两大学科群，在农业电气化与自动化、农业信息化、智慧农业、农村绿色能源等领域具有重要学术地位和影响力。目前，学院拥有9个省部级重点实验室、工程中心、创新中心和试验基地，3个校级研究中心。中国农业工程学会农业电气化与信息化分会、中国电机工程学会农电科教专委会、全国高等院校计算机基础教育研究会农林类专业委员会挂靠学院。

（林建涵）

【学科与专业建设】

学院拥有1个国家级重点学科（农业工程-农业电气化与自动化），2个博士学位点（计算机科学与技术、农业工程-农业电气化与自动化），3个学术型硕士学位点（农业工程-农业电气化与自动化、电气工程和计算机科学与技术），4个专业学位硕士点（电气工程、计算机技术、电子与通信工程、农业工程与信息技术）。目前，学院开设6个本科专业（电气工程及其自动化、计算机科学与技术、通信工程、电子信息工程、自动化、数据科学与大数据技术）。

学院的学科特色为围绕智慧农业的发展，形成集计算机技术、大数据技术、人工智能技术、电气技术、生物和生命科学技术等于一体的综合学科体系，并已成为我国高等农业院校中唯一具备完整的电气、电子，以及信息工程学科基础的智慧农业高级专门人才培养和科学研究基地。

（许朝辉）

【师资队伍】

学院有教职工161人，其中，教授36人，副教授86人，讲师8人，助教3人，副高职称6人，中级职称8人，党政管理14人。

2019年，学院引进优秀人才4人，普通人才3名。2019年，学院有1人晋升副教授，2人晋升助教(思政系列)，退休4人。入选学校2115人才培育5人：领军教授A李道亮；领军教授B杜松怀、叶林；青年新星B李寒、张璐。

(陈继威)

【本科教学】

2019年，学院共招收本科生256人(8个班，含信息科学试验班50人)，电子信息类、计算机类按照专业大类招生，电气工程及其自动化按专业招生；共招收计算机科学与技术专业双学位学生63人，招收数据科学与大数据技术专业双学位学生91人。2019届毕业生234人，其中，226人获得学士学位；推荐免试研究生78名；10篇论文获得校级优秀毕业论文，3篇论文获得北京市优秀毕业论文。本科生申请北京市大学生创新创业训练计划21项，国家大学生创新创业训练计划10项，校级URP项目67项，以及各类竞赛经费累计50万元。学院计算机科学与技术专业入选国家一流专业建设计划。电气工程及其自动化通过专业教育工程认证，认证有效期为2019年1月1日至2024年12月31日。

(段颖昕)

【研究生教学】

2019年，学院招收硕士研究生208人，其中，全日制专业学位研究生123人，非全日制专业学位研究生2人，留学生1人，烟台专项研究生50人；博士研究生33人，其中留学生1人。毕业博士研究生21人，授予博士学位20人；毕业硕士研究生139人，授予硕士学位163人；其中，专业学位研究生78人；209名研究生获奖学金；39人获三好学生，19人获优秀学生干部，7人获北京市优秀毕业生，22人获中国农业大学优秀毕业生，15名研究生获得“国家建设高水平大学公派研究生项目”的资助。获得校级优秀硕士论文1篇，邀请国外专家英文授课1门，建立院级烟台研究生校外基地5个。

2019年，学院有博士生导师48人，其中外聘的博士生导师5人；硕士生导师104人，其中，外聘导师3人。学院共开设研究生课程90门。

(许朝辉)

【科学研究】

2019年，学院在研科研项目183项，其中，纵向课题89项，横向课题78项，到校总经费4 698万元。申报国家自然科学基金36项，获批6项，共计344万元。李道亮教授团队研发的“水产集约化养殖测控技术与装备”项目获得2019年度国家科学技术进步二等奖。

2019年收录的国际论文356篇，其中，SCI收录149篇，EI收录207篇。获得专利授权122项，其中，发明专利117项，实用新型专利2项，外观专利1项；获软件著作权登记403项。

(王晓红)

【合作交流】

4月27—29日，筹办第一届中国国际智慧农业成果展暨中国国际智慧农业等离子体技术创新论坛；7月19—23日，举办2019年智慧农业创新发展国际研讨会，大会共邀请来自英国、希腊、日本、美国、加拿大、德国、巴基斯坦等国家和地区的国际知名专家及300余名学者参加了会议。此次大会收到论文121篇(中文71篇、英文50篇)，61篇中文论文由2019年第50卷《农业机械学报》增刊收录；34篇英文论文推荐到“*International Agricultural Engineering Journal*”(《国际农业工程学报》)。

2019年共有6名本科生出国交流，31名研究生出国申报和交流(其中，21名参加联合项目，10名国家留学基金委全额资助出国深造)，73位教师出国交流和进修；组织国际交流与合作系列报告1次，开展教育咨询；并与马来西亚吉兰丹大学、柬埔寨王国青年奖学金联盟、泰国经济协会签署学生联合培养合作意向。

在国际引智方面，2019年学院邀请专家13名，接待专家代表团4次。聘任外籍兼职教师和海外名师3名[分别是日本京都大学农学部的近藤直教授，华盛顿州立大学的Zhang Qin(张勤)教授，巴基斯坦白沙瓦农业大学的KHATTAK ABDUL MATEEN(卡塔克·阿卜杜勒·马蒂恩教授)]。

(史银雪)

【学生工作】

2019年，学院共有本科生1 039人，硕士研究生437人，博士研究生126人，班主任35名，专职辅导员6名，兼职辅导员8名。2019届毕业生总人数为388人，整体就业率为98.45%。其中，工作人数227人，国内升学136人，出国19人，包含选调生8人。在奖优助困工作中，778名本科生参加综合测评，共有542人获得综合、单项、专项各类奖学金，累计金额131.44万元。共有217人获得三好学生、优秀学生干部、优秀团干部、优秀团员的荣誉称号。189名经济困难学生申请国家助学金，资助金额为681 000元，31人获得社会助学金，资助金额为94 000元，5名同学获得不同档次的学费减免。评选出3个校优秀班集体、6个校级优秀团支部、1名优秀教育工作者(班主任)。

学院积极组织学生参加2019大学生智能互联创新应用设计大赛、全国大学生数学建模竞赛、全国大学生“恩智浦杯”智能汽车竞赛、“蓝桥杯”全国软件和信息技术专业人才大赛、中国“互联网+”大学生创新创业大赛。其中，获第五届中国“互联网+”大学生创新创业大赛(北京市赛区)二等奖2组，2019大学生智能互联创新应用设计大赛获国家级一等奖2组、二等奖1组，“蓝桥杯”全国软件和信息技术专业人才大赛获北京市二等奖5组，北京市大学生机器人大赛二等奖1组。

(张鑫)

【党建工作】

学院有党支部38个，其中，教工党支部9个，研究生党支部20个，本科生党支部9个。共有党员623人，其中，教工党员107人，占全院教职工总人数的62.9%。学生党员499人，其中，研究生党员333人，占全院研究生总人数的53.0%，本科生党员169人，占全院本科生总人数的16.0%。新发展学生党员119人，其中，研究生41人；120名预备党员按期转正；提出入党申请359人，确定入党积极分子209人。1个红色“1+1”活动获评北京市优秀奖。

(杨梦妍)

【教代会工会工作】

服务全体教职工，维护全体教职工民主权益，成功召开学院二级教代会，《关于教授岗位设置和任职条件建议的提案》（赵明）获第四届第二次会议优秀提案。组织申报二级分工会项目，获批 6 项。完成教职工大病保险、女工保险、年度体检、女工体检、从教 30 周年教师慰问、教职工生日、生子、患病、退休、抚恤、福利发放等工作。

在院党委的关心下，在年底组织看望慰问离退休教师，并成功举办第一届离退休教职工茶话会。工会积极组织教职工参与校工会组织的各项活动，组织校运动会等各项文体活动，组织举办的合唱在学校“辉煌 70 载，唱响新时代”合唱比赛中获得一等奖；成立信电师生合唱团，并进行常规训练。院舞蹈队在毕业生晚会上有精彩演出。

（陈继威）

水利与土木工程学院

【学院概况】

水利与土木工程学院源于 1958 年成立的北京农业机械化学院农田水利化系，下设水利工程系、农业建筑与环境工程系、流体机械与流体工程系、土木工程系等 4 个系；拥有 5 个本科专业、2 个国家级重点学科、1 个省部级重点学科、7 个省部级重点实验室、工程中心及野外观测实验站；在作物高效用水理论与技术、节水灌溉技术与产品、农业水资源与水环境、水动力学与水力机械、动物健康养殖环境工程、设施园艺环境工程、城乡规划与建筑工程、环境增值能源与废弃物处理工程等领域形成了优势互补的研究方向。

（戈志奇）

【学科与专业建设】

学院设置农业水利工程、水利水电工程、能源与动力工程、农业建筑环境与能源工程和土木工程 5 个本科专业，拥有水利工程、农业水土工程、农业生物环境与能源工程、土木工程 4 个学术型硕士学位授权点，土木水利类、能源动力类 2 个专业学位大类授权点，水利工程、农业水土工程、农业生物环境与能源工程 3 个博士学位授权点，水利工程、农业工程 2 个博士后流动站。学院建有农业工程（农业生物环境与能源工程、农业水土工程）、水利工程、土木工程学科，在教育部第四轮学科评估中，农业工程的评估结果为 A＋，水利工程的评估结果为 B^{+}，土木工程评估结果为 C^{-}。农业水利工程、水利水电工程通过全国工程教育专业认证并分别入选国家和北京市一流专业。

学院拥有农业农村部设施农业工程（综合性）重点实验室、农业节水与水资源教育部工程研究中心、北京市畜禽健康养殖环境工程技术研究中心、北京市供水管网系统安全与节能工程技术研究中心、农业农村部作物高效用水武威科学观测实验站、教育部绿洲高效用水野外科学观测研究站、甘肃省绿洲农业节水与水资源高效利用野外科学观测研究站、农业农村部沼气质量测试中心华北工作站等科研平台，在甘肃武威、北京通州、内蒙古巴彦淖尔等地建有多个科研教学基地，其中，石羊河实验站为国家农业科技创新与集成示范基地。建设有科技部温室设备国际科技合作基地、北京市畜禽健康环境与福利养殖国际科技合作基地、现代节水灌溉技术与设备国际科技合作基地。

（张立伟）

【师资队伍】

学院现有教职工127人，其中，专任教师101人，教授38人、副教授53人、副研究员1人，博士生导师35人、硕士生导师79人。新引进教师11人，退休1人，晋升正教授3人、副教授2人。博士后研究人员在站12人，进站5人，出站1人。15人入选“2115”人才培育发展支持计划，获批1个杰出科学家工作室和6个创新团队。新增长江学者1人，青年长江学者1人；兼职教授布伦特·尤安克洛西尔增选为中国工程院外籍院士，李保明教授成为首位获颁“ASABE亨利·吉斯建筑与环境奖”的亚洲学者。

教师队伍具有中国工程院院士1人、长江学者特聘教授5人、国家杰出青年科学基金获得者3人、中科院百人计划2人、国家“万人计划”科技创新领军人才1名、“国家千人计划青年项目”1人、青年长江学者3人、国家优秀青年基金获得者4人、北京市教学名师4人、农业农村部产业技术体系岗位科学家5人、教育部新世纪优秀人才9人、宝钢优秀教师奖获得者8人、霍英东奖励及基金获得者3人、北京市科技新星2人、北京高校青年英才计划入选者2人。拥有国家自然科学基金创新研究群体1个、教育部创新团队1个、农业农村部农业科研杰出人才及创新团队1个。

（戈志奇）

【本科教学】

本科生在校714人，招生209人，毕业182人(其中，授予学位177人，结业5人)。

10部本科教材获得2019年本科教材建设立项。5门本科生课程入选专业课发挥思政教育功能专项，2门本科生课程入选学校“金课”支持计划，并通过国家一流本科课程遴选；2门课程入选学校精品开放课程。

1人在北京高校第十一届青年教师教学基本功比赛中荣获工科类A组第一名、最佳现场展示奖、最受学生欢迎奖。在首届全国农业工程类专业青年教师教学竞赛中，获得一等奖1人、二等奖1人。8人获得2019—2020学年青年教师导航计划支持。

2020届免试推荐攻读研究生46人(含4名学术专长、2名辅导员)，9篇本科生毕业设计(论文)获校优秀毕业设计(论文)称号。

积极推动各类大学生科技创新项目联动计划，实现基础、素质、精英、卓越四级训练。共获批国家级、北京市级本科生创新项目30项，获得资助经费总额达47万元；学校URP项目立项70项，经费为10.5万元，学院近300人参与创新创业项目。本科生以第一作者发表SCI论文3篇、EI论文1篇、北大中文核心期刊1篇、授权专利5项。

完善水利与土木工程国家级虚拟仿真实验教学中心资源建设，开发了“现代化畜禽场建设及环境控制虚拟仿真系统”“梯级水电站库群调度虚拟仿真实验项目”，执行经费40万元，并通过验收。

（孙艳京、丁涛）

【研究生教学】

研究生在校 547 人,其中,博士生 174 人、硕士生 373 人。招生 197 人,其中,博士生 42 人、硕士生 155 人。毕业研究生 158 人,其中,博士生 21 人,授予博士学位 21 人,硕士生 137 人,授予硕士学位 136 人。

全年共开设全日制研究生课程 75 门。推荐公派出国联合培养博士研究生 12 人,出国攻读博士学位研究生 2 人。国际化培养提升项目分 3 批派出研究生中长期境外学习项目 10 人,团组项目 24 人,国际会议 5 人。完成了博士生资格考试、开题报告、论文中期检查、教学实践、学术交流以及硕士生开题报告、实践教育等研究生培养环节的考核工作。

进一步完善 3 年制学硕培养方案的修订和实施。完成水利工程学科学位授权点合格评估抽评;完成土木工程硕士学位点自主建设验收;成功举办首次全院研究生导师培训。

获批 7 项混合式教学改革项目,4 项“双一流”课程建设项目,1 项教材建设项目和 2 项研究生专业课程思政建设项目。“农业绿色高效用水”专业学位综合改革专项获得了 2019 年专业学位研究生专项制培养改革优秀专项。

硕士和博士论文全部推行盲审制,严把论文质量和答辩关;加强烟台专项研究生管理工作,初步完成与烟台地区企业联合培养协议签订和兼职导师聘任工作;继续探索依托野外基地培育“四融合”人才培养模式;康绍忠院士入选中国研究生教育质量人物。

(王宝芝)

【科学研究】

获批课题 68 项,其中,国家自然基金 13 项;承担国家自然科学基金、国家重点研发计划、公益性行业专项、国家现代农业产业技术体系科学家岗位等省部级以上项目或课题 122 项,企事业单位委托课题 62 项,到账总经费 7 159 万元。

发表 SCI 论文 179 篇、EI 论文 147 篇,SSCI 论文 15 篇,SCI 论文中影响因子大于 5.0 的 21 篇;获授权专利 57 项,其中,发明专利 33 项,获第二十届中国专利优秀奖 1 项;登记授权软件著作权 13 项。

主持完成的成果获教育部自然科学二等奖 1 项,主持或参加完成的成果获省部级科技进步奖(含社会力量设奖)5 项。2 人获中国农业工程学会改革开放 40 年杰出贡献奖、4 人获突出贡献奖、1 人获青年科技奖,1 人获 2018—2019 年度“大禹杯”农业节水科技奖突出贡献奖。

石羊河实验站获批教育部绿洲高效用水野外科学观测研究站和甘肃省绿洲农业节水与水资源高效利用野外科学观测研究站,并被教育部推荐申报国家野外观测站;河套灌区实验站、通州实验站的建设与运行顺利。

(张立伟)

【合作交流】

留学生在校生 3 人,招生 1 人。美、英、荷、以、日等国专家来访学术交流活动 86 人次,学院教师出国进行学术合作交流 64 人次。顺利实施本科生、研究生国际化培养提升项目 4 项、出访学生 32 人次;学院学生短期出访 76 人次,接待美、日 4 个学生团组共计 55 人次。积极推动与美国伊利诺伊大学、普渡大学、科罗拉多州立大学的“3+2”合作办学项目。

获批 NSFC 与智利 CONICYT 国际合作项目 1 项；签订中国农业大学-密苏里大学水-农业-环境联合研究中心合作协议；农业高效用水创新引智基地举办国际学术研讨会 2 次，16 位外国专家来校进行了合作交流，合作发表高水平论文 15 篇；获批高端外国专家引进计划项目 1 项，日、荷、美等 25 位专家来院工作 163 人/天。

主办 2019 年高附加值植物生产的环控技术国际研讨会、动物环境与福利化养殖国际研讨会，推进设施农业科研成果转化和国际合作；依托中以中心，积极推进与"一带一路"国家的全方位合作。

积极开展与石河子大学农业工程学科对口合作，协助申请部省合作共建大型系列研究设施专项，合作申报国家重点研发计划；合作获批中国农业大学-塔里木大学联合基金 2 项，承接塔里木大学青年教师来院交流合作；为西藏农牧学院开设本科生课程 2 门，助力西部高校人才培养。

推动学校与甘肃省武威市、内蒙古巴彦淖尔市签订了新的战略合作框架协议，以科技支撑区域节水增效、节水控盐和乡村振兴战略；推动学校与浙江丽水市签订合作框架协议，助力农业农村现代化发展；与北京市水科学技术研究院签订合作协议，开展科研合作，促进科技成果转化。

（张立伟）

【学生工作】

主办第一届"华维杯"全国大学生农业水利工程及相关专业创新设计大赛，获得特等奖 1 项、一等奖 2 项、二等奖 2 项，优秀指导教师 1 名，以及优秀组织奖。学院主办"银谷杯"第七届全国大学生农业建筑环境与能源工程相关专业创新创业竞赛，获得特等奖 2 项，同时还获得一、二、三等奖各 1 项，优秀指导教师 2 名，以及优秀组织奖。学院代表队参加第六届全国大学生水利创新设计大赛，获得特等奖 2 项、二等奖 1 项，优秀指导教师 2 名。第八届北京市大学生建筑结构设计竞赛，学院代表队获北京市 A 组比赛一等奖（第一名），并代表北京队参加全国建筑结构设计大赛，获得全国二等奖。学院代表荣获第十届"挑战杯"北京首都大学生课外科技作品竞赛特等奖 1 项，并在第十六届"挑战杯"全国大学生课外科技作品竞赛中获三等奖。

"水与争锋"青年教师团队获中国农业大学"五四青年标兵集体"称号，1 个团支部获"北京市先锋团支部"称号，2 个班级获"中国农业大学优秀班集体"称号，4 个团支部获"中国农业大学优秀团支部"称号，1 个团支部获"十佳团日活动"称号。2 人获"北京市三好学生"称号，2 人获"北京市优秀学生干部"称号，1 人获"北京市'先锋杯'优秀基层团干部"称号，1 人获"北京市'先锋杯'优秀团员"称号，1 名学生获中国农业大学"五四青年标兵"称号。获得国家级奖项 12 人次、省部级奖项 24 人次，校级、院级及其他奖项共计 65 人次。

获新生运动会男子团体总分第四名，在学校"一二·九"运动合唱比赛中获二等奖。

学生参与的 11 支暑期社会实践小队获评优秀小队奖，2 支小队获优秀成果奖，5 人获优秀个人奖，1 名研究生荣获"青春与祖国同行"全国优秀社会实践成果奖三等奖。

全年共有 332 人次本科生获得各类奖学金 88.42 万元，270 人次研究生获得各类奖学金 102.4 万元；在助困方面，共认定家庭经济困难学生 166 人，全年各类资助 500 余人次，总金额 80.84 万元。

本科生就业率为 95.92%，硕士研究生就业率为 97.74%，博士研究生就业率为 100%。

（王胜男）

【党建工作】

共吸收优秀大学生入党 89 人，其中，女性 36 人，少数民族 2 人，预备期满转正 93 人。开办二级业余党校，开办 4 期积极分子培训班、发展对象培训班、预备党员培训班和党支部书记培训班，共培养入党积极分子 170 名，其中，102 名通过党课考核；培养发展对象 101 名，其中 79 名通过考核。

学院开展了系列主题党日活动、以“不忘初心、牢记使命”主题教育活动为契机，深入学习习近平重要讲话精神，扎实推进“两学一做”常态化制度化、红色“1+1”等一系列主题教育实践活动，水利研究生第一党支部获北京市红色“1+1”共建活动三等奖，本科生第三党支部、本科生第五党支部获北京市优秀奖，1 个教工党支部被评为学校“十佳主题党日活动”、2 个学生党支部入选中国农业大学本科生党支部优秀党日活动暨本科生党支部精品实践优秀项目，1 个教工党支部被评为第一批“全国样板党支部”，1 个研究生党支部被评为第二批“全国样板党支部”，1 个教工党支部获批学校“双带头人党支部书记工作室”，1 个学生党支部获批学校“样板党支部”，学院党委被学校确定为党建工作“标杆院系”创建单位，1 个党支部获中国农业大学“五四青年标兵集体”荣誉称号，1 个学生党支部获“中国农业大学先进党组织”称号，2 名教职工党员获“中国农业大学优秀共产党员”称号，3 名学生党员获“中国农业大学优秀共产党员”称号。

（王胜男　边明慧）

【教代会与工会工作】

召开学院二级教代会，就学院财务情况、学院规章制度修订等进行通报征集代表意见与建议。

学院分工会添置按摩椅，继续建设好教职工之家；积极参加学校组织的运动会和气排球比赛；开展乒乓球、拖拉机扑克比赛，每周组织教工羽毛球健身活动；举办教职工中医针灸及健康咨询，组织教职工观看电影和公园游览活动；举办奥森公园健步行和职工读书活动；承办学校第五届拖拉机扑克牌（东区）比赛。在校工会举办的“辉煌七十载，唱响新时代”2019 年中国农业大学教职工合唱比赛中取得好成绩。

学院工会每季度举办教职工集体生日会；组织离退休教师交流座谈会和年度退休离岗与新入职教师座谈会等活动。慰问退休老领导、老教师，慰问有病住院、有生活困难的职工，为生育青年教工送上慰问金。

（董清）

理　学　院

【学院概况】

理学院下设 5 个系：应用数学系、应用物理系、化学系、农药系和应用力学系。学院拥有农业农村部农药化学及使用技术重点开放实验室、北京市实验教学示范中心(化学)、农业农村部农产品质量检验测试中心(北京)。

(宋慧芳)

【学科与专业建设】

拥有农药学、农产品安全及化学一级学科博士点,与信息与电气工程学院共建计算机科学与技术博士学位点,设有化学、数学、力学一级学科及农药学、农产品安全、生物物理学硕士学位点。农药学是国家"双一流""985""211"工程重点建设学科,设有博士后流动站;2019年新获批化学博士后流动站;化学专业被评为国家一流建设专业,应用化学专业为北京市一流建设专业。化学专业是全国农林院校唯一的国家化学理科基础科学研究和教学人才培养基地(国家化学理科基地)。

(宋慧芳)

【师资队伍】

理学院共有教职工172人,其中,专任教师148人,包括教授53人、副教授(含副研究员等副高职称)79人;博士生导师42人、硕士生导师87人;国家"万人计划"教学名师1人,"百千万人才工程"国家级人选1人,享受政府特殊津贴专家4人,青年拔尖人才1人,新世纪优秀人才9人,北京市教学名师4人,宝钢优秀教师8人,北京高校第十一届青年教师基本功大赛一等奖3人、二等奖1人。

2019年,周志强获得国家"万人计划"教学名师,马晓栋获得北京高校第十一届青年教师基本功大赛一等奖,甄苓被推荐为北京市教学改革项目负责人,李春燕获得中国农业大学教学名师称号。借助学校"2115"人才培育发展支持计划,促进优势团队发展,理学院共有14位教师入选"2115"人才培育发展支持计划,3个团队入选国家级创新、高水平创新、青年科学家创新团队。

2019年,晋升正教授2人、副教授1人,引进各类人才6人,退休6人,博士后研究人员在站6人、进站2人。

(孙薇)

【本科教学】

2019年,本科生在校716人,招生180人,毕业154人。

2019年,承担全校和学院各类本科课程207门,159位教师承担相应的教学任务,涉及学生6 000余人,全年共完成本科生教学工作量96 276标准学时。

组织指导全校各专业学生700余人参加国际、国内各类学科竞赛16项,获奖情况如下:

(1)2019年"高教社杯"全国大学生数学建模竞赛,获全国二等奖3项。

(2)2019"民生杯"全国数学建模竞赛,获一等奖7项、二等奖16项、三等奖25项。

(3)2019美国大学生数学建模竞赛,获国家级二等奖9项、三等奖20项。

(4)北京市第十三届大学生数学竞赛(北京赛区非数学专业),获北京市一等奖24项、二等奖42项、三等奖64项。

(5)2019 全国大学生数学建模竞赛(非数学类),获一等奖 11 项、二等奖 48 项、三等奖 49 项。

(6)北京市大学生数学建模与计算机应用竞赛,获一等奖 15 项、二等奖 14 项。

(7)北京市大学生物理实验竞赛,获一等奖 1 项、二等奖 1 项、3 等奖 3 项。

(8)中国大学生物理学术竞赛,获三等奖 1 项。

(9)北京市大学生化学实验竞赛,获特等奖 2 项、一等奖 4 项、二等奖 6 项。

(10)第十二届周培源大学生力学竞赛,获优秀奖 3 项。

2019 年获批国家级大学生创新创业训练计划立项项目 29 项,北京市大学生创新创业训练计划立项项目 40 项,URP 项目立项 83 项。

2019 年推荐北京高校优质本科课程 1 门,国家级一流本科课程 1 门。获批校级优质课程建设项目 3 项,获批校级本科规划教材建设项目 3 项;院级教改项目立项 31 项,校级思政教改 6 项,校级教改后立项 14 项。

建成虚拟仿真实验教学平台 1 个,已完成 5 门虚拟仿真课程的建设,建成工程仿真实验中心 1 个。新增威海教学实践基地、东阳光研究院实训基地,派出学生实践实习 40 余人次。

(任雪静)

【研究生教学】

2019 年,研究生在校 293 人,其中,博士生 123 人、硕士生 170 人。招生 116 人,其中,博士生 34 人、硕士生 82 人。毕业研究生 114 人,其中,博士生 34 人,授予博士学位 34 人,硕士生 80 人,授予硕士学位 80 人。

7 月 8—10 日,组织理学院第三届优秀大学生夏令营活动,来自西北农林科技大学、广西大学、海南大学、北京林业大学、山东农业大学、山西农业大学等院校的 44 名同学参加活动。

12 月 2—6 日,举办第三届理学院研究生学术交流活动,促进理学院研究生内部的学术交流。

2019 年,共开设研究生课程 47 门,其中,全校公共基础课 8 门。主持研究生混合课程教改 7 门,研究生专业课程思政建设项目 2 项,研究生教育教学改革项目 1 项,"双一流专项"全英文课程建设 1 项。

(王玉红)

【科学研究】

2019 年,学院优化科研管理制度,推进"一系一策"改革,突出系、科研团队的主动性。坚持"奖励高端、调动中坚、扶持青年"的思路,完善了科研评价标准和学术评价方法,修订了学院科研绩效发放办法,积极破除"五唯"。另外,还修订了鼓励申请国家自然科学基金的办法,将国家自然基金申请与研究生导师遴选挂钩。2019 年,学院发表国际论文 283 篇,较 2018 年增长 20%,学科前 20%论文 84 篇,较 2018 年增长 30%;获批国家自然科学基金 8 项,较 2018 年增长 30%。到校科研经费 61 69 万元。

(杜风沛)

【合作交流】

邀请国外专家开设“现代农药”“专业英语与科技论文写作”等课程并参与指导研究生，拓宽学生的国际视野。邀请国际专家20余人次到学院做学术交流。教师因公出访参加学术交流30余人次，研究生中长期境外学习9人次，境外国际学术交流16人次。

（王鹏）

【行政工作】

制定、修订学院议事规则、三重一大、实验室管理、延迟退休、职务晋升、资产管理等相关制度11项，通过制度建设，提升学院行政管理效率、提升行政服务水平。

梳理、调整院领导分工，完成系领导班子换届调整，将各级工作职能对标对表、做无缝对接，确保上传下达畅通高效。学院在“一系一策”改革过程中，着力将管理主体细化至教研组，构建起“学院—系—教研组”的架构体系，将服务工作精细化。

建立学院实验室管理体系，组建实验室安全员队伍，签订负责人安全责任书，开展实验室安全教育培训，规范危险化学品管理，实施有效废液处理措施，规范警示标识，建立实验室安全管理档案，落实每日巡检，实现动态管理。

进一步改善师生的学习工作环境。完成西区楼宇文化建设一期工程，完成东区理学楼化学、力学公共实验室，学生自习室升级改造，卫生间翻修项目7项，完成西区新理学楼阳台修缮、污水室设备升级维护及通风改造等修缮工程5项。

（戚成庭）

【学生工作】

截至10月31日，理学院2019届本科生和研究生毕业生的一次就业率分别达到82.28%和92.11%，总就业率为85.47%。举办1场学院专场双选会，共计30家企业参加，提供就业岗位超过1 000个；开展“一对一就业辅导”工作，帮助多名同学确定职业规划，其中1名同学最终选择应征入伍；持续跟进毕业生就业情况，及时掌握其就业动向，更好地解决其就业需求；在学校大型校园招聘洽谈会（秋季）的就业咨询区安排专业就业指导老师，为参加招聘会的学生提供专业就业指导，帮助学生提升就业竞争力；积极开展基层就业宣传，建立完备的选调生、村官台账，更好地开展工作；积极开拓就业市场，组织5场校园专场宣讲招聘会，开展“企业直通车”活动，搭建学生与企业交流沟通的平台；联系校内外资源，邀请人力资源方面的专业老师进行简历投递、面试技巧等方面的培训和指导。

2019年组织开展了“青春心向党，建功新时代”五四升旗主题团日活动、“青春告白祖国”专题教育活动、实验室安全教育主题活动、“有理有聚　共创佳绩”班级建设经验交流会暨2018—2019学年优秀班集体（优秀团支部）答辩会等多个主题鲜明的思想教育活动，并依托“CAU青春理院”微信公众号平台，助力学生思想提升。1个集体获得北京市先进班集体称号，2名学生被评为北京市三好学生；1个集体被评为中国农业大学“五四青年标兵集体”，1名学生被评为中国农业大学“五四青年标兵”。2019年，理学院分团委组织学生参加科技创新、创业、社会实践和志愿服务活动，如中国“互联网+”大学生创新创业大赛、“挑战杯”课外学术科技作品竞赛、“种·未来”2035现代农业优秀创业项目培育计划等活动，3支队伍获得校级“互联网+”大学生创新创业大赛金奖并入围北京市“互联网+”创新创业大赛，其中1支团队成功入围全国总决赛，并获得银奖；共计900余人次团员积极参加了国庆庆祝活动志愿项目、世园会志愿项目、静淑苑社区青年汇志愿项目、中国科技馆志愿项目、毛主席纪念堂志愿项目、富润家园志愿项目、15号线地铁志愿项目等多项志愿服务活动，2019年理学院志愿者支队获得“志愿农大”优秀志愿团体称号。

2018—2019学年，本科生共计232人获得国家奖学金、校长奖学金、优秀学生奖学金等各类奖学金，累计奖励金额87万余元，获奖面达32.22%；研究生共计129人获得国家奖学金、大北农奖学金、学业奖学金等，累计奖励金额84万余元，获奖面达44.18%。资助经济困难学生134人，资助覆盖面达100%。关注心理问题学生17人，处理心理危机事件9起。

（张玲　曹国良　罗涛　李宜霖）

【党建工作】

认真落实各项政治学习。全年理论学习中心组学习18次并有完备记录，学院党委带领全院师生完成了学习两会工作报告、意识形态专题学习、习近平新时代中国特色社会主义思想、习近平给全国涉农高校的书记校长和专家代表回信精神、习近平总书记在庆祝中华人民共和国成立70周年大会上的讲话精神、十九届四中全会精神等18个主题的教职工理论学习，组织党员、干部到延安梁家河、河北曲周、狼牙山地区、北京展览馆、香山革命旧址等地进行党员教育实践活动。

加强党支部建设，夯实党支部战斗堡垒作用，积极推进“双周三”理论学习常态化机制，规范党支部手册记录完整性，加强党支部书记培训，重视意识形态阵地的管理工作，制定《中国农业大学理学院标杆院系建设党支部工作考核标准》，全面加强党支部组织力提升的建设；修订落实《中国农业大学理学院党委会议议事规则》和《中国农业大学理学院党政联席会议议事规则》，党委会议和党政联席会议议程更加规范。

大力开展党员教育，扎实推进“不忘初心、牢记使命”主题教育活动，学生党支部积极开展“我是一面旗帜”主题党日活动、“青春告白祖国，我与祖国共奋进”国庆庆祝活动等。

继续做好宣传工作，利用七大宣传平台对学院的中心工作进行全面报道和信息发布，2019年全年学院首页新闻稿件数149篇，二级栏目稿件200余篇。

2019年，学院党委、教工数学第二党支部被评为校级先进党组织，2人被评为校级优秀党务工作者，3人获校级优秀共产党员，教工化学第一党支部获评“全国党建工作样板支部”，教工力学党支部“红色纽带”系列党日活动获校级“十佳主题党日活动”，1个党支部荣获北京高校红色“1+1”活动三等奖，1个党支部荣获北京高校红色“1+1”活动优秀奖。2019年新发展党员58人，其中，学生党员56人、教工党员2人。

（范冰琳　古丽）

【教代会与工会工作】

2019年，理学院工会为了更好地服务职工，增补了2名工会委员，购置了电钢琴，修订了“理学院有关工会经费管理和使用的规定”和“理学院有关福利费管理和使用的规定”，提高了发放力度。结合教学开展了“理论课的翻转课堂困惑与实践”专题报告，继续推进学优争先活动。

工会协助整理了学科泰斗黄瑞纶先生的事迹，做好传承，促进学科发展。

认真召开学院教代会，组织参加学校双代会，积极献言献策。

积极参加学校组织的“辉煌七十载，唱响新时代”2019年中国农业大学教职工合唱比赛、春季田径运动会、教职工羽毛球混合团体赛、气排球团体赛、双升扑克牌比赛，在取得好成绩的同时，也增进了集体观念。

学院工会还组织教工赴香山革命纪念馆参观学习、河北安格庄水库春游、北京世界园艺博览会秋游；举办了三八女教工文体活动、端午节香囊制作活动、迎新年包饺子活动、古琴培训和赏析、插花艺术赏析及讲座、形体训练、急救知识培训，观看“踏冰逐梦”冰上舞剧等形式多样、内容丰富的活动。同时申报获批了特色品牌项目——Salsa/Rueda舞蹈队获特色品牌项目。学院分工会连续3年获得工会宣传工作先进单位。

（刘丰茂）

经济管理学院

【学院概况】

经济管理学院设置5个系：农业经济系、金融系、工商管理系、会计系和经济贸易系。拥有2个省部级哲学社科基地，即北京食品安全政策与战略研究基地（纳入北京市智库建设系列）和中央农办、农业农村部乡村振兴软科学研究基地。拥有3个校级研究中心：中国农业大学期货与金融衍生品研究中心、中国农业大学食品安全政策与战略研究中心和中国农业大学国家农业市场研究中心。拥有17个院级研究中心：农村金融与投资研究中心、国际农产品贸易研究中心、战略与决策研究中心、区域物流规划与发展战略研究中心、风险管理与农业保险研究所、中国农户经济研究中心、食物与健康经济研究中心、中国县域经济研究中心、中国农业品牌研究中心、农村休闲旅游与风险管理研究中心、畜牧经济研究中心、中国农业产业链研究中心、国际应用经济与政策研究中心、会计案例研究中心、东亚农业农村发展研究中心、人力资本发展数据研究中心和国际经济研究所。

（章博）

【学科与专业建设】

拥有农林经济管理和应用经济学2个一级学科博士学位授予权，工商管理一级硕士学位授予权，其中，农林经济管理一级学科下的农业经济管理二级学科是国家级重点建设学科。开设5个博士招生专业（农业经济管理、农业经济史、金融学、产业经济学、国际贸易学）、6个学术型硕士招生专业（农业经济管理、金融学、产业经济学、国际贸易学、会计学、企业管理）和3个专业硕士招生专业（工商管理硕士、金融硕士、会计硕士）。

2019年，学院新增应用经济学博士后科研流动站。学院对近年来学科建设成果进行梳理，研究制定学科发展方向，提交了新设站申请，并顺利通过全国博士后管理委员会专家组评审。这是学院继管理科学与工程、农林经济管理2个博士后流动站获批后在学科建设方面的又一突破。流动站的设立使学校“应用经济学”学科拥有硕士、博士、博士后完整培养体系。

（章博）

【师资队伍】

截至2019年12月，学院共有教职工141人，其中：专任教师111人，包括教授47人、副教授（含副研究员）50人；博士生导师55人、硕士生导师39人；国务院参事1人，“长江学者奖励计划”青年学者1人，享受政府特殊津贴专家5人，北京市教学名师3人。

本年度引进杰出人才1人（林发勤），优秀人才2人（方明月、杨树），普通人才5人（陈靖、陈俞全、冯晓龙、龙文进、王晶晶）；退休2人（甘立平、马玉瑛）；晋升正教授2人（鞠荣华、刘玉梅），晋升副教授1人（宋默西）；博士后研究人员出站1人（张明霞），进站1人（程璐）。

（章博）

【本科教学】

学院制订《经济管理学院本科基层教学组织建设方案》，实现基层教学组织对全体教师的全员覆盖；制定《经济管理学院一流本科专业建设规划》，形成“集中优势资源、不断寻求专业认证突破点”的工作思路。

虚拟仿真项目正式启动。通过校级虚拟仿真项目立项评审，多种教学软件及数据库资源投入使用，实践实训课程运转正常；会计专业实践实训基地被评为校级十大校外实习基地。

农林经济管理专业获得首批国家级一流建设本科专业。“微观经济学”课程被学校推荐参加“国家级精品在线开放课程”的评选。本科优质课程（“金课”）、在线开放课程建设项目、虚拟仿真实验项目获校级立项各1项；校级第四批核心通识课程获批1门。专业课发挥思政教育功能，获批专项教学改革立项4项。正式出版教材4本，申报农业部“十三五”规划教材6本，获校级教材建设立项4项，学院资助编写教材4本。本科生国际化培养提升项目获批2项。王瑞梅获得2019年第七届（大北农）中国农业大学教学名师奖。

2019年，招收本科生210人，双学位学生180人；接收转专业学生72人。本科毕业生284人，双学位毕业生205人。截至2019年年底，在校本科生968人。开设本科课程315门。

（郭淑媛　魏占祥）

【研究生教学】

2019年，学院践行习近平总书记的期许——“广大科技工作者要把论文写在祖国的大地上，把科技成果应用在实现现代化的伟大事业中”，积极拓展研究生校外实习实践。李军等组织编撰《博观稼穑（2019）》，反映研究生的调研成果。编撰中央宣传部“2019年主题出版重点出版物”《新中国农业发展70年》（政策成就卷），受到中央电视台新闻联播和新华社的重点关注。此外,《奔向新时代——新中国70年百姓生活变迁录》也由人民出版社出版;郭沛、陈红华等分别带领研究生参加国际交流项目。

会计专业学位研究生培养项目获评学校"专业学位研究生培养改革优秀专项";付文阁、陈秀凤、陈黎明、马红旗、王军等老师带领研究生参加第五届中国"互联网+"大学生创新创业大赛;陈秀凤指导研究生获MPAcc案例大赛嘉奖。4项课题入选学校研究生教育改革项目;1项课题入选校2019年研究生专业课程思政建设项目。博士张哲晰(导师:穆月英教授)、硕士陈伟(导师:朱俊峰教授)的学位论文分别被评为校级优秀学位论文。

工商管理硕士(MBA)生源质量稳步提升。2019年报考人数破历年纪录,招生名额较往年略有增加,共录取180人,实际报到169人。其中,已拥有硕士学历的学生占4%,本科学历占比较2018年略有增长。

2019年,学院共录取研究生383人,其中,博士研究生66人(含硕转博10人,留学生1人),学术型硕士研究生67人(含留学生9人),全日制专业硕士研究生81人,非全日制专业学位硕士研究生169人。9月,完成2020级推免生接收工作,共录取推荐面试硕士研究生63人,其中,全日制学术型硕士研究生27人,全日制专业学位硕士研究生36人。

截至12月,在校研究生906人,其中,博士研究生268人(含留学生2人)、硕士研究生638人。毕业研究生354人,其中,博士研究生49人,授予博士学位32人;硕士研究生305人,授予硕士学位305人。穆月英指导的博士研究生张哲晰获评校级优秀博士学位论文,朱俊峰教授指导的硕士研究生陈伟获评校级优秀硕士学位论文。

(陈琰　谷征)

【科学研究】

2019年,学院省部级研究基地数量增至2个。新增省部级研究基地"中央农办、农业农村部乡村振兴软科学研究基地",由中国农业大学副校长辛贤担任负责人。

学院多篇政策研究报告获得党和国家领导人及相关部委领导的批示,其中,共有6篇获党和国家领导人的批示。由李军、马铃等老师撰写的《"数字化""表格化"扶贫仍然存在,扶贫考核减压迫在眉睫》《产业扶贫精准施策尚有偏差,可持续发展能力有待提高》《莫让扶贫伤了村民的心,也要避免出现"人人争当贫困户"的现象》《新疆地区扶贫需更加突出特色,因地制宜》获全国政协副主席、民建中央常务副主席辜胜阻的重要批示。王玉斌老师撰写的《有效推进农村"厕所革命"》《"空壳合作社"注销需谨慎》获中共中央政治局委员、国务院副总理胡春华的重要批示。蔡海龙老师撰写的《加快南美布局,充分利用我国先进转基因技术解决大豆供给后顾之忧》获全国人大农业与农村委员会主任委员陈锡文的批示。

陆娟与韩一军共同参与遴选的中国农业品牌目录2019农产品区域公用品牌在第十七届中国国际农产品交易会上正式发布。由林万龙、张莉琴、李晓峰主持的脱贫摘帽课题,为国家脱贫工作做出重要贡献。田志宏完善现行农业统计核算体系的工作获农业农村部领导的充分肯定。伍建平荣获"民建脱贫攻坚奖先进个人"荣誉称号。

学院到校科研经费3 935万元,新增科研项目115项,创历史新高。其中,国家社会科学基金项目重点项目1项,主持人为韩一军;国家社会科学基金项目1项,主持人为陆娟;国家自然科学基金项目5项,主持人为朱俊峰、赵启然、陈祁晖、何婧、杨树(青年项目)。教育部人文项目 2 项,主持人为李春顶、郑小平;农业农村部乡村振兴软科学 4 项,主持人为司伟、陈永福、赵霞、田志宏;其他省部级项目共 29 项。

《中国农业经济评论》(*China Agricultural Economic Review*,CAER)的影响力日益剧增,影响因子再创新高。由经济管理学院主办的 SSCI/SCIE 检索国际期刊《中国农业经济评论》的影响因子达到 1.050,5 年影响因子达到 1.209。在经济学领域和农业经济与政策领域两个期刊分类中均位于 Q3 区。《中国农业经济评论》自创刊 10 年来影响因子首次突破 1.0。《中国农业经济评论》目前的接受率是 15%左右,国际影响已经覆盖到 70 多个国家和地区。

学院教师共获得奖项 12 项。其中,林万龙获得北京市第十五届哲学社会科学优秀成果奖二等奖;穆月英作为第二贡献人获得北京市第十三届优秀调研成果一等奖;何婧作为第二贡献人获得江苏省社科联 2018 年度"省社科应用研究精品工程"奖优秀成果二等奖。

学院师生发表论文及著作共计 298 篇(部),发表期刊包括《经济学快报》(*Economics Letters*)、《食品政策》(*Food Policy*)、《发展研究杂志》(*The Journal of Development Studies*)等;其中,本学科高水平论文 137 篇。学院教师作为主编出版著作合计 10 部,参编 2 部。

(章博)

【合作交流】

2019 年,招收硕士留学生 9 人,博士留学生 1 人。截至 12 月底,在校留学生 17 人,其中,博士研究生 2 人,硕士生 13 人,本科生 2 人。共有 8 位硕士留学生毕业并获得学位。

2019 年国家建设高水平大学公派研究生项目派出 3 名博士生参加联合培养博士生项目,1 名硕士毕业生参加攻读博士研究生项目;2019 年国际化培养提升项目派出 13 名博士进行中长期交流,1 名硕士进行短期交流。本科生国际化培养提升项目派出 10 名本科生赴德国参与何广文主持的"学术发展课程和国际多边组织项目实习",派出 7 名本科生赴荷兰参与陈秀凤主持的"中国-荷兰可持续农产品价值链治理研究"暑期课堂。

学院因公派出人员共 38 人次,主要包括院领导、教授、副教授、讲师、行政工作人员、博士后,其中,出访亚洲国家占 42.1%,欧洲国家占 36.8%,美洲国家占 15.8%,大洋洲、非洲各占 2.6%。其中,学术访问和学术会议占 81.5%,学生国际化培养提升项目占 7.9%,管理工作访问占 5.3%。

学院共邀请 20 个国家和地区的 77 名专家来访中国农业大学,人员数量和质量再创历史新高。其中,来自美国、日本、韩国的专家数量占据前三,分别为 17 人、11 人、7 人。在职称和学历方面,有 46 位来访专家为正高级职称,占比 60%;6 位来访专家为副高级职称,占比 8%;拥有硕士及以上学历的来访专家占比达到 88%。在研究学科方面,38 位专家来自应用经济学学科,占比 49%;16 位专家来自农林经济管理学科,占比 21%;15 位专家来自工商管理学科,占比 20%,来访专家的学科契合度与学院发展方向高度契合。在来访目的方面,有 66%的来访专家参与了学术访问,有 22%的专家参与了国际会议,有 17%的专家参与了讲座讲学,学术交流与合作依然是来访专家的主要目的。

2019 年,学院举办了多场大型学术交流活动暨国际交流活动。6 月 10—14 日,经济管理学院邀请美国普渡大学农业经济系教授 Holly Wang(王红)和副教授 Michael Delgado(迈克尔·迪尔加)多举办"农业经济研究与计量经济学应用"系列学术讲座。学院的张莉琴教授、孟婷博士及2017级、2018级的硕士、博士研究生全程参加了此次学术活动,并吸引多位外校教师和学生前来学习交流。"农业经济研究与计量经济学应用"系列学术讲座已连续举办4年。自2016年以来,经济管理学院已邀请美国普渡大学多位农业经济学领域教授来访并开展讲座,是学校师生了解国外农业经济学与计量经济学前沿研究的重要途径。

6月18日,由中国农业大学经济管理学院、韩国光州全南研究院联合主办的"中韩研讨会——聚焦乡村振兴与农业农村发展"在金码大厦举行。来自中国农业大学、北京工商大学、北京农学院、农业农村部农村经济研究中心、韩国光州全南研究院、韩国农村经济研究院北京代表处等科研院校的专家学者参会并先后发表了主旨演讲。本次研讨会为乡村振兴和农业农村发展提出了新的思想建议,充分挖掘农业农村内生资源和动力,倡导新时代的发展理念,科学利用大数据等现代信息技术助推乡村振兴。

10月17—19日,第十一届CAER-IFPRI国际学术年会在杭州举行。会议主题是"质量驱动下的中国食物系统发展:挑战与探索"。本届国际学术年会由中国农业大学、国际食物政策研究所和浙江大学中国农村发展研究院联合主办。此次会议共收到正式投稿124篇,录用48篇,特邀分会场报告12篇,共计60篇论文在分会场进行汇报。来自比利时鲁文大学、美国普渡大学、美国密歇根州立大学、美国乔治亚州立大学、美国杜克大学昆山分校、澳大利亚国立大学、日本北海道大学、日本九州大学、荷兰瓦赫宁根大学、澳大利亚罗克汉普顿CQ大学以及中国农业大学、北京大学、华中农业大学、华南农业大学、中国人民大学、中国农科院、浙江大学、南京农业大学、福建农林大学、上海交通大学等国内外知名高校和研究机构的与会人员按照研究领域,分"食品安全""营养与健康","农业市场与粮食消费""农村劳动力与农村发展""农村土地市场""农村金融与公共政策""技术创新、采用和效用""自然资源、环境和农业"等14个专题进行了深入讨论和交流。会议产生2篇优秀论文并颁发获奖证书。此次年会还特别安排了会前论坛和专题报告。2019年是新中国成立70周年,也是《中国农业经济评论》期刊创办第二个10年的开始。此次国际学术年会的召开,体现出《中国农业经济评论》一直秉持的国际化视野,立足中国农业农村实际,讲述中国故事,传递中国声音,有助于进一步建成以《中国农业经济评论》期刊为品牌特色的国际交流平台。

11月4日下午,日本农林中金综合研究所2019—2020年度捐赠讲座研讨会在经济管理学院举行。皆川芳嗣理事长以"日美贸易谈判和日本农福连携介绍"为主题进行了专题报告。来自国务院发展研究中心、农业农村部农研中心的专家学者以及国家农业农村发展研究院、经济管理学院的部分师生参加了研讨会。研讨会由经济管理学院副院长李军主持。皆川芳嗣回顾了日美贸易谈判的进展历程,以及当前日本农业农村发展中承担的社会责任的新变化,并详细介绍了日本国内对日美贸易谈判的评价,日本近年来雇用残障人士进行农业生产的方式和案例。与会专家与日本专家进行了热烈讨论。

(郭淑媛　陈琰　刘艺涵　肖亦天)

【学生工作】

资助工作　对家庭经济困难学生进行经济帮扶。本年度共有523人次获得奖学金,本科生认定经济困难170人。自主开展资助育人项目——“家庭经济困难学生个人成长团体”,同时,《家庭经济困难学生学业精准帮扶机制研究——以经管学院为例》的课题调研结题。

团学工作 依照《学联学生会组织改革方案》推行院学生会制度和组织架构改革;搭建二级团校、精英摇篮和英才沙龙3个平台,培养学生综合素质;大力开展志愿活动,组织志愿服务活动共计10次,志愿者达500余人次。鼓励创新创业,收取双创成果申报增加12.5%。组织丰富的文体活动,在春季运动会中取得优异成绩,在“壮丽七十年,奋进新时代”一二·九文艺展演中荣获二等奖和最佳组织奖。1名本科生获得中国农业大学“五四青年标兵”。

就业工作 2019年共有毕业生631人。本科生就业率为91.48%(深造率为52.48%),研究生就业率为97.71%。充分发挥“CEM就业之家”微信公众号的作用。制作首本经济管理学院毕业生纪念册。

心理工作 积极发挥年级主任、班主任和学生干部的作用。通过“与心灵相约,伴青春同行”心理剧大赛、一封家书等活动提高学生对心理健康的关注度。落实个案跟踪督导工作,学院在校生总体心理状况稳定。学院心理部获评学校优秀等级。在学校“演绎青春,感悟成长”第十三届心理情景剧大赛中,《卑微男孩逆袭记》荣获一等奖。

(朱葛军 史煜成)

【党建工作】

2019年,学院分党委共召开党委会(扩大)会议17次。审批把关各类报告会、研讨会和讲座共计152场次。开展党委理论学习中心组专题学习9次。在主题教育期间,领导班子开展集中学习研讨14次,“双周三”集中理论学习11次,组织教师前往北京世园会参观,前往北京展览馆参观了“伟大历程 辉煌成就——庆祝中华人民共和国成立70周年大型成就展”,组织学院师生在国庆节前夕完成了“红歌快闪献礼国庆”活动等。

截至12月底,学院共有党员581人,其中,教职工党员98人、学生党员483人,学生党员中本科生有167人、研究生有316人;教职工党支部6个,学生党支部16个,其中,本科生党支部有5个、研究生党支部有11个。2019年完成发展党员88人,开设积极分子、发展对象、预备党员和党员骨干二级党校。

各教工和学生党支部依托“全覆盖 双提升”工程和“不忘初心、牢记使命”主题教育,开展了多种特色主题党日活动。其中,本科经管党支部入选了“全国党建样板党支部”;农经师生党支部联合组织党员赴通州区西集镇开展红色“1+1”共建活动,获得了北京市红色“1+1”共建活动三等奖;金融系教职工党支部赴西南大学经管学院财政金融系开展基层党支部联合生活会,获得了校级教职工“十佳主题党日活动”称号;金融专硕党支部入选了“校级党建样板党支部”等。

(史煜成 朱葛军)

【教代会与工会工作】

2019年,学院分工会于每学期末召开二级教代会。重视和关心教职工的身心健康,为教职工购买保险;关心女教工,组织女工制度性体检;坚持每月一次的生日会,为教职工搭建交流平台；在校运动会中取得第三名的成绩，获得“优秀组织奖”；组织教职工前往北京世界园艺博览会参观学习；为庆祝新中国成立70周年，在国庆节到来之际，院工会组织师生们用“红歌快闪”的形式，唱响《我的中国心》，深情告白祖国；积极组织教职工参加学校组织的庆祝新中国成立70周年教职工合唱比赛，荣获第二名；为丰富教职工的文化生活，展现学院的精神风貌，学院工会成立了经管教工合唱团，为教师们提高艺术修养创建平台；组织“经济管理学院第三届师生羽毛球联谊赛”，运动员们在赛场上团结协作、敢于拼搏，展现了经济管理学院师生的运动竞技才能。

（陶益清　揣君健）

人文与发展学院

【学院概况】

2019年，人文与发展学院设置6个系：发展研究与社会政策系、发展管理系、社会学与人类学系、法律系、媒体传播系和外语系。学院设有国际发展研究中心、中国生态补偿政策研究中心、农业与农村法治研究中心、农民问题研究所、乡村传播研究所、纪录片创作与研究中心、农业伦理学与公共政策研究中心、生物经济发展研究中心、农业文化遗产研究中心、农业农村环境资源法治研究中心、乡村视觉艺术中心11个研究咨询机构。学院还设有教育部“985”工程中国农村发展与政策研究哲学社会科学创新基地。

（龚利）

【学科与专业建设】

学院开设5个本科专业：农村区域发展专业、社会学专业、法学专业、新闻传播学专业和英语专业，覆盖5个学科。具有一级学科4个，其中，一级学科博士学位授权点2个、一级学科硕士学位授权点2个；二级学科博士学位授权点1个；专业学位授权点2个；博士后流动站2个。

学院现有北京市重点学科1个。

学科建设思路进一步明确　1月，制定《人文与发展学院“双一流”学科建设行动计划（2019—2022年）》，明确了学院“双一流”学科建设的基本原则、建设思路和具体方案。其中涉及了40项具体行动，涵盖学科发展的方方面面，既立足于实际，又具有较强的操作性，从各方面服务学院发展和学科完善。

系别调整服务“一流”学科建设　3月，对系别进行调整，组建了“发展研究与社会政策系”，更名“社会学系”为“社会学与人类学系”，同时进行教师队伍调整，确保学科建设的人才队伍支撑，学科布局和学科结构进一步优化。

成立3个院级研究中心服务“一流”学科建设　先后成立农业文化遗产研究中心、农业农村环境资源法治研究中心和乡村视觉艺术中心3个院级研究中心，分别任命孙庆忠、刘明明、敖松担任中心主任，整合学院优质资源，服务学院“一流”学科建设。

公共管理一级学科自主设置二级学科国际发展政策与治理　9月，召开公共管理一级学科博士学位授权点自主设置二级学科国际发展政策与治理专家评审会议。经过论证，校外专家一致同意学院设立“国际发展政策与治理”二级学科。

同时获批“社会学”与“公共管理”2 个博士后科研流动站 10 月，学院申报的“社会学”与“公共管理”2 个博士后科研流动站同时获批，实现了学院学科和学位点建设的跨越式发展以及办学层次的开创性提升。

（吴惠芳）

【师资队伍】

学院共有教职工 204 人，其中，专任教师 171 人，包括教授（含研究员等正高职称）31 人、副教授（含副研究员等副高职称）90 人；博士生导师 39 人、硕士生导师 108 人；学院教师中，“长江学者奖励计划”特聘教授 1 人，2 人享受国务院特殊津贴，2 人入选教育部“新世纪优秀人才支持计划”，1 人入选北京市新世纪社科理论人才百人工程（第二批），1 人获得“北京市优秀教师”称号，1 人获得“北京市高校教学名师”称号，8 人入选北京市高等学校“青年英才计划”，3 人获得校级教学名师奖。

2019 年，学院引进各类人才 11 人，其中，杰出人才 1 人、优秀人才 3 人、普通人才 5 人、助理实验师 1 人、党政管理岗 1 人；退休 4 人；晋升教授 2 人，副教授 1 人。

国家级人才项目实现历史性突破 叶敬忠入选“长江学者奖励计划”特聘教授，成为中国农业大学第一位入选“长江学者奖励计划”的文科特聘教授，实现了学院国家级人才项目的历史性突破。

探索品牌化青年教师培养活动 7、8 月，学院举办“世界青年学者国际发表能力建设暑期班”和“青年教师暑期培训班”，着力打造品牌化青年教师培养活动。

（朱智毅　郑宇洋）

【本科教学】

本科生在校 892 人，招生 202 人，毕业 165 人。

2019 年，本科教学各类教改项目共 11 项，其中，北京市级 1 项、校级 4 项、院级 6 项；“金课”建设 1 项；在线课程建设 1 项；校级实习基地 1 个；本科生校级优秀毕业论文 9 篇，其中，北京市级 2 篇、校级 7 篇；创新项目结题 45 项，其中，国家级 8 项、北京市级 6 项、校级 31 项；创新项目立项 67 项，其中，国家级 11 项、北京市级 5 项、校级 51 项。

创新涉农高校彰显优势和特色的社会科学人才“六位一体”培养体系 围绕培养“具有深切的人文情怀、深厚的学术底蕴和深耕的实践经验的开放型、国际型和复合型人文社会科学人才”的人才培养目标，探索“六位一体”社会科学人才培养模式，即坚持正确的政治方向、立足深厚的专业传统、弘扬鲜明的“三农”特色、贯彻道器结合的教育理念、打造行动育人的培养模式、秉持开放的国际视野。

法律系学生荣获第十一届北京市大学生模拟法庭竞赛个人一等奖及团体二等奖 12 月，由法律系 2017 级学生关昕、刘润、徐正然、孙浩钟、侯佳彤、乔瑊组成的代表队参加了第十一届北京市大学生模拟法庭竞赛，并斩获了个人一等奖及团体二等奖。

（武晋）

【研究生教学】

研究生在籍 910 人，其中，博士生 159 人、硕士生 751 人。招生 320 人，其中，博士生 34 人、硕士生 286 人。毕业研究生 215 人，其中，博士生 23 人，授予博士学位 26 人（含同等学力博士 2 人）；硕士生 192 人，授予硕士学位 221 人，其中，学术型硕士 89 人（含同等学力硕士 1 人），专业学位硕士共 132 人（内含单证 28 人）。

积极推进研究生教育国际化 1 名博士研究生获批“2019 年国家建设高水平大学公派研究生项目”，赴加拿大联合培养；22 人获得学校“研究生国际化培养提升项目”资助，赴国外参加中长期学习项目或国际竞赛（夏令营）、国际学术会议。

积极推进研究生教学教改项目建设 “研究生混合课程建设项目”立项 3 项，分别为：中级计量经济学、乡村传播学研究和人类学理论前沿 3 门课程。“研究生教学改革建设项目”立项 2 项，分别为：农业专业学位农村发展领域硕士论文规范研究和基于国际比较视角的研究生跨学科复合型人才培养模式研究。“研究生专业课程思政建设项目”立项 1 项，项目名称为：对研究生进行“家国情怀”价值培养的课堂改革 ——以《农村社会学专题》为例。

进一步加强研究生导师队伍建设 举行研究生导师培训会，共有 33 位导师参加此次培训会，使研究生导师较为全面地了解了研究生培养的国家政策和学校相关制度设计，对研究生培养工作中的纪律与风险、沟通与育人等问题有了更清晰的认识。

（刘晓林　王艳丽）

【科学研究】

2019 年，学院科学研究成果丰硕，学术话语权、媒体讨论话语权和政策建议话语权得到进一步巩固。学院教师共发表 SSCI/SCI 论文 13 篇，CSSCI、中文核心期刊论文 150 余篇；到校科研经费 2 467 万元，其中，纵向项目经费为 563.33 万元，横向项目经费为 1 748.45 万元。立项项目 79 项，其中，纵向项目 35 项（含国家社科基金项目 4 项、教育部人文社会科学项目 4 项），横向项目 44 项。学院师生在《新京报》《农民日报》和光明网、中国社会科学网等国内主流媒体上发表文章 117 篇。谭英等撰写的关于“建设农业经济特区与人才培养方面”的政策建议和左停等撰写的关于“乡村振兴”的政策建议分别获得中央领导的批示。

2019 年，依托于丰硕的研究积累和丰富的乡村一线实践经验，人文与发展学院聚焦国家发展的重大需求和核心社会问题，围绕乡村振兴、脱贫攻坚、土地制度改革、农业文化、乡村治理、农业转型、民俗文化等方面，在全国各地开展了广泛而深入的研究工作，多项研究成果发表于《中国社会科学》《社会学研究》《人口研究》《新闻与传播研究》等顶级学术期刊和国际重要学术期刊，学术话语权日渐提升。

叶敬忠教授团队在《中国社会科学》发表研究成果 3 月，叶敬忠教授、贺聪志副教授的合作研究成果——《基于小农户生产的扶贫实践与理论探索——以“巢状市场小农扶贫试验”为例》发表于国内顶级学术期刊《中国社会科学》2019 年第 2 期。这是自 2011 年以来中国农业大学人文社会科学研究成果首次以第一作者单位在《中国社会科学》发表。

成功中标“中部区域县、村脱贫攻坚经验总结”科研项目 6 月，叶敬忠教授领衔的科研团队成功中标“中部区域县、村脱贫攻坚经验总结”科研项目，获得 2019 年单年度总金额 790 万元的科研资助。该科研项目的主要研究内容旨在通过组织专家团队，遴选中部区域的 10 个省份、10 个典型贫困县、50 个典型贫困村，对其脱贫攻坚的典型经验进行深度调研、系统总结和全面诊断。

臧雷振教授获批 2019 教育部哲学社会科学研究后期资助重大项目 7 月，臧雷振教授申报的《牛津政治学研究方法手册》成功获批 2019 教育部哲学社会科学研究后期资助重大项目，成为近年来中国农业大学首次获批此类资助的重大项目。

（王树远）

【社会服务】

主动作为，服务国家乡村振兴战略 4 月，发布《中国农业大学人文与发展学院服务乡村振兴战略“四个系列”行动计划(2018—2022 年)》，举全院之力推进系列研究、系列试验、系列研讨和系列培训行动落于实地、取得实效。7 月，出版《中国乡村振兴调研报告(2018—2019)》。8 月、11 月，分别与安徽省天长市、四川省青神县、浙江省开化县签订战略合作协议，双方合作共建县级乡村振兴研究院，共同探索创新乡村振兴院地合作新模式。组织 11 次国内外学术研讨活动，围绕乡村振兴各个主题开展不同行动主体和不同国别间的对话交流。开展 1 期全国大学生乡村振兴夏令营、3 期乡村振兴管理干部培训班和 2 期农业文化遗产地乡村青年研修班暨青年学子研习营，培训 302 人次；多次开展“送课到县”行动，培训 1 865 人次。

（邵念念）

【合作交流】

“请进来”和“走出去”相结合，为学院发展注入新鲜活力 2019 年，学院共有来自英国、美国、意大利、法国、荷兰等国家的 183 人次来华访问交流。同时，人制定“青年教师参加国际学术会议支持计划”和“本科生和研究生国际化培养提升项目”，鼓励学院师生“走出去”，2019 年因公出国(境)137 人次，其中，教师出访 64 人次，学生出访 73 人次。

积极搭建乡村振兴国际学术交流平台 5 月和 8 月，举办“乡村振兴国际学术论坛：乡村建设的国别政策与比较分析”和“青年农民：乡村振兴的愿景与农政转型的动力”2 场国际学术交流会议。

继续承担教育援外项目 2019 年，学院继续承担商务部援外学历学位教育项目、北京市“一带一路”国家人才培养基地项目、教育部“中非高校 20＋20 合作计划”项目和教育部“丝绸之路”项目等教育援外项目，同时接收单独申请中国政府奖学金项目留学生和自费留学生。截至 12 月 31 日，学院共有在校留学生 79 人，当年招生 44 人、毕业 38 人。

着力打造国际化人才培养新名片 策划开展“学术探索之旅-青年学者交流会”和“跨文化嘉年华”2 项特色创新活动，不断丰富留学生在华学习期间的文化生活，加强中外师生的文化认知和跨文化沟通，打造国际化人才培养的新名片。

（郑宇洋）

【学生工作】

学生管理机制进一步完善细化 围绕重点群体开展“一人一册”关注工作，每月进行谈话并更新档案，确保随时掌握重点群体动态情况；细化人文与发展学院新媒体管理规定，对现有的5个班级公众号、2个专业公众号及4个学院公众号实行严格的专人负责审核制度；鼓励辅导员参加思想教育及职业技能培训，2019年累计有15人次参加培训课程；实行长效宿舍管理机制，打造带有人文与发展学院特色的宿舍群落；积极开展防诈骗教育；同时以教学进度为节点，开展诚信教育，严格落实学校诚信教育工作部署。

深入开展学生团学工作 积极响应校团委的号召，深入落实共青团改革，扎实做好团建工作和学生工作，积极开展"青春告白祖国" 及"青春心向党，奋力建小康"专题教育活动。同时，结合学院的优势，开展了"七秩风雨·弦歌不辍"照片展活动、人文知识竞赛、新生辩论赛、十佳歌手、心理剧大赛等系列活动。此外，学院积极组织学生参与"壮丽七十年，奋进新时代"一二·九文艺展演，荣获一等奖，实现"四连冠"；积极承办第二课堂演讲与表达项目；积极动员学生参与到庆祝中华人民共和国成立70周年大会志愿活动，其中，116名志愿者参与21号"乡村振兴"方阵，11名同学参与广场合唱方阵，4名同学参与后勤保障志愿团队；积极组织学生参加学校春季运动会，并获得团体操二等奖，女子团体总分第三名、男女团体总分第四名，以及男子团体总分第五名的优异成绩；积极组织学生参加新生运动会，并获得女子团体第一名、男子团体第二名以及男女团体总分第一名的历史佳绩，同时获得精神文明奖。在学生干部队伍建设方面，配合校团委积极开展学生干部培训，完成了第十七届学生会干部的换届工作，深入开展学生会组织改革工作。

积极做好经济困难学生帮扶工作 在经济困难学生帮扶工作上不断创新，主动作为，取得了一定的成果。2019级新生中，共有12位本科生申请绿色通道，17位同学申请学费缓交，19位同学获得学校资助的生活礼包，1位西藏生源本科生获得绿色通道特困生临时补助。2019年，通过认定的经济困难学生为146人，占全院本科生总数的16.4%，分别认定特别困难学生46人、比较困难学生43人、一般困难学生57人。146名经济困难学生全部获得了助学金资助，实现了全面覆盖。

就业工作有序进行 2019届夏季毕业生共有305人，其中，本科生165人、硕士研究生124人、博士研究生16人。截至11月19日，就业率为94.10%。其中，本科生中就业71人，国内深造读研52人，出国深造30人，深造率为49.70%，总就业率为92.73%；硕士研究生中就业112人，国内深造6人，深造率为4.84%，总就业率为95.16%；博士研究生中就业14人，继续攻读博士后2人，总就业率为100%。

学生心理健康工作进一步加强 在新生心理健康教育系列活动中，圆满完成心理普查与心理团培工作，新生参与率达100%；"5·25"和"10·25"心理健康节系列活动中，人文与发展学院与兄弟学院合作，共同开展了富有特色的活动，引起强烈的反响。2018—2019学年，人文与发展学院心理部在校优秀心理部评选中荣获一等奖。

（卢梦沁）

【党建工作】

党建工作进一步加强 学院党委深入学习贯彻习近平新时代中国特色社会主义思想和党的十九届四中全会精神，以"不忘初心、牢记使命"主题教育工作为契机，牢固树立"四个意识"，坚决践行"两个维护"，按照党建二十条任务和二级党组织的"五个到位"要求，扎实推动全面从严治党各项任务落地、落细、落实。全年共发展党员 57 名。截至 2019 年年底，人文与发展学院共有党员 377 人，正式党员 319 人。教工党支部 7 个，党员 106 人，正式党员 105 人；研究生党支部 9 个，党员 177 人，正式党员 161 人；本科生党支部 5 个，党员 94 人，正式党员 53 人。

探索“1＋1＋1”校地基层党支部共建新模式 学院党委进一步整合资源，拓展党员党性教育实践地，调动师资和科研力量，与地方党委进行全方位对接，组织师生党员开展校地共建工作，通过各项共建活动，创新基层党建活动方式，探索“教工党支部＋学生党支部＋村支部”（“1＋1＋1”）的基层党支部联合党建工作。

（卢梦沁）

【教代会与工会工作】

召开教职工大会，推动学院民主建设 1 月 8 日，学院召开全院教师大会，推荐人文与发展学院下一届行政领导班子成员，并进行教职工理论学习，除了少数几名老师因事请假之外，全院老师到场参会，切实行使民主权利。

切实履行好四项职能，促进学院和谐发展 学院分工会切实履行四项职能，促进学院和谐发展。积极配合学院党委，开展教职工理论学习活动和实践教育活动，发挥教育引导作用；倾听教职工的心声，发挥桥梁纽带作用；切实维护教职工的合法权益，做好各项福利物品的发放工作；精心组织特色文体活动，丰富教职工的文化生活。

积极组织学院教师参加学校举办的文体活动，并取得优异成绩 学院分工会在校工会和院党委的领导下，积极组织教职工参加学校举办的文体活动，并取得了优异的成绩。4 月，在学校春季运动会上，人文与发展学院教师组以团体总分 200.5 分的成绩成功卫冕冠军，再获“优秀组织奖”；9 月，在“辉煌七十载，唱响新时代”2019 年中国农业大学教职工合唱比赛中，60 多名师生组成合唱团参与比赛，获得第一名。

（龚利）

马克思主义学院

【学院概况】

马克思主义学院的前身是人文与发展学院下属的社会科学部。2009 年 6 月，学校成立中国农业大学思想政治教育学院，2015 年年底更名为马克思主义学院。2019 年获批北京市首批重点建设马克思主义学院。

马克思主义学院设有 4 个系和 2 个教研中心，即思想道德教育系、马克思主义原理系、近现代历史系、中国化马克思主义系和研究生教研中心、“形势与政策”课教研中心，承担着全校本科生、硕士研究生和博士研究生的思想政治理论课教学任务，同时为全校学生开设富有特色的文化素质教育公选课程。

（乔琪雯）

【学科与专业建设】

学院现有马克思主义理论一级学科硕士学位授权点，下设有4个二级学科方向，即思想政治教育、马克思主义基本原理、中国近现代史基本问题研究、马克思主义中国化研究。

在大力加强马克思主义理论一级学科博士点的筹建工作的基础上，经过学院申请、学校审核、专家评议等环节，学校推荐马克思主义理论学科为学位授权自主审核新增一级学科博士学位授权点，为思政课教师的成长和思政课建设提供强有力的支持。

（李梦雅）

【师资队伍】

学院共有教职工56人，其中，专任教师50人，包括教授7人、副教授20人、讲师23人；具有博士学位的有41人，占82%；博士生导师6人，硕士生导师24人；现有中国农业大学教学名师5人。2019年，引进普通人才10人，退休1人；聘请人文与发展学院、经济管理学院的13位优秀教师为学院“双聘”教授，参与马克思主义理论学科建设。

学院认真贯彻落实习近平总书记在学校思想政治理论课教师座谈会上的重要讲话精神和中共中央办公厅、国务院办公厅《关于深化新时代学校思想政治理论课改革创新的若干意见》，以思想政治理论课教师队伍建设“六个一”的要求为根本遵循，牢固树立科学人才观，积极为师生搭建马克思主义理论学术交流平台，2019年共举办“求是论坛”系列讲座8期，来自中国社会科学院、清华大学、北京大学、中国人民大学、北京师范大学的专家学者来校作报告。围绕“三农”思想研究、农村基层党建研究以及科研技能提升等主题，邀请知名专家来校作专题培训。组织教师参加学校教师发展中心为学院教师专门定制的，内容涵盖信息技术利用、课件制作美化、视频剪辑、授课技巧等方面的系列培训。学院和各系分别组织教师赴贵州、云南、甘肃等地开展实践研修活动。

（赵晓帼）

【教学工作】

学院贯彻落实习近平总书记在学校思想政治理论课教师座谈会上的重要讲话精神，积极推进思想政治理论课改革创新。学院设立10项本科教学研究立项，鼓励教师在课程建设、教学方法等方面积极探索，进一步推进思想政治理论课教学改革。9—12月，学院举办了首届“中国梦·农大梦·我的梦”思想政治理论课微视频大赛，本次大赛共有126个团队报名参赛，经严格评选，最终评选出一等奖作品5份、二等奖作品10份、三等奖作品20份、优秀奖作品50份。12月17日，学院举行了颁奖大会并对一等奖作品进行展播，活动激发了学生内在的爱国主义情感，深化了对于思想政治理论课教学内容的理解，增强了“四个自信”。

为深入学习贯彻习近平总书记给全国涉农高校的书记校长和专家代表回信精神，加快推动全国高等农林院校思想政治理论课改革创新，2019年9月，学院举办了“学习习近平总书记回信　深化新时代农林高校思想政治理论课改革创新”教学研讨会，全国20多所农林高校的专家学者共聚一堂，研讨新时代农林高校思想政治理论课的改革创新如何取得新成效。

（李明珠）

【科学研究】

学院到校科研经费 294 万元，在研项目 31 项。学院获批国家社科基金项目 3 项，教育部社科基金 3 项，北京市社科基金项目 3 项。学院教师共发表 CSSCI 论文 27 篇，出版各类著作 7 本，著作出版数量有较大提升。

为深入学习贯彻习近平新时代中国特色社会主义思想和党的十九大精神，深入学习和研究习近平总书记关于乡村振兴战略的各项要求，10 月 19 日由马克思主义学院主办召开了中国农业大学第三届乡村振兴学术论坛。会议由主题报告和 4 个分论坛研讨两个环节构成，围绕乡村振兴战略中的热点、难点问题，来自全国多所高校与中国社会科学院等研究机构的专家学者、农村一线的基层党组织书记及中国农业大学马克思主义学院师生等共计 260 余人进行了深入探讨。本次会议是以学术研究研讨助力“乡村振兴”战略的重要行动，同时提升了学校及学院的影响力。

（李梦雅）

【合作交流】

为实现学院的长远发展，为思想政治理论课教学、学生培养、教师队伍建设等创造更大的平台，2019 年学院进一步加强合作交流，并积极建设校外社会实践基地。4 月，在北京市密云区大城子镇张泉村建立实践教学基地，在学生社会实践、脱贫攻坚、乡村振兴上实现长期共建、共同发展。

学院注重高校间的共建与交流。2019 年与云南农业大学马克思主义学院签署协同发展协议，双方在思政课建设、学科发展、教学研究等方面加强交流互鉴，促进协同发展，共同推进农林高校思政课改革创新，努力建强建好马克思主义学院。7 月 5—7 日，学院与北京科技大学马克思主义学院、中国矿业大学（北京）马克思主义学院联合举办深入学习《习近平新时代中国特色社会主义思想学习纲要》研讨会暨第十八届全国高校青年德育工作者论坛，深入推进习近平新时代中国特色社会主义思想“三进”。

作为北京市首批重点建设马克思主义学院，按照北京市委宣传部的要求，与北京市首批当代中国马克思主义读书活动试点单位——中共北京市大兴区委中关村科技园区生物医药产业基地工作委员会结对共建。双方制订了“4＋1”的共建方案，从建立品牌读书活动、搭建理论学习研讨平台、聘任理论学习指导教师、建立社会实践基地、扩展共建领域合作等方面，建立合作长效机制，实现共建双方的双促双提升。自共建以来，双方共开展了 3 次活动，建立了“中国农业大学马克思主义学院与中关村大兴生物医药产业基地”社会实践基地。

（李明珠）

【学生工作】

2019 年，学院在校硕士研究生 34 人，招收硕士研究生 19 人，毕业硕士研究生 13 人，授予硕士学位 13 人。

学院注重品牌建设和理论学习，着力推动研究生培养质量提升。组建研究生“学思”宣讲团和经典读书品牌“行思”读书会，主动承担学校“不忘初心、牢记使命”主题教育展的讲解工作和社会基层宣讲，进行校内外宣讲20余次。举办了2次读书会，营造了师生共读经典的浓厚氛围。为庆祝新中国成立70周年，纪念五四运动100周年，激励广大青年为中华民族伟大复兴不懈奋斗，学院组织全院研究生集中开展系列主题活动，如组织学生聆听"求是论坛"五四主题讲座、参观新文化运动纪念馆、实地学习"曲周精神"等，在学生中形成了浓厚的学习五四精神的氛围。

学院选派2名学生进行3个月的国际交流。学院2019届毕业生在全校首先实现100％就业，学生就业方向与专业相关度高，就业质量较高。

（李梦雅）

【党建工作】

学院党总支下设党支部5个，党员62人，其中，教工党员49人，学生党员13人；2019年发展教师党员1人、学生党员7人，转正2人；转入党员14人，转出10人；1位副教授被确定为发展对象，2位副教授被确定为入党积极分子。思想道德教育系党支部被评为学校"先进党组织"，中国化马克思主义系党支部获批学校新时代"样板党支部"，近现代历史系党支部荣获学校教职工党支部"十佳主题党日活动"。

提高政治站位，加强党的全面领导。制定《党总支委员联系党支部工作制度》，指导党支部建设。配合学校党委开展巡察工作，党总支委员会专题研究学校党委巡察反馈意见，制定《巡察问题整改清单》，提出整改措施。

坚持高标准严要求，扎实开展"不忘初心、牢记使命"主题教育。全院教师大会动员部署，上下联动深入学习，邀请专家作《永远牢记中国共产党人的初心和使命》专题报告，参观学校"不忘初心、牢记使命"主题教育展，收看国庆70周年直播，观看《决胜时刻》《我和我的祖国》和《小巷管家》，发放学习书籍资料400余册。学院领导班子带头学习，广泛听取意见，认真查找问题，召开专题民主生活会，开展严肃认真的批评和自我批评。所有党支部按照"六个一"要求，开展特色突出的主题活动，如教师党支部开展"新时代共产党人的初心与使命"党日活动，参观八路军兰州办事处纪念馆、平北抗日战争纪念馆；学生党支部参观"伟大历程　辉煌成就——庆祝中华人民共和国成立70周年大型成就展"和香山革命旧址；师生党支部联合开展红色"1＋1"主题党日活动，学生讲授党课，慰问困难党员。发挥专业优势，遴选25位教师组建宣讲团，准备4个主题27个宣讲专题，宣讲30余次、现场讲解2次。

强化思想引领和理论武装，做好思想政治工作。制定并组织全体思政课教师签订《思想政治理论课教师职业道德承诺书》，加强师德师风建设。每月组织1～2次教职工集中理论学习，邀请学术界知名专家作报告，不断提升理论素养，拓宽学术视野。开展"学思践悟　守正创新"系列活动，理论学习中心组和各党支部认真学习贯彻学校思想政治理论课教师座谈会精神和中共中央办公厅、国务院办公厅《关于深化新时代学校思想政治理论课改革创新的若干意见》。开展学习宣传十九届四中全会精神系列活动，举办专题学术讲座，发放学习书籍资料260余册；遴选20位教师组成宣讲团，召开集体备课会，深入大兴区的21个乡镇、街道、企业开展特色宣讲，赴学校25个二级党组织开展宣讲。

（赵晓帼）

【教代会与工会工作】

马克思主义学院分工会秉持全心全意为全院教职工服务的宗旨，以关注教职工身体健康、缓解教职工工作压力、丰富教职工课余生活为目的，开展了一系列工会活动，如庆“三八”妇女节健步走、羽毛球比赛、新中国成立70周年青年教师读书沙龙活动、合唱比赛等。丰富多彩的工会活动充分调动了老师们的积极性，充实了课余生活，也进一步增强了老师们的凝聚力。

（乔琪雯）

土地科学与技术学院

【学院概况】

土地科学与技术学院于2017年12月成立。学院设置4个系：土地资源管理系、地理信息工程系、土壤和水科学系、土地利用工程系。学院建设秉持“开放、融合、合作、协同”的办学理念，全面对接国家需求，瞄准土地科技创新国际前沿，逐步打造成为土地科学与技术学科领域的原始创新基地和人才培养高地。

学院拥有自然资源部农用地质量与监控、农业农村部农业灾害遥感、农业农村部华北耕地保育3个部级重点实验室；土地政策与法律研究中心、土地利用管理研究中心2个校级研究中心；1个吉林梨树教授工作站。学院负责管理中国农业大学国家黑土地现代农业研究院和中国农业大学吉林梨树实验站。

（钱莉琴）

【学科与专业建设】

学院设土地资源管理、土壤学、土地利用与信息技术、资源利用与植物保护、土地资源利用等5个研究生专业，具有公共管理、农业资源与环境2个一级学科博士学位授权点，有农业硕士、资源与环境硕士2个专业学位硕士授权点。

（李杨）

【师资队伍】

学院共有教职工81人，其中，专任教师75人，包括教授31人、副教授38人；博士生导师46人、硕士生导师67人；“长江学者奖励计划”特聘教授1人，国家优秀青年基金获得者1人，“国家千人计划青年项目”入选者2人。

本年度师资队伍建设成效与人员变动情况：引进各类人才16人，晋升正教授2人、副教授1人。

（邓婷）

【本科教学】

本科生在校249人，招生61人，毕业57人(含结业2人)。

遵循国家和学校教学改革相关文件的要求，加强通识教育，拓宽基础培养，在统筹考虑地理信息科学、土地资源管理、土地整治工程3个专业要求的基础上，完成了两年大类培养方案的修订，2019年新生正式启用。

根据国家和学校发展的需要，组织了土地整治工程专业申报。4月份编写申报书，经学院学术委员会讨论通过，5月份聘请专家组进行论证，通过后提交本科生院；7月份经校内专业设置评议专家组审议通过后，由学校上报教育部备案。

土地资源管理专业通过了学校组织的国家级一流专业遴选与答辩，完成了“国家级一流本科专业建设报送系统”数据上传，成功入选国家级一流本科专业建设点。

“土地管理学”和“土壤学A”入选学校2019年优质本科课程建设项目；《地质学与地貌学实验实习指导》入选学校2019年本科教材建设项目；“地学课程教学中的情怀与文化”和“‘一带一路’背景下的地理学课程内容优化探索”2个项目获得学校2019年专业课发挥思政教育功能专项教学改革立项。

逐步完善校外基地建设，向学校备案院级实践基地8个，选聘校外基地导师22人。

（赵瑞春）

【研究生教学】

研究生在校406人，其中，博士147人、硕士生259人。招生152人，其中，博士生34人、硕士生118人。毕业研究生44人，其中，博士生13人，授予博士学位13人，硕士生31人，授予硕士学位31人。

（李杨）

【科学研究】

2019年，新立项科研项目94项，其中，国家自然科学基金8项，国家社会科学基金2项，重点研发计划2项，国际合作项目2项，各部委项目8项，横向项目66项等，共计合同经费3 112.166万元；年度到账经费2 473万元。

发表论文SCI收录39篇，EI收录39篇，SSCI收录16篇，三大检索收录篇次合计94篇；其中，影响因子大于5.0的SCI论文3篇，学科前10%论文6篇，学科前10%～20%的论文11篇。获得省部级科技奖励1项。

举办系列科技活动：农用地质量与监控重点实验室春季学术报告会；2019年度全国土地日主题交流及“关注耕地健康、乐享美好生活”主题开放日活动；继续承办梨树黑土地论坛等。在东北黑土地保护高端论坛——第五届梨树黑土地论坛期间，国务院副总理胡春华亲临会场并做重要讲话。

（钱莉琴）

【合作交流】

留学生在校生6人，招生2人。

2019年度出国交流：教师29人次，学生17人次；外请专家11人次。举办梨树黑土地论坛国际学术会议；对外合作项目6项。3人担任国外重要期刊的编委。

（曹兆红）

【学生工作】

加强团员主题和专题教育阵地建设，围绕庆祝新中国成立70周年、纪念五四运动100周年开展广泛的主题宣传教育活动。春季学期开展“青春心向党，建功新时代”五四升旗主题团日活动，学习习近平总书记在五四100周年纪念大会上的重要讲话精神，学习习近平总书记给全国涉农高校的书记校长和专家代表回信，学习“曲周精神”，秋季学期开展“青春告白祖国”专题教育活动，承办献礼祖国70周年亮灯活动。15位同学放弃暑假休息时间参加国庆70周年群众游行。

共设有本科生团支部8个，研究生团支部11个，教工团支部1个。组织学生参加春季运动会、新生运动会、各项院际体育比赛，举办元旦晚会，组织70余人参加“壮丽七十年，奋进新时代”一二·九文艺展演、校庆亮灯活动，举办本科生发展论坛，听取同学们的意见和建议。土地科学与技术学院学生会获得优秀学生会三等奖。2019年11月30日召开土地科学与技术学院第一次学生代表大会，选举产生本科生学生会主席团和研究生学生会主席团。

（高同）

【党建工作】

2019年，土地科学与技术学院党委完成了党支部设置调整，设立了13个党支部，包括3个教职工党支部、1个师生联合党支部、3个博士党支部、4个硕士党支部和2个本科生党支部，并选优配齐支部班子成员。学院共有党员268人，其中，教职工党员43名，学生党员225人。

学院发展党员53人，其中，本科生27人，研究生26人；另有30名预备党员按期转正。学院二级党校独立举办培训班，培训共计133人，其中，培训入党积极分子54人，发展对象37人，预备党员42人。

按照学校部署开展了“不忘初心、牢记使命”主题教育，组织理论学习中心组学习研讨14次，召开座谈会5次。把主题教育作为规范支部生活、检验支部战斗力的实战演练，组织召开党支部书记、支委动员会、推进会6次。

土地资源管理系教职工党支部被中国农业大学党委评为2019年先进党组织。

（王帅）

【教代会与工会工作】

继续做好组织建设。做好非在编人员入会工作；在新入院的系中增选分工会委员，确定工会小组长。

关注青年教工成长，组织青年教工考察梨树实验站、参与学校“串家门”等活动，促进大家庭的融合；积极组织参与校工会组织的各项文体活动，丰富大家的业余生活；关心大家的健康，组织教工参加各种健康讲座、参加各次体检，办理京卡及各种保险，做好各次的福利发放工作。

为更好立德树人，加强师生沟通，与学生一起活动：共同参加庆祝新中国成立70周年合唱比赛；参加“壮丽七十年，奋进新时代”一二·九文艺展演；参观卢沟桥抗日战争纪念馆等。

（曹兆红）

草业科学与技术学院

【学院概况】

中国农业大学草学学科始建于1956年,2000年成立草业科学系。2018年12月,学校为落实统筹推进国家“五位一体”总体布局,贯彻山水林田湖草生命共同体的重要思想,适应新时代草业科学由单纯满足草地畜牧业发展向适应美丽中国和生态文明建设的需要,正式组建草业科学与技术学院。目前,学院共设置4个系,分别为草地资源与生态系、草地生产与利用系、育种与种子科学系和草坪与环境工程系。

学院拥有国家级野外科学观测站1个,北京市和农业农村部等省部级科研基地平台9个;挂靠有国家一级学会“中国草学会”秘书处、国家牧草产业技术体系研发中心、国家牧草技术创新联盟秘书处、中文核心期刊《草地学报》编辑部等。

(栾相科)

【学科与专业建设】

草学学科在2001年被评为北京市重点学科,在2007年被评为国家重点学科,从1963年开始培养研究生,2001年开始招收本科生。现具有本科、硕士、博士3个人才培养层次,设有博士后流动站,本科设四年制草业科学专业,授农学学士学位,学术型研究生授农学硕士学位、农学博士学位,专业型研究生授农业与种业专业硕士学位。

2017年在第四轮学科评估中,草学学科获评为A^+学科。

(王显国)

【师资队伍】

2019年,学院共有教职工41人,其中,专任教师32人,包括教授14人、副教授16人,具有博士学位的教师比例达到94%。“长江学者”特聘教授1人,国家“万人计划”科技创新领军人才2人,科技部中青年科技领军人才2人,教育部新世纪优秀人才2人,国家牧草产业技术体系首席科学家1人,国家科技支撑项目首席科学家1人,国家现代农业产业体系岗位科学家3人,国际组织任职2人,国内一级学会负责人2人,二级委员会负责人4人。

2019年,学院“草原生态恢复创新团队”入选全国林草科技创新人才计划创新团队,1人获得国家林业和草原局“教学名师”称号,1人获得国家林业和草原局“青年拔尖人才”称号,1人被评为2019年度校优秀教师。在学校“人才培育发展支持计划”中,草业学院1人获评领军教授A类,1人获评领军教授B类;2人获评青年新星A类,2人获评青年新星B类;1个团队获评国家级创新团队,1个团队获评高水平创新团队。

2019年,学院引进各类人才4人,其中,杰出人才2人、优秀人才2人;晋升正教授2人;博士后研究人员进站5人。

(吕娟妃)

【本科教学】

2019 年，本科生在校生 101 人，招生 29 人，毕业 22 人。在毕业生中，国内深造 13 人、国外深造 1 人，30%的毕业生在本校就读本专业免试研究生。草业 161 班获得北京市先进班集体称号。5 名本科生出国进行为期 120 天的联合培养。学院获国家级大学生创新创业训练计划立项项目 1 项、北京市大学生创新创业训练计划项目 5 项、URP 项目 11 项。

2019 年，草业科学本科专业获批国家一流专业。学院成立教育教学委员会，新调入 1 名专职本科生任教学秘书，本科生的教学工作正式从动物科学技术学院分离出来。学院成立以来，转专业学生人数明显降低，为进一步加强人才培养，2019 年学院建设了 10 门核心课，包括牧草与草坪草种子学、草地资源与生态、牧草与草坪草育种学、草坪管理学、草地保护学、植物生态学、草产品生产学、草地与牧场管理学、草业科学综合实习 1 和草业科学综合实习 2。

2019 年，学院有 1 人获得教育部草学教学指导委员会青年教师教学比赛一等奖。

（张万军）

【研究生教学】

2019 年，学院共有研究生 135 人，其中，普博生 45 人、非全日制专业学位硕士 1 人、硕士生 67 人、硕博生 22 人。2019 年，毕业研究生 37 人，其中，博士研究生 12 人，授予博士学位 12 人，硕士研究生 25 人，授予硕士学位 25 人。本年度举办的草业学院 2019 年第四届优秀大学生暑期夏令营，共有来自全国 13 所高校的 23 名同学参加，最终录取了 12 人，招生入营比达 52.2%。

本年度，共开设研究生课程 23 门，其中，专业学位课 13 门、专业及跨学科选修课 8 门、公共学位课 1 门、公共选修课 1 门。

（张蕴薇　宁亚明）

【科学研究】

2019 年，学院立项课题 19 项，其中，国家自然科学基金 7 项、农业财政项目 5 项、其他部委项目 2 项、北京市项目 2 项；到校科研经费 1 217 万元。本年度，学院教师作为第一作者或通讯作者发表 SCI 论文 19 篇、EI 论文 5 篇、中文核心期刊 15 篇。著作 *Research Progress on the Production, Processing and Utilization Technology of Forage in China* 获得 2019 年度国家科学技术学术著作出版基金；完成的“饲草优质高效青贮关键技术与应用”项目获得 2019 年度国家科学技术进步奖二等奖；获得北京市农业技术推广二等奖、大北农科技进步一等奖、神农中华农业科技优秀创新团队奖等各一项。

河北沽源草地生态系统国家野外科学观测研究站新增 34 亩建设用地的土地使用证；农业农村部草地管理与合理利用重点实验室获得 1 060 万元的建设经费支持；农业农村部牧草与草坪草种子质量监督检验测试中心（北京）获得 1 020 万元建设经费支持。

（张蕴薇　宁亚明）

【社会服务】

承担九三学社中央“草原生态恢复与生产力提升项目”，在全国 14 个点进行免耕补播治理退化草原试验示范项目，为全国草原生态文明建设提供支撑；1人的建议“发展栽培草地畜牧业增加绿色肉奶产品供给”得到国家领导人的批示；1人作为科技部特聘专家指导河南、贵州等地构树产业扶贫；2016年12月至2019年5月，1名教师受中国农业大学单位组织部委派赴沽源县挂职，担任副县长职务，助力沽源县2019年实现脱贫摘帽；1人在河北省石家庄市国家级贫困县赞皇县对口脱贫攻坚，科技扶贫400余户；2人在宁夏固原和内蒙古呼伦贝尔分别开展草牧业扶贫发展项目；1人在新疆维吾尔自治区开展草地生产力(提升)试点、示范项目；1人在甘肃省夏河县羊吉扶贫；1人前往云南省迪庆藏族自治州德钦县、香格里拉小中甸镇、维西县塔城乡，内蒙古巴林右旗等地开展饲草青贮核心技术指导工作。

学院还与企业进行奖(助)学金及产学研合作。6月，北京布莱特草业有限公司向学院捐赠人民币100万元用于草坪学教学实习基地建设；12月，天津绿茵景观生态建设股份有限公司向中国农业大学基金会捐赠人民币50万元，设立“贾慎修-绿茵生态奖学金”，以奖励品学兼优的草业科学与技术学院在校学生。

(张蕴薇　宁亚明)

【合作交流】

2019年，学院聘请3位外籍教授为本科生和研究生授课，通过开展Seminar、英语角的形式提高学生的国际化视野。另外，有6位外国专家来访进行学术交流；11人次教师出访参加对外合作交流；学院共计派出5名博士生到美国、英国、澳大利亚、荷兰等国家进行联合培养。接待了美国奥克拉荷马大学副校长Thomas G. Coon(托马斯库恩)博士的来访，洽谈了今后可能在研究生人才培养方面的合作；另外与(巴基斯坦)Abdul Wali Khan阿卜杜瓦利汗大学签署合作备忘录。成立了“一带一路”草原退化荒漠化防治亚洲联盟。

国家教育部留学基金管理委员会发函《关于确定2020年创新型人才国际合作培养项目第一批资助项目的通知》，学院申报的“2020年创新型人才国际合作培养项目”获得资助，支持草学、动物科学和生态学研究方向的硕士、博士各10人和博士后3人进行联合培养，此外还可资助3名访问学者出国学习，以加强师资队伍建设，项目的执行将推动草学拔尖创新人才培养的国际化力度。

(张万军)

【学生工作】

2018—2019学年，学院累计发放各类本科生奖学金20余项，总额达11.87万元，共有30名学生、累计51人次获奖，奖学金覆盖面为51.5%；发放各类研究生奖学金11项，总额达46.7万元，共有88名学生、累计93人次获奖，奖学金覆盖面超66.17%。全年经济困难生得到现金资助超过21余万元，达到经济困难学生资助全覆盖，参与学校学院勤工助学岗位学生人次10人。

2019年，本科生共评选三好学生7人；优秀学生干部3人；优秀团员2人；优秀团干部1人；优秀毕业生4人，其中包括市级优秀毕业生2人。研究生共评选三好学生10人；优秀学生干部3人；优秀团员2人；优秀团干部2人；优秀毕业生9人，其中包括市级优秀毕业生2人。草业161班获得校级优秀班集体及北京市优秀班集体，草业2018级硕士团支部被评为校级优秀团支部。

学院积极推进构建三全育人体系，积极联络学院教师、校友等在学院中开展创新创业教育、实践教育、劳动教育。2019级新生参与的“壮丽七十年，奋进新时代”一二·九文艺展演，荣获三等奖；研究生会获得2019年度优秀研究生会二等奖。

（汪磊）

【党建工作】

学院共有党员125名，其中，教职工党员26名，学生党员99名。学院根据实际情况，分别组建了教职工党支部、本科生党支部、硕士生党支部、博士生党支部。下半年，学院共发展7名党员，共计11位预备党员转为正式党员，其中，教师党员1名，学生党员10名。

开设二级党校，开设积极分子、发展对象、预备党员培训班，培养积极分子9人，发展对象7人，预备党员11人。

在学校党委的领导下，认真开展“不忘初心、牢记使命”主题教育，结合“两学一做”学习教育常态化、制度化，依托“三会一课”、主题党日活动等，进行集中学习研讨，组织师生观影观展，严格落实“六个一”活动，学院分别围绕“加强基层组织建设”“推进草学学科一流学科建设”“学院社会服务体系构建”“本科生德育教学”“学院文化育人”形成主题调研报告，通过座谈、意见箱、调查问卷等多种形式，征集师生需求意见、建议，形成学院问题清单和整改计划。

学院党委共组织5次党委理论学习中心组专题学习，1次教职工理论学习。

（刘方圆）

【教代会与工会工作】

2019年年底，组建草业科学与技术学院工会，选举工会主席兼青年（教育）委员、工会副主席兼组织委员、女工委员、宣传委员、文体委员及生活（心理）委员。

（王显国）

国际学院

【学院概况】

1994年，原北京农业工程大学与美国科罗拉多大学（丹佛）合作举办国际经济与贸易本科专业中外合作办学项目。1995年4月，经国家农业部批准，原国家教育委员会备案正式成立国际学院。同年，国际学院通过美国中北部高等教育委员会的学位教育资格评估，获得学位教育资格的正式批准。1998年，北京市教育委员会批准国际学院为北京市首批中外合作办学单位。2006年，国际学院通过英国高等教育质量保障署的教学质量评估。

国际学院与英美大学合作举办 6 个专业：包括与美国科罗拉多大学（丹佛）合作举办的经济学和传播学专业，与美国俄克拉荷马州立大学合作举办的农林经济管理（农业商务方向）专业，在教育部留学服务中心指导下举办的国际金融类专业、国际商务类和信息科学类专业。

国际学院现有教职工 98 人，包括外籍教师 64 人、中籍教职人员 34 人。70%以上专任教师拥有世界一流大学博士学位，且具有良好的科研经历或在国外大学教学经验。

2019 年，国际学院在读学生 1 248 人，其中，国内在读学生 856 人，国外在读学生 392 人，另有来华长（短）期留学生 9 人。2019 年录取新生 336 人，毕业学生 299 人，赴海外交流学习 189 人。

（黄冠华）

【合作办学项目建设】

中国农业大学与美国俄克拉荷马州立大学联合举办的农林经济管理（农业商务方向）专业项目于 2012 年获教育部批准，2015 年通过教育部中外合作办学评估。该项目重视实践教学，先后组织学生前往中科院植物研究所、国家动物博物馆、北京市排水科普馆、德青源农业科技股份有限公司、北京归原生态农业发展有限公司等单位开展实践教学活动并举办了数学辩论赛、环境科学展等实践教学活动。2019 年，美国俄克拉荷马州立大学代表团 4 次来访，项目合作和两校交流频繁。2019 年春季学期，农经系代理系主任 Joe Schatzer（乔・沙瑟尔）教授来给项目学生讲授 2 门专业课程。秋季学期，农经系校董教授 David Henneberry（大卫・亨内伯里）博士为项目学生讲授 2 门专业课程。

2019 年，中国农业大学与美国科罗拉多大学（丹佛）合作举办的经济学和传播学项目完成新一轮（2020—2024）协议续签的谈判及中英文合作办学协议的起草工作。新一轮合作协议已获得教育部批准。3 月 5—6 日，美国高等教育委员会对中国农业大学和美国科罗拉多大学（丹佛）合作举办的经济学和传播学中外合作办学项目（UCD 项目）进行中期评估。通过听取汇报、课堂听课、师生访谈等形式对国际学院教育教学工作进行全面检查。在评估反馈会上，专家认为 UCD 项目能够以学生为中心，注重全过程育人工作，教学质量保障体系完善，人才培养质量很高，对 UCD 项目的整体运行情况给予了高度评价。为使合作办学项目学生的专业知识更能切合中国的实际，使学生更了解中国在经济学和传播学两个领域的发展状况和面临的机遇挑战，新增两门必修课程，分别为面向经济学专业的“新时代中国经济发展概论”和面向传播学专业学生的“新时代中国传播思想概要”。这两门课程采用专家讲座的授课形式和课程论文的考核形式，使学生了解新时代中国经济发展和中国传播传媒的热点和前沿问题。学生根据个人兴趣申请辅修学位。在 2019 届毕业生中，约 80%的毕业生获双学位或辅修学位。

出国留学项目为学生提供多层次、多专业的出国交流学习选择。2019 年，国际学院继续推进与国外院校“点对面”的合作关系，在夯实与目前国外合作伙伴关系的基础上，调整专业设置，修改培养方案，不断提升项目吸引力。5 月，国际学院与赫瑞瓦特大学签署了两校信息科学专业合作项目补充协议，自 2019 年秋季学期开始招收该专业学生就读“1＋3”项目。同时，扩大了与德蒙福特大学的合作，增设了“1＋2”项目，为部分优秀的一年级学生赴该校学习提供了宝贵的机会。

国际学院以"再回首　共筑梦"为主题，举行建院25周年系列庆祝活动。庆祝活动回顾了学院的办学历程，总结了学院办学成果，进一步落实以立德树人为根本任务的办学目标，为学院的可持续发展进行了阶段性的梳理和总结。

（许廷武）

【教育教学】

国际学院办学坚持以人为本，充分尊重学生个性化发展的需求，通过个性化、多维度的学业指导体系帮助学生解决有关课程规划、学习方法、学习效果等方面的问题和困惑。建立以学生为主体的学业指导体系，组建专兼结合的指导教师队伍，包括外方派驻的全职学业指导教师、中外籍任课教师、教学管理人员等。学生可以就课程规划、课程选修、学业发展、职业规划等问题咨询学业指导教师。学业指导教师根据学生的个人特点，开展诊疗式、学业式或发展式学业指导。2019年，参与学业指导的学生超过1 100人次。学院设有答疑制度，以保证教师和学生有充分的时间开展课下交流。所有课程都有课后答疑时间，每门课程每周答疑时间不少于2个小时。学院充分利用英语写作中心这个平台，采取"一对一"的预约形式，指导学生撰写课程论文和报告，提高学生的学术写作水平。2019年接受英语写作中心指导的学生超过800人次。

2019年，91%的毕业生选择继续深造，其中，30%以上的毕业生进入世界排名前50位的大学深造，包括剑桥大学、耶鲁大学、杜克大学、康奈尔大学、哥伦比亚大学、约翰霍普金斯大学等，50%的毕业生进入世界排名前100位的大学就读。其他9%选择直接就业的毕业生，也得到了用人单位的高度评价。此外，2016级农林经济管理专业11名学生提前半年于2019年秋季完成了本科学业，占2016级赴美国俄克拉荷马州立大学交流学习学生的23%。

校级联合培养项目和国家建设高水平大学公派研究生项目持续稳定发展，2019年成功派出22名校级联合培养项目学生，其中，康奈尔大学3人，马里兰大学7人，普渡大学12人。应届毕业生国家公派项目取得突破，2019届传播学专业1名毕业生获全额奖学金，就读剑桥大学教育学硕士学位。2019年，研究生免推工作成绩显著，共有6名学生获得北京大学、清华大学、同济大学等名校的免试推荐研究生资格，其中1名学生还以特殊学术专长成功免试推荐攻读硕士研究生学位。

2019年，国际学院的科研水平有了新突破。青年教师柴利博士在国际期刊发表学术论文4篇，其中，2篇论文的影响因子为6.35，实现了国际学院教师在国际顶尖期刊论文的突破。同时，柴利博士还获批国际学院首个北京市自然科学基金项目。

（王晓燕）

【助推学校国际化人才培养】

2019年，国际学院在开展中外合作办学的同时，继续助推国际化人才培养，协同育人，为其他学院开设课程7门，累计开课超过392学时。举办雅思笔试考试16场次，5 288名考生参加；举办3场雅思口试考试，1 115名考生参加。举办汉语水平考试4场次，106人参加考试。

（黄冠华）

【学生工作】

2019 年，国际学院全面贯彻落实党的十九大精神，认真学习领会习近平总书记在庆祝中华人民共和国成立 70 周年大会上的重要讲话精神，坚持在工作中高举爱国主义大旗。以思政课为抓手，加强思想政治理论学习，利用学习“曲周精神”活动，提升学生爱国爱校的情怀。融合学院网站、微信公众号等多媒体平台，推进网络思政教育创新。

健全学生指导与服务的组织保障，完善学生工作队伍建设，加强学生工作制度建设，落实学风建设，加强诚信教育，结合每个学生的特点，差异化地为学生的科学研究、升学指导、就业规划等提供帮助和服务。

积极开展学生心理健康教育工作，建成以国际学院二级心理辅导站为基础的完备的心理工作体系，以新生心理普查与咨询为重点，增强学生心理调适能力，提升心理素质。

加强团的基层组织建设，结合学生特点，分年级分主题开展团日活动，细化主题内容。规范奖学金评选，严格按照评选流程开展奖学金评定工作。

（陈明海）

【党建工作】

严格党员考核标准，规范发展程序，2019 年发展学生党员 41 名、教工党员 2 名。举办 2 期积极分子党课培训，2 期党的发展对象党课培训，并开展实践教育活动，共有 39 人参加发展对象培训，150 名学生参加入党积极分子培训。对党员综合管理系统及党员 E 先锋支持服务系统管理进行管理及维护，完成毕业生党员组织关系排查及线上、线下转接工作，2019 年共办理 69 名毕业生党员转接手续。

坚持以习近平新时代中国特色社会主义思想为指导，开展“不忘初心、牢记使命”主题教育的各项工作。2019 年 9—12 月，参加了学校举办的“不忘初心、牢记使命”系列主题教育活动。全体党员积极践行两学一做，强化理论学习，筑牢理想信念。师生党员先后开展“我是一面旗帜”主题党日活动，观看学习《榜样 4》，观看电影《小巷管家》及《决胜时刻》并交流感想，开展学习习近平同志在中华人民共和国成立 70 周年大会上的讲话精神、学习十九届四中全会精神和《中国共产党纪律处分条例》等专题学习活动 10 余次。

召开课程育人专题研讨会，修订人才培养方案，研讨如何发挥专业课程的育人功能。自 2019 年秋季学期开始，为高年级学生增开“新时代中国经济发展概论”和“新时代中国传播思想概要”2 门课程，努力将育人功能融入课堂教学，将专业课的思政教育功能落到实处。始终把“三全育人”的观念贯穿于学院的教育教学、管理和服务当中，加强“三全育人”工作的统筹规划，加强学生的爱国主义教育，弘扬爱国主义精神，激发学院广大师生的爱国热情。

（陈明海）

【教代会与工会工作】

2019 年，国际学院分工会在中国农业大学“辉煌七十载，唱响新时代——庆祝新中国成立 70 周年教职工合唱比赛”中荣获一等奖。教代会与工会通力协作，组织外教参加春游、运动会、元旦晚会等活动，丰富外教的生活，使外教更加了解中国。

（杨子华）

一带一路农业合作学院/南南农业合作学院

【学院概况】

2019 年,成立两年的中国农业大学一带一路农业合作学院/南南农业合作学院主要围绕智库研究、政策对话、人才培训和海外发展示范四大板块展开工作,并具体在国际发展、南南合作、中非合作、“一带一路”等领域中的前沿发展政策研究、新发展知识建构、新发展实践探索以及高端发展人才培育等方面取得了阶段性成果。

2019 年,学院在前期工作的基础上推动成立了国际发展援助研究中心、中非发展研究中心、南亚东南亚发展研究中心和公益组织国际化研究中心 4 个研究中心。同时,学院还一如既往地推进包括拓宽国内外战略合作伙伴、健全内部管理机制、推进办公条件改善、引进人才等方面的工作。

(赖毅琼)

【拓展全球战略性合作伙伴】

6 月,学院与云南省投资控股集团有限公司“一带一路”云南研究院签订战略合作协议。

6 月,比尔及梅琳达·盖茨基金会中国副首度代表携团访问中国农业大学,重点商讨与学院联合开展非洲发展研究的合作事宜。

7 月,在联合国南南合作办公室与世界粮食计划署的共同见证下,学院与尼泊尔哈珠拉市签署了合作意向书,旨在通过南南合作及三方合作推动中国与“一带一路”国家平行分享减贫、乡村振兴以及城乡融合发展的经验。

11 月,学院通过举办“南南/三方合作:保护生物多样性与缓解气候变化”研讨会、参与在乌干达坎帕拉举办的“中国—联合国粮农组织南南合作十周年高级别会议”以及互派互访等活动,加强了与联合国粮农组织的进一步交流和联系。

11 月,学院与 2 所世界著名发展智库——全球发展研究中心(Center for Global Development)、曼彻斯特大学全球发展研究所(Global Development Institute of The University of Manchester)围绕双方今后开展合作研究的方式、领域、潜力等进行了交流。

(赖毅琼)

【智库活动】

3 月,学院在阿根廷布宜诺斯艾利斯第二届联合国南南合作高级别会议(BAPA+40)上首次发布了由学院牵头组织编写的报告——《中国对南南合作的贡献:案例与启示》。同时,还在该大会上发布了展示研究团队在坦桑尼亚进行 10 年海外发展实践探索的成果视频——《小技术,大丰收》。

3 月,学院通过光明网发布了《提升议题设置能力,进一步深化南南合作》等 6 篇从全球层面理解南南合作的政策解读类文章,为该领域决策者、专家和公众进一步理解南南合作提供了重要参考。

4月,学院正式发布了《中国对南南合作的贡献:案例与启示》报告(中英文双语版)。

4月,为配合第二届“一带一路”国际合作高峰论坛,学院推出了“一带一路”社会发展领域的4份报告,涉及“一带一路”沿线国家贫困、农业发展、公益组织发展以及宗教与文化等主题。

7月,学院出版《发展援助的未来》一书。

8月,学院专家受邀参加在印度新德里举办的“南南合作和三方合作”全球大会,并在《环球时报》上发表了有关南南合作与全球多边主义、南南合作与新全球发展伦理等主题的文章。

9月,学院研究团队执笔的《亚洲减贫报告》(*Asia Poverty Reduction Report*)在博鳌亚洲论坛发布会上正式发布。该报告在把握时代命脉的基础上回应了国际社会减少贫困、发展民生的关切,对亚洲国家的贫困问题进行了全景呈现,并对区域减贫的路径、合作潜力及方式提出了建议。

11月,学院在北京举办题为“发展合作的未来:挑战与机遇”研讨会。该研讨会对西方发展援助当前所面临的挑战、中国在全球发展图景中的角色和作用,以及发展合作的未来趋势等议题进行了重点探讨。

11月,学院专家以联合撰写人的身份参与《联合国粮农组织和中国南南合作十周年(2009—2019)》报告的撰写工作。该报告于2019年11月25日在乌干达坎帕拉举办的“中国—联合国粮农组织南南合作十周年高级别会议”上正式发布。

12月,学院围绕中国对外援助、国际发展援助、中非合作、南南合作、“一带一路”农业合作、公益组织走出去等重点议题进行了年度事件梳理。

(赖毅琼)

【政策对话】

3月,学院组织并全程参与了在阿根廷布宜诺斯艾利斯举办的“第二届联合国南南合作高级别会议(BAPA+40)”。

5月,学院专家受邀参加了在日本东京举办的“2019智库20峰会”。

6月,学院承办了在广西壮族自治区南宁市举办的“中日韩乡村振兴经验对东盟国家的启示”研讨会。

7月,学院专家应联合国南南合作办公室邀请参加了在乌兹别克斯坦塔什干举办的“2019绿色经济欧洲/独联体地区部长级会议”。

7月,学院专家在美国纽约参加了“联合国可持续发展高级别政治论坛”,为后续形成的)BAPA+40)成果文件、《2019年人类发展报告:不平等》等提供了相关建议。

8月,学院专家受邀访问了北京博鳌亚洲论坛秘书处,双方就发布《亚洲减贫报告》等合作事宜进行深入讨论。

8月,学院专家受邀参加在印度新德里举办的“南南合作和三方合作”全球大会。

9月,学院专家受邀参加了2019非洲绿色革命论坛、联合国南南合作日纪念活动、盖茨基金会可持续发展目标守护活动以及第六届东北亚发展合作论坛。

9月,学院专家受邀赴日本农林水产省、日本青森县调研日本乡村振兴的历史、发展路径、现状、挑战及经验。

10 月,学院专家受邀参加北京大学尼雷尔日纪念活动和“2019 减贫与发展高层论坛”。

11 月,学院专家受邀参加第十一届非洲私营部门论坛、中国南南合作网第二十四届年会、第九届世界教育创新峰会、美国非营利组织与志愿行动协会 2019 年年会以及中国—联合国粮农组织南南合作十周年高级别会议。

12 月,学院专家受邀参加发展合作对话、2019 年釜山伙伴关系论坛、2019 年国际形势与中国外交研讨会以及第十九届多哈论坛。

（赖毅琼）

【人才培训】

4 月,学院联合联合国南南合作办公室、世界银行等多家战略合作伙伴在华举办了第二届“一带一路/南南合作农业青年领袖计划”闭幕式,共计来自 11 个亚洲国家的 25 位优秀青年代表在云南省勐腊县河边村和北京进行了学习和交流。该活动以农村和农业发展转型与变迁为主要着力点,旨在培育、提升“一带一路”/南南合作农业青年领袖们的全球视野和领导力,助力缩小全球发展差距。

5 月,学院在云南省勐腊县河边村承办了由中国国际扶贫中心主办的第八届“东盟＋3 村官交流项目”。

9 月,学院在坦桑尼亚莫罗戈罗省承办了由中国商务部和坦桑尼亚农业部联合主办的综合农业技术海外培训班,共计 30 余名坦桑尼亚的农业技术官员参加了培训。

11 月,学院在华承办了由中国商务部主办的阿尔巴尼亚村官研修班,共计 24 名来自阿尔巴尼亚各市市政、高校、企业等不同机构的代表参加了此次研修班。

（赖毅琼）

【海外发展示范】

3 月,学院制作的《小技术,大丰收》案例视频被纳入全球南南合作 40 周年成果展,并在第二届联合国南南合作高级别会议上进行了全球首次发布。该视频发布后迅速被 158 家全球主流媒体转载,有效覆盖人群数量约 7 000 万。同时,中坦千户万亩玉米增产示范工程项目也入选联合国与中国南南合作 40 年成果展。

10 月,学院研究团队组织编写的《对外援助,培育自主发展能力——以中国与坦桑尼亚农业发展案例》荣获首届“全球减贫案例有奖征集活动”的最佳减贫案例奖。该案例被收录进了南南合作减贫知识分享网站的中外减贫案例库及在线案例分享平台。

12 月,由农业农村部与海南省人民政府共同主办的首届中非农业合作论坛在海南省三亚开幕。学院的《小技术,大丰收》视频在此论坛上引发了广泛关注。

（赖毅琼）

体育与艺术教学部

【概况】

体育与艺术教学部主要承担学校体育与艺术的教学、群众性文体活动及高水平运动队、学生艺术团的训练、比赛及展演工作。在学校党委的领导下，体育与艺术教学部全员参加“不忘初心、牢记使命”主题教育活动。2019年的工作在“守初心、担使命、找差距、抓落实”的总基调下稳步推进。

（王永生）

【师资队伍】

体育与艺术教学部共有教职工72人，其中，专任教师61人（体育教师54人、艺术教师7人），包括教授4人（体育3人、艺术1人），副教授28人（体育25人、艺术3人），硕士生导师5人（体育4人、艺术1人）。

本年度引进普通人才3人。

（王永生）

【本科教学】

加强师德师风建设，探讨体艺思政育人作用 贯彻习近平总书记在全国教育大会讲话和在全国高等学校思政工作会议的精神，认真学习陈宝生部长关于学校体育美育工作的指导意见，着力推进思想政治工作质量提升工程建设，把师德师风作为评价教师队伍素质的第一标准。学习贯彻《新时代高校教师职业行为十项准则》《教育部关于高校教师师德失范行为处理的指导意见》。专题研究制定体育与艺术教学部师德师风正面清单和负面清单内容，要求不碰底线、不越红线。

坚定不移地走好体育教改之路 认真学习《健康中国行动（2019—2030年）》及《体育强国建设纲要》文件精神，把“提升学生身体素养，改善健康状况”作为学校体育发展战略目标：(1)继续规范教学管理制度，狠抓落实，强化课程思政的作用。(2)持续采取措施确保体测导向作用。坚持体测一票否决制度；发挥其在学生体质监测、保研及毕业等方面的特殊作用；增设视力筛查项目，进一步拓展体测监测范围。(3)完成体质健康达标课开设。学生体测达标率提升至97.68%，优秀率提升0.82%，达到4.21%，平均分提高0.90分。大四学生的均分提高3.98分。

逐步实现校园体育教育现代化 在学校企业微信公众号开设身心健康教育平台，开辟体测窗口，实现“体测预约、成绩查询、日常自测、标准解读”4项服务功能。实现在线教育系统的应用。采取先易后难、由后往前的策略，实现所有体育课的在线考试。

规范落实教学管理制度 修订《中国农业大学体育俱乐部课程管理实施细则》《中国农业大学体育课课堂常规》，制定《中国农业大学体育课新开课审核制度》。落实新开课评审工作，由部学术委员会委员和专项课任课教师组成的新开课评审小组对2020年拟申请新开课教师进行评审。

年度教学工作量达到新高 参与体育教学工作的教师人数达到49人，全年累计完成656个班23 804学时的教学工作，详见表4。

表 4　2019 年体育教师开课情况统计

课程类型	班级数/个	工作量/学时
身体运动功能课	126	2 520
体育必修选项课	382	13 788
俱乐部课	40	3 438
保健康复课	4	144
专项训练、体育竞赛课	20	2 560
高水平队专业课	1	48
预科、公选课	6	160
研究生课	3	102
体育 A(体育理论课)	10	20
体质健康达标课	64	1 024
累计	656	23 804

注:本表的统计范围为 2018—2019 学年春季学期至 2019—2020 学年秋季学期体育课开课情况。

(王永生)

【科学研究】

2019 年,承担 2 项思政教育功能专项教学改革,即《发挥橄榄球运动的核心价值,培育新时代合格人才》和《作为“道德之舍”的身体,体育教学中的“美德”养育初探》。《中国农业大学特色体育课程》(北京体育大学出版社)教材已用于体育教学。

(王永生)

【学生体质测试工作】

2019 年,本科生应测人数 12 297 人,有效上报人数 11 650 人,缺测 647 人,缺测率为 5.26%,较 2018 年下降 0.54%。学生总体《国家学生体质健康标准》均分 75.97 分,比 2018 年提高 0.85 分。优秀率为 4.27%,良好率为 29.44%,达标率为 97.58%。优秀率较 2018 年提升 0.88%,良好率提升 1.28%,达标率提升 2.53%。

与 2018 年相比,男生均分提升 0.8 分,女生均分提升 0.97 分。在达标率方面,男生提升 2.72%,女生提升 2.44%。在优秀率方面,男生提高 0.40%,女生提高 1.23%。在良好率方面,男生提升 1.09%,女生提升 1.71%。2019 年,大四学生达标率提升 11.30%,平均分提高 3.95 分,详见表 5 和表 6。

表 5　2019 年学生总体分性别样本数、均分、综合评定等级人数比例统计

性别	样本数	均分	优秀/%	良好/%	及格/%	不及格/%	达标率/%
男生	4 792	72.52	3.13	17.59	74.87	4.40	95.60
女生	6 858	78.38	5.07	37.72	56.17	1.04	98.96
总体	11 650	75.97	4.27	29.44	63.86	2.42	97.58

表 6　2019 年学生总体分年级样本数、均分、综合评定等级人数比例统计

年级	样本数	均分	优秀/%	良好/%	及格/%	不及格/%	达标率/%
大一	3 169	75.87	4.17	29.95	63.02	2.87	97.13
大二	3 254	78.23	7.22	38.08	53.29	1.41	98.59
大三	2 690	75.80	3.42	27.21	66.95	2.42	97.58
大四	2 537	73.36	1.54	20.10	75.21	3.15	96.85

（王永生）

【合作交流】

参加全国高等农业院校体育教学研讨会，就体育课程思政、教学改革等与兄弟院校进行交流和学习；全程观摩首都高校第二届体育教师教学基本功比赛。在利用社会资源，巩固学校优势体育项目的实力和影响力的同时，做好服务社会工作。与北京队达成协议，4 名橄榄球运动员进入北京队；与顺义橄榄球协会合作，建立校外训练基地；助力国家女子橄榄球队进入奥运赛场；作为北京市少数民族委员会批准建立的抢花炮项目基地，以学校队员为主的北京市抢花炮队在全国第十一届少数民族传统体育运动会上获得第二名和体育道德风尚奖。

（王永生）

【党建工作】

在“不忘初心、牢记使命”主题教育活动的引领下，把政治理论学习视为推进工作的持续动力，学部领导班子以身作则，带领学部所有人员逐步做到政治理论学习制度化、常态化，提高体育与艺术教学部与党中央各项决策部署和学校发展大局保持一致的行动自觉，更加坚定以“师生”为中心开展工作的决心，并在实际工作中始终坚持理论指导实践。

坚持学部直属支部委员会制度，党政联席会议所决定事项必须经支部委员会通过，发挥其在部门重大决议中的作用；定期召开党员大会，开展主题党日活动；坚持每周一次的学习制度。

（王永生）

【教代会工会工作】

履行分工会的职责，关爱工会会员。及时了解困难职工的情况，想办法帮助解决；对个别家庭经济困难的职工减免会费。发挥专业优势积极协同校工会开展各类教工文体活动。体育与艺术教学部获得学校庆祝新中国成立 70 周年合唱比赛一等奖。在分工会内部开展迎新年健步走等活动，丰富教职工的文化生活，增强体育与艺术教学部的凝聚力和向心力。

（王永生）

【代表队与艺术团工作】

课内课外体育相映红　本年度学校再度获得首都高校“阳光体育优胜校”奖。

高水平运动持续发展 获得首都高校第五十七届学生田径运动会甲组前八，并获评体育道德风尚奖；足球队的水平稳中有升，进入全国青少年校园足球联赛大学生高水平组超冠联赛全国前八；男子橄榄球在全国大学生橄榄球比赛中夺得亚军。

弘扬和传承曲周精神 为进一步弘扬和传承“责任，奉献，科学，为民”的“曲周精神”，创作并排演《稼穑之歌》，获得全国“金刺猬大学生戏剧节”唯一最高奖项“金刺猬”奖。

（王永生）

【社会服务】

2019 年，民盟农大委员会携手体育与艺术教学部选派橄榄球、足球等项目的优秀教师前往河北广宗县第一中学进行特殊扶贫，为孩子们开展足球、橄榄球培训。

（王永生）

烟台研究院

【学院概况】

烟台研究院源于 2003 年中国农业大学与烟台市人民政府合作建设的中国农业大学烟台校区。2007 年 5 月 30 日，教育部批复同意设立中国农业大学烟台研究院，隶属中国农业大学。2015 年 6 月 17 日，烟台研究院正式注册为独立事业法人，成为中国农业大学的二级单位，下设 2 个学院，即人文与经济管理学院和海洋与农业工程学院。

（李梅）

【学科与专业建设】

烟台研究院现开设公共事业管理、市场营销、设施农业科学与工程和水产养殖学 4 个本科专业，共设 15 个班。拥有小麦玉米国家工程实验室烟台实验站（国家级），食用菌育种实验室，农业农村规划研究中心、葡萄与葡萄酒研究中心、海洋与水产资源可持续利用研究中心、农业文化研究中心、农业物联网与大数据研究中心、生物质能科学与技术研究中心、智能无人飞行器应用研究中心 7 个校级科研中心。

（李梅）

【师资队伍】

烟台研究院教职工总数为 420 人，其中，在职人员 270 人，离退休人员 150 人。在职专业技术人员 233 人，其中，正高级职称 14 人，副高级职称 92 人，中级职称 109 人，初级职称 18 人；具有博士学位 31 人，具有硕士学位 120 人。

2019 年，选派 4 名教师参加由山东省教育厅举办的 2019 年度职业院校教师省级培训；选派 1 名教师参加由教育部、财政部联合举办的 2019 年度职业院校教师国家级培训；根据山东省教育厅和山东省人力资源社会保障厅教师继续教育学分管理的要求，组织117名教师参加由市教育局组织的“互联网+教师专业发展”工程研修平台的学习。

2019年，烟台研究院主持系列专业技术人员职称评聘工作，有3人取得教授任职资格，有4人取得副教授任职资格，并被聘任在相应的专业技术岗位；完成232名专业技术人员专业技术岗位聘任。

开展烟台研究院第七届教育教学软件应用大赛；开展校级示范课评选工作，共评选出校级示范课7门，7门课程的教案被评为校级优秀教案；2019年首次开展“专业课发挥思政教育功能专项”教学研究，共有3个重点教研项目、3个一般教研项目、3个“专业课发挥思政教育功能专项”项目获研究院立项；另有3个“专业课发挥思政教育功能专项”项目获中国农业大学立项；对1个教学研究项目进行了结题验收；有2个精品课程建设项目获得立项；4个重点课程建设项目通过验收；12个在研项目通过了年度检查。

（袁东红 李全）

【本科教学】

招生情况 2019年，烟台研究院计划招生450人，实际录取450人。其中，理工类280人，文史类170人，均为山东生源。其中，理工类录取最高分为592分，文史类最高分为592分，录取平均分为570分，详见表7。截至2019年12月31日，本科在校生总数1 605人（含驻京450人）。

表7 2019年本科生录取情况统计

科类	专业	录取数	最低分	最高分	平均成绩
理工	水产养殖学	90	562	580	566.8
理工	市场营销	90	564	592	569.8
理工	设施农业科学与工程	100	568	590	574.4
文史	市场营销	50	579	592	582.6
文史	公共事业管理	120	576	592	580.5
合计		450	—	—	—

教育教学 全年本科37个班级开课322门次，完成教学工作量约16 047个标准学时。其中，必修课290门次，选修课32门次。开设网络选修课141门次，网络选课人数724人次，选修课选课总人数达1 626人次；全年开课教师187人次，其中，聘请本部教师13人次，本地教师24人次。制定了《中国农业大学烟台研究院一流教学团队建设实施办法》《中国农业大学烟台研究院一流教研室建设的实施办法》《中国农业大学烟台研究院一流课堂建设的实施办法》《中国农业大学烟台研究院教师教学能力提升培训方案》等教学管理文件。

2019年，申报国家级大学生创新创业训练项目，共有11项获国家级大学生创新训练项目立项，1项获国家级大学生创业训练项目立项。烟台研究院批准立项URP项目132项，其中，特别资助项目6项；结题验收119个项目，评出优秀项目21个，优秀URP项目指导教师14人。

成功举办烟台研究院第十二届大学生基本技能大赛和第九届大学生科技论文大赛。

在第二十一届全国大学生英语竞赛中,获得一等奖 2 项、二等奖 9 项、三等奖 14 项、优秀指导教师奖 2 项、优秀组织奖 1 项。在第十一届全国大学生数学竞赛初赛暨第十届山东省大学生数学竞赛决赛中,获得国家级奖项 6 项,其中,一等奖 1 项、二等奖 2 项、三等奖 3 项;获得省级奖项 21 项,其中,一等奖 2 项、二等奖 7 项、三等奖 12 项。在 2019"银谷杯"第七届全国大学生农业建筑环境与能源工程相关专业创新创业竞赛中,获得特等奖 2 项,一等奖 2 项。6 月,组织 574 名学生报名参加大学英语四/六级考试,四级考试通过率为 48.1%,六级考试通过率为 32.7%。12 月,组织 911 名学生报名参加考试,其中包括 135 名专业学位研究生,四级考试通过率为 54.9%,六级考试通过率为 41.7%。2019 年本科生毕业论文检测通过标准由重复率≤30%调整为≤25%,一次性通过率达到 81.4%,评选优秀毕业论文 52 篇,汇编出版了优秀毕业论文集。

(张晓辉　于岩　吕海平)

【科学研究】

课题申报与立项　2019 年,组织申报各级各类科研项目共 74 项,立项科研项目 19 项,总经费 638.69 万元。其中,纵向科研项目 13 项,经费 562 万元;横向科研项目 6 项,经费 76.69 万元。校内科研基金立项 12 项,资助经费为 9.8 万元。申报各级各类标准项目 33 项,立项标准 10 项,其中,山东省地方标准制修订项目 6 项,2019 年标准化综合改革暨"山东标准"建设项目 3 项(第二起草单位 1 项),烟台市地方标准修订项目 1 项,获得资助金额为 3 万元。

科技成果　获得科技奖励 3 项,烟台市第三十一届社会科学优秀成果奖二等奖 2 项、三等奖 3 项。申请专利 25 项,其中,发明专利 12 项,实用新型 13 项。授权专利 30 项,其中,发明专利 4 项,实用新型 26 项。授权软件著作权 2 项。发表学术论文 100 篇,其中,SCI 7 篇,EI 3 篇,CSSCI 1 篇,国内核心 46 篇。出版著作、教材 5 部。

项目验收　2019 年,结题验收市级以上纵向科研项目 6 项、横向课题 2 项、校内科研基金项目 8 项。通过审定的地方标准 9 项、团体标准 1 项。由山东省质量技术监督局发布山东省地方标准 4 项。11 项科技成果进行了国家科技成果登记。

校企合作　先后与 100 多家企业联系,走访企业 40 余次。与烟台市科技创新联盟的 30 多家单位保持广泛联系。乡村振兴专家下基层工作 650 多人次,提报中共烟台市委财经委员会办公室的研究课题 3 项,即海洋牧场关键信息化与装备集成技术、农业生态文明及特色农产品品牌建设、乡村振兴齐鲁样板烟台模式政策体系构建与整县示范研究。申报烟台市教育局组织的"校地融合发展项目",完成 1 个学科、3 个平台、2 项人才和 1 个资讯类项目共 7 个项目的提报、答辩工作。

日本与亚洲青少年科技交流计划(樱花科技计划)　3 月,董仁杰教授率队一行 11 人赴日本农业·食品产业技术综合研究机构,参加科技部"日本与亚洲青少年科技交流计划"(樱花科技计划)项目活动。该项目于 2018 年 10 月成功获批,于 2019 年 3 月实施。

发展中国家杰出青年科学家来华工作计划　申报中国科学技术交流中心的"发展中国家杰出青年科学家来华工作计划"项目工作岗位 6 个。本年度共引进巴基斯坦和埃及 2 名"国际杰出青年科学家"来烟台研究院进行科研工作。

巴基斯坦环境毒性与健康国际研讨会　2 月 24—28 日,巴基斯坦信息技术学院举办了“2019 巴基斯坦环境毒性与健康国际研讨会”，董仁杰教授和杨守军副教授赴会，就中国农业废弃物处理与利用的先进技术做主旨演讲，为巴方提供中国方案，受到巴方专家的高度赞赏。

对外交流 接待国外代表团来访 3 个，外宾 23 人次。“发展中国家杰出青年科学家来华工作计划”项目 4 人。

（王丽霞 马致远 于丽芝）

【社会服务】

市委组织部基层干部学历教育培训 2019 年完成 2018 级基层学历教育 305 位学员培训。共计完成 464 学时授课；完成 305 名学员期末考试工作；完成 2019 级 445 位学员入学考试现场报名信息确认、采集照片及入学考试等。实现创收 135.7 万元。

包村服务 根据烟台市委组织部的工作安排，中国农业大学烟台研究院从 2018 年 10 月开始对牟平区王格庄镇前松椒村进行为期 3 年的包村扶贫工作。10 月 24 日，烟台研究院党委副书记、副院长肖冬生带领研究院包村干部赴牟平区王格庄镇前松椒村进行实地调研，开展包帮工作。对帮扶过程中存在的资金问题，研究院无偿为前松椒村提供食用菌技术支持。科学技术处丁强老师先后 6 次到村，现场指导村民相关食用菌养殖方法，指导大棚养殖 700 余平方米，举办食用菌养殖技术课程 4 次，有效提高了村民的养殖积极性和家庭年收入。海洋与农业工程学院丛磊老师先后 2 次到村进行科技讲座，立足村中原有产业，从不同的发展角度激发村民的创业积极性。根据市政府统一部署，选派 1 名教师到西藏日喀则进行对口支援；根据烟台市教育局的安排，选派 1 名中层干部到重庆市巫山县开展“组团式”支教工作；选派 1 名中层干部到海阳市郭城镇宅家夼村开展“第一书记包村工作”。

（李梅）

【学生工作】

学生教育 全校范围内集中开展“践行雷锋精神，争当时代先锋”系列学雷锋主题活动。4—6 月，开展“青春心向党，建功新时代”五四升旗主题团日活动。5 月 15 日举行了春季团日活动答辩会。国旗班获得一等奖，设施 161 班和营销 173 班获得二等奖，公管 172 班、营销 171 班、水产 172 班获得三等奖。人文学院团总支获得优秀组织奖。国旗班代表烟台研究院参加校本部“十佳团日”活动评选答辩，并获得了“十佳团日”荣誉称号。9—11 月，开展以“青春告白祖国”为主题的专题团日活动。5 月，评选出 10 位烟台研究院“五四青年标兵”。张羽飞同学荣获 2019 年中国农业大学“五四青年标兵”荣誉称号。

（唐颖）

社会实践 组织开展以“乡村稼穑情·振兴中国梦”为主题的主题社会实践活动，共有 32 支小队获得校级优秀小队，4 支小队获得校级一等奖，9 支小队获得校级二等奖，19 支小队获得校级三等奖。1—3 月，开展寒假社会实践活动，共有 28 名同学参与。组织青年团员参与志愿服务活动，开展志愿服务活动次数达 50 余次，参与人次近 500 人。组织参与“青春汇绿 美丽烟台”大型公益植树活动、御花园老年公寓敬老助老志愿服务活动、烟台市高新区创建文明城市系列志愿服务活动等。指导开展东轸格庄小学支教、东泊子海滩清滩、圣恩老年公寓敬老、“希望之星”教学辅导、“学长的火炬”书籍回收等志愿服务活动。烟台研究院志愿北京注册志愿者 1 100 余人，其中 2018—2019 学年志愿时长达 80 个小时以上者 88 人，北京市海淀区一星级志愿者 19 人。

（原玲　唐颖）

心理健康教育　组织开展女生节活动和定向越野赛、5·25 大学生心理健康宣传月、10·25 大学生心理文化节系列活动，共举办活动近 20 项，活动参与总人数 600 余人次。”心理学概论“等选修课的教学工作顺利完成。本年度个体心理咨询面询 30 余人次，网上邮箱、QQ 咨询及电话、短信咨询数十次。共收到、阅读、回复心理委员各月度班级情况汇报表 170 余份，阅读并反馈各学院例会记录 30 余次(份)，在 11 月校本部优秀心理部评比活动中获得二等奖。

（宫贤平）

创新创业　1—6 月，开展中国农业大学第五届“互联网＋”大学生创新创业大赛和第四届中国“互联网＋”大学生创新创业大赛，共 48 支小队参赛。获得学校银奖 4 项，铜奖 13 项。获得首都赛区三等奖。1—6 月，开展中国农业大学第九届“挑战杯”大学生课外学术科技作品竞赛和第十届“挑战杯”首都大学生课外学术科技作品竞赛，共 22 件作品入围，18 件作品获奖。10 月，参加烟台市公共就业和人才服务中心、烟台市委网信办、共青团烟台市委、烟台广播电视台联合主办的“青春有你共创未来”烟台市第三届大学生创新创业定向挑战赛，9 支队伍参加比赛，5 支队伍顺利进入第二轮、第三轮比赛。4 月，参加山东省学生联合会主办、青岛啤酒有限公司协办的全国大学生第八届海洋文化创意设计大赛青岛啤酒命题比赛(即原青岛啤酒大学生微营销创意大赛)。

（原玲）

团务工作　组织开展 2019—2020 学年秋季学期基础团务工作。主要包括收集入团志愿书、团务统计、团员证注册和团费收缴，并填写上报《2019—2020 学年秋季学期基础团务统计》。2019 年本科毕业生 294 人，截至 6 月 23 日，就业率达 98.64%，其中，读研、出国 135 人，深造率为 45.92%，考取党政机关事业单位 15 人，在各类企业就业 140 人，应征入伍 6 人。

（苏允政）

奖学助贷　完成生源地助学贷款毕业还款诚信教育及相关协议的填报工作，为 40 名学生办理生源地助学贷款；完成校园地助学贷款毕业还款诚信教育及相关协议的填报工作，为 3 名学生办理校园地助学贷款。完成 115 名经济困难学生认定工作，共有 113 人获国家助学金。本学年评选国家奖学金 20 人，国家励志奖学金 55 人。评选三好学生 82 名，优秀学生干部 28 名，优秀团干部 19 名，优秀团员 22 名，优秀班集体 4 个，优秀团支部 3 个，各级社会工作奖学金 39 名，文化活动奖学金 15 名，74 名学生获优秀学生奖学金，490 名学生获单项奖学金。共有 44 名学生荣获校级“优秀毕业生”，13 名学生荣获“北京地区高校优秀毕业”。

（张良）

成人教育　现设中国农业大学烟台函授站、中国农业大学现代远程教育烟台研究院学习中心。2019 年，烟台函授站招收 18 人，远程教育招生 22 人，在校生总数 200 人。

（李梅）

【党建行政工作】

党务工作 完成2019年度党内统计工作。2019年党员实有人数280人。其中,年内增加55人,减少50人(含出党1名、去世4名、转往省外29名、转往本省13人、转往本市3人);在职党员154人,离退休党员65人;党的纪律处分1人,预备党员转正16人,发展党员55人。办理外派干部、毕业生以及调离、退休、离世、出党人员的相关手续,及时办理组织关系转接,同步维护"灯塔-党建在线"网络平台数据信息,与年度党内统计进行衔接。全年转接党组织关系54人次。

按照烟台市委组织部下发了《关于做好"双报到"有关工作的通知》,根据通知的要求和部署安排,研究院于8月22日到马山街道农大社区党总支报到,在职党员报到人数152人。9月6日,应邀参加烟台高新区深入推进"双报到・双服务"暨"红心服务联盟"签约授旗仪式。纪委书记董燕青出席签约授旗仪式,研究院党员志愿服务队参加"服务大集"便民服务。9月28日,组织党员志愿服务队深入社区开展环境整治;参加马山街道党委"健步走"志愿服务6名党员。

(王晓)

廉政建设 贯彻落实党风廉政主体责任,层层签订党风廉政责任书,召开3次党风廉政建设落实会议。健全党风廉政建设责任制、干部教育管理制、重大事项决策制等,把党风廉政建设纳入工作考核的重点内容之一。全年参与校园改造项目招投标4次。组织党员干部收听、收看系列反腐警示教育片,举办专题警示教育宣讲,查找廉政风险点,制订整改方案,要求限期整改。

(柳佳)

宣传思想教育工作 累计处理176篇校网新闻、240条公告。出专题6个,自主转载内容137篇。被授予烟台市"市直精神文明单位"称号。

舆情监控反馈 全年网络舆情387条,问题涉及招生咨询、餐饮、住宿和整体设施环境、宿舍区供暖质量等问题。

意识形态工作 出台《中国农业大学烟台研究院意识形态工作整改落实工作方案》,巩固落实关于中央巡视山东省意识形态工作反馈意见烟台整改落实"回头看"工作。

宗教工作 成立抵御和防范校园传教渗透工作领导小组,对二级单位实行党支部书记和行政单位负责人双负责人制度,作为本支部和本部门的第一责任人。对来访的发展中国家杰出青年科学家实行指导老师和部门双责任人制度,认真宣讲宗教政策,信息登记备案,根据《中华人民共和国境内外国人宗教活动管理规定》进行管理。推荐2名教师作为烟台市欧美同学会(筹)会员人选。

(刘喜　崔晓华)

【后勤保障工作】

校园信息化建设 数据中心本年度完成2个数据中心的安装和初步调试工作;完成烟台研究院的新网络建设及试运行,完成与中国农业大学的网络互联,实现了烟台研究院和农大校本部"一张网"的规划;完成图书馆、教学楼二区、双塔宿舍、餐厅1层和3层的综合布线，完成了相关的线缆测试工作；在教学Ⅰ区，多媒体教学系统9月开始使用。

资产管理 公布《固定资产管理暂行办法》《产业管理暂行办法》《集中采购暂行规定》等办法；完善了资产管理信息化平台建设；理顺国有资产归口管理；强化国有资产日常管理；参加山东省技术市场协会2019年会员代表大会换届选举大会，烟台研究院当选山东省技术市场协会理事单位。

校园安全 2019年，烟台研究院就聘用人员社保问题的解决先后多次向学校通报及向烟台市有关部门汇报进展，随时通报情况，向学校和烟台市说明新政策下发可能给学校造成的影响，寻求妥善解决方案。院内为防止出现不良影响，多次召开领导班子会、中层干部会及教职工代表座谈会议，向大家通报问题解决的进展，征求解决方案，做好校内安全稳定工作，要求大家齐心协力寻求解决问题的途径和方法。以构建"平安校园"为目标，加强法制安全教育，强化校园治安管理，完善安全防范措施，落实综合治理工作责任制，加大安全督查力度。多次利用广播、板报、宣传栏等开展"创建平安校园"宣传教育活动。全学年无安全生产责任事故、无刑事案件、无食品安全事故、无群体性事件。

餐饮服务 采取严格的索证、索票和审核准入制度，建立台账登记制度，严把食品采购关。严格遵循食品加工流程。按照《中华人民共和国食品安全法》的规定，要求从业人员一律持健康证上岗，定期组织人员培训。

公寓管理 强化制度管理，明确工作职责。开展了"普及安全知识，增强防范意识，促进校园和谐""珍爱生命　杜绝隐患"等系列活动，强化安全教育。

物业管理 完善住户档案932户，清理违章乱建5处，受理住户诉求450多起，维护保养电梯80余次，查处不安全用电12次，更换自来水阀门64个，清理整治绿化带违规种养14处，清理楼道杂物30多起，清理楼宇垃圾26处，集中清理垃圾3次。确保辖区内57 997平方米的卫生清洁。工作人员自己动手制作工具、维修设备，全年节约开支2万余元。收取住户物业费90.7万元。

后勤服务 本年度共用电5 676 819.08度，电费2 944 110.52元，其中，公共用电2 884 615度，电费支出1 494 230.57元。用水总量103 854立方米，金额合计358 295.25元；暖气费支出合计1 835 932.3元。注重安全工作，抓好节能降耗；环境卫生常抓不懈，环境状况进一步改善；医疗卫生工作全年安全无事故；对校园植被养护及时进行跟踪检查和指导。

（李梅）

【烟台格罗宁根合作大学项目】

1月7日，荷兰格罗宁根大学校办主任史蒂芬·范·盖伦博士致信本部国际处和烟台研究院，协调其理工团队成员来华签证办理事宜。本部国际处随后致函格罗宁根大学，邀请其新任校长来访，就烟台办学问题进行协商，对下一步双方的合作方向表明真实态度。格方回复拟于4月初安排有关其校长访华事宜。2月28日，荷兰格罗宁根大学在其官网发表声明："格罗宁根大学拟清还烟台格罗宁根大学项目涉及的格大人员工时费用。"4月1日，荷兰格罗宁根大学新任校长乔克·德·弗里斯首次赴中国农业大学访问。

中国农业大学校长孙其信、副校长龚元石会见来访团队，双方就烟台格罗宁根合作大学项目进行了深入磋商。5月13日，荷兰格罗宁根大学新任校长乔克·德·弗里斯一行三人来烟台访问，与烟台市政府领导就烟台格罗宁根合作大学办学问题进行会谈，并实地查看烟台格罗宁根合作大学项目现场。5月14日，荷兰格罗宁根大学来访团队赴济南拜会山东省教育厅领导，就烟台格罗宁根合作大学项目问题进行会谈。7月8日，荷兰格罗宁根大学在其官网发表声明："格罗宁根大学决定终止在烟台设立分校的项目。格大已与中国农业大学、烟台市以及山东省政府进行过商讨。另外，荷兰教育、文化和科学部已致信中国教育部，解释该项目因缺乏法律基础而无法继续。"10月16日，荷兰格罗宁根大学董事会任命罗埃尔·贝克尔和伯特·克雷默斯博士组成烟台格罗宁根合作大学项目评估委员会，对烟台格罗宁根合作大学项目的决策过程进行评估。

（孙腾飞　李晓艳）

【烟台校区推进情况】

2月18日，省、市、校主要领导就烟台研究院发展规划赴教育部，教育部孙尧副部长明确提出了按照习近平总书记视察山东的重要指示，围绕新旧动能转换和乡村振兴齐鲁样板建设需求，把研究院做大做强、办出特色、办出水平，教育部可为烟台研究院单列工程硕士和工程博士招生计划，作为支持山东省高等教育的专项，本科生招生也可适度增加的指示意见。3月7日，市委常委、宣传部部长、市委教育工委书记于永信在东方海天酒店会见中国农业大学副校长王涛一行，双方就合作办学事宜进行会谈，达成重新签订市校合作办学协议共识。3月31日，市委常委、宣传部部长、市委教育工委书记于永信主持召开推进中国农业大学烟台研究院基础建设专题会议。确立了以发展研究生教育为突破口的目标，市、校双方相关部门、单位要切实提高认识，抓住这个机遇，采取有力措施，强力推进实施，做实做大做强烟台研究院。7月1日，市委常委、宣传部部长、市委教育工委书记于永信主持召开推进中国农业大学烟台研究院建设工作会议，会议强调，各有关部门要在合法合规的基础上，进一步解放思想、更新观念、勇于创新、积极帮助研究院解决实际困难。在具体工作中，各有关部门要急研究院建设之所急，即依法依规又创造性地帮助研究院解决资金短缺问题和物品采购问题，要按照"放管服"改革的要求，切实提高审批效率，加快工程进度，确保新生入校报到时完成各项条件准备。8月7日，中国农业大学校长孙其信一行6人到烟台研究院实地考察校园建设状况，检查和落实首批研究生秋季学期入驻所需的学习、工作和生活条件安置准备情况。8月30日，为迎接首批中国农业大学烟台专项招收的200名硕士研究生，做好研究生入学相关软硬件设施设备的配套和完善工作，中国农业大学党委常委、副校长王涛专程到烟台研究院，进行现场办公，严格抓好落实工作。9月5日，中国农业大学首批200名硕士研究生顺利到烟台研究院报到。9月6日，学校党委书记姜沛民实地察看烟台研究院办学设施，详细了解首批烟台专项研究生的学习、生活条件完善情况，并与同学们共进午餐。

（李梅）

校园建设工作　2019年以公开性招标、政府采购项目共7项，包含：教学楼家具、双塔学生公寓供暖直连机组、双塔学生公寓家具及健身器材、学生餐厅厨房设备、双塔学生公寓发电机组、双塔直饮水系统和图书馆中庭空间吸声体。完成图书馆 29 867.17 平方米的土建、水、电、暖工程。其中，消防工程电检已通过，已进入消检程序。空调系统安装完成 80%。图书馆配电室完成 80%，电气照明完成进度为 100%，电梯完成进度为 100% 并按期投入使用。4 层以上卫生间及直饮水系统未调试交接。地暖系统因动力源没解决，未完成调试。完成双塔公寓楼 45 279.88 平方米土建、水、电、暖的建设及热力配套等工作，直饮水系统 14 层以上交付使用，洗浴系统 14 层以上交付使用。双塔电梯照明空调消防完成 70%。完成教学楼二区土建、水、电、暖大面改造，室外 600 米消防配套正在施工中。新风系统安装完毕，联调未完成。教学楼电梯照明电器消防空调完成进度为 50%。完成学生食堂一层 4 500 平方米改造工作，并按期投入使用。2 层土建、水、电、暖基本面没施工。3 层正在施工已完成 70% 的工程量。食堂消防电梯照明空调完成进度为 40%。完成主副数据中心基础设施配套工作。钢结构实验室主体完工。

（井闽）

附：烟台研究院 2019 年大事记

2 月 18 日，省、市、校主要领导就烟台研究院发展规划赴教育部，教育部孙尧副部长明确提出把研究院做大做强、办出特色、办出水平的指示意见。

2 月 24 日至 3 月 2 日，中国农业大学烟台研究院副院长肖冬生、崔从光等一行 8 人考察团赴巫山县考察调研，就深入推进烟台和巫山在农业科技研发、示范和推广农产品加工等方面的合作进行了考察对接，探讨了共建烟台-巫山农业科技示范园等事宜。

3 月 7 日，烟台市委常委、宣传部部长、市委教育工委书记于永信在东方海天酒店会见中国农业大学副校长王涛一行，双方就合作办学事宜进行会谈，达成重新签订市、校合作办学协议共识。

3 月 31 日，烟台市委常委、宣传部部长、市委教育工委书记于永信主持召开推进中国农业大学烟台研究院基础建设专题会议。

5 月 15 日，烟台市 2018 级农村和城市社区基层干部专科学历教育开学典礼在研究院举行。

7 月 1 日，烟台市委常委、宣传部部长、市委教育工委书记于永信主持召开推进中国农业大学烟台研究院建设工作会议，会议强调，依法依规又创造性地帮助研究院解决资金短缺问题和物品采购问题，要按照“放管服”改革的要求，切实提高审批效率，加快工程进度，确保新生入校报到时完成各项条件准备。

8 月 7 日，中国农业大学校长孙其信一行 6 人到烟台研究院实地考察校园建设状况，检查和落实首批研究生秋季学期入驻所需的学习、工作和生活条件安置准备情况。

8 月 30 日，中国农业大学党委常委、副校长王涛到烟台研究院察看研究生入学相关配套落地情况。

9 月 6 日，中国农业大学 2019 级烟台专项研究生新生开学典礼在烟台研究院报告厅隆重举行。

9 月 6 日，中国农业大学党委书记姜沛民实地察看烟台研究院办学设施，详细了解首批烟台专项研究生的学习、生活条件完善情况，并与同学们共进午餐。

9 月 19 日，烟台研究院专题警示教育大会在行政楼报告厅举行，研究院党委书记兼院长傅泽田同志出席并讲话，纪委书记董燕青同志对专题警示教育工作进行了布置，研究院领导班子和全体党员干部共同参加会议。

10 月 24 日，烟台研究院党委副书记、副院长肖冬生带领研究院包村干部赴牟平区王格庄镇前松椒村进行实地调研，开展包帮工作。

11 月 29 日，烟台市副市长赵峰，工委书记、管委主任于东一行到烟台研究院进行调研，实地查看校园设施，了解办学情况。

（李梅）

巡察督导工作

【概况】

2019 年，中国农业大学党委巡察督导办公室坚决贯彻落实党中央、教育部党组、北京市委有关巡视巡察工作部署及相关精神，先后按照中央巡视工作五年规划提出的“六围绕、一加强”以及中央第四轮巡视提出的“四个落实”为监督重点，扎实开展校内巡察工作，努力构建巡视巡察上下联动监督网。

（宋明志　马琳）

【加强内部建设】

完善巡察工作制度　在 2018 年修订的《中共中国农业大学委员会巡察工作实施办法（试行）》基础上，2019 年 5 月，中国农业大学党委进一步制定印发《中共中国农业大学委员会巡察整改和督导工作实施细则（试行）》，详细规定了巡察意见反馈后，巡察整改工作与督导工作的具体步骤、分工职责等内容，进一步做好问题线索分类处理，用好巡察成果，增强巡察整改实效，着力做好巡察整改“后半篇文章”，抓好巡察督导工作。

规范巡察工作程序　经反复设计，对标对表中央巡视要求，学习其他高校的经验做法，结合学校实际，中国农业大学党委建立了以巡察工作组为主导，以巡察办公室全程参与为辅助，以现有材料为基础，以广泛谈话为主和以调查问卷为辅的巡察工作机制。形成了从准备到动员、培训、进驻、会商、报告、反馈、整改的巡察工作程序，每轮巡察总过程一般在 2 个月以上。党委巡察督导办公室进一步完善工作例会制度，通过预研会商、沟通巡察信息、横向比较等方式，在发现问题上狠下功夫，依法依纪依规、认真严肃地开展巡察监督工作。

加强巡察队伍建设 中国农业大学党委突出政治标准，选优配强巡察干部。在配齐配强专职巡察干部队伍的基础上建立巡察组组长、副组长和巡察专员库，加强巡察干部教育、管理和监督，畅通巡察干部晋升、交流渠道，把巡察岗位作为发现、培养、锻炼干部的重要平台。对巡察干部要求严格管理、严格监督，坚决维护巡察公信力。2019 年共选拔了 56 名干部参加校内巡察工作，并组织开展 2 次巡察干部校内培训。巡察干部在巡察期间的表现，均形成书面鉴定材料，交党委组织部门备案，作为干部培养考察的重要内容。

（宋明志 马琳）

【扎实开展工作】

切实提高政治站位 中国农业大学党委坚持把巡察工作作为履行管党治党、全面从严治党主体责任的重要政治任务，作为践行“两个维护”的重要抓手。党委书记姜沛民同志认真履行第一责任人职责，对巡察工作亲自研究部署，加强巡察工作顶层设计，认真审阅巡察工作方案、指导巡察工作开展、研究巡察意见报告，2019 年先后主持召开党委常委会 4 次 ，巡察工作领导小组会 8 次，听取和审议巡察工作情况，研究巡察成果运用。其他党委领导自觉担负自身责任，代表学校党委领导出席反馈会并提出整改要求，组织指导分管或联系单位抓好巡察整改，认真履行“一岗双责”责任。

逐步推进巡察全覆盖 在学校党委的指导下，2019 年 3 月 18 日至 4 月 18 日，学校成立 4 个工作组开展中国农业大学第三轮巡察工作，对工学院、经管学院、人文与发展学院、生物学院、水利与土木工程学院、信息与电气工程学院 6 个学院党委及图书馆党总支和体育与艺术教学部直属党支部共 8 个单位进行常规巡察。2019 年 6 月 5 日至 2019 年 7 月 5 日，成立 1 个工作组开展中国农业大学第四轮巡察工作，对理学院党委和马克思主义学院党总支 2 个单位进行常规巡察。2019 年 11 月 8 日，启动第五轮巡察工作，成立 1 个工作组开展对学校机关党委的巡察工作。

狠抓巡察整改落实 中国农业大学党委高度重视巡察整改工作，不断压实整改责任，层层传导压力。分管或联系校领导负领导责任，组织协调督促被巡察单位即知即改、立行整改、全面整改。被巡察单位党组织担负巡察整改主体责任，党组织书记是第一责任人。党委巡察办公室及时组织开展巡察整改“回头看”工作，2019 年 4 月 3 日和 2019 年 7 月 11 日，党委巡察工作领导小组先后召开会议，听取第一轮、第二轮巡察整改措施和阶段性成果，督导整改实效，提出改进意见。

（宋明志 马琳）

【彰显初步成效】

从实际效果看，巡察工作基本实现了中国农业大学党委的预期目标：一是通过巡察，进一步提高被巡察党组织的政治站位，拧紧了全面从严治党的阀门，帮助发现问题、促进自我革新；二是以巡察架构学校党委与普通教师的沟通桥梁，已有 1 300 多名教职工参与谈话，谈话比例基本实现正高（处）全覆盖，副高和青年教师达 50％，谈话记录成为学校党委广泛听取基层声音的重要材料；三是梳理巡察时教职工反映的涉及学校管理服务和直属机构的 229 条意见和建议，分类整理后转交相关部门；四是对巡察中收到的信访举报等问题线索，移交相关部门办理；五是总结巡察中发现的基层党的政治建设等方面存在的15类共性问题、38种具体表现，推动进行专题整改，并在主题教育期间，将巡察成果作为学校多项调研工作的基础材料，推进学校治理能力和治理体系现代化。

（宋明志　马琳）

研究室工作

【概况】

党委研究室成立于2018年6月26日，负责统筹学校党委重要工作的研究。2019年，研究室以深入学习习近平新时代中国特色社会主义思想，全面贯彻落实党的十九大和十九届二中、三中、四中全会精神，认真落实习近平总书记关于教育工作的重要论述和给全国涉农高校的书记校长和专家代表回信精神为主线，深入开展“不忘初心、牢记使命”主题教育，聚焦“党支部建设年”、2019年“双一流”建设奋进攻坚行动等学校重大任务，开展理论研究与综合调研。

（赵竹村）

【党建思想政治研究工作】

组织申报全国党建研究会2019年度课题、北京市党的建设研究会2019年度党建研究项目、北京高校党建研究会2019年度党建研究课题。获批《新时代高校党建智库建设研究》《北京乡村组织振兴中党建引领的经验、问题及对策研究》《提升高校基层党组织组织力研究》等调研课题。获评北京市党的建设研究会2018年度优秀自选课题二等奖、北京高校党建研究会2018年度优秀课题。组织编辑出版《中国农业大学党建研究成果文集（第一辑）》。开办“党建研究小讲堂”，加强对二级党组织从事党建研究干部的业务指导。启动一批基层党建研究课题立项。

（赵竹村）

【信息服务与智库联络】

围绕学校党的政治建设，协助党委开展专题调研，形成《把党的政治建设作为党的根本性建设》《2019年党中央加强新时代党的建设的重大部署》《浅析高校基层单位政治生态、政治偏差和政治能力的分析研判方法》等资料，编印《调查研究》（专报），为学校研究政治建设工作提供参考。结合中心工作重点工作，进行多方面调研并梳理形成《中国农业大学红色基因学习研讨参考资料》《中国农业大学扶贫工作研究参考（内部资料）》等系列内部参考资料。

发挥党委研究室自身优势，坚持“走出去”，与全国党建研究会、北京市党的建设研究会、北京市委教育工委研究室、北京高校党建研究会、北京市委统战部研究室、北京高校统战理论与实践研究会、中国延安精神研究会、中央党校“发展智库”、中央社会主义学院及北京社会主义学院等党建相关智库，基本建立起工作联系，承担党建课题，参与研讨活动，推荐调研成果、工作成果，初步形成与学校、院系党的工作密切相关的智库网络，服务党建实际工作。坚持服务领导与服务基层相统一，研究制定党委研究室《转变工作作风，服务师生七项工作举措》，强化"党建研究走基层"理念，力所能及地依托智库网络优势为院系党的建设和思想政治工作解难题、办实事。

（赵竹村）

【学校重要综合性文件、文稿起草】

协助北京市委教育工委研究室起草北京市委常委、教工委书记王宁来校专题调研高校党的政治建设工作讲话稿，组织起草相关汇报材料。跟踪研究党和国家、上级单位相关政策精神，协助党委调研修订《中共中国农业大学委员会关于加强党的政治建设的若干措施》，起草《中共中国农业大学委员会 2019 年党建工作计划》及相关行动计划材料、经验交流材料、党建总结、简报稿、汇报稿、《中国农业大学加强党的政治建设专题民主生活会班子对照检查材料》、"不忘初心、牢记使命"主题教育动员讲话、主题教育调研方案、专题民主生活会校级领导班子检视剖析材料、专项整治报告、主题教育总结报告等文件、文稿。

积极配合学校党建和思想政治工作的开展，协助学校党委起草并发表《以高质量党建引领高校高质量发展》《"曲周精神"是一种什么样的精神》等署名文章。密切跟踪"全覆盖 双提升"大学生党支部建设工程，完成相关上报材料。参加编写《念兹在兹：中国农大强农兴农的十个篇章》，承担其中 2 章的内容。

（韩晓燕）

【内部制度建设】

制作完善党委研究室校园网主页。讨论制定《党委研究室关于执行"三重一大"决策制度的规定》。坚持集体学习和务虚交流。进一步完善经费使用、文件档案管理、保密工作、宣传和意识形态管理等规章制度建设。

（张艳）

组 织 工 作

【概况】

2019 年，在学校党委的坚强领导下，组织部门以开展"不忘初心、牢记使命"主题教育为契机，坚持和加强党的全面领导，扎实推进基层党组织建设，推动学校"党支部建设年"亮实招见实效；有序开展干部换届，围绕"五大体系"建设，努力建设忠诚、干净、担当的高素质干部队伍；坚持党管人才，深化人才工作体制机制创新；坚持公道正派，加强自身建设，为学校事业发展写好组织工作的奋进之笔。

（宋岳镇）

【党建工作】

规范扎实开展基础党务工作 截至12月31日，学校全年共发展党员1 230名，其中，本科生608名、研究生573名、教职工49名。全年共有3 944人办理党员组织关系接转手续，其中，转入1 734人、转出2 210人。学校党委下属22个分党委、2个党总支、2个直属党支部，492个基层党支部。在基层党支部中，学生党支部288个（本科生党支部69个、研究生党支部219个），在职教职工党支部156个（教学科研一线党支部76个，含教师、学生混合党支部3个；机关党支部55个，其他党支部25个），离退休党支部48个。全校共有党员10 430人，占全校总人数的36%。学生党员共计6 380人，占学生总数的32%（本科生党员1 433人，占本科生总数的13%；研究生党员4 947人，占研究生总数的54%）；在职教职工党员2 354人，占教职工总数的46%（在职教师党员1 104人，占教师人数的58%）；离退休党员1 083人，占离退休职工总数的36%；其他党员613人。开展党员组织关系集中排查回头看，依规对64名停止党籍满2年的人员进行组织处置；做好毕业生党员组织关系的管理工作，利用网络、微信等新媒体平台，将党组织关系保留在学校的党员纳入党组织管理，建立防止党员失联的长效机制；梳理学校党费管理现状，落实"补缴党费"使用方案，督促二级党组织公示党费收支和管理情况，保证各级党组织用好、管好党费；走访慰问老党员和困难党员并发放慰问金，推荐生活困难党员申报北京市生活困难党员，对困难党员进行帮扶。

切实强化二级党组织党建主体责任 推动学院党委贯彻落实《学院党委会议事规则》《学院党政联席会议事规则》，做实党委会重要事项前置研究；进一步规范二级党组织建设，发挥党组织在教学科研管理和人才队伍建设等重大事项中的政治把关作用；规范二级党组织换届选举，配齐配强二级党组织委员，增强党组织力量，后勤基建党委、涿州教学实验场党委、继续教育学院党支部完成换届；加强二级党组织书记抓基层党建工作考核及结果的运用，强化基层党组织书记抓党建工作第一责任人的职责，26个二级党组织书记进行了现场述职，4名书记的考核结果为"好"。

不断推动基层党支部组织力提升 修订学校《教职工党支部工作规程》，强化党支部对《关于新形势下党内政治生活的若干准则》有关要求和"三会一课"、民主评议党员、组织生活会等制度的落实，不断提高党内政治生活质量。制定《党支部工作指南》，进一步促进党支部建设规范化、标准化。加强《党支部工作手册》检查力度，对158个在职教工党支部工作手册进行全覆盖检查，严格督查支部工作落实情况。开展党支部书记述职考核，根据述职评议考核等级折算工作量、发放奖励津贴，落实各项激励政策。扩大基层党组织和党的工作有效覆盖，在世园会志愿者中成立6个临时党支部，在国庆庆祝活动志愿者中成立17个临时党支部，充分发挥党支部战斗堡垒作用和党员志愿者先锋作用，高质量完成志愿服务任务。

精心培育党务业务"双带头人"党支部书记 坚持线上教学与线下研讨相结合、理论辅导与实践锻炼相结合，对党支部书记开展系列教育培训。召开纪念中国共产党成立98周年座谈会，交流工作经验；依托"不忘初心、牢记使命"主题教育，对党支部书记开展分类专题培训，讲授专题党课，交流心得体会；7—10月，依托国家教育行政学院网络平台，对66名教职工党支部书记开展了"不忘初心、牢记使命，做新时代合格高校基层党务工作者”主题网络培训；22 名教师党支部书记赴江西瑞金开展暑期红色实践锻炼；加强教师党支部书记的业务培养，继续实施科技创新培育专项，10 个教师党支部书记通过立项，为党支部书记成长进步搭平台、铺台阶、创条件。

树立新时代“对标争先”党建标杆典型 加强正向激励，开展“七一”表彰，评选出 20 个先进党组织、98 名优秀共产党员、20 名优秀党务工作者，评选“十佳主题党日活动”，大力宣传获奖党组织、个人先进事迹和优秀党日活动经验成果，推动党支部达标创优。在校内创建第二批“双带头人”工作室，制定《开展新时代“样板党支部”创建工作的实施意见》，培育创建 20 个“样板党支部”，7 个“双带头人”教师党支部工作室，3 个“标杆院系”，投入经费 51 万元支持新一批创建单位建设，树立新时代基层党组织标杆，强化示范引领作用；推荐申报第二批全国高校党建“双创”单位，动物科技学院党委入选“全国党建工作标杆院系”，理学院化学教工第一党支部、水利与土木工程学院水利研究生第一党支部、经济管理学院本科经管党支部入选“全国党建工作样板支部”培育创建单位。

打造“全覆盖　双提升”大学生党支部建设亮点工程 研究制定《“全覆盖　双提升”大学生党支部建设工程实施方案》，编印《大学生党支部党建指导员培训文件汇编》，完善师生结对共建机制；加强过程管理，跟进工程实施情况，及时调整大学生党支部设置及结对共建安排，全年开展党课学习、主题党日活动等 270 多次；结合“不忘初心、牢记使命”主题教育，党建指导员为各大学生党支部讲授专题党课，指导支部开展组织生活、主题党日 160 余次。一年来，该工程成效明显，校党委书记姜沛民联系的经管学院本科经管党支部入选教育部“全国党建工作样板支部”。

（王博）

【干部工作】

截至 12 月 31 日，学校共有处级领导干部 233 人，其中，正处级干部 86 人，副处级干部 147 人。正处级干部平均年龄 48.4 岁，副处级干部平均年龄 43.7 岁。具有博士学位的干部 119 人，占 51.1%；具有硕士学位的干部 93 人，占 39.9%。女干部 79 人，占 33.9%。党外干部 32 人，占 13.7%。少数民族干部 16 人，占 6.8%。

坚持党管干部原则，严把选人用人政治关 加强对干部队伍建设的顶层设计，制定实施干部队伍建设规划。严格执行民主集中制和党委常委会议事规则，凡涉及干部议题，均由党委常委会集体讨论决定。严把选人用人政治关，在干部考察过程中，所在党支部出具考察对象的政治表现、工作情况、群众基础等书面意见，二级党组织结合干部一贯表现出具现实表现材料，纪委出具考察干部的廉洁自律意见，严把提任干部的政治关；在干部培养过程中，紧紧围绕习近平新时代中国特色社会主义思想，通过开展各种形式的教育培训，加强干部思想淬炼、政治历练和实践锻炼。

坚持新时期好干部标准，严格履行选任程序 修订学校《处级党政领导干部选拔任用工作办法》，进一步推进干部选任制度化、规范化、科学化，为选准用好干部提供制度保障。在干部选拔任用中坚持事业为上、人岗相适、人事相宜的原则，加强对领导班子和领导干部的分析研判。坚持谈话调研推荐和会议推荐相结合，全年共召开推荐会 25 场，391 人次参加谈话调研，1 526 人次参加会议推荐。完善干部考察方式，严把政治关、品行关、能力关、作风关、廉洁关，全年共考察干部 50 人次，3 408 人次参加了考察测评，同意率达 96.83%;516 人次参加了考察谈话,同意率达 98.26%。结合考察情况,对拟任人选进行集体研究,票选表决。严格执行任前公示制度,公示期间无信访举报的方可发文任命。实行干部选拔任用工作纪实,如实记载选任各个环节,一人一册,全程留痕。坚持"凡提四必",严格落实考察对象档案必审、个人有关事项报告必核、纪委办公室意见必听、线索具体的信访举报必查要求,有效防止干部"带病提拔"。

坚持教育与培育相结合,注重干部能力素质培养 紧密围绕"不忘初心、牢记使命"主题教育的总要求和根本任务,开展干部初心使命教育,切实达到了理论学习有收获、思想政治受洗礼、干事创业敢担当、为民服务解难题、清正廉洁作表率的目标。出台《贯彻落实〈2018—2022 年全国干部教育培训规划〉实施方案》。组织干部完成网络在线学习任务,选派 56 人次干部外出脱产培训,组织 25 名二级党组织书记参加网络培训示范班,开展新任职干部培训。制定《关于加强教师干部挂职锻炼工作的若干意见》,对挂职锻炼的目标任务、资格条件、管理考核、政策保障、组织领导等进行了明确。选派 8 名德才兼备、有发展潜力的干部援疆、援藏、援滇和到"西老革"及上级单位挂职培养。拓宽干部选任视野,开展专业技术教师到校内管理服务机构挂职工作,首批有 3 名专任教师在校内挂职。

坚持严管和厚爱相结合,激励干部担当作为 出台《关于进一步激励干部新时代新担当新作为的实施意见》,加强思想教育,树立正确用人导向,建立健全容错纠错机制,充分发挥考核评价作用,热情关心关爱干部、凝聚改革创新合力。制定《管理服务机构、群团组织及直属机构处级干部考核办法》,规范了机关干部的考核工作。改进年度考核工作,中层正职的考核与二级单位的考核相结合。制定并实施学院、管理服务与直属机构的考核奖励工作办法,做到了考核的全覆盖,发挥了考核的激励鞭策作用。开展 53 位处级干部的试用期考核,共有 2 032 人次参加试用期干部考核测评,认为提任干部在试用期内"胜任"的比例占 96.75%;522 人次参加试用期干部考核谈话,认为提任干部在试用期内"胜任"的比例为 100%,提任的干部受到了师生的认可。

坚持从严从实相结合,强化干部监督管理 全覆盖零死角地开展了领导干部经商办企业情况专项整治、领导干部利用名贵特产类特殊资源谋取私利问题专项排查、领导干部近亲属在校工作学习情况集中排查、领导干部兼职情况集中排查等 4 项专项排查整治,进一步织密织牢了干部管理监督网,提高了干部的组织观念、纪律意识和规矩意识。严格落实干部离任审计制度,加强内部审计监督,全年对 33 位干部离任进行了审计。组织开展领导干部个人有关事项申报工作,加强培训,精准指导,年度集中填报 107 人,随机抽查 11 人,重点抽查核实 25 人。严格干部因私出入境管理工作,管理各类因私证照 307 本,全年审批处级领导干部因私出国(境)69 人次。做好干部在北京市公安局出入境管理局登记备案的动态管理工作。

(宋岳镇)

【党校工作】

加强党校自身建设 一是制定出台《二级党校管理规定(试行)》。在 2018 年修订学校党校工作规程的基础上,出台《二级党校管理规定(试行)》,包括组织机构、教学管理、队伍建设、工作保障等内容,进一步规范二级党校工作。二是开展党务干部业务培训。对组织委员进行专项培训,介绍学校党校工作制度、体系设置等,重点介绍入党积极分子、发展对象、预备党员等发展党员各环节的培训和教职工党员、党支部书记的培训任务及工作要求；同时对本科生、研究生党支部书记分别进行发展党员工作专项培训，讲解《中国共产党发展党员工作细则》和学校发展党员工作程序，强调“四步骤30环节”。三是制定学校《贯彻落实〈2019—2022年全国干部教育培训规划〉实施方案》。根据中央、教育部相关文件精神，结合学校实际，制订学校实施方案。

做好师生党员和入党积极分子等教育培训 一是分别举办教职工入党积极分子、发展对象和预备党员培训班。53名教职工入党积极分子、59名发展对象和40名预备党员参加了培训。培训包括集中培训、网络培训、现场教学、自学阅读等环节。其中，集中培训环节，既有集中理论宣讲，也针对不同群体，进行小班授课。二是开展教师党支部书记教育培训。大力实施“双带头人”培育工程，采取学校集中培训与二级党组织专题培训的两级培训模式，对教师党支部书记开展政治理论和党务知识系列培训。召开纪念中国共产党成立98周年座谈会，交流工作经验；依托“不忘初心、牢记使命”主题教育，对党支部书记开展分类专题培训，讲授专题党课，交流心得体会；选派68名教师党支部书记参加“不忘初心、牢记使命，做新时代合格高校基层党务工作者”主题网络培训；组织22名教师党支部书记前往江西瑞金开展暑期红色实践锻炼；继续实施科技创新培育专项，10个教师党支部书记通过立项，为党支部书记成长进步搭平台、铺台阶、创条件。三是指导监督二级党校做好学生入党积极分子等系列培训。2019年，二级党校累计举办入党积极分子培训班27期，培训入党积极分子2 620人；举办发展对象培训班30期，培训发展对象1 570人；举办预备党员培训班15期，培训预备党员1 072人。四是组织开展党员日常学习教育。依托“不忘初心、牢记使命”主题教育、期末集中组织生活等，组织党员集中学习曲周精神、习近平总书记给全国涉农高校的书记校长和专家代表的回信精神，《习近平关于“不忘初心、牢记使命”论述摘编》、习近平总书记在出席庆祝中华人民共和国成立70周年系列活动时的重要讲话、在党的十九届四中全会上的重要讲话，习近平总书记对教育、“三农”和扶贫工作论述等，并进行研讨交流；组织各级党组织书记讲授专题党课；组建主题教育宣讲团和四中全会精神宣讲团，深入校内外相关单位开展理论宣讲。就服务保障新中国成立70周年庆祝活动，组建“稼穑先锋”爱国主义宣讲团，在全校开展200余场“我和我的祖国”主题宣讲，组织党员参观“曲周精神”先进事迹展“立德树人、强农兴农——中国农业大学‘不忘初心、牢记使命’主题教育展”，参加“辉煌七十载，唱响新时代”2019年中国农业大学教职工合唱比赛等；充分利用视频网络资源，组织师生党员观看《决胜时刻》《榜样4》《小巷管家》《大地讲堂》等，推广“学习强国”App，用好共产党员网、北京长城网等网络学习资源。

大规模开展干部教育培训工作 一是组织处级干部调训学习。积极选调干部参加国家教育行政学院等单位组织的集中培训，2019年共选派57名处级干部外出脱产培训。二是依托“不忘初心、牢记使命”主题教育，扎实开展处级干部集中学习教育。在进行主题教育期间，结合学校实际，创建“四学”模式，推动学习教育入耳入脑入心。突出重点学：以学习贯彻习近平新时代中国特色社会主义思想为主线，重点研读习近平总书记给全国涉农高校的书记校长和专家代表回信，及时跟进学习习近平总书记国庆系列重要讲话和党的十九届四中全会精神等。集中研讨学：采用“时间集中、人员集中、精力集中、内容集中”方式，组成34个干部理论读书班，集中18个学时，开展政治担当、党的建设、立德树人、强农兴农、扶贫攻坚等9个专题研讨，相互切磋、交流碰撞，进一步增强了政治认同、思想认同和情感认同。创新方式学：依托参观北大红楼和“伟大历程 辉煌成就——庆祝中华人民共和国成立70周年大型成就展”，举办“我为祖国育英才”师德论坛、国庆70周年表彰大会、教职工合唱比赛、《念兹在兹：中国农大强农兴农的十个篇章》发行座谈会等主题教育特别活动，增强学习的针对性、实效性和感染力；马克思主义专业教师、国庆游行师生代表组建主题教育宣讲团，走近师生、走出校门，广泛开展宣讲活动。提升实效学：校领导班子带头示范，学习研讨交流范围扩大到学院和直属单位干部，有效加强上下互动；机关党委首次打通部门界限，跨部门组成7个学习小组开展主题教育，提升学习交流效果；结合学科特点，学院间主动联合开展学习交流，彰显基层学习的积极性；领导干部以督导带指导，确保基层学习取得实效。三是组织干部网络在线学习。使用“高等教育管理干部培训平台”，促进干部自主选学。处级干部每人在线学习52小时，撰写理论文章，并进行年度考核。四是举办新任职干部培训班。对67名近期新提任干部进行任职培训，采用集中培训与自主选学相结合的方式。自主选学环节依托“求是论坛”和“习近平新时代中国特色社会主义理论思想”系列培训班，干部自主选择课程进行学习。

（周进）

宣传思想文化工作

【概述】

2019年，党委宣传部深入学习贯彻习近平新时代中国特色社会主义思想和党的十九大精神，以扎实开展“不忘初心、牢记使命”主题教育为动力，以庆祝新中国成立70周年为契机，以中央媒体集中报道学校“曲周精神”为生动教材，坚持守正创新，凝聚奋进力量，全面加强宣传思想文化工作，为新时代学校全面加强党的建设和加快推进“双一流”建设做出新贡献。

（刘铮）

【思政工作】

贯彻落实中央精神和学校决策 第一时间组织学习宣传习近平总书记重要讲话精神、回信精神，组织学习“甘肃六老汉”、卢永根、朱有勇等时代楷模的先进事迹，在主题教育中加强爱国主义教育、弘扬爱国主义精神。围绕学校“5＋1”工程，开设举办“卓越论坛”2期，着力提升追求卓越的意识和能力。

强化思想引领筑牢信仰之基 以新中国成立70年、五四运动100年为契机，制订学习教育活动方案，强化爱国主义教育。协助党委抓实理论学习中心组学习，拟订年度学习计划，组织专题学习12次，邀请专家报告4次，编印学习资料近20期，购置图书10余种。完善“双周三”集中学习制度，增加高水平报告供给，检查《教职工理论学习记录本》。做好学习服务保障，编制《思想理论动态简报》2期，发放《新时代的中国与世界》等材料，订阅党报、党刊1 000余份。

严格落实意识形态责任夯实阵地管理 制订年度工作方案，明确50条具体任务，加强敏感节点阵地管控。编制《意识形态工作手册》，指引服务基层工作。严格落实"一会一报"制度，全年审批各类哲学社会科学报告会320场。加强舆情管控，完成《舆情周报》52期、《舆情专报》10期，制定预案2份。完成两报告两督查，全年向上级报告意识形态工作2次，开展校内督查2次。

提升队伍整体战斗力 加强部门和基层宣传思想工作队伍建设，实施"大观"融媒体计划。全年举办意识形态联系人培训4次、"融媒体业务素养培训"5次，邀请主流媒体资深记者讲授新闻规范和技巧，提升队伍的整体素质。

（刘铮）

【校园文化】

加强新闻策划讲好学校故事 加强专题策划报道，完成"奋进攻坚2019""2115"人才工程等22个报道专题，发布新闻3 100余篇、图片9 800余幅、主页大图70余幅。推进媒体平台建设，学校官方微信推送文章470篇，新增粉丝2万余人，访问累计百万余人次，28篇推文阅读突破万余人次；官方微博发布信息近500条，新增关注5万余人，总访问累计1 000万余人次。出版校报16期，"CAU新视线"发布移动手机报，出版《一纸新视线——中国农大校报·新视线作品精选》。5件作品获中国高校校报年度好新闻好论文奖。

加强对外宣传传播学校好声音 全年外宣推稿20多次，接待处理媒体采访需求40次。协调协助校领导发表署名文章8篇，安排重要媒体采访5次，组织专家学者发表政策宣讲与理论阐释。联合推出"大国三农"系列报道。新增4个视频平台，"今日头条号"阅读累计200万人次，"抖音"篇均播放10万次、"快手"篇均播放12.5万次。

坚定文化自信传承学校精神文化 出版反映学校精神文化的图书《念兹在兹：中国农大强农兴农的十个篇章》《石羊河印记（第一辑）》等7部。依托农业文化遗产研究中心，开展讲座10余场，举办研修班2期，结业学员125位。增设橱窗电子屏，全年滚动播放视频40余部，图片宣传专题100余个。

（刘铮）

【新闻宣传】

锐意改革创新强化意识形态管理 开发阵地管理信息系统，对各类意识形态阵地和涉及意识形态活动进行动态管理。改版升级"学习路上"微信企业号，全年推送学习内容200余篇；拓展"学习头条""学习有声""我的学习"3个栏目板块，新增学习报名、记录等功能。督查理论学习中心组和教职工理论学习记录，实现互学互鉴、以查促建。

完成主题教育和重大典型宣传任务 制订"不忘初心、牢记使命"主题教育学习研讨方案，协助校领导班子举办2期暑期专题读书班、7次集中学习研讨，编印《学习资料》10期，发放书籍千余册。做好主题教育宣传报道，设立专题网站，《光明日报》刊发整版报道。拟制实施"曲周精神"传承弘扬工作方案，建立"曲周精神"专题网站，出版校报专刊和专题图书。举办"不忘初心、牢记使命"主题教育展、"曲周精神"先进事迹展，接待参观300余场，直接参观近万人。

（刘铮）

统战工作

【概况】

2019 年，学校党委统战部紧紧围绕“不忘初心、牢记使命”主题教育活动，围绕庆祝中华人民共和国成立 70 周年系列活动，深入学习领会《习近平新时代中国特色社会主义思想纲要》《习近平关于“不忘初心、牢记使命”论述摘编》《在庆祝中华人民共和国成立 70 周年大会上的讲话》等，特别是认真学习贯彻习近平总书记对教育工作、对“三农”工作、给全国涉农高校的书记校长和专家代表的回信等重要指示精神，深入学习贯彻党的第十九届四中全会精神，全面贯彻落实党中央、北京市委和学校党委关于统一战线工作的一系列重要决策部署，不断提高在新形势下加强和改进学校统战工作的极端重要性和迫切性的认识，不断开拓创新，积极主动开展工作，推动学校统战工作迈向新时代。

（杨志）

【深入开展“不忘初心、牢记使命”主题教育活动】

在学校“不忘初心、牢记使命”主题教育活动期间，始终紧扣学习贯彻习近平新时代中国特色社会主义思想这一主线，聚焦主题，围绕理论学习有收获、思想政治受洗礼、干事创业敢担当、为民服务解难题、清正廉洁做表率的要求，在学习中不断提高思想认识，进一步牢记中国共产党人“为中国人民谋幸福，为中华民族谋复兴”的初心和使命，主动担当，以问题为导向，征求服务对象的意见和建议，找准问题关键，列出问题清单，制定改进措施，明确努力方向，持续巩固深化主题教育成果，按照学校党委的统一要求和部署，圆满完成了学校主题教育的各项任务，达到了预期效果。

结合主题教育活动，研究室统战部党支部与动医本科 2016 级党支部通过结对子，加强师生交流互动，提高“全覆盖　双提升”大学生党支部建设工程实效。

（杨志）

【深入实施思想教育的“同心圆工程”】

结合新时代学校统战工作的新形势、新任务，坚持以习近平新时代中国特色社会主义思想为指导，紧扣学习贯彻党的十九大精神这个首要任务和工作主线，加强对学校统战工作形势的研判，不断提出新举措，建设新平台，组织新形式，切实加强对全校党外知识分子的政治引领、政治吸纳和作用发挥，不断夯实党外知识分子与党的同心同向同行的思想政治基础，切实提高党外知识分子思想政治工作的针对性和实效性，着力推进学校统战工作再上新台阶。

开通学校党委统战部企业号，不断完善和充实党外知识分子工作室的内容，加强微信公众号、统战成员微信群等在宣传党的政策、教育引领党外知识分子工作中的示范引领作用，大力宣传党外人士在爱国奋斗、建功立业、建言献策、服务乡村振兴的伟大事业中的先进事迹。

拍摄中国农工党原中央常委、全国政协第七至第十届政协委员常近时教授的专访片，宣传他参与毕节试验区发展30年不断线，是毕节试验区脱贫攻坚不折不扣的“年份英雄”；拍摄原致公党北京市委主委、北京市政协原副主席、学校原副校长靳晋专访片，宣传他永远跟党走、致力为公的精神。同时，以“中国农业大学统一战线”网站为平台，及时报道学校各民主党派组织、侨联（留联会）、台联、女教授协会、知联会等组织和成员及其他党外高级知识分子的各类活动，宣传他们服务国家、服务“三农”、服务学校建设的先进事迹。努力增强及时性、互动性，与时俱进，不断创新和充实学习宣传内容，做好相应精品专栏。

6月28日至7月2日，举办学校党外知识分子“不忘合作初心，继续携手前进”主题教育高级研修班，学校民主党派组织负责人、部分民主党派成员、无党派人士、学校统战工作领导小组成员单位负责人、各二级党组织书记和统战委员参加开班式，党委常务副书记张东军在开班式上讲话，并邀请中央社会主义学院教授李小宁作首场专题报告。研修班39人赴重庆参加实践教学。在实践教学环节，邀请重庆市政协原副主席陈万志，重庆红岩历史博物馆原馆长、中国民主党派历史陈列馆馆长厉华，重庆社会主义学院教授汪守军等分别作专题报告，帮助大家理解掌握习近平总书记关于加强和改进统一战线重要思想的历史必然和深刻内涵；组织参观民主党派历史陈列馆、渣滓洞等教育基地，学习老一代民主党派和无党派人士，与中国共产党风雨同舟、患难与共的历史和为中国新民主主义革命、新中国建设、改革发展做出的重要贡献。

在新中国成立70周年、我国新型政党制度确立70周年之际，支持各民主党派开展“不忘合作初心，继续携手前进”主题教育活动，支持各民主党派基层组织积极开展各类教育实践活动，展示广大民主党派成员一心一意跟党走，以实际行动践行农大人“解民生之多艰，育天下之英才”的理想信念。

支持九三学社农大委员会特色品牌——“九三小讲堂”开展活动，以科学技术促进农业发展为主题，将“九三小讲堂”搬到密云区东邵渠镇西邵渠村的蔬菜瓜果大棚和巨各庄镇后焦家坞村“原味西红柿”大棚的田间地头。支持九三学社基层组织参与“教育与创新创业论坛”联盟第五届论坛的全程筹备和举办，以“融合、改变、共赢——立足当下，面向未来，建设一流本科专业”为主题，建言献策高等教育教学事业发展。支持民盟农大委员会的“盟员活动日”品牌继续保持特色，不间断开展活动，与民盟延庆委员会联合在延庆区的北曹营村北京科技小院开展学术交流会；在“庆祝民盟成立78周年”纪念日，联合民盟朝阳区委第四支部建言献策美丽乡村建设。农工党支部赴北京市昌平区西峪农场开展生态农业种养殖产业调研。

（刘秀梅）

【深入实施主题实践“心桥工程”】

落实“心桥工程”脱贫攻坚行动纲要，支持学校党外知识分子主动对接国家与地方重大发展战略，为发挥学校党外知识分子独特优势搭建平台。

农工党农大支部在国家级贫困县河北武强建立科技帮扶基地，为当地肉鸭养殖专业合作社进行技术帮助，为武强养殖产业发展和脱贫攻坚提供强有力的支撑。民进农大支部黔西南工作站落地贵州兴义，进一步搭建黔西南产学研高端平台，帮助当地加快转变农业发展方式，引进新品种、新技术，全力支持特色产业做大做强。民盟农大委员会以山东汶上教授工作站为依托，与民盟中央共同举办首届全国畜牧文化论坛暨畜牧产业现场交流会，与来自清华大学等10余所高校和科研院所的专家学者，共论共商畜牧、科技、文化融合发展大计，探索乡村振兴畜牧产业转型发展新途径。民盟农大委员会同时与汶上县人民政府签订特色畜禽品种研发应用战略合作协议。承德市政协、统战部及九三学社承德市委员会将以九三学社为纽带与中国农业大学深度合作，拟在承德筹建科技小院、联合成立"九三现代农业科技承德研究院"并依托研究院建设教授工作站等，发挥九三学社农大委员会的智力优势，支撑承德市的绿色发展。

以民盟盟员张福锁教授和九三学社社员李晓林教授等发起，助力京郊低收入村镇脱低致富与北京乡村振兴和美丽乡村建设的北京科技小院，在市委统战部的统筹下，已由一年前的学校一家单独作战，发展到与北京市农林科学院、北京农学院和北京农职院"一校三院"联合，发展到37家，辐射159个村，其中，包括62个低收入村，辐射低收入户1 700多户，解决1 100多人就业，实现农民技术培训近5 000人次。研究生院、科研院、社会服务处帮助解决北京科技小院的研究生招生指标、专项经费资助等实际问题，共同打造党外知识分子服务首都高质量发展的实践锻炼平台。5月，蔡奇书记称"北京科技小院"是一支"带不走的帮扶工作队"。

继续与怀柔区委统战部深化区校统战合作，统筹学校党内、党外专家学者，共同举办第二届"村支书论坛"，对农村基层组织建设与乡村振兴和美丽乡村建设、产业振兴、产业融合与提高农民收入，为提升农村带头人队伍素质、助力村支书"头雁"高飞支实招，支高招。

（刘秀梅）

【深入实施"党外代表人士队伍建设工程"】

积极协助中央统战部、北京市委统战部、北京市委教工委、各民主党派上级组织等，做好党外代表人士的举荐工作。

校长孙其信担任新一届北京党外高级知识分子联谊会会长，龚元石、李保国、刘星月、陈前恒、王钢和安杰担任理事。孙其信、龚元石、何秀荣、左停、李保国受聘中央统战部党外知识分子建言献策专家组专家。黄卫东为最高人民检察院特约检察员。朱道林为自然资源部首届国家特邀自然资源监察专员。芮玉奎被聘为北京市监察委员会第一届特约检察员。李保国同时被聘为北京市技术质量监督局特约监督员、北京市园林绿化特约监督员。孟祥彬被聘为北京市园林绿化特约监督员。

农工党党员韩鲁佳的《设立财政专项精准支持"三区三州"深度贫困地区乡村学前教育》提案在人民政协网刊登；反映的《国际税务部门应对研究生群体个人所得税征税现状予以高度重视》的信息被全国政协采用并以《政协信息转送件》的形式转送有关部门。

北京市政协委员呙于明、李保国，积极参加政协组织的各类调研活动反映社情民意，得到北京市相关部门的肯定。市政协委员李赞东，聚焦市政协议政会议题"推进公交线网规划优化、加快慢行系统建设，加强非机动车管理，不断完善绿色交通出行体系"，借到日本出差的机会，通过手机视频连线，将日本东京新宿高铁站综合交通枢纽直观地展现给北京市议政会现场的委员、专家，建言北京城市副中心综合交通枢纽建设。

中央统战部党外知识分子建言献策专家组专家左停、何秀荣教授等撰写的《关于乡村振兴战略中产业扶贫问题的政策建议》，获得中央领导的批示。九三学社社员、资环学院青年教师孟现勇主导研发的中国大气同化驱动数据集(The China Meteorological Assimilation Diving Datasets for the SWAT model,CMADS)作为主要的气象数据源，被应用于第二次全国污染源普查“农业源污染物入水体系数及负荷核算”部分区域的工作中，取得了很好的应用效果，收到生态环境部环境与经济政策研究中心的感谢信。九三学社中央办公厅向学校致信，感谢李国学、乔娟、王堃等教授以参加九三学社中央科学座谈会、参与重点课题调研等形式，为九三学社中央委员会建言献策提供支持。致公党农大主委朱道林多次随万钢副委员会长参加致公党中央开展的“资源枯竭型地区经济转型升级发展”调研；九三学社成员高振江和廖媛红多次参加九三学社中央开展的脱贫攻坚民主监督专项调研。

2019 年在学校新提任的 44 名中层干部聘任中，廖小军、肖若富、张蕴薇、金艺鹏、杨梅等 5 人为党外同志，占 11.4%。目前，学校中层及以上干部队伍中，有 34 人是党外领导干部，占现任中层以上干部 243 人的 13.99%。

（杨志）

【加强民主党派和统战社团组织建设工作】

学校党委始终支持各民主党派组织加强自身建设，按照新时代中国特色社会主义参政党的标准和要求，加强思想政治建设和组织建设，丰富形式载体，创新方式方法，加强代表人士培养，努力提高参政议政、民主监督、参加中国共产党领导的政治协商的能力水平。

无党派人士始终是我国一支不可忽视的、非常重要的党外同志参政议政的力量。在学校党委的重视下，经过周密筹备和谋划，12 月 19 日学校党外高级知识分子联谊会成立大会胜利召开，这也是学校党委联系校内无党派人士及无党派高级知识分子的重要的新桥梁和纽带，标志着学校统一战线工作又向前迈进了一大步。大会选举龚元石为第一届理事会会长，左停、李保国、杨宁、彭友良为副会长，刘星月、陈前恒为秘书长，王钢、安杰为副秘书长。学校知联会将在上级和学校党委的领导下，在北京知联会的指导下，加强对校内无党派高级知识分子的思想政治引领，坚持与党同心同向同行，固牢共同政治基础；同时，发挥全体知联会成员的专业特长，积极学习调研考察实践活动，努力服务社会，积极建言献策。

学校女教授协会作为一个群团组织，始终团结全校女教授在人才培养、学科建设、科技创新等学校各领域默默耕耘。据统计，目前学校具有副高级以上专业技术职务的教师 1 701 人，其中，女教师 749 人，占 44%；高级职员 232 人，其中，女性 109 人，占 47%。她们在学校教学科研和管理工作中切实顶起了半边天。按照换届要求，经过各二级党组织的酝酿推荐，经学校党委批准，完成了新一届女教授协会的换届工作，选举杨淑华为第四届理事会会长，乔娟为常务副会长，经玲、于静娟、张晖、张小兰为副会长，王瑞梅、张蕴薇为秘书长，选举产生理事会理事 25 人。

2019年学校一大批统战系统成员获得多种成就和奖励。民盟农大委员会获民盟北京市委“基层组织建设先进基层组织”。民盟盟员张福锁团队的成果入选“中国高等学校十大科技进展”，并当选“2018年十大科学传播人物”；农工党党员韩鲁佳获2019年首都劳动奖章；民建农大支部会员伍建平获得民建中央脱贫攻坚先进个人。统战系统成员石元春(侨)、李季伦、周世康、孙其信、彭彦昆、郝晋珉(侨)、陈绍江、高俊平、高希武、呙于明、韩鲁佳、黄岚、黄卫东、李晓林、廖小军等15人获得“庆祝中华人民共和国成立70周年”纪念章。宋赛获“北京市筹备和服务保障中华人民共和国成立70周年庆祝活动”先进个人。赵兴波、袁小艳、肖若富获“民盟北京市委庆祝中华人民共和国成立70周年暨基层组织建设活动”优秀盟员。吴学民获九三学社北京市委员会社会服务突出贡献奖；王堃、刘海虹、吴学民、张振华和焦艳平获九三学社北京市委员会优秀社员。

(谢宝红)

【做好民宗侨台等相关工作】

深入学习贯彻习近平总书记关于宗教工作重要论述精神，深刻领会“宗教工作是一项全局性、战略性工作，事关国家长治久安”这一重要论述的深刻内涵。认真贯彻落实党的民族政策、宗教工作基本方针和侨务政策，稳步推进完成民族宗教的各项工作任务，促进和谐，汇聚力量。坚持教育与宗教相分离的原则，不折不扣执行中央和教育部的要求，切实维护了学校宗教领域和谐稳定，保证了学校意识形态工作安全。

开展各类专题教育培训，学习贯彻落实全国宗教工作会议精神、宗教工作相关文件精神和习近平总书记关于宗教工作重要论述，将党的民族宗教政策课作为新上岗教师、学生辅导员、学生班主任培训的必修课；在入党积极分子培训、发展对象培训、预备党员培训的党课培训中，要求二级党校在理论教学环节宣传国家宗教政策，严禁党员信仰宗教等，切实巩固中国特色社会主义宗教理论在学校宗教事务工作中的指导地位。同时校内外联动，与学校所在地街道建立联系，同地方统战部门通力配合，有力抵御校园非法传教和国外利用宗教进行渗透，切实维护学校的和谐稳定。

(谢宝红)

【其他工作】

学校统战工作——《完善工作体系　实施“三大工程”　提升学校统战工作科学化水平》获北京高等学校党的建设和思想政治工作优秀成果奖。

北京市委统战部组织首批北京市统战社团活动基地授牌仪式，中国农业大学为3所高校基地之一，努力打造北京市统战社团交流平台。

参加海淀区驻区高校统战部赴广州考察，学习交流港澳统战工作经验和典型做法，并参加京穗港台大学生实习交流活动总结分享会。理学院2016级本科生张雅琦参加交流。

为纪念新中国成立70周年，查阅历史资料，编印《中国农业大学统战工作纪事1949—2019》。

(谢宝红)

附录

附录1 各级人大代表、政协委员名单

第十三届全国人大代表	武维华(常委,副委员长) 孙其信(常委)
第十三届全国政协委员	韩鲁佳
第十五届北京市人大代表	张福锁
第十三届北京市政协委员	呙于明 李保国 李赞东
第十六届海淀区人大代表	秦世成 龚元石 李 丽 夏朝晖
第十届海淀区政协委员	韩东海 李绍明 王堃(常委) 朱道林 许廷武 芮玉奎

附录2 各民主党派及侨联、台联、女教授协会负责人名单

中国国民党革命委员会中国农业大学支部

主 委 刘广利

副主委 朱世秋

委 员 王海华

中国民主同盟中国农业大学委员会

主 委 赵兴波

副主委 李赞东 袁小艳

委 员 尹靖东 王红清 张葳葳 李筱珍 肖若富 孟庆勇

中国民主建国会中国农业大学支部

主 委 鞠荣华

副主委 曾昭海

委 员 孙桂凤

中国民主促进会中国农业大学支部

主 任 廖小军

委 员 傅金銮 南国良

中国农工民主党中国农业大学支部

主 委 夏兆飞

副主委 许廷武 芮玉奎

委 员 袁建敏 于德海

中国致公党中国农业大学支部

主 委 朱道林

副主委 王淑凤 刘奇志

委 员 安 冬 张蕴薇

九三学社中国农业大学委员会

主 委 王 堃

副主委　凌　刚　孙　明

委　员　刘海虹　杨淑华　吴学民　张　超　陈一飞　经　玲

中国农业大学归国华侨联合会

主　席　郝晋珉

副主席　陈秀禾(常务)　李赞东　刘　培

委　员　杨　晶　冯标俊　刘　英　邵长发　叶海建　刘　仔

中国农业大学台湾同胞亲属联谊会

主　任　佘锐萍

副主任　孟昭清　董　清　沈人德

委　员　王丽莎　周　密　贾慧茹　蒋爱群　陈　薇　卢兆彤　严泰来

党外高级知识分子联谊会(第一届)

会　长　龚元石

副会长　左　停　李保国　杨　宁　彭友良

秘书长　刘星月　陈前恒

副秘书长　王　钢　安　杰

理　事　马　超　王　钢　王　洋　王向峰　邓学梅　左　停　戎郁萍　任大鹏
刘　培　刘星月　安　杰　李大伟　李保国　李险锋　杨　宁　杨　丽
杨海莲　汪九林　沈张奇　张晓东　张海林　陈前恒　周　欣　赵广华
袁力行　郭　萍　郭仰东　唐　军　黄昆仑　龚元石　彭友良　穆维松

女教授协会(第五届)

会　长　杨淑华

副会长　乔　娟　经　玲　于静娟　张　晖　张小兰

秘书长　王瑞梅　张蕴薇

理　事　傅静雁　黄　岚　江　丽　李志红　罗海玲　蒲　娟　齐爱兰(退休)
饶　静　王红清　王素芬　王晓燕　杨敏丽(退休)　杨晓光　姚颖垠
殷丽君　张红艳　张晓东

纪检监察工作

【概况】

2019 年以来,学校纪委在上级纪委和学校党委的领导下,以习近平新时代中国特色社会主义思想和党的十九大精神为指导,对标对表新时代党的建设总要求,树牢“四个意识”,坚定“四个自信”,坚决做到“两个维护”,对照新思想、新形势、新要求、新标准,认真开展监督执纪问责工作,积极协助学校党委履行全面从严治党主体责任,持续推进全面从严治党不断深化,推动学校各项事业发展。

(吴宝利)

【不断提高政治站位】

学校纪委坚决贯彻中央各项决策部署，深入学习贯彻落实中央58号文件精神，先后召开了18次书记办公会、5次纪委全委会、3次纪委全委会扩大会研究学习中央关于推进高校纪检体制改革的政治意义、政治考量和政治要求，以及2019年教育部直属系统纪检机构负责同志专题培训班精神和《关于规范直属高等学校纪委机构设置和人员配备的若干意见》，根据中管高校纪检机构改革的各项工作要求，认真履行协助职责和监督责任，突出政治监督，做实做细日常监督，创新监督方式，健全监督体系，完善监督机制，不断提升监督工作针对性和实效性，持续推动全面从严治党向纵深发展。

（吴宝利）

【认真履行协助职责】

协助党委履行全面从严治党主体责任。认真落实协助学校党委这项重要任务，做到推动不代替、到位不越位，通过重大事项请示报告、提出意见建议、监督推动党委决策落实等方式，推动主体责任和监督责任的落实。纪委书记列席十九届中央纪委三次全会后，第一时间在学校党委常委会上进行传达，并向党委提出履行全面从严治党主体责任的重点工作、重要举措和具体建议。多次召开纪委全委会扩大会传达党委书记和校长列入中央管理的高校纪检体制改革推进会，以及教育系统全面从严治党工作会和北京市纪检监察系统警示教育大会等会议精神，积极主动协助党委落实管党治党政治责任。协助党委对照《关于贯彻落实习近平总书记重要指示精神　集中整治形式主义、官僚主义的工作意见》中提出的12种表现，结合学校工作实际，逐条查摆梳理，有针对性地进行分析研判，提出相应措施。

协助党委开展主题教育工作。牵头建立"四级督导机制"，由纪委书记任组长，纪委副书记具体负责协调，以纪委委员为主开展督导工作。协调开展了校级层面督导83场次，其中，纪委书记参加11次，纪委委员和纪检干部参加26次，对6 000多名党员进行测评，到学生党支部进行指导学习20余次。同时，依托纪委建立的干部无问题谈话工作机制，纪委书记和纪委办公室负责人与有关单位主要负责人、纪检委员逐一谈话64人次，了解掌握基层主题教育开展情况，压实责任，确保实效。

开展警示教育。组织2次二级党组织书记及重点领域管理干部到北京市全面从严治党警示教育基地现场学习，15次研究生导师纪律宣讲，做到重点领域和研究生导师纪律教育全覆盖。以二级党组织纪检委员讲党课的形式，组织观看《叩问初心》警示片，宣讲《中国共产党问责条例》等内容，增强警示教育力度，强化纪律教育效果。

协助党委开展好校内巡察工作。按照"六个围绕一个加强"工作方案，以政治巡察为着力点，对17个二级党组织开展常规巡察。研究制定了《巡察整改和督导工作实施细则（试行）》，加强对巡察整改的监督检查，突出强调做好巡察整改后半篇文章。将主题教育和校内巡察有效结合，在全校开展纠正"四风"，重点整治形式主义、官僚主义问题的基础上，开展了对机关党委的巡察工作，把政治巡察和突出解决"四风"问题有效衔接。

（吴宝利）

【强化监督专责】

突出政治监督。按照全面从严治党要求和上级纪委工作要求，学校纪委坚持以党的政治建设为统领，忠诚履行“两个维护”重大政治责任，把政治监督摆在首要位置，突出了党中央重大决策部署到哪里，政治监督就跟进到哪里的基本思路，制定出台了《中共中国农业大学纪律检查委员会关于新时期加强和改进监督工作的意见》，把 3 个“一以贯之”作为学校纪委加强政治监督的目标、方向和工作重要着力点，推动监督工作落实落地。加强对落实党的路线方针政策和中央重大决策部署的监督检查，特别是加强对有关坚持党的领导、落实立德树人根本任务、加强意识形态管理、提升思想政治理论建设水平等责任落实情况的监督，与相关负责人开展谈话提出意见。加强在推进深化中央巡视整改、中央审计整改、校内巡察整改和主题教育整改责任的落实等方面的监督，及时跟进相关工作整改进度。加强对校园政治生态进行监督，围绕开好民主生活会进行“靶向”监督的具体措施，学校纪委委员参加了 9 个二级党组织民主生活会，推动了学校各级党组织严格执行“三会一课”等制度，严肃党内政治生活，为坚持党对高校的全面领导、坚持社会主义办学方向提供坚强保障。以廉政意见回复为关口，加强对选人用人工作的监督，学校纪委出具党风廉政意见 652 人次，坚持把政治标准放在首位，以党章党规党纪为尺子，严把选人用人关。加强对有关群众举报反映选人用人等问题的调查核实，构建选人用人常态化监督机制，定期与组织人事部门就加强对干部选拔任用工作监督的沟通交流，形成监督合力，为营造公开、公平、公正的良好用人环境提供坚强纪律保证。

落实日常监督。分层次开展“无问题”谈话。由学校纪委书记带队对学校二级党组织分党委书记、纪检委员，相关部门负责人以及近期履新任职的领导干部开展“无问题”谈话 100 多人次。二级党组织纪检委员与本单位重点岗位同志开展“无问题”谈话 300 余人次。通过谈话及时了解和掌握各二级党组织政治生态情况、落实党风廉政建设责任制情况、履行“一岗双责”情况以及廉政建设风险防控情况，从政治、思想、工作作风、履职尽责和廉洁自律等方面进行谈话提醒。同时，按照“三个区分开来”的要求，鼓励广大干部干事创业、勇于担当作为。通过开展“无问题”谈话，促进各部门主要负责人增强责任意识、转变工作作风、防范廉政风险、提升工作实效，为学校发展营造风清气正的良好氛围。

推动对监督的再监督工作。加强与党委组织部、党委教师工作部、审计处、人事处的分析研判、督促检查和联动工作，以问题为导向，结合审查、调查、巡察工作中发现的问题，就具体问题与相关部门进行谈话，加强纪委与职能部门的联动互动，掌握情况，加强监督，搭建校内监督体系。

开展警示教育。加强对重点领域关键岗位的预防教育，紧盯年节假期，通过学校企业公众号推送违规违纪典型案例，以案为鉴、以案促改，进一步强化党员干部廉洁从政意识，筑牢拒腐防变思想防线，推动各级党组织切实担负起全面从严治党主体责任，严格遵守政治纪律和政治规矩。

深化“三转”提升监督效能。学校纪委深入落实“三转”工作要求，学校党委对学校纪委书记分管工作进行了调整，纪委书记只分管纪律检查工作和协管校内巡察工作，不再分管其他工作。学校纪委退出与履行监督责任无关的议事协调机构,参与的议事协调机构由35个减至8个,精简比例为77%,使纪委集中精力聚焦主责主业,更好地履行监督责任。

(吴宝利)

【精准践行“四种形态”】

在深化高校纪检体制改革中,学校纪委按照“监督执纪工作以上级纪委为主”的要求,规范处置信访举报和问题线索,加大向上级纪检机关汇报案件的力度。2019年,学校纪委共接到信访举报及问题线索18件,均严格依法依规及时进行处置,在减少存量、遏制增量上积极作为。抓早抓小、关口前移、动辄则咎。在综合运用上精准有力、科学有效,将“四种形态”贯穿到审查调查和案件审理等环节。

(吴宝利)

【加强制度建设】

学校纪委坚持把制度建设贯穿工作始终,根据中央58号文件相关要求,结合工作实际,研究制定了《新时期中共中国农业大学纪律检查委员会工作职责》,明确了新时期纪委工作任务。制定了《关于新时期加强和改进监督工作的意见》,规范了新时期监督工作方式方法。《学校纪律检查委员会委员、分党委(党总支、直属党支部)纪律检查委员工作职责(试行)》确定了纪委委员“六个一”、纪检委员“八个一”的工作职责。制定了《中共中国农业大学监督执纪工作细则(试行)》,规范了监督执纪工作程序。通过制度建设搭起了新时代纪检工作“四梁八柱”。

(吴宝利)

【开展“不忘初心、牢记使命”主题教育】

制订主题工作方案。深入落实中央纪委国家监委召开的中管高校纪委书记座谈会会议精神,第一时间向学校党委报告后,经过纪委书记办公会多次研究,提出了《关于中共中国农业大学纪律检查委员会开展好“不忘初心、牢记使命”主题教育的工作方案》,以“践行‘不忘初心、牢记使命’主题教育的最好方式就是推进学校纪委工作高质量发展”为总的指导思想,研究制订工作计划,突出政治监督、加强执纪问责,履行好协助职责,协助做好主题教育期间各项工作。学校纪委召开第三次纪委全委会扩大会议对该工作方案进行了详细说明和部署,要求全体纪检干部进一步提高政治站位,提高思想认识,严格对标对表中央纪委国家监委对中管高校纪委提出的要求,认真学习、深入调研、严查问题、坚决整改,扎实推进主体教育深入开展。

强化理论学习。先后召集3次纪委读书学习会和3次纪委党支部学习会,在按照学校党委要求通读相关篇目的基础上,重点学习习近平总书记有关全面从严治党、有关纪检监察的重要指示批示精神和中央会议精神,原原本本学、及时跟进学、联系实际学。纪委书记秦世成以“持之以恒加强纪检监察队伍干部作风建设、做忠诚干净担当的表率”为题,为全校纪检干部讲授党课,纪委委员、二级党组织纪检委员、专职纪检干部40余人参加。组织向榜样学习活动,全体纪检干部共同学习新时代纪检干部的优秀榜样李夏同志的先进事迹。

深入调查研究。纪委主动要求承担以作风建设为主要内容的调研任务,围绕集中整治干部不担当、不作为问题,整治形式主义、官僚主义问题,整治违反中央八项规定精神问题,深入调查研究,形成调研报告 2 份,提出专项整治措施 20 余项,将反映基层意见十六个方面 35 条建议提交党委,为学校党委落实整改奠定基础。召开纪检系统警示教育会议,通报警示案例(校内案例及其他纪检系统案例),并组织纪检系统干部到北京市全面从严治党警示教育基地现场学习。

召开主题教育专题民主生活会。纪委书记代表纪委班子做检视剖析,盘点了主题教育的收获;紧扣“四个对照”“四个找一找”要求,检视查摆存在问题,分析了产生问题的根源,明确了今后的努力方向和具体整改措施。纪委班子成员先后作个人检视剖析,依次逐人严肃开展批评与自我批评,真诚交换意见。纪委委员和纪委办公室全体同志全程参与民主生活会,并对班子和成员进行批评,达到了“团结—批评—团结”的目的,体现了党内政治生活的严肃性,增强了班子的战斗力和凝聚力。

抓好主题教育高质量整改。学校纪委在推进问题整改中坚持问题导向,结合主题教育调研中发现的具体问题、群众反映强烈的突出问题、校内巡察反馈的问题等,对表中央 58 号文件和中央纪委国家监委责任清单、任务清单,检视查摆出十二个方面的主要问题,坚持把“改”字贯穿始终,列出任务清单,建立问题台账,细化整改措施,严格落实责任制。聚焦主要任务、专项整治、坚持立行立改,同时,坚决承担起监督责任,督促落实对民生问题的整改,既抓好自身整改,又对学校整改落实工作进行督促检查、加强指导,坚决防止“走过场”。试点开展对主题教育期间的工作落实情况进行监督,对基层党支部“六个一”落实情况进行了监督,听取了部分单位的工作汇报。

(吴宝利)

【加强纪检监察干部队伍建设】

为进一步适应新时期纪检工作需要,根据教育部文件规定,形成纪检队伍改革综合方案,增加人员编制和职数,调整机构设置。推动校产系统设置纪委书记。组织开展 2 次全校纪检系统人员培训,提升了专兼职纪检干部履职能力,增强担当作为的思想自觉和行动自觉。制定专职纪检干部定期学习活动制度,每周五下午开展专题业务学习,努力建设政治过硬、本领高强、忠诚干净担当的纪检监察铁军。

(吴宝利)

教职工思想政治和师德建设工作

【概括】

2019 年,党委教师工作部以习近平新时代中国特色社会主义思想和党的十九大精神为指导,认真学习贯彻全国高校思政会和全国教育大会精神,以“不忘初心、牢记使命”主题教育为契机,以师德师风建设为重点,着力提升教师思想政治工作针对性和实效性。

(高菲)

【教师思政】

出台《加强和改进新时代教师思想政治工作的实施意见》及任务清单。针对健全教师思想政治工作体制机制、提高教师思想政治素质、深化师德师风建设、增强教师育人意识和担当精神、促进教师发展等方面，通过6项主要任务，70项具体任务，涉及15个主要责任部门。召开有关职能部门和各二级党组织教师思想政治工作负责人工作会议，进一步凝聚思想共识、明确目标路径，全力推进各项任务落实。

按上级要求做好春季学期、秋季学期教师思想调查，并在两会、教师节、国庆等重要时点进行思想调查，及时了解教师思想动态。

研究制定教师誓词，并组织新入职教师宣誓仪式，激励教师坚决拥护党的领导，遵守国家法律法规，热爱党的教育事业，履行教书育人职责，做到有理想信念、有道德情操、有扎实学识、有仁爱之心，秉承"解民生之多艰，育天下之英才"的校训，为建设中国特色、农业特色世界一流大学，培养德智体美劳全面发展的社会主义建设者和接班人努力奋斗。

组织2019年新入职教师赴河北曲周实验站、河南红旗渠等地开展为期4天的实践教学，通过参观学习、实地考察、农户调研、研讨交流等多种方式，引导教师牢记立德树人职责，为尽快成长为合格农大人和"四有"好老师打下基础，同时激励广大教师将"责任、奉献、科学、为民"的"曲周精神"薪火相传。

（高菲）

【师德建设】

完善校、院两级师德建设委员会建设，加强师德师风建设工作的统筹规划、协调推进。全年为有关专项工作提供师德考察审核意见近600人次。

研究制定《中国农业大学教师职业道德规范（2019年修订）》，明确正负面清单、规范教师职业行为。

研究制定《中国农业大学教师师德失范行为调查处理办法（试行）》，完善师德失范行为的受理、调查、处理程序。针对已收到的师德失范行为举报线索，严肃查处，对于违规教师，依规做出处理。

修订《中国农业大学师德考核实施办法（2019年修订）》，强化师德考核结果的运用。2019年，全校4 341名教师参与师德考核，其中，考核优秀866人。

（高菲）

【教育培训】

承办由北京市教工委主办的北京高校教师工作部理论教育负责人读书班活动。先后选派44名教师参加北京高校哲学社会科学教学科研骨干教师研修，北京高校教师"习近平新时代中国特色社会主义思想"理论培训班，以及教育部"厚植弘扬师德风尚，做新时代党和人民满意的好老师"网络培训示范班。深入教师当中开展《新时代高校教师职业行为十项准则》系列文件精神十项准则和警示教育，引导广大教师知底线、守准则。

组织教师参加2019年首都高校师生服务"四个中心"功能建设"双百行动计划"，通过发挥教师专业优势为首都建设建言献策，共支持15个教师团队开展社会调研，其中，经济管理学院杨树副教授负责的“北京市‘三城一区’科技人才创新活力调查研究”项目团队和人文与发展学院肖鹏副教授负责的“北京乡村民宿业发展情况分析调研”项目团队入选市级“双百行动计划”团队并顺利结项。

以新中国成立70周年为契机，组织教师参加“看北京、看变化、看成就”主题教育活动和“爱国情、强国志、报国行”主题征文活动，刘佳(《军事博物馆奇妙日》)、崔倩倩(《他的人生，选择落叶归根》)、林征(《70年，三代人的接力奋斗》)获北京市三等奖。

(高菲)

【典型选树】

召开教师节表彰大会暨“我为祖国育英才”论坛，40位获奖教师代表接受表彰；中国工程院院士康绍忠、国家“万人计划”教学名师周志强、土地学院院长李保国、北京市青年教师基本功大赛一等奖获得者曹志军进行了论坛分享。通过表彰先进、展示成果、传承初心，激励全体教师“立德树人、强农兴农”。

向新华网推荐农学院陈源泉、水利与土木工程学院杜太生两位教师的事迹，并获得专题报道。联合宣传部开设“立德树人好老师”专栏，刊载了23位优秀教师的故事。举办师德征文活动，并将优秀文章编辑成册，于2019年6月正式出版《师恩如山——纪念中国农业大学恢复招生四十周年》。

(高菲)

保卫工作

【概况】

2019年，保卫处按照学校“5+1”工程、2019年党建工作计划和2019年党政工作要点的总体要求，紧密围绕“全力维护校园安全稳定，保障学校改革事业发展”这一中心任务，夯实安稳制度机制，推进“平安校园”提升工程，创新安全宣传教育形式，全力维护学校政治安全和校园稳定，学校安全稳定局面持续向好，为学校持续稳步发展提供了有力保障。

(贾会起)

【健全完善规章制度，层层压实主体责任】

制订《2019年安全稳定工作方案》和《2019年安全稳定工作专项行动任务清单》，明确“十大专项行动”的主责单位、具体任务和完成时限，细化任务分工，确保各项工作落到实处。同时，加强内控制度建设，研究制定《保卫处关于执行“三重一大”决策制度的规定》《保卫处国有资产管理办法》《保卫处合同管理办法》《保安人员考勤考核制度》《消防器材出入库管理规定》等，健全完善规章制度，夯实安稳工作机制。

(贾会起)

【筑牢维稳工作体系，维护校园政治稳定】

学校先后调整完善了安全稳定工作领导小组、防汛工作领导小组、社会治安综合治理委员会、“平安校园”建设工作领导小组、消防安全委员会等，进一步健全完善维稳工作体系。保卫处按照学校对校园安稳任务的部署要求，严格落实主管部门责任制，全方位开展学校安全稳定工作，全年未发生重大政治敏感事件和重大舆情事件。严格落实意识形态工作责任制，做好重点敏感人的国家安全教育、管控教育及保密教育，拓宽情报信息收集渠道，认真做好各类数据的搜集上报工作。全年及时上报 26 名外籍专家和 330 名留学生数据；对 252 名少数民族学生进行全面摸查，建立健全档案；发现并制止 4 起校园传教活动，收缴宗教宣传材料 5 份；配合公安局、国安局等上级单位协查 27 人次，约谈 11 人次，核实 18 人次。

（贾会起）

【加大科技创安投入，提升智能防控水平】

加强校园综合防控体系建设，推动技防创安系统智能化，投入资金 300 余万元，在人员密集重点区域，新增 500 余处监控点位，装配全景摄像机、高点摄像机、人脸摄像机、星光级摄像机等先进技防设施，校园监控覆盖率达 90%以上；在校园偏僻处新装 10 台一键式报警柱，危急情况下可供师生紧急求助，有效保障安全；同时，保卫处还联合信息化办公室、本科生院共同做好各教学楼内技防设施的安装调试工作，为师生共创安全和谐的学习环境。

加强消防与安防一体化建设，实现对建筑消防系统的报警信号与安防视频系统的联动，建立准确判断现场情况和实时快速响应机制。全年投入 521 万元对两校区 35 栋老楼安装了火灾自动报警系统，投入 388 万元对两校区近 70 栋楼宇的消防主机系统分校区进行了联网，两校区主要建筑物内安装火灾自动报警系统，分校区进行了联网集成，监控中心设有消防监控平台。当中心软件平台收到消防系统的报警信息后，根据监控摄像机与报警位置的对应关系，在软件界面中自动弹出与报警位置相关联的视频图像，工作人员可通过查看报警现场视频图像快速进行警情确认和调度指挥，有效提高安全检查的针对性和有效性。

（贾会起）

【排查整治安全隐患，有效遏制安全风险】

在消防方面，定期走访校内各单位，签发消防监督检查意见书 41 份，提出整改意见 200 余条。在治安方面，切实落实 24 小时不间断巡逻与视频监控巡查，及时发现处理校园安全事件 15 起，安全检查中向 15 家单位提出整改建议 50 条；受理师生报警 130 余次，配合公安机关调查处理盗窃、斗殴、骚扰、滋事、矛盾纠纷案件 50 余起，抓获犯罪嫌疑人 10 余名，挽回经济损失近 20 万元。在交通方面，针对校内机动车乱停乱放问题，将技防监控与路面巡逻相结合，发放校园内车辆违章提示单 200 余份，引导文明停车；同校内施工单位签订《校园施工交通安全责任书》18 份，督促施工单位遵守校园交通管理规定。2019 年 1 月，学校获得北京市“2018 年市级交通安全先进单位”称号。

（贾会起）

【维护保养基础设施,保障校园安全稳定】

在消防方面,检查维修两校区内的灭火器、消火栓、消防水泵、消防应急灯、安全出口标志等,并及时报废已达报废标准的消防设施。在交通方面,全年施画各种标线12 237 米、网格线和人行横道 566.46 平方米,维修车位 200 个、护栏 45.4 米,更换路锥、桩头、铁墩若干,新增交通指示牌、标志牌 50 余块,新增限位器、球面镜、警示灯等交通用具 20 余套,加厚减速带 10 余米,修缮和维护其他交通设施 20 余处。在技防方面,对学校技防设备进行深度检测及维修,对系统软件进行升级维护、数据备份、故障排除。

(贾会起)

【创新安全宣传模式,安全教育深入人心】

启用企业微信"平安校园"模块,创新安全宣传教育形式,在各大重要节日、活动期间,累计进行了 9 次各类校园安全知识推送,平均阅读转化率高于行业内水平 3 倍以上,获得一致好评。并多次组织应急演练,推进"平安校园"提升工程,使安全宣传教育深入人心。"11·9"消防宣传周期间,策划丰富有趣的竞赛、征集、体验等活动,参与宣传活动的师生达 2 000 余人次,充分调动了师生学习消防知识的积极性,使广大师生对消防知识有了更深刻的掌握。保卫处本年累计发放各类宣传材料 1.3 万余份,张贴海报 200 余张,举办安全讲座 20 余次,安全疏散演习 12 次,教育师生 2 万余人次。

(贾会起)

【强化师德师风建设,全心全意服务师生】

围绕立德树人根本任务,加强党支部建设,组织"不忘初心、牢记使命"主题教育活动,进一步强化师德师风建设,积极研讨优化服务师生工作、简化办事流程。在户籍方面,为 2 500 余名新生完成落户及身份证办理工作,为 2 200 余名应往届毕业生完成户口迁出工作,完成户籍借阅、身份证补办、户籍证明开具等工作 4 000 人次。在交通方面,全年完成 20 余场次大型活动车辆调度工作,指挥疏导大、小型客车 3 000 余辆;两校区共完成 298 辆新增机动车信息审查和录入工作、65 辆机动车号码变更工作,发放停车证 513 个。在治安方面,全年完成大型活动安保任务 21 场次,累计投入安保力量 1 200 余人次;提供监控视频查询 500 余次,为师生找回丢失物品 20 余次,查找失联学生 6 次;与 12 家单位签订治安防范责任书,登记审查外来务工人员 3 000 余人次。在政审方面,全年为师生出具政审证明 90 人次,为国庆游行、演唱人员政审 1 800 人次。

(贾会起)

【防风险除隐患,保平安迎大庆】

2019 年是安全稳定大考之年,国家层面的重大活动不断,各类敏感时间节点穿插其间,维护学校安全稳定任务繁重。在新中国成立 70 周年庆祝活动中,学校 1 800 名师生参与游行、合唱、联欢、志愿服务等光荣任务,保卫处作为后方保障部门,投入安保力量400 余人次,为参演队员提供了安全稳定的训练环境。开展消防隐患"三自活动",签订全国两会交通安全责任书 2 份、国庆 70 周年交通安全责任书 5 份、消防安全责任书 4 份，圆满完成了各层面维稳任务。

（贾会起）

【做好保卫学会工作，履行理事长单位职责】

承担北京高教保卫学会理事长单位和秘书处工作，是市教工委赋予的重要任务。2019 年，在市教工委的领导下，有序开展日常组织管理工作，制作发放学会简报 200 余份，并完成 38 所高校的《大学生安全知识》征订工作。先后组织北京高校安全稳定职能部门处级干部培训班、首都高校新入职保卫干部培训班、国家安全专业业务干部培训班、重大重点课题结题答辩评审，重大重点课题开题答辩和中期检查、课题申报指南研讨会、课题申报评审会等学会活动。学会的组织工作得到了上级领导和兄弟高校的高度认可，圆满完成既定任务。

（贾会起）

学 生 工 作

【概况】

2019 年，认真贯彻落实学校党委各项工作部署，完善学生工作体系和队伍建设，创新开展学生党员教育培训和支部建设，不断丰富学生宣传教育管理载体和途径，有效搭建学生资助和心理素质教育发展服务平台，推进各项工作迈上新台阶。

（黄振翔）

【学生党建】

扎实开展“不忘初心、牢记使命”主题教育　印发《在学生党支部和学生党员中开展“不忘初心、牢记使命”主题教育实施方案》，通过工作指导和督促检查，推动学生党支部和党员做好 1 次动员、1 次党课、1 次交流、1 次主题党日、1 件实事、1 次组织生活会“六个一”活动。

深入推进“全覆盖　双提升”大学生党支部建设工程　由 82 名党员领导干部组建的第一支党建指导员队伍和 75 个教职工党支部共同深入指导 75 个大学生党支部，1 010 名本科生党员全覆盖。“‘全覆盖’大学生党支部建设，政治引领三全育人‘双提升’”项目获第六届首都大学生思想政治工作实效奖优秀奖。本科经管党支部获评首批本科生全国党建工作样板支部。

深化学生党员骨干培养　开办大学生党员先锋班，“理论学习、实践锻炼、交流研讨”三位一体系统培养 236 名本科生党员骨干。开展学习实践活动，组织 52 名学员赴辽宁沈阳、河南大别山学习实践，形成实践锻炼感想 64 篇，总结文章或多媒体成果 8 个。

以实践育人强化党支部党员作用发挥　25 个本科生党支部共 500 人次学生党员在京津冀地区开展红色“1+1”活动 100 余次，共建支部 1 500 余人次受益，获北京市示范项目奖项 10 个，学校再获“优秀组织奖”。46 名学生党员带领 10 支“假期农校”小队深入江西皂下、四川凉山、河南灵宝等各地农村开展调查研究与志愿服务，1 支小队获全国仅 10 个名额的 2019 年全国大学生百强暑期实践——最佳实践团队称号。首次评选学校本科生党支部精品实践优秀项目 20 个。

（李萌）

【学生思想教育】

组织观看爱国主义主题成就展和影片 组织全校 4 000 余名学生参观“伟大历程 辉煌成就——庆祝中华人民共和国成立 70 周年大型成就展”，组织展映《我和我的祖国》《中国机长》《攀登者》等爱国主义主旋律电影，超过 1 万人次集体观影。

开展向“时代楷模”学习活动 邀请“时代楷模”——北京榜样优秀群体走进校园与 200 余名学生交流，组织 100 余名学生参加中央电视台“时代楷模”——卢永根院士发布式并参演节目《多情的土地》，组织 50 名学生赴北京大学参加“奋斗的我、最美的国”新时代先进人物进校园报告会，组织 150 余名学生赴人民大会堂参加学校校友、“时代楷模”朱有勇院士的事迹报告会等。

加强宪法教育 以“12·4 国家宪法日”为契机，邀请中国人民大学教授胡锦光做“依宪治国与宪法全面实施”主题理论报告，依托 CAU 易班网与 CAU 思想客等新媒体平台推送“这些宪法知识你都知道吗”系列内容，组织 50 余名学生在人民大会堂听取十九届四中全会精神中央宣讲团首场报告。

实施“引航工程”，加强新生教育 依托 CAU 易班网建立新生线上班级群组，实现新生“未入校、先入班”，推送“学生资助在身旁，问题不再是难题”“学业发展第一位，尽早规划有必要”“校园生活需了解，这些事情快掌握”等新生教育专题内容 8 期。开学典礼首次开放网络直播，开展新生入学集中教育报告 13 场，重点在新生中实施“诚信守法人生计划”，组织开展“我与社会主义核心价值观”主题班会等教育活动。

助力青春梦想，加强毕业生教育 毕业典礼首次增加本科毕业生学位授予仪式，组织“易班封面人物”“我的祖国，我们的大学记忆”有奖趣味答题等活动，参与 4 000 余人次。

推进课程改革，加强形势与政策教育 制定印发《中国农业大学“形势与政策”课程建设实施办法》，全年共安排教学课堂 459 个，覆盖 1 万余人次，打造将主题思政教育融入形势与政策课堂的新模式

加强军事教育，做好武装部工作 组织退伍在校大学生、国旗班队员、旌旗社成员参与庆祝新中国成立 70 周年群众游行训练工作。完成新生 20 学时的军事理论课教学。批准入伍大学生 20 人，奖励退伍返校学生优抚金 32.5 万元，走访 6 个军营 7 名服役学生。发放军烈属慰问金额 5.8 万元。

（李萌）

【队伍建设】

优化学生工作队伍结构，着力推进辅导员队伍建设 27 名 2017 届“2＋2”辅导员期满离岗，9 名专职辅导员、28 名“2＋2”辅导员入职。招聘 7 名专职辅导员，选拔 30 名

2020 届“2＋2”辅导员充实队伍力量。选聘 121 名 2019 级新生班主任，选聘 102 名研究生及高年级本科生作为新生班级兼职辅导员。

丰富载体，搭建平台，力促辅导员队伍专业化、职业化 组织各级培训 60 余期，累计培训近 400 人次。开展辅导员和班主任工作考核，14 名专职辅导员、17 名兼职辅导员考核结果优秀，73 名班主任考核结果优秀，评选 10 名优秀教育工作者（一类）。举办第四届辅导员素质能力大赛，首次邀请校外专家担任比赛评委，以赛代训、以赛促建、以赛提质。

（范晨辉）

【学生资助】

采取精准资助新举措，提升规范管理水平 评选助学金 18 项，资助总额 827.9 万元，资助学生 1 985 人（2 365 人次）。评选本科生奖学金 28 项，奖励总额 1 441.31 万元，获奖学生共 3 973 人（6 087 人次）。认定家庭经济困难本科生、预科生 1 996 人。为学生提供勤工助学岗位固定岗位 427 个、临时岗位 1 024 个，发放酬金 150.95 万元。组织开展“绿色通道”，为家庭经济困难新生办理暂缓缴纳学费手续，为 287 名家庭经济困难新生发放爱心礼包，为 32 名特别困难学生发放特困现金补助。新申请和续放助学贷款学生 1 635 人，发放贷款总额 1 079.52 万元。125 名毕业生办理基层就业和服义务兵役补偿代偿，补偿代偿总额 115.88 万元。为 62 名家庭经济特别困难学生减免学费 14 万元。

探索资助育人新方式，深耕育人品牌活动 举办“添翼工程”英语四六级辅导、职业技能训练营；开展“翱翔计划”，资助学业提升、职业发展、创新实践、素质拓展、能力提升等发展项目；开展“飞跃计划”，遴选品学兼优的家庭经济困难本科生赴美开展暑期国际学习交流；开展文化之旅，组织学生参观首钢园区冬奥文化展，观看全国首部金融消保话剧等。结合新中国成立 70 周年，深入开展“我的祖国、我的大学、我的梦想”资助育人系列主题活动。举办“志青春，同追梦” 励志教育活动，组织受助学生赴革命圣地西柏坡、雄安新区参观，学习曲周精神；举办“青春心向党，资助在身边”学生资助政策线上答题活动，1 142 名学生参与；开展“笔墨点恩情，诗意青春路”微型诗征集活动，征集学生诗歌作品 210 篇。组织开展“诚信教育月”集中教育活动，开展金融知识进校园活动等。

（沈其林）

【心理素质教育】

强化育人导向，提升教育教学质量 开设心理健康课程 5 门，总授课 576 学时，选课学生 3 812 名。积极促进教学成果转化，提炼总结教学经验，编写出版心理素质教育教材《有故事的大学心理书》。

坚持质量标准，增强实践活动的育人效果 以“5・25”心理健康节和“10・25”大学生心理文化节为载体，积极开展心理素质教育活动，承办 1 项、参与 7 项北京市心理节活动，荣获一等奖 1 项、二等奖 1 项和团体奖 1 项，学校再获首都大学生心理健康节“最佳组织奖”。

满足个性化需求，提升咨询服务的专业化水平 累计个体咨询 3 957 人次，新生班级团体辅导 116 次。开展 18 个连续性团体辅导，共计 316 名学生参加。聘任兼职心理咨询师 19 人，实习咨询师 4 人，每两周举办一次专业心理督导和小组朋辈督导。

加强规范化建设,增强危机预防与干预的有效性 成功干预心理危机 38 起。面向 3 380 名新生开展心理健康普查,施测率达 99.94%,针对 598 名普查阳性学生进行了一对一深度访谈,建立了学生心理档案。开展学生心理异常排查 16 次,排查出异常 705 人次,其中,预防级异常 127 人次,干预级异常 578 人次。开展心理危机预防与干预、心理筛查等培训 6 次,630 余人次参加。

落实四级三阶心理委员培训体系,强化朋辈互助的助人效果 选拔 2019 级班级心理委员候选人 277 名;对四级心理委员开展初、中、高三阶系统培训;依托 43 名朋辈咨询员,开展新生班级团体辅导 116 次。评选 24 名校级优秀心理委员,并对最优的 10 名授予"心灵使者"称号。评选学校优秀心理部一等奖 1 个,二等奖 3 个,三等奖 6 个。

树立精品意识,加强"一品、一特、一网"三大品牌建设 首批授牌建设 6 个学院二级心理辅导站,全年开展工作 877 小时。获评首批北京高校心理名师工作室。心理危机"井"字形防护网干预工作,荣获北京高校党建和思政工作"优秀成果奖"和"创新成果奖"。

(周蜜)

【学生管理】

做好学生日常管理服务工作 办理学生公交卡 1 396 张,为考研的 2019 届本科毕业生办理 136 张临时校园卡。组织优秀毕业生评选,评选出 128 名"北京市普通高等学校优秀毕业生"和 416 名"中国农业大学优秀毕业生"。依据《中国农业大学学生违纪处分规定》,处分 50 名违纪学生。

加强少数民族学生教育管理 对少数民族学生实施"一人一册"管理机制,全面了解学生家庭情况、经济状况、心理健康等情况。首次设立"少数民族预科生奖学金"。关注少数民族学生学业发展,开办化学、英语补习班,135 人次参与。

(范晨辉)

附录

2019 年中国农业大学本科生奖助学金项目汇总表

序号	项目名称	资助人数	资助标准/(元/人)	资助总额/万元
1	国家一等助学金	789	4 000	315.6
	国家二等助学金	782	3 500	273.7
	国家三等助学金	414	3 000	124.2
2	曾宪梓优秀大学生奖励计划	30	6 000	18
3	柏年基金助学金	75	2 000	15
4	新长城助学金	50	3 000	15
5	春华秋实西部助学金	32	4 000	12.8
6	爱心成就未来助学金	85	3 000	25.5
7	阎绍樟助学金	21	3 000	6.3

续表

序号	项目名称	资助人数	资助标准/(元/人)	资助总额/万元
8	王妩蓉助学金	10	5 000	5
9	怀德助学金	6	5 000	3
10	周小玲助学金	5	5 000	2.5
11	活逢助学金	5	5 000	2.5
12	学长助学金	18	1 000	1.8
13	2006 届校友爱心助学金	15	1 000	1.5
14	2007 届校友爱心助学金	15	1 000	1.5
15	常青励志助学金	3	4 000	1.2
16	天津校友爱心助学金	4	2 000	0.8
17	芦皑助学金	4	2 000	0.8
18	其他(马苏奇资助)	2	6 000	1.2
合计		2 365	—	827.9

就业创业与毕业生教育

【概况】

2019 年,学校共有毕业生 5 251 人,其中,本科毕业生 2 755 人,硕士毕业生 1 837 人,博士毕业生 659 人。截至 2019 年 10 月底,本科生毕业生的就业率为 93.50%(其中,深造率为 56.81%),硕士毕业生的就业率为 96.03%,博士毕业生的就业率为 95.75%,总就业率为 94.67%。毕业生中,419 人赴西部就业,236 人入选国家基层就业项目(选调生、大学生村官或参军入伍)。

(林嘉)

【拓展高质量就业空间】

坚持“积极走出去”和“主动请进来”的服务理念,不断完善“大型招聘活动保障数量、专场招聘活动保障质量”的就业市场服务工作格局,进一步完善《中国农业大学学生就业重点单位推荐目录》,推动毕业生高质量就业。2019 年,累计发布招聘信息 6 000 余条,招聘岗位数量超过 8 万余个;举办大型毕业生校园双选会 34 场、特色招聘会 10 余场,专场宣讲招聘会 200 余场,其中包括中粮集团有限公司、中化集团公司、国家电网有限公司、中国建筑股份有限公司、中国农业发展集团总公司等知名企业,单位质量明显提升。

2019 年,学校荣获 2019 中国年度最佳高校——就业最受欢迎奖(智联招聘和北大社会调查中心联合主办,国内影响最大的社会评价之一)、"北京地区高校校园双选会特色合作高校"等荣誉。

(林嘉)

【引导毕业生基层就业】

积极围绕国家战略需求,引导和鼓励毕业生参加"选调生、征兵入伍、西部计划"等国家基层就业项目,不断探索校地合作人才培养新模式,通过校地合作的方式办好定向选调生人才培养实验班。截至 2019 年年底,已与 25 个省(直辖市、自治区)开展定向选调专项人才合作。2019 年,组织各省北京考区笔(面)试 7 场,审核推荐毕业生 1 400 多人次;累计邀请 15 位在祖国各地工作的优秀校友回到母校,为同学们分享在基层工作的故事和经验;先后开展 20 余场"当代中国基层公共部门人才政策概览"系列讲座。定向选调生(含人才引进)签约人数实现新高。

(林嘉)

【完善创业指导服务体系】

通过内选外聘、专兼结合的方式,组建"优秀涉农双创导师人才库",邀请企业家、职业经理人、天使投资人和中青年教师、学工干部共同参与,入库导师已超过百人。邀请长江学者团队和国家教学成果二等奖获得者等高水平专家来校开展创新创业师资专题培训,共计近百名教师参与。通过创业导师沙龙、实地走访参观、专题训练营等形式,为创业团队提供有针对性的培训。2019 年,开展线下培训 17 场、线上培训 12 场,参加人数达 600 多人次。面向研究生设立"种未来 2035 优秀农业创业项目培育计划",实现创业项目培育计划对在校学生的全覆盖。推动"一园区、两苗圃、多空间"的创业实践基地建设,组织西区和园三层大学生创业园规划设计。2019 年,学校 4 支学生创业团队荣获"北京市大学生优秀创业团队"称号,学校荣获"最佳组织奖";学校挂牌教育部"中美青年创客交流中心",并在当年评估中获"优秀工作案例奖"。在中国第五届"互联网+"大学生创新创业大赛中,学校荣获全国银奖 3 项、北京市赛区一等奖 3 项、二等奖 6 项。在北京赛区总决赛中,学校荣获北京市一等奖的数量位居在京高校第三名,入围全国总决赛项目数量位居全国"双一流"高校前列。

(林嘉)

【开展精准就业指导服务】

立足学生特点,整合校内外师资力量参与职业生涯教学与实践,分学历、分年级、分层次、分主题设计开展生涯教育。2019 年,在本科生中开设"大学生职业生涯规划""大学生求职技能"2 门职业指导类校级选修课共计 12 个班次,选课人数超过 900 人。组织毕业生参与模拟笔试、面试,切实提升毕业生的求职能力,累计开展各类职业发展和就业指导培训 60 余场,为学生提供"一对一"咨询服务 300 余人次。对建档立卡贫困家庭、少数民族等群体学生开展帮扶,共提供岗位 3 000 余个。举办新时代女大学生校园专场招聘会,提供岗位 500 余个。为重点群体毕业生开展团体辅导课程 8 期,发放求职补贴 10 余万元。加强思想引领和榜样宣传，以 50 多位学生先进人物事迹为蓝本，编辑出版《想把我讲给你听》(2019)系列丛书。

（林嘉）

【支持毕业生赴国际组织实习任职】

注重对学生国际视野和参与全球治理能力的培养，定期在就业信息网上发布国际组织实习任职信息。2019 年，学校领导带队赴意大利罗马访问联合国粮农组织、世界粮食计划署和国际农业发展基金 3 个国际组织机构，签订实习生合作协议、达成合作意向。开设“农业外事外交导论”选修课，全方位培养学生农业外事外交素质、能力和国际化视野。邀请联合国粮农组织、世界粮食计划署和国际农业发展基金等联合国机构来校开展校园宣讲会，介绍机构情况及实习生招录政策。组织 15 名学生于 2019 年 8 月赴意大利和瑞士参加联合国青年领导力精英班培训。对接国际农业研究磋商组织、联合国可持续农业机械化中心等国际组织。邀请国际组织专家来校进行相关主题讲座 4 次，开展国际组织实习任职相关科普讲座、兴趣活动和实践活动 10 余场，各类活动累计参加学生 2 000 余人。2019 年，学校有 3 名优秀学生到国际农业研究磋商组织实习、3 名优秀毕业生到联合国粮农组织实习。

（林嘉）

工会与教代会工作

【概况】

2019 年，中国农业大学工会（以下简称“校工会”）在校党委和上级工会的领导下，在各分工会和全校教职工的大力支持下，认真学习和贯彻党的十九大和中国工会十七大精神，坚持走中国特色社会主义工会发展道路，充分发挥工会的桥梁纽带作用，紧密联系群众，在推进学校民主管理、积极开展群众性文体活动、帮扶困难教职工等方面发挥了积极作用。2019 年，工学院韩鲁佳荣获北京市“首都劳动奖章”称号。在北京市第十一届青年教师教学基本功大赛中，中国农业大学的 6 名参赛选手分获一等奖 3 个，二等奖 1 个，三等奖 2 个，最佳教案奖 2 个，最受学生欢迎奖 3 个，最佳现场展示奖 2 个和最佳教学回顾奖 1 个。其中，动物科学与技术学院曹志军取得学校历史最好成绩——工科类一等奖第一名，中国农业大学获得优秀组织奖和突出贡献奖。

（汪雪滢）

【思想引领】

贯彻新时代党的组织路线，建设高素质干部队伍是关键 以“不忘初心、牢记使命”主题教育为契机，结合“守初心、担使命、找差距、抓落实”的总要求，从强化学习、廉洁自律、做好服务入手，狠抓作风建设，加强“一线意识”，将理论学习成果切实运用到实际工作中，以建设学习型工会为目标，坚持为教职工办好事、办实事。同时按照“全覆盖 双提升”大学生党支部建设工程相关部署，校工会党支部与园艺学院本科2018级党支部结为结对共建党支部，本年度共开展3次专题党日活动及1次专题党课。

学习传达贯彻中国工会十七大精神，提高工会工作政治站位 举办学习中国工会十七大精神报告会，深入学习领会习近平总书记重要讲话的重大意义，全面准确理解和把握中国工会十七大精神，进一步做好学校教代会工会工作，更好地发挥工会组织在学校“双一流”建设中的作用。

重视青年教师发展，助推青年教工成长 5月，承办北京高校第十一届青年教师教学基本功比赛工科类比赛及闭幕式。赛前，校工会举办青教赛沙龙及试讲培训，邀请校内外专家为参赛选手提供专业指导。比赛期间，校工会组织本校300人次青年教工现场观摩，扩大受益面。9月，开展青年教师“串家门”活动，旨在激发新教工热爱农大、建设农大的热情和动力。通过“串家门”活动搭建青年教工学术交流平台，邀请青教赛获奖教师分享参赛感悟和教学经验，助推青年教工成长发展。加强青年管理干部队伍建设，举办第二届青年管理干部岗位技能竞赛。为切实提高青年干部工作技能，赛前邀请校内外专家进行了5次岗位技能相关培训。

1月，中国农业大学举行首次荣休典礼，由中国农业大学党委书记姜沛民为2018年退休教职工颁发荣休纪念牌和鲜花，向为学校发展建设尽心竭力、默默奉献的荣休教师致敬。

7、8月，中国农业大学第五期、第六期高层次人才红色实践教育培训班分别在延安和井冈山举行。活动旨在加强教师队伍思想政治建设、坚定理想信念。11月，组织北京市教育工会系统一行41人前往曲周实验站调研参观，并促成首个北京市教职工思想政治教育基地在曲周实验站挂牌。

2019年，韩鲁佳教授荣获北京市“首都劳动奖章”称号。校工会及时在学校主页、微信公众号上宣传其模范先进事迹，鼓励教职工学优、创优、争优。

（杨帆）

【民主建设】

积极推进教职工依法参与学校民主管理和监督工作 1月，在教代会闭会期间，第四届教代会执行委员会举行2019年工作会议，听取《2019年学校财务预算编制工作情况报告》、2018年学校财务预算执行情况、四届一次教代会提案办理及评选情况，并讨论了教代会4个专委会的工作管理办法，针对存在的问题提出了修改意见。进一步落实民主监督、民主管理的职责，加强校务公开工作。

3月，教代会提案工作委员会召开四届二次教代会代表提案立案会，此次共收到提案31件，立案22件，并案处理2件，建议5件，未立案2件。提案涉及学校本科生院、财务处、人事等12个职能部门。通过电子提案系统，实现对提案全程网上管理，积极督促职能部门办案。12月，召开四届二次教代会提案总结会，评选出2019年优秀提案2件，财务处为优秀提案办理单位。

4月，组织教代会青年教职工工作委员会一行赴“全国模范教职工之家”天津大学座谈交流，学习教代会、工会先进工作经验。10月，组织教代会生活福利委员会专委会、女教职工委员察看教职工、女工体检工作的进展情况。

（汪雪滢）

【精准服务】

完善帮扶体系，精准帮扶困难职工 2019年，校工会进一步完善困难职工档案，强化帮扶资金使用管理，建立健全困难帮扶工作制度。按照《中国农业大学爱心基金使用细则》，分档次降低门槛扩大帮扶范围，发放爱心基金13.2万元，发放残疾、大病、困难补助共计13.4万元。同时还为在职职工办理重大疾病互助保险和女教工特殊疾病互助保险。日常慰问生病住院、因病去世以及家庭遇到重大变故的教职工9人。

加强女职工劳动保护，维护女职工特殊利益 为帮助哺乳期女教职工排忧解难，在东、西校区各设立一间"母婴关爱室"；举办女性健康、家庭教育相关主题讲座；举办"庆三八"插花艺术体验、"压花艺术欣赏与创作"等系列活动，带领女教工感受艺术带来的精神享受。

关爱教职工心理健康，开展主题心理团培 2019年，校工会作为唯一一所高校接受北京市总工会"职工心灵驿站"的授牌。同时积极开展心理健康教育讲座、团体辅导、心理委员培训等工作。2019年举办4次主题团培活动，通过专业咨询师的引领，让教职工掌握一定管理和调适情绪的方法和技巧。

依法依规，做好全员慰问工作 校工会严格按照《中国农业大学工会物资采购实施细则(暂行)》的规定执行大宗慰问品的采购工作。在丰富慰问品种类的基础上，采用教职工自主选择的方式，更大程度地满足了不同类型教职工的需求。此外还为全体会员定制生日贺卡，发放蛋糕卡。

持续做好关爱工作。组织全校教职工体检和女工体检工作；在三八节和五一劳动节，为教职工发放电影票共计1 800余张；提供教职工寒暑假旅游、驾校培训班、苏宁优惠购物等信息，为教职工提供便捷服务。

积极稳步推进会员发展，逐步落实非在编教职工入会，实现工会组织在校园内的全覆盖。2019年共有1 600多名非在编职工加入工会组织，全校会员人数达到4 900余人。

（刘仔）

【文化引领】

2019年校工会主动围绕学校工作中心，发挥工会群众组织的特点和优势，开展适合教职工特点的各种文化体育活动。召开2019年教职工文体协会座谈会，就进一步加强教职工文体协会管理，提升协会活力展开讨论。2019年先后成立了教职工民族舞队、气排球协会等文体社团。

丰富文艺体育活动，陶冶教职工思想情操 校工会定期组织开展教职工乒乓球、羽毛球、台球、中国象棋、扑克升级等校级比赛。同时完善、改进教职工健步走活动，推广实施2019年"健步121绿色好生活"健步走活动办法。承办北京市教育系统羽毛球比赛，校教工代表队获得团体季军。组织教职工观看国家京剧院创排的现代京剧《红军故事》。在圆明园遗址公园为分工会宣传委员举办摄影技能培训。推荐优秀书画作品参加首都教职工优秀书画作品展。举办首届教职工气排球比赛，27支队伍近300名教职工参加比赛。在"国际瑜伽日首都高等学校第三届瑜伽交流大会"上，荣获甲组教工团体比赛一等奖的名次。

辉煌七十载,唱响新时代 在国庆节来临之际,为祖国母亲七十华诞献礼,校工会举办了教职工合唱比赛,来自 25 个分工会共计 1 500 余名教职工参与此次活动。

(张和)

【创新提升】

资源下沉,充分调动基层积极性 1 月,校工会召开 2018 年度工会系统交流评优会,组织各分工会对特色品牌项目展开深入交流。通过项目制经费管理模式,各分工会逐步形成了各具特色、丰富多彩的品牌活动;3 月,召开 2018 年度表彰会,共评选出 16 个分工会品牌项目奖,5 名优秀教职工之友,47 名工会先进个人,27 名优秀工会干部,6 家宣传工作先进单位奖项;2019 年度共支持分工会立项 132 项,经费总额达 56 万元,支持分工会承办校级活动立项 10 项。另外,继续鼓励小家建设,支持小家硬件升级改造,共支持经费 11 万元,持续改善小家实体化建设条件。

加强互联网建设,提升工会服务能力 不断完善“工会会员管理系统”的功能模块,在实际工作中总结问题,并梳理形成记录文档,为后续系统功能继续升级打下坚实基础。加快新媒体建设步伐,2019 年中国农业大学工会微信官方公众号共推出 231 条信息推送,单篇阅读量最高达到 1 062 次。

鼓励分工会通过多样化宣传方式,展示小家建设风采。设立分工会发文排行榜,不断激励分工会积极报道小家举办的各类活动,通过新闻报道促进分工会间的交流。2019 年,校工会共编辑工会简报 4 篇,通过邮件的形式及时送达至教代会执委会及工会委员会全体成员处,让工会干部了解工会工作内容,提出具有建设性的意见。截至 11 月共在“北京市教育工会网站”上投稿 116 篇,连续 11 月进入发文排行榜前十名。《劳动午报》、中工网报道了北京市教职工思政教育基地落户中国农业大学曲周实验站的新闻;人民网、中国新闻网等报道了中国农业大学承办的北京高校第十一届青年教师教学基本功大赛闭幕式的新闻。

2019 年,中国农业大学工会经费上缴任务全部完成,完成市总工会年度经费审计工作。按照党风廉政建设的要求,加强工会经费管理,规范经费开支的范围及标准。此外,还及时开展年度统计工作并上报年度统计信息。

(汪雪滢)

附录

附录 4　2019 年度工会评优获奖名单

一、中国农业大学 2019 年度分工会品牌项目奖

农学院分工会　园艺学院分工会　植物保护学院分工会　生物学院分工会
理学院分工会　动物科学技术学院分工会　工学院分工会
食品科学与营养工程学院分工会　信息与电气工程学院分工会
水利与土木工程学院分工会　人文与发展学院分工会　马克思主义学院分工会
机关一分工会　机关二分工会　机关三分工会　继续教育学院分工会

图书馆分工会　校医院分工会　校办产业分工会　后勤基建分工会

二、中国农业大学 2019 年度优秀教职工之友名单

彭友良　张普光　韩鲁佳　张瑞海　吴海芹

三、中国农业大学 2019 年度工会工作贡献奖

赵建柱

四、中国农业大学 2019 年度工会先进个人名单

张　莹　孙坤妹　张战营　张常青　刘　英　戚琳璐　李　溱　周　波　王　娜
刘巍巍　马　克　富俊才　邓　波　袁建敏　王宏钧　邵　丹　洪　惠　张　昊
王继承　殷成刚　孙　红　王文成　陆红娜　佟　玲　逄　森　饶震红　揣君健
朱　杰　王艳丽　吕慧琴　白　静　单美玲　尹北直　赵圆圆　王　彦　乔宏柱
曾　佳　赵　静　王　蕾　王　婷　殷作明　苏雅澄　仵德会　宋红梅　刘雅静
潘　嘉　刘闯萍　张玉芬　王　艳

五、中国农业大学 2019 年度优秀工会干部名单

杜明伟　姜　峰　高　峰　刘毅敏　王　谦　刘泽立　王帅玉　周　忻　张　敏
陈继威　董　清　孙　薇　郭淑媛　乔丽艳　刘海泓　王永生　李　浩　曹兆红
齐淑梅　张　旺　初　宇　周　丹　贾尧风　肖　黎　顾会平　潘晓丽　江　波
朱　彤

六、中国农业大学 2019 年度工会宣传工作先进单位名单

图书馆分工会　生物学院分工会　继续教育学院分工会
人文与发展学院分工会　理学院分工会　机关二分工会

七、中国农业大学 2019 年度文体协会先进个人

于福同　于立春　石师林　钟　锦　高国维　赵兴波　杨金武　陈　超　刘　刚

共青团工作

【概况】

2019 年，校共青团在学校党委和上级团委的领导下，坚持以习近平新时代中国特色社会主义思想为指导，跟党初心永驻，青春使命牢记，团结带领学校广大团员青年听党话、跟党走，不断解放思想、凝心聚力，奋进新时代，开创新局面。

（尤泳）

【政治建设】

扎实开展主题教育活动　围绕初心与使命，认真开展理论学习，深入基层调研，查摆总结问题 15 项，并即时即改完成整改 9 项。切实制定整改措施，将主题教育成果充分转化为促进事业改革发展的强劲动力。

（尤泳　张晓星）

积极融入党和国家发展大局 高质量完成世园会、亚洲文明对话大会等重大活动的志愿服务任务。在新中国成立70周年盛大庆典活动中，学校1 900余名师生参与了群众游行、广场合唱、广场联欢和志愿服务等活动，圆满完成了服务保障新中国成立70周年各项工作，用实际行动献礼新中国成立70周年华诞。工作中，校团委在学校党委的坚强领导下，发挥国庆庆祝活动领导小组办公室和专班牵头单位作用，勇于担当、主动作为。同时，深入挖掘师生参加国庆庆祝活动的精神内涵，把活动成果转化为弘扬爱国精神和奋斗精神的宝贵财富。校团委荣获北京市先进集体荣誉称号，6名师生获评先进个人。

（尤泳　马紫威）

坚决贯彻落实学校党委决策部署 落实“全覆盖　双提升”工作要求，悉心指导食品学院第六党支部各项工作开展。积极弘扬宣传“曲周精神”，精心设计原创豫剧《天绿》来校演出活动，引发广大师生强烈共鸣。

（尤泳　邢雨凝）

【能力建设】

加强政治理论学习 结合书记办公会、分团委书记会、党支部专题学习会等，将理论学习和业务研讨相结合，将个人自学与集体学习相结合，推进理论学习教育常态化。

（尤泳　邢雨凝）

加强青年研究能力 设立2019年度青年理论研究课题项目并立项重点课题7项、一般课题13项。牵头开展“服务乡村振兴，培育时代新人”教育部高校思政工作精品项目。负责学校“双一流”建设“学生综合素质培养与能力提升项目”的相关工作。

（张晓星　吕佳）

加强改革创新能力 改革只有进行时，没有完成时，坚持问题导向与目标导向相结合，出新招、出实招。成立融媒体中心，构建北京“双一流”高校共青团媒体中融合最多、体量最大、影响力最广泛的平台。持续优化“互联网＋社会实践”全流程服务平台。有序推进“第二课堂成绩单”制度落地执行，全面客观记录学生课外成长。增设社团工作部与网络信息服务中心，明晰职能分工。发布《中国农业大学学生会组织机构改革方案》，精简学生会组织机构的人员。建立健全学生社团管理制度体系，积极引导学生社团健康发展，起草《中国农业大学学生社团管理办法（暂行）》，规范学生社团成立、转正、注销、年审、活动开展、经费管理等工作。成立社团工作部，负责对学生社团日常事务的具体指导。全面完成87家学生社团建立团支部工作，引导开展团员教育活动，提升社团骨干政治素质和综合能力。

（张晓星　马紫威　姚沫男　邢雨凝）

【工作实绩】

创新完善宣传工作 官方微信公众号和微博的关注量、阅读量、浏览量较2018年均显著提升。官方微博获得“北京高校团学系统微博影响力排行榜”第一名和第二名。抖音号获得“开学季话题影响力排行榜”全国高校第一名。微信公众号多次获得北京市团学系统公众号影响力排行榜第一名。加强“棒棒”文化的宣传推广，向专利局申请“棒棒”

文化形象著作权，依托“棒棒”文化形象开发国庆礼盒套装、帆布袋、书签套装、化妆镜、水杯、鼠标垫、二十四节气日历等文化产品，得到广大师生的喜爱，在此基础上，组建“棒棒”文化创意工作室。

（马紫威）

加强网络舆情收集分析工作 进一步落实意识形态责任制，发挥团组织在网络舆情研判、安全稳定中的重要作用。全年整理舆情简报 36 份，累计 8.7 万余字，针对调研数据进行科学分析，为全面掌握学生思想动态、科学部署工作提供了决策依据。

（姚沫男）

强化团员教育实效 春秋两季分别开展“青春心向党，建功新时代”“青春告白祖国”主题教育活动，鼓励支持各二级团组织结合自身特色优势打造品牌团日活动，突出仪式教育感召作用，组织团员青年在庄严肃穆的仪式中接受“沉浸式”精神洗礼，同时加强线上线下宣传示范，以精品化团日活动创建指导基层团支部有效组织开展日常团日活动。持续开展“知行”团校、学生组织骨干培训，分层分类完善学生骨干培养体系。本年度“知行”团校校、院两级开课 50 余次，结业学员 683 人。创新英才学校培养模式，本年度共计培养学生 83 人。

（张晓星）

广泛开展生动的爱国教育 围绕纪念五四运动 100 周年开展升旗仪式、文艺晚会、“五四青年标兵”表彰大会等系列爱国主义教育活动。围绕庆祝新中国成立 70 周年，开展“青春之我，歌唱祖国”青春快闪活动，千余名师生参与其中，展现了当代大学生的蓬勃朝气和青春活力，弘扬了农大学子高雅而强烈的爱国荣校情操，受到人民网、新华网等多家校外媒体的报道。以“青春告白祖国”为主题，举办“我和我的祖国”中国农业大学第三届大学生网络文化节，共收集作品 60 余件，推荐优秀作品参与第三届“全国大学生网络文化节”和“全国高校网络教育优秀作品推选展示活动”评选活动，师生创作的 4 件作品分别获得三等奖、优秀奖，学校获得“全国大学生网络文化节”优秀组织奖。

（马紫威　邢雨凝）

扎实开展基础团务工作 共完成 18 927 名共青团员的注册，4 955 名新生共青团员的团组织关系转入，3 448 名毕业生共青团员的团组织关系转出，67 名共青团员的发展工作，收缴团费 35 887.9 元；全校注册团支部 831 个，其中本科生团支部 522 个、研究生团支部 270 个、教工团支部 21 个，实现团组织全覆盖。

（张晓星）

规范学生荣誉评定程序 2019 年，坚持公开、公平、公正原则，选树 10 名在精神文明建设、学术创新、躬身实践和校园文化建设等方面取得突出成绩的青年学生，授予学校颁发的在校生最高荣誉“五四青年标兵”称号，同时选树 6 个“五四青年标兵集体”，发挥榜样的示范引领作用。评选中国农业大学社会工作优秀一等奖学金 44 人、中国农业大学社会工作优秀二等奖学金 132 人、中国农业大学社会工作优秀三等奖学金 221 人；中国农业大学三好学生 1 469 人、中国农业大学优秀学生干部 599 人、中国农业大学优秀团干部 302 人、中国农业大学优秀团员 440 人。推荐评选北京市三好学生 33 人、北京市优秀学生干部 11 人。农学 173 班等 44 个班级荣获中国农业大学“优秀班集体”荣誉称号，农学162团支部等72个团支部荣获中国农业大学“优秀团支部”荣誉称号，生物181班等11个班级荣获北京市“先进班集体”荣誉称号。

（张晓星　马紫威）

进一步提升社会实践工作育人实效　以“乡村稼穑情·振兴中国梦”为主题，以“献礼新中国成立70周年”为主线，组织学生围绕四大专项行动和五个自选主题扎实开展暑期社会实践活动，构建校、院两级合作模式，共计参与学生达3 000人，参与小队248支，形成实践成果400余万字。同时，继续承办团中央2019年“乡村稼穑情·振兴中国梦”全国农科学子聚力乡村振兴全国大学生暑期社会实践专项活动，展现了农大人的“三农”情怀和责任担当。在第五届“寻找全国大学生百强暑期实践团队”评选中，校红色“1+1”实践小队斩获全国仅10个名额的“最佳实践团队”称号，创下历史最优记录。同时，还荣获2019年全国大中专学生志愿者暑期“三下乡”社会实践优秀单位称号等40余项荣誉，实践事迹受到人民网、新华网等170余家媒体的报道。

（吕佳）

持续推进志愿服务工作品牌化　组织2 500余名志愿者服务国家大型活动，为中非合作论坛、2019年世界园艺博览会、冬奥会倒计时1 000天、亚洲文明对话大会、篮球世界杯、国庆70周年系列庆祝活动等提供高质量服务保障工作。收到北京世界园艺博览会事务协调局、国庆70周年志愿者指挥部等多家单位的感谢信或表扬信。不断完善“志愿服务文化宣传、推广”机制，营造志愿文化育人大思政格局，完善“志愿服务培训、激励、指导”机制，保证服务质量和专业化水平。2019年，学生志愿服务参与人次、志愿时长实现飞跃式增长。志愿北京本科生注册率为99.95%，研究生注册率为89%，新注册志愿者5 716人，志愿参与人次6 083，全年志愿服务总时长达391 880小时，为2018年的3倍。

（马紫威　郝琦伟）

多层次推动创新创业工作　联合多部门构建多层次创新创业活动体系、多元化创新创业竞赛体系、多角度创新创业激励体系和多方位的创新创业组织体系。将校级、省级、国家级“大创计划”、创新创业活动、学科竞赛和“挑战杯”“互联网+”等赛事作为创新创业实践教育的载体，积极组织学生创业项目参与各类活动赛事。获第五届中国“互联网+”大学生创新创业大赛（北京赛区）金奖3个、银奖6个，全国总决赛银奖3个，第十届“挑战杯”首都大学生课外学术科技作品大赛特等奖2个、二等奖2个、三等奖10个以及“首都优胜杯”和“优秀组织奖”。2018—2019年度奖励各类创新创业成果516项，评选创新创业奖学金获得者30名。

（张战营）

打造精致繁荣的校园文化活动　依托“五月的花海”“金色的希望”项目化工作平台，开展主题活动66项，创历史新高。全年组织高雅艺术进校园共20期，内容涵盖各类高雅艺术、民族艺术与主旋律电影，深受广大师生喜爱。围绕新中国成立70周年，举办“壮丽七十年·奋进新时代”一二·九大文艺展演，创新活动形式，加入历史剧、歌舞表演等多种形式，并配备专业合唱及话剧老师进行全程指导，极大提升了活动规模和质量。丰富学校社团文化活动内容，促进社团文化育人作用，不断引导各类社团规范健康发展，取得丰硕成果。峰云社获首都高校第十六届越野攀登赛团体冠军等；国际交流协会获哈佛大学模拟联合国会议二等奖；绿脉环保协会获首届百城千校光盘行动挑战赛“优秀组织奖”等；峰云社人文科考队、向日葵爱心社获“中国大学生社会实践知行促进计划”“全国优秀大学生团队”；向日葵爱心社、绿脉环保协会获“榜样100”全国最佳大学生社团。

（邢雨凝）

【作风建设】

着力深入基层、贴近青年 落实校团委书记班子联系二级团组织机制。落实全体专职团干部指导一个团支部、一个学生社团、一支社会实践小队、一次志愿服务的工作机制。

（尤泳　张晓星　马紫威）

着力解决青年迫切需求 通过学代会和研代会征集提案21件。通过各类渠道关注权益问题近百件，切实为学生解决问题。

（张晓星　姚沫男）

【党风廉政建设】

深入开展廉洁教育 引导各级团学骨干学习《中国共产党纪律处分条例》等相关文件。全面推进从严治团，严格团学干部选拔程序和流程，严格二级团组织年度考核测评工作。

（尤泳　张晓星）

教育教学

年鉴

本科生教育教学

【招生工作】

经教育部批准，2019 年学校在全国 31 个省（区、市）及港澳台地区计划招收普通全日制本科生 3 210 名，除了河北、江西国际学院计划安排在提前批之外，其他计划全部安排在各省本科第一批次录取。其中，分省来源计划：安排 450 名烟台研究院本科计划仅在山东省招生；安排 290 名国家专项计划，分布在河北等 21 个省（区、市）的贫困县；安排高校专项计划 65 人，分布在河北等 27 个省（区、市）；安排非西藏生源定向西藏就业招生计划 5 名；安排外语类保送生计划 2 人；安排南疆单列计划 2 名。其他不分省来源计划包括：内地西藏班计划 17 名、新疆高中班计划 22 名、少数民族预科转入计划 41 名、高水平艺术团计划 7 名、高水平运动队计划 32 名、预留计划 32 名。

另在内蒙古、贵州、云南、西藏、青海、甘肃、宁夏、新疆等 8 省（自治区）安排少数民族预科班计划 40 名。

2019 年，学校共录取各类普通本科新生 3 220 名，其中，文史类 444 人，占 13.79%；理工类 2 675 人，占 83.07%；综合改革（上海、浙江）101 人，占 3.14%。共新录取少数民族预科班 38 人，其中，一年制预科 13 人，新疆两年制预科 25 人。

2019 年，学校共录取第一志愿考生 3 197 人，第一志愿率为 99.29%。应届考生 3 025 人，占 93.95%；往届考生 193 人，占 5.99%；录取城镇考生 2 448 人，占 76.02%；农村考生 772 人，占 23.98%；录取考生平均年龄为 18.28 岁；年龄最小的 15 岁，年龄最大的 32 岁；汉族考生 2 885 人，占 89.60%，其他 27 个少数民族的考生共 335 人，占 10.38%。；同一中学录取人数达到 5 人以上的有 145 所。其中，录取人数较多的中学有：山东省实验中学 20 人、山东省日照第一中学 19 人、河北省衡水第一中学 18 人、北京市中国人民大学附属中学 17 人、山东省东营胜利第一中学 16 人、山东省东营市第一中学 14 人、山东省济南市莱芜第一中学 14 人、云南省云南师范大学附属中学 14 人、山东省德州市第一中学14人、山东省济南市历城第二中学12人、北京市首都师范大学附属中学11人、河北省石家庄二中实验学校11人、河南省郑州外国语学校11人、内蒙古呼市第二中学11人、山东省淄博实验中学11人、河北省衡水中学10人、山东省潍坊一中10人、山东省邹城一中10人、四川省绵阳中学10人、天津市杨村一中10人。

在录取的新生中，外语类保送生2人、高水平运动队32人、高水平艺术团4人、非西藏生源定向西藏就业学生2人(河南省录取2人)、国家专项计划290人、南疆单列计划2人、高校专项计划63人、内地西藏高中班17人、内地新疆高中班22人、港澳台学生12人、少数民族预科班转入41人。

2019年，一批本科的生源质量情况为：理工类录取最低分各省平均比当地一本线高93.42分，理工类考生的投档成绩平均超过当地一本线107.34分，文史类考生的投档成绩平均超过当地一本线73.18分，高考改革省份考生的投档成绩平均超过当地一本线52.53分。除了海南之外，2019年共招收600分以上的理工类考生1 644人(2018年1 911人)，占61.78%(2018年71.71%)；招收600分以上的文史类考生163人(2018年216人)占36.71%(2018年49.54%)；招收600分以上综合改革类考生94人，占93.07%。非文史类考生中超过当地一本线100分以上的1 516人，占56.67%；超过当地一本线100分以下80分以上的584人，占21.83%。

2019级共有35名本科新生未来校报到，自动放弃入学资格，另有3人因病、因事(多为办理出国)保留入学资格，报到率为98.82%。

(白菲)

【教学管理】

2019年春季学期，共编排课程2 506门次(包括上课、实验、上机)，任课教师达到1 181人。学校计划开设校选课338门次，院选课355门次，实际开设校选课287门次，院选课277门次，停开校选课51门次，院选课78门次。开设体育专项不同级别的32个项目的270门次课程。

2019年秋季学期，共编排课程2 735门次(包括上课、实验、上机)，任课教师达到1 234人。学校计划开设校选课268门次，院选课422门次，实际开设校选课234门次，院选课327门次，停开校选课34门次，院选课95门次。开设体育专项不同级别的34个项目的349门次课程。

2019年为学院路教学共同体开设5门次选修课，共有393人次选修。

2019年评选出本科生校级优秀毕业论文(设计)100篇，推荐25篇参加北京市普通高等学校优秀本科生毕业设计(论文)评选，并全部获奖。学校对获得本科生校级优秀毕业论文(设计)的毕业生和指导教师给予了表彰与奖励。

(李璐　赖瑞琴　谢丽娜)

【考务工作】

(一)校外考试

6月，两校区共有6 631人报名参加全国大学外语四/六级考试笔试，共安排223个考场，446人次监考，56人次巡视和36人次参与安全保卫工作；12月份的全国大学外语四/六级考试两校区共有 6 664 人报名参加笔试，共安排 223 个考场，445 人次监考，50 人次巡视，28 人次参与安全保卫工作。

5 月，两校区共有 1 024 人报名参加了全国大学英语四、六级考试口试，共开考 12 批次，监考教师 124 人次，23 人次参与巡视及考试外围组织工作，21 人次参与安全保卫工作；11 月的全国大学英语四、六级考试口试两校区共 1 152 人报名参加，共开考 14 批次，监考教师 144 人次，23 人次参与巡视及考试外围组织工作，21 人次参与安全保卫工作。

精心组织了 2019 年 9 月全国计算机等级考试，按照北京教育考试院对该项国家级考试的要求，顺利完成了 1 202 人次 11 个批次的上机考试，安排 48 人次抽签巡考，考场秩序井然有序、保密安全及视频监控措施实施到位，较好完成了组考工作。

4 月，组织学校在校三年级本科生通过自愿报名的方式进行了北京市普通话水平免费测试。本次共有 1 172 名 2016 级本科生参加了测试，其中，286 人获得一级乙等证书，589 人获得二级甲等证书，176 人获得二级乙等证书，26 人获得三级甲等证书。

3 月，学校承担了一次北京地区中小学教师资格考试考务工作，考试科目共 2 科，共有 2 486 人次参加考试，一共 83 场次，166 人次监考，18 人次巡考。

2019 年共组织了 16 次考试，为 5 359 名(截至 12 月 7 日)雅思考生做好服务工作。

（朱利芬）

(二)校内考试

为了落实教育部“雷霆”手段，整顿本科教学秩序。针对补考制度，几经调研，听取多方意见、建议，决定从 2019 级学生开始，全面取消补考制度。2019 年，教务科厘清了此项制度针对的学生年级、课程范围、修读方式等多项细节，并通过电话、网站通知等多种渠道进行宣传，保证补考政策的稳定过渡。

期末考试周工作　2019 年春季学期全校期末考试周共安排 427 门次课程，参加考试学生 21 030 人次，安排监考人员 1 052 人次，巡考人员 170 人次。2019 秋季学期全校期末考试周共安排 138 门课程 502 门次、365 场次、23 654 人次考生的考试，安排监考教师 1 075 人次，安排校级巡视和本科生院老师巡视 171 人次。

学期中考试周工作　2019 年春季学期学期中考试周集中安排在第 11 周、第 14 周的周六、周日进行。全校共安排 267 门次课程，应参加考试学生 13 801 人次，安排各学院监考教师 656 人次，本科生院人员以及各学院教学院长校级巡视共 115 人次。2019 年秋季学期学期中考试周安排在第 11 周、第 13 周的周六、周日进行，全校共安排 235 门次课程，应参加考试学生 11 578 人次，选派监考人员 567 人次，安排本科生院人员以及各学院教学院长校级巡视 93 人次。

开学初补考工作　2019 年春季学期共安排补考课程 193 门次，应参加补考学生 2 190 人次，实考 1 453 人次，缺考 737 人次，缺考率为 34%，安排本科生院人员监考 95 人次。2019 年秋季学期共安排补考课程 210 门次，应参加补考学生 1 840 人次，实考 1 123 人，缺考 717 人次，缺考率为 39%，安排本科生院人员监考 73 人次。

2019 级新生英语水平考试　2019 年秋季学期 2019 级共有 102 个班级，2 980 人参加英语水平考试，共安排 73 个教室，落实监考人员 175 人，本科生院、外语系部分人员参加了考场巡视，在多部门的大力配合下，保证了本次考试的正常顺利进行，圆满完成考试工作。

（邢淑芬）

【学籍管理】

2019 年中国农业大学本科学籍异动:本年度,共有 2 915 人次学籍异动。其中,大类分专业 1 316 人次;转专业 490 人次;专业分方向 255 人次;休学 99 人次;复学 138 人次;退学 59 人次;保留学籍 61 人次;放弃入学资格 50 人次;保留入学资格 3 人次;编级(留级)94 人次;申请提前毕业 7 人次;申请延期毕业 60 人次;取得入学资格 1 人次;转学(转出)2 人次;交流学习(暑期)251 人次;交流学习(一学期)29 人次。(以上学籍异动数据含有留学生)

2019 年中国农业大学本科毕业生 毕业生 2 802 人。其中,1 月毕业数据:普通全日制学生毕业 12 人;夏季毕业数据:普通全日制学生毕业 2 663 人,普通学生结业 89 人,留学生毕业 3 人,留学生结业 1 人;秋季毕业数据:普通全日制学生毕业 10 人,普通学生结业 24 人。

学士学位授予 2 732 人。其中,1 月学位数据:应届毕业生 12 人,2018 届毕业生补证 3 人;夏季学位数据:应届毕业生 2 661 人,2018 届毕业生补证 28 人,2017 届毕业生补证 2 人,留学生 3 人;秋季学位数据:应届毕业生 10 人,2019 届毕业生补证 12 人,2018 届毕业生补证 1 人。2019 届毕业生中,447 人同时获得双学位证书,32 人获得辅修证书。

2019 年推荐优秀应届(2020 届)本科毕业生免试攻读研究生工作 共推荐 2020 届优秀应届本科毕业生免试攻读硕士学位研究生 738 名,其中,普通类 725 名,支教团 13 名。普通类的 725 名中保留研究生入学资格两年从事学生辅导员 30 名,艺术特长生 2 名,体育特长生 3 名,按"少数民族高层次人才骨干计划"项目培养的民族生 2 名,特殊学术专长 45 名。

(盖宝川)

【教学检查】

为保证新学期伊始教学运行秩序平稳,及时发现和解决教学运行中的问题,教务科坚持开学初、期中的教学检查,学期初学校对学生到课情况、任课教师课前准备情况进行了重点检查,着重检查了开学第一周周一至周三的第一大节、第三大节的教师到课、学生出勤等情况。春季学期按时到课率为 98.52%,秋季学期学生按时到课率为 98.68%。

(李璐 崔情情)

【视导组】

2019 年,校级本科教学视导组专家共 25 人。教学视导工作主要以随堂听课形式检查学校教学秩序、教学质量、教学条件和教学管理状况,调查研究教学活动中的主要经验和问题,提出加强教学工作的建议。2019 年,农学、理学、工学、人文社科 4 组视导团队集中对资环学院、动物科学技术学院、动物医学院、理学院(化学系、应用物理系、应用力学系)、工学院、水利与土木工程学院、人文与发展学院(媒体传播系、发展研究与社会政策系、发展管理系、外语系)、马克思主义学院等 8 个学院进行教学视导,共计听课 780 门次课程,并于学期末通过座谈等形式向学院进行视导汇报,集中反映问题,提出教学建议。

2019 年春季学期,为进一步提升本科课程的"高阶性、创新性及挑战度",提升教学水平与教学质量，学校启动本科优质课程建设工作，在全校范围内遴选 25 门课程，支持课程开展教学改革与课程建设。学校委托视导专家深入课堂听课，每门课程需旁听一半以上课时。2019 年度，视导专家累计听课 312 门次，共计 624 学时，有效监督和保障了学校“金课”推进质量。

（崔情情）

【教学评价】

2019 年春季学期学生评教结果 应参评 117 939 人次，实际参评 103 083 人次，学生参评率为 87.4％；有效评价课程 1 951 门，课程参评率为 100％；获评教师 1 174 人，教师获评率为 100％。评价得分统计结果：理论课有效评价课程 1 491 门，实验课程 326 门，体育与艺术类课程 133 门。在全校课程中，得分在 90～95 分的课程占比为 70.7％；80～89 分的课程占比为 27.3％；60～79 分的课程占比为 2％。其中，理论课平均分为 90.93 分；实验类课程平均分为 91.33 分；体艺类课程平均分为 92.3 分。

2019 年秋季学期学生评价结果 应参评 136 272 人次，实际参评 111 758 人次，参评率为 82％。有效评价课程 2 107 门，课程参评率为 100％；获评教师 1 457 人次，教师获评率为 100％。评价得分统计结果：理论课有效评价课程 1 488 门，实验课程 444 门，体育与艺术类课程 174 门。在全校课程中，得分在 90～95 分的课程占比为 70.8％；在 80～89 分的课程占比为 27.6％；60～79 分的课程占比为 1.6％。其中，理论课的平均分为 90.96 分；实验类课程的平均分为 90.81 分；体艺类课程的平均分为 91.59 分。

教学复评结果 2019 年，本科生院共接受张希玲、李春燕两位教师的教学复评申请。通过教学文件评价、专家随堂听课评价、集中公开课同行评价、学生评价四个环节，认定两位教师达到“优秀”，通过复评考核。复评结果有效期为 3 年。复评结果为“优秀”的课程，在有效期内将取代该课程原学生评价结果。

（崔情情）

【教学条件建设】

教室建设 2019 年共投入 84.09 万元用于公共教室运行管理，经费来源为本科教学运行费，主要用于教室多媒体设备维护服务、投影机灯泡等耗材更换、教师蓝牙麦克更换，以及库房搬家、空调加氟、电源改造等其他方面，以保障教学活动的正常进行。

学院公共教学条件建设 2019 年度，学校总拨款 185.84 万元用于教学条件建设，其中，实验室条件建设投入 119.76 万元，教室条件建设投入 66.08 万元。

公共教室改造与建设包括：(1)教室设备建设 40.33 万元，用于智慧教室管理平台上线、教室蓝牙接收器补充 15 台、投影机与幕布更换、教室计算机主机更换 10 台、第二教学楼黑板更换、空调购置（控制室 2 台＋教室 6 台＋计算中心 8 台）；(2)教室工程建设 25.74 万元，用于东区 5 间阶梯教室灯更换、东区红外发射板系统改造（三教与一二教、主楼首付款）、计算机等级考试电源与电路改造、无网教室 17 间的网络建设。

实验教学中心改造与建设包括：西校区语音室升级改造建设 119.76 万元，用于对西校区新教外语语言教学实验室进行整体改造。在升级改造过程中，注重创新，在不增加成本的前提下，增加了如下新功能：灯光实现人性化分区采光控制；空调采用出风更均匀的吸顶空调;安装格子柜供师生摆放随身物品;取消传统语音室挡板,以提升语言学习的交流通畅度;椅面采用嵌制软垫,以提高舒适度;教师机位采用双屏幕,以强化教学支持;学生机位采用云终端模式,以降低维护管理成本;软件实现模块化教学和网络教学等。此外,整体装修突出环境育人,美观大气,提高了西校区外语语音室的教学效果和质量。项目完成后的秋季学期承担了16个班、309人次的外语教学任务,并在对128位使用语音室的师生满意度调查中获得高达97.7%的满意度测评结果,超额达到预期目标。

(赵磊谢　丽娜)

【大学生创新创业训练】

2019年学生科研项目经费共安排737.03万元,资助大学生创新创业训练项目结题391项、立项509项,其中:国家级大学生创新创业训练计划立项236项,参加学生592人;北京市大学生科研创新与创业训练计划立项273项,参与学生624人;本科生科研训练计划(URP)项目共立项793项,参加学生1 831人。其中,本科生科研训练计划(URP)项目教师立项608项,占总项目数的76.7%,学生立项185项,占总项目数的23.3%。

据不完全统计,2019年学生作为第一作者共发表学术论文221篇,其中,SCI 27篇、EI 11篇、CPCI1篇、CSSCI1篇、中文核心期刊74篇。

(何靖)

【学科竞赛】

学校牵头承办的高级别竞赛并且组织的多项校级竞赛共计19项,包括:北京市大学生生物学知识竞赛、全国高校牛精英挑战赛等高级别赛事,全国农科学子创新创业大赛、全国大学生植物保护专业能力大赛,以及校级结构设计竞赛、机械创新设计竞赛、高等数学竞赛、数学建模选拔赛、动物科技专业技能大赛等。

学校组织学生参加的省部级及以上竞赛共55项,包括:全国大学生工程训练综合能力竞赛、全国大学生“恩智浦杯”智能汽车竞赛、全国农科学子创新创业大赛、全国大学生植物保护专业能力大赛、全国大学生动物科学专业技能大赛、全国大学生食品工程虚拟仿真大赛、国际大学生数学建模竞赛、全国大学生数学建模竞赛、全国大学生英语竞赛、全国大学生先进成图技术与产品信息建模创新大赛、全国大学生水利创新设计大赛等。

2019年共有1 239人次学生获省部级及以上级别学科竞赛奖励831项。共获得国家级竞赛奖励335项,其中,特等奖3项,一等奖26项,二等奖128项,三等奖178项;省部级竞赛奖励496项,其中,特等奖7项,一等奖68项,二等奖165项,三等奖256项。

(何靖)

【教材建设管理】

根据《北京市教育委员会关于开展北京高校“优质本科课程”和“优质本科教材课件”建设的通知》的文件要求,组织优质教材课件申报工作。经过专家评审,最终确定,推荐《植物生理学》《作物育种学》《遗传学》《农业推广学》和《食品生物技术导论》等5种教材上报北京市教委。经北京市教委评选,5种教材获得一般项目支持。

2019 年组织开展了校级本科教材建设立项申报、实施工作。经学院推荐，申报项目共 103 项，经过专家评审，确定 56 项为 2019 年本科教材建设项目。为进一步做好教材建设项目工作，于 2019 年 6 月 18 日下午召开了 2019 年教材建设项目推进会，交流教材编写经验，介绍项目实施中有关经费使用等相关事宜。

根据农业农村部教材办公室《关于组织开展第二批农业农村部“十三五”规划教材申报工作的通知》要求，组织学校教师申报项目立项工作，教师共申报 64 种教材。

（王雪华）

【教材选用管理】

根据《中国农业大学教材选用管理办法》，规范教材选用。已出版马克思主义理论研究和建设工程（简称“马工程”）教材的相应课程全部按规定统一选用了“马工程”重点教材，并为任课教师免费提供教师用书，为学院提供样书，方便教师查阅。学院对任课教师选用教材及教学参考书、新申报教材进行审核，使教材选用管理工作常态化、规范化。

（王雪华　任卫萍）

【教材供应】

售出正式出版教材 6.6 万余册，码洋 272 余万元。印制自印教材 24 种，免费发放 1.5 万余册。

（王雪华　任卫萍）

【试卷印刷】

本年度完成了全校本科生 2 100 门次课程的试卷印刷装订工作，共制作 5 130 版，印制 435 323 张试卷，装订了 167 476 份，配备答题纸 134 741 张，草稿纸 76 700 张，研究生英语试卷 5 150 份。

（刘玉琳　董艳华）

【专业建设】

2019 年，增设农业智能装备工程、生物质科学与工程、人工智能、土地整治工程、中兽医学和日语 6 个本科专业，本科专业数达 72 个，第二学士学位专业 1 个。其中，农业智能装备工程、生物质科学与工程 2 个专业均为全国新开设专业，为学校推动信息技术、工程技术、生物技术与传统农业深入融合的重要探索，是“新农科”建设理念的有效实践，高度契合国家卓越农林人才教育培养计划 2.0 要求，在“新农科”建设领域具有重要的引领意义。

2019 年，化学、生物科学、计算机科学与技术、农业工程、农业水利工程、资源环境科学、食品科学与工程、农学、园艺、植物保护、动物科学、草业科学、农林经济管理、动物医学和土地资源管理等 15 个专业入选国家级一流专业建设点；应用化学、生态学、水利水电工程、农业机械化及其自动化和食品质量与安全 5 个专业入选北京市一流专业；植物保护、动物医学 2 个专业入选北京市重点建设一流专业。

学校始终坚持以专业认证为抓手，扎实推进校内一流专业建设。在学校认证史上，第一次4个专业(车辆工程、电气工程及其自动化、水利水电工程和农业水利工程)同时通过工程认证,且有效期均为最长的6年;另有计算机科学与技术、电子信息工程和自动化3个专业已被教育部成功受理并将于2020年年初接受专家入校考察。食品科学与工程专业已着手申报工程专业认证,动物科学与农林经济管理2个专业递交了中俄联合认证申请。

(崔情情)

【课程建设】

核心课程建设 为提高素质教育课程质量,培养高素质创新人才,2019年开展了第四批核心通识课程建设。共遴选5门课程作为第三批核心通识课程,核心通识课总数达到50门。至此,学校三类核心课程体系总门数共计516门(含基础核心课50门、专业核心课416门、核心通识课50门)。每门课程划拨1万~3万/年的课程建设经费,用于支持课程助教、教学研究、教材建设、青年教师培养、课程建设等方面的支出。课程建设经费每年编制预算,经费专款专用,不得挪作他用。学校在实验教学中心、实践教学基地建设等方面优先满足核心课程需要。各学院应在人员、场地等方面予以支持,保障核心课程持续建设。

在线课程建设 根据《2019年在线开放课程申报指南》,经过教师自愿申报、学院推荐、学校评选,共确定28门课程为2019年立项建设的在线开放课程。2019年9月,学校推荐"微观经济学""Java语言程序设计""大学计算机教程"3门课程参评2019年国家精品在线开放课程。

一流本科课程建设 2019年3月,学校制定《中国农业大学优质课程(金课)建设方案(暂行)》,以"淘汰水课、打造金课"为目标,以立德树人为根本,遵循"高阶性、创新性、挑战度"建设标准,打造优质本科课程。首批遴选25门核心课程作为学校优质课程建设项目,通过认定为校级教改项目、承认教学工作量、拨发助教津贴、灵活使用建设期间教学评价结果等政策导向,鼓励任课教师开展课程教学改革。首批优质课程建设良好,其中5门课程获评北京市优质本科课程。在2019年年底推进的线下、线上线下混合、社会实践国家级一流本科课程评审中,学校共推荐15门课程参评。

(崔情情)

【教学改革】

教学改革招标项目 学校"面向智能农机装备产业新型工程人才培养需求的教育信息化探索与实践""农业院校交叉性工科专业实践教育体系及平台创建与实践""涉农院校面向新工科的工程实践教育体系与实践平台构建""生物质工程专业建设探索与实践"入选教育部第一批新工科教学研究与改革实践项目。由王涛主持的"新农科的发展理念及发展方式研究与改革实践"获2019北京高等教育"本科教学改革创新项目"重点项目,"适应农业现代化创新人才需求,构建'七维一体'的大学数学教学生态环境""完善创新型人才培养的全过程育人体系""农业类高校彰显优势和特色的社会科学人才'六位一体'培养体系创新与实践""基于新工科的农业机械化及其自动化专业培养方案改革"4项获一般项目,共获项目研究经费13万元。学校继续支持教师开展"专业课发挥思政教育功能”教改专项，2019 年立项 69 项，共支持经费 35 万元。此外，学校委托理学院开展“中国农业大学民族预科班培养方案及选修课研制”教改项目。根据《中国农业大学校级教学研究项目管理办法》(中农大教字〔2014〕8 号)，经各学院组织立项和结题，教务处组织审核，2019 年以“后立项”方式共确认校级教改项目 76 项。

(崔情情)

【教师获奖】

国家“万人计划”教学名师 学校根据《教育部关于开展 2019 年国家“万人计划”教学名师遴选工作的通知》要求组织评审，确定陈耀星、夏国良两位推荐人选。目前，国家“万人计划”教学名师评审仍在进行中。

北京市教学名师 工学院宋正河、园艺学院郭仰东获北京市教学名师奖；动物医学院董玉兰获北京市青年教学名师奖。动物医学院陈耀星经学校推荐，参评 2019 年北京市特级教学名师，目前评选仍在进行中。

北京高校优秀本科育人团队及优秀本科教学管理人员 农学院“作物遗传育种教学团队”(团队带头人：刘庆昌)获 2019 年“北京高校优秀本科育人团队”；本科生院综合处处长韦笑获 2019 年“北京高校优秀本科教学管理人员”。

校级教学名师 开展第七届“中国农业大学教学名师奖”评选，王瑞梅、王素芬、王倩、李春燕、张俊伶、董江丽等 6 名教师获“中国农业大学教学名师奖”。

校级优秀教师 根据《关于评选中国农业大学 2019 年度优秀教职工的通知》要求，经各单位推荐、评审委员会审议通过，张蕴薇等全校 60 名教师获 2019 年度优秀教师称号。

青年教师教学基本功比赛 韩宇、王书敏、高健、曹志军、王新及马晓栋 6 位青年教师代表学校参加北京高校第十一届青年教师教学基本功比赛，并获得了 3 个一等奖、22 项奖励的历史最佳成绩。其中，动科学院曹志军获工科类一等奖第一名，取得学校历史最好成绩；水院韩宇获工科类一等奖，理学院马晓栋获理科类一等奖，动科学院王书敏获工科类二等奖，动医学院高健、工学院王新获工科类三等奖。此外，学校青年教师还斩获多个单项奖。曹志军包揽了最佳教案、最受学生欢迎、最佳现场展示和最佳教学回顾 4 个单项奖，马晓栋获最佳教案奖，韩宇、王书敏获最受学生欢迎奖，韩宇获最佳现场展示奖。李胜利、张沅、杨培岭、王素芬、何志巍、庞慧慧老师获优秀指导教师奖。学校承办了工科类赛事工作，获得突出贡献奖和优秀组织奖。

(崔情情)

【本科教育国际交流】

2019 年联合培养项目 2019 年，学校有联合培养项目 12 个，“2＋2”形式联合培养项目合作院校分别是美国康奈尔大学、美国普渡大学、美国马里兰大学、美国科罗拉多州立大学、美国罗格斯大学(专业仅限动物科学技术学院各专业)、美国俄克拉荷马州立大学(专业仅限动物科学技术学院各专业)、加拿大滑铁卢大学、加拿大阿尔伯塔大学。“3＋2”形式联合培养项目合作院校分别是美国奥本大学(专业仅限农学院、植物保护学院、园艺学院、经济管理学院、理学院、生物学院、工学院相关专业)、美国康涅狄格大学

（专业仅限水利及土木工程学院相关专业）、美国加州大学戴维斯分校（专业仅限资源与环境学院相关专业）。本年度共有45人被国外大学录取并办理出国手续，其中，“2＋2”项目43人，“2＋4”项目2人。

2019年，学校国际学院中外合作办学项目共派出108人，其中，50人赴美国俄克拉荷马州立大学联合培养，58人赴美国科罗拉多州立大学（丹佛）联合培养。

2019年交换生项目 2019年学校有交换生项目共7个，合作院校分别是美国马里兰大学、俄克拉荷马州立大学、加州大学戴维斯分校、加州大学圣地亚哥分校、加拿大阿尔伯塔大学、新西兰梅西大学、日本新泻大学。本年度共派出29人（其中，2人入选国家留学基金委优秀本科生国际交流项目，获国家留学基金资助）。

2019年国家公派研究生项目 2019年，国家留学基金委国家建设高水平大学公派研究生项目录取1人，攻读博士研究生；国家留学基金委国外合作项目、与有关国家互换奖学金计划等项目录取4人，攻读硕士研究生。国家留学基金委自2019年起不再执行“国家公派硕士研究生项目”。

2019年国际暑期项目 2019年，在“本科生国际化培养提升项目”的支持和驱动下，共执行30个国际暑期项目，其中，新增项目18个，学校共派出257人参加国际暑期项目。

2019年大北农国际交流奖学金 2019年，大北农国际交流奖学金继续资助家庭经济困难的优秀学生参加国际交流项目，本年度确定资助15名本科生赴美国、荷兰、捷克、意大利、日本等国家交流学习，资助金额为16.5万元。

2019年本科生国际化培养提升项目 2019年，学校启动实施本科生国际化培养提升项目，旨在加快学校“双一流”建设，培养具有国际化视野、高素质创新力、全球竞争力和世界农业发展领导力的一流人才。学生参加不超过12个月的交换生项目、暑期项目、国际竞赛或国际会议等，可以申请资助，每名学生可获得不超过8 000元的资助金额。本年度，在200万“双一流”专项经费的支持和驱动下，组织了4次项目申报及评审工作，共有23个团组项目立项（其中，新增项目17个），23个学生项目立项，资助学生244人，资助金额188.2万元；资助带队教师4人，资助金额11.8万元。项目执行单位配套了带队教师经费，部分单位配套了学生经费。2019年，学校共派出449名本科生出国（境）交流学习，占全校本科生人数的3.68％，较2018年派出人数增长47.21％。

（曾佳）

附录

附录1 2019年本科专业一览表

序号	专业代码	专业名称	修业年限	学位授予门类
1	020101	经济学	4年	经济学
2	020301K	金融学	4年	经济学
3	020401	国际经济与贸易	4年	经济学
4	030101K	法学	4年	法学
5	030301	社会学	4年	法学
6	050201	英语	4年	文学
7	050304	传播学	4年	文学

续附录 1

序号	专业代码	专业名称	修业年限	学位授予门类
8	070101	数学与应用数学	4 年	理学
9	070202	应用物理学	4 年	理学
10	070301	化学	4 年	理学
11	070302	应用化学	4 年	理学
12	070504	地理信息科学	4 年	理学
13	070602	应用气象学	4 年	理学
14	071001	生物科学	4 年	理学
15	071002	生物技术	4 年	理学
16	071004	生态学	4 年	理学
17	071201	统计学	4 年	理学
18	080102	工程力学	4 年	工学
19	080202	机械设计制造及其自动化	4 年	工学
20	080204	机械电子工程	4 年	工学
21	080205	工业设计	4 年	工学
22	080207	车辆工程	4 年	工学
23	080301	测控技术与仪器	4 年	工学
24	080501	能源与动力工程	4 年	工学
25	080601	电气工程及其自动化	4 年	工学
26	080701	电子信息工程	4 年	工学
27	080703	通信工程	4 年	工学
28	080714T	电子信息科学与技术	4 年	理学
29	080801	自动化	4 年	工学
30	080901	计算机科学与技术	4 年	工学
31	081001	土木工程	4 年	工学
32	081101	水利水电工程	4 年	工学
33	081801	交通运输	4 年	工学
34	081802	交通工程	4 年	工学
35	082301	农业工程	4 年	工学
36	082302	农业机械化及其自动化	4 年	工学
37	082304	农业建筑环境与能源工程	4 年	工学
38	082305	农业水利工程	4 年	工学
39	082502	环境工程	4 年	工学
40	082503	环境科学	4 年	理学
41	082506T	资源环境科学	4 年	理学

续附录1

序号	专业代码	专业名称	修业年限	学位授予门类
42	082701	食品科学与工程	4年	工学
43	082702	食品质量与安全	4年	工学
44	082706T	葡萄与葡萄酒工程	4年	工学
45	083001	生物工程	4年	工学
46	090101	农学	4年	农学
47	090102	园艺	4年	农学
48	090103	植物保护	4年	农学
49	090105	种子科学与工程	4年	农学
50	090106	设施农业科学与工程	4年	农学
51	090301	动物科学	4年	农学
52	090401	动物医学	5年	农学
53	090502	园林	4年	农学
54	090601	水产养殖学	4年	农学
55	090701	草业科学	4年	农学
56	120101	管理科学	4年	管理学
57	120201K	工商管理	4年	管理学
58	120202	市场营销	4年	管理学
59	120203K	会计学	4年	管理学
60	120301	农林经济管理	2年	管理学
61	120301	农林经济管理	4年	管理学
62	120302	农村区域发展	4年	管理学
63	120401	公共事业管理	4年	管理学
64	120402	行政管理	4年	管理学
65	120404	土地资源管理	4年	管理学
66	120801	电子商务	4年	管理学
67	080910T	数据科学与大数据技术	4年	理学
68	050207	日语	4年	文学
69	080717T	人工智能	4年	工学
70	082306T	土地整治工程	4年	工学
71	082307T	农业智能装备工程	4年	工学
72	090204T	生物质科学与工程	4年	农学
73	090405T	中兽医学	5年	农学

附录 2　担任新一届(2018—2022 年)教育部高等学校教学指导委员会委员名单

名称	姓名	职务
植物生产类专业教学指导委员会	孙其信	主任委员
	王建华	副主任委员
	张海林	秘书长
	彩万志	委员
农艺(含农学、植物保护)类教学指导分委员会	李召虎	副主任委员
	刘庆昌	委员
园艺(含茶学)类教学指导分委员会	韩振海	副主任委员
种子科学与工程专业教学指导分委员会	王建华	副主任委员
	孙群	秘书长
农业工程类专业教学指导委员会	康绍忠	主任委员
	韩鲁佳	秘书长
动物医学类专业教学指导委员会	沈建忠	主任委员
	张国中	秘书长
食品科学与工程类专业教学指导委员会	胡小松	副主任委员
	廖小军	委员
自然保护与环境生态类专业教学指导委员会	吴文良	副主任委员
动物生产类专业教学指导委员会	呙于明	副主任委员
草学类专业教学指导委员会	毛培胜	副主任委员
农业经济管理类专业教学指导委员会	辛贤	副主任委员
	郭沛	委员
社会学类专业教学指导委员会委员	叶敬忠	委员
地理科学类专业教学指导委员会	王鹏新	委员
大气科学类专业教学指导委员会	潘学标	委员
水利类专业教学指导委员会	李云开	委员
大学化学课程教学指导委员会	杜凤沛	委员
大学生物学课程教学指导委员会	于静娟	委员

附录3　第四批核心通识课名单

课程名称	责任教师	职称	学院
乡村振兴:理论、政策与实践	韩一军	教授	经济管理学院
食品感官品鉴——名饮品鉴之旅	韩北忠	教授	食品科学与营养工程学院
能源科技与人类文明	刘竹青	教授	水利与土木工程学院
社会学的邀请	熊春文	教授	人文与发展学院
犯罪离你有多远?——生活中的犯罪与刑法	张雅	副教授	人文与发展学院

附录4　2019年中国农业大学本科教学视导组专家名单

序号	姓名	学院	组别
1	陈敏	食品科学与营养工程	工科
2	纪威	工学院	工科
3	李丽英	工学院	工科
4	屈瑞谦	信息与电气工程学院	工科
5	张燕生	水利与土木工程学院	工科
6	张淑敏	工学院	工科
7	孟超英	信息与电气工程学院	工科
8	焦群英	理学院	理科
9	贾贵儒	理学院	理科
10	李楠	理学院	理科
11	付志一	理学院	理科
12	周志坚	理学院	理科
13	苏胜宝	农学院	农科
14	张文	园艺学院	农科
15	施大钊	植物保护学院	农科
16	滕可导	动物医学院	农科
17	王敬国	资源与环境学院	农科
18	傅金銮	动物科学与营养工程学院	农科
19	袁明	生物学院	农科
20	乔忠	经济管理学院	人文社科
21	戴芳春	马克思主义学院	人文社科
22	张蓉	人文与发展学院	人文社科
23	李秉龙	经济管理学院	人文社科
24	孙悦芬	人文与发展学院	人文社科
25	于华江	人文与发展学院	人文社科

附录5 2019年一流本科课程建设名单

序号	学院	课程名称	申报人	备注
1	动物科学技术学院	动物遗传学	邓学梅/方美英	
2	动物医学院	兽医微生物学	盖新娜	
3	动物医学院	动物解剖学	陈耀星	
4	工学院	机械制造工程学	张俊雄	
5	经济管理学院	微观经济学 A	臧日宏	
6	经济管理学院	会计学原理 A	张希玲	
7	理学院	理论力学 A	陈奎孚	
8	理学院	高等数学(A)上	甄苓	
9	理学院	大学物理实验 B	李春燕	北京高校优质本科课程(一般)
10	马克思主义学院	思想道德修养与法律基础	李明	
11	农学院	植物育种原理	李保云	
12	农学院	种子生产学	王建华	
13	人文与发展学院	刑法学(总论)	张雅	
14	生物学院	生物化学(下)	韩海棠	北京高校优质本科课程(重点)
15	生物学院	植物学 A	刘朝辉	北京高校优质本科课程(一般)
16	食品科学与营养工程学院	食品保藏原理	梁建芬	
17	水利与土木工程学院	设施农业工程工艺	李保明	
18	水利与土木工程学院	水泵与水泵站	王福军	
19	土地科学与技术学院	土地管理学	朱道林	
20	信息与电气工程学院	程序设计Ⅱ	吕春利	北京高校优质本科课程(一般)
21	园艺学院	设施园艺学	高丽红	北京高校优质本科课程(一般)
22	园艺学院	植物生物技术导论	郭仰东	
23	植物保护学院	普通昆虫学	刘志琦	
24	植物保护学院	普通植物病理学	吴学宏	
25	土地科学与技术学院	土壤学 A	吕贻忠	

附录 6　2019 年在线开放课程建设名单

序号	学院	课程号	课程名称	课程负责人
1	动物科学技术学院	23304007	动物育种学	张胜利、俞英
2	动物科学技术学院	23304005	动物繁殖学	田见晖
3	动物科学技术学院	23304006	动物遗传学	邓学梅
4	动物科学技术学院	23304010	畜牧生物统计与试验设计	刘剑锋、王雅春
5	动物医学院	23305002	家畜解剖及组织学	匡宇
6	动物医学院	43305005	兽医寄生虫学	刘晶
7	动物医学院	33305001	兽医病理解剖学	周向梅
8	经济管理学院	23311006	农业经济学	马骥
9	理学院	11310019	有机化学	肖玉梅、傅滨
10	理学院	11310009	大学物理学	朱世秋
11	农学院	33301004	作物育种学	李保云
12	农学院	23301002	农业生态学	曾昭海
13	人文与发展学院	51312001	当代中国的农业、农村与农民	何慧丽
14	生物学院	51302001	生命科学导论	韩建永、巩志忠
15	生物学院	25306002	生物化学实验	王娜
16	食品科学与营养工程学院	06131060	中华茶文化	侯彩云
17	食品科学与营养工程学院	06130790	烘焙食品营养与文化	梁建芬
18	水利与土木工程学院	23309017	工程项目管理	杨培岭、牛俊
19	水利与土木工程学院	33309032	水利工程施工	李淑芹
20	图书馆	51501001	文献检索	袁永翠
21	信息与电气工程学院	23308007	数字电子技术	吉海彦
22	植物保护学院	33319001	普通植物病理学	韩成贵
23	植物保护学院	34319002	害虫生物防治	石旺鹏
24	植物保护学院	23319002	微生物及植物病原学	周涛
25	植物保护学院	33319007	农药学	刘鹏飞
26	植物保护学院	33319006	植物检疫学	李志红
27	资源与环境学院	23303006	气象学与气候学	龙步菊
28	资源与环境学院	43303002	应用气候学	潘学标、胡琦

附录 7　2019 年专业课发挥思想政治教育功能教学改革专项名单

序号	学院	申请人	职称	项目名称	项目类别
1	动物科学技术学院	刘国世	教授	动物繁殖学中的思政教育	研究探索类
2	动物科学技术学院	赵兴波	教授	“动物保护概论”课程的思政教育内容探索	研究探索类
3	动物科学技术学院	俞英	教授	动物育种学课程中的创新观培养	研究探索类
4	动物科学技术学院	曹志军	教授	“畜牧概论”课程中的思想政治教育探索	研究探索类
5	动物科学技术学院	王显国	副教授	“牧草与草坪草种子学”课程的思政教育内容探索	研究探索类
6	动物科学技术学院	赵丽红	副教授	“动物营养学”思政教育新探索	研究探索类
7	动物医学院	马云飞	副教授	“动物组织与胚胎学”课程融入思政教育的探索与实践	研究探索类
8	动物医学院	刘天龙	副教授	病理剖检课在思政教育中的作用研究初探	研究探索类
9	动物医学院	范开	副教授	将文化自信建设融入中兽医课程教学中	经验总结类
10	工学院	柳沙	副教授	创新设计服务“三农”:“产品设计程序与方法”专业课发挥思想政治功能教学改革	研究探索类
11	工学院	周宇光	副教授	“农业物料学”与思政教育融合教学探索	研究探索类
12	工学院	王伟	副教授	“智能检测技术”课教学中渗透思政教育途径的研究与探索	研究探索类
13	工学院	赵雪彦	副教授	机械设计课程发挥思政教育功能的探索	研究探索类
14	工学院	吴刚	副教授	机电传动与控制专业课教学与思想政治教育切入点探索	研究探索类
15	工学院	周敏	讲师	润物细无声——于工程材料及成形技术教学中进行思政教育	研究探索类
16	国际学院	栾志强	副教授	以中国特色社会主义政治经济学思维指导“经济学基础西方经济学”教学	研究探索类
17	国际学院	李岩	教授	中外合作办学管理学课程思政教育的探索与实践	研究探索类
18	国际学院	齐岩	副教授	“财务会计与财务报表分析”:商业道德与社会主义核心价值观引领	研究探索类
19	经济管理学院	陈红华	教授	市场营销专业课程与思政教育融合的教学改革探讨	研究探索类
20	经济管理学院	陆娟	教授	思政教育引入市场营销课堂的探索	研究探索类
21	经济管理学院	张希玲	副教授	财务会计(二)——发挥思政教育功能研究	研究探索类
22	经济管理学院	王瑞梅	教授	管理学原理发挥思政教育功能专项	研究探索类
23	理学院	侯士聪	教授	生命科学试验班有机化学 A 课程发挥思政教育功能的探索	经验总结类
24	理学院	常正	副教授	工程材料引论课思政教育功能探索	研究探索类
25	理学院	王永岗	教授	探索将思政教育融入力学专业课的教材编写中	经验总结类

续附录7

序号	学院	申请人	职称	项目名称	项目类别
26	理学院	徐艳月	副教授	探索并发挥物理教学在思政教育中的隐性功能	研究探索类
27	理学院	王红梅	未评级	无机化学实验课的思想政治教育	经验总结类
28	理学院	张莉	副教授	将环保理念融入“环境分析化学”教学实践中	经验总结类
29	农学院	周于毅	副教授	改革开放40年来我国农业生产技术的发展研究(以植物田间技术课程为例)	经验总结类
30	农学院	刘文欣	副教授	“试验设计与生物统计”课程的思政教育实践	经验总结类
31	农学院	张海林	教授	“耕作学”发挥思政教育功能研究与实践	研究探索类
32	人文与发展学院	刘海英	副教授	英美社会与文化课程的思政教育功能研究	研究探索类
33	人文与发展学院	李玉梅	副教授	“法理学”课程中法治人才知行合一的思政教育	经验总结类
34	人文与发展学院	谢元媛	副教授	以社会工作课培育学生的社会主义核心价值观	研究探索类
35	人文与发展学院	孙威	副教授	从经济体制改革导入——经济法专业课发挥思政教育功能的探索	经验总结类
36	生物学院	王娜	其他副高级	在“生物化学实验”中开展基于“行动导向”的思政教育	研究探索类
37	生物学院	韩海棠	副教授	挖掘“生物化学”中的思政元素,做好教书育人	研究探索类
38	食品科学与营养工程学院	侯彩云	教授	茶文化课程对提升学生思想品德和文化自信的探索	经验总结类
39	食品科学与营养工程学院	车会莲	副教授	“食品毒理学”思政教育经验和改进方案	经验总结类
40	食品科学与营养工程学院	杨栋	副教授	“维生素与健康”授课中的爱国主义教育	经验总结类
41	食品科学与营养工程学院	梁志宏	副教授	“食品微生物学”教学与文化自觉意识的培养	研究探索类
42	食品科学与营养工程学院	梁建芬	教授	“食品保藏原理”课程教学中强化“社会主义核心价值”观探讨	研究探索类
43	水利与土木工程学院	赵淑梅	教授	“专业综合实践”环节发挥思政教育功能研究	研究探索类
44	水利与土木工程学院	王素芬	教授	“水力学”课程教学发挥思政教育功能探索	经验总结类
45	水利与土木工程学院	杨魏	副教授	思政教育与流体力学的有机结合	研究探索类
46	水利与土木工程学院	丁涛	副教授	“工程传热传质”专业课发挥思政教育功能研究	研究探索类
47	水利与土木工程学院	庄金钊	副教授	“地下工程”专业选修课发挥思政教育功能研究	研究探索类
48	体育与艺术教学部	李红	副教授	作为“道德之舍”的身体:体育教学中的“美德”养育初探	研究探索类

续附录 7

序号	学院	申请人	职称	项目名称	项目类别
49	体育与艺术教学部	时永进	副教授	发挥橄榄球运动的核心价值，培育新时代合格人才	经验总结类
50	土地科学与技术学院	王数	教授	地学课程教学中的情怀与文化	研究探索类
51	土地科学与技术学院	郭浩	讲师	“一带一路”背景下的地理学课程内容优化探索	研究探索类
52	信息与电气工程学院	冯建英	副教授	“经济地理学”发挥思政教育功能的探索与实践	研究探索类
53	信息与电气工程学院	袁钢	讲师	在民族班大学计算机基础课中推进“立德树人，知行合一”的尝试与探索	经验总结类
54	信息与电气工程学院	巨云涛	副教授	“不忘初心”——明晰电机学教学的初衷	研究探索类
55	信息与电气工程学院	吴红丹	副教授	“设计与制图基础 B”课程思政教学研究	研究探索类
56	信息与电气工程学院	梁明新	副教授	“数字电子技术”课程发挥思政教育功能专项	研究探索类
57	园艺学院	郭仰东	教授	从”植物生物技术”课程看转基因技术对我国粮食安全的必要性	研究探索类
58	园艺学院	张常青	教授	“园艺产品贮运学”走进“三农”产业实践实习模式探索	研究探索类
59	植物保护学院	马占鸿	教授	普通植物病理学教学中的思想政治教育	经验总结类
60	植物保护学院	朱小琼	副教授	普通植物病理学课程中的思政教育实践	经验总结类
61	植物保护学院	刘小侠	教授	“农业昆虫学”教学中思政教育的融入与深化	经验总结类
62	资源与环境学院	芮玉奎	副教授	“环境毒理学”中的思想教育功能经验总结	经验总结类
63	资源与环境学院	唐傲寒	副教授	思想政治教育功能在“环境科学与工程导论”课程中的应用	研究探索类
64	资源与环境学院	韩文轩	教授	“生态系统与全球变化”课程发挥思政教育功能研究	研究探索类
65	资源与环境学院	侯玉峰	未评级	摄影教学中爱国主义思想的培养	研究探索类
66	烟台研究院	姜旭	讲师	在“实用英语翻译”课中发挥思政教育功能，讲好中国故事，传播好中国声音	经验总结类
67	烟台研究院	唐红	讲师	“合同法”课程发挥思政教育功能的探索与实践	研究探索类
68	烟台研究院	成建红	副教授	挖掘“生物化学”课程隐性思政教育功能的研究与实践	研究探索类
69	人文与发展学院	曾庆敏	副教授	英美社会与文化课程的思政教育功能研究	研究探索类

附录8　2019年体育俱乐部教改项目名单

俱乐部名称	课程负责人
峰云社俱乐部	张晓星
橄榄球俱乐部	吴卫
高尔夫俱乐部	王永生
国旗班俱乐部	马紫威
健美操俱乐部	于洋洋
健身瑜伽俱乐部	吴敏
篮球俱乐部	李书峰
排球俱乐部	杜欣
乒乓球俱乐部	陈彩香
太极拳俱乐部	张天鹏
田径俱乐部	王正然
网球俱乐部	李奕
羽毛球俱乐部	徐菲聆
足球俱乐部	屈珊珊

附录9　2019年"后立项"方式确认校级教改项目名单

序号	学院名称	项目名称	项目主持
1	动物医学院	犬数字骨骼标本库标注的建立与完善	曹静
2	动物医学院	动物肝脏铸型标本制作技术优化	董玉兰
3	动物医学院	猪、鼠、鸡胃组织学切片的制作	王子旭
4	动物医学院	犬心脏标本的制作	陈耀星
5	动物医学院	动物组织与胚胎学实验课考核方法探索及考查标本补充	马云飞
6	动物医学院	"兽医公共卫生学"课程教学新方法的探索	胡艳欣
7	工学院	农业机械类核心课程教学资源建设	刘彩玲
8	工学院	工程材料及成型技术归纳研讨式教学模式建设	徐杨
9	工学院	面向虚拟仿真的"液压与气压传动"课堂教学新模式实践与研究	杜岳峰
10	工学院	基于"命题式设计"的"微合作课堂"教学模式研究	刘平义
11	工学院	以激发学生自主学习的"车辆嵌入式系统开发基础"课程教学模式探索	谢斌
12	工学院	农业工程相关专业第二课堂育人模式研究	田笛
13	工学院	农业工程专业新生研讨课研究型教学模式构建	刘嫣红
14	工学院	机电专业新生研讨课研究型课堂教学实践	谭彧
15	工学院	"热工基础"课程教学改革	辛喆
16	工学院	跨专业协同创新的电子产品设计课程改革	柳沙

续附录 9

序号	学院名称	项 目 名 称	项目主持
17	工学院	面向新工科建设的“控制工程基础”教学内容改革	陈建
18	工学院	基于工程能力的“先进制造技术训练”教学模式研究	张宾
19	工学院	工学院大学生自主创新实践培养体系构建	董向前
20	工学院	以培养工程实践能力为导向的计算机辅助工业设计课程改革	陈雨
21	工学院	车辆工程专业新生研讨课教学模式的探索与实践	张学敏
22	工学院	“农工综合实习”实践课程建设	王红英
23	工学院	内外课堂、可交融和的机械设计制造及其自动化专业新生研讨课模式改革	张俊雄
24	工学院	工业设计专业新生研讨课研究型教学模式构建	柳沙
25	工学院	“微机原理与测控技术”课程建设与研究型教学实践	郑永军
26	工学院	以理论与工程实践创新有机结合为导向的精度与测量课程改革	刘景云
27	工学院	工科核心课程“农学概论”教学内容的优化提升	徐丽明
28	工学院	“机械电气控制实验”课程教学改革和探索	袁挺
29	工学院	工业设计专业工程材料及加工工艺教学资源建设	凌刚
30	工学院	大学生创新训练的思考与实践	赵建柱
31	工学院	“无线传感器技术”理论与实践教学融合方法研究	王新
32	工学院	工程教育背景下现代智能检测技术教学模式改革与实践	王伟
33	工学院	基于“机械原理课程实验”构建学生工程创新综合能力	张云文
34	工学院	“机械设计”课程教学改革与实践	娄秀华
35	经济管理学院	网络技术在“会计学原理”教学中的应用研究	李平
36	经济管理学院	金融实验室软件建设方案研究	鞠荣华
37	经济管理学院	会计模拟综合实训	许骞
38	经济管理学院	基于消费者行为分析的中国农业大学招生营销策略研究暨市场营销课程理论与实践教育探究	席爱华
39	经济管理学院	“审计学”双语教学课程建设	俞勤
40	经济管理学院	多维式互动:“现代企业制度”课程　教学模式改进研究	赵霞
41	经济管理学院	农林经济管理专业实习优化方案	冯开文
42	经济管理学院	Wind 资讯数据库在教学科研中的应用	李晓峰
43	理学院	基于“复变函数与积分变换”课程的“点线面体”式教学新体系的创新建设	陈静
44	理学院	依托电子阅卷系统实现以考促教、以教促学、以学促用的教学改革与建设	马晓栋
45	理学院	有机化学 MOOC 建设	傅滨
46	理学院	基于学生知识重构的有机化学教学改革	侯士聪
47	理学院	“物理学之体验、应用与探究”在线开放课程_	李春燕

续附录9

序号	学院名称	项 目 名 称	项目主持
48	理学院	物理已学力学，为什么还要上理论力学_	陈奎孚
49	理学院	寻找编程之美	徐春晖
50	理学院	“大学物理”考试方法改革实践与研究	刘玉颖
51	理学院	小班化教学的内核——个性化培养	周梅
52	马克思主义学院	“思想道德修养与法律基础”多维立体教学改革研究	张晓红
53	马克思主义学院	改革开放之小岗村农村改革	陈东琼
54	马克思主义学院	以问题为导向的“马原”课对照式专题互动教学研究	吕文林
55	人文与发展学院	济慈故居对济慈形象的建构作用	刘海英
56	人文与发展学院	女性生存空间研究——以四篇英美短篇小说为例	曾庆敏
57	人文与发展学院	对外汉语初、中级教学中的语用教学研究	陈曦
58	人文与发展学院	日本“工匠精神”对国民素质养成影响研究	普书贞
59	生物学院	“植物基因工程实验技术”课程中的科教结合和能力培养	于静娟
60	生物学院	调研报告和课程论文在通识课中的应用研究	杨海莲
61	生物学院	微课在“植物生理学实验”教学中的应用	吴晓岚
62	生物学院	基于“植物生物学实验”新版教材建设的教学内容整合及教学素材更新	刘朝辉
63	生物学院	自制教学仪器在遗传学实验教学中的应用	杨大祥
64	生物学院	创新型能力的培养提升了学生在植物生理教学 B 中的能动地位	张学琴
65	生物学院	“动物行为学”选修课程的实习实践探索	周波
66	生物学院	“普通生物学”科学性教学模式的探索	康友敏
67	生物学院	植物生理学实验准备流程标准化的研究	洪旭晖
68	生物学院	“生物化学 B 实验(食品专业)”课程建设实践	王娜
69	生物学院	遗传学 B 实验课开设基因图位克隆技术的综合性实验	彭静
70	生物学院	改进动物生物化学课蛋白质含量测定方法	苏俊
71	水利与土木工程学院	“土木工程造价”课程教学嵌入廉洁教育专题的研究	彭红涛
72	水利与土木工程学院	水利工程施工课程虚拟仿真教学系统开发模式构建	李淑芹
73	水利与土木工程学院	流体机械基础网络教学平台建设	周凌九
74	水利与土木工程学院	农业建筑结构课程教学内容改革	雷隽卿
75	资源与环境学院	农业气候实习课程的建设与实践	胡琦
76	资源与环境学院	百望山虚拟教学系统建设	王雅婧

附录 10　北京高校第十一届青年教师教学基本功比赛成绩

个人奖项：

序号	获奖人	所在单位	获奖名称
1	曹志军	动物科学技术学院	(工科类)一等奖
2	韩宇	水利与土木工程学院	(工科类)一等奖
3	马晓栋	理学院	(理科类)一等奖
4	王书敏	动物科学技术学院	(工科类)二等奖
5	高健	动物医学院	(工科类)三等奖
6	王新	工学院	(工科类)三等奖
7	曹志军	动物科学技术学院	(工科类)最佳教案奖
8	曹志军	动物科学技术学院	(工科类)最受学生欢迎奖
9	曹志军	动物科学技术学院	(工科类)最佳现场展示奖
10	曹志军	动物科学技术学院	(工科类)最佳教学回顾奖
11	韩宇	水利与土木工程学院	(工科类)最受学生欢迎奖
12	韩宇	水利与土木工程学院	(工科类)最佳现场展示奖
13	王书敏	动物科学技术学院	(工科类)最受学生欢迎奖

集体奖项：

序号	获奖单位	获奖名称
1	中国农业大学	北京高校第十届青年教师教学基本功比赛突出贡献奖

附录 11 中国农业大学 2019 年各省、市普通本科录取分数统计

省份	科类	录取人数	统计人数	重点线	最低分	平均分	最高分	最低超线	平均超线	最高超线
北京市	理工	128	123	527	633	639.79	660	106	112.79	133
	理工(中外)	60	60	527	617	624.07	637	90	97.07	110
	文史	17	14	599	622	622.64	624	63	63.64	65
	文史(中外)	27	27	599	607	611.13	618	48	52.13	59
天津市	理工	78	78	551	625	632.73	666	74	81.62	115
	理工(中外)	3	3	551	609	613.45	622	58	62.45	71
	文史	10	10	500	589	592.42	598	89	92.3	98
	文史(中外)	3	3	500	582	583.45	584	82	83.15	84
河北省	理工	121	120	502	616	628.95	646	114	126.83	144
	理工(中外)	3	3	502	610	615.12	622	108	113.12	120
	文史	16	13	549	631	634.15	637	82	85.28	88
	文史(中外)	2	2	549	614	615.63	617	65	66.63	68
山西省	理工	76	76	507	574	589.63	614	67	82.51	107
	理工(中外)	10	10	507	541	550.7	558	34	43.7	51
	文史	12	12	542	589	591.33	596	47	49.33	54
	文史(中外)	7	7	542	570	572.55	575	28	30.55	33
内蒙古	理工	55	51	477	601	617.55	638	124	140.55	161
	理工(中外)	11	11	477	579	590	607	102	113	130
	文史	8	5	522	618	618.2	619	96	96.2	97
	文史(中外)	5	5	522	601	606	613	79	84	91
辽宁省	理工	64	61	512	624	630.71	641	112	118.57	129
	理工(中外)	5	5	512	608	616.53	624	96	104.53	112
	文史	10	8	564	624	625.62	630	60	61.5	66
	文史(中外)	2	2	564	617	618.12	619	53	54.12	55
吉林省	理工	53	53	530	595	610.11	625	65	79.98	95
黑龙江	理工	70	69	477	589	614.93	636	112	137.93	159
上海市	综合改革	6	6	503	548	551.67	554	45	48.67	51

续附录 11

省份	科类	录取人数	统计人数	重点线	最低分	平均分	最高分	最低超线	平均超线	最高超线
江苏省	理工	71	71	345	384	385.89	392	39	40.89	47
	文史(中外)	5	5	339	369	373.8	376	30	34.8	37
浙江省	综合改革	86	85	595	645	651.38	659	50	56.38	64
	综合改革(中外)	5	5	595	644	646.4	651	49	51.4	56
安徽省	理工	83	83	496	606	611.73	625	110	115.73	129
	理工(中外)	5	5	496	590	595.25	600	94	99.25	104
	文史	12	12	550	616	617.83	621	67	67.83	71
	文史(中外)	2	2	550	609	611.47	612	59	61.47	62
福建省	理工	52	52	493	593	598.25	610	100	105.25	118
	文史(中外)	5	5	550	592	595.2	598	42	45.2	48
江西省	理工	65	65	522	600	607.46	634	78	85.46	113
	理工(中外)	5	5	522	587	593.4	598	65	71.4	76
山东省	理工	83	83	514	619	628.32	643	105	114.19	129
	理工(烟台)	280	280	514	562	570.44	592	48	56.44	78
	理工(中外)	9	9	514	603	605.34	609	89	91.34	95
	文史	16	12	542	611	613.67	619	69	71.67	77
	文史(烟台)	170	170	542	576	581.27	592	34	39.27	50
	文史(中外)	6	6	542	596	600.46	609	54	58.46	67
河南省	理工	111	107	502	589	615.1	631	87	112.98	129
	理工(中外)	9	9	502	595	599.34	610	93	97.34	108
	文史	20	15	536	605	608.4	612	69	72.4	76
	文史(中外)	6	6	536	592	593.63	595	56	57.63	59
湖北省	理工	61	61	505	610	613.86	626	105	108.74	121
	文史(中外)	5	5	542	584	586.12	592	42	44.12	50
湖南省	理工	71	71	500	596	600.67	622	96	100.66	122
	文史	10	10	553	616	617.61	623	63	64.6	70

续附录11

省份	科类	录取人数	统计人数	重点线	最低分	平均分	最高分	最低超线	平均超线	最高超线
广东省	理工	65	65	495	580	587.75	613	85	92.75	118
	理工(中外)	3	3	495	565	566.31	566	70	71.31	71
	文史(中外)	8	8	546	588	590.13	594	42	44.13	48
广西区	理工	67	67	509	611	618.88	635	102	109.88	127
	文史(中外)	7	7	521	577	580.57	586	56	59.57	65
海南省	理工	13	13	603	701	719.55	734	98	116.54	131
重庆市	理工	51	51	525	604	626.35	652	79	101.1	127
	理工(中外)	4	4	525	590	596.23	603	65	71.23	78
	文史	9	9	545	614	615.45	619	69	70.22	74
	文史(中外)	2	2	545	611	613.22	615	66	68.22	70
四川省	理工	111	111	547	642	649.42	667	95	102.29	120
	理工(中外)	4	4	547	635	637.38	639	88	90.38	92
	文史	14	14	540	610	619.93	621	70	73.93	81
	文史(中外)	3	3	540	598	599.12	600	58	59.12	60
贵州省	理工	37	35	470	586	596.9	619	116	126.8	149
云南省	理工	64	62	535	623	637.07	661	88	101.13	126
西藏	理工(汉)	1	0	425						
陕西省	理工	65	51	468	468	602.41	631	0	134.78	163
	文史	9	7	518	615	622.86	628	97	104.86	110
甘肃省	理工	50	49	470	573	583.18	598	103	113.06	128
	文史(中外)	5	5	519	580	583.72	587	61	64.72	68
青海省	理工	9	7	407	542	553.97	580	135	146.86	173
宁夏	理工	13	11	457	539	561.48	591	82	104.27	134
新疆	理工	74	45	450	573	583.08	616	123	133.08	166
	文史(中外)	5	5	510	574	582.52	588	64	72.52	78

注：本表不统计保送生、高水平艺术团、高水平运动队、少数民族预科转入、定向生、国家专项、高校专项等特殊类考生；仅统计一志愿考生成绩。

附录 12　2019 届中国农业大学本科生校级优秀毕业论文(设计)学生、教师名单

序号	学院	专业	学生	指导教师	论文题目
1	农学院	农学	殷鹏飞	杨小红	玉米关联群体遗传背景及检测功效的评估
2	农学院	种子科学与工程	胡铨	孙连军	大豆茎秆发育性状的遗传学分析
3	农学院	种子科学与工程	王浩瑛	胡跃高	不同 LED 光质对马铃薯组培苗叶片结构及代谢物图谱的影响
4	农学院	农学	何奕茗	张明才	玉米 CPS 突变体响应干旱的生理生化特征分析
5	园艺学院	园艺学	夏秋实	田永强	耐盐性砧木根际及内生菌群对黄瓜幼苗耐盐性的影响
6	园艺学院	园林	补天天	孟祥彬	字构方圆·文成脉流——北京朝阳“教育田园·诗的公园”景观规划设计
7	园艺学院	园艺学	石璐	李冰冰	利用 CRISPR/Cas9 技术创制 FvMAPK3/6 双基因敲除的草莓突变体
8	园艺学院	园艺学	林可欣	游捷	景天科多肉植物虹之玉栽培基质合理配比的研究
9	园艺学院	园艺学	郭蕙聪	王红清	草莓 FaHAN 基因克隆及功能初探
10	植物保护学院	植物保护	杨文钊	李志红	日本金龟子线粒体基因组和金龟总科系统发育研究
11	植物保护学院	植物保护	李鸿宇	刘星月	白垩纪缅甸琥珀粉蛉科的分类修订
12	植物保护学院	植物保护	刘石佳慧	吴学宏	引起山西省马铃薯叶部病害的链格孢菌对杀菌剂的敏感性及其真菌病毒的初步研究
13	植物保护学院	植物保护	曾泽贤	姜文君	利用 CATCH 技术靶向克隆枣疯病植原体基因组片段
14	资源与环境学院	环境工程	黄俊杰	马可	生物炭与纳米四氧化三铁对水稻土秸秆分解及产甲烷过程的影响
15	资源与环境学院	应用气象学	刘思妤	龙步菊	气候变化对京津冀地区人体健康的影响评估——基于人居环境气候舒适度及相关指标
16	资源与环境学院	资源环境科学	石晶晶	冯固	固氮菌在菌丝表面的定殖及其固氮作用的研究
17	资源与环境学院	资源环境科学	杨甜	任图生	耕作方式对土壤有机质含量和稳定性的影响
18	资源与环境学院	生态学	秦文宽	韩文轩	长期和短期氮磷添加对青藏高原高寒草甸土壤有机质分解的影响

续附录12

序号	学院	专业	学生	指导教师	论文题目
19	生物学院	生物科学(理科试验班)	郝芳池	曹勤红	应对超级致病菌新策略——广谱杀菌肽
20	生物学院	生物科学(理科试验班)	詹宇萌	陈忠周	登革病毒非结构蛋白NS4B与NS3的原核表达、纯化及体外互作分析
21	生物学院	生物科学(理科试验班)	张丝琳	周波	NO供体在抗真菌感染中的应用研究
22	生物学院	生物科学	严小涵	韩玉珍	酵母双杂交技术对拟南芥PUX蛋白与CDC48复合体互作关系的初步鉴定
23	生物学院	生物科学	戎音	宋渊	胎盘多肽类激素INSL4及KISS1的表达与功能探究
24	生物学院	生物科学(理科试验班)	丁菡	邢怡明	RBM20基因调控猪骨骼肌卫星细胞分化的功能研究
25	动物科学技术学院	动物科学	宋秋红	周振明	中国部分北方地区马铃薯渣和红薯渣的营养价值比较
26	动物科学技术学院	动物科学	格桑白拇	赵丽红	降解展青霉素酵母菌筛选、鉴定及降解特性研究
27	草业科学与技术学院	草业科学	李敏翀	邓波	我国草地资源保护立法问题研究——中外立法情况对比
28	草业科学与技术学院	动物科学	杨家钧	王书敏	Gasdermin D在猪卵泡闭锁中的作用初探
29	动物科学技术学院	动物科学	杨文静	张胜利	应用随机回归模型对北京地区荷斯坦牛产奶性状遗传分析的研究
30	动物医学院	动物医学	段罗艳	刘天龙	一例羊驼感染豚鼠气单胞菌死亡病例分析
31	动物医学院	动物医学	于卓玲	沈张奇	犬尿路主要细菌性病原及其耐药情况调查
32	动物医学院	动物医学	郭学俊	盖新娜	鹦鹉喙羽症病毒(PBFDV)遗传学分析
33	动物医学院	动物医学	储丽丽	王笑言	一种鸭源类丙肝病毒的分子鉴定
34	食品科学与营养工程学院	食品科学与工程	林雪城	杨绍青	食用菌固态发酵传热传质过程模拟及培养基优化
35	食品科学与营养工程学院	生物工程	罗子月	杨栋	二硫键异构酶对面团流变学特性影响的研究
36	食品科学与营养工程学院	食品科学与工程	王启蒙	李媛	高蛋白姜黄饮料的产品开发
37	食品科学与营养工程学院	生物工程	韦依	程永强	椰子油蛋卷开发及其品质初步分析

续附录12

序号	学院	专业	学生	指导教师	论文题目
38	食品科学与营养工程学院	食品科学与工程	肖可人	姚志轶	精胺快速检测技术的开发
39	食品科学与营养工程学院	食品质量与安全	徐妍	张昊	改善多不饱和脂肪酸稳定性的方法研究
40	食品科学与营养工程学院	食品质量与安全	张智	毛学英	牡蛎蛋白酶解物的制备及其抗氧化活性研究
41	食品科学与营养工程学院	食品质量与安全	郑晨龚	任发政	我国不同地区原料乳中芽孢杆菌的多样性分析
42	工学院	车辆工程	史高雅	谢斌	双电机独立驱动电动拖拉机动力学建模及转矩分配控制
43	工学院	车辆工程	杨婷	何志祝	夏季室外驻车内部空气流动及车内儿童体温变化规律研究
44	工学院	车辆工程	刘龙龙	李臻	单轴姿控飞轮倒立摆设计
45	工学院	车辆工程	黄文盛	江发潮	电机控制器测试标定系统设计
46	工学院	农业工程	熊劲鹏	黄光群	分子膜好氧发酵氮素形态及其与生境互作研究
47	工学院	农业机械化及其自动化	李菁菁	崔涛	高含水率玉米柔性低损脱粒分离机构设计
48	工学院	机械电子工程	张哲雨	谭彧	城区环境行人检测与轨迹预测模型建立
49	工学院	机械电子工程	张超	刘星星	基于LIDAR的室内地图重建及障碍物识别
50	工学院	机械设计制造及其自动化	许蕾	张文强	超声磁场耦合驱动微纳机器人系统研究
51	工学院	机械设计制造及其自动化	管昀毅	李守忠	丘陵地区竹子采伐作业车的末端采伐机构设计
52	工学院	工业设计	官其珍	张云文	基于用户体验的未来超市智能购物车设计
53	信息与电气工程学院	电气工程及其自动化	窦伟	牛焕娜	“煤改电”用户综合能源利用系统设计
54	信息与电气工程学院	电气工程及其自动化	刘珂	杜松怀	“煤改电”用户的需求响应策略研究
55	信息与电气工程学院	电气工程及其自动化	尹逢川	仲崇山	高压脉冲电场营养液杀菌系统的研制
56	信息与电气工程学院	电气工程及其自动化	袁姝	王越	中性点经小电阻接地有源配电网接地故障特性分析

续附录12

序号	学院	专业	学生	指导教师	论文题目
57	信息与电气工程学院	自动化	黄姜杭	董乔雪	多核心微控制器实验平台硬件设计
58	信息与电气工程学院	自动化	刘树荣	薛一鸣	基于SM2700的卫星保密语音通信系统的软硬件设计
59	信息与电气工程学院	电子信息工程	唐伟杰	李民赞	基于环境光感知的主动式作物检测系统集成开发
60	信息与电气工程学院	电子信息工程	于淞	程强	土壤水信息自动监测系统的设计与开发
61	信息与电气工程学院	计算机科学与技术	徐一丹	李振波	基于物联网的设施水耕蔬菜种植环境精准管控系统开发
62	信息与电气工程学院	计算机科学与技术	田泽	高红菊	基于深度学习的黄瓜病害智能识别研究
63	水利与土木工程学院	农业水利工程	徐浩林	杨培岭	“基于多回路的微灌设备综合性能测试平台设计与构建”
64	水利与土木工程学院	水利水电工程	吴菁菁	韩宇	“西营灌区渠道优化配水模型及非恒定流过渡过程研究”
65	水利与土木工程学院	水利水电工程	祝莹	王素芬	乌梁素海退水闸设计
66	水利与土木工程学院	土木工程	蒋哲	郝仕玲	红塔小区5号楼工程施工投标书编制(土建部分)
67	水利与土木工程学院	土木工程	林樱	庄金钊	泰州南韵家园34#楼工程设计
68	水利与土木工程学院	农业水利工程	宋泓苇	黄兴法	甘肃省民勤县重兴乡玉米膜下滴灌系统设计
69	水利与土木工程学院	农业建筑环境与能源工程	齐飞	施正香	海口地区商品猪场建筑和环境设计
70	水利与土木工程学院	能源与动力工程	朱能杰	姚志峰	污水泵水力设计及其性能预测
71	水利与土木工程学院	能源与动力工程	谢润瑜	周凌九	长轴泵水力与结构设计
72	理学院	化学	董学	路慧哲	一种模式蛋白和氟磺胺草醚的结合机制研究
73	理学院	化学	丁宇轩	安杰	绿色无氨伯奇还原
74	理学院	应用化学	韩冷	何雄奎	基于PWM技术的变量施药电磁阀参数测定
75	理学院	化学	杨金澎	刘霞	酸酐改性氮化碳光催化降解罗丹明B

续附录12

序号	学院	专业	学生	指导教师	论文题目
76	理学院	数学与应用数学	付成博	申振才	子群 p 可分解剩余的广义 Norm
77	理学院	数学与应用数学	陆思洁	周志坚	基于 Ramp 损失的多分类最大间隔双子超球支持向量机
78	理学院	工程力学	潘孟晗	王永岗	堰塞体溃决及洪水演进过程中的水沙床耦合模拟研究
79	经济管理学院	工商管理	查子浩	侯云先	乳制品供应链质量安全风险因素分析及风险防范策略研究
80	经济管理学院	工商管理	郭书颖	吕建军	考虑价值衰减的果蔬冷链成本模型研究
81	经济管理学院	会计学	朱艺园	李平	民营企业社会责任履行情况对企业财务绩效的影响探究
82	经济管理学院	会计学	王洪江	张希玲	“企业集团财务公司资金集中管理研究——以C集团财务公司为例”
83	经济管理学院	会计学	林庭谣	任金政	政府研发补助对企业自主研发投入的影响研究——来自中小板上市公司的经验证据
84	经济管理学院	会计学	邢艺伟	许骞	证券交易所问询监管对权益资本成本的影响研究
85	经济管理学院	国际经济与贸易	叶文义	王寒笑	美国2014年农业政策的调整对中国柑橘类水果贸易的影响
86	经济管理学院	农林经济管理	刘泽	穆月英	农户人力资本及其对蔬菜生产技术采用的影响研究
87	经济管理学院	农林经济管理	罗猛	司伟	农户选择农业生产性服务的影响因素及效应研究
88	经济管理学院	金融学	卓伊琦	刘拥军	基于主成分分析法及聚类分析的商业银行流动性风险衡量
89	经济管理学院	金融学	李榕	黄纯纯	家庭资产投资回报对城镇居民消费行为的影响
90	经济管理学院	金融学	王笑宇	安毅	反腐政策对企业债务融资影响的实证研究——基于政治关联视角
91	经济管理学院	金融学	夏茹斯	臧日宏	我国非金融上市公司金融化对股价崩盘风险的影响
92	人文与发展学院	法学	杜凯瑞	连丽霞	商标恶意抢注法律制度研究——对《商标法》第三十二条“禁止抢注”条款的理解和适用
93	人文与发展学院	法学	刘雨璇	杨述兴	农民品种特权研究

续附录12

序号	学院	专业	学生	指导教师	论文题目
94	人文与发展学院	农村区域发展	沈铮媚	齐顾波	可持续农业发展过程中利益相关群体参与的比较研究
95	人文与发展学院	农村区域发展	董怡琳	陆继霞	农民合作社运行现状、问题与需求研究——以北京市门头沟区Q镇A合作社为例
96	人文与发展学院	英语	张宏帅	沈曦	诺德功能翻译理论在奢侈品广告翻译中的应用
97	人文与发展学院	社会学	王鹏	潘璐	一个华北村庄农业转型中的农户分化研究
98	人文与发展学院	传播学	吴一鸣	彭媛	城市微博在城市形象建构中的角色探究——以"西门町吃在宁波"为例
99	土地科学与技术学院	地理信息科学	赵剑桥	黄健熙	面向粮食安全和生物多样性保护的全球农业用地需求分析
100	土地科学与技术学院	土地资源管理	李科为	段增强	"一带一路"国家耕地数据融合与修正

研究生教育教学

【概况】

截至2019年12月，学校共有全日制在校研究生8 930人，其中，硕士研究生5 086人，博士研究生3 844人。非全日制硕士研究生743人。

2019年，学校共录取硕士研究生2 737人（含港澳台6人），其中，全日制2 385人（学术型硕士生1 337人，专业学位硕士生1 048人），非全日制352人（均为专业学位硕士生）。共录取全日制博士研究生979人（含与农科院联培25人），其中，直博生105人，硕博连读生330人，申请考核制学生544人。

2019年度全年共授予学位人数2 852人，其中，授予博士学位人数738人，授予硕士学位人数2 114人，详见表8。

表8　2019年度全年授予学位情况

类别		1月11日	6月19日	11月8日	合计
博士	学历教育博士	90	581	31	702
	同等学力博士	6	9	2	17
	兽医专业学位博士	9	10	0	19
	博士合计	105	600	33	738

续表8

类别		1月11日	6月19日	11月8日	合计
硕士	学历教育硕士	65	978	5	1 048
	同等学力硕士	0	2	0	2
	全日制专业学位硕士	52	618	7	677
	非全日制专业学位硕士	135	238	14	387
	硕士合计	252	1 836	26	2 114
研究生合计		357	2 436	59	2 852

（武镒　牛国卫　刘军）

【研究生招生】

实现平安研考工作目标　主动梳理、严格把控21个重点环节、53个风险点，落实64项防控措施，确保了研招考试安全、稳定、有序。2019年，学校招收硕士研究生2 737人、博士研究生979人，均创历史新高。

完善自命题工作管理办法　制定《中国农业大学硕士研究生招生考试自命题工作管理办法(实行)》，进一步完善学校自命题工作管理规范和要求，实现集中命题，统一管理，为防范化解学校研考重大风险提供体制保障。

优化指标配置管理办法　以一级学科学位授权点为招生指标配置基本单元，通过指标配置管理，优化学科布局，强化绩效考核，推进学科建设和研究生教育发展。

推进研招信息化建设　2019年新上线夏令营申报系统和推免生预报名系统，新开发了成绩录入比对系统，使用了新生微信预约体检系统。研招信息化建设取得进展。

完善业务培训　本学期开学初，组织召开了2019—2020学年研究生教育管理工作培训与研讨会，重点对新任主管院长和教务老师开展培训。同时，借助推免工作启动会、复试录取工作启动会等契机，对相关政策和系统使用进行培训，保证研招工作安全有序。

（牛国卫）

【研究生培养】

研究生教育首次落地烟台全程培养　2019年共有来自水利和土木工程学院、工学院、信息与电气工程学院、食品科学与营养工程学院、园艺学院、资源与环境学院和土地科学与技术学院的200名专业学位硕士研究生在烟台全程培养，涉及10个专业学位领域。2019—2020学年秋季学期共开课83门次，任课教师来自13个学院，其中，公共学位课12门次、专业学位课50门次、选修课21门次。校本部共选派137位教师赴烟台授课，从烟台大学和鲁东大学聘请了3位老师参与英语和数学的教学。为保障研究生培养工作的平稳进行，选派8名校本部管理人员常驻烟台。

打造“学位+”项目　研究生院打造研究生“学位+”项目，致力于培养研究生学术能力以外的综合素质和能力，成功举办了第一期的农业外事项目和智慧农业项目，30名研究生获农业外事项目结业证书，19名研究生获智慧农业项目结业证书。农业外事项目结业得到农业部、教育部等部委领导的肯定与支持，被誉为我国研究生农业外事的“黄埔一期”。

推进课程思政建设项目　首批立项17个项目支持教师开展课程思政融入研究生教育改革研究，充分挖掘专业课程内容中的思政育人因素，后续研究生院将继续征集并分批次实施专业课程思政建设，使专业课程与思想政治理论课同向同行，形成协同效应，提升课堂教学质量。

继续深化专业学位综合改革 为深化专业学位研究生教育改革，2019 年 14 个招生二级单位新增设立 46 个培养专项；研究生组织开展了研究生专项建设成效评审，9 个优秀专项获得经费奖励；修订《中国农业大学研究生校外实践基地管理办法》，实现基地备案网络化管理和基地文档的电子化管理；支持专业学位研究生教育案例库和案例课程建设，2019 年共建设案例课程 49 门；强化了实践教育，重点培育实践基地 10 个，持续推进实习实践国际化。“牛精英”专项、葡萄现代农业产业体系专项开展了海外实习实践。

高质量完成学位点建设工作 (1)优化学科布局，全方位推进学位点建设。学校首个交叉学科博士学位授权点——营养与健康科学和 5 个学院共建的风景园林学硕士学位授权一级学科获批；完成自主审核社会急需学科马克思主义理论博士学位授权一级学科自主审核申报工作。(2)明确责任主体，落实质量管理职责。成立学位授权点工作委员会，其中，博士学位点工作委员会 20 个，硕士 10 个(不含 2019 年新自主审核增列的学位点)，专业学位工作委员会 23 个。(3)基本建立学位点质量信息动态监测体系、预警机制。

研究生国际化培养显著加强 2019 年，学校投入经费约 1 400 万元，实施“研究生国际化培养提升项目”，进行了四批次申报和评审，立项 268 项，其中，中长期项目 195 人次，短期项目 169 人次，总计 364 人次前往 20 余个国家进行学习交流，期间共发表期刊论文 15 篇、会议论文 46 篇，作国际会议口头报告 8 次，展示墙报 20 篇。国家留学基金委高水平大学公派研究生项目(CSC 项目)2019 年无差额申报 200 人，最终录取 154 人，录取率高达 77%。学生前往 18 个国家、101 所学校进行交流与学习。对标国际一流，9 个一流学科及 5 个 B^+ 学科，在课程体系建设、教学方式、培养方式方面精准对标国际一流大学和一流学科，查找不足，弥补短板。营造国际化培养环境，立项支持了 35 门英文课程建设。

深化课程教学改革 共立项支持混合式教学项目 115 门，投入经费 138 万元；组织 112 人次教师参加“混合课程教学设计与建设”线上培训，72 名教师培训成绩突出获得结业证书；搭建交流平台，开展混合教学工作坊 5 次；组织 2017 年立项的 23 门混合式课程项目结题验收，“畜禽疫病诊断实验技术(免疫学检测技术)”“畜禽疫病诊断实验技术(微生物学诊断)”“计算机网络体系结构”“土木工程研究专题”等 4 个项目获得优秀。支持网络教学建设，于学堂在线网络平台上线学校 MOOC 课程《自然辩证法概论》。

【研究生导师培训】

加强导师培训 开展校、院两级培训，邀请知名专家，丰富培训内容，提升培训效果。组织了 12 场院级和 1 场校级研究生导师培训。累计邀请近百人次校内外知名专家学者进行精彩发言或做专题报告。本轮导师培训覆盖校内全部研究生培养单位，总计 1 318 名导师参加了培训，占全部导师数的 92.8%，基本实现了有招生资格的导师 100%参加培训。推出问卷星在线答题和调研回访，创新培训方法。在常规培训的基础上，2019 年首次发放光盘存储的电子化培训资料，推出问卷星在线答题形式，每场培训结束后导师均需参加答题。

(刘军)

【研究生学位授予与质量管理工作】

高质量完成博士学位论文校级抽查及评阅工作 全年开展了 3 次校级抽查博士学

位论文送审工作。全年共送审 291 篇(约占全年授予学位总人数的 39.43%,该比例逐年提高,约为基础比例 20%的 2 倍)。共 1 499 人次专家进行了论文评审工作。统计 2019 年春季、秋季、冬季送审论文整体优秀率为 30%。

开展硕士学位论文校级抽查及评阅工作 全年开展了 3 次校级抽查硕士学位论文送审工作。全年共送审 168 篇(其中,非全日制 76 篇),约占全年授予学位总人数的 7.95%,通过评阅 166 篇,未通过评阅 2 篇。共有 515 人次专家进行了论文评审工作。

完成对口支援新疆高层次人才培养工作 2019 年有 9 位第六期学员入学、2 位第七期学员提前到校上课组织了入学专题座谈会。截至 2019 年 9 月,共 14 人获得职务或职称晋升,获批 35 项国家级及省部级课题,发表 15 篇 SCI 文章,获得 28 项省部级及以上奖励。

(刘军)

【思想政治教育】

加强研究生党建与思政教育 坚持以评促建、凸显培训实效,抓实抓好基层党组织建设。弘扬科学家精神,开展研究生科学道德和学风建设教育。强化新生引航,丰富研究生入学系列教育。

搭建特色育人平台 深化实践育人,精准服务脱贫攻坚与乡村振兴。组织开展:研究生红色“1+1”科技服务活动,共计立项 43 项;“百名博士老区行”科技服务活动;研究生“一带一路行”社会实践活动,拓宽研究生的国际视野。积极组织科技创新活动,提高研究生创新能力和素质。

线上线下全方位融合,打造稳中有进的宣传阵地 构建“线上线下”共融的研究生实践育人平台。“农博士在线”栏目在教育部学位与研究生发展中心举办的媒体嘉年华中荣获“优秀竞展奖”。打造宣讲品牌团队。第一届博士宣讲团已在全校范围内开展宣讲活动 30 余场,覆盖上千余人。优化部门网站布局设计,拓宽线上宣传途径。2019 年对党委研工部网站进行整体板块设计。召开 2019 年全国农林院校研究生思政工作研讨会。

精心做好研究生资助工作,发挥研究生资助育人 (1)及时、准确地完成学费缓缴(绿色通道)工作。全年共有 303 名研究生通过学费缓缴审核并完成入学注册,其中,新生 192 人,往届生 111 人,与 2018 年相比增长 22.18%,学费缓缴工作有所提升。(2)顺利保障国家助学贷款工作增量提质。2019 年,学校已有 465 人办理了生源地信用助学贷款,同比 2018 年增长 26.02%。(3)保质高效完成奖学金、助学金评选发放工作。2019 年度获奖学金的研究生人数为 4 368 人(计 4 984 人次),覆盖率达到 77.02%。其中,校长奖学金 20 人,硕士生国家奖学金 93 人,博士生国家奖学金 92 人,校级专项奖学金 164 人,学院自评专项奖学金 346 人,学业奖学金 3 512 人。

加强管理服务体系建设 加强研究生工作队伍建设。全年聘任各类助管、助教 296 人,累计发放助管、助教津贴 182 万元;定期开展研究生各院助管联络员例会;完成研究生助管考核。做好优秀研究生毕业生评选。春季,毕业研究生共计评选出“校级优秀毕业生”40 人、“北京市级优秀毕业生”推荐人选 12 人;夏季,毕业研究生共计评选出“校级优秀毕业生”309 人、“北京市级优秀毕业生”推荐人选 96 人。抓严研究生群体的安全稳定。在日常工作中充分发挥研究生团学组织作用,积极开展研究生法制教育与安全教育。

(史博)

【研究生学籍管理及教育评估】

完成本年度学籍管理工作 依托研究生综合管理信息系统，深化校、院二级的管理制度，做好学期注册、学籍异动、毕业答辩和毕业管理等工作。

修订硕博连读管理制度，完成选拔工作 修订《中国农业大学硕博连读研究生选拔办法》(研生〔2019〕23号)，并发布答记者问。完成了对2018年进入博士阶段学习的硕博连读生的再次审核和2019年度的硕博连读研究生选拔工作。

完成毕业生管理工作 对2019年毕业的研究生进行了信息核对、毕业资格审查，完成了2019年春季、秋季、冬季等3期研究生毕业离校前准备和毕业离校等服务性工作。完成了2019年毕业研究生学历信息审核工作和报教育部的学历证书电子注册工作。组织完成了2020年毕业研究生学历证书图像信息采集工作。目前正布置安排2020年毕业研究生工作，并起草《关于2020年毕业研究生学籍管理工作》。

高质量完成研究生教育质量监督与评估工作 2019年4月成立研究生教育质量监督与评估办公室。一是基本建立了研究生课程质量评价体系。组织第五届督导组共24位专家完成了2019年秋季学期督导工作。建立了研究生教育学生信息员队伍，协助开展课程质量评价、研究生教育质量监督等工作。二是开展专业学位水平预评估工作。结合教育部学位与研究生教育发展中心发布的指标体系(基本框架)，整合研究生院、科研院等部门相关数据。结合专业学位专项制改革，组织召开了2次专业学位专项培养交流研讨会。三是组织督导组专家对专业学位的课程质量、论文环节质量进行督导。

(武镒)

【其他工作】

承办北京高等教育学会研究生教育研究分会2019年学术年会 与中国人民大学共同承办北京市高等教育学会研究生教育研究分会2019年学术年会，在京50多个高校、研究院所的300多名代表参加了会议。

研究生院信息化建设工作 做好研究生综合管理信息系统、研究生院门户网站、研究生招生系统、非全日制研究生管理系统、公派出国系统、思政管理系统等应用系统的日常技术维护工作。

圆满完成研究生新生入学、开学典礼、毕业典礼等大型活动的组织筹备工作 圆满完成了2019年毕业典礼暨学位授予仪式的组织筹备工作和2019年研究生开学典礼的组织筹备工作。完成了2019年研究生迎新生工作。

完成全国农业专业学位教指委秘书处工作 完成了国务院学位办交办的农业专业学位《研究生核心课程指南》《发展报告》的编写以及《专业学位水平评估指标体系》意见征集等工作。完成了农业专业学位研究生实践教育基地验收工作以及2019年全国农业专业学位教指委研究课题申报及立项评审工作，并围绕农业专业学位研究生教育组织召开了农业硕士新增单位、专项评估单位、特需单位管理干部培训等会议。

(李冬梅 陈巧莲 王美玉)

完成农林学科工作委员会秘书处工作 完成了总会布置的各项工作，报送课题指南建议征集，报送社会团体年度检查信息统计。组织12个工作组开展学术交流活动共13个。组织开展2018年课题第二轮结题工作，开展2019年课题中期检查工作。完成农林学科工作委员会换届工作。

(武镒)

附表

附录 1　2018 年中国农业大学授予博士、硕士学科中英文对照目录(科学学位)

学科门类	序号	一级学科	序号	学科名称	英文名称	专业代码	授权等级
农学 Agriculture	1	作物学 Crop Science (0901) (博士一级学科授权)	1	作物栽培学与耕作学	Crop Cultivation and Farming System	090101	博士
			2	作物遗传育种	Crop Genetics and Breeding	090102	博士
			3	种子科学与技术*	Seed Science and Technology	0901Z1	博士
			4	作物生理学*	Crop Physiology	0901Z2	博士
	2	园艺学 Horticulture (0902) (博士一级学科授权)	5	果树学	Pomology	090201	博士
			6	蔬菜学	Olericulture	090202	博士
			7	茶学	Tea Science	090203	博士
			8	观赏园艺*	Ornamental Horticulture	0902Z1	博士
	3	农业资源与环境 Agricultural Resources and Environment (0903) (博士一级学科授权)	9	土壤学	Soil Science	090301	博士
			10	植物营养学	Plant Nutrition	090302	博士
			11	土地利用与信息技术*	Land Use and Information Technology	0903Z1	博士
			12	农业气象学*	Agricultural Meteorology	0903Z2	博士
			13	生物质工程*	Biomass Engineering	0903Z3	博士
	4	植物保护 Plant Protection (0904) (博士一级学科授权)	14	植物病理学	Plant Pathology	090401	博士
			15	农业昆虫与害虫防治	Agricultural Entomology and Pest Control	090402	博士
			16	农药学(可授农学、理学学位)	Pesticide Science	090403	博士
			17	植物检疫与农业生态健康*	Plant Quarantine and Agricultural Ecological Health	0904Z1	博士
			18	农产品安全*	Safety of Agricultural Products	0904Z2	博士

续附录1

学科门类	序号	一级学科	序号	学科名称	英文名称	专业代码	授权等级
	5	畜牧学 Animal Science(0905)(博士一级学科授权)	19	动物遗传育种与繁殖	Animal Genetics, Breeding and Reproduction	090501	博士
			20	动物营养与饲料科学	Animal Nutrition and Feed Science	090502	博士
			21	特种经济动物饲养(含蚕蜂)	The Rearing of Special-type Economic Animals (including Silkworm, Honeybees, etc.)	090504	博士
			22	畜牧生物工程*	Bioengineering For Animal Husbandry	0905Z1	博士
	6	兽医学 Veterinary Medicine (0906)(博士一级学科授权)	23	基础兽医学	Basic Veterinary Medicine	090601	博士
			24	预防兽医学	Preventive Veterinary Medicine	090602	博士
			25	临床兽医学	Clinic Veterinary Medicine	090603	博士
			26	兽医生物工程*	Veterinary Bioengineering	0906Z1	博士
			27	兽医公共卫生*	Veterinary Public Health	0906Z2	博士
	7	草学 (0909) Grassland (博士一级学科授权)	28	草学	Grassland Science	090900	博士
工学 Engineering	8	力学 Mechanics(0801)(硕士一级学科授权)	29	一般力学与力学基础	General and Fundamental Mechanics	080101	硕士
			30	固体力学	Solid Mechanics	080102	硕士
			31	流体力学	Fluid Mechanics	080103	硕士
			32	工程力学	Engineering Mechanics	080104	硕士
	9	机械工程 Mechanical Engineering (0802)(博士一级学科授权)	33	机械制造及其自动化	Mechanical Manufacture and Automation	080201	博士
			34	机械电子工程	Mechatronic Engineering	080202	博士
			35	机械设计及理论	Mechanical Design and Theory	080203	博士
			36	车辆工程	Vehicle Engineering	080204	博士

续附录1

学科门类	序号	一级学科	序号	学科名称	英文名称	专业代码	授权等级
工学 Engineering	10	电气工程 Electrical Engineering (0808) (硕士一级学科授权)	37	电机与电器	Electric Machines and Electric Apparatus	080801	硕士
			38	电力系统及其自动化	Power System and its Automation	080802	硕士
			39	高电压与绝缘技术	High Voltage and Insulation Technology	080803	硕士
			40	电力电子与电力传动	Power Electronics and Power Drives	080804	硕士
			41	电工理论与新技术	Theory and New Technology of Electrical Engineering	080805	硕
	11	计算机科学与技术 Computer Science and Technology (0812) (博士一级学科授权)	42	计算机系统结构	Computer Systems Organization	081201	博士
			43	计算机软件与理论	Computer Software and Theory	081202	博士
			44	计算机应用技术	Computer Applied Technology	081203	博士
	12	土木工程 Civil Engineering (0814) (硕士一级学科授权)	45	岩土工程	Geotechnical Engineering	081401	硕士
			46	结构工程	Structural Engineering	081402	硕士
			47	市政工程	Municipal Engineering	081403	硕士
			48	供热、供燃气、通风及空调工程	Heating, Gas Supply, Ventilating and Air Conditioning Engineering	081404	硕士
			49	防灾减灾工程及防护工程	Disaster Prevention and Reduction Engineering and Protective Engineering	081405	硕士
			50	桥梁与隧道工程	Bridge and Tunnel Engineering	081406	硕士
	13	水利工程 Hydraulic Engineering (0815) (博士一级学科授权)	51	水文学及水资源	Hydrology and Water Resources	081501	博士
			52	水力学及河流动力学	Hydraulics and River Dynamics	081502	博士
			53	水工结构工程	Hydraulic Structure Engineering	081503	博士
			54	水利水电工程	Hydraulic and Hydro-Power Engineering	081504	博士
			55	港口、海岸及近海工程	Harbor, Coastal and Offshore Engineering	081505	博士

续附录1

学科门类	序号	一级学科	序号	学科名称	英文名称	专业代码	授权等级
工学 Engineering	14	农业工程 Agricultural Engineering (0828)(博士一级学科授权)	56	农业机械化工程	Agricultural Mechanization Engineering	082801	博士
			57	农业水土工程	Agricultural Water-Soil Engineering	082802	博士
			58	农业生物环境与能源工程	Agricultural Biological Environment and Energy Engineering	082803	博士
			59	农业电气化与自动化	Agricultural Electrification and Automation	082804	博士
			60	农业信息化技术*	Agricultural Information Technology	0828Z2	博士
			61	水动力学与水力机械*	Hydrodynamics and Hydraulic Machinery	0828Z3	博士
	15	环境科学与工程 Environmental Science and Engineering (0830)(博士一级学科授权)	62	环境科学	Environmental Science	083001	博士
			63	环境工程	Environmental Engineering	083002	博士
	16	食品科学与工程 Food Science and Engineering (0832)(博士一级学科授权)	64	食品科学	Food Science	083201	博士
			65	粮食、油脂及植物蛋白工程	Cereals, oils and Vegetable Protein Engineering	083202	博士
			66	农产品加工及贮藏工程	Processing and Storage of Agriculture Products	083203	博士
			67	水产品加工及贮藏工程	Processing and Storage of Aquatic Products	083204	博士
			68	食品生物技术*	Food Biotechnology	0832Z1	博士
			69	营养与食品安全*	Nutrition and Food Safety	0832Z2	博士
	17	风景园林学(0834)(硕士一级学科授权)	70	风景园林学	Landscape Architecture	083400	硕士
理学 Science	18	数学 Mathematics(0701)(硕士一级学科授权)	71	基础数学	Fundamental Mathematics	070101	硕士
			72	计算数学	Computational Mathematics	070102	硕士
			73	概率论与数理统计	Probability and Mathematical Statistics	070103	硕士
			74	应用数学	Applied Mathematics	070104	硕士
			75	运筹学与控制论	Operational Research and Cybernetics	070105	硕士

续附录1

学科门类	序号	一级学科	序号	学科名称	英文名称	专业代码	授权等级
理学 Science	19	化学 Chemistry (0703)(博士一级学科授权)	76	无机化学	Inorganic Chemistry	070301	博士
			77	分析化学	Analytical Chemistry	070302	博士
			78	有机化学	Organic Chemistry	070303	博士
			79	物理化学(含:化学物理)	Physical Chemistry	070304	博士
			80	高分子化学与物理	Chemistry and Physics of Polymers	070305	博士
	20	大气科学(0706) Atmospheric Sciences (硕士一级学科授权)	81	气象学	Meteorology	070601	硕士
			82	大气物理学与大气环境	Atmospheric Physics and Atmospheric Environment	070602	硕士
	21	生物学 Biology (0710)(博士一级学科授权)	83	植物学	Botany	071001	博士
			84	动物学	Zoology	071002	博士
			85	生理学	Physiology	071003	博士
			86	水生生物学	Hydrobiology	071004	博士
			87	微生物学	Microbiology	071005	博士
			88	神经生物学	Neurobiology	071006	博士
			89	遗传学	Genetics	071007	博士
			90	发育生物学	Developmental Biology	071008	博士
			91	细胞生物学	Cell Biology	071009	博士
			92	生物化学与分子生物学	Biochemistry and Molecular Biology	071010	博士
			93	生物物理学	Biophysics	071011	博士
			94	生物信息学*	Bioinformatics	0710Z1	博士
	22	生态学(0713) Ecology (博士一级学科授权)	95	生态学	Ecology	071300	博士
	23	营养与健康科学(9901) Nutrition and Human Health (博士交叉学科授权)	96	营养与健康科学	Nutrition and Human Health	990100	博士

续附表1

学科门类	序号	一级学科	序号	学科名称	英文名称	专业代码	授权等级
管理学 Management Science	24	工商管理 Science of Business Administration (1202)(硕士一级学科授权)	97	会计学	Accounting	120201	硕士
			98	企业管理(含财务管理学、市场营销学、人力资源管理学)	Corporate Management	120202	硕士
			99	旅游管理	Tourist Management	120203	硕士
			100	技术经济及管理	Technology Economy and Management	120204	硕士
			101	物流与供应链管理	Logistics and Supply-chain Management	1202Z1	硕士
	25	农林经济管理 Agricultural and Forestry Economics and Management (1203)(博士一级学科授权)	102	农业经济管理	Agricultural Economics and Management	120301	博士
			103	林业经济管理	Forestry Economics and Management	120302	博士
			104	农业经济史*	Economic History of Agriculture	1203Z1	博士
			105	食物经济与管理*	Food Economy and Management	1203Z2	博士
	26	公共管理 Science of Public Management (1204)(博士一级学科授权)	106	行政管理	Administration Management	120401	博士
			107	社会医学及卫生事业管理	Social Medicine and Health Management	120402	博士
			108	教育经济与管理	Educational Economy and Management	120403	博士
			109	社会保障	Social Security	120404	博士
			110	土地资源管理	Land Resource Management	120405	博士
			111	农村发展与管理*	Rural Development and Management	1204Z1	博士
			112	国际发展政策与治理学*	International Development Policy and Management	1204Z2	博士
	27	图书情报与档案管理 Science of Library, Information andArchival (1205)(硕士一级学科授权)	113	图书馆学	Library Science	120501	硕士
			114	情报学	Information Science	120502	硕士
			115	档案学	Archival Science	120503	硕士

续附录 1

学科门类	序号	一级学科	序号	学科名称	英文名称	专业代码	授权等级
经济学 Economics	28	应用经济学 Applied Economics (0202) (博士一级学科授权)	116	国民经济学	National Economics	020201	博士
			117	区域经济学	Regional Economics	020202	博士
			118	财政学(含税收学)	Public Finance(including Taxation)	020203	博士
			119	金融学(含保险学)	Finance	020204	博士
			120	产业经济学	Industrial Economics	020205	博士
			121	国际贸易学	International Trade	020206	博士
			122	劳动经济学	Labor Economics	020207	博士
			123	统计学	Statistics	020208	博士
			124	数量经济学	Quantitative Economics	020209	博士
			125	国防经济	National Defense Economics	020210	博士
法学 Law	29	法学 Science of Law (0301) (硕士一级学科授权)	126	法学理论	Jurisprudence	030101	硕士
			127	法律史	Legal History	030102	硕士
			128	宪法学与行政法学	Constitutional Law and Administrative Law	030103	硕士
			129	刑法学	Criminal Jurisprudence	030104	硕士
			130	民商法学(含劳动法学、社会保障法学)	Civil Law and Commercial Law (including Science of Labour Law and Science of Social Security Law	030105	硕士
			131	诉讼法学	Science of Procedure Laws	030106	硕士
			132	经济法学	Science of Economic Law	030107	硕士
			133	环境与资源保护法学	Science of Environment and Natural Resources Protection Law	030108	硕士
			134	国际法学(含国际公法学、国际私法学、国际经济法学)	International Law	030109	硕士
			135	军事法学	Science of Military Law	030110	硕士
	30	社会学 Sociology (0303) (博士一级学科授权)	136	社会学	Sociology	030301	博士
			137	人口学	Demography	030302	博士
			138	人类学	Anthropology	030303	博士
			139	民俗学(含中国民间文学)	Folklore (including Chinese Folk Literature)	030304	博士
			140	发展研究*	Development Studies	0303Z1	博士

续附表 1

学科门类	序号	一级学科	序号	学科名称	英文名称	专业代码	授权等级
	31	马克思主义理论 Marxist Theory (0305)（硕士一级学科授权）	141	马克思主义基本原理	Marxist Principles	030501	硕士
			142	马克思主义发展史	Marxism and Its Historical Development	030502	硕士
			143	马克思主义中国化研究	Marxism and Its Development in China	030503	硕士
			144	国外马克思主义研究	Marxism and Its Development outside China	030504	硕士
			145	思想政治教育	Education in Ideology and Politics	030505	硕士
			146	中国近现代史基本问题研究	Some Historically Fundamental Questions Arising Since the Opium War in China	030506	硕士
文学 Literature	32	新闻传播学 Journalism and Communication (0503)（硕士一级学科授权）	147	传播学	Communication	050302	硕士
			148	广播电视学与数字传播	Television Broadcasting Science and Digital Communication	0503Z1	硕士
			149	发展传播学	Development Communication	0503Z2	硕士

附录 2　2019 年中国农业大学专业学位授权点中英文对照目录

序号	专业学位类型	领域名称	英文名称	领域代码
1	农业硕士	农艺与种业	Agronomy and Seed Industry	095131
		资源利用与植物保护	Resources Use and Plant Protection	095132
		畜牧	Animal Husbandry	095133
		渔业发展	Fisheries Development	095134
		食品加工与安全	Agricultural Products Processing and Safety	095135
		农业工程与信息技术	Agricultural Engineering and Information Technology	095136
		农业管理	Agricultural Management	095137
		农村发展	Rural Development	095138
2	电子信息硕士	—	Master of Electronic Information	085400
3	机械硕士	—	Master of Mechanical Engineering	085500
4	资源与环境硕士	—	Master of Earth Resources and Environment	085700
5	能源动力硕士	—	Master of Energy and Power Engineering	085800

续附录 3

序号	专业学位类型	领域名称	英文名称	领域代码
6	土木水利硕士	—	Master of Civil and Hydraulic Engineering	085900
7	生物与医药硕士	—	Master of Biological, Pharmaceutical and Food Engineering	086000
8	兽医(含硕士和博士)	—	Master of Veterinary Medicine	095200
9	公共管理硕士	—	Master of Public Administration	125200
10	工商管理硕士	—	Master of Business Administration	125100
11	金融硕士	—	Master of Finance	025100
12	风景园林硕士	—	Master of Landscape Architecture	095300
13	会计硕士	—	Master of Professional Accounting	125300

附表 3　2019 年中国农业大学硕士研究生招生考试复试分数线

类型	学科门类	总分要求	单科要求			
			政治	外语	业务课一	业务课二
学术学位	经济学[02]	345	50	50	90	90
	法学[03]	320	50	50	85	85
	文学[05]	350	50	50	90	90
	理学[07]	305	45	45	80	80
	工学[08]	305	45	45	80	80
	工学照顾学科[0801][0815][0828]	300	45	45	80	80
	农学[09]	300	45	45	80	80
	管理[12]	345	50	50	90	90
专业学位	金融硕士[0251]	350	50	50	90	90
	工程硕士[0852]	290	45	45	80	80
	农业硕士[0951]	280	45	45	70	70
	兽医硕士[0952]	320	50	50	85	85
	风景园林[0953]	300	45	45	75	75
	工商管理[1251]	180	管理类综合 100,外语 50			
		165	管理类综合 95,外语 45(适用于提前批面试成绩优良者)			
	公共管理[1252]	165	管理类综合 100,外语 45			
	会计硕士[1253]	225	管理类综合 135,外语 65			
少数民族高层次骨干计划		在报考学科复试分数线基础上总分降 30 分,单科各降 10 分				
退役大学生士兵计划		在报考学科复试分数线基础上总分降 30 分,单科各降 10 分				

继续教育

【概况】

2019年，继续教育学院(网络学院)在学校党、政的领导下，以习近平新时代中国特色社会主义思想为办学指导，深入学习贯彻习近平总书记给全国涉农高校的书记校长和专家代表的回信的重要指示。认真开展“不忘初心、牢记使命”主题教育活动，传承“曲周精神”。坚持以立德树人为根本，把思想政治工作贯穿教育教学全过程；以强农兴农为己任，发挥学校学科与人才优势，面向社会，服务“三农”，助力“精准扶贫”与“乡村振兴”，努力培育更多、更好的“知农爱农”新型实用人才；以改革为动力，夯实事业基础，拓宽办学渠道、提高育人质量、完善工作机制，努力构建高水平的农业终身教育体系，办好人民满意的继续教育。

(高铭宇)

【党建工作】

加强学院党政领导班子建设，完成直属党支部换届工作 11月，继续教育学院(网络学院)直属党支部完成换届工作，选举产生高铭宇(书记)、吴海芹、熊文同志组成的直属支部委员会，支委会成员履行“一岗双责”。完善加强党政集体领导制度，坚持民主集中制，修订完善支委会议事规则，发挥重大事项集体研究集体决策功能，2019年共召开党政联席会议22次，召开直属党支部委员会议5次。制订理论学习中心组和教职工年度学习计划，落实理论学习中心组每月一次集中学习制度和教职工“双周三学习制度”。2019年共召开理论学习中心组学习会9次，全体教职工学习5次。

创新党建活动形式，提升党建活动教育效果 3—7月，高质量完成“传承‘曲周精神’服务乡村振兴”主题教育实践活动。7—11月，开展“不忘初心、牢记使命”等系列主题教育活动5次。

扎实开展“不忘初心、牢记使命”主题教育活动 按照“守初心、担使命、找差距、抓落实”的总要求，强化组织领导，强力推动落实。聚焦主题主线，坚持“以上率下”，坚持结合实际，坚持学习教育、调查研究、检视问题和整改落实同步推进。通过座谈、问卷等方式，广泛征求意见，检视出问题5个，确定整改措施10项。做到边学边改、立查立改，以整改落实成果检验主题教育实效。

(熊文)

【成人学历教育】

成人教育基本情况 目前，教学站共计20个，分布在12个省、市。新生入学1 676人。在校生5 443(不包括暑期毕业生)人，按层次划分，本科4 743人，专科生700人；按学习形式划分，函授学生2 467人，业余学生2 976人(见表9)。毕业学生4 371人(本科

2 637 人，专科 1 734 人），授予学位 280 人，学位授予率 10.6％。

加强成人教育制度建设 根据国家及学校相关政策对中国农业大学成人高等教育教学教务管理相关规定进行了全面梳理，修订了《中国农业大学成人高等教育学生手册》《中国农业大学成人高等教育教学教务管理制度汇编》。

特色专业及师资队伍建设 加强特色专业建设，动物医学和食品质量与安全专业入选 2019 年度北京高校继续教育特色专业；制定了成人教育计入教师年度考核工作量制度，调动老师的积极性。中国农业大学工商管理核心课程教学团队、中国农业大学“设施园艺学”教学团队入选 2019 年度“北京高校继续教育高水平教学团队”；在北京市教委组织的北京高校学历继续教育优秀毕业论文（设计）遴选中，2 位教师获得“优秀指导教师”，中国农业大学获得“优秀组织奖”。

课程资源及教学平台建设 完成了北京市数字化精品课程“兽医内科学”“兽医外科手术学”“农业经济学”的验收及课程上线的工作。获批了“毛泽东思想和中国特色社会主义理论体系概论”“花卉学”“设施园艺学”3 个课程建设项目。优化了现有教学平台，增加了学生信息采集的模块，实现了与税务信息的对接。启动实施论文查重制度，引入“维普查重系统”，对申请学士学位的毕业论文进行查重，使用其毕业设计及作业系统，保证学生论文阶段的工作有序进行。

加强学生管理，严把毕业及学位资格审核关 加强学生管理，规定每 30 人配备一位班主任，充分利用微信、QQ 等手段对学生进行管理。严格学生上课考勤管理，试推行 App 电子考勤制度，效果明显。严格考试纪律，对于违纪学生严肃处理。为每个本科生选聘论文指导教师，指导毕业论文撰写，严密组织学生论文答辩工作。加大课程考试巡考力度，做到有考必巡，组织 1 500 人参加本科大学英语统考，组织学生参加北京地区成人本科学士学位英语考试，上、下半年各 1 次，参加人次约 3 000 人，联合多部门有力保障考试安全。严把毕业质量关，成立继续教育学院（网络学院）学位评定委员会，对毕业论文及学位论文进行查重，防止违反学术道德事件发生。1 篇毕业论文获得“北京市优秀毕业论文”。

加强评估检查、规范办学行为，严把过程管理关 加大教学环节的检查力度，加强对教学站点的教学过程检查和评估，发现问题及时提出整改意见，并要求立即整改，撤销屡次不改的教学站。学院领导带队参加教学环节检查，重点检查如开学典礼、上课、考试、毕业论文答辩等环节，实地检查试卷、课程成绩单及毕业论文等教学资料。组织评选优秀教学站及成教管理先进个人，对相关工作人员进行培训，提高教学站的管理水平。顺利完成教学站所在省的年检及备案工作，通过了北京市组织的成人教育专项检查复检。与停止招生的站点签署合作培养协议，保证在校生顺利完成学业。

表 9　2019 年成人高等学历教育在校生统计表 人

类别	合 计	一年级	二年级	三年级	四年级	五年级
函授	2 467	694	1 749	6	9	9
业余	2 976	982	1 896	24	25	49
合计	5 443	1 676	3 645	30	34	58

（王艳霞）

【教育培训】

服务国家重大战略，开展多形式教育培训　2019年，继续教育学院（网络学院）教育培训工作紧紧围绕国家重大发展战略，立足“脱贫攻坚”“乡村振兴，”主题，充分发挥服务社会功能，面向基层，服务“三农”，加强省校、校地、校企、校际合作，开展线上、线下相结合的多种层次的教育培训，为全国17个省、市、自治区200多个县举办70期培训班，培训学员5 500人。其中，农业管理干部培训班33期，共培训2 022人，占比47.1％；北京市委教育工作委员会等高校师资培训班18期，共培训1 209人，占比25.7％；农业企业负责人和新型经营主体培训13期，共培训1 136人，占比18.6％；农技推广人员知识更新培训6期，共培训1 133人，占比8.6％。

深化“校企＋校地”合作，培训电商人才助力云南脱贫攻坚　积极发挥高校服务社会的职能，探索校企、校地合作助力电商扶贫的路径。继续教育学院（网络学院）与上海寻梦信息技术有限公司、云南省政府扶贫部门合作，为云南省贫困地区举办“拼多多新农人电商培训班”。实行高校出方案和师资并进行教学管理，企业出资，地方扶贫办精准组织学员，三方充分发挥各自的优势，确保培训质量有保障，经费有落实，学员选择精准。2019年在昆明、红河、楚雄、德宏、临沧等地市州举办培训班5期，培训电商504人，形成了高校＋企业＋地方扶贫办的合作模式。

服务学校“双一流”建设，促进干部、职工素质提升　与学校相关部门和学院联合举办“新入职教师‘传承红色精神，坚定理想信念’主题实践培训”“西柏坡革命传统教育”等党建主题培训。积极推进“党建公开课制度”，遴选培训项目的优质课程资源，向学校各部门、各学院党组织开放，党委组织部、国有资产管理处、农学院等学院和部门先后组织处级干部、教师、管理人员等听课300余人次，为提高中国农业大学干部、教职员工的政治素质和理论水平做出了积极贡献。

优化培训方案和教学组织，保障培训取得实效　优化培训教学组织管理各环节流程，完善培训课程方案。加强“课程思政”建设，选聘授课专家坚持师德优先，增设政治理论课程、校园文化体验，帮助学员融入学习环境、体会校园文化；运用团队破冰教学活动，增进学员互相了解，组建学习小组，共创学习园地，达到同学互学的效果；开设乡村振兴主题结构化研讨课程，通过内容回顾、问题树分析、头脑风暴等结构化研讨方法和引导技术方法，提高学员分析问题、解决问题的能力；规范学员论坛教学活动的组织筹划，通过班主任组织工作，保证论坛主题清晰、学员发言切题、阐述内容精彩，达到拓展视野，启发工作的效用。

（杨继军）

现代远程教育

【专业与教学资源建设】

专业层次备案　结合学校办学特色和学科优势，完成网络学历教育层次与专业的调整，停招专科层次，集中力量办好符合学校办学定位、体现学校优势特色的 22 个本科专业。按照教育部和北京市教委要求，完成拟招生专业申报、专业学费标准及各专业教学进程的上报备案工作。

教学计划修订 全面落实立德树人根本任务，结合网络学历教育层次与专业的调整，做好教学计划的统筹规划，分步实施人才培养方案的修订。加强"思政课程与课程思政"建设，结合学校网络教育实际情况，调整和完善了 3 门思想政治理论课设置和教学要求，探索新时代网络教育学生思想政治工作新思路。

课程资源建设 加强优质教学资源开发与建设，设施园艺学教学团队入选 2019 年度北京市教委授予的北京高校继续教育高水平教学团队；动物医学和食品质量与安全 2 个专业入选 2019 年度北京高校继续教育特色专业。2019 年共完成 16 门新课程资源的设计和 310 课时的视频录制，配套完成 52 套标准化试卷题库建设。截至 2019 年年底，已累计完成高清视频 1 476 课时建设和标准化试卷 1 433 套的题库建设。新上线 19 门移动课件，在线运行课件达到 360 门。"立足行业需求，铸造特色专业品牌——以中国农业大学网络教育动物医学专业建设为例"入选全国现代远程教育协作组评选的"2019 中国高校远程与继续教育优秀案例库"。继续教育学院（网络学院）获得"2019 中国最具社会影响力高校网络与继续教育学院"荣誉称号。

（梁书华）

【招生与学习中心管理】

招生组织与管理 严格招生宣传管理和报名资格审核，确保招生安全规范。2019 年网络学历教育 22 个本科专业春、秋两季共招生 10 774 人。在校生人数达到 44 402 人。生源质量进一步提升，本科二学历学生达 20%以上。

学习中心建设与管理 规范学习中心管理，通过远程视频和集中培训相结合的方式，定期组织召开校外学习中心工作例会和业务培训。积极配合完成各省、市教育行政主管部门对校外学习中心的年检和信息报送工作。组织 2019 年度校外学习中心工作年度评优，发挥优秀学习中心示范作用。有 4 个学习中心被评为"2019 年全国高校现代远程教育优秀校外学习中心"。

（梁书华）

【教学管理与学生服务】

开课计划与考试组织 春季学期开设课程 315 门，秋季学期开设课程 319 门，为不同批次学生制订合理的推荐选课方案和选课指导。加强考试安全保障，严肃考风考纪。组织完成 5 月、11 月春、秋 2 次全国统一的集中课程考试工作，共计有 613 门次，涉及 95 个校外学习中心 18 万人次约考，共委派巡考 150 多人次。组织完成 6 月、9 月、12 月约 2 万人次的网络教育全国公共基础课统一考试报考工作。组织完成 5 月、11 月共 4 530 名学生报考的北京地区成人本科学士学位英语统一考试。组织完成网络教育校本部考点 1 508 名学生的学位英语考试工作。继续推进课程考试信息化改革与创新，全面推行考生信息条形码，确保考生信息的准确性，实现了所有开考课程网上阅卷，大大提高了阅卷工作效率。

毕业实践与审核 全年2期毕业综合实践中，共有1.1万名学生申请毕业论文（设计），论文指导师生比为1∶16。从春季学期开始引入论文查重环节，完成对所有学位论文的查重工作。严格毕业生资格审核，全年毕业学生17 610人，其中，本科层次7 029人，授予学士学位370人，学位授予率为5.3%。修订优秀毕业生评选办法，组织第29和第30届优秀毕业生评选，共评选出94名现代远程教育优秀毕业生。毕业论文《加味四君子散对奶牛生产性能的影响》获得"北京高校学历继续教育优秀毕业论文（设计）"。

教学辅导与学生服务 加强教学过程主动性服务力度，采取课程周导学和集中辅导相结合的方式，组织完成623门次课程学习辅导，采取预约答疑方式，引入直播课堂系统，组织在线语音辅导57门次，累计88小时，发布学习辅导资料近1.5万份。根据教学安排通过在线问答发布学院通知和温馨提示、重要学习环节短信提醒等形式，引导学生完成各阶段的学习任务。使用"学友部落"微信公众号，结合在线咨询、服务热线、网上社区等多种方式，在继续教育学院（网络学院）和广大学生之间搭建互动平台，解答学生问题8 700余人次。

（梁书华）

一流大学与一流学科建设

“双一流”建设进展情况

2019年，学校坚持以新时代党的教育方针为根本遵循，以教育教学规律为指导，以“双一流”建设方案为蓝本，深入推进一流大学与一流学科建设和学校各项事业改革发展，有效地推进了拔尖创新人才培养、高素质教师队伍建设、科学研究和社会服务、传承创新优秀文化、国际合作与交流、体制与治理能力的全面提升。

（李冬）

【总体情况】

加强党的领导，坚持正确发展方向　学校坚持以习近平新时代中国特色社会主义思想为指导，深入贯彻党的十九大和全国教育大会、全国思政工作会议、全国本科教育工作会议精神，增强“四个意识”、坚定“四个自信”、做到“两个维护”，提升推动学校“双一流”建设的政治自觉和行动自觉，扎根中国大地办世界一流大学。坚持和完善党委领导下的校长负责制，制定《关于坚持和完善党委领导下的校长负责制实施办法》及其配套文件，进一步健全党委统一领导、党政分工合作、协调运行的工作机制，发挥党委在“双一流”建设中的领导作用，加强党委对“双一流”建设的顶层设计和对建设方案与实施方案的审核，保证“双一流”建设的正确方向和“双一流”建设举措的有效性。

遵循教育规律，实现高质量内涵发展　学校以建设中国特色、农业特色的世界一流大学为目标，坚持“特色、服务、贡献、引领”的总体要求，把体现中国特色、农业特色，服务国家战略需求，为党分忧、为国奉献、为人民谋福祉，引领行业发展，构建中国范式贯穿建设始终，以世界一流为标准，遵循教育规律，系统推进学校高质量内涵式发展。学校党委制定了《关于统筹推进“5＋1工程”的实施意见》，凝聚发展共识，直面发展问题、创新发展理念、破解发展难题、提高发展质量，在“双一流”建设中，凸显特色，强调服务、贡献，以局部突破带动学校全面发展，引领我国高等农业教育发展方向。

加强顶层设计，扎实推进建设方案落地 按照学校“双一流”总体建设方案，围绕五大建设任务和五大改革任务，扎实推进“双一流”建设。成立了以书记、校长为组织的“双一流”建设工作组、13个专项工作组以及各“双一流”建设学科建设委员会，明确建设责任人，建立科学决策机制。加强项目顶层设计，根据建设方案，逐条梳理建设任务，逐项编制实施方案。实行资金控制额度申报制度，加强项目实施方案论证，确保项目科学性、合理性和可操作性。统筹各类办学资源，集中支持“双一流”建设。构建绩效激励机制，激发学科建设发展动力。

在项目执行过程中，根据全国教育大会精神和五部门《关于开展清理“唯论文、唯职称、唯学历、唯奖项”专项行动的通知》，进一步突出了立德树人，特别是本科生培养的核心地位，完善了人才评价机制改革举措。为实现本期“双一流”中远期建设的有效衔接，加强了面向2035发展愿景研究和新兴、前沿与交叉学科的布局。

（李冬）

【各项工作开展情况】

（一）固本求新，构建新时代农科学科体系

在“双一流”建设中，集中力量，坚持有所为有所不为，重点加大了传统优势学科建设力度，克服资金紧张等困难，统筹人力、财力和物力，集中资源用于9个教育部认定的“双一流”建设学科，取得了显著成效。

优势学科跻身世界一流学科前列 农业科学学科于2018年首次进入ESI世界前万分之一，居全球高校第2位。植物与动物科学居全球高校第34位。所有学科进入全球前千分之一。其他学科均有较大幅度提升；临床医学和免疫学学科总被引量已达到阈值的104.64%和92.13%。

在第三方评价表现方面，共有15个学科进入软科世界一流学科排名，其中，农学居第2位，食品科学与工程居第3位，兽医学进入全球前50名；农业科学居《美国科学与世界报道》全球最佳学科排名第4位，农学与林学居QS世界学科排名第10位，成为我国6个进入前10位的学科之一。

布局新兴、前沿与交叉学科，优化学科生态 加强近期建设与中远期发展之间的衔接，聚焦未来战略领域，优化学科结构，培育新兴前沿交叉学科。成立前沿交叉科学研究院、土地科学与技术学院、草业科学与技术学院、“一带一路”农业合作学院/中国南南农业合作学院、国家农业绿色发展研究院暨中国农业大学农业绿色发展学院，增强服务国家战略需求能力，培育孵化新兴、前沿与交叉学科。围绕营养与健康重大需求，自主设立了“营养与健康科学”博士学位授权一级交叉学科。聚焦服务北京全国科创中心建设，组建农业绿色发展、作物智能育种生物学等前沿交叉学科并入选北京市高精尖学科。

（二）立德树人，人才培养质量再上新台阶

1. 强化能力、通专平衡，引领农科本科人才培养模式改革

构建以学生个性化发展为中心的人才培养模式，大力推进一流专业、一流课程建设 牵头制定了全国农学和兽医类专业认证的中国标准，率先通过农学专业全国农林类专业三级认证；以世界一流为标准，植物保护、园艺2个专业启动中俄联合专业认证工作，完成4个与国际实质等效的工科认证；推动了全校52个本科专业的再建设，遴选培育了17

个国家级一流专业的推荐专业，5 个北京市一流专业。全面推进核心通识课、核心基础课和核心专业课等三大类型 500 门左右核心课程建设，100 部左右规划教材和特色教材（含数字教材）建设。加强科教互促，产教融合，以优质课堂建设和强化创新创业教育为突破口，培育 25 门“金课”建设课程。启动“新农科”建设，改革新农科背景下人才培养模式。牵头起草了“新农科”“安吉共识”，明确“新农科”发展的任务、目标和责任，引领高等农业教育发展。

人才培养质量显著提升 本科生深造率首次突破 60%，总深造率全国排名第 14 位，其中，国内深造率位列全国第 7 位。2 项成果获国家教学成果二等奖。建设校级政产学研一体化实训基地 3 个，院级实践教学基地 276 个，校级实践教学基地 10 个，聘任校外企业导师 314 名，超过 50%本科生进入各类实验室、基地，URP 项目本科生参与率达 86%，项目成果产出率高达 63.6%，超过 85%的本科生参与过各级各类创新创业项目。学校获评国家级大学生创新创业训练计划实施工作先进单位、全国高等学校创业教育研究与实践先进单位、首批“北京地区高校示范性创业中心”，并被教育部授予 2018 年度全国创新创业典型经验高校称号。

2. 理实并重，全面提升研究生教育质量

以“科技小院”为代表的专业学位研究生培养模式改革成为全国专业学位研究生培养典范 构建了“实践—理论—实践”的三段式，“人才培养、科技创新、社会服务”三位一体的人才培养模式。按照“产业链”“综合化”“国际化”的改革思路，设立科技小院、牛精英、卓越临床兽医、卓越农机装备工程师、农学“1+3”精准扶贫专项等 47 个改革专项，全面推进各类专业学位改革，专业学位研究生教育综合改革工作取得的经验，已列入教育部和农业部“关于深化农业专业学位研究生教育改革指导意见”的重要内容。

科教融合的学术型人才培养模式改革成效显著，研究生科技创新能力显著提升 对标国际一流，组织 7 个一级学科博士学位授权点开展国际评估，总结学位点人才培养成效与不足，修订培养方案，建设各类特色课程共 211 门，进一步优化了培养体系；建立健全六大方面 75 项制度。学科交叉培养新模式初步构建，专项支持了营养与健康科学、农业绿色发展等跨学科培育项目，通过跨学科导师组、创新平台、轮训制等方式培养交叉学科人才。

研究生培养质量得到显著提升，取得丰硕成果 获得“中国学位与研究生教育学会研究生教育成果奖”3 项，其中，康绍忠院士主持的“创建‘五链环’野外综合实训平台与‘四融合’人才培养新模式的探索及其实践”获特等奖；获“北京市教育教学成果奖”一等奖 2 项、“全国农业专业学位研究生实践教学成果奖”5 项。研究生作为第一作者发表论文累计 7 200 余篇，其中在《自然》《自然·遗传学》《细胞》《科学》发表论文 7 篇；在各类竞赛中斩获佳绩，连续获得中国农业机器人大赛特等奖、牛精英挑战赛特等奖、全国农林院校研究生学术科技作品竞赛学术论文特等奖等多项奖励。

3. 知农爱农，推进“三全育人”综合改革与实践探索

出台《思想政治工作质量提升工程实施方案》，推进“三全育人”，形成“多层次、多形式”育人模式。农学院入选教育部首批“三全育人”综合改革试点学院。全面推进思政课程和课程思政综合改革。把课程教学大纲转变为课程育人大纲，将“知农爱农”情怀教育“入方案、入课堂、入实践”，累计共立项 180 项课程思政项目。加强学生党支部建设。设

立大学生党员先锋班项目，累计培养党员骨干1 000余名，实现学生党支部全覆盖。1个支部被教育部评选为全国高校“百个研究生样板党支部”，1项学生党建活动获北京市思想政治教育工作实效奖特等奖；开展学生党支部与京津冀地区基层党支部红色“1+1”结对共建，共立项162项，获北京市示范活动一等奖2项、二等奖1项、三等奖14项、优秀奖36项，学校连续3年获得北京市“优秀组织奖”。

全面启动主题为“走进乡土乡村　助力精准扶贫”的全国农科学子联合实践行动，累计有768支小队奔赴近30个省市参加实践，全国近70 000人次师生参与，搭建了“品牌活动-科技服务-校地合作”三位一体的大学生社会实践平台，“百名博士老区行”“农博士在线”“假期农校”等实践品牌影响力不断扩大。

(三)引育并举，人才强校战略取得新进展

围绕立德树人根本任务，通过着力深化人才发展体制机制改革，系统推进“人才强校”战略。

相继启动了“315”人才工程、“2115”人才培育发展支持计划　加大人才引进力度，着力培育教师发展，实现对教师发展的“全过程、全方位、全覆盖”的个性化、精准化支持。现已引进专任教师285人，包括学科领军人才5人、杰出人才9人、优秀人才132人、普通人才139人；450人进入“2115”学校人才储备库，175人申请国家级创新团队、高水平创新团队和青年科学家创新团队支持。

各类高层次人才建设成效逐步显现　聘任2名诺贝尔奖获得者为外籍特聘教授，1人当选中国工程院院士，1人当选发展中国家科学院院士，9人入选“长江学者”(含青年项目)，4人获得国家杰出青年科学基金，21人入选国家“万人计划”科技创新领军人才，2人入选国家“万人计划”教学名师，2人获得全国脱贫攻坚创新奖，14人获得“享受国务院政府特殊津贴专家”称号，7人入选“国家千人计划青年项目”，3人入选“青年拔尖人才”，1人获得中国青年科技奖，16人获得优秀青年科学基金，1个群体入选国家自然科学基金优秀创新群体。在校内人才建设方面，完善特聘教授岗位制度，激发各学科领军人才活力。

健全师德长效机制　设立党委教师工作部，注重知行合一，规范师德审查程序，坚持将师德考核与各类人才推荐、专业技术职务晋升、岗位基本职责考核等结合，实行“一票否决制”，年度师德考核覆盖率达到100%，把好师德关；开展师德师风教育实践活动，针对新入职教师开展系列思政教育和实践活动。

(四)服务贡献，科研与社会服务有新成果

服务国家战略需求，加强对学校科技工作的顶层设计和总体谋划　成立国家农业科技战略研究院，全面梳理现有基础前沿、重大核心关键技术领域等科研工作，重点在生物种业、健康养殖与动物疫病防控、农业绿色生产、生物质转化利用与畜禽废弃物处理、智能农业机械装备与智慧农业、食品营养与人类健康等领域布局和建设重大科技创新链。

总体谋划各级一流平台建设　培育建设模式动物表型与遗传国家重大科技基础设施、北京市人类营养与健康高精尖研究中心、分子设计育种前沿科学中心等重大科技创新平台3个；组织谋划兽医公共卫生学国家重点实验室，形成了初步建议方案。

取得了一批重大成果，研发了一批农业关键技术　2016—2018年主持获国家技术发明二等奖2项，国家科学技术二等奖4项，国家发明金奖1项。张福锁院士主持的“土壤-作物系统综合管理技术研究与应用”成果入选2018年中国高校十大科技进展，为推进国家农业绿色发展做出突出贡献。在基础研究领域,累计在《细胞》《自然》《科学》等国际权威刊物以第一作者或通讯作者发表论文 6 篇,根据中国校友会 2019 年统计数据,居全国高校第 6 位;第一作者或通讯作者在《细胞》《自然》《科学》子刊和 PNAS 发表论文 51 篇,在其他领域内顶尖刊物发表论文超过百篇。

积极服务区域经济社会发展 整合各方面资源,服务北京"四个中心"建设,与北京市平谷区、首农集团等行业龙头企业签署合作协议,着力打造北京国家科创中心农业板块,推进国家农业科技创新港建设,为北京建设具有全球影响力的科技创新中心、打造北京发展新高地的战略部署贡献力量。

智库建设取得新成果 多项政策建议或研究成果获得党和国家领导人的批示,其中,叶敬忠教授组织 139 名师生,奔赴全国 22 个省(自治区、直辖市)乡村一线,围绕乡村振兴 76 个主题广泛开展实地调研,成果获总书记重要批示。国家农业农村发展研究院获中国社会科学评价研究院 2018 年中国智库咨政建言"国策奖"。

助力国家脱贫攻坚和乡村振兴战略实施 新增教授工作站 12 个,已经形成遍布全国、全产业的科技小院 121 个、教授工作站 76 个、校外试验站 26 个,入选国家现代农业产业技术体系岗位专家和北京市农业产业创新团队 114 位岗位专家为核心的"一院二站一体系"的社会服务网络;累计转化专利和技术 150 项,合同金额 1.66 亿元。在镇康县的定点扶贫工作连续二年获得了教育部精准扶贫精准脱贫十大典型案例;李小云、张福锁、杨宁教授分别于 2017 年、2018 年、2019 年获得全国脱贫攻坚创新奖,农学院获得 2019 年全国脱贫攻坚组织创新奖。

(五)不忘初心、文化传承与创新有新成效

以增强文化自信为根,以"三农"情怀为魂,将文化传承与创新贯穿于一流大学建设过程,提升了农大师生和乡村青年对于千年来中华农耕智慧的价值认知,为脱贫攻坚和乡村振兴历史重任凝聚持久活力与内生动力,提升农大人对于百年以来精神传统的广泛共识与集体认同,为世界一流大学的建设凝聚永续前行的思想基础和文化自信。

深入挖掘"千年智慧" 成立农业文化遗产研究中心,建立了农业文化遗产地青年互助学习网络,通过举办农业文化遗产地研修班暨青年学子研习营,开展农业文化遗产地村庄调研和专题系列讲座,实现对于中华传统农耕文化的有效性继承与创新性利用。发挥饲料博物馆的科普教育和文化传承功能,展示悠久的中国农业文明和农耕文化,累计到访人员超过 1.5 万人次。

传承创新"百年校风" 编写《蔡旭传》《黄瑞纶文集》等老科学家的传记文集、视频短片,出版《中国近代兽医发展历程》等图书,策划出版《念兹在兹 朝乾夕惕——中国农业大学与新中国同行 70 年的奋斗情怀》。借"中国农业大学扎根河北曲周 46 年服务乡村振兴先进事迹"入选庆祝中华人民共和国成立 70 周年重大宣传典型的重大历史契机,传承"曲周精神",形成农大人共同的价值坚守和文化底蕴,反应曲周精神的原创话剧《稼穑之歌》,获 2019 年全国大学生戏剧节最高奖"金刺猬奖"。

(六)全球视野,国际合作与交流有新突破

积极参与国家对外战略 大力推进学校与"一带一路"沿线涉农高校的合作,成立了一带一路农业合作学院/中国南南农业合作学院。发起成立"'一带一路'/南南合作农业教育科技创新联盟",首批加入联盟的是国内 40 所农林院校和"一带一路"沿线 30 所院校，在“一带一路”农业教育科技合作、“南南合作”中发挥引领作用。成立了11个“一带一路”农业合作中心。有关研究成果在联合国总部发布。

夯实合作高端网络 发起组建世界顶尖涉农大学联盟(A5)。依托A5联盟平台和欧洲生命科学大学联盟，与世界顶尖涉农大学开展实质性合作，加强世界顶尖涉农大学联盟机制建设。搭建合作平台，推进国际科教协同创新。学校已与世界农业学科前10名的6所海外院校签署合作协议，共接待海外校级来访团组263批次，其中，世界排名前100的团组144批次，约占来访总团组的55%。学科创新引智计划项目达到9个，学科创新引智计划2.0项目2个，项目数量位居全国第一。请进高层次专家694人，其中，聘请诺贝尔奖获得者8人，各国院士33人，国家“友谊奖”专家4人。

改善国际化办学条件，提升教育国际化水平 争取各类来华留学生奖学金项目，逐步打造面向发展中国家农业青年领袖的培养项目，不断提高来华留学生培养质量。与瓦赫宁根大学合作，获批国家留学基金委“中荷农业绿色发展交叉创新型人才培养项目——AGD计划”，每年两校合作培养30名博士生，与加州大学戴维斯分校建立“3+X”本硕连读合作人才培养计划。

(七)突破瓶颈，推进综合改革又有新动作

围绕“双一流”建设，学校扎实推进高等教育综合改革，着力破除体制机制障碍，加快构建充满活力、富有效率，有利于学校、学科发展的体制机制，实现关键环节突破，写下学校“双一流”建设的“奋进之笔”。

实施人事制度改革 一是建立用人新机制，实行引进人才年薪制，强化考核退出机制，对聘期考核不合格的人员从合同上做出不再续聘的约定；二是推进人才评价机制改革，坚持破“五唯”，以贡献和潜力为评价导向，构建适合学校实际需求的、精准支持的人才科学评价发展体系；三是落实教师岗位职责，发挥人才效能，实施分类管理，完善岗位责任制；四是实行延迟退休政策，弥补人才断层；五是改革招聘机制，实行全年招聘，尊重学术评价与各单位用人自主权，有效平衡学术权力和行政权力的结合、学校把关和各单位选人的结合。

推动建立新型科研组织模式和评价机制 围绕国家乡村振兴、农业绿色发展、健康中国等国家重大战略需求，组织跨单位、跨学院、跨学科的重大项目；改革科研组织模式，实施团队制和PI(Principle Irvestigator，即学术带头人)制并轨，建立符合科研规律和人才发展规律的团队组织模式，配备更多的资源，促进创新团队潜心研究和成果产出；改革评价方式，试点以同行评议和第三方评价为主，以科学发现的原创性、技术的突破性、产品的市场价值以及社会服务价值为指标，探索传统考核方式和新的绩效评价并轨的考核方式。

推进新兴、前沿与交叉学科建设机制改革 学校成立了前沿交叉科学研究院。该研究院是学校直属的教学科研机构，不定行政级别，负责整合不同学科优势力量，引进新兴方向人才，统筹安排物理空间，搭建公共科研条件平台，构建思想碰撞环境，前瞻布局和建设一批新兴、前沿与交叉研究领域，促进多领域深度交叉融合，培育一流大学建设新的增长点，努力建成新兴、前沿交叉领域的策源地、一流人才队伍的聚集地、新型体制机制的试验地和顶级成果的产出地。

(李冬)

【建设成效】

(一)行业引领,构建适应新时代发展需要的农科特色一流本科人才培养模式,引领农业高等教育发展

坚持立德树人根本任务,以培养行业领军人才和拔尖创新人才为目标,先后出台《中国农业大学关于加强课堂教学建设提高教学质量的实施意见》和《中国农业大学关于实施"双一流一卓越"本科教学改革若干意见》,面向未来,积极探索农科高等教育新模式,引领我国高等农业教育。

1.强化能力、通专平衡

坚持宽口径、厚基础,通专平衡和通专相宜的人才培养理念,完成3类核心课程的建设,包括50门核心通识课,强化学生理学素养、人文情怀和全球视野,促进学生全面发展;100门核心基础课,强化基础理论和学科素养、促进学生学科领域发展潜力的交叉融合,满足大类人才培养的需要;300门核心专业课;100门左右优势学科专业的学校规划教材和特色教材(含数字教材);开展"校级优质教材"评选,评选100部左右校级优质教材;强化核心专业知识和专业能力、促进学生专业素养提升,为高精尖专业人才的培养保驾护航。

2.科教融合,以学生发展为中心

加强科教互促,产教融合,强化本科生创新创业能力培养。明确教授/副教授给本科生授课要求;加大教学奖励力度,鼓励学科领军教师开设核心课程,支持高水平教师指导本科创新创业实践。以科研促教学,加强学科专业交叉融合,着力提升学生创新创业能力,超过50%的本科生进入各级各类实验室,参与科研训练项目覆盖率接近65%;强化教学方式方法改革和个性化人才培养模式改革;推行小班授课、完善虚拟实验教学、推行考试方式改革、设立学业指导中心、完善课堂教学评价制度。

3.构建以学生个性化发展为中心的人才培养模式

学校坚持在专业选择、课程体系、授课模式和考核方式等各方面遵循以学生为中心的教育理念。以学生的兴趣和特长为导向,实施自由转专业政策;拓宽学生课程选修范围,打通专业间、校内校外间、本研间选课壁垒;注重过程考核和学生能力评价,改革学业成绩计算方法;加强智慧教室建设,支持教学模式改革;调整课时费系数和教学工作量认定等政策,鼓励教师小班教学;构建全面覆盖、个性选择的学业指导体系。

4.牵头组织探索新时代农科人才培养模式

2018年3月以来,学校多次组织农林类高校开展"新农科"内涵、特征、理念的研讨,并围绕"新农科"探索人才培养模式改革的路径。2019年4月29日,教育部高教司聘任孙其信校长担任教育部"新农科"建设工作组组长。2019年6月28日,教育部在浙江安吉发布"新农科"建设三部曲的第一部"安吉共识"。

5.开展国家三级专业认证标准的研制工作

受教育部评估中心委托,牵头研制农林类和动物医学类三级专业认证标准。本着促进人的全面发展和适应社会需求的基本理念,采取一、二、三级层级递进关系,完成专业认证标准的初稿。为进一步提高认证标准的科学性、合理性和实用性,在就认证标准的框架体系、指标导向、内容表述、毕业要求等方面广泛征求意见的基础上,完成修订稿及

10 万多字的反馈报告，提交教育部评估中心。

(二)问题导向，构建以“科技小院”为代表的应用型研究生人才培养新模式

科学家与农民深度对接、科技与产业紧密结合，“输血”与“造血”有机融合的“科技小院”应用型研究生人才培养新模式，显著提升人才培养质量，尤其是实践能力，为脱贫攻坚和乡村振兴注入“高校力量”。

将偏重理论教学的两段式(理论→实践或理论→理论)人才培养方式变为以实践为核心的三段式(实践→理论→实践)，使“发现问题、研究问题与最终解决问题”3 个环节紧紧相扣，把研究生实践能力培养与创新成果应用有效结合。将研究生实践教学平台转移到农村一线，使研究生置身于农业生产实践下，促使其全面接受认识关、生活关、感情关、科技关的考验和训练，全面提升了研究生实际能力和综合素质，解决了应用型研究生培养难题，提高了研究生的社会适应能力与竞争力。目前，全国已有 121 个科技小院，覆盖全国 23 个省(自治区、直辖市)45 种作物生产系统，300 多名研究生长期在农村、农企一线，“零距离、零门槛、零费用、零时差”服务“三农”，成为服务乡村振兴的重要力量。科技小院人才培养模式得到国家领导人的肯定，并被联合国可持续发展战略研究专家组列为全球发展范例，被世界粮农组织和联合国环境署写入全球未来粮食和环境发展战略报告中，先后被中央电视台《新闻联播》《人民日报》等国家级，省、市、县级媒体报道 537 次。先后获得国家教学成果二等奖、北京市教学成果一等奖、校级教学成果特等奖。科技小院学生累计获得各项奖励 503 次，有关研究成果在《自然》等一流刊物上发表。

此外，学校还设立了葡萄现代农业产业体系、“牛精英”计划、健康食品产业发展、智慧农村能源、卓越临床兽医师、“1＋3”精准扶贫等 47 个专项，成为全国应用型研究生培养的典型范例，组建全国高校“科技小院”联盟、“牛精英”联盟，在服务精准扶贫、乡村振兴、绿色发展等国家战略上发挥了农大优势，贡献了农大力量，引领全国农业高校协同发展。

(三)科学报国，取得一批重要研究成果，研发一批农业领域关键技术，取得一批高水平基础研究成果

围绕粮食安全、健康养殖、绿色发展、黑土地保护利用、营养健康、智能装备等国家重大战略需求，坚持“把论文写在祖国大地上”的理念，取得了一批标志性成果。“土壤-作物系统综合管理技术研究与应用”在全国粮食主产区 5.66 亿亩土地上实现绿色增产增效，为实现农业绿色发展做出突出贡献，成果入选 2018 年全国高校十大科技进展。玉米单倍体育种技术研究，缩短育种年限，为我国实现种业自主做出突出贡献。创建了小麦多样化抗病基因资源创新和加速利用方法，率先开展品质遗传改良研究，育成农大糯麦 1 号、农大 3753 等优质、特用小麦新品种；建立了小麦高通量耐热评价体系，在耐热广适高产小麦育种上取得突破。针对我国大豆进口依存度超过 85%，高档饲料配制及利用技术落后，造成氮排放过多污染严重等问题，研制了世界领先的新型饲用氨基酸和低蛋白质饲料，年大豆用量减少 1 470 万吨，氮排放平均减少 20%，为应对中美争端，解决“卡脖子”问题做出突出贡献。作为第一完成单位获国家科学技术奖 6 项，国家发明专利金奖 1 项。

根据自然指数结果显示，从 2016 年未进入全球前 500 名，提升到当前的全球第 288 位，生命科学领域居全球第 152 位，全面超过了对标高校荷兰瓦赫宁根大学。田丰教授

团队克隆了控制玉米紧凑株型、密植增产的关键基因，建立了玉米紧凑株型的分子调控网络，为玉米理想株型分子育种、培育密植高产品种提供了理论和实践基础，相关成果发表在 *Science* 上。李向东教授与中科院微生物所合作，揭示寨卡病毒对男性生殖系统研究的影响，相关成果在 *Cell* 上发表。沈建忠院士在全球范围首次发现了质粒介导的黏菌素耐药新机制和沿家禽产业链的传播规律，相关成果发表在 *The Lancet Infectious Diseases*（《柳叶刀—感染病学》）上，影响了全球黏菌素在养殖动物中的使用政策，封面文章发表两年被引用 1 389 次。

(四)为党分忧，构建精准扶贫脱贫与乡村振兴多种模式

学校因地制宜积极探索多种扶贫脱贫和乡村振兴模式，形成了以国家现代农业产业技术体系岗位专家和北京市农业产业创新团队 114 位岗位专家为核心的“一院二站一体系”的社会服务体系。完善了校地校企合作服务模式、基地综合服务模式、农业产业技术体系服务模式、“科技小院”服务模式和“抓党建促脱贫”服务模式等 5 种社会服务模式，为地方扶贫脱贫和乡村振兴战略实施做出了突出贡献，探索出了新途径。

深度贫困综合治理模式创新　在云南省当地政府的支持下，李小云教授选择勐腊县瑶族村庄河边村展开深度性贫困综合治理模式创新研究，探索社会参与扶贫的新途径。相关扶贫成果获社会广泛关注，被中央电视台《新闻联播》等媒体报道。李小云教授当选 2017 年“全国十大公益人物”。扶贫脱贫与乡村振兴绿色发展曲周模式。以张福锁院士为带头人的团队长期扎根农村，先后在河北曲周等地创建了科学家与农民深度融合、科技与产业紧密结合、“输血”与“造血”有机结合的“科技小院”精准扶贫新模式。目前已在全国建立了 121 个科技小院，覆盖 45 种作物产业，示范面积上千万亩，培训农民 20 多万人次，同时与 63 家合作社和 37 家企业紧密合作，推广应用技术 5.6 亿亩，实现增产增收和环境保护共赢，为脱贫增收、转变发展方式和推动农村文化建设做出了突出贡献。张福锁院士获 2018 年全国脱贫攻坚创新奖。有机旱作农业带动灵丘精准扶贫脱贫。在学校专家团队的直接技术支持下，灵丘将原来最贫困的上车河村和下车河村进行异地搬迁合并和社区的整体改造，建成了车河有机农业社区，通过有机农业社区改造推动精准扶贫。在灵丘建立教授工作站，为有机农业园区发展提供支持。制定旱作农业区域的有机旱作农业技术规程和管理规范等标准化技术体系和系统解决方案，并积极培养本土化农业技术专家，把技术永远留在农村。牵头单位中国农业大学农学院获得 2019 年全国脱贫攻坚组织创新奖。党建扶贫“1234”模式培养“一懂两爱”农业队伍，在定点扶贫的云南省临沧市镇康县，协调整合校内外资源，以乡村振兴战略为引领，高举 1 个党建扶贫大旗，选择 2 个乡试点示范，建设 3 个平台，提升发展 4 大特色产业，形成了独具特色的党建扶贫“1234”模式，造就了“一支永不走的扶贫工作队”，培养了一大批“懂农业、爱农村、爱农民”的基层党员群众，带动了区域特色农业产业发展。该成果入选获评教育部第三届、第四届直属高校精准扶贫精准脱贫十大典型项目。探索创新“小农扶贫”模式，彰显了共享、协调、绿色和创新的发展理念，得到广泛复制推广。该扶贫创新模式得到中共中央政治局常委汪洋同志的重要批示和国务院扶贫办领导同志的肯定，《人民日报》《中国青年报》等重要媒体进行了报道。

(五)中国智慧，服务人类命运共同体构建

中国农业大学积极响应国家“一带一路”倡议，长期致力于“一带一路”与南南合作国

家的减贫研究与实践，先后承担了商务部、农业农村部、中国国际扶贫中心、财政部、外交部等多项研究、培训和咨询任务，并于2018年在坦桑尼亚启动了“千户万亩玉米增产示范工程”等技术推广项目，促进了当地增产增收。研究成果《南南合作评估框架及其在中坦合作中的应用》在联合国总部发布，得到了联合国南南合作特使 *Chediek* 等的高度赞赏，肯定了中国农业大学为支持全球范围内农业领域南南合作、知识和经验分享作出的巨大努力。

为进一步推进“一带一路”和南南国际农业合作，学校发起成立了“‘一带一路’/南南合作农业教育科技创新联盟”，首批加入联盟的是国内40所农林院校和“一带一路”沿线30所院校，成为全球最大的农业全领域教育科技合作平台。该联盟开展人才合作培养、共享教育资源，共同推进农业科技创新，推进中国与各国间农业科技与发展经验共享，促进农业政策对话与沟通，推进人类命运共同体的构建。

（李冬）

【存在问题和改进措施】

(一)存在问题

“双一流”建设启动以来，各项工作扎实推进，取得了较大进步。但在取得显著成绩的同时，我校的“双一流”建设与改革发展也面临着诸多问题，距离世界一流大学的标准仍有一定的差距，主要体现在以下方面：

1.各类办学资源紧张

学校两个校区不足2 000亩土地，且由于北京市疏解非核心功能的政策，已很难有发展空间。这已经严重制约了学校新兴学科拓展与高水平人才引进，成为学校改革发展中的最大瓶颈。与此同时，我校仍存在资金紧张的情况，制约了学校各项工作的开展。

2.学科结构需进一步优化与完善

面向未来农业农村现代化发展需求，学科结构和学科体系亟需进一步优化与拓展。在ESI数据库中，瓦赫宁根大学有15个领域进入全球前1%，我校仅有10个，在临床医学、免疫学、经济学与商学、地球科学、材料科学等农科与其他学科交叉领域存在较大差距，在一定程度上影响着学校发展后劲。

3.顺应新时代、新业态的专业布局及大类人才培养机制的建立有待加强。

学科专业布局和人才培养模式尚不能适应新时代农业农村现代化对人才的需求；科教融合、产学结合的研究生培养机制尚需进一步完善；政治过硬、行业急需、能力突出的高层次复合型人才培养新机制有待建立和加强。

4.学术领军人才特别是大师级人才仍显不足，年龄结构有待优化

与同领域世界一流大学相比，学术领军人才特别是大师级人才仍显不足，且年龄结构仍需进一步改善，部分学科存在年龄偏大，结构不合理的问题。学术领军人才特别是青年领军人才的培养与引进需进一步强化。

5.解决科技创新与产业发展关键问题能力仍需进一步加强

与对标高校瓦赫宁根大学形成的著名的“黄金三角”模式相比，我校尚存在高水平科研成果转化率不高；解决重大科学难题和产业关键问题的能力仍需进一步加强；在产学研联合攻关和多学科协同创新的能力上需要进一步提升。

6. 文化创新能力与辐射能力仍需进一步提升

对中华民族优秀农耕文化的挖掘仍不够深入，对优秀传统文化当代意蕴的提炼和弘扬仍不充分，发挥高校文化传承创新职能，以优秀文化辐射社会，推动社会文化发展的作用仍未得到充分发挥。

7. 国际合作交流仍需进一步做实、落地

"'一带一路'/南南合作农业教育科技创新联盟"和海外合作基地的效能有待进一步发挥。与荷兰瓦赫宁根大学相比，学校在国际教师比例、国际学生比例、国际化课程、科研国际合作等方面仍存在巨大的差距，急需进一步推进落实。

8. 内部治理有待进一步完善

内部治理仍有待进一步完善，学校管理部门的服务效能仍有待进一步加强，学院、学科在建设发展中的主观能动性和创造力还没有得到充分发挥，学科发展内生动力仍需进一步释放。

(二)改进措施

继续深入实施"5＋1"工程，深入推进学校综合改革，全面落实新时代党的建设总体要求，始终坚持党对学校工作的全面领导，牢牢把握社会主义办学方向，跟上新时代教育现代化步伐，以改革促发展，以关键环节突破带动全面发展。

1. 深化学校内部治理改革

继续改进与加强党的领导，落实党委领导下的校长负责制，进一步完善现代大学制度，推进校、院两级改革，激发学院、学科发展内生动力，释放发展活力。探索"一站式"网上服务大厅，优化服务效能。

2. 积极谋划拓展办学资源

围绕北京全国科技创新中心建设等区域发展战略，加强与地方政府、企业和国际伙伴对接，加快推进平谷国家农业科技创新港、烟台研究院、三亚研究院建设，积极争取新的发展空间。进一步加大与地方政府、企业的合作，完善社会参与机制，拓展资源筹措渠道，争取多元资金支持学校发展。同时，改革校内资源配置机制，提高校内空间使用效益。

3. 前瞻谋划中长期发展布局

进一步扎实推进面向 2035 发展愿景研究，加大资金和政策支持，巩固传统优势学科地位，支持优势学科继续冲击世界一流学科前列；建立差异化发展机制，支持更多学科跻身一流学科行列；前瞻谋划、扎实推进前沿交叉科学研究院建设，构建新的学科建设机制，培育新的学科增长点。

4. 大力推进专业布局调整和一流专业建设，推进人才培养模式改革

进一步调整学科专业布局。以新理念全面修订专业人才培养方案，利用现代生物技术、工程技术、信息技术改造现有涉农学科专业，推进农工、农理、农医、农文深度交叉融合，强化学科知识交叉、融合教育，新设一批"新农科"学科专业，统筹安排布局学校一流专业建设。坚持通专平衡和通专相宜的"宽口径"人才培养理念，培养德智体美劳全面发展的社会主义接班人和具有拔尖创新精神的行业领军人才。

5. 大力实施人才强校战略

继续推进"315"人才计划和"2115"人才培育发展支持计划落实落地，进一步加强领

军人才引进;实现全覆盖的各类人才精准支持,加强学术领军人才和中青年骨干的培育,支持教师职业发展。

6.推进科研与社会服务模式与机制改革

进一步改革科研组织模式,凝练创新方向,组建创新团队,引导多学科协同攻关,解决重大关键问题;统筹设计,力争在服务乡村振兴战略和脱贫攻坚取得新的突破;促进优秀成果转化,建立政府、高校、企业结合更紧密的中国版"黄金三角"模式。

7.提升文化传承创新能力

继续开展"千年智慧"中华传统农耕文化挖掘和"百年传统"大学精神文化传承与创新两项重点工作,实现对于中华传统农耕文化、革命文化、社会主义先进文化的有效性继承与创新性利用,引导全校师生"爱国奋斗,科学报国"。

8.务实推进国际合作交流

扎实推进"一带一路"/南南国际农业合作,强化工作落地,引领国际高等农业教育。做实做强 11 个"一带一路"农业教育科技合作海外中心,辐射引领国家"一带一路"农业国际合作;积极推进国际专业认证和国际标准制定,引领国际高等农业教育。制订学校国际化发展方案,积极扩大国际教师、留学生比例;积极推进学生国际交流,扩大在校生国际交流比例;积极参与国际事务,扩大学校国际影响力。

(李冬)

科学研究与社会服务

科学研究工作

【科研项目】

科研经费 2019年，学校累计到校科研经费153 269万元。

科研项目立项 2019年，承担800余项涉农领域国家重大科研项目（课题）。国家重点研发计划：新获批项目2个，国拨经费2 300万元；获批课题11个，国拨经费4 578万元。国家自然科学基金项目：获批210项，直接经费2.23亿元，其中，面上项目130项、青年科学基金项目54项、重点项目8项、重大研究计划项目4项，重大项目3项、创新研究群体和杰出青年科学基金项目各1项、优秀青年科学基金项目5项、国际（地区）合作与交流项目9项、联合基金项目1项、专项项目4项。重大专项：转基因生物重大专项2019年度参加任务立项14项，合同经费2 303.67万元。教育部项目8项，合同经费670万元。科技部基础资源调查项目3项，合同经费785万元。农业农村部财政项目：获批160项，合同经费7 288万元。北京市项目：北京市科委项目获批10项，经费1 857万元；北京市自然科学基金获批12项，经费219万元。省校合作项目：获批55项，合同经费2 991万元。中国博士后科学基金：获批48项，经费502万元。现代农业产业技术体系：现拥有30个体系的岗位专家82位，其中，首席科学家6人，经费5 920万元；北京市现代农业产业技术体系创新团队建设项目36项，经费1 396万元。横向项目：立项779项，合同经费2.84亿元，合作地区涉及全国20多个省（自治区、直辖市）的近百个地市。基本科研业务费：经费5 581万元，完成组织立项243项。

科研项目结题验收 完成国家自然科学基金2018年度174个项目的结题工作。完成公益性行业科研专项项目验收1项。完成国家工信部重大专项课题验收1项。完成北京市科委项目课题验收6项，完成基本科研业务费项目结题验收306项。完成“973计划”项目验收1项，课题验收3项。完成科技支撑计划课题验收4项。完成北京市自然科学基金项目验收15项。

（闫文文）

【科研基地建设】

科研基地建设与运行 组织谋划国家级重点实验室——兽医公共卫生学国家重点实验室，初步形成实验室建议方案，并组织校内外专家进行论证；启动教育部前沿科学中心——“分子设计育种前沿科学中心”建设方案编制，完成甘肃武威绿洲农业高效用水教育部野外科学观测研究站、河北曲周绿色农业教育部野外科学观测研究站国家级申报。

2019年，省部级以上平台达到110个，新获认证的9个省部级平台分别是：改良草地工程技术研究中心、国家数字渔业创新中心、全国农产品质量安全与营养健康科普基地、甘肃武威绿洲农业高效用水教育部野外科学观测研究站、河北曲周绿色农业教育部野外科学观测研究站、园艺作物新品种选育与良种繁育教育部工程研究中心、中国轻工业食品生物工程重点实验室、中国轻工业健康饮品重点实验室与国家现代农业科技示范展示基地（曲周）。新增校级基地1个，即中国农业大学国家保护性耕作研究院。

（闫文文）

【科研成果】

科技成果奖励 国家级科技奖励：2019年，学校获得8项国家奖（4项主报，4项参报），其中，学校以第一完成单位获得国家技术发明奖二等奖1项和国家科学技术进步奖二等奖3项，分别是：动物科学技术学院谯仕彦教授主持完成的“新型饲用氨基酸与猪低蛋白质饲料创制技术”项目、草业科学与技术学院杨富裕教授主持完成的“饲草优质高效青贮关键技术与应用”项目、信息与电气工程学院李道亮教授主持完成的“水产集约化养殖精准测控关键技术与装备”项目和工学院李洪文教授主持完成的“北方玉米少免耕高速精量播种关键技术与装备”项目。与此同时，理学院覃兆海教授等参与完成的“防治农作物主要病虫害绿色新农药新制剂的研制及应用”项目、食品科学与营养工程学院李平兰教授等参与完成的“功能性乳酸菌靶向筛选及产业化应用关键技术”项目、土地科学与技术学院李绍明副教授等参与完成的“耐密高产广适玉米新品种中单808和中单909培育与应用”项目和植物保护学院王琦教授等参与完成的“黑土地玉米长期连作肥力退化机理与可持续利用技术创建及应用”项目获得国家科学技术进步奖二等奖。

省部级科技奖励：学校主报的8项成果获得2018—2019年度神农中华农业科技奖科学研究类成果一等奖，占一等奖总数的19.5%，是学校历年来该奖项获奖数量最多的一年。获奖项目分别是：农学院陈阜教授主持的“多熟农作制丰产增效关键技术与集成应用”；资源与环境学院李国学教授主持的“基于污染物减控的畜禽粪污循环利用关键技术及应用”；园艺学院李天忠教授主持的“苹果自花结实性种质资源评价、创制及应用”；动物医学院肖希龙教授主持的“畜禽抗菌药的创制与产业化关键技术的研发和应用”；动物科学技术学院李胜利教授主持的“奶牛营养代谢调控和绿色健康养殖关键技术开发与应用”；食品科学与营养工程学院倪元颖教授主持的“浓缩苹果汁无菌贮藏灌装与提质增效关键技术”；工学院彭彦昆教授主持的“植物源食用农产品化学残留实时筛查及品质无损检测关键技术与装备”。食品科学与营养工程学院廖小军教授率领的果蔬加工创新团队和工学院韩鲁佳教授率领的农业生物质利用的工程基础创新团队获得优秀创新团队奖。

2019 年度教育部高等学校科学研究优秀成果奖(科学技术)学校荣获 6 项奖励，其中，一等奖 2 项，二等奖 4 项，分别是：动物科学技术学院田见晖教授主持完成的“良种牛羊胚胎高效发育与排卵控制技术”获技术发明奖一等奖；动物科学技术学院曹志军教授主持完成的“奶牛健康标准化养殖关键技术与应用”获科技进步奖一等奖；资源与环境学院杨晓光教授主持完成的“气候变化对我国粮食作物生产的影响与适应机制”获自然科学奖二等奖；水利与土木工程学院霍再林教授主持完成的“旱区灌溉水转化过程定量表征与优化调配方法”获自然科学奖二等奖；生物学院陈三凤教授主持完成的“新型高效固氮菌选育、菌剂研制及产业化应用”获技术发明奖二等奖；动物医学院肖希龙教授主持完成的“新型复方动物用药的创制与应用”获科学技术进步奖二等奖。

2019 年学校荣获 4 项全国农牧渔业丰收奖奖励，其中，获农业技术推广成果奖一等奖 2 项，2 人获得农业技术推广贡献奖表彰。动物科学技术学院李胜利教授主持完成的“基于‘金钥匙’创新平台的奶牛场提质增效科技示范与推广”、资源与环境学院李季教授主持完成的“有机肥料工厂化生产技术装备研发与推广应用” 获农业技术推广成果奖一等奖。工学院李洪文教授和农学院王璞教授分别获得农业技术推广贡献奖表彰。

学术论文 2019 年，发表的论文累计被 SCI、EI 和 SSCI 收录 3 479 篇次，比 2018 年同期(2 869 篇)增长 21%。其中，SCI 收录 2 234 篇，比 2018 年同期(1 899 篇)增长 18%；EI 收录 1 142 篇，比 2018 年同期(907 篇)增长 26%；SSCI 收录 103 篇，比 2018 年同期(63 篇)增长 63%。在国际顶级学术刊物《细胞》上发表论文 1 篇，《科学》上发表论文 1 篇。

专利等 2019 年，申请国内专利 1 019 项，其中，发明专利 861 项，实用新型 155 项，外观设计 3 项；授权专利 588 项，其中，发明专利 424 项，实用新型 160 项，外观设计 4 项。申请国外专利 20 项，国外专利授权 5 项。申请软件著作权 753 项，获得软件著作权登记证书 650 项。获得植物新品种权 11 项。获得品种审定证书 10 个，其中，4 个为国审品种。获得新兽药证书 5 项，其中，1 个为一类。

(闫文文)

【哲学社会科学发展】

“三农”高端智库建设 2019 年以来，国家农业农村发展研究院继续承担来自中央农村工作领导小组、农业农村部、粮食储备专家咨询委员会等部委及上级单位项目近 10 项，受联合国粮农组织等机构的委托，开展国际合作研究项目 2 项。出版政策建议《政研要报》22 期，主题包括脱贫攻坚、土地制度、农业保险等主题，获得国务院副总理胡春华同志的批示 1 份，全国政协副主席辜胜阻同志的批示 4 份，其他《政研要报》有多份得到中农办、农业农村部、国务院政策研究室等部门领导的批示。“一带一路”合作学院/中国南南农业合作学院已逐步形成国际发展援助研究中心、中非发展研究中心、南亚东南亚发展研究中心、公益组织国际化研究中心等 4 个领域，面向国内和国外 2 个场域、2 个比较发展研究和国际发展研究空间，促进全球农业和农村可持续发展经验的分享，提升国际发展合作和南南合作政策水平，推动南方国家基于农业和农村发展的减贫实践。与 10 个全球发展机构或大学签订了合作协议，或洽谈了合作意向。共计产出了 23 份报告或文章，内容涵盖国际发展合作、南南合作、中非合作、“一带一路”等多个领域，并在第二届联合国南南合作高级别会议、中国—联合国粮农组织南南合作十周年高级别会议、凤凰卫视、环球时报、光明网、中国网等国内外平台发布。共举办了 11 次新发展知识学术系列活动，7 期“南南合作与国际发展合作洞见”系列活动，承办了 4 次青年领袖人才培养和能力建设项目。“小技术，大丰收”项目入选了联合国与中国南南合作 40 年成果展，获得了首届“全球减贫案例有奖征集活动”的最佳减贫案例，并被收录进南南合作减贫知识分享网站——中外减贫案例库及在线分享平台，并在首届中非农业合作论坛上得到广泛传播。

社科类科研项目 2019 年，人文社科类项目获批 188 项，合同经费 7 367 万元。其中，国内纵向项目 56 项，合同经费 1 157 万元；国内横向项目 118 项，合同经费 5 148 万元；国际合作项目 14 项，合同经费 1 062 万元。2019 年获批国家社科基金重大项目 1 项，已连续 3 年获批重大项目，体现了人文社会科学研究水平不断提高的良好态势；获批教育部哲学社会科学研究重大课题攻关项目 1 项，教育部人文社会科学研究项目获批数比 2018 年同期增长 42.9%，创 10 年来的最高值；北京市社会科学基金项目获批 8 项，比 2018 年同期增长 14.3%。由于在社科基金管理工作方面表现突出，科研院已连续两年被北京市哲学社会科学规划办公室评为北京市社会科学基金项目优秀二级管理单位。

学术论文与成果 2019 年，学校有 9 项政策建议、研究成果获得党和国家领导人的批示，批示数比 2018 年同期增长 125%，发表的论文被 SSCI 收录 103 篇，比 2018 年同期(63 篇)增长 63%。经济管理学院林万龙教授的调研报告获得北京市第十五届哲学社会科学优秀成果奖二等奖。马克思主义学院青年教师李浩等老师的研究成果获民政部主办的全国民政政策理论研究二等奖。

学术期刊 在 2019 年 11 月发布的《中国学术期刊影响因子年报(人文社会科学 2019 版)》中，《中国农业大学学报》(社会科学版)的复合影响因子为 3.472，在“社会科学综合”类的 191 家期刊中位列第三，影响力指数为 295.158，位列《中国社会科学》《中国人民大学学报》《开放时代》之后，排名第 4 位。根据 2019 年《世界学术期刊学术影响力指数(WAJCI)年报》，《中国农业大学学报》(社会科学版)入选世界学术影响力 Q1 区中国社科期刊，排名第 3 位，在 180 种世界综合性人文、社会科学类期刊中排名第 27 位。

(闫文文)

【战略研究】

组织开展国家中长期规划战略研究 2019 年 4 月 11 日，科技部农村司组织召开 2021—2035 年国家中长期科技发展规划战略研究农业农村专题(以下简称“中长期规划”)启动会议。面向 2035 年国家中长期科技发展规划战略研究农业农村专题研究工作委托中国农业大学主持，孙其信校长担任起草组组长，王涛副校长担任起草组副组长和农业重大科学与前沿技术分领域组长，科研院常务副院长田见晖教授担任生物种业分领域专家，科研院重大专项处处长杨富裕教授担任秘书组组长和林草业高质量发展领域组长，动物医学院杨汉春教授担任畜禽高效养殖与疾病防控分领域组长，农学院陈源泉教授、曾昭海教授、朱万斌副教授，动物科学技术学院侯卓成副研究员，国家农业科技战略研究院汤波、章芳芳等参与战略研究工作。完成战略研究各阶段性任务，提交《面向2035年的农业农村科技发展战略研究报告(3.0版)》。

开展顶层设计战略研究 为进一步加强农业科技创新战略研究，学校成立了国家农业科技战略研究院，设立了战略研究课题，组建了50余人的农业科技战略研究队伍。完成了孙其信校长主持的国家自然科学基金委员会“农业领域重大科技需求调研”、中国工程院康绍忠院士主持的重大咨询研究课题“科技支撑乡村振兴战略研究”、学校“十四五”科技发展战略研究等工作。组织召开山水林田湖草综合治理研讨会，上报“十四五”重大科技项目建议。

（闫文文）

附录

附录1 2019年度各级各类科研项目到校经费 万元

项目类型	到校经费
国家重点研发计划	38 913
横向课题	25 737
国家自然科学基金	19 821
北京市项目	14 920
重大专项项目	10 895
国家重点实验室经费	7 046
农业农村部财政/其他项目	6 493
现代农业产业体系	5 920
创收经费	5 832
基本科研业务费	5 581
人文类项目	5 081
其他项目经费	3 067
省校合作项目	3 022
国际合作项目	941
总计	153 269

附录 2　2019 年度各部委到校科研经费统计

万元

项目来源	到校经费
科技部	41 214
企、事业委托	31 569
农业农村部	25 896
国家自然科学基金委	19 821
北京市	15 699
其他项目	9 484
教育部	5 887
其他部委	2 758
国际合作	941
总计	153 269

附录 3　2019 年度各学院科研经费统计

万元

单位	到校经费
生物学院	21 959
动物科学技术学院	17 448
动物医学院	15 415
食品科学与营养工程学院	15 076
农学院	14 733
资源与环境学院	12 226
食品高精尖创新中心	9 849
水利与土木工程学院	7 159
植物保护学院	7 025
理学院	6 169
园艺学院	5 589
工学院	4 797
信息与电气工程学院	4 698
经济管理学院	3 935
土地科学与技术学院	2 473
人文与发展学院	2 467
草业科学与技术学院	1 217
马克思主义学院	294
其他部门(含待拨经费)	742
合计	153 269

附录4 2019年度各学院发表国际论文统计

篇

学院	SCI	EI	SSCI	合计	IF>5
食品科学与营养工程学院	300	176		476	73
动物科学技术学院	250	20	2	272	23
资源与环境学院	245	114	19	378	54
理学院	189	93	1	283	34
水利与土木工程学院	179	147	15	341	21
动物医学院	173	20		193	30
植物保护学院	171	15		186	16
工学院	151	244	2	397	32
信息与电气工程学院	149	207	1	357	14
农学院	146	39	2	187	43
生物学院	125	8		133	46
园艺学院	61	3		64	14
土地科学与技术学院	39	39	16	94	3
经济管理学院	29	8	33	70	1
草业科学与技术学院	19	5	2	26	3
人文与发展学院	3		10	13	
国际学院					
马克思主义学院					
其他	5	4		9	3
合计	2 234	1 142	103	3 479	410

备注:(1)统计口径为中国农业大学人员为第一作者,且中国农业大学为第一署名单位的论文;(2)IF 表示论文影响因子。

附录5　2019年度各学院授权专利和软件著作权统计

项

学院	授权专利		软件著作权
	总数	发明	登记
动物科学技术学院	29	23	36
动物医学院	17	14	3
工学院	175	75	136
理学院	18	16	
农学与生物技术学院	22	22	
生物学院	31	30	1
食品科学与营养工程学院	36	28	
水利与土木工程学院	57	33	13
信息与电气工程学院	122	117	403
资源与环境学院	18	13	30
农学院	28	23	
植物保护学院	20	19	
体育与艺术中心			19
经济管理学院			
网络中心			
园艺学院	11	7	5
北京食品营养与人类健康高精尖创新中心	4	4	4
总计	588	424	650

注：由于专利的滞后性，表中农学与生物技术学院未分院时统计数据。

附录6　2019年省部级以上实验室、中心及野外台站清单

序号	科研基地名称	建设时间	批准部门	级别	依托学院	负责人
1	农业生物技术国家重点实验室	1987.10	科技部	国家级实验室	生物学院	赵要风
2	植物生理学与生物化学国家重点实验室	2002.01	科技部	国家级实验室	生物学院	杨淑华
3	动物营养学国家重点实验室	2005.03	科技部	国家级实验室	动物科学技术学院	呙于明
4	畜禽育种国家工程实验室	2008.11	国家发改委	国家级实验室	动物科学技术学院	杨宁
5	河北沽源草地生态系统国家野外科学观测研究站	2005.12	科技部	国家级野外站	草业科学与技术学院	王堃

续附录6

序号	科研基地名称	建设时间	批准部门	级别	依托学院	负责人
6	国家饲料工程技术研究中心	2000.06	科技部	国家级中心	动物科学技术学院	谯仕彦
7	国家果蔬加工工程技术研究中心	2011.01	科技部	国家级中心	食品科学与营养工程学院	胡小松
8	国家能源非粮生物质原料研发中心	2011.09	国家能源局	国家级中心	农学院	王涛
9	生物质能科学与技术国际联合研究中心	2016.12	科技部	国家级国际联合研究中心	工学院	董仁杰
10	国家玉米改良中心	1998.04	农业部	省部级中心	农学院	赖锦盛
11	国家家禽测定中心	1999.01	农业部	省部级中心	动物科学技术学院	徐桂云
12	国家兽药安全评价中心	1999.09	农业部	省部级中心	动物医学院	沈建忠
13	草业科学北京市重点实验室	2001.06	北京市教委	省部级实验室	草业科学与技术学院	毛培胜
14	作物遗传改良北京市重点实验室	2001.06	北京市教委	省部级实验室	农学院	李自超
15	果树逆境生理与分子生物学北京市重点实验室	2001.06	北京市教委	省部级实验室	园艺学院	韩振海
16	生物饲料添加剂北京市重点实验室	2011.03	北京市科委	省部级实验室	动物科学技术学院	谯仕彦
17	动物源食品安全检测技术北京市重点实验室	2011.03	北京市科委	省部级实验室	动物医学院	沈建忠
18	现代农业装备优化设计北京市重点实验室	2011.05	北京市科委	省部级实验室	工学院	宋正河
19	种子病害检验与防控北京市重点实验室	2011.05	北京市科委	省部级实验室	植物保护学院	李健强
20	设施蔬菜生长发育调控北京市重点实验室	2012.05	北京市科委	省部级实验室	园艺学院	高丽红
21	植物源功能食品北京市重点实验室	2012.05	北京市科委	省部级实验室	食品科学与营养工程学院	程永强
22	现代精细农业系统集成研究教育部重点实验室	2002.01	教育部	省部级实验室	信息与电气工程学院	李民赞
23	植物-土壤相互作用教育部重点实验室	2002.01	教育部	省部级实验室	资源与环境学院	张福锁
24	功能乳品教育部北京市共建重点实验室	2003.11	教育部	省部级实验室	食品科学与营养工程学院	任发政

续附录6

序号	科研基地名称	建设时间	批准部门	级别	依托学院	负责人
25	作物杂种优势研究与利用教育部重点实验室	2005.12	教育部	省部级实验室	农学院	倪中福
26	农业部动物遗传育种与繁殖重点实验室	1996.11	农业部	省部级实验室	动物科学技术学院	田见晖
27	农业部动物流行病学重点实验室	1996.11	农业部	省部级实验室	动物医学院	杨汉春
28	农业部作物有害生物监测与绿色防控重点实验室	1996.11	农业部	省部级实验室	植物保护学院	郭泽建
29	农业部设施农业工程重点实验室	1996.11	农业部	省部级实验室	水利与土木工程学院	李保明
30	农业部华北耕地保育重点实验室	1996.11	农业部	省部级实验室	土地科学与技术学院	李保国
31	农业部玉米生物学与遗传育种重点实验室	2002.11	农业部	省部级实验室	农学院	赖锦盛
32	农业部农作制度重点实验室	2002.11	农业部	省部级实验室	农学院	陈阜
33	农业部土壤微生物重点实验室	2002.11	农业部	省部级实验室	生物学院	楼慧强
34	农业部兽药残留及违禁添加物检测重点实验室	2008.07	农业部	省部级实验室	动物医学院	沈建忠
35	农业部果蔬加工重点实验室	2008.07	农业部	省部级实验室	食品科学与营养工程学院	廖小军
36	农业部饲料安全与生物学效价重点实验室	2011.07	农业部	省部级实验室	动物科学技术学院	张丽英
37	农业部土壤-机器-植物系统技术重点实验室	2011.07	农业部	省部级实验室	工学院	张东兴
38	农业部可再生能源清洁化利用技术重点实验室	2011.07	农业部	省部级实验室	工学院	王涛
39	农业部园艺作物营养与生理重点实验室	2011.07	农业部	省部级实验室	园艺学院	韩振海
40	农业部农业信息获取技术重点实验室	2011.07	农业部	省部级实验室	土地科学与技术学院	朱德海
41	国家动物海绵状脑病检测实验室	2003.12	农业部	省部级实验室	动物医学院	赵德明
42	国家动物寄生原虫实验室	2004.09	农业部	省部级实验室	动物医学院	汪明
43	国家兽药残留基准实验室	2004.12	农业部	省部级实验室	动物医学院	沈建忠

续附录6

序号	科研基地名称	建设时间	批准部门	级别	依托学院	负责人
44	国家级兽药安全评价(环境评估)实验室	2007.10	农业部	省部级实验室	动物医学院	沈建忠
45	农业部农产品贮藏保鲜质量安全风险评估实验室(北京)	2011.12	农业部	省部级实验室	食品科学与营养工程学院	罗云波
46	国土资源部农用地质量与监控重点实验室	2012.05	国土资源部	省部级实验室	土地科学与技术学院	朱道林
47	农业部草地生态环境科学观测实验站	2005.10	农业部	省部级野外站	草业科学与技术学院	王堃
48	农业部武川农业环境科学观测实验站	2005.10	农业部	省部级野外站	资源与环境学院	潘学标
49	农业部作物高效用水吴桥科学观测实验站	2008.07	农业部	省部级野外站	农学院	周顺利
50	农业部河北北部耕地保育科学观测实验站	2011.07	农业部	省部级野外站	工学院	李洪文
51	农业部作物高效用水武威科学观测实验站	2011.07	农业部	省部级野外站	水利与土木工程学院	康绍忠
52	农业部桓台农业环境科学观测实验站	2011.07	农业部	省部级野外站	资源与环境学院	吴文良
53	种苗健康北京市工程研究中心	2011.04	北京市发改委	省部级中心	农学院	李健强
54	先进农业传感技术北京市工程研究中心	2011.12	北京市发改委	省部级中心	信息与电气工程学院	李道亮
55	北京市农业物联网工程技术研究中心	2012.05	北京市科委	省部级中心	信息与电气工程学院	李道亮
56	畜产品北京市高等学校工程研究中心	2010.01	北京市教委	省部级中心	食品科学与营养工程学院	任发政
57	河北省低平原区农业工程技术研究中心	2008.09	河北省	省部级中心	农学院	王璞
58	玉米育种教育部工程研究中心	2001.01	教育部	省部级中心	农学院	陈绍江
59	现代农业装备与设施教育部工程研究中心	2006.06	教育部	省部级中心	工学院	黄光群
60	果蔬加工教育部工程研究中心	2006.06	教育部	省部级中心	食品科学与营养工程学院	胡小松

续附录6

序号	科研基地名称	建设时间	批准部门	级别	依托学院	负责人
61	农业节水与水资源教育部工程研究中心	2007.10	教育部	省部级中心	水利与土木工程学院	李光永
62	植物生长调节剂教育部工程研究中心	2009.12	教育部	省部级中心	农学院	段留生
63	农业部牧草与草坪草种子质量监督检验测试中心（北京）	1998.11	农业部	省部级中心	草业科学与技术学院	毛培胜
64	农业部农产品质量监督检验测试中心（北京）	1998.11	农业部	省部级中心	食品科学与营养工程学院	黄昆仑
65	农业部家禽品质监督检验测试中心（北京）	2003.04	农业部	省部级中心	动物科学技术学院	杨宁
66	农业部饲料效价与安全监督检验测试中心（北京）	2003.04	农业部	省部级中心	动物科学技术学院	李德发
67	农业部兽药安全监督检验测试中心（北京）	2003.04	农业部	省部级中心	动物医学院	沈建忠
68	农业部饲料质量安全监督检验中心	2007.11	农业部	省部级中心	动物科学技术学院	李德发
69	农业部饲料工业中心	1996.04	农业部	省部级中心	动物科学技术学院	李德发
70	农业部保护性精细耕作研究中心	1999.05	农业部	省部级中心	工学院	李洪文
71	农业部牧草工程技术研究中心	2010.11	农业部	省部级中心	草业科学与技术学院	张英俊
72	国家农业野生植物鉴定评价中心（水稻）	2007.12	农业部	省部级中心	农学院	孙传清
73	国家果蔬加工技术研发分中心	2008.10	农业部	省部级中心	食品科学与营养工程学院	廖小军
74	国家农产品加工技术装备研发分中心	2009.11	农业部	省部级中心	工学院	彭彦昆
75	食品质量与安全北京实验室	2012.12	北京市教委	省部级实验室	食品科学与营养工程学院	傅泽田
76	畜禽遗传改良北京市重点实验室	2013.06	北京市科委	省部级实验室	动物科学技术学院	连正兴
77	生物多样性与有机农业北京市重点实验室	2013.06	北京市科委	省部级实验室	资源与环境学院	吴文良

续附录6

序号	科研基地名称	建设时间	批准部门	级别	依托学院	负责人
78	北京市畜禽健康养殖环境工程技术研究中心	2013.06	北京市科委	省部级中心	水利与土木工程学院	李保明
79	农业部动物产品质量安全化学性危害因子风险评估实验室(北京)	2013.04	农业部	省部级实验室	动物医学院	沈建忠
80	温室设备国际科技合作基地	2013.11	科技部	示范型国际科技合作基地	水利与土木工程学院	张天柱
81	北京市畜禽健康养殖环境与福利国际科技合作基地	2014.03	北京市科委	示范型国际科技合作基地	水利与土木工程学院	李保明
82	花卉发育与品质调控北京市重点实验室	2014.06	北京市科委	省部级实验室	园艺学院	高俊平
83	北京市供水管网系统安全与节能工程技术研究中心	2014.06	北京市科委	省部级中心	水利与土木工程学院	王福军
84	北京市果树良种繁育工程技术研究中心	2014.06	北京市科委	省部级中心	园艺学院	韩振海
85	北京市生鲜乳质量安全工程技术研究中心	2015.06	北京市科委	省部级中心	动物科学技术学院	李胜利
86	食品非热加工北京市重点实验室	2015.06	北京市科委	省部级实验室	食品科学与营养工程学院	廖小军
87	中国农业大学农作物种子全程技术研究北京创新中心	2013.12	农业部	省部级实验室	农学院	王建华
88	农田土壤污染防控与修复北京市重点实验室	2016.12	北京市科委	省部级实验室	资源与环境学院	李国学
89	植物蛋白与谷物加工北京市重点实验室	2016.12	北京市科委	省部级实验室	食品科学与营养工程学院	郭顺堂
90	中国农业大学中欧农业信息技术研究中心	2009.01	科技部	示范型国际科技合作基地	信息与电气工程学院	李道亮
91	农业部甘薯生物学与生物技术重点实验室	2016.12	农业部	省部级实验室	农学院	刘庆昌
92	农业部草地管理与合理利用重点实验室	2016.12	农业部	省部级实验室	草业科学与技术学院	张英俊
93	农业部葡萄酒加工重点实验室	2016.12	农业部	省部级实验室	食品科学与营养工程学院	段长青
94	农业部农业转基因生物安全评价(食用)重点实验室	2016.12	农业部	省部级实验室	食品科学与营养工程学院	黄昆仑

续附录6

序号	科研基地名称	建设时间	批准部门	级别	依托学院	负责人
95	农业部农业信息化标准化重点实验室	2016.12	农业部	省部级实验室	信息与电气工程学院	高万林
96	农业部农业灾害遥感重点实验室	2016.12	农业部	省部级实验室	信息与电气工程学院	王鹏新
97	作物分子育种国际合作联合实验室	2017.10	教育部	省部级实验室	农学院	李召虎
98	北京食品安全政策与战略研究基地	2017.10	北京市哲学社会科学规划办公室、北京市教委	省部级实验室	经济管理学院	白军飞
99	青贮饲草料加工技术集成科研基地	2018.01	农业部	省部级实验室	草业科学与技术学院	杨富裕
100	奶牛营养及生态健康养殖北京市国际科技合作基地	2018.05	北京市科委	省部级国际科技合作基地	动物科学技术学院	李胜利
101	食品精准营养与质量控制教育部重点实验室	2018.09	教育部	省部级实验室	食品科学与营养工程学院	任发政
102	改良草地工程技术研究中心	2019.05	国家林业和草原局	省部级中心	草业科学与技术学院	张英俊
103	国家数字渔业创新中心	2019.03	农业农村部	省部级中心	信息与电气工程学院	李道亮
104	全国农产品质量安全与营养健康科普基地	2019.07	农业农村部	省部级基地	食品科学与营养工程学院	黄昆仑
105	甘肃武威绿洲农业高效用水教育部野外科学观测研究站	2019.08	教育部	省部级野外站	水利与土木工程学院	康绍忠
106	河北曲周绿色农业教育部野外科学观测研究站	2019.08	教育部	省部级野外站	资源与环境学院	张福锁
107	园艺作物新品种选育与良种繁育教育部工程研究中心	2019.10	教育部	省部级中心	园艺学院	韩振海
108	中国轻工业食品生物工程重点实验室	2019.11	中国轻工业联合会	省部级实验室	食品科学与营养工程学院	江正强
109	中国轻工业健康饮品重点实验室	2019.11	中国轻工业联合会	省部级实验室	食品科学与营养工程学院	高彦祥
110	国家现代农业科技示范展示基地(曲周)	2020.04	农业农村部	省部级基地	资源与环境学院	张福锁

社会服务工作

【概况】

2019年，在贯彻落实习近平新时代中国特色社会主义思想和习近平总书记给全国涉农高校的书记校长和专家代表回信精神的基础上，社会服务工作主要围绕三个方面展开：一是服务国家重大战略，充分发挥高校人才和科技优势，积极完成脱贫攻坚、乡村振兴、对口支援等国家重大战略方面的重要任务；二是服务学校教学科研和“双一流”建设重点工作，加强与地方政府、企事业单位合作，积极寻求和拓展外部办学资源，大力推进科技成果转移转化；三是创新体制机制，破除“五唯”评价，充分调动广大教师参与社会服务的积极性。一年来，秉持“重基础、强架构、求实效”的工作思路，社会服务工作的新格局日趋完善。

（史舟花）

【助力脱贫攻坚】

2019年，学校全面完成了《中央单位定点扶贫责任书》《中国农业大学定点扶贫镇康县2019年工作计划》中的各项指标。4月，镇康县脱贫摘帽退出贫困县序列。

6月，孙其信校长带队赴镇康县考察调研，党委常委会召开3次定点扶贫专题工作会议；对镇康县投入帮扶资金200万元，引进帮扶资金305万元，购买贫困地区农产品214万元，帮助销售贫困地区农产品349万元，培训基层干部252人次，培训技术人员362人次。

2019年，在国务院扶贫办对中央单位定点扶贫工作的年度考核中，中国农业大学被评为“好”；学校打造的“‘科技小院’扶贫新模式助力镇康县‘脱胎换骨’”项目，再次入选教育部直属高校精准扶贫精准脱贫十大典型项目；动物科学技术学院杨宁教授获得全国脱贫攻坚奖创新奖、农学院获得全国脱贫攻坚奖组织创新奖。

学校根据“摘帽不摘责任，摘帽不摘政策，摘帽不摘帮扶，摘帽不摘监管”的原则，协调整合各方资源，继续加强定点扶贫工作的帮扶力度，助力镇康县脱贫攻坚和乡村振兴工作顺利开展。

（杜雨朔）

【服务乡村振兴】

2019年，学校落实《中共中央 国务院关于实施乡村振兴战略的意见》和《乡村振兴战略规划（2018—2022年）》，制定了《中国农业大学服务乡村振兴战略实施方案（2019—2022）》，对标乡村振兴科技与人才需求，积极发挥学校学科特色和优势，以研发重大科技成果为引领，以培养“知农爱农”新型人才为重点，以支撑优势产业振兴为核心，以打造乡村振兴创新试验示范区为抓手，探索具有中国农业大学特色的服务乡村振兴模式与机制。

8月，成立中国农业大学国家乡村振兴研究院，落实执行机构。院长由孙其信校长担任，李小云、左停、林万龙等知名教授作为研究院主要负责人，从体制机制层面推动学校扎实推进乡村振兴战略的实施工作。积极推动昆明市都市驱动型乡村振兴创新试验区建设。人文与发展学院分别在在四川青神、安徽天长成立了2所院级乡村振兴研究院。

（杜雨朔）

【推进对口支援与对口合作】

按照中央援疆、援藏工作要求和教育部对口支援工作的总体部署，2019年3月和5月先后与2所受援高校协商制定《中国农业大学对口支援西藏农牧学院任务清单》和《中国农业大学—塔里木大学对口支援需求计划》，凝练年度工作重点和任务清单，召开校内工作推进会、组建微信工作群，统筹协调校内20余个相关学院和部门，从提升受援高校学科建设、人才培养、师资培训、科研服务能力和管理水平等方面，扎实推进各项工作任务。

2019年，学校分别接收18名塔里木大学和20名西藏农牧学院联合培养本科生；与两校合作开展20个对口支援科研联合基金项目，学校经费投入达400万元；选派校党委教师工作部副部长严一川挂职西藏农牧学院组织部（人事处）副部（处）长，派出2名教师支教西藏农牧学院，3名教师入选该校柔性引进高层次人才项目；接收7名两校教师来校进修培训，4名两校教师在职攻读中国农业大学博士学位；派出30余人次和50余人次的专家学者和管理干部分别赴西藏农牧学院和塔里木大学进行学科对接和交流访问。

9—12月，按照教育部相关要求，学校与4所部省合建高校（海南大学、石河子大学、河北大学、贵州大学）先后签署对口合作协议。重点推进校内8个学院，尤其是作物学、植物保护学、生物学、农业工程等6个优势学科与4所高校间的精准对接，发挥优势学科辐射带动效应，增强部省合建高校服务地方经济社会发展和产业转型升级的能力。

（史舟花）

【加强校地校企合作】

遵循“立足北京、布局全国”的原则，按照“建点布网、示范引领、辐射带动”的方针，在整合学校相关资源的基础上，加强校地校企合作，重点打造与重点区域、大型重点企业的深度合作。

2019年先后与山西省、吉林省、昆明市、丽水市、菏泽市、楚雄州、武威市、巴彦淖尔等省、市政府签署合作协议。

根据上海寻梦信息技术有限公司（拼多多）与学校签署的合作框架协议：成立“中国农业大学智慧电商研究院”，2019年到校经费150万元，编写完成7篇研究报告；设立“寻梦未来奖学金”及“电商与‘三农’奖学金”，2019年到校经费100万元；共同开展5期寻梦“新农人”培训，在云南楚雄州、德宏州、昆明市、红河州、临沧市培训学员504人次。9月23日，联合全国首批10家设立新农村发展研究院高校及拼多多共同举办首届“新农人奖颁奖典礼暨新农人论坛”，共评选出12名“新农人奖”获奖者，以“新电商与农业科技创新”“新农人与乡村振兴”为题，邀请政府领导与专家学者进行新农人论坛研讨，为脱贫攻坚和乡村振兴建言献策。

创新引领，积极搭建校地、校企合作的校级合作平台。规范教授工作站管理，新增教授工作站 12 个、退出教授工作站 16 个，落实教授工作站的滚动管理与退出机制。进一步探索以“高校＋政府＋企业”合作模式为基础，集科学研究、成果转化、人才培养等功能为一体的产业研究院的工作模式。与山西大同共建“中国农业大学有机旱作产业研究院（大同）”，落实“黄花菜种苗脱毒与高效繁殖技术研发”“香菇菌种单株筛选、稳定性维持和菌种保藏配套技术研发”等 6 项课题，到校总经费 1 077 万元。

至此，学校已在全国 25 个省（自治区、直辖市）初步构建了由 3 个地方产业研究院、2 个地方乡村振兴研究院、127 个科技小院、72 个教授工作站、26 个校外实验站和 120 位现代农业产业技术体系专家组成的“三院二站一体系”的新型社会服务体系，逐步探索出适合学校发展需求的社会服务模式。

（杨铭远　杜雨朔）

【加强科技成果转化】

积极争取北京市科学技术委员会、中关村科技园区管理委员会科技成果转化平台建设资金，实质性推进学校科技成果展示及技术交易厅和技术转移中心办公室建设。推进市场化潜力强、具有高转化价值的知识产权的筛选工作、与学院持有高价值科技成果的课题组积极接触，拍摄科技成果宣传视频，打造多样化宣传推广体系。作为创始单位之一，加入中关村管委会职业经理人协会，力争打造一支年轻化、专业化的技术转移人才队伍。

2019 年 6 月，制定并颁布了《中国农业大学科技成果转化办法》，对成果转化流程进行简化，提高转化课题组的收益比例，并新增减税政策，大幅提高课题组成果转化收益，同时将科技成果转化奖励纳入校级奖励与院级津贴范畴，进一步激励了本校师生员工的科技成果转化热情。

2019 年全年签订科技成果转化合同 36 项，较 2018 年增长 24％；共转化 42 项成果，较 2018 年增长 20％；年度到校成果转化经费 2 265 万元，较 2018 年增长 9％。积极落实国家审计署与中央巡视组整改要求，累计追回应到未到的成果转化合同欠款 297.5 万元，在追款过程中形成了一套有效的成果转化过程管理与维权追责的流程，合理合法地保护学校师生员工的权益，防止国有资产流失。

中国农业大学技术转移中心经过两年多的建设，已初步建立了从意向达成到商务谈判、公开公示、学校决策、合同签订、履约监督的转化流程，辅之宣传推广、专家论证、专业评估、收益分配等支持环节，形成了合理、高效、完整的成果转化链条，有力地促进了学校的成果转化工作。

（邓联宏）

【破除“五唯”评价】

创新体制机制，破除“五唯”评价，为教师服务国家重大战略、服务地方经济社会发展提供体制机制保障。一方面，将社会服务贡献纳入 2019 年度科研人员工作量考核、职称评定、分级聘任的重要评价指标；另一方面，制定《中国农业大学科研成果与社会服务贡献奖励办法》，实行校、院两级发放体制，分别为校级代表性科研成果与重大社会服务贡献奖、院级科研成果产出与社会服务业绩津贴，调动了广大教师参与社会服务工作的积极性。

（史舟花）

国际合作与交流

【概况】

2019年，学校继续深化世界一流大学全面合作，世界顶尖涉农大学联盟(A5)建设取得阶段性成果；大力提升"一带一路"与南南合作工作高度和影响力，在教育援外工作领域发出中国声音、提供中国方案，得到国内外高度认可；继续深化学院国际合作"一院一平台"建设，引导国际优质教育和科研资源聚焦一流学科的人才培养和科研合作；与研究生院和本科生院一起实施开阔学生国际化视野的"国际化培养提升"项目，大幅提升学生的国际交流覆盖面。继续落实"放、管、服"，简化"双肩挑"教师的出国审批和外国专家来华审批手续。

(唐莹)

【对外交流总量】

师生因公出国(境)共计1 947人次(含国家公派出国留学)，其中，单位派出：教师878人次，短期出国(境)863人次，长期出国(境)(≥90天)15人次；学生890人次，短期出国(境)(<90天)661人次，长期出国(境)(≥90天)229人次。

请进外国专家1 409人次，短期专家(≤90天)1 374人次，长期专家(>90天)35人次。在专家中，副教授以上803人次，教授以上680人次。聘请的高层次专家175人次，包括国家"千人计划"专家1人，科学院/工程院院士14人，学科领域权威学者160人。请进"一带一路"沿线国家专家354人次。

共举办国际会议10次，其中，会议总人数100人以上的4次。"2019年智慧农业创新发展国际研讨会""智能农业国际学术会议""猪基因编辑技术与政策国际高端研讨会"为规模最大的3次会议。

(毕蕾蕾　张志超)

【校际合作】

共接待国外团体来访78批次，共353人次。世界排名前100的11所大学共来访23批次。农业科学学科排名世界前五的瓦赫宁根大学、加州大学戴维斯分校、康奈尔大学和巴西圣保罗大学共来访11批次。"一带一路"沿线高校来访19批次，共118人次。

共组织5个校级领导团组出访14个国外单位。出访3所“一带一路”沿线国家院校，包括阿根廷布宜诺斯艾利斯大学、赞比亚大学、波兰波兹南生命科学大学，推进“一带一路”、南南合作，商讨共建“一带一路”农业合作中心，开展师生交流；出访5所世界一流大学，包括美国科罗拉多州立大学、科罗拉多大学丹佛分校、英国国际发展研究院、英国萨里大学和巴西圣保罗大学，围绕学校“双一流”建设方案，深化与世界顶尖涉农大学联盟和世界一流大学、顶尖研究机构的合作；出访4家国际组织，包括联合国粮农组织、世界粮食计划署、国际农业发展基金，以及我国驻联合国粮农组织代表处，探讨合作，积极参与全球农业治理，提升农林高校对世界农业农村发展的影响力和话语权。

截至12月31日，与51个国家和地区的239所大学与研究机构签署了493份合作协议。2019年新签/续签合作协议16份。

（唐莹　毕蕾蕾）

【“一带一路”、南南合作及援外工作】

中国农业大学发起成立的“‘一带一路’/南南合作农业教育科技创新联盟”继续拓展全球影响力，积极参与第二届联合国南南合作高级别会议、非洲区域大学农业能力建设论坛第十五届年会、“联合国粮农组织-中国南南合作项目十周年和南南及三方合作未来前景”大会、首届中非农业合作论坛共4场重大国际会议，为世界的农业发展贡献中国智慧；拓展全球网络，与南美洲、非洲重点大学组织建立伙伴关系；同时在深度上不断探索，召开第二届联盟大会，与国内外成员就中非科技小院、“小技术，大丰收”项目开展务实合作。

继续使用“双一流”经费立项支持14个校内“一带一路”交流项目，切实为师生开展“一带一路”、南南合作提供引导和支持，让援外工作落地，有抓手。

承办国家级援外培训项目5个、校级项目1个。

（唐莹）

【与世界顶尖涉农大学搭建实质性全面合作平台】

引领世界顶尖涉农大学联盟（A5）建设，推进A5联盟高质量项目合作。与康奈尔大学合作申报食品科学本科2个中外合作办学项目，在全国评审中以最高分获批，并完成美国中部州大学认证委员会评审。11月，姜沛民书记、孙其信校长受邀参加首届康奈尔中国论坛暨康奈尔中国中心成立大会，与康奈尔大学董事会主席、校长、教务长讨论两校联合发起的世界顶尖涉农大学联盟（A5）的建设，以及全面提升两校战略合作关系；新申报3个与康奈尔大学合作培养项目，均获得国家留学基金委批准，包括“数字渔业交叉创新型人才培养项目——DF计划”“现代种业自主创新型人才培养项目”和“绿色农业与乡村发展人才培养项目”。

与瓦赫宁根大学合作的“中荷农业绿色发展交叉创新型人才培养项目——AGD计划”获国家留学基金委和海南省教育厅联合支持，作为典型示范项目在全国留学工作会议上重点介绍。

9月，世界顶尖涉农大学联盟代表赴三亚市调研崖州湾科技城与大学城，召开工作年会。12月，首届世界顶尖涉农大学联盟国际大学生学术竞赛及冬令营在三亚市崖州湾科教城举办,主题为崖州湾科教城园区概念性规划设计。中国农业大学、美国康奈尔大学、加州大学戴维斯分校、荷兰瓦赫宁根大学、巴西圣保罗大学和海南大学 60 名学生混编组成了 10 支参赛队伍,分别在 10 余名中外教师的指导下展开跨文化、跨专业的学术交流,用世界顶尖涉农大学学子的科技创新助力"海南国际教育岛"建设。

(毕蕾蕾)

【外专项目】

共获批国家外国专家局资助 1 224 万元,与 2018 年持平。获批国家重点项目 20 项,包括高等学校学科创新引智计划("111"计划)项目 7 项,高校学科创新引智计划 2.0("111"计划 2.0)项目 2 项,"高端外国专家引进计划"11 项。

新获批"兽医公共卫生学学科创新引智基地"1 个高等学校学科创新引智计划("111"计划),从 2020 年起执行。

(张志超)

【学生国际化培养提升】

本科生联合培养项目共派出了 153 名学生。派出 29 名学生赴日本、美国、新西兰、加拿大、捷克进行短期交换。

联合研究生院继续深化研究生"一带一路行"社会实践活动,共派出 25 名研究生先后赴坦桑尼亚、新西兰、越南和柬埔寨学习、交流。

学校启动学生国际化培养提升项目,投入"双一流"经费 1 400 万元立项支持学生参与长(短)期出国学习、交流。共立项支持本科生团组项目 24 个,个人项目 25 个,实际派出 244 人,前往近 20 个国家和地区 30 多所境外高校/机构,包括 7 个"一带一路"沿线国家。支持研究生短期项目 103 个,中长期项目 184 个,实际派出 364 人,前往近 30 个国家和地区百余所境外高校/机构,包括 14 个"一带一路"沿线国家。

(唐莹、毕蕾蕾)

【国家公派出国留学项目】

国家公派出国留学工作继续稳步发展,国际合作培养高层次人才项目质量显著提升。

国家公派出国留学各类项目共录取 196 人,其中,教师 27 人,包括国家公派高级研究学者及访问学者(含博士后)项目 17 人,青年骨干教师出国研修项目 9 人,博士生导师 1 人;学生 169 人,其中,国家建设高水平大学公派研究生项目 151 人,创新型人才国际合作培养项目 11 人,其他项目 7 人。

为推动学校一流学科建设,学校组织向国家留学基金委新申报创新型人才国际合作培养项目、乡村振兴人才培养专项等国际合作高层次人才培养项目 6 项,全部通过审核获得资助。截至 12 月底,创新型人才国际合作培养项目总数达到 10 项,获得资助总名额达到 135 人,取得了较大突破。

(毕蕾蕾)

【留学生工作】

留学生新生 189 人，其中，本科生 6 名，硕士生 106 人，博士生 46 人，专业进修生 31 人。留学生短期交流团组 6 个，共计 68 人。整专业英文授课项目招生 121 人。

留学生总人数 398 名，含长期生 330 人、短期生 68 人。长期生中含博士生 137 人、硕士生 146 人、本科生 18 人，进修生 13 人、专业汉语补习生 16 人。按奖学金来源分，中国政府奖学金生 296 人，占 89.6%；按洲别分，亚洲、非洲学生分别占 57.5%(190 人)和 36.4%(120 人)，欧洲、美洲学生分别占 1%(3 人)和 4%(14 人)，大洋洲分别占 1%(3 人)。

毕业和结业留学生 93 人。其中，1 月毕业人数 2 人，6 月毕(结)业 91 人(博士生 29 人、硕士生 49 人、本科生 4 人、进修生 8 人、语言生 1 人)。

学校落实习近平总书记在 2018 年中非合作论坛北京峰会提出的“八大行动”倡议重要行动，依托“中非友谊”中国政府奖学金项目，启动中非科技小院项目，共招收来自非洲 6 个国家的 34 名学生攻读硕士学位。

近年来逐步调整留学生生源国别结构，生源国别有了重大突破。新生国别由 2018 年的 24 国增加到 54 国，新增近 20 个国家。其中，新增欧洲、南美洲、大洋洲的 8 个国家。新增新建交国家圣卢西亚和布基纳法索。巴基斯坦新生比例为 25.4%，比 2018 年降低了 13.6 个百分点。

新获批教育部“中国政府奖学金——丝绸之路奖学金项目”，北京市“一带一路”国家人才培养基地项目紫禁城奖学金项目资助。同时，新增 2019 年北京市“一带一路”外国留学生奖学金项目，即中泰农业食品科技高层次国际化人才培养项目。

承办商务部 2015－2019 援外培训硕士学历项目，5 年来共接收来自亚非“一带一路”沿线约 17 个国家的 132 名政府部门及高校中层领导来校攻读硕士学位。

(张志超)

【港澳台交流】

办理师生赴台审批 5 人次，参加学术会议、合作研究和调研考察。

录取来自港澳台地区的 10 名本科生和 5 名硕士生。目前，共有 48 名港澳台学历生在校学习，包括香港籍学生 12 人、澳门籍学生 2 人、台湾籍学生 33 人；本科生 39 人、硕士研究生 8 人、博士研究生 1 人。

接收 3 名台湾中兴大学学生进行一学期的交换学习，接收 2 名台湾逢甲大学的学生进行一个月的交流学习。

5 名港澳地区学生和 7 名台湾地区学生获得教育部专项奖学金。

派出 7 名食品科学技术学院和生物学院的研究生前往香港中文大学开展 49 天的实习。

(张志超)

【孔子学院建设】

学校与特立尼达和多巴哥的西印度大学圣奥古斯汀分校共建孔子学院，目前派经济管理学院副教授唐建华担任中方院长，派有语言教师 2 名、志愿者教师 4 名。

6月，特立尼达和多巴哥孔子学院组织21名特多教育工作者访问中国农业大学，并调研北京部分中小学校。10月，续聘1名孔子学院志愿者，12月派出人文与发展学院李争鸣老师赴孔子学院担任语言教师。

（张志超）

【制度完善】

印发《中国农业大学因公出国（境）管理办法》，简化普通教师、处级干部学术出访审批流程，对处级干部学术出访实施计划报批制，放宽管理人员带领学生团组因公出国（境）、执行教育援外任务等在外停留时间的审批，进一步提升了教学科研人员因公出国（境）的审批效率和管理服务水平。

（毕蕾蕾）

【信息化建设】

升级外事信息服务系统，专家来访实现了公务舱申请、审批和国（境）外人员邀请手续同一平台办理；“邀请专家管理”与“外国文教专家项目管理”平台互通，实现专家库与项目成果信息共享。

（张志超）

附录

附录1　2019年因公出国（境）人员统计（教师）

位

学术交流合作	管理工作访问	国家公派	比赛等其他	总计
783	29	27	66	905

附录2　2019年因公出国（境）人员统计（学生）

位

学术交流合作	国家公派	比赛等其他	总计
377	169	513	1 059

附录3　2019年中国农业大学请进境外专家国家/地区分布统计

位

国别	“一带一路”国家	美国	英国	德国	荷兰	日本	加拿大	其他	总计
人次	354	349	100	95	76	70	58	307	1 409

附录4 2019年中国农业大学港澳台侨学历生统计

位

类别	合计	一年级	二年级	三年级	四年级	五年级
总计	48	15	13	8	8	4
博士	1	0	0	1	0	0
硕士	8	5	3	0	0	0
本科	39	10	10	7	8	4

附录5 2019年中国农业大学港澳台毕业学生统计

位

总计	博士研究生	硕士研究生	本科生	普通进修生	高级进修生
18	0	4	9	5	0

管理与后勤保障

发展规划工作

【概况】

2019 年，发展规划处在学校党委的坚强领导下，在各学院、职能部门的大力支持下，加快推进学校“双一流”建设，坚持以政治建设为统领，贯彻中央精神和落实学校党委工作部署，围绕五大核心任务，求真务实，全力推动各项重点任务落实落地。

（杜伟）

【政治建设与能力建设】

2019 年，始终坚持以政治建设为统领，着力探索党的建设和业务工作深度融合机制。把政治建设融入到学校“5＋1”工程、“双一流”建设、办学资源拓展、学科建设等重大任务实践中。在“双一流”建设中，设立党建专项、对马克思主义学科提高专项资金支持；落实习近平总书记 2018 年海南“4·13 讲话”，推动三亚研究院落地；根据中央部署，谋划支持雄安新区建设发展方案；在学校 2035 发展愿景研究中，深度研究治理体系建设。

对标十九大提出的“八个本领”要求，重点加强学习本领、改革创新本领、科学发展本领、群众工作本领和狠抓落实本领建设。在学习本领方面，以功能党小组为抓手，提倡“全员全时全面”学习理念，以研究式方法深度学习了习近平总书记系列论述；以改革创新为谋划起点，加强“双一流”建设、学科建设和专项规划管理；在发展愿景研究、“新农科”研究中以着力推动学校和全国农科高等教育科学发展为基点，以学院全覆盖调研加强与学科的交流，增强服务群众工作；以抓铁有痕精神狠抓落实推动校党委部署的各项任务落地。

（金樱）

【推进“双一流”建设】

编制、论证实施方案　召开 4 次专题研讨会，完成建设项目实施方案编制、论证，设立学校统筹项目 13 个，学院与学科自主项目 18 个。

开展中期自评 完成《中国农业大学"双一流"建设中期自评报告》，组织了中期自评会议。对华中农业大学等11所涉农高校"双一流"中期自评报告进行了评审。

完成成效考核 遵循"突出成效、强调贡献、强化执行、破除五唯"的原则，设立学院学科500万元奖励资金。

建立健全管理制度体系 制定了"双一流"建设《项目实施方案编制与论证管理办法》《项目过程执行管理办法》《项目考核与验收管理办法》《项目动态监测与成效评价管理办法》等管理文件。

加快引导专项资金执行进度 与财务处一起成立项目过程执行工作组，确保了引导专项资金的序时执行进度。

（李冬）

【学科建设与管理】

一流学科调研 结合主题教育，在孙其信校长的领导下，围绕"服务国家重大战略，加快推进一流学科建设"为题开展了一流学科调研工作。

第五轮学科评估预调研 完成8个学院共16个学科点的调研工作，形成7万字调研报告。

探索布局新兴交叉学科 农业绿色发展、作物智能育种生物学入选北京市高精尖学科；探索学科交叉建设机制，成立前沿交叉科学研究院。

完成学科点发展报告 对全校31个一级学科10年来发展状态深入分析，形成75万字的报告。

（王雯）

【学校治理体系建设和改革】

调研一流大学治理体系 到浙江大学、上海交通大学、同济大学等10多所高校调研校、院两级管理体制，学部制改革等问题，专题调研报告近5万字，形成工作方案。

推进解决办学拓展遗留问题，开展异地办学调研 牵头组织校内相关部门赴北京大学深圳研究生院、深圳市教育局、哈尔滨工业大学（深圳）和北京师范大学珠海校区调研，形成专题调研报告。

（李璟）

【发展保障工程】

成立中国农业大学三亚研究院 2019年，中国农业大学与三亚市签订战略合作协议，共建中国农业大学三亚研究院。由三亚市划拨科研建设用地、整合南繁实验用地、提供仪器设备以及项目经费和运行经费支持，并为中国农业大学三亚研究院申报的省部级以上重大科研项目给予配套。

国家农业科技创新港建设 积极协调北京市、平谷区及校内相关单位，召开7次区校高层工作推进会，8次校内工作协调会；12月底，区校双方共同成立专班推进国家农业科技创新港落地。

（金樱）

【院校研究和战略研究工作】

作为专家组成员深度参与教育部“双一流”动态监测与成效评价课题 完成《世界一流大学的内涵与评价体系研究》等3篇研究报告，起草了《高等学校“双一流”建设成效评价办法(暂行)》，共计7万字，相关研究论文被《中国高教研究》接收。

完成工程院咨询项目和学校2035发展愿景研究 组建国内高层次专家咨询组，通过6次全体研讨会议和4次实地调研，形成30万字的《新时代农科高等教育战略研究报告》和《关于推进新时代农科高等教育改革与发展的建议》；完成了全国42所“双一流”高校建设文本的分析报告，形成学校2035发展愿景研究报告。

(李冬)

【校学术委员会秘书处工作】

全年共召开全体委员会议、主任委员会议、专门委员会会议等各类工作会议20余次；组织召开了“新农科”建设咨询扩大会议；完成各学院学术委员会的换届工作。

(李璟)

【数据统计】

完成教育部《2019年高等教育基层统计调查表》等各类统计数据填报工作，共计3万余条；组织完成2019年度本科教学基本状态数据采集工作；组织完成非涉密机构实名制信息统计工作。

(戴晓曦)

【年鉴编纂】

组织完成82万字的《中国农业大学年鉴(2018)》的编校和出版工作、《北京教育年鉴(2019)》相关内容的撰稿及校稿工作。

(杜伟)

【党风廉政建设】

深入学习《中国共产党廉洁自律准则》《中国共产党纪律处分条例》等党内法规，修订部门《“三重一大”事项管理办法》《处长办公会议事规则》《国有资产管理办法》；集体观看《榜样》和《叩问初心》等纪录片，加强廉洁教育。

在组织专家合规审查和论证的基础上，建立由党委常委会和校长办公会审批，“双一流”建设办公室严格按预算执行，专项审计负责重大专项审计的风险防控体系。

(王雯)

人事管理工作

【概况】

2019年，人事处以习近平新时代中国特色社会主义思想为指导，坚持人力资源是学校发展的第一资源，将“人才强校”列为发展主战略，不断优化人才发展机制，推进人事制度改革，采取新理念、新思路、新举措，走好人才“选育用留”四步棋，构筑人力资源管理工作新体系。教师总量稳步增长，教师队伍的知识结构、职称结构、学历学位结构、学缘结构、年龄结构日趋合理，管理队伍日趋稳定，初步营造出“近者悦、远者来”的人才发展环境，发展势头良好。

（隋熠）

【教职工队伍现状】

截至2019年12月31日，中国农业大学教职工总规模为7 135人。其中，事业编制教职工2 847人，占39.9%；合同聘用制教职工1 651人，占23.1 %；在站博士后研究人员222人，占3.1 %；离退休人员2 415人，占33.9%。

在事业编制教职工中，专任教师1 860人，其中，具有博士学位1 504人，具有硕士学位244人，具有学士学位及以下的112人。教授（含研究员）672人，副教授（含副研究员）917人。学校有中国科学院院士5人，中国工程院院士8人，其中，1人为双院士（含离退休）。“国家杰出青年科学基金”获得者45人，国家优秀青年科学基金获得者32人，国家“973计划”项目首席科学家15人，“百千万人才工程”国家级人选27人，享受政府特殊津贴专家72人。

（赵瑞娇　王迎　崔晓晨）

【人才培养工作】

2019年，学校正式启动“人才培育发展支持计划”。经个人申报、基层党组织考察、材料展示、单位推荐、业绩条件复核、校外同行评议、师德审查、人才分委员会评议公示、审定等程序，264名教师受聘各人才岗位，91个创新团队获得支持。人才培育发展支持计划打破了“唯帽子”，极大地焕发了人才活力，形成“人人渴望成才、人人努力成才、人人皆可成才、人人尽展其才”的良好氛围，遴选结果充分体现了业绩导向和服务国家重大需求导向，让各类人才脱颖而出。

2019年，学校继续实施“青年教师成长工程”，统筹各项目的选派工作，全部满足符合选派条件教师出国研修的需求。国家公派高级研究学者及访问学者（含博士后）项目（即“全额资助项目”），共有17人入选。青年骨干教师出国研修项目（即“1∶1”配套项目），经专家评审并上报国家留学基金委审批，共有9人入选。此外，先后批准9人享受学术休假，196人认定高等学校教师资格；组织163人参加青年教师岗前培训，多途径提高教师学术水平，拓宽研究领域；全方位、多层面地加强教职工的业务素质，提高教师可持续发展能力。

（崔晓晨）

【人才选拔与推荐】

任发政教授当选中国工程院院士；叶敬忠、陈芳、李云开、汪洋、牛俊、刘星月、蒋才富7名教师入选教育部国家重大人才项目；朱作峰教授获得“国家杰出青年科学基金”；朱奎、李虎、辛明明、沈重阳、蒲娟5名教师获得“国家优秀青年科学基金”；马占鸿、何群、王新、张晓东4名教师获得“宝钢优秀教师奖励基金”。

（崔晓晨）

【人事调配】

2019年，人事处充分发挥国际、国内两个人才市场的作用，吸引和凝聚大批各类优秀人才。2019年全年新入职教职工244人，其中，事业编制218人，校聘合同聘用制A岗26人，相比2018年增长了87.7%。按照入职聘用岗位的不同，专任教师161人、管理岗49人（含A岗16人）、实验技术岗13人、其他专业技术岗21人（含A岗10人）；按照入职来源分类，接收应届毕业生31人，留学回国53人，博士后出站66人，京内调入65人，京外调干1人，军转干2人，校聘A岗26人。

校内调动109人次（含学校二级机构统一划转人员调动）；事业编制调出13人，校聘合同制A岗离职6人。

（赵瑞娇）

【优秀教职工评选】

本科生院、学工部、人事处、工会分别组织了2019年度优秀教师以及优秀教育工作者一类、二类、三类的评选工作，共评选优秀教师60名、优秀教育工作者40名，并给予每人1万元的奖励。在评选中，对优秀教育工作者二类评选条件和评选方式进行了改革，按照教学单位和管理服务单位的不同特点，分别设置评选条件；机关党委设置了“改革创新”奖和“作风建设”奖，并通过现场答辩的方式进行评选。

（崔晓晨）

【专业技术职务评聘与晋升】

创新开展2019年专业技术职务晋升工作。试行代表作制度，增加校外同行专家评价程序，要求申报正高级岗位者提供3～5项代表性成果，申报副高级岗位者提供2～3项代表性成果。代表性成果包括个人论文和著作、重要获奖、发明专利、主持或参与课题和项目、参与社会服务等能代表个人学术成就和贡献的作品、成果；首次开通专家推荐破格渠道，鼓励优秀年轻人才脱颖而出。此外，进一步严格程序，明确投票要求、回避要求、投诉制度等。2019年，学校共有42人晋升正高级专业技术职务，其中，6名“四青”（青年千人计划、万人计划青年拔尖人才、青年长江学者、国家自然科学基金委优秀青年科学基金项目）人员通过学校学术委员会评议，直聘教授；34人晋升副高级专业技术职务；20人晋升中级及以下专业技术职务。

（崔晓晨）

【职员晋升与聘任】

2019年，学校共有82人晋升或聘任各级管理职员（含直聘）。其中，五级职员10人（含试用期考核合格处级干部直聘8人）、六级职员34人（含试用期考核合格副处级干部直聘22人）、七级职员7人（含校聘合同制A岗3人）、八级职员26人（含校聘合同制A岗12人）、九级职员5人（均为校聘合同制A岗）。

（赵瑞娇）

【职工年度考核】

2019年，全校共有67个单位（不含校领导和人才交流中心）组织进行了年度考核，应参加考核2 919人（含校聘合同制A岗人员），实际参加考核2 888人，31人未参加考核。考核优秀436人，占应参加考核总人数的14.9%；年度考核合格2 257人，占应参加考核总人数的77.3%；处级干部考核称职175人，占应参加考核总人数的6.0%。考核基本合格12人、不合格8人，共占应参加考核总人数的0.7%。

根据《教师岗位基本职责暂行规定》细化和完善考核数据指标，增加社会服务等考核内容，落实和规范2019年教师工作量年度考核，通过与相关职能部门对接，提供有关数据支撑，简化教师填表程序。全校共有1 799位专任教师参加2019年度工作量考核，考核达标率为94.3%；除了新入校教师之外，对未达到工作量要求的47名专任教师下达了提醒或预警通知，并对2018年、2019年连续两年工作量完成度均不足1的30位教师按一定比例先行扣减2020年的岗位津贴。

（付国强　崔晓晨）

【在职工资管理】

规范人事待遇有关制度，依法依规落实职工各项工资待遇。修订完善了《中国农业大学特聘教授岗位聘任管理办法》，为首批入选“人才培育发展支持计划”的人员兑现了相应标准的年薪待遇，具有一定竞争力的待遇和科研经费的资助给各类人才起到了示范引领作用，激发了教学科研人员特别是年轻教师尽展其才的愿望。立足学校实际情况，在广泛调研的基础上，积极落实绩效工资制度的改革工作，多层次多维度加以完善，结合教师工作量考核工作的实施，研究了教师工作量考核优秀人员的奖励方案，并于年底实施，对于工作量完成度突出的给予奖励，工作量完成度不足1的分两档扣发一定比例的岗位津贴。进一步优化服务质量，推出了微信定点推送工资变化信息服务，每月推送当月工资项目发生变化的信息。完成日常工资管理工作，包括为考核合格档次以上人员晋升一级薪级工资；调整在职人员住房公积金基数；做好各类职务或岗位变动后的工资变动等。

（刘瑞春）

【离退休待遇管理】

按照人社部的规定，为符合退休条件的78人办理退休手续并核定退休工资。根据国家政策为61名去世人员（含在职职工2人）核发抚恤金和丧葬费。根据中央社保调资文件，增加校聘合同制工人的养老金，比照退职人员标准增加退养人员的养老金。根据教育部的通知，为符合条件的遗属调整补贴标准。为离休干部发放荣誉津贴，为中华人民共和国成立前参加工作老工人发放生活补助。

根据《中国农业大学延迟退休的补充规定（暂行）》文件要求，在2019年上半年和下半年各组织一次延迟退休申报工作，经学校延迟退休审批工作专门委员会评审，校长办公会审议，共审批同意32名符合条件的教师延迟退休申请。

（杨家福）

【事业单位养老保险】

2019年，学校缴纳事业单位养老保险费共计15 904万元，其中，单位负担10 883万元，职工个人负担5 021万元；缴纳职业年金7 532万元，其中，单位负担5 021万元，职工个人负担2 511万元。全年完成业务量共计22 568人次，主要包括三项重点工作：①保质保量完成准备期基础信息确认及基金结算。根据《关于开展中央国家机关事业单位养老保险改革实施准备期基础信息确认及基金结算工作的通知》的要求，逐条核对2014年10月至2018年5月准备期期间在职教职工基础信息及缴费信息，做到每人一本账，清楚核算每一笔缴费。5月，及时完成补充采集养老保险缴费工资明细项目工作，整理参保信息3 200人次，核定工资申报明细13 500人次。7月，完成准备期职业年金归集工作。12月，完成基本养老保险基金结算差额部分退款申请。②按时完成基本养老保险、职业年金缴费基数核定。为保证2019年基本养老保险和职业年金缴费工作顺利开展，按照《关于做好2019年中央国家机关事业单位养老保险缴费工资申报工作的通知》的工作要求，为2 655名事业编制参保教职工认真核定并按时申报缴费工资基数。同时，根据中央国家机关事业单位养老保险中心《关于抓紧做好退休中人信息变更工作的通知》的工作安排，对退休中人人员信息进行了全面核实，及时解决排查出的部分问题。③落实央保养老金正常调整工作。2019年10月1日前，按照中央国家机关养老保险管理中心工作部署，落实调整基本养老金工作。此次调整涉及人员共计2 240人（含去世补发人员37人），补发调待金额总计626万元，月调待金额共计71万元，人均314元/月。

（王迎）

【北京市社会保险】

2019年，完成学校事业编制教职员工的工伤、事业险等两险，合同聘用制员工的养老、医疗、失业、工伤、生育等业务，包括参保人员增减变动、信息变更、转移接续、个人及单位权益记录申请、待遇申领等各项社会保险业务共计5 919人次。全年支出保险费5 297万元，其中，用人单位负担4 035万元，职工个人负担1 262万元。

（王迎）

【劳动合同管理】

扎实推进《中国农业大学合同聘用制实施办法细则》的落实，进一步严格劳动合同的审核管理，细化了劳动合同审核的工作流程。截至目前审核新签订劳动合同400余份，续签劳动合同600余份。

（王迎）

【制度建设】

2019年，陆续颁布《中国农业大学人才培育发展支持计划管理办法》《中国农业大学人才培育发展支持计划实施细则》（中农大人字〔2019〕6号）、《中国农业大学荣誉教授、客座教授、讲座教授、兼职教授聘任管理办法》（中农大人字〔2019〕12号）、《中国农业大学科研助理岗位管理办法》（中农大人字〔2019〕17号）和《中国农业大学公开招聘工作补充规定》（中农大人字〔2019〕33号）等文件，修订和完善相关制度，实现制度健全、管理规范的良好局面。

（赵瑞娇）

【其他日常工作】

2019年，全年共办理教职工出入境审核备案343人次。其中，因公出入境备案60人次，因私出入境备案283人次。开具在职、收入相关证明1 900余份。为学校教职工向上级申请解决干部夫妻两地分居15人，当年实际解决干部夫妻两地分居13人，平均办理周期由1～2年缩短为半年。

（董生　马寒冰）

附录

附录1　教授(研究员)名录

（按姓氏拼音为序）

农学院(47人)

陈　阜	陈绍江	陈源泉	褚庆全	董学会	何绍贞	贺　岩
胡跃高	华金平	解超杰	金危危	康定明	康玉凡	赖锦盛
李保云	李自超	林中伟	刘庆昌	倪中福	彭惠茹	宋任涛
隋　鹏	孙传清	孙连军	孙其信	谭禄宾	田　丰	田晓莉
汪　海	王保民	王建华	王　璞	王向峰	王志敏	谢光辉
辛明明	徐明良	杨小红	姚颖垠	尤明山	曾昭海	翟　红
张海林	张洪亮	张明才	周顺利	朱作峰		

园艺学院(33人)

程玉琴	高俊平	高丽红	郭仰东	韩振海	洪　波	胡建芳
贾文锁	孔　瑾	冷　平	李冰冰	李天红	李天忠	李险峰
林　涛	刘青林	马　超	马会勤	马　男	孟祥彬	任华中
沈火林	眭晓蕾	王红清	王　倩	王　忆	徐　峰	许雪峰
杨文才	张常青	张小兰	张新忠	朱元娣		

植物保护学院(39 人)

BHADAURIA VIJAI　彩万志　曹永松　陈东钦　杜相革　范　军
范在丰　高希武　郭泽建　韩成贵　简　恒　李　虎　李健强
李正西　李志红　梁　沛　刘俊峰　刘西莉　刘小侠　刘星月
刘志龙　马占鸿　彭友良　沈　杰　石旺鹏　史雪岩　孙文献
王　琦　吴波明　吴学宏　杨　定　张力群　赵文生　张忠军
赵章武　周立刚　周　涛　周　欣　朱旺升

生物学院(57 人)

陈其军　陈三凤　陈益芳　陈忠周　崔　胜　董江丽　封文海
傅静雁　傅　缨　巩志忠　郭　岩　韩建永　韩玉珍　何　群
胡晓湘　黄银花　蒋才富　李大伟　李继刚　李连芳　李　宁
李向东　李　岩　李颖章　刘朝辉　刘维全　楼慧强　毛同林
齐俊生　秦　峰　任东涛　宋　渊　苏　震　田长富　王　超
王　涛　王喜庆　王献兵　王　毅　文　莹　吴　森　武维华
夏国良　杨光辉　杨海莲　杨淑华　英郑欣　于静娟　于舒洋
于政权　袁红莉　张　华　张　静　张永亮　张子丁　赵　倩
赵要风

资源与环境学院(50 人)

陈范骏　陈　清　崔振岭　范明生　冯　固　冯利平　郭景恒
韩文轩　胡　林　胡树文　江荣风　巨晓棠　孔垂华　李国学
李花粉　李　季　李　隆　李晓林　李学贤　林　杉　刘来华
刘　培　刘学军　孟凡乔　米国华　潘学标　潘志华　乔玉辉
任雪芹　芮玉奎　邵小明　申建波　苏德纯　孙　英　王　冲
王国安　吴文良　许　艇　杨晓光　宇振荣　袁力行　张福锁
张敬波　张俊伶　张立祯　张卫峰　赵桂慎　赵长伟　邹春琴
左元梅

动物科学技术学院(47 人)

安　磊　曹兵海　曹志军　曾申明　邓学梅　董　娜　方美英
呙于明　侯卓成　胡永飞　赖长华　李德发　李孟华　李胜利
连正兴　刘国世　刘继军　刘剑锋　罗海玲　马秋刚　马　曦
宁中华　朴香淑　谯仕彦　秦应和　曲鲁江　孙东晓　田见晖
王楚端　王凤来　王军军　王雅春　吴中红　武振龙　徐桂云
杨红建　杨　宁　尹靖东　俞　英　袁建敏　张　浩　张丽英
张日俊　张胜利　张　微　赵广永　赵兴波

动物医学院(46 人)

曹兴元　陈耀星　丁双阳　董玉兰　郭　鑫　韩　博　韩　军
郝智慧　何　诚　江海洋　金艺鹏　林德贵　刘金华　刘　群

刘钟杰	龙少军	吕艳丽	潘保良	蒲 娟	乔 健	沈建忠
沈张奇	苏敬良	孙怡朋	索 勋	唐 军	汪 洋	王九峰
王战辉	吴聪明	吴清民	吴文学	夏 春	夏 曦	夏兆飞
肖希龙	杨汉春	杨利峰	张大丙	张国中	张素霞	郑世军
周文忠	周向梅	朱 奎	朱要宏			

食品科学与营养工程学院(44 人)

陈 芳	程永强	戴瑞彤	段长青	傅达奇	高彦祥	郭顺堂
韩北忠	郝彦玲	侯彩云	胡小松	扈洪波	黄昆仑	黄卫东
江正强	姜微波	冷小京	李 博	李景明	李平兰	李全宏
李兴民	李再贵	梁建芬	廖小军	刘海杰	罗永康	罗云波
马长伟	毛学英	倪元颖	潘秋红	任发政	沈 群	王 军
吴继红	薛文通	杨绍青	殷丽君	战吉宬	赵广华	郑 浩
朱本忠	朱鸿亮					

工学院(44 人)

陈兵旗	董仁杰	傅泽田	韩鲁佳	何 进	侯书林	黄光群
江发潮	李 栋	李海涛	李洪文	李问盈	毛恩荣	庞昌乐
彭彦昆	祁力钧	乔 玮	宋建农	宋正河	谭 彧	谭豫之
汤修映	王德成	王光辉	王国业	王红英	王庆杰	王书茂
王晓燕	辛 喆	徐春城	徐丽明	徐 杨	闫巧娟	杨 丽
杨敏丽	杨增玲	张 宾	张东兴	张绍英	张小栓	赵建柱
郑永军	朱忠祥					

信息与电气工程学院(36 人)

安 东	陈一飞	陈英义	杜尚丰	杜松怀	段青玲	高万林
黄 岚	吉海彦	李道亮	李 丽	李 林	李民赞	李振波
林建涵	刘 刚	梅树立	穆维松	彭 波	孙瑞志	唐 巍
王鹏新	王 洋	王忠义	杨建华	叶海建	叶 林	翟庆志
张 莉	张领先	张 漫	张荣群	张彦娥	赵 明	郑立华
郑丽敏						

水利与土木工程学院(38 人)

丁 涛	杜太生	傅向荣	郭 萍	贺冬仙	黄冠华	黄权中
黄兴法	霍再林	蒋秀根	剧锦三	康绍忠	李保明	李法虎
李光永	李思恩	李云开	刘志丹	刘竹青	毛晓敏	牛 俊
邱流潮	施正香	宋卫堂	谭 倩	唐学林	滕光辉	佟 玲
王朝元	王凤新	王福军	王素芬	肖若富	严海军	杨培岭
张天柱	赵淑梅	周凌九				

理学院(54 人)

安　杰	边庆花	陈　静	陈奎孚	董燕红	杜凤沛	范永亮
傅　滨	高海翔	高　阳	郭红超	何雄奎	何志巍	侯士聪
侯玉霞	黄　峰	经　玲	李国辉	李　静	李学锋	凌　云
刘丰茂	刘尚钟	刘　霞	鲁润华	路慧哲	马永强	闵顺耕
潘灿平	秦太验	邱立红	覃兆海	王成菊	王　敏	王明安
王　鹏	王永岗	吴学民	肖玉梅	徐春晖	徐义田	杨丽明
杨新玲	杨正洪	张红艳	张建军	张葳葳	张振华	甄　苓
郑明奇	钟　萍	周　梅	周志坚	周志强		

经济管理学院(47 人)

安　毅	白军飞	蔡海龙	陈红华	陈前恒	陈永福	方向明
冯开文	付文革	郭　沛	韩　青	韩一军	何广文	何秀荣
侯云先	鞠荣华	柯炳生	李秉龙	李春顶	李　军	李　平
林发勤	林万龙	刘玉梅	卢凤君	陆　娟	吕建军	马　骥
穆月英	乔　娟	任金政	司　伟	苏保忠	田志宏	王瑞梅
王秀清	武拉平	肖海峰	辛　贤	杨汭华	臧日宏	张莉琴
张正河	赵冬梅	赵　霞	郑志浩	朱俊峰		

人文与发展学院(32 人)

付丽洁	高启杰	何慧丽	胡友珍	简小鹰	靳乐山	李红艳
李焕征	李建军	李鲁平	李小云	刘晓昀	陆继霞	罗　泮
潘　璐	齐顾波	饶　静	任大鹏	孙庆忠	谭　英	唐丽霞
汪力斌	王伊欢	吴惠芳	武　晋	熊春文	徐秀丽	叶敬忠
臧雷振	张克云	郑红娥	左　停			

国际学院(3 人)

冯伟哲	许廷武	郅　红

马克思主义学院(7 人)

陈冬琼	李　明	刘　巍	刘武根	王冬梅	张　晖	张晓红

体育与艺术教学部(4 人)

邓毅明	黄亚茹	束景丹	王　怡

土地科学与技术学院(31 人)

安萍莉	龚元石	郭　焱	郝晋珉	胡克林	黄健熙	黄元仿
孔祥斌	李保国	李贵桐	李品芳	李子忠	林启美	刘　刚
刘黎明	吕贻忠	任图生	商建英	沈重阳	苏　伟	孙丹峰
王　钢	王　数	杨建宇	张宝贵	张　超	张凤荣	张晓东
朱道林	朱德海	左　强				

草业科学与技术学院(14人)

班丽萍　才宏伟　梁俊毅　毛培胜　戎郁萍　邵新庆　孙　彦
王　堃　王　赞　杨富裕　玉　柱　张　龙　张英俊　张蕴薇

附录2　2019年中国农业大学教职工基本情况

总规模:7135人,100%
事业编制总人数:2 847人,39.9 %
其中:女性:1 318人,46.3%
　　专任教师:1 860,65.3%
　　教育教学辅助人员:388,13.6%
　　管理职员:509,17.9%
　　工勤人员:128人,4.5%
　　其他人员:32人,1.1%
在站博士后总人数:222人,3.1%
合同聘用制总人数:1 651人,23.1%
离退休总人数:2 415人,33.9%
注:双岗人员同时计入专任教师和管理职员队伍

附录3　2019年中国农业大学新增事业编制人员聘用岗位及来源类别情况

单位:位

类别		合计	来源类别					
			毕业生分配	博士后出站	京内调入	留学回国	京外调入	转业军人
合计		218	31	66	65	53	1	2
聘用岗位	专任教师	161	8	61	45	46	1	
	其他专业技术人员	24	6	4	11	3		
	管理服务人员	33	17	1	9	4		2

附录4　2019年中国农业大学非离退减员工作岗位情况

单位:位

合 计	正式事业编制				合同聘用制A岗
	专任教师		其他专业技术人员	管理服务人员	
	教 授	副教授			
21	4	5	3	3	6

人才工作

【概况】

2019年，人才办深入贯彻落实习近平总书记关于人才工作的重要论述和全国教育大会精神，以“既要谋划战略，又要考量战术”为指导思想，按照“夯实基础、理顺机制、强化服务、追求实效”的工作思路，在学校党委的领导下，坚持“党管人才”原则，大力推进“315”工程，着力人才增量，聚焦人才引进和博士后队伍建设，不断深化工作体制机制，构建三大保障管理服务体系，为学校事业的发展提供良好的人才保障。

（程子维）

【制度与机制建设】

落实人才引进机制改革，对已获社会公认度高的学术评价人才、业绩突出需破格引进的人才，或需以特殊类型引进的人才提出相应引进方案，做到“一事一议”。同时，构建人才招聘宣传体系，完成人才宣传片、人才专栏、人才港公众号等多形式、多渠道的宣传方式。

（程子维）

【人才引进】

2019年，分别于3月、6月、12月召开人才引进评议会。全年评议通过高层次人才105人（领军人才3人、杰出人才21人、优秀人才81人）。对已引进的62名人才进行了中期、聘期考核。为高层次人才匹配科研启动经费2 952.5万元。

（程子维）

【博士后管理】

2019年，新增设5个博士后科研流动站，流动站总数达到19个。入站博士后99人，期满出站85人，博士后在站规模262人，与清华大学、北京大学等5所高校被评选为中关村科技园区海淀园博士后科研工作站创新发展20年“优秀合作高校”。“博士后创新人才支持计划”入选6人，位列全国高校第19位；“博士后国际交流计划”派出项目入选4人，并列全国高校第3位；48名博士后获中国博士后科学基金会面上资助，连续3年稳步提升；国家自然科学基金青年项目获中24项，资助率为30.4%，占全校青年基金数的44.4%，获批能力已与学校青年教师相当。留校工作人数为30人，占全年出站人数的35.3%，其中，“优秀人才”层次18人，“普通人才”层次12人，博士后队伍已成为学校师资队伍的重要来源。

（寇光涛）

财务工作

【概况】

财务处作为学校一级财务机构，主要负责贯彻落实国家财经法规和政策，执行高校财务制度和《政府会计制度》；建立健全学校财经工作规章制度，负责编制年度财务预算和年终财务决算，监督预算执行，分析预算执行情况；负责学校各项经费的管理及核算业务；负责学校各类人员工资、津补贴、劳务的发放；负责学生奖助学金的发放；负责学校收费及票据管理，负责各种税款的代扣代缴工作；负责学校各类人员医疗费的报销工作；统筹学校内控体系建设；负责学校财经领导小组办公室的日常工作；负责校园卡管理中心的运行及管理。

（王凌）

【财务收支】

收入情况 2019 年，学校总收入 393 017 万元，完成预算 97.50%，比 2018 年增长 15 099 万元(表 10)。从收入来源渠道分析：①财政补助收入 182 605 万元，其中，教育补助收入 136 564 万元，科研补助收入 11 139 万元，其他补助收入 34 901 万元；②事业收入 162 257 万元，其中，教育事业收入 33 256 万元，科研事业收入 129 001 万元；③附属单位上缴收入 211 万元；④其他收入 47 944 万元。

表 10 2019 年学校收入情况

项目名称	2019 年预算/万元	2019 年总收入/万元	完成预算/%	2018 年总收入/万元	增长额/万元	增长率/%
收入总计	403 104	393 017	97.50	377 918	15 099	4.00
一、财政补助收入	182 604	182 605	100.00	162 407	20 198	12.44
1. 教育补助收入	136 564	136 564	100.00	136 628	−64	−0.05
2. 科研补助收入	11 139	11 139	100.00	18 972	−7 833	−41.29
3. 其他补助收入	34 901	34 901	100.00	6 807	28 094	412.73
二、事业收入	170 500	162 257	95.17	161 762	495	0.31
1. 教育事业收入	33 000	33 256	100.78	26 800	6 456	24.09
2. 科研事业收入	137 500	129 001	93.82	134 962	−5 961	−4.42
三、上级补助收入						
四、附属单位上缴收入		211		458	−247	−53.93
五、经营收入						
六、其他收入	50 000	47 944	95.89	53 291	−5 347	−10.03

注：1. 数据包含校本部、涿州教学实验场和曲周实验站。

2. 2019 年财政补助收入的其他补助收入数包含一次性职业年金财政拨款。

（于森　孙军丽）

支出情况 2019 年，学校总支出 419 770 万元，完成预算的 94.05%（表 11）。从支出方向分析：①事业支出 416 488 万元。事业支出中基本支出 203 139 万元，其中，教育事业支出 151 873 万元，科研事业支出 1 652 万元，行政事业支出 17 998 万元，后勤保障支出 22 044 万元，离退休支出 9 573 万元。项目支出 213 349 万元，其中，教育事业支出 68 438 万元，科研事业支出 137 278 万元，行政事业支出 107 万元，后勤保障支出 7 525 万元。②其他支出 3 282 万元。

表 11 2019 年学校支出情况

项目名称	2019 年预算/万元	2019 年总支出/万元	完成预算/%	2018 年总支出/万元	增长额/万元	增长率/%
总支出	446 335	419 770	94.05	382 220	37 550	9.82
一、事业支出	446 335	416 488	93.31	380 482	36 006	9.46
（一）基本支出	200 232	203 139	101.45	156 164	46 975	30.08
1.教育事业支出		151 873		111 481	40 392	36.23
2.科研事业支出		1 652		57.00	1 595	2798.25
3.行政事业支出		17 998		8 026	9 972	124.25
4.后勤保障支出		22 044		19 462	2 582	13.27
5.离退休支出		9 573		17 138	−7 565	−44.14
（二）项目支出	246 103	213 349	86.69	224 318	−10 969	−4.89
1.教育事业支出		68 438		53 695	14 743	27.46
2.科研事业支出		137 278		157 748	−20 470	−12.98
3.行政事业支出		107		30	77	256.67
4.后勤保障支出		7 525		12 845	−5 320	−41.42
5.离退休支出		0			0	
二、上缴上级支出		0			0	
三、对附属单位补助支出		0			0	
四、经营支出		0			0	
五、其他支出		3 282		1 738.00	1 544	88.84

注：数据包含校本部、涿州教学实验场和曲周实验站。

（于淼 孙军丽）

【财务状况分析】

年末资产 2019 年年末，学校总资产为 709 065 万元，其中，货币资金 230 217 万元，应收账款 2 142 万元，其他应收款 79 848 万元，存货 433 万元，长期投资 34 176 万元，固定资产净值 254 242 万元，在建工程 85 889 万元，财政应返还额度 13 892 万元，预付账款 486 万元，无形资产净值 3 765 万元，待处置资产损溢 1 875 万元，长期待摊费用 105 万元，受托代理资产 1 994 万元。

年末负债 2019 年年末，学校总负债为 124 249 万元，其中，银行贷款 35 000 万元，应付账款 3 038 万元，其他应付款 37 719 万元，预收账款 36 618 万元，应付职工薪酬 6 184 万元，应缴税金 2 725 万元，预提费用 971 万元，受托代理负债 1 994 万元。

年末净资产 2019 年年末，学校净资产余额总值为 584 816 万元，其中，累计盈余 583 005 万元，专用基金 1 565 万元，权益法调整 246 万元。

（于淼　孙军丽）

【财务管理及会计核算】

健全内部控制制度 财务处认真贯彻国家和上级政策法规，按照上级文件精神，修订了《中国农业大学科研经费管理办法》《中国农业大学差旅费管理办法》《中国农业大学会议费管理办法》等文件，为完善内部控制、加强财务管理、规范财务行为、防范财务风险提供了制度保障。

加大资金统筹力度 学校统筹安排校级财力与专项资金，加大专项资金和校级财力的统筹力度，资金分配向学科建设和人才培养倾斜。依据工作任务安排预算，在做好财务管理和会计核算基础工作的同时，认真开展财务分析，定期出具预算执行情况简报，通过分析，总结经验、揭示问题，为学校科学管理、科学决策、风险防范提供依据，不断提高资金使用效益。

提高专项资金执行进度 为加快专项资金执行进度，落实专项资金归口管理部门责任，加强专项经费预算编制，采取提前启动项目、科学统筹资金、明确支出范围、调整使用计划、定期出具简报、实时监控督促、多部门联动、召开推进会等多种方式，2019 年专项资金执行进度比 2018 年有较大提升，在教育部 76 所直属高校中的排名有较大提高。

启动预算项目库建设工作 为改进项目管理方式，充分发挥项目库在预算编制中的基础性作用，2019 年部署推进部门业务专项项目库建设，项目库建设以绩效目标为导向，积极推动各部门业务规划和预算管理相融合。为构建规模适度、结构合理、重点突出、管理规范、运转高效的预算管理新模式奠定基础。

落实“放管服”改革要求 为落实上级“放管服”精神，解决科研经费“报销繁”问题，财务处认真学习文件，深入调查研究，制订工作方案，全面清理影响科研经费“报销繁”问题，多次召开师生座谈会，深入调查研究，修订相关文件，下放审批权限，优化报销流程，简化办理手续，出台相关措施，深入学院进行政策宣传及业务培训，切实将“放管服”落到了实处。

推进财务信息化建设 上线新收入网上申报系统；在学校引入超级网银，实现跨行实时发放劳务费；改变电子发票信息录入验证方式，通过微信扫码方式自动获取电子发票信息；推出票据粘贴和凭证影像化服务试点，实现会计档案、凭证查询电子化。

做好新旧会计制度衔接 2019 年是学校实施政府会计制度第一年，任务重、困难多。财务处按照《政府会计制度》的要求，认真做好会计核算工作，基本实现财务会计和预算会计“双分录”“双功能”“双基础”，新旧制度转换衔接基本平稳顺畅，保障学校财务核算工作的顺利运行，强化了政府预算管理和执行能力。

完成审计问题整改工作 审计整改是学校 2019 年的一项重要工作，财务处针对审计报告提出的问题，建立问题台账，制订工作方案，结合“不忘初心、牢记使命”主题教育活动整改要求，积极组织协调督促审计整改工作，按时完成了审计整改工作要求，有效规范学校经济活动。

完成薪金发放工作 2019年发放在职人员、编外人员工资56 388人次，涉及金额10.44亿元；发放离退休人员补助28 815人次，金额5 120万元；发放助学金17 000人次，金额1.1亿元；汇缴公积金52 488人次，金额1.6亿元。

完成会计核算工作 全年核算教学、科研、后勤、基建等资金业务录入笔数152.5万笔。办理网银支付约20万笔，涉及金额42.4亿元；现金收付3 800笔，涉及金额5 435万元；支票及汇款业务近3 000笔，涉及金额8.9亿元。

完成来款及税费清缴工作 完成学校来款、税、应缴财政资金上缴等账务处理；2019年上缴各项税费共11 011万元，共开出财政票据约44 902张，增值税发票7 778张，开通了增值税电子普通发票业务。

完成科研经费管理工作 2019年新建科研经费项目1 924个，科研项目拨款18 772笔，总金额15.53亿元。完成科研经费预算申报、中期检查、项目结题、科研绩效审批、科研经费拨款等工作。

提高医疗费报销效率 完成校外门诊和住院报销11 487人次.完成学校102人员的手工报销、就近医院变更、异地就医申请、公费医疗收支情况审计等工作。推行公费医疗报销新模式，解决了长期以来医药费报销排长队、报销慢问题。

充分发挥校园卡功能 全力保障校园卡系统稳定安全运转，校园卡实行24小时自助服务，满足师生非工作时间补卡、充值的需求。2019年校园卡系统结算资金总额33 163万元，业务交易131.19万笔，为全校师生员工提供高效便捷的服务。

（王凌）

审计工作

【概况】

审计处是学校设置的内部审计机构，依照国家法律、法规和政策对学校及所属单位的财务收支、经济活动、内部控制、风险管理等方面实施独立、客观地监督、评价和建议。通过审计促进学校及其下属单位遵守国家财经法规，规范内部管理，防范风险，提高资金使用效益。

2019年，学校内部审计工作在教育部财务司的指导和学校的领导下，认真学习习近平总书记在中央审计委员会第一次会议讲话精神以及全国内部审计工作座谈会精神，贯彻落实审计署和教育部关于内部审计的要求，紧紧围绕学校中心工作和年度审计计划，推动审计转型，拓展审计内涵，创新方式方法，提升审计质量，完成各项审计任务。

（李易倩）

【提高政治站位，强化审计政治属性】

结合“不忘初心、牢记使命”主题教育活动，审计处认真学习习近平新时代中国特色社会主义思想，坚持党的领导，落实学校党委的决策部署。充分认识到新时代对审计工作的新要求，自觉将党和国家及学校的重大政策执行落实情况作为首要审计任务，自觉将内部审计纳入学校从严治党、从严治校的工作范畴，自觉将讲政治、讲规矩作为审计人员的基本要求，切实提高审计的政治站位，强化政治属性，履行内审职责。

（李易倩）

【优化审计方式，重构审计理念】

注重优化审计方式，在本轮处级干部经济责任审计中，通过制订详细的审计方案，合理调配审计资源，严格把控审计过程，反复梳理沟通问题，审慎出具审计报告，切实提升了审计工作质量。在进一步拓展审计范围、落实审计全覆盖的同时，推动内部审计由传统审计向风险审计、管理审计和绩效审计转型。

（李易倩）

【规范经济活动，改进内部治理】

完成2018年度学校预算执行及决算审计、“三公经费”专项审计、国际学院中外合作办学项目年度审计，完成22项结题科研经费审计及30余项科研项目审签等。

完成23个管理服务机构和10个直属单位处级干部经济责任审计报告，以及12个学院院长任期经济责任审计工作。对标国家审计，拓展了处级干部经责审计的内涵，将学校政策决策执行、年度计划落实、“三重一大”决策、单位内部控制与风险管理等内容纳入审计范围。

开创专项管理审计及专项经费绩效管理审计。完成学校采购管理审计，开展“建设世界一流大学(学科)和特色发展引导专项”和“改善基本办学条件”2个专项的绩效管理审计，将传统的以部门单位为对象的审计转变为跨部门的以业务类别为对象的审计，着眼于学校治理的全局，聚焦于某一方面的业务，发挥事前防范功能，从根源上发现问题、解决问题。

（李易倩）

【规范工程管理，节约建设资金】

完成基建、修缮工程竣工结算审计工作。全年共完成工程结算审计149项，送审金额13 425.89万元，审定金额13 045.11万元，审减金额380.78万元，审减率为2.84%。

开展重大建设工程项目全过程跟踪审计。完成新图书馆工程全过程审计，送审金额28 632.41万元，审定金额26 871.00万元，审减金额1 761.41万元，审减率为6.15%。

（许宁）

【开展工程管理审计】

根据全过程审计工作中发现的问题，向学校呈送《新图书馆全过程审计工作报告》《关于全过程审计中发现涿州相关工程进度滞后的情况报告》，汇报工程情况，提出加强监管和风险防控建议。对实施结算审计的建设工程提出管理意见书，共计149份，揭示问题、提示风险。

（许宁）

【强化作风建设，提升服务实效】

宣讲政策，防患未然 在院长经济责任审计进点会上，主动上门向学院领导班子宣讲有关经济责任、财经法规、审计政策及学院管理的风险点，在让上一任领导班子清楚审计评价范围的同时，也让新任领导班子了解相关政策，规避风险，防患于未然。

及时提醒，化解风险 针对日常审计中发现的共性问题，以及教育部对直属高校校长经济责任审计的问题，结合相关部门工作职责，有针对性地下发风险提示清单和管理建议书，以便各部门对照检查，及时改正，将问题消灭于萌芽，解决在校内。

换位思考，提供便利 本年度院长经济责任审计实行就地审计，所有审计、沟通均现场解决，避免人员奔波和材料搬运。为提升执行进度，针对年底工程结算审计比较集中的现状，工程审计人员主动延长工作时间，为项目单位提供工程结算送审服务，及时提供审计报告，确保项目单位及时付款。

答疑解惑，提供咨询 在日常工作中，校内单位以各种方式询问有关法规政策相关问题，审计处的工作人员悉心解答，为师生提供咨询服务。

（李易倩）

国有资产管理工作

【概况】

2019 年，国有资产管理工作以优化服务、规范管理为根本，以学校党政工作要点和任务清单为依据，重点围绕积极推进资产和采购信息化管理、西校区不动产权登记、优化公用房资源配置等方面积极开展工作，取得了新的进展和成绩。

（闻雯）

【采购招标】

完善科研活动采购制度 落实国务院“放管服”要求，制定《中国农业大学采购管理办法补充规定》。对于科研活动的采购项目，进一步简化采购流程，落实特事特办、随到随办的采购机制。将科研采购活动的界定条件由经费来源改为使用方向，科研采购活动不再受《中央国家机关政府集中采购目录(2019)》的约束；同时对科研活动急需的采购行为进行了界定，明确了采购流程，为科研活动急需的采购项目开辟了绿色通道。

规范采购行为 制定《中国农业大学招标采购工作人员行为规范》《中国农业大学招标采购评审人员工作行为规范》和《中国农业大学代理服务机构工作行为规范》；与工作人员签订《中国农业大学招标采购中心工作人员廉洁自律承诺书》。要求采购活动的参与者在工作中加强法律意识，遵循公开透明、公平竞争、公正合法和诚实守信原则，共同营造良好的采购环境。

加强工程采购信息化建设 开发工程采购系统，并与原有的货物服务采购系统和固定资产管理系统集成为一个“招标采购与资产管理系统”。以服务为核心，不断提升系统的智能化程度，降低操作难度，取消不必要的审核环节，简化审批流程，提升师生们的体验，提高采购效率。

加强采购政策宣传 通过门户网站、校内平台、微信企业号等多渠道，有针对性地加强学校采购政策的解读与宣传。通过调查问卷、学院调研、召开座谈会等多种形式，为老师们搭建了沟通交流的平台，及时收集老师们的需求、意见和建议，并对相关问题及时做出整改。

货物、服务、工程采购项目有序推进 2019 年累计完成货物、服务采购项目 3 366 项，执行预算 39 898.91 万元。其中，完成货物采购项目 2 572 项，涉及物资 5 131 台件，执行预算 33 752.74 万元；完成服务采购项目 794 项，涉及服务内容 1 904 项，执行预算 6 146.17 万元。在货物采购活动中，完成政府集中采购项目 281 项，涉及物资 1 697 台件，执行预算 1 758.55 万元；完成学校分散采购项目 2 291 项，涉及物资 3 434 台件，执行预算 31 994.19 万元。在服务采购活动中，完成政府集中采购服务项目 10 项，涉及服务内容 11 项，执行预算 922.89 万元。完成学校分散采购服务项目 784 项，涉及服务内容 1 893 项，执行预算 5 223.28 万元。

办理进口免税业务 172 项，涉及物资 249 台件，物资总额 10 977.79 万元，为学校节约资金约 2 100 万元。

工程类采购金额执行约 33 045.85 万元，组织建设工程采购项目 40 项。其中，工程施工 34 项，金额 32 295.22 万元；工程服务 6 项，金额 750.63 万元。按照组织方式，校内组织的 8 项，政府采购的 27 项，公开招标的 5 项。

（杜龙龙　高颖　左林贵　王馨悦　王焱）

【固定资产管理】

固定资产管理执行新会计制度 2019 年，根据学校实施《政府会计准则制度》的要求，资产管理系统全面升级，实现了固定资产按月计提折旧、资产验收建账审批全部网络化、资产入账及报销一体化等功能。东、西校区共投放 7 台资产管理服务终端，实现了资产标签自助打印。截止到 2019 年 12 月 31 日，全校固定资产累计原值 504 892.27 万元，净值 255 313.00 万元。2019 年，新增固定资产 21 998.39 万元，其中，新增设备 20 043.24 万元；家具用具新增 789.65 万元。登记验收设备家具等固定资产 13 411 台件，其中，新增 100 万元以上设备 17 台件。2019 年，处置报废设备家具 21 361 台件，报废资产原值 1.13 亿元。

对固定资产进行清查盘点 首次采用网络平台及手机微信公众号，对设备、家具类固定资产进行年度盘点。涉及盘点单位 66 个，盘点资产 51 370 项，金额 74 634.761 万元。其中，设备盘点 32 041 台件，金额 67 595.02 万元；单价 10 万元以上设备 970 台件，金额 39 888.06 万元；家具盘点 19 192 件，金额 3 399.72 万元。总体效果良好，师生的国有资产意识进一步提高。

（马姝婷　邱晓松　程清章　张立英）

【无形资产管理】

学校账面无形资产原值 8 188.20 万元，净值 3 764.83 万元。2019 年度新增无形资产 56 个，共计 598.26 万元，均为计算机软件。

（马姝婷　邱晓松　程清章　张立英）

【公用房屋管理】

公用房腾退搬迁圆满完成 围绕2019年本科生扩招需增加学生宿舍，东区老图书馆、西区土化楼装修改造需安排周转房，草业科学与技术学院需安排办公用房，西区服务大厅建设用房筹措等需求，公用房主管部门摸清全校公用房底数，充分挖潜确定周转房，组织、督促相关单位顺利完成公用房腾退周转任务。截至2019年12月31日调配公用房面积99 760平方米，涉及单位34家，调整楼宇共15栋，主要包含西区4号楼、土化楼、主楼和东区五四楼、8号楼、老图书馆、民主楼、体育馆等。

确定东区老图书馆、西区土化楼调配使用单位 经校长办公会研究决定，东区老图书馆装修改造完成后拟迁入单位：一层部分调配给研究生院做教室、后勤保障处（中心）办公室、烟台校区办公室等，建筑面积2 454平方米；二层调配给食品学院，建筑面积2 557平方米；三层调配给国际学院、体艺部，建筑面积2 105平方米；四层调配给水利和土木工程学院，建筑面积2 127平方米。西区土化楼装修改造完成后拟迁入单位：西侧一至五层调配给土地科学与技术学院，建筑面积6 637平方米；南侧一、二层待定，建筑面积1 240平方米；三层计算中心不动，建筑面积620平方米；四层调配给草业科学与技术学院，建筑面积620平方米；一层原电话交换机房迁址到西区老图书馆一层西北侧，安排用房约100平方米。

（王亚东　闻雯　果雅静）

首次进行公用房出租出借备案 2019年，学校首次进行出租房屋向教育部备案工作。通过逐一梳理学校公用房出租情况，进一步摸清了现有出租房屋数量，并督促补充和完善备案相关资料。2019年，教育部审核通过中国农业大学39套房（经资办）的出租出借备案工作，出租房屋总面积为2 367平方米，资产总价值为4 700 764.56元。

（邵锐　王焱）

【不动产登记办理】

妥善应对与一汽集团的土地权属纠纷问题 针对一汽集团拟于2019年国庆70年大庆前对院内建筑物加固改造的计划，国有资产管理处在学校党委的直接领导、指导下，主动与国管局、北京市规划和自然资源委员会、海淀区住建委、海淀区不动产登记中心等主管部门进行多次沟通，并致函相关部门，有效阻止了一汽集团加固改造的计划，避免了70年大庆前可能发生的群体性事件。为加快解决学校与一汽集团的土地权属纠纷问题，校长孙其信在全国人大常委会上就相关问题提出了建议，引起了国家高度重视。目前，财政部、教育部正在协调有关部门积极推进。国有资产管理处已向教育部、国管局、北京市等部门报送了有关基础材料，并多次咨询法律专家等，寻求解决方案。

（王亚东　闻雯　果雅静）

西区不动产权办理工作取得新进展 2019年已完成测绘公司招标、地上建筑物及宗地测绘工作；完成四邻现场指界；完成了“一书一函”等材料的准备工作；在证地上建筑物测绘材料已上交海淀区不动产登记中心。

（王亚东　闻雯　果雅静）

信息化工作

【概况】

2019 年，根据学校一流大学建设要求，信息化办公室（网络技术中心）按照“三管两建一打通”的信息化工作思路，建立健全学校网信工作体制机制，升级网络及应用基础设施，构建学校基础数据库，打通跨部门业务流程，加强网络信息安全建设，持续提高师生信息化素养。学校信息化发展逐步从“数字校园”向“智慧校园”迈进，学校信息化整体工作水平得到提升。

（陈昕）

【建立健全网信工作体制机制】

进一步明确“三管两建一打通”的信息化工作思路（管网络基础设施、基础数据资产、信息网络安全；建综合服务平台、数据分析平台；打通跨部门业务流程），编制《信息化建设总体方案（2018—2022）》，构建清晰的智慧校园总体架构及管理体系。

9 月，发布《关于调整中国农业大学网络安全和信息化领导小组的通知》，进一步调整网络安全和信息化领导小组成员及职责。修订《中国农业大学信息化工作管理办法》《中国农业大学网络与信息安全管理办法》《中国农业大学信息系统建设及管理办法》《中国农业大学网络基础设施管理办法》《中国农业大学网络安全事件应急预案》等制度文件，完善网络安全和信息化工作制度体系。

建立健全校、院两级网络安全和信息化工作责任体系，明确各二级单位主要负责人为本单位网络安全第一责任人。7 月，对全校各二级单位网络安全工作负责人和管理员进行网络安全业务培训。9 月，召开 2019 年秋季学期网络安全工作会议，副校长王涛与各学院党委书记、各职能部门负责人签署《网络安全责任书》，进一步强化网络安全责任制，增强工作合力，切实维护网络安全。

（陈昕　李桢　张志成）

【校园网基础设施及公共信息应用平台建设】

建设新一代校园网络，奠定智慧校园基础　完成新一代校园主干网建设，实现“扩路筑基”“多网融合”“纵深防御”等目标。基于先进技术设计校园网新架构，将运行多年的校园主干网及出口链路设备进行全面升级，更新设备及系统 93 台（套），实现校园网东、西校区互联链路、主干网核心交换机链路等“网络主干道”扩容 10 倍，进入 100G 时代，为逐步实现一网多用、多网融合打下了坚实基础；实现基于深度应用识别的多层次 IPv4、IPv6 安全防护；实现校园网出口多通道智能选路，进一步提升上网体验。开放式、高可靠、超高速的新一代校园网络为未来大带宽、低延时的各类智慧校园应用奠定了基础。

校园网出口带宽提升至 11.7G　积极与联通等运营商开展合作，在多方支持下，11 月将校园网出口带宽提升至 11.7G，取消了校内用户访问互联网的速度限制，彻底解决了出口带宽导致“网速慢”的瓶颈问题。

首次实现校本部与烟台研究院校园“一张网”互联互通 8月28日，首次实现烟台研究院师生异地使用同一校园网络直接访问北京本部各类校内资源，保证了新生入学后的网络使用需求，为两地统一校园管理服务、资源共享、远程互动教学等需求提供可靠网络保障。

完成图书馆数据中心机房建设工作 完成图书馆数据中心机房建设并正式启用，现已承载图书馆信息化业务。新机房突破了网络技术中心东区南、北机房和西区机房在电力、制冷、承重上的限制，为高功率密度的虚拟化、高性能计算业务提供基础物理环境。

开通 eduroam 全球无线漫游服务 实现师生与全球100多个国家和地区，超过6 000家教育和科研机构间的免费无线网络接入漫游服务。

开通校园网访客服务 为短期参观、交流、访问的校外人员及新生家长等提供免费快捷的网络接入服务。

上线测试新版网上综合服务平台，提供一站式服务 为顺应移动互联网的快速发展，满足师生网上办事的现实需求，新版网上综合服务平台采用IT新技术，以一网通办为目标，整合了现有“校内平台”和“我的空间”；重新规划设计网上办事大厅，实现各类信息、应用服务的汇聚融合；全面支持移动应用，实现手机端业务办理。新平台已接入系统41个，集成服务109个，网上办事大厅首推40个新的办事流程，“领导干部因私出国（境）申请”等跨部门业务流程首次可以实现一站式网上办理，为全校师生提供高效优质的综合性服务。

启动数据治理项目，构建学校基础数据库 针对师生反映的数据共享、数据查询、数据分析不足等问题，启动大数据管理及分析平台建设项目，已将本科生院、科研院、人事处、财务处、国资处、信息化办公室（网络技术中心）等部门的相关数据纳入学校基础数据库，将逐步提供部门基础数据交换共享、“校情数据一平台”和“师生信息一张表”等服务。

启用网络运行监控与服务大厅，改善用户服务体验 建成并启用学校网络运行监控与服务大厅，改善线下网络服务体验，提供网络安全与运行监控、师生信息化业务现场咨询办理、IT新技术展示体验等三大功能。

新建短期来校人员管理系统 建设短期来校人员账号管理系统，加强来校人员信息化管理，截至2019年年底系统注册单位4个，人员460人。

协助基建处完成楼宇网络改造，严格质量把控 协助基建处完成15栋楼宇的有线、无线网络改造，共计完成5台汇聚交换机、32台接入交换机、25台POE交换机、456颗AP的上线工作，以及3条室外光缆的敷设工作。校园网新增1 536个有线信息点，456个无线接入点。

（邱小彬　李桢　劳凤丹　虞萍）

【网络设施与信息系统运行维护】

完成校园网基础设施维护任务 统筹管理校园网和各专网，初步实现“一张网”目标。对财务、医疗、保卫物理专网进行摸排，通过网络设备升级改造，解决专网网速慢、不稳定的问题，实现了对校园网和各个专网统筹管理的历史性突破。运维iMC华三网管、网瑞达IT运维平台，太阳风网管、锐捷网管、ARUBA网管、流量监控、日志收集与监控等系统，对所有的网络设备(含有线、无线设备)、服务器进行全网监控，及时发现并解决问题。目前，全网共监控 9 475 台网络设备，其中，有线及无线交换机 2 046 台，AP 7429 颗。

智能 DNS 系统建设及部署 部署上线新的智能 DNS 系统，为 DNS 权威、DNS 查询服务，已注册 6 个域名、937 条记录，为校内外用户提供每秒 2 000 多次 DNS 域名解析服务。

DHCP 服务运维 运行维护校园网 DHCP 的应用服务，保障网络服务稳定运行。DHCP 负责对校内 4 个 B 的私有 IP 约 26 万个地址进行动态 IP 分配。

计费系统运维 根据客服反馈的上网常见问题，发现并改进计费系统；增加自助 App 支付体验；实现访客系统与无线访客、eduroam 登录的深度集成。全校上网月平均活动用户 25 909 人，月高峰在线 IP 25 346 个，学生月平均流量 29.2GB，教师月平均流量 17.1GB。月平均流入量 708.7TB，较 2018 年 611.7TB 增长 13.68%；月平均流出量 110.5TB，较 2018 年 101.0TB 增长 9.4%。

数字校园平台运维 数字校园平台包括校内平台、我的空间(易班)及服务大厅三个部分。2019 年认真做好统一身份认证与服务大厅的日常维护工作，各平台总体运行稳定。校内平台共发布校内公告 1 953 条，平台访问量(PV)非假期每月超过 80 万次，假期每月超过 60 万次。系统直通车接入业务系统 40 个，服务大厅接入服务 146 个，访问量(PV)超过 22 万，统一身份认证接入系统 115 个。

微信企业号运维 完成中国农业大学微信企业号的日常运维和应用建设工作。截至 12 月，企业号上线应用 74 个，比 2018 年新增 18 个，支撑了本科生院、科研院、财务处、人事处、后勤保障处、国资处等多个部门的教学、科研和业务工作。企业号关注人数达 3.5 万，日均访问人次近 8 万。

网站群及新闻系统运维 网站群系统管理了全校学院和机关教辅单位的 136 个网站(不包含测试、下线网站)，全年为各单位提供技术支持、新建网站审批、已有网站页面模板制作、参数设置、栏目调整、用户或权限变更等服务。2019 年站群日均访问量达到 104 031 次，学校主页日均访问量 24 694 次。

邮件系统运维 邮件系统服务器和邮件系统运行状态正常，通过自动化的反病毒引擎、防垃圾网关和人工排查，保障邮件系统的安全运行。根据上级要求，及时调整邮箱收发邮件策略，提高邮箱的安全性。截止到 12 月，邮件用户总数为 42 219 个，用户活跃度为 21.1%。协助校友邮箱实现自助注册功能，提升校友体验度。完成校友系统与统一通信平台的对接，实现发送校友生日贺信与接收回信功能。

统一通信平台运维 统一通信平台主要负责校内公共短信的发送，为学校 41 家单位提供短信群发服务，2019 年共发送短信 37.3 万条，比 2018 年增长 16.1 万条。目前，通信平台已与学校 OA 系统、访客系统、网上综合服务平台、校友系统、工会会员管理系统等多个学校业务系统实现对接，可完成业务系统中的短信或邮件通知。

教师个人主页系统运维 完成教师个人主页系统栏目维护及发布工作，完成手机端访问页面调整，解决系统中科研、人事、教学等数据的同步集成等问题。截至 12 月，系统中共有 30 个单位的 360 位老师开通了个人主页。

(劳凤丹　虞萍)

【公共应用平台与网络资源服务】

提升学校云平台服务水平 进一步扩充云平台资源，增强集群性能和稳定性，为校内 51 个单位提供云主机服务 392 台，云存储能力达到 595TB。

改进云盘系统 完成对爱数云盘系统测试和对 Meepo Windows 客户端版本的测试，解决 Android 端校外无法访问的问题。

VPN 系统运维 加强校外 VPN 服务的运维保障，2019 年 VPN 使用用户 12 853 人，访问总人次 307 786；访问信息量 1 571.69 G；统一身份认证系统、图书馆资源、教务管理系统为校内的热点访问资源。

公共库数据维护和数据共享 每天进行公共数据共享接口同步日常巡检，查询接口与策略包的执行情况，及时修正错误，保证人事、教务、科研等数据与主数据库的同步更新。

正版化软件平台运维 截至 12 月底，正版化软件平台注册用户 11 813 人、登录次数 47 484 次、访问量 278 767 次，呈持续上升趋势。其中，Windows 系统累计下载 8 147 次、激活 4 954 次，Office 软件累计下载 22 374 次、激活 9 512 次，也呈上升趋势。

IPTV 系统运维 目前，IPTV 提供 62 个频道(55 个标清频道、2 个标清卫星频道、5 个高清卫星频道)的直播服务，截至 12 月 17 日，视频点播收看 130 212 人次，直播收看 5 811 492 人次。

网络资源建设 指导学生运营爱思资源平台，更新 VOD 影片至 6.96 万集，比 2018 年增加 800 余集。

为各单位提供的其他信息技术支持服务 2019 年完成人事处、人才办、本科生院、研究生院、动物科技学院等 7 个单位的 45 次线上评审任务的技术支持工作；为包括校办 OA 系统、人事系统、学工系统、体检系统、教代会提案系统、校长信箱等系统提供技术对接及问题解决方案，保障各业务系统安全稳定运行；完成 2019 年网络招生，奥运场馆迎新，研究生全国联考，本科生院、研究生院的各类考试等教学相关工作的网络安全和技术保障工作；为开学典礼、毕业典礼、“两会”“中华人民共和国成立 70 周年”等重要活动提供网络支持及直播保障服务；对后勤等部门的供暖监测、智能电表等系统提供物联网接入服务；协调解决新图书馆、东区食品学院楼等楼宇的有线无线网络问题，提供可靠的网络技术支撑。

(劳凤丹　李军)

【学校网络安全统筹管理】

确立网络和信息安全三级管理体系，摸清网络资产家底 多次组织召开学校网络安全工作会议，与二级单位负责人签署《网络安全责任书》，加强网络安全队伍培训，建立健全学校网络安全工作责任体系，完善 68 个二级单位网络安全负责人及网络安全管理员名录。重新梳理全校信息系统名录，做好网络资产清查管理，目前共有 534 个信息系统登记在案，定期在教育系统网络安全管理平台更新。根据教育系统党委(党组)网络安全责任制要求，做好网络安全工作，按要求提交考核材料。

开展应急演练和安全检查，增强网络安全队伍实战能力 7 月，开展学校网络安全事件应急演练，完善《中国农业大学网络安全事件应急预案》，模拟学校某重要业务系统遭受“信息篡改攻击”事件的发现、上报、处置、恢复全过程及相关部门的应急操作，9月参与北京市网络安全攻防演练，妥善处置网络安全攻击事件，不断提升学校网络安全工作人员的网络安全事件应急处置能力。坚持每年春、秋季对学校网络基础设施及重要系统进行安全检查，对于检查中存在安全隐患的部门，下发整改通知书，及时消除安全隐患。

落实网络安全日常监管，加强预警通报管理 坚持每年春、秋两季网站和信息系统的漏洞扫描和整改工作，督促相关部门对存在漏洞的网站/系统进行整改，提高系统防护能力。2019年全年监测并及时处理网络安全漏洞70个，未发生信息篡改、数据泄露等网络安全事件。

加强特殊敏感时期的网络安全管理和保障服务 配合教育部、公安局等单位完成重点时期全年共计91天网络安全保障工作，做到7×24小时安全值守，按需调整网络防护策略、加强内网防护、做好预警监测通报工作、加强值班值守和信息报送工作、加强重要网络和数据中心的运维保障工作。

（李桢　虞萍　朱骏君　张志成）

【用户服务与培训】

进一步做好各项服务受理工作 2019年共接听用户电话12 657个，回访电话200多个；全年回复校长信箱来信145封，校内咨询平台回复282条；发布通知公告72篇、业务动态23条。上门网络维修411次，其中，东区251次、西区160次。

做好宣传培训，强化网络育人 全面梳理网络育人工作体制机制，首次将网络安全培训纳入新生开学第一课，开展“2019年国家网络安全宣传周”校园日系列主题教育活动、“IT全生态”系列体验活动，联合图书馆共同承办中国计算机用户协会网络应用分会“PON已经在教育生根发芽”主题技术沙龙，普及网络安全知识，增强师生网络安全意识和技能，提升师生的信息化素养。积极组织人员参加各类网络安全业务培训。2019年，6位人员获得教育系统网络安全保障专业人员证书。

（王笑娟　朱骏君）

【内部管理工作】

科学研究 2019年信息化办公室（网络技术中心）共发表论文3篇，其中，EI收录1篇、核心学术期刊1篇。主持及参与项目18项。获批软件著作权5项。中心学术委员会组织学会论文投稿1次，项目管理委员会共评审2个内部项目。

对外交流合作 继续与教育部有关部门、北京市公安局文保总队、高教学会教育信息化分会、中国教育发展战略学会教育管理信息化专业委员会等上级机关和社会团体保持密切的业务联系；参加高教学会理事会换届选举工作。全年多次以不同方式，与兄弟高校交流网络和信息化建设管理服务工作。

制度建设 完善内部工作管理制度，起草制定《网络技术中心控烟工作制度》，修订《网络技术中心C岗岗位薪酬标准（2019年11月修订）》《中国农业大学信息化团队议事规则（2019年4月修订）》，做到各项工作制度先行，规则公开，统一标准。

（乔军　周南　邱小彬　吕智超）

实验室管理工作

【概况】

2019年,实验室管理处,认真贯彻落实学校的党政工作要点,重点抓牢实验室安全工作,实验室管理服务整体水平明显提升,坚持把师生生命安全和身体健康放在第一位,坚守安全无小事的原则,保障全校师生健康和社会公共安全,为学校教学、科研工作顺利开展提供了安全保障。

(席艳霞)

【制度建设】

筑牢根基,进一步加强建章立制工作。组织制定《中国农业大学实验室安全运行管理暂行办法》《中国农业大学实验室安全责任追究暂行办法》《中国农业大学实验室分类分级安全管理办法》《中国农业大学大型仪器设备开放共享管理办法》《中国农业大学实验室安全工作考核办法(试行)》5个校发文和《中国农业大学实验室压力容器管理办法》《中国农业大学易制毒化学品管理办法》《中国农业大学易制爆化学品管理办法》《中国农业大学教学实验室安全工作标准》4个处发文件,进一步完善了实验室安全管理制度,形成了较为完善的制度和技术规范体系。

(席艳霞)

【实验室安全管理】

强化责任,健全实验室安全责任体系 学校调整了中国农业大学实验室安全管理领导小组、中国农业大学辐射安全与防护领导小组成员,进一步明确领导小组的职责。并严格按照"党政同责,一岗双责,齐抓共管,失职追责"和"管行业必须管安全、管业务必须管安全"的要求,构建了由学校、学院、实验室组成的三级联动安全管理责任体系。为确保层层落实,责任到人,与各学院及二级单位签订了《实验室安全责任书》,强化责任意识,明确责任分工,逐级分层落实责任。

全面多样,狠抓实验室安全宣传教育 把安全宣传教育作为实验室安全管理的重点工作,以"两面向、三重点、四结合"为抓手,针对学院领导、实验室负责人、导师、实验室安全管理人员、学生以及不同学科与专业、不同群体的培训体系,开展"全过程、全要素、全覆盖"系统性的实验室安全宣传教育、培训。在实验室安全手册、海报等传统媒体的基础上,创新宣传教育形式,利用新媒体平台上的教育,更进一步地对全校师生进行实验室安全教育,不断提高广大师生的安全意识和对安全风险的科学认知水平,安全处置能力有所增强。开展实验室安全教育培训,具体包括:导师培训13场,1 200余人次参加;学校层面开展实验室安全教育培训8场,参与1 500余人次;参与学工部、学院实验室安全教育讲座等近20场,受众5 000余人次;通过微信公众号推送实验室安全知识48篇,阅读量33 904人次;编发实验室安全工作简报6期;制作关于危险化学品及气瓶方面的展板、视频在学院进行巡展。为每位新生发放了《中国农业大学实验室安全知识手册》，利用实验室安全教育系统组织新生进行学习和考试，共 5 201 人通过考试获得实验许可证书。真正做到了把安全宣传教育作为日常安全检查的必查内容，对安全责任事故一律倒查安全教育培训责任。

多方联动，开展实验室安全专项检查 联合多部门建立实验室安全检查联动监督机制，开展“全过程、全要素、全覆盖”的实验室安全检查，全年共进行了 8 次联合检查，56 次专项检查。对存在安全隐患的实验室开具实验室安全整改通知书，2019 年发出整改通知书 13 份。进一步增强检查效果，切实提升综合治理能力支撑“双一流”建设，守住了安全底线，未发生实验室安全事故，为学校教学科研的顺利开展持续保驾护航。

合规合法，完善危险化学品的程序管理 为确保实验安全，规范实验室管制类危险化学品、放射性同位素的购买审批程序，有效地控制危险品购买途径。2019 年，共计办理购买放射性同位素 P-32：19 批次，1.749E＋9 Bq、H-3：1 批次，1.11E＋7 Bq、C-14：3 批次，7.585E＋7 Bq；购买易制爆危险化学品 11 批次，合计 268.1 千克、1 072.5 升；购买二类、三类易制毒危险化学品 6 批次，合计 4 592 升、36 千克。

进一步加强了危险化学品的规范化管理，统一制作并发放了实验室易制毒、易制爆等危险化学品存放区域的标签标识及实验室易制毒、易制爆化学品使用登记台账本。

用心保障，组织好实验危险废弃物的收集处置工作 完善实验用危险废弃物处置备案制度，规范了实验室危险废弃物的管理，结合实验室和师生的实际需求，进一步想师生所想，与相关处置公司多次协商，增加了实验废弃物分拣频次，提升了实验废弃物运输及时性，提升了服务水平，及时消除实验室废弃物存储风险，满足师生的需求。委托有资质的企业及时进行科学处置。截至 12 月底，共计处置危险化学废弃物 98.5 吨。

在日常管理服务工作中，统一制作并向各学院及二级单位发放了实验室危险废物暂存区域、实验室危险废物暂存收集台账本，进一步确保了学校的环境安全，杜绝危险化学废弃物对校园安全造成事故，为学校教学科研的顺利开展提供保障。

以师生为中心，强化宗旨意识 以服务师生为中心，强化服务意识，为方便师生进口实验耗材，新申请北京海关出入境特殊物品全流程一体化监管信息平台的账号；对于遇到的全新问题，能积极主动商讨工作方案，急师生所急，做师生所需，给师生满意的答案，真正做好管理服务师生。

（席艳霞）

【大型仪器开放共享】

精细管理，推进大型仪器开放共享工作 制定了《中国农业大学大型仪器设备开放共享管理办法》，建立校级大型仪器开放共享平台，对 50 万以上的大型仪器实行学校、学院（中心）和实验室三级管理体系，实现了与国家平台的对接，通过了科技部、财政部组织的大型仪器开放共享评价考核。组织完成了 37 台 50 万以上大型仪器设备的采购论证、2 次大型仪器设备收费立项事宜。进一步完善我校大型科研仪器信息，提升师生开放共享意识，扎实推进了学校大型仪器开放共享工作。

（席艳霞）

【实验试剂耗材采购】

服务师生，利用信息化手段规范实验试剂耗材采购管理服务工作 为进一步提高采购效率和信息化水平，更好对接师生的需求，开发上线了实验试剂耗材采购平台(mass. cau. edu. cn)。已于 11 月 11 日，实现了在平台上审批购买实验室管制类危险化学品。普通类化学试剂耗材的采购已在动物医学院、食品科学与营养工程学院试点运行。通过采购平台，实现了师生网上下单，供应商送货上门，学校统一结算，出入库信息化，达到师生省时、省力、省心、省钱的效果。

(席艳霞)

后勤保障工作

【概况】

2019 年，后勤保障处坚持和加强党的全面领导，继续坚持“为教学服务、为科研服务、为师生员工服务”和“服务育人、管理育人、环境育人”的“三服务、三育人”工作方针，确保管理严格、服务到位、保障有力。以智慧后勤建设为抓手，全力做好水电运行、基础维修、节能减排、绿化美化、卫生保洁、教室管理、饮食服务、宿舍管理、班车运行、报刊收发、房产管理、物业管理、幼儿教育、居民服务等工作，为学校“双一流”建设及内涵式发展提供坚实有力的后勤服务保障。

(胡亚男 肖志刚 文浩)

【党委政治核心作用】

2019 年，后勤基建党委充分发挥分党委政治核心作用，深入学习贯彻十九大精神和习近平新时代中国特色社会主义思想，扎实推进学校“党支部建设年”工作和基层党支部规范化建设，认真组织开展“不忘初心、牢记使命”主题教育活动，实现以党建促事业发展。坚持党委理论学习中心组制度，把好班子政治关、思想关。召开党委理论学习中心组扩大会议 6 次；召开后勤基建党委会议 6 次；认真研究制订工作计划要点、党委委员联系党支部和职工理论学习方案，部署发展党员、党内推优、“学习强国”App 使用等事宜，特别是对“不忘初心、牢记使命”主题教育做了认真研究部署；召开党政联席会 2 次，参加后勤保障处处务会 15 次、基建处处务 22 次，探讨研究解决后勤基建发展中的重大问题，按照“三重一大”制度规定，坚持领导班子集体决策，坚持民主集中制原则。筑牢思想政治和意识形态主阵地，加强对各类意识形态阵地管理。

扎实推进主题教育，党委副处级以上领导干部按照集中学习计划，完成 8 次集中精读和 8 次集中研讨。分别在东、西校区面向教职工、学生、离退休干部、社区居民等各服务群体，召开 8 场现场座谈、发放调查问卷 700 余份，在此基础上梳理形成了 42 大项、174 小项的问题整改清单。结合调研成果和学校专项整治工作方案，与中央巡视等问题衔接起来，结合实际情况，列出整改任务清单，明确责任分工、目标要求和完成时限。

16个党支部立足岗位，发挥特色，"超额"完成"六个一"活动，共计召开动员会16次，党支部书记讲党课17次，学习交流22次，开展主题党日21次，办实事好事16次，召开组织生活会16次，开展其他特色活动9次。

2019年新发展党员8名，转正预备党员2名；现有入党申请人23人，入党积极分子22人，发展对象10人。

后勤基建党委以立德树人为根本，坚持"三服务、三育人"的宗旨，把育人工作渗透到日常服务工作中。结合各党支部工作特点，加强与大学生党支部共建，开展"走进后勤——校园服务体验日""感恩毕业季，温暖农大情""节能宣传周""立德树人造花境"等形式多样的共建活动，让作为服务对象主体的学生直接体验、参与后勤服务管理工作。在帮助同学们树立正确价值观，提高责任感和主人翁意识的同时，为资环、食品、园艺等相关专业学生发挥专业优势提升实践能力提供有效平台，也彰显了后勤基建党员的服务精神和专业技能，激发了党员的责任感。

（胡亚男 肖志刚 文浩）

【守土有责，全力以赴，确保日常服务保障】

1. 抓基础、重运行，确保学校教学、科研工作顺利进行

保障东、西两校区水、电、天然气的安全运行。提供约212万立方米水、7 297万度电和1 344万立方米天然气；完成水、电、暖等各类维修约3 700余次，确保教学、科研和师生员工生活的正常供水、供电、供暖。积极推动和督促节能减排工作。11月，学校顺利通过北京市发展和改革委员会、北京市生态环境局组织的清洁生产审核评估验收，目前只有60%的高校通过了验收。在国家机关事务管理局和教育部关于能耗的通报中，点名表扬中国农业大学"将节水设备改造与宣传相结合，节水效果明显"。

加强环卫保洁，营造清新、整洁的校园环境。完成6.2万平方米的教学楼日常保洁、教室课程登记安排、常用教学器材保存、丢失物品认领等工作，提供干净、舒适的学习环境和工作环境，维护良好的教学秩序。

2. 强化业务部门保障职能，竭力满足师生校园内日常服务需求

学校现有食堂13个，餐位数8 017个，年就餐1 444万人次。食堂在保障食品安全、菜价稳定、优质服务的基础上，积极落实国家精准扶贫政策，对国家贫困区、县的农副产品进行对口采购。后勤餐饮服务获得《人民日报》等多家媒体推广宣传。

学校现有学生宿舍面积212 744平方米、4 802间。严格执行24小时巡查与不定期检查和24小时小型维修工作制度；反复巡查巡检，随时保持楼内清洁卫生；圆满完成毕业生离校、本科生"东迁西"搬迁、其他人员住宿安排及寒假火车票预订等工作。

班车服务年均提供2 500余次，行驶10万多千米，运送学生教师人数25万余人次，为学生实习、实践等提供用车服务300余次，全年无交通安全责任事故。对于学生反映强烈的班车问题，广泛调研学生乘坐班车的需求，增开周六晚间2个时间段班车，加开乘车高峰期及周六13:00西区至东区校车1辆，解决周末和晚间选修课师生乘车难的问题。确保报刊、信件收发投递准确高效。确保校园商铺规范经营，做好定期和不定期的现场巡查工作。

（胡亚男　肖志刚　文浩）

【攻坚克难,奋发有为,聚焦重点、难点问题】

1. 讲政治,有担当,做奉献,保障新生顺利入住

腾退东区五四楼和西区 4 号楼,并对东区 8 号楼、五四楼和西区 4 号楼进行维修改造。腾退学苑 8 号楼的水电暖中心和宿舍管理中心,按时完成学生宿舍家具招标采购和安装工作,保障 2019 年新生顺利入住。

2. 加快推进违建拆除工作,实施"亮剑行动"

2019 年配合城管部门完成东区西北门原保安岗亭拆除、三村围墙改造,西区紫苑家属区道路改造等工程,拆除了东区小白楼周边、兆通公司宿舍,西校区彩扩店、门钉肉饼、巫山烤鱼区域等违章建筑,拆除违建面积达 3 500 平方米,释放大量的校园利用空间,为学校发展积累潜力,消除诸多民怨,取得了良好的社会效果。

3. 大力推进清房工作,充分释放校园活力

完成西区颐园地下超市的清退工作,完成和园文化餐厅清退工作。

【科学规划,持续改造,积极推动环境提升工程】

以中华人民共和国成立 70 周年大庆为契机,做好校园环境改造、亮灯、美化工作,持续做好精致校园建设。

1. 加强环境清理工作

治理校园内杂乱堆放的垃圾、杂物等,清理了校园内的废旧车辆、张贴的小广告、悬挂的杂乱条幅等,营造了清新自然、愉悦和谐的校园氛围。

2. 推动美化绿化工作

完成 38 项校园绿化工程,包括新图书馆周边绿化工程、西区生命科学楼南侧绿化改造工程、生命科学楼西侧绿化改造工程等,进一步完善了校园基础设施,做到"四季常绿,三季花开",为师生员工创造优美的生活学习环境。

3. 完善校园基础设施

完成 29 大项基础工程,包括东区换热站水泵及阀门更换,动科、动医楼外墙维修,园艺楼外墙维修等,进一步改善了师生的学习和生活环境。

4. 开展美化亮化工作

喜迎国庆 70 周年,完成老家属区北井广场环境整治、主楼和老校门景观照明改造等多项美化亮化工程。

5. 改善家属区停车环境

对于居民反映强烈的东、西两校区停车难问题,因地制宜进行改造,多方筹措经费,改造老家属区停车场,新增车位 103 个,新增绿化面积 2 000 平方米。

【信息多跑路,群众少跑腿,推进智慧后勤工程】

(一)不断深化顶层设计,狠抓落实落地,逐年推进智慧后勤建设

2019 年新建系统 4 个,升级系统 1 个,持续推进系统 1 个,改变过去传统线下模式,大大提高工作效率和工作质量。完成后勤 OA 管理系统,打造后勤一站式综合业务流程管理平台;完成后勤人事管理系统,实现人事办理流程线上化,建立后勤人事管理数据

库，有效加强人员分析；完成锅炉房值班室集控系统，实时了解各换热站补水量、水温、水压等数据，大大节省人工查询成本；完成后勤网上收费系统，实现社会户的供暖费、水费、物业费等项目线上收费，大大提高工作效率和工作效果；完成智慧后勤门户主页改版升级，进一步优化版面设计，增强内容展示丰富度；不断推进后勤报修管理系统建设。

（二）智慧后勤工程

大力加强新媒体建设，升级“CAU 后勤小生”公众号和“后勤服务”企业号。宣传内容得到广泛认可，被《人民日报》、今日头条等多家校外媒体转载，被中国农业大学官方微信、微博、B 站平台等多次转载；粉丝数从 2019 年年初的不足 100 人到现在的 7 000 多人，“刷爆屏了！CAU 这样献礼 70 华诞”等多篇推送阅读量超 1 万，反响良好，宣传效果显著。把好宣传阵地，积极应对，迅速正面解决突发舆情，比如，对于同学晚上 11 点后不能通过刷门禁卡进入学生宿舍的“宵禁”传言，“CAU 后勤小生”迅速应对，核实准确信息后，及时发布推送平息舆论，积极的处理方式得到广大学生认可。

【焦热点，直击问题，提供良好民生服务】

提供优质的房产管理、物业服务、幼儿教育和社区管理，为教职工营造良好的工作和生活氛围，解决职工生活中的后顾之忧，确保全身心地投入教书育人工作中。

（一）加强房产管理，推进房产证办理

2019 年已完成地上建筑物不动产权证办理工作。正在积极推进东校区新楼和部分调配住宅进行不动产制证准备工作，现已完成测绘备案、权籍测绘报告成果书工作。

（二）加强家属区改造治理，提升物业管理服务

完成西区教授小楼 1、2 排，8 号楼，东区 22 号楼、31 号楼、34 号楼、41 号楼部分单元等多栋楼宇的屋面防水工程，实施东、西校区旧家属区下水管道疏通工程，切实提升居民生活的幸福感、获得感。对于西区居民期盼多年的地下水改自来水问题，后勤保障处和基建处积极推进自来水改造一期工程。

（三）加强幼儿教育，促进幼儿全面健康发展

2019 年入园幼儿 325 名，其中，校内教职工子女 108 名，完全解决教职工入托难问题。开展特色多彩的日常教学活动，促孩子健康快乐发展。东、西两校区的幼儿园多次获得上级表彰。

（四）创建宜居、平安、和谐社区

坚持“以人为本、服务居民”的原则，做好子女入学、孩子保健免疫、计划生育等工作；积极开展内容丰富、形式多样的妇女和青少年教育活动；做好街道与学校沟通互助的桥梁纽带，创建和谐、优美、宜居的社区环境，让教职员工生活得更加畅心。

【后勤搭台，学生唱戏，服务育人有成效】

（一）深入挖掘学生资源，组建校园学生服务中心（“CAU 后勤小生”学生队伍）

推行“传帮带”机制，定期开展培训，引导学生在协助处理日常工作的同时，通过调研、采访、分析等手段推动后勤疑难问题改进，解决师生的实际需求，使他们成为“权益领袖”。学生通过了解、参与、熟悉后勤工作，为后勤工作出谋划策，也起到了监督和推动作用。此外，学生在工作中也得到了很大的工作锻炼，后勤的育人功能得到了充分发挥。

(二)通过多种形式和渠道,不断加强与学生共建力度

充分利用后勤保障处现有资源,开展“走进后勤——校园服务体验日”“感恩毕业季,温暖农大情”“节能宣传周”“高档美食进校园”等形式多样的共建活动,让作为服务对象主体的学生直接体验、参与后勤服务管理工作。在帮助同学们树立节能环保、绿色消费、健康饮食理念,提高责任感和主人翁意识的同时,为相关专业学生发挥专业优势提升实践能力提供有效平台。

(三)搭建专业实践平台

秉承“科研与实践同行、院系与后勤共建”的原则,绿化环卫中心与工学院、园艺学院、理学院、资源与环境学院等院系联合就校园绿化美化、景观设计、开垦荒地等与学生专业密切相关的活动,共同提升校园绿化美化水平。并完成相关推送 24 篇,字数累计约 37 000 字,阅读量累计达 48 748 人次,师生反响良好。

(四)后勤优秀非编员工评先创优

在全处范围内开展优秀非编员工的评选,提升一线后勤员工的归属感,增强榜样引领作用,以提升服务水平和服务质量,增强育人意识,将育人贯穿到日常工作中。

(胡亚男　肖志刚　文浩)

基建工作

【概况】

基建处作为学校管理服务机构,负责全校范围内基本建设、维修工程的管理。2019 年,基建处明确管理职能,强化服务意识,梳理基本建设与维修项目管理流程,启动管理制度修编,积极筹划并有序推进新建项目报建,顺利完成在施基本建设工程和维修工程,改善了师生的学习生活和科研办公条件,为人才强校和学校“双一流”建设提供硬件服务保障。

(汪九林)

【推进基建项目申报】

完成留学生与专家公寓项目前期手续　留学生与专家公寓项目规划建筑面积 21 900 平方米,总投资估算 1.45 亿元。2019 年取得建设工程规划许可证。

推进体艺中心项目前期报建进程　体艺中心项目规划建筑面积 29 988 平方米,总投资估算 3.51 亿元,2019 年,该项目已取得北京市规划和自然资源委员会“多规合一”协同平台初审意见的函和教育部关于中国农业大学体艺中心项目可行性研究报告的批复,并开展设计方案征集相关工作。

筹备水利楼项目　水利楼项目规划建筑面积 23 003 平方米,总投资估算 2.16 亿元。2019 年项目已取得北京市规划和自然资源委员会“多规合一”协同平台初审意见的函(京规自初审函[2019]0006 号),完成可行性研究报告编制。

筹备作物分子育种创新中心项目　作物分子育种创新中心项目规划建筑面积 35 000 平方米,总投资估算 3.32 亿元,2019 年完成可行性研究报告初稿。

配合推进学校重大项目前期工作　配合模式动物重大设施建设办公室,协调推进模式动物表型与遗传研究国家重大科技基础设施项目工作。

(李红侠　吕祎文)

【组织实施维修改造项目】

组织实施改善基本办学条件专项修缮类项目 组织实施完成18个改善基本办学条件专项修缮项目,包括学生宿舍维修工程、学生食堂维修工程、学生集中浴室改造工程、教学楼修缮等项目,累计投资6 191.68万元(表12)。

表12 2019年改善基本办学条件专项修缮项目

序号	项目名称	投资金额/万元
1	学生公寓维修工程	792.72
2	东区三食堂综合改造工程(一期)	424.97
3	东区学生集中浴室改造工程	258.46
4	玉米楼改造工程	509.44
5	饲料工业中心楼修缮	373.09
6	西区13号楼地下室维修改造	220.00
7	园艺楼修缮	250.62
8	第四教学楼修缮	232.89
9	工学院大楼修缮	192.44
10	预防医学楼修缮	178.85
11	6号楼改造工程	52.21
12	东区活动中心加装电梯	25.00
13	西区自来水改造工程(一期)	690.15
14	锅炉维修改造工程	500.10
15	消防安装及联网工程	909.03
16	校园环境改造工程	272.03
17	校医院信息系统建设	237.30
18	水院楼单相电表系统升级改装	72.38
	合计	6 191.68

完成应急系列改造及民生工程 基建处按照学校总体要求顺利组织完成应急改造系列工程及民生工程,累计投资2 381万元(表13)。

表13 应急改造系列工程及民生工程一览表

序号	项目名称	投资金额/万元
1	29号楼地下室维修改造	493.00
2	2号公寓地下室维修改造	350.00
3	体育馆维修改造	43.00
4	东区老图书馆一层维修改造	43.00
5	西区13号楼地下室维修改造(追加)	243.00
6	小灰楼装修	40.00
7	学苑4号楼维修改造工程	234.00
8	学苑8号楼装修改造	401.00
9	东区垃圾楼迁建	11.00
10	彩钢板房整改工程	134.00
11	老图书馆、旧教、土化楼改造项目(前期)	168.00
12	老兽医楼水电改造	65.00
13	研究生院办公区域维修	30.00
14	9号、10号楼屋顶修缮	46.00
15	新图书馆建设配套工程	80.00
	合计	2 381.00

(韩丰　黄颖)

【梳理科研类基本建设项目】

2019 年，全校在施科研类基本建设项目共计 26 个，总投资 3.65 亿元，其中，新增项目 5 个，新增资金累计 6 211 万元(表 14)。基建处全面梳理在施项目进展情况，为项目建设提供全过程技术支持和服务。

表 14　2019 年新增科研类基本建设项目

序号	项目名称	投资金额/万元	批准日期
1	国家数字渔业创新中心建设试点项目	1 203.00	2019.11.13
2	甘薯生物学与生物技术重点实验室建设项目	1 320.00	2019.05.06
3	葡萄酒加工重点实验室建设项目	1 608.00	2019.05.06
4	草地管理与合理利用重点实验室建设项目	1 060.00	2019.05.06
5	中国农业大学饲草种子检测能力提升项目	1 020.00	2019.03.28
	合计	6 211.00	

(李红侠　雷小文)

【加快改善基本办学条件专项修缮类项目实施节奏】

提前启动 2020 年改善基本办学条件专项修缮类项目　6—12 月，完成 2020 年拟实施项目可行性论证，明确项目负责人，制订项目实施进度计划，提前启动设计、清单编制等工作(表 15)。

表 15　2020 年拟实施改善基本办学条件专项修缮类项目列表

序号	名称	单位	投资金额/万元
1	西区自来水改造工程(二期)	后勤保障处	463.78
2	东区老图书馆维修改造工程	基建处	2 857.83
3	土化楼维修改造工程	基建处	3 877.87
4	东、西校区危险化学品库房维修改造	实验室管理处	182.12
5	东区 1～3 号楼维修工程	后勤保障处	395.62
6	西区学生公寓维修工程	后勤保障处	308.91
7	新楼地下一层科研附属用房改造(工程部分)	植物保护学院、农学院、园艺学院	261.00
8	园艺楼修缮及学科平台建设(第一期)	园艺学院	40.00
	合计		8 387.13

储备征集 2021 年改善基本办学条件专项修缮类项目　11 月，启动 2021 年改善基本办学条件专项修缮类项目申报准备工作。

(李红侠　黄颖)

离退休工作

【概况】

2019年，离退休党委、工作处深入贯彻落实中办发【2016】3号文件及京教工【2018】35号文件精神，按照学校印发的《2019年党政工作要点任务清单》要求，结合学校离退休工作实际，继续加强老同志的思想政治引领，注重发挥老同志在加强党的建设和思想政治工作中的优势和积极作用，坚定"四个自信"，引导老同志学习新思想、跟上新时代、体验新生活、做出新贡献；紧密围绕"庆祝新中国成立70周年""不忘初心、牢记使命"主题教育，开展各类庆祝和学习活动，引导老同志"发挥作用、健康长寿"；关心老同志晚年生活，加大帮扶病困及高龄老同志的力度，加强自身队伍建设，进一步改善活动中心条件，用心用情做好老同志的服务工作。

2019年全年共有78位教职工办理退休手续，62位老同志去世。截至2019年12月31日，全校共有离退休教职工2 412人，其中，东区1 166人，西区1 246人，平均年龄73岁；离休同志68人，退休同志2 344人(含退职退养44人)。离退休工作处现有在职工作人员11人(其中，1人为返聘人员)，分东、西两校区一级服务管理。

(曲越)

【党建工作】

截至12月底，离退休党委共有党员969人，党支部48个，其中，离休党支部5个、离休退休混编党支部17个，退休支部25个，在职党支部1个。

组织建设 丰富理论学习内容，加强思想政治建设。2019年，离退休党委定期召开工作会和学习会，其中分党委理论学习中心组会议9次、全体党支部书记会7次、党政联席会32次，发放各类学习材料29种共计4 600余本；加强基层党组织建设，注重发挥党支部作用，增强党支部凝聚力，7月3—5日组织26位党支部书记及委员骨干参加北京高校离退休干部党支部书记培训班，针对离退休党组织建设进行专题培训；建立分党委委员联系党支部制度，委员通过参加党支部生活，了解和搜集党支部党员思想、身心等方面的情况，做好思想教育和疏导工作，进一步增强党员党性意识，增强党组织的凝聚力。

党支部活动 结合各党支部的特点和党员的自身条件，创新党支部活动形式，支持多支部联合开展主题党日活动。第42党支部等4个党支部组织老党员赴天津参观周恩来邓颖超纪念馆，集体歌唱《我和我的祖国》；第24党支部等6个党支部联合组织党员赴北京大兴国际机场参观；第37党支部是唯一一个校外党支部即育新党支部，组织开展"初心讲堂:缅怀先烈，牢记使命，奋进新时代演讲会"，一起缅怀自己身边的革命榜样。第6党支部、第8党支部、第29党支部等10余个党支部为党龄逢五逢十的老党员举办形式多样的政治生日活动。第49党支部全体在职党员参观香山双清别墅和"使命与传承——中国农业大学曲周精神事迹展"，了解曲周实验站发展历程，学习弘扬"责任、奉献、科学、为民"曲周精神的深刻内涵，激励党支部党员"不忘初心、牢记使命"，砥砺前行；

在健步走活动中与档案馆党支部共建,协助档案馆党支部为老同志讲解查档等相关问题;完成参观养老驿站的党支部立项活动。

典型模范 树立先进典型,发挥党员模范带头作用。靳晋、王步峥、戴芳春、张从4位老同志被授予"中国农业大学优秀共产党员"荣誉称号;王扬同志被授予"中国农业大学优秀党务工作者"荣誉称号;第17党支部获"中国农业大学先进党组织"荣誉称号。张仲威、陈馥衡、唐运新等参与团委五四纪念活动为新入团的团员戴团徽、讲团课;第21离休党支部老党员为在职第49党支部的年轻党员讲述老党员入党初心,鼓励他们为学校发展干事创业。2019年"共产党员献爱心"捐款活动共收到55名老党员和1名群众爱心捐款24 900元,多位老同志通过学校基金会"离退休爱心基金"、助学金等项目捐款,向离退休教职工和困难学生表达爱心。

(李娜)

【主题教育】

"不忘初心、牢记使命"主题教育活动 在主题教育活动中,全年举办形势报告会、情况通报会、理论辅导报告等9场,500余人次参加学习;为每位老党员发放《习近平关于"不忘初心、牢记使命"论述摘编》《十九届四中全会文件汇编》等学习材料,组织党委委员和党支部书记集中学习;组织专题参观18次,近千人次参加;组织开展十九届四中全会知识问答活动,以答题促学习,400余位老同志交回了答题试卷。6月26日,离退休党委召开"七一"表彰大会暨"不忘初心、牢记使命"主题党日活动,表彰校级优秀共产党员、优秀党务工作者以及先进基层党组织。党委书记姜沛民、常务副书记张东军出席活动为获表彰人员颁奖,并看望困病老党员代表。离退休处班子成员广泛听取意见,认真整改落实,畅通沟通渠道,组织开展不同层次的特色主题党日活动,9月2—6日分两批组织60位老同志参观曲周实验站,开展"学习曲周精神"主题党日活动,触摸老农大人服务"三农"的"初心";分党委为老党员制作政治生日贺卡,支持党支部组织庆祝政治生日活动。9月26日,离退休分党委举办"不忘初心、牢记使命"主题教育培训,校党委常务副书记张东军为离退休党支部书记和党务工作者做主题教育专题报告。

整改落实 对照方案认真研讨,开展调查研究,查摆问题,整改落实。针对老同志的特点,关注老同志们的实际需求,注重活动内容和活动形式的创新,提升离退休教职工党员参与活动的积极性和主动性。稳步推进信息化、精准化、规范化建设,不断提高离退休工作质量。

关切老同志的需求,畅通沟通交流渠道。协调职能部门开展与老同志面对面座谈交流活动,人才办、党委组织部为老同志作"高层次人才引进与博士后队伍建设情况""学校党委组织工作情况"主题汇报;副校长钱学军带领基建处、后勤保障处、校医院、保卫处等相关部门负责人分别在东、西校区与老同志代表座谈,了解调研老同志关注的民生热点问题,与大家进行沟通交流。

广泛开展调查研究,先后与学校信息化办公室(网络信息中心)、人事处等部门进行业务对接,在常规的纸媒、官网、手机短信和2018年新开通的"中国农大离退休处"微信公众号等媒介的基础上,于10月正式启动离退休教职工信息管理系统建设,以信息化推进精准化服务。

加强内控体系建设，推进管理服务规范化。按照学校的要求，离退休党委、工作处在9月以处发文的形式新制定3份重要制度：《执行“三重一大”决策制度的规定（试行）》《国有资产管理办法（试行）》和《合同管理办法（试行）》。广泛调研兄弟院校文件政策，结合实际情况，起草《离退休工作领导责任制实施意见》《关于进一步加强和改进离退休工作的实施办法》《离退休教职工特困帮扶基金管理办法》等多份文件的征求意见稿，以明确领导责任制，推进管理服务规范化。

改善活动中心的条件，创造优美舒适的环境。为了给老同志们的文体活动提供优美、安全的空间环境和好用的设备设施，离退休处启动系列条件改善工程。通过改建西区活动中心小院卫生间，增设无障碍设施，对活动中心进行“适老化”改造；对设备进行“现代化”升级，升级活动中心多媒体音响及灯光设备、视频监控系统、更新钢琴和台球案面等文体器材设备；完成东区活动中心屋顶防水修缮；完成西区活动中心小院露土区域绿化美化；完成各教室活动室墙面粉刷和部分窗户、窗台更新；营造优美的活动场地，提高保洁工作质量。

（曲越）

【庆祝新中国成立70周年主题活动】

组织开展“我和我的祖国”系列主题活动，营造喜庆祥和的爱国氛围。开展“祖国在我心中”红色之旅，先后6批共计160余位老同志赴韶山、西柏坡，感受老一代共产党人的革命初心；为近百位新中国成立前参加工作的老党员、老战士发放中共中央、国务院、中央军委颁发的“新中国成立70周年纪念章”，为新中国成立前参加革命工作健在的老同志发放慰问金共计8.1万元；组织编印《我和我的祖国》国庆70周年诗文集；组织老同志参观“纪念北平和平解放70周年展览”和“伟大历程　辉煌成就——庆祝中华人民共和国成立70周年大型成就展”；组织观看《我和我的祖国》等主题电影；组织老同志赴梅兰芳京剧院、国家大剧院、人民大会堂等地欣赏高水平演出；组织老同志分批分次赴北京世园会和通州大运河森林公园开展“迎国庆　看发展”秋游活动。协会先后开展“庆祝新中国成立70周年”系列活动，东区手工协会举办手工作品展，书画院举办“庆祝新中国成立70周年”书画作品展，心声合唱团组织向国庆献礼庆祝活动，合唱《歌唱祖国》，祝福伟大祖国繁荣昌盛。

（袁慧敏）

【加强沟通，落实待遇】

1月4日，学校召开领导班子和领导干部民主生活会，征求离退休教职工代表的意见，张东军同志认真听取老同志们的发言，向老同志们传达大家关心的学校发展等问题；1月21—22日，校领导姜沛民、孙其信、张东军出席2018年离退休教职工迎新春联欢会，为老同志们送上新春祝福，并向老同志们通报学校重点工作和取得的成绩；4月，离退休工作处与校医院联合，分校区为离退休老同志进行健康体检，东、西两校区共有1 600余名老同志参加体检；配合校医院组织离退休女同志参加妇科体检；4月11日校领导张东军、钱学军召开会议研究家属区服务保障工作，后勤保障处、离退休工作处、校工会等相关负责人参加会议；秦世成副书记多次与老同志代表座谈交流，听取他们对学校工作的意见建议。

（袁慧敏）

【困难帮扶，关怀慰问】

全年完成三节慰问品发放 6 000 余人次；元旦、春节期间走访慰问 420 位困难重病老同志，其中，离退休教职工爱心基金及年底特困补助项目为 160 位老同志发放爱心基金和补助共计 42.3 万元，为 260 位老同志发放慰问品，价值 5.2 万元；在庆祝建党 98 周年之际，走访慰问 117 位高龄困难重病老党员，发放慰问金 23.4 万元；关爱离休老同志，全年慰问看望离休老同志 274 人次，发放健康疗养费、重阳节慰问金、国庆慰问金、生日慰问金，价值 25.1 万元；为 100 位 90 岁以上老同志发放高龄补助共计 20 万元；平日看望慰问生病住院老同志 150 余人次，为 25 位首发重病老同志发放补助慰问金共计 12.5 万元；做好 62 位去世老同志家属的慰问工作，并协助做好丧葬费、抚恤金领取等后事；建立离休干部、高龄失能、孤寡独居老同志定期电话联系机制。

（袁慧敏）

【正能量系列活动】

离退休工作处按照自愿量力的原则，积极发挥老同志的优势，通过活动传承传统美德，弘扬老同志"爱家、爱校、爱国"情怀。为 26 对离退休伉俪举行"夕阳红"集体婚庆，共话"学农初心、工作初心、结婚初心"；组织庆重阳趣味运动会和秋季健步走活动，弘扬尊老敬老爱老美德，丰富离退休教职工的文化生活，倡导"健康养老、绿色生活"理念。

老同志们"退休不褪色"积极发挥优势作用。陆光明在资源与环境学院"新中国成立 70 周年与学科发展"系列讲座中为学院师生作专题讲座；王步峥开设校史文化讲座，为青年学子讲述中国农业大学的光荣革命传统；陈万义获第十二届中国农药创新贡献奖终身成就奖；俞红强主持"北京世界园艺博览会月季新品种创新与应用研究"科技项目，自育的月季品种获得世园会花卉评选一个特等奖、二个银奖；关工委陈金大老师获北京教育系统关心下一代委员会先进个人；老科协孙振钧、唐运新、孟庆祥等老教授获北京老科学技术工作者总会 2013－2019 年度先进个人；太极拳协会傅宝坤长期致力于太极拳与太极剑的教学与推广工作，荣获北京市"太极公益大使"称号。

（袁慧敏）

【兴趣社团，文化养老】

支持老同志组建有益身心健康的兴趣小组和文体协会。截至 12 月底，在册协会共有 36 个，其中，东区 20 个，包括钓鱼协会、晨练队、青松合唱团、门球协会、台球协会、太极拳协会、篮球协会、乒乓球协会、书画院、"三三"合唱团、回春操协会、舞蹈协会、摄影协会、夕阳红协会、游泳协会、民乐队、交谊舞协会、手工艺协会、诗菊社、爱心小组；西区 16 个，包括舞蹈协会、心声合唱团、乒乓球协会、台球协会、沙狐球协会、羽毛球协会、太极拳协会、门球协会、回春操协会、书画院、摄影协会、游泳协会、柔力球协会、广场舞队、榜书协会、象棋协会。各协会积极开展文体活动，参加上级组织的演出和社会各类交流比赛，营造"文化养老""健康养老"氛围：摄影协会选送 16 幅作品参加由市委教育工委、市教委举办的"光影映华诞，共筑中国梦"北京教育系统老同志摄影作品展，多次组织会员采风研讨拍摄技巧；柔力球协会在第二届北京国际柔力球交流大会中荣获花式集体规定 A 类社会组“二等奖”；青松合唱团参加“歌颂新中国、奋进新时代”教育部在京老同志文艺汇演，为庆祝中华人民共和国成立70周年献曲；舞蹈协会受邀参加全国现代农业科技丰收节暨全国农林高校教科基地发展协作会成立大会，献上舞蹈表演；台球协会主办2019年台球比赛，共有34名选手参加比赛；沙狐球协会组织年终比赛，共31人参赛；象棋协会举行了离退休教职工首届中国象棋赛；春节前后，各协会召开迎春座谈会、茶话会、联欢会，累计1 600余人次参加。

（袁慧敏　杨佳　冯志军）

【涉老团体】

充分发挥老年大学、关工委、老教协、老科协等涉老团体的积极作用，发挥其政治优势、专业优势和资源优势，积极参与校内外工作，讲好农大故事，传播好农大声音，为学校立德树人贡献自己的才智。

关工委　4月3日，北京市教育系统关心下一代工作委员会主任张雪一行到涿州教学实验场考察调研，学校党委副书记宁秋娅陪同调研；5月21日，承办北京市教育系统关心下一代工作委员会“院士回母校”“杰出老校友回母校”活动常态化推进会；为落实教育部关工委培训会精神并开展好“读懂中国”活动，校关工委召开专题会议落实，党委常务副书记张东军、副书记宁秋娅出席会议并做指示；联合团委开展“读懂中国——我和我的祖国”征文活动，受访“五老”（即老干部、老战士、老专家、老教师、老劳模）人数27人，收集征文115篇、视频18个。校关工委主任唐运新以及陈金大、史德宽、高留生、刘弋菊参加农学院学生党支部主题党日活动，为青年党员讲述“我和我的祖国”亲身经历故事；学校组织“青春心向党，建功新时代”五四升旗主题团日活动，关工委主任唐运新、张仲威、陈馥衡等老同志为新团员佩戴团徽，结合自身经历做主题微团课演讲；2019年，关心下一代工作委员会获得“2019年北京教育系统关工委信息宣传工作先进单位”，农学院关工委获“北京教育系统关心下一代工作先进集体”荣誉称号。

老教授协会　承办中国老教授协会举办的形势报告会；联合书画院成员赴密云参观现代农业产业园，了解现代农业种植、文化旅游、销售加工为一体的多元化产业模式；组织参加中国老教授协会农业专业委员会2019年文化交流研讨暨第一届摄影展，戴芳春老师的作品《哈尼山村的朝霞》获得风光类一等奖，其他作品均获得优秀奖。

老年大学　全年开设山水班、书法班、国画班、养生班、智能手机班、声乐学习班等共计15期，300多人次参加学习；组织参加北京教育系统老同志书画作品展，荣获2018年“翰墨颂改革　丹青绘盛世”北京教育系统老同志书画作品展优秀组织奖，赵庆尧、王秀芹、赵增弟、刘淑兰等4位老师的书画作品获奖。春节前夕，书画院老教授走进马连洼街道为社区居民现场书写对联、福字，送新春祝福。12月7日，《中国教育报》刊发图片新闻，报道学校老年大学智能手机班的情况。

（袁慧敏）

【学习交流】

积极组织在职工作人员参加教育部、北京市组织的相关业务培训，共计22人次；为提高业务能力，开展调查研究 5 项；与北京交通大学、国际关系学院、上海大学等兄弟院校交流研讨工作经验；继续发挥《中国农业大学校报》《离退休园地》等传统媒体作用，重点利用“多彩夕阳”和“中国农业大学离退休处”微信公众号等新媒体，加大信息公开和新闻宣传力度；启动离退休教职工信息管理系统建设工作，项目一期开发顺利完成；离退休工作处被评为 2018 年度北京高校离退休信息工作先进单位，主编的《离退休园地》被评为 2018 年度北京高校离退休干部工作优秀报刊。

（袁慧敏）

资产经营工作

【概况】

2019 年，资产经营公司在学校的领导和全体员工共同努力下，按照学校对产业发展工作的总体要求，认真贯彻落实国家关于高校所属企业体制改革工作精神，规范产业发展、加强投资管理，积极为教学科研发展拓展资源、搭建平台。

（石慧）

【产业管理进一步规范】

制定、完善《北京中农大地科技发展有限公司派出人员管理办法》等多项管理制度，调整明晰了经营性资产管理委员会办公室和资产经营公司职责分工，理顺了校办产业系统的管理体制。

（石慧　白津菁）

【校企体制改革有序推进】

按照教育部的要求，成立了校属企业体制改革领导小组、工作小组和办公室，统筹领导、实施学校校属企业体制改革工作。

通过深入摸底排查，新发现校属企业 22 家，校属企业总数达到 76 家，其中，正常经营企业 28 家，包含全资企业 14 家，持股 50%以上的 3 家，持股 50%及以下的 11 家。对 14 家“僵尸企业”启动关停并转程序；2 家企业在进行审计评估；3 家企业完成税务注销；1 家企业完成清理关闭。

（刘闯萍　王正）

【国有资产实现增值】

截至 2019 年年末，资产总额为 8.76 亿元，增长 2.7%；净资产 4.03 亿元，增长 4.63%，实现了国有资产保值增值。营业收入 2.57 亿元，增长 5.84%；利润总额 5 746.83 万元，增长 5.84%；税后净利润 4 928.67 万元，其中，归属总公司所有的净利润为 5 205.30 万元。

2019 年，公司购置一处房产——涿州“人才家园”商业附属楼，原值 3 264 万元。2019 年上交学校投资收益 3 430 万元。上缴国有资本收益 398.43 万元，缴纳各类税费

2 514.16 万元，缴纳各类社保公积金 1 542.58 万元，支付人员成本 8 745.56 万元。

（王翠芬　王春艳　朱彤）

【服务教学科研见新成效】

校属企业为学校学科建设、实习实践、创新创业搭建平台、拓展资源，促进企业和学院共同发展。

北京中农大动物医院有限公司等多家校属企业承担了学校 1 000 余人次的认知课程、实习课程、毕业设计、毕业论文等的实践环节。中国农业大学出版社有限公司设立了350 万元的出版基金，为学校核心课程教材和主流意识形态出版物建设提供支持。北京双电电力电子技术有限公司、北京中农震亚饲料科技开发有限公司和北京市富通环境工程有限公司等与学院共建创新创业基地，为信息与电气工程学院、动物科学技术学院学生提供创新创业服务。北京东方畅想建筑设计有限公司等企业以服务乡村振兴为目标，通过规划设计项目，分别与学校多个学院共同发起建设“风景园林学科实习实践基地”“智慧农业学生实践基地”“高效节水实践基地”等学科融合发展平台，吸引了 10 个学院 100 余名师生参加。

（李扬　石慧）

经营性资产管理委员会办公室工作

【部门概况】

2019 年 12 月 31 日，校长办公会和党委常委会讨论通过“经营性资产管理委员会办公室机构设置、人员编制方案”，同意经营性资产管理委员会办公室调整为独立的正处级管理服务机构。共设编制 6 个，其中，正处级、副处级职数各 1 个，科级及以下管理编制 4 个。明确校属企业经营管理工作由资产经营公司负责，经营性资产管理委员会办公室负责处理行政事务并履行对校属企业的监督管理职能，企业产权登记工作职能由国有资产管理处划转至经营性资产管理委员会办公室。

经营性资产管理委员会办公下设物业管理中心，负责中国农业大学东校区和西校区沿街商业用房管理工作。

（钟锦）

【制度建设】

按照审计处经济责任审计整改要求，制定《经营性资产管理委员会办公室国有资产管理办法》和《经营性资产管理委员会办公室“三重一大”议事决策制度》，规范部门内管理程序和决策程序。

按照国家审计署经济责任审计整改要求和教育部文件要求，拟定《中国农业大学校属企业经营状况监督管理暂行规定》和《中国农业大学工资总额管理办法》，从制度层面加强了对校属企业的监督和管理。

参与国有资产管理处起草的校属企业国有资产评估项目备案管理办法的修改和定稿工作，将《中国农业大学校属企业国有资产评估项目备案管理办法》上报教育部。

（钟锦）

【物业管理】

顺利完成东、西校区沿街商业用房的管理工作，出租总面积 6 497 平方米，确保各项任务安全、有序开展。本年度收缴房租和物业管理费用共计 2 634 万元。

（钟锦）

【校属企业体制改革】

与资产经营公司协同推进校属企业体制改革工作。参与改革方案制订的调研和讨论，督促完成了北京益生机械厂、中农大(北京)生物科技研究所有限责任公司、浙江大学南亚阳光肥料有限公司 3 家企业税务注销工作，完成了中国农业大学出版社有限公司划转和北京巡天新技术有限责任公司清算关闭的全部工作。

（钟锦）

校友会工作

【概况】

2019 年，校友工作办公室正式面向广大校友推出校友邮箱；编辑发布 2015—2019《校友通讯》合辑《稼缘：咱们校友这几年》，《校友通讯》正式复刊；开展了首届“新校友迎新日活动”；制作推出校友微信专属表情包“稼小圆”系列(两季)；新成立 1 个校友组织，3 个地方校友会完成换届；开展第三届“中国农业大学全球校友迎新月”、2019 年“校友返校日”等年度重要活动；完成校友联系人选聘工作；组织开展了校友讲坛、值年返校、校友子女夏令营、寻访校友、CAU 校友会客厅、CAU 笑有惠等品牌活动。

（邓娇）

【校友组织建设】

1 月 5 日，四川校友会换届大会在成都召开，会议选举产生了第三届中国农业大学四川校友会理事会成员，王立颖当选会长。

1 月 19 日，贵州校友会换届大会在贵阳召开，王彬当选第三届贵州校友会会长。

3 月 2 日，湖南校友会换届大会在长沙召开，曹典军当选为第四届湖南校友会会长。

8 月 18 日，共青团中国农业大学深圳校友党支部委员会在深圳召开了成立大会，会议选举了第一届委员会委员：黄少华同志任书记；沈赫同志任组织委员；秦益楠同志任宣传委员。

10 月 4 日，中国农业大学美国亚特兰大地区校友会成立，申兆菊任理事长，王明理、陈一舞、谢丽蒙、邓九生为副理事长；另设执行委员会，覃筱婷、陈梁鸿、时延领分别任执委会会长、副会长、秘书长。

（邓娇）

【值年返校活动】

1月，2019年值年校友返校活动正式启动。10月19日，1969、1988、1999、2009 4个届别30余个班级、600余位校友毕业整10周年值年返校；其他时段，近20个班级、400余位校友值年返校。

（邓娇）

【校友子女夏令营活动】

7月15日，第五届校友子女夏令营活动开营。活动历时6天，涉及大学生活体验、院士讲座、无人机体验课、机器人组装、西区体验、世界园艺博览会参观等内容。来自10个地方校友会选报的13位校友子女参加此次活动。

（邓娇）

【寻访校友活动】

5月，第五届“寻访校友”延续“主题大学生暑期志愿服务活动”模式，继续以“脱贫攻坚、担当有我”为主题，选拔了6支大学生寻访校友小队，走访6个省、市的25位奋战在脱贫攻坚一线的优秀校友代表。

（邓娇）

【制作校友专属微信表情包】

2019年探索发布两季中国农业大学校友专属微信表情包“稼小圆”（分别在4月、8月上线，每季16个，共32个表情）。“稼小圆”以萌发着的绿芽种子为原型，佩戴DNA面料、闪亮齿轮做配饰的领结，种子代表农业、生命与希望，DNA象征以生命科学为代表的现代农业高精尖技术，齿轮代表农业工程领域，体现了农大“以农学、生命科学、农业工程和食品科学为特色和优势的研究型大学”的办学定位。截至年底，累计下载量3 000余人次，累计发送总量9万余次。

（邓娇）

【开展首届新校友迎新日活动】

6月22日，在2019届毕业生毕业典礼当日，开展了首届新校友迎新日活动，为2019届毕业生发放专属毕业礼物——中国农业大学老校门钥匙扣，并布置了新校友签名墙、身份转换门等，增加毕业的仪式感，以及毕业生对“农大校友”身份的认识。近2 000位2019届毕业生新校友参与此次活动。

（邓娇）

【推出校友邮箱】

正式向广大校友推出校友邮箱（邮箱后缀：@alu.cau.cn），校友可通过稼缘社区在线申请。

（邓娇）

【CAU 校友会客厅系列活动】

1 月 5 日下午，2019 开年首期 CAU 校友会客厅“金融扶贫”主题活动在东区举行，方正证券股份有限公司扶贫工作部高级副总裁，方正证券汇爱公益基金会理事、秘书长陈济沧校友担任主持人，10 余位校友齐聚一堂，交流了解金融扶贫领域相关问题。

2 月 23 日，“CAU 校友会客厅”在全国各地落地的首次尝试，“CAU 校友会客厅·四川站”高林咨询分享会在成都举行，主题为“如何为四川农产品和食品发力”。四川的校友和高林公司代表共 20 余人出席会议。

12 月 4 日，CAU 校友会客厅“涉农产业链与乡村振兴的系统思考”主题讲座在东校区举行，经济管理学院卢凤君教授为本期活动主讲人。这是以党支部共建，“校友办＋校友＋学院（学科专业）”的模式开展的首期活动，10 余位相关行业领域创业或从事管理工作的校友及部分对创业感兴趣的在校生参加活动。

（邓娇）

【开展 CAU 笑有惠系列活动】

2019 年，校友工作办公室继续开展“CAU 笑有惠”系列抽奖活动，全年累计举办 15 期活动，3 000 余人次校友参与。

（邓娇）

【兄弟院校工作交流】

7 月 2 日上午，陕西科技大学校友总会办公室主任殷立雄带队来到校友工作办公室调研交流校友工作。校友工作办公室主任骆聰接待了殷立雄一行。双方从校友工作的机制、工作的思路方法、校友组织管理、校友信息管理系统等方面交流经验。

7 月 2 日下午，北京科技大学校友会办公室副主任杨志国一行来校调研交流校友工作，校友工作办公室主任骆聰接待了调研组一行。

10 月 31 日，东北大学校友总会副秘书长刘佳、华中农业大学校友工作办公室主任杨仁海、河南大学校友工作与教育发展基金会办公室主任刘波、西北农林科技大学教育基金会副理事长兼秘书长王吉成等校友工作相关负责人带队共同来校交流研讨校友工作。校友工作办公室主任骆聰接待了兄弟院校一行。

11 月 7 日，大连理工大学校友工作处联络与服务部部长俞洲带队到校调研，交流研讨校友工作。

（邓娇）

【落实 2019 届“校友联系人”聘任工作】

6 月 14 日，校友联系人聘任大会在东区召开。本年度共有 258 名毕业生（本、硕、博）新校友受聘成为校友联系人。

（邓娇）

【举办第三届“中国农业大学全球校友迎新月”活动】

6 月 14 日，第三届“中国农业大学全球校友迎新月”活动启动仪式在东区举行。活动为2019届毕业生/新校友与各地方校友会搭建网上快速对接平台，新校友通过微信、电子邮件等形式与各地方校友会对接。

（邓娇）

【校庆日活动】

10月16日，协助筹划和实施114周年校庆日整体活动方案，配合开展“全校学生校庆日免费午餐”，“美好生活”创业团队捐赠“农大酸奶”供师生品尝等校庆日系列活动。

10月19日是校友返校日，策划并协助组织校友返校日校园游园活动、第五届校友企业招聘会、为返校校友提供免费怀旧午餐等系列活动。东、西两校区合计有近4 000位校友及家属返校，是近3年同期返校人数最多的一次。

（邓娇）

【开展校友卡服务工作】

2019年，依托实名制校友信息平台“稼缘社区”，全年办理e友卡（即电子校友卡）2 500余张，制作实体校友卡近6 000张。

（邓娇）

【运营管理校友实名制校友信息平台“稼缘社区”】

“稼缘社区”新增注册校友近8 000人，截至2019年年底，累计注册1.4万人。新增“友校互联”调研模块，开展活动6期，“笑有惠”模块开展抽奖活动15期，开展其他活动11期，累计近8 000人次参与活动。

（邓娇）

【复刊《校友通讯》】

复刊已停刊4年的《校友通讯》，编辑发布了2015—2019合辑《稼缘：咱们校友这几年》。全刊近百页，分为5大板块，系统梳理总结了2015年以来重点校友工作开展情况及取得的成效。

（邓娇）

【校友讲坛】

4月29日，由校友工作办公室等联合举办的中国农业大学校友讲坛暨第三期兽医大家坛举行，85级胡弘邠、90级申兆菊、90级秦德超、92级赖志、93级庞万勇5位兽医本科专业校友，以“立鸿鹄志、做奋斗者、织未来梦”为主题，同忆学习历程、共享创业情怀，与师生一起“跳出高校看培养”。

（邓娇）

【运营中国农业大学校友会微信公众号】

2019年，微信公众平台推送图文120余期，多篇文章获得5 000＋，新增关注近6 000人，累计关注人次近2万人。

（邓娇）

【地方/行业校友会活动】

1月12—13日，福建校友会2018年会活动在龙岩举办，60余位校友、嘉宾参加活动。

1月19日，广西校友会"聚焦脱贫攻坚，促进乡村振兴"——广西校友庆祝广西壮族自治区成立60周年暨广西乡村振兴论坛在南宁市举行。来自全区各地的260多位校友及清华大学等26个重点高校的校友代表参加了此次论坛。

1月19日，贵州校友会2019年迎新春年会在贵阳举行。重庆校友会、四川校友会、云南校友会代表应邀出席，在黔的80余位校友及其家属参加活动。

2月16日，山西校友会2019年新春团拜会暨校友座谈会在太原市举办，40位校友代表参加。

2月20日，广西校友会组织开展全国多所高校在桂校友会会长会议，共同研讨校友工作，促进各重点高校校友的交流合作。北京大学、浙江大学等10余所高校在桂校友会参会。

3月3日，香港校友会举行2019年迎新春联欢会活动，近60位中国农业大学香港校友参加活动。

3月9日，深圳校友会举办2019春茗活动，来自深圳、香港、广州、厦门等地的150余位校友参加活动。

3月17日，广西校友会组建的"中农桂跑团"参加2019时代中国清远马拉松赛暨全国高校马拉松联赛。

3月26日，时值2019年海南博鳌亚洲论坛年会召开之际，海南校友会在海口观澜湖拜访了前国台办主任陈云林老校友，展开亲切交流。

5月18日，美国大华府地区校友会举行黑山公园野餐烧烤聚会。

荷兰当地时间6月16日，由荷兰校友会等承办的中国农业大学国家农业绿色发展研究院暨农业绿色发展学院宣讲交流会在荷兰瓦赫宁根大学Forum举办。

7月13日，广西校友会在桂林市兴安县组织开展了"不忘初心、牢记使命"主题教育活动。

8月18日，深圳校友会为2019年考取中国农业大学的新生举办了欢送新生座谈会。

8月18日，重庆校友会党支部、中国农业大学重庆校友会召开2019年双新活动，欢迎新毕业到渝工作校友，欢送新考上母校的学子。

9月1日，美国亚特兰大地区校友会联谊会在美国佐治亚州亚特兰大市近郊Iris Lake举行，近30位校友及家属参与。

9月8日，上海校友会迎新会暨2019年嘉年华活动第二次筹备会议在上海召开，欢迎毕业来沪学习工作的新校友，并筹备讨论2019年嘉年华活动。

9月14日，日本校友首次中秋聚会在东京举行，近10位校友参与。

10月7日，厦门校友会迎新及博饼聚会活动举行，80余位校友参与。

11月16日，四川校友会2019年年会在成都召开，120余位校友参与。

11月16日，上海校友会第三十四届嘉年华活动在沪举行，近百名农大校友参与。

12月14日，广西校友会2019年欢乐嘉年华活动在邕举行，100余位校友参与。

12月23日，中国农业大学企业家校友联谊会理事会年会在金码大厦召开。学校党委常务副书记张东军、企业家校友联谊会会长邵根伙出席会议，常务副会长付文阁、副会长胡启毅、陈瑞爱以及30余位理事及代表参加会议。

（邓娇）

教育基金会工作

【概况】

2019年，中国农业大学教育基金会在学校党政和理事会的领导下，坚持以服务学校建设和发展为宗旨，多元培育和拓展筹集渠道，规范开展项目管理，提升内部治理和运行能力，扎实推进年度重点工作。2019年，教育基金会共实现收入4 414.86万元，其中，募集社会资金2 311.78万元，理财及利息收入431.34万元，为学校争取中央财政捐赠配比资金1 671.74万元，年末净资产余额1.32亿元。

（赵静）

【捐赠筹款】

捐赠收入总体情况 2019年，共计争取社会捐赠2 311.78万元。从资金来源看，来自境内自然人捐赠353.6万元，法人或者其他组织的捐赠1 866.3万元；来自境外自然人捐赠11.9万元，境外法人或者其他组织的捐赠79.9万元。从捐赠用途看，学校发展126.5万元，学院学科发展1 033.6万元，学生发展964.2万元，教师发展50.8万元，科学研究136.6万元。

重大捐赠项目与活动 1月15日，“动科学院发展基金”捐赠仪式在动物科学技术学院会议室举行，广州影子科技有限公司向教育基金会捐赠500万元，支持动物科学技术学院学科发展、基地建设与人才培养等。学校党委常务副书记、教育基金会副理事长张东军出席捐赠仪式。

1月16日，2019—2020年度牛精英基金签约仪式举行，有8家企业新增为牛精英2019—2020年战略合作伙伴。

8月6日，银谷控股集团有限公司、北京中农富通园艺有限公司、北京富通环境工程有限公司捐赠仪式在水利与土木工程学院会议室举行。董事长王文军代表银谷集团向学校教育基金会捐赠30万元，总经理张天柱代表北京中农富通园艺有限公司捐赠50万元，同时代表北京富通环境工程有限公司捐赠30万元，支持水利与土木工程学院学科建设、科技创新与人才培养等。学校党委副书记、教育基金会副理事长宁秋娅出席捐赠仪式。

12月4日，草业科学与技术学院“贾慎修——绿茵生态奖学金”捐赠仪式在东校区主楼519会议室举行。天津绿茵景观生态建设股份有限公司总裁、校友祁永捐赠50万元善款在母校设立“贾慎修——绿茵生态奖学金”，支持青年一代创新性草业人才培养，助力草学学科和草业科学与技术学院的发展。党委常务副书记、教育基金会执行副理事长张东军出席捐赠仪式。

12 月 27 日，新瑞鹏宠物医疗集团捐赠仪式在东校区举行，董事长彭永鹤代表公司向学校教育基金会捐赠 500 万元，支持动物医学院学科建设、教育教学、人才培养、国际交流等。党委书记、教育基金会理事长姜沛民，党委常务副书记、教育基金会执行副理事长张东军，中国工程院院士、动物医学院院长沈建忠出席。

拓展学院筹资渠道 2019 年，教育基金会新修订了《中国农业大学学院筹资奖励暂行办法》，修订后的文件大幅度提高了筹资奖励力度。通过激励二级单位吸收社会力量的积极性，多元化筹集资金，进一步促进学校各项事业发展。先后走访 6 个学院部处，就学院学科优势、筹资工作中存在的问题、筹资方式及筹资政策等与学院进行深入沟通和交流，挖掘学院社会资源和筹资潜力，推进学院筹资工作的开展。

（赵静）

【公益项目】

资助学校各方面事业发展 2019 年，教育基金会开展各类资助项目 97 项，公益项目支出 2 791.7 万元。其中，用于学校发展项目 907 万元，包括学校校园基础建设、校园文化建设、实验站/场建设、图书馆建设等；学院学科发展项目 839.1 万元，支持相关学院一流学科建设与发展；学生发展项目 685.5 万元，主要包括奖学金、助学金、创新创业教育、学生竞技比赛、国际交流、社会实践等；教师发展项目 168.7 万元，主要包括奖教金、教职工爱心基金等；科学研究项目 191.4 万元，包括资助科研平台建设，激励农大师生积极进取、提升学校的科研水平。

组织实施重点捐赠项目——“大北农教育基金”2019 年资助计划 继续实施（大北农）教学名师奖励计划（校级），奖励经济管理学院王瑞梅等 6 名教师，奖励额度 10 万元/人，鼓励教师重视本科生基础教学，提升本科教学质量。资助《农业生物技术学报》《动物科学与生物技术期刊》等 6 项期刊，着力打造学校有品牌、有影响力的学术期刊，提升学校的学术影响力。奖励品学兼优的优秀学生 52 名，资助品学兼优的家庭经济困难学生 15 名出国交流，提升其综合能力，助力学校人才培养工作。

（赵静）

【内部治理】

加强宣传工作力度 自“不忘初心、牢记使命”主题教育开展以来，教育基金会秘书处通过面对面访谈和问卷调查的方式听取广大教职工的意见和建议。针对调查过程中了解到的宣传不足的问题，一方面深入学院部处进行面对面宣讲；另一方面开通学校企业号教育基金会板块，面向校内全体师生实时速递基金会工作动态。做好日常微信公众号的运营，实时推送教育基金会相关政策，以及项目开展过程中的亮点和精彩故事。

做好项目规范管理 加强与学校各部门、学院的沟通协调，扎实做好捐赠项目管理。加强捐赠项目前期沟通，落实捐赠项目背景及意识形态审查。从协议审签、立项审批、项目执行、后期总结和反馈等各个环节，加强指导、督促和跟踪，确保捐赠项目规范有序地开展，并做好项目资料的收集和管理。推进境外非政府组织捐赠项目备案工作。

有序开展财务管理 严格遵守国家及基金会财务管理制度，认真审核各项财务事项，扎实做好捐赠资金的核算、监督及管理，确保教育基金会财务工作规范、透明。在保证资金安全性、效益性的前提下，积极开展投资理财业务，努力实现捐赠资金的保值增值。

接受民政部评估 2019年3月，民政部评估专家组对学校教育基金会进行了现场评估，党委常务副书记、基金会执行副理事长张东军出席了见面会和反馈意见会。评估专家分别从内部治理、财务管理和工作绩效三个方面对基金会进行了全面对标检查，对学校基金会的规范管理给予了很高评价。经评估，中国农业大学教育基金会被评为4A级社会组织。

（赵静）

图 书 馆

【概况】

12 月底，图书馆总建筑面积为 60 740 平方米，馆藏文献总量为 216.1 万册，在编工作人员 85 人。设有办公室、资源建设部、流通一部、流通二部、信息服务一部、信息服务二部、系统与数字化部、情报研究中心、综合部和 CALIS 农学中心办公室等 10 个部门。

（雒庆生）

【党建工作】

2019 年共发展研究生党员 4 名。截至 12 月底，党总支共有党支部 4 个，其中，教职工党支部 3 个，学生党支部 1 个；党员 50 人（教师 39 人，研究生 11 人）。

（潘志华）

【图书流通情况】

全年借出图书 9.3 万册。全年接待进馆读者 140.2 万人次（东馆 93.4 万人次，西馆 46.8 万人次）。

（贺玢　喻浩）

【文献检索课教学】

完成全校本科生“文献检索”公选课教学任务，共 415 个标准学时；85 个学时的 Office Hour 活动；研究生公选课“电子资源检索与利用”全年完成教学任务 333.2 个标准学时；研究生公选课“人文社科类电子资源检索与利用”全年完成教学任务 66.6 个标准学时；研究生公选课“知识产权保护与利用”28.8 标准学时，“科技查新与文献检索”全年完成 22 个标准学时。烟台研究院研究生公选课“信息资源检索与利用”16 学时。

（袁永翠　左文革）

【培训与讲座】

引入扮客公司晓图新生培训系统，并于秋季学期应用于本科生新生入馆培训。

完成研究生新生培训 970 人(合 65 标准学时)。

举办专题讲座 14 次，参加师生人数达 2 409 人次。

10 月，图书馆与校团委并联合校研究生会、校学生会开展“新起点·新气象·新作为——献礼祖国 70 华诞图书馆系列活动”，为新中国成立 70 周年献礼。举办专题讲座、资源试用、“不忘初心、牢记使命”主题读书会、寻找“阅读之星”、检索大赛、图书馆使用攻略系列宣传和庆祝新中国成立 70 周年书展活动。邀请数据库商公司围绕数据库检索技巧与应用等分别在东、西校区进行讲座培训 5 次，讲座累计参加学生共 520 人。

针对大一本科新生在科技论文写作中存在的问题，开展了 1 次“论文写作入门”讲座，参加人数达 500 人。为提高 2019 年本科毕业生毕业论文写作质量，就“本科毕业论文的规范写作”内容，在东区举行公开讲座 3 次，参加学生达 520 人；应食品科学与营养工程学院的要求，针对大四学生开展“文献检索、管理与论文写作”，参加人数达 200 人。

(袁永翠)

【科技查新与收录引用】

全年完成科研立项、成果鉴定、技术引进等查新项目 90 项，完成 2018 年报告及合同的存档、整理、装订及年检工作。每月向学校通报本校教师论文被 SCI、EI 收录的情况，共完成 SCI、EI 检索收录、引用证明 802 份。继续利用 BALIS 联合信息咨询中心开发的“论文收录引用”系统实现网上提交、接收、分配工作任务。继续利用江苏“宝和查收查引系统”进行 SCI 收录论文的他引次数的确定。继续开通 CALIS 查收查引系统的学习和使用。

(袁永翠)

【文献传递与馆际互借】

2019 年共完成文献传递 3 520 篇，馆际互借图书 593 册次。2019 年图书馆获得“BALIS 原文传递先进集体奖”、“BALIS 馆际互借先进集体二等奖”；2 个“BALIS 原文传递服务先进个人奖”，1 个 BALIS 馆际互借先进个人一等奖。

(徐伟)

【馆藏资源建设】

截至 12 月底，文献总量达到 216.14 万册(表 16)。

完成中文图书编目 23 001 种、45 292 册；西文图书编目 1 010 种、1 433 册；学位论文编目整理加工 4 264 册；随书光盘 90 种、150 张。

向 CALIS 中心按要求提交原编数据，图书馆获得“2018—2019 年度 CALIS 联合目录馆藏数据建设先进单位奖”，组织工作人员参与高校编目专业委员会及 CALIS 组织的编目业务培训。

完成本校机构知识库各项资源建设，2019 年新增元数据 12 027 条，其中，新增硕

(博)士学位论文元数据 2 680 条。

依托基础设备维护、软件系统维护(含虚拟操作系统、图书集成系统等在内的近 20 个应用系统)能力的提升,确保全馆电子资源全年全天候(365 天×24 小时)开放服务。

(徐伟 康实)

表 16 馆藏统计表

项目	2015 年	2016 年	2017 年	2018 年	2019 年
文献总量(万册)	202.90	206.25	209.56	212.30	216.14
中文图书(册)	1 480 232	1 510 401	1 538 256	1 560 185	1 597 494
外文图书(册)	214 214	215 308	215 962	216 395	217 436
中文现刊(种)	1 575 (1 985 份)	1 417 (1 695 份)	1 411 (1 688 份)	1 399 (1 671 份)	1 385 (1 629 份)
外文现刊(种)	352 (355 份)	340 (343 份)	308 (311 份)	289 (292 份)	283 (286 份)
电子图书(册)	49 103	49 103	50 878	50 878	52 020
网上数据库(个)	74	74	78	87	91
中文电子期刊(种)	>12 000	>12 000	>12 000	>12 000	>12 000
外文电子期刊(种)	>14 000	>14 000	>17 000	>17 000	>17 000

(徐伟)

【新馆建设】

完成第一期家具(总价 1 920 万元)安装、设备(总价 1 835 万元)的安装和调试。规范引入物业服务。提前完成东区图书馆旧馆全部空间腾退,如期实现新馆试运行。周密做好到期应报废设备及家具(674 台件);完成两馆近 1.4 万台件设备及家具的资产入账、管理责任落实工作。

东区图书馆旧馆不闭馆的情况下,制订了周密的新馆资源搬迁和排架方案。印刷型文献资源分两批完成了 100 余万册资源的搬迁和上架工作。7 月 25 日起利用暑假时间开展资源上架排架的正确性检查(简称质检),分别按对期刊的普查和对图书的抽检两类展开,完成新馆 80 万册资源定位和抽检工作,保证新馆正常开放。

(陈卫国 贺玢)

【新馆试运行】

8 月 21 日开馆试运行,截至 12 月底接纳入馆师生读者 62.8 万余人次。受理自助预览室预约 8.9 万人次、研讨交流卡座和研讨室预约 1.4 万余次,服务师生累计已超过 5 万余人次;接待各类参观 50 余场次。协助举办或承担学校“立德树人、强农兴农”主题教育展、精准扶贫河边村摄影展、烈士事迹展、纪念新中国成立 70 年专题摄影展等展览活动;承接学术活动(报告、讲座、培训)169 场次。

(段文凯)

【图书情报与档案管理学科建设与研究生培养】

2019 年,中国农业大学图书馆“图书情报与档案管理”一级学科硕士学位授权点各项工作稳步推进,9 门课程的任课教师积极参与研究生院组织的混合课程建设;派出 3 位研究生赴图情学科世界排名第一的美国伊利诺伊大学图情学院进行了 3 个月的访学。

2019 年共招收研究生 12 人,按一级学科招生。同年,8 名图书情报与档案管理学硕士研究生完成学业,获得学位。

完成 20 门硕士课程教学任务,其中,春季课程 9 门,秋季课程 11 门。23 位老师参与教学。

主持中央部委和学校各部门的科研项目 8 项,参与其他部门主持项目 1 项。在各类学术期刊、媒体发表文章 20 余篇。

(师丽娟　盛怡瑾)

【职工队伍情况】

2019 年,有 7 人退休,2 人入职,1 人调出。截至 12 月底在编人员 85 人,具有博士学位馆员 13 人。

(雒庆生)

【编辑出版】

2019 年,完成校智库电子期刊《高校与学科发展》4 期内容的出版工作。撰写“深度分析”“管理视界”栏目文章 16 篇(累计 22 万余字),内容涉及“新农科”建设、科研经费管理、科研伦理、学科发展规划、大学排行榜等多个热点主题。

完成《中国农业文摘——农业工程》期刊全年 6 期的出版任务,发表各类文章 160 篇。其中,原创论文 106 篇,93 万余字。目前,本刊已被知网、万方、维普、超星、中国科学引文索引(CSCI)、国家科技学术期刊开放平台、博看网等各大数据库收录。2019 年,《中国农业文摘——农业工程》入选国家新闻出版融合发展(武汉)重点实验室 OSID 开放科学计划“学术期刊融合出版能力提升计划项目”A 类项目资助名单。

(赵勇)

【专题服务与研究】

持续规范开展学科基础数据采集、挖掘与分析工作,实时监测报告 ESI 学科发展动态、开展学科和大学竞争力与影响力分析(22 个 ESI 学科)、追踪学科热点研究主题及前沿。同时,针对人才引进、国际合作需求,及时提供数据支持、内容分析。

成立情报研究中心,参与中国工程院、教育部高教司“新农科”工作调研和专题研究(15 万余字),聚焦校内重点学科(生态学)探索全景式学科发展分析对策研究。举办“图情百望”论坛(4 期),出版“大学与学科发展”主题系列研究专著(第一辑,4 本)。

(袁永翠　赵勇)

【知识产权信息服务】

1 月,学校发文成立知识产权信息服务中心,挂靠图书馆。

在4月26日世界知识产权日，举办“利用专利信息助力科研创新”和“科技成果转化中的知识产权保护”2场主题讲座及知识产权专题宣传展览。11月，主办第一届涉农高校知识产权信息服务交流研讨会，来自全国26所高校图书馆的100余位专家和代表参会，聚焦“知识产权信息服务”主题进行研讨和交流。周志强馆长致开幕式欢迎词，教育部科技发展中心成果专利处副处长林烨，国家知识产权局公共服务司体系建设处副处长王波，国家知识产权局知识产权发展研究中心主任韩秀成，高校知识产权信息服务中心联盟理事长、同济大学知识产权信息服务中心主任慎金花，中科院科技战略咨询研究院研究员宋河发，中科院文献情报中心首席情报专家赵亚娟研究员，清华大学技术转移研究院技术主管张鑫蕊出席并分别做报告。东北林业大学、中国海洋大学、南京农业大学、西北农林科技大学、华南农业大学和中国农业大学等6所高校图书馆分别介绍了所在机构知识产权信息服务工作的思路和进展，并通过实际案例分享了经验与体会。副馆长左文革介绍图书馆知识产权信息服务工作。党总支书记潘志华主持开幕式并在闭幕式上作会议总结。

完成全校专利摸底报告及学科领域专利分析、学者专利分析等系列分析报告。

（左文革）

【阅读推广】

4月23日世界读书日，《习近平谈治国理政》多语种图书赠书仪式在图书馆举行，国家级名师周志强教授与师生畅谈阅读改变人生。

2019年，中国图书馆学会授予学校图书馆“全民阅读示范基地”称号。

（贺玢）

【CALIS农学中心工作】

图书馆作为CALIS农学中心的主持单位，继续组织相关活动。

11月25—29日，由CALIS全国农学文献信息中心主办，湖南农业大学图书馆承办的“2019年CALIS全国农学文献信息中心业务暨学术交流年会”在长沙举行。来自全国55所高校的190余位图书馆代表和19家图书或数据库供应单位代表参加会议。围绕会议主题“不忘初心，牢记使命，立足校园，助力大学创新发展”，中国农业大学何秀荣教授、香港科技大学图书馆馆长陈丽霞女士、南京农业大学信息科技学院党委书记郑德俊教授分别做了题为《关于高校图书馆发展若干问题的思考》《图书馆校园服务的创新与价值体现》《图书馆服务的用户体验与创新期待》主题报告。EBSCO、IFI等10余家图书或数据库供应单位代表介绍了其最新的产品与服务。此外，会议还进行了业务培训、分组讨论、评比表彰等一系列活动。

2019年共立项研究项目69项，29家农业高校图书馆参与。

组织专家对2018年立项的54项研究项目进行评审，评出15个获奖项目。

组织了FSTA（Food Science and Technology Abstract）数据库、美国科学院院报（PNAS）期刊数据库、EBSCO食品科学数据库（Food Science Source ）的联盟采购工作。

（徐伟）

【人事变动】

根据校党委2019年中农大党发〔2019〕52号文件，任命潘志华同志为图书馆党总支书记，周志强同志为图书馆馆长（兼）；根据中农大党发〔2019〕11号文件，任命徐伟同志为图书馆副馆长（试用期一年）。

（雒庆生）

档案与校史馆

【概况】

2019年，档案与校史馆在学校的统一部署下，牢记职责使命，不断提高服务意识，努力做好档案收集和保管工作，为广大师生、各部门、校友和社会有关方面提供优质周到的档案资源利用服务；同时推动校史研究和文化育人工作，较好完成了本年度工作任务。

（桂银生）

【职责使命与能力建设】

明确职责使命 学校《部门设置方案》规定档案与校史馆的职责是“负责学校档案的管理与服务，负责校史的挖掘整理等工作”。分管校领导也对相关工作领域和标准提出了具体要求。通过学习，档案与校史馆明确为学校“存历史、资政鉴、传文脉、助育人”的职业使命，以此指导管理服务工作。

队伍能力建设 着力推进管理与业务两支队伍能力建设。一是推进单位管理团队建设。由档案与校史馆2名处级干部和3名业务部门主管为成员组成馆务会，作为馆领导管理团队，负责对“三重一大”等重要问题的集体决策。制定了《档案与校史馆议事规则》，进一步规范单位管理工作，落实民主集中制，提高决策的科学性和规范性。二是对全体业务人员不断加强职业责任教育和技能培训。深入学习《中华人民共和国档案法》《高等学校档案工作管理办法》等法律法规，与图书馆探讨图档情报科研一体化，推动结合工作开展业务研究，强调档案工作职业道德教育，把“守史、守信、守密”的基本职业准则落实到档案管理服务工作中。对全校63个二级归档部门，重新登记档案工作负责领导和兼职档案员，加强队伍建设，争取重要档案应收尽收。

（桂银生）

【档案收集与业务指导】

档案接收 完成全校综合档案的收集和归档工作，截至12月15日，共接收、整理并上架党群行政类档案3 864件、132卷；财务类档案12 479卷；教学类档案1 739卷；科研类档案1 350余卷；基建类档案170余卷。

继续推进毕业生合影在线归档，共收集2019届毕业生合影电子照片154张。其中，博士班12张，硕士班51张，本科班91张。

收集狄原渤名人档案 12 卷，包括自传、图书、照片、光盘、影片等；征（收）集学校“曲周精神”相关的资料、图书、报纸、照片等 200 余件。

业务指导 通过线上及面对面方式，对国资处、科研院、实验室管理处、社会服务处、人才办等 50 余名兼职档案员及学生助管进行了一对一培训，保证各归档单位的档案工作正常运转。

（苏雅澄）

【档案保管与利用服务】

档案实体保管 开展库房清查与整理，纠正原件的错误，补充目录信息，调整档案排架。替换/补充中国农业大学本科生学籍卡及成绩单 58 件，涉及档案 44 卷；处理中英文成绩单不一致的档案原件 10 余件；重新整理装盒和调整位置的档案 26 卷；完成北京农业大学全宗行政类档案 5 962 条文件级信息的补充录入。

校内利用服务 2019 年，面向校内职能部门以及师生提供的综合档案服务，累计接待查档 1 531 人次，查阅档案 14 082 卷（件）；受理档案借阅申请 47 次，借出档案 202 卷（件）；办理档案转移出馆 7 份（专利证书和房产证）；为学校宣传、统战及其他部门的工作提供照片 722 张。

校外利用服务 全年为校外单位及个人提供档案利用及学籍相关认证 3 732 人次。其中，通过认证服务平台接受毕业生认证单 2 420 份，出具材料 9 395 份，发送快递 1 127 份；现场接待并受理认证申请 512 人次，提供各类证明材料 1 500 余份；通过传真、电子邮件受理个人申请 151 人次，提供各类证明材料 500 余份，发送快递 151 份；受理各企事业单位查证毕业生毕业信息真伪申请 104 次。办理教育部学位与研究生教育发展中心认证处的认证请求 407 份；办理北京高校毕业生就业指导中心的认证请求 138 份。

在做好毕业生学籍信息认证服务的同时，积极研究服务流程改进办法和平台升级方案，简化学历和学位证明（英文版）印章方式，提高了为毕业生校友服务的办事效率。

此外，配合学院路街道制作国庆 70 周年专题片和展览提供农大历史照片、统计数据、文献资料等计 5 人次，涉及档案 194 件。

（蔡远渊　苏雅澄）

【人事档案管理】

全年接收新入校职工人事档案 159 卷，收集、归档在校教职工人事档案新增材料 4 700 余份；接收 2019 级硕、博士研究生及新入校博士后档案约 3 350 卷（不含非全日制学生档案），本科生人事档案 2 721 卷。

按照中组部的要求对所有新产生的干部档案散材料重新进行审核装订。截至 12 月，1983 年及以后入校的职工人事档案已全部重新录入装订完。及时、准确地完成学生档案零散材料的归档与整理，共计归档党员材料约 630 余卷，归档入学登记表、毕业生登记表、奖励、出国材料等材料 12 000 余份。

通过 EMS 完成本科生档案转出 1 742 卷，毕业研究生、博士后出站等人员档案 2 720 卷；配合学校人事处转递自动离职职工档案 1 卷，完成在职职工因工作调动转递档案 11 卷。

为学校职能部门、职工个人提供人事档案利用约 290 人次，利用档案 750 卷(件)，出具各种具有法律效力的证明 266 份。为各学院及用人单位提供学生档案的查阅、借阅和咨询服务总计 1 080 人次，利用档案材料 2 078 卷(件)。其中，为各学院的党建工作提供学生档案查阅 965 卷，借阅 416 卷；为 283 个用人单位对拟录用的毕业生进行政审提供档案查阅 485 卷；为学生办理出国开具出生信息、亲属关系、无犯罪等公证证明 30 余份，复印成绩单、学位授予材料等约 110 份。

(孙海燕)

【档案信息化建设】

系统开发与维护 做好档案管理各系统的维护和升级，包括综合档案管理、档案转递查询等信息系统的硬件、软件维护；做好档案与校史馆门户网站、微信企业号的平台更新及信息发布工作。

因 OA 服务器与档案管理系统服务器的安全设置发生变化，档案与校史馆同党政办公室、OA 系统开发公司配合，对电子文件归档模块进行了相应的调整，并根据使用中的问题提出了新的修改意见，相应的改进工作正在进行中。

参与本科生院主持的中国农业大学可信数字成绩单建设项目，对系统中的电子成绩单归档功能模块提出意见与建议，为下一阶段开展本科生成绩单电子文件归档进馆做好准备。

档案资源数字化 继续推进档案资源数字化工作，2019 年主要针对学籍成绩单和录取材料进行了补充扫描和校对处理。截至 12 月 15 日，共扫描教学 376 卷、24 111 页，完成核验及错误更正 57 卷共计 1 059 件。

支持校友工作办公室的工作，组织人员对原北京农业大学和北京农业工程大学的录取新生信息进行普查和录入，累计完成约 13 000 条。

(蔡远渊)

【档案编研与校史工作】

资料收集 实施完成学校“双一流”文化传承专项百年革命历史文化研究项目任务，收集延安自然科学院生物系(农业系)以及乐天宇、吴汝焯等革命人物的相关史料，收集学校历史上在第一、第二次国内革命时期牺牲的 15 名烈士资料；收集曲周改土治碱及农业综合开发的历史资料。

研究编辑 组织人员编写《往事寻踪——中国农业大学的人和事》(第二辑)；完成《图说农大》的编著及出版工作。参加教育部《档案故事：见证新中国高等教育 70 年》征集活动，在全校范围内征集故事线索，撰写了《46 年县校情》《蔡旭院士：农业技术服务的开创者》和《中国第一个大学奥运馆》3 篇档案故事，代表学校社会服务、科学研究和基本建设方面的发展成就，并报送教育部相关部门。

校史宣传 做好校史馆的场馆日常维护，对展览陈列品进行复制，加强保护；改进校史馆志愿队伍的培训和上岗管理办法，组织教师和学生为校内外参观团队提供讲解服务。

根据学校部署，协调科研院、社会服务处和相关学院，举办“学校近年来重要科研和社会服务成果展”，并接待副总理胡春华，教育部副部长翁铁慧、钟登华、农业农村部常务副部长余欣荣，北京市委常委、教工委书记王宁等上级领导来馆参观；协调宣传部、资源与环境学院、曲周实验站等部门，共同举办“‘使命与传承’——曲周精神事迹展”，作为本年度学校重要的文化展示舞台，接待参观人数 300 余批、9 000 多人次，取得了较大的社会影响；多举措地开展校史、党史宣传工作，与党委宣传部合作完成“‘热血铸国魂’——中国农业大学革命英烈展”的筹备与布展，并举办革命史专题讲座 1 次。

（桂银生　蔡远渊）

【对外交流】

本年度，档案与校史馆继续积极参加国内相关学术团体相关交流活动，与其他高校及研究机构的档案、校史工作同行交流经验，先后参加了中国高教学会档案工作分会 2019 年学术年会、第三届教育部直属高校青年档案工作者论坛、第八届西北联大与中国高等教育发展论坛等学术活动；积极组织人员开展考察调研和参加培训学习，促进档案管理服务及校史研究工作水平的提升。

（桂银生）

出　版　社

【概况】

2019 年，出版社共有 59 名员工，其中，学校事业编制人员 17 人，合同制员工 35 人，返聘校内外退休职工 7 人；研究生 21 人，本科 28 人，专科 2 人，其他 8 人；正高 2 人，副高 21 人，中级 21 人，初级 5 人，其他 10 人；年龄 60 岁以上 5 人，50～59 岁 16 人，40～49 岁 21 人，30～39 岁 15 人，20～29 岁 2 人；中共党员 23 人，民主党派 2 人，群众 34 人。

2019 年，出版社出版图书 398 种，其中，新书 186 种，重印书 212 种。生产码洋 6 014 万元，较 2018 年度增加 7.3%。出版电子出版物 2 种。出版社 2019 年社会贡献率为 21.53%。经教育部社科司审核认定，2019 年出版社社会效益考核评价结果成绩良好，评分为 88.5 分。

2019 年，出版社在售图书品种达 2 640 种，发行有效业务量 7 841 单，1 103 800 册，有效码洋 5 020 万元，总册数 1 226 217 册，总码洋 5 533 万元。

（童云）

【服务学校大局，完成办公用房腾退和搬迁】

2019 年，出版社服务学校大局，组织完成了从农大西区出版社办公楼（小灰楼）到金码大厦 22 层临时办公区的搬迁工作。同时积极寻找并确定新的办公场所，按国有资产管理处相关规定，组织开展新办公场所装修改造工程。出版社大兴书库根据北京市相关腾退要求，需要搬迁至河北固安新址，搬迁前期准备工作进展顺利。

（童云）

【队伍建设取得进展,管理工作进一步加强】

队伍建设 社领导分工进行了调整,质量管理、出版流程管理、出版发行与新媒体融合等方面的工作分工更加明确;设立质量管理中心,加强质量管控;新入职 4 人,离职 3 人;4 人取得出版专业中级职业资格证书,1 人取得副编审职称。

修(制)订管理规章制度 修(制)订并发布 5 项管理规章制度(考勤、差旅费、社委会议事规则、图书报废、办公用品等),起草了涉及合同制人员聘任、薪酬管理规定、社会效益奖励等制度。

新一轮体制改革工作顺利推进 注销了全民所有制性质的中国农业大学出版社北京图书发行部,出版社新增出版物批发、零售等经营许可证。

(童云)

【优先保证重点图书出版,开展系列书的策划与出版】

食品类教材多层次开发与出版 修订和拓展普通本科食品类教材;新编应用型本科食品类教材;启动高职食品类教材编写工作。

组织策划学校"双一流"选题项目 与中国农业大学分别签署 26 种"双一流"教材建设出版合同;中国农业大学"双一流"建设文化传承与创新基金项目 7 种图书按期出版。组织策划的"猪业高新技术成果丛书"选题项目 12 种选题的编写工作启动。

认真调研,科学策划选题 在保证已立项的国家出版基金项目按计划进行的同时,又组织申报了 4 项国家出版基金项目;高职类院校特色教材建设项目陆续出版和中标;组织 65 种教材参加高等职业教育"十三五"国家级规划教材申报工作;园林园艺类本科教材陆续出版。

(童云)

【加快内容资源数字化建设步伐,实现出版融合】

出版融合和平台建设进展顺利,数字化转型升级工作取得阶段性成果。启动并初步完成教学平台引进;与第三方合作开展电子书业务迈出关键步伐;升级改造 ERP 系统,并逐步推动出版业务的全面数字化、信息化;钉钉移动办公系统应用得到进一步完善。

(童云)

【公益活动】

热心社会公益,参加了有关机构组织的捐赠活动,共捐赠图书近 10 万元。向赣州市于都县、兴国县所属基层(包括村支部、农业技术推广站、小学、幼儿园等)捐赠图书共计 40 余件、3 255 册,总码洋 63 000 余元;通过中国大学出版协会捐赠图书给重庆大学,码洋约 5 000 元;向西南大学捐赠图书,码洋约 8 000 元;向海南大学捐赠图书,码洋约 5 000 元;向北京市海淀区马连洼街道的 4 个社区居民捐赠图书,共计码洋 15 000 余元。

(童云)

【党建工作】

开展"不忘初心、牢记使命"主题教育活动 以"不忘立社初心,牢记出版使命"为中心主题，以《习近平新时代中国特色社会主义思想学习纲要》《习近平关于“不忘初心、牢记使命”论述摘编》等论著为读本，深入学习和领会习近平新时代中国特色社会主义思想，组织开展服务意识、新时期责任担当使命、作风建设等学习讨论，组织职工参观白乙化抗日革命纪念馆并进行现场学习与主题教育，与中国农业大学动物医学院党委所属党支部共同开展“百名党员进社区，争先创优共奋进”活动，以“不忘初心、牢记使命”为主题，召开专题组织生活会，开展民主评议党员。

通过制度建设、作风建设、队伍建设，加强出版社党建工作 在制度方面，党支部按照《中国共产党章程》和中宣部有关文件精神，切实推进把党建工作写入企业章程，拟定了章程有关条款的修改意见，明确了党支部的战斗堡垒作用，确保在经营活动中坚持正确的政治方向和出版导向。同时还参与出版社有关差旅、会议费、公务接待等规章制度的修订工作，并着重把中央“八项规定”落实到各项制度中。通过制度建设，进一步明确了党支部在企业经营和出版工作中的地位和作用。在作风建设方面，加强宣传和教育，充分发挥党员先锋作用，要求出版社领导干部和全体党员严格执行党风廉政建设各项规定，在工作中依法依规，密切联系群众，想方设法为职工办实事，谋福利，防止形式主义、官僚主义、享乐主义和奢靡之风四风问题，激发职工的工作激情，提升工作效率。在党员队伍建设方面，本着成熟一个发展一个的原则，坚持高标准要求。2019 年，转入党员 1 人，转出 1 人，发展预备党员 1 人。

创新党建，把党建工作融入出版工作和公益活动中 2019 年，出版社组织党员和职工围绕中心工作，努力实现党建工作和服务学校教学科研工作有机结合，取得一定成效。赴曲周实验站现场学习曲周精神，并为曲周实验站赠书 442 册；出版了有关科技小院题材的图书 5 种；与学校党委宣传部共同策划反映曲周精神的《使命与传承——中国农业大学扎根河北曲周 46 年服务乡村振兴纪实》，汇集各大媒体对曲周精神的报道。

出版社党支部在服务社会和服务学校方面成效显著，得到了广泛认可和高度肯定。7 月，党支部获评中国农业大学先进党组织；12 月，党支部组织的“科技列车小岗行”主题党日活动被评为中国农业大学“十佳主题党日活动”。

（席清）

涿州教学实验场

【发展概况】

2019 年，中国农业大学涿州教学实验场（以下简称“实验场”）深入开展理论学习，以十九大精神、习近平新时代中国特色社会主义思想为指导，重点围绕“不忘初心、牢记使命”主题教育，统筹部署、扎实推进、强化落实。在学校党委的坚强领导下，实验场党政班子团结一致，紧紧围绕学校“双一流”中心工作，坚决落实学校“一区支撑、两点突破、三核引领”的办学空间布局，兜底式保障学校办学资源需求。坚持解放思想，不断强化自身治理能力和治理体系现代化建设，带领和依靠广大职工，提高站位、夯实基础、深化改革、团结奋进、攻坚克难，各项工作稳步推进。重点做好教师科研保障和学生实习实训实践服务等工作，加快实验场成为学校“双一流”发展的主要支撑平台和场站载体，为未来持续快速发展打下坚实的基础。

（李佳兴）

【班子建设】

1月22日，中共中国农业大学委员会文件（中农大党发〔2019〕6号）《关于对涿州教学实验场选举结果的批复》，根据学校新一届管理服务与直属机构设置方案，涿州农场党委更名为涿州教学实验场党委。党委委员有9人：吕玉龙、朱殿春、刘杰、刘福祥、苏洲、李克江、肖建军、段刘伟、扈炳江；李克江同志为涿州教学实验场党委书记，苏洲、刘福祥同志为涿州教学实验场党委副书记。

9月17日，根据中共中国农业大学委员会文件（中农大党发〔2019〕52号），免去苏洲同志涿州教学实验场（农业科技园）场长兼党委副书记职务，另有任用。

10月29日，根据中共中国农业大学委员会文件（中农大党发〔2019〕72号），任命段刘伟同志为涿州教学实验场（农业科技园）场长（试用期1年），免去其涿州教学实验场（农业科技园）副场长职务。

（李佳兴）

【党建工作】

在学校党委的正确领导下，带领全场850名职工认真学习贯彻落实习近平新时代中国特色社会主义思想，全力夯实党建工作基础，创新党建工作方法，进一步提高党建工作水平。把落实党风廉政建设责任制作为重要抓手，把加强政治理论武装、提高干部职工思想素质作为首要任务。1月，圆满完成实验场党委的换届选举，产生了新一届党委班子。11月，学校党委对实验场班子进行调整，任命新场长，党政班子团结一致，同心同德、同向同行、同频共振、凝心聚力，聚焦发展。12月，完成党支部集中换届工作，调整党支部设置，成立企业联合党支部，将离退休党支部拆分成3个党支部。坚持民主集中制，全年共召开党政联席会24次，党委会12次，主动公开信息。

开展了“出农场，进校园，学校史，促发展”“吃出健康、活出精彩”党支部立项活动；有计划地开展集中学习，提高党员整体理论水平；严肃党内政治生活，认真落实“三会一课”组织生活会制度，在“不忘初心、牢记使命”主题教育专题组织生活会中，12个党支部共提出党支部整改问题36条，党支部书记整改约31条，并认真梳理分析，制订限期整改方案；做好组织发展工作，全年共吸收10名积极分子列入培养对象，发展预备党员12名，10名预备党员转正。评出优秀共产党员2名，优秀党务工作者1名，受到了学校党委的表彰。

截至2019年12月，实验场党员254名，其中，在职党员169名，离退休党员85名；党支部13个，其中，在职教工党支部10个，离退休党支部3个。

（李佳兴）

【领导关怀】

6月，涿州政协党组书记王金甫，政协副主席李全新、岳新平等一行4人到涿州农业科技园进行调研，并就市校合作、盘活资源等事宜进行座谈。

7月，新奥能源集团相关负责人围绕“中国农大涿州科技园区综合能源整体解决方案”与涿州教学实验场党委书记李克江、副场长段刘伟，模式动物大设施建设办公室主任张树川、副主任姚新宇等进行洽谈、交流。

8月，国家发展改革委高技术产业司创新能力处处长任中保、教育部科学技术司副司长张国辉、河北省副省长徐建培一行到场参加模式动物表型与遗传研究国家重大科技基础设施项目开工仪式，校长孙其信、副校长龚元石出席。

9月，中国劳动关系学院党委书记刘向兵、党委常委、副校长李华东等一行4人到实验场就双方全面合作进行考察调研。

12月，副校长龚元石、涿州市市长姚运涛就深化市、校合作，加快推进“农高区”建设，谋划涿州农业科技园区等工作进行座谈。

（李佳兴）

【园区建设】

“人才家园”项目 作为市校合作重点项目，专家公寓C区、D区工程于3月24日开工建设。截至12月，专家公寓C区、D区工程31栋主体工程全部验收通过；其中，12栋外墙保温施工完成；12栋内墙粉刷施工完成；所有的门窗附框安装完成；屋面第一道防水全部施工完成。生活污水处理站工程正式交付物业部进行运营使用。剩余4户高层住宅楼留作社区用房，其余的高层住宅楼及专家公寓一期全部销售完毕。专家公寓C区、D区于12月13日取得预售许可证。

园区项目 1月，河北省省级科技计划专项工作类项目——“面向环首都现代农业科技示范带信息服务平台建设”验收完成。4月，申报“河北省保定市涿州农业科创小镇”。7月，涿州转基因基地正式验收通过。10月，国家科技部专家组到涿州国家农业科技园区开展实地检查验收工作，以实验场为核心的涿州国家农业科技园区验收通过。

（李佳兴）

【主要工作】

实习实训 做好大学生实习实训和教科基地服务工作，完成了学校各单位教学、科研、实习、会议等接待任务。全年共集中承接8个学院2 100名学生实习实训，接待项目承接学生超过4 000人次。

农业生产 组织实验场职工通过竞标方式承包土地3 800亩。完成实验场4 700余亩小麦收获，顺利完成实验场秋收秋种工作；全力做好玉米机械化产业项目的后续工作，引导部分职工停薪承包种植，有效增收节支260万元，同时，解决了部分职工不能到岗上班问题。

建章立制 制定《党委会议议事规则》《党政联席会议事规则》《科级干部“约法十条”》《科级干部聘任暂行办法》《“三重一大”决策制度实施办法》等。已初步制定并完善《入园项目管理办法》，建立健全土地使用费用收缴机制，按照“东西有别，内外有别，教科产有别，耕地、建设用地有别”的原则，制定了《土地使用收费管理办法》。

内部改革 根据发展需要，加强项目服务和管理，增设项目办公室和国资科。结合民主测评和民主推荐，集中调整科级干部 35 人。将《科级干部“约法十条”》和私占场院专项检查与启动催缴清欠工作作为年度考核重点指标。根据中央八项规定，严格执行办公用房标准，办公用房调整到位。

财务管理 动真碰硬，首次成立催缴追欠工作机构，与部门绩效挂钩，追回欠款 200 万元。年度借款相比 2018 年减少 800 万元。完成中央审计署专项驻场审计工作，就土地使用、项目管理、“人才家园”等事项与审计人员积极沟通，提供材料 70 万字，参与 60 人次，有效配合学校完成中央审计工作；配合学校审计处完成对肖杰同志、苏洲同志离任审计工作，对照审计发现的问题认真研究并制定切实可行的整改措施。

人事管理 完成了实验场 360 人的河北省机关事业单位工资系统的录入复核工作；1 月，完成在职职工薪级工资的调整和兑现。3 月，完成离退休职工 108 人参加工作及养老保险缴费时间认证工作。全年办理岗位聘用：技师 5 位，高级工 3 位，专业技术人员 5 位；修订并完善科级干部及科级后备干部推荐管理办法；重点解决了 1995 年前后 54 余人自谋职业调离实验场职工的后续处理问题。截至 2019 年年底，全场职工共计 843 人，在职职工 341 人，离退休职工 502 名，全年退休 24 人。

爱心帮扶 努力构建党委与职工“心连心”帮扶制度，定期走访困难群众和退休党员，帮扶困难群众，全年看望 80 岁以上老党员 24 名，发放慰问金 12 000 元；联系帮扶困难党员、职工，给予生活上的关怀和帮助；进行全场职工免费体检，切实做到关心职工身体健康。

（李佳兴）

曲周实验站

【概况】

中国农业大学曲周实验站建于 1973 年，是黄淮海平原最早建立的农业科研实验站之一。曲周实验站占地 1 088 亩，总建筑面积 15 200 平方米。2019 年，中国农业大学师生扎根河北曲周 46 年服务乡村振兴先进事迹被中宣部作为新中国成立 70 周年的重大典型，中央和地方各大媒体进行了大规模的集中持续宣传报道；与邯郸市共同打造“不忘初心、牢记使命”主题教育“先锋课堂”；组织了中英智慧农业项目、中荷绿色种养一体化、中美土壤健康、农业农村部国家耕地质量监测区域站试点工作研讨会等 6 个国际和国内研讨会；开展了两期“一带一路”国家农业技术人员培训；接待了中国农业大学 15 个学院，全国省、市、县 83 个单位团体 3 270 人来站参观学习曲周精神、开展主题党日、“先锋课堂”活动；承担了中国农业大学资源与环境学院和河北农业大学资源与环境学院 2016 级本科生两期共 195 人暑期认知实习与实践，接待了 2 000 余名中小学生社会实践活动和 148 名今年新入职的青年教师实践教育培训活动；接待了英国、美国、荷兰等 6 个国家和全国 17 个高等院校研究所的教授学者 216 人；农业农村部发展规划司司长魏百刚、副司长时以群、国家科技部农村科技司副司长王喆，邯郸市委常委、副市长王俊舫，校党委副书记秦世成等先后到站视察指导工作；协助曲周县成功申报曲周国家农业绿色发展先行区，获批国家农业科技示范展示基地和教育部绿色农业野外科学观测研究站。成功举办曲周实验站绿色发展乡村振兴科普周、第二届科技农民大会等各类现场观摩活动6场，观摩人数1 000余人。开展各类农民科技培训75场。实验站在其他各方面包括后勤管理、站内环境整治等也取得较好进展。2019年，在职人员中有教授1人、副教授1人、高级农艺师4人、农艺师及实验师3人，取得博士学位的5人、取得硕士学位的1人。承担国家和省部级项目在站落地研究15项，省、市推广项目5项在站实施落地。实验站成功培育的小麦品种"龙堂二号"通过审定，"龙堂一号"进入审定程序。通过46年的不断探索，建立了"一个实验站、两个服务、三个载体、四大职能"的校地合作曲周模式；传承和发扬"曲周精神"。

（王绍雷）

【科学研究】

2019年，拥有多台先进土壤和植物无损测试设备的农业农村部专用肥料重点实验室投入运行，为开展系统、长期、精准、前瞻性农业绿色发展方面的科学研究提供支撑。成功获批教育部野外科学观测研究站，在全面支持曲周农业、农村发展的同时，引领了河北乃至整个黄淮海农业综合开发与现代农业的发展。先后引进中国农业大学工学院、资源与环境学院、农学院和荷兰瓦赫宁根大学、英国洛桑试验站等专家团队444人次，来站开展农机农艺结合、绿色种养加一体化的多学科交叉融合的绿色发展研究。农业农村部发展规划司司长魏百刚、副司长时以群，农业农村部农机化司副司长王甲云，科技部农村科技司副司长王喆先后到站视察。张福锁院士邀请英国皇家洛桑研究所所长、洛桑实验站站长 Achim Dobermann 教授，欧盟环境委员会首席科学家、诺奖获得者、荷兰瓦赫宁根大学 Oene Oenema 教授及美国、英国等国家的专家来站开展农业绿色发展国际研讨，推动各项研究工作与国际接轨。

2019年，曲周实验站承担的行业专项课题"十三五"重点研发课题"作物专用高效复混肥研制与产业化""主要生态区农作体系氮肥绿色增产增效的综合调控途径"，973课题"主要生态区农作体系氮肥绿色增产增效的综合调控途径""我国活性氮源及其对空气质量与气候变化的影响机理研究"，农业农村部公益行业专项"化肥面源污染农田综合治理技术方案"，科技部"典型农田包气带氮磷淋溶机理与主控因子研究""主要农作物重要及新成灾病害绿色综合防控技术"，国家自然科学基金项目"中国北方旱作农田土壤氧化亚氮产生过程及主要控制因素"，科技支撑项目"环渤海区域高标准基本农田建设技术研究与示范""农田景观中非农生境的植物多样性研究""高标准农田建设中非农生境的配置研究""邯郸市作物生产过程氨减排"等项目均在有序开展，"基于病害生态调控的创新栽培模式、技术和产品研发"课题获批。培育的小麦品种"龙堂二号"通过审定，"龙堂一号"进入审定程序。与中国农科院何中虎研究员合作的优质麦"中麦578"优质高产技术研究进展顺利。

（郭敏）

【社会服务】

依托中国农业大学人才、资源、技术、品牌等优势，协助曲周县申报并获批国家农业绿色发展先行区，并争取到河北省农业农村厅千万元建设项目，推动甜叶菊、优质麦、种养一体化等农业绿色产业化发展。组织召开了曲周县国家农业绿色发展先行区建设暨氨减排项目推进会，推进农业绿色发展先行区各项工作。

以曲周实验站为核心，利用科技小院等形式推动种植业结构、农业结构和产业结构的优化，集成农业绿色技术模式，探索新型农业绿色技术推广模式，为农业生产提供技术支撑。广泛开展农民培训和技术指导，举办农民科技周等多种形式的科普活动，有效提升农民的科技意识和水平，推动曲周县农业主导产业、特色产业发展。

先后开展冬小麦管理技术培训43场；在相公庄举行田间果树管理培训并举办槐桥乡果王大赛；在白寨科技小院举办第一届畜禽养殖技术培训交流会；举办了曲周实验站绿色发展乡村振兴科普周、第二届科技农民大会及各类田间观摩日活动、农民丰收节活动，吸引周边1 000多名种粮大户和新型农民代表前来观摩。承办了邯郸市氨减排技术田间观摩和技术培训，推动新型含脲酶抑制剂氮肥的推广应用。为邯郸市合作社标准化建设会议做培训，为承德、石家庄、邯郸、衡水等地职业农民开展培训，通过培训培养了农民科技人才，提高了种植效益，促进了农业产业化发展和农民增收。

按照“一站联一县、一院帮一村、一人助一户”的“三个一”帮扶脱贫思路，组织实验站和科技小院师生广泛开展各种形式的产业扶贫、科技扶贫和智力扶贫工作。先后参与甜叶菊、西瓜、苹果、葡萄、粮食等产业绿色技术示范推广，推动产业发展，带动农民稳定增收，促进贫困户脱贫；与曲周县紧密合作，探索多元化农业科技服务、技术示范模式，推动节本、提质、增效农业新技术在农业生产中的应用，发挥科技在增收脱贫中的作用；积极参与农村科技人才培养工作，广泛开展“零距离、零时差、零门槛、零费用”的多元化农民科技，推动扶贫与扶智的紧密结合，提高农民科技文化素质和自身发展能力。

（王绍雷）

【人才培养】

曲周实验站不断强化人才培养工作，2019年有83名研究生（含2名留学生）到站和到科技小院开展工作，其中，毕业研究生23名；承担学校科技小院68名研究生暑期学前实践培训任务、中国农业大学和河北农业大学本科生195人暑期认知实习任务。充分发挥曲周实验站“全国青少年农业科普基地”“北京市教职工思想政治教育基地”“河北省院士工作站”“邯郸市爱国主义教育基地”“邯郸市科普基地”“曲周县科技特派员工作站”的作用，承担了邯郸市和曲周县6所中小学2 000名学生社会实践和学校新入职148名青年教师入职前培训任务，为北京市教育工会、中国农业大学继续教育学院等单位、北京航空航天大学等兄弟院校，以及曲周县委及当地各部门38个单位团体、2 093人开展“曲周精神”培训。与学校继续教育学院、曲周县人民政府、河北工程大学共建“新型职业农民培训基地”，为邯郸市、邢台市新型职业农民培训20批、2 800余人。利用农业农村部“一带一路”国家农业技术人员培训基地，分2批次为12个“一带一路”国家61名农业官员和技术人员提供技术培训。

（王绍雷）

【制度建设】

加强建章立制、分派专人负责建章立制工作。根据学校新的要求修订了《曲周实验站财务管理办法》《曲周实验站职工考勤制度》《曲周实验站食堂管理办法》《曲周实验站住宿管理办法》《曲周实验站温室使用规定》《曲周实验站国际交流中心管理办法》《曲周实验站收费制度》《曲周实验站员工管理规范》《曲周实验站国有资产管理办法》《曲周实验站"三重一大"决策制度》等相关规章制度，为实验站的良性发展做出了有效的政策界定。

（王绍雷）

【基础建设】

3月，曲周县投资1 000万元、建筑面积2 660平方米的国际交流中心投入运行。5月，住宿楼装修完成并投入使用，可同时容纳200名师生入住。8月，标准化篮球场和羽毛球场建成。

价值1 000多万元的多套高精无损检测仪器设备、建筑面积1 800平方米的农业农村部作物专用肥料重点实验室正式运行，新建的576平方米智能日光温室和480平方米挂晒网室投入使用；新整理试验用地189亩，科研支撑能力大大提升。建成面积1 140平方米的现代化农机装备库，工学院韩鲁佳教授团队、水利与土木工程学院严海军教授等引进免耕精量播种机、大型籽粒烘干设备和大型灌溉设备、籽粒直收型玉米收获机、小麦联合收割机、现代植保无人机、四轮平移式灌溉机等30余台/套现代化农机装备落户实验站，为长期观测场所管理提供了有力的支撑。

10月，辛德惠院士铜像落成。完成绿化植树544棵，建成标准化生态示范果园，环境和实习条件进一步改善。自行设计的污水处理及综合利用系统投入使用，实现站内生活污水资源化循环利用。先后增容了315KVAD的变压器1台，购置了扫地车、电动闸门等装备，提高了实验站的后勤管理水平。

（王绍雷）

【党建工作】

实验站党支部现有党员9名，按照学校党委的部署，定期召开了会议，学习文件、统一思想，提高党员的理论水平和整治素养。按上级党委部署完成了"不忘初心、牢记使命"主题教育活动。同曲周县委组织部等单位开展"党日共建"活动。组织党员参加了曲周县组织的庆祝中华人民共和国成立70周年歌咏比赛，获优秀奖。组织党支部党员赴山东曲阜开展传统文化教育活动。曲周实验站被中共邯郸市委确定为"不忘初心、牢记使命"主题教育"先锋课堂"，接待中共邯郸市委、曲周县县委四套班子等各级单位和各界人士48批次、1 328人参观学习。被邯郸市评为"不忘初心、牢记使命"活动先进集体并在全市做典型报告。曲周科技小院党小组与所在村党支部定期开展党员联谊帮扶活动。

（王绍雷）

上庄实验站

【概况】

2019年，上庄实验站紧紧围绕《2019年“双一流”建设奋进攻坚行动方案》、“5＋1”工程实施方案，全面贯彻和落实学校发展重点工作会议精神，结合上庄实验站的功能定位与发展战略，切实推进服务教学科研、提升基层党建质量、完善内部治理、加强对外交流与合作、推动服务“三农”和乡村振兴战略的实施，全面推动实验站发展建设。

（肖杰）

【党建工作】

为扎实推进基层党支部建设工作，使“两学一做”学习常态化，坚持“三会一课” 制度，落实“不忘初心、牢记使命”主题教育活动，把提升干部、职工思想素质、增强党性修养作为首要任务。2019年1月，邀请专家针对中央一号文件中的“三农”问题为职工辅导解读，并组织全体党员和科技人员赴山西万荣县进行调研与实施精准扶贫对接。4—6月，积极组织与校办产业处党委、研究生院、首农庄园、北京建设大学和中国农业大学幼儿园等党支部的联谊活动。9月，组织观看《决胜时刻》和“伟大历程　辉煌成就——庆祝中华人民共和国成立70周年”大型成就展。11—12月，组织观看《榜样4》，参观“立德树人、强农兴农”主题展和香山革命纪念馆。

（刘思敏）

【创新发展】

5月，上庄实验站分别与农学院、生物学院、资源与环境学院、园艺学院、植物保护学院、理学院、科研院等单位，召开2次关于科研用地收费标准调整的协调会和教师的座谈会，根据会上的意见及建议，制定了上庄实验站新的各项收费标准。同时，运用网络综合管理平台和上庄实验站教学科研服务师生微信群，加强与来站开展教学科研工作师生的沟通和交流，切实保障师生的科研试验需求和提高服务质量。

6月，上庄实验站以食堂改革为突破口，公开招聘有餐饮服务资质的企业经营管理上庄实验站食堂，推出特色美食，提高餐品质量，实行App在线订餐和结算形式，方便服务师生。针对科研试验劳动用工存在的问题，上庄实验站采取了农事服务采购办法，依法规范劳动用工管理，切实保障科研试验生产的服务质量。

按照农业农村部对转基因生物安全工作的规范流程和要求，完成转基因基地的全面制度化和规范化建设工作；10月17日，由农业农村部组织相关部门和专家对上庄实验站转基因基地进行了现场检查、评审与验收，专家评委一致对实验站转基因基地各项管理工作给予了充分的肯定。

（魏春）

【实践教学与人才培养】

2019 年，上庄实验站承担中国农业大学农学院、园艺学院、资源与环境学院、经济管理等学院，北京科技大学和日本东京农业大学的实习实践教学任务，共计 1 039 人（表 17）；申报获批了《高校农业实验（场）站实践教学指南》教材的编著工作，已列入 2020 年本科生教材出版计划目录。

2019 年，上庄实验站引入校外投资 400 万元，联合食品科学与营养工程学院共同启动了“啤酒创新技术集成应用基地”研究生创新创业基地建设项目，并在上庄实验站挂牌，该基地可服务于学校食品学科创新创业人才的培养；在研究生院的支持下创办了研究生联合培养实习实践工作室，为来站师生提供工作和学习的平台。

（谢虹）

表 17　2019 年完成实践教学、实习工作任务情况

序号	学院名称	实习时间	学生人数/位	实习内容
1	国际学院	5 月 21 日	52	农事认知
2	挪威生命科学大学	6 月 3 日	20	农事认知
3	土地科学与技术学院	6 月 24—26 日	33	专业实习
4	经济管理学院	7 月 7—8 日	245	农事认知
5	农学院	7 月 10 日	100	玉米实习
6	水利与土木工程学院	7 月 1—5 日	60	专业实习
7	北京科技大学	7 月 18 日	120	农事认知
8	日本东京农业大学	8 月 28 日至 9 月 1 日	12	农事实习团
9	园艺学院	9 月 7—8 日	75	专业实习
10	奥本大学	9 月 21 日	17	农事认知
11	农学院、园艺学院、植物保护学院	9 月 23 日、25 日、27 日	271	农机专业实训
12	资源与环境学院	12 月 18 日	34	农事认知

（谢虹）

【科学研究】

2019 年度承担并协助学校农学院、园艺学院、植物保护学院、资源与环境学院、生物学院、草业科学与技术学院、信息与电气工程学院、水利与土木工程学院、理学院、食品科学与营养工程学院、工学院等 11 个学院 94 个科研团队和农业农村部等校外单位完成科研任务。保障 1 052.92 亩科学研究工作的顺利实施（表 18）。

协助科研团队取得的重大成果及科研进展 12 项，其中包括国家“973 计划”“国家 863 计划”、国家重点基金、重大科研专项、重点研发计划等国家级科研项目；自主承担的科研试验及示范推广包括北京市 41 个冬小麦品种的区试任务和 326 个玉米品种的示范种植，累计种植面积 470 亩；9 个甘薯新品种和 5 个草莓新品种的示范推广工作，其中，甘薯新品种示范 80 亩，草莓新品种示范 3.6 亩；利用甜糯玉米新品种开展耕作、栽培、管理等综合技术集成示范，形成了一套鲜食玉米高产高效综合栽培新技术集成，在实现高效

节水、节肥、省工的同时增产增收。

（王占森）

表 18 2019 年科研用地使用情况

序号	用地单位	面积/亩	备注(含种植作物)
1	农学院	474.02	小麦、大豆、水稻、棉花、玉米、中药材
2	园艺学院	97.2	果树、蔬菜
3	植物保护学院	48.7	小麦、水稻、苹果、玉米、甜菜、葡萄、棉花
4	资源与环境学院	116.8	玉米、小麦、水稻
5	生物学院	90.7	玉米
6	草业科学与技术学院	20	苜蓿、鲜食玉米、柳枝稷
7	信息与电气工程学院	13.1	玉米、马铃薯、小麦
8	水利与土木工程学	5	设施农业、农业工程
9	理学院	20.2	棉花、小麦、玉米、大豆、花生、蔬菜、葡萄
10	后勤保障处	10	苗木
11	食品科学与营养工程学院	11.1	葡萄
12	工学院	9.2	农作物秸秆、树枝、玉米
13	粮经团队	26	玉米、甘薯、草莓
14	农业农村部	75	温室、棉花、大豆
15	实验站教学用地	20.4	科普园、杏树，鱼池、牧草
16	中国农业大学玉米集成示范	15.5	玉米

（王占森）

【对外交流与合作】

5 月 13 日，美国奥本大学师生访问团一行 12 人到上庄实验站学习交流。5 月 17 日，南京农业大学白马教学基地 5 人到上庄实验站针对教学科研实验基地建设进行交流学习。6 月 9 日，中德项目的 Doluschitz 教授带领的德方学生考察团一行 48 人参观考察上庄实验站。7 月 9 日，印尼民主斗争党总主席前总统梅加瓦蒂一行 25 人到上庄实验站考察水稻研究。9 月 12 日，农业农村部对外经济合作中心组织来自 10 个国家的外籍农业专家及教育官员到上庄实验站参观访问。12 月 18 日，资源与环境学院农业绿色发展非洲专业硕士班一行 34 人到上庄实验站参观学习。

（康雪宁）

【合作共建】

“两田一园”农业高效节水灌溉项目 以推动北京市的农业高效节水灌溉为目标，上庄实验站争取到了由北京市海淀区水利资源局立项的“两田一园”农业高效节水灌溉示范区 7 000 亩、预算资金 800 万元的建设项目。上庄实验站为该项目的核心示范区，覆盖了 1 240 亩教学科研试验用地。2019 年已完成 6 眼机井的更新，新增 6 套水肥一体化辅助设施，重新铺设节水灌溉管道 1 万多米，该项目的建设完成将满足不同科研试验灌溉用水需求，可实现年节水 40%以上。

农业科普宣传教育基地共建项目　由海淀区马连洼街道办事处出资 20 万元与上庄实验站共建农业科普园，园区占地 4.4 亩，种植各类作物 100 余种，全年已接待参观和认知学习 8 600 多人次。

北京市粮经作物创新团队项目　2019 年，上庄实验站全面实现了与北京市农业局签订的《北京市粮经作物创新团队五年计划任务书》所承担的目标任务，累计到账经费 117 万元，完成了甘薯、玉米、草莓等新品种新技术的集成示范推广工作。

中国农业大学科技成果推广平台　为了探索搭建学校科技成果推广平台，打通科研产品进市场的“最后一公里”，上庄实验站与中国农业大学网络中心电商合作，种植了 10 亩中国农业大学培育的鲜食玉米新品种，由电商将收获的产品直接推向市场，实现了学校科技成果的有效转化。

科技扶贫项目　积极为湖北省丹江口市丁家营镇出谋划策，促进乡村振兴和当地农业产业发展；上庄实验站的科普园和农业培训项目，为农民提供了专业的农业知识和技术操作指导，推动了农业发展和美丽乡村建设。

合作种植项目　上庄实验站无偿为西辛力屯村提供 400 亩地种子、化肥、农机作业和技术指导；对学校教师位于前章村、八口村和双塔村等 950 亩的试验地进行农机作业。

（张旭）

【社会服务】

8 月 23 日，北京市海淀区马连洼街道办事处一行 90 余人到访上庄实验站，共同开展科普实践活动。上庄实验站教师员工分次分批带领到访人员参观共建项目科普园和试验区的农业机械、农作物，并为其科普解读农业的最新形势和最新政策。

10 月 18—20 日，上庄实验站举办“全国现代农业科技丰收节暨农林高校教科基地发展协作会成立大会”。此次活动分为两个板块：第一为全国现代农业科技丰收节板块。该板块以学校科学技术和科研成果展示、大型农业机械展示、新奇特农产品展示、农业科普教育和科技扶贫为主，聚焦服务“三农”和乡村振兴工作。第二为全国农林高校教科基地发展协作会成立大会板块。该板块组织召集了全国 27 所农林高校 120 人参会，选举产生了协作会领导班子，中国农业大学当选为理事长单位。该板块还开设了农林高校教科基地建设与可持续发展论坛，共同交流基地建设经验，探讨发展过程中存在的问题，探索合作模式。

在本科生院的支持和指导下，承担了北京市高校支持中小学发展项目，完成了中小学社会实践大课堂全年农事课程计划任务，接待中小学生 618 人次。此外，还完成“红豆杉扦插”数字化课程和课件的制作。

（李彦明）

食品营养与人类健康高精尖创新中心

【概况】

食品营养与人类健康高精尖创新中心(以下简称“中心”)是北京市首批启动建设的高校高精尖创新中心之一。

中心自2015年9月组建以来,聚焦困扰我国重大健康问题“代谢综合征”,以“健康评估—风险分析—健康管理—健康促进”为主线,系统解析威胁人群健康的因素及生物机制,建立科学的人体健康评估体系,从流行病特征、分子调控机制、营养干预等方面开展系统研究,提出营养干预代谢紊乱的策略,并开发营养干预与智能健康管理产品。

中心依托北京市政府资助,作为中国农业大学的“科技特区”和“人才特区”开展建设。以“面向全球开放,吸引世界一流学者,唯才是用”为宗旨,汇聚国内外优秀人才。力争通过几年的建设,使中心成为国际一流的食品营养与人类健康研究的学术创新高地、高水平创新人才培养基地、引领健康食品新技术研发的阵地,为我国健康食品产业的发展提供科学依据、技术支撑和转化平台。

(史娟)

【学科建设】

中心按照党和国家2030健康发展战略精神,依据营养与健康科学内涵,结合依托高校已有学科优势与条件,组织力量申报的教育部学科目录外新增交叉学科——“营养与健康科学”一级博士学位授权点成功获批。该学科下设“营养与流行病”“营养源与健康”“环境与营养健康”和“精准营养与健康工程”4个研究方向,从健康的评估与预测、疾病的防控和人类健康机制3个层面实现健康中国的基础研究。

(史娟)

【人才引进与培养】

2019年,中心新聘全职岗位科学家6人,入站博士后7人。中心自成立以来,共聘任首席科学家22人、岗位科学家48人,入站博士后54人。研究领域覆盖营养科学、食品安全、食品生物技术等多个研究方向,较好地完成了北京市教委提出的“把人才资源开发作为协同创新的核心要素,牢牢把握集聚人才大举措,吸引、广聚国内国际领军创新人才”的要求。

在人才培育方面,2019年,中心副主任、首席科学家任发政教授,首席科学家陈卫教授当选“中国工程院院士”;首席科学家周欣教授、岗位科学家王战辉研究员入选国家“万人计划”科技创新领军人才,首席科学家周志强教授入选国家“万人计划”教学名师,岗位科学家汪洋教授入选国家“万人计划”青年拔尖人才、教育部“长江学者”奖励计划;岗位科学家朱奎教授获得优秀青年科学基金项目。首席科学家任发政院士、孙宝国院士获

2019 年度“何梁何利科学与技术创新奖”，沈建忠院士获第六届中华农业英才奖，廖小军教授团队获得“2018—2019 年度神农中华农业科技奖优秀创新团队奖”。

（杨媛媛）

【承担重大项目】

2019 年，中心在研科研项目 155 项，其中，国家重点研发计划项目 34 项，国家自然科学基金重点项目 5 项，国家自然科学基金优秀青年基金 3 项，科技部重大专项 5 项，其他省部级及以上项目 108 项。本年度新立项项目 20 项，其中，国家重点研发计划项目 1 项，国家自然科学基金重点项目 1 项，国家自然科学基金优秀青年基金 1 项。

（高杰云）

【科研成果】

2019 年，中心发表高精尖为第一标注单位的 SCI 文章共 305 篇（IF＞10 分的 16 篇，IF＞5 分的 186 篇），包括 *PNAS*，*Gastroenterology*，*AngewandteChemie-International Edition* 等行业顶级杂志，已完成授权专利 123 项，在审专利 86 项；省部级以上奖励 6 项；科技成果转化 5 项。

（高杰云）

【学术合作与交流】

中心有计划、多层次、多形式地开展各种学术交流活动。定期邀请首席科学家雷新根教授、顾正龙教授、崔炜教授、王福俤教授等围绕“营养与健康”进行学术报告。10 月 28—30 日，主办“第二届分子营养与健康论坛”，邀请来自北京大学、清华大学、中国医学科学院肿瘤医院、中科院营养与健康研究所、中国医学科学院基础医学研究所等 20 位知名专家共话“分子营养与健康”主题。

（史娟）

模式动物表型与遗传研究国家重大科技基础设施

【概况】

2019 年，模式动物表型与遗传研究国家重大科技基础设施建设办公室破解办理建筑许可环节效率难题，取得建设工程规划许可证和建筑工程施工许可证等里程碑文件，实现了模式动物表型与遗传研究国家重大科技基础设施年内开工的目标，进入全面施工建设阶段。

（张树川）

【建设管理机构】

为加强项目统筹建设和管理协调工作，根据国家有关规定，联合中科院昆明动物研究所，成立了设施建设管理机构（中农大研字〔2019〕2 号），并获得了教育部科技司和中科院条财局联合批复（教技司〔2019〕70 号）。

（吴寒宇）

【管理办法】

5 月，发布《模式动物重大设施（猪设施）建设资金使用细则》。

7 月 2 日，校长办公会召开 2019 年第 19 次会议审议通过了《模式动物表型与遗传研究国家重大科技基础设施建设管理办法》。

（温皓杰）

【开工仪式】

8 月 30 日上午，国家重大科技基础设施建设研讨会暨模式动物大设施开工启动仪式在中国农业大学涿州教学实验场举行。河北省副省长徐建培，项目总指挥、中国农业大学校长孙其信，项目首席科学家、中科院院士孟安明，教育部科技司副司长张国辉，国家发展改革委高技术产业司创新能力处处长任中保，保定市市长郭建英等出席仪式并致辞。中国农业大学副校长龚元石主持启动仪式。《中国科学报》《科技日报》、科学网、《农民日报》、澎湃新闻、《北京日报》《北京科技报》等媒体先后对本项目进行宣传报道，并入选学校年度十大新闻。

（王夏玲）

【工程成果】

5 月 20 日，取得“建设工程规划工规证”，编号 130681201900012。

8 月 13 日，完成监理、施工招标。

12 月 9 日，取得“建筑工程施工许可证”，编号 130681201911290101。

12 月 11 日，土方开挖。

（姚新宇）

【国际会议】

10 月 25—26 日，“猪基因编辑技术与政策国际高端研讨会”在北京会议中心举行。会议由中国农业大学主办，模式动物表型与遗传研究重大科技基础设施建设办公室和农业生物技术国家重点实验室承办。中国农业大学副校长龚元石出席会议并致开幕词。会议邀请了 100 多位国内外该领域专家，包括美国伊利诺伊大学原副校长、国际猪基因组测序学会联合主席 Lawrence B. Schook，以及丹麦奥胡斯大学、巴黎-萨克雷大学、英国爱丁堡大学、中科院、浙江大学、吉林大学、同济大学、中国农科院等专家代表。会议就基因编辑技术在人类疾病模型猪制备、猪分子及抗病育种中的应用及相关政策，如何规范猪基因编辑技术的合理应用，如何促进猪基因编辑技术的成果转化等议题进行交流研讨，并达成重要共识和合作意向。

（王龙鹤）

中国农业大学国家大学科技园/北京建设大学

【概况】

中国农业大学国家大学科技园(北京建设大学)(以下简称"科技园")是专门负责学校科技成果向社会推广转化、科技企业孵化、双创人才培养的支撑平台和直属机构,是学校教学科研的重要服务窗口,是科技部、教育部认定的国家级大学科技园。

2019年,科技园入驻国家和省部级实验室8个,入驻企业259家,其中,高新技术企业49家,高校师生创业团队49个,中国农业大学教师领办企业5家,大学生创业团队8家,留学生企业20家,涉农企业102家,签约服务机构14个,产业化服务平台4个。科技园企业拥有自主知识产权800余项,创业导师81人。

科技园获得北京市教委2019年北京高校大学生创业园高校分园项目经费46.96万元、北京市经济和信息化局"2019年度北京市支持中小企业发展资金服务奖励项目"奖励资金50万元、中关村海淀园管委会"2019年创新创业服务载体专项"资金20万元。在园2家大学生创业团队获得2019年大学生创新创业大赛全国总决赛银奖。

(赵忠英)

【党建工作】

认真学习贯彻习近平总书记系列讲话精神和党的十九届四中全会精神,全面从严治党。坚持"三会一课"制度,坚持双周三学习制度。2019年召开党员大会4次、党课2次、支委会14次,专题教育学习交流会7次,主题党日活动10次,民主生活会3次,微信党课12次。按照"守初心、担使命,找差距、抓落实"的主题教育总要求,组织教工边检视问题边整改落实,认真完成自定的"6+1+N"党建活动。

学习弘扬"曲周精神",助力脱贫攻坚、服务乡村振兴。组织党员职工到曲周实验站参观学习;组织科技园员工、马连洼街道商会会员到学校上庄实验站开展专题教育实践活动;组织党员职工和科技园党员参观"曲周精神"事迹图片展、"伟大历程　辉煌成熟——庆祝中华人民共和国成立70周年"大型成就展、"立德树人、强农兴农"图片展;组织教职员工观看《决胜时刻》《小巷管家》《榜样4》。联合马连洼街道办事处,带领学校相关教授、科技园相关企业和相关科研院所共同前往内蒙古科右前旗大石寨镇贫困村,赠送对方180本农业种植、养殖方面的实用技术书籍和党支部自编的《党员口袋学习手册》。12月,发动本单位员工及科技园各企业为村民捐赠新羽绒服100件,价值10万余元。为北京大兴区老宋瓜果专业合作社农户宣讲乡村振兴相关政策,捐赠实用书籍700余册,开展科技需求调研活动,举办市场营销专题培训活动。

(王蔚燕)

【制度建设】

以提高管理水平、提高工作效率、提高服务质量为目标,以制度建设为抓手,2019年共召开例会37次，全年改进、完善、创新工作流程7项和规章制度21项，保障开展工作有章可循、有法可依，体现科技园管理工作的科学性、规范性、实效性。

（王蔚燕）

【科技企业孵化】

充分利用科技园完善的硬件办公条件，专业的投资咨询服务机构，优秀的园区领军企业，知名的特聘创业导师团队，先进的科研设施设备等资源，为大学生团队、留学生、校友企业提供全方位、全过程的初创、孵化、成长、创新等方面的创新创业孵化服务，努力打造科技园涉农孵化的特色品牌，2019年共为16家新入孵企业、39家毕业离园企业，以及71家在园科技企业办理了登记注册等孵化服务。

（冯慧茹）

【教育培训】

主动了解科技园各类企业的实际困难和需求，完善、创新服务及教育培训方式方法，采取专题讲座、现场教学、案例教学、情景模拟、团队熔炼、成果推介、参与式研讨、分组交流、一对一问诊、学员论坛、沙龙分享、每日回顾、培训小结、结业总结等丰富多彩的教育培训形式，为科技企业、大学生创业团队提供针对性、专业性、实效性的线上线下教育培训服务。全年围绕政策解读、财税辅导、法律与知识产权、人力资源、风险防控等方面内容，面向园区科技企业和大学生创业团队共举办线上线下的专题培训班30场，培训科技企业和大学生创业团队人员570人次。

（冯慧茹）

【教学科研服务】

全力为学校教学科研提供资源保障和后勤服务保障。2019年为学校提供3万平方米教学科研及学生住宿用房和后勤物业服务。为果蔬研究中心、高精尖创新中心、大学生创业团队的科研、教学、办公、创业，以及后勤人员、各类博士生、留学生宿舍提供物业管理、维修服务3 000余次。完成建设大学校内自备井改市政自来水供水工程，1号楼供水水管改造，原植物保护学院48间实验室搬迁及有毒有害实验品清运，1号楼1、2层北京食品营养与人类健康高精尖创新中心一期装修工程等园区改造工程34项。清运生活垃圾418车，建筑垃圾30车，维护园区绿化5 040平方米，树木180棵，自种植绿化草坪1 000余平方米，博士宿舍杀虫打药12次，清洗空调室外机100余台，暖气片反复放气及维护350余组，更换水龙头芯、水龙头把230余次，疏通卫生间管道320余次，抢修水管暖气管爆裂跑水6次，排查暖气片1 685片，处理隐患问题21处，核查地面井盖200多个，上油保养暖气主管道进户阀门67个，清扫配电箱140个，配电箱装线鼻200多个。

（张英姿）

【安全保卫】

2019年，科技园共开展各类安全事项检查及教育培训128次。其中，开具安全隐患通知66份，整改消除隐患45项，为园区科研单位、商户、公安机关调取视频资料27次，组织消防演习3次，消防安全专业培训5次，配合马连洼街道派出所进行反恐演习2次。3号楼博士生公寓东侧2个楼梯安装防坠网5张；新增监控点位37处；新增、更换火灾探测及报警设备149处；更换消防水管30米。按照学校及上级单位的要求，制定并完善各类消防安全规章制度及工作流程。整顿2号楼周边的自行车及电动车停放秩序；改造东门入口，解决东门口长期存在的人车混行状况；在南门设置安装近邻宝快递柜。通过各类管理措施，有效保障师生科研、教学、住宿、生活便捷以及园区的安全稳定。

（马德飞）

校 医 院

【概况】

2019年，校医院在学校领导的正确领导下，始终把“敬佑生命，救死扶伤，甘于奉献，大爱无疆”作为医院的初心和使命，在全体职工团结协作、共同努力下，按照上级部门的要求，较好完成了各项医疗工作和医德医风的建设。

（杨梅）

【医疗队伍】

校医院共有人员95人，其中，在编人员36人，外聘人员59人。在正式在编职工中，医护人员35人，非医护人员1人。在医护人员中，医生31人，护士3人，防保人员1人，检验人员1人。在外聘人员中，医护人员48人，其中，医生15人，护士24人，药剂师7人，医技人员2人。收费、后勤人员11人。具有中级以上职称51人，副高级以上职称24人；具有博士学位2人，硕士学位11人。

（杨梅）

【医疗服务】

2019年，校医院门诊的接诊量达162 739人次，夜间接诊患者6 093人次；出诊33次；外出各类服务73次。

（杨梅）

【特色科室】

在东区校医院开辟了全新中医诊疗区，提供多种中医服务。截至12月底，东、西两校区校医院已增加了包括高频、中频、低频、蜡疗、磁振热、药物离子导入、红光治疗等设备，极大地提升了医院服务能力，满足了患者日益增长的需求。

（杨梅）

【体检工作】

2019年，完成本科生、研究生体检6 722人；在职人员（包括C岗）体检3 316人；离退休、102人员体检1 892人；女工体检1 813人；65岁以上女工乳腺检查212人。

（杨梅）

【公共卫生】

（一）国家基本公共卫生服务及家庭医生签约式服务工作

健康教育 东、西校区共举办健康教育大课堂27场，受益人数近14 762人；大型咨询活动34次，受益人数4 413人；发放各类宣传资料63种12 402册，自制健康处方13种1.08万份；利用学校公众号、防保科公众号等多种形式宣传传染病、慢性病等知识。

预防接种 对辖区内散居儿童、托幼儿童、农大附小等免疫接种16 138人次。对“一老一小”接种流感疫苗4 017人次。9月，临时接到国庆游行方阵流感疫苗接种任务，2天内为300多名方阵队员接种流感疫苗，为参阵队伍提供了医疗保障服务。

慢病管理 对辖区内高血压、糖尿病患者进行管理，规范管理高血压患者1 802人，糖尿病患者658人。

儿童保健 东、西校区在册儿童418人，健康管理儿童411人，管理率为98.3%。各种筛查率均达到国家卫健委的标准。

孕产妇健康管理 早孕建册率为89.47%，孕产妇健康管理率为100%，产后访视率为92.98%，对孕产妇管理采取多种形式，防止失访和漏访情况的发生。

重性精神病患者管理 东、西区共管理精神障碍患者74人，均按规定进行严格管理，全年未发生不良事件。

家庭医生签约式服务 针对老年人、慢性病患者等重点人群开展家庭医生签约式服务。全年重点人群签约近4 274人次，普通人群签约12 022人次。

卫生监督协管 成立了卫生监督协管小分队，制定了规章制度，每季度进行督导、巡查，东、西校区共督导60多个单位，发现问题及时解决并登记备案。

推广全民健康生活方式 全年培养新的健康生活方式指导员15人。成立毛巾操队、老年人防跌倒操推广与跌倒干预项目专项工作，进行防跌倒表演讲座及培训等。1名指导员获海淀区优秀健康生活方式指导员称号。健骨操队在海淀区比赛中荣获三等奖。

（二）法定传染病及突发公共卫生事件报告和处置服务

通过健康大讲堂、健康讲座、微信企业号等途径对师生开展传染病知识宣传。把艾滋病防治课程纳入学生的网络教学课程，在新生入学之际，举办艾滋病专题讲座；设计撰写并下发了《预防艾滋病健康处方》。校医院派专人到烟台研究院为新生进行肺结核和艾滋病知识讲座。针对在校师生、辖区居民、流动人口每月开展防艾宣传干预活动。全年共管理肺结核5人，追访到位率、首次面访率、规则服药率、患者结案率均达到100%。对水痘、流行性腮腺炎、猩红热、流感等其他传染性疾病也按管理要求进行隔离防治。

（杨梅）

【医德医风建设】

每月定期对全院医务人员进行思想道德、医德医风教育。发现问题及时整改，奖优罚劣，制定了《中国农业大学校医院劳动纪律和请假考勤管理办法（试行）》，使校医院的管理更加规范。

（杨梅）

【基础设施建设】

置换所有的旧空调，改造卫生间，增设无障碍卫生间；更换全自动生化仪；完成医院信息系统改造。

（杨梅）

体育馆管理工作

【概况】

2019 年，体育馆管理中心按照"规范有序、热情主动、务实高效"的工作要求，对内配合学校党政办公室、宣传部、体育与艺术教学部、保卫处、校团委以及各学院、部门，保障学校体育与艺术室内教学、大型文体活动、会议的顺利进行；对外兼顾社会公益效益，严格遵守国家法律、法规，拓宽体育馆收入来源，减轻学校财政负担。体育馆管理中心有事业编制人员 4 人，非事业编制聘用人员 24 人。设有办公室、活动管理部、运行保障部、财务物资部 4 个部门。

（杜学振）

【保障体育与艺术教学训练】

体育馆管理中心本着"教学为主，活动为辅"的原则，全力协调和保障室内体育与艺术教学、训练。2019 年，体育馆保障了体育与艺术数 10 门课程共计 5 300 课时的教学，同时还为学校男、女篮球队，乒乓球队，羽毛球队，健美队日常训练和合唱团、话剧团、舞蹈团排练提供场地服务。另外，还协助完成了 2019 年度本科生体质健康测试工作。

（张景文）

【承办校内外大型活动】

体育馆管理中心与学校相关部门沟通协调与密切配合，圆满完成 14 项校内大型活动和会议的承办工作。在保证学校正常使用和丰富师生课余文化生活的同时，承接校外其他活动 12 次（表 19、表 20）。

表 19　2019 年中国农业大学内部大型活动(体育馆内)一览表

序号	日期	活动名称	活动性质
1	4 月 18 日	中国农业大学学工系统 2019 年羽毛球比赛	比赛
2	5 月 12 日	中国农业大学首届教职工气排球比赛	比赛
3	5 月 18 日	中国农业大学“乒搏杯”院际乒乓球赛	比赛
4	5 月 25 日	中国农业大学 2019 年“院级杯”羽毛球比赛	比赛
5	6 月 5 日	北京市教育工会系统教职工“兴趣汇”成立仪式暨羽毛球交流活动	比赛
6	6 月 12—14 日	2019 年教职工羽毛球混合团体赛	比赛
7	6 月 22 日	2019 年毕业典礼暨学位授予仪式	会议
8	8 月 12—14 日	第七届全国大学生农业建筑环境与能源工程相关专业创新创业竞赛	比赛
9	8 月 29—30 日	2019 级迎新活动	活动
10	8 月 31 日	2019 级新生开学典礼	会议
11	8 月 31 日至 9 月 6 日	2019 级新生入学教育及军事理论培训	培训
12	10 月 18—19 日	2019 年就业指导中心招聘会	活动
13	10 月 27 日	2019 年北京市教育系统羽毛球比赛	比赛
14	11 月 3 日	庆祝新中国成立 70 周年教职工乒乓球比赛	比赛

表 20　2019 年中国农业大学外部大型活动(体育馆内)一览表

序号	日期	活动名称	活动性质
1	1 月 5 日	酷狗校际音超联赛	比赛
2	4 月 20 日	北京市医院管理局工会“杏林春羽杯”第四届职工羽毛球比赛	比赛
3	5 月 19 日	2019 青少年创新思维活动	比赛
4	5 月 19 日	旱地冰壶拓展活动	比赛
5	7 月 26 日	清华同方篮球赛	比赛
6	8 月 17 日	北京市体育大会羽毛球赛	比赛
7	10 月 16 日	第五届雄鹰杯小动物医师技能大赛	比赛
8	10 月 25 日	2019 年城建置业公司乒乓球赛	比赛
9	11 月 2 日	第十一届“京津沪渝粤琼”律师羽毛球赛	比赛
10	11 月 9 日	国家开发银行第三届机关杯羽毛球比赛	比赛
11	11 月 17 日	北欧杯室内五人制足球赛	比赛
12	11 月 23 日	字节跳动第三届乒乓球赛	比赛

（张景文）

【文化艺术馆工作】

2019 年,文化艺术馆共举办 4 次展览,展出作品 736 幅/件,参观人数达 7 670 人次(表 21)。

表 21　2019 年中国农业大学文化艺术馆展览一览表

序号	时间	名称	展览性质
1	3 月 21 日	庆祝新中国成立 70 周年——新时代党风廉政教育漫画展	漫画
2	5 月 8 日	时间的针脚——2018《美术鉴赏与实践》校级核心素质课程汇报展览	综合
3	5 月 30 日	使命与传承——中国农业大学曲周精神事迹展	综合
4	6 月 17 日	园林专业毕业设计成果展	综合

(于立春)

【场馆健身项目开展】

2019 年对外开放羽毛球、乒乓球和篮球等项目,其中,羽毛球项目累计使用 28 656 场次,乒乓球项目累计使用 3 025 场次,篮球项目累计使用 1 094 场次。健身房仅对校内师生开放。

(张景文)

【运行与保障工作】

加强体育馆硬件设施改造,提升体育馆功能,改善室内体育与艺术教学及健身环境,加强维修改造,保障场馆安全,满足教学与健身需求。

完成观众大厅墙面粉刷及地面铺装 PVC 工程、室外楼梯踏步及平台修缮工程,更换馆内标识标牌、安全出口灯及应急照明灯、消火栓压力表、防火门、锅炉循环泵等,完成消防与监控设施检测维保工程,保障场馆安全运行及学校大型活动的顺利进行。完善羽毛球馆、篮球馆、健身房配套设施,淋浴间加装暖风机,运动区增设开水间和健身饮料售卖设备,增加课间休息场所,进驻安全巡场健身教练,配置人体成分分析仪,增强师生教学及健身的舒适感与体验感。

加强场馆安全管理,组织员工消防知识培训和防汛培训各 1 次。

(刘淑梅)

中国农业大学2019年工作总结

2019年是新中国成立70周年，是全面深入学习贯彻落实习近平新时代中国特色社会主义思想以及党的十九大及十九届二中、三中、四中全会精神的关键之年，是学校高质量推进“双一流”建设的攻坚之年。在学校党委的领导下，全校上下坚持以习近平新时代中国特色社会主义思想为指导，全面贯彻落实全国教育大会精神，学习贯彻习近平总书记给全国涉农高校的书记校长和专家代表回信精神，坚持社会主义办学方向、落实立德树人根本任务，深入开展“不忘初心、牢记使命”主题教育，坚定信心、深化改革，持续深入推进“5＋1”工程，坚决落实“双一流”建设奋进攻坚行动方案，加快推进中国特色、农业特色世界一流大学建设取得新的进展。

一、深入开展“不忘初心、牢记使命”主题教育，坚持以习近平新时代中国特色社会主义思想引领学校发展

（一）精心组织和扎实推进主题教育

研究制订学校《“不忘初心、牢记使命”主题教育工作方案》以及12个配套文件，成立8个督导组，建立“四级督导”，实施“突出重点学、集中研讨学、创新方式学、提升实效学”的“四学”模式。通过组织领导、工作督导和扎实推进四项重点措施，在主题教育活动中加强顶层谋划、协同调研和集中交流；坚持全面检视、突出重点、深查细照；推动立行立改、专项整治和整改落实，营造了办实事、谋发展、担当作为的良好氛围，主题教育取得阶段性成效。《光明日报》第5版整版报道了学校主题教育工作的主要做法、生动实践和理论思考。

（二）切实提升思想理论水平和行动自觉

全面把握习近平新时代中国特色社会主义思想的核心要义，对标对表习近平总书记关于教育工作的系列指示精神，跟进学习贯彻习近平总书记给全国涉农高校的书记校长和专家代表回信精神、国庆系列重要讲话和十九届四中全会精神等，通过“学深悟透习近平新时代中国特色社会主义思想”“不忘初心使命　坚定理想信念　强化政治担当”“以立德树人为根本，进一步增强为党育人为国育才的思想自觉、行动自觉”“加强党的建设，提高思想政治工作质量”“再鼓干劲，高质量推进‘双一流’建设”“以强农兴农为己任，为

早日实现农业农村现代化不断做出新的更大的贡献”“坚守教育报国初心，为打赢脱贫攻坚站彰显农大的作为”等专题研讨，切实推动理论学习往深里走、往心里走、往实里走。把贯彻落实习近平新时代中国特色社会主义思想和党中央决策部署作为做到“两个维护”的实际行动，对标习近平总书记指示精神和工作要求更加自觉，以中央精神指导办学治校更加及时到位，服务国家重大战略更加积极主动。

(三)认真落实问题整改工作并取得实效

结合主题教育期间学习研讨查摆的问题，对照党章党规找出的问题，调查研究中发现的问题，群众反映强烈的问题，班子成员谈心谈话指出的问题，上级部门点出的问题，以及巡视反馈中未整改到位的问题，2018年度民主生活会、政治建设专题民主生活会提出需要整改尚未整改到位的问题等进行梳理和汇总，从党的政治建设、强化担当作为、全面从严治党、改进工作作风、主动服务师生、建立健全制度等六个方面共梳理出主要问题27项、具体问题75项。其中，存量问题3项、增量问题72项。在此基础上建立了问题清单和责任清单，列出整改措施105项，每项整改措施明确了责任领导、责任单位和整改时限。在即知即改过程中已解决问题15项，需长期坚持问题22项，还有38项问题严格按照整改时限推动解决。推动立行立改、专项整治和整改落实，营造了办实事、谋发展、担当作为的良好氛围。在主题教育专题网站开通“整改进行时”专栏，及时报道各单位为民解忧工作情况。

(四)着力解决师生的操心事、烦心事、揪心事

认真执行联系群众的各项规定，深入基层联系教师、联系学生、联系党支部、联系党外人士，虚心听取意见，回应群众关切。积极推进“10项暖心工程”，针对教师反映的紫苑小区长期靠自备井供水、水质硬度大的问题，学校投入700余万元对小区30多栋楼宇水道管网进行改造，1 488户近3 000名居民用水问题得到切实改善；为方便东、西校区师生特别是晚间选修课师生的往返，增设东、西校区周六晚间班车，并设置专人负责统计班车乘坐信息，同时根据乘车需求，定期调整运行班次；为了改善师生就医环境、提高校医院医疗服务水平，校医院购进中医磁振热治疗仪、中频干扰电治疗仪、牵引床等中医理疗设备；统一梳理学校全年发文情况，研究制定规范发文、严控发文的办法，一律取消简单转发上级文件类发文；探索建立“无会日”制度、统筹合并校级工作会议、建设视频会议系统，增加校区间视频工作会议次数。

(五)进一步激励干部担当作为和破解难题

通过主题教育，让干部思想政治受到洗礼，全校处级以上干部共形成学习体会文章200多篇、专题调研报告242份。学校制定完善二级单位和干部考核评价机制，以《处级干部约法六条》为基础，激励干部担当作为、攻坚克难，强调“新官必须理旧账”，切实转变工作作风、履行整改责任。结合中央审计整改，强化责任单位责任担当，直接面对长期困扰学校发展的一些历史遗留问题敢于攻坚克难。其中，困扰学校发展近20年的烟台办学历史遗留问题不断得到破解；涿州教学实验场已成为学校最重要的教学科研与成果展示基地、服务国家乡村振兴战略野外重要平台；全面整治公有房、周转房出租出借问题；学校开拓新的办学空间取得实质性进展，一些校内新的建设项目获得特批，各项工作呈现出蒸蒸日上的良好局面。

二、强化党的全面领导，推进学校党建质量提升攻坚

(一)全面加强学校党的政治建设

学校党委认真学习贯彻习近平总书记重要讲话、指示批示精神和《中共中央关于加强党的政治建设的意见》，贯彻落实北京市委《关于加强高校党的政治建设的若干措施》文件精神，从加强政治领导、坚持政治方向、落实政治要求、强化政治功能、突出政治标准、严守政治纪律、涵养政治生态、严肃政治生活、强化政治监督、开展政治斗争等十个方面全面发力，努力健全加强学校政治建设的工作格局和长效机制。研究制定关于加强党的政治建设的若干措施，坚持以“钉钉子”精神抓各项工作落实，不断推动学校党的政治建设落地见效。建立健全党的政治建设长效机制。坚持政治建设与各项业务工作特别是中心工作紧密结合、相互促进，通过严格党内政治生活、干部考察考核、校内巡察、党性锻炼，增强敏锐性和鉴别力，强化政治纪律和政治规矩，切实抓好政治建设。紧紧围绕党的政治建设，顺利召开学校领导班子专题民主生活会，开展对照检查和批评与自我批评，班子整体的政治意识、政治站位和政治能力明显增强。

(二)坚持和完善党委领导下的校长负责制

强化学校党委领导核心作用，切实加强党对学校工作的全面领导。坚持党委领导下的校长负责制，强化“一岗双责”，积极落实学校党委组织部长、宣传部长、统战部长担任党委常委的要求。修订《中国农业大学章程》，把坚持党委对学校工作的全面领导、突出学校红色基因、增加对教师和学生的政治要求等内容写入《中国农业大学章程》。修订完善党委常委会、校长办公会、党委全委会议事规则，健全学校领导班子议事决策制度，保障学校党委履行管党治党、办学治校的主体责任。加强对学院党政联席会的监督工作，促进学院议事决策更加民主化、科学化、规范化。

(三)深入推进学校新时代党建工程

党委书记认真履行第一党建责任人责任，主持召开党委理论学习中心组学习 12 次，坚持带头学、带头讲，在《人民日报》《光明日报》发表署名文章。落实高校党建工作 20 项重点任务，着力推进党建质量提升攻坚。坚持校、院、系三级联动一盘棋抓好学校党的建设。学校党委认真落实中央巡视整改、审计整改，不断强化党政领导班子的政治意识和责任意识。强化学院党委对重大事项的前置研究程序，强化学院党委书记主持党政联席会的工作职责，强化学院党政联席会落实党委意图的组织保障等。强化教工党支部的政治功能，在干部提拔、教师考核、人才引进等方面，规定必须听取党支部意见的工作程序，切实增强了党支部的地位、代表性、凝聚力。以“党支部建设年”为抓手，加强对标争先，评选 3 个校级“标杆院系”，培育创建 10 个教工样板党支部、10 个学生样板党支部，建设 10 个“双带头人”工作室。动物科学技术学院党委入选“全国党建工作标杆院系”，教职工、研究生、本科生各有 1 个党支部成为“全国党建工作样板支部”培育创建单位，1 个教工党支部入选了《基层党组织书记案例选编》。实施“全覆盖　双提升”大学生党支部建设工程，由 82 名政治素质过硬的党员干部组建了一支党建指导员队伍，75 个教职工党支部与大学生党支部结对共建，实现本科生党支部、党员全覆盖。加强网络教育、场站企业、野外基地等基层党建，进一步推进基层党组织和党的工作有效覆盖。各级党组织积极打造党员活动品牌，定期评选教职工“十佳主题党日活动”等。全年发展党员 1 230 名

党员，其中，学生 1 181 人，教职工 49 人（4 人为我校引进人才）。

（四）加强领导班子和干部队伍建设

加强党委班子建设，不断提高管党治党、办学治校的能力水平。完善党委理论学习中心组学习制度，制订和落实年度专题学习计划，深入学习贯彻习近平新时代中国特色社会主义思想，筑牢理想信念，增强政治自觉。贯彻落实《校领导约法十条》，制定校级领导干部一线规则，进一步强化校领导干部深入基层、密切联系师生的意识，发挥“头雁效应”。紧抓“选育管用”全链条，打造忠诚干净担当高素质干部队伍。制定干部队伍建设规划，修订学校干部选拔办法，加强对干部的顶层谋划，推进干部选任制度化、规范化、科学化。组织正处级干部的定向推荐和非定向推荐，完成 12 个学院的行政领导班子换届工作。突出政治标准，注重工作实绩，通过张贴考察预告、确定考察方案、民主测评、考察谈话等，全面考察德、能、勤、绩、廉，严把政治关、品行关、能力关、作风关、廉洁关。坚持“凡提四必”，加强对提任干部的考察。制定《贯彻落实〈2018—2022 年全国干部教育培训规划〉实施方案》，强化干部校内外培训。制定《关于加强教师干部挂职锻炼工作的若干意见》，加强对挂职锻炼工作的顶层设计，开展选派 3 名专任教师到机关挂职工作，选派 7 名德才兼备、有培养前途和发展潜力的干部到艰苦地区和挂职锻炼。制定处级干部考核办法，规范干部的考核工作，从严干部管理监督。

（五）扎实推动校内巡察全覆盖工作

充分发挥校内巡察的作用，把准政治定位，紧盯中央重大决策部署，深入研究“六个围绕一个加强”在校内的具体体现形式，以巡察发现问题、促进事业发展。对二级党组织进行全面政治体检，先后组织 9 个巡察工作组，完成对 17 个二级党组织的常规巡察；对机关党委的巡察延伸到所属 28 个党支部，涵盖机关党委所属 31 个职能部门。召开 9 次巡察工作领导小组会议，对每一轮巡察安排、巡察工作组成员、巡察反馈意见均进行研究，确保党委对巡察工作的坚强领导。制定《巡察整改和督导工作实施细则（试行）》，强化巡察整改和成果运用，着力做好“后半篇文章”。巡察工作提升了被巡察党组织的政治站位，成为学校党委广泛听取基层声音的重要形式，教职工参与谈话共计 1 300 多人，发放调查问卷 2 000 多份，对机关党委的巡察征集了服务对象满意度测评表 500 余份。本年度向 13 个单位进行反馈，发现被巡察党组织在“四个落实”方面存在的问题 370 多项，向机关各单位转交意见、建议 200 多条，梳理出 15 类共性问题 38 种具体表现，学校党委责成有关部门加强调研整改，形成了全面从严治党的工作合力。

（六）加强党风廉政建设和反腐败工作

切实履行主体责任，一以贯之加强党风廉政建设和反腐败工作，多次在学校党委常委会研究讨论党风廉政建设工作，传达学习中纪委十九届三次全会精神及教育部、北京市教育系统全面从严治党工作会议精神，深化纪检监察体制改革，支持纪委聚焦主责主业，加大监督执纪问责力度。驰而不息抓好作风建设，主题教育期间成立专项整治工作组，对公务接待、公务用车、公务用房和公务出国的情况进行专项整治，严格落实中央八项规定精神。通过深化中央巡视整改、中央审计整改，进一步发现工作中存在的短板，加强制度建设，规范权力运行。通报相关警示案例，组织二级党组织负责人、基建后勤、校办产业等重点领域负责人员两批次到北京市全面从严治党警示教育基地现场参观，贴近警示。信访举报量持续大幅下降，增量得到遏制、存量不断减少，审议制定《监督执纪工作规则实施细则》,进一步加大了查信办案力度。

(七)全面推动依法治校

把依法治校作为办学基本理念,不断提高各部门运用法治思维和法治方式规范管理、化解矛盾的能力。贯彻落实《中国农业大学章程》,逐步形成以《中国农业大学章程》为核心,层次清晰、内容规范的学校规章制度体系。学校现行有效规章制度共计483项,学校治理环节各方面基本做到有法可依、有章可循。加强重大制度的合法性审查,提高制度建设质量。建立校级规章制度动态更新机制,建设规章制度电子数据库,切实把学校治理能力转化为治理效能。完善规章制度建设,健全以学术委员会为核心的学术管理体系与组织架构。加强重大决策合法性审查,做好事前法律风险防控。大力推进校务公开,制定《关于加强校务公开促进工作落实的实施意见》,以公开促落实,以公开促规范。加大普法力度,把宪法教育贯穿学生培养全过程,深入开展校园法治文化建设。健全党委理论学习中心组、教师和管理干部业务培训机制,全面提升广大干部师生员工的法治意识和法治素养。

三、牢牢把握主动权,切实提升思想政治工作水平

(一)严格落实意识形态工作责任制

落实党委主体责任,加强工作研究部署。制订《切实加强2019年学校意识形态管理工作方案》,将意识形态纳入校、院两级党委理论学习中心组学习内容,党委常委会传达学习研究部署意识形态相关工作精神28次。牢牢把握意识形态工作领导权、管理权和话语权。严格落实意识形态责任夯实阵地管理,严格审批程序,加强监督管理,强化正面引领,各类报告会管理规范到位,校园文化生活丰富多彩,师生政治敏感性显著增强,主流思想舆论不断巩固壮大。关注研判舆情动向,使关口前移、抓早抓小。经常性摸排师生思想动态、加强舆情信息的收集,及时妥善处置涉及意识形态事件,严守意识形态阵地。锐意改革创新强化意识形态科学管理。督察理论学习中心组和教职工理论学习记录,实现互学互鉴、以查促建。

(二)全面加强宣传思想文化工作

以扎实开展主题教育为动力,以庆祝新中国成立70周年为契机,以中央媒体集中报道学校"曲周精神"为生动教材,坚持守正创新,凝聚奋进力量,全面加强宣传思想文化工作。制订学习教育活动方案,强化爱国主义教育。抓实理论学习中心组学习,组织专题学习12次,邀请专家报告4次。完善"双周三"集中学习制度,增加高水平报告供给。加强专题策划报道,完成"奋进攻坚2019""2115人才培育"等22个报道专题,5件作品获中国高校校报年度好新闻好论文奖。加强对外宣传传播学校好声音,联合推出"大国三农"系列报道。出版反映学校精神文化的图书《石羊河印记》等7部。

(三)着力加强师德建设和教师思想政治工作

出台《加强和改进新时代教师思想政治工作的实施意见》及任务清单,针对健全教师思想政治工作体制机制、提高教师思想政治素质、深化师德师风建设、增强教师育人意识和担当精神、促进教师发展等方面,加强顶层谋划,明确新时代教师思政和师德建设工作的"五项任务"。制定修订职业道德规范、失范行为调查处理、师德考核等一系列制度文件,探索建立校、院、系三级工作体系,完善新时代教师思政和师德建设工作的"两个体

系"。加强教育培训和宣传引导，召开教师节表彰大会，举办"'我为祖国育英才'立德树人论坛"。出版《师恩如山——纪念中国农业大学恢复招生四十周年》，加大优秀教师典型事迹选树、宣传力度，激励教师"立德树人、强农兴农"。

（四）扎实推进"三全育人"工作

实施"学生综合素质培养与能力提升"项目，统筹综合实践体系、"三全育人"综合改革、"第二课堂"等几大板块，将思政教育贯穿人才培养全过程，打造第一课堂和第二课堂融合的育人新格局。大幅提高思政课教学研究专项经费，制定课程育人大纲。开设"习近平新时代中国特色社会主义思想"课程，完善思政课程体系。在本科生中实施"第二课堂成绩单制度"，描绘学生在校期间全方位、立体化综合素质和能力"画像"。打造将爱国主义等专题教育融入第一课堂的思政教育新模式，每学期万人同上"形势与政策"课。实施"三全育人"示范学院建设，巩固深化"专业课发挥育人功能专项教学改革成果"。强化第二课堂思想引领作用，实施"服务乡村振兴，培育时代新人"教育部高校思想政治工作精品项目。

（五）不断扩大马克思主义传播力和影响力

举全校之力加强思政课教师队伍建设和马克思主义学院建设。增设马克思主义一级学科博士点，入选北京市首批重点建设马克思主义学院，一批政治强、情怀深、思维新、视野广、自律严、人格正的优秀教师不断成长起来，先后荣获高校思想政治理论课教师年度影响力人物3人和影响力提名人物1人，全国高校优秀中青年思想政治理论课教师择优资助计划1人，北京市宣传思想文化系统"四个一批"人才1人，北京市高校"青年英才计划"1人，北京市思想政治理论课特级教授1人、特级教师3人、学校教学名师5人，等等。

四、热烈庆祝新中国成立70周年，献礼祖国华诞

（一）高质量完成国庆服务保障政治任务

学校2 000多名师生积极参与群众游行、广场合唱、广场联欢、志愿服务等工作，高质量完成国庆服务保障政治任务，荣获"北京市筹备和服务保障国庆70周年庆祝活动先进集体"荣誉称号。学校组建"稼穑先锋"爱国主义宣讲团，在全校开展300余场主题宣讲，代表首都大学生赴吉林面向师生群众动情讲述《我和我的祖国》的故事。

（二）开展新中国成立70周年主题宣传

制订《中国农业大学庆祝中华人民共和国成立70周年工作方案》。精心组织以"学起来""唱起来""讲起来""做起来"为主要内容的教育活动，在校园内唱响了主旋律、激发了正能量，为新中国成立70周年营造了热烈喜庆、欢乐祥和的氛围。编撰出版图书《念兹在兹：中国农大强农兴农的十个篇章》；连续推出《我和我的祖国》《青春与祖国共奋进》《青春告白祖国》等多个专题系列报道；在宣传栏推出栏目《70年前的今天》100期，设立户外标语宣传板；开展学生社会实践，深度挖掘乡村振兴典型事迹，记录新中国的辉煌成就。

（三）集中报道扎根曲周服务乡村振兴先进事迹

学校扎根曲周46年，改碱治土，把论文写在大地上，配合《新闻联播》《焦点访谈》、人民日报等媒体发表原创稿件、音（视）频121篇，累计阅读量接近3亿次。学校将传承弘

扬“曲周精神”纳入党委理论学习中心组学习研讨、教职工理论学习、党支部三会一课、思想政治理论课、新教师入职培训、师生社会实践等各环节，通过建立专题网站、举办专题事迹展、出版校报专刊和专题图书、组织复排原创《稼穑之歌》话剧等方式，激发了广大师生“弘扬爱国奋斗精神、建功立业新时代”的思想自觉和行动自觉。

五、扎实推进“双一流”建设，全面提升综合办学实力

(一)本科教育教学改革成效明显

统筹谋划“新农科”建设战略布局 坚持以立德树人为根本、以强农兴农为己任，在教育部统一部署下联合国内涉农高校开展“新农科”建设，完成安吉共识、北大仓行动、北京指南“三部曲”，“新农科”建设进入全面推进阶段。完成《新农科内涵、概念与发展理念研究》，召开“新农科”建设和学校发展愿景战略研讨会，积极谋划学校“新农科”背景下人才培养、学科布局发展战略。前瞻谋划人工智能、农业智能装备工程、生物质科学与工程3个新农科专业并通过审核。

开展“新农科”人才培养模式探索实践 修订专业人才培养方案，将“新农科”理念充分融入新课程体系。推出院级校外基地备案、校外导师备案、校级基地评选等系列增值服务，推进实习实践基地体系建设，实现产学研协同育人。与荷兰、美国、巴西以及“一带一路”沿线国家高校探索农科人才培养标准的制定和互认机制。

持续深化本科教育教学改革 出台《进一步深化“双一流一卓越”本科教学改革的若干措施》，持续深入推动本科教育教学改革。15个专业入选国家级一流专业建设点，2个专业入选北京市重点建设一流专业，4个工科专业获得工程专业国际认证。依托核心通识课程建设平台，院士、教学名师领衔设计打造19门高水平“大国三农”系列课程。

完成国家农林类专业认证标准研制 学校牵头制定国家农林类及动物医学专业的专业认证标准，推动完善保合格、上水平、追卓越三级专业认证体系，奠定全国性农林专业认证工作基础，标志着学校成为教育部专业认证标准制定的4所标杆性高校之一。

(二)研究生培养质量稳步提升

研究生教育首次落地烟台全程培养 烟台专项200名专业学位硕士研究生落地烟台培养，涉及6个招生学院10个专业领域。2019—2020学年秋季学期开课83门次，138位本部教师赴烟台授课，首次采取远程互动的方式上课。建立77个烟台专项的实习实践基地，保障专业学位研究生培养。

深化专业学位综合改革 全面推行专业学位专项制招生与培养改革，90%以上专业学位研究生实现专项制培养。建立奖励评优机制，鼓励专项项目开展。修订《中国农业大学研究生校外实践基地管理办法》，进一步规范实践基地管理。继续支持案例库和案例课程建设，持续强化专业学位实践教育。

全方位推进学位点建设 成立学位授权点工作委员会，明确责任主体，落实质量管理。设立硕士学位授权点建设项目，为提高学位点建设质量提供有力支持。通过学位授权自主审核单位增列学校首个交叉学科博士学位授权点营养与健康科学和5个学院共建的风景园林学硕士学位授权一级学科。

研究生培养质量不断提升 开展“百名博士老区行”、红色“1+1”、研究生“一带一路行”等实践育人品牌活动，将实践育人作为立德树人的重要载体。首次开设农业外事项

目、智慧农业项目 2 个“学位＋”项目，探索将农科知识体系和人才培养体系与国家重大需求相融通。

(三)科技创新能力不断提升

全面贯彻“放管服”改革精神 切实落实项目单位的法人主体责任，针对项目管理过程中发现的“重大标志性成果凝练不足”“经费执行进度慢”“经费支出不合理”等普遍性问题，学校组织开展“国家重点研发计划项目自主检查推进行动”，针对项目成果凝练、指标完成、经费执行等进行全面“体检”，确保项目资金使用安全，保住底线守住红线。

积极谋划重大创新平台建设 成立国家农业科技创新战略研究院，聚焦国际学术前沿和国家重大战略需求，组织开展学校“十四五”科技发展战略研究。大力推进教育部前沿科学中心“分子设计育种前沿科学中心”建设。顺利完成农业农村部兽药残留及违禁添加物检测重点实验室等 5 个农业农村部检测中心复审。新获认证省部级平台 5 个，积极探索公共平台、独立财务等的基地平台管理新机制。

科技成果、科研奖励再创佳绩 累计到校科研经费 14.19 亿元，其中，横向经费 2.57 亿元，增长 50%。国家自然科学基金申报积极性得到显著提高，总申请数量增长 34.4%，全年获批数量达到 218 项，立项金额 2.22 亿元，排全国高校第 19 名，项目和经费数均重回农林高校榜首。获得国家科学技术奖 8 项，神农中华农业科技奖 19 项，教育部高校科学研究优秀成果奖 6 项，全国农牧渔业丰收奖 4 项，北京市哲学社会科学优秀成果奖 1 项。9 项政策建议、研究成果获党和国家领导人批示。《中国农业大学学报》(社会科学版)在“社会科学综合”类期刊中排名跃升至第 3 位，影响力指数由第 14 位提升至第 4 位。

(四)社会服务工作取得实效

助力脱贫攻坚喜结硕果 学校多次赴云南临沧、楚雄、镇康等地参加扶贫工作推进会，定点帮扶的云南镇康县通过评估验收成功实现“脱贫摘帽”。扶贫镇康新模式获得 2019 年教育部直属高校精准扶贫精准脱贫典型案例项目。动物科技学院杨宁教授获 2019 年全国脱贫攻坚奖创新奖，农学院获 2019 年全国脱贫攻坚奖组织奖。

推动服务乡村振兴 制订《中国农业大学服务乡村振兴战略行动实施方案(2019—2022)》，打出服务乡村振兴“组合拳”。成立国家乡村振兴研究院，统筹校内优势资源推动服务乡村振兴战略各项举措落实落地。围绕国家战略培训农业管理干部、农技骨干、新型农业经营主体、新型职业农民共 5 200 人次。深入昆明市 6 个村庄开展产业增值收益留村哺农等八个方面的实验，打造昆明都市驱动型乡村振兴样板。成立国家保护性耕作研究院，为建立健全黑土地保护性耕作制度，实现农业可持续发展提供农大方案。

积极参与国家区域发展战略 推动京津冀协同发展向深度拓展，大力度推动国家科技创新中心建设取得实质性进展，河北曲周模式动物表型与遗传研究国家重大科技基础设施开工建设。服务海南建设国际教育创新岛，依托三亚研究院、南繁育种基地、热带作物种业创新中心建设，推动 A5 联盟国际高水平教育资源落地海南。贯彻落实中央治疆方略，开展棉花生产全程机械化研究及技术推广，推动南疆农业科技创新发展。

校地、校企合作不断巩固 将对口支援与合作作为学校“双一流”建设的重要考核指标，完成与海南大学、石河子大学、河北大学和贵州大学 4 所高校对口合作协议签署。与吉林省人民政府、昆明市人民政府、云南楚雄州人民政府等地签署合作协议。成立中国农业大学智慧电商研究院，设立“中国农业大学农村电商发展研究基金”。

成果转化取得积极进展 加快推动成果转移转化，推进科技成果展示及技术交易厅、技术转移中心办公室建设。制定《中国农业大学科技成果转化办法》，签订成果转化合同36项，产生3项百万级成果专项，到校经费2 125万元。

(五)一流学科建设持续强化

学科排名取得新突破 学校在农业科学领域跻身世界一流学科前列，在U.S. News农业/农林排行榜中排第2名；在软科排行榜中由第3名上升至第2名；在QS农业/农林排名中由第16名上升到第10名，较2018年上升6名，成为我国高校进入前10名的4个学科之一。

前沿新兴学科交叉融合 成立前沿交叉科学研究院，整合不同学科的优势力量，引进新兴方向人才，搭建公共科研条件平台，努力建成学校新兴、前沿交叉领域的策源地、一流人才队伍的聚集地、新型体制机制的试验地和顶级成果的产出地。

落实"双一流"建设机制 完成"双一流"建设中期自评，编制《中国农业大学"双一流"建设中期自评报告》，查摆问题、总结经验、明确下一阶段重点任务和要求。积极参与教育部"双一流"动态监测与成效评价研究。

统筹一流学科资源 建立"双一流"建设项目管理与实施工作机制，实行项目分类管理，强化学院建设主体地位；实行建设资金控制额度管理，加强审查与论证；成立项目执行推进工作组，实施项目过程考核与推进。启动第五轮学科评估准备工作，按照教育部一级学科口径重点对9个一流学科近10年来的发展状态进行国内对标分析。

(六)国际交流与合作持续推进

学生国际化培养效果显著提升 专题立项提升学生国际化培养，本科生国际交流人数比2018年提升44%，研究生提升42%，学生国际交流遍及6大洲30个国家100多所院校。获批国家留学基金委国际合作培养博士项目7项，列全国第一。在海南成功主办世界顶尖涉农大学联盟(A5)大学生学术竞赛。

引领"智库+联盟"平台体系创新 在充分发挥"一带一路"农业合作学院/中国南南农业合作学院、"'一带一路'/南南合作农业教育科技创新联盟平台"作用的基础上，学校组建成立国际农业与全球发展学院，集中研究领域专家，强化组织体系保障，打造顶尖联盟和智库平台。

打造全球"一带一路"/南南农业合作样板 出席联合国南南合作高级别会议，发布南南农业合作研究报告。建立中非农业科教合作平台，引领国内40所农林院校开展中非多边合作。主办"'一带一路'/南南合作农业教育科技创新联盟"研讨会，推进全球南南农业合作。与世界银行、国内院校签订意向书在非洲开展"中非千户万亩工程""中非科技小院项目"。李小云教授主持的非洲减贫发展案例《小技术，大丰收》被纳入全球南南合作四十周年成果展。

(七)教师队伍活力加快提升

落实"315人才计划" 坚持贯彻"党管人才"原则，深化落实人才引进机制改革，各层次人才和实验技术岗位实行全年招聘。人才引进流程实行校、院二级评议推荐，充分调动学院的自主招聘权。2019年到岗领军人才2人，杰出人才12人，优秀人才89人，普通人才57人。高层次引进人才平均年龄33岁，带动学校40岁及以下青年教师比例提高3个百分点。新增设5个博士后科研流动站，总数达到19个，覆盖所有A类学科；6人入选

“博士后创新人才支持计划”，4 人入选“博士后国际交流计划”，48 人获得博士后科学基金面上资助，“国家自然科学基金青年科学基金项目”获中 24 项。

实施“2115”人才培育发展支持计划 专业技术职务聘任晋升破“五唯”，坚持以业绩贡献为导向的评价机制改革，试行代表作制度，增加校外同行专家的评价，打造全方位、全过程、全覆盖的精准化和个性化发展支持体系。在获得支持的 262 名教师及 91 个创新团队中，个人岗位“没帽子”教师入选比例达 70%，创新团队“没帽子”负责人入选比例达 30%，实现人才“不论出身、不论头衔”同台竞技，充分激发了教师队伍的活力。

人才队伍层次不断提升 建立健全人才评选推荐机制，学校高层次人才建设成效显著。1 人当选中国工程院院士，4 人入选“CJ 学者”特聘教授项目，3 人入选“CJ 学者”青年项目，1 人获国家杰出青年科学基金，7 人入选国家“万人计划”科技创新领军人才，1 人入选国家“万人计划”教学名师，1 人入选“国家千人计划青年项目”，2 人入选“青年拔尖人才”，1 人获中国青年科技奖，5 人获优秀青年科学基金。

深化激励机制改革 以成果贡献为导向制定《科研成果与社会服务贡献奖励办法》，将社会服务贡献作为教师工作量考核、职称评聘、分级聘任的重要评价指标，评选出年度校级重大社会服务贡献奖励 5 项。试点实施教师“双聘”制度，实现人才在学院、交叉研究平台之间进行岗位“双聘”。

提升人才服务、保障质量 启动奖励津贴改革方案，统筹各类奖励性津贴，优化薪酬资源配置。依法依规落实薪酬标准，按时完成养老保险、职业年金缴费基数核定，平稳有序进入国家社保系统。解决学校教职工夫妻两地分居情况，继续落实高水平教师延迟退休工作，快速落实央保养老金调整工作，有效保障了现有教师队伍的稳定性。

(八)学生工作成果丰硕

围绕国家重大活动、校园周边、社区基层开展志愿服务，高质量完成国庆、世园会、亚洲文明对话大会等重大活动的志愿服务任务。23 个学生红色“1＋1”活动获评北京市示范项目。获得首都大学生心理健康节最佳组织奖，一、二等奖各 1 项，团体奖 1 项，《心理危机“井”字型防护网研究》获得北京高校党建思政工作优秀成果奖和创新成果奖。“农博士在线”获批教育部高校思想政治工作精品项目。《稼穑之歌》获全国大学生戏剧节最高“金刺猬”奖及教育部文化传承创新原创奖。获“挑战杯”大赛北京赛区特等奖 2 个、二等奖 2 个、三等奖 10 个，团体奖 2 项。以“乡村稼穑情·振兴中国梦”为主题的暑期社会实践直接参与学生超过 3 000 人，获“2019 年大学生社会实践项目最佳组织奖”。毕业生就业区域更加广泛，228 名毕业生加入选调生行列，定向选调地区数量位居全国高校第 9 名。获第五届中国“互联网＋”大学生创新创业大赛(北京赛区)金奖 3 个、银奖 6 个，全国总决赛银奖 3 个。

(九)民主办学水平进一步提升

稳步推进教代会与工会工作 坚持为教职工办实事，建立动态帮扶慰问机制，围绕教职工实际需求做好分类精细化服务。召开第四届教职工代表大会第三次会议，进一步完善教代会提案制度，全年立案提案 22 件，充分发挥教代会执委会、各专门委员会的作用和广大教职员工在学校重大决策中的调研、咨询、论证、审议、监督作用。

发挥青年学生力量 通过共青团凝聚青年同学，充分发挥学代会、研代会、校长信箱桥梁纽带作用，积极搭建联系学生、服务学生、贡献学校的平台，畅通听取和征求学生的意见建议的渠道，有效发挥学生为学校建设发展献计献策的作用。

倾听老同志的意见、建议 注重发挥老同志在加强党的建设和思想政治工作中的优势和积极作用，助力学校发展。坚持对老同志思想上关心、生活上照顾、精神上关怀，各级党政领导干部主动加强与老同志的沟通联系，认真落实离退休干部相关政策。做好关工委工作，支持老教协、老科协等涉老团体开展工作。

团结凝聚党外知识分子 持续深入实施思想政治引领的“同心圆工程”，坚持邀请民主党派组织、统战社团负责人和无党派人士参加学校“四会两评议”。引导各民主党派组织和成员主动对接国家战略，积极投身脱贫攻坚、乡村振兴建设。学校统战工作获北京高校党建和思想政治工作优秀成果奖。

调动校友等社会力量 广泛调动校友和社会捐赠等办学资源，多渠道拓展社会资源筹集资金，2019 年获捐协议金额 4 546 万元。开展首届“新校友迎新日活动”，扎实做好校友返校日活动，《校友通讯》时隔 4 年再次复刊。

六、强化内部治理，不断提升服务保障能力

（一）完成审计整改任务

针对审计署经济责任审计反馈的问题，制订《中国农业大学主要领导干部经济责任审计整改工作方案》及整改任务分解清单。集中精力推动整改工作落深落细落实，如期上报审计整改报告。用好审计整改成果，通过建立工程管理审计制度、改进处级领导干部经济责任审计、开展专项管理审计及专项经费绩效审计等改革，健全和完善学校内部控制体系。

（二）加快财务工作改革

上线新收入网上申报系统，引入超级网银，实现跨行实时发放劳务费。推出票据粘贴和凭证影像化服务试点，实现会计档案电子化。推行新公费医疗报销模式，解决报销排长队、报销慢的问题。

（三）提高国有资产管理水平

坚持教学、科研、学生用房优先的原则，加大房屋资源调配力度。实行网上审核制，实现资产全生命周期管理。强化对科研急需仪器设备采购的服务，实行急事急办、随到随办。简化采购审批程序，采购时长平均比以前缩短 1/3 以上。

（四）加大实验室安全管理力度

健全实验室安全责任体系，建立实验室安全检查联动监督机制，开展实验室安全专项检查。规范危险化学品收集处置，建立实验废弃物处置备案制度。上线运行实验试剂耗材采购平台，积极推进大型仪器开放共享服务。

（五）提升后勤服务保障能力

不断推进后勤管理工作精细化、智慧化，做好社区、房产、物业、幼儿园等配套管理服务，提升教工幸福指数。清理校内违建 3 500 平方米，清理腾退出租出借房屋 3.6 万平方米，调配公用房面积近 10 万平方米。新图书馆正式投入使用，广大师生和社会各界好评

如潮。档案管理机制持续完善，校史研究成果突显。体育馆服务学校教学及重大活动水平进一步提升。校医院医疗卫生服务保障能力进一步增强。

(六)维护校园安全稳定工作

推进“平安校园”提升工程，制订《2019 年安全稳定工作方案》《2019 年安全稳定工作专项行动任务清单》。加大科技创安投入，提升智能防控水平，全校公共教室和室外重点部位和公共区域视频监控覆盖率、联网率达到 100%，视频监控摄像机完好率不低于95%。实现全校消防报警系统 100%全覆盖和 100%联网。

(七)推进校园基础设施建设和改造

全面推进校园基础设施建设及改善基本办学条件基础设施和房屋修缮工程。学生宿舍应急改造、国家玉米中心大楼改造、国家饲料工业中心大楼修缮、西区自来水改造等工程顺利完成，土化楼及老图书馆改造工程进入招标建设准备阶段，留学生与专家公寓前期手续全部完成，体艺中心、水利楼项目筹建工作取得突破性进展。

(八)升级校园信息化建设

完成“网络主干道”扩建，解决高峰期师生上网慢的问题。启动大数据管理及分析平台建设一期工程，完善学校基础数据库。整合信息资源，新版网上办事大厅和综合服务平台一期进入试运行。

(九)加强校外场站基地建设

涿州教学实验场平稳运行，着力增强内生动力。上庄实验站发展活力及服务学校教学、科研能力显著提升。曲周实验站圆满配合完成中央媒体“曲周精神”宣传报道工作，积极推进绿色发展示范区建设。

(十)推动校属企业体制改革

全面摸底排查校属企业资产、债权债务、从业人员等情况，完善资产经营公司法人治理体系。理顺校办产业系统的管理体制，校办产业管理进一步规范。全年实现营业总收入 2.4 亿元，上缴学校 8 000 万元。

过去的一年，在党中央的坚强领导下，在教育部和北京市等上级单位的正确指导下，在学校广大在职教职工的共同努力下，在离退休老同志、广大校友和热心人士的大力支持和热心帮助下，学校党政领导班子牢记使命、不负重托，认真履职、积极进取，努力推动各项工作落实，取得了一些可喜的成绩。但是，我们也清晰的意识到，取得的成绩与党中央和总书记的殷切期望，与广大人民群众对高质量教育的更高追求，与学校建设中国特色、农业特色的世界一流大学建设目标，与中国农业大学历史地位及广大师生对加快学校发展的强烈愿望相比，还存在不小的差距：一是贯彻落实习近平总书记给全国涉农高校书记校长和专家代表回信精神距离总书记要求还有一定差距；二是加快推动“新农科”建设，培养“知农爱农”新型人才还有所不足；三是服务国家重大战略主动性、积极性、实效性还有所欠缺，支撑农业农村现代化重大标志性成果亟待突破；四是学校总体学科布局前瞻性仍需提升，学校 2035 发展战略和发展愿景研究进展需要进一步加快；五是对标党和国家治理体系和治理能力现代化要求，学校治理水平和治理能力亟待提升；六是各级干部工作能力需持续提升，斗争精神和斗争本领需进一步增强；七是工作作风需持续改进和加强，涉及广大师生切身利益的小事、实事需要进一步抓实抓细，回应人民群众关切需要更加主动积极。

2020年是决胜全面建成小康社会、打赢脱贫攻坚战和实现“十三五”规划收官之年，学校领导班子将继续带领全校师生员工坚持深化改革、直面困难挑战，聚焦问题短板、发扬斗争精神，继续高举中国特色社会主义伟大旗帜，坚持以习近平新时代中国特色社会主义思想为指导，全面贯彻党的十九大和十九届二中、三中和四中全会精神，深入贯彻习近平总书记关于教育的重要论述、给全国涉农高校的书记校长和专家代表回信精神，增强“四个意识”，坚定“四个自信”，做到“两个维护”，加强党的全面领导，牢牢把握社会主义办学方向，坚持立德树人根本任务、担当强农兴农使命，坚持深化改革、攻坚克难，全面完成学校第三次党代会、“十三五”规划提出的目标任务，以统筹推进“5＋1”工程为主线，以高质量推进“双一流”建设为核心任务，拿出更多科技成果，培养更多“知农爱农”新型人才，为决胜全面建成小康社会、打赢脱贫攻坚战、推动乡村全面振兴、实现农业农村现代化、实现第一个百年奋斗目标做出新的更大贡献！

2019年党发、校发文件

2019年中国农业大学党发文件目录

文号	文件标题
中农大党发〔2019〕1号	关于印发《中国农业大学领导干部谈心谈话办法》的通知
中农大党发〔2019〕2号	中共中国农业大学委员会关于开展2018年度处级干部考核工作的通知
中农大党发〔2019〕3号	中共中国农业大学委员会关于召开2018年度基层党组织组织生活会和开展民主评议党员的通知
中农大党发〔2019〕4号	中共中国农业大学委员会关于对后勤基建党委选举结果的批复
中农大党发〔2019〕5号	中国农业大学关于加强教师干部挂职锻炼工作的若干意见
中农大党发〔2019〕6号	中共中国农业大学委员会关于对涿州教学实验场党委选举结果的批复
中农大党发〔2019〕7号	中共中国农业大学委员会关于尤泳等同志任免职的通知
中农大党发〔2019〕8号	中共中国农业大学委员会关于呙于明等同志任职的通知
中农大党发〔2019〕9号	中共中国农业大学委员会关于传承“曲周精神”服务乡村振兴的决定
中农大党发〔2019〕11号	中共中国农业大学委员会关于郭岩等同志任免职的通知
中农大党发〔2019〕12号	关于成立中国共产党中国农业大学草业科学与技术学院委员会的决定
中农大党发〔2019〕13号	关于印发《中国农业大学2019年党政工作要点》的通知
中农大党发〔2019〕14号	关于印发《中共中国农业大学委员会2019年党建工作计划》的通知
中农大党发〔2019〕15号	关于印发《中国农业大学2019年“双一流”建设奋进攻坚行动方案》的通知
中农大党发〔2019〕16号	关于印发《中国农业大学管理服务机构、群团组织及直属机构处级干部考核办法》的通知
中农大党发〔2019〕17号	中共中国农业大学委员会关于2019年党委理论学习中心组专题学习重点内容安排的通知

续表

文号	文件标题
中农大党发〔2019〕18号	中共中国农业大学委员会关于王鹏等同志任免职的通知
中农大党发〔2019〕19号	关于印发《中国农业大学庆祝中华人民共和国成立70周年工作方案》的通知
中农大党发〔2019〕20号	中共中国农业大学委员会关于加强和改进新时代教师思想政治工作的意见
中农大党发〔2019〕21号	中共中国农业大学委员会关于张英俊同志任免职的通知
中农大党发〔2019〕22号	中共中国农业大学委员会关于加强校务公开促进工作落实的实施意见
中农大党发〔2019〕23号	中共中国农业大学委员会关于楼慧强等同志任免职的通知
中农大党发〔2019〕24号	中共中国农业大学委员会关于束景丹等同志任免职的通知
中农大党发〔2019〕25号	中共中国农业大学委员会关于王颖同志免职的通知
中农大党发〔2019〕26号	中共中国农业大学委员会关于评选表彰先进党组织、优秀共产党员、优秀党务工作者的通知
中农大党发〔2019〕27号	中共中国农业大学委员会关于吴惠芳等同志任免职的通知
中农大党发〔2019〕29号	中共中国农业大学委员会关于辛贤等同志任免职的通知
中农大党发〔2019〕30号	中共中国农业大学委员会关于李云开等同志任职的通知
中农大党发〔2019〕32号	中共中国农业大学委员会关于学习宣传贯彻习近平总书记在纪念五四运动100周年大会上重要讲话精神的通知
中农大党发〔2019〕33号	关于印发《中共中国农业大学委员会巡察整改和督导工作实施细则(试行)》的通知
中农大党发〔2019〕34号	中共中国农业大学委员会关于殷丽君等同志任免职的通知
中农大党发〔2019〕35号	中共中国农业大学委员会关于史博等同志任职的通知
中农大党发〔2019〕36号	中共中国农业大学委员会关于表彰先进党组织、优秀共产党员和优秀党务工作者的决定
中农大党发〔2019〕37号	中共中国农业大学委员会关于蔡远渊同志任职的通知
中农大党发〔2019〕38号	中共中国农业大学委员会关于提名武晓兰同志为校工会副主席候选人的通知
中农大党发〔2019〕39号	关于印发《中国农业大学教师职业道德规范(2019年修订)》的通知
中农大党发〔2019〕40号	关于印发《中国农业大学教师师德失范行为调查处理办法(试行)》的通知
中农大党发〔2019〕42号	中共中国农业大学委员会关于印发《教职工党支部工作规程(2019年修订)》的通知
中农大党发〔2019〕43号	中共中国农业大学委员会关于开展2019年春季学期教职工党员期末集中组织生活的通知
中农大党发〔2019〕44号	关于印发《中共中国农业大学委员会贯彻落〈2018—2022年全国干部教育培训规划〉实施方案》的通知
中农大党发〔2019〕46号	关于印发《中共中国农业大学委员会加强党的政治建设专题民主生活会整改方案》的通知
中农大党发〔2019〕47号	中共中国农业大学委员会关于部分校领导任职及校领导分工调整的通知
中农大党发〔2019〕48号	中共中国农业大学委员会关于吴敏等同志任免职的通知

续表

文号	文件标题
中农大党发〔2019〕49 号	中共中国农业大学委员会关于宋正河等同志任免职的通知
中农大党发〔2019〕50 号	中共中国农业大学委员会关于张越等同志任免职的通知
中农大党发〔2019〕51 号	中共中国农业大学委员会关于深入学习贯彻习近平总书记给全国涉农高校的书记校长和专家代表重要回信精神的通知
中农大党发〔2019〕52 号	中共中国农业大学委员会关于龚元石等同志任免职的通知
中农大党发〔2019〕53 号	关于调整中共中国农业大学保密委员会的通知
中农大党发〔2019〕54 号	关于印发《中国农业大学领导干部深入基层联系学生工作实施办法》的通知
中农大党发〔2019〕55 号	关于调整中国农业大学党的建设工作领导小组的通知
中农大党发〔2019〕56 号	中共中国农业大学委员会关于调整思想政治理论课建设领导小组的通知
中农大党发〔2019〕57 号	中共中国农业大学委员会关于周旭峰等同志任免职的通知
中农大党发〔2019〕58 号	中共中国农业大学委员会关于桂银生等同志任免职的通知
中农大党发〔2019〕60 号	关于调整中共中国农业大学师德建设委员会的通知
中农大党发〔2019〕61 号	中共中国农业大学委员会关于张远帆等同志任免职的通知
中农大党发〔2019〕63 号	中共中国农业大学委员会关于学习贯彻习近平总书记等中央领导同志教师节重要讲话精神的通知
中农大党发〔2019〕64 号	中共中国农业大学委员会关于在“不忘初心、牢记使命”主题教育中加强爱国主义教育、弘扬爱国主义精神的通知
中农大党发〔2019〕65 号	中共中国农业大学委员会关于袁强等同志任免职的通知
中农大党发〔2019〕66 号	中共中国农业大学委员会关于调整党务公开工作领导小组的通知
中农大党发〔2019〕67 号	中共中国农业大学委员会关于宋明志同志任免职的通知
中农大党发〔2019〕68 号	关于调整中国农业大学校园文化建设领导小组成员的通知
中农大党发〔2019〕69 号	中共中国农业大学委员会关于宋明志等同志任免职的通知
中农大党发〔2019〕70 号	关于印发《中国农业大学师德考核实施办法(2019 年修订)》的通知
中农大党发〔2019〕71 号	关于严格规范处级领导干部参加各类研讨会和论坛有关事项的通知
中农大党发〔2019〕72 号	中共中国农业大学委员会关于段刘伟同志任免职的通知
中农大党发〔2019〕74 号	中共中国农业大学委员会关于认真学习宣传贯彻党的十九届四中全会精神的通知
中农大党发〔2019〕75 号	关于印发《中国农业大学深化新时代思想政治理论课改革创新的若干措施》及任务清单的通知
中农大党发〔2019〕78 号	中共中国农业大学委员会关于开展新时代“样板党支部”创建工作的实施意见
中农大党发〔2019〕79 号	中共中国农业大学委员会关于深入开展向卢永根同志学习的通知
中农大党发〔2019〕80 号	关于印发《中国农业大学处级党政领导干部选拔任用工作办法(2019 年修订)》的通知
中农大党发〔2019〕81 号	关于印发《中国农业大学学生会组织改革方案》的通知

续表

文号	文件标题
中农大党发〔2019〕82 号	关于印发《中国农业大学"形势与政策"课程建设实施办法》的通知
中农大党发〔2019〕83 号	中共中国农业大学委员会关于王博等同志任免职的通知
中农大党发〔2019〕85 号	中共中国农业大学委员会关于开展 2019 年度处级干部考核工作的通知
中农大党发〔2019〕86 号	中共中国农业大学委员会关于印发《2019 年二级党组织书记抓基层党建工作述职评议考核实施方案》的通知
中农大党政办发〔2019〕1 号	关于印发《中国农业大学 2019 年党政工作要点任务清单》的通知
中农大党政办发〔2019〕2 号	关于印发《"全覆盖　双提升"大学生党支部建设工程实施方案》的通知
中农大党政办发〔2019〕3 号	关于成立中国农业大学防汛工作领导小组的通知
中农大党政办发〔2019〕5 号	关于调整中国农业大学信息公开工作领导小组的通知
中农大党政办发〔2019〕6 号	关于印发《在"不忘初心、牢记使命"主题教育中加强学生爱国主义教育、弘扬爱国主义精神的实施方案》的通知

2019 年中国农业大学校发文件目录

文号	文件标题
中农大校字〔2019〕1 号	关于中国农业大学文献情报中心更名为中国农业大学情报研究中心的通知
中农大校字〔2019〕2 号	关于成立中国农业大学知识产权信息服务中心的通知
中农大校字〔2019〕10 号	中国农业大学关于成立前沿交叉科学研究院的通知
中农大校字〔2019〕11 号	关于调整中国农业大学网络安全和信息化领导小组的通知
中农大校字〔2019〕13 号	中国农业大学关于表彰参与新中国成立 70 周年庆祝活动全体师生的决定
中农大校字〔2019〕14 号	关于授予"中国农业大学服务保障新中国成立 70 周年庆祝活动突出贡献奖"的决定
中农大校字〔2019〕15 号	关于调整中国农业大学"平安校园"建设工作领导小组的通知
中农大校字〔2019〕17 号	中国农业大学关于成立三亚研究院的通知
中农大校字〔2019〕18 号	关于印发《中国农业大学服务乡村振兴战略实施方案(2019—2022)》的通知
中农大学字〔2019〕1 号	中国农业大学关于表彰第十二届优秀志愿团体、优秀志愿项目、优秀志愿者的决定
中农大学字〔2019〕2 号	关于表彰 2019 届北京市普通高等学校优秀毕业生和中国农业大学优秀毕业生的决定
中农大学字〔2019〕3 号	中国农业大学关于表彰 2019 届赴西部地区和基层就业毕业生的决定

续表

文号	文件标题
中农大学字〔2019〕4号	关于印发《中国农业大学家庭经济困难学生认定工作办法》的通知
中农大学字〔2019〕5号	关于印发《中国农业大学本科生国家助学金实施细则》的通知
中农大学字〔2019〕6号	关于调整中国农业大学学生心理素质教育工作领导小组的通知
中农大学字〔2019〕7号	关于调整中国农业大学学生资助工作领导小组的通知
中农大学字〔2019〕8号	关于印发《中国农业大学服兵役学生国家教育资助实施细则》的通知
中农大学字〔2019〕9号	关于调整中国农业大学学生就业创业工作领导小组的通知
中农大学字〔2019〕10号	关于印发《毕业生基层就业学费补偿和国家助学贷款代偿实施细则》的通知
中农大学字〔2019〕11号	关于印发《中国农业大学国家助学贷款工作实施办法(2019年修订)》的通知
中农大学字〔2019〕13号	中国农业大学关于进一步加强毕业生就业创业工作的实施意见
中农大学字〔2019〕14号	关于印发《中国农业大学本科生国家奖学金实施办法》的通知
中农大学字〔2019〕15号	关于印发《中国农业大学本科生国家励志奖学金实施办法》的通知
中农大学字〔2019〕17号	中国农业大学关于表彰2019年暑期社会实践优秀团队、优秀个人和优秀成果的决定
中农大规划字〔2019〕1号	中国农业大学关于成立草业科学与技术学院的通知
中农大规划字〔2019〕2号	中国农业大学关于成立国际发展与全球农业学院的通知
中农大研生字〔2019〕1号	关于印发《中国农业大学学位授予工作细则(暂行)》的通知
中农大教字〔2019〕1号	关于印发《中国农业大学全日制普通本科学生学籍管理规定(2019年修订)》的通知
中农大教字〔2019〕2号	中国农业大学关于做好本科教学工作审核评估整改工作的通知
中农大教字〔2019〕4号	中国农业大学关于表彰2019届校级优秀毕业论文(设计)获奖学生的决定
中农大教字〔2019〕5号	关于印发《中国农业大学推荐优秀应届本科毕业生免试攻读研究生实施办法》的通知
中农大教字〔2019〕6号	关于印发《中国农业大学普通本科招生工作管理办法》的通知
中农大教字〔2019〕9号	关于印发《中国农业大学关于进一步深化"双一流一卓越"本科教学改革的若干措施》的通知
中农大教字〔2019〕10号	关于调整中国农业大学创新创业工作领导小组的通知
中农大人字〔2019〕1号	中国农业大学关于陈爽等科级干部任免职的通知
中农大人字〔2019〕2号	中国农业大学关于工人技术职务聘任的通知
中农大人字〔2019〕3号	中国农业大学关于组织2019年度技术工人职业技能鉴定工作的通知
中农大人字〔2019〕4号	中国农业大学关于公布2018年度专业技术职务及管理职员晋升聘任人员名单的通知
中农大人字〔2019〕5号	中国农业大学关于沈其林等科级干部任免职的通知
中农大人字〔2019〕8号	中国农业大学关于公布2018年度考核优秀人员名单的通知

续表

文号	文件标题
中农大人字〔2019〕9号	中国农业大学关于王胜男等科级干部任免职的通知
中农大人字〔2019〕10号	中国农业大学关于工人技术职务聘任的通知
中农大人字〔2019〕11号	中国农业大学关于2019年度首批“人才培育发展支持计划”聘任工作的通知
中农大人字〔2019〕12号	关于印发《中国农业大学荣誉教授、客座教授、讲座教授、兼职教授聘任管理办法》的通知
中农大人字〔2019〕13号	中国农业大学关于吕娟妃等科级干部任免职的通知
中农大人字〔2019〕16号	关于成立中国农业大学国家保护性耕作研究院的通知
中农大人字〔2019〕17号	关于印发《中国农业大学科研助理岗位管理办法》的通知
中农大人字〔2019〕19号	关于“乡村振兴战略研究中心”更名为“中国农业大学国家乡村振兴研究院”的通知
中农大人字〔2019〕20号	中国农业大学关于表彰奖励2019年度优秀教职工的决定
中农大人字〔2019〕21号	中国农业大学关于解除李安峰处分的决定
中农大人字〔2019〕22号	中国农业大学关于解除刘志伟处分的决定
中农大人字〔2019〕25号	关于调整中国农业大学院士退休工作领导小组的通知
中农大人字〔2019〕26号	关于调整中国农业大学管理人员招聘评审委员会及职员评议组的通知
中农大人字〔2019〕27号	关于调整中国农业大学养老保险改革工作领导小组的通知
中农大人字〔2019〕31号	中国农业大学关于杨海岩等科级干部任免职的通知
中农大人字〔2019〕32号	中国农业大学关于工人技术职务聘任的通知
中农大人字〔2019〕33号	关于印发《中国农业大学公开招聘工作补充规定》的通知
中农大人字〔2019〕34号	中国农业大学关于2019年度专业技术职务晋升聘任的通知
中农大人字〔2019〕35号	中国农业大学首批“人才培育发展支持计划”聘任人选的通知
中农大人字〔2019〕36号	中国农业大学关于2019年度职员晋升聘任的通知
中农大人字〔2019〕37号	中国农业大学关于给予冯力更免予处分的决定
中农大人字〔2019〕38号	中国农业大学关于给予何非降低岗位等级处分的决定
中农大人字〔2019〕39号	中国农业大学关于开展2019年教职工年度考核的通知
中农大研字〔2019〕1号	中国农业大学关于聘任作物杂种优势研究与利用教育部重点实验室主任、副主任人员的通知
中农大研字〔2019〕13号	关于印发《中国农业大学科研项目与经费信息公开实施细则（2019年修订）》的通知
中农大研字〔2019〕16号	中国农业大学关于印发《模式动物表型与遗传研究国家重大科技基础设施建设管理办法》的通知
中农大研字〔2019〕18号	关于调整北京食品营养与人类健康高精尖创新中心常务副主任的通知
中农大研字〔2019〕19号	关于调整《中国农业大学学报（社会科学版）》编辑委员会的通知

续表

文号	文件标题
中农大研字〔2019〕20号	关于调整中国农业大学涿州科技园区管理委员会的通知
中农大研字〔2019〕24号	中国农业大学关于聘任植物源功能食品北京市重点实验室主任的通知
中农大研字〔2019〕25号	关于聘任现代农业装备与设施教育部工程研究中心主任、副主任的通知
中农大研字〔2019〕26号	关于聘任农业生物技术国家重点实验室主任、副主任、学术委员会成员的通知
中农大财字〔2019〕8号	关于印发《中国农业大学学院筹资奖励暂行办法》的通知
中农大财字〔2019〕9号	关于成立中国农业大学内部控制工作领导小组的通知
中农大财字〔2019〕10号	关于印发《中国农业大学差旅费管理办法(2019年修订)》的通知
中农大财字〔2019〕11号	关于印发《中国农业大学会议费管理办法(2019年修订)》的通知
中农大财字〔2019〕13号	关于印发《中国农业大学科研经费管理办法(2019年修订)》的通知
中农大财字〔2019〕20号	关于调整中国农业大学财经工作领导小组的通知
中农大国资字〔2019〕1号	关于印发《中国农业大学固定资产清查管理办法》的通知
中农大国资字〔2019〕9号	关于印发《中国农业大学采购管理办法补充规定》的通知
中农大国资字〔2019〕10号	关于印发《中国农业大学文献资源采购实施细则》的通知
中农大国资字〔2019〕11号	关于调整中国农业大学国有资产监督管理委员会的通知
中农大国资字〔2019〕12号	关于调整中国农业大学公用房出租管理委员会的通知
中农大基字〔2019〕15号	关于调整中国农业大学校园建设规划委员会的通知
中农大后勤字〔2019〕1号	关于成立中国农业大学住房管理委员会的通知
中农大后勤字〔2019〕2号	关于调整中国农业大学"平抑资金"管理领导小组的通知
中农大保字〔2019〕1号	关于调整中国农业大学安全稳定工作领导小组的通知
中农大保字〔2019〕2号	关于调整中国农业大学社会治安综合治理委员会的通知
中农大保字〔2019〕3号	关于建立中国农业大学交通安全工作部门联席会议制度的通知
中农大保字〔2019〕4号	关于成立中国农业大学消防安全委员会的通知
中农大校产字〔2019〕5号	中国农业大学关于开展学校所属企业清查摸底工作的通知
中农大校产字〔2019〕9号	中国农业大学关于成立校属企业体制改革工作机构的通知
中农大校产字〔2019〕14号	关于调整中国农业大学经营性资产管理委员会的通知
中农大校产字〔2019〕18号	关于印发《中国农业大学科技成果转化办法》的通知
中农大校产字〔2019〕19号	关于印发《中国农业大学校属企业国有资产评估项目备案管理办法》的通知
中农大校产字〔2019〕24号	中国农业大学关于将所持有的中国农业大学出版社有限公司全部股权无偿划转到北京中农大地科技发展有限公司的决定
中农大校产字〔2019〕25号	关于印发《中国农业大学校属企业经营状况监督管理暂行规定》的通知
中农大校产字〔2019〕28号	关于印发《中国农业大学校属企业工资总额管理办法》的通知

续表

文号	文件标题
中农大外字〔2019〕20 号	关于印发《中国农业大学因公出国(境)管理办法(2019 年修订)》的通知
中农大外字〔2019〕33 号	关于调整中国农业大学国家留学基金委员会资助出国留学项目领导小组及工作小组的通知
中农大外字〔2019〕47 号	关于调整中国农业大学外事工作领导小组的通知
中农大审字〔2019〕1 号	关于调整中国农业大学经济责任审计工作领导小组的通知
中农大审字〔2019〕2 号	关于调整中国农业大学审计工作领导小组的通知
中农大审字〔2019〕3 号	关于印发《中国农业大学党政办公室主任李培景同志任期经济责任审计报告》的通知
中农大审字〔2019〕4 号	关于印发《中国农业大学党委组织部部长洪海燕同志任期经济责任审计报告》的通知
中农大审字〔2019〕5 号	关于印发《中国农业大学党委统战部原部长赵竹村同志任期经济责任审计报告》的通知
中农大审字〔2019〕6 号	关于印发《中国农业大学原教务处处长林万龙同志任期经济责任审计报告》的通知
中农大审字〔2019〕7 号	关于印发《中国农业大学党校原副校长兼办公室主任李桦同志任期经济责任审计报告》的通知
中农大审字〔2019〕8 号	关于印发《中国农业大学财务处原处长刘罡同志任期经济责任审计报告》的通知
中农大审字〔2019〕9 号	关于印发《中国农业大学审计处原处长张树彦同志任期经济责任审计报告》的通知
中农大审字〔2019〕10 号	关于印发《中国农业大学教育基金会原秘书长周旭峰同志任期经济责任审计报告》的通知
中农大审字〔2019〕11 号	关于印发《中国农业大学科学技术发展研究院原常务副院长段留生同志任期经济责任审计报告》的通知
中农大审字〔2019〕12 号	关于印发《中国农业大学档案与校史馆原副馆长师桂芳同志任期经济责任审计报告》的通知
中农大审字〔2019〕13 号	关于印发《中国农业大学国际合作与交流处处长冯伟哲同志任期经济责任审计报告》的通知
中农大审字〔2019〕14 号	关于印发《中国农业大学发展规划处原处长刘竹青同志任期经济责任审计报告》的通知
中农大审字〔2019〕15 号	关于印发《中国农业大学研究生院原常务副院长于嘉林同志任期经济责任审计报告》的通知
中农大审字〔2019〕16 号	关于印发《中国农业大学研究生院原常务副院长李健强同志任期经济责任审计报告》的通知
中农大审字〔2019〕17 号	关于印发《中国农业大学党委宣传部原部长陈明海同志任期经济责任审计报告》的通知
中农大审字〔2019〕18 号	关于印发《中国农业大学校友会原秘书长周旭峰同志任期经济责任审计报告》的通知
中农大审字〔2019〕19 号	关于印发《中国农业大学原校办产业办公室主任李洋同志任期经济责任审计报告》的通知

续表

文号	文件标题
中农大审字〔2019〕20号	关于印发《中国农业大学国有资产管理处处长果雅静同志任期经济责任审计报告》的通知
中农大审字〔2019〕21号	关于印发《中国农业大学纪委办公室(监察处)主任(处长)高立国同志任期经济责任审计报告》的通知
中农大审字〔2019〕22号	关于印发《中国农业大学人事处原处长孟超英同志任期经济责任审计报告》的通知
中农大审字〔2019〕23号	关于印发《中国农业大学体育馆管理中心主任杜学振同志任期经济责任审计报告》的通知
中农大审字〔2019〕24号	关于印发《中国农业大学党委学生工作部原部长王勇同志任期经济责任审计报告》的通知
中农大审字〔2019〕25号	关于印发《中国农业大学原就业创业指导中心主任郭立群同志任期经济责任审计报告》的通知
中农大审字〔2019〕26号	关于印发《中国农业大学党委保卫部(保卫处)原部(处)长毕忠臣同志任期经济责任审计报告》的通知
中农大审字〔2019〕27号	关于印发《中国农业大学离退休工作处原处长葛树林同志任期经济责任审计报告》的通知
中农大审字〔2019〕28号	关于印发《中国农业大学网络中心原主任桂银生同志任期经济责任审计报告》的通知
中农大审字〔2019〕29号	关于印发《中国农业大学原后勤基建处处长马国玉同志任期经济责任审计报告》的通知
中农大审字〔2019〕30号	关于印发《中国农业大学校医院原院长彭加和同志任期经济责任审计报告》的通知
中农大审字〔2019〕31号	关于印发《中国农业大学图书馆原馆长何秀荣同志任期经济责任审计报告》的通知
中农大审字〔2019〕32号	关于印发《中国农业大学曲周实验站站长江荣风同志任期经济责任审计报告》的通知
中农大审字〔2019〕33号	关于印发《中国农业大学建设工程全过程审计实施办法(2019年修订)》的通知
中农大审字〔2019〕34号	关于印发《中国农业大学建设工程结算审计实施办法(2019年修订)》的通知
中农大审字〔2019〕35号	关于印发《中国农业大学动物科技学院院长呙于明同志任期经济责任审计报告》的通知
中农大审字〔2019〕36号	关于印发《中国农业大学水利与土木工程学院原院长严海军同志任期经济责任审计报告》的通知
中农大审字〔2019〕37号	关于印发《中国农业大学理学院原院长周志强同志任期经济责任审计报告》的通知

续表

文号	文件标题
中农大审字〔2019〕38 号	关于印发《中国农业大学动物医学院院长沈建忠同志任期经济责任审计报告》的通知
中农大实验字〔2019〕1 号	关于印发《中国农业大学实验室安全运行管理暂行办法（2019 年修订）》的通知
中农大实验字〔2019〕2 号	关于印发《中国农业大学实验室安全责任追究暂行办法》的通知
中农大实验字〔2019〕3 号	关于印发《中国农业大学实验室分类分级安全管理办法》的通知
中农大实验字〔2019〕4 号	关于调整中国农业大学实验室安全管理领导小组的通知
中农大实验字〔2019〕5 号	关于调整中国农业大学辐射安全与防护领导小组的通知
中农大实验字〔2019〕6 号	关于印发《中国农业大学大型仪器设备开放共享管理办法》的通知
中农大实验字〔2019〕7 号	关于调整中国农业大学实验室安全管理领导小组的通知
中农大实验字〔2019〕8 号	关于调整中国农业大学辐射安全与防护领导小组的通知
中农大实验字〔2019〕9 号	关于印发《中国农业大学实验室安全工作考核办法（试行）》的通知

表彰与奖励

2019年度获奖科研成果

序号	奖励名称	成果名称	第一完成人	所属学院	获奖等级	参与形式
1	2019年度国家技术发明奖	新型饲用氨基酸与猪低蛋白质饲料创制技术	谯仕彦	动物科学技术学院	二等	主报
2	2019年度国家科学技术进步奖	饲草优质高效青贮关键技术与应用	杨富裕	草业科学与技术学院	二等	主报
3	2019年度国家科学技术进步奖	水产集约化养殖精准测控关键技术与装备	李道亮	信息与电气工程学院	二等	主报
4	2019年度国家科学技术进步奖	北方玉米少免耕高速精量播种关键技术与装备	李洪文	工学院	二等	主报
5	2019年度国家科学技术进步奖	防治农作物主要病虫害绿色新农药新制剂的研制及应用	覃兆海	理学院	二等	参报
6	2019年度国家科学技术进步奖	功能性乳酸菌靶向筛选及产业化应用关键技术	李平兰	食品科学与营养工程学院	二等	参报
7	2019年度国家科学技术进步奖	耐密高产广适玉米新品种中单808和中单909培育与应用	李绍明	土地科学与技术学院	二等	参报
8	2019年度国家科学技术进步奖	黑土地玉米长期连作肥力退化机理与可持续利用技术创建及应用	王琦	植物保护学院	二等	参报

续表

序号	奖励名称	成果名称	第一完成人	所属学院	获奖等级	参与形式
9	2019年度高等学校科学研究优秀成果奖（科学技术）技术发明奖	良种牛羊胚胎高效发育与排卵控制技术	田见晖	动物科学技术学院	一等奖	主报
10	2019年度高等学校科学研究优秀成果奖（科学技术）科学技术进步奖	奶牛健康标准化养殖关键技术与应用	曹志军	动物科学技术学院	一等奖	主报
11	2019年度高等学校科学研究优秀成果奖（科学技术）自然科学奖	旱区灌溉水转化过程定量表征与优化调配方法	霍再林	水利与土木工程学院	二等奖	主报
12	2019年度高等学校科学研究优秀成果奖（科学技术）自然科学奖	气候变化对我国粮食作物生产的影响与适应机制	杨晓光	资源与环境学院	二等奖	主报
13	2019年度高等学校科学研究优秀成果奖（科学技术）技术发明奖	新型高效固氮菌选育、菌剂研制及产业化应用	陈三凤	生物学院	二等奖	主报
14	2019年度高等学校科学研究优秀成果奖（科学技术）科学技术进步奖	新型复方动物用药的创制与应用	肖希龙	动物医学院	二等奖	主报
15	2019年度高等学校科学研究优秀成果奖（科学技术）科学技术进步奖	特色乳加工关键技术与装备研发	张列兵	食品科学与营养工程学院	一等奖	参报
16	2018—2019年度神农中华农业科技奖科学研究类成果奖	多熟农作制丰产增效关键技术与集成应用	陈阜	农学院	一等奖	主报
17	2018—2020年度神农中华农业科技奖科学研究类成果奖	基于污染物减控的畜禽粪污循环利用关键技术及应用	李国学	资源与环境学院	一等奖	主报
18	2018—2019年度神农中华农业科技奖科学研究类成果奖	苹果自花结实性种质资源评价、创制及应用	李天忠	园艺学院	一等奖	主报
19	2018—2019年度神农中华农业科技奖科学研究类成果奖	畜禽抗菌药的创制与产业化关键技术的研发和应用	肖希龙	动物医学院	一等奖	主报
20	2018—2019年度神农中华农业科技奖科学研究类成果奖	奶牛营养代谢调控和绿色健康养殖关键技术开发与应用	李胜利	动物科学技术学院	一等奖	主报
21	2018—2019年度神农中华农业科技奖科学研究类成果奖	猪精准营养配方技术体系的建立与应用	王军军	动物科学技术学院	一等奖	主报

续表

序号	奖励名称	成果名称	第一完成人	所属学院	获奖等级	参与形式
22	2018—2019年度神农中华农业科技奖科学研究类成果奖	浓缩苹果汁无菌贮藏灌装与提质增效关键技术	倪元颖	食品科学与营养工程学院	一等奖	主报
23	2018—2019年度神农中华农业科技奖科学研究类成果奖	植物源食用农产品化学残留实时筛查及品质无损检测关键技术与装备	彭彦昆	工学院	一等奖	主报
24	2018—2019年度神农中华农业科技奖科学研究类成果奖	新型杀菌剂丁香菌酯的创制与应用	刘西莉	植物保护学院	一等奖	参报
25	2018—2019年度神农中华农业科技奖科学研究类成果奖	饲料质量安全与高效加工关键技术研究与应用	王红英	工学院	一等奖	参报
26	2018—2019年度神农中华农业科技奖科学研究类成果奖	农田温室气体监测体系创建与稳产减排技术应用	巨晓棠	资源与环境学院	二等奖	参报
27	2018—2019年度神农中华农业科技奖科学研究类成果奖	粮食主产区农田土壤障碍消减与挖潜增效关键技术及应用	林启美	土地科学与技术学院	二等奖	参报
28	2018—2019年度神农中华农业科技奖科学研究类成果奖	地方特色蛋鸡育种及产业化	孙从佼	动物科学技术学院	二等奖	参报
29	2018—2019年度神农中华农业科技奖科学研究类成果奖	高抗优质超级稻恢复系雅恢2115的创制与应用	彭友良	植物保护学院	二等奖	参报
30	2018—2019年度神农中华农业科技奖科学研究类成果奖	马铃薯水肥一体化关键技术研发与应用	王凤新	水利与土木工程学院	三等奖	参报
31	2018—2019年度神农中华农业科技奖科学研究类成果奖	受控式集装箱循环水养殖关键技术研发与示范	罗永康	食品科学与营养工程学院	三等奖	参报
32	2018—2019年度神农中华农业科技奖科学研究类成果奖	中国农业大学果蔬加工创新团队	廖小军	食品科学与营养工程学院	团队奖	主报
33	2018—2019年度神农中华农业科技奖科学研究类成果奖	中国农业大学农业生物质利用的工程基础创新团队	韩鲁佳	工学院	团队奖	主报

续表

序号	奖励名称	成果名称	第一完成人	所属学院	获奖等级	参与形式
34	2018—2019 年度神农中华农业科技奖优秀创新团队奖	农药应用与风险控制创新团队	高希武	植物保护学院	团队奖	参报
35	2018—2019 年度神农中华农业科技奖优秀创新团队奖	青藏高原草种质资源与育种创新团队	张蕴薇	草业科学与技术学院	团队奖	参报
36	2016—2018 年度全国农牧渔业丰收奖农业技术推广成果奖	基于"金钥匙"创新平台的奶牛场提质增效科技示范与推广	李胜利	动物科学技术学院	一等奖	主报
37	2016—2018 年度全国农牧渔业丰收奖农业技术推广成果奖	有机肥料工厂化生产技术装备研发与推广应用	李季	资源与环境学院	一等奖	主报
38	2016—2018 年度全国农牧渔业丰收奖农业技术推广成果奖农业技术推广贡献奖	—	李洪文	工学院	—	主报
39	2016—2018 年度全国农牧渔业丰收奖农业技术推广成果奖农业技术推广贡献奖	—	王璞	农学院	—	主报
40	2017—2019 年度北京市农业技术推广奖	农大 5 号节粮型蛋鸡配套系的推广应用	宁中华	动物科学技术学院	二等奖	主报
41	2017—2019 年度北京市农业技术推广奖	生菜良种良法配套及产业化关键技术研究与应用	杜相革	植物保护学院	一等奖	参报
42	2017—2019 年度北京市农业技术推广奖	优质鲜食玉米品种开发及关键技术推广应用	班丽萍	草业科学与技术学院	一等奖	参报
43	2017—2019 年度北京市农业技术推广奖	优质锦鲤繁养殖绿色高效技术研究与产业化应用	胡金有	工学院	一等奖	参报
44	2017—2019 年度北京市农业技术推广奖	猪低蛋白质日粮配制技术示范与应用	谯仕彦	动物科学技术学院	二等奖	参报
45	2017—2019 年度北京市农业技术推广奖	三种芽孢杆菌抗重茬微生态制剂的研发与应用	王琦	植物保护学院	二等奖	参报
46	2017—2019 年度北京市农业技术推广奖	主要粮食作物喷灌水肥一体化技术集成与应用	严海军	水利与土木工程学院	二等奖	参报
47	2017—2019 年度北京市农业技术推广奖	农田生态景观营造技术示范与推广	宇振荣	资源与环境学院	二等奖	参报

续表

序号	奖励名称	成果名称	第一完成人	所属学院	获奖等级	参与形式
48	2017—2019年度北京市农业技术推广奖	基于量水发展的都市农业高效节水技术研发与推广应用	杨培岭	水利与土木工程学院	二等奖	参报
49	2017—2019年度北京市农业技术推广奖	林果生草及草地高效利用技术推广应用	杨富裕	草业科学与技术学院	二等奖	参报
50	2017—2019年度北京市农业技术推广奖	放养蛋鸡养殖与鸡蛋储运规范化配套技术示范推广	李兴民	食品科学与营养工程学院	三等奖	参报
51	2017—2019年度北京市农业技术推广奖	基于量水发展的都市农业高效节水技术研发与推广应用	李凴峰	发展规划处	二等奖	参报
52	2019年陕西省科学技术进步奖	重要果蔬作物病原菌抗药性研究及其抗性治理关键技术应用	刘西莉	植物保护学院	一等奖	参报
53	2019年度黑龙江省科学技术奖	大豆共生固氮调控机制	陈文峰	生物学院	二等奖	参报

2019年获教学名师奖名单

获奖名称	获奖人	所属学院	颁奖部门
北京市高等学校教学名师奖	郭仰东	园艺学院	北京市教育委员会
北京市高等学校教学名师奖	宋正河	工学院	北京市教育委员会
北京市高等学校青年教学名师奖	董玉兰	动物医学院	北京市教育委员会
中国农业大学教学名师	王倩	园艺学院	中国农业大学
中国农业大学教学名师	董江丽	生物学院	中国农业大学
中国农业大学教学名师	张俊伶	资源与环境学院	中国农业大学
中国农业大学教学名师	王素芬	水利与土木工程学院	中国农业大学
中国农业大学教学名师	李春燕	理学院	中国农业大学
中国农业大学教学名师	王瑞梅	经济管理学院	中国农业大学

2019 年中国农业大学优秀教师

农学院：何绍贞　张明才　姚颖垠
园艺学院：张常青　田永强
植物保护学院：刘志琦　刘星月　李　燕
生物学院：于静娟　王　磊　朱　蕾　逯敏慧
资源与环境学院：李花粉　张朝春　刘志娟
动物科学技术学院：宁中华　周振明　王书敏
动物医学院：范　开　江海洋　王永强
食品科学与营养工程学院：程永强　陈　芳　许文涛　王永涛
工学院：谭　彧　李海涛　王庆杰　杜岳峰
信息与电气工程学院：薛一鸣　刘云玲　赵龙莲　苏　娟　孟繁佳
水利与土木工程学院：邓　健　张心平　牛　俊
理学院：肖玉梅　高　阳　周　梅　张　莉(09016)　姚玉芹　申振才
经济管理学院：马　铃　穆月英　刘宏曼　赵　霞
人文与发展学院：乔丽艳　何慧丽　李争鸣　李焕征　崔迎春　刘启明
马克思主义学院：李　明
国际学院：齐　岩
体育与艺术教学部：时永进　刘　莹
土地科学与技术学院：吕贻忠　段文技
草业科学技术学院：张蕴薇

2019 年中国农业大学优秀教育工作者

农学院：张海林　吴　敏
植物保护学院：范在丰
生物学院：孟　雷
资源与环境学院：刘　依
动物科学技术学院：野秀芬
动物医学院：李　鹏
食品科学与营养工程学院：毛立科　周　忻
工学院：杨　丽
信息与电气工程学院：彭　波　王晓红
水利与土木工程学院：李芳芳　李懯峰
理学院：王　敏　宋慧芳

经济管理学院：	肖　莺　郭淑媛
人文与发展学院：	刘晓林
土地科学与技术学院：	李贵桐　赵瑞春
党政办公室：	冯英男
党委宣传部：	刘　铮
科学技术发展研究院：	卜洪震
人才工作办公室：	张　宏
财务处：	张素梅
国际合作与交流处：	冯伟哲　刘　冉
基建处：	吴富平
校工会：	刘　仔
图书馆：	孙树娇　王淑凤
档案与校史馆：	孙海燕
出版社：	丛晓红
后勤实体：	张静宇　张福林　王　颖
上庄实验站：	苏立生
曲周实验站：	张宏彦
校医院：	李　兰

第二批“全国党建工作标杆院系”培育创建单位

（1 个）

动物科学技术学院党委

第二批“全国党建工作样板支部”培育创建单位

（3 个）

理学院化学教工第一党支部
水利与土木工程学院水利研究生第一党支部
经济管理学院本科经管党支部

中国农业大学先进党组织

（20 个）

理学院党委
农学院党委种子科学与技术研究中心研究生党支部
植物保护学院党委本科生第四党支部
生物学院党委微生物系党支部
资源与环境学院党委植物营养系教职工党支部

动物科学技术学院党委动物营养与饲料科学系教职工党支部
动物医学院党委临床兽医学系教职工、博士联合党支部
食品科学与营养工程学院党委食品营养与安全系教职工党支部
工学院党委机械系教职工党支部
信息与电气工程学院党委本科生第八党支部
水利与土木工程学院党委本科生第三党支部
理学院党委应用数学系教职工第二党支部
经济管理学院党委农业经济系教职工党支部
马克思主义学院党总支思想道德教育系党支部
土地科学与技术学院党委土地资源管理系教职工党支部
机关党委研究生院党支部
机关党委科学技术发展研究院党支部
后勤基建党委西区幼儿园党支部
离退休党委第十七党支部
校办产业党委中国农业大学出版社有限公司党支部

中国农业大学优秀共产党员名单

（49人）

丁　倩	丁　敏	于书洁	马春秀	王步峥
王素芬	宁鹏飞	朱万斌	刘小侠	刘闯萍
刘俊峰	刘素晖	安　磊	孙丹丹	李静(02079)
李庆风	李继刚	杨永青	肖建军	宋　弋
张　从	张莉(04013)	张　鑫	张永生	张国中
张瑞海	罗文海	金危危	庞慧慧	段刘伟
徐春晖	高　阳	高丽红	唐云峰	黄光群
曹兴元	曹志军	崔岳宁	商建英	彭学森
董　生	蒋爱群	韩　丰	靳　晋	臧日宏
潘振勇	潘彩清	薛宏伟	戴芳春	

中国农业大学优秀学生党员

（49人）

丁　宁	于　荷	王小雨	王志萌	王逸飞
牛飞飞	尹黛霖	付　晨	白雪冰	包维卿
任　成	齐　琪	闫天赐	闫华玉	江海洋
苏金辉	杜凯瑞	李士洋	杨勇琴	吴千署
吴元浩	吴若宾	何　枭	张文凯	张鸿渊

张赛梅	张德臻	罗　猛	郑宇慧	赵宇琦
赵添羽	赵影星	郝琦伟	钟雨杉	姚沫男
姚炳乾	贺健平	秦嘉浩	袁雨晴	徐浩林
高　振	高尧天	高陌笛	郭　晴	黄思捷
梁　哲	蒋　鹏	温良友	魏思媛	

中国农业大学优秀党务工作者名单

（20 人）

王　扬	王学进	牛灵安	卢兆彤	史煜成
刘国世	孙　伟	李　萌	李克江	杨建平
宋明志	张学敏	张学琴	陈源泉	周　航
郑辰星	赵丹丹	胡艳欣	龚　利	程一帆

首都大学、中职院校“先锋杯”优秀基层团干部

（25 人）

程　亮	崔单丹	崔　宁	杜　鹏	苟稀溪	顾韵雯	郝　泽
郝琦伟	胡亚男	李　非	李禹佳	刘世成	刘欣然	刘亚楠
陆　瑶	吕传翰	卯笙辰	乔宏柱	宋　乐	翁　桢	吴雨清
颜　丽	张战营	赵　欣	赵媛媛			

首都大学、中职院校“先锋杯”优秀团员

（25 人）

陈泓亦	丁秋豪	董　斌	胡雨楠	姜福铭	李许红	刘艳琴
刘　泽	刘　振	潘　琦	史凌杰	汪子钧	王　露	王子超
吴　琦	肖可人	杨楷元	杨勇琴	张明伟	张雪娇	张钟仁
周昊泽	朱博文	朱建慧	朱　劲			

首都大学、中职院校“先锋杯”优秀团支部

（22 个）

能动 171 团支部	动科 171 团支部	动医 161 团支部	试验 171 团支部
食工 176 团支部	试验 172 团支部	营销 164 团支部	园艺 173 团支部

资环172团支部	数学161团支部	农学153团支部	工学院励耘团支部
经管161团支部	发展171团支部	机关团委第二团支部	东校区幼儿园团支部
艺术团弦乐团团支部	国际学院经济184团支部	峰云社团支部	国际交流协会团支部
阳光自行车协会团支部	植物保护学院志愿者支队团支部		

2019年北京市“先进班集体”

（11个）

生物181班	公管181班	食工173班	地信161班	化学163班	经济182班
资环172班	农学162班	社会171班	机化161班	草业161班	

2019年北京市“优秀学生干部”

（11人）

姚沫男	赵泽宇	李伊宁	王　亮	刘艳琴	李丹阳	赵　欣
翁　桢	高源远	汪子钧	匡开明			

2019年北京市“三好学生”

（33人）

李蔓蔓	张雄智	邹　豪	蒋沁宏	毕　玥	成宇琪	刘国永
罗智瀚	李　赟	马　宁	李雨琪	江海洋	沈洁宇	白皓宸
郑博闻	张非凡	王　琳	黄启航	陈姝伊	刘烨琦	肖润国
张　帆	杜欣然	翁超群	黄小凡	杨静怡	吕沛瑶	李泓博
富楚楚	谭思沩	李许红	钟培阁	王　旭		

2019年中国农业大学“五四青年标兵集体”

（6个）

水利研究生第一党支部	行知剧社
红十字会学生分会	励耘党支部
数学161班	峰云社

2019 年中国农业大学“五四青年标兵”

（10 人）

张　东　　吴　乐　　杜振勇　　詹　菁　　张凡一　　张羽飞　　张成龙
张肇麟　　刘　宁　　李许红

2018—2019 学年中国农业大学“优秀团支部”

（72 个）

农学 162 团支部　　动科 183 团支部　　电气 182 团支部
经管 171 团支部　　农学 183 团支部　　动科 184 团支部
试验 182 团支部　　法学 182 团支部　　农学 173 团支部
动科 182 团支部　　信电 183 团支部　　发展 171 团支部
园艺 171 团支部　　动医 171 团支部　　电气 162 团支部
发展 181 团支部　　园艺 173 团支部　　动医 181 团支部
计算 181 团支部　　2018 级农村发展硕士团支部　　园林 181 团支部
食工 186 团支部　　电气 181 团支部　　发展 172 团支部
植保 172 团支部　　食工 165 团支部　　农水 171 团支部
经济 185 团支部　　植保 174 团支部　　食工 163 团支部
水电 171 团支部　　传播 183 团支部　　植保 173 团支部
食工 176 团支部　　农建 181 团支部　　农经 182 团支部
生物防治重点实验室团支部　　食工 167 团支部　　能动 171 团支部
工商 181 团支部　　试验 171 团支部　　食工 174 团支部
化学 163 团支部　　地信 171 团支部　　试验 181 团支部
食工 175 团支部　　化学 171 团支部　　草业硕士团支部
生物 171 团支部　　新闻通讯社团支部　　化学 172 团支部
设施 161 团支部　　生物 181 团支部　　励耘团支部
18 硕士第三团支部　　公管 183 团支部　　资环 172 团支部
机化 161 团支部　　经济 182 团支部　　营销 171 团支部
环境 185 团支部　　研究生农工六班团支部　　金融 172 团支部
机关四团支部　　生态 161 团支部　　车辆 171 团支部
金融 171 团支部　　西区幼儿园团支部　　环境 184 团支部
机化 171 团支部　　工商 184 团支部　　艺术团合唱团支部

2018—2019 学年中国农业大学社会工作优秀一等奖学金

（共计 44 人）

崔　宁	刘艳琴	高源远	吕传翰	汪子钧	胡峻铭	安淑真
张　锐	孙欣然	李伊宁	程湫雅	刘建奕	李泓博	初　颖
郭子璠	朱　劲	胡雨楠	翁　桢	李晶晶	丁秋豪	马　駇
姚启圣	颜　丽	易湘玮	李长硕	王　栋	黄延喆	程业棋
任天怡	王钰松	丁　凡	乔　睿	王思懿	梁　硕	赵益禄
蒋沁宏	张明伟	匡开明	王思凡	赵泽宇	蓝　杨	卢凡为
张雅纯	王佳敏					

2018—2019 学年中国农业大学社会工作优秀二等奖学金

（共计 132 人）

李玄霜	王姝纯	曾冰蕙	纪思雪	卯笙辰	巩恩义	吴雨清
沈文隆	赵敏楠	李子涵	唐　微	王奕博	徐佳蕾	廖清婷
孙思远	郑诗然	封煜亮	李奕霖	杜欣然	顾鼎元	刘泠岑
易嘉丽	陈科良	李　敬	李焕菁	冯馨平	陈昱希	杨婷婷
王文钟	王润哲	王　亮	邵益梓	翁超群	李序芃	杨灵婧
卢政彤	李雨琪	蔡霖玮	王　丹	杨楷元	戴璞聪	张嘉庆
邹　豪	刘健辉	张非凡	陶涵琥	程梦瑶	夏钰忻	廖鹏程
李禹佳	申　晴	邢静静	段　练	栗欣雨	杨姝晗	尉韩旭
刘　涵	涂颖欣	宋凯	杨　敏	杨蓥浠	郑云鸿	王继光
李升郅燊	朱　灵	李思标	王月瑶	江　竹	孙浩钟	米广宇
伍晓艳	严　丹	郭明阳	肖润国	李明俐	牛　童	韩梦琪
刘昊枏	姜易彤	朱海安	金　凯	苟稀溪	魏　汇	祝国强
王宣宁	李　想	毛羿茹	郑飞鸿	张若兰	李文杰	商云飞
张德臻	孔令颖	姚萧萧	苏权巍	杨锓瑶	蔡芃芃	姜　来
何冰凡	白皓宸	王利政	李雨浓	王兆雄	魏　通	杨志清
顾韵雯	孙雨阁	赵春雪	吴昕蕾	杨慕超	易若曈	王泽基
杨子嘉	李天顺	陈　珏	忻佳丽	王斌洁	肖博文	王沁园
徐一玉	梁立坤	谢晓丹	党昊昱	张亚慧	张芸溪	王舒淇
卢　烨	寇嘉熠	韩泽阳	丁希权	张志强	李依晨	

2018—2019 学年中国农业大学社会工作优秀三等奖学金

（共计 221 人）

吴冰卉	喻　悦	梁宇琪	王　楠	刘紫燕	胡　琰	陈子彦
代雨婷	许明瑞	曲宇平	佟　博	王　菲	夏学文	丁宇泽
王菁与	杨婧奕	吴春洋	宋怡馨	张雅茹	范振杰	许冰洁
郑童馨	梁　雨	李鸿盛	任书卉	王怡靓	李燕秋	蒲　征
邬月新	樊　玉	刘慧敏	王博宇	李嘉睿	朱子奇	吉怡欣
褚俊聪	袁文医	张力铭	李琲琲	周小余	孙一铭	王嘉学
施　磊	张文梦	马启航	李思言	陈潇宇	刘嘉诚	翟登琪
盖时霖	付新月	江正勇	关铁文	曹佳阳	董一帆	杜鑫妍
王　晨	卢瑾昱	赵　诣	黄　睿	艾　阳	于嘉睿	任晨宇
赵晨宇	徐坤彪	兰天然	郭怡心	金怡恬	富楚楚	李奕辰
张钟仁	杨瑞瑞	吴宜襄	吴章生	崔婷雯	常思佳	颜　靓
金莲玉	翁艳平	白杨凡	朱思恬	李雨桐	梁　玉	温正阳
陈婧怡	张灵玉	章　勋	马晓春	邹尚瑾	唐人义	张逸帆
尚奕彤	魏子昂	张　辉	史凌杰	黄麟雅	马平川	步宇飞
谢边悦	李展博	罗天伦	宋　姝	乔　丹	宋文心	徐　皓
熊　博	邹小敬	黄启航	张颢晖	侯倩怡	苏华雨	谢逸秋
邓温歆	雷舒婷	马培锋	祝长鑫	蔡　琪	梁宇凤	丛祝杰
李美琪	郭益豪	王乐钧	林金柱	李　晴	程昕雨	邵明振
苑轲轲	谭春娥	张叶青	罗　琳	冯子凌	张铨颖	滕玉杰
黄玉乾	罗园园	刘座辰	王　楚	郭　晴	韩雨萱	张文青
张欣悦	阮锦洋	彭秋珺	谭　昊	武文婧	蒋鸿增	黄江宇
徐小燕	王笑语	李泽林	温舒钦	王亚玮	辛笑丛	刘潍嘉
赵笑冉	王倩玮	崔　根	余王昕	潘心怡	王宇宁	李　慧
陈伟杰	王鸿轩	周泉锡	王灵晓	褚菁菁	高一丁	蒋文青
高　源	李昌辉	丁骁驰	邵先凯	李金晓	韩子萱	王志远
李旻雅	吕昕洁	束东东	周丽欣	曹庆玲	金智豪	徐家冰
马学君	任璐婷	孔思婧	贺冰滢	王希贤	刘同舟	牟启铭
倪徐平	吴雨卿	张　瑜	何　苗	姬一丹	王浩锟	姜力源
史忆戎	张宇航	赵筱钰	陈　欣	高铭熙	曹隆杭	田裕加
肖　楠	施润颉	米　丰	石增辉	吴　琦	黄嘉华	唐　辉
成宇琪	施颖尘	韩　茂	李佳宁	李晓霞	王子文	郭嘉诚
李卓阳	袁雨晴	李万万	李陈如愿			

2018—2019学年中国农业大学“优秀团干部”

（302人）

杨　眉	李　潇	曹莹琪	吕　雪	姚沫男	李佳雯	李　诺
刘天品	郭剑韬	田欣睿	韩彤彤	王淑萍	栗欣雨	马一丹
谢小明	古　晨	赵浩然	牛兴成	李　越	贾金梦	李晓晗
康月花	王宣宁	陈登金	邱荣斌	姜灵伟	马晓薇	戴　瑶
张雨琪	李旻雅	袁　媛	沈柳杨	周亚珍	陈潇宇	唐　辉
邬月新	原小超	潘婷婷	张淑栋	尚　程	周小余	蓝　杨
施　磊	李世龙	苏金辉	太健健	宋　姝	于佳瑀	廖宇波
汤　晟	樊晗璐	王宇婷	任　雯	程湫雅	金怡恬	王　蕊
郑明慧	李德雨	蒋燕萍	祁海东	王月瑶	曹佳阳	黄嘉华
郗　望	颜　丽	李天顺	王程笑	金　凯	邹尚瑾	王子文
李帅帅	张　宇	倪蕴琪	李　敬	王思凡	刘嘉诚	韦　斌
代灵知	王润哲	吴　彤	韩国天	丁希权	李泓博	何玉娟
盛得昌	张嗣禹	余勤业	王　亮	王　菲	夏钰忻	林士雯
胡元峰	沈　淳	吴雨卿	单　淳	贺冰滢	庄　琳	赵　珂
罗涵月	李雨琪	施润颉	丁泽琦	吴若月	杨钧显	王　旭
崔茜茜	武祎凡	任璐婷	陈浩哲	吴玉珊	高　源	杭　琦
张晗钰	张美琳	寇嘉熠	张珉澍	盛　景	冯　钰	李昊龙
庄馥璐	李　佳	吴楚莹	杨颖妍	郑　恩	桑　坤	鹿　凯
赵　霈	曹　琼	洪紫芸	王雪蓉	乔晨曦	宋佳杰	薛同宣
罗鑫兰	张　静	行天诚	陶涵琥	牛雯婷	黄　羽	轩　阜
熊婷婷	蒋　鹏	刘海悦	李焕菁	翟王晶	张雪娇	娄玮倩
王子俊	吴晨旭	张　昊	王　丹	张　敏	刘子琦	王　清
许珍妮	戴　杰	彭媛媛	邵益梓	王灵晓	温笑寒	王　菲
何杨柳	许梦瑶	梁　哲	王若男	陈新超	唐欢欢	赵孝凤
于依雯	龚奕婧	杨庆锋	张　瑜	苟稀溪	刘锋骄	蔺雯雯
高凯星	张佳莹	王鸿轩	向子依	朱子轩	陈浩然	赵依凡
米怡然	钟佳慧	牛宇雪	熊亚岚	娇　越	周静逸	周昊泽
聂张尧	孙秀营	陈秋水	吴雨微	陈嘉瑶	赵　鸽	郭宇涵
熊　博	陶立杰	肖可人	杨　艺	吴　琦	范振杰	季俊霖
杨晓庆	刘子秀	赵洁羽	陈江雨	闫　瑾	顾鼎元	李　玥
朱　丽	张笑颖	王笑语	杨　鑫	崔婷雯	刘可媛	崔　钰
庞　悦	王　宁	徐佳玮	李雁乔	朱嘉恬	李序芃	孔睿敏
陈垦西	顾丽鹏	李哲宇	赵　欣	王亚珠	黄延喆	张　旺
呼　倩	崔文静	郑岚育	李泽林	王　元	韩雨萱	刘晓航

党鹏琴	徐波杰	易湘玮	陈　珏	唐殿雯	韩欣然	于　淼
赵　倩	袁维颖	姚　莹	刘座辰	姬一丹	王紫乔	孙虹倩
薛　佩	何孟轲	郭　信	张方芳	聂汐倩	赵文杰	鲍鑫蕾
闫雪珊	王海锋	吕兰兰	张颢晖	王子辰	蒋鸿增	刘子涵
刘艳琴	赵全红	邢静静	朱思恬	王兆雄	李　想	温卓迪
成宇琪	侯传名	温宇方	吕胜美	刘梓童	王浩锟	魏雪宁
魏　畅	郜平平	张非凡	林金柱	孙思敏	陈宛宜	黄思捷
李卓楠	王佳敏	王利媛	李百丰	史东雁	孙　莹	刘伟帅
史忆戎	杨奕安	刘　艳	王宣宣	丁皓宇	张添悦	罗园园
李婧滢						

2018—2019 学年中国农业大学“优秀团员”

（440 人）

王浩桢	朱　然	吴伟鑫	马新春	黄逸云	贾宏毅	徐　颖
张　欢	张焓溪	张　素	彭　荣	沙马布沙	丁志超	吴晗晗
吴　昊	刘梦洁	王子华	张万龙	刘妍琦	刘　慧	曹严心
易嘉丽	王伟飓	俞栋颖	车金宁	韩　非	邵楚君	李嘉桐
杨景雅	李建芳	唐鑫焱	李家琪	郑　冰	王　敏	马　赛
周　际	朱　帆	毕家琛	左寅初	程泳铭	王智博	彭绍庭
卢奇棋	张子娟	吴嘉琦	张力铭	王昕睿	朱　艳	郭恺多
杜雪洁	田姿姿	王雅文	廖子锐	刘运颖	赵诗佳	师嘉敏
毛文轩	贾晓萌	陈登金	李　琳	马郝燕	王逸飞	陈　果
郭小青	张　青	姜　楠	樊继萍	方　奇	祝明妍	李雨容
江春艳	温智琰	王　佳	杨云帆	沙明慧	刘浩然	徐心悦
王春予	李佳萍	高嘉枫	高　源	胡凯凡	潘丽莎	曹一一
姜宏伟	付　晨	宋晶伟	陈友亮	张梦娇	孙曦雨	郭霁广
高永泽	陈德光	程　佳	张文惠	吴向阳	贺　坤	何　霖
王　彪	高东民	毋亚运	卢　韬	陈文君	徐　君	张硕恒
张　帅	李　煜	刘　璐	白银鹏	董　悦	梁江源	于武帅
侯昕芳	朱倩倩	刘激雨	王振文	孟潮彪	刘一诺	刘婧宇
蔡文龙	武　婧	王伊宁	申鸿飞	田　雷	许亦可	郭莹然
闫　烨	李英男	陈秀琳	杨　凤	孔德亮	王玮晨	方铃博
陆　霜	颜　振	高源远	杨亚飞	付　婧	张佩婷	邱靖涵
聂　楠	俞逸烽	杜思奥	高　冰	曹文轩	王　畅	李　艺
张若妍	李纪凯	郭艺展	解茹越	张宇烁	钱开涤	张景茜
刘昭阳	董彦君	齐蔚僮	方　晨	武竹青	杨雅洁	王果然
杨镜琪	陈　慧	王雨贝	王　绮	姚　鑫	孙艺恬	欧文婷

蔡玉婷	魏佳欣	桑梓晴	袁训腾	张焱辉	郭梦婷	刘嫚姝
杜英珂	刘佳豪	罗　鑫	孙德能	刘　强	张瀚文	蒋朝为
王　鹏	曹文馨	邓志扬	普霄林	谭　昊	王　路	刘梦琳
王佳婧	石如岳	付　琳	刘海帆	孙　迪	石雨欣	张宇冕
刘青竹	郝展宏	杨　馨	郑　熠	谢冯启	周栢年	马　喆
李　瑜	王晨珲	刘羽嘉	杜路高	叶丁玮	黄喻尧	桑　婧
刘　菲	叶松林	宋江流	邓秋卓	王一涵	董　慧	杨凡雨
母先盈	周骥晨	李羽葳	安睿泽	邵先凯	王斯熠	韩静雯
乔冰洁	谢晓晓	焦　灏	王雨欣	许钦沁	龚德锟	吉怡欣
汤文静	赵　硕	王思琪	吴　晗	郭嘉欣	张雨睿	益西拉珍
赵　萌	郭校伟	杨雅凡	崔立昊	牛可歆	张梦旭	俞　玥
丁占瑞	孙立飞	辛风芸	韩照洋	何　苗	朱龙奕	孙　铭
利文婷	霍伟歌	甄亚欣	张雅涵	蔡呈丰	陈雨倩	宋　倩
凌佳妮	马振玉	曾汇娟	金倩倩	于泳博	敬玉清	柴嘉琪
张欣悦	罗丽韵	高　崇	李汶怡	衣春晓	杨　芸	华春娴
赵欣欣	孙佳音	张佳帆	王　楠	周思琪	王心怡	矫宜珊
孙天乐	雷涵越	瞿兴玥	杨　艺	杜夏瑜	于嘉睿	陶　晓
丁子玮	李超伟	刘一璇	张　朝	段佳慧	梁　玉	高天娇
苏楚晴	张馨培	吴元浩	许茂泽	王文卓	刘懿锋	肖　雨
蒋沁宏	何帅涵	段惠娟	吴雨涵	许致远	宋　健	马艺如
苏红玉	刘　振	冯金璐	刘安诺	沈　静	康子昊	王　童
王　宇	曾正程	高陌笛	黄　睿	乔　睿	张楚珩	于小惠
于　健	姚鸿钦	赵子琪	孙钰滨	刘　逸	马俊杰	高希龙
王　锦	葛志超	刘肖楠	王豪瑞	李晗阳	纪晓宁	张英明
汪　洋	秦佳鑫	秦嘉唯	李行健	邵子钰	张　欣	张倩茹
马　岚	杜梓桓	王东慧	刘晓雪	胡汝成	胡津铭	范雪彤
李俊州	宿冬雪	薛雯婷	张馨月	王　锴	杨光耀	孟德龙
石俊霞	张霞霞	杨　力	段夏云	刘　娜	李佟劼	丁崇航
梁观娇	巩　璐	冯森森	岑朝君	刁　婵	任德鑫	田其坤
王雁楠	李　娜	张　妮	周维新	张源源	刘远冬	徐勤超
何少清	祝仰祥	梁洪睿	隋晓杰	马欣雨	王栋宇	胡　萍
高凯星	苏义童	朱师晨	霍晓婷	周　琳	黄骞婷	李　慧
石嘉伟	苏丁然	孙明炀	刘越琳	翟雨亭	刘晓睿	杨　易
刘亚鑫	王　珏	关　雷	史杨晶	锁佩郎	陈雨婷	郭金阳
高　源	靳宇航	王　亮	彭驿钦	杨泽蓁	王心怡	刘玉妍
王子榕	吴锐斌	王暮遥	万祖慧	唐殿雯	赵子涵	张天雨
陈　坚	李　博	吴晓婷	许月缤	卢　珊	范振杰	王启超
尹　瑶	杨　洛	王士一	张脐尹	张津硕	宝舒瑶	郑根义
吕晓晖	杨舒宇	阎欣峰	赵萍楠	黄佳诗	王艺霖	

2018—2019 学年中国农业大学“优秀班集体”

（44 个）

农学 173 班	动科 184 班	电气 182 班
发展 172 班	农学 162 班	动医 181 班
电气 162 班	法学 182 班	园林 161 班
动医 172 班	水利 184 班	经济 184 班
园林 181 班	食工 173 班	农建 182 班
传播 182 班	植保 161 班	食工 165 班
化学 163 班	经济 183 班	植保 162 班
食工 185 班	数学 172 班	土资 171 班
生物 181 班	机化 161 班	化学 173 班
草业 161 班	生物 183 班	车辆 181 班
经管 171 班	公管 181 班	生态 171 班
车辆 182 班	金融 171 班	公管 172 班
环工 171 班	设计 181 班	社会 171 班
营销 173 班	动科 183 班	试验 182 班
发展 162 班	营销 174 班	

2018—2019 学年中国农业大学“优秀学生干部”

（599 人）

龙 源	顾韵雯	赵鑫婧	方虹懿	王浴潼	张若兰	刘 洋
达卓娅	何冰凡	许 烁	马培锋	邵梦璇	冯心怡	姜伊菲
林 嵩	白立辰	张格格	白杨凡	苏白巴赫	金光妍	丁秋豪
马千涵	刘艳琴	周子慧	丁 凡	邓泽宽	凌红雨	蔡芃芃
孙思远	肖 楠	张明伟	于 璐	肖润国	刘建奕	魏 通
傅漫琪	倪徐平	廖佳玮	周迎港	段 练	马如琳	郁琮淇
郑童馨	和 莹	朱 灵	李鸿盛	鲁赛红	孙名池	刘同舟
祝一帆	贺 炜	邹小敬	姚萧萧	祝长鑫	邢凯旋	肖博文
刘 斌	马学君	申 晴	李作轩	苏权巍	赵康利	程 浩
陆骋昊	郑 磊	吴锐斌	张乐平	郑飞鸿	张 瑜	马云从
马韩瑛	曹 越	魏子昂	刘烙阳	李慧玲	刘海峡	王宇宁
程航远	孙沁心	牛婉珑	宋 凯	王 昊	李恒威	卫芷菲
王菁与	何明楷	刘 威	章 勋	杜苁蓉	黄品清	冯小时

蔡思阳	朱　帆	冯新华	黄启航	吴若旻	李晶晶	高一丁
胡元峰	李建芳	赵媛媛	罗天伦	于孟洋	吕俊霖	刘婧思
喻　珺	赵付丽	张艺佳	肖　傲	马晓春	陈兆静	李依晨
向莹莹	杜亚奇	魏孝辉	李　江	李雨浓	张亚慧	庄文颀
张丹阳	武　婧	王素秋	竺彬彬	吴沛锦	杨静怡	张乐遥
罗秋辞	樊晗璐	董玉慧	顾进恒	杜俊彪	张成鹏	曹隆杭
穆君怡	霍　斌	何婕敏	唐　宁	刘雨龙	聂赟彬	张芸溪
冀利仙	李德雨	王誉颖	杨子涵	冯杨明	方　航	闫东方
张雄智	李欣岳	王馨玉	王　禹	冯学敏	罗　丽	郭家和
冯昭钰	袁　志	江海洋	王　远	刘　俊	王　欢	桂晨烨
白　娟	荆　朦	奚柳青	杨圣慧	郑　翰	黄儒川	李泽鑫
赵琳琪	房晓东	张振彪	李兵杰	罗昭福	吕沛瑶	金智豪
杨勇琴	赵成成	王胜华	张　立	潘　琦	竹　迪	洪思雯
王培欣	郅明雷	杨　旭	田朋姣	朱江会	温　婷	黄显惠
许晨晨	李佳萍	胡瑭琦	张梦杰	石　谓	张　磊	孙　莹
高　捷	陈德光	刘世成	李尚杰	郑潇怡	高　翔	张添悦
何思洋	付　晨	艾颖超	吴亚垒	李　浩	刘天媛	温卓迪
王　兴	张丹茹	季骁宇	张永禄	李敬军	张新妹	孟　妮
胡昊斐	陈天直	高源远	尹竑婕	底绍涵	史　磊	唐诗叶
黄子乐	任姝琳	李佳乐	匡开明	李宗洋	胡雅淇	吴雨清
盖时霖	周皓媛	郎新旭	夏秀泽	游　芬	王逸飞	韩瑞婧
于依雯	殷实磊	张迎彬	陈浩哲	王　宁	刘伟刚	梁　硕
王雅茹	王珂嘉	欧阳成政	欧阳雪蕾	王晶晶	邢璐瑶	丁宇泽
刘怡含	张校凡	沈超钰	林邦皓	田皓予	王晓璐	孙慧琳
靳雪洲	徐静怡	李伊宁	周泉锡	杜欣然	陈彦希	刘泠岑
卢　杉	黄宏俊	袁雨晴	苟笳豪	冯馨平	陈永佳	宋佳熙
任　唯	初明若	孔令颖	周　沁	李佳宁	张梓萌	陈子彦
杨　莹	谢雅雯	胡雨楠	胡丹蕾	刘翔宇	李晓霞	杨蕴琦
刘　煊	谭　兵	梁立坤	李树东	刘紫燕	杨姝晗	李渊博
刘浩玮	王雨洛	王倩玮	陈慧颖	邵先凯	胡　琰	王　轩
吴茂林	吕　潇	张小寒	李昕樾	王泽华	夏学文	陈婉铃
马睿思	张文轩	孙雨阁	苏晗宇	翁超群	赵泽宇	周　舟
焦嘉乐	李超伟	吕昕洁	于泽昊	于佳骥	李燕秋	黄敬文
刘宇蛟	张世琪	庞　德	张可心	张雅琦	李梦文	温良友
赵　建	崔振鑫	白皓宸	贠玮佳	张雅茹	彭澍雨	田丽梅
王　涛	史开宇	曾冰蕙	王子渊	何　苗	陈昱希	朱凯迪
冯钟萱	陈孝林	施颖尘	马梓耀	赵　丹	徐凡晰	李　烨

劳景莉	田贝妮	梁宇琪	张起铭	叶　宁	张依萌	赵美琦
王宇菲	李威威	张宇航	石月鑫	于泳博	张铨颖	任　成
赵春艳	孙俊丽	贾博策	吕传翰	成江江	程业棋	岑慧芳
张梦琪	杨垸钦	林　君	赵筱钰	蔡呈丰	孙浩钟	吕雨轩
袁梓硕	王佩旋	王默涵	纪思雪	赵益禄	蔺一凡	崔沿靖
杨　斌	胡嘉奇	陈雨露	任书卉	周丽欣	程昕雨	高恒清
谢边悦	李超伟	秦琛强	韩泽阳	李瑞生	宋文心	成啸文
李美琪	田　丽	薛雯婷	李琲琲	王李锋	刘新铭	王　睿
李杨璞	于昌浩	孟祥楠	宋怡馨	温锭良	富楚楚	徐　慧
马志豪	袁维颖	王　涵	唐　微	张　源	高奕吉	李志豪
王　焱	顾丽鹏	周　航	赵　媛	赵　晓	苏华雨	徐馨琦
常欣悦	苗　琪	武靓靓	赵春雪	卞艳丽	胡　琪	于　俊
刘昊柟	王　越	秦江丹	翟胜方	程梦瑶	魏　汇	刘怡均
刘　涵	王计磊	刘肖楠	张博凯	王怡靓	梁宇凤	李佳诺
毕　玥	邓蓉蓉	张　辉	彭秋珺	潘　怡	李文杰	冯文康
李升郅粲	刘　振	李亚妮	董明扬	李嘉睿	祝云凤	尤　颖
万洁桢	王钰松	肖星凝	谢晓丹	牛梓蓉	雷冰儿	台子晗
杨俊杰	彭舒玥	王若瑜	李欣育	宋　涵	范振杰	李建伟
闫凌云	沙　漠	刘祖希	秦瀚翔	章博语	王天帅	王颢頔
赵　鹤	陈科良	张　雷	曹　璟	丁志超	于嘉睿	唐圣奎
赵　晗	宋汇灵	曾祥权	刘　强	江　竹	梁　玉	戴孚岳
张艺凡	陶怡竹	韦云路	周　晗	杨蓥浠	张梦旭	于　健
尹平仪	家瑞科	封煜亮	朱林娜	艾　阳	王　宁	于晓琦
闫华玉	王水青	王　亮	白雪冰	金怡恬	蒋　振	李长艳
王文倩	苏义童	荣文慧	王　鹏	崔婷雯	王晓慧	栾佳璐
霍鑫荣	靳宇航	王利政	苏日娜	李雨桐	高雅罕	刘浚平
段学兰	马宇浩	朱海安	郝　帅	黄春玲	李世雄	崔　楠
王　伟	贾　爽	兰天然	刘奥迪	乔　丹	薛媛睿	崔冠云
李　航	何召祥	朱哲慧	黄家运	张钰艳	高　琛	高　上
曾义青	肖敏敏	李思标	韦鑫化	李明俐	张　勇	马　源
周　佩	雷　雨	江正勇	韩　雨	栗欣雨	尹　瑶	李远鹏
王小雨	邓佳妮	廖　悦	高　振	张　弛	陶翾羽	谢文彬
唐润轩	宫　玥	郭明阳	袁明飞	魏雪宁	伍晨晨	刘志斋
豆　璇	李广胜	付祖航	褚晓飞	李美琪	吴佳宝	赵泽阳
赵笑冉	郑宇慧	刘慧敏	刘　婷	杨锓瑶	郭雅静	李　晴
王宣宁	程玲华	李文硕	冯　宇			

2018—2019 学年中国农业大学“三好学生”

（1469 人）

钟娅丹	兰欣悦	陆宇辰	李武笋	逄新颖	杨静怡	郑云帆
陈欣怡	高 鑫	付平南	韦 阳	李 玥	王怡靓	李舒桐
王 莹	李思杰	刘婉岑	苏佳琪	郭 蕾	王兆雄	韩艾曦
李玄霜	刘亚鑫	牛 聪	李倩倩	杨 亮	郭梦婷	于宛禾
孙思远	闫雪珊	王力弘	陈 冲	姚向前	李金晓	刘憬璇
褚俊聪	顾 丽	王雅琦	凌梦琪	刘烨琦	于 琪	侯奕龙
郭紫钰	贺 炜	丁佳惠	王 瑶	郑 瑾	陈新超	孙丹宁
汪梓静	王剑琴	张笑颖	许嘉靖	李 越	郭 晴	叶雨霏
赵 聪	成宇琪	王晓奕	张雨庭	穆 凯	李 梦	贾樱乔
龙 源	陈伟杰	赵向阳	张润田	史凯特	王 硕	郭雯昕
王 晗	马学君	段世航	王子元	嵇杨培	马晓薇	杜昀晓
周俊锋	王宣宁	秦晓红	李朝阳	柏雪松	孙菡清	王 君
李小涵	旷小宇	王 博	张馨月	王照琪	李若兰	杨小雨
田金翔	宋英铎	刘小锐	姚萧萧	李金燐	李志绚	尹潇涵
汤 晟	谭象天	何姣姣	张乐平	秦小煌	武文婧	蒋鸿增
邱可仪	刘若谷	聂嘉谊	朱丽君	宋丽华	王亚玮	徐 语
陈泽权	孟泽宁	黄秋婉	李 轲	陈泽秋	黄小凡	曾泽宇
张慧琦	李 潇	马雪晴	李文硕	饶源兴	谭书玲	冉 楠
冯亦婷	曹子明	胡 婷	张一帆	徐赞誉	张志强	赵天时
陈天文	古 晨	刘 涛	赵迎倩	牛 妍	张琳琳	王思佳
肖辰宇	吕晓晖	续 珍	金铭心	焦怡莎	文 博	谭思沩
陆天舒	郑 磊	张济世	廖 悦	原变鱼	贾诗玥	徐若萌
孙舒畅	白雅雯	霍伟歌	李思标	刘艺琳	史济生	孙田浩
高 睿	黄雅珏	解晓敏	王暮遥	杨 普	胡 旭	侯怡巍
李蔓蔓	海腾飞	王 康	贠 鑫	龙耀威	倪 端	徐亦可
李书玥	李 骞	李 赟	陈世省	于光辉	曹佳阳	杨滨莲
路之纤	李龙起	陈 晨	王若伊	兰 红	褚菁菁	高航淇
任 文	孙沁心	陈秀秀	左寅初	穆义卓	路钰秾	黄佳惠
舒家悦	朱 然	管西林	刘润泽	李定乾	刘一诺	刘知行
谢小明	陈珂焕	刘 璐	刘 玫	陈帅华	吕俊霖	张嘉玲
朱珂慧	刘乔治	刘彤彤	徐海祥	李 晔	李雨桐	廖婉伊
祝一帆	曲 卓	苗 琪	兰天然	宋兵兵	张苏琰	徐薏萱
邹 军	高馨怡	孙希超	朱哲慧	鲁赛红	谢政璇	秦兴丹
刘 斌	王 凡	赵全红	刘慧敏	宋 姝	牟芃宇	王浩锟
向莹莹	李子问	马腾云	王 琳	马壮壮	王晋安	张祖旋

张丹阳	李建芳	李馨秋	章程军	罗媛元	冯心怡	崔梓萱
王兴	田姿姿	夏一丹	易湘玮	李敏	温成韬	成昀蓁
付慧杰	张子娟	沈洁宇	阎欣峰	乔泽宇	周艺昕	郭梅清
于可可	朱帆	袁超	赵英华	吴若旻	侯沛彬	胡斯嘉
齐海坤	刘兰	孙若栖	白杨凡	施艺舒	车芙蓉	郑明明
罗秋辞	仝甘璐	李慧	梁玉莹	王馨宜	马欣雨	赵佳雯
李帅帅	王兴娟	韩坤	宋凯	杨子馨	钱开涤	李欣怡
张雄智	刘新艳	邹文佳	罗天伦	杨帅	王璇	李睿琦
刘冰洋	赵付丽	易梓文	姚莹	王琦	王誉儒	廖泽宇
赵影星	田绣琳	林翔宇	李琳	王楚	曹子琦	殷相杨
郑豫	汪晨晨	许烁	王以俨	周玲	王子嫣	张羽翔
江春艳	刘香凝	李桐	陈雨菡	秦康	李玥莹	洪紫煊
陈代涛	朱腾飞	张格格	徐微唯	程湫雅	张尹悦	宋雯丹
马帅帅	刘国永	符莹莹	张文惠	忻佳丽	蔡凌云	韩子萱
孙磊	贾晓萌	郜平平	陈琦凯	周雅	高翔	郭勃宏
赵琳琪	任新敏	燕星月	王芷菁	孙小雨	聂赟彬	孙笑宇
冯昭钰	武婧	唐丽华	郑兆麟	段练	张成鹏	张梓妍
杨勇琴	张青	裴颖	石云鹤	邵梦璇	张磊	樊融豪
韩瑞旗	樊晗璐	朱灵	邢晋	刘倩如	张洪振	葛雨桐
李少华	霍斌	邹小敬	张睿云	刘家备	陈宏伟	张雨蓉
蔡思阳	张盼	周钊灿	刘晓婷	孙志鹏	李珊珊	韩天圣
王静怡	赵喜云	曹莹琪	徐鹏	张政	田雅群	易若曈
苗馨文	李德雨	严丹	王文峰	周易	方航	任意歌
杨志昆	葛芳慧	高星	荣文慧	张丽杰	周雨晴	鲍钰
尹佳茗	荆朦	杨瑞华	王孟云	肖润国	陈慧	杨馥瑞
邵静	张强	胡宜	王乐均	吕玲慧	梅军	朱子云
唐努尔	房晓东	吕金泽	吴文俊	蒋沅均	潘晨	蔡一鸣
白娟	温智琰	陈诗雯	李子涵	史凌杰	张治锋	赵文迪
李康利	高宗玉	刘丁溥	郝建树	缑天宇	罗屹	石伟岳
盛得昌	魏泽宇	李祎玮	温宇方	吕嘉葆	李杰	张田欣
冀利仙	张璇	田月薇	刘赵缘	翁桢	王欢	辛笑丛
代灵知	曹青	赵扬阳	向卓航	李子涵	许荣	张馨方
常振凯	姜志豪	张艺佳	文钧民	李旻	杜蕊	张琳悦
苌淑敏	高东民	宋玫蓉	蔡培原	田稼禾	方怡	李思蕙
黎晶雪	丁志航	卢嘉茵	马启航	罗琳	黄思源	郭渟婷
元旭朝	田菁	高翔	张力铭	彭澄	刘慧	胡阳
吴怡	路畅	曲胜华	毛羿茹	张惠迪	钱晨雨	郭安琪
岳顺念	赵成成	杨立新	刘懿如	吕胜美	王敏	张鲁风
党聪聪	连迪	程晋龙	丛微	宋薏铭	吴丹	刘小月

时笑笑	高楚泽	霍彩云	林铖鸿	黄航行	张世煊	袁　鑫
陈　洁	王丹丹	苏金辉	张怡康	黄煜祺	温　婷	肖博文
吴奕萱	李佳萍	赵　静	杜瑞铭	鲁天云	黄儒川	闫佳钰
郭思颖	盛铭浩	宋银娟	姜　丰	王钰珂	戚新萍	曹博文
王　鹏	孙　泽	高　婷	章　勋	吴昕蕾	江悦馨	李春梅
骆凌潇	李　煜	陈登金	纪奇研	郭怡心	刘天媛	乔怿雅
杨琴琴	付　晨	程　佳	黄源博	袁　睿	吕沛瑶	王轶璇
刘妍汝	李　辛	肖兴平	郭思琮	弓　艺	岳靓	连冬杰
王雅茹	张丹茹	宋晶伟	郝琛亮	林玉冰	上官霜月	陆君言
黄子乐	于　迪	余儒洋	胡悦晨	梁传彬	陈蔡春子	寇雯齐
高宇童	郑蜀南	董慧君	高思程	王　宇	金珏雯	顾恬玮
景美兮	郅明雷	田欣睿	付祖航	张　悦	史　磊	王　洋
卢　杉	朱倩倩	陈丝雨	柯　婷	刘　男	李　根	张雪妮
李　素	陈天直	黄丽卿	梅佳琪	李　青	赵清华	侯　丽
任　唯	刘　凡	颜世红	张新雁	仲玉婷	胡　月	李许红
郭子璠	李　蕾	王素秋	吕　雪	杨钰茜	赵金鑫	许冰洁
张钟仁	陈一丹	王建中	姚玉梅	胡顺帆	方　蕊	王子彤
何杨柳	张钰成	段雪岩	王孟龙	李　涵	卢艳平	廖清婷
杜英珂	刘安国	王　贞	温昌凯	刘伟伟	朱　艳	夏唯一
刘禹池	张利雯	王　佳	曹　毅	陈祎途	吴曰程	郭炎明
陈昕慧	张馨培	马月姣	孟　灏	陈科冰	蔡雪琪	邢子瑶
罗涵月	黄上真	王　敏	杜楠楠	陈艳鑫	祝明妍	刘逸铭
盖艺洋	何帅涵	何婕敏	刘洪浩	孔维双	王晓璐	桑　婧
姚秀坤	邓蓉蓉	王誉颖	王术波	单宝英	李浩然	任天威
盖时霖	贾曼漪	王馨玉	郑　滋	张　妍	卢兰云	孟丽君
张若妍	张钰鑫	江海洋	刘伟帅	唐毅宽	王凤婷	刘路路
刘淑雅	李金晓	金美玲	张永禄	焦泽豪	马松照	赵　旸
杨镜琪	张　宇	唐塔娅	赵继云	李　浩	王志恒	程静怡
王子俊	金永鹏	赵佳怡	刘文政	王若彤	李泓博	欧　聪
刘　燕	刘　振	奚柳青	魏忠彩	刘　宁	段泽丽	张明政
张宇豪	王　澳	文一帆	刘长卿	宋　歌	张铨颖	张天柱
郭纯希	曾正程	牟丹霞	秦嘉浩	孙雨晴	何星乐	陈　鑫
王成鹏	范　玥	舒　心	裴景春	张　彤	江　璐	张　平
于　蕊	黄妍奕	项晴晴	张国祥	王　阳	乐韶华	钟培阁
高学凯	张灵玉	郎新旭	吴亚垒	郭珊珊	徐梦卓	康濒月
余学琼	黄千千	陆　瑶	赵　爽	刘蒙莎	史嘉诚	田丰实
杨志建	罗荪琳	刘美希	马双双	王　薇	龚　丹	王　彦
曾瑞红	陈若晨	杨静怡	王鑫磊	周惠萍	傅　天	卓兴良
崔媛媛	李雨琪	周中帆	高康毓	曾永顺	佟嘉钰	杨灵婧

戴正蓉	毛乙臻	卞筱嘉	邓利珍	杨丹妮	梁　玉	李云宏
闫天赐	宋汇灵	王珂雯	毕少杰	高　雅	程昕雨	李晶晶
刘兰馨	俞钧严	马　翾	尹冬敏	许尊秋	姜雨希	赵　欢
肖　晨	陶怡竹	郑　祺	樊晨龙	喻启华	娄嘉丽	孙志强
华战迎	张世杰	李天顺	李尚杰	何仟一	郭倩雯	徐恒康
申晓帅	张美琳	李伊宁	张淑栋	胡采薇	周奇奇	秦福雯
李　舰	赵岩岩	袁雨晴	于得海	陈星月	张英健	杨晓蒙
吴蒙蒙	杜梓桓	宋锐豪	顾进恒	杨　婧	胡　彦	杨雪萍
郭圆圆	李广栋	胡嘉鑫	侯秀宁	林誉凡	缪　旭	杨　洁
沈俊俊	程玲华	杜伊晗	王风磊	杜　睿	胡　蕾	李文麒
程　青	林　娟	张若宁	姜　雨	张婧瑜	徐　颖	宇文博
王小云	宋柏辰	张雨凝	袁　昊	李陈如愿	刘文婧	马乐昊
王中一	甄文瑞	毕金甜	白文华	蔡呈丰	郭思宇	杨泽伦
路荞华	杨露晴	罗颖婷	陈文辉	王　越	周千卜	殷　琪
李　婷	郑雅文	成　贺	董玉红	赵宇航	朱　峰	王　淳
陈　义	郑宇慧	余勤业	杨泽鹏	周思琪	张中楠	王　柳
张雯静	苏义童	胡雨楠	苟箫豪	张富杰	吴颖颖	綦慧心
王丽容	李佳琦	常茹欣	钟毓杰	吴玉珊	张馨心	王丁一
卢　珊	宫　玥	谢京颖	唐国登	刘雅涵	程业棋	尹　倩
冯晓蕾	刘　畅	施润颉	李树东	李知非	李梓源	初　颖
崔博文	张　涵	陈禹蒙	翁万正	刘佳朋	张　顺	范维珂
王逸群	刘　浩	韩晨瑞	张祖雯	郭锦晋	敬玉清	刘园园
单小玲	王天祚	娄鑫玲	刘小丫	田　展	裘佳楠	武　月
梁月婷	马宇浩	谢文凤	苏晗宇	李昱惟	任文锦	王鑫宇
李思维	汤子润	孙慧娟	林宇昌	谷依萱	牛婉云	陈　阳
吴　沁	文超良	冯　源	安睿泽	郑　恩	杨　芸	徐慧聪
高尔馨	尹忠涛	陈学敏	张馨月	许钦沁	刘俊辰	张容玮
彭玉帛	曹　琼	王鸿轩	于昌平	于佳骥	刘　润	王泽秋
祝　琳	苏丁然	白皓宸	韩佳姝	刘紫燕	吴　琪	胡烜瑜
谢　萌	宋海亮	艾颖超	石月鑫	谢雨杉	高　源	刘怡均
谢雨晴	梁　栋	孙思远	陈宗彪	马　媛	王艺霖	高　塽
薛晓敏	雷　雨	侯鹏颉	陶涵琥	申思涌	隋如意	张玉洁
王源锌	文　惠	邓梓萌	崔立昊	刘　昊	赵泽宇	程慧敏
李筱婷	张霞霞	刘天仪	陈昂轩	庄琬月	张采奕	陈昕楠
邓温歆	姚春燕	刘　振	董玉博	于泳博	张楚珩	孙嘉洵
侯羽柔	张连华	李佳洋	赵筱钰	刘书棋	王书同	张羽飞
徐小燕	李　娜	陈颖禧	李怡蕾	曹宇舟	富楚楚	姜凯阳
田京京	龙沈飞	刘雨文	唐　微	杜欣然	雷心怡	王禹霄飞
伍晓艳	巩　璐	牟　瑶	纪思雪	衣春晓	王子超	尤　颖

任天怡	乔鹏飞	姜文晓	彭占德	厉玉涵	祝云凤	陈　炀
李盈曦	贺腾飞	何宇璐	熊亚岚	时　涛	张沅嘉	王泽家
苑轲轲	马　畅	纪瑞阳	周盛国	李玉辉	朱祎彦	于筱薇
刘倩男	冉海艳	牛宇雪	李炎培	姚晨阳	缪昕玥	房孝娟
谭雨生	尤　越	张睿琪	高　畅	肖守淳	刘晓睿	国一凡
蔡定洲	陈　偲	毛梦琪	纪康宁	刘　洋	郭珂君	孔雀飞
杨欣怡	王朝崑	钟　有	刘宇瑾	董继盼	刘新铭	陈润臣
郭　熙	罗智瀚	江　月	刘祚德	施梓薇	喻笑箫	王　宇
孙海月	李先凤	沈芳铭	李宜敏	邵先凯	胡　琪	宋振鑫
彭紫柔	杜翊瑄	刘海悦	郭　淼	翁超群	关　昕	袁行健
肖以琪	林　璐	余京京	彭艺颖	冯馨平	王佳嫒	张　豪
梁正雅	王　喆	丁怡文	段秋宇	曾秋娟	庞　洁	贾若愚
蔡　冲	刘译泽	曹家蕊	金倩倩	赖泽敏	桑　坤	田航飞
陈　鹏	陈家书	孟祥楠	王玥心	陈　然	徐卫周	索　宁
陈　曦	李　颖	代毓敏	王　丹	成江江	丘水林	姚艺璇
高　翔	许家辉	杨晓惠	陈　珏	卯笙辰	杨光耀	于文珺
韩佩佩	殷实磊	梁　哲	邵益梓	童　彦	陈邦炼	郭天煜
何冬月	何孟轲	王彦淇	张雅涵	武　琦	焦芳芳	任爽宁
胡海瑶	朱子扬	周　方	韩泽阳	徐璐珂	许菡芬	高海鑫
蒋云岚	张　雨	章雨馨	何　珊	卞艳丽	尹翠娟	马雪剑
刘锦涛	王悦颖	孙小惠	韩照洋	崔景娜	高雅罕	阴佳滢
刘　悦	钟洋洋	陈康妮	许　诺	杜夏瑜	王晓慧	赵孝凤
马梦琪	李盼盼	林　君	王天琪	段佳慧	刘罗娜	张亚豪
莫东青	徐静怡	黄子彧	岳佳琪	冯晓晓	温笑寒	刘潇文
牟文文	宋长春	周　霞	吴雨微	李瑞生	孙靖耀	张馨文
牛俊凡	初明若	孙婉秋	余　晓	刘彦雯	田一诺	范俊钊
梁　友	赵　磊	郭晓雅	申　林	马航宇	王慧清	刘心怡
庄路博	王禹凡	武靓靓	李　洁	毛比明	张　曾	王　璇
唐　蓉	朱良辉	金雪花	杨　艺	孟　岩	张雪娇	杜春姗
申忠健	谭　兵	秦江丹	吴雨涵	孟志远	胡紫妍	吴苏婷
沈明鹤	王雨洛	吴斯妍	柳雅倩	王鑫烨	李婷婷	范心雨
孙铭优	雷涵越	唐梦雪	赵　媛	温锭良	邵　凡	谢逸秋
王珊珊	李昭茜	殷菲敏	蔡凌翰	谢　凡	李世雄	徐明月
王小雪	洪梓涵	姜凯睿	张梦琪	许致远	刘文红	周昊泽
蔚　越	宋　琛	姜天依	刘安诺	张　敏	王　聪	董　峰
徐圣杰	杨佳明	宋艳超	黄　睿	赵　晓	高　琛	何璐瑶
徐小舟	梁雄英	刘肖楠	陈姝伊	张　源	何璐璐	胡晨曦
杨佳乐	李欣育	王若瑜	赵春雪	周源琳	李文慧	宋宜恬
于建美	庄　瑶	于文清	吴娴萍	康慧薇	李雅婷	王威然

张传杰	高转琴	刘春雪	黄杰明	包珊珊	宋佳杰	崔冠云
张春敏	韩慧黠	王柯茹	戴斌华	李美琪	伍晨晨	邵　悦
张　凡	熊佳怡	高陌笛	黄　炎	唐殿雯	张冉冉	战　颖
张相敏	王　彤	卢家灿	翟胜方	李　峥	钟兴悦	张宇清
张　玉	张兰兰	李亚妮	陈泓亦	王兴佩	林晓莉	杨　帅
张　岳	李　英	周　颖	张　朝	苏明泽	韩长燊	葛晓翰
赵添羽	徐　强	徐瑗聪	胡志超	侯欣玉	陈　茂	季俊霖
赵　岩	彭　薇	路上云	杨　阳	牛梓蓉	茅佳艺	杨　易
钟　珊	谢小婷	张恩祥	朱泽平	郑沺洋	刘子琦	高　上
时　兴	朱晓亚	郑博闻	杨会平	李玉娇	张一珂	殷　超
张雨馨	于星辰	王永泉	耿芳琳	周淑娟	白鹏飞	张沅婕
梁芷健	刘恩琪	陈　帅	许茂泽	唐雅星	蒋　振	陈皓云
苑雨歌	付艳丹	谢宏凯	吴　勇	赵康利	张赛梅	苟润非
施菲菲	石如岳	于可济	蔡赛华	李　想	赵慧凝	张　哲
陈雨婷	马海龙	曾祥权	张国锋	吴　凡	李怡婷	杨丽雯
郑荔丹	樊英杰	郭　擎	宗　泽	周邦栋	庞峥琦	王如梦
臧泽雨	夏思瑶	李丽珍	季宇寒	陈　诺	卓文玥	曹丽莹
唐慧贤	李超伟	李媛媛	李　震	杨皓越	王　全	韩佳燕
李卓楠	杨玉琪	张龙腾	李云霞	张杰皓	蔚　悦	

2019年毕业生、学位获得者名单

获得学历教育博士学位人员名单

（702人）

田北京	李吉虎	刘 函	李威亚	周英思	柴岭岭	钟 涛
张少蔓	曹 杰	周 霞	郭 萧	李晓川	马 斯	闫 妍
刘国芹	程晨霞	梁超琼	张 玮	任俊达	李 芬	王 鹏
李红卫	周杨杨	叶柯邑	王晓吉	杜心桥	韩建普	于国红
陈荣荣	宁永强	刘玉洁	杨志佳	薛 媛	许 悦	马 亮
王玉鹏	王 盛	胡 月	杨 毅	刘军权	林 皓	蔡 晗
张玉梅	赵 瑜	董瑜皎	吴 训	郑冬晓	彭慧元	徐鹏翔
马红英	吴帅帅	罗 刚	高亚辉	王书祥	刘红宾	李明娜
翟夏杰	刘园园	张清水	马淑慧	岳瑞超	傅 勇	李国景
李士森	吴义根	郝晓燕	王 晶	许 菲	程 申	路雅文
张 琳	左飒飒	董晓光	张亚伟	万其号	杨 帅	付卫强
白 阳	郑红亚	陈 超	何玲艳	班云云	李鸿强	徐 丹
赵永宁	王琳瑛	折 曦	姚静韬	胡莹洁	薛海波	马俊乐
曲承乐	马洁文	卞 婷	张 宁	刘燕蓉	吴菲菲	闫慧芳
郭艳萍	孙开济	李 岩	韩 啸	邓 杰	范敬伟	韩振云
王丽绵	张 锐	金绍明	王 超	李 杨	王旭峰	邢洁洁
王 辉	于 振	焦文晓	周 峰	祁鹤兴	散鋆龙	闫征南
范亚辰	李 冉	刘晓萌	李孔潘	柳 荻	孙 哲	赵 昕
田 芳	姜洪喆	王大帅	李 涵	于 斌	韩苗苗	耿彦强
陈一凡	包 愈	马晓康	何 龙	尹达菲	高 贵	樊玉苗
王宏艳	吴宏平	耿圆圆	傅延彬	曹登超	宋洪东	贾 飞

黄世猛	李道通	张媛媛	王　朋	吕　菁	申　飞	孙　昊
华　博	张　平	王洁琼	何雪琴	张　阳	孔丹丹	杨知伦
吴媛媛	何贝贝	何　阳	张珍珍	杨明辉	王　丹	刘　壮
毕慧娟	徐　进	赵　亮	李子彬	梁海威	高　杰	李大鹏
赵　映	李兴正	王　凡	王　宇	刘春鹏	张哲晰	李姣媛
仇泸毅	曹　帅	杨曼莎	黄河天	严　伟	刘　磊	姜午旗
张地方	谭琦亓	刘　航	余　垚	王　明	周成浩	何畅然
李晓峰	刘　成	周磊杰	张吉雄	林　燕	王荟茹	刘超然
闫　红	胡　璐	刘思凝	田秀丽	李　想	伍　露	高继卿
王潇潇	邵长秀	孙忠祥	詹　菁	刘　畅	李宗洋	李奇博
雷津美	陈晓初	胡　松	黄晓冬	田彦芳	李　佩	张江周
郑　撼	杜　丽	邢冠岚	张　珍	付　航	张成龙	王镱潼
李晓琳	资　丹	刘　孟	朱　迪	李湮峰	宋　鹏	孙梦依
贾晓波	郑文娜	顾欣悦	王晨光	耿倩倩	张文兵	唐楚飞
韦潇宇	赵　鹏	张慧萌	邢伟民	张文超	李栋浩	卢建文
石　晨	杨　柳	吕亚楠	孙子强	张银翘	付俊瑞	单　双
徐　晗	梁平卓	姜　宁	王　蕾	崔　衍	闫　涛	王子洋
王永千	裴晓帅	赵贤德	赵　灿	程先坤	王　振	车明哲
冯　明	鲁井云	赵清翠	曹芸运	孙　锦	张邦喜	吴洲钇
张博洋	刘　月	王　恬	马夏吟	杨永芳	刘沛通	刘帮迪
李　茜	郭　维	孟星尧	赵宇宾	宁香雪	梁效贵	李旭辉
汪亚中	李扬阳	张　京	王　可	万洋灵	袁树枝	王希播
王　盼	王鹏璞	王　政	沈应博	黄晓勇	齐创业	罗金红
李　波	李刚岭	崔　阳	孙华越	许光辉	田小龙	周孟孟
郭彩玲	陈海江	边　疆	张会艳	庄　深	张诗瑶	王梦玲
范迎赛	苏　佳	曹艳欣	王　健	侯晶晶	逄晋松	濮　超
王逸茹	张钰石	陈丽丽	杨　阳	孙艳伟	李俊鸿	朱玉娟
杜　挺	刘　超	章慧莺	樊　琛	林　珊	刘娜娜	赵欢欢
韩娅红	于童童	张　朋	王见一	柳维扬	贝水宽	何　丹
潘　嵩	费佐兰	宋永利	葛　阳	岳海梅	赵垚垚	鱼海跃
侯　鹏	杨乃博	蔡艳玲	成永三	徐　刚	姜晓龙	孙艳红
管　瑶	朱丽叶	王　晶	张天援	王　杰	杨贵燕	张树栋
王　佳	王目森	范　皓	何东亭	陈　虹	杨教童	孙路路
徐　飞	李源清	刘光辉	杨　威	高　伟	闫恒宇	张美玲
秦迎迎	武　军	陈义锋	陈万宝	张　娣	聂虎帅	王秋云
唐季清	贾红敏	李维林	田　恬	姜露光	陈　思	王春昕
李沛然	刘　丽	贺　莉	朱瀚昆	蔡亚凡	郑晓冬	郭芳芳
李荣耀	罗东升	王男麒	刘　博	柯存存	白建慧	张伟伟

张永军	刘翠翠	罗书介	王胜男	李　蒙	张　旋	林雅文
尹文娟	李　超	郑玉龙	蔡文涛	王　伟	何金鑫	祝富贵
蒲承君	张海波	潘　彪	马云飞	林玉龙	周思邈	曹瑶瑶
沈广辉	孙慧哲	管青春	包建华	刘飞鹏	胡晓沛	杨义武
王卫伟	李东霞	白效鹏	汪梅子	曹芳杰	曹芳芳	周　凯
孙菲菲	岳士忠	王瑞萍	赵英杰	营　浩	程广宇	李成龙
王晓明	高俊峰	李天天	石丽君	姜顺严	王建魁	李　琴
姜博晨	邹友龙	陆明洋	刘孝明	吴培培	王克涛	左　毅
朱卫红	李叶蓓	张颖超	卫旭彪	于海峰	宁淑杰	张振东
刘立涛	张　鑫	刘　宁	范肖肖	宁　超	席广银	史　博
张琛驰	黄　然	吴伟菁	叶洪岭	张少鹏	芦千文	王力圆
张洋洋	冯浩杰	任瑞琪	孙　涛	刘保花	张务帅	冷亚军
赵丽丽	王　迪	杨聪山	陈冬杰	宋江伟	杨春合	何德云
陈澄宇	初炳瑶	张　鑫	常清乐	苗　丽	付修义	唐　璇
赵怡锟	傅童成	刘　晨	李　宁	凡文磊	郭立平	薛夫光
王新兵	王庆峰	杨姗姗	张　铭	张艳培	冯宇鹏	陶　冶
傅佩宁	代　蕾	马明芳	潘军晓	武红剑	安晓蒙	王治娟
朱文清	薛丁榕	杨玉文	向成钢	梁作翔	于永乐	成印洁
曾庆超	赵　辉	王翠翠	唐艳艳	宁　康	姜　靖	刘晋宏
杨　杰	刘欢	王　军	谢三磊	杨　超	赵宏波	孟鹏程
周　克	苏　洋	杨肖蕾	辛艳丽	闫明珠	蔡昱萌	郑志强
芮成杰	唐朝臣	薛令阳	王笳旭	张　静	李　超	闫兆阳
王　森	朱高荻	孙伊辰	田　甜	邓　佳	赖恭梯	杨世平
刘亚男	宋　阳	李金鹏	葛梦旭	李世学	李　聪	马　晨
马　卓	郭　松	张海霞	郑　美	岳　帅	张　磊	文洪星
李基云	匡柳青	李元杰	罗海山	韩帅娟	尹　涛	王　博
孙海涛	秦亚娟	薛舒丹	朱德利	王　瑶	饶　欢	彭　涛
许　桥	聂昌盛	蒋丽芸	秦宇轩	吴翔宇	王凤柳	马　聪
李岩磊	张海燕	王云霞	张　鑫	陈　晶	王震铄	孙宏伟
王　昌	陈相助	陈　丽	侯　帆	李先彩	李　慧	车传亮
蓝　霞	贺　婷	王　鹏	程亚卿	王春霞	魏　超	王梓然
李仕金	李永华	王　宁	杨　昊	高　颖	邢寒竹	王宇晓
贾国梁	赵韩栋	邹　辉	秦　超	张学鹏	徐登安	任珍静
王　亮	冯智宇	田金歌	汪显友	开文斌	吕青阳	王吐虹
阚玉敏	吕昊峰	李　楠	韩　营	蒋　尧	董响贵	张盼盼
梁腾坚	郑　燕	丁存振	刘　甜	王晓婧	宋丽娜	李晓丽
刘　路	宋　欢	刘春晓	牛　琪	陈鹏枭	张鸿渊	杨月娟

MUHAMMAD EMDADUL HAQUE
ZEESHAN AHMAD
TRAN THI KIEU VAN
ABDUL BASIT
ADNAN ABBAS
KIM CHOL JIN
NKUMBU NALWIMBA
HAFIZ KAMRAN YOUSAF
BABA ALHASSAN
MAMUN-OR-RASHID
CHARLOTTE ARINAITWE
FAISAL HAYAT
ELIZABETH MUENI MUSIU
NAZIR AHMED
IFTIKHAR AHMED SAEED
MD. TARIFUL ALAM KHAN
HAFIZ UMER JAVED
THABITA LAMECK LUPEJA
MUHAMMAD SHAHID
TAMIKA ALEXIS PEART
HUMERA HAMID
DORA HARRISON OUMA
MOHAMMED HUSIEN YOUSIF ELKHIDER
TRYPHON GALLUS MBAWALA
ABOUBACAR YOUNOUSSA CAMARA
JOHN MORRIS TOGO KAJI
MUHAMMAD RIZWAN
SIMON MDONDO WANDERA
FAISAL NADEEM
RIAZ AHMA

获得同等学力博士学位人员名单

（17 人）

韩毅科	陈积山	陈庆立	李　强	宋婷婷	孙　健	李洪亮
李义良	史东辉	王　成	王艳芹	张跃强	包慧芳	杨红梅
郝敬喆	杨莉玲	李艳华				

获得兽医博士学位人员名单

（19 人）

韩　涛	贾　婷	焦连国	景俊年	孙向华	王豪举	董振杰
曹永芝	孙昌华	崔艳红	高光平	张祯涛	相　磊	冯才伟
苏晓鸥	颜晓冬	邓利斌	高日明	杜　凯		

获得硕士学位人员名单

（1048 人）

孙诗瑶	徐长松	张　阳	韦科成	孙　权	王钰竹	杨东冀
姚　梦	张慈杭	赵肖余	周鹿鸣	陈治昌	成艳君	崔雪莲
顾进锋	郝尚博	姬雪可	刘雅思	牛佩云	蒲　东	宋　超

王丽燕	王 述	吴 静	徐文平	于景华	张大卫	张 业
宗晓慧	蔡一欣	陈 鹞	孔庆玲	夏友祥	殷 鉴	李琳琳
潘麒宇	蹇 晨	李振禾	李 畅	王 萍	邢晓璐	钟小荣
姚建飞	徐 秀	路子奇	李含微	苗 琦	李 祎	孙 艺
张振伟	肖柯伟	刘 栋	邓 潘	何 钧	何耀枫	李 佳
李帅帅	梁美惠	任 畅	王 珂	王 旭	杨 波	杨浩东
张慧林	汪雪滢	王 琰	陈荣成	陈 义	丁来伟	刘 博
郭建松	李广智	张 显	张滴滴	赵 强	齐 璇	张盼盼
姚 则	陈 沁	高 嵩	王 迎	郑 敏	倪家敏	王振宇
黄晋宇	高 凌	尹小桐	袁 震	卞元男	刘洪杰	刘慕霖
余灵桦	孙旭光	罗来全	吴韦洒	方群超	方培红	黄允祗
吴长征	白致静	郭世玉	牛家恒	丁 颖	梅本山	郭慧杰
李若曈	冯子蔚	冯 媛	孙 浙	谭 畅	庞 宇	牛洺鑫
赵悦婷	武玉钦	王倩倩	黄 烁	党世彬	马景林	门洪凯
张寒雪	杨 影	王 越	郎丹丹	李卓琳	付霞杰	杨 芳
曹梦竹	黄梦思	李连杰	李友轩	张 鹏	张 兵	田 齐
申志雄	谢立娟	魏玉杰	李江博	张 丛	霍学婷	刘少帅
辛圆圆	齐浩然	张长宇	王雅玲	颜可染	王文婷	李晓悦
胡 凯	张 喆	德佳硕	张 鑫	杨 欢	胡 勇	买梦奇
任天一	高 寒	梁静泊	杨 晨	姜 达	司敬方	胡锦文
李 博	徐 耀	黄 海	何俊佳	邓梦婷	许玲玲	戴卫星
刘 鹏	刘诗阳	宋思悦	颜全福	秦益楠	高婧娴	陈 非
黄 岚	刘欣雅	姜震东	徐天恒	东琬婷	师 睿	郝梓伊
齐绍帆	郭 豪	栗照鑫	于英钗	常亚迪	任攀宇	李卓法
陈 晨	王奥纪东	吕亚飞	谢德琼	董和鸣	董俏好	于海宝
周新辉	刘彦伟	周 莹	孙晓娟	王孟冬	刘 硕	秦晓静
邓晓恬	师奕琳	林敏怡	艾海粤	谢 丽	刘丹奇	张宸溦
张轲豪	王 娜	胡佳艺	康 飞	武肖莎	张保花	褚献献
臧祎娜	刘环环	齐晓佳	李 丹	徐 艳	尹 剑	施 歌
朱 焱	李 妍	郭 芸	黄俊皓	王龄焓	钱 鑫	季荣博
江佳艺	鲁晴辉	徐 洁	刘佳文	邓 杨	张祎旋	李丹梦
张文博	任智强	林鸿霄	林熙文	黄铭一	姚 炜	王佳佳
赵艺伟	张 允	刘芳辛	李 枫	惠改芳	张稼乐	王陈婧
王乐宜	陈浩天	黄 鑫	赵恒宇	庄 坚	张自超	盛中亭
蒋青山	刘娜娜	任杰宇	刘 燕	侯锡爱	乔丽仿	张 通
张丽红	姚久彬	赵胜楠	王红磊	李培航	韩 涛	冀凯燕
芦 瑶	杨立莹	高文娇	罗 楠	白一雪	吴思颖	巩 潇
吴 芮	陈亚姣	杨光辉	陈 欣	陈 辉	唐 博	张珊珊
张 楠	柯文理	鲁 萍	黄婉茹	张驰也	陈文捷	王 容

白　璐	侯　鹏	翟育卿	宋怡堃	邓雅馨	黎　超	白　帆
郑彦佳	郑　飚	冉　佳	彭明喜	李樾华	邵书山	荆慧荣
薛　娇	罗司嘉	徐文娇	杨东明	曾于洋	祖之鹏	薛晓柳
王立威	刘　娜	宋皖君	邓海鹏	赵心源	戴苇茜	王茂磊
王小翠	丁继刚	王金娥	于　波	杜佳丽	王琪雯	佘婷婷
白云鹏	韩立杰	王　猛	向碧琪	陈晓曦	刘　鑫	张文隽
刘静芳	安　通	赵友涛	赵　洋	李心桥	邸晨光	朱宸萱
董　礼	李　超	徐　崭	张　璐	刘燕妮	李继琳	崔志闯
刘凯羚	李天宇	杜昱瑶	赵　祎	段曾平	王小艺	卢　雪
柴　悦	郝振凯	王翔宇	孙士强	崔　冉	李凤宁	刘　瑶
刘浩田	李　姣	宗亚楠	丁嘉任	芦　伟	霍　昕	张东旭
邢海茜	薛仰壮	张福印	李紫烨	徐法亮	郑亚楠	杜安然
于文奇	马晓娟	马一博	韩凯丽	王海鲍	杨　慧	王鸿燕
史敬文	邓晓杰	付　野	耿　瑞	王　凯	周洪宇	黄　卓
张　欢	郑可欣	文　取	李雪嫄	高新宇	刘启宇	蓝杨铭
孙宏禹	令狐田野	王颖杰	曾铄程	曹祎可	李傲梅	祝金晶
包元凯	吴小清	蒋曼洁	王家浩	郑　杰	王玮玥	穆虹宇
王国鹏	李雪飞	赵　睿	刘晓彤	尹文娟	李森煊	周宇晴
马靓璠	林　欣	谢慧敏	谷一波	王思敏	薛　涛	赵　晨
姜丽丽	黄　倩	龚静阳	师纪博	瞿　婷	陈　鑫	陈先锋
刘忠华	王佳丽	邢艳玲	李　烃	潘潇涵	周振旭	杜　娟
钊斌文	李江涛	郭家宏	张昌祺	衡静霞	宋来福	马金星
刘怡汝	王　康	尚一斐	唐大超	路星星	何沁锶	汪小珊
刘　洋	李一然	杨　瀚	祝玉婷	高欣然	邹远炳	张秦川
杨　超	王宏康	李梦迪	马明玮	张乃钊	王　潇	曾译影
梁　莉	张雯怡	谈　青	琚　羽	游孝文	刘青青	李士芹
张　哲	王一童	张建月	单提升	邢永杰	李鑫亮	韩梓纯
张婷婷	王博文	陈　晨	姜少杰	汪炜琛	何齐秀美	代梦雅
王周英	谢振东	张珊珊	杨金凤	李丹丹	李娅炜	陈志博
何佳琪	唐佳颖	刘权剑	罗璟晗	陈　荟	李　琪	韩　乐
曾　巧	田新苗	刘水清	杨　宇	屈静雅	杜若曦	张一尽
姚宇晨	彭文婷	曾翠红	方若琪	宋熳青	李　涵	董佳静
顾　晋	崔暄翌	强　溦	曾子川	张先亮	解一萌	郑　杰
刘文生	陈超宇	蓝思力	崔儒秀	徐　敏	石亚茹	柳建英
韩　敏	马桂根	陈　周	王　虹	刘飞周	高一丁	张宗凯
刘思琦	董志贤	夏　金	李国浩	王　艳	田瑞娟	杨丽娜
张　悦	胥　祥	王丽丽	计芳芳	林文青	孟洋洋	李保成
郑海洲	彭艳芳	杨其锟	徐　梦	华健棋	王　雪	覃思嘉
崔洋博	张明悦	孙冬阳	马梦娟	张海丽	薛　姣	孙振宁

李国川	钟　沅	梁德媚	林司龙	邓敏儿	张心慧	孔德煌
谢耀如	李淏泉	梁政渊	孙弋帏	辛育航	丁　键	董晓婕
杜文文	侯　苹	常婧怡	郭　源	王正岳	薛　咏	张　阳
杜书荣	刘　烨	黄圆萍	杨清华	杨钦楷	许雅玲	袁　媛
李雨菁	肖苏琪	洪　婷	张雅娴	鲜　萱	王　闪	赵　捷
马誉芸	邹宝华	石文君	黎朝晖	竹怀婷	陆　畅	肖朋帅
吕梓秦	吕天天	赵再戌	张　行	薛铭硕	杨　璐	高志鹏
李　晓	张宗鹏	姚娇娇	伍　娟	薄丽媛	裴沙沙	刘聪敏
牛飞飞	张瑜轩	辛秀秀	李沐阳	陈　慧	王大鹏	冯献程
崔　璐	雷佳琦	杨　涛	张正权	张佳璇	石晓天	周嘉乐
陈　欢	卓远芳	卫　静	尚福弟	莫伟鹏	赵　宇	毕慧敏
贾海红	邓　怡	陈　婷	郭晋菡	戚莉霞	陈　蕊	陈雪礼
王　津	张　通	张圆圆	徐雨舟	秦浩栋	陈　旸	侯善蕾
井光锦	胡　茜	肖影慧	宋　丹	蔡文博	郑　静	黄天骄
张　凯	赵　远	张薛勤	王玉川	孙琪然	朱云鹏	刘　帆
卞高婷	周　萌	王　蓉	李璐璐	郑琳琳	武玮辰	班雅丽
郭雅萍	李永伟	武英豪	王　飞	王　丰	刘秀艳	王文豪
李向阳	苏美玲	刘家维	陈仁驰	余沛轩	肖　冰	单垣恺
赵天彤	李云龙	杨　芳	王松源	王娅楠	牛振丽	霸雨辰
杨淏然	贾子钰	刘成曦	王　煦	伍灏欣	杨　喆	伍　越
盛正毅	路凌云	宋清椿	马云良	王雪彤	杨如丹	胡　云
李国群	黄诗雨	朱　蕊	林绚锦	刘建娇	李　茜	郝丹丹
李浩卓	谢木娇	熊小青	赵武葳	李振聪	谢阳阳	王雯睿
庞皓升	丁广升	苑宏博	王浩然	侯梦杰	杨佳乐	尚栋亮
支玉海	黄湘仪	康跃南	谢　凯	赖　青	秦　娜	雷诗瑶
潘望军	李　敏	张　敏	杨幼明	付锦涛	闫　丽	刘晓丽
刘　艳	任梦圆	成青青	范宏霞	贾　璐	乔西兰	黄馨凝
李玉龙	尚佳琪	尚丽君	焦嘉昱	钱　金	王　荣	赵琦琦
汤庆爽	马文慧	边明慧	刘一宏	于凌霄	张一泽	何杨杨
马晨旭	张龙龙	段壮壮	艾　馨	祁忠贤	王　琪	韩姝葶
陈　倬	马旭旭	孙思伟	孙其乐	刘一彤	张艺凡	李风梅
郭晓磊	杨　佳	关亚楠	苗艳龙	刘禹彤	赵天赐	张阳阳
张　灿	陈　昆	吴　梦	邓宗豪	宋颖超	李世林	李桂龙
马思捷	张永萍	马　营	邢　坤	周泓序	何　枭	孙善峰
周子力	华　峰	王怡雯	马若男	黄程鹏	吴塔娜	李鑫林
张文丽	郭孝理	赵　康	韩庆玥	林　刚	李　琪	孙　欣
王佳宁	相宏图	刘路平	刘瑶瑶	廖红玲	崔梦楠	张　望
吕晓娟	陆昱蓉	梁　洁	王　星	甄婧含	张智恒	宋　雅
张　晶	伞惟琳	谢淑馨	刘　义	杨舒莹	孙小钧	程晓惠

石琳	康欢	孟德尚	包维卿	程嘉莉	辛明	刘伟东
石晓宇	张力	郑东方	吴娴	赵寅	张茜晴	靳彤
陈伟	童亮	郑力榕	朱敏	韩蒙蒙	高旭辉	刘嘉慧
贾世双	琚慧慧	杨国娥	刘园园	廖琴	唐俊	官天赐
杜志鹏	何广	齐丰	王志文	姜磊	刘心盼	黄秋怡
许丹丹	张寒冰	金亚伦	孙晓阳	李晓瀚	霍红	高鑫城
丁倩	李玉莹	王臻	马雨熙	吴凡	陈娜	张梦思
阚刘刚	章傅际	熊苏雅	彭鑫	袁姗姗	刘亚文	徐诗纯
张思佳	张展轶	郭楠	冉曦	王匡胤	姜智敏	张靖彬
孙雅馨	陈子叶	叶婷	朱瑞欣	冯清妍	辛爱丽	王静璇
赵萌	房烁	关列梅	徐佳	李海龙	李慧芳	李文鑫
张书铭	杨希	王婷	李红业	于志伟	王鸣	袁青青
谷金钟	曾雯婷	程鸯	吴伊晗	张韫玥	刘泽朋	阴曼文
青鑫	吴冰冰	常思盎	庞思成	陈静茹	谷京	陈晶晶
韩亚宁	万坤利	曾晓漫	张园	刘婠婠	马卓	张晴
刘爽	申凯红	张雪妍	瞿娅莉	宋东桓	郭兵博	杨乐
王世言	周怡梦	王进	何玉蓉	谭丁炀	解文雅	谢银侠
宋允	张智	荣嘉康	张鹏	李永振	孙璇	董超
张淑娟	刘扶桑	李丹阳	杨漪洋	俞岩秀	田登凤	方云鹤
史宏达	王腾坤	屈雪	李星	靳倩兰	李丹	刘海坤
安捷	凌小凡	张晓怡	李煜	周亮	马艺超	郭晓艺
张亚妮	彭贞贞	郭梦	祁瑞	陈德颖	赵广路	王瑶瑶
吴嘉斓	瞿芳	吴冉	雷雨田	温亚坤	图如普妮萨·图尔荪	

获得同等学力硕士学位人员名单

（2人）

高怡　　史娜

获得农业推广/农业硕士学位人员名单

（368人）

王项羽	符饶	魏强	黄涛	杜永所	刘神	马小晶
张建	赵龙	严昊	潘华	邓晓智	李琭璐	李晓华
刘静	陈洁精	陈诺	王娟	张茜	尹龙龙	蒋瑞祥
陈武全	邓文丽	李建庆	李卫乾	梁云海	吕直衡	莫娟玉
宁传剑	农晓	施兰娟	宋国宁	韦宇宁	谢伦远	袁桂凤

朱元希	王思婧	艾立微	王　旭	姜晓琳	贺铁梅	刘吉星
彭海岩	张雪娇	李义方	刘晏平	刘新平	刘丽丽	吕　军
王　尧	王永颖	张龙凤	胡群兵	张瀚中	魏周秀	刘海燕
豆哲超	董亮亮	徐恒康	王　颖	范卓妍	王延伸	苑忠央
李　帅	张泽宇	周俊言	许艳奇	王亚茹	纪学植	张津海
梁　伟	吴文凤	王映程	徐小舟	张　璐	李晓倩	常雯洁
张　咪	姜　敏	朱　涛	王金娥	吴文静	唐　荥	赵钰洁
王　贺	刘洋洋	黄官民	刘亚茹	董倩倩	荆　照	马　飞
郭鸿雁	胡英菲	姚丹丹	臧佳丽	杨燕玲	刘会芳	李　灿
康　佳	闫　飞	马　慧	刘霏霏	赵晓敏	赵　磊	刘　伟
刘　岩	刘　彤	李田田	张　迪	万欣怡	暴晓凯	杜丽春
刘天丽	张美玲	王　冲	李晓琴	孟凡磊	郑成娟	武庆慧
孙伟超	刘飞飞	孟祥悦	冯　晓	蒙玲玲	王瑞芳	李　莎
王联臻	李乔花	黄　琪	王梦梦	李舒婷	王　惠	李　晴
马玉林	李晓娟	周晓璐	白家齐	张志雷	田　雪	翟许玲
吴秉瑞	刘雅馨	袁　超	唐佰文	昌　萍	王尚尚	丁　旻
江飞焰	何小献	徐　爽	吴　飞	董祎鑫	章征程	李　扬
王亚晓	苌淑敏	张晓萍	孙晓维	龚思宇	揭晓婧	韩雪丰
封正琪	储意艳	王一江	庞肖杰	蔡旨夷	王雅鑫	秦美珠
程　永	王璐娜	王文婧	郭　凯	马　渊	曹　淼	高广平
申青苗	胡江旭	郝阳毅	于占涛	贾　丁	杨　玥	曹　磊
江玉瑶	庞有婷	王国祯	杨勇琴	潘　婷	乔亚琪	徐鹏举
朱颖璇	宋晨菲	梁　娟	穆　硕	白函瑜	张晓迪	陈泳妍
耿顺菊	杨　雪	杨铭远	周金耀	谢　鑫	王允中	程宏伟
赵　南	马国志	李娟玲	王　赛	李　博	郝家鹏	毛　雯
陈杉彬	李守娇	张　蕾	刘禹辰	陈泽鹏	杜孟思	孙晓颖
宋书宁	张宏宇	沈　丹	丁晨阳	陈　红	王　锦	魏周会
王宇波	张落桐	史林鑫	孙　妍	姬　玲	王晶晶	杨辰晖
邵平平	徐　佳	徐忆楠	降　卓	李曼曼	魏　然	唐昕宁
梁立忠	张玉莹	崔　奇	郑隽卿	王蒋辽	周志朋	张　艺
张　方	吴长春	田英豪	贺程珑	冀婷婷	吕梦璐	刘丹丹
李　凡	褚杰俊	方一舒	万能涵	刘家欢	卢国彩	董云浩
孙慧雯	邓　杰	强　玮	张文卓	郑　豫	宋志伟	宁芳芳
殷铭阳	张克信	高游慧	叶向阳	朱舒蕾	张小玲	耿仕夏
王晓琳	孟建升	卢俊名	张馨月	罗欣月	付炳堃	孟宪儒
周明源	戴小燕	孙　伟	云　颖	刘亚囡	王逸韵	陈　琦
揭琳南	李明刘	郭映美	王　冬	杨　祺	邵玉杰	龙　钏
赵晶晶	马艳文	彭　涛	王　莹	姜　涛	刘晓婧	王明月
孙　炜	郭江华	刘芮瑜	何雄杰	郑　瑞	戴小琴	高　永

李　旭	肖　杨	陈国经纬	刘杰安	刘　泉	赖　雯	郭一聪
李　超	陈向阳	吴　丹	翟语哲	韩小飞	张戌园	王　波
李响玲	汤　敏	杨长峰	叶会珍	丁思然	李婷婷	朱慧慧
吴　刚	郭静娴	王晓丽	常智尧	鹿　瑶	何雅琴	张文伟
熊欣欣	许雅欣	孙彦烽	任晓晗	王　晶	李若愚	段晓灵
付　良	孙福海	徐仲楠	李瑞洪	高　涵	张润晗	秦　震
王喜琼	肖金龙	童　燕	李　贞	刘哲熹	李　光	邓　静
易　盼	朱晓慧	张　盼	魏江曼	李全钢	潘　红	王　雷
徐爱华	许玲玲	郝金鹏	高　琼			

获得工商管理硕士学位人员名单

（168人）

刘如玉	沈秉乾	姚双艳	张　晓	赵　迪	董春晖	白　芳
剧艳梅	苏　璨	谭静怡	赵维宁	张爱霞	徐冠琪	陈典鹏
朱莉娅	郑炀子	张子琼	王利娜	齐　越	欧阳芸	孟昭文
吴　迪	何冬明	杜丽霞	武　兴	连建东	胡　泽	韩书娟
何肖南	张明晖	王学飞	王秀明	王　伟	王　会	胡静涟
彭立红	祖淑敏	郭　晟	孙　源	隋　朋	刘　洋	董志杰
李军丽	庞素敏	潘礼华	牛平和	郭雅利	贾惠惠	邹蒙蒙
杨清花	梁　涛	李　娜	靳文勇	吴春宝	周日盛	王公辉
唐天余	张秀营	邵芳芳	侯雨飞	赵燕妮	王　玉	蔺继翻
樊世云	孙会香	孙　冲	李　欣	李剑凤	金星华	吴　言
谢　韬	杨静芸	门　宁	张雅倩	刘　晋	韩　玮	于思凇
徐　杰	吕亚鹏	刘倡利	李　颖	黄艳祥	贾海斌	杨少鹏
孔德飞	阴英超	高　妮	周志鹏	徐　莹	洪　霞	牛　铮
孙卫平	袁　帅	严　钦	郭秀丽	刘佳怡	梅胜异	赵国满
许志豪	王宗山	王松泉	武向阳	赵　艳	李　强	王晓悦
司建超	于　涛	郭林然	何晓阳	郑存亮	吕　程	王　汉
于春水	吴　凡	高佳瑜	杨　阳	孟德望	张志磊	邱嵩蕴
王伟伟	李婷婷	张　洁	刘仁申	王佳昌	张　欢	刘天源
吴国浩	庞婷月	宣长卫	刘　波	杨煜婷	焦雪萍	赵鑫荣
路鹏飞	任　方	赵　博	李克锋	赵国斌	娜仁托雅	刘　赓
王耀枢	康红梅	翟黄胜	李永福	李明静	祝恩淼	王　苏
孙军丽	魏　娜	丁亢男	罗晓琴	张　晶	张学栋	柳　畅
张傲哲	刘　业	谭洪臣	李卫峰	周耀先	许婋宁	刘莉平
王洪伟	童　峋	李会群	侯晓燕	李承亮	闫　申	于庆伟

获得公共管理硕士学位人员名单

（91 人）

陈　蓉	戴秋明	杜金勇	高　尚	郭　慧	李中博	吕计海
牛淑颖	宋明媛	辛旭平	尹可茂	林文文	陆汉玄	吕俊峰
王海迪	谢　诺	苏　琼	黄宝清	刘晓艳	贾丽燕	梁国锋
段晓旭	薛一帆	张彦静	崔　菲	张晶晶	刘建伟	董大伟
曾　铮	张大龙	叶　林	李水花	王胜璐	肖仲容	申端祥
陈　康	曹静茹	赵　云	王　群	吴舒凯	吴　娟	肖　悦
孙　艺	翟雪华	付怀东	霍　瑞	赵　宁	郑　艳	李　明
杨珊珊	管　冬	万若曈	廖　婷	郭　诚	姚亚平	岳　宝
沈付荣	钟霄锋	崔　柳	孔　强	李　怡	侯宇浩	李丹丹
代连丽	侯志兴	程　源	王阳阳	吴华文	王晓冉	成雅丽
李　凯	裴　悦	李　琳	左可亭	蒋一凡	胡钰莹	于　航
杨　宁	田丽丽	刘淑燕	谢　辉	高　敏	冯　帆	赵松芳
王　平	肖树豪	罗伯焕	双百良毓	左君超	陈　潜	黄　慧

获得风景园林硕士学位人员名单

（22 人）

刘净馨	沈　梦	辛冰清	徐睿华	李钰婷	张海凤	李瑞琦
李　壬	林小飞	申　涛	王　茹	王娅侨	陈凌雪	孙中天
王子悦	徐子涵	杨沙沙	杨金梅	王孜睿	宋晓楠	李　丽

格丽娜·居来提

获得工程硕士学位人员名单

（254 人）

孙加锋	郑　悦	纵　立	梁　洁	李效龙	杨　礼	张　梅
赵　旭	侯健宾	何双吉	贾昕超	刘　微	王　祥	吕艳军
李海翔	陈　健	黄亮基	张　博	万晓敏	张瀚中	万　程
葛夫超	林歆昊	刘杨涛	娄铖伟	楼振义	孙庆凯	唐皓淞
王贤湖	魏文强	魏子睿	徐煜敏	张　宇	郑小宇	陈玉青
陈志利	承春明	程倩倩	程曦瑶	范依依	谷黎阳	顾东岳
蒋　强	康博涵	寇志宏	刘　慧	孟德伦	任占奇	孙梓淳
肖瑞超	杨　洁	杨玉清	张伟洁	张一航	郑　涛	任征然

解　慧	贺秀丽	王聚德	方天钰	安晓洁	邵明明	董保平
靖　卓	李　贺	孙彬彬	姚春霞	李晶晶	齐远航	牛文骁
张　铭	任　勤	赵彦杰	郭满艳	贾军涛	马士萌	孙章浩
安梦迪	冯　慧	庞永磊	田玉泰	张琳冰	吕　谦	邢婷婷
许　定	曾宪沂	赵培汝	倪昕东	张甜甜	魏　婷	王　珏
熊林鹏	杨艳秋	李雪娇	左聪聪	胡宇琳	周亚岚	王　岩
王海粟	潘元晴	张　威	王槿妍	庄文娟	吴梦娇	王艺颖
李政轩	相　更	詹心瑜	黄书平	马雪颖	姜赖优美	徐　林
郑奎华	雍利云	余　琴	杨格远	杨志轩	李小强	孙少泽
高　鑫	陶思源	陈小雨	朱　政	吴孟秋	陈　轩	陈　晨
杨　帆	姜建军	张　来	张猛超	汪小钰	马国义	孔德亮
魏永祥	赵致远	马念杰	温昌凯	张继尧	马学超	杨风帆
顾志飞	黄　义	陆鸿骞	王琳琳	陈　龙	张玉柏	高　金
杜伟康	段　豪	董爱军	刘凯凯	王　栋	吴英昊	胡　海
吴若宾	刘佳玮	尤子牵	邵子航	宋思佳	郭志杰	齐志男
邓　河	王扬洲	谭　燕	冯丽媛	张玉龙	张梦杰	朱祥森
李岩芳	李东毅	尹小婷	刘　畅	孙思佳	梁长裘	任婧瑶
薛　婧	颜楚睿	徐　乐	孙　浩	王洪超	周广奇	陈宏泽
余　雷	陈雨琦	刘文超	玄成功	周　婧	梁焕霞	金钲沅
张梦婕	陈秋怡	谭红雨	陈　超	张　薇	郑洛峰	张艳华
孙发超	孙　岳	王广琦	吴召恒	薛富岚	曹　烨	卢　炤
李　娟	贾慧婷	郑如增	肖晋湘	陈利鑫	强笑野	王超楠
彭　雄	薛毅杰	王　洋	赵柯瑞	杜雅婷	王煜超	丁皓玥
张成林	田东坤	王碧菡	林雨飞	张振乾	牟　鑫	马羽昊
汪韵怡	张　波	杨　康	苏　雅	赵卿宇	马茹菲	袁　芳
许全全	赵凯艺	许玉辉	张乃心	刘　曦	张　琳	雷缘秋
王昱儒	吕沛峰	程俊男	徐　蔚	张　昂	王志策	徐博强
白天予	张鑫垚	蔡　晨	张铁涛	任　前	杭　潇	田　潇
陈运强	张　函					

获得兽医硕士学位人员名单

（78人）

王　佳	王铭阳	文健恒	朱力鸣	陈　曦	李大港	温学琴
孙广坤	禹　璐	郭洪武	曹艳春	董　清	段　练	耿彬彬
郭婧雯	郭增良	何　佩	黄雅琪	纪钟书	贾　尧	李　蕊
祁庆华	綦　煜	申思琪	申永刚	宋秀梅	孙小涛	王　玓
贾剑琴	肖建旭	王先梅	韩　璇	温海利	张敬强	景砚农

徐　阳	樊晨茹	李雨慈	林璐琪	章施施	吴楚琳	蒋玉洁
李菁虹	王　凡	王雨佳	王细花	郝玉欣	范瑞祺	梁上月
郭晓桐	赵婷婷	陈　鹏	郭远方	于福根	谢　琛	邢一丹
苏　丹	孙晓霞	史凌宇	傅春霞	王　静	聂丽娜	郝逸冰
顾　迪	钟景川	高　琛	吴晓倩	袁　婷	陈玲珑	孙萌萌
杨仁杰	王佳尧	于利芳	李子恒	梁雪燕	娄银莹	李金鑫
陈其名						

获得会计硕士学位人员名单

（40 人）

李媛倩	刘　华	唐孟娇	王雅静	谢科强	张　研	贾旭博
何思雨	张婉颖	雷金桥	温雅枫	吴飞燕	郑恩慈	刘亦轩
杜天瑛	张文秀	李雪皎	徐佳豪	冀琼辉	张　蕾	张靖雪
李盈盈	黄　怡	叶碧蓉	闫姿君	李　可	周　静	徐延平
张锦花	马　畅	王行健	刘介寒	黄诗雅	李君洁	徐瑞丹
张鸿翔	张凯旋	刘　洋	高敬寒	张嘉琪		

获得金融硕士学位人员名单

（43 人）

贾清琳	李彩凤	唐其山	段世超	梁本波	曹　宁	苏　敏
章　中	闫亚星	徐燕茹	冯弋飞	张译文	王佳蓉	郭享乃
张哲昊	孙乾恒	柳　飘	王　娜	裴汝存	姚学超	肖　童
张涵哲	葛嘉慧	汪鹏霄	李　姗	晏　妮	郝文娜	刘宇晶
杨　静	饶　蝶	撖晓宇	公　雪	段哲琨	李瑞奕	唐　婧
吴　璇	朱晨阳	姜梦雪	张立壮	刘光泽	王水艳	徐　阳
雷梦娇						

2019 年本科毕业生名单

农学院

农学专业（76 人）

周琳妲	莫檬娜	杨国威	金方明	连　进	杨文琨	陈　煜
柯　萍	梁紫越	邴小涵	芦　颜	柴心怡	王　冕	向治宇

孙　悦	孙一博	赵炯超	余忠桓	次仁卓嘎	洪嘉巍	张吉瑾
杨　鉴	顾雨林	蔡明浩	冯喜梅	郑晓宇	贾博森	吴　琪
黄　梅	董晨风	程杏宇	殷鹏飞	杨习斌	黄　月	刘意浓
刘晋初	季生辉	刘　甜	窦文昊	姬　鹏	李思语	姜兆雄
苟学莉	张　蔚	肖　帆	赵思璇	李卓雯	王炜哲	李婉丽
郭晨煜	王　珺	贺　聪	朱章华	刘静阳	冈　根	徐　楠
周亚虎	钟朝滨	徐艺源	黄项心兰	李可心	宫晓晨	陆　伟
黄　哲	何奕茗	王宏蕊	衣　泽	金鑫男	杨　雨	扎西央宗
王淑敏	高子怡	周雨行	潘齐灿	邹晓蔓	白雨禾	

种子科学与工程专业(17人)

周志雯	杨馨悦	艾俊民	韩　祺	王　宝	刘可馨	程　莹
刘梦月	胡　铨	白太皃	王浩瑛	陈瑞珂	徐若楠	王　颜
郭　怡	沈芯伊	王　萍				

园艺学院

园艺专业(88人)

邝　宇	唐　晗	郭怡航	胡泽会	王珏翔	杨云皓	冯蕊蕊
邓伯富	李　欣	应　奥	宋存虚	李浩然	覃仁柳	袁　伟
黄晓乐	卢小红	朱淑称	曾　鑫	王　勇	汤斯凡	马翰强
张永楠	赵志奇	林可欣	马玉彬	马秀珍	吴　烨	张泽钦
谭钦容	李　娟	侯佳林	姜利贞	姚　燚	徐艳丹	潘子晗
李嘉玥	蒲一静	王明菲	王　靖	何治龙	毛小艺	陈　为
郭蕙聪	周若冰	占　程	赵　鹏	郭芳池	冯泽坤	赵宇琦
夏秋实	刁子桐	徐欣然	石　婷	许佳堃	李金娜	韩天奇
周韩洁	赵　阳	李明发	陈元菲	刘　颖	倪瑞泽	郑　雨
董振飞	宜若琳	肖韵晞	李斯宁	黄学旺	卓世彬	冉凯旭
张符雅迪	赵宇鹏飞	石　璐	李小段	黄芸芸	赵　睿	刘雯雯
韦佩君	黄　梅	徐　越	王昕园	张凯标	蔡万聆鹤	黄冬霓
李嘉炜	王安然	金　林	李　丹			

园林专业(32人)

揭　华	钱海坤	李文捷	向慧卿	陈禹杰	郑子昂	徐　竞
龙俞霖	谢怀南	江雅青	李佩雯	许辰羽	周佳敏	穆宇阳
补天天	闵　瑞	汪楚瀚	郝　婧	张雨琪	王　帆	段　爽
徐琨璟	陈路遥	李含玉	江大为	刘　昕	宋晨曦	张　欣
张馨元	王昱雪	罗彦超	李　珊			

植物保护学院

植物保护专业(100人)

王艺舒	张园园	杨文钊	李鸿宇	李羽鑫	朱　丽	沈婧欢
段雪艳	张栋源	廖雨虹	潘道弟	符柳英	张舒然	闫　寒
朱佳馨	房　璐	刘欣悦	贺晓荷	封泊静	曾泽贤	王颖慧
刘伯洋	马玲瑶	胡智峰	罗建英	刘　婕	郑梦君	钟振东
李　斯	闵　莫	汪　洋	艾　鑫	谢宇宙	苏　卓	郑林宇
周志遥	毛鑫伟	宋　爽	庞　悦	胡雨馨	刘明迪	罗　西
李红宝	沈　瑶	王晓妍	陈昊婷	卿　澄	王昱瑾	宋开妍
方翠娇	季有权	呼　倩	钟昊晖	范煜钰	黄　淋	王皎洁
权美蓉	吴　莉	刘　文	王梓桐	罗　蒙	史若瑛	钱　岑
刘石佳慧	曾令瑜	班令伟	郝冠杰	张若冰	冯　睿	龙晓洁
张　玥	马国华	梁观娇	王钰娴	才旺曲宗	肖宇彤	邸　劼
袁伟洲	查　萌	杨春悦	孙雪歌	代济宏	李宜霖	陈雅清
魏若凡	张雅淋	许鹏斌	张喆维	王　苏	李慧蔷	陈朝兴
马　岚	梁郊鹏	崔静娴	汪雨欣	格桑朗杰	萨依然古丽·青格力	
古丽巴尔芹·阿得力汗		吾木提·巴合提		阿布都克依木·达吾提		

生物学院

生物科学专业(65人)

史雨哲	杨立雪	胡昊冬	秦一鸣	王志萌	邹　蕾	王琳婧
司小童	冯贞凯	陈孙可欣	王学东	李晓琨	刘祖祯	胡志超
张慧聪	王　靳	宋熙雅	潘　媛	梁　玥	白仲豪	齐　琳
任雨薇	刘通宇	周子渲	高　旭	严小涵	罗思奇	戎　音
薄瑛楠	谭舒平	鲍奕冰	杨慧欣	冉庚鑫	梁掌潜	李杭远
杨天杰	李久祺	张雅坤	王　刚	徐子萍	赵旭东	宫逸菲
赵锐驰	彭思斯	范宇飞	马佳豪	马一凡	柳红莲	程欣宇
钟　程	王思佳	苏日古格	邵吉祺	王康康	于浩然	聂琢宇
徐俪源	杨　贞	季迎宁	姜　博	徐运昕	张建琴	李东晴
徐占聪	曾叶雅					

生物科学(理科试验班)(35人)

盛珏艺	高郅皓	肖蕴格	孙滨阳	刘子绰	杨　妍	赵竹楠
郝芳池	冷　宇	徐　姿	侯冠群	陈梓蔚	魏家阳	常路平
郑　铮	赵思文	张凡一	余　歌	赵艺欣	刘谋学	黄晨静
赵曜东	梁宇航	李　彤	田济榛	陶俣寰	王正铎	孙海清
林昌润	孟颖童	彭　玺	郑君儒	李权锦	丁　菡	童　瑶

生物技术专业(18人)

谢弘毅	张　婧	闫　跃	徐晓晖	樊　璇	完颜雨倩	叶小玮

刘雪玲	卢人嘉	杨默萱	虞小艺	王玙琮	侯令震	刘卓翀
韩　悦	曹　堃	刘　杰	王奕辰			

生物技术(理科实验班)(11人)

刘楚君	张雅然	蔡　磊	梁家琪	程　境	王翊涵	裘尔立
张丝琳	李秦孟戈	傅政源	张芸苓			

资源与环境学院

环境工程专业(34人)

徐欣莹	陈　睿	陈　玮	李佳璐	张轶荦	崔婧雯	王啸羽
黄俊杰	李　成	段　成	唐若桐	陈　卓	唐君凤	郑丁瑀
尹　路	王钰婷	李　银	康爱林	李玉浩	谢乐开	李雨芃
张月帆	吴若兰	赵诗润	刘钊彤	郭昊楠	王瑷雯	何奕彤
何若男	王周元	王　宁	李鑫培			

阿依奈再尔・阿不力孜　开牟赛热・亚生

资源环境科学专业(29人)

荆怀康	张兰欣	张洪源	韩精华	焦苏宁	陈湘宇	摆　苗
朱安幸	张田萌	刘　东	卢晓晖	胡天瑞	袁　浩	蒋伊童
何　繁	贾新萌	谢文琳	黎孟菲	相淑一	刘文博	刘同庆
杨　甜	冯照周	沙文静	杨　沁	石晶晶	江咏珊	徐　贺
李祎琛						

环境科学专业(1人)

姜世煦

应用气象学专业(30人)

张　悦	杨璐萍	王艺璇	马玉龙	苏正娥	李春晖	鲁阳升
李林芝	刘思妤	余柏承	和骅芸	陈　翛	梁　悦	戴明月
郜倩倩	班倩倩	蒋露丹	王宇佳	刘雨宁	韩璧森	顾文杰
郭世博	朱宁宁	李君怡	王　琦	徐北瑶	李柯欣	管　玥
张　聚	张宇锟					

生态学专业(18人)

张阿济	陈玉真	滕雨薇	李子豪	文雪妮	葛　闫	刘　凌
张灵箫	蔡佳琪	艾寒冰	秦文宽	方文卓	姚雪梅	宋金成
汤瑞	卢祖光	吴航玉	邓彦宇			

动物科学技术学院

动物科学专业(87人)

陈建宏	贾馨雨	张晶洁	杨　皓	施佳庆	王　凯	姚炳乾
石辰玉	吕英楠	于江楠	兰　丹	崔泽宇	黄楚然	王诗岚

马治军	宁　然	李思雨	王云杰	冯　墨	李　忆	和玉伟
裴海涛	穆柏宇	杨家钧	王尚扬	时学锋	孙仪玮	陈紫薇
王浦卉	唐　嘉	罗　鑫	汪　源	李厚诚	武海新	张婉君
龙权浩	戴子奇	吴腾燕	刘思漪	汤　漫	陈瑜瑾	蔡荣烺
杨　霄	何恒迅	黄嘉杰	刘　爽	孙敏燕	张沛文	谢佩璐
宋秋红	扶佳欢	全书丽	王海宁	黎　欢	邓见文	袁艺博
左淑贤	李伯恩	陈　旭	魏弋然	郭春秀	赵琦琪	钟雨杉
张美航	胡昊杰	杨文静	陈韦韬	钱汇佳	张新雨	格桑白拇
袁天瑶	彭思嘉	肖莲梅	侯雪晗	姚羽帆	冯继扬	李锦南
关　紫	张若琪	邓丝雨	次仁江白	郭睿莹		

阿卜杜赛米江·阿不都克里木　谢力扎提·艾克来木　阿依苏鲁·艾麦提

伊力亚尔·努尔麦麦提　艾合买提·亚森

动物医学院

动物医学专业(86人)

吕巧琳	孙星雅	武元亨	王　辉	张德领	张云帆	王雪初
利婉祺	曹　蕾	林仲宣	陈耀群	于　荷	王　佳	白　杨
包孝克	汤子澈	杨忆斐	张博翾	李　艳	孙亚亚	陈殊辛
陈雅婕	刘　玥	赵中华	卢斯婷	李佳琪	关雅琴	栾业辉
朱一帆	杨晨柱	刘一朵	郭学俊	张嘉桐	吴厚娴	李佳新
李　曦	陈锦雯	仇　芸	林思敏	李　婕	吴凯剑	吴申彦
周　宁	陈顺琪	金高彧	于卓玲	郑诗蕾	储丽丽	刘若闻
王雪帆	姬佳宏	汪文茜	梅　隐	周超煜	段罗艳	赵梦洋
陈念慈	魏一鸣	孟凯闻	张　艺	郑　婷	禹永浩	郭赛男
吴　双	徐晓彤	罗治廷	冯世杰	孙银娜	明月香	普荣菊
周凌悦	张辉昭	王　昱	崔静雯	丹珍次嘎	李艺臻	郭馨婕
王映云	倪浩然	朱静如	黄　敏	叶家如	蒋　策	

如孜喀迪尔·麦麦提　努尔买买提·玉山　古丽萨娜提·吐尔干巴依

食品科学与营养工程学院

食品科学与工程专业(83人)

王添乐	肖可人	杨奕君	张　昊	谭皓源	雷雨娴	邵妍慧
傅心悦	刘　楠	蒋蕙蔓	杨艺涵	韩颖慧	陈　芮	李泽坤
陈若渝	王枫乔	方　琼	雷舒媛	段惠娟	韩姝均	朱圣泓伊
金琳祎	谢育杨	严美娜	管　彤	赵云帆	覃秋杏	王　媛
林雪城	袁子宽	苑文君	蔡楠枢	姚东昊	李梵天	王启蒙
陈　洁	彭媛媛	涂亚琦	单志昊	吴元浩	朱慧娟	周　青
黄馨柔	杨海川	张晨伟	张源珊	邓乔允	晏菽卿	范文栋
王佳欣	赵齐燕	罗钦文	谢传同	李雪豪	邹婉羽	吴静怡
李昕蔚	杨悦颖	宋思曼	任　爽	任婷丽	谢昱颖	高佳煜

陈语捷	戈　楠	张雯婧	孙梦峣	肖世情	王雪莹	余静颖
伊　洋	刘文奇	董俊仪	陈厚沣	李继福	臧思宁	曾　馨
何佩璇	张　莉	黄宇韬	吴雨薇	王逸伦	叶斯别尔·杰恩斯	

食品质量与安全专业(54 人)

邹亚红	刘　倩	宋艳萍	潘雨晴	李双宏	高婧昕	杨紫恒
郑　晨	王欣宇	鲁瑾瑜	王吉利	杨　岚	刘雅薇	殷梦华
张一凡	武艺雪	王芯媛	李　晨	徐　妍	张　倩	李　畅
刘　旭	孔静雅	郑晓美	杨芷蕊	张　智	吴雨田	刘星雨
佟　臻	陈雨佳	王易凡	马夕涵	张玉琛	王笑竹	莫贻琛
杨　浩	曾庆峰	任怡镁	李春晖	黄竞阳	张玲玮	梁嘉慧
张　越	周　俊	屈昊霖	赵文祺	赵苏茂	高　婧	张祯煜
洪晓峰	朱子薇	张扬舟	潘　同	李菁仪		

葡萄与葡萄酒工程专业(26 人)

逯恺凡	何钰清	张露尹	梁中信	孔明珠	王世博	方梓庄
王晓晗	陈思颖	彭佩琪	寇福晶	苗瀛心	杜雨薇	刘　露
邓喆方	吕清月	伍天阳	张尔康	曹　建	吕铷麟	高　洁
羌　玺	冯金璐	李　阳	任鹤菲	郭　荣		

生物工程专业(22 人)

李奇科	董文杰	马浩聪	韦　依	高　涵	董一然	徐锦栩
王　洁	王仁霖	刘　博	李冰雁	徐千雅	王雨昕	魏莎诺
张　楷	郭宸旭	倪　杰	陈静荣	罗子月	孟　骁	邹诗筱
陈　燕						

工学院

车辆工程专业(90 人)

谭王茜	刘一凡	史高雅	张　锐	张　宇	蒲　灏	葛　畅
姜　泰	文永琨	邓旺敏	朱　颖	姚　环	余秋琳	任　静
邵麒翔	刘理汉	何蔚梁	邓政龙	沈银哲	陈　臻	程飞俊
何文钦	熊文华	余金辉	张宇卓	王中豪	何雨铃	孔　茜
刘云帅	杨　斌	严贵舒	尹黛霖	卢一凡	杨　婷	周　宁
李佳鑫	宋雅洁	王　秦	刘龙龙	张晓舟	赵晋海	陈军鹏
任天驰	蔡　竞	王家俊	赵鑫森	董洋洋	魏兴杭	万好雨
刘腾超	黄文盛	严思信	李夜宸	胡守倩	马天祥	梁　斌
王　锐	甘彬新	罗　睿	卢羿帆	章方树	张姝辰	王小龙
曹铭家	张康宾	汪　琪	高慧华	杨旭超	刘妍池	叶　枫
余子浩	赵艺颖	韩尚尚	刘恩宏	赵　玙	许崇贺	孙道宇
李鹏斌	周　辉	胡敬伟	朱　彧	施　哲	邱睿琦	胡伟保
杨润民	丁　锐	徐声远	邢秀颖	徐　垚	麦麦提阿卜杜拉·麦麦提敏	

工业设计专业(25 人)

李祎东	翁铭韩	周　悦	支孔明	杨然伊	刘炫辰	高琳涵
郭　宣	陈泽芳	李梦玺	裴晓锦	王　颖	官其珍	陈　露
丘　靖	杨慧敏	毛雪纶	戴嘉欣	马芊芊	李颖慧	李润琪
贾红利	吕昳霖	黄　悦	张　伟			

机械设计制造及其自动化专业(50 人)

李雪莹	刘浩澜	韦定豪	张昌龙	蔡昌杰	赵　冰	王辰渤
李伟豪	陈惠锋	尹文豪	侯泽禹	程诗宇	张　骞	周博凯
马晓斌	许　蕾	孟博伟	宋黎宣	刘晓洋	王志祥	田　琳
陈　嶂	韩彦伟	田　丰	吴鑫楠	翟毅豪	王思佳	王润峰
杨润坤	刘学朋	陈科涵	管昀毅	陈　琨	郭木子乐	徐祎伟
李恩赐	肖怡宁	白佳熙	荆渤文	朱　毅	李小雪	张　毓
李耀兵	杨　帆	蒋志豪	陈逢源	崔　鹏	佟振宗	陶郦祎铭
农立现						

农业工程专业(22 人)

刘　畅	吴潇逸	杨联璧	姚　同	卢振威	史卓林	袁梦浩
栾东杉	裴昱鹏	李雪菲	张子鹏	周逸飞	王　锐	雷泽宇
熊劲鹏	王虎城	王若愚	王玲玲	徐平凡	周昱安	

帕尔依扎·吐尔汗　　艾尼外尔·伊斯马伊力

农业机械化及其自动化专业(31 人)

王俊杰	魏子瑜	刘健敏	石雨欣	尹世杰	喻敬真	姚军强
刘　辉	王路平	刘　江	张　颖	崔单丹	姜　鹏	苏小梅
沈新金	许世成	李　洋	金晨昕	刘　文	赵　苗	王晓涛
秦　耕	王　梅	林嘉豪	李菁菁	董子旭	郝　佳	陈国恒
林　汉	陈凯月	达尔汗·阿依本				

机械电子工程专业(48 人)

于晓伟	李军宏	张　超	穆达明	陈昊杨	刘继琳	赵文轩
曾　林	张凯旭	王世杰	顾　赛	徐梓航	高铭锷	张昭强
谢思远	黄　越	周步佳	代堰坪	杨昌地	梁凤华	韩晓萱
蒋露露	李　松	邓志恒	赵　斐	于荣杰	赵明华	杨平发
徐正航	涂　明	张哲雨	朱浩宇	李　强	许　成	黄海龙
庞　雷	杨　珂	郝云凯	李郭昊	江　浔	王萌茁	胡宝颜
王梦丹	侯品孚	张益瑶	许经纬	李　晨	乔宇航	

信息与电气工程学院

电气工程及其自动化专业(68 人)

司瀚程	王　琦	张雯程	周振东	杨思远	黎双丰	姜　琴

董佳楠	马　杰	马　超	袁　姝	徐苾滢	郭蕴敬	雷昊哲
陈宗钰	付逢吉	刘　超	李松霖	汪鹭宁	尚德强	刘　珂
陈子昂	李铁凝	米　熠	葛鸥翔	黄　超	曾丽婷	邴淳枫
康冬妮	邓冠群	马雅蓉	胡　祥	谭　婧	邢雯珺	平　凡
孙华鹏	纪泰鹏	蔡亦斌	董彦君	庞　凯	董明鑫	赵嘉诚
张　潇	王振宇	谭　黄	周笑舟	魏雨涵	应花梅	金铭鑫
安永平	卓　越	刘恒一	窦　伟	黄依静	田　正	陈　伟
陈珊玉	王安琪	金　彤	齐　亮	李德航	陈宥蓉	尹逢川
刘　盈	李一萌	李嘉羽	陈彦君	阿卜杜外力·哈力克		

电子信息工程专业(21人)

齐天宇	胡关键	欧　颢	吕昊奇	罗　伟	蔡奕丰	桂　鑫
任浩诚	唐伟杰	赵柯捷	吕蕴秋	储苏红	马一涵	李　娟
彭艺虹	于　淞	何芸芸	肖　鑫	冯绍武	赵润秀	陈浩男

计算机科学与技术专业(49人)

陈万祺	王际潮	余冬清	黎　鑫	夏尔迦	彭洲扬	田　泽
黄博文	徐一丹	贾正阳	黄壮壮	林美颖	曹昕然	邬　楠
宋　溢	柴莹倩	王　剑	蒋雨芯	华玲誉	王　昊	杨蓥谦
陈丽利	谭春位	张子希	刘国孟	张笑若	刘　妃	张诗琴
王伟杰	李正云	吴秋月	赵世理	王蔚然	崔万铎	贾东润
刘伯恩	匡　韵	李文轩	黄云飞	周思鹏	任嬿儒	张璐琪
路　娇	齐　旺	徐瑞昆	张　欢	卢炳源	冯姝榕	王艳平

通信工程专业(28人)

黄正秋	刘文轩	田昌发	向昕玥	李艺航	董昕玉	冯雪扬
罗芳婧	邓丽宁	王澍豪	关　馨	姚　杨	李　颖	余自芳
李省吾	闫芷若	方姝文	陈若龙	陈红茜	阮小琴	程小燕
钟林华	杨志杰	四朗拉珍	冯天维	丁永杰	吴新宇	公　桑

自动化专业(18人)

刘树荣	黄姜杭	朱　霖	王轩宇	张书菡	郭恒元	张佳龙
许嘉豪	张新泽	马　彦	杜海铭	刘　嘉	贾惠然	曹力戈
唐业丰	赵天洋	杨金月	陈子科			

电子信息工程(理科试验班)(8人)

陈思遥	陈　森	王文韵	付梦莹	孙浩原	卢　意	李浩智
梁　爽						

电气工程及其自动化(理科试验班)(10人)

何博宇	刘　杰	李思源	肖斌鲕	孙　睿	吴宇桐	李　嘉

闫亚楠	常　婕	陈子豪				

计算机科学与技术(理科试验班)(28人)

谭　青	李思捷	李景阳	秦瀚翔	王　彪	刘睿颉	李鸿儒
王文琪	岳晓琴	田　冉	李婉婷	丁　舒	李佳钰	秦肖睿
杨嘉夷	夏　琨	徐亚苗	张原桐	宋昊霖	周　奇	林星星
尚振宇	陈　琛	刘龙耀	朱梦珊	徐兰天	唐晓彬	刘皓南

金融学(理科试验班)(1人)

吴千署

会计学(理科试验班)(1人)

崔英泰

地理信息科学(理科试验班)(4人)

曾　妍	陈　啸	孟祥磊	黄梓焓

水利与土木工程学院

农业建筑环境与能源工程专业(28人)

孙玥珺	何　婷	刘成彦	陈　锐	袁仕林	袁昌斌	齐　飞
姜瑞增	蒋欣怡	王文凯	郭　钰	赵韦港	胡　乾	张凯奇
郑思佳	付淑璇	向万鑫	冯刚锋	郝　泽	袁智恒	王紫昕
宫欣悦	安星润	管　龙	马衣努·阿布拉		吉别克·谢里扎提	
赛力克·乌奴尔汗		沙提克·马达尼牙提				

能源与动力工程专业(39人)

潘启农	赵　鹏	杨　静	童睿勋	吴青阳	唐　燕	鲁　航
田宇橙	谢润瑜	姜　楠	姚慧敏	朱澎芮	梁沛姗	石林飞
韩晨晓	贾昊晨	林学吉	郭一梦	张泽润	户家祥	卢照衡
张茵茵	薛晋媛	何庆儒	单石林	吕诚毅	刘　源	孙嘉兴
周泽斌	李孟宇	张爵宏	徐晨曦	朱能杰	周伟光	彭子晖
宋永念	鲁世苑	杨维硕	潘奇诚			

农业水利工程专业(45人)

叶东华	徐浩林	潘　琦	杨　丽	栗一生	张思颖	鲁笑瑶
赵　立	杨　珍	李彤姝	沈铭晖	曹环宇	杨植棋	荀一豪
卫文婷	王新乐	张志强	卢　娜	梁星宇	杨子浩	李昕彧
杨　凡	杨欣欣	杜煜心	颜谱臣	苟嘉超	侯　玥	廖德海
林一凡	赵尉邦	宋泓苇	张潇睿	王　璐	樊　灏	陈恩杰
罗元颖	曹荷莉	强久加布	李钰坤	容　祎	覃　昕	
马依热木·曼苏尔	卡德尔·赛买提	艾尼瓦尔·艾买尔	阿尔那别克·塔比哈提			

水利水电工程专业(41人)

刘奕辰	谢雨芳	刘佳豪	余舜尧	杨 简	朱紫璇	王冬兰
雷丽琳	郑颖慧	张 云	张 博	付万谦	吴菁菁	赵 敏
黄 晨	曹 涵	郜恩薇	王国燕	朱看远	闫 明	任家朋
黄 悦	蒋志远	张白荟	胡珂嘉	汪斯雅	冯向荣	彭铄岚
杨玲玲	马晓雯	戴林潼	鲁莘怡	赵 金	李 硕	王雪丽
赵长泽	阚雨微	祝 莹	蔡生智	程 亮	古丽哥娜·尼加提	

土木工程专业(43人)

陈 昊	刘 杰	宋子豪	李铁伦	田心慧	孙渝琴	高 戈
张珈源	徐立港	韩盛柏	蒋 哲	王 杰	韦林益	刘 赫
赵 云	宋兴平	乔 晶	欧开心	于佳民	朱家成	巴 旦
周倩如	王巍瑾	姚致远	叶必润	孟琛真	马湘磊	余非洋
贺兴乾	张 艳	马俊杰	杜尧帝	常连才	关 跃	崔志政
林 超	林 樱	王 浪	王亚洲	张世诚	赵英睿	欧阳效鑫
依力亚斯·库尔班						

理学院

化学专业(45人)

曾祥頔	吴羽飞	刘 杨	黄紫月	白云龙	梁 丹	张亚东
陈梦园	晏明珠	张俊雅	李宗铭	曹蕴哲	梁 庆	孟子琳
杨金澎	李靖宇	王远地	苏惠飞	李丽莎	宋涵博	刘星月
宋孟邻	秦饶珣	魏思媛	顾思鉴	袁常健	赵方楠	宋佩珊
王 娟	陈传志	任昭阳	刘 青	田子良	程子涵	汪博睿
钱星彤	尹伊君	刘博雯	于梦雨	张 鑫	武 霞	董 学
陶 晗	丁宇轩	阿迪拉·阿地江				

应用化学专业(56人)

孙 喆	姚嘉宁	韩 冷	赵中阳	张 洁	吴 颖	崔佳琳
尹苗苗	宋玉超	徐惟馨	袁晨晖	魏云凤	金 蜜	张靖邦
陈梦婷	高志强	王慧昀	陈诗卉	黄宏伟	曾素佳	洪 晨
罗仕晖	崔笑颜	周奋山	刘 阳	陈归航	朱东宇	席婉婷
张步云	王 凡	汪子珺	黄宏军	秦发艺	彭剑辉	胡 杨
刘作起	赵靖妤	莫彬瑞	钱小雨	徐静宜	杨冠华	覃 灏
董纯纯	陈家俊	邱一哲	罗曼卿	侯昊楠	杨智蓉	吕洪天
张 酌	赵葳蕤	王思佳	金 惠	晏婧洁	朱建慧	央金卓嘎

工程力学专业(18人)

何湘杰	庞钧儒	林 达	张建波	徐新凯	周 易	王梓安
薄 垚	张津铭	牛 捷	陈星月	潘孟晗	王振奇	李厚麒
贾 隆	杜 岩	李 磊	董 承			

数学与应用数学专业(40人)

王怡帆	鱼　彤	张文港	王元昊	李梦尧	熊　枫	俞佳慧
窦毅瑶	易佳颖	肖获优	张俐曼	李梵铎	岳　昕	胡　杨
冯　茜	胡晓雨	夏云卿	关雅萌	孙浩正	杨　安	邹钰玲
景逸童	高超群	胡启航	王翊飞	李　雪	李杰桠	陆思洁
王昕玥	陈　红	付成博	张　楠	张冰清	蔡宇翀	冯雅蕾
刘鸿儒	李双宇	何国星	韦　凯	禹希光		

经济管理学院

工商管理专业(35人)

张肇麟	查子浩	陈　晨	郭　航	普布次仁	胡　楠	张萌萌
张凯洲	珠　扎	张　裕	蔡清舟	陈静依	唐建军	于新悦
次　央	曲晓月	姜紫薇	刘海东	辛茹雯	马靖怡	高嘉悦
余昌卫	李照睿	徐三三	韩雨峰	徐婧文	央　宗	焦　蒙
郭子晗	徐茂涵	张钰曼	孙　安	俞一凡	杨璐裴	林瀚洋

电子商务专业(17人)

陈茂安	胡丹阳	王绍焜	叶美艳	杨国基	钟欣玲	郭书颖
张　悦	叶楚航	仇海润	王丁一	刘　淼	孙荣荣	张子博
万朴臣	孙颖楠	仇筱蓝				

国际经济与贸易专业(37人)

黄小秦	郑书臣	王　琪	彭子又	齐　畅	黄婧瞳	樊　享
叶文义	朱秋宇	张　笑	黄贤哲	杨运红	王钰彬	付守鑫
李欣雅	唐蔚芝	许舒瑶	褚荣强	干郭慧	陈巧璐	关　泽
单伟杰	徐雅琪	赵士源	刘　源	张紫荆	侯昊东	周旖旎
刘　楠	丁旭辉	彭舒阳	朱振东	马文瑞	杨　倩	郑兴周
赵泽龙	莎雅·努尔					

会计学专业(74人)

龙　宇	李辰雨	赵　婳	卜昕月	郑天元	刘玲玲	胡晓宇
黄　晨	张墨玉	金　睿	张泽文	林庭谣	吴　芳	王洪江
盛涵铢	钟玉婷	李冬卉	张馨予	马倩倩	平一帆	雷一鸣
王　涓	陈羽昕	彭佳琪	王永雪	崔嘉其	邢艺伟	田　雨
段丽芬	秦绍锋	李圆圆	田书源	李嘉轩	方　潇	袁鑫垚
王芷伊	王静坤	周　洲	沈乐怡	胡心玥	季琳娜	马诗越
杨婷婷	高明婧	田　琨	隆柠鸿	刘汉奇	魏　炜	孙学蓉
汤　洋	钟淑婷	师闻箫	吴玉莹	周宇佳	黄锦帆	王加齐
李　蒙	谢　槟	赵　丹	范卓羽	冯　时	温佳敏	李晓续
赵　彤	卓泽中	黄文君	张嘉心	李米畦	朱艺园	谭凌佳
陈倩仪	刘丽瑾	曹　颖	殳冰笛			

金融学专业(78 人)

石承鑫	袁　欢	张博琨	李　榕	赵小涵	孟舒晨	卓伊琦
李沐阳	刘泽坤	林之楠	王笑宇	向　磊	叶思卿	马欣悦
何俊逸	崔孟奇	金　天	沈婷婷	李小丹	王　兰	樊书娟
张乐阳	唐　臻	陈立佳	曹樱榆	王源雪	李忆冬	邓李甜
姜　萍	苏芯玉	丁雨轩	苏　涵	李青青	张舒悦	吴玥娇
刘雪雯	周国新	孙鑫海	李文韬	王怡迪	夏茹斯	范书妤
田亚惠	李玉彬	张馨予	宁怡晴	徐　嘉	杨雨欣	赵世博
任　逍	张　楠	黄律己	刘　杭	肖翠婷	石舒宇	汪隆宇
倪千绘	陈　灼	徐桂玲	廖思敏	郭瑞彬	杜珮莹	刘　迎
侯冬瑾	李加涵	范楷文	赵雪婷	毕　滢	高子涵	姚儒杰
崔宏睿	刘贝特	杨媛媛	夏雨嫣	刘鸿基	郭平平	温殷佳
徐逢良						

农林经济管理专业(33 人)

荀　一	金怡欣	徐珺杰	尚宇澄	张金月	解　瑶	王程澄
刘肖月	刘　今	王雨珊	何雨柔	刘　泽	丁雅文	韩亭辉
邱显荣	宋瑞仪	陈子临	王雪纯	罗　猛	叶　子	于灵悦
于季菲	应　越	徐甜甜	罗　寒	李欣哲	刘　鑫	李优然
李尚晴	姜佳欣	黄安琪	西尔娜依·马合木提		阿依古丽·托合提	

人文与发展学院

传播学专业(34 人)

曹　越	吴一鸣	陈星月	魏　耕	李纪璇	鲍雪楠	于明月
张　琪	孔丽娟	纪海涛	郑　玥	王雪儿	计孟瑶	沈芙蓉
韦应丹	童荟颖	张祯祎	周丽莉	陈梅琼	胡　佳	庞宇佳
殷庆春	史芳静	黄国展	张静涵	翟君婷	郭恭林	王语嫣
杨天灏	冯凯琰	杜梦雪	于红雨	卫小凤	买热依·叶尔江	

法学专业(35 人)

陆玥宏	周天明	王丽娜	李泳臻	刘雨璇	孟子凌	王睿聪
刘慧飞	徐晓晨	王　钰	汤竹君	高天昊	张控冕	李　婧
张佳琪	李　港	万　飞	张元昊	刘　婷	马敬涛	王思捷
延　然	蔡盈盈	谭舒予	曹卓琛	张锦鹤	史雪晴	翁文捷
史　芮	焦崇武	李舒洋	石　妍	杜凯瑞	苏　淼	陈子霖

法学特招专业(6 人)

于欣然	于亚萱	许　溪	杨梦晓	孙　宇	任亦琦

农村区域发展专业(40)

苏广朋	李卓蔓	刘　畅	陈伯港	张维宾	李妙熙	高晨妍

龙嘉骞	朱衣	覃岚悦	张裕	冯骁博	米依洁	董斯予
杨雁泽	周泉	张竹	王智生	杨虎	何思雨	张翼沐雪
张菁秋	石鑫鉴	孟畅	刘姝君	唐闻汐	沈铮媚	黄秀坤
李晶	桂宇清	曹冬雪	杨可	四郎曲宗	侯东岳	陈功峻
王程	董怡琳	赵从羽	赵乙客	艾私亚·达依尔别克		

社会学专业(23人)

胡开翔	王梓萱	韩佳辰	顿珍	李幸倍	韩壹凡	王鹏
白周雨	杨子晴	李昌琪	王雅倩	陈泽航	韦雨珩	陈佳洲
李宜霖	朵蓝	刘海思	徐宏进	汪力薇	陈家碧	韩慧盈
唐慎之	娜迪拉·艾合买提					

英语专业(28人)

董子隽	李思沂	侯雅茜	余嘉豪	王璐	王思睿	张宏帅
王一	孟令泽	杨鑫唯	贺彦铭	施沃池	马鸣睿	杨璐
田源	陈璐	沈镧	郑润泽	秦涛	高子晨	孙潞妍
刘蕊	周凌帆	王思琪	翟翊翔	成琳	王天炜	王笑妍

土地科学与技术学院

地理信息科学专业(22)

解智琨	赵剑桥	苏杨	张可心	李昊彤	冀琳	刘鑫莉
汪雪淼	候学武	董文超	李佳宇	翟文静	华明睿	铁永镇
杨瑜武	宋祉儒	陈子睿	李堂蕊	敖翔	庄启臣	赵欣
黄耀乐						

土地资源管理专业(35)

张予谦	戚渊	黎艳巧	罗逢晨	宋翠苓	朱文洁	林佳木
蒋坤坤	李献文	赵江萌	刘子晗	韩子言	夏哲一	王昊翔
徐存韵	刘丽雅	李科为	陈淑娟	柯雨晴	张秀梅	黄菁
王重阳	次仁央宗	黄晶	陈晓琳	肖潇	路庆玲	李桔尧
廖兴亮	周美君	胡牧孜	周慧君	罗曼	热依汉古丽·图尔迪	
帕热依扎·达吾列提汗						

草业科学与技术学院

草业科学专业(24人)

徐重奇	刘学思	金萍	李敏翀	黄丹妮	吴士迪	千德莫尼
徐晶晶	罗璎宁	闵旭东	许泽华	金美燕	李宇轩	曾梦媛
陈子奇	乔葭月	宋璟	孙翔云	扎西玉珍	王一帆	翁银银
戴雯婷	徐生阳	叶力克西·阿曼德合				

国际学院

国际经济与贸易专业(119人)

朱　琨	卢湛文	党之夏	丁善哲	刘慧妍	徐华珺	丁皓天
张迪翼	吴馨竹	束亦飞	王梦瑶	李滨序	贺长昊	丛　焦
刘思佳	翟羽佳	程　扬	王　洁	时　佳	游家怡	王晨辉
戴宏宇	王首仁	贾惠淋	任选如	刘相辰	潘玉颖	袁　健
顾宸铭	魏中泰	吴炎璋	胡　玥	何　山	梁　靖	黄卓君
赵宇杰	段宜宏	王楹塬	苏含灵	吴殷菲	孙真玥	周淑宁
矫丹聿	马星彤	郑宇果	赵　磐	贾家琛	陈飞宇	戴衔之
谷　凡	牛岚甲	李彬蔚	刘骥千	田子伯	蒲佳毓	刘婷玮
陈心怡	张巧稚	胡璟晗	董维帆	阮杰为	刘倍玮	林百川
张伊雯	卞杰明	陈思宇	马书赫	杨佳妮	刘嘉韵	刘天琪
吕金艳	谭杰心	赵宇翔	曲　鹏	高安琪	田子仲	冯蓓蓓
丰　竹	马笑悦	王天卉	侯悦宜	马浩凯	赵文菲	贾一臻
秦　领	陈　诚	潘嘉滢	汤　杨	闫雪凌	宫春媛	孙　菲
黄思鹤	徐　锐	何雪晴	黎江宁	宋雨亭	张雪筠	蓝　雨
贡　铭	齐浩天	杨心怡	李子毓	平　悦	汪昕怡	罗紫丹
苗馨文	杜双印	王晨璐	江一依	彭嘉莉	高宇渊	单秋池
汪沐阳	马李睿政	唐靖娴	韩天意	林晓雨	焦晨欢	田依岑

农林经济管理专业(61人)

祝　帆	赵烨轩	祁皓楠	安畅然	马雪琪	兰　珂	刘嘉翌
于小函	刘哲栋	赵立节	张天予	李斯乔	黄　琨	刘　赓
王子陵	李芊蕙	何丛杉	丁一飞	郭治彦	田　源	任婧娴
李彦成	来知宇	马晨元	李斯琦	聂捷航	解广涵	朱心瑶
袁荦丰	井岚耘	韩超颖	付邦平	詹一茗	王书劼	崔瀚予
张英姿	吴楚涛	张申喆	苏　博	谭志杰	任筱煊	苏雨萱
郭樱然	张宇堃	齐汝玥	张宸铭	田译琳	陈逸宽	崔竞元
韩济帆	李莹瑄	冯玉曦	靳晨悦	周文琦	赵宇涵	孔时雨
王鹏锦	齐嘉晟	徐嘉徽	韩月榕	赵翊博		

传播学专业(26人)

史圣朋	王俊玉	何沁莼	李子健	赵之然	曹　越	晋嘉豪
杨　喆	詹雅淇	李雨桐	靖　丝	杨锦凌	陈采薇	孔美晴
谢玙璠	冯朴洁	娄涣钰	刘欣宁	姚珺晖	纪雨晗	刘竹暄
赵雨薇	景楚格	张凌芮	蔡梦舒	王文萱		

烟台研究院

公共事业管理专业(56人)

徐瑞祥	潘　珂	葛猜猜	林盼妮	孙　琦	甘月童	崔展源

李　萌	耿翔宇	王　雪	顾兴宇	张俊杰	高子瑶	胡进萍
刘静静	邢霄君	张子旭	马文婕	张佳婕	李　晨	赵子钰
袁浩翔	张玺贤	王越鸣	李博闻	程亚格	赵　茹	董雯雯
刘文骞	朱文佳	朱承学	冯　晓	周杰徽	方　淇	吴兴训
孙　昕	类洪瑞	李芳墨	姚龙凤	郝劲雄	王瑞雪	李梦楠
王　娜	杜鹏程	胡诗霖	郝嘉慧	陈　珂	张金垚	郭荣荣
曹　爽	李小沛	陈　晴	张馨兮	张序铭	姜建彬	王　肖

市场营销专业(125 人)

郝孟超	刘　云	张　琦	姜嘉慧	秦龙飞	王　莹	陈　莘
吕承港	刘凯琳	厉　萍	王国强	丁清清	王孟迪	颜　语
任　格	范　昶	曹　翔	张方正	崔子辰	田浩辰	张冰婵
张　爽	张佳琦	殷昊阳	盖　伟	张修宇	何　苗	盛丽馨
吴昊龙	田嘉祺	吴晓曼	侯林杉	庄至柔	张　蕊	张　驰
吴昊东	朱晟坤	吴　昊	周欣雨	房婉秋	邓天怡	张欣欣
肖梦瑶	李玲玉	高　原	冯蓓蓓	易晨鸣	李鹏飞	沈建盟
孙亚鑫	胡沈生	刘蕴娇	刘　霄	张雅铭	徐　鉴	周凌风
刘曦东	宋　婕	匡俊姬	崔晓鹏	张衍泽	田明升	张振华
韩倩文	周新程	王　睿	孙小郁	薄纯波	张惠淼	焦飞虎
周凌志	祝万资	宋鸿泰	韩鑫吉	徐丁临	张龙飞	崔丙倩
宋晓玮	王瀚晨	吴宇韬	徐　栋	郝俸欣	李皓诺	慕　超
项　前	杨晓丽	曹　原	任泽铭	张　蕴	孙迟瑶	马晓晨
姜　叶	张明圆	陈倩倩	刘旭东	冯洪琼	刘亚楠	魏　清
徐连旺	陈奇飞	孙　珂	郝晓霞	王中东	李明铭	谢　冉
吴冬悦	杨启航	苏　杭	张晓峰	李雪洁	寇思宁	胡颖慧
王文策	孙克琳	郑　畅	毕凯茜	邢常乐	张孝童	宋衍蕾
孔　皓	徐　杨	赵宇涵	于雨田	吕悦馨	张　凯	

设施农业科学与工程专业(63 人)

姜凯云	程磊东	刘蔚晨	高天瑜	修铭英	刘向林	闫　安
马长黎	刘成功	胡双燕	有婧仪	刘悦忻	刘　磊	祝子锃
葛鹏飞	孙靖博	宋　娇	许吉泽	程方伟	徐　晨	耿　若
陈红云	潘晓晗	李玮辰	候其敏	于丁一	李　坤	贺钰蕊
衣明蕾	赵英迅	王江山	姜晨润	闫兆鹏	杜雨璇	邢立贺
牛衍铭	张　成	李杨文正	张　政	孙照辉	马静姝	周宝昌
葛徐立阳	边文娅	王　浩	彭海青	刘　攀	刘华君	程光发
赵宪宪	王子慧	杜　雪	郭江波	王　洋	季国兴	薛　原
王思齐	刘　璐	杨　夙	张乔奕	纪丙鑫	吴国良	邵世伟

水产养殖学专业(54 人)

吴　峰	王宏杰	费　腾	赵宇曦	闫　娜	于天任	史　鑫
刘　青	郭效乾	孔　烁	吴昕如	王　鑫	窦　乐	史晓真
徐小雨	陈　琪	朱　清	潘子涵	周薇帷	张辛豹	牟　伉
武奥林	张　晶	赵玲超	马　进	杭晓弈	广泽宇	马　滢
陈倩文	杨金锞	段　冬	程学文	叶　晓	崔朝阳	邹成志
赵玉涵	金泽霖	伊思蒙	孙　然	魏怡飞	李雪宁	李光亚
李初晗	安广琪	孙兴宗	石　璞	王　楠	徐宇晴	李新凯
盖帅帅	姜　雯	宋佳芳	徐建婷	赵宇曦		

2019 年媒体报道目录索引

标题	媒体	时间
世界第一枚旌蛉成虫琥珀被发现	科学网	1 月 4 日
乡村振兴的实质是发挥好农村应有的功能	经济日报	1 月 5 日
游戏将把留守儿童带往何方？留守儿童游戏之殇(二)	中国青年报	1 月 7 日
2019 中国农业发展新年论坛召开　聚焦乡村振兴与农业绿色发展	农民日报	1 月 7 日
大学食堂哪些强，农大复旦排上榜	新京报网	1 月 12 日
林万龙：新型农业经营主体带动小农户还需“推一把”	经济日报	1 月 14 日
开创新时代农业农村发展新局面	中国社会科学网	1 月 14 日
典赞·2018 科普中国　十大科学传播人物	人民日报	1 月 17 日
捍卫童年　留守儿童游戏之殇(三)	中国青年报	1 月 21 日
培养负责任的研究者　科研诚信教育是关键一课	科技日报	1 月 24 日
致敬第六届中华农业英才奖获奖人：沈建忠	中央电视台军事农业频道	1 月 25 日
40 年 40 人　孙其信：从“冷”到“热”中国农业大学的发展与转型	中国教育在线	1 月 28 日
留守妇女如何走出婚姻困境	中国妇女报	1 月 28 日
【新闻直播间】【新春走基层】河边村的“成人礼”	中央电视台新闻频道	2 月 9 日
【新闻联播】【新春走基层】河边村的春天	中央电视台新闻频道	2 月 11 日
【光明网专论】2020 后农村减贫需要由“扶贫”向“防贫”转变	光明网	2 月 20 日
一号文件再提奶业振兴　股票大涨背后奶牛养殖迎春天	每日经济新闻	2 月 21 日
【思享者】实现农业农村优先发展的关键在于产业发展和乡村建设	光明网	2 月 21 日
李小云谈一号文件：扶贫不是非要让年轻人回来种地	新京报 App	2 月 21 日
叶敬忠：支持乡村设厂，但要警惕高污染企业进驻乡村	新京报 App	2 月 21 日

续表

标题	媒体	时间
职业农民首先要从教育来	“光明微教育”微信公众号	2月21日
中央一号文件将如何影响农业发展?	经济日报	2月25日
国产大豆为什么拼不过美国?专家这回算是讲清楚了	新京报网	2月25日
“牛精英”创新农牧人才培养体系	中国教育报	2月25日
做出一面南南合作的农业旗帜——专访中国农业大学校长孙其信	农民日报	2月26日
张福锁院士被聘为中国农资传媒专家智库名誉主任	中国农资传媒	2月27日
全国人大常委会组成人员热议脱贫攻坚:用产业、金融、土改一整套机制克服返贫问题	每日经济新闻	3月1日
政府工作报告再提“培育家庭农场、农民合作社”	经济观察网	3月5日
空心菜是万毒之王?专家:你想多了	新京报网	3月5日
三人话“三农”|创业增收宝典 请收下	中央人民广播电台中国乡村之声	3月5日
全国政协委员、新希望集团董事长刘永好:建议试点放开原材料进口资质	21世纪经济报道	3月5日
全国政协委员韩鲁佳:设立财政专项精准支持“三区三州”深度贫困地区乡村学前教育	人民政协网	3月8日
中国农大组建“农业文化遗产研习营”,培育乡村发展力量	“乡村文化振兴”微信公众号	3月10日
国务院参事看两会(下)	文汇客户端	3月10日
增“绿”、加“新”、提高“含金量”——代表委员热各抒己见话减贫	新华社	3月11日
脱贫攻坚战开局良好,6年减少贫困人口8000多万	第一财经	3月11日
Long-term mechanism essential to China's sustained victory in fight against poverty	People's Daily App	3月11日
中国农大揭示月季水通道蛋白参与干旱胁迫机制	中国科学报	3月13日
献血车进高校 学校师生无偿献血	北京卫视	3月19日
潜心研究,忠于党的教育事业	网易	3月19日
新时代办好思想政治理论课的根本遵循	光明网	3月20日
International talents contribute to China's development	CGTN	3月20日
红羽鸡产粉壳蛋:让世界惊艳的自主培育蛋鸡品种	农民日报	3月22日
李小云:脱贫攻坚战是阶段性任务 完成后还有后续工作	人民网	3月23日
南南农业合作边会在布宜诺斯艾利斯大学举办	中国发展门户网	3月23日

续表

标题	媒体	时间
走进非洲的中国玉米技术	中国网	3月23日
世园会志愿者首听“前辈”讲经验	新京报网	3月24日
健身人群需注重合理搭配饮食　建议低温烹饪“健身餐”	新华网	3月25日
中国农业大学师生到怀来横岭村助力乡村振兴调研	河北新闻网	3月25日
我当直播网红、你做麦田飞手、她成民宿店主　年轻人回乡　闲不住	人民日报	3月25日
储存食用油应注意控制时间和放置地点	新华网	3月25日
散户养殖加速退出市场　如何看待当前“猪市”的变化?	经济日报	3月26日
中国农业大学师生到怀来县横岭村就助力乡村振兴进行调研	张家口在线	3月26日
来,看看日本生态农业模式吧	农民日报	3月26日
哪些鱼刺少肉嫩	人民网	3月26日
留守妇女儿童和老人:过去被留下了今天能跟上吗?	新京报网	3月27日
国家重点研发计划锚定战略新兴产业	新华社	3月27日
健身房迎来人流量小高峰　外卖健康餐食订单量大增	杭州网	3月28日
最强猪周期来临? 去化加速猪价上涨迎拐点	财经	3月28日
省政府与中国农业大学签署战略合作协议	吉林日报	3月29日
Tanzania:Simple Technology, Big Harvest	NBC29. com	3月29日
北京世园会志愿培训开始　体验服务真谛	北京青年报	3月29日
西方国家公众是如何看待对外援助的	光明网	3月30日
【是真的吗】干货也有保质期　是真的吗?	中央电视台财经频道	3月30日
姜沛民:以高质量党建引领高质量发展	人民日报	3月31日
创新2亿小农户长效脱贫机制,学者在河北做了一场小农扶贫试验	第一财经	3月31日
【新闻直播间】河北曲周:麦田来了研究生帮农民科学种田	中央电视台新闻频道	4月2日
Pet owners seek recourse in traditional cures	China Daily	4月3日
“儿童食品”噱头多　78.0%受访家长盼望科普相关知识	中国青年报	4月4日
重新认识2亿小农户,创新脱贫长效机制	第一财经	4月6日
警惕农村新婚恋模式潜在的婚姻风险	中国妇女报	4月9日
胡春华在中国农业大学调研时强调　强化农业科技创新　促进乡村产业振兴	新华社	4月9日
【晚间新闻】胡春华在中国农业大学调研:强化科技创新　促进乡村产业振兴	中央电视台综合频道	4月9日
中国农大曲周绿色发展乡村振兴科普周启动	邯郸广播电视台新闻综合频道	4月15日

续表

标题	媒体	时间
中国成为全球贸易运行的稳定器	中国贸易报	4月16日
纯牛奶和酸奶 选择哪个比较好?	人民网	4月16日
专家:中非农业合作大有可为	中国贸易报	4月18日
中国农业大学发布“一带一路”社会发展系列研究	农民日报	4月18日
中国农业大学曲周实验站绿色发展科普周活动启动	农民日报	4月19日
《2018全国大学生食品安全素养报告》发布 中国农业大学沈群教授解读	中国经济网	4月19日
“把根留住”:发掘传统文化助力乡村振兴	新华社	4月20日
推动“一带一路”沿线发展 专家:中国减贫经验具借鉴意义	中国新闻网	4月23日
29名留学生学当“篾匠”	四川日报	4月23日
我国宠物市场加速“奔跑” 人才“饥渴症”初显	新华网	4月23日
推进“一带一路”建设中的社会发展议程对话在京召开	光明网	4月24日
2019年“一带一路”/南南合作农业青年领袖计划在京闭幕	中国网	4月25日
凤凰卫视“一带一路”合作伙伴大会举行	凤凰卫视	4月25日
汉字的美学三角形和现代书法教育	光明网	4月25日
叶敬忠:乡村公共设施不是成绩展示 应真正服务农民	新京报	4月25日
李小云:乡村振兴关键是把利益更多留在乡村	新京报	4月26日
“爱心无限,志愿同行” 首批志愿者团队入驻北京世园会	新华社	4月27日
平谷打造农业“中关村” 农学商构建“金三角”模式	新京报网	4月27日
“科学认知食品安全与食品添加剂”研讨会在京举办	中国科技网	4月27日
农业需要高科技 农业走向高精尖——平谷坚持生态立区 绿色发展 打造农业科技创新示范区	北京日报	4月27日
打造“农业中关村” 北京平谷农业科技创新国际论坛召开	人民网	4月28日
第十届中国国际现代农业博览会启幕	北方农资传媒	4月28日
首届中国国际智慧农业成果展在京举办	中国科技网	4月28日
北京世园会:打造绿色中国新名片 建设各国共享百花园	人民网	4月28日
用农民最熟悉方式脱贫 巢状市场小农扶贫模式推出	新华社	4月29日
用青春书写无愧于时代的华彩篇章	人民日报	4月30日
习近平总书记在纪念五四运动100周年大会上的重要讲话在广大青年中引起热烈反响——让青春在奉献中焕发出绚丽光彩	人民日报	5月1日
纪念五四运动100周年大会引发热议 19位大学书记校长这样说	人民网	5月2日
新闻特写:素质过硬的世园会志愿者	北京卫视	5月3日

续表

标题	媒体	时间
为青春而歌　为祖国而歌	北京卫视	5月4日
世园会招2万志愿者:日行3万步　叫停观众摘菜吃果	新京报	5月4日
引导广大青年勇立潮头争做时代先锋——习近平总书记在纪念五四运动100周年大会上重要讲话引起热烈反响	中国教育报	5月5日
新时代如何发扬五四精神?这些大学书记、校长这样说丨学习习近平总书记重要讲话反响篇④	微言教育	5月5日
春耕田里的大学生——吉林梨树“科技小院”见闻	新华社	5月5日
智力援藏:中国农业大学教授定点扶贫送智慧助力脱贫攻坚	新华社	5月5日
一场旨在振兴乡村的国际对话	中国农业新闻网	5月7日
国际乡村振兴论坛在京举行	中国社会科学网	5月8日
近百万株月季绽放北京月季文化节　市民有香可寻有花可赏	人民网	5月17日
中国农大扎根曲周46年小麦亩产增15倍,盐碱地变成米粮川	北京交通广播	5月18日
亚文会志愿者:巡游演员拉我一起跳舞	新京报	5月18日
扎根曲周46年全国建127个科技小院,中国农大“曲周精神”代代相传	北京交通广播	5月19日
大型媒体采访团走进曲周	邯郸新闻网	5月20日
高校直通车2019系列访谈第八期——中国农业大学	中国教育新闻网	5月22日
科技与产业界今日发布对益生菌的科学共识	中国经济网	5月23日
为制定农业机械化法律法规做出重要贡献	网易客户端	5月23日
中国农业大学:今年招生3210人,大类与专业并行招生	中国教育新闻网	5月23日
科学的“高考食谱”来了,8条饮食法则送给考生	微言教育	5月24日
现代有机农业技术研讨会浙江武义举办　发展县域有机农业需“过五关”	中国食品网	5月24日
中国农大扎根乡村　用知识服务乡村振兴	中央人民广播电台中国之声	5月25日
【公益广告】中国农大扎根曲周四十五周年	中国青年报	5月25日
中国农大扎根乡村　用知识服务乡村振兴	央广网	5月26日
非洲猪瘟下的养猪启示录	中国新闻周刊	5月27日
校内人才和引进人才一同发展一同支持一同保障　中国农大人才培育发展支持计划破“五唯”	中国教育报	5月27日
【爱国情　奋斗者】中农大扎根曲周46年　盐碱地变良田	河北卫视	5月27日
【北京您早】“改土治碱　造福曲周”两块石碑背后的故事	北京卫视	5月27日
电影《杨靖宇》校园展映	新华网	5月27日

续表

标题	媒体	时间
干农活正在变得更“聪明”——智慧农业省工省时　效率更高　质量更好	人民日报海外版	5月28日
【北京您早】科技小院:探索绿色农业可持续发展之路	北京卫视	5月29日
听东盟“村官”讲述在华学扶贫:“很羡慕”中国村民高昂的工作热情	环球网	5月29日
把论文写在祖国的大地上——中国农业大学46年扎根河北曲周服务乡村振兴纪实	新华社	5月30日
【新闻联播】中农大扎根曲周46年　盐碱地变良田	中央电视台综合频道	5月30日
中国农业大学研究生深入扶贫一线助力脱贫攻坚主战场	教育部	5月30日
中国农大师生扎根曲周县46年　23万亩盐碱滩变成“米粮川”	中国新闻网	5月30日
河北省人社厅举办“农业专家博士涞水行”活动	中国青年网	5月31日
【半亩方塘】曲周故事:一捧咸土	人民日报	5月31日
四十六年,从盐碱地到米粮川——来自河北省邯郸市曲周县的蹲点调研	人民日报	5月31日
【半亩方塘】曲周故事:一株心苗	人民日报	5月31日
【半亩方塘】曲周故事:一座小院	人民日报	5月31日
用行动诠释责任(快评)	人民日报	5月31日
把论文写在祖国大地上(人民论坛)	人民日报	5月31日
“农大老师”是知识分子科学报国的典范	光明日报	5月31日
天地一农人(报告文学)	光明日报	5月31日
在祖国大地书写青春篇章	科技日报	5月31日
科技小院里的农业发展大智慧	科技日报	5月31日
46载改土治碱之路	科技日报	5月31日
把课堂搬到田间地头	科技日报	5月31日
大力弘扬“曲周精神”	科技日报	5月31日
【新闻联播】把科学报国的“论文”写在祖国的大地上	中央电视台综合频道	5月31日
中国农业大学扎根曲周46年　盐碱地变良田	河北人民广播电台	5月31日
科技小院是扶贫与扶智的结合	经济日报App	5月31日
曲周记忆:刻在石碑上,住在人心里	经济日报App	5月31日
【农大人的曲周故事】从盐碱地到“米粮川”:曲周的前世今生	中央人民广播电台中国之声	5月31日
“解民生之多艰,育天下之英才”——中国农大师生扎根田野书写奉献之歌	新华社	5月31日
【农大人的曲周故事】从盐碱地到“米粮川”:曲周的前世今生	中央人民广播电台	5月31日

续表

标题	媒体	时间
绽放在盐碱地上的青春——记中国农业大学近半世纪扎根河北曲周播撒科技星火	中国青年报	5月31日
情怀是最深沉的动力	农民日报	5月31日
一图了解:传承中的曲周精神	经济日报	5月31日
【焦点访谈】让科技种子扎根沃土	中央电视台综合频道	5月31日
田头课堂书写为民答卷——中国农业大学扎根河北曲周县46年科教兴农纪实	农民日报	5月31日
千年"盐碱窝"变成绿色"聚宝盆" 中国农大师生不忘初心扎根河北曲周46年服务乡村振兴纪实	经济日报	5月31日
不忘初心!这些年轻人,造就了农业科技的"两弹一星"	经济日报	5月31日
中国农大与曲周携手走过的路	经济日报	5月31日
河北曲周千年"老碱窝"助力扭转中国"南粮北调"历史	中国新闻网	5月31日
传好接力棒 争做"永久牌"	经济日报	5月31日
研究生将课堂搬进农家助增产 "科技小院"模式获联合国赞	中国新闻网	6月1日
【农大人的曲周故事】把自己插在农田里,把论文写在大地上	中央人民广播电台中国之声	6月1日
李小云:不能一边生产穷人,一边扶持穷人	中国慈善家	6月1日
【爱国情 奋斗者】河北曲周:打造绿色发展"样板间"	河北卫视	6月1日
从盐碱地到米粮川 科技让曲周走进新时代	中国国际广播电台环球资讯广播	6月1日
不治好盐碱地就不回家——中国农业大学扎根河北曲周县系列故事之一	农民日报	6月1日
"爱折腾"的老支书——中国农业大学扎根河北曲周系列故事之二	新华社	6月1日
中国农业大学扎根曲周的故事——辛德惠 生命绽放在盐碱地上	人民日报	6月1日
千里盐碱地上"赶不走"的专家	光明日报	6月1日
现代农人用青春和奉献书写田野答卷	光明日报	6月1日
研究生将课堂搬进农家助增产 "科技小院"模式获联合国赞	中国新闻网	6月1日
China's agriculture model suitable for Africa	*China Daily*	6月1日
根扎泥土的无悔初心——中国农大"曲周故事"感思	河北日报	6月1日
在服务人民中完成最好的课题(评论)	河北日报	6月1日
【不忘初心 牢记使命】中国农大人:治不好盐碱就不走了!	长城网	6月1日
攻坚期,一位教授发自扶贫一线的思考	侠客岛	6月1日

续表

标题	媒体	时间
【农大人的曲周故事】中国农大人的46年接力赛	中央人民广播电台中国之声	6月2日
【农大人的曲周故事】"曲周精神"薪火相传	中央人民广播电台中国之声	6月2日
46年坚守曲周！中国农大师生在盐碱地上种出层层麦浪	中央人民广播电台中国之声	6月2日
研究生"包地"种葡萄——中国农业大学扎根河北曲周系列故事之三	新华社	6月2日
中国农业大学扎根曲周的故事——闲不住的老支书	人民日报	6月2日
辛德惠：铭刻在石碑上的赤子情怀	光明日报	6月2日
科技小院：让科技走进田间地头	光明日报	6月2日
【农大人的曲周故事】解决小问题，练就大本领	中央人民广播电台中国之声	6月3日
用科学精神创造盐碱地上的奇迹	中国青年报	6月3日
科技小院落户"最美葡萄村"——中国农业大学扎根河北曲周县系列故事之二	农民日报	6月3日
"农民教授"李晓林——中国农业大学扎根河北曲周系列故事之四	新华社	6月3日
中国农业大学扎根曲周的故事——"先要把自己变成农民"	人民日报	6月3日
最美的科研誓言是报国(人民论坛)	人民日报	6月3日
携手千万农民，探索现代农业发展新模式	光明日报	6月3日
中央媒体集中报道中国农大扎根曲周服务乡村振兴先进事迹	邯郸日报	6月3日
中央各大媒体集中报道中国农大扎根曲周服务乡村振兴先进事迹	邯郸电视台	6月3日
【农大人的曲周故事】农业高科技助力农业绿色发展	中央人民广播电台中国之声	6月4日
替加环素高耐药机制警示　畜禽养殖业应谨慎使用四环素类	中国科学报	6月4日
九位研究生接力"苹果小院"——中国农业大学扎根河北曲周县系列故事之三	农民日报	6月4日
中国农大扎根河北曲周的故事：靠"减产"挣钱	新华社	6月4日
中国农业大学扎根曲周的故事——王九菊和她的科技小院	人民日报	6月4日
"中国的盐渍土改良工作是世界一流的"——《光明日报》上的曲周故事	光明日报	6月4日
中国农业大学研究生驻村两年精准扶贫——把论文写在山坡上	北京日报	6月4日
各级媒体聚焦中国农大"曲周故事"	邯郸日报	6月4日

续表

标题	媒体	时间
央省市媒体报道后，中国农大曲周实验站师生表示——为曲周乡村振兴再做贡献	邯郸日报	6月4日
在外邯郸人关注中国农大“曲周故事”	邯郸晚报	6月4日
中农大实验站师生：为乡村振兴再立新功	邯郸电视台	6月4日
【农大人的曲周故事】留学生的曲周情	中央人民广播电台中国之声	6月5日
爱国奋斗谱写盐碱地上的青春华章	中国青年报	6月5日
用曲周精神照亮“三农”	农民日报	6月5日
有这样一群大学生：我是这样变成“农民”的	新华社	6月5日
有了“被需要”的感觉——中国农业大学扎根河北曲周县系列故事之四	农民日报	6月5日
【农大人的曲周故事】第六篇：留学生的曲周情	中央人民广播电台	6月5日
中国农业大学扎根曲周的故事——探索绿色发展之路	人民日报	6月5日
千年盐碱滩变成米粮川　中国农大扎根曲周助推农业发展三部曲之一	北京日报	6月5日
中国农业大学扎根河北曲周46年　盐碱地变良田	*China Daily*	6月5日
农大扎根河北曲周系列故事——盐碱滩变米粮川　农大人46年扶贫河北曲周县	北京青年报	6月5日
“科技小院”兼顾扶贫与育人	北京青年报	6月5日
“改土治碱　造福曲周”两块石碑背后的故事	北京卫视	6月5日
科技小院：探索绿色农业可持续发展之路	北京卫视	6月5日
中农大扎根冀南曲周46年　盐碱地变良田	北京卫视	6月5日
科技小院——农大学生在曲周的家	北京卫视	6月5日
扎根曲周46年　推动科技致富农大师生　把盐碱地变成米粮川	北京晚报	6月5日
【各大媒体对中农大扎根曲周46年事迹在我市反响热烈】让科学小院更好地服务乡村振兴	邯郸电视台	6月5日
【农大人的曲周故事】科技，让农业生活更美好	中央人民广播电台中国之声	6月6日
健全市场化多元化生态保护补偿机制的政策着力点	中国环境报	6月6日
46年扎根河北曲周　他们把“老碱窝”变成“米粮川”	新京报网	6月6日
把论文写在祖国大地上——中国农业大学扎根河北曲周的故事	中国教育报	6月6日
中国农大扎根曲周助推农业发展三部曲之二　科技小院打通技术应用“最后一公里”	北京日报	6月6日

续表

标题	媒体	时间
【农大人的曲周故事】科技，让农业生活更美好	中央人民广播电台	6月6日
聚焦特殊困难群体 巩固脱贫攻坚成果	中国社会报	6月6日
甘做小院的“铺路人”——中国农业大学扎根河北曲周县系列故事之五	农民日报	6月6日
【长城评论】与土地结缘，他们凭什么在曲周坚持了46年？	长城网	6月6日
不忘初心牢记使命——干部职工热议中国农大“曲周精神”	邯郸日报	6月6日
让曲周精神扎根邯郸大地	邯郸晚报	6月6日
“曲周精神”是实践“不忘初心”的一面镜子	金羊网	6月7日
中美贸易战是一场没有赢家的“负和博弈”	中国报道微信公众号	6月7日
“95后”硕士村里种地一年：让农户看到科技化并不遥远	新京报网	6月7日
【不忘初心 牢记使命】中国农大曲周实验站：立德树人 薪火代代相传	长城网	6月7日
【不忘初心 牢记使命】曲周盐碱地成为绿色农业世界样板	长城网	6月8日
【各大媒体对中农大扎根曲周47年事迹在我市反响热烈】王怀义：不忘农大恩情 余热奉献乡村	邯郸电视台	6月8日
网络拉歌活动展现新时代高校学子爱国情	新华社	6月9日
中国农大的“曲周故事”人物篇① 辛德惠：改土治碱倾一生	河北日报	6月9日
中国农大的“曲周故事”人物篇② 张宏彦：打通技术推广“最后一公里”	河北日报	6月10日
2000余所高校的学子接力献歌新中国七十华诞—— 青春，为祖国歌唱	人民日报	6月10日
中国农大扎根曲周助推农业发展三部曲之三 实践中的科技创新富民利己	北京日报	6月10日
330万份投票，谁是中国满意度最高的大学？	青塔	6月11日
世界大学生命科学研究水平排名：中国这所农业大学跻身世界100强	京领新国际今日头条号	6月11日
沧桑巨变新曲周 田间地头“农大人”	中国教育电视台	6月11日
【北京新闻】中农大扎根冀南曲周46年 盐碱地变良田	北京卫视	6月11日
中国农大“曲周故事”感动驻邯高校师生	邯郸日报	6月11日
四个“最严”如何捍卫“舌尖上的安全”	科技日报	6月12日
“粉丝第一股”遇风口股价猛涨 双塔食品“嘴边”的人造肉尚难入口	每经网	6月12日
【北京新闻】科技小院——农大学生在曲周的家	北京卫视	6月12日
“科技小院”助农增收	新华社	6月12日

续表

标题	媒体	时间
240个项目"圈定"50亿　高新技术、医疗环保、农业等受青睐　国家重点研发计划经费分配浮出水面	经济参考报	6月12日
现场评论:把农民的田放在心上	河北日报	6月13日
【反响】300亩试验田里续写"曲周精神"	邯郸广播电视台	6月13日
【各大媒体对中农大扎根曲周49年事迹在我市反响热烈】300亩试验田里续写"曲周精神"	邯郸电视台	6月13日
为了大地的丰收(报告文学)	河北日报	6月14日
吴常信院士科研团队与宽腾集团战略科研合作启动仪式圆满成功	腾讯大辽网	6月14日
在外邯郸人关注中国农大"曲周故事"	邯郸日报	6月14日
建设新邯郸做出新贡献干部职工学习中国农大扎根曲周事迹	邯郸晚报	6月14日
生态文明是一种全新的道德观	北京日报	6月17日
中国农大的"曲周故事"人物篇③ 贺敬芝:让青春在田野闪光	河北日报	6月17日
大学生食品安全与营养中国行今日在京启动	中国经济网	6月17日
中国农大的"曲周故事"人物篇④ 教授与农民:绿叶对根的情义	河北日报	6月18日
《青春无限》全国高校巡礼——中国农业大学	央广网	6月18日
今年618有点"土":贫困县农产品销量上涨1591%	中国经济网	6月18日
文山草莓产业发展研究院签约暨揭牌仪式举行　小草莓要做成大产业	云南网	6月18日
传承千年农耕文明　培育乡村发展力量——我国首期农业文化遗产地乡村青年研修班开营侧记	农民日报	6月18日
【新闻联播】"青春,为祖国歌唱"网络拉歌活动火遍全国	中央电视台新闻频道	6月18日
橄榄球——中国大学生七人制橄榄球锦标赛开赛	新华社	6月19日
中国农业大学调研组深入临沧调研时提出　巩固深化脱贫攻坚成果　助推临沧乡村全面振兴	临沧日报	6月19日
线上线下答疑　教育部让高考招生更"阳光"	科技日报	6月20日
普通食品"夸大功效"现象普遍,相关部门出手严查	中国商网	6月22日
Why did China lift hundreds of millions of people out of poverty?	CGTN	6月25日
第29个全国土地日之际,专家学者表示——土地节约集约利用势在必行	经济日报	6月25日
保护耕地必须维系好农民的主体地位	中国自然资源报	6月25日
光明大直播走进南开大学等7所高校	光明日报	6月25日
想要食品安全?先做个有知识的吃货	北京青年报	6月26日
光明时评:用弱者的眼光看世界,恰是文化自信的体现	光明日报客户端	6月27日

续表

标题	媒体	时间
【东艳　李春顶】深刻认识美国“关税武器化”政策的根源与危害	中国社科院世界经济与政治研究所微信公众号	6月27日
中国小技术，坦桑大丰收	比尔盖茨微信公众号	6月27日
劈波斩浪驶向光明未来（中国经济纵深谈①）——如何看待经贸摩擦对中国经济的影响	人民日报	6月27日
今年非常赞的一篇毕业致辞：像弱者一样感受世界	人民日报微信公众号	6月27日
建设美丽乡村要“把根留住”	中国科学报	6月28日
教育部：为脱贫攻坚和乡村振兴注入“高校力量”	中国经济网	6月28日
第二届全国大学生乡村振兴夏令营开营仪式在青神举行	四川在线	6月28日
90后第一书记侯增琦：带着知识下基层　筑起群众脱贫梦	渭南广播电视台临渭频道	6月28日
中英全文丨《安吉共识——中国新农科建设宣言》震撼发布	凤凰网	6月28日
【公益广告】创新为民　科学报国	人民日报	6月28日
市领导参加高校党的政治建设工作座谈会　开展“不忘初心、牢记使命”主题教育调研	北京日报	6月29日
中国农业大学：顺应新农科发展趋势　培养卓越农业人才	凤凰网	6月29日
中国农业大学研究组助力港口扶贫产业	广西新闻网	7月1日
青年学子追梦新征程　乡村振兴实践再出发——第二届全国大学生乡村振兴夏令营在四川青神成功举办	农民日报客户端	7月1日
到边远地区去，到基层一线去（人民时评）	人民日报	7月1日
中央发文要求全面推行移风易俗整治农村婚丧陋习天价彩礼　人情味不能变成人情债	法制日报	7月1日
临别道珍重，长亭赠骊歌	中国教育报	7月1日
扎根泥土籽粒壮（暖闻热评·择一事　终一生⑧）	人民日报	7月1日
县长当网红　带货助脱贫	人民日报海外版	7月3日
【吃货指南】食材配料强联手“补钙高手”补钙强健体魄	人民网	7月3日
50余所涉农高校达成《安吉共识》　新农科建设有了“施工图”	科技日报	7月4日
“六老汉”治沙造林事迹报告团走进中国农大	中国教育报	7月4日
余淼杰等专家学者研讨中国外贸70年与全面开放新格局	中国社会科学网	7月5日
中国农业大学教授到青神授课　助推乡村振兴再上台阶	四川新闻网	7月5日
弘扬楷模精神　投身祖国建设	甘肃卫视	7月6日
丝路新周刊	陕西卫视	7月6日

续表

标题	媒体	时间
Why China can lift hundreds of millions out of poverty (*Part* 2)	CGTN	7月6日
人工智能养猪应该给予关注	农民日报	7月6日
深入田间地头 中国农大连续4年开设“农村认知体验课”	中新网	7月7日
370余位青年学者深入学习研讨《习近平新时代中国特色社会主义思想学习纲要》	人民网	7月8日
“曲靖科技小院”落户陆良	曲靖日报	7月8日
花生被推为护心宝 美国研究发现，吃点花生可降低心脏病和脑卒中风险	人民网	7月8日
大学生社会实践 聚焦乡村振兴	四川农村日报	7月8日
康比特与中国农业大学共建人才实习基地	中国资讯网	7月9日
高管补位！农发行殷久勇到任交行副行长	21世纪经济报道	7月10日
South-South Cooperation for Agriculture Development Gains Momentum	UNOSSC	7月10日
世界人口日：非洲粮食危机 中国的援助方案是什么？	央视新闻客户端学习强国号	7月11日
水果饭前还是饭后吃，得先看你是啥身体……	大连晚报	7月11日
中国农业大学李保明教授荣获2019年ASABE亨利·吉斯建筑与环境奖	中国农业工程学会微信公众号	7月11日
46年的接力赛——中国农业大学师生扎根曲周46年	河北卫视	7月12日
又见“学生娃”(二)：“大家的工作肯定能得到客观呈现”	中国扶贫微信公众号	7月12日
中国农业大学成立国家保护性耕作研究院	新华网	7月12日
奶牛保姆：当好奶品质量把关人	科学网	7月13日
中国农业大学成立国家保护性耕作研究院	中新网	7月13日
我国每年要进口超过1亿吨粮食，大豆对外依存度更是超过80%——粮食够吃，为啥还进口	经济日报	7月15日
中国农大教授胡树文带领团队长期扎根农村，改良盐碱、盐渍、酸化土壤50万亩	人民日报	7月15日
机械化播种苜蓿	人民日报	7月15日
【爱国奋斗·青春建功】李金平：帮小农户实现大收益	人力资源报	7月16日
专家解读今年夏粮丰收数据 小麦面积减少产量反增靠什么	新京报App	7月16日
毕业礼物藏深意 最后一课含嘱托	北京青年报	7月16日
首届高校生态学本科专业建设与人才培养研讨会在中国农大举办	未来网	7月17日
中国农大宣讲队来嘉兴市开展食安行动	人民网	7月17日

续表

标题	媒体	时间
武威市与中国农业大学签订合作框架协议	武威日报	7月18日
让百姓"菜篮子"拎得更稳当	光明日报	7月18日
《中国的奶业》白皮书显示:"奶瓶子"越来越让人放心	中国经济网	7月18日
中国农业大学党委书记参加陕西省选调生风采展示活动	高校圈的那些事儿今日头条号	7月19日
发展蔬菜生产保障供给,对未来稳定蔬菜价格具有现实意义	新京报	7月19日
毛豆,营养高分的"跨界"食物——这5类人可以多吃点	人民网	7月20日
科技小院,拆掉农民与科技之间的篱笆墙——专访中国农业大学教授李晓林	北京新闻广播	7月21日
时代楷模进校园 讲述三代治沙人的感人事迹	北京卫视	7月21日
中国农业大学社会实践小分队走进海伦	东北网	7月22日
11部精选剧目将共聚2019金刺猬大学生戏剧节	中新网	7月22日
中国农业大学选调生数量5年连续增长	新华社客户端	7月22日
"农牧交错带牛羊牧繁农育关键技术集成示范"和"优质青粗饲料开发利用示范"项目启动	农民日报客户端	7月22日
野菜风味独特 采摘食用贮存有讲究	市场监管总局学习强国号	7月23日
精准扶贫战略中妇女发展理论新思考——"精准扶贫与妇女发展"学术研讨会之观点分享	中国妇女报	7月23日
新技术纷纷落地呼伦贝尔大草原 政府出钱买服务,链接专家与牧民	科技日报	7月24日
中美青年创客大赛落幕 11家中美青年创客交流中心揭牌	新京报网	7月26日
"科技小院"里的别样暑假	新华社	7月26日
楼房养猪需注意几个问题	农民日报	7月27日
两大畜牧业技术推广示范项目启动 牛羊业发展迈开大步	农民日报	7月27日
中国畜牧业协会信息分会成立 畜牧业信息化势在必行	科学网	7月28日
国内公益组织乘"一带一路"东风走向海外:被尊重也被期待	澎湃新闻	7月29日
深度 | 康绍忠院士:贯彻落实国家节水行动方案,推动农业适水发展与绿色高效节水	中国水利杂志微信公众号	7月29日
【公益广告】创新为民 科学报国	人民日报	7月30日
亿万人民的奋斗史诗:献给共和国70年光辉历史的创造者	新华社	7月30日
推动水稻产业规模化、集约化、标准化——粳米期货将登场	经济日报	8月1日
让错位资源"变身"绿色肥料	农民日报	8月2日

续表

标题	媒体	时间
《稼穑之歌》打头阵，金刺猬大学生戏剧节开幕	北京日报客户端	8月2日
生态补偿如何补来村美民富	光明日报	8月3日
我把论文写在曲周大地上——专访中国农业大学副教授黄成东	北京新闻广播	8月4日
2019金刺猬大学生戏剧节开幕	新华社	8月4日
中国农大揭示植物通过自噬抗旱新机理	中国教育新闻网	8月5日
【公益广告】把论文写在祖国的大地上	人民日报	8月6日
“曲周精神”是一种什么样的精神	光明日报	8月6日
中国科协“基层科协组织力提升”课题研究组来临沭调研座谈	鲁网	8月7日
构建实现“两不愁三保障”目标长效机制	中国社会科学报	8月8日
为抵御干旱　植物“自己吃自己”	科技日报	8月8日
守护食品安全　打造健康餐桌	人民日报	8月9日
南繁，筑牢粮食安全的创新底座	经济日报	8月9日
天长市组建乡村振兴研究院	安徽日报	8月9日
中国科学家团队通过CRISPR/Cas9技术成功获得小麦单倍体	澎湃新闻	8月12日
草原管理|草原旅游，“反哺”草原的一种有效方	林草新闻微信公众号	8月12日
中国农业大学课题组、李天来院士分别在我市开展调研	中国瑞金新闻网	8月13日
马鞍山：用活帮扶资金让“茶路”更宽阔	临沧日报	8月14日
都市驱动型乡村振兴怎么做　昆明和中国农大“政产学研”共建创新试验区	云南网	8月14日
刚刚，又一所国字号大学“牵手”昆明	掌上春城今日头条号	8月14日
全国大学生农建创新竞赛首次引入风投	中国农网	8月14日
农业建筑环境与能源工程创新创业竞赛开赛	中国科学报	8月14日
昆明市政府与中国农大签订都市驱动型乡村振兴创新实验区合作共建框架协议	昆明新闻微信公众号	8月15日
昆明与中国农大联手，探索都市驱动型乡村振兴创新实验区建设	经济日报客户端	8月15日
李小云：穷人的生活是他们自己的选择？	南都观察家微信公众号	8月15日
三亚建模拟“山洞”，引来一度销声匿迹的野生金丝燕安家　似曾相识燕归来	海南日报	8月16日
Science重磅|专家点评，重大突破，玉米大规模增产将成为可能，中国农业大学田丰团队	iNature微信公众号	8月16日
农建专业创新创业大赛瞄准行业市场需求出题　大学生巧解涉农企业难题	中国教育报	8月19日

续表

标题	媒体	时间
和听障学生交朋友　给留守儿童送温暖　用大数据解难题　首都大学生扶贫:从新知到心知	北京青年报	8月19日
第十八届金刺猬大学生戏剧节闭幕《稼穑之歌》获“金刺猬奖”	新京报网	8月19日
热点｜我国首只自主培育克隆猫将满月！网友:名字有点味道……	中国青年报微信公众号	8月20日
笼内死鸡检测、奶牛呼吸频率测量……大学生自创三农神器助力农户增产	京视频新浪视频号	8月21日
让企业在中国市场轻装前行——如何看待当前营商环境	人民日报	8月21日
“农牧交错带牛羊牧繁农育关键技术集成示范”项目落实技术推广	农民日报客户端	8月23日
金属锅盛剩汤毁身体	人民网	8月23日
李小云:倡导新型发展合作	中国发展门户网	8月23日
胡春华强调　加快推广东北黑土地保护有效治理模式	新华社	8月24日
携手中国农大　青神成立乡村振兴研究院	四川在线	8月24日
东北黑土地保护论坛暨第五届梨树黑土地论坛成功举办	中新网	8月26日
青神:“院地”合作助力乡村振兴	中新网	8月26日
从“二牛抬杠”到“一键种田”——来自昌吉州的发展报告之六	新疆日报	8月27日
“张福锁院士工作站”落户云天化集团现代农业项目	云南日报	8月27日
中国农业大学2019年度国家自然科学基金获批205项	未来网	8月27日
叶敬忠:保障农民的长远利益是社会发展的基础	新京报App	8月27日
玉米密植株型调控机制获揭示	中国科学报	8月27日
高校在暑期社会实践中发挥科研与人才优势服务乡村振兴——这个暑假,大学生扮靓“美丽乡村”	中国教育报	8月29日
中国农业大学迎新花样多　学生领种子　机器人助兴	新京报App	8月30日
中国农业大学迎新　最小新生不满15周岁	新京报App	8月30日
“00后”来了　高校花样迎新	北京日报客户端	8月30日
中国农大“猪设施”正式开工　“二师兄”将为生命科学研究出大力	农民日报客户端	8月31日
中国农业大学迎新生　送每人一份“种子”	北京头条	8月31日
中国农业大学新生获赠“种子”礼盒	北京青年报	9月1日
世界上首个将猪和猴定位为模式动物的大科学设施在我国开工建设	科技日报今日头条号	9月1日
七个吃法让你爱上蛋黄	人民网	9月2日
化肥行业发布绿色发展宣言	中国化工报	9月2日

续表

标题	媒体	时间
崇尚奋斗精神　中国农业大学校长孙其信为全体新生讲授开学第一课	中国教育在线	9月2日
[中农大46载扎根泥土的无悔初心(一)]鏖战盐碱地　惠及黄淮海	邯郸广播电视台	9月3日
从200亩到200万亩——黑土地保护的“梨树实践”	农民日报	9月3日
“翘课、发呆、玩手机”都能识别　高校试水人脸识别引发热议	央广网	9月3日
徐秀丽:以新型南南合作维护多边主义	环球时报	9月4日
[中农大46载扎根泥土的无悔初心(二)]科技小院　打通农技推广“最后一公里”	邯郸广播电视台	9月4日
扶贫新实践:新阶段的超常规策略丨重磅观点	新京报App	9月4日
徐秀丽:以新型南南合作维护多边主义	环球网	9月4日
“互联网+”惠及海归　就业落户可一网通办	科技日报	9月5日
[中农大46载扎根泥土的无悔初心(三)]科技种子　涵养曲周人的科学信仰	邯郸广播电视台	9月5日
中国农业大学揭示改性生物炭修复镉污染机制	中国科学报	9月5日
肺动脉高压有望实现抗体靶向治疗	科学网	9月5日
2019大学校长“开学第一课”中国农业大学校长孙其信:崇尚奋斗精神　成就无悔青春	人民网	9月5日
李小云:应对全球利益分配失衡需重建新多边主义框架	新浪网	9月6日
[中农大46载扎根泥土的无悔初心(四)]论文写在田间　培养“一懂两爱”专业人才	邯郸广播电视台	9月6日
习近平回信寄语全国涉农高校广大师生:以立德树人为根本　以强农兴农为己任	中央电视台新闻频道	9月6日
一粒粒“金种子”从天涯走向世界	海南日报	9月7日
中外专家大同共话有机农业:3.0时代需量与质同步发展	中新网	9月7日
甘肃平凉“扶贫牛”走向国际:科技助“红牛”育良种产好肉	中新网	9月7日
[中农大46载扎根泥土的无悔初心(五)]建设曲周绿色示范区为全国树立样板	邯郸广播电视台	9月7日
模式动物表型与建设研究国家重大科技基础设施瞄准猪　说你像“八戒”,科学上看这是有道理的	科技日报	9月9日
农大李晓林教授:科技小院与农民要“零距離、零時差”	文汇网	9月9日
河北乡村经济振兴系列之四十三/李教授杯酒换科技小院	大公报	9月9日
专家:要加大对生猪粪污治理和资源化利用指导力度	澎湃新闻	9月11日
创新关税政策　稳定市场预期	中央电视台新闻频道	9月11日

续表

标题	媒体	时间
中国农业大学:将“三全育人”融于行	中国教育报	9月11日
自打农大科技小院来到王庄村,这里的中秋比过年还热闹	新京报网	9月13日
善于利用期货规避农产品价格风险	中央电视台财经频道	9月13日
中管高校和其他高等学校全面启动第二批主题教育——坚守初心使命　强化责任担当	人民日报	9月13日
中国农耕小技术　坦桑玉米大丰收——中国农业大学教授李小云教坦桑尼亚农民种玉米	经济日报客户端	9月15日
首都高校开展“青春告白祖国”系列活动　我把青春献给祖国	人民日报	9月15日
牢记嘱托努力推动农业教育和科研进步	中国教育报	9月16日
培养托举现代化农业的时代新人	中国教育报	9月16日
第五届(2019)中国驴业发展大会暨第三届国际毛驴产业发展论坛在甘肃平川召开	中国畜牧业协会驴业分会微信公众号	9月17日
立德树人、强农兴农！这些农林高校深入学习习总书记回信精神	微言教育微信公众号	9月17日
张传红:南南互助合作超越传统西方模式	环球时报	9月17日
何以知农　何谓爱农	光明日报	9月17日
中国农大启动2019年坦桑尼亚综合农业技术培训班项目	中国发展门户网	9月18日
中国农业大学教授赵兴波:走生态友好型、动物福利型的畜牧业道路	中国网	9月18日
牛奶到底该怎么喝？记住这五点就够了	新华网	9月20日
中央农村工作领导小组办公室、农业农村部发布《关于进一步加强农村宅基地管理的通知》	央广网	9月21日
胡小松:期望青年食品科技工作者“青出于蓝而胜于蓝”	中国经济网	9月21日
扎根中国大地　奋进强国征程——新中国70年高等教育改革发展历程	中国教育报	9月22日
博士生变身庄稼汉　农民当起实验员　他们奋斗在希望的田野上	新华网	9月22日
桑岗村:从地头到餐桌　这里的农产品放货就“秒没”	新京报 App	9月23日
红岘村:大国扶贫宏大叙事中的微观乡村故事	新京报 App	9月23日
椴木梁村:曾经的“慵懒”村庄　迎来了草场“丰收季”	新京报 App	9月23日
农林高校马克思主义学院学习贯彻习近平总书记回信精神　深入推进思政课改革　培养知农爱农新型人才	中国教育新闻网	9月23日
泥河沟村:一场特殊的文化干预　唤醒村庄集体记忆	新京报 App	9月23日
丰收节“农民网红”带货引网民围观　直播卖农货,为啥成了“新农活”	新华社	9月23日

续表

标题	媒体	时间
孙其信校长担任首期《大地讲堂》主讲嘉宾	中央电视台农业农村频道	9月23日
每一个人，都有不同的丰收	新京报 App	9月23日
"北大仓行动"：掀起高等农林教育新变革	中国教育报	9月23日
后老营村：当科研走到田野　农民有了专属"智囊团"	新京报 App	9月24日
博鳌亚洲论坛发布《亚洲减贫报告》	中新网	9月24日
黄安坨村：农业科技"加持"下的山村转型模板	新京报 App	9月24日
博鳌亚洲论坛发布《亚洲减贫报告》	新华社	9月24日
周小川答21记者问：中国脱贫攻坚任务依然艰巨，减贫经验值得亚洲国家借鉴	21世纪经济报道今日头条号	9月24日
《亚洲减贫报告》：总体消除绝对贫困	凤凰卫视今日头条号	9月24日
专家：未来亚洲减贫政策核心应是缩小不平等	第一财经 App	9月24日
1949的留下与归来　为了新中国的农业	新京报 App	9月24日
强农固本　压舱远航	新京报 App	9月24日
河边村：建起"瑶族妈妈客房"走出贫困	新京报	9月24日
以立德树人为根本，以强农兴农为己任	中央电视台农业农村频道	9月25日
总书记关心的百姓身边事|"农"字头照样"大"作为——丰收时节看涉农高校人才在希望的田野	新华社	9月25日
治碱改土　改出一个希望的田野	新京报 App	9月26日
以一部剧　致敬几代人	央广中国乡村之声微信公众号	9月27日
新农科"新"在何处？高等农林教育如何变？	新华社	9月27日
献礼新中国成立70周年《念兹在兹：中国农大强农兴农的十个篇章》正式出版	中国网	9月27日
直播卖山货　山西吕梁线上线下"晒"优特农产	中新网	9月28日
从畜拉人扛到智慧农机　阡陌之上的机械化风景	新京报网	9月28日
高等教育70年：从春寒料峭到春暖花开	中国教育电视台	9月28日
《念兹在兹：中国农大强农兴农的十个篇章》出版	农民日报	9月28日
新中国农业农村发展七十年的变与不变——评《新中国农业发展70年（政策成就卷）》	农民日报	9月28日
大国"三农"经验的世界分享：没有"受援国"只有"东道国"	新京报网	9月29日
脱贫事业的中国经验：高速发展与大规模减贫同步	第一财经 App	9月29日

续表

标题	媒体	时间
遍地英雄:农民博士——马瑞强	中央电视台农业农村频道	9月30日
70年脱贫与振兴:2020,是终点也是起点	新京报网	9月30日
构建农牧交错带牧繁农育体系刻不容缓——访中国农业大学动物科技学院孟庆翔	中国农网	9月30日
中国农业大学上演国庆"灯光秀"	新京报 App	9月30日
从温饱不足到全面小康	光明日报	10月1日
群众游行第21方阵农大学子:家族三代都参加过阅兵仪式	新京报 App	10月1日
绍兴一大学生参加国庆群众游行:这一刻,我无比自豪!	绍兴网	10月2日
阔步踏征程 勇敢担使命——中华人民共和国成立70周年盛典在全国教育系统引发强烈反响	中国教育报	10月2日
"这一刻,和祖国母亲的心紧密相连"	光明日报	10月2日
为草原"疗伤" 退化草地上诞生的"朝阳产业"	新京报网	10月3日
新中国教育70年:由有到好 全面发展	中国教育电视台	10月3日
本市干部群众学习贯彻习近平总书记在庆祝中华人民共和国成立70周年大会重要讲话 化爱国热情为奋进动力	北京日报	10月3日
盛典有我!看这些教育系统师生组成的方阵走过天安门 | 礼赞70年	"微言教育"微信公众号	10月4日
国庆带你去看展④:微视频《推进双一流,建设高等教育强国》| 礼赞70年	"微言教育"微信公众号	10月4日
时尚又健康"轻食"消费成假日新宠	新华社	10月4日
【新闻联播】携手奋进新时代 凝心聚力铸辉煌——习近平总书记在庆祝中华人民共和国成立七十周年大会上的重要讲话引起热烈反响	中央电视台新闻频道	10月4日
警惕粉糊类食品里的营养陷阱	人民网	10月7日
世园志愿服务即将结束 志愿者们分享成长故事 扎根世园百余天 志愿服务多硕果	北京青年报	10月8日
共同打造韭菜产业发展高地——河南平顶山市科技型民企牵手教授工作站助力乡村振兴	农民日报	10月8日
"贴秋膘"不等于多吃肉	北京考试报	10月9日
转专业有望读喜欢的专业	北京考试报	10月9日
大有可为!玉米籽粒机收是必然,全国推广面积已达2000多万亩	南方农村报	10月9日
91个红手印背后的"第一书记"(下)	上游新闻	10月9日
91个红手印背后的"第一书记"(上)	上游新闻	10月9日

续表

标题	媒体	时间
稼穑之歌	北京长城网	10月10日
鲜枣家族各有特长	人民网	10月10日
暂停国家临时存储玉米竞价销售　对粮价会带来哪些影响?	新京报网	10月10日
重度盐碱地改良后稻香蟹肥　种植大户:还是得相信科学!	人民网	10月11日
中国农大模式动物表型与遗传研究设施涿州开建“天蓬工程”推动河北医药产业发展	北京日报	10月11日
《华人世界》李小云:传授玉米种植技术 改善当地农民生活	中央电视台中文国际频道	10月11日
代餐粉“代”得了正餐吗?	工人日报	10月12日
秋季贴秋膘,不要贪肉哦!	新京报网	10月12日
李小云和他的团队——教坦桑尼亚农民种玉米	中国经济网	10月12日
国家重点研发计划经费分配图谱浮现	经济参考报	10月14日
今天,中国农业大学为新中国70华诞送祝福	首都教育微信公众号	10月14日
谷物保持较高自给水平,市场运行平稳——国内粮食市场供给充裕	经济日报	10月14日
中国农业大学着力加强兽医人才培养	教育部	10月16日
10城市外卖膳食报告:深圳爱吃米饭,北京不喜点肉食	新京报网	10月16日
杨宁:深度贫困县有了蛋鸡产业首席科学家	新京报网	10月16日
主要粮食作物耕种收综合机械化率超八成　田里多了不少新科技	人民日报	10月16日
第五届“雄鹰杯”小动物医师技能大赛举行	科学网	10月16日
民进中国农业大学支部黔西南州工作站成立	黔西南日报	10月17日
大地讲堂:“三农”问题事关你我他	中央电视台农业农村频道	10月17日
82所高校246名学子参加小动物医师技能大赛总决赛	中国农网	10月17日
锻造脱贫攻坚的“精锐之师”—— 党的十八大以来教育系统援派工作纪实	中国教育报	10月17日
别人家大学校庆免费吃饭,别人家学子创业打造校园酸奶	中国日报中文网	10月18日
农林技术合作成“一带一路”沿线国家和地区合作新热点	中新网	10月18日
以一以贯之的扶贫决心打赢脱贫攻坚战	光明网	10月19日
当好粮食“保管员”——我国粮食储备体系建设综述	中国经济网	10月19日
中国-毛里求斯自贸协定迈出中非合作新步伐	21世纪经济报道	10月21日
邯郸曲周“科技小院”写出科技扶贫“大文章”	河北新闻网	10月21日
葛长银:应尽快建立新型退休延聘制度,避免智力人才“提前退场”	界面新闻	10月23日

续表

标题	媒体	时间
北京、湖北建藏援藏工作者协会为西藏牧民发放高原捡拾车	西藏学习平台学习强国号	10 月 23 日
中国农业大学后勤处这样献礼祖国 70 华诞	“教育前线”搜狐短视频号	10 月 24 日
中国农业大学第三届厨艺大赛——“农大味道”决赛落幕	“教育新看点”人民日报新媒体平台“人民号”	10 月 24 日
酸！高校奢配图书馆设隔音电话亭，每层有榻榻米能学能睡	“一手 Video”人民日报新媒体平台“人民号”	10 月 24 日
连续六年平均每年减贫一千三百多万人　脱贫攻坚不松劲	人民日报	10 月 25 日
让农牧交错带产出更多优质牛羊肉——牛羊牧繁农育专家团技术推广侧记	农民日报	10 月 26 日
2019·中国农业大学“发展中的政治、社会和行政：融合与创新”学术研讨会在京召开	中国社会科学网	10 月 26 日
蝶变的光明村：依托乡村旅游开发走上乡村振兴之道	中国青年网	10 月 27 日
“三农”传播高端论坛：构建中国农业传播的智库平台	新京报网	10 月 27 日
我校水利工程学科获评软科中国最好学科排名第 5 名	上海软科微信公众号	10 月 28 日
长得像红薯的“雪莲果”你吃过么　现在品尝正当时	新京报网	10 月 28 日
京津冀近 200 名大学生角逐“挑战者杯”	北京青年报	10 月 28 日
深化“一带一路”粮食经贸合作，构建粮食开放新格局	21 世纪经济报道	10 月 28 日
第三届“三农”传播高端论坛在北京举行	“林草新闻”微信公众号	10 月 28 日
“大国三农”：国家发展与乡村传播　第三届“三农”传播高端论坛在中国农业大学举行	中国科学网	10 月 28 日
十八大后中央全会首提“相对贫困”：建立解决相对贫困的长效机制	南方都市报今日头条号	10 月 31 日
献礼新中国成立 70 周年　《一纸新视线》记录中国农大红色足迹	中国教育新闻网	10 月 31 日
王涛：建设新农科　高等农业院校要努力适变、应变和求变	中国教育在线	11 月 1 日
新中国高等教育 70 年高峰论坛举办	人民网	11 月 3 日
李小云：稳暖皆如我，天下无寒人	央视网	11 月 4 日
中国农业大学举办“不忘初心、牢记使命”主题教育展	人民网	11 月 4 日
以进博会为契机推动“一带一路”农产品贸易	21 世纪经济报道	11 月 4 日
专业外脑“问诊”昆明乡村振兴	昆明日报	11 月 4 日
破解科技与产业“两张皮”难题　“集团军”投身农业科技创新	经济日报	11 月 5 日

续表

标题	媒体	时间
约赛！准小动物医师们——第五届“雄鹰杯”小动物医师技能大赛侧记	中国科学报	11月6日
首都教育系统服务保障国庆活动宣讲团吉林宣讲活动在长春工业大学举办	吉林学习平台学习强国号	11月6日
中国农大党委书记讲授“不忘初心、牢记使命”主题教育专题党课	人民网	11月6日
进一步推进制度建设　为学校发展注入新活力	中国教育电视台	11月7日
农大教授李小云：让中国传统玉米种植技术扎根坦桑尼亚	中新社视频	11月9日
“北京科技小院”工作推动会召开	中国网今日头条号	11月9日
RCEP的未来不是梦	21世纪经济报道	11月11日
“双11”前多位“县长”走进直播间为农民实力带货	新华网	11月11日
中国农业大学2020年考研报考人数达9785人，增幅约8%	中国教育在线	11月11日
【荐读】这所高校图书馆让人羡慕，网友：高端大气上档次	“人民日报”微信公众号	11月11日
配齐20种不同的阅读场景，中国农大新图书馆成网红	北京日报客户端	11月13日
有榻榻米座椅和餐饮小屋　农大新图书馆为何成网红	北京晚报	11月13日
大地讲堂：中国式扶贫，到底赢在哪？	中央电视台农业农村频道	11月14日
中国农大教授推出随笔集　用文字记录生命“踪迹”	中国新闻网	11月15日
中国农业大学：与康奈尔大学全面提升战略合作关系	中国教育在线	11月18日
新时代农业农村创业投资高峰论坛在南京成功举办	人民网	11月19日
农业生产量质齐升　保供稳价政策有力　物价保持稳定有坚实基础	人民日报海外版	11月19日
第十七届中国国际农交会带你感知智慧农业新思路	新华网	11月19日
南南/三方合作：保护生物多样性与减缓气候变化	“联合国粮农组织”微信公众号	11月19日
“明目”助展“宏图”　护眼果蔬知多少	北京考试报	11月20日
味精有毒、致癌、脱发、杀精到底是真是假？争论多年的事终于有答案了	“人民日报”微信公众号	11月20日
中国坚持对外援助为什么不是“穷大方”？	人民网	11月20日
中国农大举办中德农业合作论坛	中国科学报	11月20日
冬日冷食不可负，清爽也不要贪吃哦	新京报网	11月21日
中国农业大学——梦开始的地方！	学习强国	11月21日
中国农业大学：将对口合作工作纳入学校双一流建设考核指标	中国教育新闻网	11月22日

续表

标题	媒体	时间
中德农业合作论坛暨两校合作四十周年纪念会举行	中国科技网	11 月 22 日
20 岁,为什么选择学农?	学习强国	11 月 22 日
恢复至非洲猪瘟疫情前,河北每天 7500 头生猪供京津	北京日报	11 月 22 日
南财快评:打造金砖国家农业合作的创新未来	21 财经	11 月 22 日
年收入不超 12 万暂免汇算清缴　专家:涉退税应凭自愿原则	中国新闻网	11 月 23 日
张福锁院士:新时代呼唤融合跨界的高水平农业人才	中国教育电视台	11 月 24 日
中国农业大学进驻三亚崖州湾科教城	新京报网	11 月 27 日
开门办教育　全力克难题　一线办实事	光明日报	11 月 27 日
矢志把论文写在祖国大地	光明日报	11 月 27 日
姜沛民:守初心立德树人　担使命强农兴农	光明日报	11 月 27 日
吕之望:承包地块“长久不变”有利于提高土壤质量	新京报 App	11 月 28 日
【新闻直播间】青海西宁　野生雪豹患白内障　实施手术救助	中央电视台新闻频道	11 月 28 日
9 所诞生于延安的高校联合发布人才培养宣言	北京日报客户端	11 月 30 日
乳品“高质量”、市场“低信心”:如何驱散中国乳业“历史阴影”?	半月谈	12 月 1 日
中国农业大学朱启臻:可复制的农业不是特色农业,农民或更加贫困	“中国三农网”今日头条号	12 月 2 日
沈佐锐:不忘初心,创新求索	中国科学网	12 月 2 日
耕地退化敲响粮食安全警钟	中国科学报	12 月 3 日
完善生态补偿机制需打好“综合”牌	中国环境网	12 月 3 日
北京高校第十一届青年教师教学基本功比赛举办	人民网	12 月 3 日
北京高校青年教师教学基本功比赛举行	北京卫视	12 月 3 日
便携“零食”:营养补充好帮手	北京考试报	12 月 4 日
冬奥志愿者,2022 欢迎你	中央电视台体育频道	12 月 5 日
教育部启动新农科研究与改革实践项目　涵盖 5 大改革领域 29 个选题方向　从“试验田”到“大田耕作”:新农科建设全面展开	中国教育新闻网	12 月 5 日
新农科建设北京指南工作研讨会在北京召开	中国日报网	12 月 5 日
从“试验田”到“大田耕作”“北京指南”发布　新农科建设三部曲全面唱响	国际在线	12 月 5 日
志愿者,我的志愿	中央电视台体育频道	12 月 6 日
中药材产业也要机械化	农民日报	12 月 6 日
教育部:北京指南发布! 高等农林教育将再次迎来一场“质量革命”	凤凰卫视	12 月 6 日
“北京指南”发布　新农科建设一年成型三年成势	中国网	12 月 6 日

续表

标题	媒体	时间
“北京指南”发布　新农科建设全面展开	中国青年报	12月6日
全国农科博士后学术论坛在中国农业大学举行	科技日报	12月7日
全国农科博士后工作联盟成立	中国教育报	12月7日
重磅数据出炉！民营企业成为第一大外贸主体，这些产品出口增加	上海证券报	12月8日
红色歌舞展风采　中国农业大学举行“一二·九”文艺比赛	新京报	12月8日
我科学家创建世界上最大转座子插入资源库　想要“高颜值”玉米，来这里找跳跃基因吧	科技日报	12月11日
边境经济合作区和试验区建设与贸易创新发展	21财经	12月11日
国外地标严保护　优化环境增信心	知识产权报	12月11日
贵大与中农大签署对口合作协议	贵阳晚报	12月11日
传承文化遗产　焕发乡村生机——第二期农业文化遗产地研修班侧记	农民日报	12月12日
全国农科博士后工作联盟成立	农民日报	12月12日
北京知联会第三届理事会召开第一次会长会	北京日报客户端	12月12日
中国南沙智慧渔业峰会在广州举行	新华网	12月13日
业内专家聚博鳌论金融如何助力乡村振兴	中国新闻网	12月13日
孙其信：推进中非农业科技教育合作是中国农大重要工作	中国网	12月13日
中国农业大学：2020年考研报考人数达9785人　增幅约8％	新京报	12月16日
第五届中国食品企业社会责任年会在京举行	北国网	12月16日
24小时不打烊　榻榻米可读可睡　还能看电影听音乐　大学图书馆也是蛮拼的	北京晚报	12月17日
打造昆明各具特色的现代版“富春山居图”	昆明日报	12月21日
“中国慈善公益品牌70年70人”评选结果揭晓	品牌联盟搜狐号	12月21日
“三农”重磅政策利好将集中释放	经济参考报	12月23日
2019国际发展合作十大事件盘点	中国网	12月24日
2019年新型南南合作和三方合作十大事件	中国网	12月25日
CCTV点赞！大学教授跑去云南大山，5年后写出“最牛论文”，看完心服口服！	“益美传媒”微信公众号	12月26日
2019年中国对外援助和国际发展合作十大事件	中国网	12月26日

续表

标题	媒体	时间
2019年中国民间组织走出去十大事件盘点	中国网	12月27日
2019年中非合作十大事件	中国网	12月27日
中国农大校长盛邀全球青年才俊加盟	中国农网	12月27日
孙其信向青年学者抛橄榄枝:中国农大是干事创业的沃土	中国科技网	12月27日
宋正河:怀抱兴农初心　带领村民找到产业拓展方向	劳动午报	12月28日
社区英雄	中央电视台社会与法频道	12月29日
李保明:关心畜禽“住宿”条件的人	科技日报	12月30日
农业农村绿色发展:乡村振兴的关键和路径	光明网	12月30日

2019 年大事记

1 月

2 日，党委书记姜沛民、校长孙其信等会见上海市崇明区委书记唐海龙一行，洽谈区校合作事宜。

4 日，党委书记姜沛民率队参加山西省与高水平大学战略合作座谈会并签署合作协议。

8 日，国家科技奖励大会在北京召开，中国农业大学共获得国家科技奖 5 项。

9 日，党委书记姜沛民、校长孙其信等会见烟台市委常委、统战部部长、市委教育工委书记于永信一行，洽谈地校合作事宜。

15 日，广州影子科技有限公司捐赠 500 万元，支持动物科学技术学院学科发展、基地建设与人才培养等，党委常务副书记张东军出席捐赠仪式。

16 日，学校召开 2018 年度二级党组织书记述职评议考核会，21 个二级党组织书记进行述职。

16 日，张福锁院士当选“2018 年十大科学传播人物”。

16 日，北京市“高校支持中小学发展”项目 2019 年第一次项目联席会认定学校支持中小学工作绩效评估等级为优秀。

16 日，植物保护专业和园艺专业通过了中俄联合国际认证，成为全国农林类高校中首家参与并通过中俄联合国际专业认证的单位。

17 日，12 位教授入选爱思唯尔（Elsevier）正式发布的 2018 年中国高被引学者（Chinese Most Cited Researchers）榜单，入选总人数居全国高校第 33 位、农业院校第 1 位。

21 日，学校举行教职工荣休典礼，党委书记姜沛民为 2018 年退休教职工颁发荣休纪念牌。

28 日，学校举行 2019 年寒假留校学生新春团拜联欢会，党委书记姜沛民、校长孙其信、党委副书记宁秋娅等和寒假留校的同学们共迎己亥猪年。

28 日，学校召开服务乡村振兴行动计划研讨会，副校长龚元石主持会议。

是月，张福锁教授团队负责完成的科研成果“土壤-作物系统综合管理技术研究与应用”成功入选 2018 年度“中国高等学校十大科技进展”。

是月，康绍忠教授主持完成的“突出农工交融的农业院校水利工程卓越人才培养体系创建与实践”、王涛教授主持完成的“农业现代化创新领军人才‘五位一体’培养模式研究与实践”两项教学成果均荣获高等教育国家级教学成果奖二等奖。

是月，由党委副书记宁秋娅主持的“服务乡村振兴·培育时代新人”项目获批教育部第一批100项高校思想政治工作精品项目立项。

是月，教育部发布了2018年度教育部高等学校科学研究优秀成果奖（科学技术）授奖项目，学校荣获5项奖励。

是月，校领导代表分别看望离退休校领导，走访慰问两院院士。

是月，科技小院硕士党支部入选教育部首批高校“百个研究生样板党支部”。

2月

1日，学校分别收到来自云南省人民政府、勐腊县人民政府及河边村全体村民的感谢信，就学校助力助贫脱贫工作的付出和成效表示感谢。

16日，学校领导班子召开2018—2019学年寒假务虚会，研究2019年重点举措。

20日，学校领导班子与中国农业科学院领导班子进行座谈交流，共谋合作发展事宜。

25日，党委书记姜沛民、校长孙其信等会见了曲周县委书记李凡一行，就进一步深化县校合作事宜寻计问策。

27日，农学与林学学科首次进入英国Quacquarelli Symonds（QS）世界大学学科排名前10名，成为我国高校进入前10名的4个学科之一。

28日，校长孙其信、副校长龚元石会见以色列驻华大使何泽伟（Zvi Heifetz）一行，推动双方深化农业发展和人文交流工作。

是月，康绍忠教授被授予北京市优秀思想政治工作者称号。

是月，学校10人入选第四批国家“万人计划”，学校入选人数居全国高校前列、农业高校榜首。

3月

1日，校长孙其信与中粮集团有限公司董事长、党组书记、我校校友吕军座谈，共商深化校企合作。

3日，武维华、孙其信、韩鲁佳3位代表、委员参加全国“两会”。

11日，学校举行2018年度领导班子和成员考核工作会。

11日，学校举行选人用人工作“一报告两评议”大会。

13日，学校党委启动第三轮巡察工作。

14日，学校党委召开三届九次全委会。

15日，甘肃农业大学党委书记钟福国一行来访，党委书记姜沛民、党委常务副书记张东军等会见。

16日，学校召开2019年工作会。

16日，延河高校人才培养联盟成立大会暨第一次联席会议在延安大学举行，中国农业大学加入沿河高校人才培养联盟。

19 日，校长孙其信率团访问布宜诺斯艾利斯大学，探讨两校未来“一带一路”教育合作。

20 日，党委常务副书记张东军参加教育部临沧扶贫攻坚调研工作会并代表学校交流发言。

20 日，校长孙其信出席第二届联合国南南合作高级别会议。

22 日，党委书记姜沛民、中国工程院院士康绍忠、副校长龚元石等会见甘肃省武威市委书记柳鹏一行，双方洽谈推进地校合作事宜。

22 日，校长孙其信访问巴西圣保罗大学，推进世界顶尖涉农大学联盟(A5)建设。

25 日，全国人大常委会委员、农业与农村委员会副主任委员刘振伟一行在云南省人大、西双版纳州人大及勐腊县领导的陪同下考察学校精准扶贫与乡村振兴示范基地河边村的扶贫工作。

26 日，全国人大常委会副委员长、九三学社中央主席武维华，全国政协常委、副秘书长、九三学社中央副主席赖明等一行莅临中国农业大学有机循环研究院(苏州)视察调研。

27 日，澳大利亚阿德莱德大学校长 Peter Rathjen 教授一行来访，校长孙其信、副校长龚元石等会见。

27 日，校长孙其信代表学校与吉林省签署战略合作协议。

29 日，校长孙其信会见平谷区区长汪明浩一行，双方就推进区校战略合作事宜进行座谈并达成多项共识。

31 日，党委书记姜沛民在《人民日报》发表题为《以高质量党建引领高质量发展》的署名文章。

是月，叶敬忠教授、贺聪志副教授在国内顶级学术期刊《中国社会科学》发表关于小农户生产的扶贫实践与理论探索的研究论文。

是月，7 位教授入选 2018 年度享受政府特殊津贴人员名单。

是月，4 位学子入选留学基金委国际组织实习人员名单。

是月，廖小军老师负责的“果蔬汁加工工艺实验”、曹静老师负责的“犬骨骼及关节虚拟解剖实验”两个项目获批两项国家虚拟仿真实验教学项目。

4 月

1 日，荷兰格罗宁根大学校长 Jouke De Vries 一行来访，校长孙其信、副校长龚元石等会见。

3 日，校长孙其信会见内蒙古农业大学党委副书记、校长高聚林一行，双方就推进人才培养、科学研究等领域合作进行交流。

4 日，校长孙其信等会见京东数字科技集团副总裁傅彤一行，探讨校企合作事宜。

4 日，中国外文局副局长刘大为一行来访，党委书记姜沛民、副校长钱学军等会见。

12 日，学校与北京首农食品集团有限公司、中信农业科技股份有限公司、袁隆平农业高科技股份有限公司在京签署战略合作协议。

14 日，学校召开第十六次学生代表大会、第十四次研究生代表大会。

16 日，党委书记姜沛民主持召开二级党委书记工作例会，传达胡春华副总理来学校调研时对农业科技创新及农业科技人才培养提出的要求，部署学校近期工作。

17 日，沈建忠教授团队在 *Natural Product Reports*（《天然产品报告》）发表非核糖体肽类抗生素封面文章。

18 日，学校举行 2019 年春季田径运动会。

19 日，北京市委统战部副部长祁金利来校调研统战工作，校长孙其信等会见。

22 日，党委书记姜沛民代表学校参加教育部 2019 年滇西脱贫攻坚部际联系会暨教育部直属系统扶贫工作推进会。

24 日，校长孙其信出席凤凰卫视"一带一路"合作伙伴大会并发布《中国对南南合作的贡献：案例与启示》报告。

25 日，人力资源和社会保障部留学人员和专家服务中心主任蔡启明来校调研少数民族科技骨干特殊培养工作，党委书记姜沛民、副校长辛贤等会见。

26 日，校长孙其信会见哈萨克斯坦农业部副部长伊萨耶娃，双方就开展两国农业教育科技合作进行探讨。

26 日，校长孙其信会见英国国际发展研究院院长 Melisa Leach 一行，双方就推动合作进行交流，并签署合作备忘录。

27 日，校长孙其信出席"平谷农业科技创新国际论坛"并致辞。

29 日，北京市教工委副书记李军锋一行来校检查安全工作，党委书记姜沛民、党委副书记宁秋娅会见。

29 日，学校举行 2019 年"五四青年标兵""五四青年标兵集体"表彰大会暨"青春之我"五四文艺汇演。

30 日，学校组织师生收看纪念五四运动 100 周年大会。

30 日，镇康县委、县政府向学校致感谢信，就学校助力镇康县助贫脱贫工作的付出和成效表示感谢。

是月，左停、何秀荣教授等关于"乡村振兴"的政策建议获中央领导批示。

是月，中国国际经济技术交流中心致信感谢中国南南农业合作学院。

是月，韩鲁佳教授被授予首都劳动奖章。

是月，10 名同学当选校级"五四青年标兵"。

是月，6 个集体当选校级"五四青年标兵集体"。

是月，学校依托"形势与政策"第一课堂宣讲"曲周精神"。

是月，彩万志教授当选北京昆虫学会理事长。

是月，党委书记姜沛民、校长孙其信慰问 2019 年北京世园会我校志愿者。

5 月

8 日，校长孙其信、党委常务副书记张东军会见云南省临沧市副市长朱媚一行，双方就推动地校深入合作事宜进行座谈。

10日,校长孙其信等会见中粮集团副总裁周政一行,双方就校企合作事宜进行探讨。

16日,党委书记姜沛民会见海南大学党委书记武耀廷一行,双方就深入开展部省合建高校对口合作相关事宜进行座谈。

19日,国家林业和草原局改良草地工程技术研究中心在学校成立。

21日,教育部党组成员、副部长翁铁慧带队来校调研"双一流"建设工作,党委书记姜沛民、校长孙其信等全体校领导出席座谈会。

25日,"人才培育发展支持计划"正式启动,党委书记姜沛民、校长孙其信为首批讲席教授颁发聘书。

25日,学校召开"新农科"建设和学校发展愿景战略研讨会,共谋学校未来发展事宜。

28日,党委书记姜沛民、党委副书记秦世成会见了河北省曲周县县委书记李凡一行,双方就深化校地合作事宜进行座谈。

是月,安磊教授荣获第十五届中国青年科技奖。

是月,3个教师社会调研团队入选2019北京高校师生服务首都"四个中心"功能建设"双百行动计划"。

是月,新华社、中央电视台新闻联播、教育部微言教育、《人民日报》《光明日报》《农民日报》等媒体平台相继报道学校师生扎根河北曲周大地典型事迹。

6月

1日,副校长龚元石参加平谷区绿色创新发展人才汇暨"绿色创新发展研究院"启动仪式。

2日,中国农业大学获得第六届全国大学生工程训练综合能力竞赛一等奖。

5日,北京市教育工会主席张锦一行参观学校曲周精神事迹展,党委常务副书记张东军陪同。

5日,学校党委启动第四轮巡察工作。

6日,校长孙其信会见盖茨基金会北京代表处副主任耿明一行,双方就深化合作事宜进行座谈。

12日,张福锁院士出席教育部乡村振兴科技创新专题新闻发布会。

14日,党委副书记宁秋娅带队赴波兰访问波兹南生命科学大学和我国驻波兰大使馆,调研中东欧农业农村发展对农业教育科技发展需求。

14日,校长孙其信带队赴平谷区进行调研,推进区校合作。

16日,校长孙其信带队赴云南临沧市,就定点扶贫、乡村振兴等工作进行专题调研。

20日,学校召开2019年优秀选调生代表座谈会,党委书记姜沛民、校长孙其信参加座谈。

22日,学校举行2019年毕业典礼暨学位授予仪式。

24日,学校与美国科罗拉多大学(丹佛)续签合作协议。

25日,中国农业大学荣获2019年首都大学生心理健康节最佳组织奖。

26 日，离退休党委举行“七一”表彰大会暨“不忘初心、牢记使命”主题党日活动。

27 日，北京市委常委、教工委书记王宁来校调研党的政治建设工作，党委书记姜沛民，中国工程院院士沈建忠，党委常务副书记张东军等参加座谈。

28 日，学校党委召开纪念中国共产党成立 98 周年座谈会。

30 日，中国农业大学荣获 2019 年首届首都高校马拉松公路接力赛女子组冠军。

是月，学校车辆工程、电气工程及其自动化、水利水电工程和农业水利工程 4 个专业同时通过 2018 年工程教育专业认证。

是月，学校党委发文表彰 20 个党组织、118 名党员。

7 月

2 日，学校举行 2019 年新入校青年教师岗前培训开班仪式，校长孙其信为新入校的青年教师上入校第一课。

3 日，校长孙其信带队前往中粮(北京)农业生态谷调研，商讨校企合作。

4 日，学校举行第四届辅导员素质能力大赛决赛，刘俊、杨钰夺得大赛冠军。

8 日，党委书记姜沛民会见菏泽市副市长侯婕一行，并签署合作框架协议。

8 日，学校与联合国南南合作办公室(UNOSSC)共同发布“尼泊尔哈珠拉市小城镇发展评估报告”，并与尼方签署了校、市合作意向书。

9 日，副校长龚元石会见三亚市副市长周燕华一行，双方就省校共建进行交流。

10 日，李保明教授成为首位获颁“ASABE 亨利·吉斯建筑与环境奖”亚洲学者。

11 日，学校成立国家保护性耕作研究院。

12 日，教育部副部长钟登华一行来校调研人才培养与科技创新，党委书记姜沛民、校长孙其信等会见。

12 日，牧草种子实验室通过国际种子检验协会(ISTA)专家评审。

13 日，植物生理生化学术研讨会暨阎隆飞院士诞辰 100 周年纪念会在校举行。

13 日，党委书记姜沛民看望陕西选调生并参加陕西省选调生风采展示活动。

15 日，党委书记姜沛民率队与武威市签署合作框架协议，并看望石羊河实验站师生。

16 日，校长孙其信视察普通本科招生录取现场并对招生工作提出新要求。

16 日，学校举行 2019 年青少年高校科学营农大分营开营仪式。

17 日，学校与世界银行驻华代表处商谈科技小院落地非洲项目。

19 日，副校长龚元石会见中美大学农业推广联盟美方代表团一行。

20 日，学校举办全国高等职业教育食品类专业“十三五”规划教材研讨会，副校长辛贤出席并致辞。

22 日，农业农村部发展规划司副司长时以群带队赴曲周实验站调研。

24 日，副校长龚元石带队赴内蒙古巴彦淖尔市调研，并看望河套教授工作站与实验基地师生。

26 日，中美青年创客交流中心落户中国农业大学，党委副书记宁秋娅应邀出席揭牌仪式。

27日，副校长王涛带队参加全国农林高校“科技三会”。

29日，首届高等学校生态学本科专业建设与人才培养研讨会在学校举行，校长孙其信教授出席开幕式并致辞。

是月，叶敬忠教授领衔的科研团队，成功中标“中部区域县、村脱贫攻坚经验总结”科研项目。

是月，臧雷振教授获批2019教育部哲学社会科学研究后期资助重大项目。

8月

6日，银谷集团、中农富通捐赠百万元，用于支持学科建设与人才培养。

6日，党委书记姜沛民会见新疆农大党委书记谢树青一行。

8日，学校承办中国农学会棉花分会40周年回顾大会暨2019年年会。

9日，副校长龚元石会见灵丘县委书记张强，双方就深化校、县合作进行商谈。

9日，学校第六期高层次人才红色实践教育培训班在井冈山举行。

14日，校长孙其信带队参加学校和昆明市都市驱动型乡村振兴实验区签约仪式，龚元石副校长代表学校签署了框架协议。

16日，学校2019年度国家自然科学基金获批项目居农林高校第一。

17日，2019金刺猬大学生戏剧节在京闭幕，学校原创剧《稼穑之歌》获2019大学生戏剧节最高奖“金刺猬奖”。

19日，校长孙其信会见河北省农业农村厅一行，商谈省校合作。

20日，学校召开校领导班子暑期务虚会。

22日，邯郸市委常委、副市长王俊舫一行到曲周实验站，调研县、校合作与农业绿色发展。

22日，中国南南农业合作学院名誉院长李小云教授参加“南南合作和三方合作”全球大会并致开幕词，提出新型发展合作倡议。

22日，中国农业大学学子蝉联“第二届全国大学生食品工程虚拟仿真大赛(全国总决赛)”特等奖。

22日，学校承办的“东北黑土地保护高端论坛暨第五届梨树黑土地论坛”在吉林长春召开。

28日，校长孙其信会见烟台市副市长崔宗涛一行，推动市、校合作事宜。

30日，党委书记姜沛民、校长孙其信看望新同学并慰问工作人员和志愿者。

30日，学校牵头的模式动物表型与遗传研究国家重大科技基础设施开工建设，副校长龚元石主持启动仪式。

30日，中国农业大学志愿者参与2019年国际篮联篮球世界杯开幕式志愿服务。

31日，学校举行2019级新生开学典礼，孙其信为全体新生讲授开学第一课。

是月，学校参与编写的中央宣传部“2019年主题出版重点出版物”《新中国农业发展70年》正式出版。

9月

3日，美国俄克拉荷马州立大学代表团来校访问，副校长龚元石会见了 Hargis 代表团一行。

6日，党委理论学习中心组专题学习习近平总书记给全国涉农高校的书记校长和专家代表的回信。

6日，烟台研究院喜迎首批研究生入学，党委书记姜沛民出席新生开学典礼并致辞。

7日，副校长龚元石带队参加第六届中国·大同车河国际有机农业论坛，并致开幕词。

9日，学校领导在教师节前夕慰问院士、国家名师和青年学者代表。

9日，学校召开“不忘初心、牢记使命”主题教育动员大会，校长孙其信出席动员大会。

10日，学校举行教师节表彰大会暨立德树人论坛，校长孙其信主持表彰大会和论坛。

12日，校长孙其信当选北京市党外高级知识分子联谊会会长。

16日，校友梁军入选“最美奋斗者”建议人选名单。

17日，校长孙其信在《光明日报》发表署名文章《何以知农　何谓爱农》。

18日，北京市教委主任刘宇辉来校检查秋季学期工作，党委书记姜沛民，副校长龚元石、钱学军，党委副书记李培景等会见。

19日，校长孙其信带队参加教育部“新农科”建设“北大仓行动”研讨会。

23日，中国农业大学联合10所高校举办首届新农人奖颁奖典礼暨新农人论坛。

24日，校长孙其信出席博鳌亚洲论坛《亚洲减贫报告》发布会并致辞。

24日，副校长龚元石代表学校与海南大学签署部省合建对口合作协议。

25日，厄瓜多尔国民代表大会主席塞萨尔·利塔尔多·凯塞多一行来校访问，校长孙其信、副校长龚元石等会见。

25日，学校召开《念兹在兹：中国农大强农兴农的十个篇章》出版发行座谈会。

26日，学校举行“青春告白祖国”主题演讲比赛。

26日，农业农村部对外经济合作中心副主任李志平带队来校调研。

27日，学校领导参观“伟大历程　辉煌成就——庆祝中华人民共和国成立70周年大型成就展”。

29日，学校举行“辉煌七十载，唱响新时代”2019年中国农业大学教职工合唱比赛，千余师生用歌声表白新中国。

是月，中国农业大学在北京高校第十一届青年教师教学基本功比赛中获历史最佳成绩，获3个一等奖，共22项奖励。

是月，毛培胜教授入选第二批全国林业和草原教学名师。

是月，中国图书馆学会授予中国农业大学图书馆“全民阅读示范基地”称号。

是月，学校获批2个教育部野外科学观测研究站。

是月，学校连续3年获评教育部精准扶贫精准脱贫十大典型项目。

是月，学校137人荣获“庆祝中华人民共和国成立70周年”纪念章。

10 月

1 日，学校千余名师生参加国庆 70 周年庆祝活动。

2 日，党委理论学习中心组专题学习习近平总书记在庆祝中华人民共和国成立 70 周年大会上的重要讲话。

3 日，党委书记姜沛民接受中国教育电视台《e 视界》采访。

4 日，校长孙其信接受中央电视台《新闻联播》采访。

12 日，学校承办的中国工程院农业绿色发展高端论坛暨第二届农业绿色发展国际研讨会成功举办。

13 日，中国农业大学在第五届中国“互联网＋”大学生创新创业大赛全国总决赛夺得 3 块银牌。

15 日，校友、上海崇明区委书记唐海龙一行来校招录人才，校长孙其信、副校长辛贤、党委副书记李培景等会见。

17 日，学校纪委召开纪检系统警示教育会议。

17 日，2019 年全国脱贫攻坚奖表彰大会暨先进事迹报告会在京举行，中国农业大学脱贫攻坚工作再创佳绩，农学院荣获全国脱贫攻坚奖组织创新奖，杨宁教授荣获全国脱贫攻坚奖创新奖。

17 日，李小云教授应邀出席 2019 减贫与发展高层论坛，并就中国扶贫的新实践做主旨发言。

17 日，学校主办第十一届 CAER-IFPRI 国际学术研讨会。

18 日，副校长龚元石出席第二届“‘一带一路’/南南合作农业教育科技创新联盟”大会并发表讲话。

19 日，学校举办 2019 级新生运动会。

20 日，副校长王涛带队参加第十届全国高等农林院校教育教学改革与创新论坛。

25 日，黑龙江省委常委、组织部部长陈安丽带队来校洽谈省、校合作。

26 日，第三届“三农”传播高端论坛在新图书馆举行，党委副书记宁秋娅出席大会并致辞。

26 日，中国农业大学首次荣获首都高校第十六届越野攀登赛冠军。

29 日，学校党委召开“不忘初心、牢记使命”主题教育校领导班子成员调研成果交流会。

30 日，石河子大学副校长马春晖一行来访，副校长龚元石等会见，双方签署对口合作协议。

30 日，校长孙其信会见中国生物质产业发展促进会会长陈小平，推动双方在生物质能源等领域的合作事宜。

30 日，中国农业大学在中国农业机器人大赛中斩获佳绩。

31 日，学校为 26 对离退休伉俪举行“夕阳红”集体婚庆。

是月，理学院农药学专业陈万义先生荣获中国农药创新贡献奖终身成就奖。

是月，凌云教授获中国农药工业协会农药创新贡献奖技术创新一等奖。

是月，学校新增 1 个教育部工程研究中心——韩振海教授负责的“园艺作物新品种选育与良种繁育”建设项目。

11 月

1 日，学校举行服务保障新中国成立 70 周年庆祝活动总结表彰大会。

1 日，学校与吴桥县人民政府签署乡村振兴战略合作框架协议。

1 日，副校长王涛应邀出席新中国高等教育 70 年高峰论坛并做大会主题发言。

1 日，党委副书记宁秋娅带队参加高校宣传工作创新发展高层论坛。

5 日，校长孙其信会见镇康县领导班子成员，深入对接推进对口帮扶工作。

6 日，中国农业大学 5 个项目获批 2019 年北京高等教育“本科教学改革创新项目”。

6 日，马克思主义学院入选北京市首批重点建设马克思主义学院。

6 日，校长孙其信带队赴三亚市考察推进市、校合作。

6 日，党委副书记李培景带队参加第十八次全国高等农业院校学生工作研讨会。

7 日，副校长王涛带队参加全国高等农林院校继续教育研究会 2019 年年会。

8 日，学校党委启动第五轮巡察工作。

8 日，校长孙其信带队赴中国农业科学院深圳农业基因组研究所及哈尔滨工业大学(深圳)考察调研。

9 日，校长孙其信出席高等农林教育校长联席会第十九次会议及华南农业大学 110 周年校庆纪念大会。

11 日，学校与广东温氏大华农生物科技有限公司就共建畜禽疫病诊断研究中心签署战略合作协议。

12 日，学校与河北大学签署部省合建对口合作协议。

15 日，中德农业合作论坛暨中国农业大学——德国霍恩海姆大学合作四十周年纪念会在校隆重举行。

17 日，学校举办第五届“中国-北欧杯”足球邀请赛。

18 日，党委书记姜沛民、校长孙其信受邀参加首届“康奈尔－中国论坛”，校长孙其信并作主题报告。

18 日，副校长辛贤出席“国际发展合作与南南合作第六期洞见”并致辞。

19 日，中国农业大学被评选为中关村科技园区海淀园博士后科研工作站创新发展 20 年“优秀合作高校”。

19 日，第二届青年管理干部岗位技能大赛落幕，冯清妍、刘铮、雷晓获一等奖。

19 日，中国农业大学成为首批北京市统战社团活动基地。

20 日，党委副书记宁秋娅带队赴中宣部宣传舆情研究中心、“学习强国”学习平台洽谈合作相关事宜。

20 日，曲周实验站成为首个北京市教职工思想政治教育基地。

21 日，学校师生参加“奋斗的我　最美的国”新时代先进人物进校园启动仪式。

22 日，任发政教授当选中国工程院院士。

22 日，水院兼职教授 Brent Euan Clothier 增选为中国工程院外籍院士。

22 日，校友姚斌当选中国工程院院士。

22 日，副校长龚元石参加教育部部省合建“教育奋进看落实”新闻通气会并发言。

24 日，学校 9 名师生荣获宝钢优秀教育奖。

25 日，澳大利亚悉尼大学校长 Michael Spence 一行来校访问，双方就人才培养和科研合作等领域进行交流，校长孙其信等会见。

26 日，苏州市吴中区区长陈嵘带队来校访问，进一步推动地、校合作事宜，校长孙其信等会见。

27 日，党委姜沛民在《光明日报》发表署名文章《守初心立德树人　担使命强农兴农》。

27 日，学校与三亚市签署战略合作协议共建三亚研究院，校长孙其信、副校长龚元石出席协议签订及揭牌仪式。

27 日，党委副书记李培景会见甘肃省农业科学院领导一行，双方就推动博士、博士后人才引进事宜进行交流。

28 日，内蒙古巴彦淖尔市副市长郭占江一行来校探讨校地合作事宜，副校长龚元石会见了客人。

是月，《中国农业大学学报》(社科版)入选世界学术影响力 Q1 区中国社科期刊。

是月，土地学院研究生兰天荣获“青春与祖国同行”全国优秀社会实践成果奖一等奖。

是月，学校 6 名师生荣获北京市筹备和服务保障国庆 70 周年庆祝活动先进个人表彰。

是月，中国农业大学荣获 2019 中国年度最佳高校——就业最受欢迎奖。

12 月

2 日，校领导班子召开“不忘初心、牢记使命”专题民主生活会。

4 日，农业农村部副部长余欣荣到国家农业绿色发展研究院调研指导。

5 日，学校召开“新农科”建设北京指南工作研讨会，50 余所涉农高校的领导和专家学者共同研讨“新农科”建设“北京指南”工作，启动“新农科”建设的第三部曲。

6 日，学校举行全国农科博士后学术论坛，聚焦农业绿色发展助力乡村振兴。

6 日，党委书记姜沛民、校长孙其信带队赴平谷区考察调研，深入推进区、校战略合作。

6 日，中国农业科学院领导班子一行来校交流座谈，共谋合作发展，党委书记姜沛民、校长孙其信等校领导出席座谈会。

8 日，学校举行“壮丽七十年，奋进新时代”中国农大“一二·九”文艺展演比赛。

9 日，校长孙其信应邀出席首届中非农业合作论坛并作主题发言。

9 日，党委副书记宁秋娅带队参加对口支援西藏农牧学院年度工作会议。

10 日，学校与贵州大学签署部省合建对口合作协议，校长孙其信、副校长龚元石等出席签约仪式。

11 日，巴西南大河联邦大学校长带队来校访问，进一步推进两校国际交流与合作事宜。

16 日，校长孙其信出席对口支援塔里木大学 2019 年度工作例会并看望校友。

16 日，党委书记姜沛民参加教育部支持海南深化教育改革开放第三次推进会并看望挂职干部。

18 日，副校长龚元石会见老挝农林部副部长代表团，就中国农业农村发展和扶贫经验进行了交流。

19 日，中国农业大学党外高级知识分子联谊会成立。

20 日，校长孙其信出席昆明都市驱动型乡村振兴创新实验区研讨推进会。

20 日，赞比亚大学校长 Luke Mumba 一行来校访问，党委副书记秦世成会见客人。

22 日，校长孙其信出席面向 2035 年国家中长期科技发展规划战略研究农业农村专题咨询会。

23 日，教育部副部长田学军调研学校参与海南国际教育创新岛建设工作。

25 日，山东农业大学副校长吴衍涛来校挂职锻炼。

25 日，拼多多副总裁范洁真一行来访，商讨 2020 年校企合作事宜，副校长龚元石出席座谈会。

26 日，新疆石河子大学党委常委、副校长叶含春带队来访问，双方就对口合作工作进行交流，副校长龚元石出席座谈会。

是月，孔祥斌教授团队获批 2019 年度国家社科基金重大项目。

是月，中国农业大学获 6 项教育部高等学校科学研究优秀成果奖奖励。

是月，中国农业大学继续教育获多项北京市教委奖励。

是月，中国农业大学荣获 2019 年全国大学生最佳暑期实践团队等多项荣誉称号。

是月，中国农业大学获 4 项全国农牧渔业丰收奖奖励。

是月，中国农业大学获神农中华农业科技奖，其中，8 项成果获得一等奖，共 19 项奖励，创历史佳绩。

是月，中国农业大学获 6 项教育部高等学校科学研究优秀成果奖奖励。

是月，中国农业大学在 2019 年第三十六届全国部分地区大学生物理竞赛中获 85 项奖励，取得历史最佳成绩。